Handbuch für die Schiffsführung

Müller-Krauß

Handbuch für die Schiffsführung

Zweiter Band

**Schiffahrtsrecht, Ladung, Seemannschaft, Stabilität
Signal- und Funkwesen und andere Gebiete**

Unter Mitarbeit von

Heinrich Kedenburg† Baurat — **Dr. Helmut Menz†** Studienrat

herausgegeben von

Kapt. Joseph Krauß† Seefahrtschuldirektor i. R. — **Kapt. Martin Berger** Oberseefahrtschuldirektor

und

Kapt. Walter Helmers Studienrat

Sechste neubearbeitete Auflage

Neudruck

Mit 197 zum Teil farbigen Abbildungen

Springer-Verlag
Berlin Heidelberg GmbH
1962

ISBN 978-3-662-27144-5 ISBN 978-3-662-28627-2 (eBook)
DOI 10.1007/978-3-662-28627-2

Ursprünglich erschienen bei Springer-Verlag OHG., Berlin/Gottigen/Heidelberg 1962.
Softcover reprint of the hardcover 6th edition 1962

Library of Congress Catalog Card Number: 61-19562.

Vorwort zur sechsten Auflage.

Während der fast vier Jahre seit dem Erscheinen der vierten und fünften Auflage des II. Bandes ist eine Reihe von Gesetzen und Verordnungen erlassen worden, die eine weitgehende Neubearbeitung der sechsten Auflage erforderte. Vor allem war dies das neue *Seemannsgesetz*, das am 1. April 1958 die alte Seemannsordnung von 1902 ablöste und der Schiffsleitung neue Aufgaben, insbesondere bezüglich des Arbeitsschutzes, stellt. Um dem Nautiker deren Durchführung zu erleichtern, wurde die Vielzahl der Bestimmungen in Form eines Kataloges verarbeitet. Ferner wurden die „*Verordnung über die Eignung und Befähigung der Schiffsleute des Decksdienstes auf Kauffahrteischiffen*" und die „*Vorläufigen Richtlinien zur Regelung der Bordausbildung zum nautischen Schiffsoffizier*" berücksichtigt. Das wichtige Gebiet der *Sozialversicherung der Seeleute* wurde auf die neue Rentengesetzgebung von 1957 umgestellt und entsprechend ihrer Bedeutung ausführlicher als bisher behandelt. Die in den verschiedensten Gesetzen, Verordnungen usw. enthaltenen Vorschriften über Eintragungen in das *Schiffstagebuch* sind in einer vollständigen Liste zusammengestellt worden. Selbstverständlich wurden auch die deutschen Ausführungsbestimmungen zum Schiffssicherheitsvertrag von 1948, die *Schiffssicherheitsverordnung*, die *Funksicherheitsverordnung* und die *Verordnung zur Sicherung der Seefahrt* in den betreffenden Abschnitten behandelt, ebenso wie die neue „*Verordnung über die Krankenfürsorge auf Kauffahrteischiffen*" und die „Internationalen Gesundheitsvorschriften" von 1951. Die bisherigen Abschnitte I. Seestraßenrecht und II. Gesetzeskunde wurden unter der Überschrift *Schiffahrtsrecht* zusammengefaßt und in diesem Teile die jeweils behandelten Gesetzesparagraphen am Rande angegeben, um das Auffinden des Gesetzestextes zu erleichtern.

Kapitän WALTER HELMERS, der an der 4./5. Auflage bereits maßgebend mitgearbeitet hatte, ist nunmehr als Mitherausgeber in das Werk aufgenommen worden. Der Bearbeiter des Teiles „Schiffsmaschinenkunde", der in der Schiffahrt hochangesehene Baurat HEINRICH KEDENBURG, ist leider im Herbst 1956 verstorben. Dieser Teil wurde von seinem Nachfolger im Amt, Baurat HERMANN SCHLIEKAU, und Dipl.-Ing. HANS BREHME überarbeitet. Dr. HELMUT MENZ vervollständigte die Teile „Physik" und „Chemie", und in dem Abschnitt „Elektrische Anlagen an Bord" leisteten Direktor WILHELM GREGOR von der AEG-Schiffbau und Dipl.-Ing. MAX DOOSE sowie Oberingenieur OTTO UNGER von Siemens-Schuckert wertvolle Hilfe.

Die Verfasser danken allen Herren, Behörden und Firmen, die sie durch Unterlagen, Bildmaterial, Ratschläge und durch die Nachprüfung des Manuskriptes unterstützt haben, und hoffen, daß auch diese Auflage des „Müller-Krauß", Band II, nicht nur für den Nautiker an Bord und an Land, sondern auch für den Reeder, Makler und Agenten, für den Beamten in den Schiffahrtsbehörden und Konsulaten, für den Seejuristen, Seeversicherer, Schiffsbesichtiger, nicht zuletzt aber auch für den Studierenden der Seefahrtschule als zuverlässiges Nachschlagewerk von Nutzen sein wird.

Ein so vielseitiges Werk bedarf dauernd der Anregungen seitens der Wissenschaft und der Praxis, die von den Verfassern stets dankbar begrüßt werden.

Bad Schwartau und Bremen, im März 1959.

Joseph Krauß Martin Berger Walter Helmers

Der „MÜLLER-KRAUSS" wurde von Kapitän JOHANNES MÜLLER, † 13. Dezember 1943, begründet.

Anschriften der Herausgeber:

JOSEPH KRAUSS, Seefahrtschuldirektor i. R., Bad Schwartau, Elisabethstr. 16

MARTIN BERGER, Oberseefahrtschuldirektor, Bremen-Sebaldsbrück, Heerstr. 80

WALTER HELMERS, Studienrat, Bremen, Erich-Klabunde-Str. 10.

Inhaltsverzeichnis.

I. Schiffahrtsrecht.

Seite

Öffentliches und privates Seerecht 1

1. Seestraßenordnung (SSO) 2

Ausweichregeln 2

Verhalten gegenüber Seeflugzeugen S. 3. – Ausweichen von Schiffen beim Zusammentreffen mit Kriegsschiffsverbänden S. 4. – Verhalten gegenüber Kabellegern und Kabeln S. 4. – Kursänderungssignale eines Kraftschiffes S. 4. – Mäßige Geschwindigkeit und Manövrieren im Nebel S. 4. – Maßnahmen bei Annäherung an eine Nebelbank oder beim Fahren im Nebel S. 5. – Verhalten im Nebel auf Radarschiffen[1] S. 5. – Bemerkungen zum Fahren in Kanälen, Flußmündungen und engen Revieren S. 8. – Verpflichtung der Schiffseigentümer und Kapitäne S. 9.

Lichterführung und Nebelsignale 9

Allgemeines über Positionslaternen S. 9.

Lichterführung und Tagsignale 12

Segler in Fahrt S. 12. – Fahrzeuge mit Maschinenantrieb in Fahrt (Kraftschiffe) S. 12. – Schleppzüge S. 13. – Manövrierunfähiges Fahrzeug S. 14. – Kabelleger, Tonnenleger, Vermessungs- oder Taucherfahrzeuge S. 14. – Lotsenfahrzeuge auf Station S. 14. – Ankernde Fahrzeuge (Kraftschiffe und Segler) S. 15. – Fischereifahrzeuge (während des Fischens) S. 16. – Mit anderen Netzen oder Leinen fischende Fahrzeuge S. 17. – Fischendes Fahrzeug, dessen Netz an einem Hindernis festgekommen ist S. 18. – Kleinere Fahrzeuge S. 18.

Nebelsignale 19

2. Wichtiges aus der Seeschiffahrtstraßen-Ordnung . . . 20

Die wichtigsten Pfeifen- und Nebelhornsignale der SSchSO . . 20

Die wichtigsten Fahrregeln 21

Wichtige Signale der SSchSO S. 22. – Fahrwasser S. 25. – Überholen S. 25. – Fahrwasser queren S. 25. – Wegerechtschiffe S. 25. – Schleppzüge S. 25. – Fahrwasser frei halten S. 25. – Anker klarhalten S. 26. – Ankern S. 26. – Ausguck S. 26. – Herausschaffen sinkender Fahrzeuge aus dem Fahrwasser S. 26. – Bezeichnungs- und Anzeigepflicht gesunkener Fahrzeuge S. 26.

3. Sicherung der Seefahrt 26

Sturm- und Gefahrenmeldungen S. 26. – Eisgefahr S. 26. – Nordatlantische Seewege S. 27. – Verhalten bei Seenotfällen S. 27. – Verhalten nach Zusammenstoß S. 27. – Rettungssignale S. 27.

4. Untersuchung von Seeunfällen 27

Inland S. 27. – Ausland S. 30.

[1] Siehe auch Amtliches Merkblatt, S. 582.

Seite

5. Besatzungsangelegenheiten 32
Seemannsgesetz 33
1. Allgemeine Vorschriften 33
2. Seefahrtbücher und Musterung 33
3. Heuerverhältnis 34
4. Arbeitsschutz 37
5. Ordnung an Bord 43
6. Straftaten 44
7. Maßnahmen in besonderen Fällen 44
Vermißter Schiffsmann S. 44. – Erkrankung S. 44. – Unfall und Berufskrankheit S. 45. – Tod S. 45. – Bestattung S. 45. – Ordnungswidrigkeit S. 45. – Ordnung und Sicherheit S. 46.
Betriebsverfassungsgesetz 47
Tarifvertrag 48
Heuerabrechnung 48
Übersicht über die Sozialversicherung der Seeleute 50
Krankenversicherung 50
Unfallversicherung 52
Rentenversicherung 54
Arbeitslosenversicherung 57
Sonstige Sozialleistungen 59
Gesetzliches Kindergeld 59
Fürsorge 60
Untersuchung von Schiffsleuten auf Tauglichkeit 61
Ausbildung und Beförderung im Decksdienst 62
Richtlinien für die Ausbildung zum Matrosen in der Seeschiffahrt 63
Berufsbild des Matrosen in der Seeschiffahrt 64
Bordausbildung zum nautischen Schiffsoffizier 64
Bemannungsrichtlinien der SBG 65
Schiffsbesetzungsordnung von 1931 66
Überschmuggler 66
Überarbeiter 68
Mitnahme heimzuschaffender Seeleute 68
Strafgesetzbuch (StGB) 69
Maßnahmen bei Straftaten 70

6. Fahrgastangelegenheiten 71

7. Schiffstagebuch 73

8. Papiere aller Art, Gesetze und Bücher 82
Schiffspapiere 82
Ausrüstungspapiere 87
Ladungspapiere 89
Fahrgastpapiere 90
Besatzungspapiere 91
Zollpapiere 94
Gesetze und Verordnungen, die an Bord sein müssen 97
Bücher, die an Bord sein müssen 97

9. Zollvorschriften 98

10. Wichtige Behörden und Einrichtungen 99

11. Verklarung und Seeprotest 108
Verklarung im Auslande 110

12. Seefrachtgeschäft 111
Seefrachtgeschäft im Außenhandel, Personen, wichtige Papiere . 111
Linienfahrt 113

Seite

Haager Regeln 114
Ladunspapiere 117
Ablieferung 122
Trampschiffahrt, Überblick 124
Ladungs- und Reisecharter am Beispiel Deutgencon 128
Zeitcharter am Beispiel Deutzeit 141
Goldene Regeln 145
Wichtige internationale Abkürzungen 147

13. Havarie 150
Besondere Havarie 150
Havariegrosse 150
York Antwerp Rules (YAR) 151
Dispache (Average adjustment) 155
Verhalten bei einer Havarie und Havariepapiere 156
Allgemeines und gesetzliche Bestimmungen S. 156. – Einzelmaßnahmen S. 157.

14. Zusammenstoß und Reederhaftung 163
Maßnahmen zur Beweissicherung 163
Gesetzliche Bestimmungen 164
Reederhaftung im In- und Auslande 165

15. Bergung und Hilfeleistung 167
Gesetzliche Bestimmungen 167
Die Höhe des Berge- oder Hilfslohnes 168
Festsetzung von Berge- oder Hilfslohn 169
Verhalten des Kapitäns bei einer Bergung oder Hilfeleistung 171

16. Seeversicherung 173
Begriffe 174
Wichtige Punkte der ADS und Zusatzklauseln 175
Güterversicherung 178
Protecting and Indemnity Clubs 180

17. Schiffsrat 181

18. Bodmerei 182

19. Sicherung von Forderungen, Schiffsgläubigerrechte . . 182
Schiffsgläubigerrechte S. 182. – Arrest S. 183. – Bankgarantie S. 184. – Bardepot S. 185. – Briefgarantie S. 185.

20. Schleppbedingungen 185

21. Werftbedingungen 186

22. Geschäftliche Angelegenheiten 186
Kaufmännisches Verhalten des Kapitäns S. 186. – Schriftliche Arbeiten S. 187. – Wichtiges aus dem Bankgeschäft S. 188. – Bargeldloser Zahlungsverkehr S. 189. – Ausnutzung der Gesamttragfähigkeit und Kosten der Reise S. 190.

II. Ladung.

1. Allgemeine Bemerkungen 195

2. Regeln für das Übernehmen, Stauen und Löschen der Ladung 196

3. Berechnung des Tiefganges und der Trimmänderung . 200
Allgemeines S. 200. – Deplacementskurve S. 200. – Lastenmaßstab S. 201. – Tons per Zentimeter oder Tons per Zoll

Seite

Eintauchung S. 202. – Gewichte, die bei der Belastung des Schiffes außer der Ladung zu berücksichtigen sind S. 202. – Trimmoment für 1 m oder 1 Fuß Gesamttrimmänderung S. 203.

Vorausberechnung des Tiefganges bei Beladung (Trimmrechnung) 203

Berechnung mit Trimmomenten S. 203. – Berechnung mit Hilfe eines Trimmplans S. 204. – Herstellung eines Trimmplans S. 207. – Andere Trimmpläne S. 208. – Trimmrechenschieber und -instrumente S. 208. – Stabilität für wichtige Beladungsverhältnisse S. 209. – Trimmüberwachung auf See S. 210.

4. Stabilitätsblätter und ihre Anwendung 210

5. Allerlei Bemerkungen für den Ladungsoffizier 211

Schriftliche Arbeiten des Ladungsoffiziers S. 211. – Lade- und Löscheinrichtungen S. 212. – Tragfähigkeit des Ladegeschirrs S. 213. – Deckbelastung S. 214.

6. Laden und Löschen schwerer Güter 215

7. Gefährliche Güter 216

Allgemeines S. 216. – Vorsicht beim Betreten der Laderäume S. 219. – Gefahren der Kohlenladung S. 219.

8. Ladungen in Tankschiffen 221

Allgemeines S. 221.

Die Hauptgefahren auf Tankschiffen 222

Feuer und Explosion S. 222. – Gesundheitliche Schäden S. 224. – Stabilitätsgefährdung usw. S. 224. – Ladungskontrolle und Ladungsberechnung S. 225. – Tankreinigung S. 225. – Fehler beim Laden und Löschen S. 225. – Grenzen der Verbotszonen für das Ablassen von Öl und Ölrückständen S. 226.

9. Andere besondere Ladungen. 228

Tankladungen auf Frachtschiffen S. 228. – Briketts und Ölschrot S. 229. – Volle Erzladungen S. 229. – Breiartige und flüssige Ladungen S. 230. – Flüssigkeiten S. 230. – Obst- und Gemüseladungen S. 230. – Kühlladungen S. 231. – Einige wichtige Kühlladungen S. 232. – Weitere Kühltemperaturen S. 233. – Decksladungen S. 234. – Holzdecksladungen S. 234. – In der Holzfahrt übliche Maße und Gewichte S. 236. – Ballenladungen S. 237. – Getreideladungen S. 237. – Wertladungen S. 238. – Post S. 238. – Gepäck S. 238. – Beschädigte Ladung S. 238.

10. Laderaum - Meteorologie 239

Ursachen der Schweißbildung S. 239. – Vorschläge zur Herabminderung von Schweißschäden S. 241.

11. Stau- und Stauraumangaben für einige wichtige Ladungen 242

12. Spezifische Gewichte fester Körper. 257

13. Spezifische Gewichte von Flüssigkeiten 260

14. Längenmaße, Flächenmaße, Raummaße und Gewichte verschiedener Länder 261

15. Umrechnung von deutschen Maßen in englische und amerikanische 265

Seite

16. Häufig vorkommende englische Ausdrücke im Ladungsdienst 267

III. Seemannschaft.

1. Einige Angaben über Schiffsmanöver 269

Manövriertabellen S. 269. – Manövrierskizzen S. 271. – Standard-Manövrierversuch S. 273. – Derivationswinkel S. 275. – Ruderwirkung S. 275. – Schraubenwirkung S. 276. – Maschine „Voll zurück" bei Fahrt voraus S. 278. – Manövrieren in flachen und engen Gewässern S. 279. – Drehen auf der Stelle S. 281. – An- und Ablegen S. 282. – Verhalten gegenüber Schleppern S. 282. – Aktivruder S. 283. – VOITH-SCHNEIDER-Antrieb S. 284. – Verhalten im Eis S. 285. – Manövrieren im Sturm S. 287. – Schleppen eines Havaristen S. 288. – Beziehungen zwischen Brennstoffverbrauch, Schiffsgeschwindigkeit und Aktionsradius S. 289.

2. Sicherheitsdienst an Bord 290

Vorschriften S. 290. – Rollenverteilung S. 291. – Auszug aus der Sicherheitsrolle eines Frachtschiffes mit Fahrgästen S. 291. – Rettungssignalmittel S. 292. – Sicherheitsübungen S. 293. – Belehrung der Fahrgäste S. 295. – Mann über Bord S. 295.

3. Boote und Manöver mit Booten 296

Allgemeines S. 296. – Ermittlung des Raumgehaltes der Boote S. 299. – Davits S. 299. – Manöver mit Booten S. 299. – Anlegen mit einem Boot S. 300. – Einige Winke für Bootsführer S. 301. – Bootsegeln S. 301. – Abreiten eines Sturmes auf hoher See in einem offenen Boot S. 302. – Handhabung offener Boote in Brandung und schwerer See S. 302. – Rettungsinseln S. 303. – Rettungsfloß S. 304. – Anweisung für das Verhalten Schiffbrüchiger bei der Übernahme durch ein Motorrettungsboot oder Rettungsfloß an den deutschen Küsten S. 304.

4. Öl zur Beruhigung der Wellen 305

5. Anweisung zur Handhabung des Raketenapparates . . 306

6. Feuerschutz an Bord 308

Vorschriften über den Feuerschutz S. 308. – Feuerverhütung S. 308. – Feuermeldung S. 310. – Feuerbekämpfung S. 310. – Allgemeines S. 314. – Feuerschutzleute S. 314.

7. Atemschutzgerät an Bord 315

Allgemeines S. 315. – Frischluftgerät S. 315. – Filtergerät S. 316. – Sauerstoffgerät S. 316. – Preßluftatmer S. 317.

8. Bergungsarbeiten 317

Allgemeines S. 317. – Ruderschäden S. 318. – Strandung S. 318. – Leckdichten S. 319. – Bergungsschiffe S. 320.

9. Anker, Ankerketten und Ankermanöver 321

Ankerarten S. 321. – Ankerketten S. 322. – Ankermanöver S. 323.

10. Segeltuch 324

11. Tauwerk, Blöcke, Taljen und Ketten 324

Seite

Hanf- und Manilatauwerk S. 324. – Drahtseile für stehendes und laufendes Gut S. 326. – Blöcke S. 327. – Bruchbelastungen S. 328. – Taljen S. 329. – Ketten S. 329.

12. Instandhaltung des Schiffes 329

Besichtigungen S. 329. – Allgemeines über Instandhaltung S. 329. – Tankschiffe S. 330. – Rostbildung S. 330. – Konservierung durch Farbanstriche S. 331. – Auswahl und Verwendung der Farben S. 332. – Praktische Winke für Malarbeiten S. 333. – Andere Konservierungsmittel S. 335. – Ungefährer Farbverbrauch bei Anstrichen S. 335. – DIN-Farben für Gefahrstellen und Sicherheitseinrichtungen S. 336.

IV. Einiges aus der Stabilitätslehre.

Einige oft vorkommende Abkürzungen 337

1. Einführung und gesetzliche Vorschriften 337

2. Begriffserklärungen 338

Deplacement und Auftrieb S. 339. – Aufrichtendes Moment und Metazentrum S. 339. – Statische und dynamische Stabilität S. 341. – Hebelarmkurven der statischen Stabilität S. 341. – Breitenträgheitsradius S. 342. – Rollschwingungen und Rollperiode S. 343. – Messen des Seeganges S. 345. – Begegnungsperiode, Resonanz S. 346.

3. Stabilitätsermittlung im Betrieb 346

Das Meßverfahren 347

Der Betriebskrängungsversuch 347

Messen des Krängungswinkels im Hafen S. 351. – Stabilitätsmeßgeräte S. 352.

Der Rollversuch 353

Der Drehkreisversuch 356

Die Momentenrechnung (MR) 358

Die Wirkung freier Oberflächen im Schiff 361

Die Verwendung von Stabilitätsdiagrammen 364

Mechanische Hilfsmittel zur Stabilitätsermittlung 365

4. Die Stampfbewegung von Schiffen 365

5. Beurteilung der Stabilität eines Schiffes im Betrieb . . 368

Allgemeines 368

Wichtige Werftunterlagen zur Beurteilung der Stabilität 371

Beurteilung der Stabilität an Hand von Hebelarmkurven . . . 373

6. Einfluß von Wind, Seegang und sonstigen Faktoren auf die Stabilität eines Schiffes 375

Der Winddruck 375

Seegang und Dünung 377

Schlagseite 379

Schüttladungen 379

Erzladungen 380

Holzladungen 381

Koksladung 381

Ölkuchenladung 382

Andere Decksladungen 382

Schiff auf Grund 382

7. Stabilitätsbeeinflussung durch die Schiffsleitung . . . 383

V. Schiffskunde.

Seite

1. Einiges aus dem Schiffbau 384
Wichtige Angaben für den Entwurf eines Schiffes S. 384. – Schiffsgewicht S. 386. – Ökonomischer Wirkungsgrad von Handelsschiffen S. 387. – Schiffstypen S. 387. – Schiffbautechnische Begriffe und Bezeichnungen S. 390. – Nietung und Schweißung S. 396. – Leichtmetall im Schiffbau S. 397. – Längsfestigkeit des Schiffes S. 397. – Ruderarten S. 398. – Schiffsformen S. 401. – MAIER-Schiffsform S. 401. – Besondere Schornsteinkonstruktionen S. 401. – Lukenabdeckung S. 402. – Wohnräume S. 403.

2. Klassifikation und Freibord. 404
Klassifikation S. 404. – Freibord S. 405.

3. Schiffsvermessung 408
Verschiedene Raum- und Gewichtsmaße des Schiffes S. 408. – Vermessungsbestimmungen S. 409. – Brutto-Raumgehalt S. 409. – Netto-Raumgehalt S. 412. – Suezkanal-Vermessung S. 414. – Panamakanal-Vermessung S. 415.

4. Elektrische Anlagen an Bord 415
Bestimmungen der Schiffssicherheitsverordnung S. 415. – Gleichstrom oder Drehstrom im Schiffsbetriebe S. 416. – Die wichtigsten DIN-Schaltzeichen elektrischer Anlagen in Schiffsplänen, Schaltskizzen usw. S. 417. – Stromverbraucher auf einem größeren Fracht- und Fahrgastschiff S. 419. – Elektrische Ruderanlagen S. 419. – Elektrohydraulische Ruderanlagen S. 421. – Kommandopulte S. 423. – Scheinwerfer S. 424. – Elektrische Ladewinden S. 424. – Ankerspille und Verholspille S. 427. – Allgemeine Beleuchtung S. 427. – Lautsprech-Kommando-Anlagen S. 428. – Weitere Befehls- und Meldeanlagen S. 428. – Tiefgangsmesser S. 432. – Elektrische Schottenschließeinrichtung S. 433. – Beseitigung von Störgeräuschen im Funkempfänger und Funkpeiler S. 433.

VI. Schiffsmaschinenkunde.

1. Übersicht über Schiffsantriebsanlagen 434
Allgemeines 434
Dampfkraftanlagen 435
Kessel 435
Dampfmaschinen 435
Gasturbinenanlagen 436
Verbrennungskraftmaschinen 436
Viertakt-Dieselmaschinen 436
Zweitakt-Dieselmaschinen 436
Hilfsmaschinen 436

2. Grundsätzliches über die Energieumsetzung in Kraftmaschinen 438
Allgemeines 438
Wärmeschaltbild 438
Energiestrombild 439
Energieverluste in der Kesselanlage 439
Abgasverluste durch freie Wärme S. 439. – Verluste durch Unverbranntes S. 440. – Isolationsverluste S. 440.

Seite
Energieverluste in der Dampfmaschinenanlage 440
Energieverluste in der Dieselmotoranlage 442

3. Dampfkraftanlagen 443
Kessel 443
Zylinderkessel (Flammrohrkessel, Großwasserraumkessel) . . 443
Wasserrohrkessel 444
Strahlungskessel S. 445. – Hochleistungskessel S. 445.
Einiges über die Feuerungen der Kessel 447
Dampfmaschinen 449
Dampfkolbenmaschinen 449
Dampfturbinen 451
Hauptteile und Wirkungsweise der Turbinen S. 451. – Abstufung der Geschwindigkeit S. 454. – Abstufung des Druckes S. 455. – Überdruckturbinen S. 455. – Übertragung der Turbinenarbeit auf den Propeller S. 455. – Rückwärtsturbinen S. 456. – Turbo-elektrischer Antrieb S. 456. – Abdampfturbinen S. 457.

4. Gasturbinen 458

5. Verbrennungs-Kraftmaschinen (Dieselmotore) für Propellerantrieb 463
Allgemeines 463
Viertakt-Verfahren nach Diesel 463
Zweitakt-Verfahren nach Diesel 466
Doppeltwirkende Maschinen 467
Aufladeverfahren für Viertaktmaschinen 467
Vulcan-Getriebe 469
Dieselelektrischer Antrieb 471

6. Schiffsschrauben 472

7. Schiffshilfsmaschinen 478
Kondensation, Kondensations-Hilfsmaschinen 478
Maschinen für die Förderung der Verbrennungsluft 479
Kühlanlagen 482
Hilfsmaschinen für die Erzeugung der für Schiff und Maschine erforderlichen elektrischen Energie 485
Deckhilfsmaschinen 486

8. Einiges über Schwingungserscheinungen am Schiff und in der Antriebsanlage 486
Schiffsvibrationen 486
Drehschwingungen in Wellenleitungen 489

VII. Einiges aus der Physik für Nautiker.

1. Mechanik 492
Maßeinheiten 492
Einige physikalische Erklärungen und Gesetze 496
Mechanik starrer Körper S. 496. – Wärmelehre S. 496. – Statik der Gase (Gasgesetze) S. 497. – Statik der Flüssigkeiten S. 497. – Dynamik der Flüssigkeiten und Gase S. 498. – Lichtmessung S. 498. – Schwingungen und Wellen S. 498.

2. Elektrizität 499
Elektrische Maßeinheiten S. 499. – Magnetische Wirkungen des elektrischen Stromes S. 501. – Schwingkreis S. 502. – Wärme- und Lichtwirkung des elektrischen Stromes S. 502. –

Seite

Galvanische Elemente S. 503. – Akkumulatoren (Sammler) S. 503. – Elektrische Maschinen S. 503. – Gleichstromgeneratoren S. 503. – Wechselstromgeneratoren S. 504. – Gleichstrommotoren S. 506. – Wechselstrommotoren S. 506. – Umformung elektrischer Energie an Bord S. 506. – Einige einfache elektrische Meßinstrumente S. 507. – Elektronenröhren S. 508. – Zweipolröhre S. 508. – Dreipolröhre S. 509. – Steuergitter und Verstärkerwirkung S. 509. – Mehrgitterröhren S. 510. – Röhrensender S. 510. – Rückkopplung S. 510. – Röhrenempfänger S. 511.

3. Atomphysik 514

Der Bau der Atome S. 514. – Masse und Energie S. 516. – Atomenergie für Schiffsantriebe S. 517.

VIII. Einiges aus der Chemie für Nautiker.

Die Aufgaben der Chemie S. 519. – Gesetz von der Erhaltung der Materie S. 519. – Grundstoffe und Atome S. 519. – Atomgewicht S. 519. – Chemische Verbindungen, Molekulargewichte und Gemenge S. 519. – Wertigkeit (Valenz) S. 520. – Chemische Gleichungen S. 521. – Gesetz von der Erhaltung der Energie S. 521. – Oxydation, Reduktion S. 521. – Explosion S. 522. – Wasser S. 522. – Kohlenstoff (C) und einige seiner Verbindungen S. 523. – Kohle als Heizmaterial S. 524. – Kohlenstoffverbindungen S. 524. – Flüssige Brennstoffe und Treiböle S. 525. – Schmieröle S. 526. – Säuren, Laugen und Salze S. 526. – Katalysatoren S. 527. – Leuchtfarben S. 527.

IX. Signal- und Funkwesen.

1. Optisches Signalwesen. 528

Ausrüstung mit Signalmitteln S. 528.

Das internationale Signalbuch 1931 528
Einteilung des Signalbuches 529
Gebrauch des Signalbuches 529

Gebrauch der Hilfsstander S. 529. – Signalisieren von Zeiten S. 529. – Signalisieren von Schiffsorten S. 529.

Die Flaggen, Stander und Wimpel des Internationalen Signalbuchs 530

Signalisieren von Namen S. 531. – Bestätigung des Empfangs S. 531.

Notsignale 531
Lotsensignale 531
Quarantänesignale 532
Einige dringende und wichtige Signale mit einer Flagge 532
Andere häufige und wichtige Signale 532
Schleppsignale mit einer Flagge 533
Winkerverfahren mit Handflaggen 533
Lichtmorsen 533

Allgemeines S. 533.

Verfahren beim Lichtmorsen 534
Im internationalen Verkehr amtlich zugelassene Morsezeichen . . 534

2. Funkwesen 535

Gesetzliche Bestimmungen über den Funkdienst 535
Für den Funkdienst notwendige Dienstbehelfe 536
Funkausrüstung der Seeschiffe 536
Funkausrüstung für Rettungsboote 537

Seite

Amateurfunkstellen und Rundfunkgeräte 537
Funkwachdienst auf deutschen Seeschiffen 537

Funksicherheitswachen S. 537. – Funkbetriebswachen S. 538.

Allgemeine Funkbetriebsvorschriften 539

Not-, Dringlichkeits- und Sicherheitsverkehr S. 539. – Alarmzeichen S. 540. – Notmeldung S. 540. – Notverkehr beendet S. 540. – Funkstille S. 540. – Dringlichkeitszeichen S. 541. – Sicherheitszeichen S. 541. – DAAD-Wachzeiten S. 541. – Einseitiger Dienst S. 541. – Wahrung des Fernmeldegeheimnisses S. 541. – Funktagebuch S. 542. – Meldung bei Küstenfunkstellen S. 542. – Vorschriftswidriger Funkverkehr S. 542. – Gebühren S. 543. – Quarantänemeldungen S. 543. – Ärztliche Ratschläge für Schiffe auf See S. 543.

3. Technische Erläuterungen zum Funkwesen 543

Allgemeines S. 543. – Funksender S. 545. – Funkempfänger S. 545. – Reichweiten S. 546.

X. Gesundheitspflege an Bord.

Vorschriften für die Gesundheitspflege an Bord S. 547. – Kurzer Auszug aus der Verordnung über die Krankenfürsorge S. 547. – Funkentelegraphische ärztliche Beratungen und Quarantänemeldungen S. 548. – Vereinbarungen über die den Seeleuten der Handelsmarine bei Geschlechtskrankheiten zu gewährenden Erleichterungen S. 549. – Gesundheitliche Behandlung der Seeschiffe in deutschen Häfen S. 549. – Desinfektion an Bord S. 550. – Schiffsräucherung durch Blausäuregase S. 551. – Sorge der Schiffsleitung um den Gesundheitszustand der Mannschaft S. 552. – Anweisung zur Rettung Ertrinkender S. 554. – Anweisung zur Wiederbelebung scheinbar Ertrunkener S. 555. – Anweisung zur Behandlung von Kälteschäden S. 556. – Fiebermessen S. 556. – Vorbeugungsmaßnahmen gegen Malariainfektion S. 556. – Behandlung der Malaria S. 557. – Anweisung zur Entnahme eines Bluttropfens zwecks späterer Untersuchungen auf Malaria S. 558. – Verabreichung von Spritzen S. 558. – Wundbehandlung S. 559. – Winke für die Behandlung einiger Krankheiten und Unfälle S. 560. – Bestattung von Leichen nach Seegebrauch S. 563.

XI. Proviant und Verpflegung.

Allgemeines S. 564. – Trinkwasserpflege S. 564. – Provianteinkauf S. 565. – Aufbewahren des Proviants ohne Kühlraum S. 565. – Aufbewahrung des Proviants in Kühlräumen S. 566. – Dauerproviant S. 567. – Kalorienbedarf des Menschen S. 567. – Speiserolle für die deutsche Seeschiffahrt einschl. Seefischerei S. 569.

Sachverzeichnis 570

Verhalten von Radarschiffen bei Nebel (Amtliches Merkblatt) . . 582

Im Buche angewandte Abkürzungen.

A = Arbeit.
ADS = Allgemeine Deutsche Seeversicherungsbedingungen.
ALFU = Arbeitslosenfürsorgeunterstützung.
ALU = Arbeitslosenunterstützung.
AOK = Allgemeine Orts-Krankenkasse.
AnV = Angestelltenrentenversicherung.
ArV = Arbeiterrentenversicherung.
AVAG = Gesetz über Arbeitsvermittlung und Arbeitslosenversicherung.
AVG = Angestelltenversicherungsgesetz.

B = Schiffsbreite in der CWL.
Bb = Backbord.
BGB = Bürgerliches Gesetzbuch.
BGBl = Bundesgesetzblatt.
B/L = Bill of Lading (Konnossement).
BOS = Bundesoberseeamt.
BRT = Brutto-Register-Tonnen.

cif = costs, insurance, freight.
cd = candelar.
C/P = Charterparty.
cq = Funkanruf an alle.
CWL = Konstruktionswasserlinie.

D = Auftrieb eines Schiffes (Gewicht des verdrängten Wassers).
DHI = Deutsches Hydrographisches Institut.
DIN = Deutsche Industrie-Norm.
D/O = Delivery-Order.
DTV = Deutscher Transportversicherungsverband.
DVO Fl. = Durchführungsverordnung zum Flaggengesetz.

E = Energie.
ETA = expected time of arrival.

FAG = Gesetz über Fernmeldeanlagen.
FNS = Fachnormenausschuß Schiffbau.
fob = free on board.
FSV = Funksicherheitsverordnung.
FT = Funkentelegrafie.

G = Gewicht, Gesamtschwerpunkt von Schiff und Ladung.
g = Fallbeschleunigung $= 9{,}81\ \mathrm{m/sek^2}$.
GefGüV-See = Verordnung über die Beförderung gefährlicher Güter mit Seeschiffen.
GH = Hebelarm der statischen Stabilität.
GL = Germanischer Lloyd.

HGB = Handelsgesetzbuch.
HK = Hefnerkerze.
HM = Handelsmarine.
HNA = Handelsschiffs-Normen-Ausschuß.
HR = Halbe Kraft rückwärts (Maschinen-Kommando).

JV = Invalidenversicherung.

K = Oberkante Kiel.
KaK = Krankenfürsorge auf Kauffahrteischiffen.
KG = Höhe des Gewichtsschwerpunktes über Kiel.
KGG = Kindergeldgesetz.
kg = Kilogramm.
kn = Knoten.
KV = Krankenversicherung.

L = Schiffslänge in der CWL.
l = Länge oder Weg.
LG = Landgericht.
LR = Langsam rückwärts (Maschinenkommando).
LV = Langsam voraus (Maschinenkommando).
λ = Geogr. Länge eines Ortes.

M = Metazentrum.
MG = metazentrische Höhe.
MK I = MÜLLER-KRAUSS, Band I.
MR = Momentenrechnung.

M/R = Mate's Receipt.
MS = Motorschiff.
MTV = Manteltarifvertrag.

N = Effekt, Leistung.
NRT = Netto-Register-Tonnen.
N. F. = Nautischer Funkdienst.

Ow = Ordnungswidrigkeit.

P = Kraft, Gesamtgewicht von Schiff und Ladung.
P & I-Club = Protecting and Indemnity Club.
PS = Pferdestärke = 75 mkg/sek.
φ = geogr. Breite eines Ortes, Rollwinkel bzw. Krängung in Graden.
ψ = Stampfwinkel in Graden.

RGBl = Reichsgesetzblatt.
RVO = Reichsversicherungsordnung.

SBG = Seeberufsgenossenschaft.
SeeKK = Seekrankenkasse.
SG = Seemannsgesetz.
Soz.Schutzv = Soziale Schutzvor-. schriften für die Besatzung.
SSchSO = Seeschiffahrtstraßenordnung.
SSO = Seestraßenordnung.
SSV = Schiffssicherheitsverordnung.
SSVertr. = Schiffssicherheitsvertrag.
Stb = Steuerbord.
StGB = Strafgesetzbuch.
StrO = Strandungsordnung.
SUG = Seeunfalluntersuchungsgesetz.

T_m = mittlerer Tiefgang eines Schiffes.
ThruB/L = Through-Bill of Lading.
TV = Tagebuchverordnung, Tarifvertrag für die deutsche Seeschiffahrt.
T_φ = Dauer einer Rollbewegung des Schiffes.
T_ψ = Dauer einer Stampfbewegung.

UKW = Ultrakurzwellen.
U. R. = Unterraum.
UV = Unfallversicherung.
UVV = Unfallverhütungsvorschriften der SBG.

V = Volumen.
VOSich. = Verordnung über die Sicherung der Seefahrt.
VR = Voll rückwärts (Maschinenkommando).
VV = Voll voraus (Maschinenkommando).

W = Energie (siehe auch E).
WO = Wachoffizier.
WU = Werftunterlagen.

YAR = York Antwerp Rules.

Zahlen und Zeichen:

$>$ = größer als
$<$ = kleiner als
$\sim$ = angenähert gleich, ungefähr.

Wichtige Abkürzungen siehe noch:

Seefrachtgeschäft	S. 147—149
Stabilitätslehre	S. 337 und 339
Schiffskunde	S. 390 und 404
Physik	S. 492—495 und S. 499—501
Chemie	S. 520

Verzeichnis der Tafeln und Tabellen.

Seite

Mindesttragweite, Leuchtwinkel und -stärke der Positionslaternen 11
Lichterführung und Tagsignale der SSO 12
Tafel I—III. Wichtige Signale der SSchSO, Teil I 22
Benennung von Gegenständen in Deutsch, Englisch und Spanisch 94
Wichtige internationale Abkürzungen im Frachtgeschäft 147
Verwandlung des Tiefganges von m und cm in engl. Fuß und Zoll 202
Vergleich der Thermometerskalen 233
Sättigungswerte der Luft (Taupunkte) 239
Stau- und Stauraumangaben für einige wichtige Ladungen . . . 242
Spezifische Gewichte fester Körper 257
Spezifische Gewichte von Flüssigkeiten 260
Längen-, Flächen- und Raummaße und Gewichte verschiedener Länder 261
Umrechnung von deutschen Maßen in englische und amerikanische 265
Häufig vorkommende englische Ausdrücke im Ladungsdienst . 267
Bruchbelastungen von Tauwerk 328
Tafel zur Entnahme der ungefähren MG-Werte 345
Die wichtigsten DIN-Schaltzeichen elektr. Anlagen in Schiffsplänen, Schaltskizzen usw. 417
Maßeinheiten der Mechanik 492
Elektrische Maßeinheiten 499
Umrechnungswerte für Arbeitsmaße 501
Umrechnungswerte für Leistungsmaße 501
Die Flaggen, Stander und Wimpel des Internationalen Signalbuches 530
Die im internationalen Verkehr amtlich zugelassenen Morsezeichen und Buchstabierworte 534
Speiserolle für die deutsche Seeschiffahrt 569

I. Schiffahrtsrecht.

Öffentliches und privates Seerecht[1].

Das *öffentliche Seerecht* befaßt sich mit dem Recht der Einzelperson im Verhältnis zur Allgemeinheit und dient der Sicherheit des Verkehrs der Seefahrt sowie der Sicherheit und dem Wohl der mit ihr in Berührung kommenden Personen (vgl. Seestraßenordnung, Seeschiffahrtstraßenordnung, Schiffssicherheitsverordnung, Sicherung der Seefahrt, Freibordverordnung, Seemannsgesetz, Strafgesetzbuch). Es ist international weitgehend vereinheitlicht und enthält zwingende Vorschriften. Auch völkerrechtliche Fragen werden von ihm berührt.

Das *private Seerecht* enthält Bestimmungen über die rechtlichen Beziehungen zwischen den Personen, die am Schiff und/oder der Schiffsreise interessiert sind. Zu ihm gehören vor allem Regeln über das eigentliche Seehandelsrecht (z. B. Frachtverträge) und bestimmte sonstige Tatbestände, die weitreichende rechtliche Folgen haben können (z. B. Kollisionen). In Deutschland sind diese Bestimmungen im Vierten Buch des Handelsgesetzbuches (HGB) enthalten und u. a. in folgende Abschnitte eingeteilt: Reeder sowie dessen beschränkte und unbeschränkte Haftung, Kapitän, Seefrachtgeschäft, Havarie und Zusammenstoß, Bergung und Hilfeleistung, Schiffsgläubigerrechte. Auch das Bürgerliche Gesetzbuch (BGB) muß mit herangezogen werden, ferner grundsätzliche Entscheidungen der Rechtsprechung und die in der Praxis entwickelten Handelsbräuche. Im Auslande gibt es ähnliche Gesetze oder Rechtsgrundlagen, von denen die wichtigsten, z. B. die über das Seefrachtgeschäft, den Zusammenstoß, Bergung und Hilfeleistung, international ziemlich vereinheitlicht sind. Einzelne Bestimmungen weichen aber erheblich von den deutschen ab. Während manche gesetzlichen Vorschriften durch vertragliche Abmachungen im Rahmen der Vertragsfreiheit im privaten Recht außer Kraft gesetzt werden können, sind andere im Gesetz ausdrücklich als zwingend gekennzeichnet (vgl. Haager Regeln, s. S. 114) und können nicht geändert werden.

Bei Rechtsstreit mit Ausländern wird das deutsche Recht angewandt, wenn dies vertraglich vereinbart ist. Während aber in Deutschland unter

---

[1] Zusammenstellung der einschlägigen Bestimmungen des öffentlichen und privaten Seerechts in:

KUHL: Seerechtliche Gesetze und Verordnungen. 5. Auflage. Hamburg: Eckardt & Messtorff.

v. LAUN-LINDENMAIER: Schiffahrtsrecht.

Erklärende Behandlung des öffentlichen Seerechts: Kpt. E. GLÄSER, „See- und Binnenschiffahrtsrecht" (Territorialgewässer, Anwendung der Strafgesetze im In- und Auslande, Flaggenbrauch und Flaggenrecht u. a.).

Umständen gelegentlich ausländisches Recht angewandt wird, sollte im Auslande, besonders in USA und in Großbritannien sowie in dessen Dominions, nicht mit Richtern gerechnet werden, die ihren Entscheidungen das Recht einer fremden Flagge zugrunde legen. Trotz der obengenannten Vereinheitlichung wichtiger Gesetze ist der Gerichtsort oft entscheidend, weil gleiche oder ähnliche Gesetze in den einzelnen Staaten sehr verschieden ausgelegt werden können. Auch wegen der Haftungsbeschränkung des Reeders (s. S. 165) spielt der Gerichtsort unter Umständen eine wichtige Rolle.

1. Seestraßenordnung (SSO)[1 2].

(in Kraft seit 1. 1. 1954).

Halte Brücke und Ausguck gut besetzt!

Ein besonderer Ausguckposten ist aufzustellen, und zwar möglichst auf der Back: Auf dem Revier stets, auf See bei unsichtigem Wetter und nachts. Verstöße gegen diese Regel werden von den Seeämtern mit Patententziehung bedroht!

Ausweichregeln.

Jedes Ausweichmanöver muß entschlossen, rechtzeitig und so ausgeführt werden, wie es die seemännische Praxis erfordert.

Nähern sich zwei Fahrzeuge einander so, daß eine Gefahr des Zusammenstoßes besteht, so weicht nur *ein* Fahrzeug aus; das andere *muß* Kurs und Geschwindigkeit beibehalten (Ausnahme: Zwei Kraftschiffe Steven auf Steven).

Wenn die Peilung eines Fahrzeuges sich nicht merklich ändert, besteht die Gefahr eines Zusammenstoßes. In diesem Falle muß ausweichen:

1. Ein Kraftschiff[3] (Kursänderungssignal!)

a) jedem fischenden Fahrzeuge;

b) jedem manövrierunfähigen Fahrzeuge, jedem Kabelleger, Tonnenleger, Vermessungsfahrzeuge, Taucherfahrzeuge, sofern diese nach Art. 4 SSO gekennzeichnet sind;

c) jedem Segelfahrzeuge mit Ausnahme des überholenden;

d) jedem kreuzenden Kraftschiff an seiner Stb-Seite, das vorlicher als 112,5° (10 Strich) Seitenpeilung in Sicht gekommen ist;

---

[1] Ein Exemplar der neuesten amtlichen Ausgabe der SSO und der SSchSO muß an Bord eines jeden Schiffes vorhanden sein.

Empfehlenswerte Literatur: BUDDE-KOCH: Die Seestraßenordnung, und andere seerechtliche Vorschriften in der Praxis. Hamburg: Eckardt & Messtorff 1958.

[2] Verstöße gegen die SSO können auch dann strafrechtlich verfolgt werden, wenn sie ohne Folgen geblieben sind (s. S. 69).

[3] Unter Kraftschiff ist jedes Fahrzeug mit Maschinenantrieb zu verstehen.

e) jedem Kraftschiff auf genau oder beinahe entgegengesetztem Kurse, wenn also die Masten des Gegners genau oder beinahe in Linie mit den eigenen oder wenn nachts beide Seitenlichter voraus zu sehen sind. In diesem Falle beide nur nach Stb ausweichen!

Man beachte aber, daß der Überscheinwinkel der Seitenlaternen kaum mehr als 3° beträgt, so daß z. B. ein kaum auswandernder Gegner mit Grün und Rot 5° an Stb unser Bb-Seitenlicht nicht sehen kann und daher für uns als kreuzendes Kraftschiff an Stb zu gelten hat.

2. *Ein Segelfahrzeug*

a) wie 1a;

b) wie 1b;

c) als Raumwinder dem leewärts befindlichen Raumwinder mit Wind von derselben Seite und dem Beimwinder (der den Wind vorlicher hat als etwa 80° Seitenpeilung);

d) als Bb-Raumwinder dem Stb-Raumwinder;

e) als Bb-Beimwinder dem Stb-Beimwinder;

f) als Segler vor dem Winde allen anderen Seglern.

3. *Ein überholendes Fahrzeug* — auch als Segler — dem überholten, aber nicht als überholendes manövrierunfähiges Fahrzeug usw. (vgl. 1b). Ein Fahrzeug wird nur dann im Sinne des Gesetzes überholt, wenn das andere achterlicher als 112,5° Seitenpeilung *in Sicht* kommt und sich nähert. Das überholende Fahrzeug erkennt seine Ausweichpflicht, wenn es nachts zuerst des Hecklicht des anderen in Sicht bekommt oder tags mehr oder weniger gut von achtern in die Aufbauten des anderen einsehen kann. Wenn man im Zweifel ist, muß man sich als überholendes Fahrzeug betrachten. Das Überholen und die Ausweichpflicht dauern an, bis man das überholte Fahrzeug klar passiert hat.

Beispiel: Radarschiff A läuft 12 kn und ortet bei schlechter Sicht das von Stb achtern aufkommende 16-kn-Schiff B. Dieses kommt aber erst in 100° Seitenpeilung auf kreuzendem Kurse in Sicht und wandert nur langsam aus: A ist ausweichpflichtig.

Falsches Verhalten des Gegners, z. B. das Fahren auf der falschen Fahrwasserseite, entbindet nicht von der eigenen Ausweichpflicht. Nötigenfalls also rechtzeitig Fahrt aus dem Schiff!

Kein Ausweichmanöver einleiten, bevor der Gegner in Sicht ist! Ausweichmanöver sofort und ausgiebig einleiten! Kraftschiff *muß* Ausweichmanöver durch Schallsignal anzeigen, auch beim Überholen! Möglichst immer hinter dem Heck vorbeifahren! Bei geringerer Entfernung möglichst nicht mehr auf den Gegner zu drehen, wenn er achterlicher als 50° peilt!

Das nicht ausweichpflichtige Fahrzeug *muß* zur Abwendung eines Zusammenstoßes durch geeignete Manöver beitragen, wenn das Manöver des ausweichpflichtigen Fahrzeuges allein nicht ausreicht.

Verhalten gegenüber Seeflugzeugen. Man bedenke, daß Seeflugzeuge beim Landen, Starten oder bei widrigem Wetter nicht fähig sind, das jeweils eingeleitete Manöver kurzfristig zu ändern. Im übrigen aber soll sich ein Seeflugzeug auf dem Wasser von allen Schiffen freihalten und sie nicht behindern. Wenn aber unmittelbare Kollisionsgefahr besteht, gilt das Seeflugzeug als Kraftschiff, und es gelten dann die gewöhnlichen Ausweichregeln.

Ausweichen von Schiffen beim Zusammentreffen mit Kriegsschiffsverbänden. Es ist gefährlich, sich einem Verbande von Kriegsschiffen derartig zu nähern, daß die Möglichkeit des Zusammenstoßes eintritt, oder zu versuchen, nahe vor einem derartigen Verband vorbeizufahren oder ihn zu durchbrechen. Dies gilt besonders bei Minensuchverbänden.

Vermeide auch die Annäherung an *U-Boote.* Bei der Annäherung an Küsten und besonders an Kriegshäfen halte man gut Ausschau nach U-Booten!

Verhalten gegenüber Kabellegern und Kabeln. Mit der Arbeit beschäftigten Kabellegern muß man 1 sm aus dem Wege gehen, etwa ausgelegten Kabelbojen $^1/_4$ sm. Geräte und Netze der Fischer müssen in gleichen Entfernungen gehalten werden, jedoch muß den Fischereifahrzeugen 24 Stunden Zeit zur Räumung der Geräte gelassen werden (Internationaler Vertrag zum Schutze unterseeischer Telegraphenkabel). Ist ein Netz beim Fischen oder ein Anker an einem ausliegenden Kabel festgeraten, so versuche man, ohne Gewaltanwendung freizukommen. Ist dies nicht möglich, so muß man Netz oder Anker schlippen. Ersatz wird durch zuständige Behörde erstattet. Auf jeden Fall aber innerhalb 24 Stunden nach Ankunft im nächsten Hafen bei Postbehörde oder Konsul Meldung erstatten! Genaue Ortsangabe ist erforderlich.

Kursänderungssignale eines Kraftschiffes. Sind Fahrzeuge *einander ansichtig, so muß* ein in Fahrt befindliches Kraftschiff seine Kursänderung durch folgende Signale (*kurze Töne von ungefähr 1 s Dauer*) mit der Pfeife oder Sirene anzeigen:

kurz . . . . Ich ändere meinen Kurs nach Steuerbord.
kurz, kurz . . . . . . Ich ändere meinen Kurs nach Backbord.
kurz, kurz, kurz . . . Meine Maschine geht rückwärts.

Einem etwa bei Nebel noch nicht in optischer Sicht befindlichen Schiffe auszuweichen und dies durch Kurssignale anzuzeigen, ist ein grober seemännischer Fehler.

Wenn ein Kraftschiff, das Wegerecht hat, im Zweifel darüber ist, ob der Gegner ein Ausweichmanöver unternimmt, darf es als Warnsignal mindestens *5 kurze Töne* mit der Pfeife geben.

Mäßige Geschwindigkeit und Manövrieren im Nebel. Jedes Fahrzeug muß bei Nebel, dickem Wetter, Schneefall, heftigen Regengüssen oder anderen Umständen, die in ähnlicher Weise die Sicht beeinträchtigen, unter sorgfältigster Berücksichtigung der obwaltenden Umstände und Bedingungen mit *mäßiger Geschwindigkeit* fahren.

Nach den Seeamtssprüchen und Gerichtsurteilen versteht man auf Revieren und in *belebten Gewässern* unter mäßiger Geschwindigkeit eine solche, bei der man das Schiff innerhalb der *halben Sichtweite* zum Stehen bringen kann. Die Steuerfähigkeit des Schiffes soll gewahrt bleiben. Radarschiffe s. S. 5.

Ein Kraftschiff, das anscheinend vorlicher als querab das Nebelsignal eines Fahrzeugs hört, dessen *Lage* nicht auszumachen ist[1], *muß*, wenn es die Umstände gestatten, *seine Maschine stoppen und dann vorsichtig manövrieren*, bis die Gefahr des Zusammenstoßes vorüber ist.

Maßnahmen bei Annäherung an eine Nebelbank oder beim Fahren im Nebel: 1. Mit *mäßiger Geschwindigkeit* fahren, nicht nur die Geschwindigkeit mäßigen.

2. Vorgeschriebene Nebelsignale geben.

3. Ausguck auf der Back aufziehen lassen, wenn Wetterlage es erlaubt. Bei Annäherung eines fremden Fahrzeuges von achtern unter Umständen zusätzlich Ausguck am Heck besetzen. Vor dem Aufziehen über Aufgaben unterrichten. Nötigenfalls Megaphon mitgeben.

4. Kapitän rechtzeitig benachrichtigen.

5. Maschinenleitung benachrichtigen und Uhren vergleichen.

6. Radar auf etwa 10-sm-Bereich einschalten und in belebten Gewässern möglichst durch wachfreien Offizier besetzen.

7. Störgeräusche nach Möglichkeit abstellen.

8. Etwa vorhandene Schottüren schließen.

9. Kammertüren überhaken, damit sie nach einer etwaigen Kollision nicht klemmen.

10. In wenig belebten Gewässern FT-Meldung über Position und Kurs abgeben und solche Meldungen von anderen Schiffen aufnehmen.

11. Tagebucheintragung über Nebelsignale und Fahrt des Schiffes.

Die *obwaltenden Umstände und Bedingungen*, nach denen sich die Geschwindigkeit richten soll, sind:

1. Dichte des Nebels und Sichtweite; allgemeine Wetterlage.

2. Erwarteter oder festgestellter Verkehr.

3. Manövrierfähigkeit, insbesondere Schwenkgeschwindigkeit, Rückwärtskraft, Ausführungsverzug und Stoppstrecke mit Rücksicht auf den jeweiligen Tiefgang (Manövriertabellen studieren!).

4. Nähe von Land, Stromversetzung, Eisberggefahr usw.

5. Hörbarkeit fremder Nebelsignale (Störgeräusche) und Güte des eigenen Nebelsignals.

6. Nachrichten über Schiffe in der Nähe (z. B. im Atlantik).

7. Ausrüstung mit Radar.

Verhalten im Nebel auf Radar-Schiffen[2, 3]. Die Schiffssicherheitskonferenz 1948 hat festgestellt, daß die Radarerfahrungen noch keine gesetz-

---

[1] Unter *Lage* verstehe man nicht nur Peilung, Abstand, Kurs und Geschwindigkeit eines Gegners, sondern vor allem auch dessen gegenwärtiges Verhalten, das vorläufig nur mit dem Auge erkannt werden kann.

[2] Siehe Kapt. HELMERS in: Hansa 1954, S. 2209ff.

[3] Siehe auch amtliches Merkblatt „Verhalten von Radarschiffen bei Nebel" auf S. 582 und 583.

liche Regelung hinsichtlich der SSO zulassen, daß ferner Radar ein großes Hilfsmittel für die Schiffahrt ist, daß aber jeder Kapitän verpflichtet ist, Artikel 15 und 16 SSO streng zu befolgen.

Das Bundesoberseeamt hat für das Verhalten auf Radarschiffen folgende Forderungen aufgestellt:

1. Das Radargerät *muß* bei unsichtigem Wetter eingesetzt werden.

2. Der Wachhabende soll nicht zugleich das Radargerät bedienen.

3. Die Zusammenarbeit zwischen dem Radarbeobachter und dem Wachhabenden muß geübt werden.

Nach einem amerikanischen Urteil liegt Fahrlässigkeit vor, wenn ein ausgefallenes Radargerät nicht bei erster Gelegenheit repariert wird.

Kollisionen verhütet man weitgehend, indem man *alle* Umstände und Bedingungen richtig beurteilt, also auch die Möglichkeiten des Radar.

Geschwindigkeit mit Radar: 1. Es kann nicht grundsätzlich gefordert werden, im Nebel so langsam zu fahren, daß das Schiff auf halber Sichtweite zum Stehen zu bringen ist. Es würde sonst in Nebelgebieten gefährliche Ansammlungen von Schiffen geben. Geringste Sichtweite macht es häufig sowieso unmöglich, „auf halber Sichtweite" zu fahren weil ein Schiff steuerfähig bleiben muß. Solange keine fremden Nebelsignale zu hören sind, kann gegen die Fahrtstufe L V mit kurzen Unterbrechungen auch bei Schiffen ohne Radar selbst in belebten Gewässern nichts eingewendet werden.

2. Unter gewöhnlichen Verhältnissen im freien Seeraum wird niemand mit Radar so langsam fahren wie ohne Radar, sofern das Gerät gut ortet und sachgemäß bedient wird. Es ist auch ungefährlich, wenn nicht die Wetterlage, z. B. durch Seegangstörung, frühzeitiges Orten erschwert oder unmöglich macht.

3. In belebten Gewässern muß man wissen, ob man mit kleinen Fahrzeugen wie Fischern zu rechnen hat und in welcher Entfernung diese gewöhnlich vom Radar zuerst angezeigt werden. Vorsicht, wenn sie durch Seegangstörung, Regen usw. verdeckt werden können! Mastschatten sind häufiger als sonst durch entsprechende Kursänderungen auszumanövrieren. Solange trotz Berücksichtigung dieser Punkte keine Gefahr erkennbar ist, kann man auch hier etwas schneller fahren als ohne Radar, weil man beim Erkennen von Schiffszielen schon viel frühzeitiger sich auf vorsichtiges Manövrieren einstellen kann, als wenn man sich nur auf das Ohr verlassen müßte. Unter normalen Wetterverhältnissen darf man auch bei größeren Schiffen nur auf 1,5 bis 2 sm mit der Hörbarkeit von Nebelsignalen rechnen. Man denke aber an Fischer und sonstige Kleinfahrzeige mit schwachen Nebelsignalgeräten.

4. Die mäßige Geschwindigkeit sollte in jedem Falle der eines Schiffes ohne Radar entsprechen, wenn man im 8—10-sm-Bereich mit dem Radar Schiffsziele voraus festgestellt hat, es sei denn, daß sie von vornherein

z. B. durch eine große, auswandernde Seitenpeilung als ungefährlich ausgemacht werden. Kommen die Echos auf die Schirmmitte zu, wird man so eindringlich gewarnt, daß man sofort auf eine Fahrt geht, mit der man sich sicher fühlt und nötigenfalls das Schiff schnell zum Stehen bringen kann. Auch jetzt darf das Ausmanövrieren der Mastschatten nicht vergessen werden. Bei Bedarf sollte man hin und wieder die Maschine stoppen, um die erwarteten Nebelsignale ausmachen zu können.

5. Beim Hören eines fremden Nebelsignals muß auch auf einem Radarschiff sofort die Maschine gestoppt werden, es sei denn, daß es achterlicher als querab zu hören ist oder die Lage des Gegners erkennbar ist. Nicht vorgeschrieben ist, wie lange die Maschine gestoppt bleiben muß. Unter Umständen muß man rückwärts arbeiten, um die Fahrt aus dem Schiff zu bringen. Entsprechendes gilt, wenn man nichts hört, aber ein Radarziel in der Nähe ortet.

6. Von jetzt ab oder wenn man nichts hört, aber Entfernungen unter 2 sm mißt, muß man nach Art. 16, 2 SSO vorsichtig manövrieren, bis die Gefahr eines Zusammenstoßes vorüber ist. Darunter ist zu verstehen, daß man auch auf einem Radarschiff so manövrieren muß, daß man es innerhalb der halben Sichtweite zum Stehen bringen kann. Wenn das bei zu geringer Sichtweite wegen Verlustes der Steuerfähigkeit nicht möglich ist und die Radarbeobachtung kein Auswandern der Peilung ergibt, bleibt nur übrig, das Schiff gestoppt hinzulegen. Das Nebelsignal von zwei langen Tönen darf erst gegeben werden, wenn die Fahrt ganz aus dem Schiff *und* die Maschine gestoppt ist. Sollte man einen Gegenkommer in der Peilung recht voraus haben, wird die Peilung auch jetzt noch nicht auswandern. Trotzdem kann in dieser Lage auch dem Radarschiff nichts anderes geraten werden, weil es die Rechtsprechung einmütig verurteilt, wenn „Ausweichmanöver" gefahren werden, bevor der Gegner in Sicht ist. Man kann jetzt nur noch mit ganz kleinen Schlägen sich so langsam wie möglich an den Gegner herantasten, bis man ihn sieht. Hierbei wird das Radargerät eine große Hilfe sein. Da in solcher Lage eine Kollision manchmal nicht vermieden werden kann, wird nachstehend auf Kursänderungen eingegangen.

Kursänderung auf Grund von Radarortungen: Wenn nach der internationalen Rechtsprechung Kursänderungen in Hörweite fremder Nebelsignale praktisch unzulässig sind, so darf daraus nicht ohne weiteres gefolgert werden, daß man außerhalb der Hörweite den Kurs z. B. auf Grund von Radarortungen ändern darf. Verboten ist weder das eine noch das andere. Vielmehr wird nach der seemännischen Praxis geurteilt und festgestellt, ob eine Kursänderung ursächlich oder mitursächlich für den Zusammenstoß gewesen ist.

Man geht bei einer Kursänderung sicher, wenn man verschiedene Punkte beachtet:

1. Die Sicherheit des Schiffes kann eine Kursänderung vor dem Sichten des Gegners nur dann notwendig machen, wenn eine gefähr-

liche Lage durch ein anderes Mittel, wie Fahrtverminderung oder Stoppen, nicht abgewendet werden kann. Gegenüber einem einzigen Schiff innerhalb der „Radarsichtweite" dürfte daher — außer bei einem gefährlichen Gegenkommer — kaum eine Kursänderung notwendig werden.

2. Ein erfahrener Radarbeobachter muß ständig am Gerät und mit Radarzeichnen vertraut sein (s. MK I, 5. Auflage, S. 194).

3. Man muß den Seeraum mit Radar einwandfrei überwachen können (Seegangsstörungen usw., Mastschatten).

4. Kurse und Geschwindigkeiten der Gegner müssen aus mindestens drei Peilungen mit genügendem zeitlichen Abstand festgestellt worden sein.

5. Besondere Vorsicht gegenüber rücksichtslosen Fahrern und bei ihnen mit unberechenbaren Maßnahmen rechnen. Die gleiche Vorsicht ist geboten, wenn bei den Gegnern Kursänderungen festgestellt worden sind.

6. Nach der Kursänderung muß noch genügend Zeit zur Kontrolle des Erfolges sowie zum weiteren Überwachen der Gegner verbleiben. Daraus folgt, daß man unter einer Entfernung von 3—5 sm, je nach der Annäherungsgeschwindigkeit, im allgemeinen den Kurs beibehalten sollte. (Zwei Schiffe als Gegenkommer mit je 7,5 kn Fahrt kommen einander alle 4 Minuten um 1 sm näher.)

7. Keinesfalls mehr den Kurs ändern, wenn vorderlicher als dwars Nebelsignale zu hören sind. Es ist immer wieder zu betonen, daß jetzt die Maschine zunächst gestoppt werden muß.

8. Auch bei den Gegnern Radar und etwaige Absichten zur Kursänderung voraussetzen. Daher möglichst nur dann eine Kursänderung machen, wenn beim Sichten sowieso eine Ausweichpflicht entstehen würde.

9. Eine etwaige Kursänderung soll gut frei von einem Kollisionspunkt führen. Sie sollte daher etwa das Doppelte des Peilwinkels betragen, jedoch mindestens 30° über die Seitenpeilung hinaus gehen, damit eine überzeugende Klärung der Lage entsteht. Sie sollte nach der Seite führen, nach der man auch nach den Ausweichregeln gehen würde.

10. Die Kursänderung darf nicht zu einer Annäherung an dritte und vierte Schiffe führen, von denen man vorher gut klar war.

11. Aus Radarortungen darf man keine Ausweichpflicht herleiten. Diese entsteht erst beim Sichten nach den Regeln der SSO.

Bemerkungen zum Fahren in Kanälen, Flußmündungen und engen Revieren. 1. *Rechte* Fahrwasserseite einhalten; Segelfahrzeugen aber ausweichen! Im allgemeinen *links überholen*!

2. *Vor* dem Einlaufen in solche Fahrwasser muß man sich *eingehend* an der Hand von Segelanweisungen oder der Seehandbücher unterrichten über den anzutreffenden Strom, die anzuwendende Navigierung, die dort geltenden gesetzlichen Bestimmungen usw.

3. Man nehme, wenn angängig, einen Lotsen oder ortskundigen Mann an Bord.

Der Lotse ist nur der *Berater* des Kapitäns oder des wachhabenden Nautikers. In erster Linie wird für jeden Schaden die Schiffsleitung zur Verantwortung gezogen, dann erst der Lotse.

Lotsgeldzwang bedeutet, daß das Schiff, einerlei, ob es einen Lotsen an Bord nimmt oder nicht, die Kosten für einen Lotsen tragen muß. Der Kapitän wird auf den Revieren, wo Lotsgeldzwang herrscht, daher stets besser tun, einen Lotsen zu nehmen.

Man gebe, solange ein Lotse an Bord ist, kein Manöverkommando, ohne den Lotsen davon zu benachrichtigen.

4. Man laufe nicht zu hohe Fahrt, da das Schiff in flachem Wasser schlecht steuert und leicht ausschert. Bei zu schnellem Fahren können infolge des Sogs leicht Beschädigungen an zusammenhängenden oder vertäuten Schiffen oder am Ufer entstehen. *Für solche Schäden ist das Schiff haftbar!*

5. Achte darauf, ob Fahrzeuge im Fahrwasser oder Stellen an Land Signale wie „Langsame Fahrt laufen", „Mit gestoppter Maschine passieren" usw. gesetzt haben.

6. Bagger in Tätigkeit sind stets mit langsamster Fahrt und größtmöglichem Abstand zu passieren. Man unterrichte sich rechtzeitig über die Signale solcher Bagger usw.

7. Beachte die Stellen, wo Seekabel ausgelegt sind, und vermeide das Ankern in deren Nähe! Diesbezügliche Signale und Schilder beachten!

8. Überhole auf engen Revieren *nur in dringenden* Fällen und stets mit größter Vorsicht! In Fahrwasserkrümmungen oder Engen ist das Überholen zu unterlassen! Besondere Vorsicht verlangt das Überholen von Schleppzügen!

9. Eine halbe Seemeile vor dem Erreichen einer *unübersichtlichen Krümmung* muß ein Kraftschiff einen langen *Achtungston* geben, der von einem etwa in oder hinter der Krümmung befindlichen Kraftschiff erwidert werden muß. Krümmung mit größter Vorsicht passieren!

Verpflichtung der Schiffseigentümer und Kapitäne. Der Eigentümer *und* der Führer eines Fahrzeuges haften dafür, daß die zur Lichterführung und zum Signalgeben nötigen Lampen und Apparate vollständig und in brauchbarem Zustande an Bord sind.

Im übrigen obliegt die Befolgung der SSO dem Führer des Fahrzeuges. Führer ist der Kapitän oder dessen berufener Vertreter.

Lichterführung und Nebelsignale.

Allgemeines über Positionslaternen. Die für die Schiffahrt gesetzlich vorgeschriebenen Laternen müssen nach den Vorschriften der SSO eingerichtet und nach den UVV der SBG von dem DHI oder einer seiner

Dienststellen geprüft und in Ordnung befunden sein. Die darüber erhaltenen Atteste müssen an Bord aufbewahrt werden.

Die vorgeschriebenen Lichter sind bei jedem Wetter von Sonnenuntergang bis Sonnenaufgang zu führen. Es empfiehlt sich, die Lichter bei nebligem oder trübem Wetter auch bei Tage zu führen.

Auf die richtige Abblendung der Seitenlaternen durch die vorgeschriebenen Schirme ist besonders zu achten!

Bei Laternen mit elektrischer Beleuchtung muß eine Notbeleuchtung durch Petroleum vorhanden sein. Bei Petroleumlampen muß die Flamme 4 cm hoch mit weißem Lichte brennen. Solche Lampen müssen alle 4 Stunden nachgesehen werden; wenn nötig, muß dabei jedesmal die Kruste vom Dochte entfernt werden, ohne daß die Flamme erlischt.

Die Mitte der Lichtquelle muß in die waagerechte Ebene fallen, die man sich durch die Mitte des Mittelglases (= Mittellinse) der Lampe gelegt denkt.

Muß man die elektrische Birne einer Lampe auswechseln, so muß man dafür eine gleiche einsetzen, wie sie bei der Prüfung der Laterne verwendet wurde, damit die Glühfäden der Birne sich wieder in der gleichen Höhe befinden. Bei elektrischen Lampen muß die im Attest angegebene elektrische Spannung zur Verwendung kommen, damit die Lampe entsprechend brennt. Niemals eine geringere Spannung verwenden! Ein Spannungsabfall von 20 % vermindert die Helligkeit um 35—50 %! Bei Seitenlaternen darf das Leitungskabel nicht durch den Laternenboden, sondern nur durch die Seitenwand oder das Laternendach hindurchgeführt werden.

Zur Kontrolle des Brennens der elektrischen Positionslampen dienen Kontrollampen im Ruderhaus; es werden auch akustische Signalanlagen verwendet.

Die Sichtweite von Lichtern in Laternen mit geschliffenen oder gepreßten Linsen nimmt sehr schnell ab, wenn diese Laternen geneigt sind. Daher sind besonders die Seitenlaternen stark gekrängter Schiffe schlecht und spät zu erkennen.

Die Helligkeit des Lichtes nimmt ab mit dem Quadrate der Entfernung; Beispiel: Eine Lampe scheint 1 sm weit; damit sie 5 sm weit scheint, muß sie 25mal so hell sein.

Auf Schiffen über 250 BRT in der Nord- und Ostseefahrt und der Kleinen Küstenfahrt dürfen die Ankerlampen auch als Fahrtstörungslampen (Manövrierunfähigkeitslampen) benutzt werden.

Die farbigen Einsatzgläser müssen ausreichende Lichtdurchlässigkeit und einwandfreie Farbwirkung gewährleisten. Bei Laternen, die für Petroleumlicht und elektrisches Licht benutzbar sind, müssen sie für beide Lichtarten genügen.

Nach jeder Reparatur an einer Laterne muß man diese durch eine amtliche Stelle prüfen lassen. Alle Prüfungsscheine von Positionslaternen verlieren nach 5 Jahren ihre Gültigkeit. *Der guten Behandlung der Positionslaternen schenke man größte Beachtung*!

Mindesttragweite, Leuchtwinkel und -stärke der Positionslaternen

Zulassungsbedingungen des DHI vom 1. August 1958[1].

Laternenart	Seestraßenordnung schreibt vor			Zu verwendende Lichtquellen		Bemerkungen 26 cd = 25 – 32 HK 13 cd = 16 HK
	in Artikel	Mindesttragweite sm	waagerechter Leuchtwinkel Bogengrade	Größe des Petroleumrundbrenners[2] '''	Elektrische Röhrenlampe[3] Candela	
Topplaterne	2	5	225	14	26	
Einfarbige Seitenlaterne	2	2	112,5	14	26	
Fahrtstörungslaterne	4	2	360	10	26	Für Fahrzeuge bis 250 BRT 8''' bzw. 13 cd
Topplaterne	7	3	225	8	13	für Kraftschiffe unter 113 m³
Einfarbige Seitenlaterne	7	1	112,5	8	13	für Kraftschiffe unter 113 m³
Doppelfarbige Seitenlaterne	7	1	2×112,5	8	13	für Kraftschiffe unter 113 m³ und Segler unter 57 m³
Hecklaterne	10	2	135	10	26	kleinere Fahrzeuge unter 57 m³ 8''' bzw. 13 cd
Ankerlaterne	11	3[4]	360	10	26	kleinere Fahrzeuge 8''' od. 13 cd
Fischerlaterne	9	3[4]	360	10	26	kleinere Fahrzeuge 8''' od. 13 cd
Fischtopplaterne	9	2	90 + 45 + 90	14	26	
Lotsenlaterne weiß	8	3	360	10	26	
Lotsenlaterne, rot	8	3	360	10	26	

[1] Auf Grund der Verordnung über Positionslaternen vom 11. Juli 1958.

[2] Ein 8''' Rundbrenner verbraucht in 1 Brennstunde ~38 cm³, ein 10''' Rundbrenner ~44 cm³ und ein 14''' Brenner ~56 cm³ Petroleum.

[3] Es sind als Glühlampen für Positionslaternen nur Navigationsglühlampen (DIN 49841) zugelassen. Diese haben den Aufdruck P, Lichtstärke in cd und die Betriebsspannung, z. B.: P 26 cd 110 V.

[4] Alle Rundumlaternen werden einheitlich auf eine Mindesttragweite von 3 sm geprüft.

Lichterführung und Tagsignale[1, 2].

Segler in Fahrt.

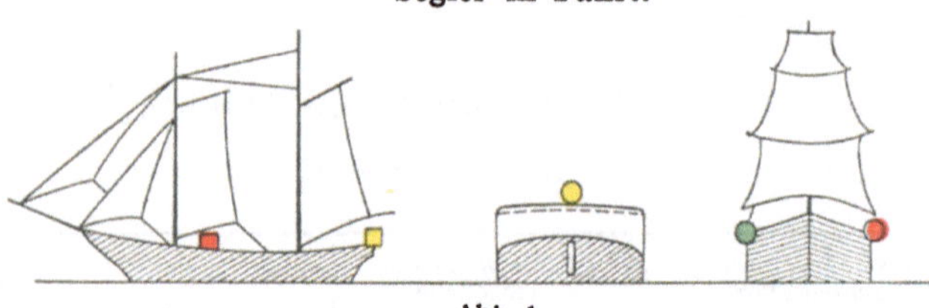

Abb. 1.

1. Seitenlichter: Schein von recht voraus bis 2 Strich achterlicher als dwars, mindestens 2 sm sichtbar. Die Laternenbretter müssen bei den Seitenlichtern mindestens 0,91 m vor dem Lichte vorausragen.

2. Hecklicht: Schein 6 Strich nach jeder Seite, mindestens 2 sm sichtbar.

Nebelsignale mit dem Nebelhorn. Mindestens jede min:

Auf Stb-Hals: ▬

Auf Bb-Hals: ▬ ▬

Mit dem Wind achterlicher als dwars: ▬ ▬ ▬

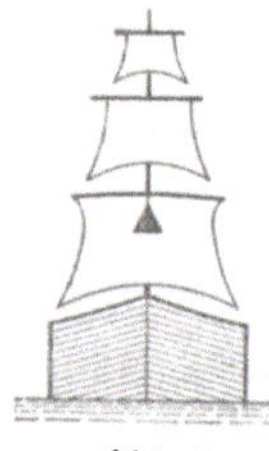

Abb. 2.

Ein Fahrzeug unter Segel und mit gleichzeitig laufendem Motor muß bei Tage einen schwarzen, mit der Spitze nach oben gerichteten Kegel an einer Stelle im Vorschiff führen, wo er am besten zu sehen ist. Der Durchmesser der Kegelrundfläche muß mindestens 0,61 m betragen. Nebelsignale und Lichterführung wie Kraftschiff.

Fahrzeuge mit Maschinenantrieb in Fahrt (Kraftschiffe).

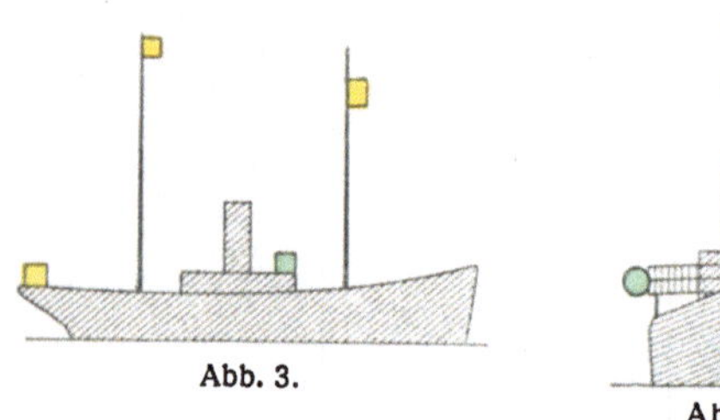

Abb. 3.

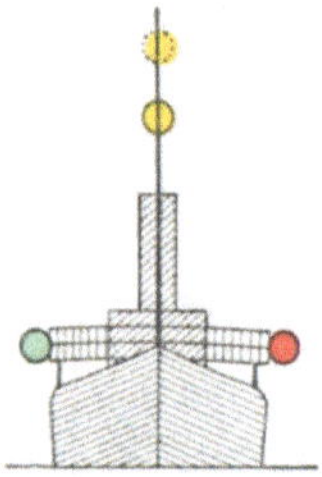

Abb. 4.

Seitenlichter und Hecklicht wie Segler.

Vorderes Topplicht: Schein 10 Strich nach jeder Seite; mindestens 6,1 m hoch; wenn Schiff breiter als 6,1 m, der Breite gleichkommend; braucht nicht höher als 12,2 m zu sein; mindestens 5 sm sichtbar.

Nebelsignale mit der Pfeife oder Sirene. Mindestens alle 2 min:

Fahrt durchs Wasser ▬ (4–6 sek Dauer).

Keine Fahrt durchs Wasser u. Maschine gestoppt:

▬ ▬ (1 sek Zwischenpause).

[1] Die Abb. 1—19 sollen einen Überblick über die Gesamtlichterführung der einzelnen Fahrzeuge geben und bilden deshalb in einigen Fällen nicht nur *die* Lichter ab, die aus einer bestimmten Richtung zu sehen sind. Zum Beispiel dürfen bei „Segler in Fahrt", von der Seite, Seiten- und Hecklicht nicht gleichzeitig zu sehen sein.

[2] Die in der SSO bei den jeweiligen Artikeln angegebene, ähnliche Lichter- und Signalführung der *Seeflugzeuge* ist hier nicht behandelt.

Auf Schiffen ab 45,75 m Länge ein zweites Topplicht; beide müssen in der Kiellinie angebracht sein, das hintere wenigstens 4,57 m höher als das vordere; die horizontale Entfernung muß mindestens 3mal so groß sein wie die vertikale. Schiffe unter 45,75 m Länge dürfen das zweite Topplicht führen.

Schleppzüge.

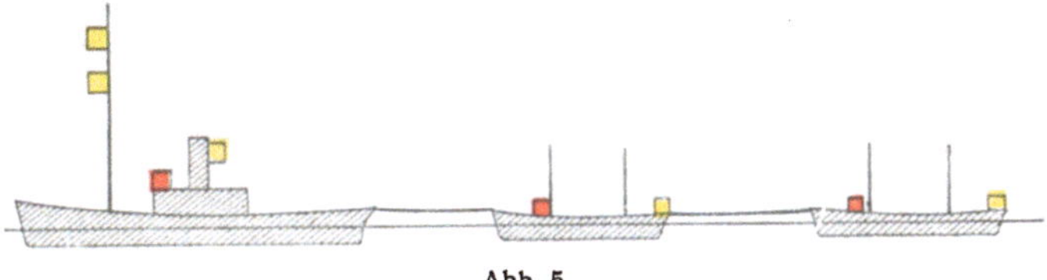

Abb. 5.
Schleppzug unter 183 m Länge ab Schlepperheck

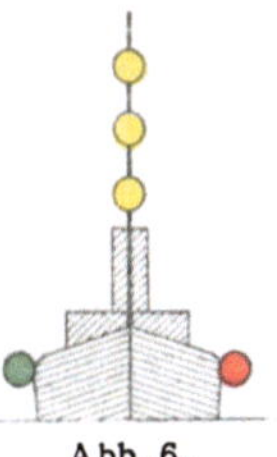

Abb. 6.
Schleppzug über 183 m Länge ab Schlepperheck, mit mehreren Fahrzeugen.

Abstand der Schlepperlichter mindestens 1,83 m. Schlepper und geschleppte Fahrzeuge dürfen statt des Hecklichtes ein kleines Steuerlicht führen, nicht weiter nach vorn als querab sichtbar. Das letzte geschleppte Fahrzeug muß aber das richtige Hecklicht führen, nach der SSchSO aber jedes Fahrzeug des Schleppzuges. Der Schlepper darf außer den Schlepperlichtern das zweite Topplicht (im 2. Mast) führen.

Wenn 2 Fahrzeuge nebeneinander gekoppelt von einem Schlepper geschoben werden, führt jedes Fahrzeug vorne nur das äußere Seitenlicht. Wird z. B. ein Fahrzeug von einem Längsseitsschlepper über den Achtersteven geschoben, muß es die Seitenlampen vertauschen und umdrehen. (Reservelaternen benutzen!). Nach der SSchSO gilt dies aber nicht für ein bugsiertes Kraftschiff mit betriebsklarer Maschine.

Nebelsignale.
Mindestens jede min:

Schlepper: — • • mit der Pfeife.

Geschleppte Fahrzeuge, bei mehreren das letzte, — • • • mit der Pfeife oder dem Nebelhorn, möglichst anschließend an das Signal des Schleppers.

Manövrierunfähiges Fahrzeug[1].

2 rote Lichter an bestsichtbarer Stelle, sichtbar mind. 2 sm über den ganzen Horizont.

Hecklicht, wenn in Fahrt.

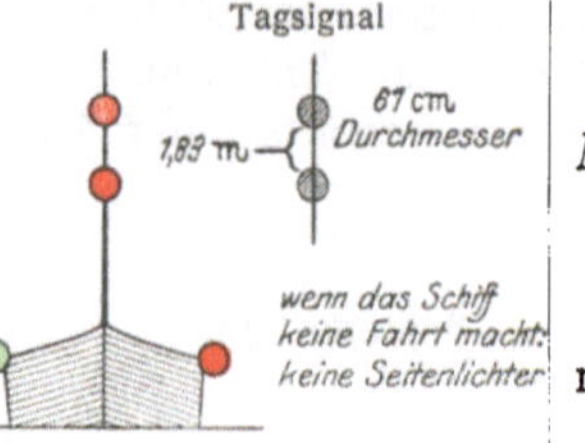

Abb. 7.

Nebelsignale.
Mindestens jede min:

▬ • •

(Kraftschiffe mit Pfeife, Segler mit Nebelhorn.)

Kabelleger, Tonnenleger, Vermessungs- und Taucherfahrzeuge.

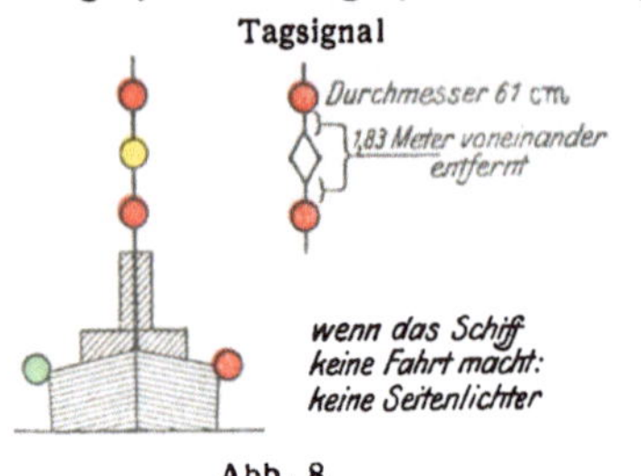

Abb. 8.

Nebelsignale.

Mindestens jede min:

▬ • •

Anstatt der Topplichter eines Kraftschiffes 3 Lichter (rot-weiß-rot) senkrecht untereinander; über den ganzen Horizont sichtbar auf mind. 2 sm; ferner Hecklicht. Zu Anker: rot-weiß-rot und Ankerlichter bzw. -signale.

Lotsenfahrzeuge (auf Station).

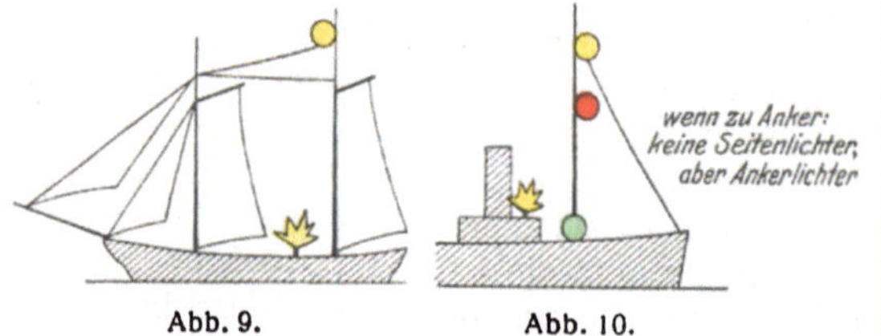

Abb. 9. Abb. 10.

Nebelsignale.
Lotsensegelfahrzeuge wie alle anderen Segler. Lotsenkraftschiffe wie alle anderen Kraftschiffe

Lotsensegelfahrzeuge (auf Station) haben ein weißes, über den ganzen Horizont sichtbares Licht am Masttopp zu führen. Bei Annäherung sind die Seitenlichter kurz zu zeigen. Außerdem müssen sie mindestens alle 10 min ein oder mehrere Flackerfeuer zeigen.

Lotsenkraftschiffe (auf Station) haben 2,4 m unter dem weißen Licht am Masttopp ein über den ganzen Horizont sichtbares rotes Licht zu führen. Statt des Flackerfeuers dürfen sie ein unterbrochenes, helles weißes Licht benutzen.

Sichtweite der Lotsenlichter mindestens 3 sm.

Aus der Allgemeinen Lotsordnung und Lotsensignalordnung vom 20. 9. 55.

---

[1] Ein nicht voll manövrierfähiges Fahrzeug betrachte man als manövrierunfähig!

Signale mit der Bedeutung: „Ich benötige einen Lotsen": (Anforderungssignale auf den einzelnen deutschen Revieren s. SSchSO, Teil II.)

a) bei Tage: die am Vormast geheißte Bundesflagge mit weißem Rand (Lotsenflagge, s. Flaggentafel). Flagge G oder Flaggensignal PT;

b) bei Nacht: alle 15 min Blaufeuer oder Zeigen eines weißen Lichtes über der Reling in kurzen Zwischenräumen jeweils 1 min lang oder Morsebuchstaben PT mit der Morselampe.

c) bei unsichtigem Wetter zusätzlich: mit Pfeife lang, lang, kurz (Morsebuchstabe G, nach dem Text der Verordnung allerdings nur in Verbindung mit Flagge G).

Signale mit der Bedeutung: „Ich möchte einen Lotsen absetzen":

a) bei Tage: halbgehißte Flagge G und bei unsichtigem Wetter mit Pfeife lang, lang, lang;

b) bei Nacht: lang, lang, lang mit Pfeife oder Morselampe.

Nach dem Gesetz über das Lotswesen vom 13. 10. 54 ist der Lotse Berater des Kapitäns. Die Lotsordnungen für die einzelnen Reviere sind Rechtsverordnungen. Zuwiderhandlungen sind mit Gefängnis bedroht. Ausgenommen bei dem Signal Nr. 25 auf S. 24 und ausgenommen im Nord-Ostsee-Kanal sowie auf der Trave besteht auf den deutschen Revieren auch für größere Schiffe keine Verpflichtung, einen Lotsen anzunehmen. Die Lotsgebühr zur Unterhaltung der Einrichtungen auf den Revieren ist aber in jedem Falle zu zahlen, von Schiffen ohne Lotsen auch ein gestaffeltes, vermindertes Lotsgeld.

Ankernde Fahrzeuge (Kraftschiffe und Segler).

Unter 45,75 m lang. 45,75 m und länger.

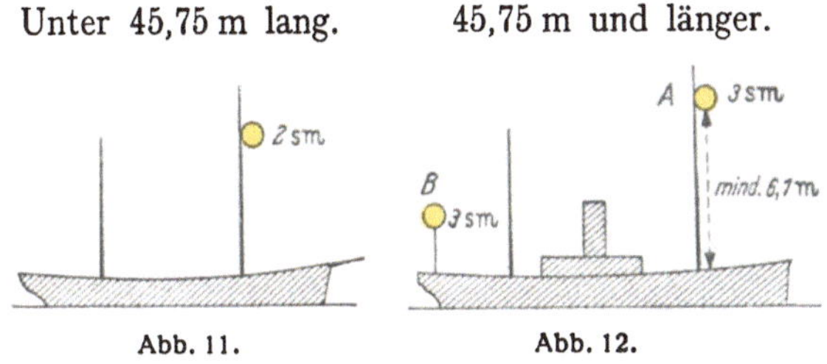

Abb. 11. Abb. 12.

Laterne *B* muß mindestens 4,57 m niedriger als Laterne *A* sein.

Bei Tage: Ankerball.

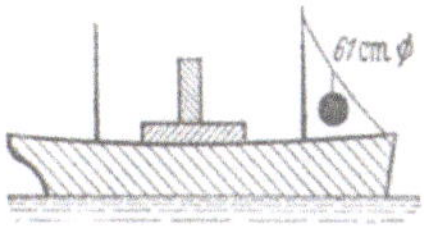

Abb. 13.

Fahrzeuge, die am Grunde festsitzen, müssen außer den Ankerlichtern die zwei roten Fahrtstörungslichter führen, bei Tage an bestsichtbarer Stelle 3 schwarze Bälle von je 61 cm Durchmesser senkrecht untereinander.

Nebelsignale.

Mindestens jede min: die Glocke ungefähr 5 sek lang rasch läuten. Auf Schiffen über 106,75 m Länge zusätzlich achtern Gong oder anderes Instrument schlagen. Jeder Ankerlieger darf außerdem als Warnung • ▬ • mit der Pfeife geben. *Am Grunde festsitzende Fahrzeuge* läuten mindestens jede min 5 sek lang rasch die Glocke mit 3 scharf getrennten Schlägen vorher *und* nachher.

Fischereifahrzeuge (während des Fischens)[1].

Grundschleppnetzfahrzeuge.

Die mit A bezeichneten Lichter müssen über den ganzen Horizont scheinen.

Fischdampfer mit Grundschleppnetz müssen außerdem das Hecklicht führen.

als Kraftschiffe

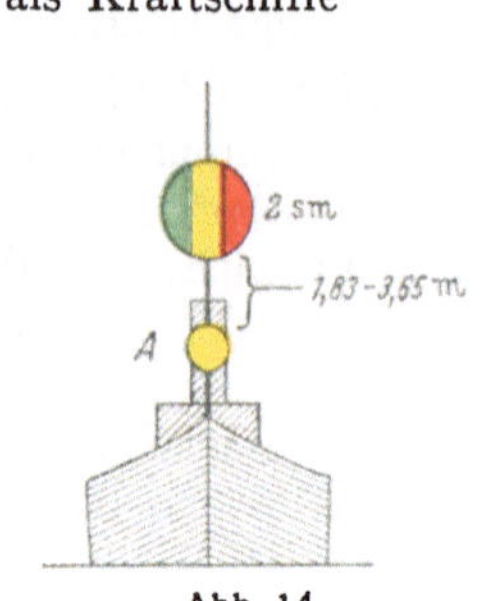

Abb. 14.

Nebelsignale mit der Pfeife bzw. Nebelhorn.

Mindestens jede min: ein (langer) Ton, darauf Läuten der Glocke.

Oder: Auf- und abschwellender Ton.

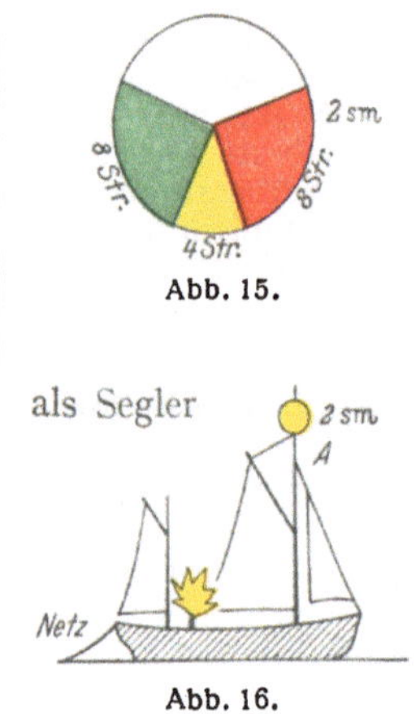

Abb. 15.

Tagsignal für Grundschleppnetzfischer: Korb an der Stelle, wo er am besten gesehen werden kann.

Die Grundschleppnetzsegler müssen ein helles weißes Licht führen und bei Annäherung anderer Fahrzeuge ein Flakkerfeuer zeigen.

Abb. 16.

Nebelsignale mit dem Nebelhorn. Mindestens jede min: ein Ton, darauf Läuten der Glocke.

Starkes Gieren eines Fischdampfers ist gewöhnlich ein Zeichen dafür, daß er mit Aussetzen oder Aufnehmen seines Fanggerätes beschäftigt ist. Dann ist besondere Rücksichtnahme geboten! (Abb. 17).

Beim Wechseln des Fischplatzes (Netz eingeholt) müssen die Lichter für gewöhnliche Fahrzeuge (Dampfer bzw. Segler) gesetzt werden, nicht aber, wenn das Netz sogleich wieder ausgesetzt werden soll und dabei z. B. eine kleinere Verzögerung eintritt. In solchen Fällen, die „die Arbeitsorganisation des Fischens nur unwesentlich beeinträchtigen" (BOS 3. 11. 56), können die Fischereilichter oder -zeichen stehen bleiben.

---

[1] Angaben über die verschiedenen Fischereigeräte findet man in den Seehandbüchern. Über die deutschen Fischereigeräte geben das Seehandbuch Nordsee-Ostteil und das Seehandbuch Ostsee-Südteil Auskunft.

In spanischen und portugiesischen Gewässern schleppen vielfach 2 Fischdampfer das Netz zwischen sich. Bei Annäherung zeigen sie zur Kenntlichmachung dieses Umstandes Flackerfeuer an *der* Seite, wo das Netz aus ist.

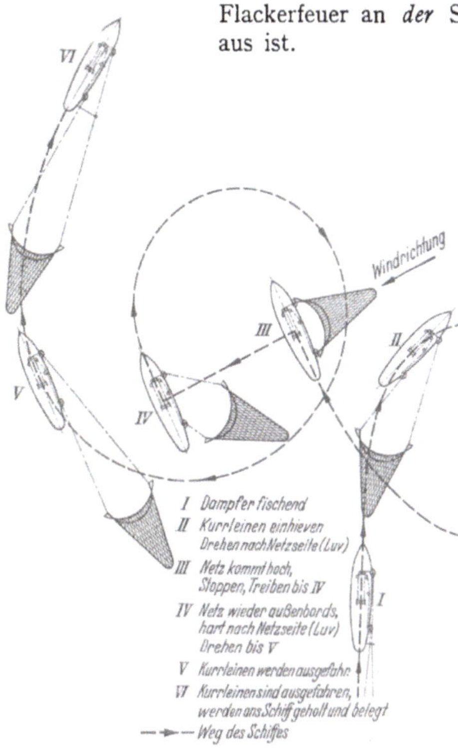

VI
Windrichtung
III
II
V
IV
I
I Dampfer fischend
II Kurrleinen einhieven
Drehen nach Netzseite (Luv)
III Netz kommt hoch,
Stoppen, Treiben bis IV
IV Netz wieder außenbords,
hart nach Netzseite (Luv)
Drehen bis V
V Kurrleinen werden ausgefahr.
VI Kurrleinen sind ausgefahren,
werden ans Schiff geholt und belegt
Weg des Schiffes

Abb. 17. Manöver eines Fischdampfers beim Einholen und Aussetzen des Grundschleppnetzes.

Mit anderen Netzen oder Leinen fischende Fahrzeuge.

a) Netze bzw. Leinen reichen ***n i c h t*** *weiter als 153 m waagerecht ins Wasser.*

Unteres Licht in Richtung des Netzes bei Annäherung anderer Fahrzeuge zeigen. Auf *Fischerbooten* waagerechte Entfernung nur 1,83 m.

A
2 sm
3,05 m
1,83 m
A
Netz

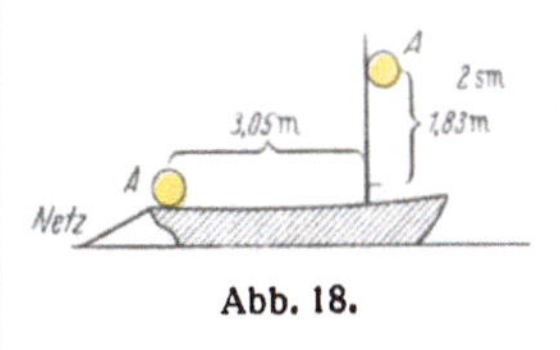

Abb. 18.

Tagsignal:

Korb, wo er am besten gesehen werden kann.
Wenn zu Anker, Korb in Richtung vom Ankerball zum Netz.

b) Netze bzw. Leinen weiter als 153 m waagerecht ins Wasser.

Bei Fahrt durch das Wasser, z.B. beim Ausfahren der Netze oder Leinen, müssen Seitenlichter geführt werden.

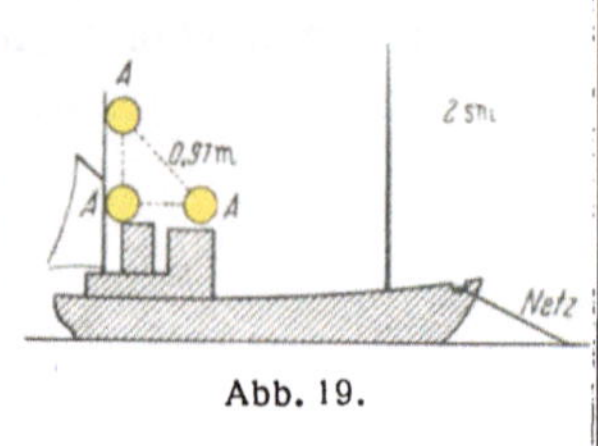

Abb. 19.

Tagsignal:

Korb mindestens 3,05 m hoch im Vorschiff und außerdem Kegel mit der Spitze nach oben, wo er am besten gesehen werden kann.

Wenn zu Anker, Korb in Richtung vom Ankerball zum Netz.

c) Fahrzeuge, die Angelleinen schleppen, führen Lichter wie frei fahrende Kraftschiffe bzw. Segler.

d) Fischende Fahrzeuge zu Anker führen die vorgeschriebenen Ankerlichter und zeigen bei Annäherung eines Fahrzeugs mindestens 1,83 m tiefer als das vordere Ankerlicht und mindestens 3,05 m waagerecht von diesem ein zusätzliches weißes Licht in Richtung des Fanggerätes. Bei Tage Ankerball, ferner Korb in Richtung zum Netz.

Nebelsignal für alle diese Fischereifahrzeuge:

Mindestens jede min: ein (langer) Ton mit Pfeife bzw. Nebelhorn, darauf Läuten der Glocke.

Oder: auf- und abschwellender Ton.

Fischendes Fahrzeug, dessen Netz an einem Hindernis festgekommen ist, führt Lichter bzw. Ankerball eines Ankerliegers.

Nebelsignal: — • • . soll auch bei klarem Wetter bei Annäherung eines Fahrzeugs gegeben werden.

Kleinere Fahrzeuge. a) Kraftschiffe unter 40 BRT müssen führen:

α) im vorderen Teile des Fahrzeuges an bestsichtbarer Stelle in einer Höhe von mindestens 2,75 m über dem Schandeckel ein weißes Licht. Das Licht muß so eingerichtet und angebracht sein wie das Topplicht des alleinfahrenden großen Dampfers; es muß auf mindestens 3 sm sichtbar sein;

Nebelsignale.

Kraftschiffe: wie große Kraftschiffe.

Fahrzeuge unter 20 BRT und Boote: irgendein kräftiges Schallsignal.

β) grüne und rote Seitenlichter, die auf mindestens 1 sm sichtbar sind; oder an deren Stelle 1 doppelfarbige Laterne, die an der betreffenden Seite ein grünes bzw. ein rotes Licht von recht voraus bis zu 2 Strich (22,5°) hinter die Richtung querab zeigt. Diese Laterne muß mindestens 0,91 m unter dem weißen Lichte geführt werden.

γ) Hecklicht, jedoch mit gewöhnlicher Sichtweite von 2 sm.

b) Kleine Boote mit Maschinenantrieb, wie z. B. solche, die von Seeschiffen an Bord geführt werden (auch Motorrettungsboote!), dürfen das weiße Licht niedriger als 2,75 m über dem Schandeckel, jedoch nur über der unter β) erwähnten doppelfarbigen Laterne bzw. über den Seitenlichtern führen.

c) Ruder- und Segelfahrzeuge unter 20 BRT müssen 1 Laterne mit einem grünen Glase auf der einen Seite und mit einem roten Glase auf der anderen führen, Sichtweite mindestens 1 sm. Die Laterne muß derart angebracht sein, daß das grüne Licht nicht von der Backbordseite und das rote nicht von der Steuerbordseite her gesehen werden kann. Ist die feste Anbringung nicht möglich, muß die Laterne bei Annäherung eines Fahrzeugs gezeigt werden.

d) Ruderboote, gleichviel ob sie rudern oder segeln, müssen eine elektrische Lampe oder eine Laterne mit einem weißen Lichte gebrauchsfertig zur Hand haben und zeitig genug zeigen, um einen Zusammenstoß zu verhüten.

Alle diese kleinen Fahrzeuge brauchen bei Manövrierunfähigkeit oder solange sie festsitzen weder die roten Fahrtstörungslichter noch die schwarzen Bälle zu setzen.

Nebelsignale[2].

(Siehe auch S. 12–18.)

A. Pfeifensignale[1]:

mindestens alle 2 min:

— Ein Kraftschiff, das Fahrt durchs Wasser macht.

— — Ein Kraftschiff mit gestoppter Maschine, das in Fahrt ist, aber keine Fahrt durchs Wasser macht.

mindestens jede min — • •
- a) Ein Schlepper mit Anhang.
- b) Ein Kabel- oder Tonnenleger, Vermessungs- oder Taucherschiff.
- c) Ein Kraftschiff, das manövrierunfähig oder manövrierbehindert ist.
- d) Ein fischendes Fahrzeug, dessen Fanggerät an einem Hindernis festgeraten ist.

mindestens jede min — • • • Ein geschlepptes Fahrzeug, bei mehreren das letzte geschleppte Fahrzeug. Wenn möglich, dieses Signal unmittelbar nach dem Signal des Schleppers abgeben!

• — • Warnsignal eines Ankerliegers.

B. Nebelhornsignale, mindestens jede min:

— Ein Segelfahrzeug, das mit Steuerbordhalsen segelt.

— — Ein Segelfahrzeug, das mit Backbordhalsen segelt.

[1] — bedeutet einen langgezogenen Ton von 4—6 sek Dauer.
• bedeutet einen kurzen Ton von etwa 1 sek Dauer.

[2] Zusätzliche Lotsensignale s. S. 15.

▬ ▬ ▬ Ein Segelfahrzeug, das mit dem Winde achterlicher als dwars segelt.

▬ • • a) Ein Segelfahrzeug, das manövrierunfähig oder manövrierbehindert ist.
b) Fischendes Fahrzeug mit festgeratenem Fanggerät.

▬ • • • Ein geschlepptes Fahrzeug (siehe oben).

C. Glockensignale, mindestens jede min:

Rasches Läuten ungefähr 5 sek lang — a) Ein Fahrzeug, das vor Anker liegt.

Auf Fahrzeugen von mehr als 106,75 m Länge zu Anker vorn das Glockensignal, achtern Gong schlagen.

Am Grunde festsitzendes Fahrzeug muß vor *und* nach dem Glockensignal drei scharf getrennte Glockenschläge abgeben.

D. Pfeifen- bzw. Nebelhornsignale und Glockensignale mindestens jede min:

▬ (Pfeife) *und* Glocke: Ein Kraftschiff, das fischt;

▬ (Nebelhorn) *und* Glocke: Ein Segelfahrzeug, das fischt.

Statt dieser Signale können Fischerfahrzeuge Töne mit wechselnder Tonhöhe geben.

E. Irgendein kräftiges Schallsignal, mindestens jede min:

Horn, Gong usw. Kleine Fahrzeuge, auch Fischerfahrzeuge, unter 20 BRT in Fahrt.

2. Wichtiges aus der Seeschiffahrtstraßen-Ordnung[1] (SSchSO)[2].

Die SSchSO dient der Regelung des Verkehrs auf den deutschen Seeschiffahrtstraßen. Sie ist eine Ergänzung der SSO und gilt im Zweifelsfalle vor dieser. Jedes Fahrzeug muß auf deutschen Revieren einen Abdruck der SSchSO an Bord haben. Teil I enthält die für alle deutschen Seeschiffahrtstraßen geltenden Vorschriften über Lichter- und Signalführung, Schallsignale und Fahrregeln, Teil II Sondervorschriften für die einzelnen Reviere. Jeder Nautiker mache sich eingehend mit den Bestimmungen der SSchSO vertraut! Für den Nord-Ostsee-Kanal gilt eine besondere Betriebsordnung!

Die wichtigsten Pfeifen- und Nebelhornsignale der SSchSO[3].

Schallsignale zwischen Eisbrechern und Fahrzeugen siehe Anlage 2 zu § 29 SSchSO.

[1] Verstöße gegen die SSchSO können auch dann strafrechtlich verfolgt werden, wenn sie ohne Folgen geblieben sind (s. S. 69).

[2] Literatur: Kapt. W. Koch: Die Seeschiffahrtstraßenordnung in Frage und Antwort. Hamburg: Eckardt & Messtorff.

[3] Das Institut „Seekarte", Bremen, liefert Papptafeln mit den wichtigsten Signalen der SSchSO zum Aufhängen auf der Brücke.

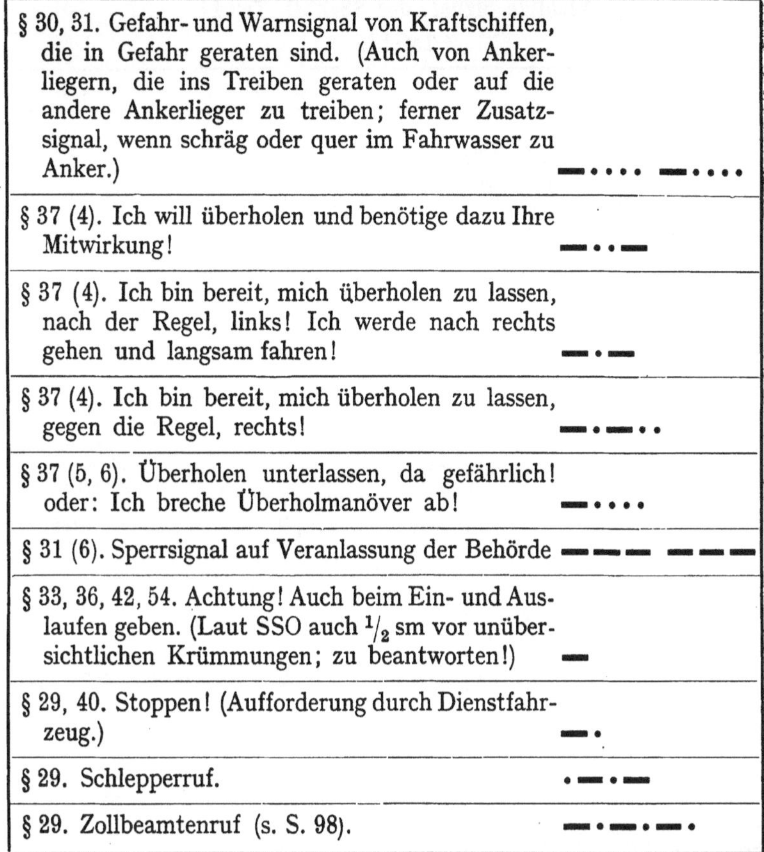

§ 30, 31. Gefahr- und Warnsignal von Kraftschiffen, die in Gefahr geraten sind. (Auch von Ankerliegern, die ins Treiben geraten oder auf die andere Ankerlieger zu treiben; ferner Zusatzsignal, wenn schräg oder quer im Fahrwasser zu Anker.)	— • • • • — • • • •
§ 37 (4). Ich will überholen und benötige dazu Ihre Mitwirkung!	— • • —
§ 37 (4). Ich bin bereit, mich überholen zu lassen, nach der Regel, links! Ich werde nach rechts gehen und langsam fahren!	— • —
§ 37 (4). Ich bin bereit, mich überholen zu lassen, gegen die Regel, rechts!	— • — • •
§ 37 (5, 6). Überholen unterlassen, da gefährlich! oder: Ich breche Überholmanöver ab!	— • • • •
§ 31 (6). Sperrsignal auf Veranlassung der Behörde	— — — — — —
§ 33, 36, 42, 54. Achtung! Auch beim Ein- und Auslaufen geben. (Laut SSO auch $^1/_2$ sm vor unübersichtlichen Krümmungen; zu beantworten!)	—
§ 29, 40. Stoppen! (Aufforderung durch Dienstfahrzeug.)	— •
§ 29. Schlepperruf.	• — • —
§ 29. Zollbeamtenruf (s. S. 98).	— • — • — •

Nebelsignale. Ein Fahrzeug, das in Fahrt mit betriebsklarer Maschine ist und sich eines oder mehrerer Fahrzeuge mit Maschinenantrieb zur Unterstützung bedient, hat bei Nebel die Schallsignale eines alleinfahrenden Kraftschiffes zu geben. Weitere Nebelsignale siehe Tafel II und III.

Polizeifahrzeuge führen bei Nacht über dem Dampferlicht ein *blaues* Licht (§ 7).

Zollfahrzeuge s. S. 98.

Die wichtigsten Fahrregeln.

Vorsichtig fahren. Auf den deutschen Seeschiffahrtstraßen darf nur mit größter Vorsicht und muß nötigenfalls mit mäßiger Geschwindigkeit gefahren werden. In Fällen, in denen die SSchSO eine Herabsetzung der Fahrt vorschreibt, muß diese nötigenfalls auf das geringste Maß herabgesetzt werden, das erforderlich ist, um das Fahrzeug steuerfähig zu erhalten.

Wichtige Signale der SSchSO, Teil I[1].

Tafel I.

Bedeutung	Tagsignal	Nachtsignal
§ 14. *Wegerechtschiffe,* nur wenn Lotse an Bord. Alle Fahrzeuge müssen aus dem Wege gehen. Rotes Licht mindestens 2 m höher als die hintere Topplampe.	Vortopp	Vortopp
§ 16. *1. Fahrzeuge mit Munition, Sprengstoff usw.* *2. Tankfahrzeuge mit leicht entzündlicher Ladung* oder noch nicht entgast. Rotes Licht mindestens 2 m höher als die hintere Topplampe.	Vortopp	Vortopp
§ 18 (2). *Regulieren* nautischer Instrumente.		Wenn schräg oder quer im Fahrwasser, am Heck Laterne auf und nieder bewegen
§ 18 (1). *Vor Anker liegend,* nur wenn schräg oder quer im Fahrwasser: *Nebelsignal:* Läuten der Glocke und 3 Einzelschläge zusätzlich ▬ • • • • ▬ • • • • mit Pfeife erlaubt.		Wie vor
§ 20. *Warnsignal bei Schiffahrtsbehinderung.* Sondersignale für einzelne Revierteile s. Teil II der SSchSO.		
§ 23. *Langsam vorbeifahren!* (Bauwerke, Anlagen, Schiffsliegeplätze, ankernde und ladende Fahrzeuge.) Nicht ohne Genehmigung der Schiffahrtspolizei setzen!		
§ 26. *Bombenabwurf- oder Schießübung.* Sperrung eines Fahrwassers. Hilfsstander I des Int. Signalbuches neben Tagsignal bedeutet: Schießpause, Durchfahrt erlaubt.		
§ 27. *Scheibenschlepper* bei Schießübungen. (Scheibe kann bis zu 1 sm hinter dem Schlepper sein.)		

[1] Siehe Fußnote [3] S. 20.

(Fortsetzung s. Tafel II.)

Wichtige Signale der SSchSO, Teil I (Fortsetzung).

Tafel II.

Bedeutung	Tagsignal	Nachtsignal
§ 34. **Bagger und Taucherfahrzeuge.** In möglichst großem Abstand und vorsichtig vorbeifahren!		
§ 21 (1). für Vorbeifahrt die beste Seite Nebelsignal: Läuten der Glocke und darauf: Einlaufend an Stb lassen: 5 Einzelschläge. Einlaufend an Bb lassen: 5 Doppelschläge.	beste Seite	beste Seite
§ 21 (2). in Fahrtrichtung rechts vorbeifahren Nebelsignal: Läuten der Glocke Bagger usw. sollen aber bei Nebel grundsätzlich an die Fahrwasserseite holen.		
§ 21 (3). für Vorbeifahrt nur eine Seite frei Nebelsignal: Läuten der Glocke und darauf: Einlaufend an Stb lassen: 5 Einzelschläge. Einlaufend an Bb lassen: 5 Doppelschläge.	gesperrt frei	gesperrt frei

§ 34. Wracke und Schiffahrtshindernisse.
In möglichst großem Abstand und vorsichtig vorbeifahren.

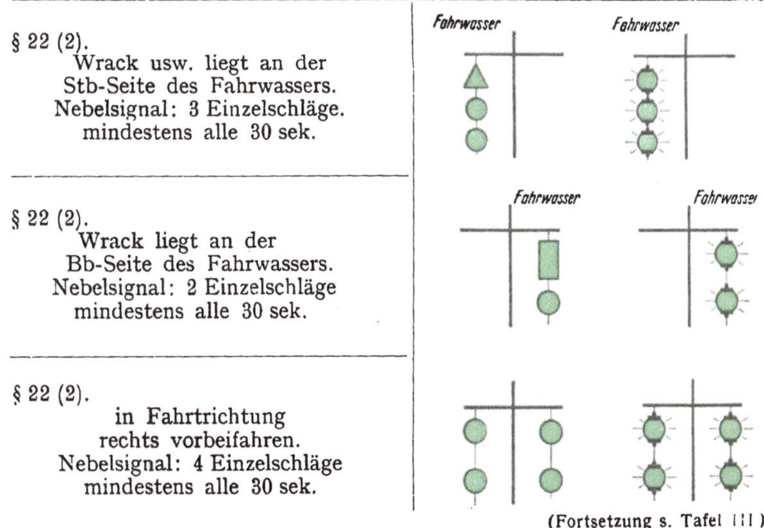

Bedeutung
§ 22 (2). Wrack usw. liegt an der Stb-Seite des Fahrwassers. Nebelsignal: 3 Einzelschläge. mindestens alle 30 sek.
§ 22 (2). Wrack liegt an der Bb-Seite des Fahrwassers. Nebelsignal: 2 Einzelschläge mindestens alle 30 sek.
§ 22 (2). in Fahrtrichtung rechts vorbeifahren. Nebelsignal: 4 Einzelschläge mindestens alle 30 sek.

(Fortsetzung s. Tafel III)

Wichtige Signale der SSchSO, Teil I (Schluß).

Tafel III.

Bedeutung	Tagsignal	Nachtsignal
Sperrsignale.		
§ 24 (1). *Sperrung des Fahrwassers* durch Schiffahrtshindernisse, Bagger usw. Wird an der Sperrstelle selbst oder in deren Nähe gesetzt.	 Nebelsignal: Läuten der Glocke und 3 Doppelschläge oder 2 × 3 lang mit der Pfeife	
§ 24 (3). *Einlaufen in deutsche Flußmündung oder Hafen verboten* Vorsicht! Besondere Ereignisse! Eintreffen eines Sicherheitsfahrzeugs abwarten!		
§ 24 (2). *Ein- und Ausfahrt in Fahrwasser oder Hafen verboten!*		
§ 24 (2). *Einfahrt in Fahrwasser oder Hafen verboten!*		
§ 24 (2). *Ausfahrt aus Fahrwasser oder Hafen verboten!*		
§ 25. *Lotsenpflicht für alle Fahrzeuge*		

Fahrwasser. Ein Fahrzeug mit Maschinenantrieb muß sich, wenn dies ohne Gefahr ausführbar ist, an *der* Seite des Fahrwassers oder der Richtlinien halten, die an seiner Stb-Seite liegt. Dies gilt auch für ein segelndes Fahrzeug, wenn es, ohne kreuzen zu müssen, dem Fahrwasserlauf zu folgen vermag. Auch die Bb-Seite des Fahrzeugs soll frei von der Richtlinie sein. Es ist also *nicht* gestattet, genau *in* der Richtlinie zu fahren.

Ein kleines Fahrzeug muß möglichst ein Nebenfahrwasser benutzen. Wo kein Nebenfahrwasser vorhanden ist, muß es die tiefe Rinne und die Richtlinien des Fahrwassers möglichst meiden. Auf das Signal — muß ein Segelfahrzeug aus dem Wege gehen.

Überholen. Es soll grundsätzlich links überholt werden; nur wenn wegen des Tiefgangs der Fahrzeuge oder aus anderen Gründen das Überholen links untunlich erscheint, darf rechts überholt werden. Ausweichpflichtig bleibt stets das überholende Fahrzeug. Signale s. S. 21.

Fahrwasser queren. Ein Kraftschiff oder ein mit raumem Winde fahrendes Segelfahrzeug, das das Fahrwasser ganz oder zum Teil queren will, darf die durchgehende Schiffahrt nicht behindern.

Wegerechtschiffe. Einem Wegerechtschiff muß ein in Fahrt befindliches Fahrzeug, das nicht als Wegerechtschiff fährt, ausweichen und zum Überholen Raum geben. Bei Wegerechtschiffen untereinander verbleibt es bei den allgemeinen Vorschriften.

Schleppzüge. Ein Schleppzug darf nicht mehr Fahrzeuge enthalten, als der Schlepper sicher zu führen vermag. Nach Möglichkeit Nebenfahrwasser benutzen!

Außergewöhnliche Schleppzüge (manövrierbeschränkte Fahrzeuge, Docks, Kräne usw.) müssen vor dem Einlaufen bei der Strom- und Schiffahrtspolizeibehörde[1] angemeldet werden. Ihnen müssen in Fahrt befindliche Fahrzeuge, auch die Wegerechtschiffe, aus dem Wege gehen und dabei ganz langsam fahren.

Bei Nebel oder unsichtigem Wetter muß ein außergewöhnlicher Schleppzug ankern, und zwar möglichst außerhalb des Fahrwassers.

Fahrzeuge mit Maschinenantrieb dürfen nur in Notfällen längsseits festgemacht fahren.

Fahrzeuge mit Hoheitszeichen. Fahrzeugen, die die Standarte eines Staatsoberhauptes oder die Kriegsflagge im Topp führen, müssen andere Fahrzeuge 200 m aus dem Wege bleiben.

Fahrwasser frei halten. Asche, Schlacken, Ballast usw. nur an dazu bestimmten Stellen versenken! *Lenzen von Öl oder ölhaltigem Wasser ist überall verboten!*

Ein Fahrzeug, das bei Ankermanövern oder aus sonstigen Gründen dreht, darf den durchgehenden Verkehr nicht behindern.

Ein an Grund geratenes Fahrzeug muß Abbringungsversuche bei Annäherung eines Fahrzeuges, das Achtungssignal gibt, wenn möglich, unterbrechen.

[1] Abteilung bei einer Wasser- und Schiffahrtsdirektion (s.S. 108), nicht zu verwechseln mit Wasserschutzpolizei (s. S. 108).

Anker klarhalten. Während der Fahrt muß ein ankerführendes Fahrzeug mindestens einen Anker zum sofortigen Gebrauch bereithalten.

Ankern. Im Fahrwasser außerhalb der Reeden darf grundsätzlich nicht geankert werden. Wenn ein Fahrzeug in Notfällen gezwungen ist, im Fahrwasser zu ankern, so muß es auch beim Schwojen genügend frei von den Richtlinien und den Leitsektoren bleiben. Nach Beendigung der Notlage ist der Ankerplatz zu verlassen. Ein auf einer Reede ankerndes Fahrzeug muß nach Möglichkeit genügend Abstand von dem für die Durchfahrt vorgesehenen Teil der Seeschiffahrtstraße halten.

Schlepper und geschleppte Fahrzeuge sollen grundsätzlich einzeln ankern. Wenn dies nicht möglich ist, müssen die nicht vor Anker liegenden Fahrzeuge so dicht an die verankerten herangeholt werden, daß ihre Zusammengehörigkeit unverkennbar ist.

Es ist verboten, in einem Umkreis von 300 m von Baggern, Tauchern oder Schiffahrtshindernissen zu ankern oder mit weggefiertem oder schleppendem Anker vorbeizufahren.

Ausguck. Auf einem Fahrzeug in Fahrt muß entsprechend den Witterungs- und Verkehrsverhältnissen Ausguck gehalten und für rechtzeitige Abgabe der vorgeschriebenen Signale gesorgt werden.

Herausschaffen sinkender Fahrzeuge aus dem Fahrwasser. Ein sinkendes Fahrzeug ist — nach einer Kollision unter Mitwirkung des schwimmfähig gebliebenen Schiffes — nach Möglichkeit aus dem Fahrwasser zu schaffen.

Bezeichnungs- und Anzeigepflicht gesunkener Fahrzeuge usw. Der Führer eines gesunkenen Fahrzeuges oder Gegenstandes hat die Liegestelle sofort behelfsmäßig zu bezeichnen und der Schiffahrtspolizei[1] unverzüglich Anzeige zu erstatten. Nach einem Zusammenstoß obliegt diese Pflicht dem Führer des schimmfähig gebliebenen Schiffes.

3. Sicherung der Seefahrt[2].

Sturm- und Gefahrmeldungen. Ein Kapitän, der auf See eine unmittelbare Gefahr für die Schiffahrt feststellt, z. B. Eis, Wrack, Wirbelsturm, Sturm ab Windstärke 10, muß die in der Nähe befindlichen Schiffe und die nächste Küstenfunkstelle unterrichten, möglichst in englischer Sprache, sonst mit den Signalen nach Band II des Internationalen Signalbuches. Sturmwarnungen sollen stündlich, mindestens aber dreistündlich ergänzt werden. Jeder Gefahrmeldung soll das Sicherheitszeichen TTT vorausgehen. (Muster über Positionsangabe, Uhrzeit usw. s. Anlage zur Verordnung[2].)

Eisgefahr. Bei Nachrichten über Eisberge oder gefährliches Eis in der Nähe des Kurses muß der Ausguck gehörig besetzt und nachts oder bei unsichtigem Wetter mit mäßiger Geschwindigkeit gefahren

---

[1] Vgl. Fußnote S. 25.

[2] Siehe Verordnung über die Sicherung der Seefahrt vom 15. 12. 1956 auf Grund des Ratifizierungsgesetzes zum Schiffssicherheitsvertrag London 1948. Vorsätzliches oder fahrlässiges Zuwiderhandeln wird bestraft.

SUG:

oder der Kurs so geändert werden, daß das Schiff aus dem Gefahrenbereich gelangt. Radar besetzen!

Nordatlantische Seewege. Soweit die Umstände es gestatten, sind die üblichen Schiffswege zu benutzen (vgl. Band I, ferner Monatskarten oder Pilot Chart oder North Atlantic Chart auf Grund der Reedereivereinbarungen von 1931, engl. Karten Nr. 2058 B und C). Eisgebiete sind zu meiden, ebenso die Neufundlandfischgründe nördlich 43° N während der Fangzeiten, besonders März bis Juli.

Verhalten bei Seenotfällen. Der Kapitän muß in Seenot befindlichen Menschen mit größter Geschwindigkeit zu Hilfe eilen und ihnen dieses möglichst mitteilen. Ist der Kapitän dazu außerstande oder hält er es für unzweckmäßig (z. B. wegen zu großer Entfernung, nachdem schon andere Schiffe aus günstigerer Position zu Hilfe eilen), muß er die Gründe ins Tagebuch eintragen. Dieses gilt auch, wenn ihm mitgeteilt wurde, daß sein Beistand nicht mehr erforderlich ist.

Verhalten nach Zusammenstoß. Sind Schiffe zusammengestoßen, so muß jeder der beteiligten Kapitäne allen vom Unfall Betroffenen nach Vermögen Beistand leisten. Die Fahrt darf der Kapitän erst fortsetzen, wenn er sich Gewißheit verschafft hat, daß weiterer Beistand nicht mehr erforderlich ist. Vor der Weiterfahrt müssen gegenseitig mitgeteilt werden: Schiffsname, Unterscheidungssignal, Heimat-, Abgangs- und Bestimmungshafen.

Kann der Kapitän die Beistandspflicht nicht erfüllen, muß er das im Tagebuch begründen und darüber die Behörde des nächsten Anlaufhafens sowie das für seinen Heimathafen zuständige Seeamt unterrichten. Die Verhaltensvorschriften gelten auch bei Zusammenstoß mit Schiffahrtseinrichtungen aller Art.

Rettungssignale. Beim Verkehr mit Rettungsstationen oder mit in Seenot befindlichen Schiffen sind die vorgeschriebenen Rettungssignale zu verwenden (s. Anlage zur Verordnung)[1].

4. Untersuchung von Seeunfällen.

Die Untersuchung von Seeunfällen wird in den einzelnen Staaten sehr verschieden gehandhabt. In vielen Ländern werden Entscheidungen nur von den ordentlichen Gerichten gefällt. Nachstehend werden die Verhandlungsmethoden in den wichtigsten Staaten kurz besprochen und dabei auch kurz auf Kollisionsprozesse eingegangen.

Inland[2]**:** Seeunfälle werden von den Seeämtern untersucht. Ein Seeamt ist eine Spruchbehörde, also kein Gericht mit Strafgewalt. Es
tagt mit einem Vorsitzenden mit der Befähigung zum Richteramt oder §§ 6, 7
höheren Verwaltungsdienst und vier Beisitzern. Von diesen müssen zwei § 16
die Befähigung zum Kapitän auf großer Fahrt besitzen. Einer davon muß in den letzten 10 Jahren ein Schiff als Kapitän ein Jahr lang
geführt haben. Ein Verwaltungsbeamter ist als Schriftführer tätig. Die § 9

[1] Vgl. Fußnote[2] S. 26.
[2] Gesetz über die Untersuchung von Seeunfällen (SUG) v. 28. 9. 1935.

SUG: öffentlichen Belange nimmt ein Bundesbeauftragter wahr, der auch Bundeskommissar genannt wird.

§ 1–4 Der Begriff „*Seeunfall*" ist im Gesetz nicht fest umrissen, doch findet in der Regel eine Untersuchung statt, wenn ein öffentliches Interesse besteht. Eine Untersuchung *kann* stattfinden, wenn ein Seefahrzeug einen Schaden erlitten oder angerichtet hat oder jemand im Schiffsbetriebe stark verletzt worden ist. Sie *muß* stattfinden, wenn ein Fahrzeug gesunken oder aufgegeben oder verschollen ist oder wenn jemand bei einem Unfall getötet wurde oder wenn die oberste Behörde (Bundesverkehrsminister) sie angeordnet hat.

§ 13 Zur Vorbereitung der Untersuchung müssen Seekarten, Tagebücher und sonstige Unterlagen auf Verlangen herausgegeben werden. Die Wasserschutzpolizei (s. S. 108) ist verpflichtet, Amtshilfe zu leisten und zu ihrer Kenntnis gelangte Seeunfälle dem zuständigen Seeamt mitzuteilen. Außerdem ist die Wasserschutzpolizei gemäß § 163 Strafprozeßordnung als Hilfsorgan der Staatsanwaltschaft verpflichtet, bei der Aufklärung von strafbaren Handlungen mitzuwirken. Dadurch entsteht häufig eine für die Praxis schwierige Zweigleisigkeit. Der Nautische Verein zu Bremen hat sich in Gutachten und Anträgen wiederholt dafür eingesetzt, daß — ausgenommen bei erheblichen Vergehen — die polizeiliche Untersuchung so lange unterbleibt, bis das Seeamt gesprochen hat, ferner dafür, daß §§ 315, 316 StGB (s. S. 70) eine die Schwierigkeiten der Praxis berücksichtigende Fassung erhalten.

Die Vernehmung durch die Polizei kann man ablehnen, jedoch kann die Polizei bei Verdunkelungsgefahr eine Person dem Richter vorführen. Dieser kann unter Umständen eine Aussage durch eine Beugungshaft erzwingen. Eine Verdunkelungsgefahr liegt aber nicht vor, wenn man eine Verklarung ablegt oder wenn der Lotse der vorgesetzten Behörde einen Lotsenbericht übergibt. Die strikte Ablehnung einer polizeilichen Vernehmung ist nicht zu empfehlen, weil man sich damit unnötigerweise verdächtig macht. Man sollte die Tagebücher zur Einsicht vorlegen und in ausgleichender Haltung darauf hinweisen, daß man nach der erheblichen Belastung durch den Dienst und durch den Seeunfall zunächst der Ruhe bedürfe und schon wegen der erheblichen privatrechtlichen Bedeutung der Sache (s. S. 163) bis zur Seeamtsverhandlung alle Aussagen auf ein Mindestmaß beschränken müsse.

§ 5 Die **Untersuchung durch das Seeamt** soll die Ursachen des Seeunfalls klären und insbesondere feststellen, ob Fehler im Schiffahrtsbetriebe oder Mängel am Schiff oder an den öffentlichen Einrichtungen vorgelegen haben oder ob gegen das Seestraßenrecht verstoßen worden ist.
§§ 25, 26 Die Untersuchung klärt ferner, ob gegen einen verantwortlichen Beteiligten auf Feststellung eines schuldhaften Verhaltens oder beim Fehlen der erforderlichen körperlichen, geistigen oder moralischen Eigenschaften auf Entziehung der deutschen Gewerbebefugnis erkannt werden muß

§§ 12 ff. **Beteiligte** sind alle Patentinhaber einschließlich des Lotsen, jedoch nur dann, wenn ihr Mitverschulden nicht von vornherein ausgeschlossen ist; ferner von der Schiffsbesatzung deutsche Patentinhaber, sobald die

Frage einer Patententziehung oder eines schuldhaften Verhaltens in der Verhandlung erörtert wird. Nach dem Wortlaut des Gesetzes können auch Ausländer Beteiligte sein. Da aber mangels öffentlichen Interesses deren Verschulden nicht geprüft wird, treten sie praktisch nur als Zeugen auf. Der Beteiligte hat folgende Rechte:

1. Er darf sich eines Rechtsanwaltes oder eines Sachbeistandes be- § 12
dienen. Einen Sachbeistand sollte er rechtzeitig fragen, ob dieser Einblick in die Akten des Seeamtes erhalten wird.

2. Er darf in der Hauptverhandlung vor Beginn der Berichterstattung §§ 20, 21
den Vorsitzenden, die Beisitzer, den Schriftführer oder Sachverständige ablehnen.

3. Er darf sowohl dem Vorverfahren als auch der ganzen Haupt- § 19
verhandlung beiwohnen und nur vorübergehend ausgeschlossen werden, wenn zu befürchten ist, daß ein Zeuge in seiner Gegenwart nicht die
Wahrheit sagen wird. Er muß schon bei einer Beweisaufnahme in einer § 15
etwaigen Voruntersuchung benachrichtigt werden, wenn seine Zuziehung nicht die Beweisaufnahme gefährdet. In diesem Vorverfahren darf er nicht vereidigt werden.

4. Er darf Zeugen und Sachverständige befragen oder durch seinen § 22
Beistand befragen lassen, mit Einverständnis des Vorsitzenden auch andere Beteiligte.

5. Er darf Anträge stellen, z. B. auf Vernehmung weiterer Zeugen § 24
oder auf Abhaltung eines Lokaltermins usw.

6. Er soll nicht vereidigt werden, wenn über ein schuldhaftes Ver- § 22
halten verhandelt worden ist. Er darf nicht vereidigt werden, wenn über die Patententziehung verhandelt worden ist. In der Praxis werden im allgemeinen Beteiligte nicht vereidigt, sondern nur Zeugen, die einen guten Eindruck machen, sofern ihr Eid unbedingt notwendig ist.

7. Wenn eine Patententziehung oder die Feststellung eines schuld- § 26
haften Verhaltens beantragt oder erörtert wurde, ist dem Beteiligten Gelegenheit zu Anträgen zu geben.

8. Er hat Anspruch auf das Schlußwort, das ihm oder seinem Bei- § 25
stand nach den Ausführungen des Bundesbeauftragten erteilt wird.

9. Im Spruch des Seeamtes darf gegen ihn auf ein schuldhaftes Ver- § 26
halten oder auf Patententziehung nur erkannt werden, wenn ihm vorher Gelegenheit zu Anträgen gegeben worden ist; auf Patententziehung im übrigen nur dann, wenn sie vom Bundesbeauftragten beantragt oder vom Seeamt erörtert worden ist.

10. Er hat Anspruch auf eine schriftliche Ausfertigung des Spruchs § 25
und der Begründung, wenn im Spruch gegen ihn nach Nr. 9 erkannt worden ist. Ein schuldhaftes Verhalten muß als solches ausdrücklich bezeichnet und umschrieben werden.

11. Er darf innerhalb von 14 Tagen schriftlich oder zu Protokoll beim §§ 34, 35
Seeamt Berufung an das Oberseeamt einlegen, wenn gegen ihn nach Nr. 9 erkannt worden ist. Binnen weiterer 14 Tage muß diese Berufung schriftlich begründet werden. Auch der Bundesbeauftragte kann Berufung einlegen, wenn z. B. abweichend von seinen Anträgen erkannt worden ist.

SUG:
§ 42 12. Eine entzogene Gewerbebefugnis kann nach einem Jahre vom Bundesverkehrsminister nach Anhörung des Seeamtes, gegebenenfalls auch des Oberseeamtes, wieder eingeräumt werden.

§ 11 Das **Oberseeamt** ist die einzige Berufungsinstanz. Es tagt mit einem Vorsitzenden, einem ständigen Beisitzer und fünf weiteren Beisitzern. Einer von diesen muß die Befähigung zum Kapitän auf großer Fahrt haben und mindestens ein Jahr lang ein Schiff geführt haben. Die Beweisaufnahme wird in der Regel wiederholt und gegebenenfalls ergänzt,
§ 38 jedoch wird nur der angefochtene Teil des Seeamtsspruches nachgeprüft.
§ 38 Das Oberseeamt kann den Spruch des Seeamtes ändern (auch zuun-

Untersuchung von Seeunfällen im Auslande.

Staat	Behörde u. Verfahren	Kollisionsprozesse: 1. Instanz, Berufungsinstanz, Revisionsinstanz
Belgien	Untersuchungsrat für die Seefahrt; 1 Richter und 4 Sachverständige, 1 Staatskommissar; nur Feststellung der Ursachen; unter Umständen Patententziehung auch gegen Ausländer auf belgischen Schiffen, Berufung an Cour de Cassation	Tribunal de Commerce; Cour d'Appel; Cour de Cassation; Untersuchungsergebnis dafür nur Gutachten
Finnland	Voruntersuchung durch Schiffahrtsaufseher und Polizei	Stadtgericht; übliche Berufung u. Revision
Frankreich	Administrateur de l'Inscription mit 2 Sachverständigen; nur Feststellung der Ursachen; unter Umständen weiteres Verfahren vor Tribunal Maritime Commercial, wo Strafen verhängt und Patente entzogen werden können	Tribunal de Commerce; Cour d'Appel; Cour de Cassation; auf Grundlage des Untersuchungsberichtes und der Verklarung
Griechenland	Kommission für Seeunfälle; 2 Richter, 2 Marineoffiziere und Hafenkapitän; Feststellung der Ursachen, keine Berufung	Landgericht usw.; Urteil der Kommission ist dafür bindende Grundlage
Großbritannien	Ministry of Transport setzt in „Preliminary Inquiries" einen Chief Officer of Customs oder einen Marine Surveyor für Voruntersuchung ein; daraufhin unter Umständen „Formal Investigation" durch Wreck Commissioner und Sachverständige. Es werden Ursachen festgestellt und unter Umständen Patente entzogen und Strafen verhängt; Berufung an Admiralty Division	Admiralty Division (s. S. 99) oder andere Gerichte, die für Seerecht zuständig sind. Berufung Court of Appeal; Revision House of Lords; Untersuchungsbericht dafür nur Gutachten. Bei Einverständnis beider Parteien auch Lloyd's Arbitration

Untersuchung von Seeunfällen im Auslande (Fortsetzung).

Staat	Behörde u. Verfahren	Kollisionsprozesse: 1. Instanz, Berufungsinstanz, Revisionsinstanz
Italien	Seebehörde (Autorita Marittima); nach Voruntersuchung unter Umständen durch besonders eingesetzte Kommission; diese kann Verhandlung vor Gericht veranlassen; wo Patente entzogen und Strafen verhängt werden können	Ordentliches Gericht und Berufungsinstanzen; Kommissionsbericht dafür Grundlage
Niederlande	Raad voor de Scheepvaart, Amsterdam; Voruntersuchung durch General-Inspektor mit Prüfung von Unterlagen und Zeugenvernehmung; Raad verhandelt dann wie deutsches Seeamt mit 1 Richter und mehreren Sachverständigen. General-Inspektor vertritt öffentliches Interesse; unter Umständen Patententziehung	Civiele Rechter; Rechtbank; Hof; Spruch des Raad dafür nur Gutachten
Norwegen	Keine besondere Behörde; auf Grund der Verklarung unter Umständen Besichtigung und Gutachten durch Richter und 2 Sachverständige; Berufung möglich	Stadt- und Kreisgerichte; Landgericht; Reichsgericht Oslo
Portugal	Hafenkapitän stellt nur Tatsachen fest; ausländischer Konsul wird nach Möglichkeit hinzugezogen	Tribunal Ordinário; Tribunal da Relaçao; Supremo Tribunal de Justiça
Schweden	Kapitän muß Seeverklarung vor Rathausgericht (s. S. 108) (Radhusrätten) beantragen; daraufhin unter Umständen Seeverhör durch 1 Richter u. Sachverständige; unter Umständen Patententziehung; Bericht an Kommerzkollegium	Radhusrätten; Berufungsinstanz; Högsta Domstolen
Spanien	Voruntersuchung durch Marinebehörde und Spruch durch Capitan General del Departamento Maritimo; strafrechtliche Verfolgung möglich	Zivilgerichte; Audiencia Territorial; Tribunal Supremo Bericht dafür bindend, jedoch weitere Beweismittel zugelassen
USA	Coast Guard setzt Investigating Officer oder in schwereren Fällen Marine Board of Investigation ein; 1 Richter, 2 Sachverständige; Zweck und Durchführung ähnlich dem Seeamtsverfahren in Deutschland	District Court; Court of Appeals; USA Supreme Court; Untersuchungsergebnis dafür nur Gutachten

SUG:
gunsten des berufenden Beteiligten!) oder die Berufung des Beteiligten oder des Bundesbeauftragten verwerfen oder zurückweisen. Bei Mängeln des Seeamtsverfahrens kann das Oberseeamt den angefochtenen Spruch aufheben und die Zurückverweisung — auch an ein anderes Seeamt — zwecks nochmaliger Untersuchung aussprechen. Der Beteiligte muß bei seiner erfolglosen Berufung die baren Auslagen des Berufungsverfahrens
§ 39 tragen (Gebühren für Zeugen, Sachverständige, Dolmetscher, Porto usw.). Außerdem können ihm die Kosten des Verfahrens (Reisekosten und Tagegelder der Beisitzer und des Bundesbeauftragten) ganz oder teilweise auferlegt werden. War die Berufung erfolgreich oder die des Bundesbeauftragten erfolglos, steht dem Beteiligten Reise- und Versäumnisentschädigung wie bei der voraufgegangenen Seeamtsverhandlung zu. Auch die Verteidigungskosten können ihm erstattet werden.

Kollisionsprozesse werden vor den Zivilgerichten ausgetragen (vgl. Landgericht, s. S. 104). Der Spruch eines Seeamtes oder Oberseeamtes wird dabei aber nur als Gutachten gewertet und ist nicht bindend, weil gerichtlich zivilrechtliche Ansprüche geregelt werden, die bei einer Seeamtsverhandlung nicht erörtert werden.

5. Besatzungsangelegenheiten.

Der Kapitän ist an Bord der Stellvertreter des Reeders, in dessen Namen er als Vetragspartner der Schiffsbesatzung die Musterrolle unterschreibt. Er ist für die Sicherheit und das Wohl der Besatzung verantwortlich. Oberste Voraussetzung dafür ist die Ordnung an Bord, für die er die notwendigen Maßnahmen ergreifen muß.

Jeder verantwortungsbewußte Kapitän sollte sich immer wieder Gedanken über die Probleme der Menschenführung machen. Er sollte sich persönlich um die Besatzung kümmern, Anregungen für die Freizeit geben und vor allem dafür sorgen, daß jeder Vorgesetzte sich um Gerechtigkeit und vorbildliche Haltung bemüht. Nur so kann eine Bordgemeinschaft entstehen und erhalten werden.

Die Rechtsstellung der Besatzung wird hauptsächlich geregelt durch:

Seemannsgesetz (SG) vom 26. 7. 57;
Betriebsverfassungsgesetz für die deutsche Seeschiffahrt[1];
Tarifvertrag für die deutsche Seeschiffahrt;
Sozialgesetzgebung;
Verordnung über die Krankenfürsorge auf Kauffahrteischiffen vom 21. 6. 56 (vgl. Schiffstagebuch, s. S. 74ff.);
Bekanntmachung über die Untersuchung von Schiffsleuten auf Tauglichkeit vom 1. 7. 05[2];
Verordnung über die Eignung und Befähigung der Schiffsleute des Decksdienstes auf Kauffahrteischiffen vom 28. 5. 56;
Vorläufige Richtlinien zur Regelung der Bordausbildung zum nautischen Schiffsoffizier vom 21. 2. 56;
Bemannungsrichtlinien der SBG;
Schiffsbesetzungsordnung vom 29. 6. 31 mit Änderungen[3];

---

[1] Liegt nur im Entwurf vor.

[2] Auf Grund des Seemannsgesetzes ist eine neue Rechtsverordnung zu erwarten.

[3] Eine neue Schiffsbesetzungsordnung befindet sich in Vorbereitung.

Soziale Schutzvorschriften für die Besatzung vom 23. 2. 35;
Gesetz über die Heimschaffung hilfsbedürftiger Seeleute vom 2. 6. 02;
Strafgesetzbuch (StGB) s. S. 69;
Papiere für die Besatzung s. S. 91;
Seemannsamt und seemännische Heuerstelle s. S. 107 u. 103;

Seemannsgesetz[1].

Das Nachstehende ist nur eine Inhaltsangabe über die wichtigsten Paragraphen. Die für die Schiffsleitung wichtigen Strafvorschriften werden durch Hinweise im Text erwähnt, zum Teil als Ordnungswidrigkeiten „(Ow)", die bei Vorsatz mit Geldbuße bis zu 1000 DM und bei Fahrlässigkeit im allgemeinen bis zu 500 DM vom Seemannsamt verfolgt werden können (s. S. 45). Ferner findet sich bei einigen Paragraphen der Hinweis „(Kapt)". Das sind diejenigen arbeitsrechtlichen Bestimmungen, die auch auf den Kapitän angewendet werden. Auf tarifliche Zusatzbestimmungen wird nachstehend in Fußnoten eingegangen. Die Fußnoten beziehen sich auf den Manteltarifvertrag (MTV) vom 27. Febr. 1958.

1. Abschnitt, Allgemeine Vorschriften.

§ 5 bezeichnet „sonstige Angestellte", die eine überwiegend beaufsichtigende oder büromäßige oder verantwortliche Tätigkeit mit besonderen Kenntnissen ausüben (Elektriker, Obersteward, Oberkoch, deren Assistenten u. a.). § 5

Das Gesetz gilt sinngemäß auch für Arbeitnehmer, die nicht in einem Heuerverhältnis stehen, aber während der Reise an Bord tätig sind (Friseure u. a.). Für Lotsen gelten nur die Vorschriften über die Ordnung an Bord (s. 5. Abschn.). § 7

Jugendliche sind Personen ab 14 und unter 18 Jahren. Besatzungsmitglieder ab 17 Jahren – ausgenommen im Maschinendienst – gelten nicht als Jugendliche, wenn sie eine vorschriftsmäßige Berufsausbildung abgeschlossen haben (z. B. nach Matrosenprüfung). § 8

Die Vorschriften des SG haben zwingenden Charakter, soweit nicht ausdrücklich etwas anderes bestimmt ist. Abweichungen sind zugunsten der Besatzungsmitglieder zugelassen, z. B. in Tarif- oder Einzelarbeitsverträgen. Bei Schiffsoffizieren, ferner in der Fischerei und im Walfang, kann im Tarifvertrag aber auch sonst abgewichen werden, jedoch ist das genehmigungspflichtig (§§ 104, 140). § 10

2. Abschnitt, Seefahrtbücher und Musterung[2].

Der Kapitän hat die An-, Ab- oder Ummusterung (*Musterung*) zu veranlassen (Ow). Unterbleibt die sofortige Musterung, hat der *Kapitän* die Gründe in das Schiffstagebuch einzutragen (Ow) und die Musterung unverzüglich nachzuholen (Ow). § 15

Bei jeder Musterung muß außer dem zu Musternden der Kapitän oder ein von ihm bevollmächtigter Vertreter oder ein Vertreter des Reeders anwesend sein (Ow). In Ausnahmefällen kann das Seemannsamt (Konsulat) § 16

[1] vom 26. 7. 57, in Kraft seit 1. 4. 58. Für die Überwachung des Arbeitsschutzes ist eine Arbeitsschutzbehörde durch besonderes Gesetz spätestens bis zum 1. 10. 58 zu bestimmen.

[2] Näheres über Seefahrtbuch s. S. 92; über Musterrolle s. S. 91.

SG auf die Anwesenheit der zu musternden Personen verzichten (z. B. bei Abmusterung wegen Krankheit).

3. Abschnitt, Heuerverhältnis[1].

§ 26 (Kapt). Dem Besatzungsmitglied steht Ersatz der Anreisekosten, Tage- und Übernachtungsgeld zu (auch Heuer, § 33), wenn das Schiff nicht an dem Orte liegt, an dem das Heuerverhältnis begründet worden ist.

(Eine entsprechende Bestimmung hinsichtlich Abmusterung bzw. Dienstende bei gewöhnlicher Kündigung durch den Reeder, wie der Tarifvertrag sie kennt, fehlt. Anders bei Krankheit, außergewöhnlichen Kündigungen und beim Heuerverhältnis auf bestimmte Zeit[2].)

§ 27 Schiffsoffiziere und sonstige Angestellte können auf ein anderes Schiff versetzt werden, wenn wichtige betriebliche Gründe vorliegen und die Versetzung „nicht nur den Zweck haben soll, dem Betroffenen Schaden zuzufügen". Andere Besatzungsmitglieder sind nur zum Dienst auf dem im Heuervertrag vereinbarten Schiff verpflichtet.

§ 28 Das Besatzungsmitglied ist auch während der dienstfreien Zeit zur Anwesenheit an Bord verpflichtet (Ow), soweit ihm kein Landurlaub zusteht.

§ 29 Auf die Dienstleistungspflicht wird bei § 109 eingegangen (s. S. 43).

§ 30 (Kapt). Zur Heuer gehören alle Vergütungen einschließlich Gewinnanteil usw. Dagegen ist Grundheuer das feste Entgelt ohne Überstunden- oder Pauschalvergütung und dergleichen. (Anspruch auf Unterkunft und Verpflegung wird in §§ 39 und 41 besonders geregelt, so daß sie nicht als Vergütungen im Zusammenhang mit der Heuer angesehen werden können.)

§ 38 Wenn sich die Schiffsbesatzung während der Reise vermindert, ist sie möglichst zu ergänzen (Ow). Andernfalls ist die ersparte Heuer (also einschließlich Vergütungen) unter die anderen Dienstzweigmitglieder nach dem Verhältnis der Mehrarbeit und der Heuern zu verteilen, soweit die Mehrarbeit nicht bereits durch Überstundenvergütung abgegolten wird[3]. Die Heuerverteilung ist auch vorzunehmen, wenn das Schiff bei Reiseantritt unter Berücksichtigung des Arbeitsschutzes nicht ausreichend bemannt ist.

§ 42 **Verpflegung, Unterbringung, Krankenfürsorge**[4] (Kapt). An Bord oder außerhalb der Bundesrepublik hat das Besatzungsmitglied Anspruch auf eine ausreichende und zweckmäßige Krankenfürsorge auf Kosten des Reeders.

§ 44 (Kapt). Innerhalb der Bundesrepublik kann der Reeder ein Besatzungsmitglied an die Seekrankenkasse verweisen, wenn kein Schiffsarzt zur Verfügung steht oder sonst wichtige Gründe vorliegen.

§ 47 (Kapt). Die Krankenfürsorge des Reeders endet mit dem Verlassen des Schiffes innerhalb der Bundesrepublik. Sie ist aber nötigenfalls so lange fortzusetzen, bis die Seekrankenkasse bzw. die SBG mit den Leistungen beginnt. Außerhalb der Bundesrepublik endet die Krankenfürsorge des Reeders, wenn das Besatzungsmitglied zurückbefördert bzw. zurückgekehrt ist, spätestens aber mit Ablauf der 26. Woche nach Verlassen des Schiffes. (Nach einem Arbeitsunfall hat die SBG nach Ablauf der 26 Wochen die Leistungen zu tragen.)

§ 48 Für einen erkrankten oder verletzten Schiffsoffizier oder sonstigen Angestellten hat der Reeder die *Heuer* nach dem Verlassen des Schiffes

---

[1] Näheres über Heuerstellen s. S. 103; über Heuerschein s. S. 92.

[2] Bei Entlassung durch den Reeder besteht Anspruch auf Rückbeförderung einschl. Heuer zum Hafen der *Annahme* (§ 12 MTV).

[3] Mannschaften erhalten für zusätzliche Seewache tarifliche Überstundenvergütung, Offiziere die verteilte Grundheuer der fehlenden Offiziere, deren Aufgaben sie auf See und im Hafen wahrnehmen (§ 19 (5) MTV).

[4] Näheres vgl. Krankenversicherung, s. S. 50.

(im In- oder Auslande) bis zu 6 Wochen ab Beginn der Arbeitsunfähigkeit weiterzuzahlen. Im übrigen muß der Reeder bei Zurücklassung im Auslande die gleichen Beträge zahlen wie die Seekrankenkasse im Inlande. Näheres s. S. 51.

Abweichend hiervon erhält der erkrankte oder verletzte Kapitän gemäß § 78 die volle Heuer bis zur Gesamtdauer von 26 Wochen.

(Kapt). Das wegen Krankheit oder Verletzung außerhalb der Bundesrepublik zurückgelassene Besatzungsmitglied hat Anspruch auf freie Rückbeförderung und, wenn kein Heueranspruch besteht, auf Taschengeld während der Rückbeförderung. § 49

(Der Anspruch besteht auch nach Ablauf der genannten 26 Wochen, Näheres s. §§ 72 und 74.)

(Kapt). Die Sachen und das Heuerguthaben des Zurückgelassenen müssen entweder diesem selbst oder dem Seemannsamt (Konsulat) übergeben werden, mit dessen Genehmigung z. B. auch der Krankenanstalt (Ow). Das vorgeschriebene Verzeichnis, das auch die Aufbewahrungsstelle enthalten muß, ist vom Kapitän und einem Besatzungsmitglied zu unterschreiben (Ow). § 52

Urlaub und Landgang (Kapt). Für jedes Beschäftigungsjahr besteht Anspruch auf bezahlten Urlaub (volle Heuer und Verpflegung gem. § 57). §53

(Kapt). Die Urlaubsdauer muß angemessen sein. Die Dauer der Beschäftigung bei demselben Reeder ist zu berücksichtigen. (Einzelheiten bleiben der tariflichen Regelung überlassen[1].) Jugendlichen[2] ist ein Mindesturlaub von 24 Werktagen in jedem Beschäftigungsjahr zu gewähren (Ow). Maßgebend ist das Alter bei Beginn des Beschäftigungsjahres. § 54

(Kapt). In besonderen Fällen kann der Urlaub für zwei Jahre zusammen gewährt werden. Nach zweijähriger Abwesenheit von der Bundesrepublik *muß* er gewährt werden, Jugendlichen unter 16 Jahren schon nach einem Jahre. Ausnahmsweise dürfen diese Fristen überschritten werden, wenn das Schiff dann innerhalb von drei Monaten einen europäischen Hafen anläuft. Erwerbsarbeit während des Urlaubs ist unzulässig. § 55

(Kapt). Urlaub vom Auslande aus beginnt mit Ablauf des Ankunftstages in der Bundesrepublik. Entsprechendes gilt für die Rückkehr an Bord im Ausland. § 56

(Kapt). Nachgewiesene Krankheitstage mit Arbeitsunfähigkeit während des Urlaubs werden nicht auf diesen angerechnet. § 58

(Kapt). Endet das Heuerverhältnis vor Ablauf eines vollen Beschäftigungsjahres, wird für jeden vollen Monat ein Zwölftel gewährt, nach sechs Monaten schon für jeden angefangenen Monat ein Zwölftel. § 59

(Kapt). Urlaubsabgeltung ist nur zulässig, wenn das Heuerverhältnis beendet ist. § 60

Außerhalb der Hafenarbeitszeit besteht Anspruch auf Landgang, soweit die Sicherheit und die Abfahrtszeit es zulassen (Ow). Näheres vgl. S. 42, Nr. 81–84[3]. § 61

Kündigungen Ein Heuerverhältnis muß schriftlich gekündigt werden; gegenüber Schiffsoffizieren und sonstigen Angestellten, ausgenommen bei fristloser Entlassung, durch den Reeder selbst. § 62

Bei Schiffsleuten beträgt die Kündigungsfrist 48 Stunden, bei Schiffsoffizieren und sonstigen Angestellten während der ersten drei Monate eine § 63

---

[1] Die Urlaubsdauer beträgt 12 Werktage und erhöht sich für jedes Beschäftigungsjahr bei demselben Reeder um 1 Tag bis zur Höchstdauer von 20 Werktagen (§ 46 MTV).

[2] Vollgrade ausgenommen (§ 46 MTV).

[3] Wer im deutschen Hafen an Bord bleiben muß, ist an einem der folgenden Tage zu beurlauben, andernfalls Ausgleichsbeträge: z. B. Offz. 20,– DM, Vollgrade 13,– DM (§ 51 MTV).

SG Woche, danach sechs Wochen zum Schluß eines Kalendervierteljahres[1]. Die Kündigungsfrist beträgt beim Kapitän während der ersten zwei Jahre 6 Wochen, danach 3 Monate, jeweils zum Quartalsende. Wenn nichts anderes vereinbart ist, setzt sich das Heuerverhältnis über den Ablauf der obengenannten Kündigungsfristen hinaus fort bis zur Ankunft des Schiffes in der Bundesrepublik, höchstens jedoch auf 6 Monate.

Das Kündigungsschutzgesetz für Angestellte vom 9. Juli 1926 bleibt unberührt. (Es besagt: Die Kündigungsfristen betragen nach einer Beschäftigungsdauer von 5 Jahren 3 Monate zum Quartalsende, nach 8 Jahren entsprechend 4 Monate, nach 10 Jahren 5 Monate, nach 12 Jahren 6 Monate. Es zählen nur Beschäftigungsjahre ab vollendetem 25. Lebensjahre. Ferner besagt das auch für die übrigen Besatzungsmitglieder geltende Kündigungsschutzgesetz vom 10. 8. 51: Die Kündigung eines mindestens Zwanzigjährigen ist nach mindestens 6monatiger Beschäftigungsdauer rechtsunwirksam, wenn sie sozial ungerechtfertigt ist. Gerechtfertigt ist dagegen eine Kündigung, wenn die Gründe in der Person oder im Verhalten des Arbeitnehmers liegen oder betrieblicher Art sind. Bei dringenden betrieblichen Gründen müssen soziale Gesichtspunkte ausreichend berücksichtigt werden.)

Gem. § 14 MTV muß der Ressortchef auf Verlangen ein Dienstzeugnis ausstellen, auch bei Schiffswechsel. Der Kapitän muß das Zeugnis gegenzeichnen. Das Zeugnis soll in jedem Falle der Wahrheit entsprechen. Beachte aber (unwahre) üble Nachrede (s. S. 69).

§ 64 Einem Besatzungsmitglied kann fristlos gekündigt werden:

1. wenn die Gründe einer Untauglichkeit schon bei Abschluß des Heuervertrages bestanden haben;
2. wenn es eine ansteckende Krankheit verschweigt, die andere gefährdet;
3. wenn es seine Pflichten aus dem Heuerverhältnis beharrlich oder in besonders grober Weise verletzt;
4. wenn es eine mit Zuchthaus oder Gefängnis bedrohte strafbare Handlung begeht und weiteres Verbleiben an Bord nicht zumutbar ist;
5. wenn es durch eine solche Handlung arbeitsunfähig wird.

Der Kapitän muß eine fristlose Kündigung im Tagebuch begründen und dem Betroffenen eine Abschrift aushändigen (Ow).

§ 64 Wird die fristlose Kündigung auf See ausgesprochen oder verbleibt der fristlos Gekündigte an Bord, so hat dieser den bei der Heimschaffung hilfsbedürftiger Seeleute üblichen Verpflegungssatz zu entrichten (s. S. 68).

Gründe zur fristlosen Entlassung eines Schiffsmannes sind u. a. wiederholter Ungehorsam, wiederholte Trunkenheit im Dienst, rücksichtsloses oder gewalttätiges Verhalten, Schmuggelei, weil solche Tatbestände als grobe Verletzung der Pflichten aus dem Heuerverhältnis angesehen werden können. Die Rechtsfolgen sind: Heuer- und Urlaubsanspruch bis zur fristlosen Entlassung, jedoch kein Rückbeförderungsanspruch[2]. Nach § 71 darf aber der Kapitän ein Besatzungsmitglied nicht ohne Genehmigung des Seemannsamtes (Konsulat) im Auslande zurücklassen, ausgenommen bei Krankheit oder Verletzung. Da eine solche Genehmigung nur in schweren Fällen erteilt werden dürfte, wenn im übrigen die Rückbeförderungskosten durch ausgezahlte Mittel an den Entlassenen bzw. durch Sicherheit des Reeders sichergestellt sind, bleibt nur übrig, den Betroffenen gegen den Heimschaffungssatz selbst mitzunehmen. Dieser beträgt gegenwärtig 8,– DM pro Tag für einen Schiffsmann und 12,– DM für einen Schiffsoffizier.

Für den Kapitän gilt (§ 78): Das Heuerverhältnis kann von beiden Seiten beim Vorliegen eines wichtigen Grundes fristlos gekündigt werden. Wenn

---

[1] Der Tarifvertrag schreibt bei Kündigung eines Angestellten durch den Reeder eine bezahlte Umschaufrist von 1 Monat vor, ferner die Angestellten-Kündigungsfristen ohne Umschau für die sogenannten Unteroffiziere – Bootsmann, Lagerhalter, Koch, Schmierer, Proviantverwalter, Pumpenleute – nach 3jähriger Beschäftigungsdauer.

[2] Versagung des Arbeitslosengeldes für 24 Tage (s. S. 59).

SG

der Reeder den Grund zu vertreten hat, steht dem Kapitän freie Rückbeförderung und Heuer während der Rückbeförderung zu (§§ 72, 73).

Das Besatzungsmitglied kann das Heuerverhältnis fristlos kündigen: § 67

1. wenn sich der Reeder oder der Kapitän ihm gegenüber einer schweren Pflichtverletzung schuldig macht;

2. wenn der Kapitän es in erheblicher Weise in der Ehre verletzt, es mißhandelt oder eine Mißhandlung duldet (es fehlt eine entsprechende Vorschrift in § 64 für den Fall, daß das Besatzungsmitglied seinerseits diese Handlungen begeht. Es handelt sich dabei aber um besonders grobe Pflichtverletzung aus dem Heuerverhältnis, außerdem sind schwere Beleidigungen oder Körperverletzungen mit Gefängnis bedroht und berechtigen schon deshalb zur fristlosen Entlassung);

3. wenn das Schiff die Flagge wechselt;

4. wenn der Urlaub nach den gesetzlichen Vorschriften nicht gewährt wird;

5. wenn das Schiff einen verseuchten Hafen anläuft oder einen solchen nicht verläßt;

6. wenn das Schiff ein Gebiet mit den besonderen Gefahren durch bewaffnete Auseinandersetzungen befahren soll;

7. wenn das Schiff nicht seetüchtig ist, Wohnräume gesundheitsschädlich, Verpflegungsvorräte ungenügend oder verdorben sind oder das Schiff unzureichend bemannt ist; in diesen Fällen ist die fristlose Kündigung nur zulässig, wenn die Mängel auf Beschwerde nicht abgestellt werden.

Außerhalb der Bundesrepublik kann jede Partei beim Seemannsamt (Konsulat) eine vorläufige Entscheidung über die Berechtigung einer fristlosen Kündigung beantragen, ausgenommen bei Flaggenwechsel (Verstoß gegen Entscheidung Ow). § 69

Wird einem Besatzungsmitglied aus anderen als den in § 64 genannten Gründen fristlos gekündigt, besteht Anspruch auf freie Rückbeförderung, Heuer während dieser und eine Monatsheuer außerdem (Abstoppergeld). Sonstige Schadenersatzansprüche bleiben bestehen. (Die Vorschrift, daß ohne Genehmigung des Seemannsamtes kein Besatzungsmitglied im Auslande zurückgelassen werden darf, gilt auch für diese Fälle.) §§ 65, 70, 72, 73

Hat das Besatzungsmitglied seinerseits nach § 67 fristlos gekündigt, erhält es außer dem Abstoppergeld nur insoweit noch Heuer, als die Rückbeförderung über 1 Monat dauert.

Der Anspruch auf Rückbeförderung und Heuer während dieser entfällt insoweit, als eine entsprechende Stellung auf einem heimkehrenden deutschen Schiff nachgewiesen wird. § 74

Tod eines Besatzungsmitgliedes (Kapt). Ist der Tod außerhalb der Bundesrepublik eingetreten, hat der Kapitän für die Bestattung an Land auf Kosten des Reeders zu sorgen, wenn die Leiche nicht in die Heimat mitgenommen werden kann, aber das Schiff *zumutbarerweise* innerhalb von 24 Stunden einen Hafen erreichen *kann* und keine gesundheitlichen Bedenken entgegenstehen. § 75

(Auf einem Fahrgastschiff oder einem Schiff mit leicht verderblicher Ladung dürfte das Anlaufen im allgemeinen nicht zumutbar sein, wichtiger ist aber für den Kapitän, daß in manchen Häfen die Landung einer Leiche eines auf See Verstorbenen gar nicht möglich ist und daß z. B. in Brasilien die Leiche eines vor 17 Uhr Verstorbenen noch am selben Tage bestattet werden muß. Daher entsprechende telegraphische Anrrage an den Konsul oder an die Gesundheitsbehörde des anzulaufenden Hafens! Weitere Maßnahmen s. S. 45.)

4. Abschnitt, Arbeitsschutz.

Die Arbeitsschutzbestimmungen sind mit Strafvorschriften gegen den Kapitän gekoppelt worden. Da sie schwer zu übersehen sind, folgt nachstehend ein Strafenkatalog, in dem man zugleich die Arbeitsschutzbestimmungen findet.

SG

§ 121 § 121 zählt die fraglichen Paragraphen auf und sagt, wer als Kapitän vorsätzlich gegen sie verstößt und dadurch die Arbeitskraft oder Gesundheit eines Besatzungsmitgliedes erheblich gefährdet (nicht mit „schädigt" zu verwechseln!), wird mit Gefängnis bis zu einem Jahre bestraft. Bei fahrlässiger Gefährdung wird Gefängnis bis zu drei Monaten oder Geldstrafe angedroht.

Aufzählung der Straftaten und Arbeitsschutzbestimmungen.

1. § 81 (1) Beschäftigung nur nach ärztlicher Untersuchung gemäß einer noch zu erlassenden Verordnung.

2. § 81 (2) Nachuntersuchung Jugendlicher nach einem Jahre bzw. innerhalb von 6 Tagen nach Rückkehr.

3. § 85 (1) Seearbeitszeit[1] für Wachgänger 8 Stunden nach Dreiwachenplan.

4. § 85 (2) Beschäftigung von Wachgängern während der Wache nur werktags zwischen 6 und 18 Uhr, außerhalb dieser Zeit nur dringende Arbeiten zur Sicherung des Schiffes, der Fahrt und der Ladung.

5. § 85 (3) Seearbeitszeit der nicht zum Wachdienst Eingeteilten (ausgenommen Verpflegung, Bedienung, Krankenpflege) werktäglich 8 Stunden,

6. § 85 (3) jedoch nur zwischen 6 und 18 Uhr.

7. § 85 (3) Nichtwachgänger dürfen an Sonn- und Feiertagen nur bei Voraussetzung der §§ 88 und 89 beschäftigt werden (dort wird wieder auf andere Paragraphen verwiesen; gemeint sind dringende bzw. Notfälle, s. Nr. 21).

8. § 86 (1) Hafenarbeitszeit[2] (ausgenommen Verpflegung, Bedienung, Krankenpflege) Montag bis Freitag 8 Stunden,

9. § 86 (1) am Sonnabend 5 Stunden.

10. § 86 (1) bei Wachdienst im Hafen am Sonnabend 8 Stunden.

11. § 86 (1) Hafenarbeitstag, ausgenommen Wachdienst, Montag bis Freitag zwischen 6 und 18 Uhr,

12. § 86 (1) am Sonnabend zwischen 6 und 13 Uhr.

13. § 86 (2) Hafenarbeit zwischen 18 und 6 Uhr sowie an Sonn- und Feiertagen nur für Wachdienst oder unaufschiebbare Arbeiten. Hierzu gehört Laden und Löschen von Post.

14. § 86 (2) Unaufschiebbare und unumgängliche Arbeiten an Sonn- und Feiertagen höchstens 5 Stunden.

Verpflegungs-, Bedienungs- und Krankenpflegepersonal.

15. § 87 (1) See- und Hafenarbeitszeit täglich 8 Stunden.

16. § 87 (2) Verlängerung bis zu 1 Stunde, wenn regelmäßig und erheblich Arbeitsbereitschaft in die Arbeitszeit fällt. Der Nachweis, daß keine Arbeitsbereitschaft vorgelegen hat, ist vom Besatzungsmitglied zu führen[3].

17. § 87 (3) Arbeitszeit einschließlich Arbeitsbereitschaft auf See zwischen 6 und 20 Uhr,

18. § 87 (3) im Hafen zwischen 6 und 18 Uhr.

---

[1] Beim Zusammentreffen von See- und Hafenarbeitszeit rechnet § 23 MTV anders als § 84 SG, nämlich: Überstundenvergütung nach 8 Std., Sonnabend nach 5 Std., Wachgänger an Sonn- und Feiertagen nach 3 Std.

[2] Ladungsarbeiten nur ausnahmsweise. Zulage 1,10 DM pro Std., zutreffendenfalls außerdem Überstundenvergütung. Bei Pauschalvergütung 3 × 1,10 DM pro Std.

[3] Arbeitsbereitschaft 9 Std. auf See täglich, im Hafen werktäglich. Hafentag ist ein Tag, an dem das Schiff vor 12 Uhr fest ist oder nach 12 Uhr losmacht (§ 24 MTV).

SG

Diese Zeiträume dürfen in besonderen Fällen auf Fahrgastschiffen überschritten werden, jedoch nur bei Gewährung einer ununterbrochenen Freizeit von 8 Stunden[1]. 19. § 87 (3)

An Sonn- und Feiertagen nur Arbeiten zur Verpflegung und Bedienung der an Bord befindlichen Personen. 20. § 87 (4)

Überstunden.

Abgesehen von Fällen drohender Gefahr, Hilfeleistung, Rollen- und Segelmanövern (§ 88) darf ein Besatzungsmitglied *in sonstigen dringenden Fällen* bis zu 90 Überstunden monatlich leisten, 21. §§ 88, 89 (1)

in Fahrtgebieten mit kurzer Aufeinanderfolge der Häfen bis zu weiteren 30 Überstunden, aber nur im unmittelbaren Zusammenhang mit Ein- und Auslaufen. 22. § 89 (1)

Über 90 bzw. 120 Überstunden monatlich nur Überstunden zur Abwendung von Gefahr für die Ladung, zur Verhinderung schwerer Störungen des Schiffsbetriebes u. a. 23. § 89 (2)

In den Fällen des § 89 (Nr. 21–23) darf außerhalb der Zeiträume gem. §§ 85–87 gearbeitet werden (s. Nr. 4, 6, 11, 12, 17, 18). 24. § 89 (3)

§ 90 regelt Mindestvergütungen für Überstunden: Für jede Stunde (ausgen. Rollen-, Rettungsdienst u. a.) $^1/_{200}$ Grundheuer + Zuschlag. Dieser beträgt für die ersten 60 Überstunden und für Hafenwachdienst $^1/_4$, für die 30 folgenden $^1/_2$, für die restlichen $^1/_1$ von dem genannten $^1/_{200}$ der Grundheuer, sofern der Zuschlag nicht durch Tarifvertrag festgelegt ist[2].

Jeder Sonn- oder Feiertag mit weniger als 12 Hafenstunden ist durch einen arbeitsfreien Werktag auszugleichen, möglichst in derselben, sonst in der folgenden Woche, andernfalls Urlaubsverlängerung. 25. § 91 (1)

Für Verpfl.-, Bed.- und Krankenpfl.-Personal jedoch mindestens 2 freie Tage (nicht Werktage!) im Monat. 26. § 91 (1)

Weibliche Besatzungsmitglieder.

Frauen nicht mit Arbeiten beschäftigen, die ihre körperlichen Kräfte übersteigen. 27. § 92 (1)

Bei zusammenhängender Arbeitszeit von über $4^1/_2$ Stunden im voraus festgelegte halbstündige oder zwei viertelstündige Ruhepausen gewähren. 28. § 93 (1)

Nach $4^1/_2$stündiger Beschäftigung mindestens viertelstündige Ruhepause gewähren. 29. § 93 (1)

Abweichend von § 87, Abs. 3, Satz 3 (betrifft zusammenhängende achtstündige Freizeit, s. Nr. 19), eine Nachtruhe von mindestens 10 zusammenhängenden Stunden gewähren (für Funkerin genehmigungspflichtige, tarifliche Sondervereinbarung möglich gem. § 104). 30. § 93 (2)

Anweichend von § 89, Abs. 1, Satz 3 (betrifft 90 bzw. 120 Überstunden monatlich, s. Nr. 21 und 22), höchstens 60 Überstunden pro Monat. 31. § 93 (3)

§ 93, Abs. 1–3 (Nr. 28–31) gilt nicht bei drohender Gefahr, Rettungs-, Hilfs- und Rollendienst oder in anderen dringenden Fällen (§§ 88 und 89), s. Nr. 21 und 23. 32. § 93 (4)

Jugendliche (s. § 8).

Keine Beschäftigung von Jugendlichen unter 14 Jahren. 33. § 94 (1)

Beschäftigung von Jugendlichen unter 15 Jahren nur mit Erlaubnis der Arbeitsschutzbehörde. 34. § 94 (2)

---

[1] Auf See ausnahmsweise zwischen 6 und 22 Uhr. Näheres über Hafentage s. § 25 MTV.

[2] Das ist geschehen: 25% Zuschlag für Hafenwache und -arbeit aller Art, 40% Zuschlag für alles übrige. Verpfl., Bed. und Krankenpflege zwischen 6 und 21 Uhr 25%, 21 und 6 Uhr 40%, auf Fahrgastschiffen zwischen 6 und 22 Uhr bzw. 22 und 6 Uhr (§§ 30, 31 MTV).

SG

35. § 94 (3) Jugendliche dürfen nicht als Trimmer oder Heizer beschäftigt werden.

36. § 94 (3) Beschäftigung im Maschinendienst sonst nur nach Abschlußprüfung in einem für den Maschinendienst erforderlichen Lehrberuf.

37. § 95 (1) Jugendliche nicht mit Arbeiten beschäftigen, die ihre körperlichen Kräfte übersteigen.

38. § 96 (1) Seearbeitszeit der Jugendlichen unter 16 Jahren (ausgen. Verpfl. usw.) täglich 7 Stunden.

39. § 96 (1) im Wachdienst jedoch 8 Stunden. (Auf Zwei-Wachen-Schiffen Seearbeitszeit bis zu 12 Stunden, s. unter § 138 [1].)

40. § 96 (1) Hafenarbeitszeit der Jugendlichen unter 16 Jahren Montag bis Freitag 7 Stunden,

41. § 96 (1) am Sonnabend 5 Stunden.

42. § 96 (2) Jugendliche in Verpflegung, Bedienung und Krankenpflege auf See und im Hafen täglich 7 Stunden, Verlängerung nach § 87 Abs. 2 (s. Nr. 16) nicht zulässig.

43. § 96 (2) Für Jugendliche über 16 Jahre in Verpflegung usw. gilt § 87 Abs. 2 (s. Nr. 16) insoweit, als Arbeitszeit bis zu 1 Stunde täglich, aber nur 3 Stunden wöchentlich überschritten werden darf (gemeint ist, wenn in Arbeitszeit regelmäßig und erheblich Arbeitsbereitschaft fällt).

44. § 96 (3) Auf behördlich anerkannten Schulschiffen dürfen Jugendliche in der Ausbildung nach den Richtlinien für die Ausbildung zum Matrosen im Wochendurchschnitt bis zu 2 Stunden täglich länger (auch in der Freizeit) beschäftigt werden. Das gilt nur, soweit diese Kenntnisse nicht im regelmäßigen Schiffsdienst erworben werden können und wenn die Ausbildung unter Aufsicht eines Offiziers oder Fachlehrers erfolgt.

45. § 97 (1) Jugendliche unter 16 Jahren dürfen Mehrarbeit nur leisten in den Fällen §§ 88 und 89 (bei drohender Gefahr, Rollen-, Rettungs- oder Hilfsdienst und in sonstigen dringenden Fällen) (s. Nr. 21).

46. § 97 (2) Jugendliche über 16 Jahre dürfen über die in § 96 bestimmten Grenzen hinaus (7 bzw. 8 Stunden täglich, s. Nr. 38—44) bis zu 9 Stunden täglich, aber nur 54 Stunden wöchentlich beschäftigt werden, länger nur bei drohender Gefahr usw. (s. Nr. 45). (Beachte, daß jugendliche Wachgänger schon 56 Stunden wöchentlich leisten!)

47. § 97 (3) Jugendliche dürfen mit Mehrarbeit nur beschäftigt werden, wenn keine Erwachsenen verfügbar sind.

48. § 97 (4) Bei drohender Gefahr usw. (s. Nr. 45) gelten die nachfolgenden Vorschriften über Ruhepausen und Nachtruhe nicht.

49. § 98 Jugendlichen müssen bei zusammenhängender Arbeitszeit von über $4^1/_2$ Stunden im voraus festgelegte halbstündige oder zwei viertelstündige Ruhepausen gewährt werden.

50. § 98 Länger als $4^1/_2$ Stunden hintereinander dürfen Jugendliche ohne eine viertelstündige Ruhepause nicht beschäftigt werden.

51. § 99 Keine Beschäftigung von Jugendlichen zwischen 20 und 6 Uhr; dies gilt nicht für jugendliche Wachgänger.

52. § 99 Jugendlichen unter 16 Jahren muß täglich eine ununterbrochene Nachtruhe von mindestens 8 Stunden zwischen 20 und 8 Uhr gewährt werden.

53. § 99 Jugendliche unter 16 Jahren dürfen nicht zum Wachdienst im Hafen während der Nachtzeit herangezogen werden.

54. § 100 (1) Auf Jugendliche findet § 91 über Sonn- und Feiertagsausgleich keine Anwendung. Aber:

§ 100 (2) Jugendlichen ist wöchentlich, möglichst sonntags, eine ununterbrochene Freizeit von mindestens 24 Stunden im Anschluß an eine Nachtruhe nach § 99 (8 Stunden) zu gewähren. Dieses gilt auch für jeden Wochenfeiertag.

55. § 100 (3) Kann diese Freizeit am Sonn- oder Feiertag einem jugendlichen Wachgänger während einer ganzen Woche auf See aus betrieblichen Gründen

nicht gewährt werden, so muß sie in der nächsten Woche nachgeholt werden. Ist auch das unmöglich, verlängert sich der Urlaub entsprechend.

Die folgenden vier Punkte, Zweiwachenschiffe, Bergungsschiffe und die Fischerei betreffend, werden nur aufgeführt, aber nicht mitgezählt, da sie für einen anderen Fahrtbereich gelten.

Auf Schiffen bis zu 1000 BRT in der Nord- und Ostseefahrt, ferner bis § 138 (1)
einschließlich Drontheim und ausschließlich Gibraltar – in Fischerei und Walfang ohne diese Begrenzung – ist bei längerer als zehnstündiger Reise Zweiwachensystem mit Seearbeitszeit bis zu 12 Stunden zulässig. Jugendliche über 16 Jahre können in den Wachdienst eingeordnet werden, aber im übrigen bleiben die Jugendschutzvorschriften in Kraft.

Das gleiche Zweiwachensystem auch für Schiffe bis zu 1500 BRT, die § 138 (2)
vor dem 1. 1. 1952 auf Kiel gelegt bzw. unter der Bundesflagge in Dienst gestellt worden sind, wenn zur Unterbringung für Dreiwacheneinteilung keine Möglichkeit besteht.

Auf den vorgenannten Schiffen im Zweiwachensystem höchstens 60 Über- § 138 (4)
stunden monatlich.

Weitere Ausnahmen für Bergungsfahrzeuge. § 139

Zu Nr. 7: Noch zu erlassende Verordnung über Stärke der Schiffsbesatzung 56. § 143 (1)

Zu Nr. 8: Noch zu erlassende Verordnung über Verbot oder Beschrän- 57. § 143 (1)
kung der Frauenarbeit.

Zu Nr. 9: Noch zu erlassende Verordnung über Beschäftigungsverbot 58. § 143 (1)
oder -beschränkung für Jugendliche auf bestimmten Schiffen.

Zu Nr. 10: Noch zu erlassende Verordnung über Sicherheitsvorschriften 59. § 143 (1)
zur Durchführung des Arbeitsschutzes.

Zu Nr. 14: Noch zu erlassende Verordnung über Anwendung der Arbeits- 60. § 143 (1)
zeitverordnung und des Jugendschutzgesetzes auf die Arbeitszeit der in § 7 genannten Personen (sonstige Arbeitnehmer an Bord).

Anordnung der Arbeitsschutzbehörde im Einzelfall über Beschäftigungs- 61. § 92 (2)
verbot oder -beschränkung für Frauen.

Desgleichen für Jugendliche. 62. § 94 (4)

Anordnung der Arbeitsschutzbehörde im Einzelfall, betreffend Vorkeh- 63. § 80 (2)
rungen gegen Gefahren für Leben, Gesundheit und Sittlichkeit.

Weitere Androhungen von Gefängnisstrafen, die nicht den Arbeitsschutz betreffen, richten sich gegen:

Mißbrauch der Anordnungsbefugnis durch den Kapitän (oder einen 64. § 117
anderen Vorgesetzten).

Vorsätzliches oder fahrlässiges Unterlassen, Proviant- oder Apotheken- 65. § 118
ausrüstung zu ergänzen, wenn dadurch der Besatzung das ihr Zustehende nicht gewährt werden kann.

Vorenthalten zustehender Verpflegung oder Verabreichung verdorbener 66. § 119
Verpflegung.

Zurücklassung eines Besatzungsmitgliedes außerhalb der Bundesrepublik 67. § 120
ohne Genehmigung des Seemannsamtes (Konsulat).

Wenn in den aufgezählten Fällen Nr. 1 bis 63, die sich nach Erlaß der genannten Verordnungen noch erheblich erhöhen werden, der Kapitän gegen die Einzelvorschriften verstößt, ohne dabei die Arbeitskraft oder die Gesundheit eines Besatzungsmitgliedes zu *gefährden*, wird er wegen einer Ordnungswidrigkeit mit Geldbuße bis zu 1000 DM bzw. bis zu 500 DM bedroht (s. S. 45). Gemäß § 126 kommen aber noch folgende Fälle hinzu:

Der Kapitän hat die Jugendlichen vor Dienstantritt über die Unfall- 64. § 95 (2)
und Gesundheitsgefahren und das entsprechende Verhalten zu belehren oder belehren zu lassen.

Diese Belehrungen sind in angemessenen Zeitabständen zu wiederholen. 65. § 95 (2)

SG

66. § 101 Führen von Arbeitszeitnachweisen über Dauer und Begründung von Arbeitszeitverlängerungen, über Feiertagsausgleich und über Jugendurlaub.

67. § 143 (1) Zu Nr. 11: Noch zu erlassende Verordnung über Form und Ausgestaltung der Arbeitszeitnachweise gemäß § 101.

68. § 143 (1) Zu Nr. 13: Noch zu erlassende Verordnung über Durchführung ärztlicher Untersuchungen.

Außerdem zählt noch § 125 eine Reihe von weiteren Ordnungswidrigkeiten des Kapitäns auf, und zwar bei Verstoß gegen folgende Vorschriften:

69. § 13 Mitführen der Musterrolle.

70. § 15 (2) Veranlassung der An-, Ab- oder Ummusterung (Musterung).

71. § 15 (2) Tagebucheintragung, wenn die Musterung unterbleiben mußte, weil sonst die Reise verzögert worden wäre.

72. § 15 (2) Unverzügliche Nachholung einer unterbliebenen An-, Ab- oder Ummusterung.

73. § 16 (1) Anwesenheit des Kapitäns oder eines bevollmächtigten Vertreters bei jeder Musterung (Reedervertreter genügt).

74. § 19 Dienstbescheinigung im Seefahrtbuch bei Abmusterung.

75. § 38 (1) Ergänzung der während der Reise verminderten Schiffsbesatzung.

76. § 40 (2) Tagebucheintragung bei zwingender Notwendigkeit, die Verpflegung zu kürzen.

77. § 51 Vorläufige Entscheidung des Seemannsamtes (Konsulat) bei Streit über Krankenfürsorge des Reeders.

78. 52 Effektenfürsorge nach genauen Vorschriften, wenn ein Besatzungsmitglied wegen Krankheit oder Unfalls zurückgelassen werden muß (s. S. 44).

79. § 76 (1) Desgleichen, wenn ein Besatzungsmitglied verstorben ist oder vermißt wird.

80. § 54 (2) Mindesturlaub für Jugendliche 24 Werktage jährlich.

81. § 61 (2) Gewährung von Landgang.

82. § 61 (2) Gewährung von Landgang während der dienstfreien Zeit auch während der Hafenarbeitszeit.

83. § 61 (3) Sorge für Landverbindung, wenn keine angemessene Beförderungsmöglichkeit besteht.

84. § 61 (4) Sorge für gleichmäßige Verteilung des Wachdienstes außerhalb der Hafenarbeitszeit.

85. § 64 (2) Tagebucheintragung und Aushändigung einer Abschrift bei fristloser Entlassung eines Besatzungsmitgliedes.

86. § 69 Vorläufige Entscheidung des Seemannsamtes über die Berechtigung einer fristlosen Kündigung.

87. § 72 Vorläufige Entscheidung des Seemannsamtes bei Streit über einen Rückbeförderungsanspruch.

88. § 78 (4) Vorläufige Entscheidung des Seemannsamtes über die Berechtigung einer fristlosen Kündigung gegen oder durch den Kapitän.

89. § 111 (3) Tagebucheintragung über Vernichtung von Gegenständen eines Besatzungsmitgliedes, die das Schiff gefährden.

§ 112 (2) Tagebucheintragung über Beschwerde eines Besatzungsmitgliedes und Verpflichtung, eine Abschrift auszuhändigen.

§ 124 (2) Tagebucheintragung über Ordnungswidrigkeit eines Besatzungsmitgliedes und Verpflichtung zur Bekanntgabe bzw. zur Aushändigung einer Abschrift.

§ 133 (2) Tagebucheintragung über den Antrag eines Besatzungsmitgliedes auf gerichtliche Entscheidung gegen den Bußgeldbescheid eines Seemannsamtes (nach einer Ordnungswidrigkeit seitens des Besatzungsmitgliedes. Das Unterlassen dieser Tagebucheintragung ist anscheinend versehentlich nicht zu einer Ow erklärt worden).

SG

Tagebucheintragung über Zwangsmaßnahmen des Kapitäns gemäß § 106 (ebenfalls nicht Ow). § 106 (6)

Tagebucheintragung des Seemannsamtes über seine Untersuchung nach einer Beschwerde des Besatzungsmitgliedes über Seeuntüchtigkeit u. ä. (Kapitän muß vor Beschwerde unterrichtet werden). § 113

Die Arbeitszeitvorschriften werden auf den 1. Offizier und auf den 1. Ingenieur nicht angewendet. Für die übrigen Schiffsoffiziere und sonstigen Angestellten sind tarifliche, genehmigungspflichtige Sondervereinbarungen möglich. § 104

5. Abschnitt, Ordnung an Bord.

Der Kapitän ist der Vorgesetzte aller Besatzungsmitglieder und der sonstigen an Bord tätigen Personen (z. B. der angestellten oder selbständigen Friseure). Ihm steht die oberste Anordnungsbefugnis zu. § 106

Er hat für Ordnung und Sicherheit zu sorgen und kann die dafür notwendigen Maßnahmen (s. S. 46) „im Rahmen der nachfolgenden Vorschriften und der sonst geltenden Gesetze" treffen.

Droht Menschen oder dem Schiffe eine *unmittelbare* Gefahr, kann der Kapitän die erforderlichen Maßnahmen notfalls mit erforderlichen Zwangsmitteln durchsetzen und auch zur vorübergehenden Festnahme schreiten. Diese und körperliche Gewalt sind nur zulässig, wenn andere Mittel nicht ausreichen, und nur so lange wie unbedingt erforderlich. Entsprechende Maßnahmen muß der Kapitän ins Schiffstagebuch eintragen (vgl. Maßnahmen bei Straftaten, s. S. 70, sowie Ordnung und Sicherheit, s. S. 46).

Die Schiffsoffiziere sind die Vorgesetzten aller Schiffsleute und der sonstigen Angestellten. § 107

Der Kapitän kann in einzelnen Dienstzweigen andere Besatzungsmitglieder als Vorgesetzte bestimmen, er muß dies durch Aushang bekanntgeben. Die Anordnungen des nautischen wachhabenden Schiffsoffiziers im Rahmen des Wachdienstes sind vom wachhabenden Offizier des Maschinendienstes, vom Funkoffizier und von Dienstzweigleitern durchzuführen.

Der Kapitän und die Vorgesetzten haben die Untergebenen gerecht und verständnisvoll zu behandeln und besonders die Jugendlichen vor gesundheitlichen und sittlichen Gefahren zu schützen. Der Kapitän muß auch für die berufliche Fortbildung der Jugendlichen sorgen (s. S. 62). § 108

Die Besatzungsmitglieder sind verpflichtet, die Anordnungen der Vorgesetzten zu befolgen, wenn dadurch nicht eine Straftat oder eine Ordnungswidrigkeit begangen wird. § 109

Für den einfachen Mann an Bord steht dazu in einem gewissen Gegensatz § 29 (Abschn. Heuerverhältnis): Die Dienstleistungspflicht des Besatzungsmitgliedes richtet sich nach dem Heuerverhältnis und den Anordnungen der *zuständigen* Vorgesetzten (gemeint ist die gewöhnliche, tägliche Arbeit). Darüber hinaus hat es nur jede Anordnung des Kapitäns zu befolgen, die dazu dienen soll, drohende Gefahr für Menschen, Schiff oder Ladung oder einen großen Schaden abzuwenden oder schwere Störungen des Schiffsbetriebes zu verhindern u. a. In dringenden Fällen gilt das gleiche gegenüber Anordnungen eines an Ort und Stelle befindlichen Vorgesetzten. Diese Vorschriften gelten auch bei drohender Gefahr für andere Schiffe und Menschen. (Durch den Wortlaut lasse man nicht den falschen Eindruck entstehen, der Kapitän sei nicht jederzeit „zuständig" und daher unberechtigt, im Rahmen des gewöhnlichen Schiffsbetriebes auch unmittelbar etwas anzuordnen.) § 29

Das Besatzungsmitglied darf bordfremde Personen nur mit Erlaubnis der Schiffsleitung an Bord bringen. Bei Familienangehörigen darf im Hafen die Erlaubnis nicht verweigert werden, sofern der Schiffsbetrieb nicht gestört wird. § 111

Das Besatzungsmitglied darf nur persönliche Bedarfsgegenstände und Verbrauchsgüter in angemessenem Umfange an Bord bringen, sofern dadurch

SG nicht die Ordnung beeinträchtigt wird oder eine Gefährdung eintritt. Bei Waffen und Munition ist die Erlaubnis des Kapitäns erforderlich (über alkoholische Getränke ist nichts gesagt).

Widerrechtlich an Bord gebrachte Gegenstände kann der Kapitän sicherstellen. Gefährden sie Personen, Schiff oder Ladung oder *kann* der Verbleib das Einschreiten einer Behörde zur Folge haben, kann der Kapitän die Beseitigung verlangen. Bei Weigerung kann der Kapitän die Gegenstände vernichten. Er muß dies im Tagebuch begründen (Ow).

6. Abschnitt, Straftaten.

(vgl. StGB, s. S. 69)

§ 114 Vorsätzliches Entweichen außerhalb der Bundesrepublik wird mit Gefängnis bis zu einem Jahre bestraft, wenn das Auslaufen erheblich verzögert oder erhebliche Kosten verursacht wurden. Bei Fahrlässigkeit Gefängnis bis zu drei Monaten oder Geldstrafe. Verfolgung in jedem Falle nur auf Antrag des Reeders oder des Kapitäns.

§ 115 Nichtbefolgen dienstlicher Anordnungen zur Abwendung drohender Gefahr usw. (s. § 29) wird mit Gefängnis, bei Fahrlässigkeit auch mit Geldstrafe bestraft, wenn eine Gefährdung eingetreten ist.

§ 116 Widerstand durch Gewalt oder durch Bedrohung mit Gewalt bei Maßnahmen zur Erhaltung von Sicherheit oder Ordnung oder tätlicher Angriff auf einen Vorgesetzten bei Ausübung seines Dienstes wird mit Gefängnis bis zu zwei Jahren bestraft.

§ 124 **Ordnungswidrigkeiten des Besatzungsmitgliedes.** Ordnungswidrig handelt ein Besatzungsmitglied,

1. wenn es im Wachdienst Pflichten verletzt, die der Sicherheit oder der Ordnung dienen;
2. wenn es einer Anordnung nicht nachkommt, die drohende Gefahr usw. (s. § 29) abwenden soll, ohne daß eine Gefährdung eingetreten ist (vgl. § 115);
3. wenn es die Bordanwesenheitspflicht verletzt (s. § 28);
4. wenn es unerlaubt Personen oder Gegenstände an Bord bringt (s. § 111);
5. wenn es vorsätzlich einer vorläufigen Entscheidung eines Seemannsamtes zuwiderhandelt (s. §§ 51, 69, 72).

Der Kapitän *muß* eine Ordnungswidrigkeit ins Tagebuch eintragen und dies dem Betroffenen bekanntgeben bzw. eine Abschrift aushändigen (Ow). (Zu einer Meldung an das Seemannsamt ist der Kapitän nicht verpflichtet, vgl. Ordnungswidrigkeit, s. S. 45).

Maßnahmen in besonderen Fällen.

1. Vermißter Schiffsmann. Prüfen, ob seine Sachen fehlen und Desertion vorliegt, Anzeige an nächstes Seemannsamt (Konsul), da Unglücksfall vorliegen kann, auch Meldung an Polizeibehörde; Mitteilung an die Angehörigen; Übergabe des Seefahrtbuches an Seemannsamt und Abmusterung; Tagebucheintragung darüber mit allen Personalien; Effekten durch Offizier aufnehmen (vgl. Nr. 2) und mit Heuerabrechnung dem Seemannsamt abliefern; bei Desertion Schadenersatz fordern und Effekten zurückhalten; bei Desertion kann und sollte Strafantrag gestellt werden; Reeder schnellstens benachrichtigen, damit Ziehschein gestoppt und gegebenenfalls Antrag auf Ausschluß aus der Seeschiffahrt gestellt werden kann; nach Möglichkeit Ersatzmann anmustern.

2. Erkrankung. Eintragung ins Krankenbuch (vgl. auch S. 78, Nr. 14); Reeder und Angehörige benachrichtigen; bei Krankenhausbehandlung im Auslande: Abmusterung veranlassen; abgeschlossenes

Seefahrtbuch an Konsul; Effekten am besten durch Offizier aufnehmen lassen; vom Kapitän und dem Aufnehmenden unterschriebene Liste in dreifacher Ausfertigung aufstellen; ein Exemplar und die Heuerabrechnung zusammen mit den Sachen dem Kranken übergeben, gegebenenfalls dem Konsul oder mit dessen Genehmigung der Krankenhausverwaltung; eine Liste in den Seesack, eine bleibt an Bord, Liste muß Aufbewahrungort enthalten; nach Möglichkeit Ersatzmann anmustern (vgl. Krankenversicherung, s. S. 50).

3. Unfall und Berufskrankheit. Maßnahmen wie bei Erkrankung, ferner: Todesfolge oder schweren Unfall telegraphisch der SBG melden; Tagebucheintragung mit Hinweis auf Unfalltagebuch; mindestens 3 Abschriften aus Unfalltagebuch auf vorgeschriebenen gelben bzw. grünen Vordrucken anfertigen, davon 1 an Seemannsamt (Konsul), 2 an zuständige Bezirksverwaltung der SBG (über Reeder leiten); schwere Unfälle untersucht Seemannsamt; in Deutschland außerdem Protokoll durch Polizei (vgl. Unfallversicherung, s. S. 52).

4. Tod eines Besatzungsmitgliedes. Reeder telegraphisch benachrichtigen und anfragen, ob Leiche z. B. im Zinksarg mitgebracht werden soll, andernfalls Landbestattung auf Kosten des Reeders, wenn Schiff innerhalb 24 Stunden *zumutbarerweise* einen Hafen erreichen *kann* (vgl. § 75 SG, s. S. 37); Angehörige benachrichtigen; Tagebucheintragung durch Kapitän mit Hinweis aufs Sterberegister; dieses, wenn der Tod während der Reise *an Bord* eingetreten ist, innerhalb 24 Stunden ausfüllen (Kapitän hat Stellung eines Urkundsbeamten) und außerdem von 2 Offizieren unterschreiben lassen; später je 2 Abschriften aus Tagebuch und Sterberegister (Anhang zum Tagebuch) beim nächsten Seemannsamt (Konsul) an Hand der Originale beglaubigen lassen und abgeben[1]; bei Unfall oder Berufskrankheit Meldungen nach Nr. 3; Nachlaß am besten durch Offizier in dreifacher Liste aufnehmen lassen und dem nächsten Seemannsamt (Konsul) übergeben, mit dessen Genehmigung dem Seemannsamt eines deutschen Hafens; das Heuerguthaben hat der Reeder dem zuständigen Seemannsamt zu überweisen. Tritt der Tod an Land ein, z. B. im Auslande, wird Sterberegister nicht ausgefüllt, da Konsul von Behörde Totenschein erhält und von sich aus zuständiges Standesamt benachrichtigt. Seetestament s. S. 73.

5. Bestattung. Wenn das Schiff innerhalb 24 Std. zumutbarerweise einen Hafen erreichen *kann*, Beerdigung eines Schiffsmannes an Land auf Kosten des Reeders, andernfalls Bestattung nach Seegebrauch: Einnähen in Segeltuch und beschweren; Flagge halbstocks; Aufbahrung unter Flagge; Maschine stoppen; Ansprache des Kapitäns und Gebet; Leiche langsam versenken; Bericht an die Angehörigen möglichst mit Lichtbild von der Trauerfeier.

6. Ordnungswidrigkeit ist eine Tat, die nicht mit Strafe, sondern nur mit Geldbuße bedroht ist und von der zuständigen Landesbehörde (im Hinblick auf das SG durch das Seemannsamt) verfolgt werden *muß*, sobald sie davon Kenntnis erhält. Vorsätzliche Ordnungswidrigkeiten

[1] Das Vorlegen von Tagebuch und Sterberegister bei der Aufsichtsbehörde des Standesamtes ist nicht mehr erforderlich.

kann das Seemannsamt (Konsul) mit Geldbuße bis zu 1000 DM, fahrlässige im allgemeinen bis zu 500 DM ahnden. Eine Ordnungswidrigkeit verjährt in 6 Monaten, die Vollstreckung einer verhängten Geldbuße in 2 Jahren.

Ordnungswidrigkeiten von Besatzungsmitgliedern *muß* der Kapitän ins Tagebuch eintragen. Eine Meldung an das Seemannsamt ist nicht vorgeschrieben, aber jedem Besatzungsmitglied möglich. Gegen einen Bußgeldbescheid kann innerhalb von 2 Wochen beim Seemannsamt (Konsulat) ein Antrag auf gerichtliche Entscheidung gestellt werden. Die Frist gilt als gewahrt, wenn der Antrag binnen 2 Wochen nach Zustellung des Bußgeldbescheides beim Kapitän gestellt wird. Dieser muß den Zeitpunkt der Antragstellung ins Tagebuch eintragen, dem Betroffenen eine Abschrift aushändigen und den Antrag dem Seemannsamt, das den Bußgeldbescheid erteilt hat, unverzüglich zustellen (§ 133 SG). Diese Pflichten obliegen dem 1. Offizier, wenn der Kapitän selbst der Antragsteller ist.

7. Ordnung und Sicherheit. Der Kapitän *muß* für Ordnung und Sicherheit sorgen. Das ergibt sich nicht nur aus dem Seemannsgesetz (§ 106, s. S. 43), welches das Grundgesetz im Hinblick auf bestimmte Zwangsmaßnahmen ausdrücklich einschränkt, sondern auch aus dem Handelsgesetzbuch. Der Kapitän sollte sich zum Grundsatz machen, nach Möglichkeit belehrend und ausgleichend zu wirken, und weitergehende Maßnahmen nur anwenden, wenn ersteres erfolglos geblieben ist. Er muß aber bedenken, daß eine Störung der Ordnung an Bord in vielen Fällen eine Gefährdung der Sicherheit nach sich zieht. Entsprechende Anordnungen sollen der Art der Störung von Ordnung oder Sicherheit angepaßt sein. Sie sollen angemessen und erfüllbar sein. Insbesondere ergeben sich folgende Möglichkeiten:

1. Erlaß einer Schiffsordnung oder Verbote und Gebote im Einzelfall.
2. Belehrung über die Unrichtigkeit bestimmten Verhaltens sowie über die Befugnisse des Kapitäns; gegebenenfalls gleichzeitig Verwarnung.
3. Einzelarbeit und Nacharbeit, auch in der Freizeit, z. B. bei Dienstversäumnis.
4. Alkoholbeschränkung bei Trunkenheit, Alkoholentzug im Wiederholungsfalle.
5. Landgangsverbot bei Überschreitung des Landurlaubs, gegebenfalls zusammen mit Devisensperre.
6. Verwahrung und Verschluß von Gegenständen, die das Schiff gefährden (§ 111 SG), z. B. von Schmuggelgütern, Waffen, übermäßigen Alkoholmengen.
7. Durchsuchung von Sachen und Räumen, aber nur in Gegenwart des Betroffenen und eines weiteren Zeugen, der nach Möglichkeit der Dienstzweigleiter des Betroffenen sein soll; z. B. bei begründetem Verdacht von Schmuggel, Kameraden- oder Ladungsdiebstahl.
8. Körperliche Untersuchung beim Verdacht von gefährdenden Krankheiten.

9. Androhung einer fristlosen Entlassung, die auch auf See ausgesprochen werden kann (s. S. 36), mit gleichzeitiger Belehrung über die Rechtsfolgen.

10. Prüfen, ob eine Ordnungswidrigkeit vorliegt (s. S. 44) und außer der *vorgeschriebenen* Tagebucheintragung eine Meldung an das Seemannsamt (Konsul) zwecks weiterer Verfolgung geboten ist.

11. Wenn stufenweise getroffene Maßnahmen erfolglos geblieben sind, fristlose Entlassung aussprechen (auch auf See möglich).

Bei unmittelbar bevorstehender Gefahr für Menschen oder Schiff:

12. Einsperrung, z. B. zur Ausnüchterung eines Betrunkenen im Interesse der Sicherheit des Betroffenen oder anderer.

13. Einsperrung eines Gewalttätigen, unter Umständen Anwendung von Gewalt zur Überwindung von Widerstand, wobei jedes Besatzungsmitglied auf Verlangen Beistand leisten muß. Nötigenfalls sogar Fesselung, solange erforderlich.

Weiteres über Straftaten s. S. 70.

Ähnliche und jede der obengenannten Maßnahmen ins Tagebuch eintragen — auch Belehrungen und Verwarnungen —, die Eintragung in Zeugengegenwart vorlesen oder eine Abschrift aushändigen. Die Eintragung ist auch dann erforderlich, wenn sie nicht ausdrücklich vorgeschrieben ist, damit im Wiederholungsfalle eine Beweisunterlage vorliegt.

Betriebsverfassungsgesetz[1].

Das Betriebsverfassungsgesetz für die deutsche Seeschiffahrt (Entwurf) sieht die Wahl von *Bord-* und *Landausschüssen* vor, deren Stärke sich nach der Stärke des Bord- und Landpersonals der Reederei richtet. Diese Ausschüsse wählen bei größeren Reedereien Mitglieder in den Betriebsrat. In diesem kann ein Mitglied Arbeitnehmer an Bord sein. Jeder Ausschuß ist nur für Angelegenheiten in seinem Bereiche zuständig, der Betriebsrat dagegen für das ganze Unternehmen. Die mit den Betriebsvertretungen zusammenhängenden Kosten trägt der Reeder.

Aufgaben: Vorschläge zum Wohl des Betriebes und der Arbeitnehmer; Fürsorge für Arbeitnehmer auf Grund der einschlägigen Gesetze, Verordnungen und Verträge; Bearbeitung von Beschwerden; Mitbestimmung über Anfang und Ende der Arbeitszeit; Unfallverhütung; Aufrechterhaltung von Ordnung und Sauberkeit; Mitwirkung bei Einstellungen, Entlassungen und Versetzungen. Für diese Zwecke soll der Bordausschuß einmal im Monat mit dem Kapitän zusammentreten. Meinungsverschiedenheiten sollen gütlich beigelegt werden. Schlichtungsstellen und Behörden (z. B. Arbeitsgericht) sollen erst nach erfolglosen Verhandlungen angerufen werden. Die Betriebsvertretungen sollen mit den Vertretern der Gewerkschaften und der Arbeitgeberverbände zusammenarbeiten. Politische Tätigkeit soll unterbleiben.

[1] Gesetz lag beim Druck nur im Entwurf vor.

An Bord sollen im Einvernehmen mit dem Kapitän Bordversammlungen abgehalten werden, in welcher der Bordausschuß einen Tätigkeitsbericht gibt.

Behinderung oder Beeinflussung der Wahl, Störung der Tätigkeit der Betriebsvertretung und Benachteiligung von Betriebsvertretern wegen ihrer Tätigkeit ist mit Geld- oder Gefängnisstrafe bedroht.

Tarifvertrag.

Der Tarifvertrag besteht aus dem Manteltarif (MTV), der das Arbeitsverhältnis regelt, und dem Heuertarif, der die Bezüge der einzelnen Besatzungsmitglieder bestimmt. Da beide ziemlich häufig geändert werden, kann nur kurz darauf eingegangen werden, zumal die wesentlichsten Teile des Seearbeitsrechts durch das neue Seemannsgesetz geregelt werden. Wichtige Tarifvereinbarungen sind beim SG als Fußnoten erwähnt (s. S. 34ff.).

Anstellung und **Kündigung** regelt das SG, jedoch haben Angestellte, denen der Reeder kündigt, Anspruch auf eine Umschaufrist von einem Monat. Die Umschau muß in einem deutschen Hafen während der Dienstzeit gewährt werden. Andernfalls ist sie in Geld (einschließlich Verpflegung) zu vergüten.

Die gleiche Kündigungsfrist wie Angestellte, jedoch ohne Umschau, haben Unteroffiziere (Bootsmann, Zimmermann, Koch, Lagerhalter, Schmierer), wenn diese bei demselben Reeder ununterbrochen drei Jahre Dienst geleistet haben.

Mannschaftsdienstgrade können nach 12 Monaten in den nächst höheren Dienstgrad aufrücken. Kürzere Zeiten sind möglich bei gelernten Metallarbeitern, Kellnern, Schlachtern, Bäckern und Köchen. Es besteht aber kein Anspruch auf Beförderung.

Alle Dienstgrade haben das gleiche Kündigungsrecht wie der Reeder, wobei der Anspruch auf Umschaufrist entfällt.

Das Tarifschiedsgericht für die deutsche Seeschiffahrt, Hamburg, Neuer Wall 86, regelt Rechtsstreit aus dem Arbeitsverhältnis. Beide Parteien müssen sich jedoch schriftlich darauf geeinigt haben, wenn das Besatzungsmitglied nicht Mitglied einer Gewerkschaft ist (andernfalls Arbeitsgericht).

Heuerabrechnung.

Die Heuern der Besatzung werden nicht bei allen Reedereien in den Landbüros abgerechnet. Die Abrechnung ist besonders umständlich, wenn nicht monatlich, sondern pro Reise abgerechnet werden muß. In diesem Falle ist ein Tabellenwerk für tageweise Abrechnung unentbehrlich. Für die Abrechnung selbst werden gewöhnlich besondere Reedereivordrucke verwendet.

Folgende Abzüge müssen berechnet werden:

Lohnsteuer. Diese richtet sich nach dem Familienstand und damit nach einer der Steuerklassen I, II, III oder IV (Näheres vgl. in den

4 Lohnsteuertabellen). Als Nachweis gilt nur die Lohnsteuerkarte, worin die Steuerklasse und die Anzahl der Kinder verzeichnet sind. Steuerfreie Beträge sind auf der Rückseite der Lohnsteuerkarte eingetragen. Die Beträge für Lohnsteuer und Kirchensteuer können nur einer Lohnsteuertabelle entnommen werden. Zum steuerpflichtigen Verdienst gehören die Heuer, der Verpflegungssatz gemäß Beitragsübersicht der SBG, Überstunden bzw. Überstundenpauschale und Reederzuschüsse zu Pensionskassen. Von diesem Gesamtbetrag ist ein etwaiger Steuerfreibetrag abzuziehen, bevor man in die Steuertabelle eingeht. Wenn die Steuerkarte nicht vorliegt, darf — streng genommen — nur die Steuer eines Ledigen berechnet werden.

Sozialversicherung (Krankenversicherung, Angestellten- oder Arbeiterrentenversicherung, Arbeitslosenversicherung, s. S. 50ff.). Die Gesamtabzüge betragen ungefähr 11% von der Durchschnittsheuer gemäß Beitragsübersicht der SBG, in der auch der Verpflegungssatz enthalten ist. Weitere 11%, die nicht zu versteuern sind, bezahlt der Reeder. Sämtliche Besatzungsmitglieder einschließlich des Kapitäns sind ohne Rücksicht auf den Verdienst pflichtversichert. Nur von der Arbeitslosenversicherung sind solche Angestellten frei, deren Monatsverdienst 1250 DM übersteigt. Gemäß Beitragsübersicht der SBG sind das nur die Kapitäne mit Heuer auf großer Fahrt sowie die Kapitäne von Fischdampfern und Loggern.

Die Beiträge für Sozialversicherung sind auf Grund der Beitragsübersicht der SBG für die Sozialversicherung der Seeleute abzuziehen. Die Übersicht ist in jedem Büro der SBG erhältlich. Der Reeder führt diese Abzüge zusammen mit seinem Arbeitgeberanteil an die Seekasse der SBG ab.

Extraauszahlungen und -abzüge. Der Rechnungsführer muß genau Buch führen. Insbesondere muß er folgende Punkte beachten:

Überstunden: Listen nur auf Grund von Überstundenbüchern aufstellen. Der Leiter des Dienstzweiges muß die Überstunden im Überstundenbuch des Mannes bescheinigen. Dazu ist die genaue Kenntnis des SG und des Tarifvertrages erforderlich.

Verpflegungsgeld: Nur nach rechtzeitiger Abmeldung gemäß Tarifvertrag vergüten.

Heimatzahlungen (Ziehschein): Nur auf Grund einer schriftlichen Anweisung des Betreffenden über das Reedereikontor veranlassen. In der Buchführung als Vorschuß behandeln.

Vorschüsse: Nur bei Guthaben gewähren, in Ausnahmefällen gegen Pfand. Vorsicht bei Neugemusterten.

Porti gemäß Portolisten.

Pfändungen und andere Schulden: Nur auf Grund einer schriftlichen Anweisung des Reeders berücksichtigen.

Getränke und sonstiges: Aufstellung des Oberstewards anfordern.

Personalveränderungen: Rechtzeitige Meldung durch Leiter des Dienstzweiges. Verpflegungslisten berichtigen und Koch benachrichtigen.

Auszahlung der Heuer: Soweit die berechneten Restbeträge nicht durch den Reeder selbst auf Grund der übergebenen Heuerabrechnungen ausgezahlt werden, muß der Empfang des Geldes von dem Berechtigten auf der Durchschrift der Heuerabrechnung mit Tinte oder Tintenstift bescheinigt werden.

Übersicht über die Sozialversicherung der Seeleute[1, 2].

A. Krankenversicherung (KV)[3].

Versicherungsträger.

1. See-Krankenkasse (See-KK) Abteilung der Seekasse seit 1. 1. 28, nur zuständig im Inlande.

2. Reeder, nur zuständig im Auslande und an Bord gemäß §§ 42, 47 SG.

Versicherte.

§ 477 RVO 1. Alle Besatzungsmitglieder deutscher Seeschiffe ohne Ausnahme, also einschließlich des Kapitäns.

§§ 2, 16 Satzg. 2. Nicht für eine Fahrt angemusterte Gastrollengeber.

§§ 107ff. AVAVG 3. Arbeitslose Seeleute, die Arbeitslosengeld oder Arbeitslosenhilfe beziehen.

§ 165 RVO 4. Rentner der ArV oder der AnV[4] (auch Hinterbliebene), soweit sie vorher Mitglieder der See-KK waren.

§ 313 RVO § 20 Satzg. 5. Freiwillig Versicherte (Antrag binnen 2 Monaten nach Abmusterung bzw. Ende der Mitgliedschaft bzw. nach erfolgter Rückbeförderung ins Inland).

Aufbringung der Mittel.

Durch Beiträge:

§ 12 Satzg. Zu 1. Etwa 6% (z. Z. 5,8%, für Angestellte 5,2%, für Kapitän 4,6%) der Durchschnittsheuer gemäß Beitragsübersicht der SBG, jedoch höchstens von 660 DM monatlich. Reeder und Versicherte zahlen je die Hälfte.

Zu 2. Desgleichen.

Zu 3. Bundesanstalt für Arbeitsvermittlung und Arbeitslosenversicherung.

Zu 4. Träger der Rentenversicherung (also die Seekasse, Sonderanstalt der SBG).

Zu 5. Freiwillig Versicherte zahlen Beiträge allein.

Soweit der Reeder zu Geldleistungen verpflichtet ist, erhält er für gezahltes „Hausgeld" Ersatz von der See-KK.

Leistungen.

§ 23 Satzg. 1. Krankenhilfe, a) Krankenpflege und bei Arbeitsunfähigkeit Krankengeld. b) Krankenhauspflege und Hausgeld.

2. Wochenhilfe an versicherte Frauen (z. B. Stewardessen).

3. Sterbegeld.

---

[1] Nach dem Stande vom 1. Februar 1958.

[2] Näheres s. „Sozialversicherung der Seeleute", 6. Aufl. 1958 von Berger/Helmers, Arthur-Geist-Verlag, Bremen.

[3] Rechtsgrundlagen: Reichsversicherungsordnung vom 19. 7. 1911 mit Änderungen (RVO); Gesetz über Neuregelung der KV 1959 zu erwarten.
Satzung der See-Krankenkasse v. 1. April 1958 (Satzg. der See-KK);
Seemannsgesetz vom 26. 7. 1957 (SG);
Gesetz zur Verbesserung der wirtschaftlichen Sicherung der Arbeiter im Krankheitsfalle vom 26. 7. 1957 (Ges. Sich. Arb.).

[4] ArV = Arbeiterrentenversicherung;
AnV = Angestelltenversicherung.

4. Familienhilfe, a) Familien-Krankenpflege, b) Familien-Krankenhauspflege, c) Familien-Wochenhilfe, d) Familien-Sterbegeld.

Im Inlande (Zuständigkeit der See-KK):

Zu 1a). Ambulante ärztliche Behandlung – auch Zahnbehandlung – §§ 182-182b, unbegrenzt lange, Versorgung mit Arznei, ferner mit kleinen Heil- und Hilfs- 187 RVO mitteln bis zu 50 DM. Zuschüsse zu größeren Mitteln und Zahnersatz bis §§ 35-42 zu 100 DM. Für jedes eingelöste Rezept sind 0,50 DM zu entrichten, aus- Satzg. genommen nach 10 Tagen Arbeitsunfähigkeit.

Bei gleichzeitiger Arbeitsunfähigkeit Krankengeld (nicht an freiwillige § 182 RVO Mitglieder, Rentner und Arbeitslose) 26 Wochen lang, ab 3. Krankheitstag, bei Arbeitsunfähigkeit über 14 Tage nachträglich ab 1. Krankheitstag, und zwar:

Für die ersten 6 Wochen 65% vom Grundlohn[1], aber höchstens von 660 DM monatlich oder von 22 DM täglich; für den ersten Angehörigen + 4% Grundlohn, für jeden weiteren + 3%, höchstens jedoch 75% Grundlohn.

Für die übrigen 20 Wochen 50% vom Grundlohn, Zuschlag für den ersten Angehörigen + 10% Grundlohn, für jeden weiteren + 5%, höchstens jedoch 75% Grundlohn.

Angestellte erhalten vor Beginn des 26wöchigen Krankengeldes vom § 48 SG Reeder 6 Wochen lang volle Heuer ab Beginn der Arbeitsunfähigkeit (nicht ab Abmusterung!).

Die übrigen Besatzungsmitglieder erhalten für die ersten 6 Wochen ab § 1 Ges. Sich. Abmusterung vom Reeder den Unterschied zwischen dem Krankengeld und Arb. 90% der Nettobezüge (also der Heuer nach Abzug der Lohnsteuer und Sozialversicherungsbeiträge).

Zu 1b). Krankenhauspflege in der 3. Pflegeklasse und daneben Haus- §§ 43-45 Satzg. geld, beides höchstens 26 Wochen lang (anstatt Krankenpflege und Krankengeld).

Das Hausgeld beträgt für den Ledigen $^1/_4$ Krankengeld (vgl. 1a), bei einem Angehörigen $^2/_3$ Krankengeld, Zuschlag für jeden weiteren + 10% vom Krankengeld, bis die Höhe des betreffenden Krankengeldes mit den Zuschlägen erreicht ist. Volle Heuer für 6 Wochen an Angestellte bzw. Reederzuschuß für 6 Wochen an die übrigen Besatzungsmitglieder wie 1a), doch wird dem Unterschiedsbetrag auf 90% der Nettobezüge nicht das Hausgeld, sondern das Krankengeld zugrunde gelegt.

An Bord und im Auslande (Zuständigkeit des Reeders):

Zu 1a). Solange das Besatzungsmitglied angemustert ist, trägt der Reeder §§ 42, 47 SG die Kosten der Behandlung. Im Inlande kann er aber den Kranken an die See-KK in Hamburg bzw. an eine Auftragskasse (AOK, Betriebskrankenkasse u. a.) verweisen. Ambulante Behandlung mit Krankengeld nach Abmusterung dürfte im Auslande kaum in Frage kommen. Zutreffendenfalls hätte der Reeder Kosten zu tragen.

Zu 1b). Krankenhauspflege im Auslande auf Kosten des Reeders in einer § 45 SG zumutbaren Krankenanstalt, höchstens 26 Wochen lang.

Hausgeld vom Reeder zu zahlen wie oben zu 1b), an Angestellte jedoch zunächst 6 Wochen lang (ab Arbeitsunfähigkeit!) volle Heuer wie oben zu 1b).

Der Zuschuß auf 90% der Nettobezüge an die übrigen Besatzungsmitglieder wie oben zu 1b) ergibt sich nicht aus dem Wortlaut des Gesetzes[2],

---

[1] Täglicher Grundlohn ist $^1/_{30}$ der Durchschnittsheuer gemäß Beitragsübersicht der SBG, jedoch höchstens 22 DM.

[2] § 1 Ges. Sich. Arb. ist insoweit unklar; es bezieht sich auf Zuschüsse zu Leistungen aus der ges. Kranken*versicherung* und auf *Krankengeld*, während der Reeder gem. §§ 42 u. 48 SG Kranken*fürsorge* leisten und *Beträge* in Höhe des Krankengeldes zahlen muß.

wird aber nicht versagt werden können, da der Reeder das von ihm gezahlte „Hausgeld" von der See-KK ersetzt bekommt.

§ 49 SG Anspruch auf freie Rückbeförderung und Taschengeld während dieser auch nach Ablauf der 26 Wochen. Hausgeld während der Rückbeförderung nur, wenn der Rückbeförderte noch nicht genesen ist.

Kehrt ein Kranker aus dem Auslande ins Inland zurück, übernimmt die See-KK die Leistungen wie oben zu 1a) bzw. 1b). Im übrigen wird dem Anspruch auf freie Rückbeförderung genügt beim Nachweis einer entsprechenden Stellung auf einem heimkehrenden deutschen Schiff.

Zu 1a) und b). Im In- und Auslande gilt:

Die Beendigung der Krankenhauspflege, des Hausgeldes oder bei ambulanter Behandlung des Krankengeldes heißt Aussteuerung (kommt nach einem Arbeitsunfall nicht in Frage).

Nach einer Aussteuerung tritt die öffentliche Fürsorge ein, deren Träger im Auslande das Konsulat ist, jedoch ist ein Rentenantrag an die Seekasse möglich, wenn die Voraussetzungen bei der ArV oder der AnV erfüllt sind.

§§ 195a ff. RVO §§ 50, 51 Satzg. Zu 2. *Wochenhilfe.* An versicherte Frauen (Stewardessen) zur Niederkunft: Hebammenhilfe, ärztliche Behandlung, Arznei, einmaliger Kostenzuschuß von 10 DM, Wochengeld in Höhe des Krankengeldes von 4 Wochen vor bis 6 Wochen nach der Niederkunft, ferner für 12 Wochen nach der Entbindung Stillgeld in halber Höhe des Krankengeldes. Danach für weitere 14 Wochen 0,50 DM täglich. Statt dieser Leistungen kann die See-KK Pflege in Wöchnerinnenheim gewähren.

§§ 201-204 RVO §§ 53, 54 Satzg. Zu 3. *Sterbegeld.* Beim Tode des Versicherten $^2/_3$ Grundheuer, mindestens aber 100 DM. Sterbeurkunde und Bestattungskostenrechnung vorlegen. Zahlbar auch nach Aussteuerung.

§§ 205-205b RVO §§ 55-58 Satzg. Zu 4. *Familienhilfe.* 4a) Krankenpflege wie oben, jedoch ohne Krankengeld. 4b) Krankenhauspflege wie oben, jedoch ohne Hausgeld. 4c) Wochenhilfe wie oben, doch beträgt Wochengeld 0,50 DM und Stillgeld 0,25 DM täglich. 4d) Sterbegeld in halber Höhe des Mitgliedersterbegeldes, mindestens aber 50 DM.

Pflichten der Schiffsleitung bei Zurücklassung eines Kranken oder Verletzten im Auslande oder im Todesfall vgl. S. 45.

Voraussetzungen für Leistungen.

§ 4 Satzg. Mitgliedschaft zur See-KK ausweisen durch Seefahrtbuch, Bescheinigung des Reeders oder der See-KK oder des Kapitäns oder des Seemannsamtes (freiwillige Mitglieder durch Mitgliedskarte). Bescheinigungen für Angehörige rechtzeitig beschaffen! Gemäß § 483 RVO kann jede Allgemeine Ortskrankenkasse oder Landkrankenkasse des Beschäftigungs-, Wohn- oder Aufenthaltsortes (z. B. während Urlaub) in Anspruch genommen werden. In dringenden Fällen kann der Krankenschein nachträglich gelöst werden, aber spätestens innerhalb von 7 Tagen. Krankenschein kostenlos.

B. Unfallversicherung (UV)[1].

Versicherungsträger.

1. See-Berufsgenossenschaft (SBG) seit 1. 1. 1888, Hamburg 11, Zippelhaus 5 (Körperschaft des öffentlichen Rechts; Unternehmer anderer Berufsgruppen sind gemäß RVO zu anderen Berufsgenossenschaften zusammengeschlossen).
2. Der Reeder, solange der Verletzte an Bord oder im Auslande ist.

Versicherte.

§§ 1046, 1054 RVO Der Kapitän und alle sonstigen Besatzungsmitglieder, ferner Gastrollengeber, Wachleute, Friseure und Ladeninhaber an Bord, soweit sie nicht in

[1] Rechtsgrundlagen: s. Fußnote 3 zu Krankenversicherung; außerdem Gesetz zur vorläufigen Neuregelung von Geldleistungen in der gesetzlichen Unfallversicherung vom 27. 7. 1957 (UVNeur.). (Ein Unfallversicherungs-Neuregelungsgesetz 1959 zu erwarten.)

einer eigenen Berufsgenossenschaft versichert sind, Seeleute bei der beruflichen Aus- und Fortbildung (darüber hinaus ist der Staatsbürger auch gegen manche anderen Unfälle versichert, die nichts mit der beruflichen Tätigkeit zu tun haben, z. B. bei der Hilfeleistung bei Unglücksfällen, bei Festnahme, Verfolgung usw.).

Aufbringung der Mittel.

Ausschließlich durch Reeder im Umlageverfahren, gegenwärtig 2,8% der Durchschnittsheuern gemäß Beitragsübersicht der SBG. § 1169 RVO

Leistungen.

Versichert ist nur ein Arbeitsunfall bzw. eine Berufskrankheit. §§ 542, 543 RVO

a) Krankenbehandlung usw. wie bei KV, jedoch zeitlich unbegrenzt; mit Zustimmung des Verletzten auch in einer Heilanstalt. § 558b RVO

Im Auslande muß der Reeder 26 Wochen lang nach Verlassen des Schiffes durch den Verletzten die Kosten tragen, danach die SBG unbegrenzt. §§ 42–48 SG

b) Berufsfürsorge und Arbeits- und Berufsförderung, um zur Wiederaufnahme des früheren Berufes oder zur Aufnahme eines neuen Berufes zu befähigen und eine Arbeitsstelle zu erlangen. § 558a RVO

c) Versorgung mit oder Ersatz von beschädigten Körperersatzstücken und Hilfsmitteln. § 558a RVO

e) Rente nach Wegfall des Krankengeldes bzw. Hausgeldes. § 559 RVO

f) Hinterbliebenenrenten, wenn der Tod eine Folge des Unfalls war. §§ 588ff. RVO

g) Sterbegeld bei Tötung $^1/_{15}$ Jahresverdienst, mindestens aber 100 DM. § 586 RVO

Zu e). *Unfallrente* wird nur gezahlt, wenn die Minderung der Erwerbsfähigkeit länger als 13 Wochen dauert. Beginn nach Wegfall des Krankengeldes, spätestens mit der 27. Woche. Antrag nicht erforderlich. Höhe $^2/_3$ Jahresarbeitsverdienst gemäß Beitragsübersicht der SBG, höchstens von 17500 DM (Vollrente), Teilrente nach dem Maß der Erwerbsminderung, Teilrente unter 20% kommt nicht in Frage. Während einer Heilanstalts- oder Anstaltspflege fällt die Rente oder das Krankengeld weg, doch erhält der Verletzte Taschengeld von $^1/_{20}$ Jahresverdienst, mindestens aber 1 DM täglich. Die Angehörigen erhalten währenddessen ein Familiengeld in Höhe der Rente, die ihnen beim Tode des Versicherten zustehen würde. § 559 RVO

Renten an Jugendliche ab 17 Jahren werden auf Leichtmatrosensatz, ab 19 Jahren auf Matrosensatz erhöht. Jede Rente aus der UV wird ohne Rücksicht auf etwaigen weiteren Verdienst gezahlt. § 1072 RVO

Alte Renten werden umgestellt, indem der zugrunde gelegte Jahresarbeitsverdienst mit einem bestimmten Faktor multipliziert wird (z. B. 1914 = 3,2; 1935 = 2,4; 1950 = 1,5), höchstens aber auf 9000 DM (Schwerverletzter), Höchstrente also hier 500 DM monatlich. § 1ff. UVNeur.

Kinderzulage zu jeder Vollrente oder Teilrente ab 50% für jedes eheliche, uneheliche und adoptierte Kind bis zum vollendeten 18. Lebensjahre in Höhe von 10% Rente (oder Teilrente), zusammen mit Rente bis zur Höhe des Jahresarbeitsverdienstes. § 559b RVO

Zu f). *Witwenrente* nach Unfalltod des Versicherten $^1/_5$ Jahresarbeitsverdienst, jedoch $^2/_5$ ab 45 Jahren oder bei mindestens 50% Erwerbsminderung. $^3/_5$ Abfindung bei Wiederheirat. §§ 588ff. RVO

$^2/_5$ Abfindung, wenn der Tod des Schwerverletzten nicht eine Folge des Arbeitsunfalles war. § 595a RVO

Waisenrente nach Unfalltod des Versicherten für jedes Kind bis zum vollendeten 18. Lebensjahre $^1/_5$ Jahresarbeitsverdienst ohne Rücksicht auf Wiederheirat der Witwe; auch bis zum 25. Jahre für das dritte und jedes weitere Kind in der Ausbildung oder wenn es gebrechlich ist. § 591 RVO

Alle Hinterbliebenenrenten zusammen dürfen $^4/_5$ Jahresarbeitsverdienst nicht übersteigen. Bei Zusammentreffen einer Rente aus der UV mit einer solchen aus der ArV oder AnV vergleiche Rentenversicherung. § 595 RVO

Voraussetzungen für Leistungen.

Es muß ein Arbeitsunfall vorliegen. Das ist ein auf äußerer Einwirkung beruhendes, zeitlich eng begrenztes Ereignis, im Dienst oder während der Freizeit, an Bord oder auf Leichtern, auch am Pier im Bereiche der Festmacheleinen. Die Erwerbsminderung muß mindestens 20% betragen.

Berufskrankheit ist Arbeitsunfall gleichgestellt, ebenso Wegeunfall auf dem Wege nach oder von der Arbeitsstätte oder Ausbildungsstätte (Familienwohnung und Schiff brauchen nicht am selben Orte zu liegen). Unfall und Berufskrankheit müssen vorschriftsmäßig gemeldet werden (Näheres s. S. 45).

C. Rentenversicherung[1].

1. Arbeiterrentenversicherung (ArV)

2. Angestelltenrentenversicherung (AnV)

Versicherungsträger.

Seekasse, Sonderanstalt der SBG, selbständiger Träger der ArV; für AnV dagegen Generalbevollmächtigte der Bundesversicherungsanstalt für Angestellte, Berlin, die ihrerseits für Landangestellte zuständig ist. Träger der ArV für Landberufe sind die Landesversicherungsanstalten.

Versicherte.

§ 1227 RVO 1. in ArV: a) alle gegen Entgelt beschäftigten Arbeitnehmer mit Ausnahme der Angestellten, an Bord also alle Mannschaftsdienstgrade und sog. Unteroffiziere.

b) Freiwillig Weiterversicherte, soweit aus Seefahrt ausgeschieden und
§ 1233 RVO nicht pflichtversichert. Das Recht auf freiwillige Weiterversicherung haben
§ 10 AVG Versicherungsfreie, die in 10 zusammenhängenden Jahren mindestens 60 Monate mit Pflichtbeiträgen belegt haben.

§ 2 AVG 2. in AnV: a) Kapitän, Schiffsoffiziere der verschiedenen Dienstzweige und sonstige Angestellte wie Elektriker, Oberkoch und Obersteward sowie deren Assistenten, Machinenassistenten.

b) Freiwillig Weiterversicherte. Nur Landangestellte mit über 15 000 DM Jahresverdienst sind versicherungsfrei.

3. Zum Wehrdienst einberufene Pflichtversicherte werden auf Kosten des Bundes nach den Bestimmungen des Wehrsoldgesetzes weiterversichert.

Aufbringung der Mittel.

§§ 1382 ff. Durch Beiträge der Versicherten und der Arbeitgeber in Höhe von 14%
RVO der Durchschnittsheuern (vgl. Beitragsübersicht der SBG, gegenwärtig aber
§§ 109 ff. AVG höchstens von 750 DM monatlich), je zur Hälfte zu tragen. Der Bund leistet für ArV und AnV jährlich einen Zuschuß für Aufwendungen, die nicht zur Alterssicherung gehören.

Freiwillige Mitglieder zahlen Beiträge allein. Anzahl und Höhe der freiwilligen Beiträge nach Wahl.

Leistungen.

§ 1226 RVO a) Erhaltung, Besserung und Wiederherstellung der Erwerbsfähigkeit des
§ 1 AVG Versicherten;

b) Rentenleistung an Versicherte wegen Berufs- oder Erwerbsunfähigkeit;

c) Altersruhegeld an Versicherte bei Erreichung der Altersgrenze;

d) Hinterbliebenenrente an Witwen, schuldlos Geschiedene, Halb- und Vollwaisen.

---

[1] Rechtsgrundlagen: Reichsversicherungsordnung (RVO) vom 19. 7. 1911 mit Änderungen, insbes. Arbeiterrentenversicherungs-Neuregelungsgesetz vom 23. 2. 1957, Angestelltenversicherungsgesetz (AVG) vom 21. 12. 1937 mit Änderungen, insbes. Angestelltenversicherungs-Neuregelungsgesetz vom 23. 2. 1957.

Zusammensetzung einer Rente: § 1255 RVO

Vier Dinge bestimmen die Rentenhöhe: 1. „persönliche Rentenbemessungs- § 32 AVG
grundlage"; 2. „allgemeine Bemessungsgrundlage"; 3. jährlicher Steigerungsbetrag; 4. Anzahl der Versicherungsjahre.

Zu 1. Persönliche Rentenbemessungsgrundlage ist der Prozentsatz des eigenen Gesamtverdienstes während der ganzen Versicherungszeit vom Durchschnittsverdienst aller Versicherten während des gleichen Zeitraumes. Man bildet für jedes Jahr den Prozentsatz nach einer Tabelle mit Durchschnittsverdiensten. Von allen Prozentsätzen bildet man die Summe. Diese teilt man durch die Anzahl der Versicherungsjahre und erhält als mittleren Prozentsatz die „persönliche Rentenbemessungsgrundlage". Sie wird nur bis zur Beitragsbemessungsgrenze (9000 DM)[2] berücksichtigt.

Zu 2. Allgemeine Bemessungsgrundlage ist der jährliche Durchschnittsverdienst aller Versicherten während der letzten 3 *Kalender*jahre vor dem Kalenderjahr, das dem Versicherungsfall voraufgeht. Sie beträgt für 1958 4542 DM[2] und wird jährlich neu festgesetzt (Produktivitätsrente). Bereits bestehende Renten erhöhen sich aber nur durch besonderes Gesetz[1].

Aus 1. und 2. ergibt sich der *Betrag* der „persönlichen Rentenbemessungsgrundlage". Hatte man diese aus der gesamten Versicherungsdauer z. B. zu 120% gemittelt, so beträgt sie 1,2mal 4542 (für 1958!) = 5450,40 DM.

Zu 3. Jährlicher Steigerungsbetrag ist der Prozentsatz von der „persön- §§ 1253, 1254
lichen Rentenbemessungsgrundlage", der für jedes Versicherungsjahr als RV(
Rente gewährt wird. Er beträgt 1% bei Rente wegen Berufsunfähigkeit 0 31 AV(
(wenn die Erwerbsfähigkeit *auf weniger* als die Hälfte eines Gesunden mit ähnlicher Ausbildung und gleichwertigen Fähigkeiten gesunken ist), dagegen 1,5% bei Altersruhegeld und Rente wegen Erwerbsunfähigkeit (wenn eine regelmäßige Tätigkeit auf unabsehbare Zeit nicht ausgeübt oder wenn nur geringfügige Einkünfte erzielt werden können).

Zu 4. Anzahl der Versicherungsjahre ergibt sich aus der auf Jahre umgerechneten Versicherungszeit. Aus 40 Versicherungsjahren ergibt sich z. B. ein Altersruhegeld nach 1. und 2. von 5450,40 × 1,5 × 40 geteilt durch 100 oder 3270,24 DM Jahresrente.

Bei Eintritt in Versicherung unter 25 Jahren bleiben bei Berechnung der persönlichen Rentenbemessungsgrundlage unter Umständen die ersten 5 Kalenderjahre zugunsten des Versicherten außer Betracht.

Als Versicherungsjahre rechnen: a) Pflicht- und freiwillige Weiterver- § 1258 RVO
sicherungsbeiträge, § 35 AVG

b) Ersatzzeiten (s. unter Voraussetzungen und Wartezeit);

c) Ausfallzeiten (das sind nachgewiesene Arbeitsunfähigkeit *über* § 1259 RVO
6 Wochen – ganz anzurechnen – wegen Krankheit oder Unfall; Arbeits- § 36 AVG
losigkeit *ab* 7. Woche; Fürsorgezeiten; Schul-, Fachschul- und Hochschulausbildung ab 15 Jahren bis zur Höchstdauer von 4 bzw. 5 Jahren; Ausfallzeit wird nur angerechnet, wenn die Zeit vom Eintritt in die Versicherung bis zum Versicherungsfall mindestens zur Hälfte *und* nicht unter 60 Monaten mit Pflichtbeiträgen belegt ist); bis einschl. 1956 werden für die gesamte Ausfallzeit pauschal 10% der mit Pflichtbeiträgen belegten Zeit angerechnet, wenn nicht höhere Zeiten nachgewiesen werden;

d) Zurechnungszeit (bei Berufs- oder Erwerbsunfähigkeit wird die Zeit § 1260 RVO
ab deren Eintritt bis zum vollendeten 55. Lebensjahre den Ersatz- und § 37 AVG
Ausfallzeiten hinzugerechnet).

Kinderzuschuß für jedes eheliche, uneheliche und adoptierte Kind bis § 1262 RVO
zum vollendeten 18. Lebensjahre (bei Ausbildung bis zum 25.) beträgt 10% § 39 AVG
der allgemeinen Bemessungsgrundlage (1958 also 445,20[2] DM jährlich).

Hinterbliebenenrenten:

Witwenrente (für die ersten 3 Monate jedoch volle Versichertenrente): § 1268 RVO
60% der Rente wegen *Berufs*unfähigkeit ohne Zurechnungszeit und Kinder- § 45 AVG

[1] Ab 1. 1. 1959 Erhöhung der 1957 und früher berechneten Renten um 6,1%.

[2] 1959 soll die allgemeine Bemessungsgrundlage 4812 DM und die Beitragsbemessungsgrenze 9600 DM betragen.

zuschuß, ohne sonstige Voraussetzungen; 60% der Rente wegen *Erwerbs*unfähigkeit mit Zurechnungszeit, aber ohne Kinderzuschuß, wenn die Witwe oder eine ihr gleichgestellte Hinterbliebene mindestens 45 Jahre alt ist oder selbst berufs- oder erwerbsunfähig ist oder eine Waise erzieht.

Bei Wiederheirat 5 Jahresrenten Abfindung. Früherer Anspruch kann bei Auflösung der neuen Ehe wiederaufleben.

§ 1269 RVO **Vollwaisenrente** beträgt 20% der Versichertenrente wegen Erwerbs-
§ 46 AVG unfähigkeit ohne Kinderzuschuß. Sie erhöht sich um den Kinderzuschuß, also um 10% der allgemeinen Bemessungsgrundlage.

Halbwaisenrente entsprechend 10%. Dauer der Gewährung wie Kinderzuschuß. Sie erhöht sich ebenfalls um den Kinderzuschuß.

Einschränkungen:

§§ 1270ff. Trifft eine der drei Renten an den Versicherten selbst mit einer aus der
RVO UV zusammen, so ruht sie insoweit, als beide zusammen 85% des Jahres-
§§ 47ff. AVG verdienstes bzw. der „persönlichen Rentenbemessungsgrundlage" übersteigen.

Alle Hinterbliebenenrenten zusammen dürfen nicht höher sein als die Versichertenrente mit Kinderzuschuß. Trifft Witwenrente mit eigener Rente zusammen, wird von zwei Zurechnungszeiten nur die höchste angerechnet. Trifft Witwenrente mit Witwenrente aus der Unfallversicherung zusammen, so ruht sie insoweit, als beide zusammen 60% der Renten an den Versicherten übersteigen, die der Verstorbene wegen Erwerbsunfähigkeit und als Vollrente aus der UV erhalten hätte.

Die Halbwaisenrente ruht insoweit, als sie zusammen mit der Waisenrente aus der UV 20% übersteigt; die Vollwaisenrente ruht insoweit, als sie zusammen mit der Waisenrente aus der UV 30% der „allgemeinen Bemessungsgrundlage" übersteigt.

Treffen mehrere Waisenrenten aus der Rentenversicherung auf einen Berechtigten zusammen (z. B. von Vater und Mutter), wird die höchste gezahlt, die andere ruht.

§ 1234 RVO **Höherversicherung** möglich für Pflicht- und freiwillig Versicherte:
§ 11 AVG Beitragsmarken sind wie freiwillige Beiträge in besonders zu beschaffende
§ 1408 RVO Versicherungskarten einzukleben. Es gelten nur Marken, die neben Pflicht-
§ 130 AVG oder freiwilligen Beiträgen geleistet werden und nicht höher als gleichzeitige freiwillige Beiträge sind.

Für jeden HV-Beitrag wird *jährlich* ein Rentenbetrag, ein sogenannter Steigerungsbetrag gewährt. Dessen Höhe richtet sich nach dem Lebensjahre, in dem der HV-Beitrag geleistet worden ist.

Er beträgt:

§ 1261 RVO 20% bis zum 30. Jahre
§ 38 AVG 18% vom 31. bis zum 35. Lebensjahre
16% „ 36. „ „ 40. „
14% „ 41. „ „ 45. „
12% „ 46. „ „ 50. „
11% „ 51. „ „ 55. „
10% „ 56. Jahre ab.

(Als Lebensjahr gilt der Unterschied zwischen dem Geburtsjahre und dem Jahre des Klebens)

Beitragserstattung:

Wer versicherungsfrei wird und kein Recht auf freiwillige Weiterversicherung hat, kann frühestens zwei Jahre seit Wegfall der Versicherungspflicht die Auszahlung der selbst geleisteten Beiträge beantragen.

Heiratet eine Versicherte, kann sie innerhalb von drei Jahren Erstattung der selbst geleisteten Beiträge beantragen. Zu empfehlen ist aber stattdessen eine freiwillige Weiterversicherung, wenn die Voraussetzung dazu besteht.

Heilbehandlung und Berufsförderung zur Besserung bzw. Wiederherstellung der Erwerbsfähigkeit und zur Abwendung einer Erwerbsunfähigkeit: Heilverfahren in Kurorten, Spezialanstalten, Tbc-Heilstätten; Umschulung, Hilfe zur Erlangung einer neuen Arbeitsstelle; soziale Betreuung während dieser, und zwar Übergangsgeld von 50–80% des letzten Durchschnittsverdienstes.

Voraussetzungen für Leistungen.

1. Rentenantrag, durch Seeleute an die nächste Bezirksverwaltung der SBG oder an die Seekasse unmittelbar, sonstige Antragsteller an das Versicherungsamt. §§ 1246ff. RVO §§ 23ff. AVG

2. Erfüllung der Wartezeit. Dies ist die Summe der Kalendermonate, für die Pflichtbeiträge oder Beiträge in freiwilliger Weiterversicherung entrichtet worden sind. Hinzu kommen die gleichwertigen Ersatzzeiten. Diese sind, sofern eine Versicherung vorher bestanden hat oder danach innerhalb von zwei Jahren eine versicherungspflichtige Beschäftigung aufgenommen wurde: Militärischer oder militärähnlicher Dienst; Kriegsgefangenschaft oder Internierung sowie eine daran anschließende Krankheit oder unverschuldete Arbeitslosigkeit; Zeiten, in denen Nichtkriegsteilnehmer durch feindliche Maßnahmen an der Rückkehr aus dem Auslande verhindert waren; Zeiten politischer Gefangenschaft u. a. Die Wartezeit gilt immer als erfüllt bei Eintritt des Versicherungsfalles wegen: Erwerbs- oder Berufsunfähigkeit oder Tod *infolge Arbeitsunfalles*, Militärunfalles, Kriegseinwirkung, politischer Verfolgung, Vertreibung u. a., wenn die Versicherung vorher bestanden hat. § 1251 RVO § 28 AVG

Man sorge stets für Beschaffung und Aufbewahrung der entsprechenden Unterlagen!

Die Wartezeit beträgt im übrigen:

60 Kalendermonate bei Rente wegen Berufsunfähigkeit. Diese liegt vor, wenn die Erwerbsfähigkeit wegen Krankheit oder Gebrechen auf *weniger* als die Hälfte eines Gesunden mit ähnlicher Ausbildung und gleichwertigen Kenntnissen und Fähigkeiten gesunken ist. § 1246 RVO § 23 AVG

60 Kalendermonate bei Rente wegen Erwerbsunfähigkeit. Diese liegt vor, wenn eine Erwerbstätigkeit wegen Krankheit oder Gebrechen auf unabsehbare Zeit mit gewisser Regelmäßigkeit nicht ausgeübt werden kann oder wenn nur geringfügige Einkünfte erzielt werden können. § 1247 RVO § 24 AVG

180 Kalendermonate bei Altersruhegeld mit Vollendung des 65. Lebensjahres (oder schon ab 60 Jahren, wenn seit einem Jahre Arbeitslosigkeit bestanden hat). § 1248 RVO § 25 AVG

3. Für nicht angemusterte, versicherungspflichtige Personen werden Versicherungskarten geführt, in die der Arbeitgeber die Jahresverdienste einzutragen hat. Seeleute erhalten die Versicherungskarte bei der SBG-Bezirksverwaltung. Für Höherversicherungsbeiträge und freiwillige Beiträge ebenfalls Versicherungskarte.

Für angemusterte Seeleute tritt an die Stelle der Versicherungskarte die Seemannskartei der SBG, die von den Seemannsämtern über jede An-, Ab- und Ummusterung unterrichtet wird. Für den Seemann selbst sind die Nachweise seine Seefahrtbücher, notfalls auch Heuerabrechnungen, denn ein glaubhaft gemachter Beitrag gilt als geleistet. Wichtig sind auch die Bescheinigungen des Reeders im Seefahrtbuch über tariflichen Urlaub und Abführung der Sozialversicherungsbeiträge, worüber der Reeder seinerseits die Seekasse zu unterrichten hat.

D. Arbeitslosenversicherung[1].

Versicherungsträger.

Bundesanstalt für Arbeitsvermittlung und Arbeitslosenversicherung (Dienststellen: Hauptstelle in Nürnberg, ferner Landesarbeitsämter und Arbeitsämter).

[1] Rechtsgrundlage: Gesetz über Arbeitsvermittlung und Arbeitslosenversicherung (AVAG) in der Fassung vom 3. 4. 1957.

Versicherte.

1. Wer gegen Krankheit pflichtversichert ist,
2. wer in der Angestelltenversicherung pflichtversichert ist.

Jedoch sind von der Schiffsbesatzung die Angestellten mit über 15000 DM Jahresverdienst arbeitslosenversicherungsfrei. Das sind gemäß Beitragsübersicht der SBG gegenwärtig nur die Kapitäne mit Heuer für große Fahrt sowie die Kapitäne von Fischdampfern und Heringsloggern.

Versicherungsfrei sind u. a. auch Lehrlinge mit schriftlichem Lehrvertrag, geringfügig Beschäftigte u. a.

Aufbringung der Mittel.

Durch Beiträge des Arbeitnehmers und des Arbeitgebers von je 1% der Durchschnittsheuer gemäß Beitragsübersicht der SBG, höchstens aber von 750 DM monatlich.

Leistungen.

§ 89 AVAVG **1. Arbeitslosengeld (Alg)** beruht auf Beitragszahlung. Es besteht aus dem Hauptbetrag und den Familienzuschlägen. Der Hauptbetrag entspricht etwa 50% des Nettoverdienstes, bei Seeleuten der Durchschnitts-
§ 90 AVAVG heuer gemäß Beitragsübersicht der SBG, höchstens aber von 750 DM monatlich zu berechnen. Der Familienzuschlag beträgt pro Angehörigen 6 DM wöchentlich, doch dürfen insgesamt gewisse Höchstbeträge nicht überschritten werden. Maßgebend für den Wochenverdienst ist der Durchschnittsverdienst der letzten 3 Monate.

Tabellenbeispiele:

§ 90 AVAVG

Wochenverdienst (brutto)	Hauptbetrag pro Woche	Höchstbetrag pro Woche (mit Familienzuschlägen)
51,— DM	24,60 DM	39,— DM
71,— DM	32 10 DM	49 80 DM
91,— DM	39,90 DM	63,60 DM
121,— DM	51,— DM	84,60 DM
151,— DM	61,80 DM	105,60 DM
175,— DM	70,20 DM	122,40 DM

Zahlbar nach einer Wartezeit von 3 Tagen nach der Arbeitslosmeldung. Keine Wartezeit bei zwei oder mehr Angehörigen oder wenn Krankengeld voraufgegangen war.

Nebeneinkommen wird zur Hälfte auf Alg angerechnet, soweit es nach Abzug der Werbungskosten 9,— DM wöchentlich übersteigt.

§ 87 AVAVG Die Dauer der Alg-Gewährung hängt von der Beschäftigungszeit innerhalb einer voraufgegangenen Rahmenfrist von zwei Jahren ab.

Sie beträgt bei einer Beschäftigung von

a) 26 Wochen (6 Monate) 78 Tage
b) 39 „ (9 Monate) 120 „
c) 52 „ (12 Monate) 156 „
d) für je weitere 52 Wochen innerhalb der letzten 3 Jahre vor der Arbeitslosmeldung weitere 78 Tage.

Wenn seit Erfüllung einer vorherigen Anwartschaft noch nicht 2 Jahre verstrichen sind (also bei einer erneuten Arbeitslosigkeit), besteht Anspruch auf Alg mindestens insoweit, wie er vor Erfüllung der neuen Anwartschaft noch bestand.

2. Arbeitslosenhilfe (Alhi) wird aus Steuermitteln des Bundes finanziert. Alhi wird gewährt, wenn kein Anspruch auf Alg besteht oder ein solcher erschöpft ist. Alhi besteht ebenfalls aus Hauptbetrag und Familienzuschlägen. Sie ist in den unteren Verdienstgruppen so hoch wie das Alg, in den oberen niedriger. Die Dauer der Gewährung ist unbegrenzt, doch kann eine dreijährige Unterstützungsdauer die Vermutung begründen, daß der Arbeitslose der Arbeitsvermittlung nicht zur Verfügung steht. Obwohl Alhi eine Art Fürsorgeleistung ist, kommt Erstattung der erhaltenen Beträge nicht in Frage.

3. Außerdem wird vom Arbeitsamt für das dritte und jedes weitere Kind das gesetzliche Kindergeld von 30 DM monatlich gezahlt (Näheres s. Abschn. E). § 3 KGAG

4. Während des Wehrdienstes ist der Einberufene auf Kosten des Bundes gegen Arbeitslosigkeit nach dem Wehrdienst versichert, wenn er vorher versichert war.

Voraussetzungen für Leistungen.

1. *bei Alg:* Anspruch hat, wer §§ 74ff. AVG
a) arbeitslos ist;
b) der Arbeitsvermittlung zur Verfügung steht;
c) die Anwartschaftszeit erfüllt hat; sie beträgt 26 Beschäftigungswochen – auch unzusammenhängend – innerhalb der Rahmenfrist;
d) sich arbeitslos gemeldet hat;
e) Alg beantragt hat.

Der Anspruch ruht (Beginn wird hinausgeschoben): § 77ff. AVAV
a) solange Anspruch auf Krankengeld und dgl. besteht;
b) solange Arbeitslosigkeit durch Streik oder Aussperrung verursacht ist;
c) solange noch Entgelt oder andere Entschädigung bezogen wird;
d) solange Kündigungsfrist oder Ähnliches nicht geltend gemacht wird, höchstens für 12 Tage.

Der Anspruch wird für 24 Tage versagt (verbraucht), wenn der Arbeitslose:
a) eine zumutbare Arbeitsannahme verweigert oder vereitelt;
b) sich weigert, sich einer beruflichen Fortbildung oder Umschulung zu unterziehen;
c) ohne triftigen Grund seinen Arbeitsplatz aufgegeben oder ihn durch eigenes Verhalten verloren hat.

Die Sperrfrist kann auf 12 Tage herabgesetzt oder auf 48 Tage erhöht werden.

2. *bei Alhi:* Voraussetzungen wie 1a)–e); außerdem, wer § 145 AVAV
f) keinen Anspruch auf Alg hat *und*
g) bedürftig ist *und*
h) innerhalb des letzten Jahres mindestens 10 Wochen in entlohnter Beschäftigung gestanden hat (braucht nicht versicherungspflichtig zu sein). Eine abgeschlossene oder endgültig aufgegebene Hoch- oder Fachschulausbildung (z. B. an der Seefahrtschule) steht einer entlohnten Beschäftigung gleich.

In jedem Falle muß eine Änderung in den Verhältnissen ohne Aufforderung dem Arbeitsamt unverzüglich angezeigt werden. §§ 183ff. AVAVG

Sonstige Sozialleistungen.

E. Gesetzliches Kindergeld[1].

Träger.

See-Familienausgleichskasse (See-FAK), bundesunmittelbare Körperschaft des öffentlichen Rechts bei der SBG.

---

[1] Rechtsgrundlagen: Gesetz über die Gewährung von Kindergeld und die Errichtung von Familienausgleichskassen (Kindergeldgesetz – KGG) vom 13. 11. 1954; Kindergeld-Anpassungsgesetz vom 7. 1. 55 (KGAG) und Ergänzungsgesetz vom 27. 7. 57.

Berechtigte.

Arbeitnehmer, die drei oder mehr Kinder haben und bei einer Berufsgenossenschaft versichert sind.

Aufbringung der Mittel.

§§ 9–11 KGG Ausschließlich durch Beiträge der Arbeitgeber. Gegenwärtig zahlt der Reeder 0,8% der anrechnungsfähigen Durchschnittsheuern (von Verheirateten und Ledigen) gemäß Beitragsübersicht der SBG, jedoch höchstens von 750 DM monatlich (2/3 des Bedarfs der landwirtschaftlichen Familien-Ausgleichskassen muß von den übrigen aufgebracht werden).

Leistungen.

§§ 1ff KGG Das Kindergeld beträgt gegenwärtig 30 DM[1] monatlich für das dritte und jedes weitere Kind. Als Kinder gelten eheliche, uneheliche und adoptierte, soweit sie das 18. Lebensjahr noch nicht vollendet haben. Die Altersgrenze erhöht sich bis zum vollendeten 25. Lebensjahre für Kinder in der Ausbildung oder mit Gebrechen, durch die eigener Unterhalt unmöglich ist.

Das Kindergeld wird im Auftrage der SBG durch den Reeder ausgezahlt, nachdem dieser den Antrag erhalten hat. Beschäftigte bei kleineren Reedern erhalten das Kindergeld von der See-FAK über die Post.

Voraussetzungen für Leistungen

Antrag an den Reeder. Dem Antrag ist die Kindergeldkarte[2] beizufügen. Der Anspruch wird nachgewiesen durch die Steuerkarte mit der amtlichen Eintragung über Steuerermäßigung für Kinder, für Kinder über 18 Jahren außerdem durch eine entsprechende Bescheinigung der Ausbildungsstätte.

Fällt der Anspruch auf Kindergeld weg (Tod, Lebensalter, Ende der Ausbildung), muß dies der See-FAK mitgeteilt werden.

F. Fürsorge[3].

Träger.

1. Landesfürsorgeverbände (überörtlich) und Bezirksfürsorgeverbände (örtlich), beide von der Landesregierung zu bestimmen.

2. Im Auslande die diplomatischen und konsularischen Vertretungen der Bundesrepublik.

Berechtigte.

Wer hilfsbedürftig ist und den notwendigen Lebensbedarf für sich und seine unterhaltsberechtigten Angehörigen nicht oder nicht ausreichend aus eigenen Kräften und Mitteln beschaffen kann und ihn auch nicht von anderer Seite erhält, z. B. von unterhaltsverpflichteten Verwandten in gerader Linie, auf- oder absteigend (Abkömmlinge haften vor Großeltern und nähere Verwandte vor entfernteren).

Aufbringung der Mittel.

Durch Steuermittel des Landes und der Gemeinden. Die Landesfürsorgeverbände tragen die Kosten der gemeinsamen Einrichtungen, führen zwischen den Bezirksfürsorgeverbänden den Lastenausgleich durch und leisten diesen Zuschüsse. Ein Fürsorgeverband kann auf (z. B. nachgezahlte) Leistungen aus der Sozialversicherung zurückgreifen, ebenso auf Mittel oder Einkünfte von unterhaltsverpflichteten Verwandten, sofern ein Verpflichteter die Unterstützung ohne Gefährdung seines standesgemäßen Unterhalts gewähren kann. Es kommt auch eine spätere Ersatzleistung des Unterstützten selbst in Frage (s. u.).

---

[1] 1959 Erhöhung auf 40 DM vorgesehen.

[2] vorgeschrieben, aber noch nicht im Verkehr.

[3] Rechtsgrundlagen: Reichsfürsorgepflichtverordnung vom 13. 2. 24; Gesetz über die Änderung und Ergänzung fürsorgerechtlicher Bestimmungen vom 20. 8. 53 u. a.

Leistungen.

Zum notwendigen Lebensbedarf gehören:

a) Nahrung, Kleidung, Unterkunft, unter Umständen auch Pflege, laufende und einmalige Bedürfnisse;

b) Krankenhilfe ohne zeitliche Begrenzung (z. B. nach Aussteuerung bis zum Anlaufen eines etwaigen Rentenanspruchs);

c) Hilfe zur Wiederherstellung der Arbeitsfähigkeit (Kuren, wenn z. B. kein Versicherungsträger zuständig ist);

d) Hilfe zur Erziehung und Ausbildung Minderjähriger;

e) Bestattungsaufwand usw.

Die wirtschaftliche Fürsorge ist örtlich verschieden. In Bremen beträgt sie gegenwärtig pro Monat:

70 DM für den Haushaltungsvorstand;
57 DM für einen Angehörigen über 14 Jahre;
50 DM für einen Angehörigen zwischen 7 und 13 Jahren;
39 DM für einen Angehörigen bis zu 6 Jahren;
77 DM für einen Alleinstehenden.

Bei Alten, Gebrechlichen usw. wird ein Mehrbedarf berücksichtigt. Aufwendungen für Miete, Winterfeuerung, Kleidungsbeschaffung werden zusätzlich berücksichtigt.

Im Auslande sind die diplomatischen und konsularischen Vertretungen zuständig, z. B. für Krankenfürsorge für ausgesteuerte Seeleute und für Heimschaffung hilfsbedürftiger Seeleute (nicht zu verwechseln mit Rechtsanspruch auf freie Rückbeförderung auf Kosten des Reeders). Zwischen einigen westeuropäischen Staaten ist ein Fürsorgeabkommen geschlossen, wonach Ausländer gleiche Fürsorgeleistungen erhalten wie Inländer.

Rückzahlung von erhaltenen Fürsorgeleistungen wird nicht verlangt für Kosten der Berufsausbildung, Krankenhilfe bei übertragbaren Krankheiten u. a.; im übrigen nur, wenn dadurch keine neue Hilfsbedürftigkeit eintritt. In der Praxis wird nur Ersatz verlangt, wenn die Einnahmen des ehemals Unterstützten das Dreifache der Richtsätze zuzüglich Mietzuschuß übersteigen.

Voraussetzungen für Leistungen.

Siehe oben unter „Berechtigte“. Im übrigen muß ein Antrag gestellt werden. Dienststellen heißen z. B. Fürsorgeamt, Wohlfahrtsamt, Unterstützungsamt, Sozialamt usw.

Zuständig ist der Fürsorgeverband, in dessen Bezirk der Mittelpunkt der Lebensbeziehungen des Berechtigten liegt (braucht nicht der Wohnort zu sein).

Untersuchung von Schiffsleuten auf Tauglichkeit[1].

(Wegen Patentinhabern vgl. auch Schiffbesetzungsordnung.)

Einstweilen gilt noch: Für die Untersuchung sind die Vertrauensärzte der SBG zuständig. Unabhängig davon muß jeder Schiffsmann auf Tuberkulose untersucht werden. Die erste Durchleuchtung bezahlt der Untersuchte, alle weiteren die SBG. Diese Untersuchung muß nach jeweils zwei Jahren wiederholt werden.

Das Deckspersonal muß außerdem auf Hör-, Seh- und Farbenunterscheidungsvermögen untersucht werden. Wer insoweit nicht tauglich ist, darf als Decksmann am Ruder und auf Ausguck nicht eingesetzt werden.

[1] Bekanntmachung vom 1. 7. 05. Gemäß § 143 SG vom 26. 7. 57 werden über die Voraussetzungen der Seediensttauglichkeit und die Durchführung der Untersuchungen sowie über Form und Ausgestaltung der Zeugnisse noch besondere Verordnungen erlassen.

Das Ergebnis der Untersuchung wird in der sogenannten Gesundheitskarte niedergelegt, die in einem versiegelten Umschlag dem Seefahrtbuch beigelegt wird. Auf dem Umschlag wird für das Seemannsamt die Tauglichkeit bescheinigt. In ausländischen Häfen muß der Kapitän vor der Anmusterung neuer Leute ebenfalls einen Arzt mit der Untersuchung beauftragen (viele Reedereien haben an ausländischen Plätzen Vertragsärzte). In dringenden Fällen darf der Kapitän ausnahmsweise selbst den Seemann untersuchen.

Untaugliche Personen dürfen nicht angemustert werden. Muß in dringenden Fällen ein noch nicht untersuchter Schiffsmann angemustert werden, dann muß die Untersuchung bei erster Gelegenheit nachgeholt werden. Als untauglich gelten Personen mit ansteckenden Krankheiten wie ansteckende Tuberkulose, Geschlechtskrankheiten, ferner Herzleiden, Epilepsie, ausgebildete Unterleibsbrüche u. a.

Ausbildung und Beförderung im Decksdienst[1].

Durch die neue Regelung der Ausbildung ist der Matrose nicht mehr „ungelernter Arbeiter".

Wer erstmalig als Decksjunge anmustern will, muß den erfolgreichen Abschluß eines dreimonatigen Lehrganges an einer staatlich anerkannten Seemannsschule und damit ausreichende Kenntnisse und Fertigkeiten in Seemannschaft, Bootsdienst, Feuerschutzdienst und Unfallverhütung nachweisen.

Während des weiteren Werdeganges zum Matrosen muß der Kapitän laufend für die Ausbildung des Junggrades sorgen und dabei die nachfolgenden Ausbildungsrichtlinien beachten. Dem Decksjungen muß er nach 9 Monaten, im übrigen nach jeweils 12 Monaten ein Zeugnis über die erworbenen Kenntnisse erteilen (s. Richtlinien). Erst mit dem Zeugnis und der nachgewiesenen Fahrtzeit von 9 bzw. 12 Monaten kann der Junggrad als Jungmann bzw. als Leichtmatrose an- oder umgemustert werden. Von jedem Zeugnis muß der Kapitän eine Abschrift einer noch bekanntzugebenden Stelle übergeben.

Wer erstmalig als Matrose anmustern will, muß die Matrosenprüfung erfolgreich ablegen. Zur Matrosenprüfung wird zugelassen, wer mindestens 12 Monate Fahrtzeit als Leichtmatrose (auch in Hochseefischerei) und durch seine Zeugnisse eine ausreichende Ausbildung nachweist. Die Verkehrsbehörden der Küstenländer setzen die Prüfungsausschüsse ein. Es wird geprüft, ob der Leichtmatrose die dem „Berufsbild des Matrosen" entsprechenden Kenntnisse besitzt. Die Prüfung im Rettungsboots- und Feuerschutzdienst entfällt, wenn der Prüfling die entsprechenden Befähigungszeugnisse der SBG vorlegt. Wer die Matrosenprüfung bestanden hat, erhält einen Befähigungsnachweis zum Matrosen in der Seeschiffahrt (Matrosenbrief). Wer am 1. April 1958 bereits Matrose war, erhält auf Antrag ebenfalls einen Matrosenbrief.

[1] s. Verordnung über die Eignung und Befähigung der Schiffsleute des Decksdienstes auf Kauffahrteischiffen vom 23. 5. 1956.

Die Offiziersanwärter sollen eine darüber hinaus gehende Ausbildung erhalten (s. S. 64).

Richtlinien für die Ausbildung zum Matrosen in der Seeschiffahrt.

1. Ausbildungsjahr	2. Ausbildungsjahr	3. Ausbildungsjahr
	1. Schiffskunde	
Zweck und Benennung des Schiffes; Orientierung an Bord; besondere Benennungen und Ausdrücke.	Schiffstypen; Nationalität und Reedereizugehörigkeit.	Größenvorstellung; Kenntnis der Lage und des Zwecks sämtlicher Einrichtungen.
	2. Brücken- und Wachdienst	
Kompaß nach Strichen und nach Graden; Ausguck; Temperaturmessen; Loggen; Flaggen setzen, dippen und auftuchen.	Steuern nach Kompaß, Land- und Seezeichen; Lichterführung; Bedienung von Lüftern, Telefonen und dergleichen.	Ausweichregeln; Seezeichen; Flaggen- und Schallsignale; Loten mit dem Hand- und Patentlot; Kenntnis und Bedienung des Ruders und des Ankergeschirrs, des Landgangs, der Leinen usw.
	3. Ladungsdienst	
Laderäume aufklaren und reinigen; Bilgen und Saugkörbe; Garnierungsarbeiten; Raumwache.	Entlüftung der Laderäume; Öffnen und Schließen der Luken; Helfen bei Auf- und Niedergeben der Bäume; Aus- und Einsetzen der Scheerstöcke.	Selbständiges Arbeiten mit den Winden, Ladebäumen und Scheerstöcken; Lukenschalken; Schwergutgeschirr auf- und abtakeln; Tallynehmen.
Auf Tankern:	Auf Tankern:	Auf Tankern:
Behandlung flüssiger Ladungen; Tankräume entleeren und reinigen; Reinigen von Rohrleitungen, Pumpen und Ventilen.	Behandlung flüssiger Ladungen; Entgasung und Reinigung von Tankräumen.	Behandlung, Laden und Löschen flüssiger Ladungen, insbesondere Behandlung der verschiedenen Ölladungen.
	4. Bootsdienst	
Pullen; Wriggen; Kennenlernen des Bootsinventars.	An- und Ablegen mit Booten; Mast- und Segelsetzen.	Boote aus- und einsetzen; Ausrüstung der Boote; Segeln, Motorbootfahren; Handhabung der Notsignale; Rettungsbootsdienst im Sinne der Vorschriften der See-Berufsgenossenschaft.
	5. Handarbeit	
Kenntnis und Behandlung von Werkzeug und Werkstoff; Aufschießen; Belegen; Heißen; Fieren; Knoten und Steke sowie einfache Spleiße.	Blockwerk und Taljen; Spleiße; Takeln und Benähen; Behandlung von Persenningen und Sonnensegeln.	Sämtliche Draht- und Tauwerkspleiße, auch in Festmache- und Schleppleinen; Drahtbändsel; Bekleiden; Nähen; Grundfertigkeiten in der Metall- und Holzbearbeitung.
	6. Erhaltung der Sauberkeit des Schiffes	
Reinigen von Logis und sonstigen Wohnräumen; Backschaft; Farbewaschen; Rostklopfen; Deckwaschen; Aufklaren.	Mennigen und Anstreichen; Labsalben; Holz scheuern, ölen und lacken; Behandlung von Farben und Quästen.	Außenbordarbeiten; Absetzen; Anrühren und Mischen von Farben, Beiz- und Scheuermitteln; wirtschaftliche Behandlung des Materials.
	7. Sicherheitsdienst	
Unfallsicherung bei der Arbeit wie Rostschutzbrille, Haltetaue, Palsteke, Verhalten an den Luken; Kenntnis der Signale beim Rollenmanöver und der eigenen Station.	Vertrautmachen mit den besonderen Kenntnissen und Arbeiten des Sicherheitsdienstes, z. B. Handhabung der Feuerlöschgeräte, Bedienung der Sicherheitsanlagen usw.	Die wichtigsten Unfallverhütungsvorschriften; Beherrschung der Rollenmanöver aller Art; Feuerschutzdienst im Sinne der Vorschriften der See-Berufsgenossenschaft.
Auf Tankern:	Auf Tankern:	Auf Tankern:
Die besonderen Sicherheitsbestimmungen auf Tankern.	Die besonderen Sicherheitsbestimmungen der wichtigsten Ölhäfen.	Die besonderen Sicherheitsbestimmungen auf Tankern; Sicherheitsbestimmungen der wichtigsten Ölhäfen.

1. Ausbildungsjahr	2. Ausbildungsjahr	3. Ausbildungsjahr
	8. Signaldienst	
Grundkenntnisse im Morsen.	Ständige Weiterbildung im Morsen; Grundkenntnisse im Gebrauch der Signalflaggen nach dem Internationalen Signalbuch.	Ständige Weiterbildung im Morsen; Gebrauch der Signalflaggen nach dem Internationalen Signalbuch.
	9. Kenntnis der wichtigsten Vorschriften und Gesetze	
Einführung in die Unfallverhütungsvorschriften und in das Seemannsgesetz	Einführung in den Tarifvertrag.	Die wichtigsten Bestimmungen des Seemannsgesetzes, des Sozialversicherungswesens sowie aus dem Polizei-, Paß-, Zoll- und Devisenrecht.

Berufsbild des Matrosen in der Seeschiffahrt.

I. Arbeitsgebiet: Sämtliche Arbeiten, die der Matrose für die Indienststellung und Fahrt, für die Beladung und Entlöschung, für die Sicherheit und Seetüchtigkeit und für die Instandhaltung und Sauberkeit des Schiffes im Hafen und während der Reise verrichten muß.

II. Kenntnisse und Fertigkeiten, die während der Ausbildung erworben werden sollen: *Schiffskunde:* Zweck, Benennung, Bau, Typen, Größenvorstellung, Antriebsmaschinen, Ruder- und Deckhilfsmaschinen, Kenntnis der Einrichtungen.

Brücken- und Wachdienst: Kompaß und Steuern, Loggen und Loten, Lichterführung, Fahrregeln, Flaggen der Seefahrtnationen, Signale, Bedienung der Anker und Leinen, Seezeichen, Wetterkunde.

Ladungsdienst: Raumwache, Behandlung der Ladung, Anschreiben von Ladung, Ladegeschirr, Schwergut, Arbeiten an den Luken und im Raum.

Seemännische Arbeiten: Kenntnis und Behandlung von Werkzeug und Werkstoff, sämtliche Arbeiten mit Tauwerk, Drähten und Ketten, Segelnähen, Reinigen, Scheuern, Ölen, Konservieren und Malen von Holz und Eisen, Behandlung von Farben und Konservierungsmitteln.

Sicherheitsdienst: Aus- und Einsetzen von Booten, Pullen, Wriggen, Segeln, Kenntnis der Sicherheitseinrichtungen und Rettungsgeräte, Arbeiten mit Feuerlösch-, Sauerstoff- und Frischluftgeräten, Kenntnis der Sicherheitsrollen, Schwimmen, Ausrüstung der Boote, Erste Hilfe bei Unglücksfällen, Rettungsboots- und Feuerschutzdienst im Sinne der Vorschriften der See-Berufsgenossenschaft.

Signaldienst: Nationalflaggen, Internationale Signalflaggen, Lichtmorsen, Flaggen an- und abstecken, vorheißen, niederholen und auftuchen, Notsignale.

Rechtskunde: Seemannsgesetz, Tarifrecht, Sozialversicherung, Unfallverhütungsvorschriften, Vorschriften über die Heuerstellen sowie des Zoll-, Paß-, Devisen- und Polizeirechts.

Bordausbildung zum nautischen Schiffsoffizier[1].

Der Offiziersanwärter soll bei der Aufnahme in die Seefahrtschule

I. hinsichtlich Schiffsbetrieb und Seemannschaft

über das Maß der Ausbildung zum Matrosen hinausgehende seemännische Kenntnisse und Handfertigkeiten besitzen;

II. hinsichtlich Schiffsführung

nachweisen, daß er, indem er zu Aufgaben der nautischen Schiffsoffiziere herangezogen wurde, eine Einführung in seinen künftigen Beruf im praktischen und berufserzieherischen Sinne erfahren und auf den zugehörigen Gebieten entsprechende Kenntnisse erworben hat.

---

[1] Herausgegeben vom Bundesverkehrsminister am 21. 2. 1956.

Zu I: Er soll über die bei der Matrosenprüfung zu fordernden Kenntnisse und Handfertigkeiten hinaus im folgenden ausgebildet werden:

Ankern, Bedienung der Reserveruderanlage,
Bau von Getreide- oder sonstigen Schotten,
Legen aller Art von Ladungsgarnier,
Planung größerer Decksarbeiten,
Planung und Durchführung von Konservierungsarbeiten,
Organisierung des Decksbetriebes mit Tagelöhnern und Seewachen,
Zubereitung von Farben, Schutzanstrichen und Lacken

Zu II: 1. Zu den betrieblichen Aufgaben in der Schiffsführung soll er herangezogen werden

a) durch Hilfeleistung bei der Verwaltung des Inventars, der Ausrüstung und des Proviants, der Anfertigung von Heuer- und Kantinenabrechnungen sowie von Arbeitsunfallmeldungen;

b) beim Bedienen und Ablesen moderner Loggen und Lote, bei der Bedienung des Maschinentelegraphen auf dem Revier, bei der Bedienung der Signaleinrichtungen;

c) bei der Brücken- und Sicherheitswache.

2. An besonderen Arbeits- und Fachgebieten soll er kennenlernen:

Schiffskunde: Schiffspläne und Maßeinheiten, Freibord.

Brückendienst: Die wichtigsten Artikel der Seestraßen- und Seeschifffahrtstraßenordnung.

Schiffspapiere: Schiffs- und Besatzungspapiere, Schiffstagebuch.

Ladungsdienst: Stauplan, Organisierung des Ladebetriebes einschl. des Tallybetriebes in Häfen; Aufbereitung des Tallybuches während der Reise; Ladungs- und Zollpapiere.

Wetterkunde: Erste Einführung in das erlebte Wettergeschehen, Ablesen der meteorologischen Instrumente.

Navigation: Erste Einführung in die praktischen Grundlagen der terrestrischen und astronomischen Navigation, Sternhimmel.

Signalwesen: Lichtmorsen (sicheres Geben und Nehmen im Tempo 25 je Min.), nach Möglichkeit auch Funkmorsen.

3. Besondere Aufgaben der Ausbildung und Erziehung: a) Die Berufserziehung soll wesentlich bestehen in einer Erziehung zu Entschlußfreudigkeit, Besonnenheit, zu Selbstzucht, Kameradschaft, zu Pflichtgefühl und Verantwortungsbewußtsein.

b) Der Anwärter soll zum Erlernen von Fremdsprachen, insbesondere der englischen Sprache, angehalten werden.

Nachweis der Kenntnisse zu Nr. 1 und 2: Der Anwärter zum nautischen Schiffsoffizier soll den Nachweis der notwendigen Kenntnisse und Fertigkeiten bis zu einer späteren Regelung dadurch erbringen, daß er zumindest während der Fahrtzeit als Matrose ein Berichtsbuch führt. Dieses Buch ist von dem Kapitän oder 1. Offizier monatlich mindestens einmal durchzusehen und gegenzuzeichnen und soll bei der Aufnahme in einen nautischen Lehrgang an einer Seefahrtschule vorgelegt werden.

Bemannungsrichtlinien der SBG.

Diese sind eine Ergänzung der UVV und schreiben vor, mit welcher Mindestzahl von Mannschaften deutsche Schiffe entsprechend ihrer Gattung und Größe besetzt sein müssen. Die angegebenen Zahlen sind Mindestforderungen, die in der großen Fahrt regelmäßig überschritten werden. Grundsätzlich muß die Mannschaft zahlenmäßig so stark sein, daß Arbeitszeit und Wacheinteilung nach dem Seemannsgesetz erfüllt werden können. Die Erfüllung der Bemannungsrichtlinien wird von den Seemannsämtern an Hand der Musterrolle überwacht.

Schiffsbesetzungsordnung von 1931.

Sie ist inzwischen mehrfach geändert worden, zum 6. Male durch den Bundesverkehrsminister am 3. 10. 57. Eine vollständige Neufassung wird vorbereitet. Die Schiffsbesetzungsordnung regelt die Besetzung der Seeschiffe mit Patentinhabern und die Bedingungen, unter denen Patente ausgestellt werden. Nachstehend die wichtigsten Neuerungen:

Patente werden nur noch ausgestellt, wenn außer dem Hör-, Seh- und Farbenunterscheidungsvermögen (für Nautiker) auch die körperliche Eignung nachgewiesen wird. Die Seefahrtschulen und Schiffsingenieurschulen lassen daher die Lehrgangsteilnehmer rechtzeitig durch die Vertrauensärzte der SBG untersuchen (auch auf Tbc).

Statt der Segelschiffahrtzeit ist jetzt eine dreimonatige Vorausbildung an einer Schiffsjungenschule und eine zehnmonatige Fahrtzeit auf sogenannten Ausbildungsschiffen erforderlich. Diese werden vom Bundesverkehrsminister als solche besonders anerkannt. Fahrtzeit auf Segelschiffen wird bis zu 24 Monaten mit dem Anderthalbfachen angerechnet. Der Besuch einer Seemannsschule wird von allen Junggraden des Decksdienstes verlangt.

Nach der 6. Änderungsverordnung müssen ab Oktober 1957 die Fahrtzeiten als Junggrad und diejenigen zum Erwerb eines höheren Befähigungszeugnisses (z. B. zwischen A 5 und A 6) – von gewissen Ausnahmen abgesehen – auf Schiffen unter der Bundesflagge erworben werden.

Befähigungszeugnisse können zurückgenommen werden, wenn durch einen Vertrauensarzt der SBG festgestellt wird, daß der Inhaber die körperliche oder geistige Eignung nicht mehr besitzt. Berufung ist möglich.

Früher konnten Patente nur beim Vorliegen falscher Voraussetzungen von der ausstellenden Behörde oder beim Fehlen der erforderlichen körperlichen und geistigen Eigenschaften nach einem Seeunfall durch die Seeämter oder durch das Oberseeamt entzogen werden.

Überschmuggler[1].

Dem Schiff entstehen durch einen Überschmuggler folgende Nachteile: Er muß untergebracht und verpflegt werden. Er gefährdet unter Umständen die Sicherheit des Schiffes. Er kann im Ankunftshafen nicht gelandet und muß daher auf Kosten des Schiffes zum Abgangshafen oder -land zurückbefördert werden. Wenn er keine Papiere hat, kann dort die Landung verweigert werden. Er muß dann unter Umständen noch lange Zeit an Bord bleiben. Wenn er in einem Hafen entflieht, wird das Schiff wegen Begünstigung illegaler Einwanderung

[1] Die Bundesrepublik hat ein Brüsseler Internationales Übereinkommen über Maßnahmen gegen das Einschleicherunwesen vom 10. Oktober 1957 unterzeichnet, aber noch nicht ratifiziert (abhängig von ausländischer Ratifizierung). Nach dem Abkommen soll ein Überschmuggler in jedem Vertragsstaat gelandet werden können. Dieser kann ihn in den Heimatstaat oder in den Staat zurückbefördern, wo er an Bord eingeschlichen ist, schließlich auch in den Staat, dessen Flagge das Schiff führt. Die Kosten hat der Reeder zu tragen, ebenso für 3 Monate Aufenthalt, wenn die Rückführung in den Heimatstaat nicht in Betracht kommt.

in hohe Strafe genommen. Das gilt auch, wenn er später ergriffen wird und den Namen des Schiffes angibt. Dem Schiff kann die Ausklarierung verweigert werden, solange für einen entflohenen Überschmuggler keine Kautionssumme gestellt ist. Diese Kaution kann auch verlangt werden, wenn er sich an Bord in Gewahrsam befindet. Daher vor jeder Abfahrt das ganze Schiff sorgfältig absuchen und das Ergebnis ins Tagebuch eintragen! Im Hafen das Schiff stets gut bewachen und beleuchten! Die Besatzung sollte auf die obengenannten Nachteile hingewiesen werden, damit sie an der Bekämpfung des Überschmuggelns aus Überzeugung mitarbeitet.

Der Überschmuggler macht sich strafbar wegen: Erschleichens einer Beförderung (s. S. 70), Hausfriedensbruchs (s. S. 69), Paßvergehens, illegaler Auswanderung, illegaler Einwanderung. Mit Ausnahme des Hausfriedensbruchs (Antragsdelikt) handelt es sich um sogenannte Offizialdelikte, die auch ohne Antrag von Amts wegen verfolgt werden. Auch der Versuch ist strafbar.

Zum Schutz des Schiffes ergeben sich gegen einen Überschmuggler folgende Maßnahmen:

1. Papiere, Geld, Streichhölzer, Werkzeuge usw. abnehmen. Leibesvisitation erlaubt.
2. Körperliche Untersuchung auf Ungeziefer und Krankheiten.
3. Tagebucheintragung über: Personalien, Zeit und Ort des Einschleichens, Abnahme von Papieren usw., Untersuchungsergebnis, Hinweis auf Tatsache der strafbaren Handlung, Belehrung, daß Überschmuggler der Anordnungsbefugnis des Kapitäns untersteht (s. S. 43, § 106 SG), und daß ihm die Eintragung bekannt gegeben worden ist.
4. Protokoll aufnehmen (s. S. 70) und formlosen Strafantrag vorbereiten. Spätere Scherereien sind damit nicht verbunden.
5. Den Überschmuggler von der Besatzung absondern und auf schmale Kost setzen, ihn aber nicht durch *Zwangs*maßnahmen zur Arbeit anhalten. Begünstigung durch Mannschaft unterbinden.
6. Durch FT mit deutschem Konsul bzw. Agenten des Abgangshafens gegebenenfalls Personalien klären und Rückbeförderung anmelden. Auch Reeder benachrichtigen.
7. Wenn angenommen werden kann und glaubhaft ist, daß der Überschmuggler fliehen will oder die Sicherheit des Schiffes gefährdet, z. B. durch Beeinflussung der Mannschaft, Brandstiftung, Beschädigen oder Entfernen von Schiffsteilen, so kann er eingesperrt werden. Hierfür keinen Raum wie Kabelgatt usw. wählen, wo Werkzeuge greifbar sind. Vorsicht bei Bullaugen. Das gilt besonders in der Nähe von Land und im Hafen (Hafenbehörden verbieten der Schiffsleitung Landgang des Überschmugglers).
8. Anmeldung des Überschmugglers bei der Behörde eines jeden Anlaufhafens. Auch deutschen Konsul unterrichten. Bei Ausländern um Mitteilung an ausländischen Konsul bitten.
9. Bei der Landung den Überschmuggler den Behörden zusammen mit dem Strafantrag und dem Protokoll übergeben, dazu die abgenommenen Gegenstände gegen Empfangsbestätigung aushändigen. Bei Aus-

ländern im Auslande den deutschen Konsul die Strafverfolgung vermitteln lassen, damit Bestrafung sichergestellt ist. Etwaiges Geld oder Wertsachen dem Konsul zur Ausübung des Pfandrechtes übergeben. Wenn Landung verweigert wird, bei der Polizei Erkennungsdienstverfahren beantragen.

Überarbeiter.

Ein Überarbeiter verpflichtet sich schriftlich, die Kosten der Überfahrt ohne weiteren Anspruch (z. B. Heuer) abzuarbeiten. Er sollte nur mit Genehmigung des Reeders mitgenommen werden. Weitere Voraussetzungen:

1. Nur Personen mit ordnungsgemäßen Papieren und Einreisegenehmigung des Bestimmungslandes mitnehmen.
2. Untersuchung auf körperliche Tauglichkeit.
3. Empfehlung des deutschen Konsuls, damit straffällige Personen nicht begünstigt werden.
4. Anmusterung gegen geringste Heuer (1 DM) und Tagebucheintragung darüber.
5. Belehrung des Überarbeiters über Seemannsgesetz, besonders über die Anordnungsbefugnis des Kapitäns gemäß § 106 SG (s. S. 43).
6. Im Bestimmungshafen Meldung an Polizei und Abmusterung.

Mitnahme heimzuschaffender Seeleute. [1]

Jedes deutsche Schiff ist verpflichtet, hilfsbedürftige deutsche Seeleute auf Verlangen des Konsuls nach seinem Bestimmungshafen mitzunehmen. Das gleiche gilt wegen straffälliger Seeleute oder Ausländer, die von einem deutschen Schiffe abgemustert worden sind. Die Mitnahme darf verweigert werden, wenn die schriftliche Anweisung des Konsuls nicht zwei Tage vor Abfahrt erteilt wird oder wenn an Bord kein Platz ist oder wenn der Seemann bettlägerig krank oder mit einer gefährdenden geschlechtlichen Krankheit behaftet ist. Die schriftliche Anweisung des Konsuls ist gleichzeitig Ausweis gegenüber den Behörden. Sofern die Mitgenommenen nicht zur Arbeit herangezogen werden, erhält der Reeder vom Seemannsamt für einen Offizier täglich 12 DM, ferner einen einmaligen Unkostenbeitrag von 25 DM, für jeden anderen Seemann täglich 8 DM und als Unkostenbeitrag 15 DM. Wenn fremde Behörden in einem Hafen, wo kein deutscher Konsul ansässig ist, die Mitnahme verlangen (z. B. eines Deserteurs), muß man einen schriftlichen Nachweis verlangen, weil ohne diesen des Seemannsamt im Inlande den Heimschaffungssatz nicht auszahlt. Jeder mitgenommene Seemann untersteht der Anordnungsbefugnis des Kapitäns gemäß § 106 SG (s. S. 43). Straffällige Seeleute muß der Kapitän bewachen lassen und bei Fluchtverdacht festsetzen. Für das Mitnehmen solcher Personen wird der gewöhnliche Überfahrtpreis zuzüglich einer Bewachungsgebühr gezahlt.

---

[1] Gesetz betreffend die Verpflichtung der Kauffahrteischiffe zur Mitnahme heimzuschaffender Seeleute vom 2. Juni 1902.

Diese Mitnahme ist nicht mit dem Anspruch auf freie Rückbeförderung gemäß Seemannsgesetz zu verwechseln. Nach § 74 SG wird dem Anspruch auf *freie* Rückbeförderung genügt, wenn dem Seemann auf einem heimkehrenden deutschen Schiffe Dienst und Heuer gemäß seiner Stellung *angeboten* wird. Wenn dies nicht möglich ist, fährt er als Fahrgast, ein Offizier in der Kajüte. Viele Reedereien haben ein gegenseitiges Abkommen über die Zurückbeförderung ihrer Seeleute zum Verpflegungssatz getroffen.

Strafgesetzbuch (StGB)[1].

Eine mit Zuchthaus bedrohte Handlung ist ein Verbrechen. § 1

Eine mit Gefängnis oder mit Geldstrafe über 150 DM bedrohte Handlung ist ein Vergehen.

Eine mit Haft (bis zu 6 Wochen) oder mit Geldstrafe bis zu 150 DM bedrohte Handlung ist eine Übertretung. § 3

Das StGB gilt für Deutsche im In- und Auslande und auf deutschen Schiffen. Im Auslande begangene Übertretungen werden im Inlande im allgemeinen nicht verfolgt. Das StGB gilt auch für Ausländer im Inlande § 5 oder auf deutschen Schiffen, soweit diese sich in fremdem Hoheitsgebiet befinden. In fremden Staaten wird das Strafrecht ähnlich gehandhabt.

Wer auf ausländischem Boden Straftaten begeht, unterliegt dem ausländischen Strafrecht. Ein Deutscher kann außerdem auch noch im Inlande verurteilt werden, wobei die im Auslande verbüßte Strafe angerechnet wird.

Ein deutsches Schiff gilt nur auf See außerhalb der Hoheitsgewässer fremder Mächte als deutsches Staatsgebiet. Daher können ausländische Behörden nur innerhalb ihres Hoheitsgebietes an Bord Personen festnehmen und ihrem Strafrecht zuführen, jedoch gelten Ausnahmen mit weitergehender Befugnis bei der sogenannten Nacheile, wenn z. B. eine Verfolgung schon in den Hoheitsgewässern begonnen hat, oder bei der Schmuggelbekämpfung.

Die nachfolgenden Paragraphen des StGB werden nur inhaltlich kurz wiedergegeben:

Notwehr schließt Strafbarkeit aus. Notwehr ist diejenige Verteidigung, § 53 die erforderlich ist, um einen gegenwärtigen, rechtswidrigen Angriff von sich oder einem anderen abzuwenden. Das Überschreiten der Notwehr ist nicht strafbar, wenn der Täter in Bestürzung über die Grenzen der Verteidigung hinaus gegangen ist.

Hausfriedensbruch liegt auch dann vor, wenn eine Person widerrechtlich § 123 auf oder in ein Schiff eindringt *oder* dieses nach Aufforderung nicht verläßt. Geldstrafe oder Gefängnis bis zu 3 Monaten. Bewaffnete oder gemeinschaftliche Täter werden schwerer bestraft.

Verletzung von Schiffahrtsvorschriften. Wer die Seestraßenordnung, die § 145 Vorschriften über das Verhalten nach einem Zusammenstoß oder über die Not- und Lotsensignale übertritt, wird mit Geldstrafe bestraft (Strafandrohung auch gemäß Ratifizierungsgesetz zum Schiffssicherheitsvertrag).

Beleidigung wird mit Geldstrafe oder mit Haft oder mit Gefängnis bis zu § 185 1 Jahr bestraft.

Üble Nachrede wird, wenn die behauptete Tatsache nicht nachweislich § 186 wahr ist, als Beleidigung bestraft.

Fahrlässige Tötung wird mit Gefängnis bestraft. § 222

Vorsätzliche, leichte Körperverletzung wird mit Gefängnis bis zu 3 Jahren § 223 oder mit Geldstrafe bestraft.

[1] Eine Reform des Strafrechts befindet sich in Vorbereitung.

StGB

§ 223a **Gefährliche Körperverletzung** wird mit Gefängnis nicht unter 2 Monaten bestraft.

§ 230 **Fahrlässige Körperverletzung** wird mit Geldstrafe oder mit Gefängnis bis zu 3 Jahren bestraft.

§ 239 **Freiheitsberaubung.** Wer vorsätzlich und widerrechtlich einen anderen einsperrt oder der persönlichen Freiheit beraubt, wird mit Gefängnis oder mit Geldstrafe bestraft. Hat die Freiheitsberaubung über eine Woche gedauert oder eine Körperverletzung zur Folge, wird der Täter mit Zuchthaus oder mit Gefängnis bestraft.

§ 265a **Überschmuggeln** wird als Erschleichen einer Beförderung mit Gefängnis bis zu 1 Jahr oder mit Geldstrafe bestraft. Der Versuch ist strafbar.

§ 297 **Schiffsgefährdung durch Konterbande.** Wer Gegenstände an Bord nimmt, welche die Beschlagnahme des Schiffes oder der Ladung veranlassen *können*, wird mit Gefängnis bis zu 2 Jahren oder mit Geldstrafe bestraft.

§ 315 **Vorsätzliche Schiffahrtsgefährdung** durch Beschädigen, Zerstören, Beseitigen, falsche Signale oder ähnliche Eingriffe wird bei Gemeingefahr mit Zuchthaus bestraft.

§ 316 **Fahrlässige Schiffahrtsgefährdung** wird bei Gemeingefahr mit Gefängnis nicht unter 1 Monat bestraft[1].

§ 330c **Unterlassene Hilfeleistung.** Wer bei Unglücksfällen oder bei gemeiner Not nicht Hilfe leistet oder wer der polizeilichen Aufforderung dazu nicht nachkommt, wird mit Gefängnis bis zu 2 Jahren oder mit Geldstrafe bestraft.

§ 366 **Übertretung** einer Verordnung zur Erhaltung der Sicherheit auf den öffentlichen Wasserstraßen wird mit Geldstrafe bis zu 150 DM oder mit Haft bis zu 14 Tagen bestraft.

§ 366a **Uferschutzverordnungen.** Wer die zum Schutze der Meeres- und Flußufer erlassenen Polizeiverordnungen übertritt, wird mit Geldstrafe bis zu 150 DM oder mit Haft bestraft.

Zuwiderhandlungen gegen die SSchSO werden mit Geldstrafe bis zu 150 DM oder mit Haft bestraft, wenn nicht nach anderen Bestimmungen eine höhere Strafe verwirkt ist (§ 286 SSchSO).

Maßnahmen bei Straftaten.

Nach § 520 HGB müssen alle strafbaren Handlungen in das Schiffstagebuch eingetragen werden. Ferner sollte der Kapitän Schiffsoffiziere zuziehen und den Täter und Zeugen vernehmen und darüber ein Protokoll aufstellen, etwa wie folgt:

Protokoll.

Es erscheint der .... (Täter), geb. .... Nachdem er mit dem Gegenstand der Vernehmung vertraut gemacht und zur Wahrheit ermahnt worden ist, sagt er aus: „.......................... (Text der Aussage). Als Zeugen gebe ich an ....“.

v. g. u. (vorgelesen, genehmigt, unterschrieben)
(Unterschrift des Täters).

---

[1] Am 10. 5. 52 ist in Brüssel ein „Internationales Übereinkommen zur Vereinheitlichung von Regeln über die strafrechtliche Zuständigkeit bei Schiffszusammenstößen auf See und anderen, mit der Führung eines seegehenden Schiffes zusammenhängenden Ereignissen“ unterzeichnet worden. Die Bundesrepublik ist ihm beigetreten, hat es aber noch nicht ratifiziert. Nach dem Abkommen darf eine Strafverfolgung nur eingeleitet werden: 1. in dem Staat, dessen Flagge das Schiff des Täters führt; 2. in dem Staat, dessen Bürger der Täter ist, sofern die Tat auf einem ausländischen Schiff begangen ist; 3. in dem Staat, in dessen Hafen, Binnengewässer oder Reede der Zusammenstoß stattgefunden hat.

Als Zeuge erscheint der .... (Zeuge), geb. .... Nachdem er mit dem Gegenstand der Vernehmung vertraut gemacht und zur Wahrheit ermahnt worden ist, sagt er aus: „ .... (Text der Aussage)"

v. g. u.
(Unterschrift des Zeugen)
g. w. o. (geschehen wie oben)
(Unterschrift des Kapitäns oder Offiziers).

(Das Protokoll wird nur halbseitig beschrieben.)

Im Gegensatz zur alten Seemannsordnung enthält das neue Seemannsgesetz keine Bestimmungen, wie an Bord bei einer Straftat zu verfahren ist. Eine Verpflichtung zur Anzeige einer strafbaren Handlung besteht nicht (ausgenommen bei Kenntnis vom Vorhaben eines Verbrechens). Für den Kapitän sollte es aber selbstverständlich sein, strafbare Handlungen anzuzeigen.

Gemäß § 127 Strafprozeßordnung ist jedermann berechtigt, eine auf frischer Tat angetroffene Person *vorläufig* festzunehmen. Erklärt man z. B. auf See einem Täter die vorläufige Festnahme, besteht nach einem erheblichen Vergehen auch die Möglichkeit, ihn beim Einlaufen in Gewahrsam zu nehmen. Ausdrücklich zugelassen ist die Festnahme – unter Umständen sogar durch Anwendung von Gewalt –, wenn dem Schiff oder Menschen eine unmittelbare Gefahr droht (z. B. auch Körperverletzung) und andere Mittel nicht ausreichen (vgl. § 106 SG, s. S. 43). In schweren Fällen kann auch gegen eine Durchsuchung der Sachen eines Täters nichts eingewendet werden. Eine gewisse Zurückhaltung ist jedoch zu empfehlen (s. S. 46).

Im Auslande wird der Konsul nur in schweren Fällen in Zusammenarbeit mit der ausländischen Polizei einen Täter in Gewahrsam nehmen. In anderen Fällen wird er dem Kapitän anheimstellen, eine Strafverfolgung im Inlande einzuleiten. Am besten ist dann ein rechtzeitiges Telegramm an den Reeder mit der Bitte, den Täter bei der Ankunft von der Polizei abholen zu lassen.

6. Fahrgastangelegenheiten[1].

Das Verhältnis zwischen Fahrgast und Schiff wird in der Regel vertraglich geregelt, weil die gesetzlichen Bestimmungen für die Praxis nicht ausreichen. Die auf den Fahrscheinen abgedruckten Beförderungsbedingungen sollten dem Kapitän und den Offizieren bekannt sein. Folgende, für die Schiffsleitung wichtige Punkte sind gewöhnlich darin enthalten:

1. Fahrplanänderungen sind ohne Entschädigung vorbehalten. Der Reeder kann den Reisenden auch mit einem anderen, gleichwertigen Schiff befördern.

2. Der Reisende hat keinen Anspruch auf Rückzahlung des Fahrgeldes, wenn er vor Antritt der Reise oder in Zwischenhäfen die Abfahrt versäumt (§ 666 HGB).

3. Der Kapitän darf ohne Lotsen fahren, Hilfe leisten oder in anderer Weise vom Reisewege abweichen oder wegen einer ihm erheblich scheinenden Gefahr den Reisenden in einem anderen Hafen absetzen. Der Reisende hat in diesen Fällen keinen Anspruch auf Entschädigung.

---

[1] Ein Internationales Übereinkommen zur Vereinheitlichung einer beschränkten Reederhaftung gegenüber Passagieren liegt nur im Entwurf vor.

4. Der Reeder übernimmt keine Haftung für Schäden aus Gefahren der See, nautischem Verschulden, höherer Gewalt usw.

5. Einen erkrankten oder verletzten Reisenden darf der Kapitän in einem beliebigen Anlaufhafen landen.

6. Als Reisegepäck werden nur Gegenstände des persönlichen Gebrauches zugelassen. Darüber hinaus wird Gepäck als Ladung unter Konnossement befördert. Von kommerziellem Verschulden kann sich das Schiff in keinem Falle freizeichnen, jedoch ist die Haftung für Gepäckstücke (nicht als Ladung) in der Regel niedriger als für Ladung. Den Reisenden ist daher die Versicherung ihres Gepäcks zu empfehlen. Reklamationen müssen sofort nach der Zollabfertigung vorgebracht werden.

7. *Der Reisende ist verpflichtet, alle die Schiffsordnung betreffenden Anweisungen des Kapitäns zu befolgen (§ 665 HGB).*

Wenn der Reisende gegen die Schiffsordnung verstößt und die Ordnung und Sicherheit an Bord damit gefährdet, muß er sich Maßnahmen des Kapitäns gefallen lassen, wie sie in bestimmten Fällen auch gegen Besatzungsmitglieder angewandt werden (s. S. 46, § 106 SG). Wenn Weiterungen zu befürchten sind, sollten die Maßnahmen ins Tagebuch eingetragen und Zeugen zu Protokoll vernommen werden. Nach Möglichkeit sollte auch der Konsul befragt werden, z. B. wenn der Reisende zwangsweise ausgeschifft werden soll.

Weitere wichtige Hinweise:

8. *Unfälle* von Fahrgästen ziehen gelegentlich ungerechtfertigte Schadenersatzansprüche nach sich. Da der Reisende mit den Einrichtungen an Bord nicht vertraut ist, müssen Sicherheitsvorkehrungen getroffen werden, die über die UVV hinaus gehen: Vor Beginn der Reise sollte auf die Unfallverhütung, besonders auf die Feuerverhütung hingewiesen werden. Jeder Fahrgast muß mit der Schwimmweste und seinem Notsammelplatz vertraut sein. Das Betreten der Decks, die durch Ladungsarbeiten gefährdet sind, muß untersagt und durch Absperrung verhindert werden. Besonderer Wert ist auf die Sicherheit der Landgangseinrichtungen zu legen, vor allem bei Seegang auf Reede.

Die Maßnahmen nach einem Unfall sind ähnlich wie bei einem Besatzungsmitglied (s. S. 45). Für das Protokoll kann der Vordruck des Unfalltagebuches als Muster dienen. Andere Fahrgäste sollten als Zeugen aussagen und dabei die Belehrung über den Unfallschutz bestätigen. In schweren Fällen sollte eine Verklarung abgelegt werden.

9. Der *Tod* eines Fahrgastes muß wie bei einem Besatzungsmitglied beurkundet werden (s. S. 45). Auch die übrigen Maßnahmen sind die gleichen, jedoch besteht keine Verpflichtung, wegen der Bestattung einen Hafen anzulaufen. Gemäß VO über die Einrichtung der Auswandererschiffe vom 21. 12. 56 (s. S. 100) muß — wenn keine Angehörigen des verstorbenen Auswanderers an Bord sind — das von einem Offizier aufzunehmende Nachlaßverzeichnis von zwei Zeugen (die nicht zur Schiffsbesatzung gehören) gegengezeichnet werden. Das Verzeichnis ist im Bestimmungshafen dem Konsul zu übergeben, der über den Verbleib des Nachlasses entscheidet.

10. Ein *Seetestament* kann während der Reise außerhalb eines inländischen Hafens errichtet werden. Erfordernisse: Deutsche Sprache; 3 Zeugen, jedoch nicht geradlinige Verwandte oder Erben oder Sprachunkundige; Ort und Datum; genaue Bezeichnung des Erblassers und woher bekannt; Bezeichnung der Zeugen; Erklärung des Erblassers oder Feststellung der Übergabe seiner schriftlichen Erklärung, die auch von einer anderen Person geschrieben sein kann; Angabe, daß Erblasser bei vollem Bewußtsein ist; Feststellung, daß Niederschrift vorgelesen, genehmigt und vom Erblasser eigenhändig unterschrieben ist; Unterschriften der 3 Zeugen. Das Testament kann auch in einer fremden Sprache errichtet werden, wenn die 3 Zeugen dieser Sprache mächtig sind. Das Seetestament erlischt, wenn der Erblasser nach 3 Monaten noch lebt.

11. Pflicht des Reisenden zur *Hilfeleistung* besteht bei gemeiner Gefahr oder Not (vgl. Strafrecht, s. S. 70).

Ausweispapiere des Reisenden s. S. 91.

7. Schiffstagebuch.

Das Schiffstagebuch soll Aufschluß geben über den Zustand des Schiffes, die Ausrüstung, die Ladung, die Sicherheitsvorkehrungen, den Reiseverlauf, besonders aber über Vorkommnisse, die den Reiseverlauf beeinflussen. Bei Unfällen an Schiff und/oder Ladung sollen die Eintragungen die Art und Schwere des Unfalles sowie diejenigen Maßnahmen klar erkennen lassen, die zur Minderung vorhandener oder Abwendung weiterer Schäden getroffen werden.

Das Tagebuch dient insbesondere als Unterlage:

1. für die Navigation;
2. zur Kontrolle der Schiffsleitung;
3. zum Beurkunden wichtiger Begebenheiten;
4. für die Verklarung (s. S. 108);
5. zur Entlastung bei Seeamtsverhandlungen und in Zivilprozessen (vgl. Havarie, s. S. 156ff.).

Das Tagebuch ist eine Urkunde. Die Seiten müssen numeriert sein. Eintragungen müssen mit Tinte oder Kugelschreiber gemacht werden. Es darf nicht radiert werden. Durchstrichenes muß leserlich bleiben. Änderungen oder Zusätze müssen datiert werden. Das Tagebuch muß fünf Jahre lang an Bord oder an Land aufbewahrt werden. Es muß unter Aufsicht des Kapitäns vom Steuermann täglich auf See und im Hafen geführt werden, also vom Wachoffizier bzw. vom 1. Offizier. Nach § 519 HGB muß spätestens damit begonnen werden, sobald Ladung oder Ballast eingenommen wird. Das Tagebuch muß spätestens am Ende der Reise, besser aber täglich vom Kapitän und vom Steuermann unterschrieben werden.

Auf vielen Schiffen wird noch eine Kladde nach dem üblichen Tagebuchmuster geführt, wonach später die sogenannte Reinschrift angefertigt wird. Das ist überflüssig, weil bei Verhandlungen vor Gericht oder vor dem Seeamt die Urschrift eine größere Beweiskraft hat. Daher sollte der Wachhabende während seiner Wache das Brückenbuch führen und unterzeichnen und hiernach das Tagebuch als „Reinschrift" mit Tinte schreiben und ebenfalls unterzeichnen. Unter Umständen kann diese Arbeit am nächsten Tage nachgeholt werden. Eintragungen über besondere Ereignisse sollten dem Kapitän vorbehalten bleiben.

Es braucht kein Tagebuch geführt zu werden:

Auf Schiffen unter 400 cbm Bruttoraumgehalt in der Nahfahrt[1], unter 250 cbm in der Küstenfahrt (solange keine Fahrgäste an Bord sind), in der Küstenfischerei, in der kleinen Hochseefischerei, auf Jachten unter 250 cbm.

Die nachfolgende Zusammenstellung ist unter Berücksichtigung des zeitlichen Vorkommens der Eintragungsfälle angefertigt worden, so daß daraus erkennbar wird, was alles im Laufe der Reise einzutragen ist und welche *Terminvorschriften beim Sicherheitsdienst* usw. zu beachten sind. Innerhalb der einzelnen Abschnitte sind die Vorschriften nach Sachgebieten geordnet.

Nach dem Gesetzgebungsstand vom 1. 1. 1958 sind Eintragungen in das Schiffstagebuch vorgeschrieben durch:

HGB	Handelsgesetzbuch vom 10. 5. 1897 mit Änderungen.
TV	Tagebuchverordnung der Küstenländer von 1904.
SG	Seemannsgesetz vom 26. 7. 1957.
SSV	Schiffssicherheitsverordnung vom 31. 5. 1955.
UVV[2]	Unfallverhütungsvorschriften der SBG in der Fassung vom 1. 5. 1955.
GefGüV-See	Verordnung über die Beförderung gefährlicher Güter mit Seeschiffen vom 12. 12. 1955.
RVO	Reichsversicherungsordnung vom 19. 7. 1911 mit Änderungen.
KaK[3]	Verordnung über die Krankenfürsorge auf Kauffahrteischiffen vom 21. 12. 1956.
VO Sich.[3]	Verordnung über die Sicherung der Seefahrt vom 15. 12. 1956.
Soz.Schutzv.[3]	Soziale Schutzvorschriften für die Besatzung vom 14. 12.1935.
VO PStG[3]	Verordnung zur Ausführung des Personenstandsgesetzes vom 12. 8. 1957.
DVO Fl.[3]	Erste Durchführungsverordnung zum Flaggenrechtsgesetz vom 8. 2. 1951.
StrO	Strandungsordnung vom 17. 5. 1874 in der Fassung vom 19. 7. 1924.

Zusätzlich zum Schiffstagebuch müssen an Bord geführt werden:

1. Deviationstagebuch (§ 27 UVV).
2. Peilfunkbuch (früher „Funkbeschickungstagebuch", § 9 Funksicherheitsverordnung vom 9. 9. 1955 und § 27 UVV).
3. Chronometertagebuch (nicht vorgeschrieben, aber üblich).
4. Unfalltagebuch (§ 27 UVV).

[1] Die gegenwärtige Schiffsbesetzungsordnung kennt den Begriff „Nahfahrt" nicht mehr. Es handelte sich dabei etwa um die auf die deutsche Küste beschränkte Küstenfahrt. Mit der Wiedereinführung einer Nahfahrt (ebenfalls einer Wattfahrt) ist zu rechnen.

[2] Die UVV werden nachstehend nur insoweit behandelt, als sie durch die SSV nicht bereits überholt sind. Eine Neufassung der UVV und eine Verordnung über die Beförderung von losem Getreide befinden sich in Vorbereitung.

[3] Selbst gewählte Abkürzung.

5. Krankenbuch auf Schiffen mit und ohne Arzt in der mittleren und großen Fahrt sowie in der kleinen und in der großen Hochseefischerei (§ 13 KaK).

6. Gesundheitstagebuch (neben dem Krankenbuch), nur durch Schiffsarzt zu führen über hygienische oder sonst wichtige ärztliche Wahrnehmungen an Bord oder in Anlaufhäfen (§ 13 KaK).

7. Betäubungsmittelbuch (§ 7 KaK).

8. Arbeitszeitnachweise (§ 101 SG, durch besondere Verordnung noch näher zu bestimmen).

9. Ladegeschirrheft (§ 79 UVV).

Ferner als selbständige Tagebücher:

10. Maschinentagebuch (gleichlautende VO der Küstenländer, betreffend Führung und Behandlung des Maschinenjournals auf Seedampfschiffen, 1893).

11. Funktagebuch (§ 9 Funksicherheitsverordnung).

Die veraltete Pariser Seerechtsdeklaration wird nachstehend nicht mit behandelt. Aufgenommen sind dagegen einige nicht vorgeschriebene Eintragungen, die sich aus dem Bordbetrieb ergeben und mit denen nachgewiesen werden soll, daß an Bord alle nur erdenklichen Pflichten zum Schutz des Schiffes, der Ladung usw. erfüllt worden sind. Damit sollen vor allem ungerechtfertigte Schadenersatzansprüche abgewehrt werden.

I. Eintragungen vor oder bei Antritt einer Reise.[1]

1. Gemäß § 1, a, 1 TV: Die zur Sicherung des Schiffes, der Fahrgäste, der Besatzung, des Ballastes und der Pumpen getroffenen Vorkehrungen (z. T. nur Empfehlung).

2. Gemäß § 157 UVV: Der Bau von Getreideschotten, Abteilungen, Füllschächten bei losen Getreideladungen sowie das Abdecken (wird durch neue Getreideverordnung näher bestimmt werden).

3. Das Prüfen der Pfeifen, der Ruderanlage, der Kommandoelemente und der Vergleich der Uhren auf der Brücke und in der Maschine vor jeder Abfahrt (Empfehlung).

4. Gemäß § 1, a, 2 TV: Der Tiefgang des Schiffes vorn und hinten bei jeder Abfahrt (und bei jeder Ankunft, insoweit Empfehlung).

5. Die Zahl der Fahrgäste und der Besatzung (Empfehlung).

6. Ballast nach Art, Gewicht und Verteilung (Empfehlung).

7. Brennstoffbestand (Empfehlung).

8. Trinkwasserbestand (Empfehlung; bei Ergänzung Herkunft angeben gem. § 1, c, 4 TV).

9. Eine Erklärung, daß die Ausrüstung mit Proviant ausreichend ist (Empfehlung).

10. Gemäß § 2 KaK bei Reisedauer über 4 Wochen: Das Ergebnis der Prüfung der Arznei- und sonstigen Hilfsmittel für die Krankenfürsorge für Schiff und Rettungsboote durch Kapitän, auf Schiffen mit Schiffsarzt Eintragung über Schiffsapotheke nur ins Gesundheitstagebuch (vgl. IV, 4 und 12).

11. Gemäß § 15 SG: Die Gründe für die Verzögerung oder Unterlassung einer An-, Ab- oder Ummusterung (durch Kapitän einzutragen, vgl. V, 7).

12. Die gemäß Anlage 1, D, 6 Funksicherheitsverordnung vom Funkoffizier zu erstattende Meldung über die Prüfung der selbsttätigen Funkalarmanlage (Empfehlung).

13. Gemäß § 80, 2 SSV: Das Ergebnis der *vor jedem Auslaufen* und bei jeder Musterung oder Übung (vgl. I, 18) vorgeschriebenen Prüfung der Rettungsmittel, insbesondere der Rettungsboote und -geräte sowie dabei

---

[1] Von Kapt. HELMERS veröffentlicht in „Hansa" 1957, S. 2279ff.

festgestellte Mängel und die Maßnahmen zu deren Beseitigung (vgl. IV, 8 und 15).

Auf Fahrgastschiffen außerdem:

14. Gemäß § 76, 1, a b, c SSV: Das vorgeschriebene Schließen der wasserdichten Hängetüren im Laderaum-Zwischendeck (Öffnen während der Fahrt verboten!) und in Zwischendeck-Bunkerräumen; ferner das wasserdichte Ansetzen und die Begründung des Abnehmens von losnehmbaren Platten an Maschinenraumschotten sowie das Schließen der übrigen Hängetüren oberhalb der Schottenladelinie und der Schiebetüren vor jedem Auslaufen (vgl. III, 20 und 21).

15. Gemäß § 76, 1d, e, f SSV: Das vorgeschriebene Schließen und Abschließen mit Blenden von Zwischendeck-Seitenfenstern (Öffnen während der Fahrt verboten!); das vorgeschriebene Verschließen sonstiger unzugänglicher oder in beladenen Räumen liegender Seitenfenster mit Blenden; beides vor jedem Auslaufen (vgl. III, 21).

16. Gemäß § 76, 1g SSV: Das vorgeschriebene Schließen und Sichern von Eingangs-, Lade- und Kohlenpforten unterhalb der Tauchgrenze (diese liegt mindestens 3 Zoll unterhalb des Schottendecks; Öffnen während der Fahrt verboten!) vor jedem Auslaufen (vgl. III, 21).

17. Gemäß § 76, 2 SSV: Bei Reisedauer über 1 Woche die vorgeschriebene vollständige Verschlußübung mit Besichtigung der wasserdichten Türen, Seitenfenster, Absperrorgane und Verschlußvorrichtungen an Speigatten, Asch- und Abfallschütten sowie etwaige, dabei festgestellte Mängel und die Maßnahmen zu deren Beseitigung (vgl. II, 11 und IV, 14).

18. Gemäß § 97, 5 SSV: Bei Reisedauer über 1 Woche die vorgeschriebene Boots- und Feuerlöschübung oder die Gründe für die Unterlassung (die Übung muß sich erstrecken auf Zuwasserlassen der Boote mit abwechselnden Bootsgruppen, Ruder- und Fahrübungen, Musterung der Fahrgäste spätestens 24 Stunden nach Abfahrt, Löschen von Feuer, vgl. IV, 15).

Beispiel für ein Fahrgastschiff: „Um 10 Uhr wurde ein vollständiges Sicherheitsmanöver durchgeführt.

Beim Verschlußmanöver wurden sämtliche Schiebe- und Hängetüren, die Seitenfenster, Ventile und Speigatten sowie sämtliche Öffnungen in der Außenhaut laut Sicherheitsrolle geschlossen und besichtigt. Nur die für den Betrieb notwendigen Ventile sowie Schottentüren im Wellentunnel und im Betriebsgang wurden wieder geöffnet. Bei dem anschließenden Feuerlöschmanöver wurde die Besatzung mit ihren Geräten auf den Stationen kontrolliert. Der Feuerstoßtrupp wurde alarmiert und zur Bekämpfung eines im Kabelgatt angenommenen Feuers angesetzt. Dabei wurde auch die Rauchmeldeanlage geprüft. Anschließend wurde ein Bootsalarm abgehalten. Dabei wurden die Fahrgäste mit den Schwimmwesten und den Sammelplätzen vertraut gemacht und gleichzeitig auf die Unfall- und Feuerverhütung hingewiesen. Die Bootsbesatzungen schwangen sämtliche Boote der Wasserseite aus und führten bis 12.30 Uhr Ruderübungen durch. Dabei wurden alle Rettungsmittel, insbesondere die Sanitätskästen in den Rettungsbooten, geprüft und in Ordnung befunden. Die Funkalarmanlage wurde vom Funkoffizier klar gemeldet.

14.00 Uhr Uhrvergleich, Ruder und Kommandoelemente probiert und in Ordnung. Lotse Niemann aus Neustadt an Bord.

Tiefgang: V 27'03", H 27'11".

Bei der Abfahrt befand sich das Schiff im Zustande voller See- und Ladungstüchtigkeit: Vor Beginn der Beladung hat die Schiffsleitung das Schiff in allen Teilen gründlich überholt und in Ordnung befunden. Die Bilgen waren sauber und trocken, die Saugkörbe und die Pumpen klar.

Die Ladung ist unter der Aufsicht der Schiffsleitung von Berufsstauern gut garniert und nach Seemannsbrauch gestaut (vgl. Attest des Lukenbesichtigers Meyer). Die Decksladung ist gelascht und mit den vorschriftsmäßigen Treppen und Laufstegen versehen. Die Luken sind mit dreifachen Persenningen bezogen und sicher geschalkt.

Die gesamte Ausrüstung, darunter Proviant und Trinkwasser, befindet sich in guter Beschaffenheit und ausreichender Menge an Bord. Die Besatzung ist vollzählig und gesund und mit den Sicherheitseinrichtungen vertraut. Überschmuggler wurden nicht gefunden".

II. Tägliche Eintragungen während der Reise.

Die Navigation betreffend:

1. Gemäß § 520 HGB: Die gesteuerten rw. Kurse (Vollkreisteilung) und die auf den einzelnen Kursen zurückgelegten Seemeilen.

2. Gemäß § 1, b TV: Die berücksichtigte Ablenkung (bei Kreiselkompaß Fahrtfehler), Mißweisung, Abtrift und Stromversetzung.

3. Die Bestimmung der Kompaßablenkung (auch Kreisel-A) während jeder Wache (Empfehlung).

4. Gemäß § 520 HGB: Die Beschaffenheit von Wind und Wetter sowie der Stand des Barometers und der Thermometer (Luft und Wasser) während jeder Wache.

5. Der Vergleich der Uhren auf der Brücke, in der Maschine und an Deck (Empfehlung).

6. Das Prüfen der Pfeifen und Kommandoelemente (Empfehlung).

7. Gemäß § 520 HGB: Die übrigen, sich aus dem vorgeschriebenen Tagebuchvordruck ergebenden Eintragungen über die Mittagsposition, die zurückgelegte Gesamtdistanz, den Chronometerstand und -gang, den Brennstoffbestand, den Loggeort am Ende jeder Wache u. a. (z. T. Empfehlung).

Die Sicherheit betreffend:

8. Gemäß § 520 HGB: Der Wasserstand in den Bilgen und Tanks.

9. Die Meldung des Funkoffiziers, daß gemäß Anlage 1, B, 10 Funksicherheitsverordnung der Notsender mit künstlicher Antenne (einmal während der Reise mit Notantenne) und die Akkumulatorenbatterie bzw. die Notstromquelle sowie gemäß Anlage 1, D, 6 Funksicherheitsverordnung das selbsttätige Funkalarmgerät geprüft worden sind (gemäß Funksicherheitsverordnung ist nur Meldung über das Funkalarmgerät vorgeschrieben und Eintragung der drei täglichen Prüfungen in das Funktagebuch. Eintragung ins Schiffstagebuch Empfehlung).

10. Gemäß § 164 UVV und Anlage 1 GefGüV-See: Bei Kohlenladungen in langer Fahrt (auch bei Bunkerkohlen im Laderaum) das Ergebnis der täglich vorgeschriebenen Temperaturmessungen.

Auf Fahrgastschiffen außerdem:

11. Gemäß § 76, 2 SSV: Das tägliche Betätigen der wasserdichten Kraft- und Hängetüren in den Hauptquerschotten, soweit sie benutzt werden müssen, und dabei etwa festgestellte Mängel sowie die Maßnahmen zu deren Beseitigung (vgl. I, 17 und III, 20).

III. Eintragungen von Fall zu Fall.

Die Navigation betreffend:

1. Gemäß § 1, c, 2 TV: Die wichtigen Schiffsortbestimmungen oder wichtigen Einzelstandlinien nach astronomischen, terrestrischen oder drahtlosen Beobachtungen (z. T. Empfehlung).

2. Gemäß § 520 HGB und § 1, c, 1 TV: Die Lotungsergebnisse, gegebenenfalls mit Bodenbeschaffenheit.

3. Das Stellen der Schiffsuhren auf eine andere Zeit auf der Brücke, in der Maschine und an Deck (Empfehlung).

4. Gemäß § 1, c, 3 TV: Das Abgeben von Nebelsignalen und die Fahrt des Schiffes bei Nebel, dickem Wetter usw.

5. Gemäß § 520 HGB: Die Annahme eines Lotsen, seinen Namen sowie die Zeit seiner Ankunft und seines Abganges.

6. Ein Hinweis auf die Eintragung ins Peilfunkbuch über jede Nachprüfung der Funkbeschickung, die gemäß Anlage 1, E, 5 der Funksicherheitsverordnung wegen einer Veränderung an den Antennen oder Aufbauten vorgenommen wurde (Empfehlung, vgl. IV, 9).

7. Die Bezeichnung des Ankerplatzes oder des Liegeplatzes, gegebenenfalls mit Angabe der Ankerpeilung, der Wassertiefe und der Art des Ankergrundes (Empfehlung).

Die See- und Ladungstüchtigkeit betreffend:

8. Wesentliche Ballaständerungen (Empfehlung).

9. Gemäß § 1, c, 4 TV: Die Menge und die Herkunft des eingenommenen Trinkwassers.

10. Das Ergebnis von Untersuchungen, die aus besonderen Gründen wegen der Sicherheit des Schiffes oder der Personen an Bord vorgenommen wurden, und die daraufhin getroffenen Maßnahmen (Empfehlung).

11. Das Lüften der Ladung und andere besondere Maßnahmen im Interesse der Ladung (Empfehlung).

Die Personen an Bord betreffend:

12. Gemäß § 520 HGB: Die während der Reise im Personal der Schiffsbesatzung eingetretenen Veränderungen, soweit sie sich nicht aus der Musterrolle ergeben.

13. Gemäß § 1746 RVO: Der Unfall eines Besatzungsmitgliedes, wenn er eine völlige oder teilweise Arbeitsunfähigkeit von mehr als 3 Tagen, die Ausschiffung oder den Tod zur Folge hat, mit einem Hinweis auf die Eintragung in das Unfalltagebuch sowie auf die Abgabe der vorgeschriebenen Unfallmeldungen (z. T. Empfehlung) (s. S. 45).

14. Gemäß § 1, c, 5 TV: Die Erkrankung eines Besatzungsmitgliedes, sofern kein Schiffsarzt an Bord ist, wenn die Erkrankung eine völlige oder teilweise Arbeitsunfähigkeit von mehr als 3 Tagen, die Ausschiffung oder den Tod zur Folge hat (vgl. §§ 7 und 13 KaK über Betäubungsmittelbuch und Krankenbuch).

15. Die Erklärung, daß die Habe und gegebenenfalls das Heuerguthaben eines Besatzungsmitgliedes, das wegen eines Unfalles oder einer Krankheit ausgeschifft worden ist (s. S. 45), gemäß § 52 SG vorschriftsmäßig verzeichnet und dem Schiffsmanne bzw. dem Konsul oder mit dessen Genehmigung der Krankenanstalt übergeben worden sind (Empfehlung).

16. Der Unfall oder die Erkrankung eines Fahrgastes, wenn sie erheblich sind und kein Schiffsarzt an Bord ist (Empfehlung).

17. Gemäß § 1, c, 6 TV: Die an Bord getroffenen Maßnahmen zur Verhütung oder gegen die Weiterverbreitung von epidemischen und Tropenkrankheiten.

18. Gemäß § 1, c, 7 TV: Besichtigungen und Maßnahmen von Gesundheitsbehörden.

19. Gemäß § 8 DVO Fl.: Grund und Dauer einer Reiseverlängerung bei einem für eine bestimmte Zeit ausgestellten Flaggenzeugnis.

Auf Fahrgastschiffen außerdem:

20. Gemäß § 76, 1 SSV: Jedes für den Betrieb unbedingt erforderliche Öffnen von wasserdichten Türen und die Begründung des Abnehmens von losnehmbaren Platten während der Fahrt (müssen unverzüglich geschlossen werden können! § 32, 10 und 11 SSV). (Vgl. I, 14 und II, 11.)

21. Gemäß § 76, 1a und d SSV: Jedes nur im Hafen erlaubte Öffnen von wasserdichten Türen und Seitenfenstern in Zwischendeckräumen sowie von

Öffnungen in der Außenhaut unterhalb der Tauchgrenze (§ 32, 7, 2 und § 33, 3, 3a und b und 10, 1 SSV). (Vgl. I, 14, 15, 16.)

IV. Regelmäßig wiederkehrende Eintragungen.[1]

1. Gemäß § 134 UVV[2]: Der wöchentlich abzuhaltende Boots*alarm* mit der Besatzung mit der Erklärung, daß die Bootsbesatzungen mit angelegten Schwimmwesten gemustert und im Aussetzen und Handhaben der Boote unterwiesen worden sind. (Prüfung der Rettungsmittel vgl. I, 13.) (Fahrgastschiffe vgl. IV, 15.)

2. Die wöchentliche Meldung des Funkoffiziers, daß die tragbare Funkanlage bzw. die in ein Motorrettungsboot eingebaute Funkanlage mit künstlicher Antenne geprüft und die dazu gehörenden Batterien aufgeladen sind. (Empfehlung; gemäß Anlage 5, II, 3 Funksicherheitsverordnung ist keine Meldung, sondern nur Eintragung ins Funktagebuch vorgeschrieben.)

3. Gemäß § 97 SSV: Die monatlich vorgeschriebene Boots- und Feuerlöschübung (Prüfung vgl. I, 13, Durchführung der Übungen vgl. I, 18) oder die Gründe für die Unterlassung (Fahrgastschiffe vgl. IV, 15).

4. Gemäß § 2 KaK: Die dem Kapitän bzw. dem Schiffsarzt vierteljährlich vorgeschriebene Prüfung der Apothekenausrüstung sowie der Sanitätskästen der Rettungsboote durch den Kapitän (Prüfung durch Schiffsarzt ist von diesem in das Gesundheitstagebuch einzutragen, vgl. I, 10 und IV, 12).

5. Das Ergebnis der halbjährlichen Prüfung der Sicherheitslampen (Empfehlung, obwohl die Vorschrift aus der alten Seefrachtordnung nicht in die neue GefGüV-See aufgenommen worden ist).

6. Gemäß § 72, 2 SSV: Das Ergebnis der halbjährlich vorgeschriebenen Prüfung und Erprobung der gesamten festen und beweglichen Feuerschutz- und Feuerlöscheinrichtungen.

7. Das Ergebnis des gemäß § 109 UVV vorgeschriebenen Nachwiegens von Kohlensäureflaschen (Empfehlung, obwohl nur Eintragung ins Maschinentagebuch vorgeschrieben ist. In der SSV ist das Nachwiegen nicht ausdrücklich vorgeschrieben).

8. Gemäß § 132 UVV:[3] Das Ergebnis der jährlich vorgeschriebenen Prüfung der Rettungsboote und deren Ausrüstung, der Rettungsbojen und Schwimmwesten (vgl. I, 13).

9. Ein Hinweis auf die Eintragung ins Peilfunkbuch über die gemäß Anlage 1, E, 5 der Funksicherheitsverordnung jährlich vorgeschriebene Nachprüfung der Funkbeschickung (Empfehlung, vgl. III, 6).

10. Gemäß § 76, 5 SSV: Das Ergebnis der jährlich vorgeschriebenen Prüfung einer selbsttätigen Berieselungsanlage durch einen von der SBG anerkannten Sachverständigen (von diesem selbst einzutragen), (vgl. VI, 3).

11. Die Erklärung, daß die gemäß § 80 UVV jährlich vorgeschriebene Prüfung des Ladegeschirrs und die Eintragung darüber ins Ladegeschirrheft vorgenommen worden sind (Empfehlung).

12. Gemäß § 15 KaK: Die jährlich vorgeschriebene und durch die Behörde vorzunehmende Prüfung der Apothekenausrüstung und der Krankenräume (vom Reeder zu veranlassen; Prüfbescheinigung ist aufzubewahren; wenn das Schiff innerhalb von 12 Monaten keinen Hafen in der Bundesrepublik

---

[1] Wegen Beachtung von weiteren Terminen bei den Schiffs- und Ausrüstungspapieren s. S. 83ff.

[2] Diese Bestimmung geht über die Vorschrift von § 97 SSV (siehe IV, 3) hinaus und ist daher aufgenommen worden, zumal ein Unterschied zwischen einem Bootsalarm und einer Bootsübung besteht.

[3] Aufgenommen, obwohl durch § 80 SSV (vgl. I, 13) überholt; eine gründliche Prüfung einschließlich Öffnen der wassersichten Behälter usw. einmal jährlich ist erforderlich.

erreicht, muß der Kapitän im Einvernehmen mit dem Konsul die Prüfung veranlassen; in diesem Falle ist die Prüfbescheinigung vom Konsul gegenzuzeichnen).

13. Gemäß § 63 UVV: Das Ergebnis der jährlich vorgeschriebenen Untersuchung der Fuß- und Handpferde von Rahen und vom Klüverbaum.

Auf Fahrgastschiffen außerdem:

14. Gemäß § 76, 2 SSV: Die wöchentlich vorgeschriebene Verschlußübung und Kontrolle an wasserdichten Türen, Seitenfenstern, Absperrorganen und Verschlußvorrichtungen an Speigatten, Asch- und Abfallschütten sowie dabei festgestellte Mängel und Maßnahmen zu deren Beseitigung (vgl. I, 17).

15. Gemäß § 97, 5 SSV: Die wöchentlich vorgeschriebene Boots- und Feuerlöschübung oder die Gründe für die Unterlassung (Prüfung vgl. I, 13, Durchführung vgl. I, 18).

16. Gemäß § 76, 3 SSV: Die wöchentliche Erprobung der Schiffsnotstromquelle und ihrer selbsttätigen Schalteinrichtungen.

V. Eintragungen, die der Kapitän selbst machen sollte bzw. selbst machen muß.

Unfälle, Sicherheit und Hilfeleistung betreffend:

1. Gemäß § 520 HGB: Die Beschreibung von Unfällen, die dem Schiff oder der Ladung zustoßen, und die Maßnahmen zur Minderung entstandener oder zur Abwendung weiterer Schäden.

2. Die auf § 564 HGB gestützte Anordnung des Kapitäns, Ladungsgüter über Bord zu werfen oder zu vernichten, die das Schiff, die Personen oder die Ladung an Bord gefährden oder das Einschreiten einer Behörde veranlassen können (Empfehlung).

3.[1] Gemäß § 5 VO Sich.: Die Gründe für die Unterlassung eines Beistandes auf ein fremdes Seenotzeichen, auch wenn von den in Not befindlichen Personen oder von dem Führer eines dritten Schiffes mitgeteilt worden ist, daß Beistand nicht mehr erforderlich ist (ferner die den in Seenot befindlichen Schiffen selbst geleistete Hilfe, insoweit Empfehlung).

4.[1] Gemäß § 6 VO Sich.: Die Gründe für die Unterlassung des Beistandes nach einem Zusammenstoß (außerdem Meldung darüber an die Hafenbehörde des nächsten Anlaufhafens und an das für den Heimathafen zuständige Seeamt).

5. Gemäß § 520 HGB: Die im Schiffsrat gefaßten Beschlüsse (s. S. 181).

6. Gemäß § 147, II, 2 UVV: Die dem Kapitän mit Befähigungszeugnis A 6 erlaubte Nachkompensierung, auch jede andere Kompensierung der Kompasse.

Die Personen an Bord betreffend:

7.[1] Gemäß § 15 SG:[2] Die Gründe für die Verzögerung oder Unterlassung einer An-, Ab- oder Ummusterung.

8.[1] Gemäß § 40 SG:[2] Die Gründe, der Zeitpunkt und der Umfang eines notwendigen Abweichens von der Speiserolle.

9.[1] Gemäß § 64 SG:[2] Die fristlose Entlassung eines Besatzungsmitgliedes im Inlande, im Auslande oder auf See, ferner die begründenden Tatsachen und der Vermerk, daß dem Betroffenen eine Abschrift ausgehändigt worden ist.

10.[1] Gemäß § 106 SG: Jede besondere Maßnahme oder Anwendung eines Zwangsmittels gegen Besatzungsmitglieder durch den Kapitän zur Abwendung einer unmittelbaren Gefahr für Menschen oder Schiff mit einer

---

[1] Dieses *muß* der Kapitän selbst eintragen. Es genügt Eintragung durch Offizier mit Unterschrift des Kapitäns.

[2] Das Unterlassen dieser Tagebucheintragung ist eine Ordnungswidrigkeit (§ 125 SG, s. S. 42 u. 45).

Darstellung des Sachverhalts; ferner jede Übertragung dieser Befugnis auf den 1. Offizier oder auf den 1. Ingenieur innerhalb der entsprechenden Dienstzweige.

11. Gemäß § 111 SG:[2] Die Vernichtung von persönlichen Gegenständen oder Verbrauchsgütern, die ein Besatzungsmitglied auf Verlangen nicht beseitigt hat, nachdem es sie in unangemessenem Umfange oder unerlaubt an Bord gebracht hatte und deren Verbleib das Eingreifen einer Behörde veranlassen könnte oder Personen, Schiff oder Ladung gefährdet; ferner die Begründung der Vernichtung.

12.[1] Gemäß §112 SG:[2] Auf Verlangen eines Besatzungsmitgliedes dessen Beschwerde über das Verhalten von Vorgesetzten oder anderen Besatzungsmitgliedern und die Entscheidung des Kapitäns (auf Verlangen ist eine Abschrift auszuhändigen).

13.[1] Gemäß § 124 SG:[2] Jede ordnungswidrige Verletzung der Dienstpflicht eines Besatzungsmitgliedes, die begründenden Tatsachen und der Vermerk, daß dem Besatzungsmitglied die Eintragung bekannt gegeben worden ist (auf Verlangen ist eine Abschrift auszuhändigen).

14.[1] Gemäß § 133 SG: Der Antrag eines Besatzungsmitgliedes auf gerichtliche Entscheidung gegen den Bußgeldbescheid eines Seemannsamtes wegen einer Ordnungswidrigkeit (auf Verlangen ist eine Abschrift auszuhändigen; der Antrag ist dem Seemannsamt, das den Bescheid erteilt hatte, unverzüglich zuzustellen).

15. Jede Anordnung und Maßnahme gegen einen Fahrgast, der erheblich gegen die Schiffsordnung verstoßen hat (§ 665 HGB), und die begründenden Tatsachen (s. S. 71 u. 72) (Empfehlung).

16. Gemäß § 520 HGB: Jede an Bord begangene strafbare Handlung (und ein Vermerk über die Aufnahme des Tatbestandes sowie über den späteren Verbleib des Täters; wenn es sich um Überschmuggeln handelt, die sonst gegen den Überschmuggler getroffenen Maßnahmen im Interesse der sicheren und ungehinderten Fortsetzung der Reise; insoweit Empfehlung) (s. auch S. 66 u. 70).

17.[1] Gemäß § 1055 RVO: Die Mitteilung an die Besatzung über den Flaggenwechsel des Schiffes (darüber hinaus der Vermerk, daß die Besatzungsmitglieder über die mit dem Flaggenwechsel verbundenen Nachteile belehrt worden sind, nämlich Ende der Unfallversicherung und der Pflichtversicherung in der Renten-, Kranken- und Arbeitslosenversicherung; insoweit Empfehlung). Diese Tagebucheintragung hat jedes Besatzungsmitglied zu unterschreiben.

18.[1] Gemäß § 520 HGB und § 46 VO PStG: Die Geburts- und Sterbefälle während der Reise an Bord mit Angabe von Ort und Zeit und mit einem Hinweis auf die ausführliche Beurkundung im Geburts- bzw. Sterberegister im Anhang zum Schiffstagebuch; darüber hinaus der Vermerk, wann dem Seemannsamt (Konsul) je zwei Abschriften von der Eintragung in das Schiffstagebuch und in das Geburts- bzw. Sterberegister übergeben worden sind (z. T. Empfehlung; Einzelheiten s. S. 45).

19. Der Verbleib der Leiche eines an Bord Verstorbenen (Empfehlung).

20. Der Vermerk, daß der Nachlaß eines Verstorbenen bzw. die Sachen eines vermißten Besatzungsmitgliedes durch einen Schiffsoffizier und eine andere Person verzeichnet worden sind (§ 76 SG, § 29 der VO über die Einrichtung von Auswandererschiffen vom 21. 12. 56), die Maßnahmen zur Verwahrung des Nachlasses und dessen Übergabe an die zuständige Behörde (Konsul) auf Grund des vom Kapitän und den mitwirkenden Personen zu unterschreibenden Nachlaßverzeichnisses (Empfehlung, s. S. 45 u. 72).

---

[1] Dieses muß der Kapitän selbst eintragen. Es genügt auch Eintragung durch Offizier mit Unterschrift des Kapitäns.

[2] Unterlassung der Eintragung ist eine Ordnungswidrigkeit.

21. Die an den Konsul oder beim Fehlen eines solchen an die Hafenbehörde erstattete Meldung über den Verdacht von Mädchenhandel, insbesondere von Entführung von Frauen in das Ausland auf Grund von anscheinend arglistiger Täuschung (Empfehlung, obwohl aus der alten VO über die Einrichtung der Auswandererschiffe nicht in die neue VO vom 21. 12. 56 übernommen.)

22.[1] Gemäß § 5 Soz.Schutzv.: Jede Beschwerde eines Besatzungsmitgliedes über Art und Zubereitung der Verpflegung, ferner das Untersuchungsergebnis und etwaige, zur Abhilfe getroffene Maßnahmen.

VI. Eintragungen durch Behörden und sonstige Stellen.

1. Gemäß § 113 SG durch das Seemannsamt: Das Untersuchungsergebnis nach der Beschwerde eines Besatzungsmitgliedes beim Seemannsamt über die Seeuntüchtigkeit des Schiffes oder über ungenügenden oder verdorbenen Proviant, nachdem der Kapitän die Mängel auf die Beschwerde nicht abgestellt hat.

2. Gemäß § 1208 RVO durch das Seemannsamt: Die Bestrafung des Kapitäns durch das Seemannsamt wegen Verstoßes gegen die Unfallverhütungsvorschriften der See-Berufsgenossenschaft.

3. Gemäß § 76, 5 SSV durch einen von der SBG anerkannten Sachverständigen: Das Ergebnis der jährlichen Prüfung einer selbsttätigen Berieselungsanlage (vgl. IV, 10).

4. Gemäß § 11 Str.O durch den Strandvogt: Im Falle der Bergung der Abschluß des Schiffstagebuches durch den Strandvogt mit einem Vermerk über die Rückgabe der übrigen, sichergestellten Papiere.

8. Papiere aller Art, Gesetze und Bücher.

Schiffspapiere.

Internationaler Schiffsmeßbrief (Bill of Measurement). Alle nachstehenden Arten von Meßbriefen werden nach Aufmessung des Schiffes durch das Bundesamt für Schiffsvermessung, Hamburg, ausgestellt. Der Schiffsmeßbrief hat internationale Gültigkeit. Er enthält die Größenangaben über das Schiff, besonders den Brutto- und Nettoraumgehalt, wonach die Hafenabgaben und sonstigen Gebühren berechnet werden (Einzelheiten siehe Schiffsvermessung).

Panamakanal-Meßbrief. Für die Fahrt durch den Panamakanal benötigt das Schiff diesen besonderen Meßbrief. Wenn er nicht an Bord ist, entstehen hohe Vermessungskosten und großer Zeitverlust.

Suezkanal-Meßbrief. Auch für diese Fahrt ist ein besonderer Meßbrief erforderlich, weil bei dem Abzug von der Bruttoraumvermessung erhebliche Unterschiede bestehen. Besonders wichtig ist folgendes: Auf der dritten Seite des Meßbriefes sind gewisse Laderaumteile unter der Back und unter der Poop und manchmal auch neben dem Maschinenraum angegeben, die von der Bruttoraumvermessung ausgesondert sind. Diese Räume oder Raumteile müssen völlig besenrein sein, weil sie sonst von der Kanalbehörde mit vermessen und dem Schiff bei jeder weiteren Durchfahrt angerechnet werden.

---

[1] Dieses muß der Kapitän selbst eintragen. Es genügt Eintragung durch Offizier mit Unterschrift des Kapitäns.

Schiffszertifikat (Certificate of Registry). Dieses Papier berechtigt und verpflichtet das Schiff zum Führen der Bundesflagge, die bei jedem Einlaufen in einen Hafen und beim Auslaufen gezeigt werden muß (Grußpflicht s. Band I). Das Einlaufen beginnt an der Reviergrenze.

Der Name des Schiffes muß an jeder Seite des Buges und zusammen mit dem des Heimathafens am Heck fest angebracht sein.

Das Schiffszertifikat ist ein Auszug aus dem Seeschiffsregister, das von dem Registergericht beim Amtsgericht des Heimathafens geführt wird. Jeder deutsche Eigentümer eines Seeschiffes über 50 cbm Raumgehalt muß das Schiff beim Registergericht anmelden[1]. Dabei muß er u. a. den Schiffsmeßbrief vorlegen, mit einer beglaubigten Eigentums-Übertragungserklärung (z. B. von Bauwerft) darlegen, auf welche Weise das Schiff erworben ist, und nachweisen, daß es zum Führen der Bundesflagge berechtigt ist. (In der Bundesrepublik haben dieses Recht Deutsche, aber z. B. auch ausländische Kapitalgesellschaften, in deren Geschäftsführung Deutsche die Mehrheit haben.) Das Registergericht erteilt dem Schiff das Unterscheidungssignal und trägt alle wichtigen Tatsachen – auch Gläubigerrechte wie Hypotheken usw. – unter der laufenden Nummer in das Seeschiffsregister ein. Die Eintragung in das Schiffsregister ist gebührenpflichtig und kostet für ein größeres Seeschiff mehrere Tausend DM.

Bei Ausstellung einer Musterrolle für ein neues Schiff verlangt das Seemannsamt stets den Nachweis durch das Schiffszertifikat, daß das Schiff zum Führen der Bundesflagge berechtigt ist. Beim Fehlen dieses Rechtes stände die deutsche Besatzung z. B. nicht unter dem Schutz der Sozialversicherung.

Ändern sich Namen oder technische Einzelheiten oder die obengenannten Voraussetzungen, ist neben dem Reeder auch der Kapitän zur Meldung und Einreichung des Schiffszertifikats verpflichtet.

Da das Schiffszertifikat häufig dem Gläubiger ausgehändigt wird, wird für den Bordgebrauch auf Antrag ein

Auszug aus dem Schiffszertifikat ohne Aufnahme der Gläubigerrechte ausgestellt. Das Schiffszertifikat oder der Auszug daraus muß stets an Bord sein. Das Führen einer anderen Nationalflagge oder unbefugtes Führen der Bundesflagge oder unterlassenes Zeigen wird bestraft.

Flaggenzeugnis ersetzt das Schiffszertifikat, wenn das Recht zum Führen der Bundesflagge im Auslande entstanden ist, z. B. beim Ankauf. Es wird auf Antrag vom deutschen Konsul oder vom zuständigen Registergericht ausgestellt und gilt nur für ein Jahr. Außer den für ein Schiffszertifikat erforderlichen Tatsachen muß die Seetüchtigkeit auf Grund eines Fahrterlaubnisscheins der SBG nachgewiesen werden. In eiligen Fällen genügt ein Seefähigkeitsattest einer anerkannten Klassifikationsgesellschaft. Für ein Schiff mit *Einrichtungen* für mehr als 12 Fahrgäste muß das Sicherheitszeugnis vorgelegt werden.

---

[1] Fahrzeuge bis zu 50 cbm Bruttoraumgehalt müssen ebenfalls die Bundesflagge führen, brauchen aber nicht angemeldet zu werden und bedürfen auch keines Ausweises.

Muß das Flaggenzeugnis über die Frist hinaus benutzt werden, sind Grund und Dauer der Reiseverlängerung in das Schiffstagebuch einzutragen.

Flaggenschein verleiht solchen Schiffen das Recht zum Führen der Bundesflagge, die in der Bundesrepublik erbaut worden sind und in einen ersten anderen Hafen, der auch ein deutscher sein kann, überführt werden sollen. Auch ein deutscher Bareboat-Charterer (s. S. 125) eines ausländischen Schiffes kann einen Flaggenschein erhalten, und zwar auf Antrag bei der zuständigen Wasser- und Schiffahrtsdirektion. Außer den obengenannten Tatsachen muß nachgewiesen werden, daß der fremde Eigentümer dem Flaggenwechsel zustimmt.

Klassifikationszertifikat des Germanischen Lloyd. Deutsche Schiffe sind im allgemeinen vom GL klassifiziert. Das Klassenzeugnis wird für Schiff und Maschine getrennt ausgestellt und hat im allgemeinen eine Geltungsdauer von 4 Jahren. Nach jedem Unfall, der die Seetüchtigkeit beeinträchtigt, verliert das Schiff seine Klasse. Der Kapitän muß schon vor der Reparatur oder Notreparatur einen Vertreter des GL benachrichtigen (s. S. 158), der nachher die Klasse auf der Rückseite des Zeugnisses bestätigt. Diese Bestätigung ist zugleich als Wiederaufleben des ebenfalls abgelaufenen Fahrterlaubnisscheins anzusehen, so daß dann im Auslande z. B. das unten genannte Seefähigkeitsattest nicht erforderlich ist.

Fahrterlaubnisschein[1] (Sicherheitszeugnis für Frachtschiffe). Wenn das Schiff den UVV genügt, erhält es von der SBG einen seiner Fahrt entsprechenden Fahrterlaubnisschein, der nach zwei Jahren und im übrigen nach jedem Unfall, der die Seetüchtigkeit des Schiffes beeinträchtigt, abläuft. Solche Unfälle müssen vom Reeder oder Kapitän der SBG sofort gemeldet werden. Das Schiff wird nach den Überwachungsgrundsätzen der SBG periodisch überprüft. Alle zwei Jahre erhält es einen neuen Fahrterlaubnisschein. Kurze Fristüberschreitungen, die durch die Reise bedingt sind, werden nicht beanstandet. Wenn der Fahrterlaubnisschein nach einem Unfall ungültig geworden ist, bestätigt ein Vertreter des GL nach einer Reparatur usw. die Klasse. Dadurch lebt auch der Fahrterlaubnisschein wieder auf. Überschreiten des im Fahrterlaubnisschein niedergelegten Fahrtbereiches kann als Seeuntüchtigkeit ausgelegt werden.

Ausrüstungs-Sicherheitszeugnis[2] (Safety Equipment Certificate) ist eine Anlage zum Fahrterlaubnisschein für Frachtschiffe. Es wird von der SBG namens der Bundesregierung auf Grund der Schiffssicherheitsverordnung ausgestellt und bescheinigt, daß das Schiff mit den vorgeschriebenen Sicherheitseinrichtungen ausgerüstet ist. Diese sind: Rettungsboote, Motorrettungsboote oder Boote mit handmechanischem Antrieb, Rettungsringe, Rettungsgürtel, Aurüstung der Boote, Leinenwurfgerät, tragbare Funkanlage, Feuerlöscheinrichtungen, Positions-

---

[1] § 19 UVV.

[2] Verordnung über die Sicherheitseinrichtungen für Fahrgast- und Frachtschiffe vom 31. 5. 55; gilt nicht für Frachtschiffe unter 500 BRT.

laternen, Signalkörper, Notsignale usw. Das Zeugnis gilt 24 Monate und kann vom Konsul um höchstens 5 Monate verlängert werden, wenn das Schiff nicht rechtzeitig einen deutschen Hafen erreichen kann. Ausländische Behörden können das Zeugnis überprüfen und unter Umständen das Auslaufen so lange verhindern, bis das Schiff ohne Gefahr für die Personen in See gehen kann. Das Zeugnis oder eine Abschrift davon muß an gut sichtbarer Stelle ausgehängt werden.

Seefähigkeitsattest (Certificate of Seaworthiness). Wenn im Auslande kein Vertreter des GL erreichbar ist, läßt man sich die wiederhergestellte Seetüchtigkeit durch einen Vertreter einer anderen Klassifikationsgesellschaft (z. B. Lloyd's Surveyor, s. S. 104) in einem sogenannten Seefähigkeitsattest bescheinigen. Eine zweite Ausfertigung des Attestes erhält der GL. Nach Möglichkeit muß der Konsul oder eine Behörde um Empfehlung von Sachverständigen gebeten werden, wenn überhaupt kein Vertreter einer Klassifikationsgesellschaft zu erreichen ist. Auch sollte man den Konsul beide Ausfertigungen des Seefähigkeitsattestes gegenzeichnen lassen. Nach Vorschrift des GL gilt ein Seefähigkeitsattest nur bis zum nächsten Bestimmungshafen, in dem sich ein GL-Vertreter befindet.

Sprechfunk-Sicherheitszeugnis (Safety Radiotelephony Certificate). Es wird von der SBG namens der Bundesregierung ausgestellt und gilt 12 Monate. Die SBG darf es um höchstens einen Monat verlängern. Der Konsul kann es um höchstens 5 Monate verlängern, wenn das Schiff nicht rechtzeitig einen deutschen Hafen erreichen kann; es erlischt dann aber mit der Heimkehr. Das Zeugnis müssen Schiffe ab 500 und unter 1600 BRT an Bord haben (also auch Fischereifahrzeuge), wenn sie nicht mit der nachstehend erwähnten Telegraphiefunkanlage ausgerüstet sein müssen. Es bescheinigt, daß das Schiff den Vorschriften der Funksicherheitsverordnung auf Grund des Schiffssicherheitsvertrages über die Sprechfunkanlage entspricht, und enthält die Regelung über die Hörstunden und Stationsbesetzung. Das Zeugnis oder eine Abschrift davon muß an gut sichtbarer Stelle ausgehängt werden. Es kann von ausländischen Behörden überprüft werden.

Telegraphiefunk-Sicherheitszeugnis[1] (Safety Radiotelegraphy Certificate). Dieses Zeugnis müssen alle Schiffe von 1600 BRT und darüber an Bord haben, ferner alle Frachtschiffe ab 500 BRT, wenn sie die Grenzen der mittleren Fahrt überschreiten (Fahrgastschiffe müssen ohne Rücksicht auf ihre Größe eine Telegraphiefunkanlage haben. Siehe Sicherheitszeugnis für Auslandsfahrt). Im übrigen gilt das gleiche, wie es für das Sprechfunk-Sicherheitszeugnis oben beschrieben ist.

---

[1] Verordnung über die Funkausrüstung und den Sicherheitsfunkwachdienst der Schiffe vom 9. 9. 55.

Gemäß § 12 ist der Kapitän verantwortlich für:

1. Funkausrüstung und Besetzung mit Funkoffizieren;
2. Sicherstellung der Sicherheitsfunkwachen und Abwicklung der Hörwachen;
3. Funkbeschickung;
4. Einhaltung der Frist für regelmäßige Nachprüfung der Funkanlagen;
5. Führen des Funktagebuches und des Peilfunkbuches.

Internationales Freibordzeugnis[1] (Loadline Certificate), ausgefertigt von der SBG im Auftrage der Bundesregierung nach den Vorschriften des Internationalen Übereinkommens über den Freibord der Kauffahrteischiffe von 1930. Das Zeugnis enthält den Freibord in Metern für die verschiedenen Fahrtgebiete und eine Abbildung der Stb-Freibordmarke, ferner außer der Unterschrift der SBG auch die Beglaubigung des GL, der den Freibord berechnet und auch für das Anmarken sorgt. Das Zeugnis ist 5 Jahre lang gültig und enthält auf der Rückseite Abteilungen für Zwischenbesichtigungen, für einen Verlängerungsvermerk und Beschreibungen der Endschotten- und Aufbauverschlüsse. Nach Umbauten muß ein neues Freibordzeugnis ausgestellt werden (vgl. Sicherheitszeugnis).

Sicherheitszeugnis[2] für Auslandsfahrt oder beschränkte Auslandsfahrt (Safety Certificate). Dieses Zeugnis wird ebenfalls von der SBG namens der Bundesregierung auf Grund der Schiffssicherheitsverordnung ausgestellt, jedoch nur für Fahrgastschiffe (Schiffe, die mehr als 12 Fahrgäste befördern oder für mehr als 12 Fahrgäste zugelassen sind). Es bescheinigt die Fahrterlaubnis und faßt außerdem folgende Zeugnisse zusammen, die damit für Fahrgastschiffe in besonderer Ausfertigung entfallen: Ausrüstungs-Sicherheitszeugnis, Telegraphiefunk-Sicherheitszeugnis, Freibordzeugnis. Für Fahrgastschiffe richtet sich der Freibord nach der sogenannten Schottenladelinie *C* (unter Umständen auch *C* 1, *C* 2, *C* 3), wobei es keine Unterschiede mit Rücksicht auf Zonen und Jahreszeiten gibt. Für den Fall, daß weniger als 13 Fahrgäste befördert werden, kann dem Schiff auf Antrag auch das Internationale Freibordzeugnis ausgestellt werden, das Fahrgastschiffe sonst nur für den Frischwasserabzug erhalten. Das Sicherheitszeugnis oder eine Abschrift davon muß an gut sichtbarer Stelle ausgehängt werden. Ausländische Behörden können das Zeugnis überprüfen und unter Umständen das Auslaufen so lange verhindern, bis das Schiff ohne Gefahr in See gehen kann. Das Zeugnis gilt wegen der begrenzten Funksicherheit nur 12 Monate und kann vom Konsul um höchstens 5 Monate verlängert werden, jedoch nur, um dem Schiff die Heimreise zu ermöglichen. Nach Unfällen und Umbauten müssen die gleichen Meldungen abgegeben werden wie für den Fahrterlaubnisschein und das Freibordzeugnis.

Ausnahmezeugnis (Exemption Certificate). Jedem Schiff, dem von der SBG eine Ausnahme von den Vorschriften der Schiffssicherheitsverordnung gewährt wird, muß die SBG ein Ausnahmezeugnis ausstellen. Das Zeugnis gilt für bestimmte Reisen unter bestimmten Bedingungen für höchstens 12 Monate. Es kann vom Konsul um höchstens 5 Monate verlängert werden, wenn das Schiff nicht rechtzeitig einen deutschen Hafen erreichen kann.

Genehmigungsurkunde zur Errichtung und zum Betrieb der Seefunkstelle an Bord. Dieses Papier stellt das Fernmeldetechnische Zentralamt

[1] Verordnung über den Freibord der Kauffahrteischiffe vom 25. 12. 32 auf Grund der Ratifizierung des Internationalen Übereinkommens, London, vom 5. 7. 30. (Ergänzt am 23. 8. 38.)

[2] Siehe Fußnoten S. 84 und S. 85.

Darmstadt (s. S. 100) für den Reeder aus und verpflichtet diesen unter anderem, die Bedienungs- und Aufsichtspersonen auf das Fernmeldegeheimnis hinzuweisen. Die Urkunde bescheinigt, daß die eingebauten Geräte den Vorschriften über die technische Eignung, Frequenzstabilität, Reichweite usw. entsprechen. Einen Auszug aus diesem Papier für das Schiff stellt die zuständige Oberpostdirektion aus. Sie kann bis zur endgültigen Abnahme auch eine vorläufige Genehmigung erteilen.

Genehmigungsurkunde zur Errichtung und zum Betrieb der Ortungsfunkanlage (Peiler, Radar usw.) für den Reeder und einen Auszug daraus für das Schiff stellt die zuständige Oberpostdirektion aus. Auch diese Urkunde verpflichtet alle beteiligten Personen zur Wahrung des Fernmeldegeheimnisses. Auch für die Rundfunkanlage wird eine ähnliche Urkunde ausgestellt.

Ausweis über Entrattung (Deratization Certificate) oder *Ausweis über Befreiung von der Entrattung* (Befreiungsattest, Deratization Exemption Certificate). Dieses Zeugnis wird von einer Hafengesundheitsbehörde des In- oder Auslandes auf Grund des Internationalen Sanitätsabkommens ausgestellt, sobald das vorhandene Zeugnis nach 6 Monaten abgelaufen ist. Wenn das Schiff innerhalb von 4 Wochen einen deutschen Hafen anläuft, wird das vorhandene Zeugnis bis zur Ankunft verlängert. Jedes Schiff, dessen Zeugnis abgelaufen ist, muß von der Gesundheitsbehörde des jeweiligen in- oder ausländischen Hafens untersucht werden. Wenn Ratten oder Spuren davon gefunden werden, muß das Schiff ausgegast werden. Andernfalls wird im Zeugnis die Überschrift „Ausweis über Entrattung" gestrichen, so daß es nunmehr das sogenannte „Befreiungsattest" ist.

Bescheinigung über Logis-, Wasch-, Bade- und Aborträume wird ebenfalls von der deutschen Hafengesundheitsbehörde ausgestellt. Nachuntersuchungen sind alle 3 Jahre vorgeschrieben.

Ausrüstungspapiere.

Bescheinigung über Arzneimittelausrüstung und Krankenräume wird von der deutschen Hafengesundheitsbehörde ausgestellt und ist ein Jahr lang gültig. Der Reeder muß die Arzneimittelausrüstung und die Krankenräume bei der Indienststellung und dann alle 12 Monate durch die inländische Gesundheitsbehörde nachprüfen lassen. Wenn das Schiff innerhalb von 12 Monaten keinen inländischen Hafen anläuft, muß der Kapitän die Ausrüstung im Einvernehmen mit dem Konsul prüfen lassen. Dieser muß die Bescheinigung gegenzeichnen. (Eintragung ins Schiffstagebuch s. S. 79.)

Ladegeschirrzeugnisse mit dazugehörigen Prüfbescheinigungen der Einzelteile werden von der SBG in deutscher und mit Unterschrift des GL von diesem in englischer Sprache ausgestellt. Sie gelten fünf Jahre lang und müssen dann nach Prüfung durch einen technischen Aufsichtsbeamten der SBG von dieser um 5 Jahre verlängert werden.

Ladegeschirrheft muß zur Zusammenfassung aller Bescheinigungen über das Ladegeschirr nach einem von der SBG vorgeschriebenen Vordruck geführt werden. Das Ladegeschirrzeugnis und die übrigen Prüfbescheinigungen sind darin einzuheften. Die gemäß UVV jährlichen Ladegeschirrprüfungen muß die Schiffsleitung in das Ladegeschirrheft eintragen.

Englisches Ladegeschirrheft muß unbedingt auf Schiffen der England-, Kanada- und Indienfahrt an Bord sein. In dieses werden die englischen Prüfbescheinigungen des GL eingeheftet. In Großbritannien wird verlangt, daß der GL *jährlich* im englischen Ladegeschirrheft eine Besichtigung bescheinigt.

Prüfscheine für Kompasse, Bootskompasse, Peilgeräte werden von dem DHI oder anderen Stellen ausgestellt, die von der SBG anerkannt sind. Die Bescheinigungen sind zwei Jahre lang gültig. Für eine Nachprüfung muß auch dann gesorgt werden, wenn nach Unfällen oder Instandsetzungsarbeiten die Voraussetzungen der letzten Prüfung nicht mehr gegeben sind.

Bescheinigung über das Kompensieren der Kompasse wird von einem von der SBG zugelassenen Kompensierer ausgestellt. Die Kompasse müssen regelmäßig alle 2 Jahre nachkompensiert werden, außerdem nach Umbauten oder sonstigen Arbeiten und auf jeden Fall nach elektrischen Schweißungen, ferner nach Unfällen, Blitzschlägen usw., die den magnetischen Zustand des Schiffes verändert haben, und nach einem Aufliegen von mehr als 3 Monaten. Auf See darf der Kapitän, der das Befähigungszeugnis A 6 besitzt, nachkompensieren. *Jede* Kompensierung ist in das Schiffstagebuch einzutragen.

Prüfscheine für Sextanten und Oktanten werden vom DHI oder anderen, von der SBG anerkannten Stellen ausgestellt. Nach 5 Jahren müssen die Sextanten und Oktanten nachgeprüft und darüber neue Prüfscheine ausgestellt werden. Auch Privatsextanten müssen geprüft sein.

Prüfscheine für Chronometer werden vom DHI ebenfalls auf Grund der UVV ausgestellt. Mindestens alle 3 Jahre sowie nach jeder größeren Havarie muß ein Chronometer von einem von der SBG anerkannten Chronometermacher überholt werden. Darüber wird ein besonderer *Begleitschein* ausgestellt, der ebenfalls an Bord aufzubewahren ist.

Prüfscheine für Barometer, ausgestellt vom DHI oder anerkannten Stellen. Die vorgeschriebenen Aneroidbarometer müssen alle 2 Jahre, Quecksilberbarometer alle 3 Jahre nachgeprüft werden.

Prüfscheine für Positionslaternen werden vom DHI ausgestellt und laufen nach 5 Jahren ab. Für alte Laternen, die vor dem 1. 1. 1945 erstmalig geprüft worden sind, gelten Ausnahmen. Positionslaternen sind solche, für deren Lichter Mindesttragweiten vorgeschrieben sind.

Prüfscheine für Anker, Ketten und Trossen werden von einem technischen Aufsichtsbeamten der SBG oder anderen anerkannten Stellen ausgestellt (meistens GL), und zwar auf Grund der Prüfungsvorschriften des GL. Ersatz ohne Attest darf nur in Notfällen an Bord genommen werden. Die Prüfscheine behält nach dem Kauf des Materials oft der Reeder im Büro.

Hebelarmkurven der statischen Stabilität müssen dem Kapitän von der Bauwerft vor der Aushändigung erläutert werden (vgl. UVV). Ferner werden mitgeliefert: Trimmblatt, Lastenmaßstab, Generalplan, Dockplan, Protokoll über den Werftkrängungsversuch. Der Reeder oder der Kapitän sollte für die eigenen Stabilitätsrechnungen außerdem anfordern: Schaulinienblatt und Pantokarenen (Querkurven).

Bootsschilder der SBG als Nachweis über die amtliche Vermessung der Boote. Das Übermalen der Schilder ist verboten.

Sicherheitsrolle muß auf allen Schiffen außerhalb der kleinen Küstenfahrt ausgehängt sein. Gemäß UVV muß sie vor Antritt jeder Reise aufgestellt werden. Über die Einrichtung bestehen keine genauen Vorschriften, doch sollten folgende Manöver mit allen Einzelheiten festgelegt sein: Bootsrolle, Mann über Bord, Feuerrolle einschließlich Feuerstoßtrupp, Verschlußrolle. Am günstigsten ist die einmalige Aufstellung mit Nummern, die auf die einzelnen Besatzungsmitglieder bei der Anmusterung verteilt werden.

Tagebücher für Schiff und Maschine usw. Einzelheiten s. S. 74ff.

Folgende Papiere werden von der Maschinenleitung aufbewahrt:

Kesselpapiere, ausgestellt vom Aufsichtsamt für Dampfkessel.

Bescheinigungen über die Prüfung von Druckluftbehältern, von Apparaten unter Druck und von Haupt- und Hilfsdampfleitungen, die vom GL bzw. von der SBG ausgestellt werden.

Die meisten der vorgenannten Papiere sind von der SBG vorgeschrieben. Wenn sie bei Abwesenheit des Kapitäns nicht greifbar sind, kann der Kapitän bestraft werden.

Ladungspapiere.

Chartervertrag, Konnossemente, Manifeste[1]*, Shipping Order, Mate's Receipt, Empfangsscheine, Revers* *s. S. 117ff.*

Stauungs- und Garnierungsattest wird durch einen vereidigten Ladungs- oder Lukenbesichtiger ausgestellt. Das Zeugnis soll das Schiff gegen den Vorwurf der Ladungsbeteiligten schützen, das Schiff sei nicht ladungstüchtig gewesen und die Ladung sei nicht ordnungsgemäß gestaut oder garniert worden. Besonders in der ausgehenden Nordamerikafahrt ist zu empfehlen, den Besichtiger vor Beginn des Ladens zu bestellen und von ihm vor allem das Stauen empfindlicher Güter überwachen zu lassen.

Lukenbesichtigungsbericht hat den gleichen Zweck. Besonders nach einer Havarie, von der das Schiff und/oder die Ladung betroffen ist, darf auf dieses Zeugnis nicht verzichtet werden (s. S. 159).

[1] Das Gesetz über die Statistik der Seeschiffahrt vom 26. Juli 1957 umfaßt die Seeschiffsbestandsstatistik, die Seemannsstatistik, die Seeverkehrsstatistik, die Seeunfallstatistik. Es schreibt dem Reeder bzw. dessen Vertreter bzw. dem Kapitän Meldungen über die ein- und ausgeschifften Fahrgäste und die ein- und ausgeladenen Güter vor.

Ladetankzertifikat für Süßölladungen wird vom GL oder im Auslande von einem anderen anerkannten Besichtiger ausgestellt.

Kühlraum-Zertifikat für Kühlraumladungen wird vom GL und vom Lloyd's Register of Shipping ausgestellt. Einige Schiffe haben beide Zertifikate. Diese laufen nach 6 Monaten ab. Außerdem ist eine Besichtigung vor Übernahme einer Kühlladung erforderlich.

Desinfektionsattest wird von manchen Hafenbehörden für bestimmte Ladungen (Lumpen, Papierabfälle, Federn usw.) verlangt. In den meisten Fällen wird dieses Papier vom Verlader beschafft und vom Konsul des Bestimmungslandes beglaubigt. Sodann wird es dem Empfänger zusammen mit den Dokumenten übersandt (s. S. 113). Das Schiff erhält eine Abschrift.

Ursprungszeugnis wird ebenfalls — wenn vorgeschrieben — vom Verlader beschafft. Die Industrie- und Handelskammern sind dafür zuständig. Sie bescheinigen entsprechend dem Handelsvertrag mit dem Einfuhrland, daß die exportierten Güter in Deutschland hergestellt sind. Manche Staaten schreiben vor, daß ihr Konsul das Zeugnis beglaubigt. Es wird dem Empfänger unmittelbar übersandt. Manchmal erhält das Schiff eine Abschrift.

Postsendungen-Verzeichnis erhält ein Post beförderndes Schiff von der anliefernden Postanstalt als Ladezettel. Diese werden für die verschiedenen Arten der Sendungen (Briefe, Einschreibbriefe, Pakete) getrennt mitgegeben, ebenso Auslieferungsbescheinigungen für jeden Anlaufhafen.

Trimmzertifikat dient der Kostenberechnung für das Trimmen von Kohlenladungen. Es wird in den Ostseehäfen und in Großbritannien manchmal verlangt. Im allgemeinen sind die Industrie- und Handelskammern für die Ausstellung zuständig, doch werden in den unter polnischer Kontrolle stehenden Häfen nur solche Trimmzertifikate anerkannt, die von einer polnischen Behörde ausgestellt sind.

Fahrgastpapiere.

Passagierlisten. In allen Ländern werden bei der Abfahrt Ausreiselisten und bei der Ankunft Einreiselisten mit genauen Angaben über die Fahrgäste verlangt, manchmal auch über solche Fahrgäste, die nicht gelandet werden sollen, sondern nach einem anderen Bestimmungsland fahren wollen (Transit-Passagierlisten). Vielfach müssen die Einreiselisten von dem Konsul des Bestimmungslandes beglaubigt sein. Die Form dieser Listen ist verschieden. Allgemein werden sie nach Fragebogen aufgestellt, die die Fahrgäste selbst ausfüllen. Die Angaben sollten an Hand der Reisepässe nachgeprüft werden, und zwar auch dann, wenn die Listen dem Schiff fertig mitgegeben werden. In der Bundesrepublik ist die Abgabe von Fahrgastlisten durch den Reeder bzw. dessen Vertreter bzw. durch den Kapitän gesetzlich vorgeschrieben[1].

[1] S. Fußn. S. 89.

Gesundheitspaß (Bill of Health) s. S. 93.

Krankenliste s. S. 93.

Reisepaß. Jeder Fahrgast muß bei Reiseantritt einen vom Konsul des Bestimmungslandes visierten gültigen Reisepaß besitzen. Dieser ist während der Reise von der Schiffsleitung zu verwahren. Oft wird ein Visum erst nach vorheriger Untersuchung und Impfung erteilt. Mit einigen Staaten hat die Bundesrepublik Fortfall des Visums vereinbart.

Gepäcklisten (Gepäckmanifeste) werden an Bord aufgestellt, auf großen Schiffen getrennt nach Hand- und Raumgepäck. Wegen einer reibungslosen Abfertigung müssen die einzelnen Stücke an Bord numeriert werden. Großen Fahrgastschiffen werden diese Listen fertig mitgegeben.

Automobil-Manifest. Dieses Papier wird von den Zollbehörden für die von den Fahrgästen mitgeführten Wagen verlangt. Falls keine Vordrucke dafür vorhanden sind, können solche nach folgendem Muster angefertigt werden: Schiffsname, Reederei, Name des Reisenden, Marke, Nummer und Gewicht des Wagens sowie Fabriknummer usw. auf Grund der Wagenpapiere, Einschiffungshafen, Abfahrtsdatum, Bestimmungshafen.

Geburts- und Sterberegister s. S. 45.

Besatzungspapiere.

Musterrolle (Ship's Articles) ist eine vom Seemannsamt ausgestellte Urkunde über die angemusterten Besatzungsmitglieder. Auch die in § 7 SG genannten sonstigen Arbeitnehmer an Bord (s. S. 33) werden in die Musterrolle eingetragen. Jugendliche sind besonders zu kennzeichnen. Bei Aufstellung der ersten Musterrolle müssen vorgelegt werden: Schiffszertifikat, Meßbrief, Fahrterlaubnisschein, Maschinen-Klassifikations-Zertifikat. Die Musterrolle wird vom Kapitän als dem einen und von jedem Schiffsmann als dem anderen Vertragspartner unterschrieben. Der Wechsel des Kapitäns, der nicht angemustert wird, wird in der Musterrolle vermerkt und ist vom Reeder der SBG zu melden. Zwei Jahre nach Aufstellung der Musterrolle kann beim Seemannsamt eine sogenannte Generalmusterung beantragt werden. Mit der dabei angefertigten neuen Musterrolle über den gegenwärtigen Besatzungsstand wird die alte Musterrolle ungültig. Bei jeder Musterung (An-, Ab- oder Ummusterung) ist dem Seemannsamt das Seefahrtbuch vorzulegen, von Patentinhabern außerdem bei jeder Anmusterung das Befähigungszeugnis. Wer an Land gearbeitet hatte, muß seine Versicherungskarte vorlegen. Wenn das Schiff länger als 48 Stunden in einem Hafen liegt, welcher Sitz eines deutschen Konsuls ist, muß zugleich mit der Schiffsanmeldung die Musterrolle dem Konsul vorgelegt werden. Im übrigen muß sich die Musterrolle stets an Bord befinden. Besatzungsmitglieder, die einem Schiff nachgeschickt werden oder sonst im Auslande an Bord gehen sollen, werden vielfach vor einem inländischen Seemannsamt angemustert, wenn an dem ausländischen Ort kein Konsul ansässig ist. Ihnen wird die Anmusterung im Seefahrtbuch beglaubigt und eine „Beilage zur Musterrolle" mitgegeben, die an Bord in die Musterrolle eingelegt wird.

Laut Gesetz ist seit 4. 7. 55 zwischen der Bundesrepublik und Belgien eine Vereinbarung in Kraft über gegenseitige Amtshilfe bei An- und Abmusterungen. Danach können z. B. in Belgien die Commissaires Maritimes (Wasserschouten), wenn die Bundesrepublik am Orte nicht durch einen Konsul vertreten ist, deutsche Seeleute in Gegenwart des Kapitäns oder eines bevollmächtigten Vertreters wie ein Seemannsamt an- oder abmustern. Das nächste Konsulat erhält darüber eine beglaubigte, zuvor vom Kapitän auszufüllende Meldung.

Über jede An-, Ab- und Ummusterung unterrichtet das Seemannsamt die SBG, damit diese die Seemannskartei wegen der Ansprüche aus der Sozialversicherung auf dem laufenden halten kann.

Seefahrtbuch ist der Ausweis des Schiffsmannes. Es dient auch als Reisepaßersatz[1] und muß als solcher vor der Durchreise durch manche Länder von dem betreffenden ausländischen Konsul visiert werden. Auch Grenzübertritte werden darin bescheinigt. Kapitäne, die keinen Reisepaß besitzen, können ebenfalls ein Seefahrtbuch erhalten.

Jede An- und Abmusterung wird vom Seemannsamt im Seefahrtbuch beglaubigt. Vor einer neuen Anmusterung muß die vorhergegangene Abmusterung im Seefahrtbuch beglaubigt sein. Nach der Anmusterung ist das Seefahrtbuch vom Kapitän aufzubewahren. Die Eintragungen über die Rang- und Dienstverhältnisse und die vom Seemannsamt beglaubigte Bescheinigung des Kapitäns im Seefahrtbuch über die Dienstzeit sind die Unterlagen für die Ansprüche des Schiffsmannes aus der Arbeiterrenten- oder Angestelltenrentenversicherung. Tariflichen Urlaub und die dafür vorgeschriebene Abführung der Sozialversicherungsbeiträge hat der Reeder im Seefahrtbuch zu bescheinigen und darüber die Seekasse mit einer „Ergänzung zur Meldung des Seemannsamtes" zu unterrichten. Der Inhaber eines Seefahrtbuches sollte alle Eintragungen in seinem eigenen Interesse genau kontrollieren.

Dem Seefahrtbuch ist in versiegeltem Umschlag die Gesundheitskarte des Seemanns beigegeben (s. S. 61). Auch die Zeugnisse über die Prüfung als Rettungsbootsmann und Feuerschutzmann sollten dem Seefahrtbuch angeheftet werden.

Heuerschein gemäß Heuervertrag ist die Grundlage des Heuerverhältnisses. Der Vertrag wird vor der seemännischen Heuerstelle (s. S. 103) oder mit dem Reeder unmittelbar geschlossen, und zwar gewöhnlich nur mündlich. Manche Reeder haben bei den Heuerstellen sogenannte Hauslisten. Über den Heuervertrag stellt die Heuerstelle einen *Heuerschein* aus, für gewöhnlich schickt sie zuvor aber den Schiffsmann zur Vorstellung mit einem Anweisungsschein an Bord, den der Kapitän oder dessen Vertreter gegenzeichnen soll. Für Schiffsoffiziere und

---

[1] Verordnung über Reiseausweise vom 12. 5. 56.

sonstige Angestellte, manchmal auch für andere Besatzungsmitglieder, stellt der Reeder im allgemeinen selbst den Heuerschein bzw. eine entsprechende Bescheinigung aus. Für den Heuerschein oder die entsprechende Bescheinigung schreibt § 24 SG einen bestimmten Inhalt vor. Ohne Heuerschein wird kein Besatzungsmitglied angemustert. Die Vertragsgrundlage sind das Seemannsgesetz, der Tarifvertrag und die Speiserolle. Danach kann der Schiffsmann Arbeiten für ein anderes Schiff außer in Fällen von Bergung oder Hilfeleistung verweigern. Ohne seine Einwilligung und ohne vorherige Abmusterung kann er nicht auf ein anderes Schiff versetzt werden.

Schiffsoffiziere und andere Angestellte des Reeders stehen in einem weitergehenden Arbeitsverhältnis. Nach Abmusterung können sie auf ein anderes Schiff versetzt werden (vgl. § 27 SG, s. S. 34).

Die gewerbliche Stellenvermittlung ist seit dem 1. 1. 1931 gesetzlich verboten[1].

Befähigungszeugnisse aller Art müssen bei der Anmusterung als Patentinhaber von diesen vorgelegt und dann stets an Bord mitgeführt werden.

Zeugnisse über die Prüfung als Rettungsbootsmann und Feuerschutzmann sind für Fahrgastschiffe vorgeschrieben (vgl. UVV).

Gesundheitspaß (Bill of Health). Dieser wird auf Antrag des Kapitäns von der zuständigen Behörde (Hafengesundheitsamt, Hafenbehörde, manchmal auch Zollbehörde) vor der Abfahrt ausgestellt. Er gilt nur von Hafen zu Hafen oder von Land zu Land und bescheinigt, daß die Besatzung und der Abgangshafen bei der Abfahrt frei von ansteckenden Krankheiten waren. Trotzdem werden z. B. in Deutschland alle Personen an Bord vom Quarantänearzt beim Einlaufen auf Pest, Cholera und Pocken untersucht, wenn das Schiff seit der Abfahrt aus einem gefährdeten Hafen weniger als 42 Tage unterwegs gewesen ist. Zu den gefährdeten Ländern gehören der nahe und mittlere Osten und einige ostasiatische Gebiete, so daß die Untersuchung z. B. immer dann stattfindet, wenn das Schiff den Suezkanal passiert hat.

Die europäischen und andere, dem Pariser Sanitätsabkommen beigetretene Staaten verlangen untereinander keinen Gesundheitspaß. Andere Länder verlangen dagegen für den Ausreisehafen und den letzten Abgangshafen je einen Gesundheitspaß, von denen manchmal der eine oder andere von dem Konsul des Anlaufstaates beglaubigt sein muß.

Krankenlisten. Über den Gesundheitszustand der Besatzung und der Fahrgäste muß diese Liste gegebenenfalls vom Schiffsarzt aufgestellt werden. Sie wird in manchen Ländern bei der Einklarierung verlangt. Sonstige Unterlagen über den Gesundheitszustand s. S. 75.

Mannschaftsliste (Crew List). Diese wird mit genauen Angaben in allen Häfen verlangt (Vergleich mit Seefahrtbüchern!). Vielfach muß

[1] Auch nach dem neuen Gesetz über Arbeitsvermittlung und Arbeitslosenversicherung vom 3. 4. 1957 unter Geld- oder Gefängnisstrafe gestellt.

die Liste vom ausländischen Konsul in Deutschland beglaubigt sein. Besonders in USA bestehen gegenwärtig strenge Vorschriften.

Landgangsbescheinigung, Landgangspaß. Während vielfach gewöhnliche Karten mit den Personalien für den Landgang erforderlich sind, werden in manchen Ländern regelrechte Personalausweise in der Sprache des Landes mit Lichtbild und Fingerabdrücken verlangt.

Geburts- und Sterberegister s. S. 45.

Zollpapiere.

Außer den bereits genannten Ausweispapieren über die Ladung und das Eigentum der Fahrgäste werden vielfach noch folgende Papiere verlangt:

Devisenliste (Money Declaration) über die an Bord befindlichen Devisen des Schiffes und aller Personen an Bord.

Eigentumsliste (Private Property List) über solche Gegenstände, deren zollfreie Einfuhr verboten ist (Tabak, Alkohol, Waffen, Fotoapparate, Feuerzeuge, Streichhölzer u. a.). Die Gegenstände müssen vor dem Einlaufen von der Schiffsleitung zum Teil unter Verschluß genommen werden. Meistens wird der Verschlußraum dann von der Zollbehörde versiegelt.

Inventarmanifest, Proviant- und Storelisten. In vielen Häfen verlangen die Zollbehörden eine genaue Aufstellung über das an Bord befindliche Inventar und die gesamte Ausrüstung mit Proviant und Material. Gegebenenfalls muß in den Listen vermerkt werden, ob die Gegenstände beispielsweise zu einem Viertel oder zur Hälfte verbraucht sind. Die wichtigsten Gegenstände werden nachstehend aufgezählt:

Deutsch	Englisch	Spanisch
Reserveanker	reserve anchors	anclas de repesto
Reserveketten für Ruder	reserve chains (for helm)	cadenas de repesto para timón
Segel	sails	velas
Sonnensegel	awnings	toldos
Lukenkleider	tarpaulins	encerados de escotilla
Ventilatorenbezüge	covers	fundas de ventiladores
Windsäcke	wind-sails	sacos ventiladores
Ladungspersenninge	tarpaulins (for cargo)	encerados p. carga
Lukenpersenninge	tarpaulins	encerados de escotilla
Segeltuch	canvas	lona
Persenningtuch	canvas (for tarpaulins)	lona p. encerados
Stahltrossen	wires, steel wires	cables de acero
Leinen	ropes	cordaje, cabos
Manilatauwerk	Manila-rope	cabos de abacá
Hanftauwerk	hemp-rope	cabos de cañamo
Bändsel, Schiemannsgarn usw.	housing, ropeyarn, twine	meollar, merlin, filástica etc.
Lotleinen	sounding lines	cuerda de sondalezas
Barometer	barometer	barómetro
Chronometer	chronometer	cronómetro
Kompasse	compasses	compases (agujas)

Deutsch	Englisch	Spanisch
Peilgeräte	apparatus for bearings	dorales
Sextanten	sextants	sextantes
Fernrohre	telescopes	telescopios
Nachtgläser	night-glasses	anteojos, prismáticos
Uhren	clocks and watches	relojes
Nebelhorn	fog-horn	bocina de niebla
Gong	gong	batintin
Sprachrohr	speaking-trumpet	portavoz
Handschellen	handcuffs	esposas
Patentlogge	patent-log	corredera de patente
Lotmaschine	sounding-machine	escandallo de patente
Lotdraht	wire for soundings	alambre de sondaleza
Glasrohre zum Loten	glass tubes for soundings	tubos químicos para sondar
Lloydsignale	Lloydsignals	señales de la Cia Lloyd
Blaulichter	blue lights	luces de bengala
Holmeslichter	lights (Holmes)	luces Holmes
Raketen	rockets	cohetes
Pulver	powder	pólvora
Schlagrohre	fusees	estopines
Kanonen	cannons, guns	cañónes
Geschosse	projectiles	proyectiles
„ Leinen	projectile lines (ropes)	cuerdas de proyectiles
„ „ (Manila)	projectile manila lines	cuerdas de proyectiles (abacá)
Revolver	revolver	revólveres
Patronen	cartridges	cartuchos
Kanonenschläge	exploding charges	truenos, cohetes de cañón
Rettungsgürtel	life belts	salvavidas, cinturón salvavidas
Rettungsbojen	life-buoys	boyas de salvamento, boyas salvavidas
Rauchhelm	smoke-helmet	yelmo
Brandschläuche	leather-hoses (for fire)	mangueras de incendio
Deckwaschschläuche	leather-hoses (for deck)	mangueras p. el baldéo
Schlauchspitzen aus Leder	leather hose points	boquillas de cuero p. mangueras
Schlauchspitzen aus Kupfer	copper hose points	boquillas de cobre p. mangueras
Handpumpe, transp.	hand-pump (transp.)	bomba de mano transportable
Saugerohr	suction-pipe	chupador
Brandeimer	fire pails	balde de incendio
Korkfender	fender, cork-fender	defensa de corcho
Kohlenballastschaufel	coal-shovel	pala para lastrar carbón
Seife	soap	jabón
Soda	soda	sosa, salsosa
Seifenlauge	lye	lejía
Putzsteine	bathbricks	ladrillos p. cuchillos
Twist	cotton waste	merma de algodón
Besen	brooms	escobas
Waschquäste	tassels, brushes	borlas p. lavar
Schrubbürsten	scrubbing brushes	cepillos duros
Pinsel	painting brushes	brochas
Schwämme	sponges	esponjas
Schleifstein	grindstone	amoladera

Deutsch	Englisch	Spanisch
Matten	strawmats, mats	esteras
Rohrstöcke	canes (rattan)	cañas de Indias
Stahlschraper	steel-scrapers	rasquetas de acero
Schrapmesser	scrapers	cuchillo p. rascar
Schmirgel- und Sandpapier	sand-paper	papel de lija, papel de esmeril
Rapper	old-canvas (wrapper)	lona vieja
Rosthammer	chipping hammer	martillo de picar moho
Putzpomade	polish (polishing pomatum)	tizas
Stahlbürsten	steelbrushes	cepillos de acero
Leder	leather	cuero
Eisendraht	iron wire	alambre de hierro
Kupferdraht	copper wire	alambre de cobre
Filz	felt	fieltro
Glas (Scheiben- und Fenster-)	glass (pane of glass and window-glass)	vidrios (ventanas)
Nägel, eiserne	iron nails	clavos (de hierro)
„ kupferne	copper nails	clavos (de cobre)
Schrauben, eiserne	iron screws	tornillos (de hierro)
„ kupferne	copper screws	tornillos (de cobre)
Pech	pitch	pez
Harz	resin	resina
Werg	oakum	estopa
Lukenkeile	hatchway-wedges	cuñas p. escotillas
Plankholz	boards	tablas de madera
Farben	paints	pinturas
Kreide	chalk	creta
Leinöl	linseed-oil	aceite de linaza
Sikkativ	siccativ	secador p. pinturas
Lack	lac	barniz
Kreolin	creoline	creolina
Teer	tar	brea
Tran	fish-oil	aceite de ballena
Talg	tallow	sebo
Terpentin	turpentine	trementina
Spiritus	spirit	alcohól, espíritu
Varnish	varnish	barniz
Zement	cement	cemento
Kupferplatten	copper plates	hojas de cobre
Rettungsboote	life-boats	botes salvavidas
Klappboote	folding boats	botes plegables
Photoapparate	photographical apparatus	máquinas fotográficas
Petroleum	petroleum	petróleo
Kitt	paste	pasta, masilla
Werkzeuge	tools	herramientas

Einklarieren. Hierzu kommen die Vertreter der Behörden an Bord, oder die Schiffsleitung muß die Behörden an Land aufsuchen. Über das Abliefern und Vorlegen von Papieren aller Art läßt sich kaum etwas Allgemeingültiges sagen. Die Vorschriften sind in den einzelnen Staaten sehr verschieden und werden außerdem von Zeit zu Zeit geändert. Die Schiffsleitung muß sich daher vor jeder Abfahrt beim Makler oder Konsul erkundigen, welche Unterlagen im nächsten Hafen verlangt werden und ob sich Vorschriften geändert haben. Im allgemeinen sind die Agenten und Makler genau unterrichtet und beschaffen von sich aus alle erforderlichen Papiere in der benötigten Stückzahl, gegebenenfalls mit Visum des Konsuls.

Zum Einklarieren werden die folgenden der vorgenannten Papiere immer benötigt:

Schiffsmeßbrief, Ausweis über Entrattung oder Befreiung hiervon, Zollmanifeste einschließlich Differenz- oder Disputemanifest, Passagierlisten mit den übrigen Unterlagen über Gepäck usw., Mannschaftsliste, Krankenliste, Postmanifest, Zollisten über Tabakwaren usw.

Je nach den Vorschriften weiterhin:

Konnossementskopien, Scheckbücher, Transitmanifest, Transit-Passagierliste, Desertiertenliste, Heimbefördertenliste, Überschmugglerliste, Gesundheitspaß, Devisenliste, Eigentumsliste, Inventarmanifest mit getrennter Liste über Arzneimittel, Landgangsausweise, Sicherheitszeugnis (auf Frachtschiffen Ausrüstungssicherheitszeugnis, Telegraphiefunksicherheitszeugnis), Proviant- und Storelisten.

Der Schiffsmeßbrief wird in manchen Häfen bis zum Auslaufen einbehalten und erst nach Bezahlung der Hafengebühren zusammen mit einem Passierschein über die Auslauferlaubnis wieder ausgehändigt.

Nach dem Einklarieren Konsulatsmeldung abgeben und bei längerem als 48stündigem Aufenthalt Musterrolle vorlegen.

Gesetze und Verordnungen, die an Bord sein müssen.

Seestraßenordnung mit Anhängen — Seeschiffahrtstraßenordnung — Seemannsgesetz — Tarifvertrag — Unfallverhütungsvorschriften der SBG — Strandungsordnung — Gesetz über die Verpflichtung zur Mitnahme hilfsbedürftiger Seeleute — Reichsversicherungsordnung (Seeunfallversicherungsgesetz) — Satzungen der SBG, der Seekasse und der See-Krankenkasse — Verordnung über die Beförderung gefährlicher Güter mit Seeschiffen — Schiffssicherheitsverordnung — Verordnung über die Sicherung der Seefahrt — Verordnung über die Krankenfürsorge auf Kauffahrteischiffen — Flaggenrechtsgesetz — Verordnung über die Führung und Behandlung des Schiffstagebuches — Hafenordnungen — Gesetz über die Beurkundung des Personenstandes — Verordnung über die Einrichtung von Auswandererschiffen — Gefahren der Kohlenladung — IV. Buch des Handelsgesetzbuches — Ferner: Allgemeine Deutsche Seeversicherungsbedingungen (ADS), York-Antwerp-Regeln (vgl. Kuhl, „Seerechtliche Gesetze und Verordnungen" sowie v. Laun-Lindenmaier, „Schiffahrtsrecht").

Bücher, die an Bord sein müssen.

Internationales Signalbuch — Funkverkehrsbuch — Seehandbücher in neuester Auflage und verbessert — Leuchtfeuerverzeichnisse in neuester Ausgabe und verbessert — Nautischer Funkdienst — (evtl.) Nautischer Funksprechdienst — Nautisches Jahrbuch — Nautische Tafeln — Gezeitentafeln — Azimuttafeln — Nachrichten für Seefahrer — Anweisung für die Handhabung der Hilfsmittel der technischen Navigation (Radar, Funkpeiler, Kreiselkompaß, Echolot, Fahrtmesser usw.) — Anleitung zur Gesundheitspflege.

9. Zollvorschriften.

Die Zollgrenze wird durch die jeweilige Strandlinie bestimmt. In Buchten und Flußmündungen reicht sie jedoch von Landspitze zu Landspitze (vgl. Seehandbücher). Auch im sogenannten Zollgrenzbezirk, der im allgemeinen 15 km weit ins Zollinland reicht, ist die Zollbehörde zur Kontrolle berechtigt. Zum Zollgebiet gehören nicht die Freihäfen Emden, Bremen, Bremerhaven, Hamburg und Kiel. Die übrigen Häfen sind sogenannte Seezollhäfen. Diese und die Zufahrtwege zu allen Häfen sind Zollstraßen und damit Zollinland.

Zollbares Zollgut darf nur auf einer Zollstraße über die Zollgrenze gebracht und nur an erlaubten Stellen ein- oder ausgeladen werden. Außer in den unten genannten Ausnahmefällen muß jedes Fahrzeug, das einen Zollansageposten passiert, unaufgefordert anhalten und sich zur Abfertigung anmelden (Schallsignal — • — • — •; außerdem Flaggensignal bzw. Morsesignal EHC). Wenn das Fahrzeug keine Zollbegleitung erhält, findet „Schiffsverschluß" statt. Im Seezollhafen (Zollinland, nicht Freihafen) muß der Schiffsführer die Papiere beim Zollamt abliefern und die Zollabfertigung beantragen. Ohne Erlaubnis des Zollamtes darf kein Verkehr mit dem Lande stattfinden.

Zollansageposten befinden sich auf Fahrzeugen oder an Land: Emswachtschiff; Weserwachtschiff bei Blexen; Elbewachtschiffe bei Cuxhaven; Zollansageposten Laboe mit Zollkreuzer; Zollansageposten Travemünde. Sie sind durch die Bundesdienstflagge und die grüne Zollflagge gekennzeichnet, bei Nacht durch vier grüne Lichter senkrecht übereinander (Fahrzeuge zusätzlich zu den Positionslichtern). Die Aufforderung zum Anhalten wird durch einen weißen Stander mit der Aufschrift „Zoll" über der grünen Zollflagge und durch das Pfeifensignal „lang kurz" gegeben, nachts durch mehrfaches Blinken mit den grünen Zusatzlichtern und durch das Schallsignal.

Ausnahmen. Von der Anmeldung bei einem Zollansageposten sind alle Fahrzeuge befreit, die auf einer Zollstraße mit einem Lotsen fahren, oder einen besonderen Zulassungsschein des Hauptzollamtes haben. See- und Flußlotsen sind auf Zolltreue verpflichtet. Diese Fahrzeuge müssen auf der Fahrt von der Zollgrenze bis zum Bestimmungshafen bzw. bis zur Freihafengrenze oder umgekehrt folgendermaßen bezeichnet sein:

Der 2. Hilfsstander des Internationalen Signalbuches unter der Nationalflagge; nachts das grüne Zollicht über dem Hecklicht, sichtbar von recht achteraus 5 bis 6 Strich nach beiden Seiten, Mindesttragweite 1 sm.

Befreit sind auch solche Fahrzeuge, die keine auf Zolltreue verpflichtete Person an Bord haben oder die nicht bei einem Zollansageposten abgefertigt werden können, z. B. wegen Wetterlage oder weil der Posten eingezogen ist. Sie sind folgendermaßen zu bezeichnen:

Der 3. Hilfsstander des Internationalen Signalbuches unter der Nationalflagge; nachts das grüne Zollicht unter dem Hecklicht. Diese Fahrzeuge müssen melden:

Einlaufend dem Zollansageposten Schiffsnamen, Heimat- und Bestimmungshafen;

auslaufend aus Freihafen an dessen Grenze der Grenzzollstelle Schiffsnamen, Heimathafen und den zuständigen Zollansageposten (in Bremen z. B. „Blexen" oder „auslaufend nach See");

auslaufend aus Seezollhafen muß das Schiff zollabgefertigt sein.

Zollbegleitschein. Wenn ein Zollbeteiligter Zollgut innerhalb der Zollgrenzen oder auch von einem Seezollhafen zum anderen befördern will, benötigt er dafür einen Zollbegleitschein. Er ist verpflichtet, das Zollgut an der anderen Stelle „wiederzugestellen". Der Zollbegleitschein ist eine öffentliche Urkunde. Er darf nicht von den Gütern getrennt werden. Der Zollbegleitscheinnehmer ist haftbar.

10. Wichtige Behörden und Einrichtungen.

(Alphabetisch geordnet.)

Admiralty Division, auch *Admiralty Court* genannt, ist eine Abteilung für bestimmte Seerechtssachen des High Court of Justice, London, Probate, Divorce and Admiralty Division, gegründet 1857. Bedeutungsvoll für Kollisionsprozesse. Verfahren: Es wird nur englisches Recht angewandt und weitgehend nach Präzedenzfällen geurteilt (Common Law). Der Prozeß wird durch einen Solicitor vorbereitet, der alle Unterlagen beschafft, die Zeugen vorbereitet und dem Gegner einen „Writ" zustellt (Aufforderung zur Verteidigung). Zur Vermeidung eines „Warrant of Arrest" werden gerichtlich von beiden Seiten Garantien gefordert. Zur Verhandlung übergeben beide Solicitors ihr Material vortragenden Anwälten, den Queen's Counsel. Diese nehmen die Zeugen an Hand aller Unterlagen ins Kreuzverhör. Außer Tagebuchauszug usw. kann das Vorlegen weiterer Schriftstücke angeordnet werden (!). Der Lordrichter, der bei nautischen Fragen von zwei Beisitzern beraten wird, greift nur selten in die Verhandlung ein und fällt unmittelbar nach deren Ende das Urteil über die Schuldfrage, gegebenenfalls über den Schuldanteil jeder Partei. In einem zweiten Verfahren wird die Höhe des Schadenersatzes festgelegt und in einem dritten die Kosten des Prozesses. Richter und Counsel tragen Talar und Perücke. Erste Berufungsinstanz: Court of Appeal, letzte Instanz: House of Lords.

Arbeitsamt untersteht der Bundesanstalt für Arbeitsvermittlung und Arbeitslosenversicherung, Nürnberg. Es vermittelt Arbeit, nimmt Arbeitslosenmeldungen entgegen und zahlt Arbeitslosengeld bzw. Arbeitslosenhilfe aus. Übergeordnet ist das Landesarbeitsamt (s. S. 57).

Arbeitsgericht, neben dem Tarifschiedsgericht zuständig für Streit aus dem Arbeitsverhältnis (s. S. 48).

Arbeitsschutzbehörde hat den Arbeitschutz auf Grund des SG zu überwachen (s. Fußnote S. 33).

Bundesamt für Auswanderung, Koblenz, Am Rhein 12. Das Auswanderungsgesetz von 1897 ist noch in Kraft, aber veraltet. Neu ist aber die Verordnung über die Einrichtung von Auswandererschiffen vom 21. 12. 1956. Auswandererschiffe sind Schiffe, die außer Kajütspassagieren mindestens 25 Reisende nach außereuropäischen Häfen befördern. Als Kajütspassagiere gelten Reisende, die in Räumen befördert werden, in denen regelmäßig höchstens 4 Personen untergebracht sind mit mehr als 3,5 cbm Luftraum pro Person. Deutsche Auswandererschiffe gibt es gegenwärtig nicht, und vor allem sind die Sicherheitsvorschriften durch den Schiffssicherheitsvertrag überholt. Das Bundesamt für Auswanderung untersteht dem Bundesinnenminister. Es arbeitet mit dem Intergovernmental Committee for European Migration, Genf (ICEM), zusammen, ebenso mit den Auswanderungsberatungsstellen und den Auswanderungskommissaren der Länderregierungen. In gemeinsamer Arbeit werden die entsprechenden Schiffe gechartert — gegenwärtig nur ausländische —, die Auswanderer beraten, die Abfahrten geregelt und die Auswanderer auf die Schiffe verteilt. Für die Beförderung der mittellosen Auswanderer zahlen die der ICEM angeschlossenen Staaten Zuschüsse.

Bundesamt für Schiffsvermessung, Hamburg 4, Bernhard-Nocht-Str. 78. Ihm untersteht unmittelbar die Außenstelle Bremen als einzige ihrer Art. Das Amt erledigt die Vermessungsarbeiten an den Schiffen und stellt für diese die Meßbriefe aus (s. S. 82). Auf Wunsch der Reeder werden auch Inhaltsrechnungen von Tanks und Laderäumen durchgeführt. Meistens geschieht das allerdings durch die Bauwerft.

Bundespostministerium, Frankfurt. Ihm unterstehen die verschiedenen Oberpostdirektionen, u. a. auch das Fernmeldetechnische Zentralamt, Darmstadt. Diese stellen die „Genehmigungsurkunden" aus (s. S. 86). Die Oberpostdirektionen erteilen auch die Seefunkzeugnisse, nachdem sie die Prüfungen abgenommen haben.

Bundesverkehrsministerium, Abteilung Seeverkehr, Hamburg 4, Bernhard-Nocht-Str. 78, ist für alle Fragen der Seeschiffahrt zuständig, z. B.: Seeschiffahrtstraßenordnung; Seestraßenordnung; Schiffssicherheitsvertrag; Lotsenwesen; Oberaufsicht über SBG; Schiffsvermessung; DHI, Wetterdienst; Seeunfalluntersuchung; Seefahrtschulwesen; Ausbildungsfragen; Schiffsbesetzungsordnung; Soziale Gesetzgebung; Bearbeitung des Seemannsgesetzes; Auswanderungswesen; Finanzangelegenheiten wie Devisengenehmigungen und Wiederaufbaudarlehen; Mitarbeit beim Abschluß von Handelsverträgen.

Corporation of Lloyd's (Underwriters) ist eine 1871 eingetragene, tatsächlich aber eine über 200 Jahre alte, lose Vereinigung eines großen Teiles der englischen Versicherer (Underwriters), die außer der Seeversicherung auch alle anderen Versicherungszweige betreiben (nicht zu verwechseln mit Lloyd's Register, s. S. 104). Der Name ist auf Edward Lloyd zurückzuführen, der um 1700 in London ein Kaffeehaus führte und den damaligen Einzelversicherern Auskünfte über die Schiffe und deren Führer gab.

Bei einer Versicherung zeichnet nicht die Corporation, sondern jeder Versicherer für sich. Die Corporation wird durch das *Committee* of Lloyd's geleitet, das an allen wichtigen Plätzen durch einen *Lloyd's Agent* vertreten ist. Dieser berichtet dem Committee über alle in seinem Bereich vorkommenden Seeunfälle. Wenn man ihn bei solchen heranzieht, wird er nicht ohne weiteres auch Beauftragter der einzelnen Versicherer, so daß er in vielen Fällen einen anerkannten Besichtiger bestellen wird, z. B. Lloyd's Surveyor (s. S. 104). Auch deutsche Kapitäne können unter Umständen Lloyd's Agenturen mit ihren Fachleuten für Schiff und Ladung in Anspruch nehmen, wenn eigene Vertretungen nicht erreichbar sind (s. S. 158 u. S. 175). Das Committee gibt regelmäßig Veröffentlichungen für die interessierten Kreise heraus, z. B. Lloyd's List and Shipping Gazette (seit 1734) über Schiffsbewegungen usw. Auch sind Lloyd's Haverieformulare überall in der Welt anerkannt. Weltberühmt geworden ist vor allem Lloyd's Arbitration, das vom Committee of Lloyd's durchgeführte Schiedsverfahren bei Bergung und Hilfeleistung (s. S. 170).

Deutscher Nautischer Verein von 1868, Hamburg, Neuer Wall 86, ist der Zusammenschluß der örtlichen Nautischen Vereine (s. S. 104). Er beteiligt sich wirksam an der Förderung der Seeschiffahrt, insbesondere an den Entwürfen der einschlägigen Gesetze und Verordnungen. Zu diesem Zwecke unterhält er eine Reihe von sachverständig besetzten Arbeitsausschüssen.

Deutsches Hydrographisches Institut (DHI), Hamburg 4, Bernhard-Nocht-Str. 78, untersteht dem Bundesverkehrsministerium. Unterstellte Dienststellen in Brake, Bremen, Bremerhaven, Cuxhaven, Duisburg-Ruhrort, Emden, Flensburg, Hamburg, Heiligenhafen, Husum, Kiel-Holtenau, Lübeck, Wilhelmshaven. Die einzelnen Arbeitsgebiete sind auf folgende Abteilungen verteilt:

I. Nautische Veröffentlichungen; Seehandbücher; Nachrichten für Seefahrer; Nautischer Warndienst; Leuchtfeuerverzeichnisse; Nautischer Funkdienst.

II. Seekarten; Seekartenberichtigung.

III. Seevermessung mit Vermessungsschiffen und Wracksuchbooten.

IV. Meereskunde; Eisdienst; Erdmagnetismus; Meeres- und Gezeitenströme.

V. Gezeitentafeln; Windstau- und Sturmflutwarndienst; Nautisches Jahrbuch; Zeitdienst; Navigationsmethoden.

VI. Nautische Instrumente aller Art und deren Prüfung; Nautische Auskünfte; Prüfung der Positionslaternen.

VII. Bibliothek und Archiv.

Seit Jahrzehnten haben unsere Nautiker die Arbeit dieser Einrichtung, deren Vorgänger die Deutsche Seewarte war (1875—1946), durch freiwillige Mitarbeit unterstützt, indem sie laufend meteorologische und ozeanographische Beobachtungen, Verbesserungs- und Berichtigungsvorschläge für Hand- und Feuerbücher und Seekarten sowie Berichte über Häfen usw. eingesandt haben. Diese Mitarbeit ist auch weiterhin unentbehrlich.

Deutsches Seeschiedsgericht, Hamburg, setzt außergerichtlich Berge- und Hilfslöhne fest und bearbeitet in selteneren Fällen auch Kollisionssachen. Diese Einrichtung wurde 1913 durch die interessierten Reeder und Versicherer mit dem Sitz in Hamburg gegründet. Ein von diesen gebildeter Ausschuß stellt die Liste der Schiedsrichter und Beisitzer auf und bestimmt daraus den Vorsitzenden und die zwei Beisitzer, wenn die Parteien sich nicht auf bestimmte Schiedsrichter geeinigt haben. Näheres vgl. Bergung und Hilfeleistung (s. S. 170).

Deutscher Verein für Internationales Seerecht (Seerechtsverein), Hamburg, Neuer Wall 86. Der Verein, dessen Tätigkeit lange Zeit geruht hatte, wurde 1898 als Landesgruppe des Comité Maritime International, Brüssel, gegründet. Der Verein bezweckt die Mitarbeit an der Weiterentwicklung des internationalen Seerechts, dessen Vereinheitlichung angestrebt wird. An der bereits erreichten Schaffung eines einheitlichen Rechts über Schiffszusammenstoß, Bergung und Hilfeleistung, Konnossementsregeln u. a. war das Comité maßgeblich beteiligt.

Deutscher Wetterdienst, Zentralstelle Frankfurt. Ihm unterstehen die Wetterämter und das Seewetteramt Hamburg, Bernhard-Nocht-Str. 78, das den Seewetterdienst der früheren Seewarte weiterführt (Wettermeldungen vgl. N. F.). Dem Wetteramt Bremen unterstehen die Küsten-Wetterdienststellen Emden, Norderney, Bremerhaven und Cuxhaven und dem Wetteramt Schleswig die Küsten-Wetterdienststellen Husum, List, Flensburg, Kiel und Travemünde. Diese Stellen sind auch mit der Wetterberatung der Schiffe beauftragt.

Finanzamt bearbeitet sämtliche Steuerangelegenheiten. Während der Unternehmer auf Grund seiner Steuererklärung „veranlagt" wird, werden den Lohn- und Gehaltsempfängern die Steuern auf Grund der Steuerkarte und Lohnsteuertabellen vom Arbeitgeber abgezogen und an das Finanzamt abgeführt. In der Steuerkarte, die von der Gemeindebehörde des Wohnsitzes dem Steuerpflichtigen ausgehändigt wird, ist die zutreffende Steuerklasse verzeichnet (s. S. 48). Wegen Steuerermäßigung und Auskünften, z. B. über Lohnsteuerjahresausgleich, muß der Steuerpflichtige sich unmittelbar an das Finanzamt wenden.

Germanischer Lloyd (GL), Hamburg 1, Neuer Wall 86. Schiffs- und Maschineninspektionen in Emden, Bremen, Bremerhaven, Hamburg, Kiel und Lübeck. Besichtiger für Schiff, teilweise auch für Maschine, in Cuxhaven, Brunsbüttelkoog und Flensburg, außerdem an verschiedenen Stellen im Binnenlande. Der GL, gegründet 1867, ist ein privates Unternehmen mit dem Zweck, Schiffe zu klassifizieren. Er ist technischer Beirat der SBG und genießt das Ansehen einer Behörde, da er nicht den Erwerb bezweckt. Er ist zuständig für:

Bauvorschriften für Schiff und Maschine; Materialprüfung; Genehmigung der Baupläne; Bauüberwachung; Berechnen des Freibords; Prüfung von Ankern, Ketten und Trossen und Erteilen der Atteste darüber; desgl. beim Ladegeschirr; Klassifikationszeugnisse; außerordentliche und periodische Besichtigungen; Bestätigung und Verlängerung der Klasse; jährliche Herausgabe eines Registers der klassifizierten Schiffe.

Der GL ist auch an bedeutenden ausländischen Plätzen durch Sachverständige vertreten. Eine Liste dieser Vertreter sollte sich an Bord befinden. Vergleiche Havarie (s. S. 158) und Seefähigkeitsattest usw. (s. S. 85).

Gesundheitsbehörde. Vergleiche Gesundheitspaß (s. S. 83).

Gewerkschaft Öffentliche Dienste, Transport und Verkehr, Sitz des Hauptvorstandes Stuttgart; ferner Deutsche Angestellten-Gewerkschaft, Berufsgruppe Schiffahrt, Hamburg. Diese beiden Gewerkschaften sind Vertreter der Arbeitnehmer in der deutschen Seeschiffahrt. Beim Abschluß eines Tarifvertrages sind sie Vertragspartner der durch den Verband Deutscher Reeder (s. S. 107) vertretenen Arbeitgeber.

Hafenkapitän. Er ist für alle Angelegenheiten im Hafen zuständig, insbesondere für den Schiffsmeldedienst, das Einklarieren, Zuweisen von Liegeplätzen, manchmal auch für das Einziehen der Hafengebühren, besonders aber für die Sicherheit im Hafen.

Heuerstellen[1] vermitteln den Seeleuten die Anmusterung, die ohne Heuerschein nicht möglich ist. Schiffsoffiziere werden im allgemeinen durch den Reeder unmittelbar angestellt, sie bedürfen aber ebenfalls eines Heuerscheins bzw. einer entsprechenden Bescheinigung des Reeders.

Jede Seemännische Heuerstelle untersteht dem örtlichen Verwaltungsausschuß, in dem die örtlichen Reedervereinigungen und die Gewerkschaften gleich stark vertreten sind (paritätisch). Ein unparteiischer Vorsitzender sorgt für Abstimmungsfähigkeit. Das gesamte Heuerstellenwesen wird von dem Seemännischen Verwaltungsrat für Heuerstellen, Hamburg, Neuer Wall 86, beaufsichtigt. Dieser setzt sich ebenfalls paritätisch zusammen, und zwar aus je vier Vertretern der Arbeitnehmer (Gewerkschaftsvertreter) und der Arbeitgeber (Verband Deutscher Reeder, Küstenschifferverband, Fischerei). Ein Unparteiischer aus der Justiz hat den Vorsitz und gewährleistet Abstimmungsfähigkeit. Der Seemännische Verwaltungsrat erläßt Grundsätze für die Verfassung, Verwaltung und Geschäftsführung der seemännischen Heuerstellen. Die Grundsätze bedürfen der Genehmigung der Bundesanstalt für Arbeitsvermittlung und Arbeitslosenversicherung (s. S. 99).

Ein Verwaltungsausschuß kann Unwürdige aus der Seeschiffahrt entfernen. Einspruchsrecht beim Verwaltungsrat. Über Verbot gewerbsmäßiger Stellenvermittlung s. Fußnote S. 93.

International Law Association, London, ist eine vorwiegend unter englischem Einfluß stehende Vereinigung von Juristen. Sie bezweckt das Vereinheitlichen von Gesetzen auf allen Gebieten. An der Schaffung der York-Antwerp-Regeln war sie maßgeblich beteiligt. Mit dem Vereinheitlichen des Seerechts befaßt sich heute das Comité Maritime International, Brüssel (vgl. Seerechtsverein, s. S. 102).

---

[1] Errichtet auf Grund der Verordnung über seemännische Heuerstellen vom 8. 11. 1924, mit Änderungen vom 20. 9. 1927.

Konsulate. Diese werden von einem Generalkonsul, Konsul oder Vizekonsul geleitet. Sie schützen das Interesse des Staates und seiner Bürger, insbesondere das des Handels, des Verkehrs und der Schiffahrt. Der Konsul nimmt die Verklarung auf und beurkundet sonstige öffentliche Erklärungen, z. B. Proteste gegen Verlader und Empfänger. Er ist der Ratgeber und Helfer des Kapitäns in allen juristischen und kaufmännischen Fragen, besonders bei Havarie von Schiff und/oder Ladung (s. S. 156 ff.). Die Konsulate sind zugleich Seemannsämter. Beim Einlaufen muß das Schiff beim Konsulat angemeldet werden (vorgedruckte Meldekarten beschaffen!). Bei über 48stündigem Aufenthalt muß bei der Meldung die Musterrolle vorgelegt werden.

Landgericht (LG) Kammer für Handelssachen, ist bei Streitwerten über 1000 DM zuständig, z. B. auch für privaten Seerechtsstreit wie Kollisionsprozesse und Ladungsangelegenheiten. Es besteht Anwaltszwang. Die Kammer tagt mit einem Richter des LG, meistens einem Landgerichtsdirektor als Vorsitzender und zwei Kaufleuten als Handelsrichter. Berufungsinstanz ist das Oberlandesgericht (OLG), dessen zuständiger Senat nur aus Volljuristen besteht, nämlich aus dem Senatspräsidenten und zwei Richtern. Gegen das Urteil des OLG kann beim Bundesgerichtshof, Karlsruhe, Revision beantragt werden. Diese kann verworfen werden oder bei Verletzung der Rechtsnorm zur Zurückverweisung an das OLG führen.

Lloyd's Register of Shipping, London, ist eine Vereinigung von Reedern, Werften und Versicherern mit dem Zwecke, Schiffe zu klassifizieren und zu registrieren (vgl. Germ. Lloyd). Nur der Name ist wie der von Corporation of Lloyd's auf Edward Lloyd zurückzuführen. Heute ist sie mit dem British Corporation Register vereinigt. Das erste Register des Vorläufers dieser Gesellschaft ist 1760 erschienen. Später gab es mit einer Konkurrenzvereinigung der unzufriedenen Reeder lange Machtkämpfe, die erst 1834 durch Mitwirkung der Lloyd's Underwriters beigelegt wurden, nachdem 1824 das Pariser Bureau Veritas gegründet worden war. Das heutige Register enthält Namen und Einzelheiten von mehr als 30000 Schiffen über 100 BRT, auch wenn sie bei anderen Gesellschaften klassifiziert und registriert sind. Die Gesellschaft ist an fast allen Seeplätzen der Welt durch Lloyd's Surveyor vertreten (nicht zu verwechseln mit Lloyd's Agent).

Nautische Vereine bezwecken die Zusammenarbeit aller an der Seeschiffahrt interessierten Kreise: Reeder, Nautiker, Makler, Spediteure, Juristen, Seefahrtlehrer usw. Sie halten belehrende Vorträge ab. Aus den vielseitigen Erfahrungen ihrer Mitarbeiter nehmen sie Stellung zu wichtigen Fragen der Schiffahrt und tragen viel zur harmonischen Zusammenarbeit aller Schiffahrtskreise bei.

Nautische Vereine bestehen in Bremen, Bremerhaven, Emden, Hamburg, Kiel, Lübeck, an der Unterweser (Brake, Nordenham, Elsfleth). Die Nautischen Vereine sind im Deutschen Nautischen Verein von 1868 zusammengeschlossen (s. S. 101).

Polizei, Wasserschutzpolizei. Die Schiffsleitung bekommt in Deutschland hauptsächlich mit der Wasserschutzpolizei zu tun, einer Landesbehörde, deren Beamten jederzeit Zutritt zum Schiff zu gewähren ist. Die Fahrzeuge der Wasserschutzpolizei führen nicht die Bundesdienstflagge. Nachts sind sie durch ein zusätzliches blaues Licht gekennzeichnet. Das Signal „lang kurz" ist die Aufforderung zum Anhalten. Nach dem Polizeigesetz hat die Polizei die notwendigen Maßnahmen zu treffen, um von der Einzelperson und der Allgemeinheit Gefahren abzuwenden, welche die öffentliche Sicherheit und Ordnung bedrohen. Aus dieser und verschiedenen anderen Rechtsgrundlagen ergeben sich folgende Hauptaufgaben: Überwachung der Sicherheit in den Häfen, auf den Schiffahrtstraßen und innerhalb der Hoheitsgewässer (SSO, SSchSO, SSV, Freibordverordnung, UVV usw.), Amtshilfe für Seeämter und Gerichte, also Meldung von Seeunfällen, Personenunfällen und Erforschen strafbarer Handlungen (s. S. 28); Überwachung der Besatzungsvorschriften, des Flaggenrechts, der Schiffsausrüstung mit Laternen usw.; Paßnachschau und Ausgabe von Landgangsausweisen an ausländische Schiffsbesatzungen; Amtshilfe für die Zoll-, Schiffahrts- und Hafenbehörden.

Protecting and Indemnity Clubs *(P & I Clubs)* s. S. 180.

Schiffahrtkonferenzen sind Zusammenschlüsse von Reedern, welche dieselbe Linie (Relation) befahren. Sie regeln die Abfahrten und setzen in den Konferenzverträgen einheitliche Bedingungen fest, vor allem die Frachtsätze für die verschiedenen Güter, und zwar getrennt nach Raum- und Gewichtsraten, wobei das jeweils höhere Ergebnis als Fracht zu berechnen ist. Gegenwärtig gibt es über 150 verschiedene Konferenzen. An manchen von diesen beteiligen sich auch deutsche Reeder. Die bekannteste Schiffahrtkonferenz ist die Baltic and International Maritime Conference, Kopenhagen, die allerdings mit den Linienkonferenzen nichts zu tun hat, sondern sich mit allen Angelegenheiten der Trampfahrt befaßt (s. S. 124ff.).

Schiffsmakler sind die Vermittler zwischen den Reedern und den Ladungsbeteiligten. Sie betreiben die Werbung und buchen in der Linienfahrt Ladungen. In dieser Tätigkeit sind sie Agenten der Reederei und erhalten Provisionen. Ferner vermitteln sie gegen eine Courtage den Abschluß von Charterverträgen in der Trampfahrt, stellen die Ladungspapiere aus, berechnen und kassieren die Frachten, klarieren die Schiffe ein und aus, bestellen Lotsen, Schlepper und Stauer und legen die Kosten dafür aus. Dem Kapitän sind sie Ratgeber und Helfer in allen Angelegenheiten des Frachtgeschäftes und auf den sonstigen Gebieten der Schiffahrt.

Schiffsregisterbehörden sind zuständig für das vorgeschriebene Anmelden und Eintragen in das Seeschiffsregister (s. S. 83). Sie sind den örtlichen Amtsgerichten angegliedert. Sie erteilen den Schiffen durch das Schiffszertifikat oder das Flaggenzeugnis das Recht und die Verpflichtung zum Führen der Bundesflagge.

Schutzverein Deutscher Rheder (German Shipowners Defence Association), Hamburg. Der Verein unterstützt seine Mitglieder bei der Beilegung von Streitigkeiten, welche sich aus Frachtverträgen, Versicherungsverträgen, Verlust oder Beschädigung der Ladung, Havarie-grosse-Ansprüchen usw. ergeben. Zu diesem Zwecke verfügt er an den bedeutendsten europäischen Plätzen über Anwälte und außerdem über Vertrauensmakler, wo die Mitglieder kostenlos Rat und Unterstützung holen können (Liste mit Anschrift der Vertreter sollte sich an Bord befinden). In Streitfällen, deren Klärung von grundsätzlicher Bedeutung und von allgemeinem Interesse ist (test case), übernimmt der Verein auch die Prozeßführung und deren Kosten.

Die Mitgliedsreeder gehören dem Verein mit den angemeldeten Schiffen an. Der überwiegende Teil sind Trampschiffe, doch sind auch Linienschiffe eingetragen. Grundsätzliche Ratschläge über die Ausführung von Charterverträgen hat der Verein in den „25 Goldenen Regeln" gegeben (s. S. 145).

Seeamt ist eine Spruchbehörde zur Untersuchung von Seeunfällen (s. S. 27). In der Bundesrepublik bestehen Seeämter in Emden, Bremerhaven, Hamburg, Flensburg und Lübeck. Einzige Berufungsinstanz ist das Bundesoberseeamt (BOS) in Hamburg im Hause des Oberlandesgerichtes am Sievekingplatz. Es hat eine Zweiggeschäftsstelle in Bremerhaven im Hause des dortigen Seeamtes. Dort wird in der Regel über Berufungen gegen Sprüche der Seeämter Emden und Bremerhaven verhandelt. Der Vorsitzende und die ständigen Beisitzer des Bundesoberseeamtes sowie die Bundesbeauftragten der Seeämter werden vom Bundesverkehrsminister ernannt.

See-Berufsgenossenschaft (SBG), Hamburg 11, Zippelhaus 5, ist eine Körperschaft des öffentlichen Rechts. Sie ist in folgende Bezirksverwaltungen eingeteilt: I Emden; II Bremen mit Nebenstelle in Bremerhaven; III Hamburg; IV Kiel. An anderen deutschen Plätzen von Bedeutung ist die SBG durch technische Aufsichtsbeamte vertreten. Der ursprüngliche Zweck und die heutige Hauptaufgabe der SBG ist wie bei den übrigen Berufsgenossenschaften die Unfallversicherung der Arbeitnehmer (s. S. 52). Besonders wichtig dafür ist die Herausgabe und die Überwachung der Unfallverhütungsvorschriften als vorbeugender Unfallschutz.

Der SBG ist die Seekasse mit ihrer Abteilung Seekrankenkasse angeschlossen als Trägerin der Rentenversicherung und der Krankenversicherung (s. S. 50). Für diese Zwecke führt die SBG die Seemannskartei mit lückenlosen Nachweisen über den Werdegang jedes Seemannes. Die Unterlagen dafür liefern die Seemannsämter bei jeder An- und Abmusterung.

Die SBG ist von der Bundesregierung mit der Überwachung der Sicherheitsvorschriften[1] und der Erteilung der entsprechenden Zeug-

---

[1] Rechtsgrundlagen: Gesetz über die Aufgaben des Bundes auf dem Gebiet der Seeschiffahrt vom 22. 11. 50. Verordnung über den Freibord der Kauffahrteischiffe vom 26. 12. 32; Verordnung über die Sicherheitseinrichtungen für Fahrgast- und Frachtschiffe vom 31. 5. 55; Verordnung über die Funkausrüstung und den Sicherheitsfunkwachdienst der Schiffe vom 9. 9. 55.

nisse beauftragt (vgl. Fahrterlaubnisschein, Sicherheitszeugnis, Freibordzeugnis u. a., s. S. 84 ff.).

Seemannsamt ist eine von der Landesregierung eingerichtete Behörde mit folgenden Aufgaben:

An- und Abmusterungen, Ausfertigen der Seefahrtbücher und der Musterrolle (s. S. 91); Beglaubigungen der Eintragungen des Kapitäns über Abmusterungen im Seefahrtbuch; Überwachung der Einhaltung des Seemannsgesetzes und Fürsorge für den Schiffsmann auf Grund des SG und des Tarifvertrages u. a. (s. S. 33 ff.); Schlichten von Streit zwischen dem Kapitän und dem Schiffsmann, unter Umständen Verhängung von Geldbußen wegen Ordnungswidrigkeiten (s. S. 45); Bearbeitung von Beschwerden (s. S. 42); Mitwirken bei der Unfallverhütung durch Anzeige an die SBG und Mitarbeit bei der Untersuchung von Seeunfällen (bei erheblichen Personenunfällen); Untersuchung von Besatzungsunfällen auf Grund der Reichsversicherungsordnung (Seemannsamt muß Abschrift der Unfallmeldung erhalten, s. S. 45); Vertretung der Seekasse der SBG, nämlich Weitergabe von Unterlagen für die Sozialversicherung, Auskunft usw.; Überwachung der Besetzung der Schiffe auf Grund der Schiffsbesetzungsordnung für Patentinhaber und Bemannungsrichtlinien der SBG für die Mannschaft.

Im Auslande erfüllen die Konsulate die Aufgaben der Seemannsämter.

Sozialgerichte, ferner Landessozialgerichte und das Bundessozialgericht, sind u. a. zuständig für Streit wegen der Sozialversicherung zwischen den Versicherten und den Versicherungsträgern. Es handelt sich im wesentlichen um die Aufgaben, die früher von den Versicherungsämtern und den Oberinstanzen wahrgenommen wurden. Seit Schaffung der Sozialgerichte werden Streitfälle ausschließlich juristisch behandelt.

Strandämter sind von den deutschen Ländern an einer Reihe von Küstenorten eingerichtet. Ihnen unterstehen die Strandvögte. Der Vorsitzende eines Strandamtes ist der Strandhauptmann. Die Strandämter sind zuständig bei Seenot in Strandnähe, bei Bergung von besitzlosen Gegenständen, die dem Strandvogt bzw. den Strandämtern zur Verfügung gestellt werden *müssen* (auch wenn sie auf hoher See geborgen wurden), ferner für das Festsetzen von Berge- oder Hilfslöhnen (s. S. 169). Bei Strandung in Strandnähe muß der Strandvogt für Hilfeleistung sorgen und verlassene Schiffe oder angetriebene Gegenstände sicherstellen. Gegen den Willen des Kapitäns dürfen keine Maßnahmen ergriffen werden. Bei Bergung muß der Strandvogt alle Schiffs- und Ladungspapiere an sich nehmen, das Tagebuch mit Datum und Unterschrift abschließen und dann alle Papiere dem Reeder oder dem Kapitän zurückgeben.

Tarifschiedsgericht für die deutsche Seeschiffahrt s. S. 48.

Verband Deutscher Reeder e. V., Hamburg, Neuer Wall 86. Ihm gehören die Reeder mit Ausnahme der Küstenschiffer an, die in einem eigenen Verband zusammengeschlossen sind. Der Verband vertritt die Gesamtheit der Reeder in allen wirtschaftspolitischen und sozialpolitischen Fragen. Die örtlichen Reedervereinigungen stehen mit ihm nur in einem losen Zusammenhang.

Verein zur Förderung des seemännischen Nachwuchses e. V., Bremen, Kohlhökerstraße 37. Der Name gibt Auskunft über Zweck und Ziele des Vereins. Er leistet wichtige Mitarbeit bei allen Ausbildungsfragen und der Schaffung der gesetzlichen Grundlagen dafür (s. S. 62). Mitglieder sind die Bundesrepublik, die Küstenländer Schleswig-Holstein, Hamburg, Bremen und Niedersachsen sowie die Verbände der Reeder und der Gewerkschaften.

Verein Hamburger Assecuradeure und **Verein Bremer Seeversicherer** sind Zusammenschlüsse der in Hamburg und Bremen ansässigen Seeversicherer. Diese sind entweder selbst Versicherer oder vertreten eine oder mehrere große Versicherungsgesellschaften, von denen sie zum Abschluß von Versicherungsverträgen bevollmächtigt sind. Näheres s. S. 173ff.

Versicherungsmakler vermitteln den Abschluß von Versicherungsverträgen über Schiffe und Güter zwischen dem Versicherungsnehmer und der Vielzahl der Versicherer. Sie kassieren die Prämien, verteilen diese auf die Versicherer und ziehen umgekehrt von diesen bei Ersatzpflicht die Anteile am Schadenersatz ein.

Wasser- und Schiffahrtsdirektionen unterstehen dem Bundesverkehrsminister unmittelbar, jedoch dessen Abteilung Seeverkehr in Hamburg (s. S. 100), soweit es sich um die Belange der Seeschiffahrt handelt. Die Küstendirektionen befinden sich in Aurich, Bremen, Hamburg und Kiel. Ihnen unterstehen mehrere Wasser- und Schiffahrtsämter sowie die Strom- und Schiffahrtspolizei (nicht zu verwechseln mit Wasserschutzpolizei). Die Direktionen und unterstellten Dienststellen sind u. a. zuständig für den Ausbau, die Überwachung und Instandhaltung der Seeschiffahrtstraßen, für die Betonnung und Befeuerung und für das Lotsenwesen, für das Ausstellen von Flaggenscheinen, für Devisengenehmigungen usw.

Wasserschutzpolizei s. Polizei, S. 104.

Zollbehörde s. Zollvorschriften, S. 98.

11. Verklarung und Seeprotest.

Die Verklarung dient in erster Linie als Beweisunterlage bei der Verteidigung gegen privatrechtliche Ansprüche. Sie soll vor allem die See- und Ladungstüchtigkeit gegenüber den Ladungsbeteiligten und Versicherern nachweisen und darlegen, daß etwaige Schäden nicht auf falsche oder fahrlässige Handlungsweise der Schiffsleitung zurückzuführen sind. Der Kapitän *muß* eine Verklarung über alle Unfälle ablegen, von denen das Schiff und/oder die Ladung betroffen worden sind. Er kann auch eine vorläufige Verklarung über vermutete Schäden ablegen und sie später durch eine Nachverklarung ergänzen. Bei Personenschäden ist keine Verklarung vorgeschrieben, aber in schweren Fällen zu empfehlen. Nach deutschem Recht *muß* die Verklarung vor dem deutschen Gericht — meistens Registergericht — und im Auslande vor dem deutschen Konsul abgelegt werden, sobald dazu Gelegenheit ist. Im Auslande kann damit gewartet werden, wenn in wenigen Tagen mit der Ankunft in einem deutschen Hafen gerechnet werden kann. Da nach der Verordnung zur Vereinfachung der Verklarung v. 16. 8. 44 die vorgeschriebene eidesstattliche Erklärung auch vor einem Notar abgelegt werden kann, kann dieser auch die ganze Verklarung abnehmen und die Unterlagen dann dem zuständigen Gericht übergeben.

Das Mitwirken von Personen der Schiffsbesatzung und das Beschwören sind nicht mehr erforderlich. Folgende Unterlagen werden verlangt: Verklarungsbericht (vierfach) über Reiseverlauf und mit ausführlicher Darstellung des Unfalls und der getroffenen Maßnahmen; eidesstattliche Erklärung über die Vollständigkeit und Richtigkeit; beglaubigte Auszüge aus Schiffs- und Maschinentagebuch über die Zeit des Unfallablaufs. Die Auszüge müssen genau mit den Originalen übereinstimmen. (also Tagebücher mitnehmen, so daß das Beglaubigen an Ort und Stelle geschehen kann und ein besonderer Arbeitsgang erspart wird!); Besatzungsliste. Zur weiteren Aufklärung des Falles kann der Richter aber auch Personen der Besatzung vernehmen. Das geschieht hin und wieder auf Antrag der Beteiligten.

Die Verklarung ist gebührenpflichtig. Ab 1. 10. 57 ist die doppelte Gebühr zu entrichten. Die Höhe des Schadens ist dafür maßgebend und muß mitgeteilt bzw. nachgemeldet werden. Die Mindestgebühr beträgt 20 DM. Wenn der Notar die Verklarung entgegennimmt, erhält er die eine Hälfte der doppelten Gebühr, die andere das Gericht. Bei einem Schaden von 100000 DM beträgt die Gebühr 130 DM.

Im Auslande kennt man ebenfalls die Verklarung, die vor den Gerichten oder vor den Hafen- oder Zollbehörden abgelegt wird. Einzelheiten darüber (vgl. Tabelle S. 110) muß der Kapitän beim Hafenkapitän oder beim Makler erfragen. In USA und in Großbritannien sowie im Commonwealth ist statt der Verklarung nur der Seeprotest (Note of Protest) üblich. Dieser wird in der Regel nur von einem Notar notiert und nicht beschworen. Er ist eine kurze Darstellung über den Reiseverlauf mit den erforderlichen Angaben über die See- und Ladungstüchtigkeit zu Beginn der Reise. Sodann enthält er einige Mitteilungen über das Wetter und dann einen Protest gegen alle fremden Ansprüche. Dabei behält der Kapitän sich das Recht vor, den Protest zu gegebener Zeit zu erweitern (Extension of Protest). Wenn aber das Schiff oder die Ladung einen Unfall erlitten haben, sollte auf die vorläufige Form verzichtet und von vornherein eine Verklarung oder ein vollständiger Protest abgelegt werden.

Wenn wegen ausländischen Interessen ein Seeprotest notiert oder vor ausländischen Behörden eine Verklarung abgelegt wird, darf auf die Verklarung vor deutschen Stellen nicht verzichtet werden. Das gilt auch, wenn vor einer ausländischen Dienststelle eine vorläufige Verklarung abgelegt wird, weil ein deutscher Konsul noch nicht erreichbar ist.

Verklarung im Auslande.

Staat	Bezeichnung	Wo abzulegen
Belgien	Rapport de Mer oder Protêt d'Avarie zu beschwören	Tribunal de Commerce bzw. Juge de Paix, innerhalb 24 Std. nach Ankunft
Dänemark	Verklarung	Handels- und Seegericht, spätestens an dem auf das Einlaufen folgenden Tage
Finnland	Verklarung	Ortsgericht, spätestens am zweiten Tage nach Einlaufen
Frankreich	Rapport de Mer amtl. Beglaubigung der Unterschriften des Kapitäns u. der Zeugen	Tribunal de Commerce bzw. Friedensrichter, innerhalb 24 Std. nach Ankunft
Griechenland	Beglaubigter Bericht	Landgericht
Großbritannien (auch Dominions)	Formal Note of Protest, u. Extension of Protest, gesetzl. nicht vorgeschrieben, nicht zu beschwören	Notary Public bzw. brit. Konsul
Italien	Verklarung (relazione di evento straordinario), amtlich bestätigt, nicht zu beschwören	Seebehörde (Autorita Marittima) innerhalb 24 Std. nach Ankunft
Niederlande	Scheepsverklaring, durch Kapitän und Mannschaftsmitglieder zu beschwören	Civiele Rechter, innerhalb 48 Std. nach Ankunft
Norwegen	Sjöförklaring	Ortsgericht
Portugal	Protesto de Mar	Capitao do Porto, innerhalb 24 Std. nach Ankunft
Spanien	Protesta	Zivilgericht (Juez de Primera Instancia) innerhalb 24 Std. nach Ankunft; nach Kollision zusätzlich vor Marinebehörde
Schweden	Seeverklarung, zu beschwören	Rathausgericht (Radhusrätten) nach vorheriger Meldung an Kommerzkollegium
USA	Marine Note of Protest u. Marine Extended Protest, gesetzlich nicht vorgeschrieben, im allgemeinen nicht zu beschwören	Notary Public, USA-Konsul

Der Verklarungsbericht muß enthalten: Alle Eintragungen in das Tagebuch über See- und Ladungstüchtigkeit (s. S. 76); Anfang der Seereise; Passieren wichtiger Punkte; allgemeine Wetterlage während der ganzen Reise unter Hervorhebung von schwerem Wetter mit Windrichtung und Stärke, Seegang, Wasser an Deck; Lüften der Ladung, Öffnen und Schließen der Luken; Unfälle und tatsächlich eingetretene Beschädigungen mit genauer Darstellung des Hergangs (vgl. z. B. Zusammenstoß, s. S. 163); Maßnahmen zur Abwendung oder Minderung der Schäden so ausführlich wie möglich; vermutete Beschädigungen. Bei Schiffsschäden vermerken: „Ob noch weitere Schäden entstanden sind, muß eine spätere Untersuchung zeigen". Bei Ladungsschäden vermerken: „Es ist möglich, daß noch weitere Schäden entstanden sind". Der Vermerk darf keine Seeuntüchtigkeit vermuten lassen. Es darf nichts Endgültiges festgestellt werden, wenn weitere Schäden möglich sind. Im Auslande muß großer Wert auf eine gute Übersetzung gelegt werden.

12. Seefrachtgeschäft.

Seefrachtgeschäft im Außenhandel, Personen, wichtigste Papiere.

Das Seefrachtgeschäft ist ein Hilfsgewerbe des Außenhandels. Zum allgemeinen Verständnis müssen folgende Zusammenhänge bekannt sein:

1. Außer dem Exporthandelshaus tritt auch der Fabrikant selbst als Exporteur auf. Nach langwierigen Vorarbeiten arbeitet der Exporteur dem ausländischen Interessenten ein ausführliches Angebot aus. In diesem nennt er die näheren Verkaufsbedingungen, nämlich Verkaufspreis, Verkaufsart, Lieferzeit und Zahlungsbedingungen.

Hauptsächliche Verkaufsarten:

a) cif-Verkauf (*c*osts, *i*nsurance, *f*reight, frz. caf): Der Verkäufer kalkuliert den Verkaufspreis frei Bestimmungsort, indem er alle Kosten bis an Bord, die Fracht und die Seeversicherung einbezieht.

b) fob-Verkauf (*f*ree *o*n *b*oard): Der Verkäufer kalkuliert den Verkaufspreis frei an Bord. Der Käufer muß also die Kosten des Überseetransportes und der Seeversicherung tragen.

Zahlungsbedingungen:

a) Lieferung gegen unwiderrufliches Akkreditiv, das die Bank des Käufers für eine bestimmte Frist bei der Bank des Verkäufers eröffnet. Die Kaufsumme wird nur gutgeschrieben, wenn die Akkreditivbedingungen genau erfüllt sind (z. B. Rechnung oder Konsulatsrechnung, Bordkonnossement, Ursprungszeugnis, Versicherungspolice).

b) Lieferung und Zahlung gegen Dokumente. Die Bank des Verkäufers verpflichtet die Bank des Käufers, diesem die übersandten Papiere (Konnossement usw.) nur gegen Barzahlung auszuhändigen.

c) Zahlung mit Ziel nach Lieferung. Wenn die Devisenbestimmungen und Handelsverträge es zulassen, wird bei gutem gegenseitigen Einvernehmen der Käufer verpflichtet, nach einer bestimmten Frist zu zahlen, die mit der Verschiffung beginnt. Oft werden dabei Wechsel gezogen.

d) Lieferung nach Vorauszahlung. Diese Zahlungsweise ist zwar für den Verkäufer sehr sicher, beim Käufer aber naturgemäß sehr unbeliebt.

Im folgenden kann nur ein Beispiel der verschiedenen Exportmöglichkeiten herausgegriffen werden, da Einzelheiten u. a. von den Devisen- und Handelsbestimmungen der Staaten abhängen.

2. Bei vorliegendem Interesse erwirkt der Importeur als späterer Empfänger der Ladung eine Importlizenz und erteilt dann den Auftrag. Gleichzeitig beauftragt er seine Bank z. B. mit der Eröffnung eines Akkreditivs. Dieses wird wegen der Devisenbestimmungen befristet, wodurch gleichzeitig eine pünktliche Lieferung erreicht wird.

3. Wenn der Exporteur über die Importlizenznummer und durch seine Bank über die Akkreditiveröffnung unterrichtet ist, übersendet er dem Importeur eine Auftragsbestätigung und leitet die Herstellung der Güter ein.

4. *Befrachter (Charterer), Verfrachter (Owner. Carrier), Frachtvertrag (Charterparty, C/P), Konnossement (Bill of Lading, B/L).* Obwohl der Auftrag häufig eine Laufzeit von mehreren Monaten hat, bemüht sich der Exporteur als Befrachter rechtzeitig um Schiffsraum. Er setzt sich deswegen mit einem Reeder (Verfrachter) in Verbindung oder meistens mit dem Makler des Reeders. Für Massenladung wird — auch bei Beförderung mit einem Linienschiff — ein Chartervertrag abgeschlossen. Für Stückgüter dagegen erteilt der Befrachter mündlich oder schriftlich den Auftrag, in der Linienfahrt für eine bestimmte Abfahrt unter den Bedingungen des Konnossements und der Konferenzraten die Ladung zu buchen, und schließt so den Stückgutfrachtvertrag. (Sehr häufig läßt auch ein Seehafenspediteur im Auftrage des Exporteurs die Ladung buchen.) Über die Buchung wird eine Buchungsanzeige (Schiffszettel, boatnote) erteilt.

5. *Ablader (Shipper), Schiffsmakler (Broker, Agent), Shipping Order, Mate's Receipt.* Vor der Versandbereitschaft erwirkt der Befrachter bei seiner Außenhandelsbank – je nach den geltenden Bestimmungen – eine Ausfuhrgenehmigung. Dann beauftragt er mit der Lieferung an das Schiff einen Seehafenspediteur als Ablader (aus dem Binnenlande in der Regel über einen am Orte ansässigen Spediteur). Dieser ruft die Güter rechtzeitig ab, erledigt die Zollformalitäten der Ausfuhr und liefert die Güter im eigenen Namen im Einvernehmen mit dem Makler an das Schiff (auf Grund einer sogenannten Shipping Order) oder an die Kaianstalt. Nach der Übergabe erhält der Ablader vom Schiff das Mate's Receipt oder von der Kaianstalt den Kaiempfangsschein. Auf diese Papiere wird gelegentlich verzichtet, wenn der Makler die Güter durch eine Tallyfirma auf Grund eines Tallymanifestes in das Schiff zählen läßt.

6. *Konnossement (Bill of Lading, B/L).* Der Ablader hat inzwischen die Konnossemente, die als Wertpapiere die Ladung vertreten, in der für den Empfänger benötigten Stückzahl ausgefüllt und dem Makler übergeben. Dieser prüft sie an Hand des jetzt vorgelegten Mate's Receipt oder des Empfangsscheins oder der Tallyunterlagen und setzt

gegebenenfalls Mängelvermerke (Abschreibungen) in das Konnossement ein. Dann zieht er z. B. bei einem cif-Verkauf die Fracht ein, die der Ablader für den Befrachter auslegt, und händigt in der Regel drei gezeichnete Konnossemente aus.

7. Der Ablader läßt im Auftrage des Befrachters die Güter über einen Seeversicherungsmakler versichern. Dann indossiert er (Rechtsübertragung durch Unterschrift) die Konnossemente und die Versicherungspolice und übergibt sie dem Befrachter oder dessen Bank.

8. Die Bank prüft, ob jetzt z. B. alle Akkreditivbedingungen erfüllt sind, und übersendet dann alle Papiere durch Luftpost der Bank des Empfängers. Eines der Konnossemente wird sicherheitshalber durch Schiffspost versandt.

9. *Manifeste, Captain's Copy.* Der Makler hat inzwischen an Hand der Konnossemente und der übrigen Ladungsunterlagen die Manifeste in der für die ausländischen Zollbehörden benötigten Stückzahl vorbereitet. Die Manifeste werden gegebenenfalls berichtigt oder durch Zusatzmanifeste ergänzt und dann dem Schiff zusammen mit Konnossementsabschriften (Captain's Copy) und den übrigen Klarierungspapieren übergeben. Das Schiff kann jetzt auslaufen.

10. Die ausländische Bank zieht nach dem Empfang der Papiere von dem Ladungsempfänger den Gegenwert für das in Anspruch genommene Akkreditiv ein und händigt die Papiere aus. Das gegebene Akkreditiv löst sie durch Gutschrift zugunsten der Bank des Verkäufers ab, so daß dieser über sein Geld verfügen kann.

11. *Empfänger (Consignee, Receiver), Freistellung (Delivery Order, D/O).* Der Ladungsempfänger, der nicht immer mit dem ursprünglichen Importeur identisch ist, indossiert das oder die Konnossemente und übergibt sie dem Makler des Reeders im Bestimmungshafen. Dort wird geprüft, ob die Fracht bezahlt ist (unterschriebener Stempelaufdruck „Freight Prepaid"). Sodann erhält der Empfänger die Freistellung, die hier und da zu Unrecht (s. S. 119) auch als Delivery Order bezeichnet wird.

12. Das einklarierte Schiff übergibt die Ladung in der Regel einer Kaianstalt auf Grund eines Manifestes oder eines Tallybuches, ohne auf den Empfänger zu warten. Dieser erhält die Güter von der Kaianstalt gegen Abgabe der Freistellung. Er kann auch einen Spediteur mit dem Empfang beauftragen.

Linienfahrt.

Eine der wichtigsten Aufgaben der deutschen Seeschiffahrt ist der Ausbau der Linienfahrt, weil Deutschland als Industriewirtschaftsgebiet überwiegend hochwertige Stückgüter exportieren muß. Das erfordert einen geregelten Warenaustausch mit regelmäßigen Abfahrten nach allen Erdteilen. Da nicht mit jedem einzelnen Befrachter ein Frachtvertrag ausgehandelt werden kann, wird die Linienfahrt unter den Bedingungen des im allgemeinen für alle Befrachter einheitlichen Kon-

HGB:

nossements (Stückgutfrachtvertrag) betrieben. Die Frachtsätze für die verschiedenen Güter sind meistens auf längere Zeit durch Konferenzverträge der interessierten Reeder festgelegt. Im übrigen gelten die sogenannten *liner terms:* Der Reeder trägt die Kosten für das Laden und Löschen, und die Güter sind so schnell anzuliefern bzw. abzunehmen, wie das Schiff laden bzw. löschen kann.

Bei der Abwicklung eines Frachtgeschäftes sind seemännische, kaufmännische und juristische Belange zugleich oder abwechselnd zu wahren. Das erfordert eine enge und vertrauensvolle Zusammenarbeit zwischen Reeder bzw. dessen Agent oder Makler und Schiffsleitung mit einer laufenden gegenseitigen Unterrichtung und die gleiche Zusammenarbeit an Bord. Der Kapitän sollte es sich zur Pflicht machen, sich vor wichtigen Entscheidungen mit den Vertretern des Reeders, dem Stauer und seinen Offizieren zu besprechen. Auch die jüngeren Offiziere müssen frühzeitig eingearbeitet werden.

Haager Regeln.

Da im Linienfrachtgeschäft die Bedingungen des Konnossements als Stückgutfrachtvertrag lange Zeit hindurch vom Reeder mehr oder weniger einseitig festgelegt werden konnten, bediente dieser sich häufig der sogenannten absoluten Negligence-Klausel, wonach er praktisch für keinerlei Ladungsschaden zu haften brauchte. Diesen Zustand schränkten die USA als erster Staat entscheidend ein (Harter Act 1893). Nach diesem Vorbild wurde 1924 als Staatsvertrag das „Brüsseler Übereinkommen zur einheitlichen Feststellung von Regeln über Konnossemente" abgeschlossen, das später entsprechend dem ursprünglichen Tagungsort unter dem Namen „Haager Regeln" (Hague Rules) bekannt wurde. Die Regeln wurden im Laufe der Jahre von allen maßgebenden Seefahrtnationen übernommen, teils wörtlich, teils dem Sinne nach[1]. Die Haager Regeln heben die Vertragsfreiheit im privaten Recht weitgehend auf.
§§ 662, 663 Sie sind in ihren wesentlichen Teilen zwingende Vorschriften. Entgegenstehende Bedingungen eines Konnossements (vgl. aber Trampfahrt, s. S. 125) sind bis auf wenige Ausnahmen rechtsunwirksam und können mit Erfolg angefochten werden.

Der für die Schiffsleitung wesentliche Teil der Haager Regeln läßt sich unter folgenden Punkten zusammenfassen:

§ 559 1. Es muß dafür *gesorgt* werden, daß das Schiff seetüchtig, reisetüchtig und ladungstüchtig ist.

Diese Begriffe können nicht peinlich genug beachtet werden, da sie besonders in USA sehr streng ausgelegt werden, in Zweifelsfällen immer zuungunsten des Reeders. Das Schiff muß die voraussehbaren Gefahren der See überstehen können, es muß gehörig ausgerüstet, bemannt und verproviantiert sein. Die Laderäume, Ladetanks und Kühlräume müssen trocken, sauber und geruchlos sein. Die entsprechende Tagebucheintragung vor Beginn der Reise (s. S. 76) muß beweiskräftig sein und gegebenenfalls durch ein Attest eines sachverständigen Besichtigers erhärtet werden. Die

---

[1] Deutschland: Änderungsgesetz zum HGB 1937, in Kraft 1940; Großbritannien: Carriage of Goods by Sea Act 1924; USA: Carriage of Goods by Sea Act 1936.

HGB:

Kosten dafür stehen in keinem Verhältnis zu späteren Schadenersatzpflichten. Für Ladungsschäden aus See- oder Ladungsuntüchtigkeit haftet der Verfrachter nur dann nicht, wenn die Ursache ein „verborgener Fehler" ist (inherent vice; vice caché), der trotz Anwendung aller gebotenen Sorgfalt (durch die Schiffsleitung) bis zum Antritt der Reise nicht zu entdecken war. Dies muß der Reeder (Verfrachter) beweisen.

2. Das Schiff haftet für Ladungsbeschädigungen von der Annahme bis zur Ablieferung, es sei denn, daß *alle* Sorgfaltspflichten erfüllt sind, was vom Verfrachter nachzuweisen ist. § 606

Ein Verschulden der Besatzung steht einem Verschulden des Verfrachters gleich. Das Schiff haftet dem Ladungsbeteiligten aber nicht für: § 607

a) nautisches Verschulden, sofern dieses nicht durch Verfrachter selbst verursacht wurde; § 607

ein nautisches Verschulden kann nur bei einer nautischen Maßnahme oder Unterlassung entstehen, also in Angelegenheiten der Schiffsführung selbst (management of the ship); Fälle von nautischem Verschulden sind z. B. Verstoß gegen Seestraßenrecht, fehlerhafte Navigation oder andere Maßnahmen, die überwiegend im Interesse der Schiffsführung getroffen wurden.

Dagegen liegt ein „administratives Verschulden" vor, wenn z. B. eine Anordnung oder Maßnahme des Reeders zu einem Schaden geführt hat.

b) Feuer, sofern dieses nicht vom Verfrachter selbst verschuldet oder durch kommerzielles Verschulden verursacht wurde; § 607

c) Gefahren der See wie Seeschlag, höhere Gewalt, außerordentlich schweres Arbeiten des Schiffes und Leckspringen; § 608

d) kriegerische Ereignisse, Verfügungen von hoher Hand, Quarantäne;

e) Unruhen, Streik, Arbeitsbehinderung;

f) Handlungen oder Unterlassungen des Abladers, z. B. ungenaue Bezeichnung der Güter;

g) Rettung von Leben oder Eigentum; vgl. aber Abweichen vom Reisewege (Deviation), s. S. 130;

h) Schwund, verborgene Mängel oder besondere Beschaffenheit der Güter.

Wenn Ladungsschäden aus einer der Ursachen c—h den Umständen nach entstehen konnte, wird vermutet, daß er daraus entstanden ist (Beweisvermutung). In Umkehr der Beweislast hätte der Ladungsbeteiligte ein Verschulden des Verfrachters zu beweisen. § 608

Kommerzielles Verschulden begründet in jedem Falle die Haftung des Reeders. § 607

Ein kommerzielles Verschulden kann nur bei einer kommerziellen Maßnahme oder Unterlassung entstehen. Das sind Maßnahmen oder Unterlassungen, die *überwiegend* die Ladung betreffen. Fälle von kommerziellem Verschulden sind z. B. falsches oder grundlos unterlassenes Lüften der Ladung, Öffnen der Luken und dadurch verursachte Wasserschäden, schlechtes Stauen, mangelhafte Bewachung (über ungerechtfertigtes Abweichen vom Reisewege s. S. 130).

3. Das Konnossement begründet die Vermutung dafür, daß das Schiff die Güter so empfangen hat, wie sie darin beschrieben sind. Der Empfänger der Ladung kann aus dem Konnossement gegenüber dem Verfrachter alle Rechte herleiten. § 656

HGB:

Da die Beschreibung sich auf die äußere Beschaffenheit, Markierung, Menge und Gewicht bezieht, müssen Vorbehalte und Beanstandungen aller Art im Konnossement niedergelegt werden. Formeln: „Inhalt unbekannt"; „Markierung unbekannt, da unlesbar"; „Menge unbekannt, da nicht nachgezählt (nachgewogen)"; „a quantity of bagged ...., said to be ....".

§ 660 4. Der Verfrachter haftet in jedem Falle seiner Verantwortlichkeit pro Packung oder Einheit nur bis zu 1250 DM, wenn nicht ein anderer Wert der Güter im Konnossement verzeichnet ist (Großbritannien 200 engl. Pfund; USA 500 Dollar).

§ 663 5. Die zwingenden Vorschriften der *Haager Regeln gelten nicht* bei: Decksladung[1], die im Konnossement als solche bezeichnet ist; Ladungscharterverträgen (s. S. 125); außergewöhnlichen Verschiffungen (z. B. Schwergut), wenn anderslautende Vereinbarungen im Konnossement enthalten sind und dieses den Vermerk trägt: „Nicht an Order"; lebenden Tieren; in der Zeit vor dem Einladen und nach dem Ausladen; Verschiffungen innerhalb der deutschen Küstenfahrt.

Laut Gesetz über die Küstenschiffahrt vom 26. 7. 57 ist die Beförderung von Personen und Gütern zwischen bundesdeutschen Orten über See deutschen Schiffen vorbehalten. Ähnliche Gesetze gibt es in fast allen Staaten (Cabotage). Bei Verstößen werden Kapitän und Schiff in Geldbuße bzw. Strafe genommen.

Seit Einführung der Haager Regeln häufen sich in den Reedereikontoren die Schadenersatzansprüche (Claims) der Ladungsbeteiligten oder der Ladungsversicherer, die Ersatz geleistet und sich die Rechte haben abtreten lassen.

Der Reeder ist für Fehler seiner Agenten und Makler ebenso verantwortlich wie für nachlässige Ladungsbehandlung, Bruch und Diebstahl durch die Stauer. In manchen Fällen kann er sogar für Schäden verantwortlich gemacht werden, die nach dem Löschen an Land entstehen, weil der Begriff „Ablieferung" verschieden ausgelegt wird. Das gilt besonders in USA. Daher muß sich die Schiffsleitung für alles verantwortlich fühlen. Sie muß vorhandene Ladungsschäden bei der Übernahme feststellen. Sie muß die Stauer anweisen, scharf überwachen und bei Verstößen haftbar halten. Sie darf sich auf keine Bagatellisierung seitens der Agenten oder Ablader einlassen. Daß die Ladung gut gestaut, richtig garniert und abgedeckt, richtig gelüftet

[1] Nach § 566 HGB darf Ladung nicht ohne Zustimmung des Abladers an Deck verladen werden. § 566 ist aber nicht zwingend, da er in § 662 nicht enthalten ist. Obwohl eine von § 566 abweichende Konnossements-Klausel daher zulässig wäre, sollte der Ablader doch rechtzeitig über die Absicht der Decksverladung unterrichtet werden. Die Annahme des Mate's Receipt (s. S. 117) bzw. des Konnossements mit einem Vermerk über die Verladung an Deck durch den Ablader ist der Zustimmung gleichzusetzen. Der Verfrachter ist dann aber von Schäden an der Decksladung erst frei, wenn das Konnossement außerdem eine entsprechende Freizeichnung enthält. Beide Bedingungen werden am einfachsten erfüllt durch den Stempelaufdruck: „Shipped on deck at shipper's risk".

In bestimmten Fällen, wenn als Raumladung gebuchte Güter wegen Raummangels — vielleicht nur vorrübergehend — zu Deck befördert werden müssen, sollte die Schiffsleitung nicht den Ablader, sondern den Reeder unterrichten, damit dieser seine Haftpflicht in diesem Falle besonders versichern lassen kann.

HGB

und auch beim Löschen sorgfältig behandelt wird, versteht sich von selbst.

Mate's Receipt ist eine Empfangsbescheinigung des Ladungsoffiziers an den Ablader über die geladenen Güter. Vielfach ist dieses Papier der Shipping Order angehängt. Das ist der Auftrag des Reeders oder Agenten an das Schiff, die angelieferte Ladung zu übernehmen.

Der Ladungsoffizier darf nur das bescheinigen, was er tatsächlich erhalten hat, denn nach dem Mate's Receipt wird das Konnossement ausgestellt. Bei Ungewißheit über die Menge oder auch bei einer vollen Ladung Sackgut darf nichts Genaues bestätigt werden: „A quantity of bagged ..., said to be ... ts (oder bags)" oder „... bags in dispute". Beanstandungen aller Art müssen unbedingt im Mate's Receipt vermerkt werden. Der Ablader sollte schon vorher darauf hingewiesen werden, daß man diese oder jene Beanstandung in das M/R einsetzen wird. Ob der Reeder oder sein Agent sie in das Konnossement aufnehmen, ist deren Angelegenheit. Keinesfalls darf sich der Ladungsoffizier auf Verhandlungen darüber einlassen, sogenannte geringfügige Schäden etwa nicht schriftlich zu beanstanden. Verweigert der Ablader die Annahme eines solchen M/R, sollte man die Ladung vorläufig zurückweisen und den Reeder oder dessen bevollmächtigten Agenten entscheiden lassen.

Nicht unterschreiben, bevor Güter vollzählig an Bord! M/R nicht zurückdatieren lassen! Bereits eingesetzte Daten gegebenenfalls berichtigen! Decksladung im M/R als solche bezeichnen (s. Fußnote S. 116). §§ 566, 663
Mängelvermerke auch in die an Bord verbleibende Shipping Order eintragen, Stauvermerke ebenfalls!

Kai-Empfangsschein; Absetzantrag (Bremen); Dock Receipt. Jedes dieser Papiere ist eine Bescheinigung der Kaianstalt an den Ablader über die Ablieferung der Güter an den Schuppen. In deutschen und manchen ausländischen Häfen wird dann auf die Shipping Order mit dem anhängenden Mate's Receipt verzichtet. Die in der Linienfahrt vielfach eingesetzten beeidigten Gütermesser und -wäger (Tallyfirmen) erhalten vom Makler Abschriften der Kai-Empfangsscheine und legen nach diesen das sogenannte Tallymanifest an. Nach diesem prüfen sie die Übergabe der Güter an das Schiff, setzen Stauvermerke ein und legen Beanstandungen aller Art fest. Eine Abschrift des Tallymanifestes erhält das Schiff als Ladebuch. Das Original erhält der Makler, gegebenenfalls mit einer zusätzlichen Aufstellung über Beanstandungen (Abschreibungen), um danach die Konnossemente ausstellen bzw. unterzeichnen zu können.

Die Mitarbeit einer Tallyfirma und der Verzicht auf das Mate's Receipt befreien die Schiffsleitung nicht von einer scharfen Kontrolle der zu übernehmenden Ladung. Auch jetzt muß die Schiffsleitung festgestellte Schäden und Fehlmengen dem Ablader und dem Makler oder Agenten schriftlich mitteilen oder gegebenenfalls beschädigte Ladung vorläufig zurückweisen. Über Schäden aus nachlässiger Arbeit usw. der Stauereiarbeiter müssen die Vertreter des Reeders und der Stauerei sofort schrift-

HGB: lich unterrichtet werden, da solche Schäden in der Linienfahrt immer dann zu Lasten des Reeders gehen, sobald das Schiff die Ladung mit seinem Geschirr vom Kai oder aus dem Leichter oder von dem Kran an Bord abgenommen hat. Wegen des Schadenersatzes durch die Stauerei wird dann der Reeder oder Agent alles Notwendige veranlassen.

Konnossement (Bill of Lading, B/L; vgl. Trampschiffahrt, s. S. 125).

§§ 642ff., 656 Dieses ist die Grundlage für das Rechtsverhältnis zwischen dem Reeder und dem Empfänger der Ladung. Es ist ein Wertpapier und kann als solches im freien Handel verkauft oder beliehen oder an der
§ 650 Warenbörse gehandelt werden, weil es praktisch die Güter vertritt.
§ 648 Wenn es nicht ausdrücklich nur auf Namen ausgestellt ist (Namens-Konnossement), kann es durch Indossament (Rechtsübertragung durch Unterschrift des Inhabers) übertragen werden (Order-Konnossement). Dadurch gehen auch die Güter in das Eigentum des Nachfolgers über. Sie werden nur gegen ein Konnossement ausgeliefert (s. S. 123).

Ursprünglich war das Konnossement lediglich eine Empfangsbescheinigung des Kapitäns und das Versprechen, die Güter zu befördern und an den Empfänger auszuliefern. Darüber hinaus hat es der Reeder heute zu einem Papier mit den Bedingungen des Stückgutfrachtvertrages erweitert und dabei auf die Besonderheiten der zu befahrenden Linie (Relation) Rücksicht genommen. Wegen der sehr schwierigen Verklausulierung sind noch nicht überall die Haager Regeln eingearbeitet, so daß manche Konnossemente noch rechtsunwirksame Klauseln enthalten. Manchmal wird statt der Haager Regeln auch die Paramount-Klausel eingesetzt (s. S. 140). Für neue Konnossements-Bedingungen könnte als Gerippe das Deutsche Einheitskonnossement 1940 dienen, das bis auf einige streitige Punkte (z. B. Verschiebung der Beweislast) den Haager Regeln entspricht und die möglichen Freizeichnungen des Reeders enthält. Es hat sich aber in der großen Fahrt erst wenig durchgesetzt. Viele Konnossemente enthalten außer der Paramount-Klausel noch die Both to Blame Collision Clause und die New Jason Clause (s. S. 139).

Das Konnossement wird nach Vordruck ausgestellt. Aus ihm ist nicht immer erkennbar, ob es sich um ein Reeder-Konnossement oder um ein Verfrachter-Konnossement z. B. eines Zeitcharterers handelt, der für eigene Frachtgeschäfte ein Schiff gemietet hat (s. S. 125). Zwar kann der Charterer als Verfrachter persönlich haftbar sein, doch hat der Ladungsbeteiligte z. B. bei Schadenersatzforderungen das Pfandrecht am Schiff. Damit muß der Kapitän eines vercharterten Schiffes also stets rechnen.

Der Empfänger verlangt in der Regel ein *Bordkonnossement* (Shipped
§ 642 B/L) als Beweis dafür, daß die Güter tatsächlich an Bord sind und befördert werden, sowie dafür, daß die Haftung des Reeders nach den Haager Regeln jetzt begründet ist. Daher stellt er diese Bedingung an den Verkäufer (Befrachter) z. B. schon bei der Eröffnung des Akkreditivs
§ 642 (s. S. 111). Manchmal kann aber nur ein *Empfangs- oder Übernahme-Konnossement* (Received B/L) ausgestellt werden, wenn z. B. die Güter

HGB:

zur Verladung empfangen sind, aber unter der Obhut des Verfrachters noch im Schuppen lagern und auf das Schiff warten. Ein Übernahme-Konnossement hat aber für den Empfänger nicht den erwarteten Wert, weil der Reeder sich von Ladungsschäden freizeichnen kann, die vor der Einladung (und nach der Ausladung) entstehen. Solch ein Kon- § 663
nossement erhält später einen Stempelaufdruck „Shipped on Board" oder „Since Shipped" über die Tatsache der Verschiffung mit genauem Datum und Unterschrift.

Nach dem Vorstehenden unterscheidet man Bordkonnossemente und Übernahme-Konnossemente, unter ihnen wiederum Orderkonnossemente und Namenskonnossemente. Das Bordkonnossement als Orderkonnossement ist das übliche.

Nachdem die Konnossemente in der für den betreffenden Hafen benötigten Stückzahl vom Ablader eingereicht und vom Makler geprüft worden sind, berechnet dieser die Fracht und zieht sie gegebenenfalls ein. Darüber unterschreibt er einen Stempelaufdruck „Freight Prepaid". Andernfalls ist die Fracht vom Empfänger einzuziehen. Surcharge ist ein Aufschlag auf die Fracht für bestimmte Mehrkosten in verschiedenen Häfen. Primage ist ein Aufschlag von meistens 10%. Ein gleich großer Abschlag von der Fracht wird bei Konferenzraten meistens nach sechs bis zwölf Monaten solchen Verladern wieder gutgeschrieben, die sich zu Dauerverschiffungen mit Konferenzreedern verpflichtet und Konferenztreue bewiesen haben.

Keinesfalls darf ein Konnossement zurückdatiert werden, wie der Ablader es manchmal mit Rücksicht auf die Akkreditivfrist verlangt. Für damit zusammenhängende Verluste, z. B. durch Preissturz oder nicht eingehaltene Terminverschiffung aus bestimmter Ernte, könnte der Reeder (oder Verfrachter) voll haftbar gemacht werden, weil das Wertpapier falsch ausgestellt worden ist. Gegebenenfalls sollte man über das bereits Geladene ein Bordkonnossement und über den Rest ein Empfangskonnossement ausstellen, sofern hierfür die Voraussetzungen gegeben sind. Decksladung muß unbedingt im Konnossement §§ 566, 663
als solche bezeichnet werden (shipped on deck at shipper's risk; vgl. Fußnote S. 116). Wenn eine bestimmte Menge zwar angeliefert, aber aus Mangel an Raum oder Zeit nicht vollzählig verladen worden ist, setzt man in das Konnossement den Vermerk „Short Shipped" mit der entsprechenden Fehlmenge. Solche Güter werden mit dem nächsten Schiff verladen und auf Grund desselben Konnossements ausgeliefert. Es kann auch ein neues Konnossement dafür ausgestellt werden. Mängel aller Art müssen als *Abschreibungen* im Konnossement genau festgestellt werden, z. B. auch „15 bags in dispute", wenn die eine Partei 5 Sack zuwenig und die andere 10 Sack zuviel als verladen bezeichnet (vgl. Mate's Receipt und Revers). Erst dann wird das Konnossement unterschrieben und dem Ablader ausgehändigt, der es indossiert und versendet.

Konnossements-Teilschein (Delivery Order, D/O). Häufig kommt eine Teilung der Warenpartie dadurch zustande, daß der Konnossements-Inhaber die Güter an mehrere Abnehmer verkauft. Jeder dieser Käufer erhält über seine Empfangsberechtigung einen sogenannten Konnossements-Teilschein, mit dem er seine Menge empfangen kann. Zuvor müssen aber die Teilscheine vom Konnossements-Inhaber ausgefüllt beim Reeder oder Makler eingereicht und dort gegen Rückgabe des Konnossements beglaubigt worden sein. Besonders im Getreidehandel wird dieses Verfahren angewandt.

Durchkonnossement (Through-Bill of Lading, Thru B/L). Dieses ist ein einheitliches Konnossement für einen durchgehenden Seetransport mit mehreren Schiffen verschiedener Reeder. Beispiel über eine Verschiffung von Stockholm nach Buenaventura: Der Agent des Reeders A stellt dem Verlader in Stockholm ein Durchkonnossement aus und läßt die Güter durch Reeder B von Stockholm nach Bremen befördern. Dafür erhält er vom Reeder B für die Teilreise ein sogenanntes Lokalkonnossement, nach welchem der Reeder B dem Reeder A für die Güter haftet. Von Bremen aus befördert Reeder A die Güter selbst bis zum Panamakanal und übergibt sie dort dem Reeder C, wiederum auf Grund eines Lokalkonnossements. Das Durchkonnossement erscheint erst wieder in Buenaventura, wo es der Empfänger beim Agenten des Reeders A vorlegt, der die Güter auf Grund des Panamakanal-Lokalkonnossements vom Agenten des Reeders C empfängt und gegen Rückgabe des Durchkonnossements an den Empfänger ausliefert. Wenn der Empfänger jetzt Ladungsschäden reklamiert, wird Reeder A haften müssen, aber dieser kann sich auf Grund des jeweiligen Lokalkonnossements an B oder C schadlos halten. Das kann zu unangenehmen Verwicklungen führen, da gesetzlich über das Durchkonnossement nichts bestimmt ist. Es gibt auch Durchkonnossemente über gemischte See- und Flußreisen oder über See- und Eisenbahnreisen usw. mit den verschiedensten Reihenfolgen. Bei ihnen ist die Haftung für Schadenersatz besonders unklar, da ja ein Konnossement ein Papier über einen Seetransport ist und weil außerdem jeder Teilverfrachter seine Haftung auf seine Teilstrecke beschränkt. Daher muß die Schiffsleitung bei Durchfrachtgütern ganz besonders darauf achten, daß sie beschädigte Güter nur nach genauer Schadenfeststellung übernimmt bzw. übergibt oder sonst bei der Übergabe an den nächsten Verfrachter von diesem beweiskräftige Empfangsbescheinigungen erhält oder Tallyunterlagen sammelt.

Revers, Garantiebrief (Letter of Indemnity). Die Verlader, nämlich Ablader und Befrachter, sind an sogenannten reinen Konnossementen interessiert, weil z. B. ein Konnossement mit Abschreibungen die Bedingungen des Akkreditivs nicht erfüllt. Daher bietet der Verlader dem Reeder oder dessen Beauftragtem gegen ein reines Konnossement gelegentlich einen Revers an, gegebenenfalls in Verbindung mit einer Bankgarantie (s. S. 184). In dem Revers verpflichtet sich der Verlader, dem Reeder den Schaden zu ersetzen, der daraus entstehen wird, daß trotz Beanstandungen an der Ladung ein reines Konnossement ausgestellt worden ist.

Die Rechtsgültigkeit eines Reverses ist zweifelhaft, weil das Weglassen von Abschreibungen sich gegenüber dem Empfänger kaum verantworten läßt; denn dieser vertraut ja auf die gute Beschaffenheit der Güter! Daher kann und darf man sich dem Empfänger gegenüber nicht auf einen Revers berufen, wenn er Ladungsschäden reklamiert. Wenn aber schon einmal von einem Verlader ein Revers angenommen wird, muß dafür gesorgt werden, daß die vorhandenen Ladungsschäden *genau* darin aufgenommen werden. Im übrigen sollte die Annahme eines Reverses auf die Fälle beschränkt bleiben, in denen *Zweifel* über Menge und Beschaffenheit der Ladung bestehen.

Der Kapitän sollte niemals einen Revers annehmen, ohne dazu vom *Reeder* ausdrücklich ermächtigt zu sein (vgl. Mate's Receipt, s. S. 117).

In einem Berufungsurteil eines englischen Court of Appeal vom 3. 7. 1957 wurde ein Freihalte-Revers für nichtig erklärt (Revision noch nicht entschieden).

Manifest. Dieses Papier ist ein Verzeichnis über alle verladenen Güter. Es dient in erster Linie als Ausweis gegenüber den Zollbehörden, ferner als Tallyunterlage beim Löschen und dem Agenten bei der Auslieferung der Ladung sowie für die Frachtabrechnung. In der Linienfahrt wird es in der Regel vom Makler auf Grund der Konnossemente aufgestellt. In manchen Häfen werden auch Manifeste über die gesamte, an Bord befindliche Ladung verlangt (Transitmanifeste) oder Angaben über die Frachten. Ferner verlangen manche Behörden Konsulatsmanifeste. Das sind vom Konsul des betreffenden Staates visierte Manifeste, meistens in einfacher Ausfertigung, wovon der Konsul eines oder mehrere Exemplare zurückbehält. In den Zollmanifesten sollten die Namen der Ablader und Empfänger fehlen, wenn die Landesbestimmungen dieses zulassen. Die Manifeste müssen in der Regel vom Kapitän unterschrieben sein, wofür manchmal ein Faksimilestempel genügt. Über all diese Dinge muß sich die Schiffsleitung vor der Abfahrt beim Makler oder beim zuständigen Konsul unterrichten. In der Bundesrepublik sind Meldungen über die ein- und ausgeladenen Güter gesetzlich vorgeschrieben (s. Fußnote S. 89).

Das Manifest muß sehr genau aufgestellt werden. Auf jeden Fall muß es während der Überfahrt an Bord an Hand der Konnossemente und des Ladebuches geprüft werden. Bei Unstimmigkeiten kann das Schiff wegen versuchten Schmuggels in hohe Zollstrafe genommen werden. Ist zuwenig Ladung übernommen, nimmt man in das Konnossement und in das Manifest den Vermerk auf: „... short shipped, to be shipped by SS ... on ... (Datum)". Statt dessen kann auch das sogenannte *Differenzmanifest* oder Short Shipped Manifest schon vom Makler aufgestellt und dem Schiff in der benötigten Stückzahl mitgegeben werden, wenn sich Unstimmigkeiten unmittelbar nach der Beladung ergeben haben, nachdem die Papiere bereits fertiggestellt waren. Es könnte auch die nicht verschiffte Ladung aus dem Konnossement und dem Manifest gestrichen und dem nächsten Schiff wie normal gebuchte Ladung mit neuen Papieren mitgegeben werden. Ist die Verschiffung zweifelhaft, wird für solche Ladung ein *Dispute*-Manifest aufgestellt. Hat man versehentlich zuviel Ladung gelandet, ohne das rück-

HGB:

gängig machen zu können, oder muß man in einem Hafen verschleppte Ladung landen, z. B. zwecks Rückbeförderung durch die Agentur, so stellt man über solche Ladung ein *Overlanded*-Manifest auf. Den Behörden des Hafens, in dem sich nachträglich Fehllandungen ergeben, muß man möglichst bald ein Short Shipped Manifest übergeben.

Scheckbuch (Tallybook). Außer dem Manifest wird in manchen Staaten, besonders in Mittelamerika, ein Scheckbuch in mehreren Ausfertigungen verlangt. Bei der Anfertigung verfährt man am besten folgendermaßen:

1. Von den an Bord befindlichen Konnossements-Kopien je ein Stück entnehmen und diese nach Ladungsmarken alphabetisch ordnen. Bei Dreiecksmarken ist der obere Buchstabe der erste. Eingerahmte Buchstaben gehen außen stehenden vor.

2. Die alphabetisch geordneten Konnossemente innerhalb der einzelnen Buchstaben nach der Reihenfolge der Häfen ordnen.

3. Die Scheckbücher in der benötigten Anzahl auseinanderschneiden und alle Blätter mit den gleichen Registerbuchstaben aufeinanderlegen.

4. Von jedem Blätterstapel ein Blatt entnehmen und unter dem betreffenden Registerbuchstaben mit den Angaben der nach Nr. 2 geordneten Konnossemente ausfüllen mit Marke, Nummer, Anzahl, Kisten oder Säcken oder Stück und Inhalt. Zwischen den einzelnen Partien genügend Platz zum Anschreiben lassen. Jeder Hafen muß auf dem Registerblatt durch Überschrift bezeichnet werden. Am besten auf der Schreibmaschine mit Hektographen-Farbband schreiben, sonst mit der Hand (dünn!) mit Hektographentinte.

5. Nachdem alle Blätter beschrieben sind, mit dem Abziehen laut Gebrauchsanweisung zur Hektographierplatte beginnen. Wer noch keine Übung hat, erledigt am besten einen Buchstaben ganz, bevor er mit dem Abziehen des nächsten beginnt.

6. Die abgezogenen Blätterstapel wieder zu Scheckbüchern zusammenstellen, lochen und zusammenklammern. Ungenauigkeiten können wie bei Manifesten mit Zollstrafen verfolgt werden.

Ablieferung der Ladung. Beim Löschen der Ladung ist die gleiche Sorgfalt und strenge Aufsicht geboten wie beim Laden. Das gilt vor allem bei der Bewachung gegen Diebstahl und bei der Ladungsbehandlung durch die Stauer. Beschädigte Ladung darf wegen der weiteren
§ 610 Diebstahlsgefahr nicht ohne vorherige Prüfung durch Sachverständige und möglichst nur im Beisein der Ladungsbeteiligten übergeben werden. Wenn auch im allgemeinen die Haftung des Schiffes mit der Ablieferung aus dem eigenen Geschirr oder beim Passieren der Reling (Kranbenutzung) endet, ist stets daran zu denken, daß in manchen Ländern das Schiff auch noch für später eintretende Schäden haften muß. Auch muß damit gerechnet werden, daß das Schiff für den Transport mit Leichtern von der Reede nach Land haften muß.

Ladungsschäden ernsterer Art sind wie eine Havarie zu behandeln, wozu die Einzelmaßnahmen auf S. 156 ff. beschrieben sind. Die auf die Ladung zutreffenden Punkte sind: Benachrichtigungen, Tagebuchein-

HGB:

tragung, Verklarung, Besichtigung durch beeidigte Personen möglichst im Beisein der Ladungsbeteiligten, Fürsorge im Hinblick auf Erhaltung.

Reklamationen müssen nach den Haager Regeln vom Empfänger § 611
spätestens bei beendeter Auslieferung schriftlich dem Reeder oder seinem Vertreter angezeigt werden. Wenn die Schäden äußerlich nicht erkennbar sind, genügt eine Anzeige innerhalb von drei Tagen. In jedem Falle verjährt das Reklamationsrecht, wenn es nicht innerhalb eines Jahres § 612
gerichtlich geltend gemacht wird. In manchen Staaten, besonders in USA, ist das Schiff benachteiligt, weil dort die bei uns gleichbedeutenden Begriffe „Ablieferung" und „Auslieferung" (z. B. aus dem Schuppen oder direkt an den Empfänger) anders als bei uns ausgelegt werden, und weil der Reeder meistens den schwierigen Entlastungsbeweis dafür führen muß, daß ihn wegen der Ladungsschäden nach dem Ausladen kein Verschulden trifft. Nach den Haager Regeln kann der Verfrachter sich von Ladungsschäden freizeichnen, die vor dem Einladen und nach dem Ausladen eintreten. Aber in den USA gilt z. B. außerdem der Harter Act, wonach ein Verfrachter sich der Haftung für ein Verschulden nicht entziehen kann. Da Schadenersatzansprüche häufig ungerechtfertigt oder übertrieben sind, benötigt der Reeder zur Abwehr genaue Unterlagen. Die Schiffsleitung muß daher sehr wachsam sein und auch bei kleineren Ladungsschäden unter Umständen einen sachverständigen Besichtiger hinzuziehen. Sorgfältig geführte Tallybücher und Löschberichte sind oft entscheidend.

Auslieferung mit und ohne Konnossement. Das nur gegen Konnossement zu verlangende Ausliefern der Ladung an den Empfänger ist nur selten Sache der Schiffsleitung. Wenn es an kleinen Plätzen ohne eigenen Makler oder in der Trampfahrt aber doch geschieht, müssen folgende Punkte beachtet werden: Das Indossament des Abladers darf nicht §§ 647, 648
fehlen. Es steht meistens auf der Rückseite als bloßer Firmenstempel mit Unterschrift. Auch der Empfänger muß das Konnossement indossieren. Ferner muß die Fracht bezahlt sein, was an dem unterschriebenen Stempelaufdruck. „Freight Prepaid" erkennbar ist, oder die Fracht muß andernfalls eingezogen werden. Im übrigen ist die Ladung auch dann auszuliefern, wenn nur eines der ausgestellten Konnossemente zurückgegeben wird (anders bei vorzeitiger Auslieferung; vgl. § 654, s. S. 157).

Besonders bei kurzen Reisen kann das Schiff manchmal früher ein- § 653
treffen als das Konnossement. Nicht immer steht dann eine Kaianstalt als Treuhänder zur Verfügung. Da aber Schiff und Empfänger in gleicher Weise an einer schnellen Auslieferung interessiert sind, muß der Kapitän sofort den Reeder fragen, ob und unter welchen Bedingungen die Ladung ohne Konnossement ausgeliefert werden darf. Der Reeder fordert vom Empfänger unter Umständen eine Briefgarantie in Verbindung mit einer Bankgarantie (s. S. 184) in Höhe des Wertes der Ladung und gegebenenfalls der Fracht. In dem Garantiebrief muß sich der Empfänger verpflichten, für alle etwaigen Schäden zu haften, die aus der Auslieferung ohne Konnossement entstehen. Wenn der Reeder oder sein Vertreter nicht erreichbar ist, soll der Kapitän sich nicht auf

HGB:
eine der obengenannten Garantien einlassen, sondern die Ladung auf deren Kosten durch Vermittlung eines tüchtigen Anwalts so hinterlegen, daß sie nur gegen das Konnossement nach Bezahlung aller Kosten bzw.
§§ 614, 624 Mehrkosten ausgeliefert werden kann. Er kann sich auch von einem deutschen oder ausländischen Konsul oder von dem örtlichen Vertreter des P & I-Clubs (s. S. 180) Rat holen oder sich eine geeignete Vertrauensperson empfehlen lassen. Ähnlich muß verfahren werden, wenn überhaupt kein Empfänger zu ermitteln ist. Auch in diesem Falle muß der Reeder sofort benachrichtigt werden, damit er sich mit dem Ablader oder Befrachter besprechen und Maßnahmen treffen kann. Außerdem sollte der Kapitän bei einem Notar öffentlich protestieren. Die gleichen
§ 649 Maßnahmen ergeben sich in dem seltenen Fall, wenn sich verschiedene Konnossements-Inhaber zugleich oder nacheinander melden. In diesem Falle muß die Auslieferung sofort angehalten und die Ladung hinterlegt werden, soweit das noch möglich ist.

Vorzeitiges Ausliefern bei einer Havarie s. S. 154, YAR 10.

Trampschiffahrt.

Massenladungen aller Art finden den benötigten Schiffsraum auf dem freien Weltmarkt der Trampschiffahrt. Deren Schwergewicht liegt zwar in Großbritannien, Skandinavien und Griechenland — seit Kriegsende auch in USA —, doch hat sie auch für Deutschland eine erhebliche Bedeutung, und zwar hauptsächlich für die Einfuhr unseres Bedarfs an Massengütern und als Devisenbringer bei der Beschäftigung durch ausländische Verlader.

Das HGB enthält umfangreiche Bestimmungen auch über die Trampfahrt. Sie sind aber nicht zwingenden Rechts und zum Teil durch die entwickelten Geschäftsbräuche überholt. Die Vertragspartner machen daher von dem Recht der Vertragsfreiheit Gebrauch, und so werden die Verschiffungsbedingungen zwischen dem Reeder und dem Befrachter unter Einschaltung eines Schiffsmaklers von Fall zu Fall ausgehandelt und im Chartervertrag niedergelegt. Dieser vermittelt dem Befrachter einen Anspruch auf die Benutzung von Schiffsraum und vertritt nicht die Güter, wie es beim Konnossement der Fall ist. Nur wenn der Chartervertrag unklar ist oder über bestimmte Tatbestände nichts enthält, können die gesetzlichen Bestimmungen wirksam werden. Der Chartervertrag wird nachstehend als C/P bezeichnet (Charter Party, frz. Chartepartie). Die Trampfrachten richten sich nach Angebot und Nachfrage und sind daher selten stabil. Auch die übrigen Bedingungen sind in manchen Teilen von der Wirtschaftslage abhängig.

Es sind folgende Hauptgruppen von C/Ps zu unterscheiden:

§§ 556, 557 **1. Ladungscharter,** häufig auch **Reisecharter** genannt. Sie wird für eine bestimmte Verschiffung einer bestimmten Ladung geschlossen, meistens über das ganze Schiff, seltener über einen Teil desselben, z. B. für die sogenannten Basisladungen in der Linienfahrt. Die Fracht wird für eine Beförderung erhoben, so daß z. B. das Risiko des Zeitverlustes durch schlechtes Wetter zu Lasten des Reeders geht (s. S. 128).

HGB:

2. **Bareboat-Charter** oder Demise-Charter als Schiffsmiete, verhältnismäßig selten. Dabei mietet der Charterer das „nackte" Schiff, rüstet es aus, stellt selbst die Besatzung einschließlich des Kapitäns und verwendet es entsprechend den Abmachungen während einer bestimmten Zeit in seinem Dienst, bei einem ausländischen Schiff manchmal sogar unter der eigenen Nationalflagge (vgl. Flaggenschein, s. S. 84). Man nennt diesen Charterer auch Ausrüster, der im Verhältnis zu Dritten als der Reeder angesehen wird. Er muß also auch genau so wie dieser § 510
haften und z. B. nach einer verschuldeten Kollision dem Gegner den Schaden ersetzen. Allerdings kann der Gegner als Schiffsgläubiger (s. S. 182) seinen Anspruch auch gegen das Schiff geltend machen.

3. **Zeitcharter** als Schiffsmiete mit Dienstverschaffungsvertrag. Wäh- §§ 556, 557, 622
rend einer bestimmten Zeit kann der Zeitcharterer (Zeitbefrachter) bei entsprechenden Abmachungen beliebige Ladungen nach beliebigen Häfen befördern lassen (s. S. 141). Die „Zeitfracht" wird für einen bestimmten Zeitraum erhoben, so daß gewöhnliche Reiseverzögerungen oder unvollständige Ausnutzung des Schiffes zu Lasten des Zeitcharterers gehen. Der Zeitbefrachter ist häufig ein Reeder, der das Schiff mangels eigenen Schiffsraumes in seinen Linien- oder Trampdienst einstellt und so gleichzeitig Verfrachter wird. Der Zeitbefrachter kann auch ein Ladungsbeteiligter sein, der z. B. eine Reihe von Reisen durchführen will. Bei dieser üblichen Form der Zeit-C/P übernimmt der Zeitbefrachter das Schiff *mit* dem Kapitän und rüstet es *nicht* in allen Teilen aus. Nach einem Urteil des Bundesgerichtshofes vom 26. 11. 56 haftet der Zeitbefrachter nicht nach außen (Außenverhältnis), so daß der Reeder z. B. für einen Kollisonsersatz verantwortlich bleibt. Die Haftung des Zeitcharterers gegenüber dem Ladungsbeteiligten (Innenverhältnis) für Ladungsschäden ist dadurch begründet, daß nicht ein Reeder-, sondern ein Verfrachter-Konnossement ausgestellt wird. Es muß aber damit gerechnet werden, daß das Schiff auch dann „an die Kette gelegt" wird, wenn z. B. der Zeitbefrachter als Verfrachter seine durch Konnossement begründete Schadenersatzpflicht gegenüber den Ladungsbeteiligten nicht erfüllt oder z. B. bei der Brennstoffergänzung die Rechnung nicht bezahlt.

Die hinter einer C/P stehenden Interessen sind so verschieden, daß sie nicht erschöpfend behandelt werden können. Über die Rechtsverhältnisse kann aber folgendes gesagt werden: Grundsätzlich gelten die zwingenden Vorschriften der Haager Regeln (s. S. 114) nicht für die C/P, da sie sich nur auf Konnossemente beziehen. Meistens wird aber § 663
auch in der Trampfahrt ein Konnossement mit Bezug auf die Bedingungen der C/P ausgestellt, oft sogar ein Orderkonnossement. Jedes mit einer Ladungs-C/P verbundene Konnossement unterliegt aber erst von dem Augenblick ab den Haager Regeln, in dem der *Charterer* das § 663a
Namenskonnossement an den Empfänger weitergegeben oder das Orderkonnossement an den Rechtsnachfolger indossiert hat. Also wird z. B. bei einer Ladungs-C/P das Rechtsverhältnis zwischen dem Reeder und dem Charterer ausschließlich durch die C/P geregelt. Das ist besonders dann bedeutsam, wenn der Charterer als Importeur zugleich der Emp-

fänger ist, weil die im Widerspruch zu den Haager Regeln stehenden Freizeichnungen in der C/P in diesem Falle rechtswirksam sind. Allerdings sind Ladungsschäden in der Trampfahrt verhältnismäßig selten, weil die meisten Massengüter unempfindlicher sind als Stückgüter. Daher haben die verschiedenen kaufmännisch-juristischen Klauseln in der C/P über das Laden, Löschen usw. eine größere Bedeutung als die Frage, ob die Haager Regeln mit ihrer Beziehung auf Ladungsschäden wirksam sind oder nicht. Daraus folgt für den Kapitän: Den Chartervertrag immer wieder lesen! Alle Einzelheiten studieren, um das Günstigste für den Reeder herauszuholen! Das gilt besonders, wenn der Kapitän keinen tüchtigen Makler zur Seite hat oder wenn er gar gemäß C/P den Makler des Ladungsbeteiligten in Anspruch nehmen muß. Immer daran denken, daß der Ladungsbeteiligte in der Trampfahrt sehr erfahren ist! Besondere Aufmerksamkeit bei geänderten Vordruckklauseln und Zusatzklauseln! Unklare oder wegen der Fremdsprache unverständliche Klauseln vor der Ausreise mit dem Reeder klären! Gegebenenfalls wegen der Klärung keine Nachrichtenspesen scheuen!

Für die Praxis sind viele Arten von Charterverträgen für die verschiedenen Bedürfnisse bei der Verschiffung von Massengütern und für die verschiedenen Fahrten (Relationen) entwickelt und als Vordrucke herausgegeben worden. Daran waren in erster Linie zwei Einrichtungen beteiligt, und zwar The Baltic and International Maritime Conference, Kopenhagen (vormals The Baltic and White Sea Conference), und The Chamber of Shipping of the United Kingdom, London. Nachstehend werden einige verwandte Arten von C/Ps in Gruppen zusammengefaßt. Es gibt noch viele andere C/Ps, z. B. solche für Phosphat, Reis, Steine,

Verschiffung	Code-Name	Herausgeber und Anwendungsgebiet
Güter aller Art, wenn kein Vordruck verfügbar, jedoch auch für Kohle, Getreide, Zement usw.:	Gencon	The Baltic and White Sea Conference, Uniform General Charter 1922
	Deutgencon	Deutsche C/P auf Grundlage der der Gencon-C/P
Kohlen:	Baltcon	The Baltic and White Sea Conference 1921 Ostküste England-Nordeuropa
	Coastcon	Chamber of Shipping 1920, Nordeuropa
	Medcon	Chamber of Shipping, East Coal C/P 1922 for all trades mit einigen Ausnahmen
	Deutkohle	Deutsche Kohlencharter Nordseehäfen-Skandinavien
	Polcon	The Baltic and International Maritime Conference; Polish Coal Charter 1950
	Welcon	Chamber of Shipping, Coal Charter Party (Welsh Form) 1913
	—	Americanized Welsh Coal Charter Party USA—Europa

Verschiffung	Code-Name	Herausgeber und Anwendungsgebiet
Holz:	Baltwood	Chamber of Shipping, Baltic Wood Charter 1926 Ostsee u. Norwegen—Großbritannien
	Deutholzneu	Deutsche Holzcharter Ostsee—Deutschland
	—	National Coal Board, Props von Nordeuropa nach Großbritannien
	Newbelwood	Holz Nordeuropa—Belgien
	New Scanfin	Chamber of Shipping Skandinavien und Finnland—Großbritannien
	Nubaltwood	Chamber of Shipping, Baltic Wood Charter 1951 Ostsee u. Norwegen—Großbritannien
	—	Papierholz-Frachtvertrag, Deutsche Zellstoff-, Papier- und Holzstoff Industrie
Getreide:	Austral	Chamber of Shipping, Australian Grain Charter 1928
	Centrocon	Chamber of Shipping, River Plate Charter Party 1914 (Homewards)
	—	Baltimore Berth Grain Charter Party (Form C) von USA und Ostküste Kanada
Erz:	C (0) 7	Chamber of Shipping, Mediterranean Ore Charter 1921 Mittelmeer—Europa
	Deuterz (neu)	Skandinavien—Deutschland
	Skanderz	Skandinavien—Deutschland
Zeit:	Baltime 1939	The Baltic and International Maritime Conference, Uniform Time Charter
	Deutzeit	Deutscher Zeitfrachtvertrag auf der Grundlage der Baltime
	—	Time Charter Party, New York Produce Exchange 1946

Zement und Zucker. Die nachfolgenden sind aber die bekanntesten, die bis auf einige Privat-C/Ps von jeder der beiden obengenannten Einrichtungen anerkannt und empfohlen sind und von Zeit zu Zeit verbessert werden.

Das Seefrachtgeschäft wird überwiegend in englischer Sprache abgewickelt. Auch der deutsche Reeder kann das nicht umgehen, weil einer der Beteiligten fast immer ein Ausländer ist. Da die verklausulierten Charterverträge in englischer Sprache nicht immer leicht zu verstehen sind, sollte schon der junge Schiffsoffizier sich rechtzeitig mit den Fachausdrücken vertraut machen. Eine gute Hilfe bieten dabei deutsche Nachbildungen der englischen Fassungen, z. B. *Deutgencon-Gencon* und *Deutzeit-Baltime*. Diese werden nachstehend besprochen und dabei

HGB: besonders jene Punkte erläutert, die in allen Charterverträgen mit oder ohne Abänderung immer wiederkehren.

Es kann aber nicht für jeden Sonderfall das Passende gesagt werden, weil selbst gleiche Klauseln in dem einen Lande anders ausgelegt werden können als in dem anderen. Die nachstehenden Ausführungen können nur einen allgemeinen Überblick über die Verhältnisse und Bedingungen des Chartergeschäftes geben.

Ladungs- oder Reisecharter am Beispiel Deutgencon.

Deutgencon: Allgemeiner Einheitsfrachtvertrag 1940 auf Grund der Gencon-Charter. Er ist für die Verschiffung solcher Güter gedacht, für die es keine besonderen Vordrucke gibt, doch wird er auch bei der Verschiffung von Kohlen, Getreide und anderen Massenladungen angewandt. Einleitend werden Zeit und Ort des Abschlusses genannt. Sie sind wichtig, weil man sich im Konnossement auf den Chartervertrag bezieht. Es folgen die Bezeichnung des Reeders oder des Verfrachters mit dem Schiff, dessen Größe und Ladefähigkeit sowie des Befrachters. Danach beginnen die eigentlichen Klauseln, die aber keineswegs endgültig sind, sondern abgeändert oder ergänzt werden können.

1. Ladebereitschaft. Diese kann nur ungefähr angegeben werden, weil das Schiff sich bei Abschluß meistens noch unterwegs befindet (trading). Vgl. Kl. 11, s. S. 137!

§ 560 *Ladehafen.* Hierbei ist die Klausel von Bedeutung: „... oder so nahe, wie das Schiff sicher und flott liegen kann". Kosten und Zeitverlust für einen etwaigen Umtransport zum sicheren Liegeplatz hätte also der Befrachter zu tragen. Für manche Häfen mit großem Tidenhub bestimmt die C/P, daß das Schiff nicht immer flott zu sein braucht, wenn es sicher auf dem Grunde sitzen kann (not always afloat but safe aground).

Ladung. Diese wird nach Art und Menge bezeichnet, entweder in metric tons (t zu 1000 kg) oder in long tons (ts zu 1016 kg). Sehr oft wird die Klausel hinzugefügt, daß z. B. 5 oder 10% mehr oder weniger nach Reeders Wahl (in owner's option) zu liefern sind. Manchmal werden auch die Mindest- und Höchstmengen selbst genannt („minimax"). Dadurch soll eine restlose Beladung des Schiffes sichergestellt werden. Vielfach verpflichtet eine Zusatzklausel im Anhang (rider oder appendix oder addendum) den Reeder oder seinen Makler – manchmal auch das Schiff –, die gewünschte Ladungsmenge zusammen mit einer 10-Tage-Notiz genau anzugeben (vgl. ETA, s. S. 140). Der Kapitän muß bei der Berechnung in Zusammenarbeit mit dem 1. Offizier und dem 1. Ingenieur folgende Punkte berücksichtigen: Verbrauch von Brennstoff und Wasser bis zum Ladehafen und während des Ladens, etwa notwendige Ergänzung dieser Vorräte, zulässiger Tiefgang beim Überschreiten einer Zonengrenze gemäß Freibordverordnung, Verbrauch von Vorräten bis zum Erreichen einer solchen Grenze. Für unvorhergesehene Verzögerungen rechnet man eine Reserve von 25%, bei kurzen Reisen natürlich entsprechend mehr. Verzicht auf restlose Ausnutzung der

HGB:

Ladefähigkeit bedeutet Frachtausfall! Berechnungsbeispiel s. S. 199 ff.
Der Ablader *muß* die bezeichnete Menge voll liefern. Tut er es nicht, §§ 578, 579
hat der Reeder Anspruch auf volle Fracht. Dazu muß aber der Kapitän beim Ablader durch Einschreibbrief oder bei einem Notar Protest einlegen und sich alle Rechte vorbehalten. Dabei sollte zum Nachweis der Restladefähigkeit ein Sachverständiger herangezogen werden, der über den Befund ein Protokoll aufstellt. Das eingenommene Gewicht muß nach den eigenen Tallyunterlagen (gut aufbewahren!) oder an Land, besonders aber am Tiefgang nachgeprüft werden. Über den Anspruch auf Fehlfracht (Fautfracht) für die nicht gelieferte Ladungsmenge muß ein Vermerk ins Konnossement aufgenommen werden. Außerdem muß der Empfänger telegraphisch und brieflich darüber unterrichtet werden,
denn wegen dieses Anspruchs besteht ein Pfandrecht an der Ladung. §§ 614, 623
Für gewöhnlich wird der Reeder, der ja ohnehin über alles unterrichtet wird, diese Mitteilung übernehmen und auch gleichzeitig den Befrachter
benachrichtigen, der letzten Endes als Unterzeichneter der C/P für §§ 625-627
alle Nachteile haften muß.

In selteneren Fällen wird eine Mengenvereinbarung nach Wahl des Befrachters getroffen (in charterer's option). Dann muß der Kapitän darauf achten, daß er einschließlich der Reserve nur so viel Brennstoff und sonstige Verbrauchsausrüstung an Bord hat, daß das Schiff die bedungene Höchstmenge der Ladung übernehmen kann. Maßgebend ist immer der Tag des Eintritts in eine Freibordzone, so daß der Verbrauch bis dahin bei der Bemessung des Auslauftiefgangs noch berücksichtigt werden kann.

Fracht. Diese Vereinbarung geht in erster Linie den Reeder an. Oft § 617
wird Vorauszahlung beim Zeichnen der Konnossemente verlangt, wobei die Fracht als verdient gilt ohne Rücksicht auf einen etwaigen späteren Verlust von Schiff und/oder Ladung. Wenn aber die Fracht erst bei Auslieferung der Güter zu entrichten ist, muß der Kapitän für Einziehen oder Sicherheit sorgen. Meistens ist allerdings ein Makler hiermit betraut (vgl. Auslieferung, s. S. 123).

2. Verantwortlichkeit des Reeders. Der Reeder ist nur haftbar, wenn Ladungsschäden folgende Ursachen haben:

a) Unsachgemäße oder nachlässige Verstauung der Ladung, es sei denn, daß dieses die Ablader oder deren Beauftragte selbst bewirkt haben.

b) Mangel an persönlicher Sorgfalt des Reeders oder seiner Vertreter (Kapitän ist in diesem Sinne nicht Vertreter), das Schiff see- und reisetüchtig zu machen.

c) Persönliche Handlungen oder Unterlassungen des Reeders oder seiner Vertreter.

Von allen übrigen Schäden — also auch von solchen aus kommerziellem Verschulden — zeichnet der Reeder sich frei. Das ist bei einer C/P
erlaubt (Erläuterung s. S. 125). Die Freizeichnung von einer durch § 663
den Kapitän verschuldeten Seeuntüchtigkeit nach Klausel b) ist fragwürdig. Der Kapitän wird ohnehin alles tun, um das Schiff seetüchtig

HGB:
zu machen und die Ladung nach Seemannsbrauch zu stauen und zu behandeln.

§ 636a **3. Abweichen vom Kurse (Deviation).** Das Schiff darf zu jedem Zwecke und in beliebiger Reihenfolge andere Häfen anlaufen, ohne Lotsen fahren, andere Schiffe schleppen und zur Rettung von Leben oder Eigentum vom Reisewege abweichen. Unter einem weitergegebenen Orderkonnossement (s. S. 118) darf das Schiff dagegen nur in gerechtfertigter Weise vom Reisewege abweichen. Das träfe z. B. bei der Übergabe eines Schwerkranken zu oder wenn die gemeinsamen Reiseinteressen von Schiff und Ladung es erfordern. § 636a unterliegt zwar nicht den zwingenden Vorschriften des § 662, so daß eine Freizeichnung von Ladungsschäden aus Abweichen vom Reisewege (scheinbar) wirksam wäre. Tatsächlich könnte aber der Geschädigte mangelnde Sorgfalt beim Befördern nach § 606 geltend machen.

Beispiele: 1. Der engl. D. „Ixia" lief ausgehend St. Ives, Landsend, an, um zwei Garantieingenieure zu landen. Beim Auslaufen geriet er auf einen Felsen und ging mit der Ladung verloren. Der Reeder mußte für die Ladung im Rahmen der beschränkten Reederhaftung (s. S. 116 u. 165) Schadenersatz leisten, weil das Schiff ungerechtfertigt vom Reisewege abgewichen war.

2. Der engl. D. „Newbrough" sollte heimkehrend von Vanconver in St. Thomas bunkern, lief aber wegen Kohlenmangels Port Royal, Jamaica, an. Dabei strandete er und ging total verloren. Auch dieser Reeder mußte dem Ladungsbeteiligten Schadenersatz leisten, weil das Schiff bei Abfahrt nicht genug Kohlen bis St. Thomas gehabt und sie in Cristobal/Colon nicht ergänzt hatte.

4. Frachtzahlung. Während nach der Gencon-C/P die Fracht erst bei Auslieferung fällig ist, wird in der Praxis vielfach Vorauszahlung verlangt (s. Klausel Nr. 1).

§§ 567 ff., 594 ff. **5. 6. Beladen, Entlöschen.** (Loading, Discharging.) Bei den verschiedenen Arten von C/Ps wird der gedruckte Text dieser beiden Klauseln am häufigsten geändert. Grundsätzlich gilt aber folgendes: Die Zeiten für Laden und Löschen werden als *Ladezeit* (time of loading) und *Löschzeit* (time of discharging) bezeichnet. Was über die bedungene
§§ 567, 594 Zeit hinaus für Ladungsarbeiten beansprucht wird, ist *Überliegezeit* (days on demurrage).

§§ 567, 594 Für das Laden und Löschen erhält der Befrachter oder an dessen Stelle der Ablader oder der Empfänger eine bestimmte *Lade- oder Löschzeit,* für die keine besondere Vergütung verlangt wird. Die Tageskosten des Schiffes (s. S. 190) für diese Zeit sind in die Fracht einkalkuliert. Für die weiter benötigte, nicht mit einkalkulierte *Überliegezeit* wird als
§§ 572, 598 Entschädigung für den Zeitverlust *Liegegeld* (demurrage) erhoben. Nutzt der Ablader oder Empfänger die Lade- oder Löschzeit nicht voll aus, wird dafür oft auf Grund einer Zusatzklausel eine Vergütung gewährt, das *Eilgeld* (despatch money), und zwar meistens in halber Höhe des Liegegeldes (vgl. reversible clause, s. S. 136). Ist die Ladung eines Empfängers unter verschiedenen Konnossementen für mehrere Löschhäfen bestimmt, werden die verschiedenen Löschzeiten zusammengerechnet.

HGB:

Nach der Gencon-C/P muß die Ladung in Reichweite des Schiffsgeschirrs gebracht und beim Löschen von dort wieder abgenommen werden (free alongside ship, fas). In diesem Falle müßte das Schiff die Kosten für Stauen und Trimmen tragen. Diese Kosten übernimmt aber manchmal nach Änderung der Klausel der Ladungsbeteiligte (free in and out, fio). Überstunden oder Arbeiten während der Überliegezeit müssen in der Regel vom Ladungsbeteiligten getragen werden. § 561

Beginn des Ladens und Löschens. Eine schriftliche *Andienung* muß regelmäßig dem genau festgelegten Beginn des Ladens und Löschens vorausgehen. Diese schriftliche Meldung über die Lade- oder Löschbereitschaft wird nach Klarmeldung des Kapitäns vom Reeder oder Makler, sonst vom Kapitän persönlich erledigt. Sie wird nur während der Bürostunden entgegengenommen. Sie darf nicht etwa im voraus durch FT oder Telephon an den Empfänger der Andienung abgegeben werden, sondern allgemein erst dann, wenn das Schiff an seinem Liegeplatz liegt oder auf diesen wartet. Nach deutscher Rechtsprechung muß bei Abgabe der Meldung mindestens die Weichbildgrenze der Stadt erreicht sein. Wenn die Zeit drängt, ist folgende Regelung möglich: Der Kapitän benachrichtigt durch FT oder Telephon – gegebenenfalls über einen Beobachter an Land – den Makler kurz vor dem Einlaufen oder Festmachen über die voraussichtliche Arbeitsbereitschaft. Darauf übergibt der Makler dem Ladungsbeteiligten die schriftliche Andienung. Es muß aber sichergestellt sein, daß das Schiff dann auch tatsächlich zur angegebenen Zeit bereit ist, weil sonst Schadenersatz wegen Wartens der Arbeiter geleistet werden müßte und der Beginn der Lade- oder Löschzeit ohnehin nicht anerkannt zu werden brauchte. Man beachte, daß das Schiff in allen Teilen ladeklar (bzw. löschklar) sein muß, z. B. mit offenen Luken und aufgetoppten Bäumen, Garnier, Matten, Abdeckung, besichtigten Getreideschotten, besichtigten Ladetanks usw. §§ 567, 594 §§ 567, 594

Nach der Gencon-C/P beginnt die Lade- oder Löschzeit um 13 Uhr, wenn das Schiff vor 12 Uhr angedient ist, und am nächsten Arbeitstage um 6 Uhr, wenn die Andienung nach 12 Uhr während der Geschäftsstunden erfolgt. Die Empfänger der Andienung werden meistens in der C/P genau bezeichnet; andernfalls Anschriften beim Reeder erfragen, nötigenfalls telegraphisch. Muster einer schriftlichen Andienung (written notice of readiness): §§ 567, 594

To .... Place ....
(Charterer's Agents) Date ....

Gentlemen: I wish to advise you that the German SS. (mv.) „......" under my command, is now lying at (oder „anchored at") .... waiting for loading berth (oder „at her loading berth") and is ready in all respects to load a cargo of .... (in bulk) in accordance with the terms and conditions of Charter Party, dated .... and rider (Anhang) thereto.

Notice accepted: Respectfully,
date ...., hours ...., Master
.... German SS. „......"
Charterer's Agents

HGB:

Der Empfang der Andienung sollte auf der Abschrift für das Schiff bescheinigt werden.

Manchmal muß der Reeder ungünstige oder unklare Bedingungen über die Anfangszeiten und die gesamte Liegezeit hinnehmen. In solchen Fällen kann der Kapitän unter Umständen viel für seinen Reeder herausholen. Beispiel: Anfangszeiten nach Gencon-C/P wie oben, jedoch mit der Abänderung, daß von sonnabends 13 Uhr bis montags 7 Uhr keine Lade- oder Löschzeit angerechnet wird. Der Kapitän dient an einem Sonnabend um 12 Uhr an. Er glaubt, daß der Ablader sofort mit Überstundenarbeit beginnen will, um das Schiff vor Ablauf der Ladezeit abzufertigen und so Eilgeld zu verdienen. Falls die C/P darüber nichts vorsieht, wird der Kapitän, der im übrigen auch an einer schnellen Abfertigung interessiert ist, der Andienung folgenden Zusatz geben:

„According to C/P time of loading (discharging) will commence to count from 7. a. m. on Monday. In case you should desire to start work earlier time of loading (discharging) to count as from the beginning of loading (discharging)“. Um einen vielleicht befreundeten Ablader nicht zu verärgern, bleibt dem Kapitän dann immer noch ein Kompromiß offen, indem im obengenannten Falle die Ladezeit etwa erst ab Sonntag um 0 Uhr gerechnet wird — jedoch nur, wenn dann auch am Sonntag tatsächlich gearbeitet wird. Alles schriftlich festlegen! Wenn die Lade- oder Löschzeit über einen Feiertag hinaus geht, sollte ähnlich verfahren werden.

Die Lade- oder Löschzeit wird nach Tagen — seltener auch nach Stunden — gerechnet. Vielfach wird auch eine bestimmte Ladungsmenge festgesetzt, die täglich im ganzen oder pro Luke zu laden oder zu löschen ist. Die auf Tage, Stunden und Minuten (pro rata) berechnete Lade- oder Löschzeit ergibt sich dann aus der Division: Gesamte Ladungsmenge durch tägliche Ladungsmenge. Es sind hierbei mehr oder weniger günstige Abmachungen in den verschiedensten Ausdrücken möglich. Die wichtigsten davon werden nachstehend erläutert. Dabei werden die gebräuchlichsten englischen Fachausdrücke benutzt, weil man es überwiegend mit C/Ps in englischer Sprache zu tun bekommt.

§ 573 *Running days; running days of 24 consecutive hours.* Hierbei werden die Lade- oder Löschtage in fortlaufender Reihenfolge ohne Rücksicht auf Sonntage oder gesetzliche Feiertage gerechnet, und zwar jeder Tag von 0 bis 24 Uhr. Angebrochene Tage werden anteilig (pro rata) berechnet.

Working days (Arbeitstage). Nach allgemeiner Auffassung sind damit Arbeitstage von 24 Stunden gemeint, und zwar ohne Rücksicht auf die tatsächlichen Arbeitsstunden. Sonntage und Feiertage werden von 0 bis 24 Uhr nicht mitgerechnet. Einige ausländische Kommentare berufen sich darauf, daß nicht von Werktagen, sondern von Arbeitstagen gesprochen wird. Es seien Arbeitstage mit der ortsüblichen Arbeitszeit von 8 Stunden gemeint, so daß z. B. im Zusammenhang mit „weather permitting“ (s. unten) wegen 4 ausgefallener Ladestunden bei Regen das Ende der Ladezeit sich um $^4/_8$ working day hinausschöbe anstatt nur um $^4/_{24}$. Dann muß aber andererseits zugunsten des Reeders eine ununterbrochene Arbeitszeit von 24 Stunden als 3 working days angerechnet werden.

Nach einem neueren Urteil eines britischen Court of Appeal wurden working days zu der ortsüblichen Arbeitszeit nicht zu 24, sondern zu 8 Stunden angerechnet, weil die C/P an mehreren Stellen auf den Hafenbrauch verwies. Anders ist es aber bei folgender Klausel:

... ts per working day, time from noon on Saturday to 8 a. m. on Monday not to count. So oder ähnlich lauten die meisten Klauseln über die Lade- und Löschzeit. Man bekennt sich damit klar zur 24-Stunden-Rechnung, weil *ohne* diese Erweiterung z. B. der Montag ab 0 Uhr, also zu 24 Stunden anzurechnen wäre. *Mit* ihr aber werden der Sonnabend zu $^{12}/_{24}$ und der Montag zu $^{16}/_{24}$ working day und die genannte Zwischenzeit nicht angerechnet.

Working days of 24 hours oder *... of 24 consecutive hours.* Nur mit der letzten Fassung ist klar, daß ohne Rücksicht auf die tatsächliche Arbeitsdauer jeder working day zu 24 Stunden zu rechnen ist. Bei der ersten Fassung könnte ein Ladungsbeteiligter fordern, daß z. B. 8 Arbeitsstunden als ortsübliche Arbeitszeit nur als $^8/_{24}$ working day angerechnet werden. Überwiegend wird jedoch jeder working day zu 24 Stunden gerechnet.

Wenn der Reeder solche oder ähnliche unklare Bedingungen annehmen mußte, kann dem Kapitän nur geraten werden, sich entweder vom Reeder rechtzeitig Anweisungen zu holen oder bei der Zeitabrechnung (s. Timesheet) nur die Arbeitszeiten selbst zu bestätigen und im übrigen unter Vorbehalt zu unterschreiben.

Weather working days („wetterbedingte" Arbeitstage) oder *... weather permitting.* Diese Bedeutung ist die gleiche wie beim working day, jedoch mit der Einschränkung, daß keine Arbeitszeit angerechnet wird, in der wegen der Wetterlage Ladungsarbeiten unmöglich sind. Man sollte aber z. B. Regen nach Feierabend oder während der Mittagspause nicht als Stoppzeit anerkennen. In dieser Klausel liegen für den Reeder viele Nachteile, weil er nichts einwenden kann, wenn z. B. der Ablader wegen Regens keinen Zement anliefern oder wegen Seegangs keine Leichter anfahren will. Selbst bei der Arbeitsverweigerung der Stauer wegen Regens ist das Schiff machtlos. Der Kapitän muß dann zu verhandeln versuchen. Kleine Vergütungen machen sich oft gut bezahlt. §§ 573, 597

Nach einem englischen Urteil[1] kommt es nicht darauf an, ob die Arbeiten tatsächlich unterbrochen worden sind, sondern nur darauf, ob wegen des Wetters mit einer Unterbrechung der Ladungsarbeiten gerechnet werden muß. Nach der Rechtsprechung in den übrigen Ländern — auch nach der englischen Literatur — kommt es dagegen darauf an, ob schlechtes Wetter herrscht und die Ladungsarbeiten tatsächlich ausfallen.

---

[1] Queen's Bench Division vom 8. 4. 1957.

HGB:

... *Sundays and holidays excepted.* Dieser Zusatz findet sich häufig in Verbindung mit running days. Die ganze Klausel hat dann die gleiche Bedeutung wie working days, d. h., daß nur die Sonntage und Feiertage nicht gerechnet werden. Die Tage *vor* diesen, die sogenannten Vorfeiertage, zählen dann aber ganz mit, sofern keine Sondervereinbarung darüber getroffen ist. Über die ausländischen Feiertage muß man sich rechtzeitig unterrichten, am besten schon vor Reisebeginn beim Reeder oder Makler. Innerhalb der Überliegezeit werden Sonntage und Feiertage aber stets als days on demurrage angerechnet.

... *per workable hatch* oder ... *per working hatch* oder ... *per available workable hatch.* Besonders in einigen Holz-C/Ps wird die Lade- und Löschzeit nach einer bestimmten Menge pro arbeitsfähiger Luke berechnet. Über die Auslegung kann es Meinungsverschiedenheiten geben. In Skandinavien wird vielfach nach dem Prinzip der „größten Luke" gerechnet. Beispiel: Luke I 300 t, Luke II 500 t; täglich zu löschen 100 t per workable hatch. Nach der größten Luke ergeben sich 5 Löschtage. Diese Auffassung hat sich Queen's Bench Division in einem 1953 gefällten Urteil zu eigen gemacht. In anderen Ländern wird manchmal das sogenannte Multiplikationssystem zugunsten des Reeders angewandt, wonach bei einer workable hatch nur deren technische Eigenschaften berücksichtigt werden. — möge die Luke beim Laden schon voll oder beim Löschen leer sein. Beispiel wie oben: Die Gesamtmenge von 800 t ist durch 2×100 t zu teilen, so daß sich nur 4 Löschtage ergeben. In neuerer Zeit setzt sich aber das sogenannte Größte-Luke-Prinzip des ersten Rechenbeispiels immer mehr durch, auch in der deutschen Rechtsprechung[1]. Für die Schiffsleitung folgt daraus, daß die Ladung möglichst gleichmäßig auf alle Luken verteilt werden muß. Kleine Luken möglichst voll beladen, wenn Trimm und Längsfestigkeit es zulassen! Sind z. B. Raum I und II nicht durch ein Schott getrennt, sollte man über der Luke des kleineren Raumes beginnen, damit „unter ihr", durch sie geladen, im Verhältnis zur größeren möglichst viel Ladung liegt.

§§ 560, 561, 568, 595 ... *to be loaded (discharged) according to custom of the port* (nach ortsüblicher Gewohnheit zu laden). Diese Klausel bringt für den Kapitän große Unsicherheit mit sich, weil sich über die Gewohnheit streiten läßt. Schon vor Reisebeginn sollte der Kapitän sich darüber vom Reeder Verhaltungsmaßregeln holen; sonst müßte er den Makler des Reeders befragen.

... *unless used* (es sei denn, daß in Anspruch genommen). Der Reeder versucht stets, diese Zusatzklausel einzuschließen, wenn Sonntage und Feiertage nicht mitgerechnet werden sollen. Der Zusatz bedeutet, daß Arbeitszeit an einem Sonntag oder Feiertag oder auch während sonst ausgenommener Zeiten angerechnet wird. Die oben-

---

[1] Deutsche, englische und dänische Schiedsgerichte haben sich seit 1948 für das „Größte-Luke-Prinzip" entschieden.

HGB:

genannte Erweiterung der Andienung wegen Sonntagsarbeit (s. S. 132) ist dann also überflüssig. Gelegentlich wird unless used genauer ausgedrückt durch

... *unless used, but only time actually used to count.* Das bedeutet, daß z. B. 8 Arbeitsstunden an einem Feiertage nur als $^{8}/_{24}$ Arbeitstage angerechnet werden.

... *even if used* (selbst wenn in Anspruch genommen). Dieses bedeutet das Gegenteil von unless used. Der Ladungsbeteiligte darf auch an Feiertagen zwischen working days arbeiten, ohne daß solche Arbeitszeit angerechnet wird.

Abweichend von diesen letzten drei Klauseln wird in manchen C/Ps bestimmt, daß solche in Anspruch genommenen Zeiten zur Hälfte angerechnet werden.

... *free of turn.* Nach der Gencon-C/P geht das Warten auf den §§ 567, 594
Liegeplatz zu Lasten des Ladungsbeteiligten. In anderen C/Ps wird das gelegentlich ausdrücklich durch diese Klausel vereinbart.

... *whether in berth or not* ist gleichbedeutend mit *free of turn.*

... *in regular turn.* Das Schiff muß nach der Andienung ohne Anrechnung von Liegezeit auf den Liegeplatz warten. In manchen C/Ps wird die Turnperiode nach Tagen oder Stunden bemessen. Dann zählen ausgenommene Zeiten wie Sonntage usw. nicht als Turnzeit, so daß diese sich entsprechend verlängert. Sie ist auf jeden Fall aber zu Ende, wenn das Schiff an seinem Liegeplatz arbeitsbereit ist.

Trimmen. Während die Stauereikosten manchmal im Gegensatz zur § 561
Gencon-C/P zu Lasten des Ladungsbeteiligten gehen, muß die Kosten für das Trimmen meistens der Reeder tragen. Abweichungen von dieser Regel sind selbstverständlich möglich. Das *Laden* ist erst dann als beendet zu betrachten, wenn auch das Trimmen nach Anweisung des Kapitäns erledigt ist. Wenn die Ladezeit während des Trimmens abläuft, rechnet das restliche Trimmen als Überliegezeit.

Timesheet (Zeitaufnahme). Aus dem Vorstehenden ist erkennbar, daß der Zeitaufnahme ganz besondere Aufmerksamkeit zu widmen ist. Tagebucheintragungen und das Anlegen eines Arbeitsbuches sind dringend zu empfehlen. Im Arbeitsbuch soll der verantwortliche Stauer Beginn und Ende der Arbeitszeit gegenzeichnen. Andernfalls können sich unangenehme Meinungsverschiedenheiten ergeben, besonders im Hinblick auf die Klausel „weather working days". Manchmal wird auch die Anzahl der Arbeiter oder der Gänge in den Timesheet aufgenommen. Mit dem Unterschreiben des Timesheet sollte unter Umständen gewartet werden, bis die Konnossemente oder beim Löschen die Empfangsbestätigung, soweit eine solche erforderlich oder üblich, vorgelegt werden. Wenn das Schiff hierdurch ungerechtfertigt aufgehalten worden ist, kann das nachträglich im Timesheet vermerkt werden, so daß der Reeder seine entsprechenden Rechte wahren kann. Die Abrechnung über Liegegeld oder Eilgeld ist im allgemeinen Sache des Reeders oder

HGB: seines Maklers, so daß die Schiffsleitung sich dann auf die Bestätigung der Zeiten selbst beschränken kann.

§§ 567, 594ff. **7. Liegegeld** (demurrage). Nach der Gencon-C/P stehen dem Befrachter
für das Laden und Löschen insgesamt 10 *Über*liegetage zu. In anderen
C/Ps kann etwas anderes vereinbart sein. Für die Überliegezeit wird
pro Tag, also Sonntage und Feiertage eingeschlossen, ein vereinbarter
Betrag als Liegegeld erhoben, manchmal Tag für Tag zahlbar. Angebrochene Tage werden anteilig nach Stunden und Minuten (pro rata)
berechnet. Wenn der Kapitän feststellt, daß die vertraglich bedungenen
Überliegetage wahrscheinlich überschritten werden, sollte er entspre-
§ 570 chend der gesetzlichen Vorschrift drei Tage vor Ablauf der *Über*liegezeit schriftlich darauf hinweisen, daß er abfahren wird oder daß der
§ 602 Ladungsbeteiligte für weitere Überliegetage Schadenersatz leisten, nämlich mehr als das bedungene Liegegeld bezahlen muß (vgl. Kl. 12).
Keinesfalls darf also der Ladungsbeteiligte das Schiff beliebig lange
gegen Liegegeld warten lassen.

Wenn auch im allgemeinen der Makler des Reeders mit dem Einziehen des Liegegeldes beauftragt ist, sollte der Kapitän sich besonders
beim Löschen ebenfalls darum kümmern, weil das Pfandrecht an der
§ 625 Ladung nach deren Auslieferung gefährdet ist. Wenn der Ablader das
Liegegeld verweigert, sollte über die Höhe dieser Forderung und über den Grund ein Vermerk in das Konnossement aufgenommen werden. Auch sollten der Befrachter und der Empfänger telegraphisch und brieflich darüber unterrichtet werden, am besten natürlich über den Reeder, der ja ohnehin benachrichtigt werden muß. Wenn der Ablader ein Konnossement mit dieser Bemerkung nicht annehmen will, sollte stattdessen bei einem Notar Protest notiert und mit dem Auslaufen gedroht werden. Letzten Endes bleibt der Befrachter für das Liegegeld verantwortlich, der sich dann mit dem Empfänger der Ladung wegen des vom Reeder ausgeübten Pfandrechtes auseinandersetzen muß. Unter Umständen ist aber der Ablader bereit, eine Briefgarantie (s. S. 185) in Verbindung mit einer Bankgarantie zu geben. In der einen muß er dann aber sich selbst als Schuldner des Liegegeldes bezeichnen, und die andere darf nur bei beiderseitigem Einverständnis zurückgezogen werden und nicht befristet sein. In diesem Falle sollte man sich vorher mit dem Reeder in Verbindung setzen.

Eilgeld (despatch money). Für eingesparte Lade- oder Löschzeit muß der Reeder pro Tag und pro rata Eilgeld entrichten. Im Gencon-Vordruck fehlt diese Klausel. Sie wird aber oft eingearbeitet. Für gewöhnlich ist das Eilgeld halb so hoch wie das Liegegeld. Der Ladungsbeteiligte wird dadurch zu schneller Arbeit angereizt, woran ja auch der Reeder interessiert ist. Manchmal erzwingt allerdings der Befrachter beim Abschluß der C/P eine ungerechtfertigt lange Lade- und Löschzeit, um viel Eilgeld verdienen zu können. Wenn das Eilgeld für „all *time* saved" zu zahlen ist, müssen Feiertage usw. mit vergütet werden.

Reversible Clause oder Eilgeld *for all working time saved at both ends*. Diese Klausel bedeutet, daß in Anspruch genommene Überliege-

HGB:

tage beim Laden gegen ersparte Löschtage aufgerechnet werden dürfen und umgekehrt. Da das Liegegeld höher ist als das Eilgeld, ist diese Klausel für den Reeder nachteilig.

Non reversible... bedeutet das Gegenteil der vorgenannten Klausel. (Vgl. Bemerkung über Löschzeit in verschiedenen Löschhäfen auf S. 130.)

8. Pfandrecht (lien clause). Der Reeder hat ein Pfandrecht an der Ladung für Fracht, Fehlfracht, Liegegeld, Verluste durch Aufenthalt (z. B. Überschreiten der Überliegezeit) und Beiträge zur Havariegrosse (vgl. Kl. 12). §§ 614, 615, 623, 625

9. Konnossemente (B/L) s. auch S. 118. Diese zeichnet der Kapitän, manchmal auch der Makler oder Agent, ohne Präjudiz (Vorentscheidung) für den Chartervertrag. Trotzdem darf kein Konnossement ohne vorherigen Vergleich mit der C/P gezeichnet werden. Vor allem muß festgestellt werden, ob im Konnossement auf die C/P Bezug genommen ist (freight and all other conditions and exceptions as per C/P, dated ....), ob das Konnossement das richtige Datum trägt und ob die Bestimmungen über Havariegrosse der C/P entsprechen (YAR 1950!). Wegen der Bestätigungen über Gewicht, Anzahl usw. s. S. 115 ff. Wenn der Ablader sich weigert, ein Konnossement mit Beanstandungen oder mit Forderungsvermerken über Fehlfracht, Liegegeld usw. anzunehmen, kann das Konnossement unter Protest gezeichnet werden („signed under protest" oder „with reservation"). Falls dies nicht angenommen wird, Protest beim Notar oder Konsul notieren, Abschrift an Ablader! Über jeden Protest Nachricht an Reeder, u. U. auch an Ladungsempfänger! Keinesfalls selbständig Revers annehmen! Decksladung als solche im Konnossement bezeichnen! Das in der Trampschiffahrt verwendete Konnossement ist meistens nur eine kurze Empfangsbestätigung mit Auslieferungsversprechen und trägt manchmal nicht einmal die Bezeichnung „Konnossement". Es unterliegt aber zwingend den Haager Regeln (s. S. 114), sobald es mit oder ohne Bezeichnung als Konnossement vom *Charterer* an einen Nachfolger indossiert und weitergegeben ist (s. S. 125). Auslieferung der Ladung mit und ohne Konnossement (s. S. 123). § 642 §§ 566, 663

10. Streikklausel durch General Strike Klausel (s. u.) abgelöst.

11. Laydays; Cancelling (Liegetage, nicht zu verwechseln mit Lade- oder Löschzeit; Annullierung). In der C/P wird festgelegt, wann der Befrachter frühestens das Schiff zur Beladung annehmen muß und bis zu welchem spätesten Zeitpunkt der Reeder das Schiff stellen muß. In einem Telegramm würde z. B. stehen: „... laydays 3/10 cancelling 3/24". Das bedeutet: Der Ladungsbeteiligte ist nicht verpflichtet, die Ladung vor dem 10. März zu liefern oder das Schiff nach dem 24. März noch zur Beladung anzunehmen. Manchmal wird dazu noch die Uhrzeit angegeben, andernfalls müßte für das Ende der Frist die Uhrzeit gelten, bei der die ortsübliche Arbeitszeit endet. Sollte das Schiff sich verfrühen, muß der Kapitän den Reeder benachrichtigen, damit dieser klären kann, ob das Schiff früher angenommen wird oder ob es durch wirtschaftliches Fahren Brennstoff sparen soll. Unangenehmer ist aber eine Verspätung (Grund ohne Bedeutung!) mit ihren Folgen, weil besonders

HGB:

bei fallenden Raten der Befrachter von seinem Rücktrittsrecht Gebrauch machen oder versuchen wird, die Fracht zu drücken. Das Einhalten des cancelling date ist also von allergrößter Bedeutung. Die Bereitschaft des Ladeplatzes ist nicht erforderlich.

Die Gencon-C/P bestimmt, daß bei einer Verzögerung durch eine Havarie oder andere Ursachen die Befrachter — selbstverständlich über den Reeder — sofort zu benachrichtigen sind. Die Rücktrittserklärung müssen sie auf Verlangen 48 Stunden vor der erwarteten Ankunft des Schiffes abgeben. Dieses Verlangen ist allein Sache des Reeders, der vom Kapitän genau über den Umfang der erwarteten Verspätung unterrichtet werden muß. Unter Umständen wird nämlich der Reeder eine Erklärung des Befrachters erst bei der Ankunft des Schiffes verlangen, wenn seine Position dann stärker ist.

12. Havariegrosse (General Average). Diese ist nach den York Antwerp Regeln 1950 abzuwickeln. Das Schiff hat wegen der Beiträge ein Pfandrecht an der Ladung (vgl. Havarie, Einzelmaßnahmen, s. S. 156).

§§ 580ff. **13. Vertragsbruch** (Non-Performance; Indemnity Clause; Penalty Clause). Bei Nichterfüllung des Vertrages ist der nachgewiesene Schaden zu ersetzen, jedoch nur bis zur Höhe der Fracht. In vielen Fällen unterwerfen sich die Beteiligten einem Schiedsgericht, das sie vor oder nach einem Streitfall vertraglich bestimmen. Für gewöhnlich wirken dabei zwei erfahrene Reeder oder Kaufleute mit. Bei Uneinigkeit entscheidet ein Obmann. So werden Zeit und hohe Gerichtskosten erspart; allerdings ist der Schiedsspruch endgültig und schließt eine Berufung aus.

14. u. 15. Makler, Agenten (Broker, Agents). Diese werden namentlich genannt und die Befrachtungsgebühr festgelegt. Der Reeder muß manchmal den Makler des Befrachters im Lade- oder Löschhafen auch für die Vertretung des Schiffes anerkennen. In diesem Falle muß der Kapitän besonders vorsichtig sein und daran denken, daß der Makler des Befrachters (Charterer's Agent) in erster Linie immer die Interessen seines Auftraggebers wahrnimmt. Der Reeder setzt dann für seine Interessen oft zusätzlich den sogenannten Husbandry Agent ein, mit dem der Kapitän sich besonders in Streitfällen vor einer Entscheidung gegenüber den Ladungsbeteiligten beraten sollte.

Sonderklauseln sind möglich und üblich, beispielsweise:

General Strike Clause (Allgemeine Streikklausel). Keine der beiden Parteien ist für Streik verantwortlich. Im Ladehafen muß der Befrachter innerhalb von 24 Stunden schriftlich erklären, ob er den Zeitverlust durch Streik als Ladezeit berechnen lassen will. Andernfalls darf der Reeder zurücktreten. Herrscht im Löschhafen Streik, dürfen die Empfänger gegen halbes Liegegeld das Schiff auf das Ende des Streiks warten lassen. Hierbei müssen sie sich innerhalb von 48 Stunden schriftlich erklären. Die gleiche Erklärung müssen sie abgeben, wenn sie das Schiff nach einem sicheren Löschhafen beordern. Wenn dieser mehr als 100 sm entfernt ist, wird die Fracht entsprechend erhöht.

§ 629 **General War Clause** (allgemeine Kriegsklausel). Beide Seiten haben das Recht auf Rücktritt. Bereits übernommene Ladung ist im Ladehafen oder nach Antritt der Reise im nächsten sicheren Hafen auf Kosten der Befrachter zu löschen.

General Ice Clause (Allgemeine Eisklausel). Im Ladehafen ist die C/P aufgehoben, wenn der Hafen zugefroren ist oder wenn dieses befürchtet wird. Nach Beginn der Beladung darf das Schiff mit der Teilladung abfahren und an anderer Stelle Zuladung nehmen. Für die Beförderung der Teilladung ist Fracht zu bezahlen, jedoch ohne Extrazuschläge. Ist der Löschhafen (außer im Frühling) vereist, dürfen die Empfänger das Schiff gegen Liegegeld warten lassen oder nach einem anderen Löschhafen beordern. Diese Order muß innerhalb von 48 Stunden gegeben werden. Ist das Zufrieren zu befürchten, darf das Schiff mit der Restladung auslaufen und diese an einem anderen Platz löschen. Liegt der Ersatzhafen mehr als 100 sm entfernt, ist dafür zusätzlich Fracht zu zahlen. Alle übrigen Bestimmungen der C/P bleiben in Kraft.

New Jason Clause. Diese Klausel bezieht sich auf die bekannte Regelung der Havariegrosse. Sie verpflichtet die Ladungsbeteiligten ausdrücklich zur Beitragsleistung. Sie wird erst verständlich, wenn man die Rechtsprechung in USA berücksichtigt. Dort sind keine Havariegrosse-Beiträge der Ladung vorgesehen, wenn die Ursache der Havariegrosse in einem nautischen oder sonstigen Verschulden der Schiffsleitung liegt oder wenn die Havariegrosse vor Antritt der Reise entstanden ist.

Both to Blame Collision Clause (Schuld liegt bei beiden). Auch zum Verständnis dieser Klausel muß die Rechtsprechung in USA betrachtet werden. Diese sieht bei Zusammenstoß aus *beiderseitigem* Verschulden stets eine Schuldverteilung 50:50 ohne Rücksicht auf den jeweiligen Schuldanteil vor (vgl. Zusammenstoß und Haftungsbeschränkung, s. S. 163). Ferner darf sich die geschädigte Ladung zu 100% an dem gegnerischen Schiff schadlos halten. Dieses wiederum darf 50% davon seinem Gegner aufbürden, also dem Schiff der geschädigten Ladung. Im Ergebnis müßte also nach USA-Recht ein Schiff bei nautischem Mitverschulden für 50% der Schäden an der eigenen Ladung haften, womit man in USA im Widerspruch zu den Haager Regeln steht.

Um diese Haftung gegenüber der eigenen Ladung auszuschließen, baut man die Both to Blame Collision Clause ein. Sie hält das Schiff von dem oben beschriebenen Anspruch des gegnerischen Schiffes dadurch frei, daß die besagten 50% der eigenen Ladung selbst aufgebürdet werden.

Nach einer Entscheidung des höchsten amerikanischen Gerichtes (USA Supreme Court) ist diese Klausel für rechtsunwirksam erklärt worden (1952). Das Urteil ist aus folgenden Gründen scharf angegriffen worden: Hat man bei einem Zusammenstoß in USA oder mit einem USA-Schiff die alleinige Schuld, so braucht der Verfrachter der eigenen Ladung auch nach USA-Rechtsprechung keinen Ersatz zu leisten. Ist man aber z. B. mit einem Ballastschiff zusammengestoßen und trägt man daran tatsächlich nur 20% Mitschuld, muß man 50% übernehmen und auch 50% der Schäden an der eigenen Ladung tragen. Die deutschen See-

HGB:

versicherer übernehmen zur Zeit noch keinen Versicherungsschutz gegen diese Verpflichtung, doch wäre dies bei einem der Protecting Clubs möglich (s. S. 180). Die Klausel wird auch weiterhin in die C/Ps und auch in die Konnossemente der Linienfahrt eingebaut, weil man nicht weiß, ob sie in bestimmten Fällen — vor allem in einer Rechtsordnung außerhalb der USA – doch Bedeutung hat.

Paramount Clause (Vorrangklausel). Die Klausel besagt, daß das Konnossement einem bestimmten Landesgesetz, z. B. dem USA-Carriage of Goods by Sea Act unterliegt. Praktisch bedeutet sie, daß die Haager Regeln so angewandt werden, wie sie in den Gesetzen des in der Klausel genannten Landes enthalten sind. Es erübrigt sich dann also, Einzelheiten der Haager Regeln in das Konnossement aufzunehmen. In einer C/P mit den bestimmten Freizeichnungsmöglichkeiten (s. S. 125) oder in einem darauf sich beziehenden Konnossement ist die Paramountklausel daher fehl am Platze. Das höchste englische Gericht hat eine in einer C/P enthaltene Paramountklausel für anwendbar erklärt, obwohl über die Verschiffung kein Konnossement ausgestellt war.

Die Klausel ist seinerzeit in USA entstanden, als noch nicht alle Länder die Haager Regeln übernommen hatten. Heute findet man sie überwiegend in den Konnossementen der Linienfahrt, gelegentlich auch als Stempelaufdruck des Reeders, wenn er ihm unbekannte Konnossemente zeichnen soll.

ETA oder Radio Clause (**E**xpected **T**ime of **A**rrival). Das Schiff wird verpflichtet, seine voraussichtliche Ankunft im Löschhafen mit einer bestimmten Frist anzumelden. Wegen Ankunft im Ladehafen vgl. Nr. 11 S. 137.

Cesser Clause. Die Verantwortlichkeit des Abladers oder des Befrachters endet, sobald die Ladung an Bord ist, sofern Fracht, Fehlfracht und etwaiges Liegegeld bezahlt sind. Der Befrachter als Unterzeichneter der C/P kann unter dieser Klausel nicht mehr haftbar gemacht werden, wenn nachträglich Forderungen des Reeders entstehen. Hinsichtlich des Pfandrechtes an der Ladung, z. B. wegen Havariegrosse-Beiträgen oder
§§ 614, 615, 623, 625 Liegegeld beim Löschen, ist zu beachten, daß es verlorengeht, wenn der Empfänger die Güter weitergibt. Gegebenenfalls muß also das Pfandrecht schnell ausgeübt werden. Am besten ist es natürlich immer, die Ladung zurückzuhalten, bis alle Sicherheiten geleistet sind (vgl. Nr. 8, s. S. 137).

Die obengenannten Zusatzklauseln werden in einem besonderen Anhang der C/P beigefügt. Abschließend ist besonders zu betonen, daß gerade bei der Ladungscharter mit ihren verschiedenen, häufig abgeänderten Klauseln das genaue Studium des ganzen Vertrages dringend erforderlich ist. In Zweifelsfällen dürfen keine Nachrichtenspesen gescheut werden. Sehr wichtig ist die vollständige Unterrichtung der Offiziere über alle Angelegenheiten, welche die C/P und die Ladung betreffen. Zur frühzeitigen Einarbeitung der Offiziere sollte der Kapitän laufend Besprechungen abhalten und sich zur Pflege der Verantwortungsfreude von seinen Mitarbeitern beraten lassen.

HGB:

Zeitcharter am Beispiel Deutzeit.

Zeitchartervertrag (s. S. 125) auf Grundlage der Baltime-C/P. Einleitend werden nach Ort und Datum des Vertragsschlusses der Reeder als Verfrachter und der Charterer als Befrachter genannt, ferner alle wichtigen Einzelheiten über das Schiff, nämlich Größe in BRT und NRT, Tragfähigkeit bei Sommerfreibord, Korn- und Ballenrauminhalt, Maschinenstärke, Geschwindigkeit und Brennstoffverbrauch.

1. Dauer der Zeit-C/P. Diese wird im allgemeinen nach Monaten festgesetzt. Ferner werden die einzuhaltenden Grenzen der Fahrt festgelegt, die zur Beförderung erlaubten oder von ihr ausgeschlossenen Güter, der Anlieferungshafen sowie wann und wie das Schiff angeliefert § 622
werden muß (Andienung s. S. 131). Reeder rechtzeitig benachrichtigen, wenn das Erreichen des cancelling date (s. S. 137u. 144) gefährdet ist!

2. Kosten der Reederei (Owners to provide). Versicherung, Haltung des Schiffes in seetüchtigem Stande sowie Unterhalt der Mannschaft ist Sache des Reeders. Das Schiff hat je Luke einen Windenmann zu stellen. Diese Klausel wird häufig dahin abgeändert, daß das Schiff Raumwachen oder Deckswachen statt der Windenleute zu stellen hat, wenn der Stauer mit eigenen Windenleuten arbeitet, oder aber das Schiff hat die entsprechenden Windenleute des Stauers zu bezahlen. Überstunden im Interesse der Ladung hat der Zeitbefrachter zu tragen. Für laufende, rechtzeitige Aufzeichnung der Überstunden und Anerkennung durch den Vertreter des Zeitbefrachters muß unbedingt gesorgt werden.

3. Kosten des Befrachters (Charterer to provide). Hierzu gehören Kesselwasser und Kohlen oder andere Brennstoffe, Hafenabgaben, Lotsengebühren, Schleppergebühren, Kanalgebühren, Kosten für Laden, Stauen, Trimmen und Überstunden im Interesse der Ladung. Nach Baltime muß der Befrachter auch Schlingen, Broken usw. bezahlen. Der Kapitän darf also nur solche Rechnungen anerkennen, die auf Kosten des Reeders gehen (vgl. Nr. 2). Am besten teilt er beim Einlaufen in einen Hafen dem zuständigen Agenten oder Makler schriftlich mit, für wen das Schiff in Zeitcharter fährt und daß einlaufende Rechnungen zu dessen Lasten gehen. Solche Lieferungen und Leistungen bestätigt man mit dem Vermerk: „For and on behalf of time charterers without recourse to self or owners.“ Nur Proviant, Trinkwasser, ärztliche Behandlung usw. gehen zu Lasten des Schiffes. Wenn der Befrachter einen *Supercargo* als seinen Vertreter an Bord mitfahren läßt, wird dieser Verkehr erheblich erleichtert.

Übrigens ist der Supercargo lediglich Interessenvertreter des Zeitcharterers. Er kann dem Kapitän des gecharterten Schiffes nur solche Weisungen erteilen, deren Rechtmäßigkeit sich aus der C/P ergibt.

4. Kohlen (bunkers). Der Befrachter hat bei der Anlieferung, der Reeder bei der Rücklieferung nach einer festgesetzten Mindest- und Höchstmenge den Bunkerbestand zu übernehmen und sich dafür den Tagespreis anrechnen zu lassen. Das gleiche gilt für den Bestand an Kesselwasser. Diese Bestände müssen zusammen mit dem Supercargo oder einem anderen Vertreter des Befrachters oder auch in Gegenwart eines unparteiischen Besichtigers aufgezeichnet werden (Muster s. S. 145).

5. Zeitfracht (hire). Die Fracht muß im allgemeinen monatlich im voraus bezahlt werden. Sie wird entweder für das Schiff im ganzen festgelegt oder pro Tonne Tragfähigkeit bei Sommerfreibord ohne Rücksicht darauf, ob dieses Gewicht z. B. im Winter auch geladen werden kann. Das Einziehen der Zeitfracht ist Sache des Reeders. Der Kapitän muß aber damit rechnen, daß der Reeder dem Zeitbefrachter das Schiff entzieht, wenn die Fracht nicht pünktlich bezahlt wird.

6. Laden und Löschen. Hierfür hat der Zeitbefrachter die Kosten mit Ausnahme des etwa vereinbarten Windenmannes je Luke zu tragen. Das Schiff muß jederzeit das Ladegeschirr zur Verfügung stellen, doch muß der Befrachter die Kosten für besonderes Ladegeschirr tragen, auch für Ersatz von Windenläufern, Trossen usw.

7. Rücklieferung (redelivery). Nach Ablauf des Vertrages ist das Schiff in gleich gutem Zustande in einem eisfreien Hafen nach Wahl des Befrachters zurückzuliefern, jedoch innerhalb der vertraglich festgesetzten Grenzen (range). Die Rücklieferung darf wie die Anlieferung nur werktags erfolgen, und zwar während der Arbeitszeit. Sie ist mit einer Frist von 10 Tagen dem *Reeder* (nicht dem Kapitän) anzuzeigen. In manchen C/P wird dem Zeitbefrachter das Recht auf eine bestimmte Vertragsverlängerung zuerkannt. Wenn das Schiff sich bei Ablauf des Vertrages noch unterwegs befindet, verlängert sich der Vertrag bis zum Reiseende zu denselben Bedingungen, sofern die Reisedauer vernünftig berechnet war.

Die Schiffsleitung muß vor allem darauf achten, daß das Schiff in gleich gutem Zustande zurückgeliefert wird. Z. B. müssen alle Schäden, die während des Ladens und Löschens durch die Stauer entstehen, im Beisein des Supercargos aufgezeichnet werden. Nach Möglichkeit soll der Supercargo dafür sorgen, daß der Schuldige solche Schäden sofort reparieren läßt. Keinesfalls darf der Kapitän solche Reparaturrechnungen für seine Reederei anerkennen (vgl. Nr. 3 und Übergabeverhandlung, s. S. 145).

8. Ladung. Der gesamte Laderaum an und unter Deck steht dem Zeitbefrachter zur Verfügung. Decksladung nimmt er jedoch auf eigene Gefahr über, soweit der Kapitän dieses mit Rücksicht auf besondere Vorschriften und die Sicherheit des Schiffes zulassen kann. Decksladung ist im Konnossement als solche zu bezeichnen (s. S. 116). In manchen C/Ps werden gewisse Ladungen von der Beförderung ausgeschlossen. Auch das Arbeiten mit Greifern oder Magnetkränen kann untersagt werden.

9. Kapitän. Er und die Besatzung haben dem Befrachter alle Unterstützung zu gewähren. Der Kapitän muß die Anordnungen des Zeitbefrachters hinsichtlich der Beschäftigung des Schiffes befolgen. Der Zeitbefrachter haftet für Schäden, die aus falschem Zeichnen der Konnossemente entstehen. Auch haftet er für Schäden an der Ladung im Rahmen seiner Verantwortlichkeit. Einleitend wurde bereits festgestellt, daß auch der Reeder haftbar gemacht werden kann, wenn der Gläubiger sich nicht am Zeitbefrachter schadlos halten kann oder will.

10. Beschwerden des Zeitbefrachters über den Kapitän oder die Besatzung hat der Reeder zu prüfen und nötigenfalls eine Änderung der Besetzung des Schiffes zu veranlassen.

11. Tagebuch. Der Zeitbefrachter muß den Kapitän rechtzeitig mit allen Anordnungen und Segelanweisungen versehen. Tagebücher darf der Charterer einsehen, soweit sie die Reise betreffen.

12. Zeitverlust und Unfall infolge mangelnder Seetüchtigkeit, Havarie der Maschine usw. verursacht Ruhen der Zeitfracht. Er geht aber zu Lasten des Zeitbefrachters, wenn er durch Hafenaufenthalt wegen schweren Wetters oder durch die Ladung verursacht ist oder wenn das Schiff beim Befahren flacher Flüsse festgerät.

13. Kesselreinigung. Der Zeitbefrachter muß dem Reeder genügend Zeit zum Reinigen der Kessel geben. Besonderer Aufenthalt dafür wird von der Zeitfracht abgesetzt.

14. Haftung (responsibility). Der Reeder haftet für keine Schäden, die an Schiff oder Ladung durch Unfälle aller Art entstehen. Er haftet nur, wenn ihm die Kenntnis von einer Seeuntüchtigkeit nachgewiesen wird. Das Schiff darf jederzeit Häfen zum Bunkern anlaufen oder zwecks Hilfeleistung vom Reisewege abweichen (vgl. Deviation, s. S. 130).

15. Vorschüsse (advances). Der Zeitbefrachter muß auf Verlangen Vorschüsse zahlen, gegebenenfalls durch seinen Makler, damit der Kapitän den laufenden Verpflichtungen wegen des Schiffsbedarfs nachkommen kann. Zum laufenden Bedarf gehören die Beschaffung von Proviant, Trinkwasser, Zahlung von Vorschüssen an die Besatzung, von Arztrechnungen usw. Rechnungen, die zu Lasten des Zeitbefrachters gehen, darf der Kapitän aber weder bezahlen noch für seinen Reeder anerkennen (vgl. Nr. 3).

16. Epidemien, Eis. Der Zeitbefrachter darf das Schiff nicht nach verseuchten Häfen beordern oder in Gewässer, wo Eisgefahr besteht. In solchen Fällen ist der Kapitän berechtigt, andere Häfen anzulaufen und neue Anordnungen des Zeitbefrachters einzuholen.

17. Erzwungener Aufenthalt. Alle Unkosten infolge Streiks, Quarantäne usw. gehen unter Weiterzahlung der Zeitfracht zu Lasten des Zeitbefrachters. Aufenthaltskosten infolge Schmuggels oder anderer Gesetzesübertretungen gehen zu Lasten des Reeders. Der Kapitän muß für eine genaue Aufzeichnung der Bestände und für genaue Storelisten und Zollisten der Besatzung sorgen (s. S. 94). Abgesehen von der Verzögerung sind Zollstrafen wegen ihrer Höhe sehr unangenehm. Es empfiehlt sich, die Besatzung darauf hinzuweisen, daß Schmuggel auch im Auslande mit fristloser Entlassung ohne Anspruch auf Rückbeförderung geahndet wird (s. S. 36).

18. Verlust des Schiffes. Sollte das Schiff verlorengehen, hat der Reeder vom gleichen Tage an keinen Anspruch auf Zeitfracht. Vorauszahlungen sind zu erstatten.

19. Überstunden. Das Schiff hat auf Verlangen zu jeder Tages- und Nachtzeit zu arbeiten. Der Zeitbefrachter hat die dadurch anfallenden Überstunden zu bezahlen.

20. Stauholz. Vorhandenes Stauholz steht dem Zeitbefrachter zur Verfügung. Weiteren Bedarf muß er auf eigene Kosten decken. Der Kapitän muß für Trennung des eigenen vom fremden Stauholz sorgen, am besten durch Verteilung auf bestimmte Luken. Bei der Rücklieferung des Schiffes kann er das Stauholz unter Umständen preiswert für das Schiff erwerben, weil der Abtransport oder die Rückbeförderung sich für den Zeitbefrachter nicht lohnt.

21. Pfandrecht (lien). Der Reeder hat ein Pfandrecht an Ladung und Konnossementsfracht für die Zeitfracht, ebenso für Beiträge zur Havariegrosse und für die Deckung aller Schäden, die der Zeitbefrachter laut Vertrag zu tragen hat. Zur Havariegrosse trägt die Konnossementsfracht bei. Gegebenenfalls muß der Zeitbefrachter bei Gefährdung dieses Pfandrechtes zu einer Bankgarantie verpflichtet werden.

22. Bergelöhne. Verdiente Berge- oder Hilfslöhne (s. S. 167) gehen nach Abzug der Kosten und des Besatzungsanteiles je zur Hälfte an Reeder und Zeitbefrachter.

23. Unterverfrachtung (sublet) ist dem Zeitbefrachter erlaubt. Er muß den Reeder sofort davon unterrichten. Alle ursprünglichen Verpflichtungen bleiben bestehen. In manchen Verträgen wird diese Klausel gestrichen.

24. Krieg. Das Schiff darf nicht nach Kriegsgebieten beordert werden. Wenn die Nation eines Vertragspartners in einen Krieg verwickelt wird, darf jede Partei zurücktreten.

25. Verlängerung. Der Zeitbefrachter kann eine Verlängerung des Vertrages verlangen. Die Klausel wird oft gestrichen.

26. Anlieferung, Aufhebung (cancelling, s. S. 137). Das Schiff muß innerhalb einer bestimmten Frist angedient sein. Bei Überschreitung der Frist (cancelling date) darf der Zeitbefrachter vom Vertrage zurücktreten. Bei Verzögerung durch Umstände, die der Reeder nicht verschuldet hat, muß der Zeitbefrachter 48 Stunden nach Mitteilung erklären, ob er von seinem Rücktrittsrecht Gebrauch machen will. Der *Reeder* muß den Zeitbefrachter nach Kenntnis von einer Verzögerung sofort unterrichten. Entsprechende Mitteilungen muß der Kapitän vorsichtig handhaben. Er soll sie nur an seinen Reeder geben und daran denken, daß der Zeitbefrachter bei fallenden Raten versuchen wird, die Fracht zu drücken oder gar vom Vertrage zurückzutreten.

27. Schiedsgericht (arbitration, nicht zu verwechseln mit Lloyd's Arbitration). Etwaige Streitigkeiten werden unter Ausschluß der ordentlichen Gerichte von einem Schiedsgericht geschlichtet. Dieses kann durch Bestimmung je eines Schiedsrichters — meistens erfahrene Reederkaufleute — errichtet werden, gegebenenfalls durch zusätzliche Bestimmung eines Obmannes. Das Schiedsgericht kann im voraus vertraglich bestimmt werden.

28. Havariegrosse (general average) ist nach den York Antwerp Regeln 1950 zu regeln. Der Zeitbefrachter ist verpflichtet, diese Bestimmung in etwaige Unterfrachtverträge und Konnossemente aufzunehmen (vgl. Havarie, s. S. 150 ff.).

29. Vertragsverletzung (non performance). Der schuldige Teil hat dem anderen den nachgewiesenen Schaden zu ersetzen, jedoch nur bis zur Höhe der Zeitfracht.

30. Befrachtungsgebühr (commission) wird der Höhe nach festgelegt. Sie ist vom Reeder monatlich nach Eingang der Zeitfracht an den Makler zu entrichten.

Muster eines Certificate of Delivery.

This ist to certify that ss. (mv.) "........" of German flag, Captain ...., has been delivered on ...th of ..... 19... at ..... hours by her owners, Messrs .... of ....., to Time Charterers, Messrs .... of ...., represented by .... (Agent der Charterer im Übergabehafen) as per Time Charter dated ....

Quantities of Diesel/Fuel Oil remaining on board upon delivery have been checked by the undersigned surveyors and found to be as follows

Fuel/Diesel Oil .... metric tons
Boiler water .... metric tons.

As to the condition of the vessel when delivered reference is made to the separate report of surveyors.

Date	For Time Charterers
For Owners	....
....	....

Bei der Rücklieferung ist das Certificate of Redelivery entsprechend abzufassen. Zur Übergabe und zur Rücklieferung sollte ein Schiffsbesichtiger hinzugezogen werden, der über den Zustand des Schiffes, besonders über Luken, Räume und Ladegeschirr, einen Besichtigungsbericht anfertigt. Dieser ist die Grundlage für etwaige Schadensabrechnungen.

Auch bei der Zeitcharter muß man mit Abänderungen des vorgedruckten Vertrages rechnen. Es wird dringend empfohlen, den Vertrag immer wieder zu lesen und alle Offiziere mit ihm vertraut zu machen.

Goldene Regeln.

Schutzverein Deutscher Rheder (s. S. 105).

1. Vor Antritt der Reise, vor Beginn der Beladung und vor Beginn der Entlöschung den Frachtvertrag genau durchlesen (ebenso diese „Goldenen Regeln").

2. Besonders vorsichtig sein, wenn das Schiff laut Vertrag verpflichtet ist, den Makler und/oder Stauer des Befrachters, Abladers oder Empfängers zu benutzen.

Sondermaßnahmen wegen der Einziehung der Fracht treffen, wenn die Zahlungsfähigkeit des Maklers nicht über jeden Zweifel erhaben ist.

3. Den Abladern sofort schriftlich das Schiff ladebereit melden und die gewünschte Ladungsmenge (auch Staumaterial) bestellen.

4. Bei Holzladungen mit der Notizgabe die benötigte Menge Stauholz (zu $^{2}/_{3}$ Fracht) bestellen. Die Mitnahme einer größeren als der bestellten Stauholzmenge (kurzer Enden) verweigern, eventuell Protest notieren und nicht nur die volle Fracht für die zuviel verladene Menge kurzer Enden, sondern obendrein Schadenersatz wegen Stauverlust, höherer Staukosten, Zeitverlust usw. fordern.

5. Wenn Ablader nicht zu ermitteln ist oder die Lieferung der Ladung verweigert, schleunigst den Befrachter benachrichtigen (§ 577 HGB).

6. Nur die im Frachtvertrag angegebene Ladung annehmen oder mit Genehmigung des Befrachters solche Ersatzladung, durch deren Beförderung das Schiff hinsichtlich Frachteinnahme, Lade- und Löschzeit usw. nicht ungünstiger gestellt wird (§ 562 HGB).

7. Notariellen Protest machen, wenn nicht genügend Ladung geliefert wird, und möglichst durch unparteiische Sachverständige feststellen lassen, wieviel das Schiff mehr laden kann.

8. Wenn die Dauer der Ladezeit nicht vereinbart ist (z. B. schnellmöglichst oder nach Ortsgebrauch), den Abladern *vor* Ablauf einer angemessenen Zeit schriftlich mitteilen, wann die freie Liegezeit als abgelaufen erachtet wird und von welcher Stunde ab Liegegeld fällig ist (§ 569 HGB).

9. Die Konnossemente vor der Unterzeichnung genau durchlesen. Darauf achten, daß sie das richtige Datum tragen. Bordkonnossemente nur zeichnen, wenn sich am Ausstellungstage die Ladung auch wirklich schon an Bord befindet.

Nur solche Konnossemente zeichnen, die sich in Übereinstimmung mit dem Frachtvertrag befinden, und wegen aller Bedingungen und Ausnahmen auf den Frachtvertrag, dessen Ausstellungsort und Datum genannt sein müssen, verweisen.

10. Darauf achten, daß die Konnossemente bezüglich der Regelung etwaiger großer Havarei keine Bestimmungen enthalten, die im Widerspruch zum Frachtvertrag stehen.

11. Darauf achten, daß richtige Maße und/oder Gewichte in die Konnossemente gesetzt werden! Der Konnossementsvermerk: „Maß und Gewicht unbekannt" befreit den Kapitän keineswegs von jeder Verantwortlichkeit. Wenn die Angaben erkennbar unrichtig sind, im *Konnossement* einen *Protestvermerk* machen, notfalls notariell protestieren.

12. Keine reinen Konnossemente ausstellen, wenn äußere Beschaffenheit oder Verpackung der Güter Anlaß zu Beanstandungen gibt. Lieber übertrieben vorsichtig sein. Nur in Ausnahmefällen sich bei erstklassigen Abladern mit einem Revers begnügen. Den Empfängern gegenüber sich nicht auf Reverse der Ablader berufen.

13. Falls die Ablader Konnossementsvermerke wegen Liegegeld, Fautfracht und dergleichen ablehnen und es nach dem Gesetze des Abladehafens nicht zulässig ist, auf solchen Vermerken zu bestehen, notariellen Protest machen gegen Befrachter, Ablader und wen die Sache sonst angehen mag, und die Befrachter sowie möglichst auch die Empfänger telegraphisch benachrichtigen, daß neben den reinen Konnossementen ein Protest wegen Liegegeld, Fautfracht usw. herläuft.

14. Im Löschhafen sofort schriftliche Löschbereitschaftsanzeige erstatten und, wenn die Empfänger unbekannt sind, gemäß Ortsgebrauch verfahren.

15. Die Ladung nur gegen Vorzeigung des – gegebenenfalls indossierten – Konnossements oder gegen Hinterlegung des vollen Marktwertes der Ladung einschließlich Fracht usw. ausliefern.

Nach der Entlöschung von den Empfängern die Original-Konnossemente, auf welchen Ablieferung der Güter bescheinigt ist, verlangen (§ 653 HGB).

16. Wenn keine feste Löschzeit vereinbart ist, den Empfängern *vor* Ablauf einer angemessenen Zeit schriftlich mitteilen, wann die freie Liegezeit als abgelaufen erachtet wird (§ 596 HGB).

17. Vor Ablauf der chartergemäßen Überliegezeit den Abladern bzw. Empfängern mitteilen, daß für etwaige weitere Verzögerung eine höhere Vergütung als das vereinbarte Liegegeld (Schadenersatz laut § 602 HGB) gefordert werde.

18. Ursachen für verspäteten Lade- oder Löschbeginn sowie vorkommende Unterbrechungen genau notieren und möglichst von unparteiischer Seite bestätigen lassen.

19. Falls der Frachtvertrag nicht ausdrücklich vorsieht, daß die Befrachter auch an Sonntagen und Feiertagen sowie nachts oder vor Beginn der chartergemäßen oder gesetzlichen Liegezeit laden und/oder löschen dürfen, von den Abladern bzw. Empfängern eine schriftliche Bestätigung verlangen, daß die benutzte Zeit als Liegezeit rechnet und alle Kosten für Rechnung der Ablader bzw. Empfänger gehen.

Einwilligung zum vorzeitigen Lade- oder Löschbeginn ohne Zeitzählung kann verweigert werden!

20. Wenn im Frachtvertrag nicht ausdrücklich Beladung und/oder Entlöschung durch maschinelle Vorrichtungen, z. B. Greifer, vereinbart oder die Benutzung solcher Vorrichtungen nicht ortsüblich ist, die Einwilligung zu einer solchen Beladung und/oder Entlöschung davon abhängig machen, daß die Befrachter bzw. Stauer sich verpflichten, die Reederei für alle etwaigen durch die Beladung bzw. Entlöschung verursachten Beschädigungen des Schiffes — ohne Rücksicht auf die Schuldfrage — schadlos zu halten.

21. Für eigene Rechnung nur eine Lade- bzw. Löschstelle, einschließlich Warteplatz, einnehmen, sofern laut Frachtvertrag (evtl. Ortsgebrauch) nichts anderes gilt. Zustimmung zum Verholen davon abhängig machen, daß Befrachter, Ablader oder Empfänger die Kosten tragen und die Zeitzählung nicht unterbrochen wird.

22. Im Lade- und Löschhafen die Ladung genau zählen lassen und die Zählbücher aufbewahren. Falls die Ladung gewogen wird, die Gewichtsfeststellungen überwachen lassen. Bei Frachtzahlung nach ausgeliefertem Gewicht oder Maß muß das Schiff meistens das ausgelieferte Gewicht bzw. Maß beweisen.

23. Durch Unterzeichnung von Rechnungen wird deren Richtigkeit anerkannt; daher Vorsicht!

24. Bei Befrachtung auf Zeitcharter Makler, Stauer, Kohlenlieferanten usw. darauf aufmerksam machen, daß das Schiff in Zeitcharter für die Firma „X" fährt und daß diese — aber nicht die Reederei — für alle Kosten aufzukommen habe. Keine Tratten für Bunkerkohlen usw. zeichnen.

25. Die vom Schutzverein Deutscher Rheder ernannten Vertrauensmakler stehen den Mitgliedern und ihren Kapitänen mit Auskunft und Rat jederzeit zur Verfügung.

Die Hilfe der Vertreter (Anwälte) des Vereins nur in eiligen und dringenden Fällen in Anspruch nehmen.

Wichtige internationale Abkürzungen.

a. a.	Always afloat	immer flott (s. S. 128)
a. a. r.	Against all risks	Versicherung gegen alle Gefahren
a/c	Account	Rechnung
a. c.	Anni currentis	laufendes Jahr
a. m.	Ante meridiem	Vormittag
a. o.	Account of	für Rechnung
a/r	All risks. Against all risks	Versicherung gegen alle Gefahren
Av	Average	Havarie
b. d. i.	Both dates inclusive	beide Daten eingeschlossen
Bds	Boards (timber)	Holzmaß (verschieden)
B/E	Bill of Exchange	Wechsel (s. S. 188)

B/H	Bill of Health	Gesundheitspaß (s. S. 93)
B/L	Bill of Lading	Konnossement (s. S. 118)
b. t.	Berth terms	vgl. liner terms (s. S. 114)
cancl.	Cancelling	Annullierung (s. S. 137)
cbf	Cubic feet	Kubikfuß
c & f	Costs and freight	Kosten und Fracht (eingerechnet)
c/i	Certificate of insurance	Versicherungspolice
C. I.	Consular Invoice	Konsulatsrechnung (s. S. 111)
cif (caf, frz.)	Costs, Insurance, Freight	Kosten, Versicherung, Fracht (eingerechnet, s. S. 111)
cifci cific	costs, insurance, freight, commission, interest	zu cif kommen hinzu: Provision und Bankzinsen
cld.	Cleared	einklariert
C/O	Certificate of Origin	Ursprungszeugnis (s. S. 111)
C. O. D.	Cash on delivery	Zahlung bei Ablieferung
c. o. p.	Custom of port	Hafenbrauch
C/P	Charter Party	Chartervertrag (s. S. 124)
cwt.	Hundredweight	50,8 kg
c. t.	Conference terms	Konferenzbedingungen
D/C	Deviation Clause	Abweichungsklausel (s. S. 130)
D/O	Delivery Order	Ablieferungsorder, Freistellung (s. S. 113)
D/P	Documents against payment	Dokumente gegen Zahlung (s. S. 111)
... D/s	... days after sight	Tage nach Sicht (Zahlungsfrist nach Vorlegung, bei Wechseln)
d. w. c.	Deadweight capacity	Tragfähigkeit
E. & O. E.	Errors and omissions excepted	Fehler und Auslassungen vorbehalten
ex		ab ..., aus ...
Ex.	Excluding	ausgeschlossen, ausgenommen
f. a.	Free alongside	frei längsseits
f. a. a.	Free of all average	frei von jedem Schaden
f. a. c.	Fast as can	so schnell wie möglich (zu laden oder zu löschen, vgl. liner terms, s. S. 114)
f. a. s.	Free alongside ship	frei längsseits des Schiffes (s. S. 131)
f. i.	Free in	frei eingeladen
f. i. b.	Free into bunkers (barge)	frei Bunker (oder Leichter)
f. i. o.	Free in and out	frei ein und aus (s. S. 131)
f. i. o. s.	Free in and out stowed	desgl. einschl. Stauen
f. i. w.	Free in waggon	frei Waggon
fms.	Fathoms	Faden (versch. Holzmaß)
f. o.	1. For order 2. Free out	1. für Order 2. frei aus
f o b	Free on board	frei an Bord (s. S. 111)
f o q	Free on quai	frei Kai
f. o. r.	Free on rail	frei Bahnhof
f. o. t.	Free on truck	frei Lastwagen (oder Waggon)
f. o. w.	1. First open water 2. Free on waggon	1. sofort nach Schiffahrtsöffnung (Eisfreiheit Ostsee usw.) 2. frei Waggon
F. P. A. f. p. a.	Free of Particular Average	frei von Beschädigungen aus besonderer Havarie (bei Versicherung)

G/A.	General Average	Havariegrosse (s. S. 150)
g. r. t.	Gross register tons	Brutto-Reg.-T.
lat.	Latitude	geogr. Breite
long.	Longitude	geogr. Länge
l. s.	Lump sum	Pauschalfracht
m/m	Minimum	
m/v	Motor vessel	Motorschiff
n. a. a.	Not always afloat	nicht immer flott (s. S. 128)
n. r. t.	Net register tons	Netto-Reg.-T.
O/C.	Open charter	offene C/P, Art der Ladung und Bestimmungshafen noch nicht festgelegt
o. d.	On deck	an Deck
O. P.	Open floating policy	offene oder laufende Police
ord.	ordinary	gewöhnlich
O. R.	Owner's risk	Auf Gefahr des Eigners
o. t.	On truck	auf Waggon
P. A.	Particular Average	besondere Havarie (s. S. 150)
P. D.	Port Dues	Hafenabgaben
P. & I.	Protection and Indemnity	Schutz und Schadenersatz (s. S. 180)
P. & L.	Profit and loss	Gewinn und Verlust
p. m.	Post meridiem	Nachmittag
pm.	Premium	(Versicherungs-)Prämie
P. O. B.	Post Office Box	Postschließfach
P. O. D.	Pay on delivery	Zahlung bei Ablieferung
ppd.	Prepaid	vorausbezahlt
ppt.	Prompt loading	sofortiges Laden
r. d.	Running days	laufende Tage (s. S. 132)
s. d.	Short delivery	zu wenig abgeliefert
S. & F. A.	Shipping and forwarding agent	Schiffsmakler und Spediteur
stds	Standards (timber)	Holzmaß (verschieden)
tdw. a. t.	tons deadweight all told	Gesamttragfähigkeit (s. S. 191)
thro'B/L	Through Bill of Lading	Durchkonnossement (s. S. 120)
thro'freight	Through freight	Durchfracht
thro'rate	Through rate	Durchrate
U. K.	United Kingdom	Vereinigtes Königreich (v. Großbritannien)
U. K./Cont.	United Kingdom or Continent	Großbritannien oder Kontinent (Europa)
U. K./Cont. (B. H.)	dto. (Bordeaux-Hamburg range)	desgl. nur Bordeaux-Hamburg einschließlich
(G. H.)	(Gibraltar-Hamburg range)	entsprechend
(H. H.)	(Havre-Hamburg range)	entsprechend
U. S. N. H.	United States, North of Cape Hatteras	USA, nördlich von Kap Hatteras
u. t.	Usual terms	übliche Bedingungen
w. a.	With average	siehe w. p. a.
w. d.	Working days	Arbeitstage (s. S. 132)
W. C. S. A.	Westcoast South Africa	Westküste Südafrika
w. g.	Weight guaranteed	Gewicht garantiert
w. p. a.	With particular average	einschließlich besonderer Havarie (bei Versicherungen)
w. w. d.	Weather working days	„Wetterbedingte" Arbeitstage (s. S. 133)
wt	Weight	Gewicht

HGB:

§§ 700ff.

13. Havarie.

Der Begriff „Havarie" ist nicht fest umrissen. Er umfaßt alle während der Seereise entstehenden Schäden, Verluste und damit zusammenhängenden Kosten. Das HGB enthält auch über das Gebiet der Havarie Bestimmungen, doch macht man hier ebenfalls weitgehend Gebrauch vom Recht der Vertragsfreiheit im privaten Recht.

Besondere Havarie

§§ 701 ff. Besondere Havarie (particular average, avarie particulière) sind alle *zufälligen* Unfallschäden an Schiff oder Ladung. Sie kann unter anderem folgende Ursachen haben:

Höhere Gewalt (unvorhersehbar und unvermeidbar) oder Zufall, z. B. Leckspringen, unverschuldete Strandung, unverschuldete Selbstentzündung.

Gefahren der See, z. B. Seeschlag, außergewöhnlich heftiges Arbeiten des Schiffes, Übergehen der Ladung.

Nautisches Verschulden, z. B. Zusammenstoß oder Strandung wegen fahrlässiger Navigation.

Kommerzielles Verschulden, z. B. schlechtes Stauen der Ladung, grundlos unterlassenes Lüften, falsches Kühlen oder mangelhafte Bewachung der Ladung, denn auch die Ladung allein kann eine besondere Havarie erleiden.

Verschulden dritter Personen, z. B. Zusammenstoß durch fremdes Verschulden, fahrlässige Brandstiftung durch Fahrgast. Verschulden des Ladungsbeteiligten, z. B. falsche oder schlechte Verpackung oder unvorschriftsmäßige Bezeichnung von gefährlichen Gütern.

§ 701 Die entstandenen Schäden, Verluste und Kosten trägt jeder Betroffene für sich selbst. Berechtigte Schadenersatzansprüche der Ladung gegen das Schiff oder umgekehrt oder von beiden gegen Dritte bleiben aber bestehen. Die Versicherung gegen Schäden aus besonderer Havarie bleibt jedem überlassen, ist aber allgemein üblich (vgl. Seeversicherung, s. S. 173 ff.). Die Versicherer ersetzen die Schäden und lassen sich etwaige Schadenersatzansprüche abtreten.

Havariegrosse

§ 700 Havariegrosse oder gemeinschaftliche oder große Havarie (general average, avarie communi) sind solche Schäden, Verluste und Kosten, die der Kapitän dem Schiff und/oder der Ladung absichtlich zufügen muß, um *beide* aus einer gemeinsamen Gefahr zu retten (vgl. aber YAR, Regel A). Wenn das erfolgreich ist, werden die entstandenen Schäden und Kosten von Schiff, Fracht und Ladung gemeinschaftlich getragen (vgl. YAR, Regel 17). Die Versicherung gegen diese Beitragspflicht ist ebenfalls eigene Angelegenheit der beteiligten Reeder und Verlader, jedoch ist sie in der üblichen Seeversicherungspolice enthalten. Berech-
§ 702 tigte Schadenersatzansprüche müssen außerhalb dieser Regelung durchgesetzt werden.

Bei der heutigen Havariegrosse handelt es sich um einen uralten Rechtsbegriff, der schon den Rhodiern — wahrscheinlich von den Phöniziern — bekannt und in ihrem Recht erwähnt war. Die damaligen „Havariegrosse-Beiträge" bestanden aus Naturalentschädigungen. Auch im mittelalterlichen Recht wie dem der Hanse war der Begriff der gemeinschaftlichen Havarie allgemein bekannt.

York Antwerp Rules (YAR)[1].

Die jeweiligen Landesgesetze regeln, wie eine besondere Havarie von einer Havariegrosse zu unterscheiden ist und unter welchen Voraussetzungen Havariegrosse-Schäden ersetzt werden (vgl. §§ 700—733 HGB). Da aber die Landesgesetze nicht einheitlich sind und die Abwicklung einer Havariegrosse im internationalen Seeverkehr schwierig wäre, haben die interessierten Kreise in freier Vereinbarung Havariegrosse-Regeln ausgearbeitet. Das geschah zuerst 1864 in York und 1877 in Antwerpen, aber erst in Liverpool wurden die York Antwerp Rules 1890 veröffentlicht. 1924 wurden sie in Stockholm (Stockholmer Regeln) und 1949 nochmals geringfügig in Amsterdam (YAR 1950) erweitert. Die YAR sind nicht geltendes Recht. Sie werden nur angewandt, wenn das im Chartervertrag und/oder im Konnossement vereinbart ist. Die Vereinbarung ist allerdings allgemein üblich. Die Landesgesetze gelten nur dann noch, soweit die YAR über bestimmte Tatbestände nichts enthalten. Nachstehend werden die YAR 1950 sinngemäß wiedergegeben und kurz besprochen, soweit das für die Schiffsleitung notwendig ist. Buchstabenregeln behandeln allgemeine und Ziffernregeln besondere Fragen. Die Dispache soll nach den Buchstabenregeln aufgemacht werden, wenn die Ziffernregeln nicht etwas anderes bestimmen. Die Ziffernregeln sind daher eine Erweiterung der Buchstabenregeln.

Regel A. Havariegrosse liegt nur dann vor, wenn ein außerordentliches Opfer absichtlich und vernünftigerweise gebracht wird, um Schiff und Ladung vor gemeinsamer Gefahr zu bewahren.

Im Gegensatz zum HGB verlangen die YAR nur das Bewahren vor Gefahr, die danach nicht bereits eingetreten oder gegenwärtig sein muß. Eine Havariegrosse liegt schon dann vor, wenn bei vernünftiger Beurteilung der Lage eine ernsthafte Gefährdung von Schiff *und* Ladung zu befürchten ist. Maßgebend ist dafür die gegenwärtige Beurteilung durch den Kapitän und nicht etwa irgendeine nachträgliche Feststellung, daß überhaupt keine Gefahr vorhanden gewesen ist (anders allerdings nach englischer Rechtsprechung). Während einer Ballastreise oder auf einem reinen Passagierschiff kann es keine Havariegrosse geben, ebenfalls nicht aus Maßnahmen, die nur für das Schiff oder nur für die Ladung getroffen werden. Zu den genannten Opfern gehören z. B. das Werfen und/oder Leichtern von Ladung zum Zwecke des Freikommens, das Abschleppen und Einschleppen nach dem Festkommen oder bei einer sonstigen Havarie, Schlepperbegleitung nach Teilhavarie, Maßnahmen zur Feuerbekämpfung, Auslaufen nach See wegen eines gemeldeten Taifuns, Aufenthalt auf See wegen einer Reparatur. Die letzten beiden Punkte werden nach USA-Rechtsprechung nicht als Havariegrosse anerkannt, ebenfalls nicht eine Havariegrosse im Hafen vor

[1] S. auch KAWAN-SCHMIDT-SCHRÖDER-BURKARD: York-Antwerp-Rules 1950.

Antritt der Reise, doch sichert der Reeder sich oft durch die New Jason Clause (s. S. 139). Im übrigen kann eine Havariegrosse sehr wohl auch im Hafen eintreten, wenn man z. B. durch einen von außen kommenden Unfall am Auslaufen verhindert wird, weil man das Schiff erst seetüchtig machen muß (vgl. Regeln 10b und 11).

Wichtiger Grundsatz: Man beachte, daß Havariegrosse-Schäden immer nachteilig sind und daher stets möglichst klein gehalten werden müssen! Man denke vor allem daran, daß der Reeder zu jedem Havariegrosse-Ladungsschaden mit beitragen muß!

Regel C. Nur die direkten Folgeschäden der Havariegrosse-Maßnahmen werden vergütet. Schäden aus Verzögerung der Reise werden nicht vergütet.

Zu den direkten Folgeschäden gehören z. B. Ladungsbeschädigungen durch Regen oder Seewasser während des Leichterns sowie daraus entstandener Verderb, ferner Beschädigungen des Schiffes beim Abbringen und Materialverbrauch dabei, Löschwasserschäden. Nicht vergütbar sind aber z. B. Nutzungsverlust des Schiffes oder Verderb einer Fruchtladung nur wegen der Reiseverzögerung (vgl. Regeln 10 und 11).

Regel D. Das Recht auf Vergütung besteht auch dann, wenn die Ursache der Havariegrosse von einem Beteiligten verschuldet ist. Etwaige Schadenersatzansprüche bleiben aber bestehen und müssen für sich durchgesetzt werden (vgl. New Jason Clause, s. S. 139, aber auch Haager Regeln, s. S. 114).

Regel F. Sonderkosten, die an Stelle von Havariegrosse-Kosten aufgewendet werden, sind bis zur Höhe der ersparten Havariegrosse-Kosten zu ersetzen.

Es handelt sich um die sogenannten stellvertretenden Kosten. Beispiel: Wegen eines Maschinenschadens kann die fast vollendete Reise nicht ohne Gefahr fortgesetzt werden. Das Schiff müßte einen Nothafen anlaufen und dort längere Zeit auf Ersatzteile warten. Die damit verbundenen Kosten müßten nach Regeln 10 und 11 von der Havariegrosse-Gemeinschaft getragen werden. Stattdessen schließt man einen günstigen Vertrag mit einem Schlepper, der das Schiff bis zum Endhafen schleppt bzw. begleitet. Diese Schlepperkosten werden bis zur Höhe der geschätzten Nothafenkosten in Havariegrosse vergütet.

Regel G. Die Beiträge werden auf Grund der Werte zur Zeit und am Ort der Beendigung des Unternehmens festgesetzt.

Gemeint ist der Ort, wo Schiff und Ladung sich trennen und die Havariegrosse-Gemeinschaft endet. Die deutschen Konnossementsbedingungen sehen im allgemeinen vor, daß die Havariegrosse im Bestimmungshafen oder nach Wahl des Reeders aufzumachen ist, wobei dann stets ein deutscher Hafen bevorzugt wird. Andernfalls müßte es im Bestimmungshafen geschehen, also unter Umständen im Auslande. Das ist aber unerwünscht, weil es manchmal schwieriger, umständlich und teurer wäre. Der Zustand des Schiffes muß unverzüglich nach einer Havarie festgestellt werden. Die Werttaxe wird aber in Deutschland nach den Werten am Bestimmungsort aufgemacht. indem man die Schadenstaxe vom Gesundwert abzieht. Die Güter werden sofort besichtigt und taxiert (vgl. YAR Regel 17 und s. S. 160).

Regel 1. Seewurf von Ladung wird nur dann als Havariegrosse vergütet, wenn die Güter nach Handelsbrauch befördert worden sind.

Demnach gehört der Seewurf von Decksladung nach den neuen YAR – im Gegensatz zum HGB und zu den YAR 1890 und zum Nachteil des Reeders – zur Havariegrosse, wenn das Verladen an Deck im Abladehafen üblich ist (z. B. Holzdecksladung). Nach § 62 der Allgemeinen Deutschen

Seeversicherungsbedingungen (ADS) erhält der Reeder für seinen Havariegrosse-Beitrag wegen geworfener Decksladung aber keinen Ersatz. Er kann sich dagegen durch eine Zusatzklausel sichern.

Regel 3. Feuerlöschschäden an Schiff oder Ladung werden in Havariegrosse vergütet. Dazu gehört auch das Aufsetzen eines brennenden Schiffes zum Fluten. Es werden aber nicht solche Teile ersetzt, die selbst vom Feuer ergriffen gewesen sind.

Bei Stückgütern genügt für den Ausschluß von der Vergütung schon das Anbrennen der Verpackung. Bei der Ladungsbesichtigung müssen angebrannte Güter von den übrigen getrennt werden.

Regel 5. Eine absichtliche Strandung wird nur dann als Havariegrosse angesehen, wenn sie zum Bewahren vor gemeinsamer Gefahr geschehen und nicht schon vorher unvermeidlich gewesen ist.

Treibt ein havariertes Schiff ohne Aussicht auf Rettung auf den Strand zu und gelingt dem Kapitän dabei das Aufsetzen an einer günstigen Stelle, gelten die Strandungsschäden auch dann nicht als Havariegrosse, wenn nur dadurch das spätere Abbringen des Schiffes möglich war. Der Hilfslohn für das Abbringen selbst ist selbstverständlich Havariegrosse.

Regel 7. Wenn in einer tatsächlich vorhandenen *Gefahrenlage* (beachte Verschärfung gegenüber Regel A!) beim Abbringen des Schiffes ein befürchteter und trotzdem in Kauf genommener Maschinenschaden entsteht, wird dieser als Havariegrosse angesehen. Das gilt aber nicht, wenn das Schiff flott ist.

Daraus folgt, daß Überanstrengung der Maschine zum Abwenden einer Strandung keinesfalls Havariegrosse ist. Im übrigen wird eine Strandung auf See oder in einer Flußmündung stets als eine gegenwärtige Gefahr angesehen, auf Flüssen, Kanälen und in Häfen aber nur, wenn besondere, gefährdende Umstände hinzutreten (z. B. Strömung oder Tideneinfluß). Die gemeinsame Gefahr und der Befehl zum äußersten Auslegen der Maschine müssen im Tagebuch besonders betont werden. Auch die beim Abbringen des Schiffes entstandenen Maschinenschäden wie Verschmutzung des Kondensators oder der Kühlwasseranlage oder Beschädigung der Schraube oder der Schwanzwelle werden als Havariegrosse-Schäden anerkannt.

Regel 8. Wenn ein Schiff auf Grund sitzt und in Havariegrosse Ladung und Brennstoff löscht, werden Leichtern und Wiederverladen in Havariegrosse vergütet. Das gleiche gilt für die dabei entstandenen Schäden (Weiterbeförderung vgl. Regel 10).

Regel 9. Das Verheizen von Schiffsmaterial und sonstigen Vorräten wird nur dann als Havariegrosse angesehen, wenn eine Gefahr unmittelbar droht (beachte Verschärfung gegenüber Regel A!) und im übrigen ein ausreichender Brennstoffvorrat vorhanden gewesen ist (übliche Reserve bei Langreisen 20—25%). Ersparter Brennstoff wird angerechnet.

Das Verheizen von Ladung ist daher auch dann Havariegrosse, wenn keine ausreichende Reserve vorhanden gewesen ist. Allerdings können die Ladungsbeteiligten dann vom Reeder Ersatz ihres Havariegrosse-Beitrages verlangen. Die Regel wird wirksam, wenn verheizte Ladung oder Material teurer sind als der in Anrechnung gebrachte, ersparte Brennstoff.

Regel 10a. Wenn unter außergewöhnlichen Umständen ein Schiff wegen der gemeinsamen Sicherheit (beachte Abmilderung gegenüber Regel A!) einen Nothafen aufsuchen muß, werden die Kosten des Anlaufens in Havariegrosse vergütet. Das gleiche gilt für die Kosten der Rückkehr oder des Auslaufens, wenn die Reise mit einem Teil der ursprünglichen Ladung fortgesetzt wird. Es gilt ferner für die notwendige Überführung nach einem Reparaturort.

Für die Notwendigkeit des Anlaufens ist die Überzeugung des Kapitäns von zwingenden, außergewöhnlichen Umständen maßgebend. Entscheidend ist immer die Seetüchtigkeit des Schiffes. Das Aufsuchen eines Schutzhafens mit einem an sich seetüchtigen Schiff ist keine Havariegrosse (vgl. Regel 11).

Regel 10b und c. Werden Ladung oder Vorräte wegen gemeinsamer Gefahr oder wegen Reparatur (eines Opfer- oder Unfallschadens) zwecks Fortsetzung der Reise (beachte Abmilderung gegenüber Regel A!) im Anlauf- oder Nothafen gelöscht, gelagert, versichert, umgeladen, wiedereingeladen (gehandhabt), so werden die dabei entstandenen Kosten in Havariegrosse vergütet.

Wenn aber die Ladung nur in ihrem eigenen Interesse – z. B. auf Verlangen des Ladungsbeteiligten oder auf Empfehlung der Besichtiger – nicht auf die Reparatur warten und stattdessen weiterbefördert werden soll, bleibt in gewöhnlichen Fällen der Anspruch auf Fracht bestehen; außerdem müssen die Ladungsbeteiligten die Kosten für das Umladen und Weiterbefördern tragen (vgl. aber Güterversicherung, s. S. 178). In der Praxis – zumindest in der Linienfahrt – würde allerdings oft der Reeder die Kosten des Weitertransportes übernehmen, soweit sie durch etwa im voraus verdiente Fracht gedeckt sind (vgl. aber §§ 638 u. 641 HGB, s. S. 157).

Auch nach Abschluß der notwendigen Havariegrosse-Ladungsarbeiten, also nach einem etwaigen Weitertransport, können sich an Bord noch Havariegrosse-Maßnahmen ergeben, z. B. Abschleppen vom Strande, nachdem die Ladung gelöscht und weiterbefördert worden ist. Die Havariegrosse-Gemeinschaft wird demnach nicht durch die zufällige oder notwendige Reihenfolge der Arbeiten aufgehoben.

Regel 10d. Wenn das Schiff am Liegeort überhaupt repariert werden kann, aber nach einem billigeren Reparaturort geschleppt wird, werden die dadurch entstandenen Schleppkosten teilweise in Havariegrosse vergütet. Für die Aufteilung unter Reeder und Havariegrosse-Gemeinschaft (hierzu gehört auch wiederum der Reeder) ist das Verhältnis der beiderseitigen Ersparnisse maßgebend.

Regel 11. Heuern und Kostgelder während der Reiseverlängerung durch Anlaufen des Nothafens oder im Nothafen selbst werden in Havariegrosse vergütet. Das gleiche gilt für Hafenkosten und Verbrauch von Brennstoffen und Vorräten. Diese Kosten werden auch vergütet, wenn das Schiff in einem gewöhnlichen Anlaufhafen durch einen Unfall oder außergewöhnliche Umstände im Interesse der gemeinsamen Sicherheit aufgehalten wird oder wenn Unfall- oder Opferschäden wegen der sicheren Fortsetzung der Reise repariert werden (beachte auch hier Abmilderung gegenüber Regel A!).

Im Tagebuch muß genau vermerkt werden, wann und wo der Kurs auf den Nothafen geändert worden ist. Das gleiche gilt für das Erreichen der ursprünglichen Reiseroute nach beendetem Nothafenaufenthalt. Die Nothafenkosten werden nicht mehr in Havariegrosse ersetzt, wenn der Abbruch der Reise und der Weitertransport der Ladung mit einem anderen Schiff *beschlossen* wird. Wenn aber die Ladungsbeteiligten nicht auf die Wiederherstellung der Seetüchtigkeit warten wollen und Weitertransport wünschen,

HGB:

müssen sie zu der schriftlichen Erklärung bewegt werden, daß sie auch zu den weiteren Havariegrossekosten beitragen wollen (vgl. §§ 638 u. 641 HGB, s. S. 157).

Regel 13. Beim Aufmachen der Havariegrosse werden von den vergütbaren Reparaturkosten Abzüge wegen des Unterschiedes zwischen alt und neu gemacht.

Dieses gilt also nur beim Einbau neuen Materials. Aus dieser Regel ergeben sich häufig langwierige Rückfragen. Daher müssen die Berichte Angaben über das Alter der zu ersetzenden Schiffsteile und Ausrüstungsgegenstände enthalten. Die Besichtiger müssen darauf hingewiesen werden.

Regel 14. Reparaturkosten für Schäden aus besonderer Havarie werden nicht in Havariegrosse vergütet. Vorläufige (und endgültige) Reparaturen von Havariegrosse-Schäden werden vergütet. Wenn aber Schäden aus besonderer Havarie vorläufig repariert werden, um die Reise zu beenden, werden diese Kosten bis zur Höhe der ersparten Havariegrosse-Kosten ersetzt.

Auch hier handelt es sich um stellvertretende Kosten: Wenn Schäden aus besonderer Havarie nur notrepariert werden, kürzt das Schiff den Aufenthalt im Nothafen ab und erspart so Havariegrosse-Kosten, z. B. Besatzungskosten und Hafengelder (vgl. Regeln 10 und 11). Dafür wird es von der Havariegrosse-Gemeinschaft entschädigt. Das geschieht auch darum, weil die Seeversicherer Notreparaturen nicht ersetzen (s. S. 178). In der Praxis führt man einen möglichst großen Teil der Notreparatur „vorläufig" (als Teil der sogenannten endgültigen Reparatur) aus. Dadurch bleiben die Kosten der Notreparatur in angemessenen Grenzen und brauchen später nicht nochmals aufgewandt zu werden.

Regel 17. Die Beiträge zur Havariegrosse werden nach den verbliebenen, tatsächlichen Werten am Ende des Unternehmens berechnet. Die Vergütungen aus Havariegrosse werden ihnen hinzugerechnet. §§ 717, 718

Die Fracht trägt nicht bei, wenn sie bei Vorauszahlung als verdient gilt, weil sie dann schon in den Gütern enthalten ist. Wenn das Schiff unter einem Zeitchartervertrag fährt, trägt bei einer Unterverfrachtung die Konnossementsfracht bei, nicht aber die Zeitfracht. Postsendungen tragen nicht bei. Passagiergepäck (z. B. Kraftwagen) trägt bei, soweit es unter einem Konnossement befördert wird.

Dispache (average adjustment).

Dies ist die Feststellung der Havariegrosse und die Verteilung der Havariegrosse-Schäden auf die Beteiligten. Der Kapitän ist verpflichtet, die Aufmachung der Dispache (sprich: dispasche) unverzüglich zu veranlassen. In der Regel setzt aber der Reeder entsprechend den Bedingungen des Frachtvertrages den Dispacheur ein, nachdem er sich mit den Versicherern darüber verständigt hat. Die Dispache enthält: § 728

1. Nachweise über das Vorliegen einer Havariegrosse.
2. Berechnung der in Havariegrosse zu vergütenden Schäden und deren Trennung von den übrigen Schäden aus besonderer Havarie, den Partikularschäden.
3. Nachweise und Aufstellungen über die beitragspflichtigen Werte von Schiff, Fracht und Ladung.
4. Berechnung des Hundertsatzes, mit dem die einzelnen Werte zuzüglich der Vergütungen beitragen müssen.

5. Verteilung auf die Beteiligten mit Zinsberechnung und Abrechnung über die eingezahlten Depots und Einschüsse.

Vorhalten bei einer Havarie und Havariepapiere.

Allgemeines und gesetzliche Bestimmungen. Die ersten Maßnahmen nach einem Unfall ergeben sich für den Kapitän aus den Erfordernissen des Augenblicks und sind vorwiegend seemännischer Art. Alle weiteren Entscheidungen sind für ihn aber deshalb besonders schwer, weil er unter dem Druck der Verantwortung steht. Der kluge Kapitän weiß, daß er ausgebildete und erfahrene Mitarbeiter zur Seite hat, die nicht unter dem gleichen Druck stehen wie er selbst. Er wird sie daher nach Möglichkeit zu Rate ziehen (vgl. Schiffsrat, s. S. 181).

Der Kapitän ist vom Gesetz mit schweren Pflichten belastet und mit großen Vollmachten ausgestattet. Der nachstehende Sinn einiger Paragraphen des HGB, die bei einer Havarie anzuwenden sind, muß ihm bekannt sein. Er darf damit rechnen, daß die ausländische Rechtsprechung von ähnlichen Grundsätzen ausgeht.

§ 511: Der Kapitän hat stets die Sorgfalt eines ordentlichen Schiffers anzuwenden. Für Schäden aus seiner Pflichtverletzung ist er haftbar.

§ 512: Die Haftung besteht nicht nur gegenüber dem Reeder, sondern auch gegenüber den Ladungsbeteiligten, den Reisenden, der Besatzung und den Schiffsgläubigern (s. S. 182).

§ 527: Außerhalb des Heimathafens darf der Kapitän alle Rechtsgeschäfte abschließen, die zur Ausrüstung und Erhaltung des Schiffes und zur Ausführung der Reise notwendig sind.

§ 535: Der Kapitän hat zugleich für das Beste der Ladung zu sorgen. Bei besonderen Maßnahmen muß der Kapitän, wenn irgend angängig, die Anweisungen des Ladungsbeteiligten einholen und diese *möglichst* befolgen. Notfalls darf er nach eigenem Ermessen verfahren und die Ladung löschen, weiterbefördern oder äußerstenfalls verkaufen.

§ 615: Der Verfrachter (Schiff) hat ein Zurückbehaltungsrecht an der Ladung, solange die Beiträge zur Havariegrosse noch nicht sichergestellt sind.

§ 630: Wenn das Schiff nach Antritt der Reise durch einen Zufall verlorengeht, endet der Frachtvertrag ohne gegenseitige Entschädigung. Für gerettete Güter ist aber Distanzfracht für die zurückgelegte Teilstrecke zu zahlen (s. Anmerkung § 633).

§ 632: Auch nach Auflösung des Frachtvertrages (z. B. Schiffsverlust) muß der Kapitän weiterhin für das Beste der Ladung sorgen. Er darf die Ladung mit einem anderen Schiff weiterbefördern lassen, sie einlagern oder äußerstenfalls verkaufen.

§ 633: Wenn die Güter nach Antritt der Reise durch einen Zufall verlorengehen, endet der Frachtvertrag ebenfalls ohne gegenseitige Entschädigung. (Anm.: In der Praxis wird allerdings oft rechtsgültig vereinbart, daß die Fracht als verdient gilt ohne Rücksicht darauf, ob Schiff und/oder Ladung verlorengehen).

§ 637: Wenn das Schiff durch Naturereignisse oder Zufälle aufgehalten wird (Anm.: z. B. durch Eis oder Streik, vgl. aber die Klauseln auf

HGB

S. 138), ist keine Partei zum Rücktritt vom Frachtvertrag berechtigt, es sei denn, daß der Zweck des Frachtvertrages verteilt wird (Anm.: wenn z. B. eine verderbliche Fruchtladung ihr Ziel nicht erreichen kann).

§ 638: Wenn das Schiff während der Reise ausgebessert werden muß, darf der Befrachter darauf warten oder die ganze Ladung (gemeint Massenladung über das ganze Schiff) zurücknehmen. Im letzten Falle muß er aber die volle Fracht sowie die übrigen Forderungen (z. B. Umladungskosten und Havariegrosse-Beiträge) bezahlen oder sicherstellen.

§ 641: Für Stückgüter (gemeint Teilpartien auf Liniendampfer) gilt § 638 nur, wenn sie während der Ausbesserung ohnehin gelöscht worden sind.

§ 654: Der Inhaber eines Orderkonnossements kann die Auslieferung der Güter vor Erreichen des Bestimmungshafens nur verlangen, wenn er in Abweichung von § 648 (wonach in gewöhnlichen Auslieferungsfällen eine von mehreren Ausfertigungen genügt, s. S. 123) sämtliche Ausfertigungen des Konnossements zurückgibt.

§ 731; 752: Der Kapitän darf die Güter nicht ausliefern, bevor die darauf lastenden Havariegrosse-Verpflichtungen sichergestellt sind.

Einzelmaßnahmen. Grundsätzlich werden nach jeder Havarie folgende Hauptunterlagen benötigt:

Tagebucheintragungen, Verklarung und/oder Seeprotest, Zeugenaussagen und Besichtigungsberichte. Nach einer Havariegrosse kommen die Bewertungen (Werttaxen) der beitragspflichtigen Gegenstände hinzu.

Die nachstehend beschriebenen Maßnahmen beziehen sich auf alle Arten der besonderen Havarie oder der Havariegrosse, gleichgültig, ob sie das Schiff oder die Ladung oder beide gemeinsam betreffen. Ob *alle* nachstehenden Maßnahmen zu treffen sind und in welcher Reihenfolge, hängt von den Umständen ab, besonders davon, ob eine besondere Havarie oder eine Havariegrosse vorliegt oder beides.

1. Folgende Stellen benachrichtigen: a) *Reeder* über Art der Havarie § 534
und absehbaren Umfang der Schäden an Schiff und Ladung; nur unbedingt zuverlässigen und ungefärbten Bericht geben; verbliebene Seetüchtigkeit; Rettungsmöglichkeiten durch eigene oder fremde Hilfe; eigene Absichten; Anfrage, ob Havariedepots verlangt werden (s. S. 162). Die Aufmachung einer Havariegrosse ist teuer und hat nur bei größeren Havariegrosse-Schäden oder -Kosten einen Sinn. Immer daran denken, daß Schäden aus besonderer Havarie ohnehin von dem Betroffenen selbst zu tragen sind! Der Reeder wird von sich aus die Seeversicherer, die SBG und den GL benachrichtigen. Ist das Schiff in der Nähe des Heimathafens, benachrichtigt der Reeder auch die Ladungsbeteiligten. Dazu benötigt er die Kenntnis, welche Ladung beschädigt ist. Also auf den Stauplan Bezug nehmen! Namen und Reiseziel eines etwaigen Kollisionsgegners angeben (vgl. Zusammenstoß, s. S. 163).

b) *Agent* oder Makler des Reeders wegen Anforderung von Hilfe oder Vorbereitung der Reparatur, ferner über Ladungsschäden ebenfalls laut Stauplan.

HGB:
§ 535 c) *Ladungsbeteiligte*, sofern Reeder oder Agent nicht erreichbar sind. In der Nähe des Abladehafens sind die Ablader, sonst die Empfänger laut Manifest zu benachrichtigen. Die Anweisungen der Ladungsbeteiligten müssen nach Möglichkeit befolgt werden. Die Ladungsbeteiligten benachrichtigen ihrerseits ihre Versicherer, mit deren Vertretern der Kapitän zu tun bekommt.

d) *Vertreter des Vereins Hamburger Assecuradeure* oder des *Vereins Bremer Seeversicherer* im nächsten Anlaufhafen (vgl. Seeversicherung, s. S. 175). Die Anschriften findet man in den an Bord befindlichen Vertreterlisten. Ist kein Vereinsvertreter erreichbar, eignet sich am besten ein amtlicher Schiffsbesichtiger oder ein Vertreter einer Klassifikationsgesellschaft.

e) *Konsul* oder Hafenkapitän im Nothafen, sofern Agent oder Makler nicht erreichbar ist, wegen Vorbereitung einer Hilfeleistung.

f) *Vertreter* des GL (Anschrift in Vertreterliste) oder einer anderen Klassifikationsgesellschaft wegen der Schiffsbesichtigung, der Empfehlung von Maßnahmen und der späteren Erklärung der wiederhergestellten Seetüchtigkeit (vgl. Seefähigkeitsattest, s. S. 85). Mit dieser Benachrichtigung kann bis zum Einlaufen gewartet werden.

g) SBG ist gemäß UVV ebenfalls zu benachrichtigen (durch Reeder erledigen lassen).

2. Erste Maßnahmen zur Beweissicherung treffen (vgl. Zusammenstoß, s. S. 163). Für die Tagebucheintragung läßt sich der Kapitän am besten von mehreren Offizieren Entwürfe machen, damit nichts vergessen wird. Aus diesen faßt er die besten Darstellungen zusammen. Jedes Wort muß reiflich überlegt und darauf geprüft werden, ob nicht die Gegenpartei daraus ungerechtfertigt Nutzen ziehen kann. Neue Gesichtspunkte können später nachgetragen werden.

§ 518 **3. Schiffsrat abhalten,** gegebenenfalls formlos (s. S. 181), wenn schwerwiegende Entscheidungen zu treffen sind, z. B. Anlaufen eines Nothafens, Annehmen fremder Hilfe, Aufopferungen oder andere seemännische Maßnahmen. Der Schiffsrat dient unter anderem der Rechtfertigung solcher Maßnahmen. Der Beschluß muß in das Tagebuch eingetragen werden. Der Kapitän ist nicht an ihn gebunden, doch sollte er seine etwa abweichende Entscheidung im Tagebuch begründen.

Besonders wichtig ist beim Anlaufen eines Nothafens, Ort und Zeitpunkt der Kursänderung festzuhalten. Auch über den Rückweg müssen genaue Unterlagen vorhanden sein (vgl. YAR, Regel 10a).

4. Der 1. Offizier und der 1. Ingenieur müssen alsbald nach Eintritt einer Havarie jeden Inventarverbrauch, die Überstunden und alle noch weiterhin auftretenden Schäden an Schiff und Maschine aufzeichnen. Da diese Dinge oft von der Havariegrosse-Gemeinschaft getragen werden, sollten die entsprechenden Listen später von den Besichtigern gegengezeichnet werden. Das Alter der verbrauchten Gegenstände muß angegeben werden.

HGB:

5. YAR (s. S. 151), Bedingungen der Kaskoversicherung (s. S. 174), des Chartervertrages und/oder der Konnossemente sobald wie möglich studieren!

6. Verklarung ablegen (s. S. 108). Da meistens deutsche und aus- § 522
ländische Interessen auf dem Spiele stehen, sollten im Auslande Verklarung *und* Seeprotest (Note of Protest, s. S. 109) abgelegt werden. Für die Verklarung ist ein Tagebuchauszug (auch Maschinentagebuch) bereitzuhalten, worin gegebenenfalls Vorbehalte wegen noch unbekannter Schäden zu machen sind. Um die Seetüchtigkeit des Schiffes nicht in Frage zu stellen, darf hinsichtlich des Schiffes nur die Formel angewandt werden: „Ob noch weitere Schäden eingetreten sind, muß die endgültige Besichtigung erweisen". Bei vermuteten Ladungsschäden kann die Möglichkeit als solche bezeichnet werden.

7. Besichtigung von Schiff und Ladung:

I. Die *Lukenbesichtigung* dient als Beweis, daß die Ladungsschäden § 535
nicht durch mangelhafte Sorgfalt an Bord entstanden sind (kommerzielles Verschulden), z. B. durch Fehler beim Garnieren, Stauen und Abdecken oder durch Öffnen der Luken auf See. Die Besichtigung soll möglichst sofort nach dem Einlaufen und vor dem Öffnen der Luken beginnen und während der ganzen Ladungsarbeiten anhalten. Als Besichtiger werden die unten genannten Schiffsbesichtiger oder Ladungsbesichtiger bestellt.

II. Besichtigung der Schiffsschäden (Kaskoschäden). Eigentlich sind bei besonderer Havarie und Havariegrosse verschiedene Grundsätze anzuwenden:

a) *Partikularschäden* oder Teilschäden aus besonderer Havarie sind nach § 74 ADS (s. S. 177) durch je einen Vertreter der Versicherer und des Versicherten (Reeder, Schiff) gemeinsam nach dem Umfange festzustellen und geldlich abzuschätzen (taxieren). Bei Uneinigkeit entscheidet ein am besten vorher bestellter Obmann. Das Gutachten mit der Schadenstaxe ist an eine bestimmte Form gebunden (s. S. 177).

b) *Havariegrosse-Schäden* müssen mit Rücksicht auf die Ladungsbeteiligten, die zu diesen Schäden beitragen müssen, von einem unparteiischen Sachverständigen besichtigt werden.

a) und b) In der Praxis besichtigen dieser und ein Vertreter des Vereins der Seeversicherer im Beisein des Kapitäns alle Partikular- und Havariegrosse-Schäden am Schiff nach ihrem Umfange. Wenn im Auslande nur notrepariert werden soll (s. S. 178), verzichten sie auf die Schadenstaxe. Diese wird in Deutschland oder im Hafen der endgültigen Reparatur auf Grund des Besichtigungsberichtes nachgeholt (survey report), in welchem die Partikularschäden getrennt von den selteneren Havariegrosse-Schäden des Schiffes aufgeführt werden. Im Besichtigungsbericht sollen die Arbeiten empfohlen werden, die zur Wiederherstellung der Seetüchtigkeit erforderlich sind. Wenn noch nicht alle Schäden erkennbar sind, müssen Vorbehalte gemacht werden (Formel s. Nr. 6). Ein etwaiger Kollisionsgegner sollte zur Besichtigung eingeladen werden (s. Nr. 9). Als unparteiischer Sachverständiger eignet

HGB

sich am besten ein Vertreter des GL, sonst ein amtlicher Schiffsbesichtiger oder ein Vertreter einer anderen anerkannten Klassifikationsgesellschaft, z. B. Lloyd's Surveyor (s. S. 104). Wenn repariert werden muß, sollten auch Werftvertreter zugezogen und zur Abgabe verbindlicher Angebote aufgefordert werden. Das günstigste Angebot ist gleichzeitig Schadenstaxe.

c) Die *Werttaxe* des Schiffes müßte nach den YAR, Regel 6, gleichzeitig aufgestellt werden. Die deutschen Konnossementsbedingungen sehen aber die Werttaxe in Deutschland vor. Hierfür bestellt der Dispacheur im Einvernehmen mit dem Reeder und den Seeversicherern einen vereidigten Sachverständigen. Der Sachverständige der Kaskoversicherer beteiligt sich an dieser Besichtigung. Der tatsächliche Wert des Schiffes im beschädigten Zustande — also der Beitragswert in Havariegrosse — wird meistens in der Weise ermittelt, daß der Gesundwert zu den Bedingungen am Bestimmungsort geschätzt (vgl. YAR, Regel G) und von diesem die Schäden laut Schadenstaxe abgezogen werden.

§§ 535, 610 *III.* Die *Besichtigung der Ladungsschäden* müßte eigentlich nach den gleichen Grundsätzen durchgeführt werden (IIa und b). Das ist aber kaum möglich, weil es sich außer bei Massenladung um viele Ladungsbeteiligte handelt, die außerdem nicht immer erreichbar sind. Daher werden bei *jeder Art* von Ladungsschäden vereidigte Sachverständige als Unparteiische bestellt, und zwar bei großen Schäden und vielen Ladungspartien so viele Besichtiger, daß sie sich die Arbeit teilen können und die Ladungsarbeiten nicht verzögert werden. Ob die Besichtigung schon im ersten Anlaufhafen oder erst im Bestimmungshafen erforderlich ist, hängt von der Art der Beschädigung ab, besonders aber von der Verderblichkeit der Ladung. Die Ladungsbeteiligten sind möglichst hinzuzuziehen. Die Schiffsleitung muß dafür sorgen, daß die Ladungsschäden aus besonderer Havarie von denen aus Havariegrosse streng getrennt aufgeführt werden. Auch soll möglichst angegeben werden, wie die einzelnen Schäden entstanden sind. Gegebenenfalls muß der Lukenbesichtigungsbericht vervollständigt werden. Die Ladungsschäden werden meistens so taxiert, daß sie später in Prozenten von den Gesundwerten abgezogen werden können, die sich der Dispacheur durch Versendung der Wertzettel selbst beschafft. Für jede Partie ist ein besonderer Besichtigungsbericht in mindestens dreifacher Ausfertigung zu schreiben, damit die Ladungsbeteiligten und deren Versicherer später Abschriften erhalten können. Besonders wichtig: Jeder Bericht muß Vorschläge der Besichtiger über die weitere Behandlung der Ladung oder über deren Verkauf enthalten, außerdem die Kosten der einzelnen Besichtigung.

8. Reparatur oder Notreparatur. Nach § 75 ADS ist das Schiff unverzüglich auszubessern (s. S. 178). In vielen Fällen wird man sich mit einer Reparatur begnügen, die für die Durchführung der Reise ausreicht, wobei man zwischen Notreparatur und vorläufiger Reparatur unterscheidet (s. S. 178). Wegen der endgültigen Reparatur, die man meistens in Deutschland machen läßt, muß der Kapitän alle Vorbehalte machen.

HGB:

Vor jeder Art von Reparatur sind möglichst mehrere Werftangebote einzuholen und die örtlichen Vertreter der Versicherer hinzuzuziehen.

9. Schadenersatzansprüche und Sicherheiten. Wenn ein fremdes Schiff an dem Unfall beteiligt ist, muß es grundsätzlich durch Einschreibebrief an den Kapitän, u. U. durch einen Anwalt, haftbar gemacht werden. Ist das fremde Schiff nicht erreichbar, kann diese Nachricht dem fremden Reeder direkt oder über dessen Konsul zugestellt werden. In manchen Staaten müssen hierfür Fristen eingehalten werden (vgl. Verklarung im Auslande, s. S. 110). Ferner sollte die Gegenpartei zur Teilnahme an der eigenen Besichtigung aufgefordert und darauf aufmerksam gemacht werden, daß sie bei Fernbleiben die Höhe der Schadenstaxe nicht anfechten kann. Wenn dem Gegner auch nur ein Teil der Schuld beigemessen werden kann, verlangt der Reeder eine Bankgarantie in Höhe des Schadens an Schiff und Ladung usw. und droht bei deren Verweigerung mit einem Arrest (s. S. 183). Manchmal ist aber der Reeder wegen der großen Entfernung dazu nicht in der Lage. Dann muß der Kapitän im Einvernehmen mit dem Reeder einen tüchtigen Anwalt damit beauftragen. Nachrichtengebühren spielen in dringenden Fällen keine Rolle.

10. Fremde Schadenersatzansprüche zurückweisen, wenn sie ungerechtfertigt erscheinen. Widerspruchslose Annahme kann als Eingeständnis eigener Schuld ausgelegt werden. Die Teilnahme an der Schadensbesichtigung des Gegners ist anzustreben, ebenso die Teilnahme an seiner Verklarung. Gegebenenfalls muß dabei gegen falsche Darstellungen protestiert werden. Die Teilnahme darf aber nur unter schriftlichem Vorbehalt erfolgen, indem man ausdrücklich erklärt, daß man ohne Vorentscheidung (Präjudiz) hinsichtlich der Schuldfrage kommt.

11. Ladung schützen, nämlich einlagern, mit einem anderen Schiffe §§ 535, 606
auf Grund neuer Konnossemente an die zuständige Agentur weiterbefördern oder notfalls verkaufen, wie es die Umstände und die Empfehlungen der Besichtiger oder das Verlangen der Ladungsbeteiligten gebieten. Wegen der Kosten vgl. Erläuterung zu YAR 10b und c (s. S. 154) und Güterversicherung (s. S. 178). Wenn die Ladung weiterbefördert wird, sollte man möglichst vorher die Ladungsbeteiligten schriftlich darauf verpflichten, daß sie auch zu den nach der Trennung vom Schiffe noch entstehenden Havariegrosse-Kosten beitragen werden (vgl. Nr. 14). Während einer Einlagerung wegen der Notreparatur sollte man die Ladung auf Kosten der Havariegrosse-Gemeinschaft versichern, wenn man nicht weiß, ob z. B. auch eine ausländische Güterpolice dieses Risiko deckt. Fährt das Schiff allein weiter, sollte zur Kontrolle der Schutzmaßnahmen für die Ladung ein tüchtiger Offizier § 632
zurückgelassen werden.

12. Bescheinigung von Ladungsbesichtigern fordern, wenn alle Maßnahmen im Interesse der Ladung erledigt sind. Jetzt können auch die Besichtigungskosten auf den einzelnen Besichtigungsberichten vermerkt werden. Falls die Ladung im Nothafen wiedereingeladen wird, sollen

HGB:

die Ladungsbesichtiger zugegen sein und die Ladungstüchtigkeit, die ordentliche Stauung und die Beförderungsfähigkeit der Ladung ausdrücklich bescheinigen.

13. Rechnungen über sonstige Leistungen an der besonderen Havarie oder an der Havariegrosse dreifach fordern und mit den Besichtigungsberichten sammeln. Die Art und der Zweck der Leistungen müssen klar erkennbar sein, damit der Dispacheur die Kosten ohne Schwierigkeiten auf die besondere und die gemeinschaftliche Havarie verteilen kann. Im allgemeinen werden aber alle Rechnungen über Lotsengebühren, Schlepplöhne, Hafenkosten, Löschkosten, Leichtermiete, Nachrichtenspesen u. a. vom Agenten ausgelegt und an den Reeder weitergeleitet.

14. Havariegrosse-Verpflichtungsscheine (Havariebonds, General Average Bonds) verlangen, gegebenenfalls sogar Havariegrosse-Depots
§§ 615, 730, 731, 751, 752 (General Average Deposit). Verpflichtungsscheine müssen von jedem Ladungsbeteiligten verlangt werden, bevor die Ladung ausgeliefert wird. Mit ihnen verpflichtet sich der Empfänger oder gegebenenfalls der Ablader, die Havariegrosse-Beiträge auf Grund der Dispache sofort zu bezahlen und/oder Einschuß zu leisten oder Sicherheiten zu geben. Eine solche Sicherheit kann ein Bardepot sein, das auf einem besonderen Treuhandkonto zu verwalten ist. Sie kann aber auch durch eine Bankgarantie oder durch eine Briefgarantie der Güterversicherer geleistet werden (s. S. 185). Wenn der Reeder im Interesse der Havariegrosse-Gemeinschaft große Auslagen gehabt hat (Havariegelder), kann außerdem ein Havariegrosse-Einschuß verlangt werden. Das ist eine Vorauszahlung des Ladungsbeteiligten auf seinen später ermittelten Beitrag. Diese Vorauszahlung wird nach den geschätzten Havariegrosse-Kosten als Prozentsatz der beitragspflichtigen Werte berechnet. Es ist allerdings im allgemeinen Sache des Reeders, in Zusammenarbeit mit dem Dispacheur und dem Agenten von dem Ladungsbeteiligten Sicherheiten zu verlangen. Wenn diese verweigert werden, kann die Ladung zurückgehalten werden.

15. Chronometer prüfen, Kompasse nachkompensieren. Die gemäß UVV nach jeder größeren Havarie vorgeschriebene Chronometerprüfung kann unter Umständen in Deutschland nachgeholt werden. Mit dem nach jeder größeren Reparatur vorgeschriebenen Nachkompensieren der Kompasse darf aber nicht gewartet werden.

§ 559 **16. Wiederhergestellte Seetüchtigkeit** muß nach beendeter Reparatur oder Notreparatur vom GL-Vertreter im Klassenzeugnis bestätigt werden. Dadurch wird auch der abgelaufene Fahrterlaubnisschein wieder gültig. Wenn kein GL-Vertreter erreichbar ist, stellt ein Vertreter einer anderen Klassifikationsgesellschaft oder ein vom Konsul oder vom Hafenkapitän empfohlener Sachverständiger wegen des abgelaufenen Fahrterlaubnisscheins ein Seefähigkeitsattest aus (s. S. 85).

14. Zusammenstoß und Reederhaftung[1].

Maßnahmen zur Beweissicherung.

Die Maßnahmen zur Beweissicherung sind die wichtigsten. Daher müssen die folgenden Tatsachen im *Tagebuch* sowie im später abzufassenden *Kapitänsbericht* nachgewiesen werden: Wind und Wetter; Tidenverhältnisse; Uhrzeit; genauer Kollisionsort; wie und wann dieser zuletzt festgestellt wurde; anliegender Kurs vor und nach der Kollision (Gegner kann dabei Kompaß abgelenkt haben); etwaige Kursänderungen; Halten der richtigen Fahrwasserseite; Sichtweite; eigene Fahrt vor und bei der Kollision; etwaige eigene Nebelsignale; vermutliche Richtung fremder Nebelsignale; etwaige Radarbeobachtungen über den Gegner; in welcher Richtung und in welchem Abstande der Gegner zuerst in Sicht gekommen ist; geschätzter Kurs und die Fahrt des Gegners (Masten oder Topplichter in Linie oder offen); eigene und fremde Kurssignale und deren Reihenfolge; welche besonderen Maßnahmen zur Verhütung der Kollision getroffen wurden; erkennbare Manöver des Gegners; Personen auf der Brücke und Besetzung des Ruders und des Ausgucks; Stellung des Maschinentelegraphen; Kollisionswinkel; eigenes Verhalten nach dem Zusammenstoß; erkennbare Manöver des Gegners nach dem Zusammenstoß; eigene und gegnerische Befolgung der Vorschriften über das Verhalten nach dem Zusammenstoß (Hilfeleistung, Austausch von Name, Unterscheidungssignal, Heimathafen, Abgangs- und Bestimmungshafen); ob andere Schiffe in der Nähe waren; ob diese etwa zur Kollision beigetragen haben; Name und Wohnort des Lotsen; Beschädigung des Schiffes und seiner Ladung; erkannte Schäden am Gegner.

Die Tagebucheintragung muß knapp gefaßt werden. Nach Entwürfen mehrerer Personen ist eine Lageskizze anzufertigen und zusammen mit dem Tagebuchauszug und dem Auszug aus dem Maschinentagebuch dem Kapitänsbericht beizufügen. Der Reeder und dessen Versicherer müssen sich unbedingt auf die Richtigkeit des Kapitänsberichtes verlassen können, damit sie bei berechtigter Aussicht auf Erfolg energisch mit der Gegenpartei verhandeln oder gegen sie prozessieren können. Die Tagebucheintragung und der Kapitänsbericht dürfen außer den festgestellten Tatsachen nichts enthalten, weil der Gegner eine Kritik oder sonstige Schlußfolgerungen des Kapitäns für sich ausnutzen könnte. Fremden Personen darf nichts über den Zusammenstoß mitgeteilt werden. Wegen weiterer Maßnahmen nach der Havarie vgl. S. 157ff.

---

[1] Über strafrechtliche Verfolgung s. Fußnote S. 70.

Am 10. Mai 1952 ist in Brüssel ein „Internationales Übereinkommen zur Vereinheitlichung von Regeln über die zivilrechtliche Zuständigkeit bei Schiffszusammenstößen" unterzeichnet worden. Die Bundesrepublik ist ihm beigetreten, hat es aber noch nicht ratifiziert. Nach dem Abkommen kann nur geklagt werden: 1. bei dem für den Beklagten zuständigen Gericht; 2. oder bei dem Gericht des Ortes, wo ein Arrest über irgendein Schiff des Beklagten erfolgt ist bzw. statt einer Sicherheit hätte erfolgen können (vgl. Fußnote S. 138); 3. oder bei dem Gericht des Ortes, in dessen Bereich (Hafen oder Binnengewässer) der Zusammenstoß sich ereignet hat.

HGB:

Gesetzliche Bestimmungen.

§§ 734ff. Das schuldige Schiff muß dem anderen und dessen Ladung alle Schäden und Folgeschäden ersetzen. Das gleiche gilt gegenüber den verletzten Personen. Zu den Schäden gehören z. B.: Beschädigungen des Schiffes und der Ladung, Rettungskosten nach dem Zusammenstoß, Schleppen zum Reparaturort, weiterer Verderb der Ladung, Umstauen oder Löschen der Ladung wegen der Reparatur oder wegen der Erhaltung der Ladung, Besichtigungskosten, Prozeßkosten, Besatzungskosten und nicht zuletzt Gewinnausfall wegen des Nutzungsverlustes des Schiffes. Das schuldige Schiff braucht die Schäden an seiner eigenen Ladung nicht zu ersetzen (vgl. nautisches Verschulden, s. S. 115).

Schon 1910 wurde in Brüssel von den interessierten Staaten das „Übereinkommen zur einheitlichen Feststellung von Regeln über den Zusammenstoß" getroffen und nach und nach in die Gesetzgebung der einzelnen Staaten aufgenommen. In Deutschland wurde es 1913 sinngemäß in das HGB eingearbeitet. Die USA traten dem Abkommen nicht bei (vgl. Both to Blame Collision Clause, s. S. 139). Die gesetzlichen Bestimmungen lauten sinngemäß:

§§ 734-739 1. Ist ein Zusammenstoß durch Zufall oder höhere Gewalt (unvorhersehbar und unvermeidbar) entstanden, z. B. durch einen unverschuldeten Ruderversager, oder besteht Ungewißheit über seine Ursachen, wird nichts ersetzt.

2. Ist ein Zusammenstoß durch Verschulden *eines* Schiffes entstanden, muß dessen Reeder im Rahmen seiner etwaigen Haftungsbeschränkung die Schäden auf dem Gegner ersetzen.

Es ist gleichgültig, ob die Schiffsleitung selbst oder z. B. der Rudersmann oder der Lotse schuldig ist. Wer gegen den Gegner den Beweis des ersten Anscheins (prima facie) liefern und die gegnerischen Beschuldigungen entkräften kann, ist erheblich im Vorteil. Wer gegen das Seestraßenrecht verstoßen hat, wird bis zum Gegenbeweis als schuldig angesehen. Ein typischer prima-facie-Beweis kann z. B. gegen ein Schiff vorgebracht werden, das einen richtig bezeichneten Ankerlieger gerammt hat. Zum Gegenbeweis des ersten Anscheins müßte das beschuldigte Schiff z. B. darlegen, daß der Ankerlieger entgegen den Vorschriften im Fahrwasser gelegen hat.

3. Ist der Zusammenstoß auf gemeinsames Verschulden der beteiligten Schiffe zurückzuführen, müssen die Reeder nach dem Verhältnis der Schuld ihrer Schiffe Ersatz leisten. Wenn ein solches Verhältnis nicht bestimmt werden kann, wird die Schuld 50 : 50 verteilt. Bei Personenschäden haftet aber jeder Reeder für die volle Summe.

(In USA wird bei beiderseitigem Verschulden die Ersatzpflicht *stets* 50 : 50 verteilt, Näheres s. S. 139). Für Sachschäden muß bei mehreren schuldigen Kollissionsgegnern jeder einzelne gesamtschuldnerisch haften. Es bleibt dem so allein in Anspruch Genommenen überlassen, von dem anderen dessen Haftungsanteil einzuklagen.

4. Die obenstehenden Vorschriften werden auch angewandt, wenn ein Schiff einem anderen durch ein Manöver oder dessen Unterlassung einen Schaden zufügt, ohne daß es zum Zusammenstoß gekommen ist.

Diese Fernschädigung liegt z. B. vor, wenn ein Schiff ein anderes in zu geringem Abstande und zu schnell überholt, so daß das andere Schiff unter dem Einfluß des Soges auf Grund gerät oder ein drittes Schiff rammt.

HGB:

Reederhaftung im In- und Auslande.

Reederhaftung. Während die Rechtsprechung über die Schuldfrage überall fast einheitlich ist, bestehen hinsichtlich des Umfanges der Reederhaftung erhebliche Unterschiede. Soweit es sich nicht um normale Gläubigerrechte handelt, ist die Haftung des Reeders beschränkt (vgl. Schiffsgläubigerrechte, s. S. 182). Das kommt besonders nach Zusammenstößen mit ihren großen Schäden zum Tragen.

Deutschland[1]*:* Für ein Schiffsgläubigerrecht haftet der Reeder nur mit Schiff und verdienter Fracht (Schiffsvermögen). Es wird die Bruttofracht der ganzen Rundreise zugrunde gelegt, und es ist unerheblich, ob sie vorausbezahlt ist oder nicht. Der Wert des Schiffes wird nach dessen gegenwärtigem Zustande bestimmt, gegebenenfalls also unter Berücksichtigung einer Beschädigung oder einer Reparatur oder einer sonstigen Werterhöhung. Wenn das Schiff verloren ist, findet außer aus etwa schon verdienter Fracht keine Entschädigung statt, auch nicht aus der Versicherungssumme. Wenn der Reeder das Schiff zu einer neuen Reise aussendet, nachdem er von der Forderung eines Schiffsgläubigers Kenntnis erhalten hat (nach Zusammenstoß z. B. durch Kapitänsbericht), so haftet er persönlich mit seinem ganzen Vermögen bis zum Wert von Schiff und Fracht bei Reisebeginn, damit der Schiffsgläubiger durch einen etwaigen Untergang des Schiffes oder neue Schiffsgläubigerrechte möglichst nicht benachteiligt wird. §§ 484–488

Großbritannien: Der Reeder haftet mit seinem ganzen Vermögen bis zu bestimmten Beträgen ohne Rücksicht darauf, ob das Schiff unbeschädigt geblieben oder ganz verloren ist. Die Haftungssummen betragen 24 engl. Pfund[2] bei Sachschäden und 74 Pfund[2] bei Personenschäden pro NRT des eigenen Schiffes zuzüglich des Abzuges für die Treibkraft. (Der haftende Raumgehalt beträgt etwa NRT mal 1,5.) Sind Sach- *und* Personenschäden eingetreten, haftet der Reeder bis zu 74 Pfund. Wenn hierbei aber die über die 24 Pfund hinaus gehenden 50 Pfund für die Deckung der Personenschäden nicht ausreichen, haben diese mit der Restsumme entsprechend dem Verhältnis zur Sachschadensumme gleichberechtigten Anspruch an den für Sachschäden vorgesehenen 24 Pfund.

Niederlande: Der Reeder haftet mit seinem ganzen Vermögen wie in Großbritannien, jedoch ist die Haftungssumme bei Sach- und/oder Personenschäden auf 50 Gulden pro Kubikmeter des Nettoraumgehaltes zuzüglich des Abzuges für Treibkraft beschränkt.

USA: Der Reeder haftet mit seinem ganzen Vermögen bis zur Höhe des Wertes des Schiffes und der Fracht. Hierdurch erübrigt sich die Bestimmung über das Aussenden zu einer neuen Reise. Der Reeder kann sich durch Preisgabe von Schiff und Fracht an den Schiffsgläubiger von seiner Haftung befreien. Bei Personenschäden haftet der Reeder außerdem bis zu 60 Dollar pro NRT mal 1,5 (s. Großbrit.), sofern die Werte von Schiff und Fracht nicht ausreichen. Dieser Betrag ist nur

[1] Siehe Fußnote S. 166.
[2] Bis 1958 betrugen die Haftungssummen 8 bzw. 15 Pfund.

für die Deckung von Personenschäden bestimmt. Das Gesetz bestimmt ausdrücklich, daß diese Vorschriften auch auf ausländische Schiffe angewendet werden sollen.

Belgien, Brasilien, Dänemark, Finnland, Frankreich, Norwegen, Polen, Portugal, Schweden, Schweiz, Spanien, Ungarn: Diese Staaten haben bisher ein Brüsseler Übereinkommen von 1924[1] über beschränkte Reederhaftung ratifiziert. Danach haftet der Reeder für Ansprüche von Schiffsgläubigern, für Wrackbeseitigung u. a., aber mit Ausnahme von Hilfslöhnen, Havariegrossebeiträgen u. a., mit seinem ganzen Vermögen persönlich:

1. Bei Sachschäden bis zu 8 engl. Goldpfund pro NRT, zuzüglich Abzug für Treibkraft, oder mit dem Wert von Schiff und Fracht, wenn dieser Wert bei Ankunft im nächsten Hafen niedriger ist als 8 Pfund pro Tonne. Wenn das Schiff verloren ist, braucht der Reeder also nur bis zum Wert der Fracht zu haften, die mit 10% des Schiffswertes bei Reisebeginn angenommen wird, gleichgültig ob Fracht verdient ist oder nicht. Versicherungssummen bleiben außer acht.

2. Bei Personenschäden (Besatzung ausgenommen) mit weiteren 8 Pfund, mögen Schiff und Fracht verloren sein oder nicht. Darüber hinaus gehende Personenschäden haben gleichberechtigten Anspruch an den 8 Pfund für Sachschäden (vgl. oben Großbritannien).

Danach ist der deutsche Reeder vorläufig noch im allgemeinen gegenüber den ausländischen benachteiligt.

Über das anzuwendende Recht gibt es viele Kommentare. Es sollte aber nirgends mit Richtern gerechnet werden, die ausländisches Recht anwenden, besonders nicht in USA und Großbritannien. Mit einer Klage oder mit einem Arrest wird also in der Regel nicht nur der Gerichtsort, sondern auch das anzuwendende Recht festgelegt. Wegen der verschiedenen Haftungsbeschränkung spielt das eine erhebliche Rolle. Es ist allerdings schon im Auslande vorgekommen (Norwegen 1953), daß auf ein deutsches Schiff das ungünstigere deutsche Haftungsrecht angewandt wurde. Im übrigen ist daran zu denken, daß es nicht überall Seeämter gibt wie in Deutschland (s. S. 30). Vielmehr wird die Schuldfrage häufig gerichtlich geklärt. Auch die deutschen Gerichte betrachten einen Seeamtsspruch durchaus nicht von vornherein als eindeutige Klärung. In vielen Fällen einigen sich aber die beteiligten Reeder unter Mitwirkung ihrer Versicherer über die Verteilung der Schuld und über den Ersatz. Dadurch werden hohe Prozeßkosten vermieden.

---

[1] Ein modernisiertes Internationales Übereinkommen vom 10. 10. 1957 (Brüssel) ist von der Bundesrepublik unterzeichnet, aber noch nicht ratifiziert worden. Das Abkommen, das 1958 von Großbritannien ratifiziert worden ist, übernimmt die Summenhaftung: Haftung für Sachschäden bis zu 1000 Franken, für Personenschäden bis zu 3100 Franken pro Tonne (1 Fr. = 65,5 Milligramm 400erGold, umzurechnen in Landeswährung, 1000 Franken = 24 £; 3100 Franken = 74 £; 2100 Franken = 50 £). Bei nicht gedeckten Personenschäden Anspruch wie in Großbritannien. Die auf S. 165 und 166 genannten Staaten mit Ausnahme der USA haben das Abkommen unterzeichnet, aber noch nicht ratifiziert.

HGB:

15. Bergung und Hilfeleistung.

Gesetzliche Bestimmungen.

Fremde Hilfe bei einer Havarie ist in der Regel sehr kostspielig. Das Verhalten des Kapitäns ist sehr entscheidend. Um sich richtig verhalten zu können, müssen die Hauptpunkte der gesetzlichen Bestimmungen bekannt sein, die aus dem Brüsseler Übereinkommen über Hilfsleistung und Bergung von 1910 in das HGB eingearbeitet worden sind.

Seenot ist eine der Seefahrt eigentümliche Gefahr, aus der sich ein Schiff ohne fremde Hilfe nicht befreien kann. Sie kann auch im Hafen eintreten; selbst ein gesunkenes Schiff befindet sich in „Seenot", wenn es nicht unwiederbringlich verloren ist. Andererseits kann ein Schiff manövrierbehindert sein, ohne sich schon in Seenot zu befinden. Das Annehmen eines Schleppers ist durchaus noch kein Eingeständnis einer Seenot. Z. B. befindet sich ein Schiff, das wegen zusammengebrochener Maschine unter der Küste ankert, erst dann in Seenot, wenn die Wetterverhältnisse eine Gefahr erwarten lassen. § 740

Bergung liegt vor, wenn ein Schiff oder Sachen von fremden Personen aus Seenot gerettet werden, nachdem die Besatzung die Verfügung darüber verloren hatte. Die Verfügungsgewalt dürfte aber noch bestehen, wenn dem Kapitän die Rückkehr auf das verlassene Schiff jederzeit möglich ist und wenn er dabei – z. B. durch cq-Funkruf – seinen Besitzanspruch kundtut. Der Verlust der Verfügungsgewalt ist nicht mit dem Verlust des Eigentums zu verwechseln. Dieses geht erst durch ausdrückliches Verzicht des Eigentümers verloren, z. B. durch Streichung eines Schiffes im Schiffsregister (nicht üblich). § 740

Hilfeleistung liegt vor, wenn ein Schiff oder die Sachen darauf durch die *Hilfe* dritter Personen aus Seenot gerettet werden, solange also das Schiff noch unter der Verfügungsgewalt des Kapitäns oder der Besatzung steht. § 740

Anspruch auf Berge- oder Hilfslohn besteht bei erfolgreicher Rettung auch dann, wenn kein entsprechender Vertrag zwischen den beteiligten Kapitänen vor der Rettung oder sonst zwischen den Reedern geschlossen worden ist. Der Anspruch besteht auch dann, wenn der Beistand zwischen Schiffen desselben Reeders stattgefunden hat oder wenn ein Schlepper während einer gewöhnlichen Schleppreise außergewöhnliche Dienste geleistet hat.

Kein Anspruch auf Berge- oder Hilfslohn besteht

1. bei Mißerfolg der geleisteten Dienste (no cure—no pay), es sei denn, daß das Gegenteil ausdrücklich vereinbart worden ist (jedoch risikomindernd für den Berger), § 741

2. wenn gegen ausdrückliches Verbot Beistand geleistet worden ist. § 742

Der Lohn kann ganz oder teilweise versagt werden:

1. wenn der Berger die Seenot verschuldet hat, § 748
2. wenn ein Vertrag unter Gefahr geschlossen worden ist und die Bedingungen unbillig sind, § 747

HGB:

§ 747 3. wenn eine Partei die andere getäuscht hat (z. B. über besondere Umstände).

Die Höhe des Berge- oder Hilfslohnes

hängt nicht von starren Regeln ab. Folgende Umstände sind für die Höhe eines solchen Lohnes maßgebend:

§ 745 1. Erzielter Erfolg, der nach Lage der Verhältnisse vollständig sein muß, d. h., daß die ganz oder teilweise geretteten Gegenstände in Sicherheit gebracht sein müssen. Es kann auch Sukzessivrettung vorliegen, wobei während der gesamten Beistandsleistung ein Retter die Dienste des anderen fortsetzt oder beendet.

2. Anstrengungen und Verdienste der tätig gewesenen Personen, wobei körperliche Anstrengungen, Zähigkeit, Tag- und Nachtarbeit und Wetter berücksichtigt werden.

3. Die aus der Seenot drohende Gefahr.

4. Die Gefahr, die die rettenden Personen auf sich und ihre Fahrzeuge genommen haben, z. B. die Gefahr aus schlechtem Wetter, drohender Grundberührung, Strandung oder Zusammenstoß während des Beistandes, Trossenvertörnung in der Schraube usw.

5. Aufgewandte Zeit, jedoch muß eine kurze Beistandszeit nicht immer lohnmindernd sein, weil manchmal nur schnelles und energisches Handeln zum Erfolge führt.

6. Entstandene Kosten, Schäden und Beschädigungen, z. B. auch Nutzungsverlust oder Befriedigung fremder Gläubiger.

7. Wert des vom Retter in Gefahr gebrachten Materials.

8. Besondere Zweckbestimmung des rettenden Fahrzeuges, weil Bergungsdampfer auf Station kostspielig, aber für die Sicherheit der Schiffahrt notwendig sind.

9. Der Wert der geborgenen oder geretteten Gegenstände wird *erst in zweiter Linie* berücksichtigt, weil gleiche Anstrengungen und Verdienste bei einem wertvollen Schiff mit wertvoller Ladung nicht zu einem verhältnismäßigen und damit erheblich höheren Lohn führen sollen als bei einem weniger wertvollen Schiff und weil vor allem auch kleinere Objekte einen Anreiz bieten sollen.

Im Hinblick auf die Höhe des Lohnes wird auch in Deutschland ein Unterschied zwischen einer Bergung und einer Hilfeleistung kaum noch gemacht. Allerdings wird bei einer Bergung die Gefahr im allgemeinen auf beiden Seiten größer sein als bei einer Hilfeleistung und insofern auch zu einem höheren Lohn führen.

Beispiele: 10000 tdw Tanker, beladen, auf der Unterelbe im Nebel mit dem Achterschiff festgekommen. Ruhiges Wetter, keine erhebliche Gefahr. 2 Schlepper mit 2000 bzw. 1000 PS und 2 kleine Kopfschlepper tauen den Tanker in einer Stunde frei. Keine erheblichen Anstrengungen. Gerettete Werte 2,75 Mill. DM. Hilfslohn 90000 DM (1951).

550 tdw Kümo, beladen, auf den Klippen von Helgoland gestrandet. Ungünstiges Wetter, große Gefahr eines Totalverlustes. 2 Schlepper von 2000 PS bzw. 500 PS begeben sich in erhebliche Gefahr des Festkommens und tauen zunächst vergeblich. Nach Werfen von Decksladung Erfolg unter großen Schwierigkeiten. Große Schäden, gerettete Werte daher nur 85000 DM. Hilfslohn 45000 DM (1952).

Die Verteilung des Berge- oder Hilfslohnes ist gesetzlich geregelt, aber nicht international einheitlich. In Deutschland werden dem Reeder zunächst die Kosten und Schäden ersetzt. Von dem Rest erhalten der Reeder eines Dampfers zwei Drittel und der Kapitän und die übrige Besatzung je ein Sechstel. Der Kapitän muß das auf die Besatzung fallende Sechstel vor Beendigung der Reise auf die einzelnen Personen nach deren Leistungen bruchteilmäßig verteilen und den Plan bekanntgeben. Einspruch dagegen beim Seemannsamt. HGB: § 749

Festsetzung von Berge- oder Hilfslohn.

Manchmal gelingt schon dem Kapitän der Abschluß eines günstigen Vertrages über eine feste Summe. Für die Beurteilung größerer Fälle fehlt es ihm aber an Erfahrung, so daß ein Bergungskapitän ihm überlegen ist. Allerdings gestatten die meisten Bergungsreeder ihren Kapitänen nicht, auf eine feste Lohnsumme einzugehen. In vielen Fällen einigen sich die beteiligten Reeder über die Höhe des Lohnes, wobei sich regelmäßig die Versicherer mit ihren großen Erfahrungen einschalten. Die deutschen Bergungsreeder schreiben in ihren Vertragsvordrucken den Versuch einer gütlichen Einigung ausdrücklich vor. Gelingt die Einigung nicht, können verschiedene Wege beschritten werden:

1. Strandamt (öffentlicher Rechtsweg). Der Anspruch auf Berge- oder Hilfslohn ist beim Strandamt anzumelden. Der Strandhauptmann (Vorsitzender des Strandamtes) prüft die eingereichten Unterlagen, hört Sachverständige und unter Umständen auch Zeugen der Parteien. Sodann setzt er nach eigenem Ermessen[1] — meistens nur nach den Akten — den Berge- oder Hilfslohn fest und stellt darüber den Beteiligten einen Bescheid zu. Wer mit diesem nicht einverstanden ist, muß innerhalb von 14 Tagen beim zuständigen Gericht klagen, und zwar bei Streitwerten über 1000 DM beim Landgericht (s. S. 104). Dadurch wird das sonst schnelle und billige Verfahren langwierig und teuer. Daher werden die Strandämter besonders dann in Anspruch genommen, wenn die Streitwerte nicht zu groß sind und wenn mit der beiderseitigen Anerkennung des Bescheides gerechnet werden kann. Statt des Strandamtes ist von vornherein das Gericht anzurufen, wenn einem ausländischen Schiffe außerhalb der deutschen Hoheitsgrenze Hilfe geleistet worden ist, oder wenn bei deutschen oder ausländischen Schiffen die Hilfsdienste auf hoher See begonnen und in einem ausländischen Hafen geendet haben. §§ 36–41 Strandungsordnung

2. Deutsches Seeschiedsgericht ist ein privates Schiedsgericht mit dem Sitz in Hamburg.[2] Es genießt in der internationalen Schiffahrt großes Ansehen. Der Vorsitzende ist ein Richter, als Beisitzer fungieren ein Reeder und ein Nautiker. Das Seeschiedsgericht kann auch außerhalb Hamburgs tagen. Es kann aber nur angerufen werden, wenn sich

[1] Wenn von der Landesregierung hierzu ermächtigt.

[2] Errichtet 1913 mit einer Schiedsgerichts-Ordnung auf Grund einer Errichtungs-Vereinbarung.

vor der Hilfeleistung die beteiligten Kapitäne oder sonst die Reeder darauf geeinigt haben. Es entscheidet nach dem HGB und fällt auf Wunsch der Parteien einen vollstreckbaren Schiedsspruch, wobei eine Berufung von vornherein ausgeschlossen ist. Meistens beantragen die Parteien aber ein Schiedsgutachten, damit sie nicht der unangenehmen Strenge eines Schiedsspruches unterworfen sind und später noch verhandeln können. Für das Verfahren vor dem Schiedsgericht nehmen die Parteien regelmäßig Anwälte in Anspruch. Diese reichen dem Vorsitzenden zur Vorbereitung der Verhandlung ihre Schriftsätze ein und geben der Gegenpartei davon abschriftlich Kenntnis. Der Vorsitzende entscheidet, welche Zeugen und Sachverständigen in der mündlichen Verhandlung gehört werden. Die Entscheidung — Schiedsspruch oder Schiedsgutachten — wird nach Beschluß des Vorsitzenden und der Beisitzer schriftlich ausgefertigt und begründet. Die Kosten dieses schnellen und verhältnismäßig billigen Verfahrens muß diejenige Partei tragen, deren Forderung oder Bewilligung eines Berge- oder Hilfslohnes unangemessen gewesen ist. Trifft dieses auf beide Parteien zu, werden die Kosten entsprechend verteilt.

3. Lloyd's Arbitration ist das von der Corporation of Lloyd's (s. S. 100) durchgeführte private Schiedsverfahren, das dem vor dem Deutschen Seeschiedsgericht sehr ähnelt. Die Grundlage des Verfahrens ist der meistens schon von den beteiligten Kapitänen gezeichnete Vertrag: Lloyd's Salvage Agreement „NO CURE — NO PAY". Er enthält die Rechte und Pflichten der Beteiligten und die Bedingungen des Verfahrens. Da er auf jahrzehntelangen Erfahrungen beruht und überall in der Welt bekannt und anerkannt ist, kann jeder Kapitän ihn ohne Bedenken zeichnen, wenn eine Einigung auf das weniger kostspielige deutsche Seeschiedsgericht nicht möglich ist. Es ist allerdings zu empfehlen, die unter Klausel Nr. 1 einzusetzende Garantiesumme sowie den Prozentsatz unter Klausel Nr. 3 offen zu lassen und den Vertrag damit zu einem „open agreement" zu machen.

Nach einem Bergungs- oder Hilfeleistungsfall ernennt jede Partei ihren Fachanwalt, den sogenannten Solicitor. Dieser bereitet für seinen Mandanten die Verhandlung und für diese die Zeugen vor, indem er unter anderem die Beweismittel wie Verklarungsbericht, Protokolle, Besichtigungsberichte, Werttaxen usw. beschafft. Der Schiedsrichter — meistens wird durch das Committee of Lloyd's nur *einer* bestimmt — ist oft ein Lordrichter des Admiralty Court (vgl. Admiralty Division). Er ordnet zu einem bestimmten Zeitpunkt den Austausch der Beweismittel und Schriftsätze an. Dann beraumt er die Verhandlung an und läßt durch die vortragenden Anwälte der Parteien (Queen's Counsel) die Zeugen ins Kreuzverhör nehmen. Er greift nur selten in die Verhandlung ein und entscheidet dann allein über die Höhe der Vergütung. Manchmal entscheidet er auch ohne Verhandlung nur auf Grund der Akten. Der Schiedsspruch heißt „Original Award". Schiedsgutachten sind kaum üblich.

Gegen diesen Spruch kann innerhalb von 14 Tagen beim Committee of Lloyd's Berufung eingelegt werden. Die Parteien, die durch dieselben

HGB:

Anwälte vertreten werden, dürfen dazu aber keine neuen Beweismittel vorbringen. Der Berufungsschiedsrichter (Appeal Arbitrator) läßt jede Partei sich zu den gegnerischen Schriftsätzen äußern und fällt dann den endgültigen Spruch (Appeal Award). Der festgesetzte Berge- oder Hilfslohn ist durch eine Sicherheit gedeckt, die der betroffene Reeder in Zusammenarbeit mit seinen Versicherern als Bardepot oder als Bankgarantie vor dem Verfahren beim Committee of Lloyd's leisten muß. Auch in Kollisionssachen kann Lloyd's Arbitration beantragt werden (s. S. 100).

Wenn es mangels Einigung der Parteien zu keinem Vertrage kommt, muß auch in Großbritannien der öffentliche Rechtsweg beschritten werden (vgl. Admiralty Division, s. S. 99).

Da es im übrigen Auslande ständige private Seeschiedsgerichte nicht gibt, einigt man sich auch dort oft auf Lloyd's Arbitration, manchmal auch auf das Deutsche Seeschiedsgericht. Natürlich kann aber ein privates Schiedsgericht von Fall zu Fall errichtet werden.

Verhalten des Kapitäns bei einer Bergung oder Hilfeleistung.

Der Einfachheit halber werden beide Fälle nachstehend als Bergung bezeichnet, die Parteien als Berger und Havarist, der Berge- oder Hilfslohn als Lohn.

Zunächst ist festzustellen, daß es mit den heutigen Nachrichtenmitteln in den meisten Fällen möglich ist, mit dem Reeder in Verbindung zu treten und dessen Weisungen oder Empfehlungen einzuholen. Der Kapitän muß sich aber darüber klar sein, daß er die Lage besser übersieht als der Reeder und daß seine Auffassung von der Lage gewöhnlich entscheidend ist. So telegraphierte ein Reeder kürzlich dem Kapitän eines durch Zufall aufgelaufenen Schiffes: „Legen Wert darauf, daß Leitung in Ihren Händen bleibt."

Folgende Punkte sind wichtig:

1. Es besteht nur die Pflicht, bei der Rettung von Menschenleben Beistand zu leisten. Eine Pflicht zur Rettung von Sachwerten besteht auch nach einem Zusammenstoß nicht mehr (neue „Verordnung über die Sicherung der Seefahrt" vom 15. 12. 56), doch sollte schon im Interesse einer Verhütung von weiteren Schäden stets versucht werden, auch dem gegnerischen Schiff selbst Beistand zu leisten.

2. Notzeichen SOS oder Dringlichkeitszeichen XXX nicht voreilig geben. Sie sind das Eingeständnis erheblicher Seenot und bedingen wegen der damit anerkannten Gefahr einen hohen Lohn. Möglichst nur cq-Funkruf abgeben. § 745

3. Nachricht an den Reeder nur in offenem Text geben, möglichst sogar in englischer Sprache. Daraufhin (vgl. Havarie, s. S. 157) finden sich meistens schon Bergungsfahrzeuge ohne Aufforderung ein oder nehmen zumindest FT-Verbindung auf. Keine Bergungsschlepper anfordern, wenn gewöhnliche Schlepper genügen.

4. Möglichst das Eintreffen mehrerer Berger abwarten, um mit dem bestgeeigneten abschließen zu können.

HGB:

5. Bis dahin weitgehende Vorbereitungen seemännischer Art treffen, um das Rettungswerk gemeinsam mit dem Berger beginnen zu können. Immer die eigene Besatzung und eigenes Material mit einsetzen und
§ 745 dieses nachweisen. Das Risiko des Bergers und damit den Lohnanspruch mindern durch Sonderverträge mit Leichterfirmen und Stauereien.

6. Verfügungsgewalt über das eigene Fahrzeug möglichst lange aufrechterhalten.

7. Das Anlegen beim Havaristen zum Verhandeln begründet noch
§ 742 kein Recht auf Bergung. Nicht gewünschte, aber trotzdem begonnene Bergung untersagen. Dulden bedeutet Anerkennung.

8. Einen Vertrag möglichst auf Deutsches Seeschiedsgericht abschließen, sonst am besten Lloyd's Salvage (open) Agreement. Vertrag kann durch FT geschlossen werden oder vorläufig durch Zuruf, wobei
§ 527 Erheben des Armes Einverständnis bedeutet. Nur dann ist schriftliche Bestätigung später erlaubt. Mit diesen Verträgen erkennt man aber praktisch das Vorliegen einer Seenot an.

§ 747 9. Bei etwaigen Verhandlungen:

a) Keine Tatsachen verschweigen, weil bei nachgewiesener Täuschung der Vertrag geändert werden kann.

§ 745 b) Auf Umfang der verbliebenen Seetüchtigkeit hinweisen, besonders auf die etwa noch vorhandene Manövrierfähigkeit.

c) Seemännische Leitung erhält meistens der erfahrenere Bergungskapitän oder Bergungsinspektor. Jedoch Leistung des Bergers von vornherein festlegen, z. B. Abschleppen statt Einschleppen, Abdichten ohne Abschleppen usw.

d) Einspruchsrecht vorbehalten für den Fall, daß Berger zu großen Aufwand treibt.

e) Recht vorbehalten, gegebenenfalls weitere Hilfe anzunehmen (Leichter, Stauer, Schlepper beim Einlaufen).

f) Prüfen, ob Berger nur für bestehende Tide anzunehmen ist, und dann vereinbaren, daß bei Mißerfolg der Kapitän sich weitere Handlungsfreiheit vorbehält.

g) In Nord- und Ostsee möglichst Einschleppen in deutschen Hafen vereinbaren.

h) Wenn Seenot abgestritten werden kann, dem eigenen Reeder und den Bergern qualifizierten (höheren) Schlepplohn vorschlagen.

i) Kosten eines Bergungsschleppers betragen gegenwärtig (1958) *etwa* 2—3 DM pro PS und Tag, diejenigen eines mittelgroßen, modernen Frachtdampfers *etwa* 0,95 DM pro Ladetonne und Tag, bei größeren Fahrzeugen weniger (s. S. 190). Bergungsreeder gestatten ihren Kapitänen im allgemeinen nicht, einen Vertrag über eine feste Summe abzuschließen.

§ 747 k) Eine unter Druck anerkannte feste Summe schließt die spätere Anfechtung nicht aus, selbst dann nicht, wenn der Verzicht auf gerichtliche Entscheidung ausdrücklich vereinbart worden ist.

§ 740 l) Wenn kein Vertrag zustande kommt — z. B. auf das Deutsche Seeschiedsgericht — und der Berger mit Abfahrt droht, ihn darauf hin-

HGB:

weisen, daß er nach internationalen Rechtsgrundsätzen einen *gesetzlichen* Anspruch auf Hilfslohn hat.

10. Während der Bergung alle Einzelheiten scharf kontrollieren und ins Tagebuch eintragen. Insbesondere gilt dieses für die eigenen und fremden Anstrengungen aller Art. Dazu dienen Lageskizzen, Fotos, Auflaufkurs, etwaiges Herumschlagen, Bodenbeschaffenheit, Abbringungskurs, außergewöhnliche Anstrengungen der eigenen Maschine, etwaiger Strom, Wetteraussichten, Einsatz der eigenen Leute, Materialverbrauch, nicht verantwortbare Schäden am anderen Schiffe. § 745

11. Beim Einschleppen bedenken, daß der Schlepperreeder sich gemäß Schleppbedingungen von Verantwortlichkeit für die Schleppreise freizeichnet (s. S. 185).

12. Während des Schleppens für ununterbrochene Nachrichtenverbindung sorgen. Gegebenenfalls Flaggensignaltafel des Intern. Signalbuches für Schlepper und geschleppte Fahrzeuge verwenden.

13. Wenn vor dem Einlaufen weiterer Schlepper erforderlich ist, diesen nur unter gewöhnlichem Schleppvertrag annehmen. Bestätigen lassen, daß solche Schleppdienste nicht als Hilfeleistung zu werten sind. Unter Umständen qualifizierten Schlepplohn zubilligen.

14. Tagebuch und Kapitänsbericht sollen nur Tatsachen enthalten und keine Zusätze über Umfang der Gefahr und Rechtfertigung der eigenen Maßnahmen.

15. Bei Bergung liegt fast immer Havariegrosse vor. Wegen weiterer Maßnahmen vgl. Havarie (s. S. 157).

Auf dem Berger ist außerdem zu beachten:

16. Abweichen vom Reisewege wegen Bergung ist nach den Haager Regeln (Chartervertrag, Konnossement) erlaubt. Dauer und Umfang des Abweichens im Tagebuch nachweisen. § 636a

17. Im Streitfalle muß der Berger das Vorliegen einer Seenot beweisen. Beweismittel nach Nr. 10 sammeln.

18. Anspruch auf Lohn besteht auch dann, wenn kein Vertrag geschlossen worden ist. § 740

19. Vertrag wegen Konkurrenz schnell schließen. Wegen Sicherstellung der Forderung möglichst nicht Abschleppen, sondern Einschleppen vereinbaren.

20. Nach dem Einlaufen Verklarung ablegen und Sicherheit verlangen (s. S.182), wenn der Reeder nicht selbst hierfür sorgen kann. § 751

16. Seeversicherung.

Auch in der Seeversicherung macht man von dem Recht der Vertragsfreiheit Gebrauch und weicht von den gesetzlichen Bestimmungen ab.

Die Vertragsgrundlage der deutschen Seeversicherung sind die ADS[1]. Unter diesen werden nicht nur das Schiff (Kasko) und die beförderten

[1] Die Allgemeinen Deutschen Seeversicherungsbedingungen (ADS) von 1919 sind in gemeinsamer Arbeit der Hamburger und Bremer Seeversicherer in Anlehnung an das HGB entstanden, das in §§ 778ff. HGB umfangreiche

Fortsetzung der Fußnote auf S. 174.

ADS: Güter versichert, sondern auch die Fracht, Havariegelder usw. In der Regel werden die ADS vertraglich durch die DTV-Kaskoklauseln (Deutscher Transportversicherungsverband) und die Eisklausel (s. S. 180) erweitert. Ferner werden oft bei der Kaskoversicherung einzelne Paragraphen der ADS durch „bewegliche Klauseln“ geändert oder aufgehoben und durch andere, besondere Bedingungen ersetzt.

Begriffe.

Versicherung ist ein Geschäft, bei dem *Versicherer* (Assekuradeure) Schutz gegen unvorhergesehene Verluste gewähren.

Versicherungsnehmer schließt mit den Versicherern die Versicherung zugunsten des *Versicherten* ab. Bei der Kaskoversicherung ist der Reeder meistens Versicherungsnehmer und Versicherter zugleich. Bei der Güterversicherung läßt in der Regel der Ablader die Güter für den Befrachter versichern. Bei Übergabe der Konnossemente mit der Versicherungspolice wird der Empfänger zum Versicherten („für Rechnung, wen es angeht“).

§ 6 **Versicherungswert** ist der tatsächliche Wert des versicherten Gegenstandes. Bei der Kaskoversicherung richtet er sich weitgehend auch
nach dem Konjunkturwert des Schiffes, so daß er durchaus nicht immer
allein dem technischen Wert des Schiffes entspricht. Der Versicherungswert eines Schiffes wird in der Regel durch Sachverständige der Ver-
§ 7 sicherer ermittelt (Taxe oder Werttaxe) oder vereinbart (z. B. gleich den
Neubaupreis) und ist damit für beide Parteien verbindlich.

§ 71 **Versicherungssumme** ist die bei Verlust des versicherten Gegenstandes
zu zahlende Summe. Sie braucht nicht mit dem Versicherungswert über-
einzustimmen, aber dann werden Teilschäden nicht voll ersetzt, sondern
nur im Verhältnis der beiden zueinander. Diese *Unterversicherung* geht
§§ 2, 8 der Reeder manchmal ein, indem er ein Selbstrisiko trägt, z. B.: „5 Mill.
DM taxiert, 4 Mill. DM versichert“. Falls die Versicherungssumme den
§ 9 Versicherungswert übersteigt, liegt *Überversicherung* vor, und die Versicherung ist nur für den übersteigenden Betrag rechtsunwirksam. Überversicherung ist also Verschwendung, die man durch Taxe der Versicherer
§ 10 vermeidet. Ebenso sinnlos ist die *Doppelversicherung*. Sie kommt gelegentlich unbeabsichtigt vor, wenn z. B. das Risiko der Güterversicherung während des Transportes von dem einen auf einen anderen Versicherer übergeht.

Fortsetzung der Fußnote von S. 173.

Bestimmungen über die Seeversicherung enthält. Antiken Vorläufer der heutigen Seeversicherung mit dem Grundgedanken der Havariegrosse und Naturalentschädigungen findet man im Rhodischen Recht. Im Mittelalter ausgeprägtes Seeversicherungswesen in der Lombardei. Im 14. Jahrhundert in Genua Seeversicherungsverträge nachweisbar. Im 15. Jahrhundert Seeversicherung nach Brügge eingeführt, dort von Hanse übernommen, die z. B. im Londoner Stahlhof bis zu dessen Schließung 1597 durch die Engländer Versicherungsmonopol hatte. 1681 unter Ludwig XIV. „Ordonnance de Marine“ mit vorbildlicher Regelung der Seeversicherung. Engländer bauten Seeversicherung weiter aus (vgl. Corporation of Lloyd's, s. S. 100). Sonstige Versicherungszweige sind erst aus der Seeversicherung entstanden.

ADS

Prämie ist die Vergütung an die Versicherer für die Übernahme des Risikos. Bei der Kaskoversicherung beträgt sie pro Jahr etwa 3—4% vom Versicherungswert. Sie kann niedriger sein, wenn gewisse Gefahren nicht mitversichert werden, und erheblich höher, wenn besonders große Gefahren versichert werden sollen. Bei der Güterversicherung liegt die Prämie für „Güter aller Art" fast immer unter 1% für die Reise, meistens bei $^1/_2$%.

Police ist die Urkunde über den Abschluß einer Versicherung. Zur Wirksamkeit eines Vertrages genügt allerdings schon eine beiderseitige Willenserklärung, die sogar nur mündlich abgegeben werden kann. § 14

Schlußschein oder „Slip" tritt bei der Kaskoversicherung gewöhnlich vor der Police auf. Der Versicherungsmakler handelt zwischen den Parteien die Bedingungen aus und legt diese im Schlußschein nieder. Sodann bezeichnet er in ihm die einzelnen Assekuradeure mit dem jeweiligen Hundertsatz des übernommenen Risikos (bei größeren Schiffen meistens zwischen 1% und 2%). Auch wird in ihm der sogenannte führende Versicherer genannt, dessen Maßnahmen und Vereinbarungen sich die übrigen Gesellschaften stillschweigend anschließen. Schließlich unterzeichnet jeder Assekuradeur für sich den Schlußschein, worauf dem Reeder eine Police übergeben wird.

Der **Verein Hamburger Assekuradeure** (seit 1797) und der **Verein Bremer Seeversicherer** (seit 1818) sind Vereinigungen der in Hamburg und Bremen ansässigen Seeversicherer, die ihrerseits vielfach eine oder mehrere Gesellschaften vertreten. Die Vereine unterhalten Havariebüros mit einem Stab von Sachverständigen, die sich mit Werttaxen, Schadenstaxen, Gutachten und der gesamten Abwicklung von Schadensfällen befassen. Besondere Maßnahmen vereinbart der Direktor des Vereins mit dem führenden Versicherer der fraglichen Police. An in- und ausländischen Plätzen von Bedeutung befinden sich Vertreter der Vereine, die bei Versicherungsfällen von der Schiffsleitung herangezogen werden sollen. Eine Vertreterliste mit den Anschriften sollte jeder Kapitän an Bord haben.

Wichtige Punkte der ADS und Zusatzklauseln.

Umfang der Haftung der Versicherer:

1. **Eigenschäden** an Schiff und Ladung (die aber für sich versichert ist) aus Zusammenstoß, Strandung, Eindringen von Seewasser, Brand usw. werden ersetzt. Nicht ersetzt werden Schäden aus Abnutzung, gewöhnlichem Verderb, Verzögerung der Reise und Nutzungsverlust. Verlust von Ankern und Trossen gilt außer bei Kollision als Abnutzung. § 28

2. **Opferschäden** und Havariegrosse-Beiträge werden ersetzt. Bei einer Havariegrosse kann aber unter Umständen durch den beeidigten, unparteiischen Besichtiger (s. S. 160) der Schiffswert höher festgesetzt werden als der Versicherungswert durch die ursprüngliche Taxe der Versicherer. Dann würden die Versicherer die Beiträge nur im Verhältnis der beiden zueinander ersetzen, also nicht voll. Gegen dieses §§ 29, 31

ADS: Risiko schützt sich der Reeder durch die Havariegrosse-Exzedenten-Versicherung, die nur für diesen besonderen Fall den nicht durch die Kaskoversicherung gedeckten Beitragsanteil übernimmt.

§ 78 3. **Kollisionsersatz** (vgl. Zusammenstoß, s. S. 164) als Schadenersatz an den Gegner — oder geschädigte Dritte bei verschuldetem Schiffszusammenstoß infolge Fernschädigung, z. B. durch Sogwirkung — ist durch die ADS gedeckt. Nach der Kollisionsklausel der DTV-Kaskoklauseln ist auch der Schadenersatz wegen Zusammenstoßes mit anderen schwimmenden Gegenständen gedeckt. Darüber hinaus wird als „bewegliche Klausel" auch meistens die *erweiterte Kollisionsklausel* vereinbart, wonach die Versicherer nicht nur bei Zusammenstoß haften, sondern bei jedem Schadenersatz an Dritte wegen nautischen Verschuldens. Fernschädigung durch Sog oder Wellenschlag am Ufer oder festgemachten Schiffen und Beschädigungen von Kaianlagen usw. sind damit gedeckt.

Unter Umständen reicht die Versicherungssumme nicht aus, um die eigenen Schäden und die gegnerischen Ansprüche zu decken, oder aber der Haftungswert des Kaskos (s. S. 165) wird anders bestimmt als durch die ursprüngliche Taxe der Versicherer. Da der Reeder dann einen Verlust erleiden würde, schützt er sich durch die Kollisions-Exzedenten-Versicherung, die nur für diesen besonderen Fall über den Versicherungswert des Kaskos hinaus wirksam ist. Die Prämie für die Exzedenten-Versicherung ist wegen der Seltenheit dieses Versicherungsfalles sehr niedrig.

§§ 32, 37 4. **Aufwendungen** zur Abwendung oder Minderung eines Schadens oder gemäß besonderer Weisungen der Versicherer sind nicht auf die Versicherungssumme begrenzt. Sie werden auch bei Erfolglosigkeit ersetzt. Vgl. aber DTV-Ballastschiff-Klausel (s. S. 179)!

§ 34 5. **Franchise** (Freiteil). Totalverlust, Opferschäden, Aufwendungen, Havariegrosse-Beiträge, Kollisionsersatz werden laut ADS ohne Abzüge ersetzt. Bei den Eigenschäden ist es anders: Abgesehen von dem Abzug wegen des Unterschiedes zwischen neu und alt ersetzen die Versicherer nach den ADS die eigenen Beschädigungen nur dann, wenn sie 3% des Versicherungswertes übersteigen (Franchise). Beide Vorbehalte werden häufig durch eine bewegliche Klausel geändert oder aufgehoben.

Nach der Teilungsklausel der DTV-Kaskoklauseln werden Schiff (Kasko), Maschine und Kajütseinrichtungen besonders taxiert.

Beispiel: Teilungsklausel, Franchise 3%, Versicherungssummen gleich Versicherungswerten, kein Abzug neu für alt.

Schiff (Kasko)	DM	1600000	Franchise 3%	DM	48000
Maschine	„	1400000	„ 3%	„	42000
Kajüte	„	200000	„ 3%	„	6000
gesamte Kaskotaxe	DM	3200000	Franchise 3%	DM	96000

Schäden am Schiff durch Grundberührung . .	DM	60000
„ an Maschine durch Grundberührung	„	30000
Gesamtschäden	DM	90000

ADS:

Wegen der Teilungsklausel werden die Schiffsschäden zu 60000 DM voll ersetzt, weil die Franchise von 48000 DM erreicht ist. Die Maschinenschäden von 30000 DM werden nicht ersetzt, weil die Franchise von 42000 DM nicht erreicht ist. Ohne die Teilungsklausel wäre überhaupt nichts ersetzt worden, weil die Gesamtschäden von 90000 DM die Franchise von 96000 DM nicht erreichen.

Es kann auch eine Abzugsfranchise vereinbart werden. Sie ist derjenige Teil eines Schadens, den der Versicherte stets selbst tragen muß.

6. Befreiung von der Haftung (Abandon der Versicherer). Die Ver- § 38
sicherer haben das Recht, sich binnen 5 Werktagen nach Kenntnis von einem Versicherungsfall durch Zahlung der Versicherungssumme von allen weiteren Verbindlichkeiten zu befreien. Bereits gemachte Aufwendungen (s. Nr. 4) müssen sie aber auch über die Versicherungssumme hinaus ersetzen. Die Versicherer erwerben durch ihren Abandon kein Recht an den versicherten Gegenständen.

7. Totalverlust. Bei Totalverlust müssen die Versicherer auf Ver- § 71
langen die Versicherungssumme auszahlen. Dadurch gehen die Rechte an den versicherten Gegenständen auf die Versicherer über, ebenso etwaige Schadenersatzansprüche gegen Dritte. Wegen des Verdienstausfalles bei Totalverlust versichert der Reeder in der Regel auch die sogenannte „behaltene Fahrt“, jedoch übernehmen die Versicherer diese niemals für vorübergehenden Ausfall des Schiffes während einer Reparatur.

8. Seeuntüchtigkeit. *Die Versicherer haften nicht für Schäden, die aus* § 58
Seeuntüchtigkeit des Schiffes entstehen. Daher sind Reeder und Schiffsleitung verpflichtet, sich vor jeder Reise von der Seetüchtigkeit des Schiffes zu überzeugen. Das Schiff muß die gewöhnlichen Gefahren der See überstehen können. Es muß gehörig ausgerüstet, bemannt und beladen sein (Freibord, Stabilität, Längsfestigkeit) und die erforderlichen Papiere an Bord haben. Auch Ruder und Kommandoelemente müssen vor *jedem Auslaufen* probiert werden (vgl. Tagebuch, s. S. 75). Klassenzeugnis und Fahrterlaubnisschein allein beweisen nicht unbedingt die Seetüchtigkeit. Dagegen würde deren Ungültigkeit, z. B. nach einem Seeunfall oder wegen Überschreitens der Fahrtgrenzen (trotz Prämienerhöhung wegen Gefahränderung!), als ausreichender Beweis für die Seeuntüchtigkeit angesehen werden können.

Teilschäden (vgl. Maßnahmen bei Havarie, s. S. 156 ff.). Der Kapitän muß an Hand der Liste den Vertreter des Vereins der Seeversicherer benachrichtigen. Falls kein Vertreter erreichbar ist, sollte ein unparteiischer Sachverständiger herangezogen werden, etwa Lloyd's Surveyor (s. S. 104) oder Lloyd's Agent (s. S. 100). Nach den ADS sollen je ein
Sachverständiger der Versicherer und des Versicherungsnehmers den § 74
Teilschaden feststellen und taxieren. Bei Uneinigkeit entscheidet ein Obmann, auf dessen Ernennung der Kapitän schon vor der Besichtigung dringen sollte. Für das Gutachten und die Schadenstaxe ist eine bestimmte Form vorgeschrieben:

1. Bezeichnung der Sachverständigen und der hinzugezogenen Beteiligten.

ADS: 2. Bezeichnung der Personen, die solche Sachverständigen ernannt (nicht „empfohlen"!) haben.

3. Ort und Zeit der Besichtigung.

4. Bezeichnung der Schäden mit Ursache und Zeit des Eintritts.

5. Schätzung der Kosten zur Beseitigung jedes einzelnen Schadens.

In dem Gutachten muß gegebenenfalls ein Vorbehalt wegen solcher Schäden gemacht werden, die noch nicht erkennbar sind. Falls der Teilschaden noch nicht oder noch nicht vollständig repariert werden soll, beschränkt sich das Gutachten auf die Feststellung des Umfangs der Schäden. Die spezifizierte Schadenstaxe wird dann im Hafen der endgültigen Reparatur aufgemacht.

§ 75 *Die Ausbesserung* muß nach den ADS unverzüglich durchgeführt werden. Die Versicherer haften insbesondere nicht für Schäden, die daraus entstehen, daß nicht sofort repariert wird, weil man z. B. die Reise schnell fortsetzen will (Folgeschäden). Die Ersatzpflicht der Versicherer richtet sich ausschließlich nach der Schadenstaxe oder nach den Reparaturkosten, wenn diese niedriger sind. Der Unterschied zwischen dem Neuwert und dem Altwert wird bei den zu ersetzenden Schäden abgezogen, wenn das Schiff älter als 10 Jahre ist.

Auch der Reeder kann die sofortige Reparatur mit vollem Ersatz verlangen, und zwar ohne Rücksicht darauf, ob das im Auslande mit außergewöhnlich hohen Kosten verbunden ist. In der Regel will er aber die unterbrochene Reise schnell fortsetzen, also keine „endgültige Reparatur" machen lassen. Daher wird zunächst nur so repariert, daß das Schiff wieder seetüchtig wird. Wenn zu diesem Zwecke das Schiff z. B. mit Zementkästen abgedichtet wird oder wenn in den aufgeworfenen Doppelboden Versteifungen eingesetzt werden, handelt es sich um eine *Notreparatur*. Diese wird von den Versicherern nicht ersetzt, weil sie nicht der Ausbesserung dient. Unter Umständen werden die Kosten dafür in Havariegrosse vergütet (vgl. YAR Regel 14, s. S. 155). Solche Notreparatur muß daher möglichst klein gehalten werden. Dagegen müssen möglichst viele Arbeiten schon der endgültigen Reparatur dienen, also eine *vorläufige Reparatur* sein. Diese wird von den Versicherern anerkannt und ersetzt. Über Art und Umfang von Teilreparaturen wird zwischen dem Reeder und den Versicherern meistens verhandelt; hierbei sind geeignete Vorschläge des Kapitäns oftmals von großem Nutzen.

§ 77 *Reparaturunwürdigkeit* liegt vor, wenn die geschätzten Ausbesserungskosten mehr betragen als der Versicherungswert.

§ 77 *Reparaturunfähigkeit* liegt vor, wenn die Reparatur aus technischen Gründen überhaupt nicht möglich ist, weil z. B. die Schäden zu schwer sind oder keine Werft am Platze ist oder das Schiff nicht in eine Werft gebracht werden kann. In solchen Fällen kann das Schiff öffentlich versteigert werden.

Güterversicherung.

§§ 80ff. Auch die Güter werden unter den ADS versichert, jedoch meistens nur für die Reise. Das geschieht oft unter der Klausel „von Haus zu

ADS:

Haus", wobei die Versicherung am Aufbewahrungsort des Empfängers endet. Im übrigen werden neben den Eigenschäden auch Havariegrosse-Beiträge ersetzt. Bei Decksladung haftet der Versicherer aber nur für Havariegrosse-Beiträge sowie für Verlust der Güter bei Totalverlust des Schiffes. Folgende Einzelheiten sind für den Kapitän bedeutungsvoll:

Die Versicherer haften nicht für Schäden aus der natürlichen Beschaffenheit der Güter, also nicht für inneren Verderb, Schwund, Leckage, Rost, Schimmel und gewöhnlichen Bruch. Der Ladungsbeteiligte muß bei Schäden den Vertreter der Güterversicherer benachrichtigen, der in der Police verzeichnet ist. Mit diesem Vertreter bekommt die Schiffsleitung unter Umständen zu tun. Die Schäden müssen genau so festgestellt werden, wie es oben unter „Teilschäden" beschrieben ist.

Wenn nach einem Unfall die Reise aufgegeben oder unterbrochen wird und die Güter anderweitig weiterbefördert werden *müssen*, weil z. B. die Gefahr des Verderbs besteht, so ist dieses Risiko ebenfalls durch die Güterversicherung gedeckt. In diesen Fällen werden sogar die Kosten der Umladung oder Einlagerung sowie etwaige Mehrkosten der Weiterbeförderung ersetzt. Für diesen Ersatz ist entscheidend, ob das Umladen usw. notwendig war, obwohl z. B. das Schiff seine Reise später fortgesetzt hat.

Nach den ADS kann sich der Reeder nicht gegen seine Haftpflicht gegenüber der Ladung wegen kommerziellen Verschuldens versichern. Andererseits lassen die Güterversicherer sich solche Schadenersatz- § 45
ansprüche der Ladungsbeteiligten gegen den Reeder abtreten. Eine Versicherung gegen diese Haftpflicht wird dem Reeder in den sogenannten Protecting Clubs geboten (s. S. 180).

DTV-Kaskoklauseln (Deutscher Transport-Versicherungsverband) sind Zusatzklauseln zu den ADS. Sie sind in fast jeder Police enthalten. Folgende Einzelheiten daraus sind besonders wichtig:

Tenderklausel. Die Versicherer können nach einem Teilschaden verlangen, daß verschiedene Angebote über die Reparatur eingeholt werden. Sie können die Reparatur auch selbst übernehmen. Für die hierdurch verlorene Zeit müssen die Versicherer bestimmte Entschädigungen leisten.

Teilungsklausel s. S. 176.

Schwesterschiffklausel. Bei Bergung, Hilfeleistung und Zusammenstoß wird ein anderes Schiff des Reeders wie ein fremdes Schiff angesehen.

Schärenfahrtklausel. Sie bestimmt, daß außer zwischen dem 1. Mai und 1. September bei mehr als zwölfstündiger Schärenfahrt in Norwegen zwei Lotsen angenommen werden müssen.

Fahrtbegrenzungsklausel. Sie schließt bestimmte Gebiete vom Befahren aus, unter anderem die Beförderung polnischer Kohle südlich des Kaps Finisterre.

Ballastschiffklausel. Fährt das Schiff ohne Ladung, haften die Versicherer für Schäden zur Abwendung oder Minderung sowie für Berge-

ADS: oder Hilfslöhne (Aufwendungen, s. S. 176) nur bis zur Höhe der Versicherungssumme. Der Kapitän muß also genau prüfen, ob er auf einem Ballastschiff jede Art von Rettungskosten aufwenden darf, da ja keine Ladung vorhanden ist, die solche Kosten in Havariegrosse mitträgt.

Eisklausel (E) ist eine häufig vereinbarte Zusatzklausel für Schiffe mit klassifizierter Eisverstärkung. Sie bestimmt, daß Schäden aus unvorhergesehener Eisgefahr ersetzt werden. Von jedem Eisschaden trägt aber der Reeder 2 DM pro BRT und von dem dann noch verbleibenden Restschaden 10%. Bei der „Eisklausel ohne Eisverstärkung" sind diese Sätze höher.

Bewegliche Klauseln, welche die ADS stellenweise aufheben oder ergänzen, sind z. B.:

§ 23 *Gefahränderung*, wonach jede Änderung des Risikos mitgedeckt ist, auch das Dockrisiko, aber z. B. nicht die Überschreitung der Fahrtgrenzen ohne einen gültigen Fahrterlaubnisschein.

Schadenersatz an Dritte, wonach jeder Schadenersatz an Dritte ininfolge nautischen Verschuldens versichert ist, z. B. wegen Pierbeschädigung (erweiterte Kollisionsklausel).

Minenrisiko. Schäden durch Minen, treibende Minen oder versenkte Munition werden ersetzt. Diese Versicherung tritt zwei Tage nach Ausbruch eines Krieges außer Kraft.

Protecting and Indemnity Clubs.

Diese Vereinigungen, die in Deutschland noch keine Parallele haben, bezwecken die Haftpflichtversicherung auf Gegenseitigkeit gegen solche Schäden, die nicht durch die übliche Kaskoversicherung gedeckt sind. Einige der bekanntesten sind U. K. M. A. (United Kingdom Mutual Steamship Assurance Association Ltd.) und Skuld, Oslo. Die Prämien werden mit einem bestimmten Satz für die versicherte BRT erhoben. Durch Umlage können weitere Beträge nacherhoben werden. Auch deutsche Reeder sind in solchen Clubs versichert. Im allgemeinen wird für folgende Schäden und Kosten gehaftet, wobei zu berücksichtigen ist, daß manchmal nur einige der nachfolgend erwähnten Risiken versichert werden:

Personenschäden an Bord (Fahrgäste, Stauer usw.).

Krankenbehandlung und Heimbeförderung von Besatzungsmitgliedern.

Personenschäden als Folge einer Kollision.

Ausfall von Havariegrosse-Beiträgen, z. B. unter USA-Recht (s. S. 151).

Beschädigungen von Pieranlagen, Molen, Schuppen usw. (vgl. „erweiterte Kollisionsklausel").

Kosten für Wrackbeseitigung, die in manchen Staaten vom Reeder zu tragen sind.

Quarantänekosten.

Ladungsschäden aus kommerziellem Verschulden.

Haftpflicht gegenüber der eigenen Ladung nach mitverschuldetem Zusammenstoß (s. S. 139).

ADS:

Geldstrafen und sonstige Kosten, welche die Besatzung aus anderem als nautischem oder kommerziellem Verschulden verursacht hat, z. B. Zollstrafen.

Prozeßkosten, soweit der Club an der Klärung von Präzedenzfällen interessiert ist.

An bedeutenden Plätzen befinden sich Vertreter der Clubs, die in dringenden Fällen an Hand der an Bord befindlichen Vertreterlisten benachrichtigt werden müssen. Auch sonst können die Vertreter als Ratgeber herangezogen werden.

Weitere Versicherungen sind möglich, aber seltener als die vorstehend beschriebenen. Z. B. gibt es Versicherungen gegen das Streikrisiko und gegen Maschinenschäden außerhalb von Unfällen sowie gegen das Haftungsrisiko, wenn der Reeder aus eigenem Entschluß Ladung an Deck befördert, für die Laderaum nicht zur Verfügung steht.

Grundsatz bei Versicherungsfällen: Stets so handeln, als ob nichts versichert wäre! Denn die Prämien richten sich weitgehend nach dem Schadensverlauf. Außerdem muß der Reeder die Tageskosten und den Verdienstausfall während einer Reparatur immer selbst tragen. § 46

Der Reeder sollte dem Kapitän einen Versicherungsabschluß mitteilen und ihm eine Abschrift der Police aushändigen, und der Kapitän sollte seine Offiziere auch mit diesem Gebiete der Schiffsführung frühzeitig vertraut machen.

17. Schiffsrat.

HGB:

Vor schweren Entschlüssen sollte der Kapitän mit seinen nächsten Mitarbeitern einen Schiffsrat abhalten (vgl. Havarie, s. S. 158). Zum Schiffsrat beruft der Kapitän in der Regel nur die nautischen Offiziere und den 1. Ingenieur, bei der Beratung von technischen Angelegenheiten auch weitere Ingenieure. Der jüngste Offizier sollte zuerst befragt werden, die übrigen in der Reihenfolge ihres Dienstranges von unten nach oben, damit sie frei ihre Meinung äußern. Technische Dinge sollten zuerst erörtert werden. Wenn alle Ansichten vorliegen, wird der Kapitän sie ordnen und bei Bedarf über die einzelnen Punkte abstimmen lassen. § 518

Der Kapitän kann den Schiffsrat auch formlos abhalten. Er kann auch auf die Abstimmung verzichten, wenn z. B. die Ansichten übereinstimmen, oder formlos geführte Lagegespräche nachträglich als Schiffsrat erklären.

Der Schiffsratbeschluß ist nur ein Ratschlag an den Kapitän und braucht nicht befolgt zu werden. Allein verantwortlich bleibt immer der Kapitän. Ein ordnungsmäßig gefaßter Beschluß muß aber ins Tagebuch eingetragen und die etwa abweichende Meinung des Kapitäns von diesem selbst begründet werden. Da der Schiffsratbeschluß besonders gegen Vorwürfe seitens dritter Personen verwendet werden soll, sollte die Tagebucheintragung von mehreren Offizieren entworfen werden. § 520

HGB:

18. Bodmerei[1].

§§ 679, 538–542 Wenn der Kapitän in schwieriger Lage vom Reeder oder sonst im Ausnahmefall keine finanzielle Hilfe erhalten kann, darf er zur Fortsetzung der Reise oder zur Erhaltung von Schiff und Ladung eine Bodmereischuld eingehen. Dabei verpfändet er Schiff, Fracht und/oder Ladung gegen eine hohe Prämie. Er muß dabei folgendes beachten:

1. Ladung darf nur in deren alleinigem Interesse *allein* verbodmet werden, sonst nur zusammen mit Schiff und Fracht.
2. Die Bodmerei muß von dem Konsul, einer Behörde oder dem Schiffsrat als notwendig bezeichnet worden sein.
3. Über die Schuld muß ein Bodmereibrief ausgestellt werden, der folgende Angaben enthalten muß: Gläubiger, Schuld, Prämie, verbodmete Gegenstände, Schiff und Name des Kapitäns, Bodmereireise, Fälligkeit, Bezeichnung als Bodmereischuld, Gründe der Bodmerei, Ort und Datum, Unterschrift des Kapitäns.

Bei Untergang des Schiffes wird das Darlehen nicht zurückgezahlt.

Im Auslande gibt es noch Lloyd's Bottomry Bond für die Verpfändung von Schiff und Fracht sowie Lloyd's Respondentia Bond für die Verpfändung der Ladung. Ein Bodmereibrief kann durch Indossament (Endorsement) (s. S. 189) übertragen werden.

19. Sicherung von Forderungen, Schiffsgläubigerrechte.

§ 486 **Schiffsgläubigerrechte.** Für bestimmte Forderungen an das Schiff haftet der Reeder nur mit Schiff und Fracht (s. S. 165). Dafür sind sie aber gegenüber anderen Forderungen dadurch bevorzugt, daß sie
§ 755 ohne weiteres als gesetzliches Pfandrecht an Schiff und Fracht verfolgt werden können und daß sie Vorrang gegenüber anderen Forderungen haben. Diese Schiffsgläubigerrechte haben folgende Rangordnung, sofern es sich um dieselbe Reise handelt:

§§ 754, 766–770
1. Kosten der Zwangsvollstreckung;
2. Öffentliche Abgaben;
3. Heuerforderungen (hierfür auch unbeschränkt persönliche Haftung);
4. Lotsengebühren, Bergungs- und Hilfskosten, Havariegrosse-Beiträge; Bodmerei- und sonstige Kreditforderungen aus Rechtsgeschäften des Kapitäns;
5. Forderungen der Ladungsbeteiligten wegen Verlustes oder Beschädigung der Güter;
6. Forderungen aus Rechtsgeschäften des Kapitäns zur Ausführung der Reise usw. sowie aus einem Verschulden eines Besatzungsmitgliedes (z. B. bei Zusammenstoß);
7. Forderungen der SBG.

---

[1] Bereits 533 n. Chr. regelte Kaiser Justinian durch Erlaß den Zinsfuß für Bodmereigelder. In Wisby erschien im 14. Jahrhundert ein Gesetz über Bodmerei.

Im allgemeinen gehen die später entstandenen Rechte gleicher Rangordnung den früheren vor. Sind die Forderungen auf verschiedenen Reisen entstanden, so gehen diejenigen aus der späteren Reise vor. Nach einem etwaigen freiwilligen Verkauf des Schiffes bleibt das Schiffsgläubigerrecht auf dem Schiffe ruhen. Der Reeder haftet ferner bis zum Werte von Schiff und Fracht der Rundreise, wenn er nach Kenntnis von einer solchen Forderung das Schiff zu einer neuen Reise aussendet. Andere Gläubigerrechte, z. B. aus gewöhnlichen Darlehen an den Reeder, Schiffshypotheken usw., entstehen aus Rechtsgeschäften des Reeders, der dafür nicht nur mit dem Schiffsvermögen, sondern unbeschränkt persönlich haftet. Auch hierfür kann das Schiff die sogenannte dingliche Sicherheit sein, jedoch ist das Verfahren langwieriger.

Die typischen Schiffsgläubigerrechte sind Forderungen von Hilfslohn und Kollisionsersatz.

Arrest[1]. Er soll dazu dienen, das Schiff wegen einer gerichtlichen Zwangsversteigerung festzuhalten. Zu dieser kommt es allerdings nur selten, weil der Arrest vor allem wegen der hohen Tageskosten (s. S. 190) eines Schiffes und wegen des Nutzungsverlustes ein so wirksames Druckmittel ist, daß der schuldige Reeder schnellstens für Ablösung durch eine andere Sicherheit sorgt.

Der Arrestkläger beantragt wegen seiner Forderung beim zuständigen Ortsgericht – in Deutschland beim Amts- oder Landgericht – einen Sicherheitsarrest. Er muß dabei den Rechtsgrund seiner Forderung glaubhaft machen, nach einem Zusammenstoß durch Vorlegen des Tagebuches, der Verklarung oder etwaiger Zeugenaussagen in Form von eidesstattlichen Versicherungen. Er kann auch selbst eine eidesstattliche Erklärung abgeben. Ferner muß das inländische Vermögen als Sicherung der Forderung unzureichend sein. Bei einem Schiffsgläubigerrecht ordnet das Gericht den Arrest dann sehr kurzfristig an. Es kann aber vom Arrestkläger eine Sicherheit durch Bardepot bei der Gerichtskasse oder auch durch Bankgarantie fordern. Das soll einen Schaden

[1] 1952 ist in Brüssel ein internationales Übereinkommen über den Arrest von Seeschiffen gezeichnet worden. Die Bundesrepublik ist dem Abkommen beigetreten, hat es aber noch nicht ratifiziert. Voraussichtlich wird das erst mit einer gleichzeitigen Ratifizierung des Abkommens über beschränkte Reederhaftung geschehen. Das Arrestabkommen will einen Arrest bei einer sogenannten Seeforderung (maritime claim) ermöglichen. Hierzu gehören Forderungen, die sich im wesentlichen mit den deutschen Schiffsgläubigerrechten decken. Hinzu kommen jedoch Ansprüche aus Schiffbau, Reparaturen, Eigentum, Hypotheken u. a. Wegen einer Seeforderung kann in jedem Vertragsstaat auch ein anderes als das betroffene Schiff desselben Reeders arretiert werden. Vgl. auch Fußnoten S. 163 u. S. 166. Die Gerichte des Staates, in dem der Arrest verhängt worden ist, sind auch für den Rechtsstreit selbst zuständig, a) wenn der Gläubiger dort seine Niederlassung hat; b) wenn dort die Seeforderung entstanden ist; c) wenn die Seeforderung während der durch den Arrest unterbrochenen Reise entstanden ist; d) nach Zusammenstoß; e) nach Bergung oder Hilfeleistung. Auch ein segelfertiges Schiff kann mit Arrest belegt werden.

HGB: decken, den der Gegner etwa dadurch erleidet, daß der Arrest sich später als unberechtigt erweist.

Nach der Anordnung des Arrestes beauftragt der Gläubiger eines ausländischen Schiffes den Gerichtsvollzieher mit der Vollstreckung. Dieser übergibt dem Kapitän des betroffenen Schiffes den Arrestbefehl mit dem Auslaufverbot und legt als Wahrzeichen eine Kette oder ein Band mit Amtssiegel um den Mast oder auf der Brücke um das Ruderrad, womit das Schiff „an die Kette gelegt" ist. Gleichzeitig erhält die Hafenbehörde eine Mitteilung über das Auslaufverbot. Bei inländischen Schiffen erfolgt die Vollstreckungsanordnung durch das Gericht.

Ein Schiff kann nicht mit Arrest belegt werden, wenn es segelfertig, d. h., wenn es ausklariert ist und damit alle erforderlichen Papiere an
§ 482 Bord hat[1]. Wenn auch der Arrestantrag in der Regel Sache des Reeders ist, so kann in dringenden Fällen im Auslande auch der Kapitän sich dazu verpflichtet halten. Das gilt besonders, wenn z. B. nach einem Zusammenstoß das gegnerische Schiff einer unbekannten Reederei gehört. Der Kapitän darf dann keine Nachrichtenspesen scheuen, um sich mit seinem Reeder zu besprechen. Gegebenenfalls muß er einen tüchtigen Anwalt mit dem Arrestantrag beauftragen.

Der Arrest begründet in vielen Fällen zugleich den Gerichtsstand. In der Regel wird daher der Reeder auf einen Arrestantrag im weiter entfernten Auslande verzichten und nach Möglichkeit ein Schiff des Gegners in Deutschland arretieren lassen. Ein Arrest kann im allgemeinen auch im Heimathafen des gegnerischen Schiffes beantragt werden, doch wird es hier meistens sehr kräftiger Beweise bedürfen, bevor der Arrestgrund anerkannt wird. Etwas leichter dürfte man mit seinem Arrestantrag am Tatort durchkommen, wenn man z. B. in der Einfahrt nach Rotterdam von einem englischen Schiff gerammt wird und dieses in Rotterdam greifbar ist. Es wird dagegen nur selten möglich sein, das wieder ausgelaufene Schiff in einem fremden Hafen arretieren zu lassen, der nicht Tatort ist und zu dessen Flagge keines der beiden Schiffe gehört. Vorgekommen ist dies allerdings schon in USA, wo den Gerichten eine selbständige Befugnis zur „Jurisdiktion" zusteht.

Bankgarantie. Schon die Drohung mit einem Arrest ist oft wirksam genug, um den Gegner eine andere ausreichende Sicherheit stellen zu lassen. Dazu bedient dieser sich häufig einer Bankgarantie, einem unwiderruflichen Versprechen einer angesehenen Bank, unter bestimmten Bedingungen bis zu einer bestimmten Höhe für den Schuldner zu zahlen. Bei Eröffnung einer Bankgarantie wird demnach noch kein Geld bewegt. Die geforderten oder ausgehandelten Bedingungen, z. B. Zahlung auf Grund eines rechtskräftigen Urteils, einer gütlichen Einigung oder eines Schiedsspruches, werden im Auftrage des Schuldners im Garantieschreiben der Korrespondenzbank am Gerichtsort mitgeteilt, worauf der Gläubiger dann das Schiff aus einem etwa schon verhängten Arrest entläßt.

---

[1] Anders nach dem Arrestabkommen, vgl. Fußn. S. 183.

Bardepot ist eine Hinterlegung einer Summe oder von Wertpapieren. Dabei wird für gewöhnlich ein Treuhandkonto in Anspruch genommen, und zwar ebenfalls unter bestimmten Bedingungen.

Briefgarantie (Letter of Indemnity). Bei kleineren Summen und/oder einem angesehenen Reeder begnügt sich der Gläubiger unter Umständen schon mit einer Briefgarantie. Diese ist ein schriftliches Versprechen des Schuldners, nach gütlicher Vereinbarung oder nach einem Schiedsspruch oder nach einem rechtskräftigen Urteil die Schuld bis zur genannten Höhe widerspruchslos zu bezahlen.

Der Reeder wird sich in allen vorgenannten Fällen mit seinen Versicherern in Verbindung setzen, und diese werden nach einem Versicherungsfall häufig selbst eine Garantie übernehmen.

20. Schleppbedingungen.

Über das Schleppen gibt es noch keine gesetzlichen Bestimmungen. Es haben sich aber folgende Rechtsgrundsätze entwickelt:

1. Assistenz durch Schlepper, also Hilfe beim Manövrieren: Die nautische Führung hat das geschleppte Schiff (Anhang).

2. Bugsieren, also Schleppen in einem engen Gewässer: Der Anhang hat die nautische Führung.

3. Schleppen eines manövrierunfähigen Fahrzeuges usw., z. B. über See: Die nautische Führung liegt beim Schlepper, weil der Anhang keine selbständigen Manöver machen kann. (Da aber die gedruckten Schleppbedingungen gewöhnlich das Gegenteil bestimmen, ist eine entsprechende Abmachung erforderlich.)

Vereinbarungen über die nautische Führung und über die Haftung sind erlaubt, üblich und in den Schleppbedingungen von den Schlepperreedereien einseitig festgelegt. Die Bedingungen sind überall in der Welt verhältnismäßig einheitlich und besagen allgemein, daß die Schlepperbesatzung zu den Angestellten des Reeders des geschleppten Schiffes zählt und daher dessen Kapitän untersteht. Damit folgt man der englischen Auffassung: „The tug is the servant of the tow". Aus den Schleppbedingungen sind folgende Punkte für die Schiffsleitung wichtig:

1. Der Anhang trägt die Verantwortung für Zusammenstöße und sonstige Unfälle, die der Schleppzug verursacht. Der Anhang haftet auch für Schäden am Schlepper, es sei denn, daß dem Schlepper ein Verschulden hieran nachgewiesen werden kann.

2. Auch beim Schleppen von manövrierunfähigen Fahrzeugen usw. haftet der Schlepper nicht, selbst dann nicht, wenn die Schlepperreederei die Bemannung für den Anhang stellt.

3. Der Schlepper ist für Schäden am Anhang in keinem Falle verantwortlich, selbst nicht bei Verschulden oder bei Fehlern in seiner Einrichtung.

4. Die Schlepperreederei ist nicht für Aufenthalte oder Verzögerungen verantwortlich.

5. Wenn die Schleppreise nicht zu Ende geführt werden kann und die Schlepper*reederei* dieses nicht verschuldet hat, ist der volle Schlepplohn zu zahlen.

6. Der Schlepplohn schließt keine besonderen Leistungen wie Hilfeleistung in Seenot und dergleichen ein.

7. Es wird nur ein Schlepper für die Schleppreise gestellt und keine Verpflichtung für deren vollständige Durchführung übernommen.

21. Werftbedingungen.

Die Werftbedingungen sind überall ziemlich einheitlich. Sie zwingen die Schiffsleitung zu großer Umsicht hinsichtlich der Schiffssicherheit. Folgende Punkte sind wichtig:

1. Das Schiff ist zur vereinbarten Zeit vor das Dock zu liefern und von dort wieder abzuholen.

2. Wenn die Werft Verholmannschaften stellt, geschieht das für Rechnung und *auf Gefahr* des Schiffes.

3. Die Werft übernimmt keine Haftung für Schäden, die Schiff und/oder Ladung aus Anlaß des Dockens oder der Reparaturarbeiten erleiden (z. B. Feuer durch Schweißarbeiten).

4. Für Bewachung und Versicherung während der Werftliegezeit hat das Schiff selbst zu sorgen (für gewöhnlich ist das Dockrisiko als bewegliche Klausel in der Kaskopolice enthalten).

5. Die Werftpreise sind so berechnet, daß das Altmaterial der Werft verbleibt.

6. Alle Lieferungen und Leistungen gelten als erfüllt, sobald das Schiff aus dem Dock oder sonst abgenommen ist. Die Erhebung von Schadenersatzansprüchen jeglicher Art ist stark eingeschränkt. (Auf die Kontrolle von Außenhautöffnungen und genügende Stabilität beim Ausdocken ist besonderer Wert zu legen, da das Schiff für Seeuntüchtigkeit aus Fahrlässigkeit gegenüber den Versicherern und Ladungsbeteiligten selbst verantwortlich bleibt.)

22. Geschäftliche Angelegenheiten.

Kaufmännisches Verhalten des Kapitäns. Der Kapitän ist an Bord der Stellvertreter des Reeders. Er hat an Bord die Befehlsgewalt auch gegenüber solchen Personen, die rechtlich nicht zur Schiffsmannschaft gehören (z. B. Lotsen und Stauer), in gewisser Beziehung auch gegenüber Fahrgästen (s. S. 71). Soweit der Kapitän nicht vom Reeder besondere Anweisungen oder Vollmachten erhalten hat, ergeben sich seine Rechte und Pflichten hinsichtlich seines kaufmännischen Verhaltens aus dem HGB §§ 511 ff. (vgl. Havarie, s. S. 156).

Während Abschlüsse von Frachtverträgen für den Kapitän eines großen Schiffes selten in Frage kommen, ergeben sich im Verlaufe einer Reise doch viele Geschäfte anderer Art, z. B. Einkauf von Brennstoff, Proviant und Wasser, Aufträge über Reparaturen usw. Manche

Lieferanten lassen sich dabei eine Erklärung des Kapitäns darüber ausstellen, daß er nicht im besonderen Auftrage des Reeders, sondern aus eigener Machtvollkommenheit handelt, weil hierbei ein Schiffsgläubigerrecht entsteht (s. S. 182) und die Forderung sicherer ist. Besonders bei einer Havarie ergibt sich eine Vielzahl von Geschäften (s. S. 156 ff.).

Nicht bei allen Geschäften ist es möglich oder lohnend, die Konkurrenz unter den Lieferanten auszunutzen, doch sollte grundsätzlich folgendes beachtet werden:

1. Schriftliches Angebot fordern mit verbindlicher Preisangabe und Lieferzeit.

2. Auftrag nur schriftlich erteilen und dabei auf das Angebot Bezug nehmen. *Abschrift behalten.*

3. Bei mündlichen Aufträgen schriftliche Auftragsbestätigung verlangen mit verbindlicher Preisangabe und Lieferzeit.

4. Rechnungen doppelt verlangen (Endbeträge auch in Buchstaben!) oder Abschriften anfertigen.

5. Lieferungen genau prüfen und nur bestätigen, wenn sie zu Lasten des Reeders gehen, andernfalls nur für den Schuldner zeichnen (z. B. für den Zeitbefrachter s. S. 141).

Weiter ist allgemein zu beachten:

1. Bei Unklarheiten keine Nachrichtengebühren scheuen.

2. Abgegebene Funksprüche, Telegramme, Ferngespräche schriftlich bestätigen, gegebenenfalls erläutern.

3. Wichtige mündliche Abmachungen — auch solche mit dem Reeder — schriftlich bestätigen.

4. Von jedem ausgehenden Schreiben Abschrift behalten.

5. Über wichtige Feststellungen, die nicht ins Schiffstagebuch gehören, Aktennotiz anfertigen.

6. Schriftstücke in einer fremden Sprache, die man nicht vollständig beherrscht, nur unter Vorbehalt zeichnen („with reservation as to . . .“ oder „under protest“). Nicht verständliche Schriftstücke überhaupt nicht zeichnen oder durch Vertrauensperson übersetzen lassen.

Besondere Ereignisse bedingen besondere Maßnahmen des Kapitäns. Sie sind so vielseitig, daß auf die Ausführungen in den einzelnen Abschnitten verwiesen werden muß. Das Inhaltsverzeichnis zu Beginn und das Stichwortverzeichnis am Ende des Buches ermöglichen das leichte Auffinden von Einzelheiten.

Schriftliche Arbeiten. Von den nautischen Offizieren sind im allgemeinen folgende schriftlichen Arbeiten zu erledigen: Schiffstagebuch und Nebentagebücher (s. S. 74) — Reiseübersicht — Kapitänsbericht — Verklarungsbericht (s. S. 111) — Ladebericht — Löschbericht — Beschädigungslisten und dgl. — Lukenaufstellungen — Tallybücher (s. S. 122) — Differenzmanifeste auf Grund des Vergleichs der Manifeste mit den Konnossementen und dem Ladebuch (s. S. 121) — Parcelaufstellung — Zollisten (s. S. 94) — Temperaturbeobachtungen für Ladung — Listen für Schiffsbesichtiger (s. S. 159 u. 160) — Inventarbuch — Wasserabrechnung — Unfallanzeigen und Meldungen über Berufskrankheiten (s. S. 45) — Geburts- und Sterbeurkunden (s. S. 45) — Effektenaufnahme (s. S. 45) — Boots- und Sicherheitsrolle (s. S. 89) — Aufstellung über nautische Ausrüstung — Berichtigung der nautischen Bücher und Seekarten — Kassenabrechnung — Reise- und Hafenverbrauchsabrechnung — Proviantverwaltung und -abrechnung — Heuerabrechnung mit Vorschußlisten, Ziehscheinlisten und Nachweisen über Warenentnahmen und Porti (s. S. 49) — Überstundenabrechnung — Ausfüllen der Musterbücher bei der Abmusterung — Krankenkassen-Mitgliedsbescheinigungen für Angehörige der Besatzung (s. S. 52).

Wichtiges aus dem Bankgeschäft. Die Banken ermöglichen überhaupt erst den geregelten Ablauf der Wirtschaft. Sie gewähren den erforderlichen Kredit und regeln den Zahlungsverkehr, der möglichst bargeldlos abgewickelt werden soll.

Der Wechsel ist eine wichtige Kreditart. Er ist zugleich ein Wertpapier und eine Urkunde. Er unterliegt dem Wechselgesetz, das zur Rechtskraft des Wechsels folgende Erfordernisse anordnet:

1. Bezeichnung als Wechsel im Text der Urkunde;
2. Unbedingte Zahlungsanweisung auf eine bestimmte Summe;
3. Name dessen, der zahlen soll (Bezogener, Trassat);
4. Angabe der Verfallzeit oder Tag des Verfalls. Die Laufzeit beträgt meistens 90 Tage;
5. Angabe des Zahlungsortes;
6. Name dessen, an den oder an dessen Order gezahlt werden soll (Remittent). Er ist meistens mit dem Aussteller identisch;
7. Tag und Ort der Ausstellung;
8. Unterschrift des Ausstellers (Trassant).

Fehlt eines dieser Erfordernisse, kann der Inhaber keine Rechte aus dem Wechsel herleiten. Wenn alle Erfordernisse erfüllt sind, kann der Schuldner keine Einrede halten, weil ein weiterer Nachweis der Rechtmäßigkeit der Forderung nicht erforderlich ist.

Der Wechsel wird aber erst dadurch gültig, daß der Schuldner (der Bezogene) ihn „akzeptiert", indem er an den linken Rand der Vorderseite des Wechsels quer seine Unterschrift setzt. Durch diese Unterschrift ist der gezogene Wechsel zum Akzept geworden. Erst jetzt kann bei Nichtzahlung der Schuld gegen den Schuldner vorgegangen werden. Das Wechselrecht wird streng gehandhabt, so daß eine Wechselklage schnell erledigt wird. Der Kapitän darf auf den persönlichen Kredit des Reeders kein Wechselakzept leisten.

In der Praxis füllt der Bezogene als Schuldner den Wechsel aus, „schreibt ihn quer", versieht ihn auf der Rückseite mit Stempelmarken (1,5‰), entwertet diese mit dem Datum der Ausstellung und übersendet den Wechsel dem Gläubiger. Dieser vollzieht als Aussteller die Unterschrift und verwertet das so entstandene Akzept als Zahlungsmittel, indem er es indossiert und weitergibt.

Diskontieren nennt man die Hereinnahme eines Wechsels als Zahlungsmittel. Da es sich um einen Kredit handelt, berechnet man dafür Zinsen (Diskont), darüber hinaus Provision und Spesen.

Indossament nennt man die Übertragung der Rechte auf den Rechtsnachfolger (Indossatar). Der Inhaber (Indossant) setzt auf die Rückseite des Wechsels unter die Stempelmarken seine Unterschrift und leistet damit ein Blankoindossament. Er kann auch z. B. schreiben: „Für mich an die Order des Herrn . . .“ und darunter seine Unterschrift setzen. Dann hat er ein Namensindossament oder Vollindossament geleistet. Das Datum ist auch hierbei nicht erforderlich. Der letzte Inhaber reicht den Wechsel meistens seiner Bank zum Einzug ein. Die Reihe der Indossatare kann beliebig lang sein. Der Wechsel wird dadurch nur wertvoller, weil jeder Inhaber bei Nichtzahlung des Bezogenen auf seinen oder einen anderen Vormann zurückgreifen kann.

Vorlegen zum Einzug muß am Verfalltage oder an einem der beiden folgenden Werktage geschehen, und zwar entweder beim Bezogenen selbst (selten) oder bei der Bank, die für den Bezogenen von dessen Konto zahlen soll.

Wechselprotest muß erhoben werden, wenn ein Wechsel nicht eingelöst wird. Der Protest muß durch einen Postbeamten (bis 1000 DM), durch einen Gerichtsbeamten oder Notar formgerecht eingelegt und notiert werden. Nur dann kann auf jeden Indossanten zurückgegriffen werden. Andernfalls haftet nur noch der Bezogene. Der Aussteller muß über den Protest unterrichtet werden. Das Protestformular wird dem Wechsel angeheftet.

Prolongation kann dem Bezogenen gewährt werden, wenn er vorübergehend zahlungsunfähig ist. Der Aussteller läßt sich dabei unter Anrechnung der gesamten Wechselkosten (Diskont, Provision, Spesen) einen neuen Wechsel akzeptieren und löst den fälligen Wechsel selbst ein.

Der Zahlungsverkehr mit Wechseln erfordert einige Erfahrung. Kapitäne von kleineren Reedereien oder als Schiffseigner werden gelegentlich in die Lage kommen, bei Einziehung der Frachten Wechsel annehmen zu müssen. Der Kapitän muß sich — besonders beim Aufenthalt im Auslande — bei der als Zahlstelle angegebenen oder sonst bei einer größeren Bank erkundigen, ob der angebotene Wechsel diskontfähig ist.

Bargeldloser Zahlungsverkehr wird wegen der Senkung des Bargeldumlaufs überall angestrebt. Während er im Auslande überwiegend durch Schecks abgewickelt wird, bedient man sich in Deutschland auch der Verfügung über ein Girokonto durch Überweisung. Man übergibt dabei der Bank auf besonderem Vordruck einen Überweisungsauftrag mit Unterschrift des Girokontoinhabers. Die Bank belastet das Girokonto mit dem Gegenwert und schreibt diesen dem Begünstigten auf dem Wege über dessen Girokonto gut. Selbstverständlich kann man auch Bargeld auf ein Girokonto einzahlen.

Der Scheck ist ein bargeldloses Zahlungsmittel, das nach dem Scheckgesetz an eine bestimmte Form gebunden ist, um als Urkunde mit

Rechtskraft zu gelten. Der Scheck ist eine Anweisung an die eigene Bank, aus dem eigenen Guthaben eine bestimmte Summe zu zahlen. Folgende Erfordernisse müssen erfüllt sein:

1. Bezeichnung als Scheck im Text der Urkunde;
2. Unbedingte Anweisung, aus dem eigenen Guthaben eine bestimmte Summe zu zahlen;
3. Name des Bezogenen (Bank, die zahlen soll);
4. Angabe des Zahlungsortes;
5. Tag und Ort der Ausstellung;
6. Unterschrift des Ausstellers.

Der Scheck wird an eine bestimmte Person „oder Überbringer“ zahlbar gestellt. Wenn der Zusatz „oder Überbringer“ fehlt, löst die Bank den Scheck nicht ein oder erklärt in ihren Bedingungen, daß die Streichung des Zusatzes als nicht geschehen betrachtet wird.

Ausnutzung der Gesamttragfähigkeit und Kosten der Reise. Im folgenden soll an einem Beispiel gezeigt werden, wie bei der voll auszunutzenden Tragfähigkeit entsprechend den Freibordvorschriften die höchstmögliche Ladungsmenge berechnet wird und mit welchen Kosten während der Reise zu rechnen ist.

Grundsätzlich werden feste und bewegliche Kosten unterschieden. Die festen Kosten sind die sogenannten *Tageskosten* des Schiffes. Sie bleiben für ein und dasselbe Schiff im wesentlichen unverändert. Sie sind dagegen sehr verschieden nach den Aufwendungen bei den einzelnen Reedern und bei den verschiedenen Schiffen.

Im nachfolgenden Beispiel ergibt sich für das genannte Schiff der Linienfahrt aus dem Tageskostensatz von 5350 DM ein solcher von etwa 0,95 DM pro t Gesamttragfähigkeit (1958). Beim Fehlen von Unterlagen kann für ein größeres Schiff etwas weniger und für ein kleineres Schiff etwas mehr gerechnet werden, sofern die Schiffe nach ihrer Art vergleichbar sind. Bei einem modernen Trampschiff gleicher Größe mögen die Tageskosten etwa 0,70 DM pro t Gesamttragfähigkeit betragen. Wenn man auch für Überschlagsrechnungen mit diesen Schätzungen auskommt, sollte der Kapitän sich doch bei seinem Reeder über den genaueren Tageskostensatz unterrichten.

Die *beweglichen Kosten* bestehen aus den Brennstoffkosten, die stets für sich kalkuliert werden und vom Tagesverbrauch sowie von den mehr oder weniger günstigen Einkaufspreisen abhängen, ferner aus den Hafen- und Ladungskosten, Kanalgebühren usw. Aus dem Beispiel ist erkennbar, daß diese Kosten in jeder Fahrt und bei jeder Ladung anders sind. Beispielsweise sind in der Linienfahrt die Ladungskosten durchweg höher als in der Trampfahrt, weil das Laden und Löschen von Stückgütern teurer ist als das von Massengütern und weil die Agenten wegen ihres größeren Aufwandes eine höhere Kommission erhalten. Außerdem müssen in der Linienfahrt oft auch noch Spediteurrabatte und sonstige Sondervergütungen gezahlt werden. Da in der Linienfahrt die Frachtraten für die einzelnen Güter verschieden sind, setzt sich bei ihr die Gesamtfracht — ebenso die Kommissionen und die Rabatte — aus vielen Einzelposten zusammen.

Besonders wichtig sind für den Kapitän die Tageskosten, die Brennstoffkosten und die Kosten für das Laden und Löschen sowie für etwaige dabei entstehende Überstunden. Der Reeder wird im allgemeinen Verhaltungsmaßregeln darüber erteilen, ob z. B. bei günstigen Frachtraten teure Überstundenarbeit in Kauf zu nehmen ist oder ob keine Überstunden zu machen sind und das Schiff besser einen Tag länger liegen bleiben soll. Andererseits kann höchste Eile angebracht sein, wenn das Schiff z. B. rechtzeitig zur Zollabfertigung kommen oder eine Terminverschiffung pünktlich erreichen muß. Auch Tidenverhältnisse und Feiertage spielen eine wichtige Rolle.

Beispiel (Schiff und Ladung sind erfunden, die Kosten und Preise entsprechen jedoch dem Stande von 1958):

Motorschiff, Schutzdecker, 5 Luken, Bau- und Versicherungswert 8 Mill. DM.

Nationale Vermessung: $\frac{3100\,\text{BRT}}{1600\,\text{NRT}}$, Panamavermessung: $\frac{4500\,\text{BRT}}{3000\,\text{NRT}}$.

Bei Schüttladung fassen die Unterräume 6000 m³, die Zwischendeckräume 5000 m³.

Gesamttragfähigkeit (deadweight all told; Abk. tdw. a. t.) entsprechend den Freibordvorschriften:

T (Tropen)	5900 t	(zu 1000 kg)
S (Sommer)	5700 t	
W (Winter)	5500 t	

In Gesamttragfähigkeit sind einbegriffen:

Dieselöl (353 m³)	310 t
Frischwasser	120 t
Schmieröl	20 t
Verbrauchsausrüstung .	100 t
	550 t

(Bei älteren Schiffen ist das Gewicht der Verbrauchsausrüstung, zu der Proviant, Farbe, Leinengut, Stauholz usw. gehören, unter Umständen noch höher. Es muß bei passender Gelegenheit an Hand genauer Tiefgangsablesungen nachgeprüft werden.)

Tagesverbrauch: Dieselöl bei 14 kn Durchschnittsgeschwindigkeit voll beladen 14 t, in Ballast 11 t, im Hafen bei vollem Ladebetrieb 3 t. Frischwasser für alle Zwecke 6 t. Die Zellen für Wasserballast fassen 700 t Frischwasser. In einigen von ihnen kann wahlweise 350 t Dieselöl gefahren werden.

Dieses Schiff der Linienfahrt ist ausnahmsweise unter einer C/P für eine volle Ladung Weizen von Vancouver B. C. nach Bremen geschlossen, und zwar für 5000 t (zu 1000 kg), 5% mehr oder weniger nach Wahl des Reeders. Fracht auf ausgeliefertes Konnossementsgewicht 60 DM pro t.

Durchschnittsetmal 336 sm:

Vancouver–Balboa .	4055 sm:	12 Tage
Balboa–Cristobal . .	45 sm	
Cristobal–Bremen . .	5030 sm:	15 Tage.

Berechnung der Ladungsmenge und der Ergänzung von Dieselöl und Frischwasser:

Man schätzt, daß das Schiff etwa am 14. 10. um 6 Uhr von Vancouver abfahren kann. Für diesen Zeitpunkt berechnet man folgende Bestände voraus sowie den Bedarf einschließlich einer Reserve von 25% bis Cristobal/Colon:

geschätzter Bestand 14. 10.		Bedarf f. 12^d	Res. 25%	Gesamt-Bedarf	zu ergänzen	Abf. Bestand
Dieselöl (aus Aruba-Bunkerung)	205 t	168 t	42 t	210 t	nicht erforderlich	205 t
Schmieröl	15 t	2 t	—	2 t	—	15 t
Frischwasser . . .	40 t	72 t	18 t	90 t	50 t	90 t
Ausrüstung	95 t	100 t	—	100 t	5 t (Prov.)	100 t
Gesamtausrüstung bei Abfahrt Vancouver:						410 t

Nach der Abfahrt von Vancouver befindet sich das Schiff entsprechend den Freibordvorschriften in der Sommerzone (S). Bei der Beladung muß aber berücksichtigt werden, daß das Schiff auch den Nordatlantik überqueren und dabei die jahreszeitliche Winterzone durchfahren muß, wo es nur mit 5500 t belastet sein darf. Man rechnet deshalb weiter aus:

Ankunft Balboa . . . . . . 26. 10. 9 Uhr (Uhr 3 Stunden voraus)
Abfahrt Cristobal/Colon . . 27. 10. 0 Uhr
Ankunft Bremen . . . . . 11. 11. 6 Uhr (Uhr 6 Stunden voraus)

Abf. Vancouver		Ank. Crist.	Bed. 15^d	Res. 25%	Ges. Bed.	zu ergänzen	Abf. Cristobal
Dieselöl . . .	205 t	ca. 35 t	210 t	ca. 50 t	260 t	225 t	260 t
Schmieröl . .	15 t	ca. 13 t	2 t	—	2 t	—	13 t
Frischwasser .	90 t	ca. 15 t	90 t	ca. 25 t	115 t	100 t	115 t
Ausrüstung . .	100 t	ca. 97 t	(Proviant ausreichend)			—	97 t
Gesamtausrüstung bei Abfahrt Cristobal/Colon:							485 t

Dieser Abfahrtsbestand muß schon der Berechnung in Vancouver zugrunde gelegt werden:

Gesamttragfähigkeit auf W-Marke . . . . 5500 t
Gesamtausrüstung bei Abfahrt Cristobal/Colon . . . . —485 t

Zulässige Ladung in der jahreszeitlichen W-Zone . . . . 5015 t

Cristobal liegt in der jahreszeitlichen Tropenzone. Am 27. 10. gilt noch die S-Marke. Im Nordatlantik beginnt die jahreszeitliche Winterzone am 1. 11. auf 36° N. Die 2300 sm bis dahin durchfährt das Schiff in knapp 7 Tagen und verbraucht während dieser Zeit:

Dieselöl . . . . 95 t
Frischwasser . . . . 40 t

Mit diesem Gewicht an Ladung darf das Schiff zusätzlich beladen sein, Gesamtladung daher . . . . 5150 t

Gesamtausrüstung bei Abfahrt Vancouver . . . . 410 t

Gesamtbelastung bei Abfahrt Vancouver . . . . 5560 t

Man stellt fest, daß das zulässig ist, da auf S-Marke bei Abfahrt Vancouver 5700 t Gesamtbelastung möglich sind.

Mit Rücksicht auf die jahreszeitliche Winterzone im Nordatlantik darf man also in Vancouver nur 5150 t Ladung anfordern. Damit ist die nach der C/P höchstzulässige Menge von 5250 t bis auf 100 t erreicht. Die für die Abfahrt Vancouver zulässige Gesamtbelastung von 5700 t kann nicht ausgenutzt werden.

Wenn das Schiff bis zum 31. 10. in Bremen ankäme und deshalb ständig in der Sommerzone bliebe, könnte man bei der Abfahrt von Cristobal die gleiche Gesamttragfähigkeit zugrunde legen wie bei der Abfahrt von Vancouver. In diesem Falle dürfte man in Vancouver 5700 t abzüglich Gesamtausrüstung Cristobal mit 485 t, also 5215 t Ladung nehmen.

Die Dieselölpreise betragen gegenwärtig (1958):

Aruba etwa 115 DM p. t. (1000 kg)
Cristobal etwa 130 DM p. t.
Hamburg/Bremen etwa 160 DM p. t.

Wenn der Unterschied zwischen den Ölpreisen Aruba und Deutschland größer wäre als die erzielte Frachtrate, würde man nach Vereinbarung mit dem Reeder *unter Umständen* nach der C/P-Klausel „5 % mehr oder weniger nach Wahl des Reeders" weniger Ladung anfordern, z. B. statt 5150 t nur 4800 t und stattdessen auf der Heimreise nicht in Cristobal bunkern, sondern Aruba anlaufen und dort bis zur Gesamttragfähigkeit die Bunker und die geeigneten Wasserballastzellen mit Dieselöl auffüllen. Allerdings wäre dann unter Umständen das Abweichen vom Reisewege zu berücksichtigen (s. S. 130), für dessen Zulässigkeit in erster Linie auch die Üblichkeit maßgebend ist.

Im oben gegebenen Falle lohnt sich das Anlaufen von Aruba jedoch nicht, um etwa 260 t Dieselöl zu bunkern. Man würde dabei zwar um 3900 DM billiger einkaufen als in Cristobal, aber unter Umständen einen halben Tag oder mehr verlieren, womit folgende Nachteile verbunden wären: Verdienstausfall; $^1/_2$ Tageskosten mit etwa 2700 DM; Mehrverbrauch von Dieselöl für etwa 100 sm mit etwa 460 DM; das Schiff würde Bremen voraussichtlich nicht bis zum 11. 11. vormittags erreichen. Sowieso wäre nicht zu vertreten, von Cristobal aus die 616 sm lange Reise nach Aruba mit nur 35 t Dieselöl anzutreten.

Kosten der Reise.

Tageskosten (aus mehreren Jahresdurchschnitten ermittelt):

Heuern einschl. Überstunden-Mittel für 36 Besatzungsmitglieder einschl. Sozialabgaben und SBG	1010 DM	
Verpflegung	170 „	
Ausrüstung Schiff	160 „	
Ausrüstung Maschine	150 „	
Reparaturen Schiff	150 „	
Reparaturen Maschine	300 „	
Miete für Funkstation und Peiler	20 „	
2% Versicherungsprämie bei Abzugsfranchise für Teilschäden von 100000 DM (s. S. 176)	435 „	
Sonstige Versicherungen (Fracht, behaltene Fahrt, P& I usw. s. S. 180)	100 „	2495 DM
Allgemeine und interne Kosten:		
Anteilige Verwaltungskosten für Reedereizentrale	170 „	
Abschreibung bei 16jähriger Lebensdauer	1370 „	
Kapitalverzinsung 6% vom Bauwert	1315 „	2855 „
Tageskosten des Schiffes		5350 DM

Zeiten:

Anfahrt von Seattle nach Vancouver	0,5 Tage	
in Vancouver	3 „	
Vancouver—Balboa	12 „	
Balboa—Cristobal	0,5 „	
Cristobal—Bremen	15 „	
in Bremen	2 „	
Tageskosten zu je 5350 DM für	33 „	176550 DM

Brennstoffkosten:	Übertrag:	176550 DM
Im Hafen pro Tag 3 t zu 130 DM für 7 Tage .	2730 DM	
Auf See pro Tag 14 t zu 130 DM für 28 Tage .	50960 „	
	53690 „	
Auf der Ausreise hatte das Schiff aber in Aruba zu 115 DM p. t. gebunkert. Davon waren bei der Abfahrt Vancouver noch 205 t vorhanden. Verbrauch während der Anfahrt von Seattle 5 t. Der Unterschied von 15 DM p. t. muß abgezogen werden für 210 t	3150 „	
Gesamt-Brennstoffkosten	50540 „	50540 DM
Bewegliche Kosten:		
Hafenkosten Vancouver einschl. Lotsen, Schlepper usw. ein und aus	2880 DM	
Ladungskosten (nur die Unterräume und der Zwischendeckraum IV werden voll):		
Raumreinigung einschl. Desinfektion	2000 „	
Ergänzung von Holz für Schotten, Feeder, Bins sowie Bau dieser Teile	6000 „	
Laden und Trimmen von 5150 t Bulk, 4 DM p. t.	20600 „	
Laden von 30 t gesacktem Weizen im Unterraum V 13 DM p. t.	390 „	
Kommission für Befrachter (2% auf Bruttofracht) .	6180 „	
Kommission und Klarierung für Agenten . . .	4800 „	
Panamakanalgebühren (3,75 DM p. NRT Panama-Vermessung)	11250 „	
Cristobal auf Reede gebunkert, Hafenkosten . . .	1150 „	
Hafenkosten Bremen ein	2200 „	
Löschkosten zu Lasten des Empfängers	— „	
	57450 „	57450 DM
Gesamtkosten der Reise unter der C/P		284540 DM

Da die Bruttofracht 309000 DM einbringt[1], ist dieses Geschäft mit einem Gewinn von etwa 24000 DM für den Reeder nicht erfreulich. Geringer Zeitverlust kann schon ein Verlustgeschäft bringen. Kleine Fehldispositionen an Land oder an Bord können angesichts der Höhe der Kosten, wie das Beispiel zeigt, zu erheblichen Nachteilen für den Reeder führen.

[1] Die Frachtrate für Schwergetreide von British Columbia nach Nordeuropa betrug Anfang 1958 nach außergewöhnlichen Rateneinbrüchen tatsächlich nicht 60 DM, sondern nur 60/— sh oder 35,25 DM.

II. Ladung[1].

1. Allgemeine Bemerkungen.

Bei einem Frachtgeschäft wirken folgende Personen mit (s. S. 111ff.):

1. *Verfrachter* = Reeder (bzw. Schiff), als Vertreter häufig der Agent oder Makler, ferner der Zeitcharterer und der Bareboat-Charterer (Ausrüster).

2. *Befrachter* = derjenige, der den Frachtvertrag mit dem Verfrachter abschließt.

3. *Ablader* = derjenige, der die Güter dem Schiffe zur Beförderung übergibt.

4. *Empfänger* = derjenige, an den die Güter im Bestimmungshafen auszuliefern sind.

Vielfach sind zwei oder mehrere dieser Personen die gleichen. Die Personen 2 und 3 werden allgemein als *Verlader* bezeichnet.

Wenn auch in der heutigen Zeit der Nautiker selbst, abgesehen von der Trampfahrt, nicht mehr viel mit dem eigentlichen Frachtgeschäft zu tun hat und sich seine Tätigkeit dabei hauptsächlich auf das Laden und Löschen der Ladung, also auf die Annahme der Waren vom Ablader und ihre Ablieferung an den Empfänger beschränkt, so *kann der Nautiker* doch durch *beste Ausnutzung der Ladefähigkeit seines Schiffes und durch sorgfältige Pflege der Ladung das Geschäft wesentlich unterstützen und fördern.*

Für die sachgemäße Stauung der Ladung bleibt, wenn auch in Stauerkontrakten vielfach die Stauer dafür verantwortlich gemacht werden, nach dem HGB immer der Kapitän verantwortlich, um so mehr, als von der richtigen Stauung auch die Sicherheit des Schiffes abhängig ist. Auch Anordnungen der Reederei, des Agenten, Maklers oder Charterers befreien ihn nicht von dieser Verantwortung.

Den Ladungsdienst erlernt der Nautiker ohne Zweifel am besten durch die Praxis. Allerdings wird zeitweise ein recht teures Lehrgeld bezahlt. Um letzteres nach Möglichkeit zu verringern, sind im folgenden einige Hinweise gegeben. Auf alle Punkte dieses wichtigen Arbeitsgebietes des Nautikers einzugehen, ist in dem Rahmen dieses Buches nicht möglich.

---

[1] Erschöpfende Auskunft gibt das Werk: Rotermund: „Die Ladung" bearbeitet von Kapt. W. Koch. Verlag Eckardt u. Meßtorff, ferner Acby: „Gefährliche Güter" und „Ungefährliche Güter".

2. Regeln für das Übernehmen, Stauen und Löschen der Ladung.

1. Sind die Laderäume leer, so probiere man die in die Laderäume führenden Lüftungseinrichtungen, ferner die Rauchmeldeanlagen und die Dampffeuerlösch- bzw. Kohlensäureleitungen.

2. Man sorge für gründliche Reinigung der Laderäume, der Bilgen und der Pumpenanlagen.

Falls Ungeziefer und Ratten an Bord sind, lasse man die Räume ausgasen, z. B. mit Zyklon B. Die Ausgasung muß alle sechs Monate erfolgen, wenn nicht das Schiff auf Grund einer amtlichen Überholung hiervon befreit ist. Attest über die Ausgasung oder die Befreiung muß an Bord sein (s. S. 87).

Sind die Laderäume sehr schmutzig und schmierig, so wasche man diese mit Sodawasser aus und sorge für gute Lüftung, so daß die Räume vollständig trocken sind. Wenn nötig, von Land Trockenöfen besorgen.

Besonders auf Ölreste und ölhaltige Lappen usw. achten, da Gefahr der Selbstentzündung vorliegt.

3. Man überzeuge sich *vor* der Einnahme der Ladung von dem Zustande der Schotten, Luken, Treppen, Raumleitern, Scherstöcke (Sicherungsbolzen) und Geländer in den Laderäumen. Befinden sich in diesen Bullaugen, so sind diese durch Blenden zu sichern.

Etwaige durch die Laderäume gelegte elektrische Leitungen sind nach Möglichkeit außer Betrieb zu nehmen oder, falls das nicht angängig ist, gut zu sichern. Schon mancher Schiffsbrand ist durch schlecht verlegte oder beschädigte elektrische Leitungen in Laderäumen entstanden.

In sog. „Wechselkomparts", die gelegentlich auch für Fahrgäste benutzt werden, sind die Heizkörper abzuflanschen.

Man stelle fest, ob die Füll- und Peilrohre der Doppelbodentanks unbeschädigt sind, da sonst Wasser oder Treiböl in den Laderaum gelangen kann.

4. Man sorge für gutes Garnierlegen! Holz von etwa 2—3 cm (etwa 1 Zoll) Stärke genügt im allgemeinen. Die untere Lage ist stets *querschiffs* zu legen.

Bei empfindlicher und wertvoller Ladung lege man das Garnier etwas höher. Je nach der Art der Ladung ist das Garnierholz weiter oder dichter zu legen. Das Holz muß sauber, trocken und geruchlos sein. Niemals verwende man ölhaltiges Holz. Das Holz sei für weiche, gegen Druck empfindliche Ladung nicht zu hart, außerdem bedecke man bei solchen Ladungen das Holz gut mit Matten.

Je nach der Art der einzunehmenden Ladung sind die Räume mit Matten und Ladungspersenningen auszukleiden. Stützen und eiserne Spanten sind besonders gut durch Holz und Matten zu garnieren.

Holz ist zum Garnieren von leicht schwitzenden Ladungen besser als Matten geeignet, welche die Feuchtigkeit festhalten und sie an die Ladung abgeben und vielfach die Ursache feuchter, schwarzer Flecke an der Ladung sind.

Für solche Ladung, die besonders gut ventiliert werden muß (z. B. Reis, Sojabohnen, Kopra), verwende man ausreichend Ladungsventilatoren (an zwei Seiten gitterartig) von etwa 12×12 cm im Querschnitt, aus 2—3 cm starkem Holz.

Gewiß sind die Unkosten für gutes Garniermaterial (Holz, Ventilatoren, Matten usw.) sehr groß, aber sie werden durch die gute Ablieferung der Ladung wieder vollständig eingebracht. Der Ladungsoffizier achte sorgsam darauf, daß das Garniermaterial, das nicht in der Ladung verwendet wird, gereinigt, möglichst im Zwischendeck gesammelt und sicher aufbewahrt wird.

5. Für Getreide und breiige Ladungen sind in den Räumen Schotten zu errichten.

6. Wenn Leichter längsseits liegen, alle Außenbords-Abflüsse mit Kästen oder Persenningen verhängen! Lotsentreppen klarlegen! Fangnetze — auch nach Land hin — ausbringen!

7. Man überzeuge sich, daß das Ladegeschirr (Bäume, Hanger, Blöcke, Bolzen, Ketten, Stroppen, Netzschlingen, Brooken, Kettenschlingen) in gutem Zustande ist. Ferner lasse man alle Winden vor der Benutzung gründlich nachsehen und schmieren.

Beim Arbeiten mit zwei Bäumen sind auf die Außengeien Preventer aufzusetzen. Diese nicht in die *Bolzen* einschäkeln, sondern um die Baumnock legen!

Man beachte wegen des Ladegeschirrs die UVV.

8. Man nehme nur solche Ladung an, für die ein *Ladeauftrag* (shipping order) vorliegt. Näheres über Ladungspapiere s. S. 111ff.

Nach Übernahme der angelieferten Güter hat der Ladungsoffizier einen *Empfangsschein* (Mate's Receipt) auszustellen; auf diesem vermerke er alle Fehler und Mängel, die er an der Ladung festgestellt hat.

Die Ablieferung der Ladung an den Empfänger ist vielfach nicht Aufgabe des Schiffes. Gegebenenfalls soll die Ladung nur auf Anweisung der Agentur, des Maklers (delivery order) oder des *Konnossementinhabers* (gegen Rückgabe *eines* Originalkonnossements) ausgeliefert werden. Der Ladungsoffizier lasse sich eine Empfangsbescheinigung über jede abgelieferte Ladungspartie geben.

9. Man verlasse sich nie auf die Stauer, sondern überwache selbst die Ladungsarbeiten! Anweisungen gebe man aber nicht unmittelbar an die Arbeiter, sondern grundsätzlich an den Vormann.

Die Ladungsoffiziere sollten nach Möglichkeit keine Ladung anschreiben, sondern ihr Augenmerk auf das richtige Stauen, Laden und Löschen richten.

10. Die Ladung wird am besten durch besondere Ladungsanschreiber (Tally-Leute) angeschrieben. Muß man Leute von Bord verwenden, so wähle man ältere und zuverlässige Matrosen aus. Leute mit wenig geistigen Interessen schreiben vielfach am besten an. Auf 1000 Säcke, Eisenstäbe usw. kann man aber doch selbst bei geübten Anschreibern ein Stück mehr oder weniger erwarten.

Wertvolle Ladungen, wie Gold- und Silberbarren, Pelzkisten, Postsendungen, Juwelenkisten, Wertbriefe usw., lasse man durch einen Offizier *und* einen Mann anschreiben.

11. Lukenwachen werden in allen Häfen notwendig sein. Man sorge für rechtzeitige Ablösung der Lukenwachen, da diese sonst ermüden und nicht mehr aufpassen. Eine scharfe Kontrolle der Wachen durch die Offiziere wird durchweg, besonders nachts, notwendig sein. Die Lukenwachen rüste man mit Nadel, Garn, Hammer und Nägeln zur Reparatur von kleinen Schäden an der Verpackung und unter Umständen auch mit Sicherungen für elektrische Lampen aus. Jeder Lukengast muß wissen, wie er sich bei Feststellung von Ladungsbeschädigungen zu verhalten hat.

12. Die Ladung ist möglichst so auf die vorhandenen Räume zu *verteilen*, daß das Schiff in allen Abteilungen — ihren Größen entsprechend — gleichmäßig belastet wird. Man belade jedoch erst die mehr mittschiffs gelegenen Luken, damit man die weiter vorn oder hinten gelegenen noch zum Trimmen verwenden kann. Bei schweren Ladungen, z. B. bei Erz, ist besonders überlegt zu stauen, damit keine ungleichmäßige Beanspruchung der Längsverbände in hohem Seegang erfolgt. Das Schiff soll nach der Beladung weder an den Enden noch in der Mitte stark durchhängen. Um dies im voraus zu bestimmen, gibt es Rechengeräte, z. B. den „Stress Finder" von Kelvin & Hughes, London. Man kann die Durchbiegungen auch mit einem Sextanten beobachten, den man mittschiffs fest anbringt und mit dem man einen Punkt am Heck vor und nach der Beladung oder im Seegang mißt.

Sind die Laderäume mit homogener Ladung gefüllt, so muß man bei manchen Schiffen aus Stabilitätsgründen die Ballasttanks füllen. Wenn möglich, nehme man stets etwas Schwergut (*Schwergut* = Güter, bei denen 1000 kg weniger als 1 cbm einnehmen bzw. 1 cbm mehr als 1000 kg wiegt) in die unteren Räume.

Güter über 1000 kg müssen laut internationalem Übereinkommen mit Gewichtsangabe an den Kolli versehen sein.

Bei der Verteilung der Ladung muß man den Brennstoff- und Wasserverbrauch während der Reise in Betracht ziehen.

13. Läuft das Schiff verschiedene Häfen an, so ist die Ladung so auf die Räume so zu verteilen, daß sie möglichst schnell, *also aus mehreren Luken* und ohne Umstauung, gelöscht werden kann. Allzu kleine Partien in einzelnen Luken erhöhen allerdings die Staukosten erheblich.

Ferner ist auf *Optionsladung* Rücksicht zu nehmen. Das ist Ladung, die je nach Order der Verlader oder Empfänger in verschiedenen Häfen löschbereit sein muß.

Zum Trennen der einzelnen Partien der Ladung benutze man Holz und Matten, bei Sackladungen am besten alte Persenninge oder solche aus Rapper (jedoch Vorsicht bei geteerten Persenningen und geruchempfindlicher Ladung!); bei Eisenladungen von Stäben und kleinen Platten verwende man altes Tauwerk, das hierbei wohl das einzig sichere Mittel ist.

14. Sehr zu beachten ist, was für Ladung zusammen in einen Raum genommen werden darf; ob die Ladung riecht, schwitzt, leckt, Feuchtig-

keit anzieht; ob die Ladung andere Güter verfärbt oder gefährliche chemische Verbindungen eingeht. Man weise lieber Ladungen, die eine schon im Schiffe befindliche Ladung gefährden, zurück.

Bei gefährlichen Gütern ist die „Verordnung über die Beförderung gefährlicher Güter mit Seeschiffen" zu beachten.

15. *Rauchen* und offenes Licht ist bei offenen Luken sowohl in den Laderäumen als auch an Deck stets verboten. Das Aushängen entsprechender Schilder und strenge Überwachung wird von den Behörden verlangt.

Vorsicht bei Schweiß- und Schmiedearbeiten in der Nähe offener Luken!

16. Vor Beginn der Dunkelheit sorge man für *ausreichende Beleuchtung* der Laderäume und der Decks. *Je besser die Beleuchtung, desto weniger Unfälle, Beschädigungen und Beraubungen*!

Verwende nur solche elektrischen Kabellampen und Sonnenbrenner, deren Leitungen in Ordnung sind!

17. Beim Arbeiten in stark staubenden Ladungen, z. B. Thomasmehl, Kalkstaub und dergl., sollen *Staubmasken* benutzt werden.

18. Nach Übernahme der Ladung auf gutes *Anlegen einwandfreier Lukendeckel* achten, diese mit drei imprägnierten Persenningen (s. UVV) versehen und dann schalken. Zur Sicherung der Luken bei schwerem Wetter sind dicke Sicherungsbalken wenig geeignet, da sie oft von der See zerschlagen werden und dabei die Persenninge zerreißen. Am besten bewährt hat sich das Zurren der Luken mittels bekleideter Drahtstander oder Drahtnetze, die mit Spannschrauben steifgesetzt werden. Auch bei trockenem Wetter Lukenkeile nachschlagen!

Stählerne Lukenabdeckungen mit Gummidichtung (z. B. MacGregor) haben sich gut bewährt. Bei Neubeuten sind stählerne Lukendeckel für die Abdeckung freiliegender Luken auf dem Freiborddeck vorgeschrieben. Ausnahmen nur mit Genehmigung der SBG.

19. Auf See sorge man für gute und ausreichende *Lüftung* der Ladung. Dies soll die Schweißbildung und die Ansammlung giftiger oder feuergefährlicher Gase verhindern. Bei schlechtem Wetter sind die zu Lüftungszwecken geöffneten Luken rechtzeitig zu schließen und die Ventilatoren unter Umständen zu entfernen.

Kann das Lüften der Ladung wegen schlechten Wetters, wenn das Schiff stark arbeitet und Wasser übernimmt, nicht erfolgen, so vermerke man dieses im Tagebuch. Solche Eintragungen sind später bei Notierung des Protestes oder der Verklarung von Wert und schützen den Reeder vor Haftung für Schäden durch Schweiß usw.

Um guten Durchzug zu erzielen, muß stets der Leeventilator im Winde stehen, also als Drücker wirken, und der Luvventilator aus dem Winde, damit er als Sauger wirkt.

Die in neuerer Zeit auf Schiffen eingebauten elektrisch betriebenen Lüftungs- und Klima-Anlagen erleichtern das Lüften und richtige Temperieren der Ladung erheblich.

20. Während der Ladungsarbeiten im Hafen ist der *Tiefgang des Schiffes* fortlaufend zu *beobachten.*

Man bedenke, daß ein Schiff in Frischwasser annähernd für jeden Fuß $^1/_4$ Zoll oder für jeden Dezimeter 0,27 cm tiefer liegt als in Salzwasser. Näheres ergibt sich aus der Tragfähigkeitsskala!

Beispiel: Ein Schiff liegt in Hamburg mit einem mittleren Tiefgang von 24'. Tiefer als 24' darf das Schiff in See nicht beladen sein. Da das Elbewasser in Hamburg als Frischwasser anzusehen ist, so hat das Schiff tatsächlich für Seewasser einen Tiefgang von 23' 6'', da $24 \cdot {}^1/_4 = 6''$ sind, um die das Schiff im Seewasser sich heben würde. Wären die „Tons per Zoll" bei dem Schiff 40, so könnte es noch mit 240 t beladen werden.

Ist man in einem Hafenplatze, der z. B. an einer Flußmündung liegt, nicht sicher, ob man es mit Salz- oder Frischwasser zu tun hat, so kann man sich zur Bestimmung des Salzgehaltes mit Vorteil eines Skalen-Aräometers bedienen, das man, falls es nicht bereits an Bord (evtl. im Inventar der Maschinenabteilung oder in der Funkstation) vorhanden ist, in jedem größeren Hafenplatze kaufen kann.

21. Die *Leistungen der Ladungsarbeiter* sind auf den einzelnen Schiffen und in den einzelnen Häfen sehr verschieden. Sie richten sich nach dem Ladegeschirr des Schiffes, der Art und Stauungsweise der Ladung. der Tüchtigkeit der Arbeiter, dem Wetter usw.

Ganz roh kann man bei Stückgut je Gang und Luke rechnen: Löschen: etwa 7—15 t oder 15—25 cbm, Laden: etwa 6—11 t oder 12—20 cbm, Getreideheber: etwa 80—200 t je Stunde.

3. Berechnung des Tiefganges und der Trimmänderung.

Allgemeines. Den meisten Schiffen werden von den Werften außer den Bauplänen noch einige Kurven und Tabellen mitgegeben, die zur Berechnung des Tiefganges usw. dienen. Gewöhnlich findet man im Werftkurvenblatt: Deplacementskurve oder Lastenmaßstab, Kurve der Tons per Zentimeter oder Tons per Zoll Eintauchung, Kurve der Trimmomente für 1 dm, 1 m oder 1 Fuß Gesamt-Trimmänderung, Kurve der Wasserlinien-Schwerpunkte, ferner eine Trimmtabelle oder einen Trimmplan.

Deplacementskurve. Diese Kurve ermöglicht es dem Nautiker, ohne Rechnung Tiefgang, Freibord, Tragfähigkeit und Deplacement (Verdrängung) zu bestimmen.

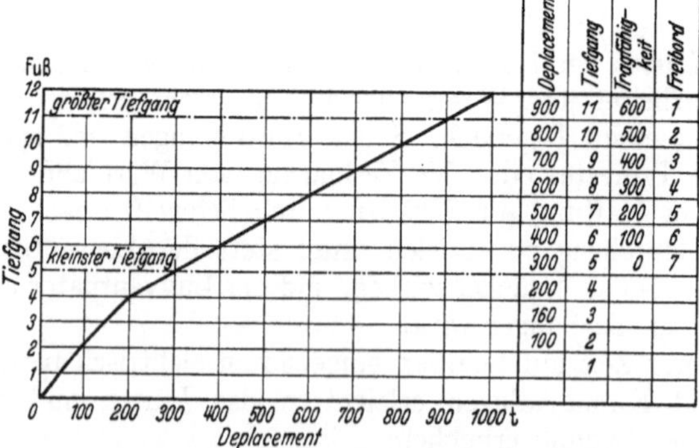

Abb. 20. Deplacementskurve. Das Schiff hätte nach dieser Kurve: Leeres Schiff: Deplacement 300 t, Tragfähigkeit 0 t, Tiefgang 5'. Volles Schiff: Deplacement 900 t, Tragfähigkeit 600 t, Tiefgang 11'.

Lastenmaßstab. Auf größeren Schiffen benutzt man zur Berechnung des mittleren Tiefganges nach einer Zuladung und der Tiefertauchung, ferner zur Bestimmung der Anzahl Tonnen, die bis zur Erreichung der Freibordmarke noch in das Schiff gestaut werden können, ausschließlich den Lastenmaßstab.

Beispiel 1: Das Schiff (Abb. 21) liegt in Seewasser $V = 18'3''$, $H = 18'9''$, im Mittel $= 18'\,6''$. Es sollen 1800 t Ladung und 100 t Brennstoff geladen werden. Welches sind der mittlere Tiefgang nach Beladung und die Tiefertauchung?

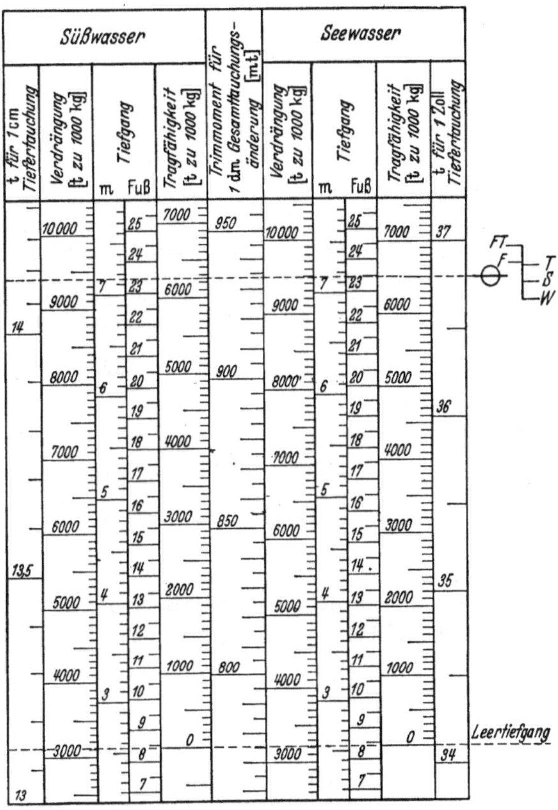

Abb. 21. Lastenmaßstab.

Man geht mit 18′ 6″ unter „Seewasser" in den Lastenmaßstab ein und entnimmt dafür die Tragfähigkeit = 4380 t. Zu diesen addiert man die Zuladung = 1900 t und erhält die Tragfähigkeit nach Beladung mit 6280 t. Hierfür ist der mittlere Tiefgang = 22′ 11″. Die Tiefertauchung beträgt also 4′ 5″.

Beispiel 2: Das Schiff (Abb. 21) liegt in Seewasser $V = 14'9''$, $H = 15'5''$, im Mittel $= 15'\,1''$. Wieviel Tonnen können noch bis Sommerfreibord geladen werden?

Man geht mit 15′ 1″ unter „Seewasser" in den Lastenmaßstab ein und entnimmt dafür die Tragfähigkeit = 2900 t. Bei Sommerfreibord 23′ 6″ ist die Tragfähigkeit 6500 t, folglich können noch 3600 t geladen werden.

Unter *Tragfähigkeit* (deadweight) versteht man die Anzahl Tonnen (tdw), die bei dem betreffenden Tiefgang über das Gewicht des leeren, betriebsfertigen Schiffes mit gefüllten Kesseln (Leertiefgang) hinaus vom Schiffe getragen werden können.

Unter *Verdrängung* (Deplacement) versteht man das Gewicht des vom Schiffe verdrängten Wassers. Dieses ist nach dem Archimedischen Prinzip gleich dem Gesamtgewicht des Schiffes zuzüglich aller an Bord befindlichen Zuladung bei dem betreffenden Tiefgang.

Tons per Zentimeter oder Tons per Zoll Eintauchung. Hierunter versteht man die Anzahl Tonnen, die geladen oder gelöscht werden müssen, um den mittleren Tiefgang um 1 cm oder 1 Zoll zu vermehren oder zu verringern.

Man entnimmt die Werte entweder einer Kurve oder dem Lastenmaßstab. Siehe Abb. 21 linker und rechter Rand.

Beispiel 1: Tons per Zentimeter = 14; eingenommene Ladung 140 t. 140 : 14 = 10 cm. Der Tiefgang wird im Mittel um 10 cm größer sein.

Beispiel 2: Das Schiff (Abb. 21) hat einen Tiefgang von 22′ in Seewasser. Wieviel Ladung kann noch eingenommen werden?
„Tons per Zoll" = 36,5; Resttiefgang = 1′ 6″ = 18″; 36,5 · 18 = 657.
Es können noch 657 t Ladung eingenommen werden.

Gewichte, die bei der Belastung des Schiffes außer der Ladung zu berücksichtigen sind (Berechnungsbeispiel s. S. 191):

1. Brennstoff (Kohlen, Bunkeröl, Motorenöl) und Schmieröl.
2. Frischwasser (etwa 600 l Trink-, Koch- und Waschwasser je Mann und Monat).
3. Kesselspeisewasser.
4. Ballastwasser.
5. Schiffsausrüstung und Proviant. (Maschinenvorräte wie Öl, Talg, Packungen usw. sind für 6 Monate etwa 1,5 kg/PS_i zu rechnen; Proviant etwa 50 kg für den Mann und Monat.)
6. Für jede Person mit Gepäck 150 kg.

Verwandlung des Tiefganges von Meter und Zentimeter in englische Fuß und Zoll.

Meter	Zentimeter									
	0	10	20	30	40	50	60	70	80	90
0	0_0	0_4	0_8	1_0	1_4	1_8	1_{11}	2_3	2_7	2_{11}
1	3_3	3_7	3_{11}	4_3	4_7	4_{11}	5_3	5_7	5_{11}	6_3
2	6_7	6_{11}	7_3	7_7	7_{11}	8_2	8_6	8_{10}	9_2	9_6
3	9_{10}	10_2	10_6	10_{10}	11_2	11_6	11_{10}	12_2	12_6	12_{10}
4	13_{11}	13_5	13_9	14_1	14_5	14_9	15_1	15_5	15_9	16_1
5	16_5	16_9	17_1	17_5	17_9	18_1	18_4	18_8	19_0	19_4
6	19_8	20_0	20_4	20_8	21_0	21_4	21_8	22_0	22_4	22_8
7	23_0	23_4	23_7	23_{11}	24_3	24_7	24_{11}	25_3	25_7	25_{11}
8	26_3	26_7	26_{11}	27_3	27_7	27_{11}	28_3	28_7	28_{10}	29_2
9	29_6	29_{10}	30_2	30_6	30_{10}	31_2	31_6	31_{10}	32_2	32_6
10	32_{10}	33_2	33_6	33_{10}	34_1	34_5	34_9	35_1	35_5	35_9

Das Trimmoment[1] für 1 m oder 1 Fuß Gesamttrimmänderung[2] wird nach folgenden Formeln berechnet:

a) $$\frac{\text{Deplacement} \cdot X}{\text{Länge des Schiffes in Metern}} =$$

$$= \text{Trimmoment für 1 m Gesamttrimmänderung.}$$

b) $$\frac{\text{Deplacement} \cdot X}{\text{Länge des Schiffes in Fuß}} =$$

$$= \text{Trimmoment für 1 Fuß Gesamttrimmänderung.}$$

(X = Höhe des Metazentrums über dem Kiel [aus der Kurve der Längen-Metazentren] minus Abstand Kiel-Deplacementsschwerpunkt.)

c) Die ungefähre Berechnung des Trimmomentes für 1 m Gesamttrimmänderung kann durch Beobachtung der Tiefgänge und Rechnung erfolgen (auf Grund mehrerer Beobachtungen und Rechnungen läßt sich eine Kurve herstellen).

$$\text{Ungefähres Metertrimmoment} = \frac{Q \cdot q}{u},$$

Q = Gewicht der eingenommenen oder gelöschten Ladung,
q = Entfernung der Ladung vom Wasserlinienschwerpunkt[3] (etwa Mitte Schiff),
u = Gesamttrimmänderung in Metern.

Beispiel: Ein Schiff hat 60 t Ladung 25 m hinter Mitte Schiff geladen.

Tiefgang vor Beladung:	$V =$ 5,5 m	$H =$ 5,2 m
Tiefgang nach Beladung:	$V =$ 5,3 m	$H =$ 5,6 m
Tiefgangsänderung:	$V = -$ 0,2 m	$H = +$ 0,4 m
Gesamttrimmänderung:	0,6 m,	

also $\frac{60 \cdot 25}{0,6} = 2500$ mt ungefähres Metertrimmoment.

Vorausberechnung des Tiefganges bei Beladung (Trimmrechnung).

Berechnung mit Trimmomenten. Jede Trimmrechnung besteht aus zwei Teilen: a) Tiefertauchung, b) Vertrimmung. Die Tiefgangsänderung eines Schiffes wird nämlich durch zwei verschiedene Ursachen bewirkt, und zwar wird durch die Zuladung

a) der mittlere Tiefgang vergrößert (Tiefertauchung),

b) die Trimmveränderung hervorgerufen (Vertrimmung), falls die Zuladung nicht im Drehpunkt (Wasserlinienschwerpunkt) erfolgt.

---

[1] Trimmoment ist das Produkt aus Zuladung (Last) und Abstand dieser Zuladung vom Wasserlinienschwerpunkt (Lastarm).

[2] Gesamttrimmänderung ist die algebraische Differenz der Tiefgangsänderung am Vor- und Hintersteven.

[3] Wasserlinienschwerpunkt ist der Schwerpunkt der Wasserlinienfläche bei dem jeweiligen Tiefgang. Er liegt bei älteren Schiffen und mittl. Tiefgängen etwas (etwa 1—2 m) vor Mitte Schiff. Bei neueren Schiffen, deren Kreuzerheck eingetaucht ist, liegt der Wasserlinien-⊙ oft hinter Mitte Schiff. Man findet die Kurve der Wasserlinien-⊙ im Kurvenblatt des Schiffes.

Die *Tiefertauchung* wird mit Hilfe des Lastenmaßstabes nach der auf S. 201 gegebenen Erklärung berechnet.

Für die Berechnung der *Vertrimmung* vergleicht man das Schiff mit einem doppelarmigen Hebel, dessen Drehpunkt der Wasserlinienschwerpunkt ist. Die Lage des Wasserlinienschwerpunktes bei den einzelnen Tiefgängen entnimmt man dem Kurvenblatt des Schiffes. Bei vielen Schiffen ändert sich seine Lage wenig, man kann dann eine mittlere Lage des Wasserlinien-⊙ annehmen (bei neueren Schiffen meist etwas hinter Mitte Schiff). Man bestimmt die Trimmomente (Drehmomente) der einzelnen Zuladungen, indem man deren Gewicht mit dem Abstand in Metern vom Wasserlinien-⊙ multipliziert. Dann addiert man die gefundenen, nach vorn wirkenden Trimmomente und ebenso die nach achtern wirkenden. Der Unterschied ist das Gesamttrimmmoment in mt (Metertonnen). Dann ist:

$$\frac{\text{Gesamttrimmoment}}{\text{Trimmoment für 1 m (oder dm, Zoll) Gesamttrimmänderung}} =$$
$$= \text{Vertrimmung (Gesamttrimmänderung) in m (oder dm, Zoll)}.$$

Ist die Vertrimmung nach vorn, weil die nach vorn wirkenden Trimmmomente größer waren als die nach achtern wirkenden, so wird die Hälfte der Vertrimmung zu dem Tiefgang vorn addiert und die andere Hälfte achtern subtrahiert. Umgekehrt ist zu verfahren, wenn die Vertrimmung nach achtern ist. Der so erhaltene Tiefgang ist der voraussichtliche Endtiefgang bei beladenem Schiff.

Beispiel: Ein Dampfer (Lastenmaßstab Abb. 21) liegt in Seewasser $V = 16' 3''$ $H = 16' 7''$. Der Wasserlinien-⊙ liegt im Mittel 1 m vor Mitte Schiff. Es sollen 600 t 41 m vor Mitte Schiff und 500 t 44 m hinter Mitte Schiff geladen werden. Welches ist der voraussichtliche Tiefgang?

Rechnung a: Tiefertauchung:

Vor Beladung:	$V = 16' 3''$	$H = 16' 7''$	Mittel = 16′ 5″	Tragf. = 3500 t
Tiefertauchung:	2′ 7″	2′ 7″		Zuladg. = 1100 t
Nach Beladung:	$V = 18' 10''$	$H = 19' 2''$	Mittel = 19′ 0″	Tragf. = 4600 t

Rechnung b: Vertrimmung:

Nach vorn: 40 · 600 = 24000 mt
Nach achtern: 45 · 500 = 22500 mt
Gesamttrimmoment = 1500 mt nach vorn.

Trimmoment für 1 dm Gesamttrimmänderung (Abb. 21) bei mittlerem Tiefgang 17′ 9″ (zwischen 16′ 5″ und 19′ 0″) = 875 mt, folglich

$$\frac{1500}{875} = 1{,}71 \text{ dm} = 6{,}7 \text{ Zoll}$$

nach vorn, davon die Hälfte.

Vertrimmung:	+ 3″	— 3″
Endtiefgang:	$V = 19' 1''$	$H = 18' 11''$

Berechnung mit Hilfe eines Trimmplans. Zur Vereinfachung der Trimmrechnung dient ein Trimmplan, der stets von der Werft mitge-

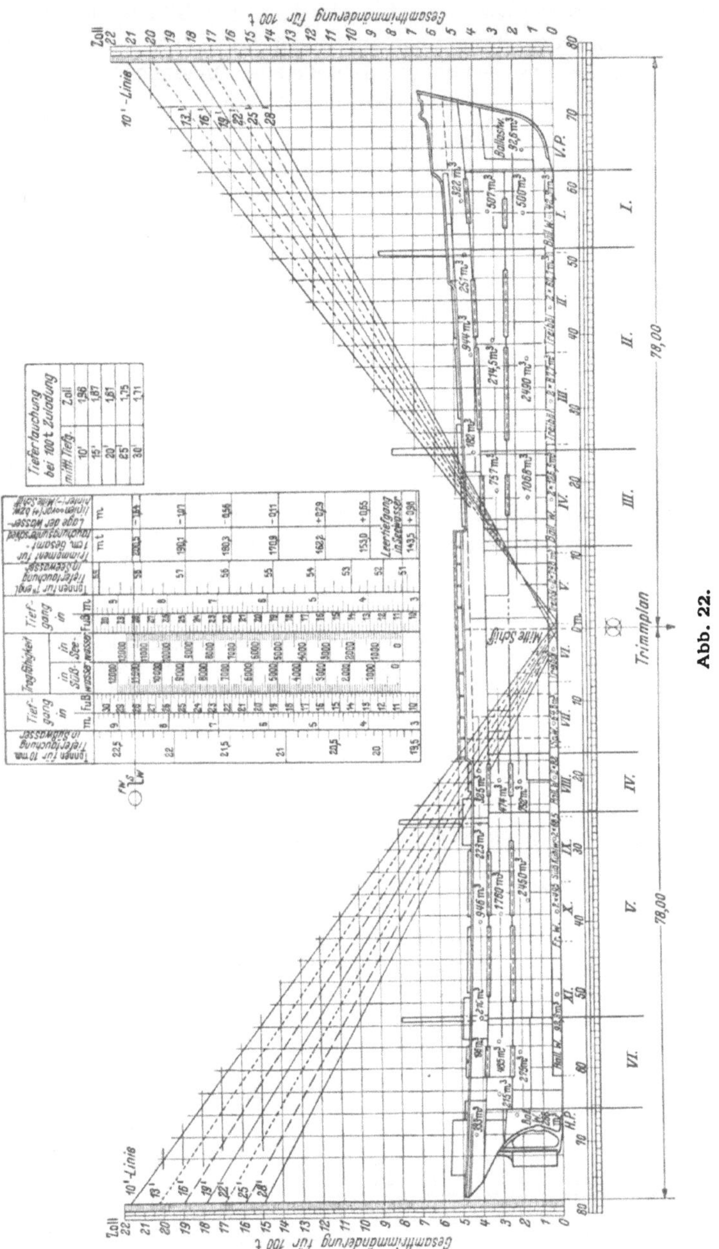

Abb. 22.

liefert werden sollte, den man sich aber auch selbst herstellen kann. Diesem kann man die Vertrimmung (Gesamttrimmänderung) für 100 t Zuladung entnehmen (Abb. 22).

Die Trimmrechnung besteht dann wieder aus zwei Teilen: a) Tiefertauchung, b) Vertrimmung.

Die *Tiefertauchung* wird mit Hilfe des Lastenmaßstabes, der zweckmäßigerweise auf dem Trimmplan angebracht wird, nach der auf S. 201 gegebenen Anweisung berechnet. Bei kleinen Zuladungen verwendet man die Tafel „Tiefertauchung bei 100 t Zuladung" (Abb. 22).

Zur Berechnung der *Vertrimmung* sucht man auf dem Schiffsplan die Stelle auf, wohin die Ladung jeweils gestaut werden soll. Bei gleichmäßiger Beladung eines Raumes ist dies der Raumschwerpunkt ⊙, der eingezeichnet ist. Von hier geht man senkrecht nach oben bis zur Trimmlinie des mittleren Tiefganges (Mittel aus Anfangs- und Endtiefgang) und von dort im Vorschiff nach rechts, im Hinterschiff nach links, wo man an der Skala die Gesamttrimmänderung für 100 t entnimmt. Dieser Wert wird mit dem Faktor $\frac{\text{Gewicht der Zuladung}}{100}$ multipliziert, um die Vertrimmung durch die betreffende Zuladung zu erhalten. In derselben Weise verfährt man bei jeder Einzelladung. Die Einzelvertrimmungen nach vorn werden addiert, ebenso die Einzelvertrimmungen nach achtern. Der Unterschied dieser Werte ist die Gesamttrimmänderung nach vorn oder achtern, je nachdem, welcher Wert der größere ist. Hiervon wird vorn und achtern je die Hälfte an den Tiefgang entsprechend angebracht, um den voraussichtlichen Endtiefgang zu erhalten.

Beispiel: Motorschiff „T" (Abb. 22) liegt vor der Beladung in Seewasser $V = 20' 3''$ $H = 20' 9''$. Es sollen geladen werden: in Unterraum II 950 t, in Unterraum V 880 t. Welches ist der voraussichtliche Tiefgang nach Beladung?

Rechnung a: Tiefertauchung:

Vor Beladung:	$V = 20' 3''$	$H = 20' 9''$	Mittel $= 20' 6''$	Tragf. $= 6250$ t
Tiefertauchung:	$2' 9''$	$2' 9''$		Zuladg. $= 1830$ t
Nach Beladung:	$V = 23' 0''$	$H = 23' 6''$	Mittel $= 23' 3''$	Tragf. $= 8080$ t

Rechnung b: Vertrimmung:

Trimmlinie für 22'.

Raum	Vertrimmung für 100 t	Vertrimmung für Zuladung
U.R. II	8,2″	× 9,5 = 78″ nach vorn
U.R. V	7,9″	× 8,8 = 70″ nach achtern

Gesamtvertrimmung = 8″ nach vorn,
davon die Hälfte.

	$+ 4''$	$- 4''$
Endtiefgang:	$V = 23' 4''$	$H = 23' 2''$

Sehr wertvoll ist es, wenn man sich mit Hilfe obiger Rechnung eine Tabelle über die Tiefgangsänderung beim Füllen der einzelnen Ballast-, Treiböl- und Frischwassertanks für geringen und großen Tiefgang anfertigt.

Beispiel: Wieviel ändert sich der Tiefgang beim Füllen der Vorpiek bei 16′ und 28′ Tiefgang (Abb. 22)?

Fassungsvermögen der Vorpiek = 92,6 t.

Tiefgang:	16′		28′
Tiefertauchung: (nach 100-t-Taf.)	$V = +1{,}7''\ H = +1{,}7''$		$V = +1{,}6''\ H = +1{,}6''$
Vertrimmung: $\frac{15{,}8 \cdot 0{,}93}{2}$	$V = +7{,}3''\ H = -7{,}3''$	$\frac{13{,}2 \cdot 0{,}93}{2}$	$V = +6{,}1''\ H = -6{,}1''$
Tiefgangsänderung:	$V = +9{,}0''\ H = -5{,}6''$		$V = +7{,}7''\ H = -4{,}5''$

Bei Verwendung einer so aufgestellten Tabelle für die einzelnen Tanks nimmt man für mittlere Tiefgänge entsprechende Mittelwerte.

Herstellung eines Trimmplans. (Nach Kapt. F. WOERDEMANN, Abbildung 22.) Man wählt aus den Schiffsplänen einen Lateralplan (Seitenansicht), möglichst einen solchen mit Angabe der Raumschwerpunkte (Maßstab etwa 1:200), und zeichnet ihn auf durchsichtigem Zeichenpapier durch, unter Fortlassung aller überflüssigen Aufbauten usw.

Die Kiellinie wird nach vorne und hinten um einige Zentimeter verlängert. Nachdem auf der Kiellinie die Mitte zwischen den beiden Perpendikeln festgestellt worden ist, werden von diesem Punkte (Mitte Schiff) aus auf der Kiellinie die Wasserlinienschwerpunkte für die verschiedenen Tiefgänge eingetragen (s. S. 203). Es genügt, wenn in dem Plan Trimmlinien (vom Leer-Tiefgang ausgehend) von 3 zu 3 Fuß eingezeichnet werden, in unserem Beispiel also von 10′—28′ Tiefgang. Die Wasserlinienschwerpunkte liegen dabei wie folgt:

10′ = + 0,98 m 16′ = + 0,29 m 22′ = — 0,56 m 28′ = — 1,64 m
13′ = + 0,65 m 19′ = — 0,11 m 25′ = — 1,07 m

(vor Mitte Schiff = +; hinter Mitte Schiff = —).

Zur Erleichterung der Eintragung hat man unter dem Kiel in beliebigem Abstande eine Meterskala maßstabgerecht angebracht (bei 1:200 ist 1 m = 0,5 cm). Die auf dem Kiel eingetragenen Wasserlinienschwerpunkte sind die Drehpunkte bei den verschiedenen Tiefgängen und zugleich die Fußpunkte der Trimmlinien. Man errichtet jetzt vorn und hinten in gleichem Abstande von Mitte Schiff, aber frei von Bug und Heck, je ein Lot (im Beispiel bei 78 m). Die Fußpunkte dieser Lote sind demnach von den einzelnen Wasserlinien-⊙ entfernt bei:

Hinterschiff	Trimmmoment in mt[1]	Vorschiff
10′ = 78m + 0,98m = 78,98m	143,5	10′ = 78m — 0,98m = 77,02m
13′ = 78m + 0,65m = 78,65m	153,0	13′ = 78m — 0,65m = 77,35m
16′ = 78m + 0,29m = 78,29m	162,2	16′ = 78m — 0,29m = 77,71m
19′ = 78m — 0,11m = 77,89m	170,9	19′ = 78m + 0,11m = 78,11m
22′ = 78m — 0,56m = 77,44m	180,3	22′ = 78m + 0,56m = 78,56m
25′ = 78m — 1 07m = 76,93m	190,1	25′ = 78m + 1,07m = 79,07m
28′ = 78m — 1,64m = 76,36m	200,5	28′ = 78m + 1,64m = 79,64m

Für diese Hebellängen und für 100 t sind mittels der zugehörigen Trimmomentwerte[1] die Gesamtvertrimmungen in cm (oder, wenn der erhaltene Wert durch 2,54 dividiert wird, in Zoll) wie folgt zu berechnen:

Beispiel: $$\frac{78{,}98 \cdot 100}{143{,}5 \cdot 2{,}54} = \mathbf{21{,}67\ Zoll.}$$

Diese Rechnung wird für die gewählten Tiefgänge für das Vor- und Hinterschiff durchgeführt und ergibt folgende Werte:

hecklastig:		kopflastig:	
bei 10′ = 21,67″	bei 22′ = 16,91″	bei 10′ = 21,13″	bei 22′ = 17,15″
„ 13′ = 20,24″	„ 25′ = 15,93″	„ 13′ = 19,90″	„ 25′ = 16,38″
„ 16′ = 19,00″	„ 28′ = 14,99″	„ 16′ = 18,86″	„ 28′ = 15,64″
„ 19′ = 17,94″		„ 19′ = 17,99″	

Der größte Wert ist demnach 21,67 Zoll. Da die berechneten Gesamttauchungsunterschiede später auf den Loten abgetragen werden sollen, ist zu überlegen, welcher Maßstab für die Einteilung der Lote zu verwenden ist. Es wird in diesem Falle zweckmäßig sein, die Zollskala nach dem Verhältnis 1″ = $1^1/_2$ cm anzufertigen. Ist diese Arbeit auf beiden Seiten ausgeführt und sind die Skalen durch Ziffern entsprechend gekennzeichnet, so können die Trimmlinien für die einzelnen Tiefgänge von 3 zu 3 Fuß (von 10 Fuß beginnend) eingezeichnet werden. Es müssen also die Drehpunkte des Schiffes für die einzelnen Tiefgänge mit denjenigen Punkten der Lote verbunden werden, die sich laut vorstehender Rechnung für die zugehörigen Tiefgänge ergeben haben. Es ist zweckmäßig, die Trimmlinien für verschiedene Tiefgänge in verschiedenen Farben zu zeichnen.

Zur Erleichterung des praktischen Gebrauchs zieht man schließlich noch eine Reihe waagerechter Linien parallel zum Kiel und senkrechter Linien parallel zu den Zollskalen.

Andere Trimmpläne. Auf manchen Schiffen findet man Trimmpläne, aus denen man die Ein- bzw. Austauchung vorn und hinten für 100 t Zuladung unmittelbar entnehmen kann, ohne Tiefertauchung und Vertrimmung getrennt berechnen zu müssen. Diese Trimmpläne enthalten vorn und hinten je zwei Trimmlinienscharen, von denen die eine die Eintauchung für die betreffende Schiffshälfte, die zweite die Austauchung für die andere Schiffshälfte angibt. Um aber die richtige Trimmlinie zu benutzen, muß man doch, zumindest überschlagsmäßig, die Tiefertauchung und damit den Mitteltiefgang berechnen.

Nähere Beschreibung siehe ROTERMUND: Die Ladung.

Für Schiffe, die infolge ihrer Bauart — z. B. Maschine achtern — außergewöhnliche Trimmlagen haben, schlägt Dipl.-Ing. POMMER in Hansa 1952, S. 343, besondere Kurvenblätter vor, auf denen man für jede Trimmlage sofort die richtigen Werte für Trimm, Schwerpunkte und Anfangsstabilität ablesen kann.

Trimmrechenschieber und -instrumente zur Vereinfachung der Trimmrechnung sind vereinzelt, letztere besonders auf ausländischen Schiffen

[1] Siehe Lastenmaßstab S. 205.

Stabilität für wichtige Beladungsverhältnisse										Vermehrung (+) bzw. Verminderung (−) von $\overline{MG}$ durch Hinzufügung von 100 t Ladung			
Ladungszustand	Homog. Ladung t	Kühlladung und Ladungs-Öl t	Treib-Öl t	Wasser t	Verdrängung t	Tiefg. vorn mittl. hinten m	Metaz. Höhe $\overline{MG}$ m	Ladung, Kühlladung, Ladungsöl, Wasser, Fahrgäste, Besatzung und Proviant, Treiböl	Kurven der Hebelarme der statischen Stabilität für Neigungen. Lage der größten Hebelarme	in Höhe von 2 m üb. Kiel (Doppelb.)	in Höhe von 4 m üb. Kiel (Raum)	in Höhe von 7 m üb. Kiel (2. Deck)	in Höhe von 9 m üb. Kiel (Hauptd.)
1. Leeres Schiff betriebsfertig, mit Wasser und Öl in Rohrleitungen und Hilfskessel.	K.W. = Kühlwasser B.W. = Ballastwasser H.B. = Hochbunker D.B. = Doppelboden F.W. = Frischwasser			—	4120	2,56 3,21 3,86	1,23	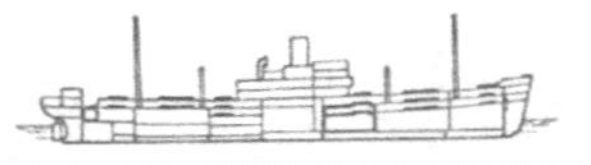	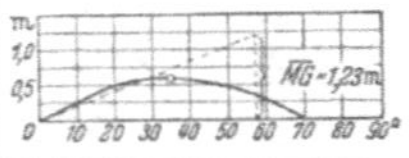	+0,04	−0,01	−0,07	−0,12
2. Wie Fall Nr. 1, jedoch mit Treiböl in Hochbunkern und Doppelboden und gefüllten Frisch-, Kühl- und Ballastwassertanks.	— Fahrg., Besatzg. u. Prov. 25	—	H.B. u. D.B. 767 Schmieröl 25	F.W. 208 K.W. 146 B.W. 435	5726	3,74 4,17 4,61	1,29	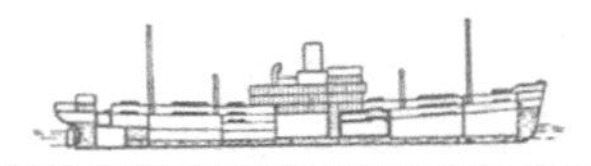	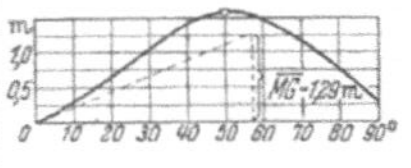	+0,02	−0,01	−0,06	−0,10
3. Wie Fall Nr. 1, jedoch mit Treiböl in Hochbunkern, mit gefüllten Frisch- und Kühlwassertanks und mit homog. Ladung in allen Laderäumen.	6064 Fahrg., Besatzg. u. Prov. 25	—	H.B. 315 Schmieröl 25	F.W. 208 K.W. 146 Bad 27	10930	7,20 7,31 7,42	Θl 0,23	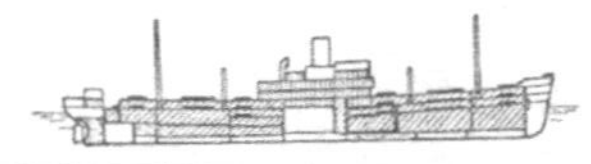	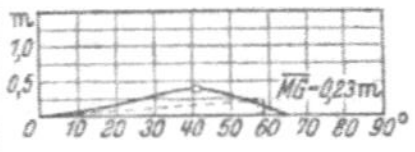	+0,05	+0,03	+0,01	−0,01
4. Wie Fall Nr. 1, jedoch mit Treiböl in Hochbunkern u. Doppelboden, mit gefüllten Frisch- u. Kühlwassertanks u. mit homogener Ladung in allen Laderäumen.	5612 Fahrg., Besatzg. u. Prov. 25	—	H.B. u. D.B. 767 Schmieröl 25	F.W. 208 K.W. 146 Bad 27	10930	7,07 7,31 7,55	Θl 0,39	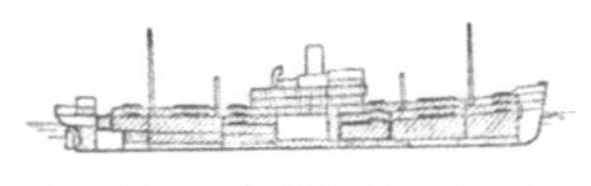	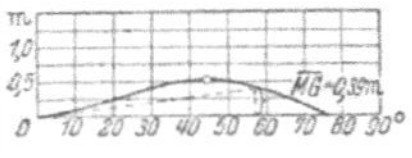	+0,05	+0,03	+0,01	−0,01
5. Wie Fall Nr. 1, jedoch mit Treiböl in Hochbunkern, mit gefüllten Frisch- u. Kühlwassertanks, mit Kühlladung, Ladungsöl u. mit homog. Ladung in den übrigen Laderäumen.	5036 Fahrg., Besatzg. u. Prov. 25	616 Kühlladung 412	H.B. 315 Schmieröl 25	F.W. 208 K.W. 246 Bad 27	10930	6,69 7,31 7,93	Θl 0,43	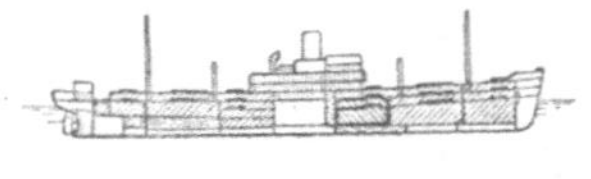	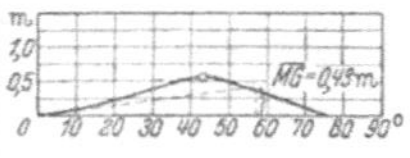	+0,05	+0,03	±0,00	−0,01

Abb. 23. Motorschiff „X“, Länge 124,0 m, Breite 16,6 m, Seitenhöhe 8,1 m.

im Gebrauch, z. B. der „Ralston, Ship's Stability and Trim Indicator" (Kelvin & Hughes, London). In jedem Falle erleichtert aber schon ein gewöhnlicher Rechenschieber die unvermeidbaren Multiplikationen. Deshalb sollte jeder Nautiker mit dessen Gebrauch vertraut sein.

Trimmüberwachung auf See. Auf großen und schnellen Schiffen muß auch auf See die Trimmlage laufend überwacht werden, da von ihr die Geschwindigkeit abhängt. Dies geschieht durch Tiefgangsmeßgeräte, die den Tiefgang vorn und achtern bzw. die Trimmlage auf der Brücke anzeigen, z. B. den Ferntiefgangsmesser von Obering. HOPPE (s. S. 431), von Stein & Sohn und von Kapt. SANDER oder den „Pneumercator" von Kelvin & Hughes, oder durch Trimmanzeiger, die ein Kimmfernrohr oder eine Libelle verwenden.

4. Stabilitätsblätter und ihre Anwendung[1].

Die Schiffsleitung muß bei der Verteilung der Ladung auf genügende Stabilität des Schiffes achten. Fast ebenso schädlich wie eine zu geringe ist eine zu große Stabilität. Im ersteren Falle ist das Schiff zu rank, es bekommt leicht Schlagseite, besonders bei stärkerer Ruderlage, und gerät in die Gefahr zu kentern. Ist die Stabilität zu groß, so wird das Schiff in der See harte Bewegungen machen. Dabei werden die Verbände sehr leiden, und der Aufenthalt an Bord ist für die Fahrgäste und Besatzung unangenehm.

Daher schreiben die UVV vor:

„Bei Neubauten sowie bei Schiffen, die einem wesentlichen, die Stabilität beeinflussenden Umbau unterzogen worden sind, müssen für die wichtigsten in Betracht kommenden Beladungsfälle und Tiefgänge die Hebelarmkurven der statischen Stabilität aufgestellt und dem Führer des Schiffes ausgehändigt und erläutert werden."

Die Hebelarmkurve der statischen Stabilität zeigt an, wie die Stabilität mit wachsendem Neigungswinkel des Schiffes zunimmt, bei welchem Neigungswinkel sie ihr Maximum erreicht und bei welchem Neigungswinkel der Kenterpunkt liegt. So ist in Abb. 23 bei Fall 1 die Stabilität gering, das Maximum schon bei 35° Neigung und der Kenterpunkt bei 69° Neigung erreicht. Im Falle 2 (alle Tanks gefüllt — ohne Ladung) ist das Schiff zu steif, das Maximum der Stabilität ist bei 50° Neigung erreicht, der Kenterpunkt liegt außerhalb 90° Neigung. Im Falle 4 (homogene Ladung und Treiböl, Endtiefgang) ist die Stabilität gering, das Maximum liegt bei 45° und der Kenterpunkt bei 77° Neigung. Wenn das Schiff hierbei zu weich ist, können noch Ballastwassertanks im Doppelboden gefüllt werden. Es muß dann aber auf ein entsprechendes Gewicht an Ladung oder Treiböl verzichtet werden, da sonst die Freibordmarke überschritten würde.

Für Schiffe, die, wie z. B. Holztransportschiffe, fast stets Decksladungen haben, lasse man sich auch Hebelarmkurven für verschiedene Decksbeladungen mit leichteren und schwereren Hölzern herstellen (Holzschiffe haben auch besondere Freibordmarken, s. S. 406).

[1] Über Stabilität siehe Teil IV.

5. Allerlei Bemerkungen für den Ladungsoffizier.

Schriftliche Arbeiten des Ladungsoffiziers. Die schriftlichen Arbeiten des Ladungsoffiziers sind zahlreich und bei den einzelnen Reedereien und Ladungsarten sehr verschieden.

Bei Stückgutladungen in der Linienfahrt sind im allgemeinen folgende schriftliche Arbeiten erforderlich:

1. *Ladungsaufgabe* von der Reederei oder Agentur bzw. dem Charterer in Empfang nehmen, Ladung an Hand eines *vorläufigen Stauplanes* auf die Unterräume und Decks verteilen.

2. Vor Ladungsübernahme Ladeaufträge (*Shipping-Orders*) in Empfang nehmen und mit Ladungsaufgabe vergleichen. In deutschen Häfen auf Ladeaufträge für gefährliche Ladungen mit den durch die „Verordnung über die Beförderung gefährlicher Güter mit Seeschiffen" vorgeschriebenen Bezeichnungen achten. Die SSV sieht eine schriftliche Erklärung des Abladers über die Art der gefährlichen Ladung vor. Bei Übernahme der Ladung auf den Shipping-Orders Anzahl der übernommenen Kolli und Ort der Stauung durch Anschreiber (Tally-Clerk) bescheinigen lassen.

3. Empfangsschein (*Mate's Receipt*) ausfüllen und zeichnen. Dabei alle Beschädigungen und Differenzen bezüglich der Anzahl, der Marken und des Gewichtes darauf vermerken (s. S. 117).

4. Während der Übernahme Stauplan zeichnen. Diesen möglichst groß anlegen und für die einzelnen Löschhäfen besondere Buntstifte verwenden. Stauplan vervielfältigen für Reederei und Agenturen der Löschhäfen.

5. Nach Beendigung der Ladungsübernahme an Hand der gesammelten Shipping-Orders *Ladebuch* anfertigen. Darin werden alle Ladungsstücke, nach Lade- und Löschhafen geordnet, in alphabetischer Reihenfolge der Marken und mit Angabe des Ortes der Stauung aufgeführt. Oft wird das Ladebuch auch von den Anschreibern angefertigt. Bei Zeitmangel genügt es, die Shipping Orders nach entsprechender Ordnung abzuheften. Stets auf Stauvermerke achten!

6. Ladebuch mit Manifesten vergleichen. Unstimmigkeiten mit Hilfe der Captain's Copy des Konnossements aufzuklären versuchen. Sonst *Dispute-Manifest* (s. S. 121) für Zollbehörde und Agentur des Löschhafens aufstellen.

7. Alphabetische *Anschreibebücher* (Tallybücher, s. S. 122) für die einzelnen Luken und Löschhäfen zum Abstreichen der gelöschten Kolli durch die Anschreiber anfertigen. Dadurch wird Verschleppen einzelner Ladungsstücke vermieden. In manchen Häfen sind Anschreibebücher seitens der Zollbehörde vorgeschrieben.

8. Im Löschhafen *Empfangsbescheinigungen* für gelöschte Ladung auf Vollzähligkeit prüfen.

9. *Berichte über Ladungsschäden* beim Laden, Löschen und auf See und über allgemeinen Verlauf der Ladungsarbeiten für die Reederei anfertigen (s. S. 122).

10. *Berichte über Sonderladungen,* z. B. Temperaturen bei Kühlladungen, anfertigen.

11. *Erfahrungen* über Maße und Gewichte besonderer Ladungen, erforderlichen Stauraum, die in den einzelnen Häfen pro Gang und Schicht geladene oder gelöschte Ladungsmenge, Verhalten des Schiffes bezüglich Trimm und Stabilität usw. lege man *in einem besonderen Buche* kurz nieder, um sie später wieder anwenden zu können.

Da die meisten schriftlichen Arbeiten vom Ladungsoffizier auf See in seiner wachfreien Zeit gemacht werden müssen, empfiehlt es sich, auf schnellen und großen Schiffen der Linienfahrt zu seiner Entlastung die Offiziersanwärter oder Schreiber heranzuziehen.

Lade- und Löscheinrichtungen. Über die *Prüfung der Tragfähigkeit der Ladebäume* stellt die SBG das *Ladegeschirrzeugnis* und über diejenige der Einzelteile (Schäkel, Blöcke, Haken, Ketten usw.) *Prüfungsbescheinigungen* aus, die in das *Ladegeschirrheft* einzukleben sind. Die Prüfung durch die SBG wird alle 5 Jahre wiederholt.

Das gesamte *Ladegeschirr* ist *jährlich mindestens einmal durch die Schiffsleitung zu überholen* und jede einzelne Prüfung und jede Änderung des Ladegeschirrs mit Datum und Unterschrift in das Ladegeschirrheft einzutragen.

Die britischen und finnischen Behörden erkennen nur das *englische Ladegeschirrheft* an, in dem jährlich eine *amtliche* Prüfung vorgesehen ist. Auf Antrag stellt deutschen Schiffen der GL ein englisches Ladegeschirrheft aus und führt die jährliche Prüfung durch.

Man beachte die UVV betreffs der Sicherung der Ober- und Unterdeckluken und der Scherstöcke (durch Bolzen usw.), der Beschaffenheit der Raumleitern, Winden und Kräne usw.

Beim Laden und Löschen ist folgendes zu beachten:

1. Das Ladegeschirr muß stets in gutem Zustand gehalten werden.

2. Windenläufer, Hangerseile oder Baumaufholer dürfen nicht aus verschiedenen Teilen zusammengespleißt sein.

Augspleiße sind durch mindestens sechsmaliges Durchstecken der Kardeele herzustellen.

Stroppen dürfen nur an einer Stelle gespleißt sein.

3. Die Schäkel am Windenläufer müssen Schlitzbolzen haben und mit der Öffnung nach unten durchgesteckt werden. Die Benutzung von Ladehaken, die z. B. am Süll festhaken können, ist verboten.

4. Die Enden der Windenläufer müssen mit der Trommel sachgemäß, d. h. nicht durch Kabelgarns usw., verbunden sein.

5. Ketten dürfen nicht durch Knoten gekürzt werden.

6. Die Benutzung von behelfsmäßigen Notgliedern ist beim Ladegeschirr verboten.

7. Hangerketten dürfen nur durch Schäkel befestigt werden, die in der Rundung des Kettengliedes gut aufliegen.

8. Das Hinabwerfen von Ketten und sonstigen Gegenständen in den Raum ist verboten.

9. Für druckempfindliche kleine Kisten, Kartons usw. benutze man möglichst keine Netzbrooken, sondern Ladeplatten (pallets).

10. Unter der gehobenen Last darf niemand stehen oder durchgehen.

11. Bei Arbeiten mit laufendem Tauwerk hat jeder darauf zu achten, daß er nicht mit Armen oder Beinen in eine Taubucht gerät.

12. Bei Benutzung von 2 feststehenden Ladebäumen mit zusammengeschäkelten Windenläufern müssen die Außengeien durch Preventer, die auf die Baumnock aufzusetzen sind, verstärkt werden.

13. Wenn mit behelfsmäßigen Ladevorrichtungen, z. B. beim Löschen von Kohlen, gearbeitet wird, müssen alle Teile des Geschirrs täglich mindestens einmal genau auf ihren guten Zustand und ihre gute Befestigung untersucht werden.

14. Werden die Atmungsorgane durch die Ladung gefährdet, so müssen beim Laden und Löschen sowie beim Reinigen der Laderäume geeignete Atemschutzgeräte benutzt werden.

15. Selbständige Änderungen des Ladegeschirrs durch die Stauer sollte die Schiffsleitung nicht zulassen.

16. Das Hochziehen und Herunterlassen von Personen mit Kränen, Winden und Ladebäumen ist verboten.

17. Lukendeckel dürfen nicht neben der Luke aufgestapelt und nicht zu Zwecken verwendet werden, bei denen sie einer Beschädigung ausgesetzt sind.

18. Man beachte die UVV bezüglich der Absperrung offener Zwischendecksluken.

19. Wenn im Zwischendeck und im Raum gleichzeitig geladen wird, so ist der offene Teil der Zwischendecksluke von dem abgedeckten Teil durch Netze oder dgl. gegen das Herabfallen von Personen und Ladung sicher abzusperren.

20. Bei Nacht ist für gute Beleuchtung an Deck und in den Laderäumen zu sorgen.

21. Die Bedienung der Winden und Kräne ist nur sachkundigen Personen gestattet. Sie müssen möglichst anliegende Kleidung tragen.

Tragfähigkeit des Ladegeschirrs. Ein *Ladebaum* eines neueren Frachtdampfers hat eine Tragfähigkeit von etwa 5 t bei etwa vierfacher Sicherheit.

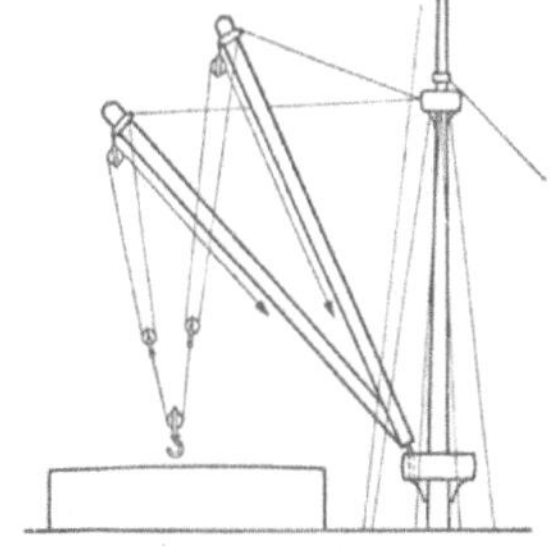

Abb. 24. Hieven einer schweren Last mit 2 Bäumen.

Jeder Ladebaum muß mit der nach dem Ladegeschirrzeugnis zulässigen Nutzlast bezeichnet werden. Es bedeuten z. B. [3 – 5 t], daß die Nutzlast bei einem Neigungswinkel des Baumes von 15° zur Waagerechten mit einfachem Windenläufer 3 t, mit Klappläufer 5 t nicht überschreiten darf. Gilt diese Nutzlast nur für 30° oder 45° Neigung, so ist die Gradzahl hinzuzufügen.

An Bord jedes modernen Frachtschiffes befinden sich jetzt ein oder zwei Ladebäume, die zur Übernahme der schwersten Güter geeignet sind.

Hat man kein schweres Geschirr zur Verfügung, so kann man sich unter Umständen auch helfen, indem man zwei Bäume mit Klappläufern ausnützt. Es wird dann jeder Baum nur mit dem halben Gewicht belastet (s. Abb. 24). Das ist aber nicht der Fall, wenn man die beiden Hievtaljen unmittelbar an der Last befestigt, da man niemals gleichmäßig hieven kann.

Ein *Ladeblock* hat im allgemeinen eine Tragfähigkeit von etwa 5 t bei vierfacher Sicherheit.

Auf Ladegeschirrblöcken wird auf der für sie zulässigen „Belastung an der Aufhängung des Blocks" (Lastangriff) auch noch der zulässige „Seilzug" aufgestempelt, z. B. „7,5 t" und darunter „S. Z. 2,5 t".

Ein normaler *Windenläufer* von etwa $2^1/_4''$ Umfang = 18 mm ∅ hat eine Tragfähigkeit von etwa 3 t bei fünffacher Sicherheit (s. S. 328).

Taljen. Feste Blöcke *leiten* nur das Tauwerk, sie geben keinen Kraftgewinn; ein solcher wird nur durch Blöcke erzielt, die unmittelbar an der Last angreifen.

Den größten mechanischen Vorteil erzielt man, wenn der Block mit der größeren Anzahl Parten des Läufers an der Last befestigt ist.

Bezeichnet P = Kraft, Q = Last, n = Anzahl der Parten, so bestehen folgende Verhältnisse:

$n = Q : P$ (zur Berechnung der Talje),

$P = Q : n$ (zur Berechnung der benötigten Kraft, um eine bestimmte Last bei bestimmter Talje zu heben).

Diese Formeln aber geben nur einen *Anhalt*, da sie die Reibung und die Seilsteifigkeit des Tauwerks nicht berücksichtigen. Die Reibung ist sehr verschieden, sie richtet sich nach dem Gewicht bzw. Druck der Last auf die Scheiben sowie nach der Beschaffenheit des Tauwerks und der Blöcke.

Eine gute *Ladewinde* hebt

einfach geschottet	etwa	3—5 t	bei normaler
doppelt	„	6—8 t	Leistungsfähigkeit.

In den „Grundsätzen des GL für die Ausführung und Prüfung des Ladegeschirrs von Seeschiffen" findet man Tafeln, aus denen ersichtlich ist, wie stark bei den verschiedenen Anordnungen des Ladegeschirrs und bei den zu hebenden Nutzlasten Hanger, Hangerblock und Baum beansprucht werden. Auch für Schwergutgeschirr findet man in diesen Tafeln wichtige Angaben über die Belastungen der einzelnen Teile.

Die höchstzulässige Belastung muß bei allen Hebezeugen, Ketten und Gerätschaften gut sichtbar und dauerhaft vermerkt sein. Die zulässige Belastung darf in keinem Falle überschritten werden.

Deckbelastung. Nach den Vorschriften des Germanischen Lloyd werden die eisernen Decks so stark gebaut, daß jeder m^2 Bodenfläche belegt werden kann mit einer Last in t, die gleich ist der Höhe des betreffenden Decks in m, multipliziert mit 0,7. Hierüber und über die Belastung des Oberdecks unterrichte man sich in den Werftunterlagen.

Ein Deck von 2,30 m Höhe (gemessen von Decksbeplattung bis Decksbeplattung) trägt demnach $2{,}3 \cdot 0{,}7 = 1{,}6$ t je m^2 Bodenfläche.

Bei schweren Kolli ist durch entsprechende Balkenunterlage usw. dafür zu sorgen, daß die obengenannte Belastung an einzelnen Auflagestellen nicht überschritten wird.

Besondere Vorsicht ist an schwachen Stellen, z. B. längsseits der Luken und auf den Luken selbst, geboten. Gute Luken nicht mit mehr als 1,2–1,5 t/m² belasten!

6. Laden und Löschen schwerer Güter.

An Ladungsstücken von 1000 kg und mehr Bruttogewicht muß laut internationalem Übereinkommen die Gewichtsangabe an der Außenseite dauerhaft angebracht sein.

Die Verladung sehr schwerer Stücke stellt besonders große Anforderungen nicht nur an das zum Laden und Löschen benutzte Geschirr, *sondern auch an das technische Können des Ladungsoffiziers.*

Im wesentlichen unterscheidet man drei Arten des Ladens und Löschens schwerer Stücke, und zwar: mit Schiffsgeschirr, mit Land- oder Schwimmkränen und mit Stellagen, Rutschen oder dgl.

Soll der *Schwerbaum des Schiffes* benutzt werden, so muß natürlich erst festgestellt werden, ob die zugelassene Tragfähigkeit des Baumes nicht überschritten wird. Wesentlich ist die Prüfung, ob die Ausladung des Baumes — also seine Reichweite von der Bordwand aus — ausreicht, um das betreffende Kollo von einer etwa bestimmten Stelle am Kai abzunehmen oder dorthin abzusetzen. Bei sehr umfangreichen, insbesondere sehr hohen Stücken, ist auch die Entfernung zwischen Ladehaken und Reling zu berücksichtigen. Dies ist vor allem dann wichtig, wenn wegen der Abnahme vom Kai eine bestimmte Ausladung erforderlich und somit ein beliebiges Toppen des Baumes nicht möglich ist.

Bei besonders schweren Stücken ist mit einer gewissen *Krängung des Schiffes* zu rechnen, deren Ausmaß nicht allein von dem Gewicht des Kollo abhängig sein wird, sondern auch wesentlich vom Beladungszustand des Schiffes, dem Ausladewinkel des Baumes und unter Umständen auch von Witterungsverhältnissen (auf- oder ablandiger Wind) beeinflußt wird.

Ist mit einer — auch nur geringen — Krängung zu rechnen, so sollten die Läufer der Geitaljen nicht mehr mit der Hand über Windenkopf bedient, sondern nur über die Windentrommel genommen werden, da bei einer Krängung die auf die Geien kommende Kraft erheblich größer ist, als wenn das Schiff nicht überholt. Besonders gefährlich ist das stoßweise Einrucken beim Fieren über den Windenkopf. Daher sollten die Geien stets maschinell über die Windentrommel bedient werden.

Ob Tau-, Draht- oder Kettenstroppen zu verwenden sind, richtet sich nach der Art und dem Gewicht des Gutes. Vorteilhaft ist die Benutzung einer Traverse, da hierbei die Stroppen senkrecht wirken und deshalb nicht rutschen können. Bei empfindlichen Gütern, wie z. B. Autos, Eisenbahnwagen usw., sind Quertraversen zu verwenden, damit das Kollo durch die Stroppen nicht zusammengedrückt wird.

Häufig sind die Stellen, an denen die Stroppen anliegen dürfen, an den Ladungsstücken bezeichnet.

Am schwierigsten ist das Bearbeiten schwerer Stücke, wenn Schwergutbäume oder Kräne mit genügender Tragfähigkeit nicht zur Verfügung stehen und die Gegenstände über Stellagen und Rutschen an Bord oder an Land befördert werden müssen. Hierbei müssen Reling und Kai möglichst in gleicher Höhe liegen, was man unter Umständen durch Fluten oder Lenzen von Tanks oder durch Bauen genügend fester Stellagen erreichen kann. Die Beförderung des Schwerkollo geschieht über eine Rutsche mittels Pressen, Flaschenzügen oder Taljen, was durch geringes Anliften an der Vorderkante mit dem Schwerbaum oder durch Unterlegen von Rundeisen erleichtert wird. In Tidehäfen wird der Zeitpunkt, in dem Kai und Deck in gleicher Höhe liegen werden, vorausberechnet und hierfür alles vorbereitet. An Bord darf ein schweres Kollo niemals in einzelnen Punkten aufliegen; das Gewicht ist durch starke Balken zu verteilen, damit das Deck nicht durchbiegt. Muß die Schwerladung als Deckslast gefahren werden, so ist sie sorgfältig zu laschen, wobei möglichst Spannschrauben zu verwenden sind. Die Stabilität des Schiffes muß gesichert und die Tragfähigkeit des Decks ausreichend sein.

Wenn die Bearbeitung des Schwergutes unter Verantwortung des Stauers erfolgt, soll sich die Schiffsleitung unmittelbarer Anordnungen an die einzelnen Ladungsarbeiter enthalten und alle Maßnahmen mit dem Stauervizen besprechen. Das gilt besonders, wenn die Stauer vom Ablader bzw. Empfänger gestellt werden.

7. Gefährliche Güter.

Allgemeines. Abfälle, Ammoniak, Benzin, Benzol, Braunkohle, flüssige Brennstoffe, Kaustik-Pottasche, Chlor, Dynamit, Farben, Feuerwerkskörper, Filme, Filz, Geschosse, Jute, Kalziumkarbid, ungelöschter Kalk, Karbolsäure, Kohle, Kohlensäure, Kopra, Kunstseide, Lacke, flüssige Luft, Lumpen, Naphthalin, Nitroglyzerin, Patronen, Pech, Phosphor, Pikrinsäure, ölgetränkte Wolle oder Jute, Ölpapier, Öle aller Art, Salpeter, Schwefel, Schwefelkies, Schwefelsäure, Sprengstoffe, Sprengkapseln, Streichhölzer, Terpentin, Trinitrobenzol, ferner manche Erzarten und andere Güter gehören zu den gefährlichen Gütern.

Diese Ladungen bringen unmittelbar oder in Verbindung mit anderer Ladung durch Selbstentzündung, durch Ausscheidung giftiger oder ätzender Stoffe bzw. Gase oder durch ihre leichte Brennbarkeit oder Explosionskraft große Gefahren für Schiff und Menschen mit sich.

Besondere Vorsicht ist bei allen Chemikalien geboten, vor allem, wenn diese erst neuerdings über See verladen werden und deshalb ausreichende Erfahrungen über ihre Gefährlichkeit noch nicht vorliegen.

Gefährliche Güter sind im allgemeinen vom Transport durch Schiffe ausgeschlossen und dürfen, falls sie zugelassen werden, nur unter ganz besonderen Bedingungen und Vorsichtsmaßregeln verschifft werden.

Nach dem SS-Vertrag, Kap. VI (Beförderung von Getreide und gefährlichen Gütern) soll jede Regierung Vorschriften über die Verpackung und das Stauen gefährlicher Güter erlassen. In Deutschland sind dies die UVV und die *Verordnung über die Beförderung gefährlicher Güter mit Seeschiffen* (v. 12. 12. 1955).

Diese Verordnung teilt die gefährlichen Güter in folgende Klassen ein:

Ia Explosive Stoffe; Ib Munition; Ic Zündwaren, Feuerwerkskörper usw.; Id Verdichtete, verflüssigte und unter Druck gelöste Gase; Ie Stoffe, die in Berührung mit Wasser entzündliche Gase entwickeln.

II Selbstentzündliche Stoffe.

IIIa Entzündbare flüssige Stoffe; IIIb Entzündbare feste Stoffe; IIIc Brandfördernd wirkende Sauerstoffträger.

IVa Giftige Stoffe; IVb Radioaktive Stoffe.

V Ätzende Stoffe.

VI Güter, insbesondere Massengüter und Schüttladungen, die zur Selbsterhitzung neigen.

Anlage 1 enthält einen Katalog der einzelnen gefährlichen Güter, nach Klassen geordnet, mit den Verpackungs- und Verladungsvorschriften, Anlage 2 die Bestimmungen über das Zusammenpacken von gefährlichen Gütern mit anderen Gegenständen in einem Versandstück. Ein alphabetisches Verzeichnis am Schluß erleichtert das Auffinden der einzelnen Güter.

Die Verordnung gilt für deutsche Schiffe auch im Auslande, soweit nicht das Recht des Ladehafens Abweichungen vorschreibt oder zuläßt, für ausländische Schiffe nur im deutschen Hafen.

Der Ablader hat die Verladescheine über gefährliche Güter dem Reeder oder Schiffe so rechtzeitig zu übergeben, daß die Anordnungen für die den Vorschriften entsprechende Verladung, auch unter Berücksichtigung etwa schon eingenommener Teilladungen, getroffen werden können.

In Deutschland müssen die *Verladescheine* der gefährlichen Güter eine Erklärung des Abladers über die Klasse und Ziffer im Güterverzeichnis und über die Art des Gutes (z. B. „Ätzend") neben anderen, für die einzelnen Güter vorgeschriebenen Angaben enthalten. Verladescheine für Güter der Klassen I und II müssen mit einem *roten Querstreifen* versehen sein.

Bei dem Verstauen gefährlicher Güter kann man nicht vorsichtig genug sein. Beim Laden und Löschen von Gütern der Klassen Ia—c, II und IIIa—c müssen alle Schornsteine Funkenfänger haben, die Feuerlöschleitungen müssen unter Druck stehen, und ein Strahlrohr muß dauernd besetzt sein.

Das Rauchen und der Gebrauch offenen Lichtes ist beim Laden feuer- oder explosionsgefährlicher Güter an Deck und in den Laderäumen verboten.

Säuren sollte man nur an Deck stauen und unter Umständen mit Kalk, Sand oder Asche umgeben. Muß man gefährliche Güter *in* die Räume nehmen, so sind diese unmittelbar an den Lukeneingängen zu verstauen, damit sie im Falle der Gefahr leicht herausgeholt und über Bord geworfen werden können.

Solche Güter staue man nie sehr hoch aufeinander, da schon oft allein durch Druck Explosionen entstehen können, ferner staue man sie nie in die Nähe von Heizräumen oder Heizraumschotten.

In vielen Häfen dürfen Schiffe mit gefährlicher Ladung überhaupt nicht liegen oder nicht an den gewöhnlichen Plätzen ankern. Man melde daher stets sofort bei Annäherung an einen Hafen der Hafenbehörde, daß man solche Ladungen an Bord hat.

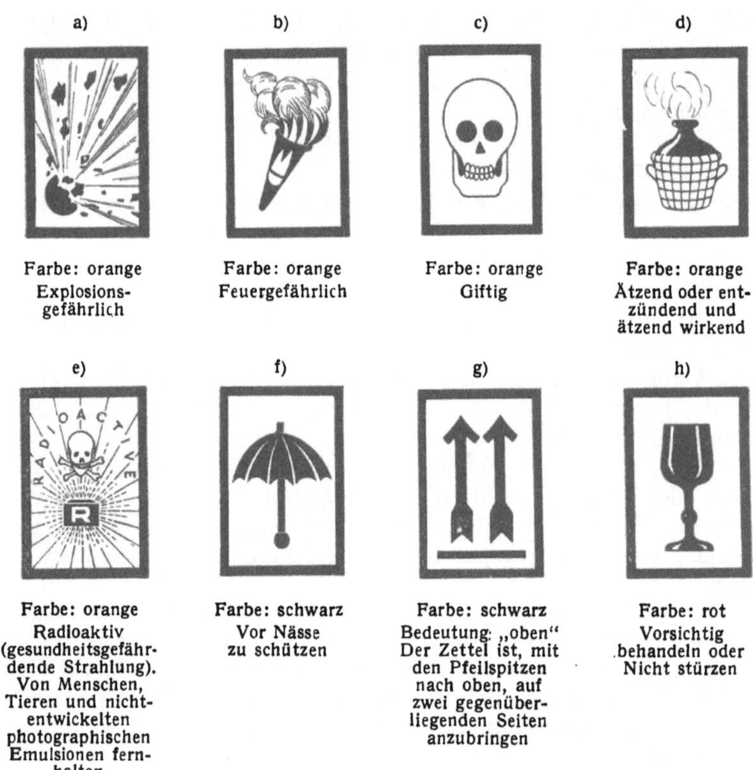

Abb. 25. Kennzeichen für Versandstücke, die gefährliche Güter der Klassen Ia, Ib, Id, Ie, II bis V enthalten.

Man nehme Ladungen dieser Art nur an Bord, wenn die Verpackungen einwandfrei sind. Kisten sollten nicht genagelt, sondern verschraubt sein.

Bei Benzinladungen denke man daran, daß sich explosive Gase in benachbarten Räumen (Kabelgatt, Mannschaftsraum usw.) angesammelt haben können, die möglicherweise schon durch Funken beim unvorsichtigen Handhaben mit eisernen Gegenständen zur Entzündung gebracht werden. Man beachte das Merkblatt der SBG betr. „Benzinfässer als Schiffsladung“.

Für die Beförderung von Sprengstoffen oder Munition müssen besondere „Pulverkammern" nach besonderen Richtlinien der SBG an Bord eingebaut werden.

Der Kapitän eines Schiffes, auf dem sich Sprengstoffe befinden, muß während des Aufenthaltes seines Schiffes im Bundesgebiet einen Erlaubnisschein zum Besitze von Sprengstoffen an Bord haben.

Auf deutschen Seeschiffahrtstraßen müssen Schiffe, die mehr als 35 kg Sprengstoff oder Munition geladen haben, bei Nacht im Vortopp ein rotes Licht, mindestens 2 m höher als das hintere Dampferlicht, bei Tage die Flagge *B* führen (s. auch Tankladungen S. 221 ff.).

Vorsicht beim Betreten der Laderäume. Hat man gasbildende oder Sauerstoff aufsaugende Güter geladen, so sind die Räume vor dem Betreten gehörig zu lüften.

Benzin, Kohle, Öle z. B. bilden Gase. Baumwolle, Getreide, Hanf, Jute, Kopra, Mühlenprodukte, Reiskleie z. B. fressen Sauerstoff, ebenso Süßöl (Bohnenöl usw.). Durch unvorsichtiges Betreten von Räumen mit derartigen Ladungen sind schon oft Leute zu Tode gekommen.

Das Vorhandensein explosiver Gase oder Sauerstoffmangel wird mit der Davyschen Sicherheitslampe festgestellt[1]. Vergrößert sich beim Hinunterlassen in den Laderaum die von vornherein niedrig zu haltende Flamme oder beginnt der Korb zu glühen, so sind brennbare Gase vorhanden; wird die Flamme kleiner oder erlischt sie, so herrscht Sauerstoffmangel. Im letzteren Falle darf der Raum, wenn eine gründliche Lüftung nicht abgewartet werden kann, nur mit Rauchhelm oder Sauerstoffgerät, niemals aber mit Filtergerät betreten werden (s. auch S. 315 ff.).

Die Sicherheits- (Gruben-) Lampen müssen vor Antritt längerer Reisen, sonst zweimal jährlich, auf Explosionssicherheit geprüft und an Bord in gutem Zustand gehalten werden. *Über jede Prüfung ist ein Vermerk in das Schiffstagebuch einzutragen.* Die im Bergwerksbetrieb übliche Prüfung kann an Bord nicht vorgenommen werden. Man muß sich darauf beschränken, festzustellen, daß die Lampen an keiner Stelle irgendwelche gefährlichen Undichtigkeiten zeigen. Namentlich ist zu prüfen, ob nach dem Verschließen (Zusammenschrauben von Lampengestell und Lampentopf) alle Teile richtig und dicht aufeinanderliegen und ob der Glaszylinder und die Drahtkörbe völlig unbeschädigt sind.

Gasgefährdete Räume sollte man nur mit elektrischen Sicherheitslampen, wie sie auch für Kohlenladungen vorgeschrieben sind, betreten.

Gefahren der Kohlenladung sind Explosion, Selbstentzündung und Übergehen. Die *Explosionsgefahr* besteht besonders im ersten Teile der Reise, wenn die in den Kohlen eingeschlossenen Grubengase infolge des Zerstückelns der Kohle beim Laden entweichen können und sich mit der Luft im Verhältnis etwa 1:8 mischen. Starker Barometerfall fördert die Gasbildung. Folgendes ist zu beachten:

1. Das wirksamste Mittel zur Verhütung einer Explosion ist die *Oberflächenventilation* (einige Staaten schreiben für Kohlendampfer vor, wie

[1] Bei Ladungen mit einem Flammpunkt bis 55° C darf die Davysche Sicherheitslampe nicht verwendet werden.

groß der Querschnitt aller Lüftermündungen für die einzelnen Räume sein muß), d. h. Herstellung eines beständigen Luftstromes *über* der Ladung, wobei besonders auf den Abzug der Gase aus dem Laderaum zu achten ist.

Unter allen Umständen ist aber eine Ventilation innerhalb der Kohlenmassen zu vermeiden, weil hierdurch die Kohlenzersetzung und Selbstentzündung begünstigt wird. Lüfter, die in die Ladung hineinreichen, sind abzudichten.

2. Auf Schiffen mit einem festen Zwischendeck dürfen die Zwischendecksluken *nicht* angelegt werden. Auch dürfen auf Kohlen keine Güter gestaut werden, die den Abzug der Gase behindern.

3. Auf Kohlenschiffen ist von den Laderäumen und allen benachbarten Gelassen, in denen sich brennbare Gase ansammeln können, insbesondere auch von dem Wellentunnel sowie auch von den Köpfen der Ventilatoren *offenes Feuer und Licht fernzuhalten*, mag das Schiff sich im Hafen oder auf der Reise befinden. Das Tabakrauchen ist daselbst zu verbieten. Zur Verhütung einer Explosion etwa angesammelter Gase dürfen die in Betracht kommenden Räume nur mit elektrischen Sicherheitslampen betreten werden.

Die *Selbstentzündung* kann erst im weiteren Verlaufe einer längeren Reise eintreten. Sie wird gefördert durch Wärmezufuhr von außen (Kesselschotte), durch starke Zerkleinerung der Kohle und durch Feuchtigkeit (Übernahme bei Regen). Je größer die Kohlenmenge, um so geringer ist die Wärmeableitung nach außen und um so größer die Gefahr der Selbstentzündung. Vorsichtsmaßnahmen sind:

1. Es ist möglichst zu vermeiden, die Kohlen in frisch gefördertem, *nassem* Zustande oder im Regen zu verladen.

2. *Temperaturmessungen.* Die Gefahr der Selbstentzündung der Kohlen wächst mit der Größe der Schiffe und der Länge der Reise in rascher Zunahme. In langer Fahrt ist deshalb täglich die Temperatur in verschiedenen Teilen der Ladung zu messen und der Befund in das Schiffstagebuch einzutragen (UVV). Temperaturen über 40° C sind verdächtig und verlangen eine nähere Untersuchung. Mit Rücksicht auf die Gefahr der Zerreibung der Kohlen bei schwerem Arbeiten des Schiffes darf nach jedem Überstehen schwereren Wetters das Messen der Temperatur der Ladung niemals unterlassen werden. Dieses Messen geschieht mit Hilfe eiserner Rohre, von denen in jeder Luke mindestens zwei da angebracht werden, wo sich erfahrungsgemäß der meiste Grus ansammelt. Die Rohre müssen bis auf den Schiffsboden reichen. In diese Rohre werden Thermometer hinabgelassen.

3. Wird ein Bunker- oder Ladungsbrand festgestellt, so muß bei *Bekämpfung mit Wasser* zunächst der Brandherd freigeschaufelt werden, da sie sonst wegen der Verkokung wirkungslos bleibt, es sei denn, daß man den Raum vollaufen lassen kann. Dies ist aber ein nicht unbedenkliches Mittel, weil die Sicherheit des Schiffes dadurch in anderer Hinsicht gefährdet werden kann. Man kann auch versuchen, durch eingetriebene Rohre (dann Pfropfen ausstoßen!) oder durch Öffnungen

in Schotten Wasser an den Brandherd heranzubringen. *Bekämpfung durch Dampf oder Gase*, vor allem durch Kohlensäure, ist zweifellos das schnellste und sicherste Mittel, den Brand niederzuhalten. Auch Luftabschluß durch Schaumabdeckung der Oberfläche kann wirksam sein, ist aber wohl nur langsam wirkend und erfordert große Mengen Schaum, weil eine direkte Tiefenwirkung nicht möglich ist.

4. *Braunkohlenbriketts* neigen besonders zur Gasentwicklung und Selbstentzündung. Feuer in solcher Ladung ist durch Wasser schwer zu löschen, sondern wird dadurch erst recht zur Entwicklung gebracht, weil das Wasser Luft mit in die Ladung reißt. Das richtige Mittel zur Eindämmung solcher Brände ist das luftdichte Absperren der Laderäume und das Ersticken des Feuers durch Dampf oder Kohlensäure.

Gegen das *Übergehen* der Kohlenladung schützt man sich durch gutes Trimmen. Längsschotte sind nicht vorgeschrieben und auch nicht üblich.

8. Ladungen in Tankschiffen.

Beachte die UVV, das Merkblatt der SBG „Grundsätze für Tankschiffe" und die hafenpolizeilichen Vorschriften!

Allgemeines. Man unterscheidet „schmutzige" Ladungen, wie Rohöl (Crude Oil), Heizöl und Asphalt, und „reine" Ladungen, wie Dieselöl, Gasöl, Petroleum und Benzin. Die „reinen" Ladungen sind gegen Verunreinigungen besonders empfindlich. Es kommt aber auch auf die spezifischen Eigenschaften der betr. Öle, z. B. Flammpunkt, Zündpunkt, Viscosität, Stockpunkt (Starrpunkt) an, die durch Beimengung anderer Öle nicht verändert werden dürfen.

Für den Schiffskörper und die Schotte ist Benzin die unangenehmste Ladung, weil alle mit ihm in Berührung kommenden Eisenteile rosten und langsam zerstört werden, woran der Wechsel zwischen Benzin auf der Frachtreise und Salzwasser auf der Ballastreise die Hauptschuld trägt. Nach 75—100 Benzinreisen sind die betreffenden Tanks gewöhnlich verbraucht. Die Bekämpfung dieser Korrosionserscheinungen durch Farbanstrich ist bisher noch nicht gelungen. Gegen Anstriche sind die Verlader und Besichtiger auch gewöhnlich mißtrauisch, da sie die Zusammensetzung der Farbe nicht kennen und damit rechnen müssen, daß die Ladung hierdurch Schaden erleidet. Den besten Korrosionsschutz erzielt man zur Zeit durch elektrische Kathoden. Hierbei werden in den Ladetanks Magnesiumplatten angebracht, die den einen Pol eines Elements bilden und dadurch allmählich zersetzt werden, während das Schiffseisen als Gegenpol von Anfressungen weitgehend verschont bleibt.

Zu den wichtigsten Aufgaben eines neu an Bord kommenden Nautikers gehört es, sich mit der *Tankeinteilung*, den *Rohrleitungen* und den *Ventilen* vertraut zu machen. Die Bezeichnung der Ventile erfolgt gewöhnlich durch Farben. Abb. 26 zeigt ein Beispiel für die Anordnung der Rohrleitungen, bei dem für jede der hier dargestellten Tankgruppen *eine* Rohrleitung und die dazugehörige Pumpe vorhanden ist. Querverbindungen ermöglichen aber auch eine wechselseitige Benutzung der

Leitungen. Die Pumpenräume sind hier gleichzeitig als Kofferdämme benutzt, wobei der vordere nur die Hilfspumpen für den Schiffsbetrieb (Bilgen, Frischwasser und Bunkeröl im Vorschiff), der hintere die Ladungs- und Restepumpen enthält. Die letzteren sind viel kleiner als die Ladungspumpen und dienen zum Löschen der Ladungsreste aus den Tanks durch besondere Rohrleitungen (Resteleitung).

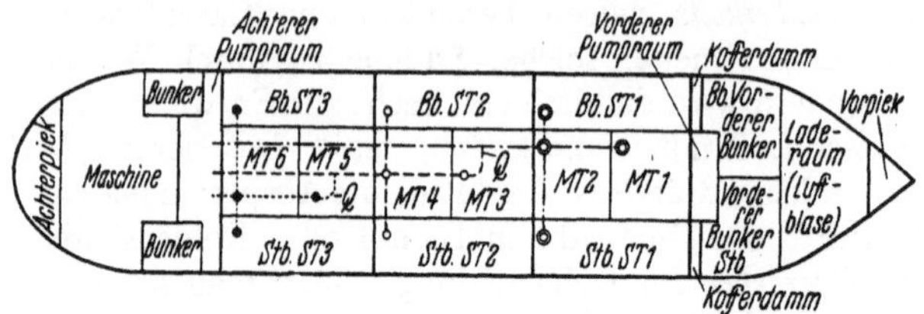

Abb. 26 Raumaufteilung und Ladeleitungen eines modernen Tankers. MT = Mitteltank, ST = Seitentank, Q = Querverbindung, O = Saugstelle.

Die Hauptgefahren auf Tankschiffen.

Feuer und Explosion. Die auf Tankschiffen ausschließlich im Achter- und Vorschiff untergebrachten Kessel-, Maschinen-, Lager-, Bunker- und sonstigen Betriebsräume sind durch „Kofferdämme", d. h. schmale, von Bord zu Bord reichende leere Räume von den eigentlichen Ladetanks getrennt. Lediglich der Pumpraum befindet sich oft in der Mitte des Schiffes, neuerdings aber gewöhnlich achtern. Besonders gefährlich sind die Gase, die sich aus der Ladung und nach dem Löschen aus den Ladungsresten entwickeln und mit der Luft mischen. Die untere Explosionsgrenze liegt bei 2 % Gasbeimischung zur Luft, die obere bei Benzinen bei 6 %, bei anderen Erdöl-Ladungen bei 14 %.

Die USA-Behörde unterscheidet 5 Gefahrklassen für Erdölladungen, von denen Klasse A—C als „entzündliche", Klasse D—E als „brennbare" Flüssigkeiten bezeichnet werden.

Klasse A. Dampfdruck nach Reid[1] 14 pds/sq-inch (0,98 kg/cm²) und mehr = Naturbenzin und leichtes Petroleum.

Klasse B. Dampfdruck nach Reid 8,5—14 pds/sq-inch (0,6—0,98 kg/cm²) = die meisten handelsüblichen Benzine.

Klasse C. Dampfdruck nach Reid unter 8,5 pds/sq-inch (0,6 kg/cm²) und einem Flammpunkt[2] von 80° F (27° C) und darunter = die meisten Rohöle, Kreosot, Benzol und Alkohol.

[1] Dampfdruck nach Reid = 454 g pro Zoll² = 0,0703 kg/cm².

[2] Flammpunkt ist die Temperatur eines Öles, bei der gerade so viel Dämpfe entwickelt werden, daß sie von einer darüber geführten Flamme kurz aufflammen.

Die deutsche Polizei-VO über den Verkehr mit Mineralölen unterscheidet folgende Gefahrenklassen:

A 1 Flammpunkt unter 21° C (Benzin)
A 2 „ 21°— 55° C (Petroleum und Festbenzin)
A 3 „ 55°—100° C (Dieselkraftstoff und gewisse Heizöle).

Gefahrenklasse B sind Flüssigkeiten, die sich mit Wasser mischen, z. B. Sprit.

Klasse D. Flammpunkt von 80°–150° F (27°–65° C) = leichtes Bunkeröl und sehr schwere Rohöle.

Klasse E. Flammpunkt von 150° F (65° C) und darüber = schweres Bunkeröl, Dieselöl, Schmieröl, Asphalt usw.

Maßnahmen gegen Feuersgefahr. Der Gebrauch offenen Feuers und das *Rauchen* an Deck und im Zwischendeck eines Tankers sind streng verboten. Auf See ist das Rauchen nur in geschlossenen Räumen des Wohndecks und auf dem Achterdeck („hinter dem Schornstein") gestattet. In einigen Häfen darf an Bord überhaupt nicht geraucht und keine Person mit einem Streichholz in der Tasche angetroffen werden. Die *Streichhölzer* werden hier von der Schiffsleitung unter Verschluß genommen. Patentfeuerzeuge, die schon beim Öffnen zünden, sind verboten, da sie beim Herausfallen aus Taschen aufspringen können.

Wegen der Gefahr der *Funkenbildung infolge statischer Elektrizität* beim An- und Abschließen der Schläuche soll das Schiff vor Beginn des Ladens und Löschens durch Verbindung mit dem Landrohrnetz elektrisch geerdet sein.

Bei schweren Gewittern ist das Laden und Löschen von Ölen der Klassen A–C zu unterbrechen.

Beim Laden und Löschen von Ölen der Klassen A–C ist das *Längsseitkommen von Schleppern* usw., die eine Gefahr durch Funken usw. hervorrufen können, zu verbieten. Sonst müssen die Ladungsarbeiten unterbrochen und die Tanköffnungen geschlossen werden. Auf Funkenfänger bei Kombüsen- und Heizungsschornsteinen achten!

Solange ein Laderaum nicht gasfrei ist, darf die Tanköffnung nur offen bleiben, wenn ein *Funkenschutz* (Metallsieb) angebracht ist, es sei denn, daß ein Offizier die Aufsicht führt. Die *Prüfung auf Gasfreiheit* erfolgt mit besonderen Geräten; im Notfalle verwendet man eine mit Wasser gefüllte Flasche, die im Tank entleert wird, so daß die Tankraumluft einströmen kann, und darauf geschlossen wird. Die Probe möglichst in Ecken am Tankboden entnehmen! An einer sicheren Stelle wird dann versucht, ob der Inhalt der Flasche brennt.

Im *Pumpenraum* ist rechtzeitig vor dem Anstellen und während des Laufens der Pumpen für ausreichende künstliche Lüftung zu sorgen. Die Pumpen sind auf Heißlaufen und die Dichtigkeit der Packungen zu überwachen.

Wenn das Schiff nicht gasfrei ist, dürfen an den Tanköffnungen, in den Pumpenräumen und überall da, wo Gase sich angesammelt haben können, nur *funkensichere Kupferwerkzeuge* benutzt werden.

Es dürfen an Deck nur besonders zugelassene und gut instandgehaltene, geprüfte *Kabellampen* und *Stablampen* und in den Laderäumen nur elektrische Sicherheitslampen (bei Ladungen mit einem Flammpunkt über 55° C auch DAVYsche Sicherheitslampen) verwendet werden.

Während des Ladens, Löschens, der Ballastübernahme und des Waschens der Ladetanks dürfen überhaupt keine *Reparaturen* in Ladetanks und an den elektrischen Einrichtungen an Deck und andere Reparaturen an Deck nur in gehörigem Abstande von den Ladetanks vorgenommen werden, wobei aber elektrisch betriebene Werkzeuge nicht benutzt werden sollen. Auch darf die Funkstation nicht benutzt und an der Notbatterie nicht gearbeitet werden.

Genügend lange Feuerlöschschläuche mit Zerstäubermundstücken sollten beim Laden und Löschen an Bord und, wenn die Pumpen nicht betriebsklar sind, an Land angeschlagen sein. Die Dampf-, Schaum- oder CO_2-Löschanlagen müssen jederzeit einsatzbereit sein.

Die nach den Ladedecks führenden Zugänge zu den Wohnräumen sollen, wenn irgend möglich, geschlossen bleiben.

Bei jedem Anlegen sind auf Tankschiffen Fender zu benutzen. Zum Festmachen sollen Drähte nur auf dem Achterschiff verwendet werden.

Gesundheitliche Schäden. Gasbeimischung zur Luft von 0,1% ruft in 6 Min. leichtes Schwindelgefühl, solche von 0,5% kann in 4 Min. Schwindelgefühl bis zur Unfähigkeit, geradeaus zu gehen, bewirken. Auch übermäßige Heiterkeit ist ein verdächtiges Zeichen; daher kein lautes Singen beim Tankwaschen! Längere Einwirkung oder stärkere Beimischung rufen Bewußtlosigkeit und sogar den Tod hervor. Daher werden die Abgase aus den Tankräumen durch Entlüftungsrohre hoch in die Masten, jedoch mindestens 2 m über Deck, abgeleitet. Arbeiten in gasgefährdeten Räumen dürfen nur unter ständiger Aufsicht und unter Benutzung von Frischluft- oder Sauerstoffgeräten und elektrischen Sicherheitslampen durchgeführt werden, ohne Atemschutzgerät nur dann, wenn bei Ladungen mit einem Flammpunkt bis 55° C eine Unbedenklichkeitsbescheinigung eines Sachverständigen vorliegt oder auf See der Raum entsprechend den „Grundsätzen für Tankschiffe" der SBG ausgedampft und gelüftet ist. Die Leute müssen stets angeseilt sein und dürfen keine eisenbeschlagenen Schuhe tragen.

Stabilitätsgefährdung usw. Zur Vermeidung großer freier Oberflächen, die die Stabilität und durch die lebendige Kraft der im Seegang bewegten Flüssigkeitsmassen die Schiffsverbände gefährden könnten, sind die Tankräume entweder durch mehrere, vom Deck bis zum Schiffsboden durchgehende Längsschotte geteilt (Abb. 27) oder nur durch ein Mittel-Längsschott, wobei aber in den oberen Teil jeder Tankraumhälfte je ein „Sommertank" eingebaut ist (Abb. 28).

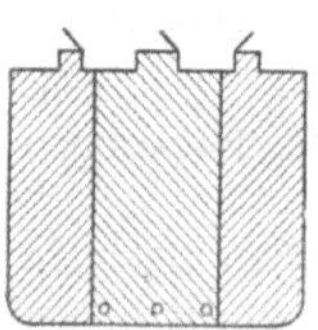

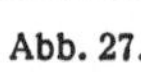

Abb. 27.

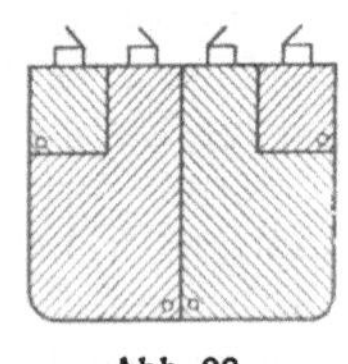

Abb. 28.

Die Räume dürfen aber nicht bis unter die Tankdeckel gefüllt werden, da sie bei Ausdehnung des Öls infolge Erwärmung überlaufen würden, was besonders leicht vorkommt, wenn das Schiff in Gebiete warmen Seewassers kommt. Der Expansionsfaktor liegt zwischen $\sim$ 0,0002 bei Schwerölen und $\sim$ 0,00053 bei Benzinen für 1° C Temperaturerhöhung. Die Höhe des Freiraumes unter dem Tankdeckel (Ullage) ist vor Übernahme der Ladung an Hand der an Bord befindlichen Tabellen unter Berücksichtigung der zu erwartenden Temperaturerhöhung zu berechnen. Um ein Überschießen der Ladung im Seegang zu vermeiden, soll die Ullage nicht unnötig groß sein.

Falls die Aufnahmefähigkeit der Laderäume nicht ausgenutzt werden kann, werden auf jeden Fall die Mitteltanks voll gefahren.

Ladungskontrolle und Ladungsberechnung. Die Ladungskontrolle wird im Ausland zumeist durch besondere Firmen durchgeführt (Seybold, Charles-Martin sind international anerkannt). Sie berechnen die Ladung nach eigenen Verfahren, die aus ihren Handbüchern zu ersehen sind. Diese enthalten auch die erforderlichen Tabellen. (Ausdehnungskoeffizienten, Umrechnungsfaktoren usw.)

Da auch auf deutschen Schiffen die Tankinhalte zumeist in cbf bei jeweiligen Ullages angegeben sind, ergeben sich folgende Rechnungen zur Ermittlung des Tankinhalts

a) in Longtons à 1016 kg

$$\text{Anzahl cbf} \times \frac{0{,}9842 \times \text{spez. Gewicht}}{35{,}3148} = \text{Anzahl Longtons,}$$

b) in Tonnen à 1000 kg

$$\text{Anzahl cbf} \times \frac{\text{spez. Gewicht}}{35{,}3148} = \text{Anzahl Tonnen.}$$

Der Nenner 35,3148 gilt nur für deutsche Wichteangaben. Da das spez. Gewicht im Ausland anders definiert wird, ist dort im Nenner 35,3876 zu setzen. Für Vergleiche mit ausländischen spez. Gewichten sind zu den Messungen mit deutschen Aräometern $^2/_{1000}$ zu addieren.

Tankreinigung. Bei wenig empfindlichen Ladungen genügt das Ausspülen des Tankbodens. Zum Auswaschen des Raumes dienen besondere Tankwaschgeräte (z. B. Butterworth). Zur gründlichen Reinigung für empfindliche Ladung müssen aber die Tanks gasfrei gemacht werden, damit Leute in die Tanks geschickt werden können. Dies gilt auch, wenn Reparaturen in den Tanks oder im Bereich der Tanks ausgeführt werden sollen, sowie für Fahrten in gewissen Kanälen. Es geschieht durch Ausdampfen der Tanks. Die Götawerke haben hierfür einen Ventilator entwickelt, aus dem der Dampf (oder auch Preßluft) mit etwa 60 m/sek in den Tank eintritt. Während der Reparaturarbeiten in der Werft müssen die Tanks in den ersten Tagen *täglich* vor Arbeitsbeginn auf Gasfreiheit geprüft werden. Bei Rohöl (Crude Oil) sollte man vorher die Tankräume kalt vorwaschen, damit die stearinhaltigen Bodensätze entfernt werden, bevor sie beim Ausdampfen zu einer zähen breiartigen Masse einschmelzen.

Fehler beim Laden und Löschen. Das *Überlaufen von Tanks* während des Ladens wird vermieden, wenn der Ladungsoffizier sich stets über die jeweilige Pumpenleistung von Land im Bilde hält, zur Zeit nicht mehr Tanks gefüllt werden, als er übersehen kann, und, wenn der Tank nahezu voll ist, langsamer gefüllt wird. Er muß laufend kontrollieren, ob seine Anordnungen betreffs Öffnen und Schließen von Ventilen richtig befolgt werden. Wenn ein Tank übergelaufen und etwa Öl in das Hafenwasser gelangt ist, muß sofort die Hafenverwaltung benachrichtigt und durch schwimmende Balken usw. versucht werden, die weitere Ausbreitung des Öls zu verhindern.

Die Vermeidung von *Wertminderung der Tankladung* infolge Verfärbung, Änderung der Spezifikation (z. B. durch zu große Erhitzung) oder des Flammpunktes und durch Beimischung von Wasser setzt große Erfahrung in der Vorbereitung der Räume zur Ladungsübernahme und in der Bedienung der Ventile und Schläuche und ständige Aufmerksamkeit voraus. Vor Übernahme der Ladung werden deshalb die Räume durch besondere Besichtiger inspiziert.

Um gefährliche Druck- bzw. Saugwirkungen auf den Schiffskörper zu vermeiden, sind vor dem Laden bzw. Löschen die Schaulöcher und Entgasungsleitungen zu öffnen.

Ladungsverluste entstehen häufig dadurch, daß Tanks und Rohrleitungen nicht ganz leergepumpt werden, ferner durch Leckagen bei Abgabe der Ladung in Leichter oder über Unterwasser-Rohrleitungen oder durch Undichtigkeiten in der Bordwand. Zur Sicherung der Schiffsleitung ist die *Ullage*, d. h. der Freiraum in Zoll von Oberkante Ladung bis Oberkante Tankluke, nach Beendigung des Ladens, vor dem Löschen und bei jedem Umpumpen sorgfältig zu messen.

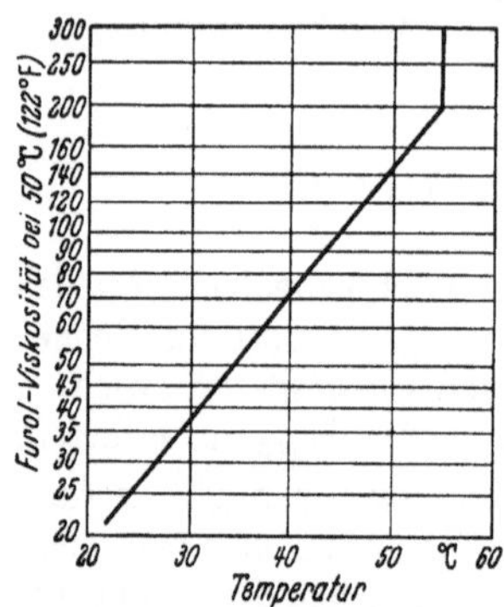

Abb. 29.
Abhängigkeit der Löschtemperatur von der Viskosität des Öls.

Anwärmen der Ladung durch Heizschlangen in den Räumen ist bei schweren Heiz- und Rohölen notwendig, um ein gleichmäßiges Pumpen beim Löschen zu ermöglichen. Die günstigste Löschtemperatur bei einer bestimmten Viskositäts- (Zähflüssigkeits-) Zahl, bezogen auf 50° C (123° F), die von dem Lieferanten des Öls zu erfahren ist, zeigt Abb. 29. Manche Öle sind gegen Überhitzung sehr empfindlich. Diese Gefahr besteht in der Nähe der Heizschlangen. Deshalb darf das Anwärmen nur sehr langsam erfolgen, indem man den Dampf unter möglichst geringem Druck durch die Heizschlangen strömen läßt. Die Anweisungen im Konnossement sind unbedingt zu beachten.

Tankschiffe, die nur bestimmte Flüssigkeiten fahren, können einen geringeren Freibord erhalten.

Auf deutschen Seeschiffahrtstraßen muß ein Tankfahrzeug, das Flüssigkeiten mit einem Flammpunkt bis 21° C geladen hat oder nach der Entladung noch nicht entgast worden ist, bei Nacht ein rotes Licht im Vortopp (2 m höher als die hintere Dampferlaterne), bei Tage Flagge *B* führen.

Diese Signale sind jetzt schon fast überall gebräuchlich.

Grenzen der Verbotszonen für das Ablassen von Öl und Ölrückständen[1]. Die Verbotszonen, in denen das Ablassen von Rohöl, Heizöl, schwerem

[1] Anhang A zum Internationalen Übereinkommen zur Verhütung der Ölverschmutzung der See, 1954. Es tritt am 26. 7. 1958 in Kraft.

Dieselöl und Schmieröl nach Inkrafttreten des Übereinkommens untersagt sein wird, umfassen folgende Gebiete:

Für Tanker:

1. In der *Nordsee* das Seegebiet vor den Küsten von Großbritannien, Belgien, den Niederlanden, Deutschland, Dänemark in einer Breite von 100 *sm* von Land aus;

2. im *Ostatlantik* das Seegebiet innerhalb der Punkte Meridian von Greenwich 100 sm NNO der Shetland Inseln, 64° N 0° W, 64° N 10° W, 60° N 14° W, 54° 30′ N 30° W, 44° 20′ N 30° W, 48° N 14° W, 48. Breitenparallel 50 sm von der französischen Küste;

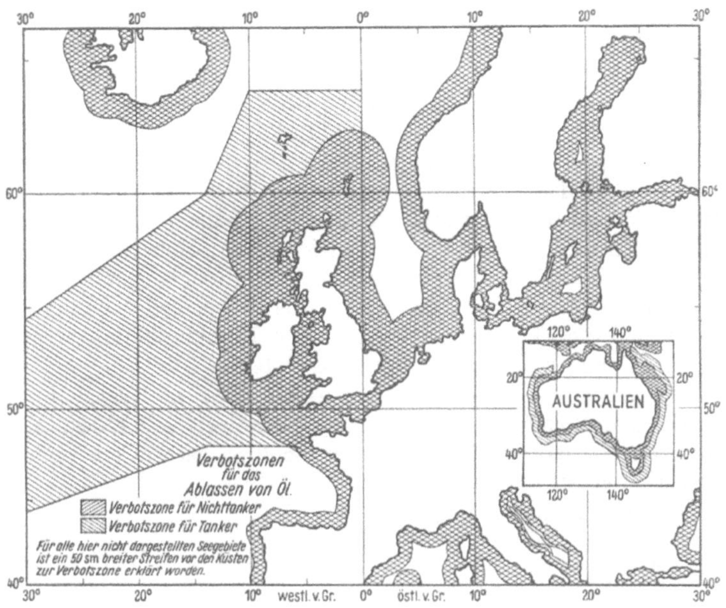

Abb. 30.

3. in der *Adria* das Seegebiet vor den Küsten von Italien und Jugoslawien in einer Breite von 30 *sm* von Land aus. Die Insel Vis rechnet dabei nicht als besondere Ausgangsbasis;

4. vor *Australien* das Seegebiet in einer Breite von 150 *sm* von Land aus. Zwischen dem Punkt an der Nordküste querab der Thursday Insel und der australischen Westküste auf 20° S gilt jedoch nur die 50-sm-Zone;

5. vor allen übrigen Küsten das Seegebiet in einer Breite von 50 *sm* von Land aus.

Für Nichttanker:

1. In der *Nordsee* und im *Ostatlantik* das Seegebiet vor den Küsten von Dänemark, Deutschland, den Niederlanden, Belgien, Großbritannien, Irland in einer Breite von 100 *sm* von Land aus;

2. in der *Adria* das Seegebiet vor den Küsten von Italien und Jugoslawien in einer Breite von 20 *sm* von Land aus. Die Insel Vis rechnet dabei nicht als besondere Ausgangsbasis;

3. vor allen übrigen Küsten das Seegebiet in einer Breite von 50 *sm* von Land aus.

9. Andere besondere Ladungen.

Tankladungen auf Frachtschiffen. Während auf den Tankschiffen fast ausschließlich Mineralöle gefahren werden, erfolgt die Beförderung der wertvollen pflanzlichen und tierischen Öle vorwiegend auf Frachtschiffen in besonderen *Ladeöltanks*. Vor der Übernahme dieser Ladeöle findet durch Besichtiger des Germanischen Lloyd oder Lloyds Register eine *Prüfung des Ladetanks* statt. Dabei ist zu beachten: 1. Der Tank wird möglichst vor dem Einlaufen in den Ladehafen eisenrein gemacht, geschlossen und so weit mit Wasser gefüllt, daß dieses etwa 2,5 m über der Tankdecke in den Peilrohren steht. Die durch die Besichtiger festgestellten Undichtigkeiten werden nach dem Lenzen beseitigt. 2. Der Tank wird jetzt von innen untersucht. Jeder Farb- und Bitumasticanstrich muß durch Abkratzen entfernt sein. Holzwegerung und Schweißlatten sind herauszuschaffen. Die Tankwandungen sind mit dem betreffenden Ladeöl einzureiben. 3. Der Doppelboden unter dem Ladetank und die Tankheizung werden einer Druckprobe unterzogen. Über die Prüfung wird ein Zertifikat ausgestellt.

Vielfach verlangen die Verlader das Abflanschen der Öllenzleitung; bei Fisch- und Holzöl liegt dies auch im Interesse des Schiffes. Man bedenke jedoch, daß aus Gründen der Schiffssicherheit ein Lenzen erforderlich werden kann.

Die wichtigsten Ladeöle sind:

	Starrpunkt bei etwa
Sojabohnenöl	— 8° C
Erdnußöl	— 3° C
Kokosnußöl	+ 23 bis 26° C
Palm- und Palmkernöl	+ 25 bis 28° C
Holzöl (giftig, verursacht Hautschäden)	— 15° C
Fischöl läßt sich meist noch bei . . .	+ 10° C pumpen.

Der *Expansionstank* soll mit Rücksicht auf die Ausdehnung des Öls nicht gefüllt werden; ist ein solcher nicht vorhanden, so sind mindestens 2% des Gesamttankinhaltes freizuhalten. Zur Berechnung des überzunehmenden Gewichtes dient Abb. 31.

Beispiel: Ein Ladetank von 286 cbm Gesamtinhalt soll mit Sojabohnenöl von 30° C beladen werden. Nach Abb. 30 ist das spez. Gewicht = 0,918, also ist das Gesamtgewicht 286 · 0,918 = 262,5 t je 1000 kg. Davon Abzug 3% (2% für Ausdehnung, 1% für mitgerissene Luft usw.) = 7,9 t, folglich Ladegewicht = 254,6 t je 1000 kg oder 250,6 t je 1016 kg.

Während der Reise: Temperatur der Ladung überwachen und sonstige Vorschriften der Verlader beachten! Vor Ankunft im Löschhafen rechtzeitig mit dem Heizen beginnen, da zu schnelles Heizen Verfärbung des Öles hervorrufen kann! Die Doppelbodentanks unter den Ladetanks sollen bei Beginn des Löschens leer und unter Umständen mit Dampf angeheizt sein; doch ist zu bedenken, daß dadurch in benachbarten Laderäumen Schweißschäden entstehen können. Die Lenzeinrichtungen müssen sorgfältig gereinigt sein. Fisch- und Holzöle werden nicht mit den fest eingebauten Schiffspumpen gelöscht.

Nach dem Auspumpen: Ölreste sofort abkratzen und sammeln! Tank mit Soda- oder P 3-Wasser (Fabrikat der Persil-Werke) reinigen, ausdampfen und nochmals heiß auswaschen! Die sauberen und eisenreinen Tankwände durch einen Süßölanstrich konservieren! Keine Öl*farbe* verwenden!

Die Ladungsöle lösen Kitt und Gummi mit der Zeit auf und verursachen dadurch Leckagen, Verluste an Ladungsölen und Beschädigungen anderer Ladung.

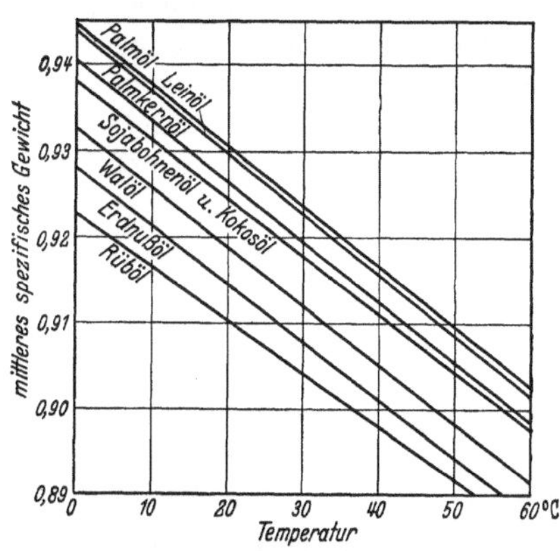

Abb. 31.
Spezifische Gewichte wichtiger Ladungsöle.

Briketts und Ölschrot (z. B. Palmkernschrot) dürfen außerhalb der kleinen Küstenfahrt nur verladen werden, wenn der Laderaum von den übrigen Räumen (Wohnraum, Küche, Motorenraum) durch gasdichte Schotte getrennt ist. Beachte das „Merkblatt betr. Palmkern- und Sojaschrot" der SBG. Diese Ladung neigt zu Selbsterhitzung und Gasbildung (Benzingeruch). Niemals warm verladen und gut lüften!

Volle Erzladungen sollten nur auf hierfür besonders gebauten Erzschiffen verfrachtet werden. Erzschiffe werden, da das Erz gewöhnlich nur in den Unterraum geschüttet wird, sehr steif und machen deshalb im Seegang harte Bewegungen. Wenn möglich, etwas Erz auch in das Zwischendeck stauen und gleichmäßig verteilen. Um die Längsverbände möglichst gleichmäßig zu belasten, raten hierin erfahrene Kapitäne, bei der Disposition das Erz auf alle Laderäume entsprechend ihrem Fassungsvermögen zu verteilen, dann aber den vordersten und achtersten Raum etwas zu entlasten. Die „Winkler-Norm" sieht vor, daß bei einem 5-Luken-Schiff 75% der Ladung in die 3 Mittelluken und die restlichen 25% in die Endluken gestaut werden. Der GL gibt überdies auf Verlangen Empfehlungen für die beste Stauung auf Grund der schiffbaulichen Unterlagen des betreffenden Schiffes. Bei schwerer See und Dünung muß durch rechtzeitige Kurs- und Fahrtänderung bzw. durch Beidrehen das Schiff geschont werden. Insbesondere sind Resonanzschwingungen zu vermeiden. Bei starken Schlingerbewegungen besteht auch die Gefahr des Übergehens der Erzhaufen. Während und nach jeder Erzreise sind die oberen Verbände (Deck, Lukenecken, Schergang) auf Risse usw. sorgfältig zu prüfen, ganz besonders bei starkem Arbeiten des Schiffes (auch nachts!). S. auch S. 380 u. 397.

Breiartige und flüssige Ladungen. Einige Ladungen wie Erzschlamm, Bleischlamm, Zink-Konzentrate, Tonerderückstände, Kryolith, Kreide usw. können während der Reise schlammartig werden und dann durch Übergehen das Kentern des Schiffes verursachen. Gewöhnliche Längsschotte haben sich bei diesen Ladungen als vollständig ungenügend erwiesen. Man hat sich in einem Falle durch Einteilung der Laderäume in kleine Fächer mit mehreren Längs- und Querwänden geholfen. Sicherer ist die Verschiffung in kleinen Behältern, z. B. in senkrecht stehenden Fässern ohne Deckel. Man kann auch die gerade getrimmte Ladung mit dicken Brettern bedecken und mit Balken gegen das obere Deck absteifen.

Flüssigkeiten in Kisten, Fässern, Demijohns und in anderen Packungen nur annehmen, wenn die Verpackung unbeschädigt ist. Auf keinen Fall sollte man leckende Güter und reparierte Verpackungen annehmen. Flüssige Ladung nicht mit trockener Ladung zusammenstauen! Bei Teilladungen in Decks wegen des Sprunges des Schiffes im Vorschiff an die Achterkante, im Hinterschiff an die Vorderkante stauen! Speigatten nach benachbarten Decks unter Umständen abdichten!

Bei Ausstellen der Empfangsscheine (receipts) stets vermerken, daß das Schiff nicht verantwortlich ist für Bruch und Leckage.

Erhält man große *Faßladungen,* so fange man mittschiffs an zu stauen und gehe von dort nach den Seiten und den Enden des Schiffes. Zum Feststauen ist viel *weiches* Holz erforderlich. *Bauch und Kimmen frei! Spund nach oben!*

Stückfässer	etwa	1200 l	kann man etwa			2—3	Lagen hoch stauen
Pipen	„	570 l	„	„	„	3—4	
Puncheons	„	380 l	„	„	„	4	
Oxhofte	„	220 l	„	„	„	6	
Tiercen	„	190 l	„	„	„	6	
Petroleumfässer	„	160 l	„	„	„	6—7	
Mehl-, Fleisch-, Brotfässer			„	„	„	8	

Obst- und Gemüseladungen möglichst in besonderen Räumen unterbringen! Dauernde Ventilation ist erforderlich, wobei es besonders auf das Absaugen der Laderaumluft ankommt. Eine Unterbrechung der künstlichen Ventilation nur für wenige Stunden kann die ganze Ladung verderben. Wenn eine mechanische Lüftung nicht vorhanden ist, müssen in den Lukenecken und unter den Enden der Ventilatoren aus Brettern und Kisten senkrechte, bis auf den Boden reichende Schächte gebaut werden, an die sich längs- und querschiffs aus den Obstkisten gebaute Lüftungskanäle anschließen (ähnlich wie bei Reisladungen). Über die Lüftung täglich Tagebucheintragung machen!

Obst- und Gemüseladungen müssen als nasse Ladung angesehen werden. Nicht in Räume stauen, wo scharf riechende Güter sind, ferner nicht mit Mais, Getreide, Kaffee, Häuten, Makkaroni, Mehl und anderen Gütern zusammen stauen! Mehl verliert z. B. durch die Ausdünstungen getrockneter, durch Schwefeldämpfe konservierter Pflaumen, Aprikosen usw. seine Backfähigkeit (s. auch Kühlladung).

Man beachte, daß reifendes Obst besonders viel Sauerstoff verbraucht und Kohlensäure abgibt. Atemschutz!

Kühlladungen. Als Kühlladung werden hauptsächlich frische Lebensmittel gefahren, die bei gewöhnlichen Temperaturen durch die zerstörende Wirkung von Bakterien entweder verderben oder, wie Äpfel, Bananen usw., zu schnell reifen würden. Die notwendigen Temperaturen in den Kühlladeräumen werden gewöhnlich dadurch erreicht, daß von einer Maschine gekühlte Luft in die Räume hineingeblasen und dort durch eine *Umwälzvorrichtung* in dauernder Bewegung gehalten wird, damit die Temperatur überall möglichst gleichmäßig ist (*Luft- oder bewegte Kühlung*). Die aus den Räumen gesaugte, warme und feuchte Luft wird in der Kühlmaschine gekühlt und getrocknet und so wieder eingeblasen. Wenn bei Obstladungen der Gehalt der Luft an Kohlensäure über 8—10% steigt, wird frische Luft von außen ersetzt.

Sehr niedrige Temperaturen, wie sie z. B. für Fleischladungen erforderlich sind, lassen sich nur durch unmittelbare Kühlung des Laderaumes erzielen; dies geschieht mit Hilfe von Kühlschlangen, durch die eine Sole gepumpt wird (*ruhende Kühlung*). Gelegentlich werden auch Luft- und ruhende Kühlung gleichzeitig angewendet (*gemischte Kühlung*). Neben der Temperatur ist für die meisten Kühlladungen eine bestimmte relative Luftfeuchtigkeit erforderlich. Diese kann an Bord nur in gewissen Grenzen durch mehr oder weniger häufigen *Luftwechsel* im Laderaum erreicht werden, wenn nicht eine besondere Lufttrocknungsanlage (s. Cargocaire-Anlage) vorhanden ist. Kühlanlagen s. S. 482.

Zur *Ausrüstung eines Kühlladeraumes* gehören: Peilrohrthermometer (möglichst Minimumthermometer, da sich das Quecksilber beim Aufholen des Thermometers erwärmt), ein Thermograph, ein Psychrometer oder Hygrometer zum Messen der relativen Feuchtigkeit und bei Luftkühlung je ein Lufteintritts- und Luftaustrittsthermometer. Die Temperaturen sind mindestens zweimal täglich zu messen und zu vermerken, wenn nicht von den Verladern etwas anderes verlangt wird. Die meisten Kühlladungen, besonders Eier, Butter und Fleischwaren, sind sehr *geruchempfindlich*. Daher müssen die Kühlräume vor der Ladungsübernahme stets gründlich gereinigt werden. Durch Abwaschen der Wände und Böden mit Kalkwasser werden schädliche Gerüche gemildert. Bei gewissen Ladungen darf wegen der Gefahr der Geruchsübertragung kein altes Stauholz verwendet werden.

Vor Ladungsübernahme werden die Kühlräume von einem Experten des GL oder Lloyds Register besichtigt; hierüber wird ein Kühlraumzertifikat ausgestellt. Wird in mehreren Häfen Kühlladung übergenommen, so genügt die Besichtigung aller Kühlräume in einem Hafen. Ist in dem Ladehafen kein Besichtiger, so wird der vom Kapitän und zwei Ingenieuren des Schiffes unterzeichnete Besichtigungsbericht anerkannt. Auf jeden Fall muß aber die Kühlanlage alle sechs Monate zur Aufrechterhaltung der Klasse besichtigt werden. Für jede Besichtigung ist das Stauholz aus den sorgfältig gereinigten Kühlräumen zu entfernen, die Laderaumlatten sind auf Vollständigkeit zu prüfen, alle Thermometer müssen an Ort und Stelle sein. Die Laderäume sind auf die für die betreffende Ladung erforderliche Temperatur zu kühlen. Eine Teilbesichtigung findet 3 Monate später statt.

Die Ladungsübernahme soll, um die Temperatur in dem vorgekühlten Laderaum nicht zu sehr absinken zu lassen, möglichst schnell und ohne Unterbrechung gehen. Beschädigte, angefaulte oder zu sehr gereifte Ladung ist grundsätzlich zurückzuweisen. Die Art der Stauung, der Zwischenraum zwischen den Kolli, der über der Ladung freizulassende Raum (mindestens 15 cm) usw. richten sich nach den praktischen Erfahrungen und den Anweisungen der Verlader. Auf keinen Fall darf aber Kühlladung mit Eisenteilen des Schiffes in Berührung kommen. Besonderer Wert ist darauf zu legen, daß das Garnier genügend hoch und in Richtung des Luftstromes gelegt wird.

Nach Beendigung der Ladungsübernahme ist die Temperatur im Laderaum gewöhnlich höher, als für die betreffende Ladung vorgeschrieben ist. Um Schäden zu vermeiden, darf aber das Herunterkühlen nur langsam erfolgen. Um dabei eine gleichmäßige Temperatur zu erreichen, hat sich ein öfteres, kurzfristiges Abstellen der Kühlmaschine bewährt.

Einige wichtige Kühlladungen.

Ladung	Kühltemperatur und relative Feuchte	Bemerkungen
Äpfel *Birnen*	± 0 bis + 1,1° C 32—34° F 85—90%	Trocken verladen. Kisten auf die Seite legen, gewölbter Deckel gegen Boden der nächsten Kiste. Wenn mehr als 10 Lagen, Zwischenboden aus Brettern. Nach Übernahme täglich 4mal, später 2mal Luftwechsel. CO_2-Gehalt zwischen 8 und 10% halten.
Bananen	+ 11,1 bis + 12,8° C 52—55° F 75%	48 Stunden vor Übernahme Raum auf + 7° C kühlen. Nach Übernahme Temperatur der Eintrittsluft + 11,6° C. CO_2-Gehalt der Luft unter 2% halten. In 50 bis 70 Stunden herunterkühlen. 2—4mal täglich Luftwechsel. Gegen Reifezeit sorgfältige Kontrolle!
Apfelsinen, *Grapefruits,* *Zitronen,*	+ 4 bis + 4,5° C, 39—40° F + 11 bis + 12° C, 52—53° F + 8 bis + 8,5° C, 46—47° F 80—85%	Vor Übernahme Räume auf 0° kühlen. Geruch ist für Eier, Butter, Fleisch, Äpfel schädlich. Möglichst schnell herunterkühlen, 1—2mal täglich Luftwechsel.
Gefrierfleisch, chilled	− 1,5 bis − 2° C 28,5—29,5° F	Viertel sind nur außen gefroren und werden an Haken unter Deck hängend befördert. Sehr empfindliche Ladung. Selbstregistrierende Thermographen werden vom Verlader gefordert. Nicht bei Regen laden oder löschen.

Ladung	Kühltemperatur und relative Feuchte	Bemerkungen
Gefrierfleisch, frozen	− 9,5 bis − 11° C 12—15° F	Tiefgefrorene Ladung, eingenäht. Wird in Bulk gestaut. Bei Übernahme durch Einstecken von Thermometern Stichproben machen, daß Fleisch durchgefroren ist. Vor dem Laden Raum auf − 12° C herunterkühlen.
Eier (Schaleier)	± 0 bis + 0,5° C 32—33° F 75—85%	Sehr empfindlich gegen Feuchtigkeit und Geruch. Notieren: Art des Transportes zum Schiff, Wetter, Bewölkung, Lufttemperatur bei Übernahme, Temperatur der Eier. Nur auf Plattform verladen. Bei Schweißwasserbildung Tropfkleider anbringen. Täglich Luftwechsel.
Gefriereier in Blechtins	− 12 bis − 16° C 3—10,5° F < 85%	Raum auf − 16° C vorkühlen. Stichproben: Deckel öffnen, bis Mitte des Inhalts anbohren. Temperatur und Beschaffenheit prüfen.
Butter	0 bis − 1° C 30—32° F 75—80%	Sehr geruchempfindlich. Jedes Eindringen von Fruchtgasen verhindern. Langsam herunterkühlen.
Käse	+ 2 bis + 3° C 35,6—37,4° F 75—85%	Schnell übernehmen, damit Käse sich nicht erwärmt. Geruchempfindlich.

Weitere Kühltemperaturen (auch für Proviant-Kühlräume).

Kartoffeln	+ 4° C	Fleischkonserven	+ 1° C
Kohl	− 2° C	Schmalz	+ 1° C
Tomaten	+ 1° C	Gefrorenes Geflügel	− 7° C
Weintrauben	+ 3° C	Gefrorener Fisch	− 12° C
Zwiebeln	+ 2° C	Fischkonserven	+ 1° C
Kastanien	+ 3° C	Kaviar	− 3° C
Schnittblumen	+ 3° C	Gefriermilch	− 7° C
Maiblumenkeime	+ 2° C	Dosenmilch	+ 1° C
Kühlfleisch	− 2° C	Bier	+ 6° C
Räucherwaren	+ 2° C	Hefe	+ 3° C

Vergleich der Thermometerskalen.

° C	° F	° C	° F	° C	° F	° C	° F
+ 40	104,0	+ 33	91,4	+ 26	78,8	+ 19	66,2
+ 39	102,2	+ 32	89,6	+ 25	77,0	+ 18	64,4
+ 38	100,4	+ 31	87,8	+ 24	75,2	+ 17	62,6
+ 37	98,6	+ 30	86,0	+ 23	73,4	+ 16	60,8
+ 36	96,8	+ 29	84,2	+ 22	71,6	+ 15	59,0
+ 35	95,0	+ 28	82,4	+ 21	69,9	+ 14	57,4
+ 34	93,2	+ 27	80,6	+ 20	68,0	+ 13	55,2

°C	°F	°C	°F	°C	°F	°C	°F
+ 12	53,6	− 1	30,2	− 14	6,8	− 27	− 16,6
+ 11	51,8	− 2	28,4	− 15	5,0	− 28	− 18,4
+ 10	50,0	− 3	26,6	− 16	3,2	− 29	− 20,2
+ 9	48,2	− 4	24,8	− 17	1,4	− 30	− 22,0
+ 8	46,4	− 5	23,0	− 18	− 0,4	− 31	− 23,8
+ 7	44,6	− 6	21,2	− 19	− 2,2	− 32	− 25,6
+ 6	42,8	− 7	19,4	− 20	− 4,0	− 33	− 27,4
+ 5	41,0	− 8	17,6	− 21	− 5,8	− 34	− 29,2
+ 4	39,2	− 9	15,8	− 22	− 7,6	− 35	− 31,0
+ 3	37,4	− 10	14,0	− 23	− 9,4	− 36	− 32,8
+ 2	35,6	− 11	12,2	− 24	− 11,2	− 37	− 34,6
+ 1	33,8	− 12	10,4	− 25	− 13,0	− 38	− 36,4
± 0	32,0	− 13	8,6	− 26	− 14,8	− 39	− 38,2

Decksladungen. Bestimmungen der Abgangs- und Ankunftshäfen sowie die Vorschriften der SBG und der VO über die Beförderung gefährlicher Güter mit Seeschiffen beachten! In großer Fahrt nur solche Decksladung annehmen, die den Beanspruchungen in den durchfahrenen Seegebieten gewachsen ist! Decksladung erfordert besonders gute Stauung. Sehr gute, geprüfte Ketten und Drähte zum Laschen nehmen! (Deckbelastung s. S. 214.)

Muß nach Übernahme der Decksladung noch in den Luken geladen oder gelöscht werden, so muß um die Lukensülle genügend Platz frei bleiben (an der Westküste Nordamerikas 3 Fuß), um ein sicheres Arbeiten zu ermöglichen.

Decklast darf nicht mehr genommen werden, als mit der Stabilität des Schiffes vereinbar ist. Die Höhe der Deckslast ist so zu bemessen, daß das Schiff auch während der Reise keine erhebliche Schlagseite wegen ungenügender Stabilität bekommen kann. Hierbei ist besondere Rücksicht auf die Gefahr der Gewichtszunahme infolge der Wasseraufsaugung durch die Deckslast (wie z. B. bei Holz, Holzmasse usw.) und im Winter noch auf die Gefahr der Gewichtszunahme infolge des Vereisens der Deckslast zu nehmen. Schiffe, die häufig größere Decksladungen fahren, lassen sich von der Bauwerft zweckmäßig Stabilitätsblätter mitgeben, auf denen diese Verhältnisse berücksichtigt sind.

Die Luken unter der Decksladung müssen ordnungsgemäß angelegt und mit doppelten Persenningen bedeckt sein.

Zum sicheren Verkehr der Mannschaft auf der Deckslast Laufplanken und Strecktaue anbringen, unter Umständen Notreling errichten!

Holzdecksladungen. Vorschriften hierfür enthalten die UVV, das Merkblatt der SBG für Holzdeckslast und der Internationale Freibordvertrag. Die wichtigsten Vorschriften sind folgende:

Die Wells (sog. „Versauflöcher") müssen bis zu einer Höhe, die auf dem Freibordzeugnis angegeben ist, mit möglichst dicht gestautem Holz aufgefüllt werden. Die Raumladung braucht nicht aus Holz zu bestehen.

Die Deckslast darf die Stabilität nicht gefährden. Aufsaugen von Wasser, Vereisen, Verbrauch von Brennstoff und Wasser sind zu berücksichtigen.

Im Winter darf die Höhe der Deckslast $^1/_3$ der Schiffsbreite über dem Freiborddeck (Schutzdecker also Zwischendeck) nicht überschreiten. Siehe Freibordzeugnis!

Die Querlaschungen im Abstande von höchstens 3 m bestehen aus Ketten von 19 mm ⌀ oder aus Stahldraht von $2^3/_4$″ Umfang mit einem kurzen Kettenende. Sie müssen Slipmöglichkeiten haben. Bei Holzlängen unter 3,65 m müssen die Abstände entsprechend geringer sein.

Für die Stützen in höchstens 3 m Abstand müssen feste Spuren auf der Deckstringerplatte angebracht sein.

Die Stutzen der Feuerlöschleitung und die Peilrohre müssen zugänglich sein.

Die Steuereinrichtungen müssen gegen Beschädigung durch Ladung wirksam geschützt und, soweit durchführbar, zugänglich sein. Eine geeignete Notsteuerung ist vorzusehen für den Fall, daß die Hauptsteuereinrichtung versagt.

Die Doppelbodentanks müssen entweder ganz leer oder ganz gefüllt sein. Speisewasser darf nur aus kleinen Tanks entnommen werden.

Über die Höhe der Deckslast schreibt ein erfahrener Kapitän der Nord- und Ostseefahrt:

„Sofern ein Schiff noch genügend stabil ist und seine Tiefladelinie noch nicht überschritten hat, muß die größte Entfernung vom Boden des Schiffes, gemessen bis zur Oberkante der Deckslast, mindestens $^1/_7$ weniger betragen als die größte Breite des Schiffes. Diese Regel kann gelten für Reisen bis Oktober eines jeden Jahres. Für Reisen während der Zeit vom Oktober bis März soll dieselbe Entfernung $^1/_4$ weniger als die größte Breite des Schiffes betragen.“

Häufig müssen Balken an Deck verladen werden. Sowohl beim Laden als auch beim Laschen ist es nicht immer möglich, ein enges Aneinanderpressen der Balken zu erzielen. Besonders in der oberen Schicht kann es vorkommen, daß einzelne Balken lose zwischen den anderen liegen, so daß die Gefahr besteht, daß diese Balken bei überkommenden Vollseen aufschwimmen. Zur Beseitigung dieser Gefahr ist es notwendig, die Balken durch dazwischengetriebene schwere Keile zu befestigen.

Der Kapitän eines Dampfers, der ausnahmsweise eine Ladung Papierholz an Deck zu verfrachten hatte, berichtet über das Laschen der Decksladung wie folgt:

„Es wurde an Deck bei jedem Relingsstützen für die Deckslast ein runder Holzstützen (etwa 21 Fuß Länge und im Mittel 6 Zoll dick) gesetzt. Im ganzen wurden 38 solcher Stützen benötigt. Um sie besser laschen zu können, wurden bei jedem Stützen zwei Löcher in die Reling gebohrt. Die beiden äußeren Lagen der Deckslast wurden querschiffs gelegt, um den Druck der Deckslast so wenig wie möglich auf die Stützen kommen zu lassen. Genau so wurde bei den Winden verfahren, da diese frei bleiben mußten. Das Papierholz war 1 m lang und wurde an der Reling von Deck an auf und nieder gesetzt, und an den Stützen wurden Planken angenagelt, so daß jedes stehende Stück Papierholz mit seinen Enden gegen zwei Planken lag (s. Abb. 32). Wenn die Deckslast höher als 17 Fuß werden sollte, so empfiehlt es sich, Zwischenlaschings mit Draht querschiffs von Stützen zu Stützen spannen zu lassen, um so den Druck der Deckslast nach außen hin zu verringern. Als Außenlaschings wurden alte Windenläufer verwendet, die in Buchten unter die Relingstützen gezogen waren. Diese Buchten wurden über die Deckslast nach der Mitte hin mit Ketten und Spannschrauben gut fest und steif angezogen. Es ist bei der Beladung darauf zu achten, daß die Ballasttanks gut voll sind. Es empfiehlt sich, diese eine Nacht lang unter Druck stehen zu lassen, um eventuell noch darin sitzende Luft herauszutreiben. Die Leerzelle (Lufttank 70 t) wurde nach der Beladung gefüllt und bildete so eine Reserve. Da auf der Reise andauernd Speisewasser verbraucht wurde, wurden die Speisewassertanks nach 3 Tagen Reise aus einer Seite des Tank 3 wieder vollgeflutet und Tank 3 mit Seewasser wieder nachgefüllt. Nach weiteren 3 Tagen Reise wurde dies wiederholt und die andere Seite des Tanks 3 genommen. Auf diese Weise wurde ein ziemlich steifes Schiff während der ganzen Reise gehalten."

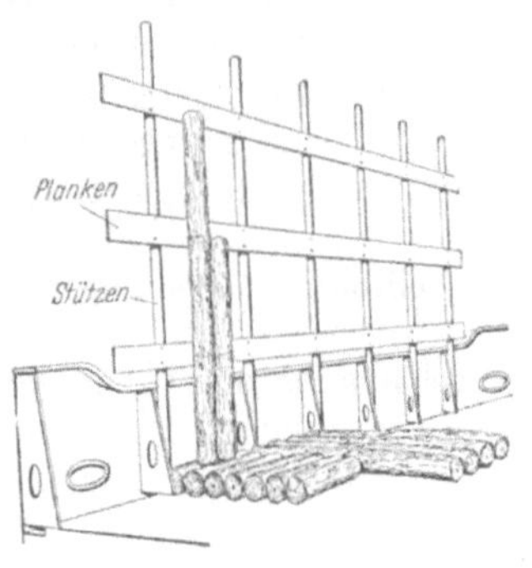

Abb. 32.
Stauen einer Papierholzdecksladung.

In der Holzfahrt übliche Maße und Gewichte. Das weitaus gebräuchlichste Holzmaß in der internationalen Schiffahrt ist der *Standard* (std) = 3 loads. Er beträgt

für Schnittholz = 165 Kubikfuß = 4,672 m³
für behauenes Bauholz = 150 Kubikfuß = 4,247 m³
für Rundholz = 120 Kubikfuß = 3,398 m³

Ein *load*, auch *shipping ton* genannt, mißt demnach

für Schnittholz = 55 Kubikfuß = 1,557 m³
für behauenes Bauholz = 50 Kubikfuß = 1,416 m³
für Rundholz = 40 Kubikfuß = 1,133 m³

Bei Brenn- und sonstigem Schichtnutzholz sind noch üblich:

1 *Stoß* (*stack*) = 3×3×12 Fuß = 108 Kubikfuß = 3,058 m³
1 *Klafter* (*cord, line*) = 3×3×14 Fuß = 126 Kubikfuß = 3,567 m³
oder auch 4×4× 8 Fuß = 128 Kubikfuß = 3,624 m³
1 *Faden* (*fathom*) = 6×6× 6 Fuß = 216 Kubikfuß = 6,116 m³

In USA ist 1 *cord* = 4×4×10 Fuß = 160 Kubikfuß = 4,530 m³
" " " 1 *board foot* = $^1/_{12}$ Kubikfuß = 0,002359 m³
1000 *board feet* = 2,359 m³

In der Ostsee-Holzfahrt rechnet man ferner mit folgenden Zahlen:

1 Standard	Planken	wiegt etwa	3 t
1 „	Bretter	„ „	2,6 t
1 „	Latten	„ „	2,4 t
1 „	gemischter Holzladung ($^1/_2$ Bretter, $^1/_2$ Planken	beansprucht etwa	215 Kubikfuß Raumldg. 200 Kubikfuß Deckldg.

Ballenladungen. Bei Übernahme oder beim Löschen solcher Ladungen muß man den Stauern die Benutzung von Haken, Kuhfüßen und Drahtstroppen strengstens verbieten. Das Schiff ist für Schäden, die dadurch entstehen, haftbar. Bei empfindlichen Ballenladungen Broken aus Segeltuch an Stelle der Taustroppen verwenden!

Getreideladungen[1]. Im SS-Vertrag von 1948 sind die Vorschriften über den Schutz gegen das Übergehen von losen Getreideladungen (Weizen, Mais, Hafer, Roggen, Gerste, Reis, Hülsenfrüchte und Saatgut) gegenüber den bisherigen deutschen UVV verschärft worden. Die drei wichtigsten Fälle für den Schottenbau zeigt Abb. 33.

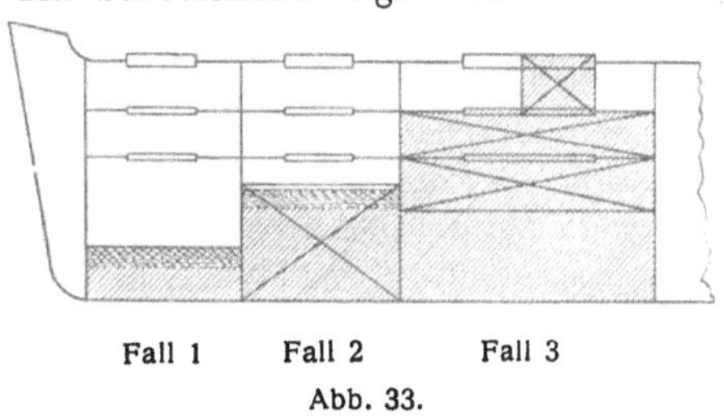

Abb. 33.

Fall 1: Unterraum weniger als $^1/_3$ gefüllt: Oberfläche gerade trimmen, mit Planken abdecken, darüber mind. 4 Fuß hoch Getreide in Säcken oder andere geeignete Ladung. Im Unterraum mit Wellentunnel bis $^1/_3$ Füllung kein Längsschott.

Fall 2: Unterraum teilweise, aber mehr als $^1/_3$ gefüllt: Oberfläche gerade trimmen usw. wie bei Fall 1 und Längsschott vom Boden bis 2 Fuß über Ladungsoberfläche. Dgl. bei teilweise gefülltem Deck.

Fall 3: Oberstes Deck: Füllschacht 2,5–8% des Fassungsvermögens des ganzen mit Getreide gefüllten Schiffsraums. Längsschott im Füllschacht. Unteres Deck: Längsschott von Deck zu Deck. In den Decks alle 5 m Trimmöffnungen. Unterraum: Längsschott von oben bis $^1/_3$ Tiefe, auf jeden Fall aber 8 Fuß tief. Bei Saat und breiartigem Schüttgut nach deutscher Vorschrift volles Schott. Bei Längsschotten zwischen Decksbalken und Scherstöcken getreidedichte Füllstücke einpassen.

In einem obersten Deck mit Längsschott darf außerhalb des Füllschachtes loses Leichtgetreide (Hafer, leichte Gerste, Baumwollsamen) gefahren werden, wenn der restliche Lukenkranz des Oberdecks als Füllschacht angesehen werden kann. Es darf auch im obersten Deck Schwergetreide gefahren werden, wenn das Deck durch zusätzliche Trennschotte in Abteilungen (bins) aufgeteilt wird, deren Fassungs-

[1] Die deutschen Ausführungsbestimmungen über die Getreideladungen lagen beim Druck noch nicht vor.

vermögen einschl. des jeweiligen Füllschachtes 225 m³ (8000 Kubikfuß) nicht überschreitet. Der Lukenschacht darf als Füllschacht verwendet werden und muß dann so unterteilt werden, daß für jede Abteilung 2,5—8% Füllschachtraum vorhanden ist. Außerhalb der Füllschächte muß die Luke zum unteren Raum geschalkt sein.

Wenn der Reiseweg von Natur aus geschützt ist, können Erleichterungen bezüglich Abdeckung und Schottenbau gestattet werden. Im übrigen ist bei Getreideladungen zu beachten: Laderäume müssen besenrein und trocken sein; Bilgendeckel leicht mit Werg kalfatern; Stauholz in oberstes freies Zwischendeck schaffen; Ladungsverteilung unter Berücksichtigung des Trimms berechnen; Getreide muß trocken sein; bei Regen nur unter Ladezelten weiterarbeiten, sonst Beladung unterbrechen; unter Deck gut zwischen Decksbalken trimmen; vor dem Betreten gefüllter Laderäume gut lüften, da Gefahr der Kohlensäurevergiftung (s. S. 219).

Wertladungen wie Gold, Silber, Juwelen und Postsäcke mit Einschreibsendungen oder Wertpaketen sollten stets in Gegenwart von einem oder zwei Offizieren übergenommen werden. Verpackung und Siegel auf ihren guten Zustand genau überholen! Marke und Nummern auf Übereinstimmung mit dem Empfangsschein kontrollieren! Raum gut verschließen, möglichst zwei Schlösser verschiedener Art, zu denen je ein Offizier einen Schlüssel hat! Auf den Empfangsscheinen stets vermerken: „Inhalt ohne Gewähr"!

Bei großen Wertsendungen Wachen vor dem Raum gehen lassen. Bei Übernahme und Abgabe unter Umständen Polizei zur Sicherung heranziehen.

Post ist stets als hochwertige Ladung zu behandeln und unter Verschluß zu halten. Stauraum verschieden. Briefpost 10—20 Säcke, Paketpost 6—8 Säcke je m³.

Wird die Post auch von Offizieren bearbeitet, so sind diese auf das Postgeheimnis zu verpflichten. Postbegleitpapiere sorgfältig behandeln und bei Abgabe Empfangsschein fordern!

Gepäck ist ebenfalls stets als Verschlußgut zu behandeln und erfordert vorsichtigste Behandlung. Gepäck, das auf der Reise von den Passagieren benötigt wird, so in gut gelegene und gut zu erreichende Räume stauen, daß die Passagiere bequem ihr Gepäck bearbeiten können! Für gute Bezeichnung des Gepäcks (Name, Abgangsort, Bestimmungsort) ist Sorge zu tragen. Gepäck evtl. nachmessen, um entsprechende Fracht zu erzielen!

Beschädigte Ladung weise man bei der Übernahme zurück. Wird ein Verlust oder eine Beschädigung der Ladung im Löschhafen bemerkt, so stelle man den Schaden in Gegenwart des Ladungsempfängers, unter Umständen durch die zuständige Behörde oder durch die hierzu amtlich bestellten Ladungsbesichtiger fest. Der Ladungsempfänger muß Verluste oder Beschädigungen bei der Auslieferung der Ladung und, wenn die Schäden äußerlich nicht erkennbar waren, diese innerhalb drei Tagen dem Reeder, Agenten oder Kapitän schriftlich anzeigen, falls eine amtliche Besichtigung nicht stattgefunden hat. (§ 611 HGB in Übereinstimmung mit den Haager Regeln.) Aber noch innerhalb eines Jahres nach Ablieferung der Ladung können Reklamationen gerichtlich geltend gemacht werden, jedoch muß dann der Empfänger beweisen, daß der Schaden durch Verschulden des Schiffes entstanden ist (s. auch S. 122).

10. Laderaum-Meteorologie.

Ursachen der Schweißbildung. Die Schweißbildung wird durch bestimmte Beziehungen zwischen Temperatur der Luft und der Ladung und der relativen Feuchtigkeit der Luft bestimmt. Die Luft enthält stets eine gewisse Menge unsichtbaren Wasserdampfes. Bei einer bestimmten Temperatur kann sie aber nur eine bestimmte Menge Wasserdampf aufnehmen. Die Werte sind aus untenstehender Tabelle zu ersehen. Enthält z. B. Luft von + 10° C 9,4 g/m³ Wasserdampf, so ist sie „gesättigt", die relative Feuchtigkeit beträgt 100%. Enthielte diese Luft nur 4,7 g/m³, so betrüge die relative Feuchtigkeit nur 50%. Die relative Feuchtigkeit der Laderaumluft kann durch Hygrometer oder Psychrometer gemessen werden. Dann kann man die Temperatur feststellen, bei der die Laderaumluft gesättigt sein wird. Man nennt diese Temperatur den „Taupunkt".

Lufttemperatur in °C	Wasserdampf in g/cbm bei 100% relativer Feuchtigkeit	Lufttemperatur in °C	Wasserdampf in g/cbm bei 100% relativer Feuchtigkeit	Lufttemperatur in °C	Wasserdampf in g/cbm bei 100% relativer Feuchtigkeit
− 10	2,4	+ 4	6,4	+ 18	15,4
− 9	2,5	+ 5	6,8	+ 19	16,3
− 8	2,7	+ 6	7,3	+ 20	17,3
− 7	3,0	+ 7	7,8	+ 21	18,4
− 6	3,2	+ 8	8,3	+ 22	19,4
− 5	3,4	+ 9	8,8	+ 23	20,6
− 4	3,7	+ 10	9,4	+ 24	21,8
− 3	3,9	+ 11	10,0	+ 25	23,1
− 2	4,2	+ 12	10,7	+ 26	24,4
− 1	4,5	+ 13	11,4	+ 27	25,8
0	4,8	+ 14	12,1	+ 28	27,2
+ 1	5,2	+ 15	12,9	+ 29	28,8
+ 2	5,6	+ 16	13,7	+ 30	30,4
+ 3	6,0	+ 17	14,5		

Beispiel: Die Temperatur der Laderaumluft beträgt + 24° C, die relative Feuchtigkeit 85%. Bei + 24° C kann die Luft 21,8 g/cbm Wasserdampf aufnehmen; bei 85% relativer Feuchtigkeit enthält sie aber nur 18,5 g/cbm. Aus der Tabelle ist ersichtlich, daß die Luft dann bei Abkühlung auf + 21° C (Taupunkt) gesättigt wäre. Würde sie aus irgendwelchen Gründen auf + 17° C abkühlen, so könnte sie nur 14,5 g/cbm enthalten, und es würden sich 4 g/cbm Wasserdampf in Wasser verwandeln und niederschlagen.

Es ergeben sich daraus für die praktische Laderaum-Meteorologie folgende Fälle:

1. *Das Verdunsten und Aufnehmen von Wasser durch die Ladung bei wechselnder relativer Feuchtigkeit der berührenden Luft.* Wird „lufttrockenes" Holz aus einer feuchten in eine trockene Gegend versandt,

dann wird das Holz mehr oder weniger schnell Wasser an die trockene Luft abgeben. Umgekehrt wird das Holz wieder Wasser aus der Luft aufnehmen, wenn es wieder in Luft mit hoher relativer Feuchtigkeit gebracht wird. Ähnlich verhalten sich *Getreide, Papier, Pappe und die meisten pflanzlichen und tierischen Erzeugnisse.*

Dieses Abgeben oder Aufnehmen von Wasser geht schneller vor sich, wenn die Luft lebhaft bewegt ist und die Ladung innig berührt. Im Laderaum handelt es sich bei diesen Vorgängen um bedeutende Mengen Wasser. Zum Beispiel kann eine Ladung Reis auf einer langen Reise 5% Wasser abgeben, d. h. 1000 t Ladung können 50 t Wasser verdunsten. Weizen gibt nur bis 0,5 %, d. h. für je 1000 t bis zu 5 t Wasser ab. Dieses Wasser muß entweder durch Belüften aus dem Laderaum entfernt werden, oder es schlägt unter Deck, an den Bordwänden und auf der Ladung nieder. Salz dagegen zieht Wasser aus feuchter Luft stark an und wird naß.

2. *Schweißbildung bei Temperaturstürzen.* Vornehmlich im Winter treten auf Reisen aus den Tropen nach unseren Gewässern starke Temperaturstürze der Luft auf, wenn polare Luftmassen im Rücken eines Sturmtiefs weit nach Süden vordringen. Das Oberdeck und die Bordwände kühlen dann schnell ab, während die Temperatur der Ladung erfahrungsgemäß nur sehr langsam abnimmt. Pflanzliche Ladung entwickelt dabei weiter Wasserdampf, der sich in den „Grenzschichten" nahe dem Oberdeck, der Bordwand und an den Einmündungsstellen der Lüfter als Schweiß niederschlägt. In den Unterräumen treten ähnliche Wirkungen ein, wenn die Wassertemperatur stark abnimmt. Schlagartig einsetzende heftige Schweißbildung entsteht ferner, wenn im kalten Winter im Löschhafen die Luken geöffnet und dadurch sehr kalte Luft plötzlich in den noch warmen Raum einfällt.

3. *Schweißbildung bei Temperaturerhöhung.* Wenn Ladung mit niedriger Temperatur im Winter übernommen wird und die Räume beim Erreichen tropischer Gewässer mit warmer, wenn auch vielleicht relativ trockener Luft belüftet werden, so kühlt die Luft an der kalten, sich nur sehr langsam erwärmenden Ladung unter den Taupunkt ab. Dadurch schlägt Feuchtigkeit in kleinsten Tröpfchen besonders auf Eisenladungen, Konservendosen usw. nieder. Es bildet sich Rost, der zu schweren Claims führen kann.

4. *Das Schwitzen pflanzlicher Ladung beim Erwärmen.* Wasserhaltige Güter, z. B. *Samen und Getreide,* scheiden mehr Wasser als gewöhnlich aus, wenn sie erwärmt werden. Ist die Ausscheidung langsam genug und die umgebende Luft ungesättigt, dann kann das ausgeschiedene Wasser verdunsten. Ist die Ausscheidung aber zu schnell oder die Luft gesättigt, dann kann es nicht verdunsten, und es erscheint an der Oberfläche der Körper oder Säcke als echter „Schweiß". Wird der Schweiß nicht rechtzeitig durch gründliche Belüftung (entweder mit natürlicher oder mit *künstlich getrockneter Luft*) entfernt, dann bildet sich Schimmel, und Gärung oder Keimung usw. tritt ein.

Selbsterhitzung, Keimen usw. von Samen, Getreide usw. bei zu hohem Wassergehalt. Samen, Getreide usw. beginnen zu leben, zu keimen, zu gären, wenn sie *zu feucht* sind, was wesentlich von den klimatischen Verhältnissen während der Reifezeit abhängt. Dadurch wird neue Wärme erzeugt.

Die Selbsterwärmung beschleunigt den Vorgang und verursacht gleichzeitig das Schwitzen der Güter. Dadurch entsteht Schimmel, der selbst auch wieder Wärme und damit höhere Wasserabgabe erzeugt. Dieser Vorgang kann an einem Ende eines Laderaumes beginnen und von dort aus die ganze Ladung, auch trockene Ladung, ergreifen.

Vorschläge zur Herabminderung von Schweißschäden. Der Taupunkt der Laderaum-Luft sollte stets niedriger sein als die Temperatur der Ladung. Dadurch wird die Kondensation von Wasser aus der Luft an kalter Ladung vermieden.

Zu diesem Zwecke muß man aber wenigstens angenähert die Temperatur der Ladung wissen. Dabei ist zu beachten, daß diese in den einzelnen Teilen des Raumes und der Ladung durchaus verschieden sein kann. Vornehmlich im Winter und auf Tropenfahrten sollen die besonders gefährdeten Ladungen, z. B. kalte Konserven, Stahlbleche usw., während der Fahrt auf ihre Temperatur beobachtet werden.

Bei schnell steigenden Seewasser- und Lufttemperaturen sollten kalte Stahlwaren nicht belüftet werden. Erst wenn sich die Güter nach einigen Tagen oder Wochen angewärmt haben, sollte frische Luft an solche Güter herangelassen werden.

Bei fallenden Seewasser- und *Lufttemperaturen* ist es schwierig, Schweißschäden zu vermeiden, besonders bei pflanzlichen Ladungen, die, selbst warm und mit hohem Wassergehalt, in feuchtwarmem Klima übernommen wurden. Man sorge für möglichst frühzeitige, durchgreifende Lüftung, wenn das Wetter es gestattet, durch Öffnen der Luken. Dadurch sollen Temperatur und Feuchtigkeitsgehalt der Raumluft allmählich herabgesetzt werden. Bei starkem Temperatursturz der Außenluft ist eine punktförmige Belüftung der Ladung zu vermeiden.

Ladungs-Klimaanlagen, bei denen die Raumluft künstlich entfeuchtet wird, sind vor allem im Auslande (z. B. „Cargo-Caire-Anlage") entwickelt worden und haben sich gut bewährt. Da sie aber ziemlich kostspielig sind, begnügt man sich auf deutschen Schiffen vorerst mit elektrischen Ventilatoren, die oftmals auf Saugen oder Drücken umgeschaltet werden können und eine schnellere Durchlüftung der Räume gestatten.

Bei manchen Reisen wird es unnötig sein, die Ladung zu belüften, z. B. wenn nur Ladung im Raum ist, die weder Feuchtigkeit noch starke Gerüche abgibt.

Zur Sammlung von Erfahrungen sollte sich der Nautiker ein kleines Tagebuch für die Laderaum-Meteorologie anlegen, in das er etwa folgende Angaben einträgt:

Datum; Reiseweg; Breite; Länge; Luft-, Wasser- und Laderaumtemperatur; relative Feuchtigkeit der Außen- und Laderaumluft; Zustand der Ladung beim Laden und Löschen. Natürlich muß man die Beobachtungen in verschiedenen Laderäumen anstellen.

Das Seewetteramt bearbeitet zur Zeit Karten, aus denen zu ersehen ist, wo und wann man mit extremem Absinken der Wassertemperatur und demzufolge mit Schweißgefahr rechnen muß. Ladungsoffiziere in Fahrtgebieten mit großer Schweißgefahr sollten mit dem Seewetteramt in Erfahrungsaustausch bleiben.

Die Verwendung von registrierenden Apparaten zur Messung der Temperatur und Luftfeuchtigkeit ist zu empfehlen. Auf Grund des so erhaltenen Materials wird der Nautiker in der Lage sein, zu beurteilen, ob er unter Umständen besondere Ladungen auch in den Laderäumen statt in den Kühlräumen mitnehmen kann usw. Den Verschiffern, Ladungsempfängern und den Reedern kann der Nautiker durch solche Beobachtungen und Mitteilung der Ergebnisse viel nützen.

11. Stau- und Stauraumangaben für einige wichtige Ladungen[1].

Beispiele für die Umrechnung der Stauraumangaben:

1. 1 t (= 1000 kg) nimmt einen Raum von 2,5 m³ ein, dann wiegt 1 m³ = 1 t:2,5 = **0,4 t.**

2. 0,4 t beanspruchen 1 m³, dann nimmt 1 t = 1 m³:0,4 = **2,5 m³** ein.

Alle *Werte sind nur Näherungswerte*, da die Beschaffenheit der Güter und deren Verpackung vielfach verschieden sind.

Die Verfasser sind für jede Mitteilung über Änderungen und Erweiterungen der nachstehenden Angaben dankbar. Solche Mitteilungen werden in der nächsten Auflage verwertet und dienen dann allen Nautikern.

Bei allen irgendwie gefährlichen Ladungen beachte man sorgfältig die Bestimmungen der Verordnung über die Beförderung gefährlicher Güter auf Seeschiffen.

Art der Güter	Verpackung	Einheit			Stauraum für 1000 kg	
		wiegt	mißt			
		kg	cbm	cbf	cbm	cbf
Äpfel, frische[2]	Barrel	—	0,18	6	—	—
dgl.	„	60	0,20	—	3,2	114
„	Kisten	18	0,04	—	2,2	78
„	„	—	0,05	1,9	—	—
„	„	28,5	0,06	—	2,2	78
Alaun	Fässer	4—500	—	—	—	—
Albumen	Kisten	112	0,16	—	1,4	50
Algarobilya	Säcke	90	0,17	5,5	1,6	55
Amboyna-Holz	lose	—	—	—	1,4	50
Ammoniak	Flaschen	8—10	—	—	—	—
Ammoniak-Sulphat	Säcke	100	0,19	—	1,9	67
Antimon-Erz	„	60	0,03	—	0,5	18
Apfelschnitten	Kisten	21	0,057	—	2,7	96
„	„	30	0,06	—	2,0	71

[1] Beachte folgende Merkblätter der SBG: a) Merkblatt über die Verladung von extrahiertem Schrot, Jan. 1955; b) Merkblatt betr. Benzinfässer als Schiffsladung, Dez. 1931; c) Merkblatt für den Transport von flüssigem Chlor in 500- und 1000-kg-Fässern auf Seeschiffen, Febr. 1931.

[2] Gute Ventilation, keine schweren Güter darüber stauen. Siehe auch Kühlladung S. 231.

Art der Güter	Verpackung	Einheit wiegt kg	Einheit mißt cbm	Einheit mißt cbf	Stauraum für 1000 kg cbm	Stauraum für 1000 kg cbf
Apfelsinen	Kisten	40	0,09	—	2,4	85
„ Jaffa	„	35	0,085	—	2,5	90
Apollinaris-Wasser, 1/1 Fl.	„	69,5	0,10	3,5	1,5	53
„ 1/2 Fl.	„	52	0,08	2,8	1,5	53
Aprikosenkerne	Säcke	100	0,20	—	2,0	70
Arrak	Fässer	—	0,14	5	—	—
„	Drums	—	—	—	2	70
Asphalt	Brote	28	0,016	—	0,57	21
„	lose	—	—	—	1,1	38
„	Säcke	100	0,10	—	1	35
Automobile[1]	lose	—	—	—	—	—
Backsteine, lose	1000 St.	2500	2,20	—	0,8	25
„ Firebricks	dgl.	3000	2,40	—	0,7	28
Bambushüte	Kisten	—	0,85	30	—	—
Bananen, canarische[2]	Bund	∼ 25	0,11	3,9	∼ 4,5	158
Baumwolle	Rollen	210	0,50	—	2,4	85
„	„	120	0,34	—	3,0	106
Baumwolle, amerik.,[3]						
dgl., ungeschraubt	Ballen	230	0,75	26,5	3,3	117
„ leicht geschraubt	„	230	0,70	25	3,0	106
„ stark geschraubt	„	230	0,65	23	2,7	95
„ New Orleans	„	230	0,89	—	4,0	141
„ „ „ geschraubt	„	230	0,52	—	2,3	81
„ Galveston	„	230	0,72	—	3,2	114
„ „ geschraubt	„	230	0,50	—	2,2	78
dgl., Charleston	Ballen	225	0,60	—	2,7	96
„ „ geschraubt	„	225	0,53	—	2,4	85
„ Savannah	„	220	0,65	—	3,0	106
„ „ geschraubt	„	220	0,50	—	2,3	81
„ Wilmington	„	225	0,57	—	2,6	92
„ „ geschraubt	„	225	0,45	—	2,0	71
Baumwolle, mexikanische	Ballen	200	1,17	—	6,0	210
„ Para	„	200—150	—	—	2,6	93
„ ägyptische	„	—	—	—	4,8	170
„ „	„	300	0,61	—	2,0	71
„ ostindische	„	180	0,33	12	1,8	64
„ „	„	135	0,39	14	3,0	106
„ „ gr. Packg.	„	180	0,44	—	2,4	85
„ „ kl. Packg.	„	200	0,30	—	1,5	53
„ chinesische	„	230	0,33	—	1,6	57
Baumwollabfall, Ostasien	„	244	0,30	—	1,3	46
Baumwollsamen	Säcke	56,5	0,11	—	1,9	67
„	„	55	0,10	3,5	1,9	68
„ Alexandr.	lose	—	—	—	1,9	68
„ schwarze	„	—	—	—	2,0	72

[1] Brennstoffbehälter entleeren, Putzlappen entfernen, bei Nässe trocken reiben, auf Schrammen achten.

[2] Sehr empfindliche Kühlladung, s. S. 231, können, in Papier verpackt, bei künstlicher Lüftung bis zu 7 Stauden hoch gepackt werden; in Crates Stauung beliebig hoch, aber Vorsicht, da Holz sehr schwach.

[3] Ballen müssen unbeschädigt und trocken sein. Achtung — Selbstentzündungsgefahr! Schornsteinschutz gegen Funkenflug.

Art der Güter	Verpackung	Einheit wiegt kg	Einheit mißt cbm	Einheit mißt cbf	Stauraum für 1000 kg cbm	Stauraum für 1000 kg cbf
Baumwollsamen, Kuchen	lose	—	—	—	2,1	75
Besenreisig	Bündel	50	0,23	8	5	176
Betelnüsse	Säcke	45,5	0,066	—	1,5	53
Bier[1], leere	Fässer	35	0,13	5	1,6	57
„ volle	„	80	0,13	5	1,6	57
„ „	Kisten	60	0,09	3	1,5	54
„ „	„	80	0,12	4	1,5	54
„ „	„	95	0,145	—	1,5	54
„ „	„	75	0,11	—	1,5	54
Biertreber	Säcke	33	0,11	—	3,4	120
Bimsstein, pulv.	„	100	0,11	—	1,1	40
Bittern	Kisten	24	0,045	—	1,9	67
Bittersalz	Säcke	100	0,13	—	1,3	46
Blackwood	lose	—	—	—	1,8	64
Blaustein (Kupfervitriol)	Barrel	244 u. 290	—	—	—	—
„	Säcke	88	—	—	—	—
Blei	Barren	50	0,011	—	0,21	7,5
„	„	70	0,014	—	0,20	7
Bohnen	Säcke	60	0,10	—	1,7	60
„	„	100	0,17	—	1,6	57
„	lose	—	—	—	1,4	50
Borax	Säcke	62,5	0,13	4,5	2,0	72
Borsten, China	Kisten	60,5	0,125	—	2,0	71
Branntwein	Pipe	500	1,00	—	2,0	71
„	1/2 Pipe	250	0,50	—	2,0	71
Braukorn (brewers grain)	Säcke	63,5	0,225	—	3,5	124
Briketts	—	—	—	—	0,95	33
Braunkohle	—	—	—	—	1,25	43—45
Buchweizen	Säcke	70	0,12	4	1,6	56
„ lose, deutscher	hl	58,75	0,10	—	1,7	60
„ lose, amerikanisch.	Bushel	21,77	0,032	1,12	1,45	51
Butter (Stand. 48 lbs.)[2]	Fäßchen	—	—	—	1,5	54
Cardamom (Gewürz)	Kisten	—	—	—	2,7	95
Canarien-Samen	Säcke	100	0,14	—	1,4	50
Capok	Ballen	55	0,43	15	7,6	270
Capok-Kerne	Säcke	—	—	—	2,1	77
Carnaja	Ballen	90	—	—	—	—
Cassia Fistulla	Körbe	—	—	—	7,0	250
Cellulose	Ballen	55	0,43	—	1,6	57
Cement	Fässer	180	0,2	7,0	1,1	39
Champagner	Kisten	—	0,06	2,12	—	—
Chinarinde	Säcke	70	0,23	8	3,2	112
„	Seronen	40	—	—	—	—
Chlorkalium	Trommeln	310	0,22	—	0,7	25
Chlorkalk	„	255	0,33	—	1,3	46
Cinamon	Rollen	45	0,125	—	2,9	102
„	Säcke	25,4	0,113	—	4,0	142
Citronellaöl	Kisten	—	0,17	6	—	—
Citronen	„	40	0,10	—	2,4	85

[1] Leidet durch Zusammenstauen mit scharfriechenden Gütern, z. B. Teer. Kühl lagern, am besten + 5° bis + 6° C.

[2] Kühl lagern, geruchempfindlich.

Art der Güter	Verpackung	Einheit wiegt kg	Einheit mißt cbm	Einheit mißt cbf	Stauraum für 1000 kg cbm	Stauraum für 1000 kg cbf
Citronen	Kisten	400 St.	—	3	—	—
,,	,,	800 St.	0,17	6	—	—
Coca	Ballen	—	0,17	6	—	—
,,	,,	70	0,26	9	3,5	125
Cochenille	Kisten	40—60	—	—	—	—
,,	Seronen	100	—	—	—	—
Cocosnüsse, trockene	Säcke	60	0,098	3,44	1,5	54
,, frische, mit Schale	Stück	2,1	—	—	—	—
,, ,, ohne Schale	,,	1,25	—	—	—	—
Cocosnußöl	Fässer	1050	2,1	—	2,0	71
,,	,,	975	—	—	—	—
,,	,,	800	1,7	—	2,0	71
Cocosnußstücke, getrock.	Kisten	—	0,14	4,92	—	—
Cognac	,,	26	0,04	—	1,5	53
Coirgarn	Ballen	260	0,45	16	1,7	60
Copal	Körbe	62½	0,17	6	2,7	96
Copra	Säcke	62	0,14	5	2,2-2,5	80—90
,, (Südsee)	,,	52,8	0,123	4,3	2,3	80
,,	,,	70	0,15	—	2,1	74
,,	lose	—	—	—	2,1-2,3	75—80
,, gesch.	Kisten	80	0,08	—	1,5	53
Corinthen	Fässer	150	0,27	—	1,8	65
,,	Kisten	40	0,06	—	1,4	50
,,	,,	70	0,11	—	1,5	53
,,	Säcke	50	0,06	—	1,2	42
Corned Beef	Kisten	40	0,048	—	1,2	42
Cutch	Säcke	60	0,07	2,5	1,2	42
Damar	Kisten	62	0,14	5	2,3	80
,,	Säcke	62	0,17	6	2,7	96
Därme	Fässer	220	0,44	—	2,0	71
Datteln	Säcke	100	0,11	—	1,1	40
Deals	Standard	2206	4,625	—	2,1	75
Decken für Passagiere	Ballen je 100 Stck.	70	0,4	—	—	—
Demijohns	Stück	4,05	0,042	1,5	10	353
Dividivi	Säcke	75	0,14	5	1,9	67
Djarrakerne	,,	75	0,17	6	2,5	90
Djelectong	Kisten	166	0,37	13	2,3	80
Draht	Rollen	25	0,025	0,9	1,0	35
,,	,,	40	0,028	—	0,8	28
,,	,,	50	0,03	1,06	0,6	21
,,	,,	100	0,035	1,24	0,35	12,5
,,	,,	200	0,044	1,56	0,22	8
Düngesalz	Säcke	100	0,08	—	0,8	28
Eier[1]	Kisten	100	0,226	8	2,8	100
Eigelb	Fässer	180	0,31	11	1,7	61
,,	,,	239	0,37	—	1,6	57

[1] Nur auf Verantwortung des Verschiffers verladen, sehr vorsichtig behandeln. Gewöhnlich in Kisten verschiedener Größe versandt. Da Eier in Kalk, Stroh usw. verpackt werden, sind die Maße verschieden (s. auch Kühlladung S. 231).

Art der Güter	Verpackung	Einheit wiegt kg	Einheit mißt cbm	Einheit mißt cbf	Stauraum für 1000 kg cbm	Stauraum für 1000 kg cbf
Eigelb	Fässer	270	0,4	14	1,5	53
Eisen- u. Stahlstangen[1]	lose	—	—	—	0,32	11
„ Bau-	„	—	—	—	0,36	13
Eisenbahnschienen[2], 7—9 m lang	Stück	225,5	0,05	1,8	0,22	8
dgl., 10—12 m lang	„	250	0,055	2	0,22	8
Erbsen	Säcke	60	—	2,6	1,2	43
„	„	85	0,1	3,5	1,2	43
„	„	100	0,17	6,0	1,7	60
Erdnüsse, geschält	„	62	0,17	6,0	2,3-2,7	80—96
„ ungeschält	„	46—62	0,20	7—8	3,7-4,5	130-160
Erze[3], Blei-	„	68	0,03	1,0	0,45	16
„ Chrom-	„	44	0,037	1,3	0,84	30
„ Eisen-	lose	—	—	—	0,8	28
„ Kobalt-	Säcke	33	—	1,2	1,1	39
„ Kupfer-	„	68	—	1,0	0,45	16
„ Mangan-	„	57	—	1,1	0,57	20
„ „	lose	—	—	—	0,57	20
„ Nickel-	Säcke	45	—	1,4	0,9	32
„ „	lose	—	—	—	0,8	30
„ Silber-	Säcke	65	0,018	—	0,3	11
„ „	„	60	—	0,6	0,3	11
„ „ (Brok. Hill)	„	58	0,025	—	0,43	15
„ „ (Tasmania)	„	53—58	0,017	—	0,3	11
Fasern	Ballen	—	1—1,7	35—60	2,8	100
Federn, chines.	„	196	0,37	—	1,9	67
„ Canton-	„	—	0,33	—	—	—
Feigen	Säcke	50	0,055	—	1,1	40
Felle[4], Nutria-	„	450	1,0	35	2,2	78
„ „	„	180	0,45	16	2,5	88
„ Schaf-, Adelaide	„	300	1,0	35	3,3	117
„ „ Melbourne	„	300	0,9	32	3,0	106
„ „ Sidney	„	400	0,8	29	2,0	71
„ „ „	„	200	0,55	20	2,7	95
„ „ Java	Packen	60	0,4	14	5,7	200
„ Ziegen-, „	„	66	0,4	14	5,7	200

[1] Auf gute Bezeichnung einzelner Partien achten (kleine Blechschilder). Abteilen durch altes Tauwerk.

[2] *Schienen* und starke *Stäbe* nie querschiffs stauen, wenn nicht genügend gesichert, da schon häufiger die Bordwände beim Schlingern beschädigt oder sogar durchstoßen wurden.

[3] Erze dünsten oft aus, geben auch häufig Feuchtigkeit ab, daher keine empfindliche Ladung auf Erze stauen. *Durch Erzladungen werden die Schiffe oft sehr steif, daß sie auf See sehr stark arbeiten; die Schiffe leiden ungemein dadurch. Schiffe, die nicht besonders für Erzladungen gebaut sind und auch keine Hochtanks haben, sollen möglichst etwas Erz in die Zwischendecks nehmen und dort für absolut feste Lagerung sorgen* (s. auch S. 229).

[4] Gutes Garnier legen. Vor Nässe schützen. Haarseite nach außen. Keine beschädigten und keine angefaulten Felle an Bord nehmen; auf rote oder andere Flecke achten; wenn vorhanden, im Konnossement vermerken, da sonst Schiff haftbar gemacht werden kann. Nicht Fellseite auf Fellseite stauen. Riechende Ladung. Gute Lüftung.

Art der Güter	Verpackung	Einheit wiegt kg	Einheit mißt cbm	Einheit mißt cbf	Stauraum für 1000 kg cbm	Stauraum für 1000 kg cbf
Fett[1]	Kisten	65,5	0,07	—	1,1	39
Fibre (Colombo)	Ballen	—	0,373	—	—	—
Flachs, Neuseeland	,,	223,5	0,62	—	2,8	99
,, Doppelballen, gepreßt	,,	270	0,53	—	2,0	71
,, reiner Europa . . .	,,	—	—	—	2,4	85
,, halbreiner Europa .	,,	—	—	—	3	106
Flaschen, leere	Kisten	—	0,37	—	2,5	90
Fleisch, Salz-, amerik. . . .	Barrel	155	0,23	8	1,5	53
Fleisch, Salz-	$^1/_2$ Barrel	68	0,14	—	1,6	57
dgl., gefroren u. verpackt						
,, ,, Rinder-	lose	—	—	—	2,5	90
,, ,, in Viertel (hängend)	,,	—	—	—	3,5	124
,, ,, Hammel-	,,	—	—	—	3,4	120
,, ,, Schweine-	,,	—	—	—	2,7	96
,, präserviertes	Kisten	—	0,071	2,5	—	—
,, trockenes	Ballen	60—80	0,125	4,4	1,5	53
Galläpfel.	Kisten	160	0,25	—	1,6	57
Gallnüsse	Säcke	100	0,23	—	2,3	80
,, ...	Kisten	150	0,25	—	1,6	57
Gambia (Gerbstoff)	Ballen	125	0,17	—	2,8	100
Genever	Kisten	20	—	1,5	2,0	70
,, ...	,,	38	—	2,2	1,7	60
Gerste	Säcke	100	0,16	5,5	1,6	55
,, ...	,,	75	—	4,3	1,6	55
,, ...	,,	65	—	—	1,6	55
,, deutsche, lose . . .	—	—	—	—	1,6	55
,, amerikanische, lose .	Bushel	21,77	0,032	1,14	1,4	49,2
Getreide[2], mittl. Wert . . .	lose	—	—	—	1,5	53
Glas.	verschied.	—	—	—	1,1	39

[1] Geruchempfindliche Ladung, falls als Nahrungsmittel bestimmt. Nicht an warme Schotte stauen.

[2] Bei Getreideladungen UVV, SSV und ausländische Sicherheitsvorschriften beachten (s. auch S. 237).

Ungefähre Angaben für Getreideladungen von amerikanischen Häfen:

				messen etwa	wiegen etwa
1000	amerik.	Bushel	Hafer	28,1 cbm	14,53 t
1000	,,	,,	Roggen	33,6 cbm	25,40 t
1000	,,	,,	Mais	35,3 cbm	25,40 t
1000	,,	,,	Weizen	35,3 cbm	27,22 t
1000	,,	,,	Buchweizen	31,6 cbm	21,74 t
1000	,,	,,	Gerste	32,0 cbm	21,74 t

Bushel-Raumeinnahme schwankend je nach der Qualität des Getreides.

		messen etwa	wiegen etwa
1 boatload	= 1000 Quarters:		
Hafer	= 10000 Bushel	285 cbm	146 t
Roggen, Mais	= 8571 ,,	286 cbm	218 t
Weizen	= 8000 ,,	283 cbm	218 t
Gerste	= 8333 ,,	260 cbm	175 t

Art der Güter	Verpackung	Einheit wiegt	Einheit mißt		Stauraum für 1000 kg	
		kg	cbm	cbf	cbm	cbf
Glas, Fenster-[1]	Kisten	60	0,09	—	1,4	50
„ „	„	234	—	—	—	—
Glühlampen	„	75	0,6	—	7,8	276
„	Packen	8	0,10	—	12,5	440
„	„	$4^1/_2$	0,065	—	14,5	515
Graphit (Plumbago)[2]	Fässer	309	0,44	—	1,4	50
Gum, Copal	Körbe	62	0,17	6	2,7	96
„ Damar	„	62	0,14	5	2,5	88
Gummi	Säcke	100	0,13	—	1,3	45
„ Java	Kisten	65	0,14	5	2,5	90
„ Colombo	„	95	—	—	—	—
„ arabicum	Ballen	180	—	—	—	—
Haar, Pferde-	Ballen	400	1	35	2,5	88
Hafer[3]	Säcke	60	—	5	2,2	78
„	„	80	0,13	5,5	1,6	56
„	„	125	—	5,2	1,3	45
„ deutscher, lose	„	—	—	—	2,0	71
„ australischer	Säcke	63,5	0,125	—	2,0	71
„ amerikanischer, lose	Bushel	14,5	0,028	1	1,8	64
Hafergrütze	Barrel	80	0,2	6	2,6	92
Hafermehl	„	90,5	0,215	—	2,4	85
Hanf, russischer	Ballen	1000	2,2	78	2,2	78
„ gepreßter	„	1000	1,4	50	1,4	50
„ neuseeländischer	„	1000	2,4	85	2,4	85
„ „	„	131	0,4	—	3,0	106
„ halbreiner	Ballen	1000	3	106	3	106
„ Tsingtau	„	314	0,49	—	1,6	57
„ Manila-	„	127	0,28	—	2,0	70
Hanfsaat	Säcke	100	0,18	—	1,8	65
Harz	Barrel	150	0,20	7	1,4	50
Haselnußkerne	Säcke	100	0,20	—	2,1	75
Häute, gesalzene[4], Ochsen-	Stück	25	—	1	1,2	40
„ „ Kuh-	„	20	—	1	1,2	40
„ „ Pferde-	„	17	—	0,6	1	36
„ „ Kalbs-	„	10	—	0,4	1	36
„ trockene, Ochsen-	„	10	0,045	—	4,5	160
„ „ Kuh-	„	8	0,033	—	4,1	145
„ „ Pferde-	„	6	0,023	—	3,8	135
„ „ Kalbs-	„	4,5	0,02	—	4,4	156
„ (Westküste) gesalzene	„	—	100 Stück = 3,5 t			
„ „ trockene	„	—	100 Stück = 2,5 t			

[1] Hochkant und querschiffs, möglichst unter die Luke stauen. Spiegelglas vor Feuchtigkeit schützen. Vermerk auf Empfangsschein: „Nicht verantwortlich für Bruch". [2] Nicht mit Fett und Öl zusammenstauen.
[3] Siehe Fußnote 2 auf S. 247.
[4] Gesalzene, nasse Häute erfordern hohes Garnier, *Haarseite nach unten* stauen.
Am La Plata wird folgendermaßen verfahren: Die erste Lage wird mit der Fellseite *nach unten* gelegt, nachdem der Boden *mit Salz* bestreut wurde. Alle weiteren Lagen staut man mit der Fellseite *nach oben*. An den Seiten läßt man die Häute an der Bordwand dachziegelförmig mit Fell nach außen hochziehen.

Art der Güter	Verpackung	Einheit wiegt kg	Einheit mißt cbm	Einheit mißt cbf	Stauraum für 1000 kg cbm	Stauraum für 1000 kg cbf
Heringe[1]	Fässer	110	0,14	—	1,27	45
Heu	Ballen	75	0,26	9	4,0	140
„	„	45	0,13	5	3,2	112
Hirse	Säcke	70	0,12	4	1,6	57
Holz[2], Roth., Kief., Lärche, Fichte	Standard	—	—	165	etwa 2,5 t	
„ Weißholz, Tanne	„	—	—	165	etwa 2,1—2,5 t	
„ Pitchpine-Bretter	„	—	—	165	„ 3,5—3,7 t	
„ „ Balken	„	—	—	165	„ 4,0—4,2 t	
„ Baumstämme, Buche	lose	—	—	—	1,7	60
„ „ Eiche	„	—	—	—	1,2	43
„ „ „ Danzig	„	—	—	—	1,4	48
„ „ „ Riga	„	—	—	—	1,5	54
„ „ Esche	„	—	—	—	1,2	43
„ „ Föhre	„	—	—	—	1,7	60
„ „ Mahagoni	„	—	—	—	1,0	36
„ „ Pitchpine	„	—	—	—	1,5	53
„ „ Pook	„	—	—	—	0,7	25
„ „ Quebracho, Äste	„	—	—	—	1,4	49
„ „ Teak, afrikan.	„	—	—	—	1,0	36
„ „ „ indisch	„	—	—	—	1,1	40
„ „ Ulme	„	—	—	—	1,8	64
„ „ Yellowpine	„	—	—	—	2,3	80
Holzkalk	Säcke	62,5	0,16	—	2,5	90
Honig[3]	Fässer	bis 400	—	—	—	—
„	„	80	0,09	3	1,1	38
Hörner	Säcke	40	0,08	2,8	2,0	72
„	lose	40	—	—	2,2	78
Indigo	Kisten	125—150	—	—	1,8-2,5	65—96
Ingwer	„	—	—	—	2,3	82
Ivory Nuts	Säcke	93	0,1	3,5	1,25	45
„	lose	—	—	—	1,1	40
Jute[4]	Ballen	130	0,4	15	3,1	115
„	„	181,5	0,33	—	1,8	65
Kaffee[5], Santos, geschält	Säcke	60	0,10	3,5	1,7	60
„ „ ungeschält	„	60	0,13	4,5	2,3	80
„ Aden, geschält	„	75	0,15	5,3	2,0	70

[1] Stark riechend, nasse Ladung infolge Leckens. 1000 kg ~ 7 Fässer.

[2] Meistens feucht, daher keine trockene Ladung darauf stauen. Keine Faserstoffe (Baumwolle) auf Nutzholz stauen. Bei Balken keine Haken! Bei Decksladung s. Stabilität und S. 234.

[3] Gleichmäßige Temperatur notwendig. Honig gärt leicht, daher ist an den Fässern manchmal ein kleines Spundloch angebracht, das nach Übernahme an Bord zu öffnen ist. Das Schließen dieser Spundlöcher später beim Löschen nicht vergessen!

[4] Neigt zur Selbstentzündung, besonders Jutesäcke mit Ölkernen. Gute Ventilation!

[5] Vor Feuchtigkeit und riechender Ladung schützen. Gute Ventilation. Bei Übernahme achtgeben, daß die Säcke heil und nicht schlaff sind.

Art der Güter	Verpackung	Einheit wiegt kg	Einheit mißt cbm	Einheit mißt cbf	Stauraum für 1000 kg cbm	Stauraum für 1000 kg cbf
Kaffee, Aden, geschält . . .	Mattensäcke	68,4	0,175	—	2,5	90
,, Java, ,, . . .	Säcke	62	0,14-0,17	5—6	2,2-2,5	80—96
,, Ostindien	,,	62	0,14	5	2,3	80
,, Westindien	,,	80	0,14	5	1,8	65
,, Westküste, geschält .	,,	—	0,11	4	—	—
,, ,, ungeschält	,,	—	0,20	7	—	—
Kakao	,,	60	0,14	5	2,3	80
,, ...	,,	80	0,17	6	2,1	75
Kalisalze[1]	lose	—	—	—	0,85-0,95	30—33
Kaliumchlor.	Säcke	58	0,069	—	1,2	42
Kampfer[2]	Kisten	50—60	—	—	1,8	65
Kartoffeln	Säcke	70,5	0,14	—	2,2	78
,, Antwerpen . . .	,,	30	0,067	—	2,2	78
,, Amerika	Barrel	—	0,21	—	—	—
,, ,, ...	Säcke	50	0,14	—	2,8	99
,, Teneriffa	Körbe	—	0,032	—	—	—
Käse, Holland	Kisten	28	0,054	—	2,0	70
Kauri, Gummi	,,	132	0,223	—	1,7	60
Kautschuk	,,	130	0,31	—	2,4	85
Kerzen s. Lichte						
Ketelawurzel	Säcke	62	0,14	5	2,5	90
Kleesamen	,,	70	0,1	3,5	1,4	49
,, ...	,,	100	0,125	—	—	—
Kleie (Nordamerika[3], La Plata)	,,	50	0,1	3,5	2,0	70
,, (Westküste)	Säcke	40	0,1	3,5	2,3	80
,, (Brasilien)	,,	30	0,08	2,8	2,3	80
Kleppenüsse	,,	62	0,11	4	1,9	67
Klippfisch	Kisten	70	0,112	3,96	1,6	57
,, ...	,,	54	0,09	—	1,75	62
Knochenkohle	Säcke	110	0,17	6	1,5	53
Knochenmehl	,,	62	0,11	4	1,7	60
,, (bone dust) .	Kisten	—	—	—	2,5	90
Kohle, Stein-[4]	—	—	—	—	1,4	50
,, ,, schwere. . .	—	—	—	—	1,36	48
Kojen, Passagier-, aufgestaut	100 St.	4100	8,8	—	—	—
Koks[5]	—	—	—	—	1,8-2,8	65-100
Kolakerne	Säcke	62	0,13	4,5	2,1	75
Kopra[6]	lose	—	—	—	2,2-2,4	78—85
Korinthen	Kisten oder Körbe	—	—	—	1,4	50
Kork	Ballen	60—75	—	—	7—8	250-280
Korkwesten, aufgestaut . .	100 St.	350	1,6	—	—	—

[1] VO über die Beförderung gefährlicher Güter mit Seeschiffen beachten! Nicht mit Eisenladungen zusammenstauen, da diese rosten.

[2] Weit ab von Nahrungsmitteln usw. stauen, da stark riechend.

[3] Leicht entzündbar, nicht an Heizraumwände stauen!

[4] UVV beachten: Explosions- und Selbstentzündungsgefahr. Trimmen.

[5] Koks kann bis zu 20 % Wasser aufnehmen.

[6] Auch in Säcken. Nur trockene Ladung annehmen. Neigt zur Selbsterhitzung und zur Bildung atemgefährlicher Gase. Gute Ventilation. Entfernt stauen von empfindlichen Gütern, insbesondere von Tee.

Art der Güter	Verpackung	Einheit wiegt kg	Einheit mißt cbm	Einheit mißt cbf	Stauraum für 1000 kg cbm	Stauraum für 1000 kg cbf
Kreide	Fässer	—	0,45	3,2	—	—
Kupfer	Ingots	6,35	0,0014	—	0,22	8
„	Blöcke	32	0,006	—	0,2	7
„	Barren	70	0,014	—	0,2	7
Kupfererz	lose	—	—	—	0,4-0,6	14—20
Lakritzen	Kisten	100	0,13	—	1,3	45
Leder	Ballen	300	0,5	18	2,1	74
„ rohes	„	305	0,7	—	2,3	80
„	„	125	0,45	16	3,6	128
Leinöl	Fässer	215	0,3	9	1,5	52
Leinsaat	Säcke	65	0,09	3	1,4	48
Lichte	Kisten	9	0,015	—	1,6	57
„	„	13	0,023	—	1,7	60
„	„	20	0,03	1	1,5	53
Linoleum	„	310	0,47	—	1,5	53
Linsen	Säcke	100	0,17	6	1,7	60
„	„	85	0,15	5	1,7	60
Lorbeerblätter	Ballen	60	0,3	—	5,1	180
Lumpen[1], Deutschland	„	300	1,00	—	3,3	117
„ Australien	„	227	0,5	—	2,2	78
Luzernsaat	Säcke	100	0,17	—	1,7	60
Maccaroni	Kisten	12,5	0,065	—	5,2	185
Mais[2]	Säcke	65	0,08	3,3	1,4	48
„	„	85	—	4,0	1,4	50
„ La Plata	„	60	0,11	—	1,5	53
„ „ „	„	70	0,12	—	1,4	50
„ lose	Bushel	25,4	—	—	1,4	50
Malz	Fässer	88	0,215	—	2,4	85
„	Säcke	62	0,09	—	1,5	53
Mandarinen	Kisten	26½	0,06	—	2,3	80
Mandeln, geschält	Säcke	75	0,146	—	2	71
„ ungeschält	„	50	0,15	—	3	106
Marmor[3]	versch.	—	—	—	0,35	13
Matratzen, Stroh- für Passagiere	100 St.	550	5,0	—	—	—
Matt. Fibre, Ceylon	Packen	12,7	—	—	5,8	205
„ „ „	„	6,4	—	—	6,2	220
Mehl[4]	Barrel	100	0,18	6,3	1,8	63
„	„	90	0,16	5,5	1,7	60
„	Säcke	100	0,14	5,0	1,4	50
„	„	70	0,10	—	1,4	50
„	„	50	0,07	2,5	1,5	53
Milch, Schweizer	Kisten	27	0,032	—	1,2	40
Mineralwasser	„	—	0,11	—	—	—
Mohnsaat	Säcke	100	0,17	—	1,7	60
Muscheln	Körbe	62	0,16	5,5	2,5	90
Muskatnüsse	Säcke	62	0,17	6,0	2,7	96

[1] Nicht in die Nähe von Öl oder Fett stauen, da feuergefährlich.
[2] Siehe Getreide.
[3] In Platten sehr zerbrechlich, s. Glas.
[4] Nicht in die Nähe von dünstender Ladung (z. B. Trockenobst) stauen.

Art der Güter	Verpackung	Einheit wiegt kg	Einheit mißt cbm	Einheit mißt cbf	Stauraum für 1000 kg cbm	Stauraum für 1000 kg cbf
Öl, Holz-	Fässer	208	3,36	—	1,7	60
„ Oliven-	Kisten	40	0,14	4,5	1,6	57
„ „	Barrel	150—250	—	—	—	—
„ „	„	200	0,4	—	2,1	75
„ „	Pipe	500—600	—	—	—	—
„ Schmier-	Fässer	210	0,28	10	1,5	54
Ölkuchen [1]	Säcke	62	0,09	3,0	1,6	57
„	„	102	0,15	—	1,5	53
Ölkuchenmehl	„	45,4	0,062	—	1,4	50
„	„	62	0,07	2,5	1,2	43
„	„	75	0,1	3,5	1,2	43
Palmblätter (Cuba)	Bündel	9	0,034	—	3,8	134
Papier [2]	Ballen	170	0,30	10,5	2,0	70
„	„	190	0,25	—	1,3	46
„	„	250	0,34	—	1,4	49
„	„	380	0,53	—	1,4	49
„	„	560	0,85	—	1,5	53
Pappe	„	76	0,13	—	1,7	60
„	„	265	0,38	—	1,4	50
Paraffin	Blöcke	—	—	—	1,5	55
„	Ballen	100	0,14	—	1,4	50
Perubalsam	Krüge	12	—	—	—	—
Petroleum	Kisten	36	0,06	2,0	1,5	53
„	Fässer	200	0,36	—	—	—
„ roh bei 0° C . .	—	—	—	—	1,0	36
„ „ „ 30° C . .	—	—	—	—	1,024	36
„ „ „ 40° C . .	—	—	—	—	1,033	36
Pfeffer, weißer [3]	Säcke	62	0,14	5,0	2,25	80
„ schwarzer	„	62	0,17	6,0	2,7	95
Pflaumen, trockene [4] . . .	Kisten	25	0,04	1,25	1,7	60
„	Säcke	50	0,085	—	1,7	60
Phosphat	lose	—	—	—	1,2	40
„	Säcke	100	—	—	—	—
„ Thomas-	„	101,6	—	—	—	—
Pianos	Kisten	—	1,5	—	—	—
Piassava, Brasilien	Ballen	30	—	—	—	—
„ „	Bündel	7,5	—	—	—	—
„ Ceylon	Ballen	159	0,27	—	1,7	60
Piment	Säcke	50	—	—	—	—
Pottasche	Fässer	625	0,75	—	1,2	43
Punac	Rollen	75	0,13	4,5	1,7	60
„	„	83,3	0,14	—	1,7	60
Quebrachoextrakt	Säcke	50	0,046	—	0,9	32
Quillay	Ballen	80	0,28	10	3,5	125
Rattan	Bündel	$12^1/_2$	0,18	6—10	4—4,5	150-160
Reis [5]	Säcke	62	0,08	3	1,4	50

[1] Stark riechend, fernab von empfindlicher Ladung und Kesselschotten.
[2] Flach stauen, niemals hochkant.
[3] Wertvolle Ladung, stark riechend und schwitzend, gute Ventilation.
[4] Nicht mit Mehl zusammenstauen.
[5] Besondere Ventilation.

Art der Güter	Verpackung	Einheit wiegt kg	Einheit mißt cbm	Einheit mißt cbf	Stauraum für 1000 kg cbm	Stauraum für 1000 kg cbf
Reis	Säcke	75	0,098	—	1,4	50
,,	,,	93	0,13	4,5	1,4	50
,,	,,	100	0,14	—	1,4	50
,,	,,	110	0,155	—	1,4	50
Reismehl	,,	75	0,13	4,5	1,7	60
Rinde, gem., von Australien	,,	78,5	0,14	—	1,8	64
,, rohe, ,, ,,	,,	78,5	0,244	—	3,0	106
Roggen[1], Deutschland, lose	hl	72,75	0,10	—	1,4	50
,, Amerika, lose	Bushel	25,4	0,033	1,18	1,3	46
,,	Säcke	110	0,17	6,0	1,6	57
,,	,,	100	0,16	—	1,6	57
,,	,,	80	—	4,0	1,6	57
,,	,,	70	0,11	3,5	1,6	57
Rohseide (Japan)	Ballen	64,5	0,198	—	3,0	106
Rosinen	1/4 Boxen	3 1/4	0,007	—	2,3	81
,,	1/2 ,,	7 1/4	0,013	—	1,8	63
,,	1/1 ,,	16 1/2	0,02	—	1,4	50
,, Griechenland	Fässer	100	—	—	—	—
,, ,,	,,	150	—	—	—	—
,, Smyrna	,,	100	—	—	—	—
,, ,,	Säcke	50	—	—	—	—
,, ,,	Kisten	25	—	—	—	—
,, Damascener	,,	12 1/2	—	—	—	—
Rum	Fässer	—	—	—	1,8	63
Säcke (gunnies)	Ballen	340	0,4	—	1,35	48
Sago	Säcke	50	0,075	—	1,5	53
Salpeter[2]	Säcke	90—150	0,09-0,1	3—4	0,8-0,9	28—32
Salpetersäure[3]	Steinflaschen	30	—	—	—	—
,,	Korbflaschen	50—78	—	—	—	—
Salz	Säcke	100	0,11	3,5	1,1	39
,,	,,	100	0,16	—	1,6	57
,,	lose	—	—	—	1,4	50
Sardinen	Fässer	26	0,028	—	1,1	39
Schiefer	Säcke	—	—	—	0,4	15
Schmalz, Amerika	Tierce	200	0,305	—	1,5	53
,, ,,	Barrel	120	0,212	7,5	1,8	64
,, ,,	Firkin	55,36	0,104	—	1,9	67
,, ,,	Tub (Kübel)	27,67	0,061	2,0	2,2	78
,, ,,	Pail (Eimer)	14	0,035	1,0	2,5	90
Schnaps	Kisten	—	0,03	—	—	—
Schuhkisten	,,	—	0,197	—	—	—
,,	,,	—	0,177	—	—	—
,,	,,	—	0,125	—	—	—
Schwefel[4]	lose	—	—	—	0,8	30
Schweinefleisch	Barrel	155	0,23	8	1,5	53
Schwerspat	Fässer	425	0,255	—	0,5	18

[1] Siehe Getreide.
[2] Frei halten von Öl-, Teer- u. Fettrückständen. Sauerstoffträger!
[3] Gefährliche Ladung, siehe VO über die Beförderung gefährlicher Güter mit Seeschiffen. — [4] Gefährliche Ladung, nicht in die Nähe von Eisen und fern von Eisenteilen des Schiffes stauen.

Art der Güter	Verpackung	Einheit			Stauraum für 1000 kg	
		wiegt	mißt			
		kg	cbm	cbf	cbm	cbf
Seasamsaat	Säcke	—	—	—	2,5	90
Seide[1]	Ballen	—	—	—	4,0	140
„ Japan	„	60	0,17	—	2,8	99
„ China	„	50	0,14	—	2,8	99
„ gewebt	Kisten	—	—	—	3,3	116
Seidenabfall	Ballen	180	0,33	—	1,8	64
„ (Japan)	„	221	0,317	—	1,4	50
Seiden-Cocons	„	60	1,13	—	19	675
Soda	Fässer	—	—	—	1,5	54
„	Säcke	—	—	—	1,1	38
Soyabohnen[2]	„	85	0,1	3,5	1,2	43
Soyaschrot[3]	„	70	0,155	5–6	2,2	80
Speck, gesalzen	Barrel	155	0,23	8	1,5	53
Stacheldraht	Haspel	45	0,06	—	1,3	46
Stäbe, Oxhoft	1000 St.	—	6,6	—	—	—
„ Pipen	„	—	5,6	—	—	—
„ Barrel	„	—	5,0	—	—	—
Stärke	Kisten	30	0,082	—	2,7	96
„	„	25	0,068	—	2,7	96
Steinnüsse, geschält	Säcke	116	0,14	5	1,3	46
Steinsalz	lose	—	—	—	0,98	35
Stifte, Schuh-, Amerika	Säcke	—	0,092	—	—	—
„ „ „	Barrel	—	0,26	—	—	—
Streichhölzer, Antwerpen	Kisten	—	0,07	—	—	—
„ Genua	„	—	0,07	—	—	—
„	„	—	0,075	—	—	—
Strohhülsen	Ballen	57	0,231	—	4,0	142
Stuhlrohr	lose	—	—	—	4,0	142
Sumach	Ballen	250	0,85	—	3,4	120
Südfrüchte	Kisten	100	0,3	—	3,0	106
Tabak[4], Amerika, Florida	„	1—200	—	—	—	—
„ „ Kentucky	Fässer	770	2,12	—	2,8	99
„ „ „	„	455	1,4	—	2,9	102
„ „ Maryland	„	350	1,5	54	4,3	150
„ „ Ohio	„	500	1,3	43	2,6	86
„ „ Virginia	„	1100	1,69	—	1,5	53
„ „ „	„	680	1,7	—	2,8	99
„ „ „	„	340	1,1	—	3,1	111
„ „ „	Kisten	150	0,67	—	4,0	142
„ Columbien	Fell-Seronen	90	0,166	6,0	2,0	71
„ „	Leinen-Seronen	90	0,181	—	2,0	71
„ Habana	Ballen	50	0,25	9,0	5,0	180
„ Santo Domingo	Seronen	90	0,17	6,0	2,0	71
„ Jamaica	Packen	45—60	—	—	—	—
„ Bahia	Ballen	150	0,45	16,0	3,0	106
„ „	„	75	0,22	—	3,0	106
„ La Plata	„	—	0,41	—	—	—

[1] Wertvolle Ladung, nicht mit schwitzender Ladung und Eisen zusammenstauen. — [2] Besondere Ventilation.

[3] Neigt zur Selbstentzündung. Kann benzinhaltig sein, daher Explosionsgefahr. Beachte Merkblatt der SBG über die Verladung von extrahiertem Schrot. — [4] Sehr empfindliche Ladung, besonders gegen Druck. Gutes Garnier und gute Ventilation. Keine Haken benutzen.

Art der Güter	Verpackung	Einheit			Stauraum für 1000 kg	
		wiegt	mißt			
		kg	cbm	cbf	cbm	cbf
Tabak, Ostindien	Ballen	93	0,28	10,0	3,25	115
„ Java	„	79	0,17	6,0	2,0	71
„ Sumatra	„	80	0,233	—	3,0	106
„ Shanghai	„	76	0,24	—	3,2	115
„ Canton	„	68,5	0,198	—	3,0	106
„ Türkei	„	60	0,3	—	5,0	177
„ „	Packen	40—50	—	—	—	—
Tabaksauce (Bahia)	Häute	—	0,05	—	—	—
Tabakstengel	Ballen	—	0,614	—	—	—
Talg	Fässer	500	1,0	35	2,0	71
„	Pipe	400	0,85	—	2,0	71
Tapiokamehl	Säcke	62	0,13	4,0	1,7—2	60—70
„ Wurzel	„	62	0,14	5,0	2,3	80
„ ampas	„	62	0,17	6,0	2,8	100
„ flake	„	62	0,14	5,0	2,3-2,[illegible]	80--90
„ pearl	„	62	0,14	5,0	2,3	80
Tee[1]	Kisten	45,4	0,14	—	2,0	106
„	„	22,7	0,085	—	3,7	131
„	„	18,2	0,057	—	3,0	106
„ (China)	„	34	0,113	—	3,3	117
„ „	„	45	0,14	—	2,8	99
„ „	½ Kisten	28	0,08	—	3,0	106
„ „	¼ Kisten	13	0,04	—	3,2	115
Teer	Fässer	125	0,2	7,0	1,5	56
Thomasmehl	Säcke	100	0,09	—	0,88	31
Ton, trocken	lose	—	—	—	0,56	20
„ feucht	„	—	—	—	0,50	18
Tonerde	Fässer	990	0,64	—	0,7	25
„	„	550	0,55	—	1,0	35
„	Kisten	300	0,21	—	0,7	25
„	„	250	0,2	—	0,8	28
Twist, gepreßt	Ballen	100	0,5	18	5,0	180
Vieh[2]	—	—	—	—	—	—
Viehfutter (Java)	Säcke	62	0,17	6,0	2,6	96
Vitriolöl in Flaschen	Kisten	20—35	—	—	—	—

[1] Sehr empfindliche Ladung, besonders gegen Feuchtigkeit und Geruch.

[2] *Viehtransporte* erfordern große Sorgfalt. Bestimmungen des Abgangs- und Bestimmungshafens und Futtervorschriften beachten. Heilmittel mitnehmen.

Pferdeställe 1,1 m breit, 2,2—2,5 m lang, 1,5—1,9 m hoch
Rindviehställe 0,8—0,9 m breit, 2,2—2,5 m lang, 1,5—1,9 m hoch
} für ein Tier.

Nicht mehr als 3 oder 4 Tiere in einem Stall.

Schafställe: Für größere Tiere hat man für jedes Tier etwa 0,4 m Breite, 1,3 m Länge und 1,2 m Höhe zu rechnen.

Ställe werden meistens für mehrere Tiere hergerichtet in der Größe: 2,5 m breit, 6,2 m lang und 1,2 m hoch.

Schafställe können übereinander gebaut werden. Mindesthöhe 2,4 m. Es ist dann für gute Abdichtung und Abfluß der oberen Ställe Sorge zu tragen.

(Fortsetzung der Fußnote auf S. 256)

Art der Güter	Verpackung	Einheit wiegt	Einheit mißt		Stauraum für 1000 kg	
		kg	cbm	cbf	cbm	cbf
Wachs, Japan	Blöcke	50	0,09	—	1,8	65
Wallnüsse	Säcke	50	0,2	7,0	4,0	140
Wein[1]	Oxhoft	300	0,6	—	2,0	71
„	Pipe	—	1,0	—	—	—
„	Halb-Pipe	—	0,5	—	—	—
„	Barrel	—	0,2	—	—	—
„	Keg	—	0,1	—	—	—
„ Portugal	Pipe	530	1,6	—	3,0	106
„ „	1/5 Pipe	100	0,16	—	1,6	57
„ „	1/10 Pipe	54	0,08	—	1,5	53
„ „	Kisten	26	0,04	—	1,5	53
Weintrauben	„	35	—	—	—	—
Weizen[2]	Säcke	110	0,18	6,5	1,7	60
„	„	85	0,13	4,0	1,4	48
„	„	75	0,10	3,5	1,4	48
„ deutscher, lose	hl	76,5	0,10	—	1,3	46
„ amerikanischer, lose	Bushel	27,2	0,035	—	1,3	46
Whisky	Barrel	160	0,26	—	1,6	57
Wicken	Säcke	100	0,14	—	1,4	50
Wolle[3], Südamerika	Ballen	450	1,0	35	2,3	81
„ „ stark gepreßt	„	450	0,93	—	2,1	74
„ „	„	600	1,4	50	2,3	81
„ Australien	„	200	0,55	19	2,5	89
„ „	„	180	0,45	16	2,3	81
„ Asien	„	versch.	—	—	3,6	128
„ Kaukasus	„	116	0,57	—	5,0	177
„ Chile	„	250	1,0	35	4,0	140
„ ungepreßt	„	—	—	—	7,0	250
Zement s. Cement						
Zeugklammern	Kisten	—	0,34	—	—	—
Zinkweiß	Fässer	50	—	—	—	—
„	„	100	—	—	—	—
Zinn, Malakka	Blöcke	60	—	—	0,2	7,0
„ Banka	„	36	—	—	0,2	7,0
Zucker[4]	Säcke	100	0,125	—	1,3	46
„	„	90	0,12	—	1,3	46
„	„	75	0,10	—	1,35	48
„	„	50	0,07	—	1,4	49
„	„	45	0,06	—	1,4	50
„ roher Rüben-	„	100	0,13	4,5	1,3	40—50

(Fortsetzung von Fußnote 2)

Gute Ventilation notwendig. Tierwärter in genügender Zahl mitnehmen. Rauchen in der Nähe der Ställe verboten!

Futter für ein Pferd und Tag:
3 kg Hafer, 1 kg Kleie, 5 kg Heu, 30 l Wasser.

Futter für ein Stück Rindvieh und Tag:
7 kg Heu, 25—30 l Wasser.

[1] Gutes Garnier. Auf Empfangsschein vermerken: „Nicht verantwortlich für Bruch und Leckage.“ Achtung: Diebstahl!

[2] Siehe Getreide.

[3] Trockene Räume. Schornsteinschutz gegen Funkenflug.

[4] Trockene Räume. Zucker gibt Feuchtigkeit ab. Gute Ventilation.

Art der Güter	Verpackung	Einheit wiegt	Einheit mißt		Stauraum für 1000 kg	
		kg	cbm	cbf	cbm	cbf
Zucker roher Rüben-	Körbe	—	—	—	1,5	55
„ Melis-	„	—	0,183	—	—	—
„ Würfel-	Kisten	25	0,04	1,5	1,7	60
„ Candis-	„	—	0,06	—	—	—
Zwiebeln	„	—	0,17	6,0	—	—
„	Säcke	50	0,11	—	2,23	80
„ Las Palmas	Körbe	—	0,098	—	—	—

12. Spezifische Gewichte fester Körper[1].

Wasser (bei + 4° C) = 1.

Name	Spez. Gew.	Name	Spez. Gew.
Ätzkali, trocken	2,1	Borax	1,7 — 1,8
Alabaster	2,3 — 2,8	Brauneisenstein	3,40—3,95
Alaun, Kali	1,71	Braunkohle	0,8 — 1,5
Aluminium, chemisch rein	2,6 — 2,8	Braunstein (Pyrolusit)	3,7 — 4,6
		Bronze	7,4 — 8,9
Aluminiumbronze	7,7	Butter	0,94— 0,95
Amalgan, natürl.	13,7 —14,1	Calcium	1,58
Anthrazit	1,4 — 1,7	Calciumkarbid	2,26
Antimon	6,7	Cadmium	8,6
Antimonglanz	4,6 — 4,7	Chilesalpeter	2,26
Apatit	3,16— 3,22	Chlorbarium	3,7
Arsen	5,7 — 5,8	Chlornatrium	2,15— 2,17
Arsenige Säure	3,69— 3,72	Chromgelb	6,0
Asbest	2,1 — 2,8	Chroms. Kali, dopp.	2,7
Asbestpappe	1,2	Deltametall	8,6
Asphalt (Erdpech)	1,1 — 1,5	Diamant	3,5 — 3,6
Basalt	2,7 — 3,2	Dolomit	2,9
Baumwolle, lufttrock.	1,47— 1,50	Eis	0,88— 0,92
Bergkristall, rein	2,6	Eisen	7,2 — 7,9
Bernstein	1,0 — 1,1	Eisenvitriol	1,80— 1,98
Beton	1,80— 2,45	Elfenbein	1,83— 1,92
Bimsstein, natürl.	0,37— 0,9	Erde, lehmig, fest gestampft, frisch	2,0
„ Wiener	2,2 — 2,5		
Bittersalz, kristall	1,7 — 1,8	„ lehmig, fest gestampft, trocken	1,6 — 1,9
„ wasserfrei	2,6		
Blätterkohle	1,2 — 1,5	„ mager, trocken	1,34
Blei	11,25—11,37	Fahlerze	4,36— 5,36
Bleiglätte, künstl.	9,3 — 9,4	Feldspat (Orthoklas)	2,53— 2,58
„ natürl.	7,83— 7,98	Fette	0,92— 0,94
Bleiglanz	7,3 — 7,6	Feuerstein	2,6 — 2,8
Bleiweiß	6,7	Flachs, lufttrocken	1,5
Bleizucker	2,4	Flußeisen	7,85
Blutlaugensalz, gelb	1,83	Flußspat	3,1 — 3,2
Bolus	2,2 — 2,5	Flußstahl	7,86
Bor	2,68	Gabbro	2,9 — 3,0
Borazit	2,9 — 3,0	Galmei	4,1 — 4,5

[1] Das spez. Gew. s eines Körpers ist gleich seinem Gewicht G, dividiert durch sein Volumen V, also $s = G:V$.

Name	Spez. Gew.
Gerste geschüttet	0,69
Gips, gebrannt	2,2 — 2,4
,, gegossen, trocken	0,97
,, gesiebt	1,25
Glanzkohle	1,2 — 1,5
Glas, Fenster-	2,4 — 2,6
,, Flaschen-	2,6
,, Flint-	3,15— 3,90
,, grünes	2,64
,, Kristall-	2,9 — 3,0
,, Spiegel- od. Kron-	2,45— 2,72
Glaubersalz	1,4 — 1,5
Glimmer	2,65— 3,20
Glockenmetall	8,81
Gneis	2,4 — 2,7
Gold, gediegen	19,33
,, gegossen	19,25
,, gehämmert	19,30—19,35
Granat	3,4 — 4,3
Granit	2,51— 3,05
Graphit	1,9 — 2,3
Grauspießglanz	4,6 — 4,7
Grobkohle	1,2 — 1,5
Gummi, arabisches	1,31— 1,45
,, (Kautschuk) roh	0,92— 0,96
Gummifabrikate	1,0 — 2,0
Gummigutt	1,2
Gußeisen	7,25
,, flüssig	6,9 — 7,0
Guttapercha	0,96— 0,99
Hafer, geschüttet	0,43
Hanffaser, lufttrocken	1,5
Harz	1,07

Holzarten:	lufttrocken	frisch
Ahorn	0,53—0,81	0,83—1,05
Akazie	0,58—0,85	0,75—1,00
Apfelbaum	0,66—0,84	0,05—1,26
Birke	0,51—0,77	0,80—1,09
Birnbaum	0,61—0,73	0,96—1,07
Buchsbaum	0,91—1,16	1,20—1,26
Ebenholz	1,26	—
Eberesche	0,69—0,89	0,87—1,13
Eiche	0,69—1,03	0,95—1,28
Erle	0,42—0,68	0,63—1,01
Esche	0,57—0,94	0,70—1,14
Fichte (Rottanne)	0,35—0,60	0,40—1,07
Guajak (Pockholz)	1,17—1,39	—
Hickory	0,60—0,90	—
Kiefer (Föhre)	0,31—0,76	0,38—1,08
Kirschbaum	0,76—0,84	1,05—1,18
Lärche	0,47—0,56	0,81
Linde	0,32—0,59	0,58—0,87
Mahagoni	0,56—1,05	—
Nußbaum	0,60—0,81	0,91—0,92
Pappel	0,39—0,59	0,61—1,07
Pechkiefer (Pitchpine)	0,83—0,85	—
Pflaumenbaum	0,68—0,90	0,87—1,17
Roßkastanie	0,58	—
Rotbuche	0,66—0,83	0,85—1,12
Steineiche	0,71—1,07	—
Tanne (Weißtanne)	0,37—0,75	0,77—1,23
Teakholz	0,9	—
Ulme (Rüster)	0,56—0,82	0,78—1,18
Weide	0,49—0,59	0,79
Weißbuche	0,62—0,82	0,92—1,25
Zeder	0,57	—

Name	Spez. Gew.
Holzkohle, lufterfüllt	0,4
,, luftfrei	1,4 — 1,5
Holzpflasterung	0,69— 0,72
Hornblende	3,0
Isolierbims	0,38
Jod	4,95
Kalium	0,865
Kalk, gebrannt, gesch.	0,9 — 1,3
,, gelöscht	1,15— 1,25
Kalkmörtel, trocken	1,60— 1,65
,, frisch	1,75— 1,80
Kalksandsteine	1,89— 1,92
Kalkspat	2,6 — 2,8
Kalkstein	2,46— 2,84
Kanonenstahl	8,44
Kaolin (Porzellanerde)	2,2
Kartoffel	1,06— 1,13
Kautschuk, roh	0,92— 0,96
Kies	1,8 — 2,0
Kieselerde	2,66
Kieselsäure, kristall	2,2 — 2,6
Knochen	1,7 — 2,0
Kobalt	8,51— 9,5
Kobaltglanz	6,0 — 6,1
Kochsalz	2,15— 2,17
Koks im Stück	1,4
Kolophonium	1,07
Kork	0,16— 0,35
Korkstein, weißer	0,25
,, schwarzer	0,56
Korund	3,9 — 4,0
Kreide	1,8 — 2,6
Kunstsandstein	2,0 — 2,1
Kupfer, gegossen	8,8 — 9,0
Kupferglanz	5,5 — 5,8
Kupferkies	4,1 — 4,3

Name	Spez. Gew.	Name	Spez. Gew.
Kupfervitriol, kristall.	2,2 — 2,3	Schiefer	2,65— 2,70
Lagermetall, Weißmetall	7,1	Schießpulver, lose. . .	0,9
		„ gestampft .	1,75
Lava	2,8 — 3,0	Schlacke, Hochofen- .	2,5 — 3,0
Leder, gefettet	1,02	Schmirgel	4,0
Leder, trocken	0,86	Schnee, lose, trocken .	0,125
Lehm, trocken	1,5 — 1,6	„ „ naß bis .	0,95
„ frisch gegraben .	1,7 — 2,8	Schwefel.	1,93— 2,1
Leim	1,27	Schwefelkies (Pyrit) .	4,9 — 5,2
Linoleum in Rollen . .	1,15— 1,30	Schweißeisen	7,8
Magnesia	3,2	„ als Draht . .	7,60— 7,75
Magnesit	3,0	Schweißstahl	7,86
Magnesium	1,74	Schwerspat	4,5
Magneteisenstein . . .	4,9 — 5,2	Serpentin	2,4 — 2,7
Magnetkies	4,54— 4,64	Silber	10,42—10,63
Malachit	3,7 — 4,1	Soda, geglüht	2,5
Mangan	7,15— 8,03	„ kristall.	1,45
Manganerz	3,46— 4,1	Spateisenstein	3,7 — 3,9
Marmor	2,52— 2,85	Speckstein	2,6 — 2,8
Meerschaum	0,99— 1,28	Speiskobalt	6,4 — 7,3
Mehl, lose	0,4 — 0,5	Stärke im Stück . . .	1,53
Mehl, zusammengepreßt	0,7 — 0,8	Stahl	7,85— 7,87
Melaphyr	2,6	Steinkohle im Stück. .	1,2 — 1,5
Mennige-, Blei	8,6 — 9,1	Steinsalz	2,28— 2,41
Mergel	2,3 — 2,5	Strontianit.	3,7
Messing	8,4 — 8,75	Strontium	2,5
Mühlsteinquarz . . .	1,25 —1,60	Syenit.	2,6 — 2,8
Naphthalin	1,15	Talg	0,90— 0,97
Natrium	0,978	Ton	1,8 — 2,6
Neusilber	8,4 — 8,7	Tonschiefer	2,76— 2,88
Nickel	8,4 — 9,0	Topas	3,51— 3,57
Ocker	3,5	Torf	0,64— 0,85
Papier.	0,7 — 1,15	Torfstreu, gepreßt . .	0,21— 0,23
Paraffin	0,87— 0,91	Trachyt	2,6 — 2,8
Pech	1,07— 1,10	Traß, gemahlen . . .	0,95
Phenol (bei 0°)	1,08— 1,09	Tuffstein im Stück . .	1,3
Phosphor	1,82— 2,4	Tuffstein als Ziegel . .	0,8 — 0,9
Phosphorbronze . . .	8,8	Wachs	0,95— 0,98
Platin, gehämmert . .	21,3 —21,5	Walrat	0,88— 0,94
„ gegossen . . .	21,15	Weißmetall	7,1
Polierschiefer.	2,1	Weizen, geschüttet . .	0,7 — 0,8
Porphyr	2,6 — 2,9	Wismut	9,78— 10,1
Porzellan	2,3 — 2,5	Wolfram.	17,5
Pottasche	2,26	Zement	0,82— 1,95
Preßkohle (Brikett) . .	1,25	Ziegel, gewöhnl. . . .	1,4 — 1,6
Quarz	2,5 — 2,8	„ Klinker	1,7 — 2,0
Roggen, geschüttet . .	0,68— 0,79	Ziegelmauerwerk . . .	1,4 — 1,65
Roheisen	7,0 — 7,8	Zink	6,8 — 7,2
Roteisenstein.	4,5 — 4,9	Zinkblende.	3,9 — 4,2
Salmiak	1,5 — 1,6	Zinkchlorid	2,75
Salpeter, Kali-	1,95— 2,08	Zinkspat (Galmei) . .	4,1 — 4,5
Sand, fein und trocken	1,40— 1,65	Zinkvitriol, kristall. . .	2,04
„ fein und feucht .	1,90— 2,05	Zinn	7,0 — 7,5
„ grob	1,4 — 1,5	Zinnstein	6,4 — 7,0
Sandstein	2,2 — 2,5	Zinnober	8,12
Schafwolle, lufttrocken	1,32	Zucker, weißer	1,61
Schamottesteine . . .	1,85		

13. Spezifische Gewichte von Flüssigkeiten.

(Bei etwa +15° C Temperatur.)

Name der Flüssigkeit	Spez. Gew.	Name der Flüssigkeit	Spez. Gew.
Aceton	0,79	Leinöl, gekochtes . . .	0,94
Äther (Äthyläther) . . .	0,74	Methylalkohol	0,81
Aldehyd	0,80	Milch	1,03
Alkohol (wasserfrei) .	0,79	Mineralschmieröle. . .	0,90—0,93
Amylalkohol	0,81	Mohnöl	0,92
Anilin	1,04	Naphtha, Petroleum .	0,76
Anisöl	1,00	Natronlauge	1,15—1,7
Baldrianöl	0,97	Ölsäure	0,90
Baumwollsamenöl . .	0,93	Olivenöl, (Baumöl, Provenceöl)	0,92
Benzin	0,68—0,70	Palmöl	0,91
Benzol	0,90	Petroleumäther . . .	0,67
Bernsteinöl	0,80	Petroleum, Leucht- . .	0,79—0,82
Bier.	1,02—1,04	Photogen	0,78—0,85
Brom	3,19	Quecksilber	13,5956
Buttersäure	0,96	Rapsöl	0,92
Chlornatrium.	1,10	Rizinusöl	0,97
Chloroform	1,48	Rüböl	0,92
Dieselöl	0,85—0,87	Salpetersäure	1,1 —1,5
Eiweiß	1,04	Salzsäure	1,05—1,2
Glyzerin	1,26	Schwefelkohlenstoff. .	1,29
Harzöl	0,96	Schwefelsäure	1,1 —1,89
Heizöl für Ölfeuerung .	0,9 —1,1	Seewasser	1,02—1,03
Holzgeist	0,80	Specköl	0,92
Kalilauge	1,1 —1,7	Teer, Steinkohlen- . .	1,20
Kampferöl	0,91	Teeröl.	1,05—1,1
Karbolsäure, roh . . .	0,95—0,97	Terpentinöl	0,87
Kienöl	0,85—0,86	Tran	0,92—0,93
Klauenfett	0,92	Wasser (destilliert) . .	1,00
Kokosnußöl	0,93	Wein	0,99—1,01
Kreosotöl	1,04—1,1	Zinkvitriol	1,1 —1,4
Kupfervitriol	1,1	Zitronenöl	0,84
Lavendelöl	0,88		

14. Längenmaße, Flächenmaße, Raummaße und Gewichte verschiedener Länder.

Ländernamen	Längenmaße	Flächenmaße	Raummaße	Gewichte	Ländernamen
Ägypten	metrisch	metrisch	metrisch	metrisch	**Ägypten**
Argentinische Republik	metrisch	metrisch	metrisch	metrisch	**Argentinische Republik**
Belgien	metrisch	metrisch	metrisch	metrisch	**Belgien**
Brasilien	metrisch	metrisch	metrisch	metrisch	**Brasilien**
Bulgarien	metrisch	metrisch	metrisch	metrisch	**Bulgarien**
China	1 Yin zu 10 Tschi (Covid, Fuß) zu 10 Tsun (Pant) zu 10 Fän = 3,73 m 1 Yin nach Vertrag mit England = 3,581 m 1 Li (Meile) zu 180 Faden zu 10 Feldmesser-Covid = 0,5755 km	1 Mau = 631 qm 1 King = 0,2453 ha Seidenzeug nach Gewicht	1 Tschi Getreide zu 10 Sching = 1,031 hl 1 Sai Getreide zu 2 Hwo zu 10 Sching = 1,2243 hl (Getreide und Flüssigkeiten sonst meist nach Gewicht)	1 Pikul zu 100 Kätties zu 16 Tael (Liang) = 60,453 kg 1 Tael zu 10 Mähs oder Tsin zu 10 Condorin oder Fän zu 10 Käsch (Sabek) = 37,793 g (für Silber = 37,753 g)	**China**
Deutschland	1 Meter (m) zu 100 Zentimeter (cm) zu 10 Millimeter (mm) 1 Kilometer (km) = 1000 m 1 deutsche Landmeile = 7,5 km 1 geographische Meile (15 = 1 Äquatorgrad) = 7,42054854 km 1 deutsche (und franz.) **Seemeile** (60 = 1 Meridiangrad) = **1,852 km** 1 Faden = 1,829 m 1 Kabel = 0,22 km 1 Äquatorgrad = 111,3064 km 1 Meridiangrad = 111,1111km	1 Quadratmeter (qm) zu 10000 Quadratzentimeter (qcm) zu 100 Quadratmillimeter (qmm) 1 Hektar (ha) zu 100 Ar (a) zu 100 qm 1 Quadratkilometer (qkm) = 100 ha 1 geographische Quadratmeile = 55,062919 km	1 Kubikmeter (cbm) zu 1000 Liter (l) zu 1000 Kubikzentimeter (ccm) zu 1000 Kubikmillimeter (cmm) 1 Hektoliter (hl) = 100 l 1 Scheffel = 0,5 hl (nicht mehr amtlich) 1 Oxhoft = 2,20 hl 1 Stückfaß = 12,00 hl 1 Tonne (Schiffsmaß) = 2,12 cbm 1 Registertonne = 2,83 cbm 1 cbm = 0,353 Reg.T.	1 Kilogramm (kg) = 1000 Gramm (g) zu 1000 Milligramm (mg) 1 kg = 2 (alte) Zoll-Pfund 1 Tonne (t) (früher zu 20 Zentner) = 1000 kg 1 Doppelzentner (dz) = 100 kg 1 Schiffslast zu 2 Tonnen = 2000 kg	**Deutschland**
Finnland	metrisch	metrisch	metrisch	metrisch	**Finnland**

Ländernamen	Längenmaße	Flächenmaße	Raummaße	Gewichte	Ländernamen
Frankreich	metrisch, früher 1 Pariser Fuß = 0,324839 m (1 m = 443,295936 Par. Lin.)	metrisch	metrisch 1 Stère = 1000 l	metrisch	**Frankreich**
Griechenland	metrisch 1 griechische Meile = 10 km	metrisch 1 Stremma = 10 a	metrisch 1 Kiló = 1 hl	metrisch 1 Stater = 56,32 kg	**Griechenland**
Groß-britannien (metrisches Maß und Gewicht sind zugelassen)	1 nautical mile (knot) = 6080 feet = 10 cables lengths = 1853,15 m 1 statute mile = 8 furlongs = 1760 yards = 5280 feet = 1609,34 m 1 furlong = 10 chains = 220 yards = 201,164 m 1 chain = 100 links = 100 · 7,92 inches = 20,12 m 1 fathom = 2 yards = 6 feet = 1,829 m 1 foot (′) = 12 inches = 0,305 m 1 inch (″) = 12 lines = 2,54 cm 1 line (‴) = 2,116 mm	1 square mile = 640 acres = 2,59 km² 1 acre = 4 roods = 4046,7 m² 1 rood = 1210 square yards = 1011,7 m² 1 square yard = 9 square feet = 0,836 m² 1 square foot = 144 square inches = 0,093 m² 1 square inch = 6,4515 cm²	1 ocean ton = 40 cubic feet = 1,3226 m³ 1 register ton = 100 cubic feet = 2,8317 m³ 1 cubic yard = 27 cubic feet = 0,7645 m³ 1 cubic foot = 1728 cubic inches = 0,0283 m³ 1 cubic inch = 16,3866 cm³ 8 bushels = 1 quarter = 290,78 dm³ 1 bushel = 8 gallons = 36,35 dm³ Flüssigkeitsmaße 1 anker = 10 gallons = 45,436 l 1 gallon = 4 quarters = 4,544 l 1 quarter = 2 pints = 1,136 l 1 pint = 4 gills = 0,568 l 1 gill = 0,142 l	1 short ton = 2000 pounds = 907,185 kg 1 long ton = 2240 pounds = 1016,05 kg 1 cent weight[1] = 112 pounds = 50,8024 kg 1 quarter = 28 pounds = 1,27 kg 1 pound (lb) = 16 ounces = 453,393 g 1 ounce = 16 drams = 28,35 g [1] 1 centweight engl. = 1 hundredweight amerik.	**Groß-britannien** (metrisches Maß und Gewicht sind zugelassen)
Holland	metrisch	metrisch	metrisch	metrisch	**Holland**
Indien	1 Guz zu 2 Hat zu 24 Angli = 1 engl. yard = 0,9144 m 1 Meile z. 1000 engl. Faden z. 4 Cubits oder 2 Bombay-Guz = 1,8288 km 1 Cubit (Madras) = 0,4572 m 1 Guz (Bombay) = 0,6858 m 1 Guz (Bengalen) = 0,9144 m Im Großhandel das engl. yard	1 Qu.-Cubit = 0,209 qm 1 Qu.-Guz (Bombay) = 0,4703 qm	Flüssigkeiten n. engl. Imp. Gallons oder wie Getreide nach Gewicht 1 Khahoon (Bengalen) zu 16 Soallees wiegt 1354,73 kg 1 Kandry Reis (Bombay) wiegt 97,95 kg 1 Garce (Madras) zu 80 Parahs = 4,916 cbm	1 Bazar Maund zu 40 Sihrs (Seers) zu 16 Chittaks = 37,324 kg 1 Faktorei Maund = 33,868 kg 1 Madras Maund = 11,34 kg 1 Bombay Maund = 12,70 kg	**Indien**

Ländernamen	Längenmaße	Flächenmaße	Raummaße	Gewichte	Ländernamen
Japan	metrisch, früher: 1 Shaku Kane zu 10 Sun zu 10 Bu = 0,303 m 1 Ri zu 36 Tschô zu 60 Ken zu 6 Shaku = 3,927 km	metrisch, früher: 1 Qu.-Tsch = 0,99174 ha	metrisch, früher: 1 Sho zu 10 Go zu 10 Sai zu 10 Satsu = 1,803907 Liter 1 Koko zu 10 To zu 10 Sho = 1,803907 hl	metrisch, früher: 1 Kin zu 160 Momme zu 10 Fun zu 10 Rin = 0,601 kg 1 Kwan zu 1000 Momme = 3,7565 kg	**Japan**
Norwegen, Dänemark	In *Norwegen, Dänemark* 1 Rute zu 5 Alen zu 2 Fuß = 3,138535 m 1 Meile zu 2000 preußische Ruten = 7,532484 km in Norwegen 1 Meile zu 6000 Faden = 11,295 km daneben metrisch	In *Dänemark*: 1 Qu.-Rute zu 100 Qu.-Fuß = 9,85 qm 1 Tonne Land zu 560 Qu.-Ruten = 0,55163 ha daneben metrisch	metrisch	In *Norwegen*: 1 Ztr. = 49,811 kg daneben metrisch In Dänemark: 1 Komm.-Last zu 5200 Pfund = 2600 kg daneben metrisch	**Norwegen, Dänemark**
Paraguay	metrisch, früher: 1 Vara = 0,866 m 1 Legua = 4,33 km	metrisch, früher 1 Qu.-Legua = 17,43 qkm	metrisch, früher: 1 Fanega = 2,88 hl 1 Pipa = 4,56026 hl	metrisch, daneben: 1 Quintal zu 4 Arrobas zu 25 Libra = 46,008 kg	**Paraguay**
Polen	metrisch	metrisch	metrisch	metrisch	**Polen**
Portugal	metrisch	metrisch	metrisch	metrisch	**Portugal**
Rumänien	metrisch	metrisch	metrisch	metrisch	**Rumänien**
UdSSR	metrisch, engl. Fußmaß 1 Saschehn (zu 7 Fuß od.) zu 3 Arschin zu 16 Werschock = 2,13357 m 1 russ. Fuß = 1 engl. Fuß (Zoll 10teil.) 1 Werst = 1,066781 km 1 Meile zu 7 Werst = 7,467465 km	metrisch, engl. Fußmaß 1 Dessätine = 1,0925 ha 1 Qu.-Saschehn = 4,5521 qm 1 Qu.-Werst = 1,13802 qkm	metrisch, engl. Fußmaß 1 Kub.-Saschehn = 9,7123 cbm 1 Botschka zu 40 Wedro zu 100 Tscharka = 4,9195 hl 1 Krutschka (Stoof) = 1,22980 l 1 Tschetwert zu 8 Tschetwerik zu 8 Garnitzi = 2,099 hl 1 Wedro zu 10 Krutschka 1 Standard = 4,672 cbm	1 Pfund = 0,409531 kg 1 Pud zu 30 Pfund zu je 32 Lot zu je 3 Solotnik = 16,38048 kg 1 Tonne zu 12 Berkowitz zu 10 Pud = 1965,66 kg 1 Last = 2025,41 kg	**UdSSR**
Schweden	metrisch, früher: 1 Famn zu 3 Alen zu 2 Fuß zu je 10 Zoll = 1,7814 m 1 Meile = 10,6886 km 1 Neumeile = 10 km	metrisch, früher: 1 Tunnland zu 2 Spanland zu 16 Kappland zu $3^1/_2$ Kannland = 56000 Qu.-Fuß = 0,493641 ha	metrisch, früher: 1 Ahm zu 6 Kub.-Fuß zu 10 Kannen = 1,570313 hl 1 Tonne = 1,6489 hl	metrisch, früher: 1 Zentner zu 100 Skalpund zu 100 Ort = 42,50758 kg 1 Schiffspfd. = 170,028 kg 1 Schiffslast = 5760 Pfd. = 2450 kg	**Schweden**

Ländernamen	Längenmaße	Flächenmaße	Raummaße	Gewichte	Ländernamen
Spanien	metrisch	metrisch	metrisch	metrisch	**Spanien**
Südamerika[1]	metrisch, altkastilisch 1 Vara = 3 Piks = 4 Palmos = 0,8359 m 1 Legua = 5,565 km	metrisch, altkastilisch In *Venezuela*: 1 Fanegada = 0,6987 ha	metrisch, auch altkastilisch 1 Cahiz zu 12 Fanegas zu 12 Celemines = 6,66 hl 1 Cantara zu 8 Acumbres zu 4 Cuartillas = 16,328 l 1 Moyo = 2,5826 hl 1 Pipa = 4,3570 hl 1 Bota = 4,8411 hl	metrisch, auch altkastilisch 1 Quintal zu 4 Arrobas zu 25 Libras zu 2 Marco zu 8 Oncas = 46,0093 kg 1 Tonnelada = 20 Quintal = 920 kg	**Südamerika**[1]
Türkei u. Ungarn	metrisch	metrisch	metrisch	metrisch	**Türkei u. Ungarn**
Uruguay	metrisch, früher: 1 Vara = 0,859 m 1 Legua = 5,154 km	metrisch, früher: 1 Qu.-Legua = 26,6 qkm	metrisch, früher: 1 Pipa = 4,55424 hl 1 Fanega = 1,37272 hl 1 Galon = 3,805 l	metrisch, früher: 1 Quintal zu 4 Arrobas zu 25 Libras = 45,94 kg 1 Tonnelada = 918,8 kg	**Uruguay**
Vereinigte Staaten von Nordamerika (das metrische Maß und Gewicht sind zugelassen)	englisch, jedoch: 1 Mile = 1,60933 km 1 Naut. M. = 1,85495 km 1 Statute M. = 3Naut.Miles	englisch 1 Qu.-Meile (Sektion) = 2,5899 qkm 1 Township zu 36 Sektionen = 93,2369 km 1 acre = 4840 square-yards = 4047 qm	altenglisch 1 (Wein)-Gallon zu 4 Quarts zu 2 Pints zu 4 Gills zu 4 Fluid Ounces = 3,7862 l 1 Trocken-Gall. (Getreidem.) = 4,4046 l 1 Bushel = 35,238 l = 8 Trocken-Gallonen	englisch 1 Hundred-weight häufig (z. B. in New York) zu 4 Quarters zu 25 Pfund = 45,359 kg 1 Ton (short ton) zu 2000 Pfund (lbs) = 907,1853 kg 1 long ton zu 2240 Pfund (lbs) = 1016,0475 kg	**Vereinigte Staaten von Nordamerika** (das metrische Maß und Gewicht sind zugelassen)

[1] Die Angaben gelten für Bolivien, Chile, Ekuador, Guatemala, Honduras, Kolumbien, Kostarika, Nikaragua, Peru, S. Salvador und Venezuela.

15. Umrechnung von deutschen Maßen in englische und amerikanische.

1. Längenmaße

1 cm = 0,3937 inches
1 m = 3,2808 feet = 1,0936 yards = 0,5468 fathoms
1 km = 0,621 statute miles = 0,5400 nautical miles
11 m = 12 yards (kaufmännisch)

2. Flächenmaße

1 cm² = 0,155 sq. inches 1 m² = 10,764 sq. feet 1 ha = 2,47 acres

3. Raummaße

1 cm³ = 0,0610 cubic inches
1 m³ = 35,315 cubic feet = 0,7063 loads
1 m³ = 0,3532 Reg. tons = 0,8829 oceantons zu 40 cubic feet

In einzelnen Häfen rechnet man oceantons zu 50 cbf = 1,42 m³ oder:
1 m³ = 0,707 oceantons zu 50 cbf

4. Flüssigkeitsmaße

1 l = 0,2201 gallons = 0,8804 quarts = 1,7608 pints
1 l = 0,2642 gallons (USA)

1 Tun zu 2 Pipes = 1145 l	1 Barrel = 164 l
1 Puncheon = 382 l	1 Kilderkin = 82 l
1 Hogshead = 286 l	1 Firkin = 41 l

Die amerikanische Ölindustrie rechnet mit:

1 Barrel = 42 liquid gallons	1 Gallon = 231 cubic inches
= 5,614602 cbf (engl.)	= 3,78535 l
= 0,158983 m³	= 0,023809 Barrels
= etwa 159 l	= 0,003785 m³

5. Gewichte

1 g = 0,0035 ounces 1 kg = 2,2046 lbs
1 Ztr = 110,23 lbs = 0,984 centweights
1 Tonne (= 1000 kg) = 1,102 short tons = 0,9842 long tons
(1 amerik. Barrel Mehl = 196 Pfund = 88,9 kg)

6. Tabellen

Zoll in Meter.

Zoll	1	2	3	4	5	6	7	8	9	10	11	12
Meter	0,025	0,051	0,076	0,102	0,127	0,152	0,178	0,203	0,229	0,254	0,279	0,305

Fuß in Meter.

Fuß	0	1	2	3	4	5	6	7	8	9
0	0,00	0,30	0,61	0,91	1,22	1,52	1,83	2,13	2,44	2,74
10	3,05	3,35	3,66	3,96	4,27	4,57	4,88	5,18	5,49	5,79
20	6,10	6,40	6,71	7,01	7,32	7,62	7,92	8,23	8,53	8,84
30	9,14	9,45	9,75	10,06	10,36	10,67	10,97	11,28	11,58	11,89
40	12,19	12,50	12,80	13,11	13,41	13,72	14,02	14,33	14,63	14,93
50	15,24	15,54	15,85	16,15	16,46	16,76	17,07	17,37	17,68	17,98
60	18,29	18,59	18,90	19,20	19,51	19,81	20,12	20,42	20,73	21,03
70	21,34	21,64	21,95	22,25	22,55	22,86	23,16	23,47	23,77	24,08
80	24,38	24,69	24,99	25,30	25,60	25,91	26,21	26,52	26,82	27,13
90	27,43	27,74	28,04	28,35	28,65	28,96	29,26	29,57	29,87	30,17

Zehntel Meter in Fuß und Zoll.

Meter	0,1	0,2	0,3	0,4	0,5	0,6	0,7	0,8	0,9	1,0
	0′ 4″	0′ 8″	1′ 0″	1′ 4″	1′ 8″	2′ 0″	2′ 4″	2′ 7″	2′11″	3′ 3″

Meter in Fuß und Zoll.

Meter	0		1		2		3		4		5		6		7		8		9	
	′	″	′	″	′	″	′	″	′	″	′	″	′	″	′	″		″	′	″
0	0	0	3	3	6	7	9	10	13	1	16	5	19	8	23	0	26	3	29	6
10	32	10	36	1	39	4	42	8	45	11	49	3	52	6	55	9	59	1	62	4
20	65	7	68	11	72	2	75	6	78	9	82	0	85	4	88	7	91	10	95	2
30	98	5	101	9	105	0	108	3	111	7	114	10	118	1	121	5	124	8	127	11
40	131	3	134	6	137	10	141	1	144	4	147	8	150	11	154	2	157	6	160	9
50	164	1	167	4	170	7	173	11	177	2	180	5	183	9	187	0	190	4	193	7
60	196	10	200	2	203	5	206	8	210	0	213	3	216	6	219	10	223	1	226	5
70	229	8	232	11	236	3	239	6	242	9	246	1	249	4	252	8	255	11	259	2
80	262	6	265	9	269	0	272	4	275	7	278	11	282	2	285	5	288	9	292	0
90	295	3	298	7	301	10	305	1	308	5	311	8	315	0	318	3	321	6	324	10

Kubikfuß in Kubikmeter (und umgekehrt).

cbf	cbm	cbf	cbm	cbf	cbm	cbf	cbm
1	0,03	26	0,74	51	1,44	76	2,15
2	0,06	27	0,76	52	1,47	77	2,18
3	0,09	28	0,79	53	1,50	78	2,21
4	0,11	29	0,82	54	1,53	79	2,24
5	0,14	30	0,85	55	1,56	80	2,26
6	0,17	31	0,88	56	1,58	81	2,29
7	0,20	32	0,91	57	1,61	82	2,32
8	0,23	33	0,93	58	1,64	83	2,35
9	0,26	34	0,96	59	1,67	84	2,38
10	0,28	35	0,99	60	1,70	85	2,41
11	0,31	36	1,02	61	1,73	86	2,43
12	0,34	37	1,05	62	1,76	87	2,46
13	0,37	38	1,08	63	1,78	88	2,49
14	0,40	39	1,10	64	1,81	89	2,52
15	0,43	40	1,13	65	1,84	90	2,55
16	0,45	41	1,16	66	1,87	91	2,58
17	0,48	42	1,19	67	1,90	92	2,60
18	0,51	43	1,22	68	1,92	93	2,63
19	0,54	44	1,25	69	1,95	94	2,66
20	0,57	45	1,27	70	1,98	95	2,69
21	0,59	46	1,30	71	2,01	96	2,72
22	0,62	47	1,33	72	2,04	97	2,75
23	0,65	48	1,36	73	2,07	98	2,77
24	0,68	49	1,39	74	2,09	99	2,80
25	0,71	50	1,42	75	2,12	100	2,83

Tons zu 40 Kubikfuß in Kubikmeter (und umgekehrt).

t	cbm	t	cbm	t	cbm	t	cbm
1	1,13	26	29,45	51	57,76	76	86,08
2	2,27	27	30,58	52	58,90	77	87,21
3	3,40	28	31,71	53	60,03	78	88,34
4	4,53	29	32,85	54	61,16	79	89,48
5	5,66	30	33,98	55	62,23	80	90,61
6	6,80	31	35,11	56	63,42	81	91,74
7	7,93	32	36,24	57	64,55	82	92,87
8	9,06	33	37,38	58	65,69	83	94,01
9	10,19	34	38,51	59	66,82	84	95,14
10	11,33	35	39,64	60	67,96	85	96,27
11	12,46	36	40,77	61	69,09	86	97,40
12	13,59	37	41,91	62	70,22	87	98,54
13	14,72	38	43,04	63	71,35	88	99,67
14	15,86	39	44,17	64	72,49	89	100,80
15	16,99	40	45,30	65	73,62	90	101,93
16	18,12	41	46,44	66	74,75	91	103,07
17	19,25	42	44,57	67	75,88	92	104,20
18	20,39	43	48,70	68	77,02	93	105,33
19	21,52	44	49,83	69	78,15	94	106,46
20	22,65	45	50,97	70	79,28	95	107,60
21	23,78	46	52,10	71	80,41	96	108,73
22	24,92	47	53,23	72	81,55	97	109,86
23	26,05	48	54,36	73	82,68	98	110,99
24	27,18	49	55,50	74	83,81	99	112,13
25	28,32	50	56,63	75	84,95	100	113,26

16. Häufig vorkommende englische Ausdrücke im Ladungsdienst.

alleged not to be explosive	angeblich nicht explosiv
bags repaired	gebrauchte, reparierte Säcke
carefully note the custom regulations	Zollvorschriften genau beachten
contents full	Inhalt voll
contents loose	Inhalt lose, schlaff
develops damp	entwickelt Feuchtigkeit
easely inflammable	leicht entzündbar
free from danger	frei von Gefahr
in demijohns; is accepted on deck at shippers risk	in Korbflaschen an Deck auf Gefahr der Ablader
must not be brought into contact with water	duldet kein Wasser
on deck at shippers risk	an Deck auf Abladers Gefahr
seals and packages in perfect order and condition	Siegel und Verpackung in gutem Zustande
second hand cases	gebrauchte Kisten
some bags torn	einige Säcke zerrissen
weight, contents, marks, numbers, value unknown and not answerable for damage, breakage, sweat, vermin, rust	Gewicht, Inhalt, Marken, Nummern, Wert unbekannt und nicht verantwortlich für Schaden, Bruch, Schweiß, Ungeziefer, Rost
hooks should not be used by the stevedore's men	Haken sollen von den Stauern nicht benutzt werden

bag	Sack	casket	Kästchen
bale	Ballen	coil	Rolle
barrel	Faß	crate	Lattenkiste
basket	Korb	firkin	kleines Fäßchen
bucket	Eimer	keg	kleines Fäßchen
bundle	Bündel	pail	Eimer
case	Kiste	tub	kleiner Eimer
cask	Faß		

accident	Unfall	humid	feucht
act	Gesetz	inch	Zollmaß
adjustment	Dispache	insurance	Versicherung
afterpart (in the)	hinten	lay-days	Liegetage
authorities	Behörden	lighter	Leichter
average adjuster	Dispacheur	longshore men	Schauerleute
ballast	Ballast	loose	lose, weich, schlaff
bill of lading	Konnossement	loss	Verlust
board	Behörde, Amt	lower	fieren
breakage	Bruch	moist	feucht
broker	Makler	naval court	Seeamt
brokerage	Maklergebühr	overdue	überfällig
bung	Spund	parcil	kleines Paket
capacity	Ladefähigkeit	particular	besonders
carrier	Verfrachter (Reeder)	pay duty	verzollen
		pilferage	Beraubung
casualty	Unfall	power of attorney	Vollmacht
certificate of registry	Schiffszertifikat	port of distress	Nothafen
chain	Kette	prohibited	verboten
claim	Schadenersatzanspruch	quay berth	Kaiplatz
		rags	Lumpen
clean	ausfegen, reinigen	receipt (mate's)	Empfangsschein
clear	aufklaren	rope	Tau
clearance	Ausklarierung	rust	Rost
coal-dust	Kohlenstaub	sample	Probe, Muster
consignee	Empfänger	seal	Siegel
corroding	einfressend	seaprotest	Verklarung
corrosive	ätzend	separately	besonders
count	zählen	sew	nähen
crane	Kran	short	zu wenig
crowbar	Kuhfuß	shut	schließen
custom-house	Zollhaus	stain	Fleck
damage	beschädigen	stained	fleckig
day's work	Etmal	strop	Stropp
deadweight	Tragfähigkeit	survey	Besichtigung
demurrage	Überliegezeit, Liegegeld	sweat	Schweiß
		sweep	fegen
dented	angestoßen	sweeping	Fegsel
derrick	Ladebaum	tackle	Gei, Talje
despatch-money	Eilgeld	tallyman	Anschreiber
differ	abweichen	tarpaulin	Persenning
draught (draft)	Tiefgang	underwriter	Versicherer
dunnage	Garnier	unknown	unbekannt
dust	Staub	unseaworthy	seeuntüchtig
duty	Zollabgabe	vermin	Ungeziefer
fire dangerous	feuergefährlich	water danger	feuchtigkeitsempfindlich
forepart (in the)	vorne		
hatch	Luke	weight	Gewicht
heave	hieven	wet	naß
hook	Haken	winch	Winde
hose	Schlauch	wire	Draht

III. Seemannschaft[1].

1. Einige Angaben über Schiffsmanöver[2].

Manövriertabellen. Die Schiffsleitung muß mit den Manövriereigenschaften des Schiffes vertraut sein. Die Zeit zur Aufstellung einer Manövriertabelle *muß* vorhanden sein. Man hänge die Fahrt- und Manövriertabelle im Kartenhaus an gut sichtbarer Stelle aus, damit jeder neu an Bord kommende Nautiker einen Anhalt über die Manövriereigenschaften des Schiffes hat. Auch das von der SBG und der HSVA herausgegebene Manövrierbuch sollte geführt werden. Die einzelnen Manöver sollen möglichst bei voller Beladung gemacht und bei anderen Tiefgängen wiederholt werden. Das Seegebiet muß stromlos sein. Es soll möglichst Windstille herrschen. Den einzelnen Beobachtern müssen die Aufgaben genau zugeteilt werden.

Beispiel: *Manövriertabelle.* Schiff: MS „X", BRT: 5635, tdw: 7770, Länge: 138 m, Breite: 17,2 m, mittl. Tiefgang max: 24′ 08″, min: 11′ 02″, bei Beobachtung V 23′ 07″ H 24′ 01″, Schraube, Gangart: rechts, Steigung: 3,66 m, WPS: 5200, Schiffsort Breite: 20° 50′ N, Länge: 71° 30′ W, Windstille, Seegang: 0.

Fahrttabelle.

Umdrehungen	Schraubenmeilen	Fahrt sm/h	scheinbarer Slip[3]	Fahrtstufe	Bemerkungen
36	4,20	3,84	8,6%	GLV	
40	4,66	4,32	7,2%		
45	5,24	4,91	6,3%		
50	5,82	5,50	5,5%	LV	
55	6,40	6,08	5,0%		
usw.					
70	8,30	7,90	4,8%	HV	für Nebelfahrt
usw.					
90	10,68	10,18	4,7%	HV	
usw.					
124	14,75	14,10	4,4%	VV	

[1] Siehe auch Teil II über Ladung, Trimm, Tiefgang usw. und Band I: Richtlinien für den Schiffsdienst.

[2] Fachbücher: Kapt. F. Woerdemann „Dampfermanöver", Darmstadt: E. S. Mittler & Sohn GmbH. 1952. Kapt. Wilh. Koch u. Kapt. Karl Kluge „Manövrieren im Hafen, auf See und bei Eis", Hamburg: Eckardt & Meßtorff, 1952.

[3] Scheinbarer Slip ist Wegverlust gegenüber Schraubenmeilen (s. S. 272). Er darf nur bei ruhigem Wetter und nur in stromlosem Wasser festgestellt werden.

Fahrtverlust von Minute zu Minute nach „Maschine Stopp".

aus Fahrtstufe	U/min	kn	Geschwindigkeiten in kn nach:								Schiff steht nach	hat noch durchlaufen	war nicht mehr steuerfähig nach
			1 min	2 min	3 min	4 min	5 min	6 min	7 min	8 min			
VV	124	14,1	11,1	9,3	7,77	6,7	5,95	5,35	4,8	4,4	31 min	3560 m	19 min
HV	90	10,2	8,5	7,2	6,3	5,6	5,0	4,5	4,1	3,7	29 „	3130 „	16 „
HV (Nebel)	70	7,9	6,7	6,0	5,3	4,8	4,4	4,0	3,6	3,3	28 „	2680 „	15 „
LV	50	5,5	5,0	4,5	4,1	3,7	3,4	3,15	2,9	2,7	25 „	2160 „	12 „
GLV	36	3,8	3,5	3,2	2,95	2,7	2,5	2,3	2,1	1,9	21 „	1650 „	8 „

Maschine „Voll zurück", „Ruder mitschiffs": Wann steht das Schiff?

aus Fahrtstufe	U/min	kn	Schiff steht nach	schlägt aus nach	Grad	durchläuft noch	Maschine springt an nach	Bemerkungen
VV	124	14,1	$5^m\,10^s$	Stb	55°	880 m	$1^m\,30^s$	nach 40^s Anwerfen vergeblich
HV	90	10,2	$2^m\,50^s$	Stb	48°	380 m	25^s	
HV (Nebel)	70	7,9	$2^m\,20^s$	Stb	22°	290 m	21^s	
LV	50	5,5	$1^m\,55^s$	Stb	12°	170 m	15^s	
GLV	36	3,8	$1^m\,25^s$	Stb	8°	80 m	12^s	

1. *Geringstmögliche Fahrt* des Schiffes bei genügender Steuerfähigkeit, auch wenn nötigenfalls Maschine abwechselnd gestoppt wird und ganz langsam arbeitet: 2,4 kn.

2. Benötigte Zeit, um mit VR von der geringsten Nebelfahrt (36 U/min) *zum Stillstand zu kommen*: $1^m\,25^s$. Schiff läuft noch 80 m voraus.

3. *Geringste Umdrehungen* bei dauernd sicherem Betriebe, ohne daß Gefahr des Stehenbleibens der Maschine besteht: 36 U/min.

Wind, Wetter und Strom beeinflussen selbstverständlich die Manöver ungemein, desgleichen sind Tiefgang und Art der Beladung von Einfluß. So wird das Schiff, wenn schwere Ladung mehr an die Enden (vorderste und achterste Luken) gestaut ist, schwerer andrehen; wenn es sich aber erst in Drehung befindet, wird es schwer zu stützen sein. Liegt die Ladung mehr in den mittleren Luken, so wird es williger andrehen und auch später leichter zu stützen sein.

Drehung des Schiffes bei verschiedenen Fahrtstufen.

Schiff fällt ab	VV (124 U/min) Ruder		HV (90 U/min) Ruder		LV (50 U/min) Ruder		Bemerkungen
	hart Bb	hart Stb	hart Bb	hart Stb	hart Bb	hart Stb	
10°		$0^m\ 26^s$	$0^m\ 30^s$		$0^m\ 46^s$	$0^m\ 47^s$	
20°		$0^m\ 40^s$	$0^m\ 47^s$		$1^m\ 12^s$	$1^m\ 11^s$	
30°		$0^m\ 51^s$	$1^m\ 00^s$		$1^m\ 36^s$	$1^m\ 35^s$	
45°		$1^m\ 06^s$	$1^m\ 21^s$		$2^m\ 11^s$	$2^m\ 09^s$	
90°		$1^m\ 52^s$	$2^m\ 19^s$		$3^m\ 58^s$	$3^m\ 55^s$	
135°		$2^m\ 42^s$	$3^m\ 21^s$		$5^m\ 45^s$	$5^m\ 43^s$	
180°		$3^m\ 30^s$	$4^m\ 23^s$		$7^m\ 33^s$	$7^m\ 28^s$	
270°		$5^m\ 16^s$	$6^m\ 28^s$		$11^m\ 28^s$	$11^m\ 22^s$	
360°		$7^m\ 01^s$	$8^m\ 43^s$		$15^m\ 43^s$	$15^m\ 35^s$	
Schwenkgeschwindigkeit nach dem Andrehen für 10°:		$\sim 11^s$	$\sim 13^s$		$\sim 24-28^s$	$\sim 24-26^s$	
Drehkreisdurchmesser:		760 m 670 m	660 m 600 m		580 m 540 m	580 m 520 m	maximal minimal
Krängung:		2° Bb	1° Stb		—	—	
Fahrtverlust während des Drehens auf:		8,3 kn	6,9 kn		3,5 kn	3,5 kn	

Man muß die Angaben der erstmalig aufgestellten Manövriertabelle gelegentlich durch einzelne Manöver nachprüfen. Dies kann z. B. ohne Zeitverlust beim Warten auf den Lotsen geschehen und gibt besonders den neu an Bord gekommenen Offizieren Gelegenheit, die Eigenschaften des Schiffes kennenzulernen. Auch sollte der Kapitän die Offiziere einfachere Manöver wie Lotsennehmen, Mann-über-Bord-Manöver usw. unter seiner Aufsicht selbständig durchführen lassen, damit sie Erfahrungen sammeln und auch als Wachoffizier in dringenden Fällen ohne Scheu manövrieren können.

Manöverskizzen. Die zeichnerische Darstellung von Schiffsmanövern läßt einen guten Überblick über das Verhalten des Schiffes zu. Abb. 34 zeigt ein Drehmanöver mit voller Kraft voraus, Ruder hart Bb, mit einem größeren Frachtdampfer, wie es z. B. bei „Mann über Bord" auszuführen ist. In diesem Falle müßte nach einer Drehung um 285°, die nach $5^m\ 55^s$ erreicht wurde, geradeaus gefahren und die Maschine gestoppt werden, um den verlorengegangenen Mann zu finden.

Abb. 35 zeigt ein Rückwärtsmanöver aus voller Kraft voraus, Ruder hart Stb. Es handelt sich dabei um ein mittleres Einschraubenschiff. Das Manöver wird notwendig werden, wenn man wegen eines voraus

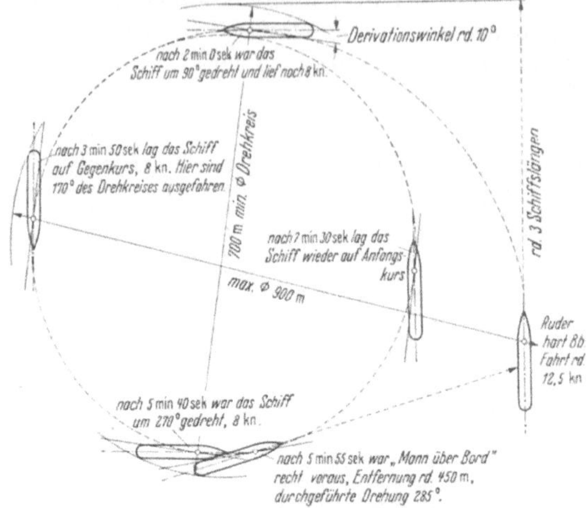

Abb. 34. Drehkreis eines Frachtschiffes von 7500 BRT. Rechtsgängige Schraube. Länge 160 m, Breite 19 m, Tiefgang ~18'. Wind SO 2, leicht bewegte See.

befindlichen Hindernisses möglichst schnell die Fahrt aus dem Schiff bringen will. Es zeigt sich, daß das Schiff in den ersten 2^m nach dem Maschinenkommando die Kursrichtung nur sehr wenig ändert, dann aber schnell nach Stb ausschlägt.

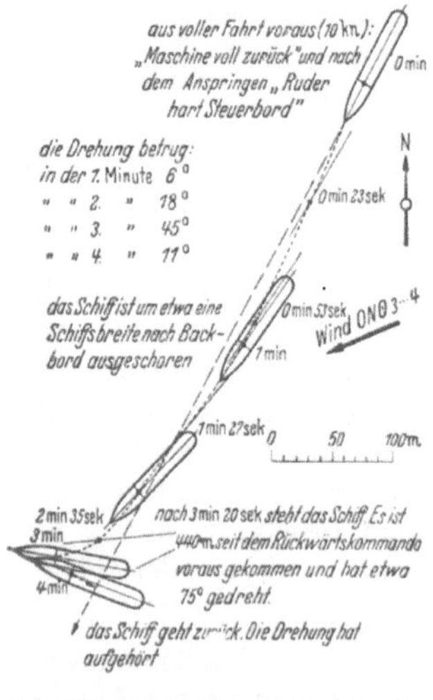

Abb. 35. Rückwärtsmanöver eines Einschraubenschiffes von 3500 BRT. Länge 102 m, Breite 14 m.

Zur Feststellung der Unterlagen für solche Manöverskizzen sind erforderlich: eine selbstgefertigte Boje mit Flagge bei Tage oder ein Holmslicht (tags und nachts verwendbar), eine Stoppuhr, ein Entfernungsmesser und eine Peilvorrichtung.

Ausführung. Vor Beginn genau Kurs halten! Boje oder Holmslicht an der Innenseite des Drehkreises über Bord werfen, sofort Maschinen- bzw. Ruderkommando geben und Stoppuhr starten! Von jetzt ab nach jeweils 10° oder 20° Kursänderung (große, veränderliche Deviationswerte berücksichtigen!) oder alle 10^s folgende Werte feststellen und aufschreiben: 1. Seitenpeilung der Boje, 2. Entfernung von der Boje. 3. bei Stoppstrecken anliegenden Kurs, 4. genaue Uhrzeit.

An Stelle des Entfernungsmessers kann man auch das Radargerät mit dem kleinsten Bereich (möglichst 0,5 sm) verwenden, wenn man sich ein Floß mit einem behelfsmäßigen Reflektor baut.

Bei nicht zu großer Entfernung von der Decca-Kette und günstigem Schnittwinkel der Standlinien hat sich auch das Decca-Navigator-Gerät bei der Festlegung der Manövriereigenschaften bewährt.

Man kann sich auch bei einigen Manövern auf folgende, von Kapt. J. B. MÜLLER angegebene und erprobte Weise helfen: Man mißt vom Heck aus nach vorn 100 m ab. An der vorderen Marke werden alte Kisten klargelegt, am Heck steht ein Offizier mit Batteriepfeife. Beim Maschinen- bzw. Ruderkommando wird die erste Kiste über Bord geworfen. Passiert diese das Heck, dann hat das Schiff die ersten 100 m durchlaufen. Die Zeit wird notiert. Auf ein Pfeifsignal fällt jetzt die zweite Kiste und so fort. Bei dem in Abb. 35 dargestellten Manöver wurden die Entfernungen nach diesem Verfahren gemessen, und zwar wurden je 100 m in 23^s, 53^s, 87^s, 155^s von dem Schiffe durchlaufen.

Andere Meßverfahren mit Hilfe eines Sextanten oder durch späteres Durchfahren des Drehkreises, wobei die markierenden Kisten gepeilt werden, beschreibt Kapt. WOERDEMANN in „Dampfermanöver“, S. 119ff. Es muß stets mit kleinen Ungenauigkeiten gerechnet werden, weil Beobachtungsfehler kaum vermeidbar sind und weil z. B. Markierungskisten selbst bei Windstille durch den Schraubenstrom und den Sog des Schiffes vertrieben werden. Wenn nach jeder Seite ein Drehkreis gefahren wird, muß darauf geachtet werden, daß das Schiff nach Beendigung des ersten zunächst wieder volle Fahrt aufnimmt.

Auswertung. Auf Millimeterpapier wird die Boje, das Holmslicht oder das Floß als Bezugspunkt eingezeichnet; an diesen werden die rechtweisenden Peilungen angetragen. Die Entfernungen werden in geeignetem Maßstab abgesetzt. Die Endpunkte werden durch eine schlank ausgezeichnete Kurve verbunden, die den Weg des Beobachtungspunktes — meistens wohl der Kommandobrücke — darstellt. Je nach Bedarf wird an einzelne Endpunkte die aus dem Kompaßkurs ermittelte Kielrichtung und das Schiff selbst angetragen.

Standard-Manövrierversuch. Das Schema zu diesem Versuche ist von der Hamburgischen Schiffbau-Versuchs-Anstalt (HSVA) entworfen worden und dient zur Feststellung des Verhaltens des Schiffes bei Beginn eines Ausweichmanövers.

Standard-Manövrierversuch nach HSVA am: (Datum, Uhrzeit)

Schiff: MS „A“	Lose: etwas vorhanden
Länge: 120 m	Schiffsort: westl. Ostsee
Breite: 16,1 m	Wassertiefe: 25 m
Tiefgang im Mittel: 13′ 02″	Seegang: 0
kopflastig-*hecklastig*: 2′ 08″	Wind: NW 1
Schraube: 4 Flügel, rechtsgängig	Letzte Dockung: vor 1 Monat
Durchmesser: 4050 mm	Schiffsboden: rein
Rudermaschine: elektrisch	Umdrehungen: 105, später 93
Ruder: Oertz	Fahrt: 11,6 kn, später 10,5 kn

Abb. 36 zeigt die Auswertung des obenstehenden Versuches mit 20° Ruderlage auf einem Schiff von 2700 BRT mit nahezu Leertiefgang. Für den Bordgebrauch wird man auch die Kurven für die Ruderlagen 10° und hartüber in verschiedenen Farben auf dasselbe Blatt bringen.

Nr.	Die einzelnen Schlängelfahrten mit den verschiedenen Ruderlagen nacheinander ausführen	Ruderlagen		
		10°	20°	hart
	Ruder mittschiffs, Anfangskurs . .		90°	
1	Ruder 10°, **20°**, hart Stb erreicht in		7,5^{s}	
2	Kursabweichung 5° Stb erreicht in		13^{s}	
3	Kursabweichung 10° Stb erreicht in		22^{s}	
3a	Ruder 10°, **20°**, hart Bb erreicht in		40^{s}	
4	Schiff dreht weiter auf . . .° Stb . .		16,5° Stb	
	Dieser Umkehrpunkt wird erreicht in		47^{s}	
5	Kursabweichung 5° Stb erreicht in		80^{s}	
6	Anfangskurs erreicht in		87^{s}	
7	Kursabweichung 5° Bb erreicht in .		94^{s}	
8	Kursabweichung 10° Bb erreicht in		100^{s}	
8a	Ruder 10°, **20°**, hart Stb erreicht in		118^{s}	
9	Schiff dreht weiter auf . . .° Bb .		21° Bb	
	Dieser Umkehrpunkt wird erreicht in		120^{s}	
10	Kursabweichung 10° Bb erreicht in		162^{s}	
10a	Ruder, 10°, **20°**, hart Bb erreicht in		177^{s}	
11	Anfangskurs erreicht in		215^{s}	

Die Kurskurve ist aber nicht mit dem Weg des Schiffes durch das Wasser zu verwechseln. Bei der Rechtfertigung vor dem Seeamt oder in Kollisionsprozessen können solche Blätter von großem Nutzen sein.

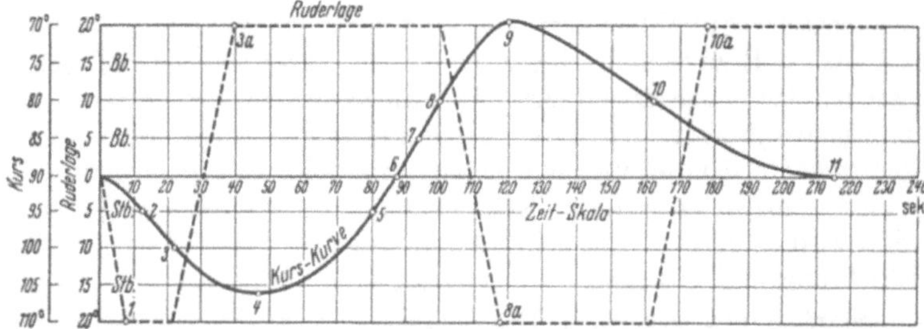

Abb. 36. Auswertung eines Standard-Manövrierversuchs nach HSVA für 20° Ruderlage.

Zum Vergleich der Manövrierfähigkeit der Schiffe benutzt die HSVA den Wert „Schiffslängenfahrzeit". Es ist dies der Bruch „Schiffslänge in m: mittl. Geschwindigkeit in m/sek". Z. B. ist bei einer Schiffslänge von 120 m und 10,5 kn Fahrt (= 5,4 m/sek) die Schiffslängenfahrzeit = 22,2^{s}.

Die für eine volle Kursschwingung des Schiffes benötigten sek werden durch die Schiffslängenfahrzeit dividiert. Dieser Wert ist von der Geschwindigkeit des Schiffes ziemlich unabhängig, da bei höherer Fahrt das Schiff schneller dreht. Er beträgt bei einem Normalschiff und jeweils 10° Ruderlage etwa 8. Das Abweichen von dieser Zahl ergibt einen Hinweis auf die bessere oder schlechtere Drehfähigkeit des Schiffes.

In Abb. 36 würde z. B. eine volle Kursschwingung beim Punkte 6 beginnen. Die Schlängelfahrt müßte mit jeweils 10° Ruder-Legen bei 10° Kursänderung fortgesetzt werden, bis das Schiff wieder, in Bb-Drehung befindlich, den Anfangskurs schneidet.

Man hat für das Ausweichen beim Begegnen von Normalschiffen folgende Regeln gefunden:

1. Mit 10° Ruderlage muß das Ausweichen auf beiden Seiten spätestens bei einem Abstand von 3 Schiffslängen eingeleitet werden, damit die Schiffe noch mit einer Schiffsbreite voneinander freikommen (unabhängig von der Fahrtstufe).

2. Mit hartüber gelegtem Ruder auf 2 Schiffslängen (ebenfalls unabhängig von der Fahrtstufe).

3. Bei einer Fahrtsteigerung von LV auf VV und hartüber gelegtem Ruder (z. B. im Nebel) kann das Manöver auf beiden Seiten noch bei einem Abstand von 1 Schiffslänge eingeleitet werden.

Wenn für die volle Kursschwingung mehr als 8 Schiffslängenfahrzeiten benötigt werden, muß das Ausweichmanöver entsprechend früher eingeleitet werden.

Derivationswinkel. Aus dem in Abb. 34 dargestellten Drehversuch ist ersichtlich, daß die an den Drehkreis des Schiffes gelegte Tangente in keinem Punkte der Kurve mit der Kielrichtung zusammenfällt, vielmehr ist der Bug des Schiffes stets nach innen gerichtet. Der Winkel zwischen der Tangente und der Kielrichtung heißt Derivations- oder Einbuchtungswinkel. Er entsteht durch das dem Schiffe bei der Drehung eigene Beharrungsvermögen, den Wasserwiderstand und die bei der Drehung des Schiffes entstehende Zentrifugalkraft. Er beträgt im allgemeinen 10°, wenn das Schiff im normalen Verhältnis Länge : Breite = 7 : 1 gebaut ist. Da der Drehpunkt des Schiffes in Fahrt von vorn aus etwa auf $^3/_{10}$ der Länge liegt (bei Stillstand auf etwa $^4/_{10}$), entsteht durch den Derivationswinkel vor allem ein großer Heckausschlag, der bei gefährlicher Annäherung zur Kollision führen kann. Die Derivation selbst ist das seitliche Abweichen vom Kurse. Sie ist ohne große Bedeutung, da sie bei gewöhnlichen Handelsschiffen weniger als eine Schiffsbreite beträgt. Sie kann nicht genau bestimmt werden, da sie beim Fahren eines Drehkreises in den Messungen enthalten ist.

Ruderwirkung (s. Abb. 37). Wenn ein übergelegtes Ruder angeströmt wird, entsteht in „Luv" ein Druck, in „Lee" ein Sog. Durch Stromlinienform wird der Widerstand vermindert und der Sog erhöht. Druck und Sog erzeugen eine Kraft R, die man sich in A angreifend denken kann. A liegt stets in der einer Strömung zugekehrten Hälfte der Fläche, beim hartüber gelegten Ruder etwa auf $^1/_3$ der Länge. Die im Angriffspunkt vereinigt gedachte Kraft R steht senkrecht auf der angeströmten Fläche. Die Kraft R läßt sich in eine Kraft D zerlegen, die quer zur Kielrichtung wirkt und das Heck ausschlagen läßt, und in eine bremsende Kraft B parallel zur Kielrichtung. Bei 90° Ruderlage wäre R am größten, aber dann gäbe es keine drehende Kraft mehr. Die Hartruderlage ist auf allen Schiffen bei etwa 35° festgelegt, weil diese Ruderlage erfahrungsgemäß hierfür die günstigste ist.

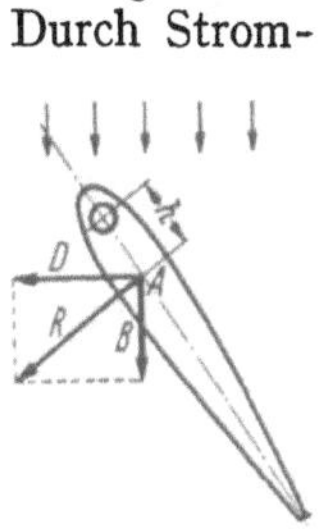

Abb. 37. Wirkung des Ruders.

Auf den Ruderschaft wirkt das Rudermoment als Produkt aus *R* und dem Hebelarm *h* (Abstand Ruderschaft-Angriffspunkt *A*). Beim Balanceruder fehlt bei Hartruderlage dieser Hebelarm *h*, weil Ruderschaft und Angriffspunkt *A* praktisch zusammenfallen. Daher läßt es sich in Nähe der Hartüberlage leicht drehen.

Bei Rückwärtsfahrt oder rückwärts arbeitender Schraube wird das Ruderblatt von achtern angeströmt. Der Angriffspunkt *A* wandert dabei in die achtere Hälfte. Die Kraft *R* ist zwar nicht größer als bei gleicher Vorausfahrt, aber der Hebelarm *h* ist länger und damit das Rudermoment größer, so daß der Ruderschaft gegebenenfalls um ein Mehrfaches belastet wird. Darin liegt eine große Gefahr beim Manövrieren über den Achtersteven, besonders bei schwerer See (Mann über Bord!) und bei Eis. Wenn mit großen Kräften gerechnet werden muß, sollte bei Rückwärtsfahrt das Ruder nicht hartüber gelegt werden.

Das Steuermoment ist das Produkt aus *D* und der Entfernung zum Drehpunkt des Schiffes. Da dieser bei Fahrt über den Achtersteven achteraus bis etwa zur Schiffsmitte wandert, wird das Steuermoment geringer. Darum sind z. B. Heringslogger für das Aussetzen des Treibnetzes, das bei Rückwärtsfahrt erfolgt, mit einem Bugruder oder dem Aktivruder (s. S. 283) ausgerüstet. Auch wegen der ungleichmäßigen Anströmung des Hecks ist die Steuerfähigkeit über den Achtersteven schlechter.

Schraubenwirkung. Die Schraube erteilt durch ihre Drehung dem Schiffe die Fahrt. Das Produkt aus Schraubensteigung und Umdrehungen wird in Schraubenmeilen ausgedrückt. Da Wasser verdrängbar ist, legt das Schiff aber tatsächlich einen kürzeren Weg zurück. Der Unterschied ist der scheinbare Slip als Wegverlust, der in Prozenten der Schraubenmeilen berechnet wird (vgl. Fahrttabelle, s. S. 269). Er ist nur zum Teil ein Verlust, weil die Umdrehungen sinken würden, wenn die Schraube sich in einem festen Medium bewegte. Je kleiner die Schraube und je höher die Umdrehungen sind, um so größer ist der scheinbare Slip. Auf gewöhnlichen Handelsschiffen liegt er zwischen 5 und 10%. Auf jedem Schiffe wächst er mit der Belastung, z. B. bei schlechtem Wetter. Der Techniker unterscheidet vom scheinbaren den nominellen oder tatsächlichen Slip unter Berücksichtigung des Hecksoges als mitlaufendes Wasser. Er hat Bedeutung im Hinblick auf die Form des Hecks und der Schraube und kann nur durch komplizierte Messungen mit besonderen Geräten festgestellt werden (s. Teil VI).

Der Schraubenstrom ist das durch die Schraube in Bewegung gesetzte Wasser. Er verläuft im Sinne der Schraubendrehung achteraus oder voraus, bei der Fahrtaufnahme wie eine auseinandergezogene Spiralfeder, nach der Fahrtaufnahme wie eine auseinandergezogene Zugfeder. Das der Schraube zufließende Wasser ist der Ergänzungsstrom. Auf fast allen Handelsschiffen dreht die Schraube bei Vorausfahrt rechts, von achtern betrachtet mit dem Uhrzeiger. Auf Doppelschraubenschiffen dreht die Bb-Schraube gegen den Uhrzeiger.

Die direkte Steuerwirkung der Schraube hat keine größere Bedeutung. Sie verursacht in Fahrt eine leichte Drehneigung des Schiffes nach Stb, weil auf die unteren Schraubenflügel, die wie ein nach Stb gelegtes Ruder wirken, wegen des freieren Zuflusses der Fahrtstrom stärker trifft als auf die oberen, die wie ein nach Bb gelegtes Ruder wirken. Sie ist auf einem Ballastschiff erkennbar, wenn nur ein Teil der Schraubenflügel durchs Wasser schlägt.

Abweichend von der bisherigen Erfahrung gibt es aber auch Schiffe, die in voller Vorausfahrt bei Mittschiffs-Ruderlage eine Drehneigung nach Bb haben.

Die indirekte Steuerwirkung entsteht durch den oben beschriebenen Schraubenstrom. Ihre Bedeutung ist erheblich. Das mittschiffs liegende Ruder wird durch den Schraubenstrom hauptsächlich an Stb unten und an Bb oben getroffen. Oben kann das Wasser aber besser ausweichen als unten. Wegen dieses Umstandes und der oben beschriebenen direkten Steuerwirkung liegt bei Geradeausfahrt das Ruder meistens 1—2° nach Bb[1]. Aus denselben Gründen ist der Drehkreis nach Stb meistens etwas kleiner als der nach Bb. Wenn die Schraube steht, trifft nur noch der Fahrtstrom das Ruder. Er wird aber durch die großen Schraubenflügel gehemmt und abgelenkt, so daß die Steuerfähigkeit erheblich gemindert wird. Besonders auf einem Revier kann das gefährlich werden.

Bei Fahrtaufnahme aus dem Stillstand trifft zunächst nur der Schraubenstrom das übergelegte Ruder. Die indirekte Steuerwirkung ist jetzt am größten. Dabei beschreibt das Schiff einen Drehkreis, dessen Krümmung mit zunehmender Fahrt bei übergelegtem Ruder nachläßt, also etwa umgekehrt, wie Abb. 34 zeigt.

Am auffälligsten ist aber die indirekte Steuerwirkung, wenn die Schraube rückwärts dreht. Dann verläuft an Stb der Schraubenstrom von unten außen nach oben innen. Er trifft also in stumpfem Winkel auf die Heckplatten an Stb, was hier an dem mit Luftblasen durchsetzten Wasser erkennbar ist. An Bb verläuft der Schraubenstrom von oben innen nach unten außen, so daß er die Heckplatten in einem spitzen Winkel trifft. Im weiteren Verlaufe der Spirale geht er von Bb nach Stb unter dem Schiff hindurch, so daß er auch hier bei genügender Wassertiefe nur wenig Widerstand findet. Aus diesen Vorgängen folgt ein überwiegender Druck auf die Stb-Seite des Hecks und damit eine Drehung des Schiffes nach Stb. Bei zunehmender Fahrt über den Achtersteven wird der Schraubenstrom vom Fahrtstrom zum größten Teil eingeholt, so daß der Heckausschlag sich entsprechend verringert und das Schiff unter Umständen gesteuert werden kann. Wenn das nach Stb nicht gelingt, muß die Maschine vorübergehend gestoppt werden. Der Heckausschlag kann vergrößert werden, wenn das Ruder hart Bb gelegt wird. Er kann verringert oder in seltenen Fällen aufgehoben werden, wenn das Ruder hart Stb gelegt wird.

Auch auf einem Zweischraubenschiff nutzt man beim Manövrieren die indirekte Steuerwirkung aus. Wenn z. B. auf der Stelle nach Bb gedreht werden soll, läßt man die Bb-Schraube rückwärts drehen. Sie dreht dann mit dem Uhrzeiger und hat die gleiche indirekte Steuerwirkung auf die Heckplatten, wie es oben beschrieben ist. Die Stb-

[1] Auf neueren Schiffen beobachtete man eine Tendenz des Schiffes nach Bb.

Schraube läßt man einige Umdrehungen weniger machen, jedoch vorwärts. Sie verhindert, daß das Schiff Fahrt achteraus aufnimmt. Außerdem erzeugt ihr Ergänzungsstrom an der Stb-Seite des Hecks einen Sog, der die Drehung des Schiffs nach Bb unterstützt. Das Ruder muß dabei mittschiffs liegen. *Die Manövriereigenschaften eines jeden Schiffes müssen praktisch erprobt werden; ja — dasselbe Schiff manövriert häufig verschieden, je nachdem wie Tiefgang, Trimm, Gewichtsverteilung im Schiff, Wind, Seegang, Wassertiefe und Strom sind.* Die Wirkung des Windes darf bei keinem Manöver verkannt werden, besonders nicht bei geringer Fahrt.

Motorschiffe und Schiffe mit *Dampfkolbenmaschinen*, ferner *turbo-* und *diesel-elektrisch* angetriebene Schiffe haben bei Rückwärtsgang die gleiche Maschinenleistung wie bei Vorwärtsgang. Es ist aber zu bedenken, daß die Schraube für Vorwärtsgang gebaut ist und deshalb bei Rückwärtsgang weniger Leistung abgibt.

Turbo-elektrische Schiffe mit zwei Schrauben und zwei Turbogeneratoren können mit *einem* Generator beide Schrauben betreiben.

Turbinenschiffe können im allgemeinen nur 35—50 % ihrer Maschinenleistung für die Rückwärtsfahrt verwenden. *Daher Vorsicht bei Nebelfahrt und beim Manövrieren im Revier!*

Maschine „Voll zurück“ bei Fahrt voraus. Befindet sich ein Schiff in voller Fahrt voraus und wird die Maschine auf volle Kraft rückwärts beordert, um eine Kollision mit einem anderen Schiffe oder Hindernis zu vermeiden oder abzuschwächen, so vergehen je nach den Umsteuerungseinrichtungen, der Steigung der Schraube, der Maschinenleistung und der Fahrt des Schiffes größere oder kleinere Bruchteile einer Minute, ehe die Schraube überhaupt anfängt, rückwärts zu laufen. Die Größe dieser Zeitspanne spielt bei der Beurteilung des Zusammenwirkens von Schraube und Ruder eine große Rolle. Auf Turbinenschiffen ist besondere Vorsicht geboten, da die Vorwärtsturbinen erst abgestellt und die Rückwärtsturbinen angelassen werden müssen. Ein Einschraubenschiff mit rechtsgängiger Schraube und normaler Maschinenstärke läuft im allgemeinen nach dem Legen des Telegraphen auf „Voll zurück“ noch 4—6 Schiffslängen voraus und fällt hierbei nur wenig (etwa 10—20°) nach Stb ab. Erst wenn die Fahrt nahezu aus dem Schiff heraus ist, dreht das Schiff schnell nach Stb (s. Abb. 35). Hat man das Ruder sofort hart Stb gelegt, so wird beim Anspringen der Maschine auf Rückwärtsgang die schon aufgenommene Stb-Drehung des Schiffes vorübergehend gemindert. *Legt man das Ruder erst gleichzeitig mit dem Anspringen der Maschine auf Rückwärtsgang hart Stb, so drehen einige Schiffe, vor allem solche mit starker Maschine und großem Ruderblatt, nach Bb,* weil das Ruderblatt die Stb-Schraubenhälfte abdeckt und an Stb achtern einen Sog entstehen läßt, der manchmal größer ist als der Druck des Schraubenstroms gegen die Heckplatten an Stb. Da oft geglaubt wird, daß ein Einschraubenschiff in Vorausfahrt beim Rückwärtsmanöver stets nach Stb dreht, sollte dieses Manöver auf jedem Schiffe erprobt werden, um im Ernstfalle keine Überraschungen zu erleben. Dauer des Versuchs kaum 10 Minuten,

Ausführung s. auch Abb. 35. Wird das Ruder sofort hart Bb gelegt, so wird die aufgenommene Bb-Drehung des Schiffes kurz vor dem Stillstand aufhören und zur Stb-Drehung werden. Wird das Ruder gleichzeitig mit dem Anspringen der Maschine nach Bb gelegt, so wird die Stb-Drehung früher und kräftiger einsetzen als bei mittschiffs liegendem Ruder.

Will man das Schiff möglichst schnell stoppen, so stelle man die Maschine auf volle Kraft rückwärts und lege das Ruder sofort hart Stb. Sobald die Schraube auf rückwärts anspringt, lege man das Ruder hart Bb. Das Schiff dreht dann aber hart nach Stb ab. Wind und Seegang beeinflussen das Rückwärtsmanöver stark.

Manövrieren in flachen und engen Gewässern. Tiefgehende Schiffe mit hoher Fahrt erhalten die besten Geschwindigkeiten erst bei Wassertiefen von 50—60 m an. Im flachen Wasser saugen sie sich wegen des verstärkten Kielwassersoges fest, d. h., sie verlieren an Fahrt und vibrieren stark. Schiff und Maschine leiden dabei, das Schiff läuft aus dem Ruder und richtet durch Sogwirkung leicht Schaden an Uferwerken usw. an. In Kanälen ist deshalb auch meistens eine Höchstgeschwindigkeit vorgeschrieben. Beim Befahren von engen Gewässern soll man das Schiff möglichst genau in der Mitte des Fahrwassers bzw. Kanals halten, ferner beide Buganker und, falls vorhanden, einen Heckanker klar zum Fallen haben. Will man trotz der geringen Fahrt eine gute Steuerfähigkeit erzielen, so fiere man einen Anker auf den Grund und schleppe ihn nach, auf Einschraubenschiffen den Bb-Anker. Bei gleicher Fahrt macht die Schraube mehr Umgänge, der vermehrte Schraubenstrom erzielt eine größere Ruderwirkung und damit eine bessere Steuerfähigkeit. Dieses Manöver bewährt sich, wenn man z. B. auf einem Revier bei Mitstrom in Nebel gerät und wegen der Enge des Fahrwassers nicht ankern und drehen kann. Auch kann man dabei den Anker eben fassen lassen und das Schiff mit seiner Stb-Seite leicht gegen die Böschung legen.

Ist man gezwungen, in einem engen Fahrwasser sein Schiff (Einschraubendampfer) schnell aufzustoppen, und soll das Schiff dabei möglichst in der Fahrtrichtung bleiben, so lege man das Ruder nach Bb (aber nicht, wenn ein gefährlicher Gegenkommer dicht bei ist!), gehe mit voller Kraft zurück und lasse Bb-Anker fallen. Wenn nach dem Anspringen der Maschine das Schiff nach Stb zu drehen beginnt, legt man das Ruder hart Stb.

Sobald man merkt, daß ein Schiff unruhig wird, muß die Fahrt des Schiffes noch weiter vermindert werden, was aber zunächst eine weitere Verminderung der Steuerfähigkeit zur Folge hat. Man gebe im allgemeinen auf flachem Wasser viel Ruder und komme sofort und schnell wieder auf, sobald sich die Wirkung des Ruders bemerkbar macht. Muß man in einem engen Fahrwasser einem vor Anker liegenden Schiffe ausweichen, so halte man nicht zu weit ab, damit man nicht dem Ufer zu nahe kommt, da das Heck leicht an das Ufer herangesaugt und der Bug abgestoßen wird.

Einem entgegenkommenden Schiffe weiche man nicht zu früh und nur mit geringer Ruderlage aus. Man halte Steven auf Steven, bis sich die Schiffe auf etwa drei Schiffslängen nahegekommen sind. Aus Abb. 38 ist das Verhalten der Schiffe beim *Passieren* mit Bb-Seite ersichtlich. Liegen die Vorsteven auf gleicher Höhe (a), so stoßen sich die Vorschiffe infolge des Staues vor dem Bug etwas ab. In der Querablage (b) heben sich der Stau am Bug und der Seitensog am Heck teilweise auf, so daß die Schiffe eine leichte Drehneigung nach Bb haben, besonders bei geringem Abstand des Hecks vom Ufer. Durch geringes Bb-Ruder wird diese Drehung unterstützt. Liegen die Hecks auf gleicher Höhe (c), so saugen sich diese an, so daß beide Schiffe nach dem Passieren wieder in der Fahrwassermitte liegen, ohne größere Rudermanöver vorgenommen zu haben. Hastiges Ruderlegen hat schon viele Kollisionen und Grundberührungen verursacht!

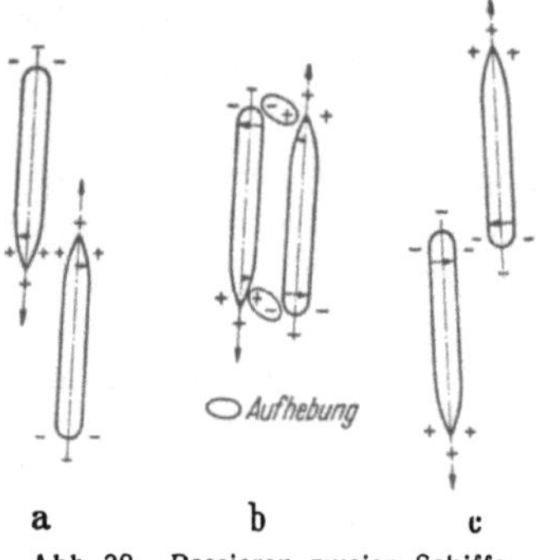

Abb. 38. Passieren zweier Schiffe in engem Fahrwasser.

Ein Überholmanöver ist gefährlicher als ein Begegnungsmanöver, weil das Passieren und damit die gegenseitige ungünstige Beeinflussung länger dauert. Die Sogwirkungen, die auch weitgehend von der Breite und Tiefe des Fahrwassers und von der Nähe des Ufers abhängen, wachsen mit der Größe und der Fahrt der Schiffe. Deshalb schreibt die SSchSO u. a. Fahrtverminderung vor, für den Vordermann sogar

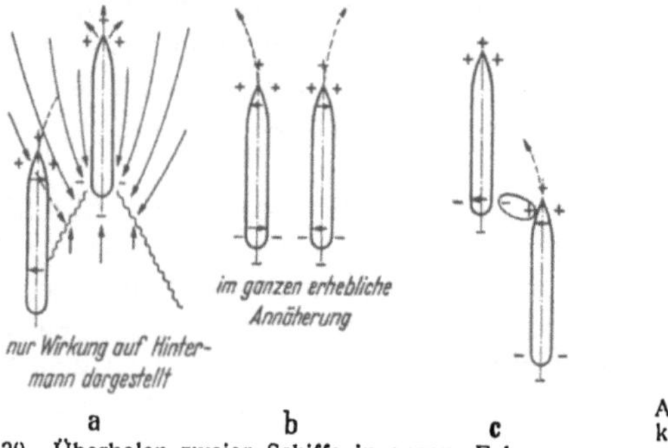

Abb. 39. Überholen zweier Schiffe in engem Fahrwasser.

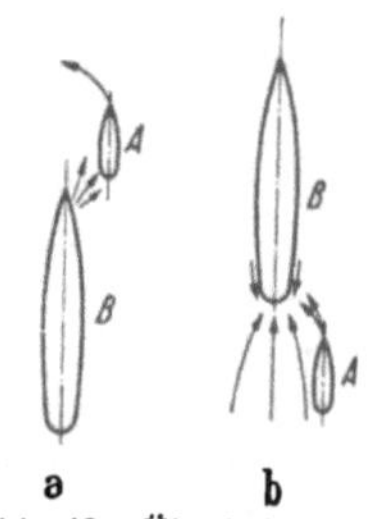

Abb. 40. Überholen eines kleinen Fahrzeuges durch ein größeres.

bis zur Grenze der Steuerfähigkeit. Auch andere als Wegerechtschiffe sollten das Überholen in Krümmungen unterlassen. Schon manches Schiff ist während eines Überholmanövers aus dem Ruder gelaufen und hat schwere Schäden erlitten bzw. angerichtet. Abb. 39 zeigt die Wirkung der gegenseitigen Beeinflussung. Abb. 39a zeigt außerdem durch Strömungspfeile, wie der Fahrtstrom des Vordermannes durch dessen Sog abgelenkt wird. Der Hintermann muß beim Ansetzen zum Überholen genügend nach Bb halten, damit er bei b ausreichenden Abstand hat. Keines der Schiffe darf dem Ufer zu nahe kommen, weil dann zu der gegenseitigen Sogwirkung noch die der Ufernähe hinzukommt.

In Abb. 40a wird das Heck des kleinen Fahrzeuges *A* durch den Bugstau des großen Überholers *B* nach Stb abgedrängt, so daß der Bug nach Bb ausschert und das Fahrzeug sich vor den Bug von *B* legt. Die Gefahr ist besonders groß, wenn *A* nahezu die gleiche Fahrt wie *B* läuft. Selbst hart-Stb-Ruder kann dann die Bb-Drehung nicht aufheben. Auf diese Weise ist schon mancher Schlepper überrannt worden. In Abb. 40b hat *B* bereits überholt. *A* ist in den Seiten- und Hecksog von *B* geraten, in welchem *A* plötzlich vorausschießt, da sich Strömung und Eigenfahrt addieren. Trotz hart-Stb-Ruder läuft *A* in das Stb-Heck von *B* hinein.

Drehen auf der Stelle. Dieses Manöver ist in engen Fahrwassern oder Hafenbecken oft ohne Schlepper erforderlich. Man kann es ohne Anker nur nach einer Seite ausführen, und zwar nach Stb. Das gilt auch, wenn der Drehwinkel nach Stb viel größer ist als nach Bb (vgl. oben Schraubenwirkung). Ausführung: 1. hart Stb, VV. 2. Sobald das Schiff Fahrt voraus aufnimmt: Stopp, VR. Zur Unterstützung des Heckausschlags nach Bb kann man das Ruder mittschiffs oder noch besser hart Bb legen. Wenn das zu lange dauert, bleibt es hart Stb liegen. 3. Stopp, hart Stb, VV. Diese Manöver werden so lange wiederholt, bis das Schiff auf dem gewünschten Kurse liegt. Bei der Wahl des Drehplatzes muß außer dem Winde usw. berücksichtigt werden, daß das Schiff während der verschiedenen Maschinenmanöver im ganzen nach Bb versetzt wird. Die Maschinenleitung sollte rechtzeitig unterrichtet werden, damit genügend Personal zur Verfügung steht und auf Motorschiffen der Vorrat an Anlaßluft aufgefüllt wird.

Mit Hilfe eines Ankers kann nach beiden Seiten gleich gut gedreht werden. Man wirft den Anker an der Seite, nach der man drehen will, und steckt so viel Kette, daß der Anker gerade gut hält, nämlich etwa das Dreifache der Wassertiefe, also in Häfen etwa 15 Faden zu Wasser. Mit hartüber gelegtem Ruder ganz vorsichtig in die Kette eindampfen und dann LV geben und drehen. Der Anker liegt während des Drehens etwa längsseits oder eben unter dem Schiff. Bei starkem Wind den Leeanker werfen, weil sonst das Schiff zu stark vertrieben wird.

Auf einem Revier dreht man bei achterlicher Strömung am besten mit dem Anker (Stb). Vorsicht mit der Kette wegen der Bruchgefahr! Zuvor Fahrt über den Grund stoppen und dabei das Schiff nach Stb andrehen lassen! Muß man aus irgendeinem Grunde ohne Anker drehen, dann nach der rechten Seite des Fahrwassers hinüberfahren, bis Achterschiff in der Mitte des Fahrwassers liegt. Dort setzt die Strömung am stärksten und begünstigt das Drehen auf der Stelle (VR und VV!) Wenn das Vorschiff in der Mitte liegt, dreht das Schiff nicht und gerät in Gefahr.

Bei Strömung von vorne ist das Drehen mit Anker nicht möglich. Man begibt sich dann am besten auf die linke Seite des Fahrwassers und dreht das Schiff nach Stb so auf der Stelle, wie es oben beschrieben ist. Das Vorschiff muß nach dem Andrehen in die Mitte des Fahrwassers kommen, damit die Drehung durch die hier stärkere Strömung unterstützt wird.

An- und Ablegen (rechtsgängige Schraube). Grundsätzlich sollte jedes Anlegemanöver mit ganz langsamer Fahrt ausgeführt werden, und zwar so, daß das Schiff, nachdem es zum Stillstand gekommen ist, etwa eine halbe Schiffsbreite vom Pier entfernt liegt und dann herangehievt werden kann. Zur Schonung der Leinen sollte beim Anlegen möglichst nicht in die Spring eingedampft werden. Wenn es doch geschehen muß, sollte die Spring möglichst nahe dem Drehpunkt des Schiffes herausgegeben werden.

Anlegen mit Bb-Seite: Mit ganz geringer Fahrt unter einem Winkel von 15—20° Anlegestelle ansteuern. Ruder mittschiffs. Sobald Vorschiff auf etwa eine Schiffsbreite heran ist, VR. Dadurch wird das Schiff parallel zum Pier gebracht. Sonst nochmals hart Stb und LV mit anschließendem HR.

Wenn das Vorschiff in Piernähe liegt und das Heck herangeklappt werden soll, kann man ohne Gefahr mit LR in die Bb-Vorleine eindampfen.

Anlegen mit Stb-Seite: Wenn genügend Platz vorhanden, mit ganz langsamer Fahrt und $^1/_2$ bis 1 Schiffsbreite Abstand parallel am Pier entlangfahren. Bei Anlegestelle kurz hart Bb, bei Beginn des Abdrehens VR und hart Stb. Dadurch bleibt Schiff ziemlich parallel zum Pier liegen und kann herangehievt werden. Wenn nicht genügend Platz am Pier, dann in möglichst spitzem Winkel Anlegestelle ansteuern. Rechtzeitig (etwa bei $^1/_2$ Schiffslänge Abstand) Bb-Anker werfen, Kette willig mitstecken. Etwa bei 1 Schiffsbreite Abstand zum Abstoppen der Fahrt HR oder VR und Kette festhalten. Nicht mit Ankerkette Fahrt abstoppen! Von der Back Querleine an Land. Dann hart Bb und in Kette eindampfen, bis Schiff parallel zum Pier liegt. Querleine verhindert, daß Vorschiff sich wieder vom Pier entfernt. Dieses Manöver kann auch gemacht werden, wenn man unter einem größeren Winkel mit Bb- oder Stb-Seite die Anlegestelle ansteuern muß. Beim Ankerwerfen darauf achten, ob beim Ablegen das Einhieven ohne Kursbeeinflussung möglich ist.

Ablegen: Eindampfen in Achterspring bringt nur kleinen Abkantwinkel und unter Umständen Gefahr für Ruder und Schraube. Daher bei Erfordernis eines größeren Winkels in lange Vorspring mit entsprechendem Hartruder vorsichtig eindampfen und mit LV abkanten. Vorspring vom Steven aus herausgeben. Bei überfallendem Vorschiff Vorsicht bei Kränen und Eisenbahnwagen auf dem Pier. Wenn der gewünschte Abkantwinkel erreicht ist, kann eine weitere Drehung durch Hieven der Vorspring unterstützt werden. Bei Rückwärtsmanövern indirekte Steuerwirkung der Schraube berücksichtigen (s. S. 277).

Verhalten gegenüber Schleppern. Größere Schiffe sollen in schwierigen und engen Gewässern stets Schlepperhilfe in Anspruch nehmen. Man beachte diesbezügliche Vorschriften in den Hafenordnungen. Den festgemachten Schleppern soll man stets alle besonderen Manöver des Schiffes mitteilen. Zur Verständigung wird vereinbart, daß Batteriepfeifensignale für den vorderen und Dampfpfeifensignale für den achteren Schlepper gelten. Alle Signale sind von den Schleppern zu wiederholen. Die Signale beziehen sich auf die Bewegungen des geschleppten Schiffes, und zwar auf die Drehung dessen Bugs. Achtere Schlepper sind rechtzeitig loszuwerfen, wenn mit den Schrauben voll gearbeitet wird. Bei starkem Schraubenwasser werden die Schlepper meist hilflos. Falls ein am Bug befindlicher Schlepper losgeworfen hat, lasse man diesen erst frei passieren, bevor Fahrt aufgenommen wird, da sonst die Bugwelle den Schlepper herumschleudern kann (s. auch Abb. 40a). Längsseits-Schlepper mache man an Bb achtern fest, falls das Schiff gleich gut nach Stb und Bb zu drehen und durch Rückwärtsmanöver des Schleppers mit möglichst geringem Kursausschlag zum Stehen zu bringen sein soll.

Kleinere schwache Schiffe, an kurzer Leine geschleppt, und Fahrzeuge mit beschädigtem Ruder besitzen oft kaum Steuerfähigkeit, so daß sie mit dem Heck immer hin und her scheren. In diesen Fällen ist es oft zweckmäßig, auf diesen Schiffen während des Schleppens die Maschine langsam rückwärts gehen zu lassen, sie liegen dann meistens bedeutend ruhiger. Sie können auch über den Achtersteven geschleppt werden, indem ein Buganker kurzstags mitgeschleppt wird.

Abb. 41. Aktivruder.

Das Aktivruder von Pleuger & Co, Hamburg-Wandsbek, entwickelt aktive Steuerkräfte, während das gewöhnliche Ruder vom Schraubenstrom und/oder Fahrtstrom kräftig angeströmt werden muß, wenn es passive Kräfte erzeugen soll. Beim Aktivruder ist eine Motorgondel mit einer kleinen Schiffsschraube horizontal in ein gewöhnliches Ruderblatt eingebaut. In der Gondel befindet sich der „nasse" Drehstromkurzschlußmotor, dessen Lager durch das Außenbordswasser geschmiert werden. Der in beliebiger Weise angetriebene Drehstromgenerator verhindert mit seiner Drehzahlkontrolle das Durchgehen des Motors beim etwaigen Austauchen des Ruders.

Abb. 41 zeigt ein Aktivruder von 500 PS an einem Frachtschiff von 7700 tdw. Es hat nur *eine* Betriebsdrehzahl, so daß sich die einfachen Schaltstellungen ergeben: „Ruder voraus", „Ruder stopp", „Ruder zurück". Die Begrenzung des Ruderquadranten kann von der Brücke aus von dem normalen Bereich von 35° auf 90° umgeschaltet werden, so daß das Schiff auf der Stelle gedreht werden kann. Eine Warnvorrichtung sorgt dafür, daß dies nicht in voller Fahrt geschieht. Durch Umschalten des Aktivruder-Motors kann die Steuerwirkung ohne Ruderlegen schnell umgekehrt werden. Dadurch kann jedes Manöver ohne Schlepperhilfe ausgeführt werden. Auch bei langsamster Fahrt voraus oder zurück kann das Schiff beliebig gesteuert werden. Das ist beim Fahren im Nebel oder auf dem Revier besonders wertvoll. Bei Nebelfahrt im Revier fährt man zweckmäßig nur mit Rudermotor und hält die Hauptmaschine klar zum Anspringen auf Rückwärts. Man kann dann im Notfalle das Schiff schnellstens aufstoppen. Bei Rückwärtsfahrt legt man am besten das Ruder quer und steuert dann das Schiff durch Rechts- bzw. Linksdrehung des Ruderpropellers. Während der Marschfahrt wirkt die stromlinienförmige Gondel als Propulsionsbirne. Das dargestellte Aktivruder allein erzeugt 3—4 kn Fahrt. Wenn es während der Marschfahrt dem Hauptantrieb zugeschaltet wird, saugt es die Nabenströmung an der Hauptschraube teilweise ab und erhöht die Fahrt des Schiffes dadurch mehr, als wenn die Hauptmaschinenleistung um die Leistung des Aktivruders vergrößert würde. Außer in der gezeigten Tandemanordnung können auf kleineren Fahrzeugen ein oder mehrere Aktivruder auch als alleiniger Antrieb eingebaut werden.

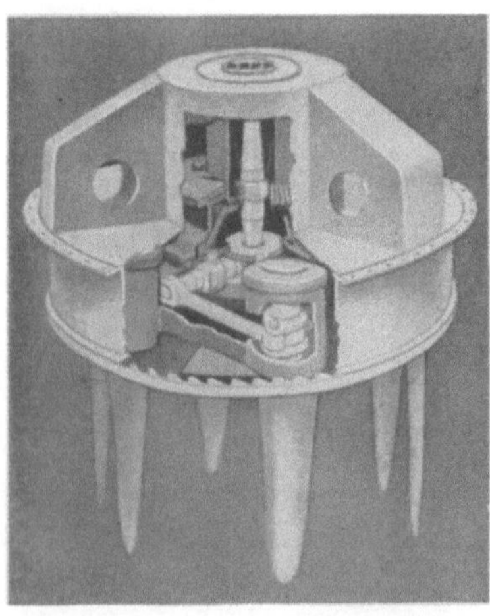

Abb. 42 Voith-Schneider-Antrieb

Voith-Schneider-Antrieb. *Wirkungsweise.* Der Voith-Schneider-Antrieb vereinigt Schraube und Ruder in einem rotierenden Laufrad, das unter dem Hinterschiff waagerecht angeordnet ist. Aus ihm ragen vier oder sechs bewegliche Flügel senkrecht heraus. Diese drücken beim Durchlaufen des *vorderen* Halbkreises das Wasser nach hinten, erzeugen also Schub nach vorne; sie wenden sich dann um und wiederholen im hinteren Halbkreise die gleiche Arbeitsweise. Nur an den Stellen *a* und *b* erzeugen die Flügel keinen Schub (Abb. 43). Damit die Flügel überall die richtige Stellung haben, sind sie einzeln drehbar angeordnet und müssen *gesteuert* werden. Das Gesetz, nach dem dies geschieht, ist sehr einfach: Die Senkrechten *S* auf den Flügelquerschnitten müssen stets sämtlich durch einen Punkt *N* gehen, der wiederum rechtwinklig zur Schubrichtung aus der Mitte verschoben ist. Je weiter man den Punkt *N* verschiebt, desto größer werden die Anstellwinkel der Flügel und damit die Schubkräfte. Man kann also durch Verschiebung von *N* schnell und langsam fahren, ohne die Drehzahl des Laufrades ändern zu müssen. Wenn man *N* im Kreise um den Mittelpunkt herum bewegt, wandert die Richtung des Wasserstrahles und der Schubkraft ebenfalls im Kreise herum (Abb. 44). Das bedeutet: *Man kann mit dem Voith-Schneider-Antrieb beliebige Fahrtstufen vor- und rückwärts fahren und gleichzeitig steuern,* ohne Drehrichtung und Drehzahl der Antriebsmaschine ändern zu müssen und ohne ein besonderes Ruder zu besitzen. Bei länger dauernder kleiner Fahrt, z. B. im Nebel, wird man, um Brennstoff zu sparen, mit der Drehzahl heruntergehen und mit größerem Anstellwinkel fahren.

Handhabung. Um das gewohnte Maschinen- und Ruderkommando beibehalten zu können, hat man die Bewegungen des Punktes N in

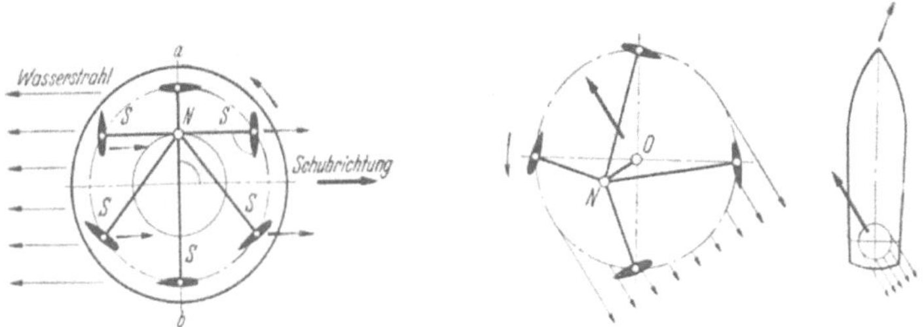

Abb. 43. Abb. 44.

Abb. 43 und 44. Wirkungsweise des VOITH-SCHNEIDER-Antriebs.

eine *Fahrt-* und eine *Steuer*bewegung unterteilt, die durch je einen mit Drucköl betriebenen Servomotor von der Kommandobrücke aus betätigt werden.

Wenn bei Zweipropeller-Anlagen ein besonderer querbeweglicher Hebel im Steuerstand vorgesehen ist, kann man mit diesem auch *traversieren*, d. h. das Schiff parallel zu seiner Längsachse bewegen, wobei der eine Propeller schräg zurück, der andere schräg voraus arbeitet (Abb. 45 links). Der gleiche Zweck läßt sich aber auch mit einem Propeller durch einfaches Ein- und Ausschwenken erreichen (Abb. 45 Mitte). Das Schiff wird dabei aufgestoppt, wenn der Bug gerade das Ufer erreicht hat, und kann dann ohne die geringste Bewegung voraus oder zurück mit 90° „Ruderlage“ eindrehen, bis es parallel zum Ufer liegt. Umgekehrt erfolgt das Ausschwenken.

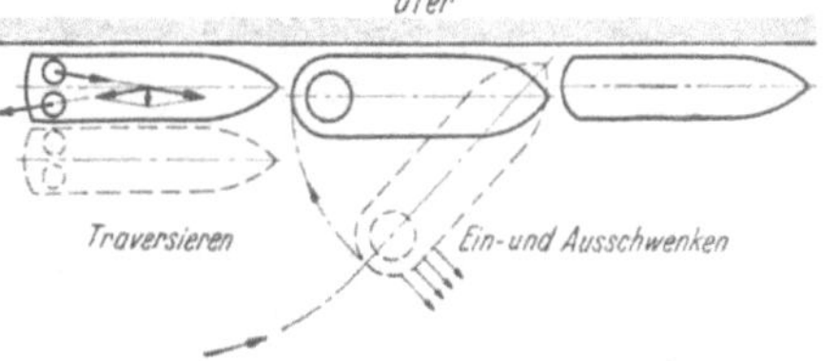

Abb. 45. Ablegen mit VOITH-SCHNEIDER-Antrieb.

Der Voith-Schneider-Antrieb hat sich auf kleineren Fahrzeugen auch bei schlechtem Wetter gut bewährt. Beim Lenzen läßt das vom Voith-Schneider-Propeller durchgewirbelte Kielwasser die von achtern auflaufenden Seen nicht an das Heck herankommen. Das Schiff bleibt dadurch überraschend kursbeständig und nimmt kein Wasser über.

Verhalten im Eis. Für die Fahrt durch eisgefährdete Gebiete sollte man möglichst nur solche Schiffe verwenden, die durch besondere Verstärkungen schwerem Eisgang gewachsen sind. Sie müssen mit Brennstoff, Wasser, Proviant und Heilmitteln so reichlich versehen sein, daß sie sich längere Zeit auf See ohne Ergänzung aufhalten können. Es ist oft dienlich, empfindlichere Teile des Schiffes durch besondere Trimmlage zu schützen.

Das Vorhandensein großer Eismassen kann bei Tage und bei bedecktem Himmel häufig schon mehrere Stunden, bevor das Schiff die Eisgrenze erreicht, daran erkannt werden, daß das auf die weiße, doch zumeist noch mit Schnee bedeckte Eisfläche fallende Licht von dieser *gegen die darüber am Himmel stehenden Wolken zurückgeworfen* wird. Während also die Wolken über dem offenen Wasser ihre dunkle Färbung behalten, sind sie über dem Eise durch das reflektierte Licht hell beleuchtet. Diese Erscheinung wird als „*Eisblink*“ bezeichnet. Die Ausdehnung und der Verlauf der dunklen Wolkenteile geben Aufschluß über Größe und Richtung der innerhalb des Scholleneises befindlichen Streifen offenen Wassers. Ein weiteres Anzeichen sind schnelles Abklingen von Seegang und Dünung, was auf ein Eisfeld in Luv schließen läßt. Der Leerand eines Eisfeldes ist meistens lose, die Luvkante scharf und fest. Nach Möglichkeit sollte man ein Eisfeld umfahren.

Auf dem Radarschirm sind glatte Eisflächen ebenso wenig zu erkennen wie glatte See, da die Radarwellen zum Schiffe hin nicht reflektiert werden. Dagegen wird Scholleneis um so mehr abgebildet, je mehr senkrechte Flächen vorhanden sind, am besten natürlich aufgetürmtes Packeis.

Niemals darf man mit höherer Fahrt in ein Eisfeld hineindampfen. Bei Beurteilung der Größe der Eisblöcke bedenke man, daß sich gewöhnlich $^{9}/_{10}$ des Volumens unter Wasser befinden. Das Eis in den Polarmeeren ist meistens Jahre alt und daher sehr hart. Die scharfen Kanten unter Wasser können großen Plattenschaden verursachen. Schraube und Ruder sind im Eis besonders gefährdet. Vor einer Eiskante liegt in Luv oft ein tiefgehender Gürtel von Eisbrei, dessen Eindringen in die Bodenventile die Maschine manövrierunfähig machen kann.

Kommt ein Schiff im Eise fest, so ist bei auflandigem Winde stets die Gefahr einer Strandung vorhanden. Tief beladene Schiffe können durch Eispressungen auch zerdrückt oder doch mindestens stark beschädigt werden. Um Ruderschäden zu vermeiden, empfiehlt es sich, während der Zeit des willenlosen Treibens den Ruderquadranten von der Rudermaschine abzukoppeln. Eine Beschädigung des Ruders in der so erzielten Nachgiebigkeit des Ruderblattes dürfte selbst bei Hartüberlage infolge der Schrägstellung des Blattes nicht so leicht möglich sein wie bei starrer Mittschiffsstellung. Wenn im Eis achteraus manövriert wird, darf das Ruder nicht hartüber gelegt werden.

Beim Loseisen soll sich das Schiff nicht zu dicht hinter dem Eisbrecher halten, allerdings vereist die geschaffene Fahrrinne oft sehr schnell wieder. Man muß immer daran denken, daß Eisbrecher in dickem Eis oft schon auf 20—50 m abstoppen. Ein Ausscheren des Schiffes ist in einem solchen Falle nur schwer möglich, da es an den Eiskanten abprallen wird. Diese Gefahr des Zusammenstoßens mit dem Vordermann ist besonders groß, wenn das befreite Schiff geschleppt werden muß. Man nimmt daher zum Schleppen am besten eine *möglichst lange* Trosse, sofern der Eisbrecher am Heck keinen Einschnitt hat, in den er den Bug des Anhangs holt und festmacht. Vorsicht in Kurven, wo Trosse unter das Eis geraten kann! Bei allen Manövern im Eis stets die Wache klar stehen lassen! Die Eissignaltafel zur Verständigung zwischen Eisbrecher und Schiff soll stets im Ruderhaus aushängen. Näheres über Eisberge und Eiswachtdienst steht im „Handbuch des Atlantischen Ozeans", 1. Band.

Manövrieren im Sturm. Die beim Dampfen gegen schwere See auftretenden Stampfbewegungen verursachen heftige Erschütterungen des Schiffskörpers, *gefährden besonders die Längsverbände und greifen die Maschine an*; die dabei überkommenden Sturzseen können Zerstörungen auf dem Vorschiff hervorrufen, unter Umständen die Vorluken einschlagen und dann den Verlust des Schiffes verursachen. Besonders gefährdet sind die Schiffe mit „Versaufloch" im Vorschiff, das in schwerem Wetter mit Wasser gefüllt ist, dessen Gewicht das Vorschiff herunterdrückt und dadurch den Sturzseen das Überkommen erleichtert. *Vor allen Dingen muß deshalb im Sturm die Fahrt vermindert werden.*

Das Lenzen vor der See im Sturm ist bei schlecht steuernden Schiffen immer ein großes Wagnis. Mit dem Überkommen gefährlicher Brecher, besonders beim Gieren, ist stets zu rechnen.

Die Gefahr des Querschlagens ist besonders groß, wenn die Geschwindigkeit des Schiffes und die der Wellen einander gleich sind und der Bug im Wellental und das Heck auf dem Wellenberg liegt oder umgekehrt. Man darf niemals vergessen, daß die Wassermassen auf dem Wellenberg umgekehrt strömen wie im Wellental. Eine weitere Gefahr liegt beim Lenzen darin, daß die Begegnungsperiode des Seegangs sehr leicht in Resonanz mit der Rolleigenperiode des Schiffes kommen und so die Stabilität des Schiffes gefährden kann.

Man bedenke ferner, daß, nachdem man in einem Sturm die größten Windstärken bereits überstanden hat, durch das Zusammenwirken der nachbleibenden hohen Dünung und des um einige Strich anderslaufenden Seegangs gelegentlich einzelne außergewöhnlich hohe und steile Wellen entstehen können. Wenn ein solcher Wellenberg mit nur geringem Fahrtüberschuß gegenüber dem Schiffe schräg von achtern aufläuft und dadurch längere Zeit auf das Schiff einwirkt, besteht Kentergefahr. Ähnliche steile und hohe Seen entstehen vor der Ems, Weser und Elbe bei NW-Sturm, vor allem, wenn die Ebbe gegenan läuft. Daher in jedem Falle bei schwerer, achterlicher See *rechtzeitig mit der Fahrt heruntergehen*! Je langsamer das Schiff läuft, desto ruhiger und sicherer liegt es. Gegen Brecher von achtern können kleine Schiffe eine lange Manilatrosse nachschleppen, gegebenenfalls in einer Bucht. Ein Ölbeutel am Ende unterstützt die Wirkung der Trosse. Auch zu beiden Seiten des Hecks Ölbeutel ausbringen. Über Lenzen mit Voith-Schneider-Antrieb s. S. 285.

Das Dampfen mit dem Kopf auf der See wird fälschlich als Beidrehen bezeichnet. In Wirklichkeit hat es damit nichts zu tun, wie unten erklärt wird. Wenn man mit einem großen Schiff wegen der Wetterlage nicht beizudrehen braucht und keinen größeren Wegverlust haben will, läßt man das Schiff nur mit LV oder HV langsam in einem Winkel von etwa 20° gegen die schwere See laufen. Sobald der Wind etwas von der Seite kommt, ist das Schiff leegierig. Das Schiff wird immer heftige Stampfbewegungen machen. Die Beplattung um die Luken sowie die Außenhaut vor- und achterkante der Mittschiffsaufbauten sollten dabei öfter auf Risse kontrolliert werden, auch nachts.

Beidrehen und Beigedrehtliegen. Unter Beigedrehtliegen versteht man das Abwettern eines Sturmes, indem man das Schiff nahezu quer zu Wind und See treiben läßt. Beidrehen ist das einleitende Manöver dafür. Bekanntlich drehen Segelschiffe bei, indem sie unter Sturmsegeln oder nur mit ausgerollten Persenningen in den Luvwanten etwa 70° an den Wind gehen, nach Fahrtverlust Ruder hart Luv. Ein so beigedrehtes Schiff macht praktisch keine Fahrt mehr und vertreibt nahezu querab. Dadurch entsteht in Luv ein „Seitenkielwasser", das in ganzer Breite die anrollenden Seen in größerer Entfernung vom Schiffe bricht. Es kommt wohl Schöpfwasser an Deck, aber kein Brecher mehr. Auch Dampfer und Motorschiffe, vor allem Schutzdecker mit hohen Aufbauten, weich beladen, liegen so gut, wie die Praxis schon vielfach bewiesen hat. Man kann sie treiben lassen, Ruder hart Luv, oder noch besser Maschine LV oder LR dabei drehen lassen, um das Schiff etwa 20° aus der Dwarslage herauszubringen. Ölbeutel in Luv ausbringen! Kapitän STOLL, Emden, ein erfahrener Erzfahrer, hat auf diese Weise sein Schiff gerettet, nachdem es ihm vorher beim Gegenandampfen hinter dem Maschinenraum 2 m von oben nach unten eingerissen war. Es handelte sich um einen tief beladenen Volldecker mit wenig Freibord und niedrigen Aufbauten.

Schiffe mit dem Hauptteil der Aufbauten im Achterschiff, wie z. B. Tanker, liegen meistens am besten mit dem Bug zum Winde.

Auch mit dem Heck auf der See kann man beidrehen. Dieses Manöver empfiehlt sich besonders für hochbordige Schiffe und solche mit dem Hauptteil der Aufbauten im Vorschiff, wie z. B. große Seeschlepper, oder wenn man aus dem Lenzen beidrehen muß. Ruder mittschiffs (s. S. 275), Maschine LR! Die Schraube wirkt wie ein Treibanker. Das völlige Heck kann infolge seines Auftriebs den anrollenden Seen gut folgen. Manche Schiffe haben die See dabei von achtern, die meisten aber etwa 60° von achtern. Sie liegen so gut. Beispiele stehen im „Handbuch des Atlantischen Ozeans", 1. Band.

Niemals in schwerem Wetter mit dem Beidrehen warten, bis Schiff oder gar Personen Schaden erlitten haben! Der Zeitverlust durch Beidrehen ist meistens unbedeutend, da man in schwerem Wetter ohnehin kaum vorwärts kommt.

Schleppen eines Havaristen[1]. Gewöhnlich fährt das hilfeleistende Schiff *A* voraus, die Schlepptrosse läuft von seinem Heck zum Bug des Havaristen *B*. Hat *B* Ruderschaden, ist seine Maschine aber klar, so ist häufig der Erfolg größer, wenn *B* vorausfährt, während *A* ihn

[1] Wertvoller Aufsatz hierüber von Kapt. MENDE im „Seewart", Band 15, Heft 2.

nur achtern steuert; beide Schiffe müssen dann aber mit ihren Maschinen nahezu die gleiche Fahrt laufen. In beiden Fällen besteht die Schleppverbindung aus der langen Seeschlepptrosse und etwa 30–45 Faden Ankerkette als Stoßdämpfer. Je länger die Schleppverbindung, desto geringer ist die Gefahr des Brechens. Man erreicht eine bessere Steuerfähigkeit, wenn man die Ankerkettenvorläufer auf A und B als Hahnepot herausgibt, die Enden zusammenschäkelt und in den Schäkel die Schlepptrosse legt. Bei der Hahnepot am Heck von A Aufholer nicht vergessen! Das Manöver hat Kapt. WOERDEMANN in „Dampfermanöver" eingehend beschrieben. Bei der Überlegung, wie man zur Herstellung der Schleppverbindung am besten an B heranmanövriert, muß berücksichtigt werden: Wetter und Seegang, ob die Leine vom Bug oder Heck aus übergegeben werden soll, welches das größere Schiff ist und welches mehr treibt, ferner die Manövrierfähigkeit von A und B. Der Havarist wird meistens quer zum Wind und zur See liegen. Das bequemste Mittel zur Herstellung einer Leinenverbindung ist ein Leinenwurfgerät, das sich nach der SSV auf jedem Seeschiff befinden muß. Entweder schießt das luvwärts befindliche Schiff die Raketenleine oder das leewärts befindliche gibt in Luvseite eine Rettungsboje mit langer Wurfleine über Bord. Da die Boje im Wasser fast still liegt, treibt das andere Schiff auf diese zu und kann sie aufnehmen. Mit Hilfe der dünnen Leine wird eine gute Manilaleine (Geientauwerk) und damit die Schlepptrosse übergeholt. Alles gut vorbereiten, da bei ungleichmäßigem Treiben die Entfernung der Schiffe bald zu groß wird und mit Maschinenmanövern wenig zu machen ist. Besondere Sorgfalt ist bei der Verbindung zwischen Schlepptrosse und Ankerkette notwendig, da diese Stelle am ersten bricht; daher sollte die Schlepptrosse stets mit einer starken Kausch versehen sein. Schlepptrosse am Heck des vorderen Schiffes nicht nur um einen Poller belegen, da dieser leicht bricht, und die Leine am Poller auch zu sehr beansprucht wird. Wenn möglich, erst Törn um ein Deckshaus nehmen. Beim Anschleppen wird die Schleppleine besonders stark belastet, vor allem, wenn beide Schiffe sehr schwer sind. Da weniger Kraft dazu gehört, ein Schiff zu drehen als es in Kielrichtung in Fahrt zu bringen, müßte man im Winkel von 90° zur Kielrichtung antauen. Dabei würde aber die Trosse in der Klüse zu stark auf Biegung beansprucht. Deshalb sollte sich der Schlepper in etwa 45° vom Bug des Havaristen aus parallel zu dessen Kielrichtung hinlegen und mit kleinster Fahrt anschleppen. Funkstation auf beiden Schiffen besetzt halten, im übrigen Schleppsignaltafel des Internationalen Signalbuches verwenden (s. Teil IX). Bei schwerem Wetter Kurs danach festlegen, wie der Schleppzug am besten liegt. Im Nothafen Schleppverbindung erst lösen, wenn Havarist sicher im Hafen liegt, und diesen unter Umständen mit Arrest belegen lassen, um Hilfslohn sicherzustellen (s. S. 173).

Beziehungen zwischen Brennstoffverbrauch, Schiffsgeschwindigkeit und Aktionsradius. Die Wegstrecke, die man mit einem bestimmten Brennstoffvorrat bei bestimmten Geschwindigkeiten zurücklegen kann, nennt man Aktionsradius (A). $k =$ stündlicher Brennstoffverbrauch. $K =$

= Brennstoffverbrauch für eine Reise von n sm bei einer Geschwindigkeit v.

1. Bei *gleichen Zeiten* verhalten sich die stündlichen Brennstoffverbräuche desselben Schiffes annähernd wie die dritten Potenzen der dazu gehörigen Geschwindigkeiten. $k_1 : k_2 = v_1^3 : v_2^3$.

2. Bei *gleicher Geschwindigkeit* sind die Aktionsradien desselben Schiffes angenähert proportional den Brennstoffvorräten. $A_1 : A_2 = K_1 : K_2$.

3. Bei *gleichem Brennstoffvorrat* und verschiedenen Geschwindigkeiten verhalten sich die Aktionsradien desselben Schiffes annähernd umgekehrt wie die Quadrate der dazu gehörigen Geschwindigkeiten. $A_1 : A_2 = v_2^2 : v_1^2$.

4. Bei *gleichen Strecken* und verschiedenen Geschwindigkeiten verhalten sich die Brennstoffverbräuche desselben Schiffes ungefähr wie die Quadrate der dazu gehörigen Geschwindigkeiten. $K_1 : K_2 = v_1^2 : v_2^2$.

Beispiel: Ein Schiff gebraucht bei 10 kn Fahrt stündlich 4,7 t Brennstoff.

1. Wie groß wird der stündliche Brennstoffverbrauch sein, wenn die Fahrt auf 8 kn ermäßigt wird?

$$x : 4{,}7 = 8^3 : 10^3 \qquad x = 2{,}41\ \text{t}.$$

2. Wieviel sm kann er bei einer Fahrt von 8 kn mit einem Vorrat von 525 t zurücklegen?

$$x : 8 = 525 : 2{,}41 \qquad x = 1745\ \text{sm}.$$

3. Auf wieviel kn Fahrt muß man das Schiff bringen, um mit diesem Vorrat von 525 t noch eine Distanz von 2500 sm zurücklegen zu können?

$$x^2 : 8^2 = 1745 : 2500 \qquad x = 6{,}7\ \text{kn}.$$

4. Wieviel Brennstoffvorrat muß das Schiff haben, um die Strecke von 2500 sm mit einer Fahrt von 8 kn zurücklegen zu können?

$$x : 525 = 8^2 : 6{,}7^2 \qquad x = 752\ \text{t}.$$

2. Sicherheitsdienst an Bord.

Vorschriften, die beachtet werden müssen:

1. Unfallverhütungsvorschriften der SBG (UVV).
2. Verordnung über Sicherheitseinrichtungen für Fahrgast- und Frachtschiffe — Schiffssicherheitsverordnung — vom 31. Mai 1955 (SSV), herausgegeben auf Grund des Schiffssicherheitsvertrages London 1948.
3. Verordnung über die Einrichtung von Auswandererschiffen vom 21. Dezember 1956.

Nach der SSV müssen alle Sicherheitseinrichtungen von der SBG besichtigt werden:

1. vor der Indienststellung,
2. danach regelmäßig auf Fahrgastschiffen alle 12 Monate, auf Frachtschiffen alle 24 Monate,
3. nach einem Seeunfall, bei Umbauten und Änderungen oder sonst eintretenden Mängeln,
4. nach Ermessen der SBG.

Vgl. Sicherheitszeugnisse S. 84 und Tagebucheintragungen S. 75.
Im Falle der Gefahr sind Ruhe, Besonnenheit und energisches Handeln die Grundbedingungen für einen Erfolg. Unruhige Elemente zwinge man in Notlagen mit Gewalt zur Ruhe.

Rollenverteilung. Für alle Schiffe ist die durch die UVV und für alle Schiffe in der Auslandsfahrt auch durch die SSV vorgeschriebene *Sicherheitsrolle* auszuarbeiten und auszuhängen. Sie bestimmt die Obliegenheiten jedes Besatzungsmitgliedes bezüglich:

Bootsrolle, Verschlußrolle, Feuerlöschrolle, Hilfeleistung für Fahrgäste usw.

Auszug aus der Sicherheitsrolle eines Frachtschiffes mit Fahrgästen.

Rollen-Nr.	Dienststellung	Bootsrolle	Verschlußrolle	Notzeichen	Feuerrolle
			Deck		
1	I. Offizier	Leitg.	Leitung	Leitung	Leitung
2	II. ,,	1 (F)[1]	Brücke	Brücke	Brücke
3	III. ,,	2 (F)	,,	,,	Stoßtrupp (F)
4	Funkoffizier	1	FT-Station tragb. FT-Gerät klarmachen	FT-Station tragb. FT-Gerät klarmachen	FT-Station tragb. FT-Gerät klarmachen
5	Bootsmann	3 (F)	z. Vfg. des I. O.	z. Vfg. des I. O.	Stoßtrupp
6	Zimmermann	1	,,	,,	Werkzeug
7	Matrose	4 (F)	Boote klarm.	Boote klarm.	Atemschutzgerät
8	,,	1	Ruder	Ruder	Ruder
9	,,	2	Wasserd. Tür 1	Bootsdeck antreten	Atemschutzgerät
10	,,	3	,, 2	,,	Schlauch 1
11	,,	4	Speigatten Stb	,,	,, 2
13	Leichtmatrose	2	,, Bb	,,	Stoßtrupp-Gerät
14	Jungmann	3	Fenster in Stb	,,	Läufer I. O.
15	Junge	4	Besatzungsr. Bb	,,	Bezüge für Ventilatoren
			Bedienung		
35	I. Steward	1	Aufsicht Kajüte	Fahrgäste wecken, Rettungsgürtel anlegen lassen u. im Speisesaal sammeln	Aufsicht Kajüte
36	Steward	2	Fenster in Stb		Feuertüren Stb
37	,,	3	Fahrgastr. Bb		,, Bb
38	,,	4	Speisesaal		Handfeuerlöscher Kajüte
39	Messesteward	3	Offz.-Messe	Woll. Decken für Boote	desgl. Offz.-Räume

Ebenso erfolgt die Verteilung des Maschinenpersonals.

Nach der SSV muß die Sicherheitsrolle besondere Alarmsignale zum Sammeln der Besatzung auf den Boots- und Feuerlöschstationen und eine eingehende Beschreibung dieser Signale enthalten.

[1] (F) = Führer des Bootes bzw. des Stoßtrupps.

Der mit der Bearbeitung der Rollenverteilung betraute Offizier benötigt dazu: Pläne über die Anordnung der Schotten, Türen, Ventile und Speigatten, über die Größe und das Fassungsvermögen der Boote, über die Feuerlöschanlagen, einen Schiffsplan mit allgemeiner Übersicht über die Räume, Besatzungsliste und Zahl der Fahrgäste.

Bei der Rollenverteilung erhält jedes Besatzungsmitglied eine Rollennummer, die für die betreffende Dienststellung stets die gleiche bleibt und unabhängig von der Person ist. Dieser Rollennummer sind bestimmte Obliegenheiten bei jedem Manöver zugeteilt. Damit die neu an Bord kommenden Leute der Besatzung sofort wissen, welche Stationen sie bei den Sicherheitsmanövern zu besetzen haben, ist es zweckmäßig, ihnen Rollenkarten und Rollenbücher auszuhändigen. Die Rollenkarten sind an den Kojen in dafür vorzusehende Blechrahmen zu schieben.

Auf Fahrgastschiffen ist bei Aufstellung der Bootsrolle zu beachten, daß für jedes Boot die durch die UVV und die SSV geforderte Anzahl von der SBG geprüfter Rettungsbootleute vorhanden ist, und zwar für ein Boot mit

< 41	41—61	62—85	> 85	Personen
2	3	4	5	Rettungsbootleute

Auf Fahrgastschiffen müssen ferner die durch die UVV verlangten Feuerschutzleute an Bord sein, und zwar bei einer zugelassenen Fahrgastzahl bis

50	500	1000	1500	2000	> 2000 Fahrgäste
3	6	9	12	15	18 Feuerschutzleute

Die von der SBG ausgestellten Prüfungszeugnisse der Rettungsboot- und Feuerschutzleute müssen an Bord sein (Anhang zum Seefahrtbuch).

Jeder Nautiker mit dem Befähigungszeugnis A 5 sollte als Rettungsboot- und Feuerschutzmann ausgebildet sein.

Rettungssignalmittel, die laut UVV und SSV an Bord sein müssen:

12 *Blaufeuer*, Brenndauer 1 min;
6 *Fallschirmsignale* mit hellem, rotem Licht;
12 *Raketen* mit Stöcken, Steighöhe 150—200 m;
12 *Kanonenschläge*, Inhalt 150 g feinkörniges Pulver;

Raketen und Kanonenschläge können durch eine Signalpistole mit je 12 Stern- und Knallpatronen ersetzt werden.

1 *Blechkasten* für Feuerwerkskörper;
Wasserlichter an der Hälfte aller Rettungsringe, mindestens aber an 6;
1 *Leinenwurfgerät* mit mindestens 4 Geschossen und 4 Leinen von je mindestens 230 m Länge.

In jedem Rettungsboot müssen, wasserdicht verpackt, vorhanden sein:

2 *Fallschirmsignale* mit hellem, rotem Licht;
2 *Rauchsignale*, schwimmfähig, mit orangefarbigem Rauch;
6 *Rotfeuer* in einer Blechdose oder eine Signalpistole mit mindestens 6 roten Sternpatronen;

1 *elektrische Signallampe* mit 2 Reservebatterien und 2 Reserveglühbirnen;

1 *Tagsignalspiegel*;

1 *Mundhorn* oder anderes Signalmittel zur Abgabe von akustischen Signalen.

1 *Radarreflektor.*

Sicherheitsübungen. Schiffsleitung und Besatzung sollten die an Bord vorgenommenen Sicherheitsübungen, die möglichst dem Ernstfall angepaßt sein sollten, durchaus ernst nehmen und sie nicht nur als Erfüllung einer gesetzlichen Pflicht betrachten. Bei allen Übungen muß die Besatzung immer wieder über die Methoden des Sicherheitsdienstes belehrt werden. Die Mannschaft muß immer wieder darauf hingewiesen werden, daß es besser ist, *Unfälle zu verhüten*, als sie bekämpfen zu müssen.

Die vorgeschriebenen Sicherheitsübungen, die in das Schiffstagebuch einzutragen sind, zeigt S. 75ff.

An den Sicherheitsübungen sollte stets die ganze Besatzung teilnehmen. Überstunden erhalten die Mannschaften für ihre Teilnahme an den Sicherheitsübungen auf See nicht bezahlt, da diese Arbeit im Interesse der Sicherheit des Schiffes geleistet wird.

Zur Kontrolle der Schiffssicherheit werden in gewissen Abständen Sicherheitsübungen von der SBG angesetzt und von ihren technischen Aufsichtsbeamten abgenommen.

Eine *vollständige Überholung des Sicherheitsdienstes* an Bord müßte sich auf folgende Punkte erstrecken:

1. Kontrolle des *Aushanges der Sicherheitsrollen.*

2. *Verschlußrolle.* Prüfung der Schotten, Schottenschließvorrichtungen nebst Alarmeinrichtungen, der Feuertüren, der Außenbordsverschlüsse, Seitenfenster, Ascheschütten usw.; Musterung der Mannschaften auf den Verschlußstationen.

3. *Bootsrolle.* Musterung der Bootsbesatzungen mit angelegten Schwimmwesten; Feststellung der Dauer des Antretens; Feststellung der Anzahl der geprüften Rettungsbootleute; Untersuchung der Boote, Bootsdavits, Taljen, Manntaue, Strickleitern und des Bootsinventars; Prüfung des Trinkwassers, der Lebensmittel und des Milchvorrates in den Booten; Aus- und Einschwingen aller Boote und gegebenenfalls Zuwasserlassen einiger Boote nebst Übungen in der Handhabung der Boote, im Rudern und Segeln. Prüfung der Bootsmotore (Vorhandensein von Feuerlöscher und Sand) und der Handhabung der Motore durch das damit vertraute Personal; Kontrolle des Brennstoffvorrates (nur guten Brennstoff in gereinigten Tanks fahren!); Prüfung der Boots-Funkgeräte und Scheinwerfer (vgl. Teil IX); Instruktion der Besatzung durch die Bootsführer. Prüfung der Rettungsgeräte und Rettungsflöße und der Beleuchtung.

4. *Feuerlöschrolle.* Prüfung der Feuermelde-Einrichtungen, der Feueralarm-Einrichtungen, der Schläuche, Hydranten und der Dampf-, Motor- und Handpumpen; Feststellung der Anzahl und des Zustandes

Sicherheitsrolle	Fahrgastschiffe	Frachtschiffe
Verschlußrolle	a) Wenn Reisedauer 1 Woche überschreitet, *vor dem Auslaufen* vollständige Verschlußübung (Schließen der wasserdichten Türen, Seitenfenster, Ventile, Abflußrohre, Asch- und Abfallschütten) (SSV). b) 1mal wöchentlich vollständige Verschlußübung und Besichtigung aller Einrichtungen, auch im Hafen (SSV). c) Täglich Betätigen der wasserdichten Türen in den Hauptquerschotten (SSV).	Nicht vorgeschrieben, häufigere Übungen sind aber sehr zu empfehlen.
Bootsrolle	a) Wenn Reisedauer 1 Woche überschreitet, *vor Antritt der Reise* Bootsübung der Besatzung (SSV). b) 1mal wöchentlich Bootsübung der Besatzung (SSV). c) innerhalb von 24 Std. nach Abfahrt Musterung mit Fahrgästen (SSV). d) Mindestens alle 4 Wochen Ausschwingen sämtlicher Boote (UVV). e) Bei jeder sich bietenden Gelegenheit Übungen in der Handhabung der Boote und im Rudern (UVV). f) Mindestens 1mal jährlich alle Boote, Rettungsringe und Schwimmwesten untersuchen (UVV).	a) 1mal monatlich Bootsübung der Besatzung (SSV). b) Mindestens alle 3 Monate Ausschwingen sämtlicher Boote (UVV). c) Bei jeder sich bietenden Gelegenheit Übungen in der Handhabung der Boote und im Rudern (UVV). d) Mindestens 1mal jährlich alle Boote, Rettungsringe und Schwimmwesten untersuchen (UVV).
Feuerrolle	a) Feuerschutzübungen in Verbindung mit den Rettungsbootübungen (UVV u. SSV). b) 1mal jährlich Kohlensäureflaschen nachwiegen (UVV).	a) Feuerschutzübungen in Verbindung mit den Rettungsbootübungen (UVV u. SSV). b) 1mal jährlich Kohlensäureflaschen nachwiegen (UVV).

der Handfeuerlöscher (Naß-, Trocken-, Schaumlöscher usw.), sowie der Großfeuerlöschanlagen (Sprinkler-, Dampffeuerlösch-, Kohlensäure-, Schaumgeneratoren-Anlage usw.); Kontrolle, ob in den Heizräumen mit Ölbrennern neben den vorgeschriebenen Feuerlöschanlagen Kästen mit 0,3 m^3 Sand und Schaufeln vorhanden sind; Prüfung der Rauchhelme, Gasmasken (Filter), Atemschutzgeräte (Kalipatronen, Sauerstoff- bzw. Luftflaschen), Beile, Brechstangen, elektrischen Handlampen oder der transportabeln Scheinwerfer, Sicherheitslampen; Musterung der Mannschaften auf den Stationen und der Feuer-Stoßtrupps.

5. *Verschiedenes.* Es ist ferner zu prüfen: Notbeleuchtung, Notdynamo, Notbatterie für FT-Station, Funkpeiler, *Kommandoelemente*

wie Maschinen-, Dock- und Rudertelegraphen, Sprachrohr bzw. Telefone zur Maschine usw., Dampfpfeifen, Sirenen und Schiffsglocken, Morselampe, ferner die Feuerwerkskörper, das Leinenwurfgerät. Das Ruder, die Reservesteuerung, die Lenzpumpe und Notlenzpumpe sind zu probieren.

Schwimmwesten müssen für alle an Bord befindlichen Personen vorhanden sein, darunter besonders geeignete für Kinder. Nach der SSV müssen sie umkehrbar sein, den Kopf einer bewußtlosen Person über Wasser halten und in Frischwasser ein Eisengewicht von 8 kg 24 Std. tragen. Aufblasbare Schwimmwesten sind verboten. Die Füllungen bzw. Schwimmkörper müssen benzin- und ölfest sein. Zur Zeit sind zugelassen: Balsaholz, Polystyrol benzinfest, Styropor K 266 und PVC-Schaum Lynizell 2007. Die Bezüge müssen orangefarben sein. Die Aufbewahrungsstellen müssen leicht erreichbar und deutlich gekennzeichnet sein. DIN-Farben hierfür s. S. 336.

Rettungsringe müssen nach der SSV aus massivem Kork oder gleichwertigem Material bestehen und in Frischwasser ein Eisengewicht von mindestens 14,5 kg 24 Std. lang tragen. Sie müssen jederzeit schnell losgeworfen werden können. Jeder Rettungsring muß mit einer Sicherheitsleine und je einer an der Schiffsseite mit einer 28 m langen Leine versehen sein. Auf Fahrgastschiffen richtet sich die erforderliche Anzahl nach der Schiffslänge (s. Aufstellung).

Schiffslänge in m	Rettungsringe
unter 61	8
61 und unter 122	12
122 „ „ 183	18
183 „ „ 244	24
244 „ darüber	30

Auf Frachtschiffen müssen mindestens 8 Rettungsringe vorhanden sein. In jedem Falle muß mindestens die Hälfte der Rettungsringe, mindestens aber 6, mit Nachtlichtern versehen sein. Auf Tankschiffen müssen die Nachtlichter elektrisch betrieben werden.

Schwimmwesten und Rettungsringe sind zu erneuern, wenn die Einbuße an Tragfähigkeit $>{}^1/_2$ kg beträgt.

Auf Fischdampfern sind außerdem Sicherheitsgurte mit Leine vorgeschrieben.

Belehrung der Fahrgäste. Die Fahrgäste sind nach dem Anbordkommen so bald wie möglich durch Bild und Gebrauchsanweisung, am besten aber durch praktische Übungen, in der Handhabung der Schwimmwesten zu unterweisen. Auch müssen sie auf das internationale *Sammelsignal*: „mehr als sechs kurze und ein langer Ton" mit der Dampfpfeife oder Sirene und auf Fahrgastschiffen mit der elektrischen Alarmanlage, also z. B.: • • • • • • • ▬, aufmerksam gemacht werden.

Man belehre das Bedienungspersonal immer wieder, wie es sich bei „Feuer" und „Alle Mann an die Boote" gegenüber den Fahrgästen zu verhalten hat, damit im Ernstfalle durch ruhiges und selbstverständliches Auftreten eine Panik unter den Fahrgästen vermieden wird. *Auf jeden Fall sind im Notfalle die Fahrgäste nachts rechtzeitig zu wecken.*

Mann über Bord. Durch schnellste Rettungsmaßnahmen ist schon manches Menschenleben auf hoher See gerettet worden. Das Manöver ist deshalb bei jeder Gelegenheit zu üben. Jeder Mann an Bord muß das „Mann-über-Bord-Signal" (z. B. das internationale Signal ▬ ▬ ▬ mit der Dampfpfeife) kennen. Die Hauptverantwortung trägt der Wachoffizier. Deshalb muß sich jeder Wachhabende immer wieder in ruhigen Stunden die Maßnahmen bei „Mann über Bord" überlegen, damit im Ernstfalle nichts versäumt wird.

Verhalten beim Ruf „Mann über Bord":

1. *Maschine „Stopp", Ruder hart Stb oder Bb,* je nachdem, auf welcher Seite der Mann über Bord gefallen ist, *Tag- bzw. Nachtrettungsboje über Bord.* Boje mit Holmslicht ist auch bei Tage zum Auffinden des Verunglückten zweckmäßig; bei einigen Reedereien werden besonders große Markierungsbojen für den Taggebrauch gefahren.

2. *Alarm „Mann über Bord",* Deckswache auf die Brücke, Decksmannschaft auf Bootsdeck. Wenn andere Schiffe in der Nähe, Dampfpfeifensignal und Flaggensignal (Flagge O) oder Morsesignal (Buchstabe O). Verschiedene Ausgucksposten verteilen mit dem Auftrag, den Verunglückten bzw. die Rettungsringe zu beobachten und später dem Boot die Richtung einzuwinken. Bei Nacht Blaufeuer abbrennen zur Ermunterung des Verunglückten.

3. *Wenn Boje das Heck passiert hat, „Volle Kraft voraus"* und *weiterdrehen,* bis der Mann voraus ist. Gewöhnlich ist dies bei Drehung um 270° — auf großen Frachtdampfern nach etwa 5^m erreicht — (s. auch Manöverskizze auf S. 272).

4. *Maschine „Langsam voraus"; Mann* so *ansteuern,* daß er in Lee bleibt, dann Maschine „Stopp", bzw. „Langsam zurück".

5. *Boot in Lee ausschwingen und besetzen.* Bei schlechtem Wetter dem Schiff — wenn noch möglich — etwas Schlagseite geben und Bordwand mit Matratzen behängen. *Fangleine vorn und achtern.* Dem Boote Decken und Kognak mitgeben. Bei Seegang Öl zur Beruhigung der Wellen. Häufig gelingt auch bei ruhigem Wetter das unmittelbare Aufnehmen des Verunglückten durch zwei angeseilte Personen, die auf Lotsentreppen außenbords steigen.

6. *Ärztliche Vorbereitungen* zur Aufnahme des Verunglückten treffen.

3. Boote und Manöver mit Booten.

Allgemeines. Die Anzahl und Größe der Boote eines Schiffes wird durch die UVV und SSV bestimmt. Auf Frachtschiffen muß auf *jeder* Schiffsseite so viel Bootsraum vorhanden sein, daß darin alle an Bord befindlichen Personen Platz finden. Auf Fahrgastschiffen wird Bootsraum für alle Personen an Bord und darüber hinaus 25% Rettungsgeräte (Schlauchboote, Rettungsflöße oder -inseln, tragfähige Decksitze, Deckstühle oder andere tragfähige Geräte) verlangt.

Es gibt hölzerne und eiserne Boote und solche aus Leichtmetall[1]. Bei ersteren unterscheidet man der Bauart nach Klinkerboote, Kraweel-

[1] Neuerdings werden auch schon Boote aus Kunststoff (glasfaserverstärkte Polyester-Gießharze) hergestellt. Als Rettungsboote sind sie aber noch nicht zugelassen.

boote, Diagonalboote und Diagonal-Kraweelboote; bei den Metallbooten unterscheidet man auf Spanten gebaute und Franzis- (Wellblech-) Boote.

Nicol-Boote sind Motorboote mit einem festen Wetterdach zum Schutze gegen See- und Witterungseinfluß.

Nach der SSV muß jedes Fahrgastschiff und jedes Frachtschiff von 1600 BRT an ein Motorboot der Klasse A oder B oder ein mechanisch angetriebenes Rettungsboot an Bord haben. Für Fahrgastschiffe mit 14—19 Rettungsbooten sind je 1 Motorboot der Klasse A und B, von denen das letztere durch ein mechanisch angetriebenes Rettungsboot ersetzt werden kann, vorgeschrieben, während auf solchen mit 20 und mehr Rettungsbooten stets 2 Motorboote der Klasse A sein müssen.

Boote, die mehr als 60 Personen fassen, müssen stets mit Motor oder Handantrieb versehen sein.

Die SSV unterscheidet Motorboote der Klasse A mit 6 kn Geschwindigkeit, Brennstoff für 24 Stunden, einem Funkgerät und einem Scheinwerfer und solche der Klasse B mit 4 kn Geschwindigkeit und für 12 Stunden Brennstoff.

Mechanisch angetriebene Rettungsboote sind in erster Linie solche mit Handantrieb, bei denen die Bewegung von Handhebeln auf eine Schraube übertragen wird. Auch diese Vorrichtung muß einen Rückwärtsgang haben. Der Vorteil liegt darin, daß der Antrieb auch von ungeübten Leuten betätigt werden kann.

Fahrgastschiffe mit weniger als 20 Rettungsbooten und Frachtschiffe müssen ein tragbares Funkgerät im Kartenhaus oder in einem anderen geeigneten Raume bereithalten, um es im Notfalle in irgendeinem Rettungsboote einzusetzen (erstere neben der im Motorboot der Klasse A fest eingebauten Funkstation).

Die Boote müssen stets in gutem Zustande und sofort verwendbar sein. Die eisernen Boote sind innen und außen frei von Rost zu halten. Bei hölzernen Booten müssen die Nähte gut gedichtet sein. Alle Vorrichtungen zum Herablassen der Rettungsboote müssen leicht zugänglich und in gutem Zustande sein. Die dazu erforderlichen Taljen müssen zum sofortigen Gebrauch fertig in den Davits oder Kränen hängen. Die Läufer und Manntaue (gleiche Anzahl von Duchten) müssen so lang sein, daß die Boote, auch wenn das Schiff leer ist und Schlagseite von 15° und eine Trimmlage von 7° hat, an beiden Seiten zu Wasser gelassen werden können. Es müssen Vorrichtungen vorhanden sein, die ein sicheres und schnelles Loslösen der Boote von den Blöcken ermöglichen. Untere Blöcke der Bootstaljen dürfen keine Haken haben. An jedem Rettungsboot müssen der Kubikinhalt und die Personenzahl auf vorschriftsmäßigen Schildern vermerkt sein, der Name des Schiffes an jeder Seite des Bugs. Jedes Davitpaar muß mit einer Sturmleiter versehen sein.

Nach der SSV muß ein Rettungsboot eine Länge von mindestens 7,32 m, in Ausnahmefällen von mindestens 4,88 m haben und, wenn es aus Holz ist, mit wasserdichten Luftkästen von mindestens 10% des Bootraumgehalts versehen sein. Bei Metallbooten muß dieser Prozentsatz entsprechend erhöht werden, ebenso bei Motorbooten und mechanisch angetriebenen Booten. Kein Boot darf mit voller Belegung und Ausrüstung mehr als 20,3 t wiegen.

Ausrüstung der Rettungsboote.

Nach der SSV umfaßt die normale Ausrüstung eines jeden Rettungsbootes:

1. mindesten seinen Riemen für jede Ruderbank, zwei Reserveriemen und einen Steuerriemen; zwei Klappdollen für jede Ruderbank oder 1½ Satz Rudergabeln, im Boot durch Bändsel oder Ketten befestigt; einen Bootshaken;
2. zwei Pflöcke für jedes Wasserablaßloch, im Boot befestigt (nicht erforderlich bei geeigneten selbsttätigen Ventilen); ein Ösfaß und zwei Eimer;
3. ein im Boot befestigtes Ruder mit Pinne;
4. zwei Kappbeile, je eins an jedem Bootsende;
5. eine Laterne mit Öl für 12 Std., 2 Schachteln Sturmstreichhölzer in einem wasserdichten Behälter;
6. einen oder mehrere Masten mit orangefarbigen Segeln, darauf das Unterscheidungssignal in großen weißen Buchstaben; ein Radarreflektor;
7. einen geprüften Schwimmkompaß mit Haube, selbstleuchtend oder mit Beleuchtung;
8. eine außenherum laufende Sicherheitsleine;
9. einen Treibanker (sehr wichtig);
10. zwei Fangleinen von mindestens 2¾″ Umfang, Länge mindestens 3fache Höhe des Bootsdecks, eine fest, die andere loswerfbar am Vorsteven;
11. einen Behälter mit 5 kg pflanzlichen oder tierischen Öles. Das Gefäß muß zur leichten Verteilung des Öles auf dem Wasser geeignet und so eingerichtet sein, daß es mit dem Treibanker verbunden werden kann;
12. einen luftdicht verschlossenen Behälter mit 910 g Lebensmitteln (Hartbrot) für jede Person (je kg mindestens 5000 Kalorien);
13. 450 g kondensierte Milch für jede Person;
14. mehrere wasserdichte Behälter, an denen mittels einer Leine ein Trinkbecher angebracht ist, mit 3 l Trinkwasser für jede Person;
15. Einrichtungen zum Festhalten am gekenterten Boot (z. B. Kielleisten, Greifleinen);
16. Sanitätskasten;
17. Klappmesser mit Dosenöffner und Marlspieker, mittels Leine im Boot befestigt;
18. zwei leichte schwimmfähige Wurfleinen von je etwa 30 m Länge;
19. eine Handpumpe;
20. einen oder mehrere zur Unterbringung aller kleinen Ausrüstungsgegenstände geeignete Behälter;
21. Rettungs-Signalmittel s. S. 292.

Ein Motorrettungsboot oder ein Boot mit mechanischem Antrieb braucht keine Masten und Segel und nicht mehr als die halbe Ausrüstung mit Riemen, muß dagegen zwei Bootshaken und einen Radarreflektor mitführen.

Alle Rettungsboote für mehr als 60 Personen müssen mit geeigneten Mitteln ausgestattet sein, die es den im Wasser befindlichen Personen ermöglichen, in das Boot hineinzuklettern.

Alle Ausrüstungsgegenstände, mit Ausnahme des Bootshakens, der zum Freihalten des Bootes klar zu halten ist, müssen sicher im Boot befestigt sein, so daß die Heißhaken und das Einbooten nicht behindert werden.

Ermittlung des Raumgehaltes der Boote. Nach der SSV ist der Raumgehalt eines Rettungsbootes nach der Stirling- (Simpson-)Regel (Abb. 46) oder nach einer anderen Formel zu bestimmen, die die gleiche Genauigkeit ergibt. Der Raumgehalt eines Bootes mit Spiegelheck muß so berechnet sein, als ob es ein spitzes Heck hätte. Für die Anwendung der Formel enthält der SSV genaue Vorschriften.

Der Raumgehalt kann auch, wenn er dadurch nicht größer wird, durch das mit 0,6 multiplizierte Produkt aus Länge, Breite und Tiefe des Bootes bestimmt werden. Die *Länge* wird gemessen zwischen dem Schnittpunkt der Außenfläche der Beplankung und dem Vor- bzw. Achtersteven oder Außenkante Spiegel, die *Breite* zwischen den Außenflächen an der breitesten Stelle, die *Tiefe* in der Bootsmitte innerhalb der Beplankung vom Kiel bis Oberkante Schandeckel; die Tiefe darf jedoch 45% der Breite nicht übersteigen.

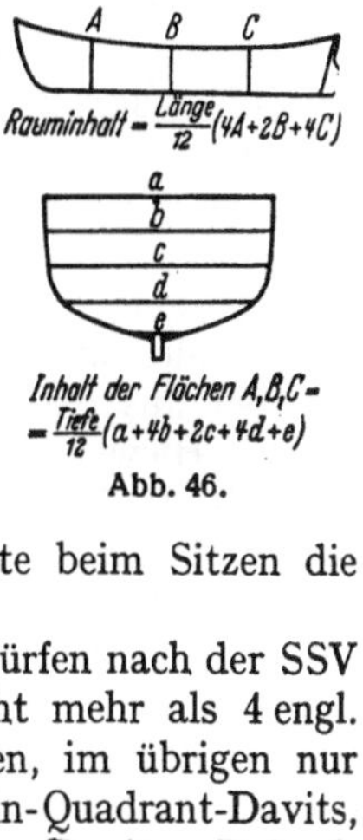

Bei Motorbooten muß der Raum für den Motor, die Funkstation und den Scheinwerfer nebst Zubehör abgezogen werden.

Der so berechnete Raumgehalt in cbm, dividiert durch 0,283, ergibt die zulässige Personenzahl. Dabei darf keine Person mit Schwimmweste beim Sitzen die Handhabung der Riemen stören.

A B C

$\text{Rauminhalt} = \frac{\text{Länge}}{12}(4A+2B+4C)$

a b c d e

$\text{Inhalt der Flächen } A, B, C = \frac{\text{Tiefe}}{12}(a+4b+2c+4d+e)$

Abb. 46.

Davits. Auf Schiffen von mehr als 46 m Länge dürfen nach der SSV ausdrehbare Patentdavits nur für Boote, die nicht mehr als 4 engl. Tonnen ohne Fahrgäste wiegen, verwendet werden, im übrigen nur Schwerkraftdavits. Besonders bekannt sind die Welin-Quadrant-Davits, Krupp-Segment-Davits, Körting-Davits, Columbus-Davits, Roland-Davits und Schat-Davits. Bei den Schwerkraft-Davits laufen die Boote zwangsläufig, wenn sie gefiert werden, auf einer Ablaufbahn außenbords. Grundsätzlich sind Stahldrahtläufer auf Winden vorzusehen. Manilaläufer mit oder ohne Winden dürfen nur zugelassen werden, wenn solche z. B. bei der geringen Höhe des Bootsdecks ausreichen. Auf Fahrgastschiffen richtet sich die Anzahl der Davits nach der Schiffslänge.

Manöver mit Booten (s. auch Bootsrolle S. 291 und Mann über Bord S. 295).

Zuwasserbringen. Die. loswerfbare Bootsfangleine weit nach vorn nehmen und belegen. Pfropfen in die Wasserablaßlöcher einstecken. Beim Fieren halten sich die im Boot befindlichen Leute an den Manntauen, die an den Verbindungsstagen des Davits angebracht sind, fest und niemals an den Bootstaljen. Der Platz dieser Leute ist immer *zwischen* den vorderen und hinteren Bootstaljen und niemals außerhalb. Das Schlagen gegen die Bordwand können die Leute im Boot mit den Fußleisten abschwächen. Das Boot soll nie mit dem Bug zuerst ins Wasser kommen. Vordere Talje bei Vorwärtsgang des Schiffes zuletzt aushaken. Kurze, in die unteren Taljenblöcke eingespleißte Enden haben sich beim Hantieren der schweren Blöcke vom Boot aus gut bewährt. Kappbeile klarhalten!

Beim Aussetzen in stürmischem Wetter erst Öl zur Beruhigung der See anwenden.

Heißen der Boote. Zuerst Fangleine an Bord geben oder ein von Bord zugeworfenes Tau als solche benutzen. Hiermit das Boot möglichst vierkant unter die Davits holen. Die Bootstaljen so weit überholen, daß, wenn sie eingehakt sind, das Boot nicht in diese einstampfen kann. Beim Anheißen des Bootes mit der Hand oder Winde darauf achten, daß die vordere Talje zuerst zum Tragen kommt, damit bei Vorwärtsgang des Schiffes oder anlaufender See das Boot nicht unterschneiden kann. Bei nicht hoch über Wasser liegenden Schiffen können Längsschwingungen des Bootes durch Überkreuznehmen der Manntaue gedämpft werden. Vorzuziehen ist jedoch, das Boot, sobald es frei vom Wasser ist, durch Steifholen der Fangleine stetig zu halten. Macht das Schiff Schlingerbewegungen, wird mit dem Anheißen begonnen, wenn das Schiff sich dem Boote zuneigt.

Bei Seegang ist es unter Umständen ratsam, wenn man über einen langen Ladebaum und gutes Geschirr verfügt, das Boot mit einer Hahnepot aus der See aufzuheißen, da man dann das Boot durch schnelles Hieven mit einem Male aus dem Wasser bekommt. Das Boot entgeht der Gefahr, an die Bordwand zu schlagen. Gute Vor- und Heckleinen in das Boot geben; diese evtl. mit Leinenwurfgerät hinüberschießen!

Anlegen mit einem Boot. Will man an einem zu Anker liegenden Schiffe anlegen, so manövriere man mit dem Boote so, daß man von achtern nach vorn am Fallreep längsseits schert. Ist Wind und Seegang, so rudere man frei vom Schiff bis vor das Fallreep, dann nehme man die Fangleine wahr, dann erst die Riemen ein. Darauf achten, daß das Boot nicht unter die Fallreeptreppe gerät! Nachts und bei schlechtem Wetter empfiehlt es sich, ans Heck des Schiffes zu gehen. Bei einem beigedreht liegenden oder mit gestoppter Maschine treibenden Schiff wählt man zum Anlegen die Leeseite. Will man mit einem Boot ein in Fahrt befindliches Schiff erwarten, so lege man sich genau in die Kurslinie des Schiffes und halte *recht auf das Schiff zu.* Erst wenn das Schiff dicht herangekommen ist, weiche man so viel wie eben notwendig aus und lasse den Mann der vordersten Ducht klar stehen zum Wahrnehmen der von Bord aus geworfenen Fangleine.

Einige Winke für Bootsführer. *Ruderkommandos:*
„Klar bei Riemen!" – „Ab vorn!" – „Riemen bei!" – „Ruder an!" – „Auf Riemen!" – „Streich überall!" – „Streich Stb–Bb!" – „Halt Wasser!" – „Riemen ein!"

Gib klare Kommandos! Verrichte jede Arbeit im Boot, wenn irgend möglich, im Sitzen! Laß niemals einen Mann stehen, wenn nicht unbedingt nötig! Klettere nie am Bootsmast in die Höhe, um etwa Falle einzuscheren usw., sondern lege den Mast dazu nieder! Verstaue alle schweren Gegenstände auf dem Boden des Bootes und möglichst mittschiffs! Beim Rudern zurre alle Masten, Segel und Reservehölzer in der Mitte des Bootes fest; wird gesegelt, werden die Riemen, Reservemasten usw. an den Seiten gezurrt. Wird ein Boot von einem Dampfer geschleppt, so nimm das Schlepptau möglichst lang und mache es im Boot an einem Poller oder um den Vormast oben über der Ducht fest. Sehr gut schleppt es sich auch mit zwei Leinen, je eine von jeder Seite des Hecks des Dampfers. Bei seitlichem starkem Wind und Seegang läßt man sich am besten an der Leeseite des Dampfers schleppen, an der auch die Fang- bzw. Schleppleine des Bootes befestigt wird. Durch richtiges Steuern hält man die notwendige seitliche Entfernung vom schleppenden Schiff. Vorsicht bei Maschinenmanövern des schleppenden Schiffes! Die Besatzung nimmt beim Schleppen hinten im Boot Platz bis auf einen Mann, der vorn klar steht, um allenfalls das Schlepptau loszuwerfen oder zu kappen. Das Anlegen an ein in Not befindliches Schiff soll immer an der Leeseite desselben erfolgen. Zu bergende Leute müssen über Bug oder Heck des Bootes, nicht an der Seite, übergenommen werden.

Bootsegeln. Beim Segeln sorge man für guten Trimm. Eine Verschiebung von Gewichten nach vorn vergrößert die Luvgierigkeit und umgekehrt. Belege die Schoten nicht fest, sondern höchstens mit einem Schlippstek, den Tamp klar zum Ausreißen. Beim Segeln mit Dwarswind und Seegang fiere man, um einer heranrollenden hohen See auszuweichen, die Großschot auf und halte etwas ab. Segelt man in schwerer See beim Winde, so luve man beim Anrollen einer schweren See, kurz bevor sie das Boot erreicht, in diese hinein, halte dann aber, sobald sie vorbei ist, sofort wieder ab. Bei achterlichem Winde und schwerem Seegang achte man gut auf das Ruder und lege es beim Auflaufen einer hohen See so, daß die See recht von achtern kommt, da sonst das Boot leicht quer geworfen wird. Das Lenzen vor schwerer See ist stets gefährlich. Ist man dazu gezwungen, so empfiehlt sich das Führen

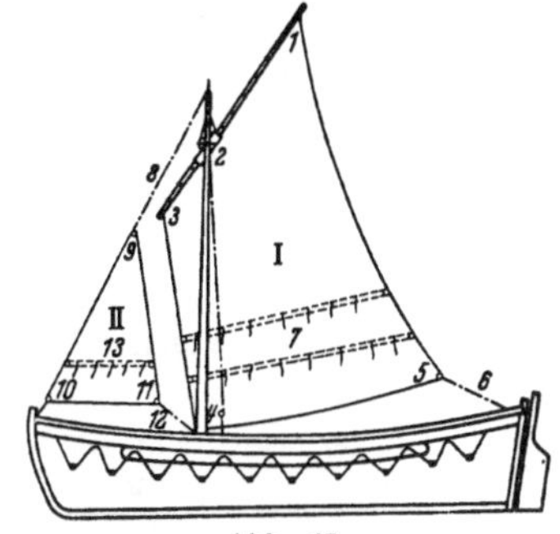

Abb. 47.
I. *Großsegel.* 1 Pieknock, 2 Fall, 3 Klaunock, 4 Hals 5 Schothorn, 6 Großschot, 7 Reffbändsel, 1-5 Achterliek, 1-3 Raaliek, 3-4 Vorliek, 4-5 Fußliek;
II. *Stagfock.* 8 Fall, 9 Kopf, 10 Hals, 11 Schothorn, 12 Fockschot, 13 Reffbändsel, 9-10 Vorliek, 10-11 Fußliek, 9-11 Achterliek.

eines Stagsegels und das Nachschleppen einer Trosse über das Heck, um das Gieren zu vermindern, ferner Verwendung von reichlich Öl aus einem Ölsack, der vorn im Boot ausgebracht wird. Um ein Boot bei hohem Seegang zu steuern, benutzt man als Ruder am besten den Steuerriemen, der achtern durch ein Ende lose gelascht wird. Man muß aber in der Handhabung geübt sein.

Abreiten eines Sturmes auf hoher See in einem offenen Boot. Man nimmt alles, was im Boot zu entbehren ist, wie Masten, alle Riemen bis auf zwei, die Längsplichten usw., lascht alles zusammen und steckt an dieses so gebildete Floß eine Leine mit einer Hahnepot, so daß das Floß dwars vor der Leine zu liegen kommt. Ist ein Segel im Boot, so läßt man dieses an der Raa, die ebenfalls an das Floß gelascht wird, macht es los und zeist an das Fußliek geeignete Gewichte, so daß es mit seiner Fläche im Wasser senkrecht zu stehen kommt. Dann wirft man das Floß über Bord, gibt 12—15 m Lose, schert die Leine durch den Ring am Vorsteven und macht sie um eine Ducht fest. Zur Beruhigung der See befestige man an dem Floß noch einen oder zwei mit Öl gefüllte Säcke. An dem Floße werden sich dann die Seen brechen, das Boot wird am starken Treiben gehindert und mit dem Kopfe auf der See gehalten, so daß es, selbst wenn es tief beladen sein sollte, verhältnismäßig sicher liegt und nur wenig Wasser übernimmt.

Handhabung offener Boote in Brandung und schwerer See. (Bearbeitet nach den Regeln der Deutschen Gesellschaft zur Rettung Schiffbrüchiger.)

1. Einlaufen von See nach Land. Ist die Küste unbekannt, so versuche man, durch Eingeborene den besten Landungsplatz zu erfahren; man lande an einer unbekannten Küste, wenn es nicht dringend nötig ist, nie des Nachts[1].

Die Hauptgefahr beim Einlaufen vor der See und Brandung besteht darin, daß das Boot querschlagen wird und dann kentert, oder daß bei einem kleinen Boot das der See zugekehrte Ende gehoben, das andere in das Wasser hineingepreßt wird, und daß das Boot dann End über End umschlägt. Man beachte deshalb folgende Regeln:

---

[1] Nach dem Schiffssicherheitsvertrag sind für die Einweisung kleiner Boote mit Schiffbrüchigen folgende Landesignale vorgesehen:

	Bei Tage:	Bei Nacht:
1. *Dies ist der beste Landeplatz:*	Weiße Flagge oder Arme auf und nieder bewegen	Weißes Licht oder Flakkerfeuer auf und nieder bewegen
2. *Hier ist das Landen äußerst gefährlich:*	Weiße Flagge oder Arme waagerecht hin und her bewegen	Weißes Licht oder Flakkerfeuer waagerecht hin und her bewegen
3. *Hier ist das Landen äußerst gefährlich. Eine bessere Landemöglichkeit besteht in der angezeigten Richtung:*	Wie bei 2. Eine zweite weiße Flagge in der anzuzeigenden Richtung tragen.	Wie bei 2. Ein zweites weißes Licht oder Flakkerfeuer in der anzuzeigenden Richtung tragen.

Man vermeide, wenn möglich, jede brechende Welle, indem man das Boot in eine solche Lage bringt, daß sich die See vor dem Boote bricht.

Wenn die See sehr hoch oder wenn das Boot klein ist und besonders, wenn es ein plattes Heck hat, so wende man den Bug nach der See hin und streiche nach Land zu, wobei man jedoch jeder heranlaufenden See einige Schläge entgegenrudert, damit sie das Boot schnell passiert.

Beim Einlaufen vor schwerer Brandung sollte man stets einen Treibanker oder einen schweren Gegenstand nachschleppen, um das Boot leichter vor der See zu halten.

Wenn man es für sicherer hält, den Bug dem Lande zuzukehren, so streiche man einige Schläge über Steuer gegen jede herankommende See, um die Fahrt des Bootes soviel wie möglich zu hemmen.

Man trimme das Boot an dem der See zugekehrten Ende etwas tiefer als an dem entgegengesetzten; man hüte sich aber, schwere Lasten an die äußersten Enden zu bringen.

Man berge unter allen Umständen die Segel und lege die Masten nieder, ehe man sich in die Brandung wagt.

Beim Landen an flachen Küsten halte man das Boot recht vor der See, bis es Grund findet, und lasse es dann durch jede folgende Welle so weit wie möglich strandauf schieben, während die Besatzung herausspringt. Bei abschüssigen Küsten halte man gerade auf den Strand zu und gebe im Augenblick des Landens dem Boote eine halbe Wendung nach der Richtung hin, aus der die Brandung läuft, damit das Boot mit der Breitseite auf den Strand geworfen wird. Ist der Brandungsstreifen nur schmal, so kann man davor ankern und das Boot durch die Brandung fieren.

2. Auslaufen vom Lande nach See. Wenn man genügend Gewalt über das Boot hat und sich die nötige Geschicklichkeit zutraut, so vermeide man die Brandung, d. h. man treffe mit der Grundsee nicht da zusammen, wo sie sich bricht oder überstürzt.

Bei heftigem Gegenwinde und schwerer Brandung gebe man bei Annäherung jeder sich brechenden Welle, die man nicht vermeiden kann, dem Boote möglichst viel Fahrt.

Wenn das Boot mehr Fahrt hat, als notwendig ist, um sein Zurücktreiben durch die Brandung zu verhindern, so hemme man bei Annäherung der Brandung die Fahrt etwas, um dem Boote das Ersteigen der Welle zu erleichtern.

Rettungsinseln bestehen aus aufblasbaren Schlauchkörpern aus gummierten Geweben mit aufblasbarem Boden und festem Wetterdach. Diese neuerdings entwickelten und gründlich erprobten Rettungsinseln haben sich bei jedem Wetter und jedem Klima sehr gut bewährt. Sie sind mit allem ausgestattet, was der SS-Vertrag für Boote vorschreibt. Vorerst sind sie als Ersatz für Rettungsboote nur auf Schiffen zugelassen, die nicht der SSV unterliegen, also vornehmlich auf Fischereifahrzeugen und Schiffen unter 500 BRT. Auf allen anderen Schiffen sind sie als zusätzliches Rettungsgerät zugelassen.

An Bord ist die Insel in einem etwa 1 m langen runden Kunststoffbehälter von etwa 150 kg Gewicht einschließlich der gesamten Ausrüstung verpackt. Beim Überbordwerfen des Behälters wird durch eine Reißleine die Insel automatisch in wenigen Sekunden aufgeblasen und ist bemannungsklar.

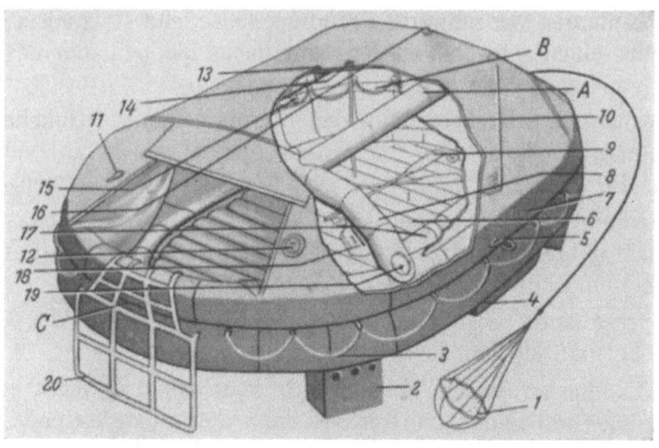

Abb. 48. ELLIOT-Rettungsinsel für 20 Personen.

A. Aufblasbare Längsträger der Überdachung. B. Sicherheitsgurte. C. Schlepphahnepot kombiniert mit Enterleiter. 1. Treibanker (vermindert die Abtrift und hält den Bug gegen die See); 2. Wassertaschen (mit Wasser gefüllt stabilisieren sie das Boot und vermindern die Abtrift); 3. Halteleine; 4. CO_2 Zylinder mit Bedienungskopf (zum Aufblasen der Rettungsinsel); 5. Einlaßventile; 6. Bootsboden (aufblasbar) (aufzublasen bei kaltem, zu entlüften bei warmem Wetter); 7. Entlüftungsnippel; 8. Bogenschläuche (richten sich automatisch auf zum Tragen des Daches); 9. Paddel; 10. Sitze; 11. Sicherheitsmesser; 12. Rettungswurfleine; 13. Schutzdach; 14. Regenwassersammler; 15. Sicherheits- und Nachfüllventile; 16. Seewasserbetätigtes Licht; 17. Seenotausrüstung; 18. Zubehörbeutel (enthält Blasebalg, Ösgefäß, Reparaturwerkzeug etc.); 19. Einweg-Ventile (dichten Bogenschläuche ab bei evtl. Beschädigung des Schwimmkörpers); 20. Enterleiter.

Rettungsfloß. Wenn beim Abbergen der Besatzung eines sinkenden Schiffes wegen des Seeganges Boote nicht mehr verwendet werden können, gelingt die Rettung häufig noch mit einem Rettungsfloß, das an Bord vorhanden ist oder behelfsweise hergestellt wird. Mit dem Leinenwurfgerät wird eine Leinenverbindung mit dem Havaristen hergestellt, durch die das Floß hinübergeholt wird. Im Küstenrettungswesen haben sich Rettungsflöße für etwa vier Personen gut bewährt.

Anweisung für das Verhalten Schiffbrüchiger bei der Übernahme durch ein Motorrettungsboot oder Rettungsfloß an den deutschen Küsten. *Signale des zu Hilfe eilenden Motorrettungsbootes*: bei Tage weiße Sternsignale, weiße Rauchsignale und Blitzknallsignale, bei Nacht weiße Sternsignale und Blitzknallsignale. Die Signale werden den jeweiligen Verhältnissen entsprechend von Zeit zu Zeit abgegeben.

1. Die Mannschaft des in Seenot geratenen Schiffes muß sofort die Schwimmwesten anlegen. Sofort Seenotzeichen abgeben! Das Aus-

laufen des Rettungsbootes der Deutschen Gesellschaft zur Rettung Schiffbrüchiger verursacht dem Schiffe keine Kosten. Wurfleine und Jolltaue für den etwaigen Gebrauch klarhalten! Bei Annäherung des Bootes reichlich Öl gießen!

2. Wenn das Motorrettungsboot nicht unmittelbar längsseits kommen kann, wird über das Schiff vom Motorrettungsboot aus eine Leine geschossen oder geworfen. Diese ist zu erfassen und auf ein Zeichen der Rettungsbootsmannschaft einzuholen.

3. Das Ende des dann folgenden dicken Holtaues ist am Schiffe zu befestigen.

4. Wird das Rettungsfloß gebraucht, so ist es längsseits zu holen; dabei haben die Schiffbrüchigen darauf zu achten, daß das Holtau klar bleibt.

5. Vier bis fünf Schiffbrüchige springen auf das Floß und geben dann ein Zeichen. Darauf wird das Floß von der Rettungsmannschaft zum Motorrettungsboot geholt.

6. Dieses Manöver wird wiederholt, bis alle Schiffbrüchigen sich an Bord des Motorrettungsbootes befinden; der letzte Mann wirft das Holtau auf dem Schiffe los.

7. Wenn das Rettungsfloß nicht benutzt wird und das Motorrettungsboot nicht unmittelbar längsseits kommen kann, müssen die Schiffbrüchigen sich mittels des Holtaues durch das Wasser ziehen lassen.

8. Während der Rettungsaktion haben die Schiffbrüchigen nach Möglichkeit fleißig Öl zu gießen, um die See zu beruhigen; sie haben ferner alle Maßnahmen zu treffen, welche die Rettung zu erleichtern imstande sind.

9. Als Klarzeichen gilt das Hin- und Herschwenken eines Tuches, der Mütze oder des Armes; bei Nacht zeigt man ein weißes Licht, das dann wieder verschwindet, oder es wird ein Blaufeuer abgebrannt.

4. Öl zur Beruhigung der Wellen.

Nach den UVV muß jedes Schiff in langer Fahrt 50 kg, jedes Rettungsboot 5 kg und jedes Schiff in großer Küstenfahrt sowie jedes Fischereifahrzeug 10 kg tierisches oder pflanzliches Wellenöl an Bord haben.

Die Wirkung des Öles besteht darin, daß die Wellenköpfe unterdrückt und ihrer lebendigen Kraft beraubt werden. Die gefährlichen Wellenköpfe werden also in eine ungefährliche Dünung verwandelt, und das Fahrzeug nimmt wenig oder kein Wasser mehr über. Am größten ist der Erfolg auf tiefem Wasser, geringer auf Untiefen und Barren. Unwirksam ist das Öl gegen die Grundseen in der Brandung, da hier die durch den Grund oder die Klippen am Fortschreiten gehemmten Wellen durch nichts mehr am Brechen verhindert werden können.

Das Öl ist um so wirksamer, je schneller es sich auszubreiten vermag. Die dickflüssigen Ölsorten haben sich besser bewährt als die dünnflüssigen und leichten. Tierische Öle (Tran oder Fischöl) sind wirksamer als Pflanzenöle (Leinöl oder Olivenöl), und diese sind wiederum wirksamer als mineralische. Auch eine Mischung von Tran oder Leinöl mit 15—25% rohem Petroleum wird mit gutem Erfolg angewandt.

Es genügt, daß das Öl tropfenweise aussickert. Am einfachsten wird es zu Wasser gebracht durch Ausgußrohre oder durch flaschenförmige Säcke aus lockerem Gewebe (Kartoffelsäcke). Man stopft Rohre oder Säcke zunächst mit Werg voll und durchtränkt dieses mit nachgefülltem Öl. Die Säcke werden nicht nachgeschleppt, sondern in Luv möglichst weit vom Schiff entfernt, zwischen Wind und Wasser, so aufgehängt, daß sie von den Kämmen der Wellen berührt werden.

Ein gestrandetes Schiff kann die Bemühungen des vom Lande abfahrenden Rettungsbootes unterstützen, indem es Öl ausgießt. Da der meistens auflandige Wind die Ölschicht auf das Land zutreibt, kann so das Rettungsboot leichter gegen Wind und See aufkommen. Bei der Rückfahrt sollte auch das Boot fleißig Öl gebrauchen.

5. Anweisung zur Handhabung des Raketenapparates[1]

Wenn ein Schiff an der deutschen Küste in kurzer Entfernung vom Lande strandet und das Leben der Mannschaft dadurch gefährdet ist, wird dieser, wenn irgend möglich, vom Lande aus auf folgende Weise Beistand geleistet:

1. Notsignale eines Schiffes oder Luftfahrzeuges werden von Land beantwortet[2]: *bei Tage* durch Flagge oder Wimpel der Gesellschaft zur Rettung Schiffbrüchiger oder durch Blitzknallsignal, das 150 m hoch steigt und mit lautem Knall platzt; *bei Nacht* durch Sternsignale oder Blitzknallsignal.

2. Eine Rakete, an der eine dünne Leine befestigt ist, wird über das Schiff geschossen. Diese Raketenleine muß möglichst rasch erfaßt und festgehalten werden. Ist dies geschehen, so muß einer von der Mannschaft beiseite treten und bei Tage seinen Hut, seinen Arm, eine

[1] An Bord eines jeden Schiffes muß ein Plakat mit Angaben über die Handhabung des Raketenapparates aufgehängt sein.

[2] Der Schiffssicherheitsvertrag sieht folgende internationale Signale vor:

	Bei Tage:	Bei Nacht:
1. Wir sehen Sie. Hilfe kommt so bald wie möglich.	Weißes Rauchsignal	Weißes Sternsignal
2. „Bejahend", insbesondere „Schießleine wird gehalten", „Steertblock ist fest", „Trosse ist fest", „Ein Mann ist in der Hosenboje", „Hol weg".	Weiße Flagge oder Arme auf und nieder bewegen	Weißes Licht oder Flackerfeuer auf und nieder bewegen
3. „Verneinend", insbesondere „Fier weg", „Hol fest".	Weiße Flagge oder Arme waagerecht hin und her bewegen	Weißes Licht oder Flackerfeuer waagerecht hin und her bewegen.

Flagge oder ein Tuch schwenken; bei Nacht muß eine Rakete oder ein Blaufeuer angezündet oder eine Kanone abgefeuert werden, oder man zeigt eine Laterne und läßt sie wieder verschwinden. Alles dies soll den Leuten am Lande als Signal dienen, daß die Leine gefaßt ist.

3. Wenn dann die Schiffsmannschaft einen der am Lande befindlichen Leute seitwärts von den übrigen eine rote Fahne schwenken sieht, oder wenn ihr zur Nachtzeit ein rotes Licht gezeigt wird, das dann wieder verschwindet, so muß sie die vorerwähnte Raketenleine vom Lande her einholen, bis sie einen Steertblock daran befestigt findet, durch den ein Jolltau (endloser Läufer) geschoren ist.

4. Dieser Steertblock ist am Mast ungefähr $2^1/_2$ m unter der Saling zu befestigen oder — falls die Masten nicht mehr stehen — an dem höchsten festen Gegenstande auf dem Schiffe. Sobald der Block festgemacht ist, muß wieder einer von der Schiffsmannschaft beiseite treten und das unter 1. beschriebene Signal geben.

5. Sobald dieses Signal am Lande gesehen wird, wird durch die Leute am Lande ein Tau, das Rettungstau, an dem ein Jolltau befestigt ist, an Bord gezogen werden.

6. Wenn dieses Rettungstau an Bord gezogen ist, muß die Mannschaft es sogleich etwa $^1/_2$ m oberhalb des Steertblockes befestigen und dabei Sorge tragen, daß das Jolltau klar von dem Rettungstau bleibt.

7. Wenn das Rettungstau in solcher Weise an Bord befestigt ist, muß das Jolltau von dem Rettungstau losgemacht und, wenn dies geschehen ist, das unter 1. beschriebene Signal wiederholt werden.

8. Die Leute am Lande werden dann das Rettungstau steif anholen und an ihm vermittels des Jolltaues eine Hosenboje an Bord ziehen; in diese hat sich die Person, die an Land gezogen werden soll, zu setzen, und zwar mit den Beinen in die Hose und die Arme über die Boje legend. Alsdann muß abermals einer von der Mannschaft zur Seite treten und den Leuten am Lande das unter 1. beschriebene Signal geben. Diese werden dann die Boje an Land holen, und nachdem die Person gelandet ist, leer wieder an Bord ziehen. Dieses Verfahren wiederholt sich, bis alle Personen gerettet sind.

9. Es kann das Wetter und der Zustand des Schiffes die Befestigung des Rettungstaues nicht zulassen; in solchen Fällen wird die Hosenboje mit dem Jolltau durch die Brandung nach dem Schiffe hingezogen, und die Schiffbrüchigen werden dann in der Hosenboje mit dem Jolltau durch die Brandung geholt.

Die Kapitäne und Mannschaften in Not befindlicher Schiffe müssen stets vor Augen haben, daß ihre Rettung nur bei eigener Besonnenheit und bei strenger Befolgung der oben gegebenen Vorschriften gelingen kann.

Die Vorschriften über die Signale müssen besonders genau befolgt werden. Alle Frauen, Kinder, Fahrgäste und alle hilflosen Personen sind zuerst zu landen, jedoch soll mit der Rettung der Fahrgäste erst begonnen werden, nachdem ein Mann der Besatzung die Rettungsvorrichtung ausprobiert hat.

6. Feuerschutz an Bord[1].

Vorschriften über den Feuerschutz an Bord enthalten:

1. die SSV im Kap. II, Teil D: Feuerschutz in Unterkunfts- und Wirtschaftsräumen auf Fahrgastschiffen und Teil E: Feueranzeige und Feuerlöschung auf Fahrgast- und Frachtschiffen (§ 45–73);
2. die UVV im Teil IV: Feuerschutzvorschriften;
3. die Richtlinien der SBG für die Durchführung des Feuerschutzes auf Fahrgastschiffen außerhalb der kleinen Küstenfahrt.

Nach der SSV müssen auf allen *Fahrgastschiffen* (mehr als 12 Fahrgäste) der Schiffskörper, die Aufbauten und die Deckshäuser durch „feuerfeste" Schotten (Typ A) in vertikale Hauptfeuersektionen von im allgemeinen nicht mehr als 40 m Länge unterteilt sein. Für die Öffnungen in diesen Schotten bestehen genaue Vorschriften.

Für die Feuersicherheit innerhalb der Hauptfeuersektionen kann eine der folgenden drei Methoden gewählt werden:

Methode I: Eine weitere Unterteilung durch „feuerhemmende" Trennflächen (Typ B), im allgemeinen ohne Einbau von Feuermelde- und Berieselungsanlagen in den Unterkunfts- und Wirtschaftsräumen.

Methode II: Einbau einer selbsttätigen Berieselungs- und Feuermeldeanlage in allen Räumen, in denen mit der Entstehung eines Feuers gerechnet werden kann, im allgemeinen aber ohne die „feuerhemmende" Unterteilung der Methode I.

Methode III: Geringere Unterteilung als bei Methode I durch Trennflächen vom Typ A und B, dafür aber Einbau einer Feuermeldeanlage in allen Räumen, in denen mit der Entstehung eines Feuers gerechnet werden kann. Eine Berieselungsanlage ist im allgemeinen nicht erforderlich.

Schiffe bis zu 36 Fahrgästen brauchen nur die Hauptfeuerschotten und Feuermeldeanlagen in allen geschlossenen Fahrgast- und Besatzungsräumen und in allen dem Feuerrondendienst nicht zugänglichen Schiffsteilen.

Für den Wachoffizier sind Pläne mit den feuerfesten und feuerhemmenden Schotten, den Feuermelde- und Berieselungsanlagen, den Feuerlöscheinrichtungen, den Ein- und Ausgängen der einzelnen Abteilungen und den Lüftungseinrichtungen ständig auszuhängen.

Nach der SSV § 72 ist der *Zustand und die Betriebsbereitschaft der Feuerlöschanlagen halbjährlich zu prüfen*; das Ergebnis der einzelnen Prüfungen ist *in das Schiffstagebuch* einzutragen, jede Beanstandung und ihre Beseitigung ist ausdrücklich zu vermerken.

Feuerverhütung. *Besser als Brände erfolgreich zu bekämpfen, ist es, Brände von vornherein zu verhüten!* Man benutze deshalb beim Schiffbau möglichst wenig Holz oder schütze es gegen Feuer durch Imprägnierung oder entsprechenden Überzug. *Die Verwendung von Farben,*

[1] Wir verweisen auch auf das Buch „Feuerschutz im Schiffsbetrieb" von Kapt. W. Busch (SBG) und Dr.-Ing. R. Schubert. Hamburg: Verlag der „Hansa", 1938.

Lacken und Polituren, die nach dem Erhärten noch leicht brennen, ist verboten.

Auf die *Öfen in den Mannschaftsräumen* ist besonders zu achten. Sie sind sicher zu befestigen und dürfen nur mit Dämpferklappen versehen sein, die eine Öffnung von wenigstens einem Viertel des Querschnittes der Klappen haben. Die Schornsteine müssen Rauchhauben haben. Klappbare Rauchhauben sind nicht zulässig. Der Holzbelag des Decks unter den Öfen und Holzteile oder Holzbekleidungen an den Wänden in der Nähe der Öfen sind durch Schutzplatten aus Blech in genügender Ausdehnung zu schützen und, wenn erforderlich, zu isolieren. In Räumen, die zum Schlafen dienen, ist der Gebrauch von Petroleumöfen verboten.

Viele Brände entstehen durch *Kurzschlüsse* an schadhaften elektrischen Leitungen, Kabeln und Sonnenbrennern. Elektrische Heizkissen, Plätteisen, Kochapparate und Öfen sind Gefahrquellen. Das selbständige Verlegen von Kabeln durch Besatzungsmitglieder (Leselampen in den Kojen) ist streng zu verbieten.

Vielfach wird auf Dampfern die für die Kesselspeisewasserfilter erforderliche *Kokosfaser im Wellentunnel* aufbewahrt. Diese neigt zur Selbstentzündung. So entstandene Brände sind wegen der starken Rauchentwicklung schwer zu bekämpfen Deshalb die Kokosfaser an besser zugänglichen Stellen verstauen!

Die Aufbewahrung *feuergefährlicher Flüssigkeiten* (Benzin, Petroleum) und Farben muß den UVV entsprechen.

Benzin, Benzol und ähnliche leicht brennbare Flüssigkeiten dürfen nur auf dem freien Deck, vor Wärme geschützt, gelagert werden. Der Gebrauch offenen Lichtes und das Rauchen ist an allen solchen Aufbewahrungsstellen selbstverständlich verboten. Die zu Not- und Lotsensignalen bestimmten Feuerwerkskörper sind in metallenen, mit entsprechender Aufschrift versehenen Behältern an leicht zugänglichen Stellen so aufzubewahren, daß eine Reibung aneinander und an dem Blechbehälter selbst bei starkem Arbeiten des Schiffes ausgeschlossen ist.

Das *Rauchen* in Räumen, in denen sich brennbare Gase angesammelt haben können, und an Deck bei offenen Luken ist verboten. Entsprechende Schilder sind an Deck und an den Luken anzubringen. In vielen Häfen bestehen für das Rauchen an Bord Sondervorschriften!

Bei *Filmvorführungen* an Bord sind die UVV und die Richtlinien der SBG zu beachten.

Ölige Putzlappen, in irgendeine Ecke geworfen, erhitzen und entzünden sich selbst.

Bei *Schweiß- und Brennarbeiten* ist ständige Aufsicht erforderlich. Sind solche Arbeiten in Tanks auszuführen, so ist vorher zu prüfen, ob keine Ölrückstände — vielleicht auch durch Lecken nebenliegender Öltanks — darin vorhanden sind.

Für die Stauung und Behandlung *feuergefährlicher Ladung* ist die „Verordnung über die Beförderung gefährlicher Güter mit Seeschiffen" (GefGüV—See) maßgebend, bei Kohlenladungen die UVV. Die GefGüV-

See ist stets als Ratgeber heranzuziehen, auch in ausländischen Häfen, in denen ein besonderer Hinweis auf die Feuergefährlichkeit der Ladung nicht erfolgt. Ladungsbrände entstehen häufig durch Selbstentzündung; hierzu neigen unter anderem alle pflanzlichen Faserstoffe, wenn sie mit Öl oder Ölrückständen in Berührung kommen. Daher müssen die Laderäume vor Übernahme der Ladung auf Vorhandensein öliger Ladungsreste überholt werden. Bei vielen Ladungen wird die tägliche Kontrolle der Temperatur von Nutzen sein, bei Kohlen- und Baumwoll-Ladungen ist sie vorgeschrieben. Feuergefährdete Räume dürfen nur mit Sicherheitslampen betreten werden.

Auf *Tankschiffen besteht besondere Gefahr* in Räumen, deren Ladung gelöscht ist, die aber noch nicht ausgedampft und gereinigt sind. In diesen bilden sich Gase, die in einem bestimmten Luftgemisch explosiv sind. Über Signale siehe SSchSO auf S. 22.

Die wirksamste Feuerverhütung ist eine rege Wachsamkeit der gesamten Schiffsbesatzung. Die Offiziere müssen beim täglichen Schiffsdienst und bei ihren Ronden immer wieder auf die Feuersgefahr hinweisen. Für Fahrgastschiffe schreibt die SSV einen „wirksamen Feuerrondendienst" vor, „so daß jeder Ausbruch von Feuer rechtzeitig entdeckt wird".

Feuermeldung. Jeder große Brand ist aus einem kleinen Feuer entstanden. Je früher also ein Brand entdeckt und gemeldet wird, desto größer sind die Aussichten, des Feuers Herr zu werden.

Nach der SSV müssen *auf allen Fahrgastschiffen* in allen Unterkunftsräumen für Fahrgäste und Besatzung von Hand zu betätigende *Feuermelder* vorhanden sein. Ferner müssen Räume, die nicht dauernd unter der Aufsicht des Wachdienstes stehen, wie Lade-, Post-, Proviant- und Vorratsräume, mit *selbsttätigen Feueralarm- oder -meldeanlagen* versehen sein. Hierbei sind zwei Systeme zu unterscheiden. Bei dem einen erfolgt die Meldung dadurch, daß der sich bei jedem Brande entwickelnde Rauch mittels Rohrleitungen zur Brücke oder einer besonderen Feuerzentrale geleitet wird, wo er durch eine Optik dem Beobachter sichtbar gemacht wird oder auch durch eine Selenzelle eine Sirene in Tätigkeit setzt. Die bekanntesten Ausführungen dieser Art sind die von Rich. Walther & Co., Minimax, AEG und ROM. Da die Rohrleitungen gleichzeitig zum Einströmenlassen gasförmiger Feuerlöschmittel in die betreffenden Räume dienen, sind diese Rauchmelder an Bord vielfach im Gebrauch. Bei dem anderen System wird der Alarm durch die Temperaturerhöhung ausgelöst. Hierzu werden Thermostaten benutzt, die bei bestimmter, vorher einstellbarer Temperatur einen elektrischen Kontakt schließen. Diese Geräte sind billiger, eignen sich aber mehr für kleine Räume.

Feuerbekämpfung. Jeder Brand an Bord, auch in der Maschine, muß so schnell wie möglich dem wachhabenden Offizier gemeldet werden. Dieser hat folgendes zu veranlassen: Feuerstoßtrupp alarmieren — Allgemeiner Feueralarm — Maschinentelegraph auf „Feuer" — Schiff vor den Wind legen und Wind totlaufen oder bei Windstille stoppen — künstliche Lüftung abstellen — Uhrzeit und Schiffsort feststellen —

Wache nach Bedarf einsetzen (Handfeuerlöscher, Schläuche klarlegen, Atemschutzgeräte vorbereiten, Ventilatoren beziehen) — Bei größeren Bränden Boote klarmachen, unter Umständen Fahrgäste wecken — Im Hafen Feuerwehr alarmieren (auch bei kleinen Bränden).

Auch das kleinste Feuer sofort energisch bekämpfen und stets sofort alle Maßnahmen wie für ein Großfeuer einleiten!

Die für die einzelnen Schiffsarten vorgeschriebenen Feuerlöscheinrichtungen sind aus den UVV und der SSV zu ersehen.

Das leichte Feuerlöschgerät. Als *Feuerlöschgerät* dienen für den ersten Löschangriff, der sofort nach Entdeckung eines Brandes einzusetzen hat, die *Handfeuerlöscher.* Nach der SSV müssen auf Frachtschiffen von 500 BRT und mehr mindestens 5 Handfeuerlöscher vorhanden sein, während für Fahrgastschiffe die UVV ihre Anbringung in Fahrgast- und Besatzungsräumen in Abständen von etwa 20 m vorschreiben. Für die Maschinen- und Kesselräume werden außerdem von den UVV bestimmte Handfeuerlöscher verlangt. Dieses Löschgerät soll von jedermann leicht erreichbar und benutzbar sein und soll die Entwicklung des kleinen Feuers zu einem größeren eigentlich von vornherein ausschließen. Bedingung ist, daß die Geräte jederzeit gebrauchsfertig zur Hand sind und daß sie durch längere Seereisen nicht in ihrer Gebrauchsfähigkeit gelitten haben.

Zur Zeit unterscheidet man fünf Arten von *Handfeuerlöschern*:

1. *Naßlöscher.* Durch Anschlagen eines Knopfes wird mittels eines Schlagstiftes eine Kohlensäurepatrone ausgelöst. Dadurch strömt die Löschflüssigkeit unter Druck aus. Dieser ist manchmal ein Chemikal zugefügt, das die Löschwirkung erhöht. Bei einigen Naßlöschern wird die Kohlensäure durch Verbindung einer Säure, die durch Zertrümmern einer Glastube frei wird, mit dem Löschmittel entwickelt, andere benutzen Preßluft als Treibmittel. Vor Frost schützen, wenn der Löscher nicht als frostsicher bezeichnet ist! *Naßlöscher nicht bei brennenden Flüssigkeiten und bei Kurzschlußgefahr verwenden!*

2. *Schaumlöscher.* Durch Umdrehen des Löschers oder Legen eines Ventils mischen sich zwei Flüssigkeiten, wobei Schaum entsteht, der durch eine Öffnung oder einen Schlauch austritt. Dieser ist sehr leicht und eignet sich besonders zum Löschen brennender Flüssigkeiten. *Schaumlöscher nicht bei Kurzschlußgefahr verwenden!*

3. *Tetralöscher.* Flüssiger Tetrachlorkohlenstoff wird mit Druckluft aus dem Löscher getrieben. *Wegen der sich entwickelnden Phosgengase dürfen Tetralöscher in geschlossenen Räumen nicht verwendet werden; sie werden deshalb nur noch für Motorrettungsboote benutzt.*

4. *Kohlensäureschneelöscher.* In Stahlflaschen verschlossene flüssige Kohlensäure tritt teils als Gas, teils als Schnee aus dem Löscher. Sie wirkt zusätzlich infolge der großen Verdunstungskälte (— 79° C). Kohlensäure ist elektrisch nicht leitend.

5. *Trockenlöscher* sind neuerdings viel in Gebrauch, da sie sich durch schlagartige Löschwirkung auszeichnen und bei allen Bränden verwend-

bar sind. Nach den Richtlinien der SBG sind sie bzw. Kohlensäureschneelöscher für Fahrgastschiffe für besondere Gefahrenpunkte (Küchen mit Ölfeuerung, FT-Station und Schaltstationen) bereitzuhalten.

Alle an Bord verwendeten Handlöschersysteme müssen von der SBG zugelassen sein. Der Inhalt der Handfeuerlöscher darf nicht mehr als 13,5 l und nicht weniger als 9 l betragen.

Nach Benutzung müssen die Handfeuerlöscher sofort wieder aufgefüllt und einsatzbereit gemacht werden.

Bei kleinen Bränden gelingt das Löschen häufig durch Ersticken der Flammen mit Decken usw., bei kleineren Ölbränden durch Sand, weshalb in jedem ölbeheizten Kesselraum eine Kiste mit Sand vorrätig sein muß.

Das schwere Feuerlöschgerät. Wenn das leichte Löschgerät versagt, muß das *schwere Feuerlöschgerät* eingesetzt werden. Man unterscheidet auch hierbei verschiedene Arten:

1. *Wasser.* Um Feuer an Deck, in den oberen Räumen und durch die Luken mit *Wasser* bekämpfen zu können, ist die Deckwaschleitung mit Anschlüssen für Feuerlöschschläuche versehen; auch in den Maschinen- und Kesselräumen sind Anschlüsse vorhanden. Wirksame Bekämpfung mit Wasser ist nur möglich, wenn der Brandherd unmittelbar zugänglich ist. Falls möglich, ist er freizulegen. Gute Dienste können *Atemschutzgeräte* und *Zerstäuberdüsen* auf dem Strahlrohr leisten. Die letzteren erzeugen einen Nebel feinster Wassertröpfchen, der die Sauerstoffzufuhr weitgehend abschneidet, infolge Verdampfung eine Abkühlung bewirkt und fast gar keinen Wasserschaden hervorruft. Mit diesen Zerstäuberdüsen kann man auch Ölbrände löschen, da sich eine Emulsion bildet, indem die Ölkügelchen des Öldampfes mit einem Wasserfilm umgeben werden.

Wenn man gezwungen ist, tieferliegende unzugängliche Ladungsbrände durch Einpumpen großer Wassermengen oder durch Fluten des Raumes zu löschen, denke man daran, daß die Schwimmfähigkeit und die Stabilität des Schiffes gefährdet sein können. Deshalb wird das Fluten von Räumen *auf See* kaum in Frage kommen.

Muß man mit Wasser löschen, so gebe man sofort gehörige Mengen, da dies sicherer und schneller wirkt als kleine Mengen längere Zeit gegeben.

Bei den auf Fahrgastschiffen nach Methode II (s. S. 308) vorgeschriebenen *selbsttätigen Berieselungsanlagen* sind an der Oberkante des zu schützenden Raumes Rohrsysteme mit Brausen verlegt, aus denen ein Regen auf den Raum herabgelassen werden kann. Bei ausbrechendem Feuer schmilzt die Metallegierung, mit der die Brausen verschlossen sind, so daß das Wasser automatisch austritt. Nach der SSV muß die Anlage ständig unter dem erforderlichen Druck stehen und über eine laufende Wasserzufuhr verfügen (Sprinkler-System).

2. *Dampf.* Viele Frachtdampfer besitzen eine Dampffeuerlöschanlage für die Laderäume. Beim RICH-System werden die Rohre auch zur Feuermeldung verwendet. Will man einen Brand mit Dampf löschen, so muß man konsequent vorgehen. Alle Öffnungen, wie Lüfter, Luftschächte, Peilrohre usw. schließen! Luken gut dichten! Mit dem

Dampfgeben nicht nachlassen, auch wenn man glaubt, annehmen zu dürfen, daß das Feuer gelöscht ist! Auf keinen Fall Luken vorzeitig öffnen! Am besten Löschverfahren durchführen, bis ein Hafen erreicht ist! Wasser und Dampf gleichzeitig zu geben, hat keinen Zweck, da dann der Dampf sofort kondensiert.

3. *Kohlensäure.* Diese wird in Stahlflaschen an Bord mitgeführt. Das Einströmenlassen des Kohlensäuregases (CO_2) kann augenblicklich und schlagartig erfolgen, was bei Bränden in Automobilräumen, auf Tankschiffen und in ölbeheizten Kesselräumen auch unbedingt notwendig ist. Die Kohlensäure wird von oben in den Brandraum eingelassen und sinkt infolge ihres großen spezifischen Gewichtes durch die Ladung nach unten. Die Löschwirkung ist vorzüglich. Man lasse sich nicht dazu verleiten, die Luken zu früh zu öffnen. Nach der SSV muß die verfügbare Kohlensäure in Gasform mindestens 30% des größten für sich abdichtbaren Laderaums bzw. Maschinen- und Kesselraums betragen. Die Flaschen müssen mindestens einmal jährlich nachgewogen werden. Nach den Richtlinien der SBG für Fahrgastschiffe muß beim oberen Eingang zu dem Motor- oder Kesselraum eine Feuerglocke mit einem Warnungsschild angebracht sein, um das Personal zu veranlassen, den Raum vor dem Anstellen der Kohlensäure zu verlassen. Im Flaschenraum ist ein Schild anzubringen: „Erst Lüftung des brennenden Raumes abstellen!" Das Betreten durchgaster Räume ist erst nach gründlicher Durchlüftung zulässig. Die Kohlensäure hat gegenüber den anderen Löschmitteln den Vorteil, daß sie keine Ladung beschädigt. Die Anlage ist stets betriebsfertig und von der Maschinenanlage unabhängig.

4. *Schaum.* In Schaumlöschern werden zwei Flüssigkeiten, von denen der einen schaumbildende Stoffe (z. B. Saponin) beigemengt sind, getrennt aufbewahrt. Im Augenblick des Inbetriebsetzens mischen sich diese beiden Flüssigkeiten mit dem Wasser aus der Feuerlöschleitung und erzeugen den Schaum, der, je nach dem Apparat, in kräftigem Strahl oder in dichtem Guß im gleichen Augenblick auch schon heraustritt. Der zähe, kohlensäurehaltige Schaum breitet sich in dichter Decke über die brennende Fläche aus, sperrt die Luftzufuhr ab und erstickt das Feuer in kürzester Zeit. Bei Oberflächenbränden schiebt sich der Schaum zwischen das Öl und den darüber befindlichen brennenden Gasen und nimmt so dem Feuer die Nahrung. Die im Schaum enthaltenen Kohlensäurebläschen fördern die Löschwirkung.

Bei einer Konstruktion wird der transportable „Schaumgenerator" im Gebrauchsfalle mit der Druckwasserleitung verbunden und gleichzeitig das in luftdicht verschlossenen Blechbüchsen aufbewahrte „Schaumpulver" in den Generator geschüttet. Der bei der Mischung des Pulvers mit dem Wasser entstehende Schaum wird mit Schlauch und Strahlrohr an das Feuer geleitet. In ortsfesten Anlagen, z. B. in Kessel- und Maschinenräumen, ist ein großer Schaumgenerator fest an die Druckwasserleitung angeschlossen. Der Schaumschlauch kann an verschiedenen festen Zapfstellen angeschlossen werden. Die Betriebsdauer ist nur durch die Menge des vorhandenen Schaumpulvers begrenzt.

Der kleine Generator liefert in der Minute bis zu 1500 l, der große bis zu 6000 l Schaum.

Beim neuen *Luftschaumverfahren* wird der flüssige Schaumbilder im Zumischergerät dem Wasser automatisch zugesetzt, und dies ergibt in Verbindung mit der Luft, die im *Kometrohr* angesaugt wird, einen verhältnismäßig schweren und zähen Schaum mit sehr guter Löschwirkung.

Das Schaumlöschverfahren hat sich bei Ölbränden, auf Tankschiffen und beim Löschen von Laderaumbränden gut bewährt.

Allgemeines. Man denke bei jedem Brande an Bord stets daran, daß das Feuer durch Glühendwerden der Schotten leicht auf benachbarte Abteilungen übertragen werden kann. Liegt daher der Herd eines Feuers in der Nähe eines Schottes, so sorge man nach Möglichkeit dafür, daß das Schott in dem bis dahin noch vom Feuer verschonten Raume freigemacht und gekühlt wird. Auch die Außenhaut über der Wasserlinie in der Nähe der Brandherde kühle man gehörig durch große Mengen Wasser. Man bringe auf alle Fälle alle explosiven oder feuergefährlichen Güter aus dem Nebenraum und lenze in der Nähe befindliche Öltanks (beim Lenzen der Tanks an die Stabilität denken!). Elektrische Anlagen muß man vielfach bei Bränden stromlos machen, um Kurzschluß zu vermeiden.

Feuerschutzleute. Die SBG schreibt für Fahrgastschiffe eine bestimmte Anzahl geprüfter Feuerschutzleute vor, und zwar

bei einer zugelassenen Fahrgastzahl bis	50	500	1000	1500	2000	über 2000
eine Mindestzahl Feuerschutzleute	3	6	9	12	15	18

Über die von der SBG durchgeführte Prüfung erhalten die Feuerschutzleute eine Bescheinigung.

Aus diesen und anderen geeigneten Personen der Besatzung werden zweckmäßigerweise Stoßtrupps gebildet, die für die unmittelbare Feuerbekämpfung bestimmt sind. Die Schwierigkeiten bei der Bekämpfung von Ladungsbränden machen die Bildung eines besonders ausgebildeten Stoßtrupps auch auf *Frachtschiffen* notwendig.

Ein *Feuerstoßtrupp* sollte möglichst aus einem Offizier, einem Ingenieur (Elektriker), einem Zimmermann und etwa vier bis fünf weiteren Leuten der Besatzung gebildet werden. Der Feuerstoßtrupp muß mit der in der SSV vorgeschriebenen Ausrüstung, nämlich einem Atemschutzgerät oder Rauchhelm, einer Sicherheitslampe, einer Feuerwehraxt und, außer auf Tankschiffen, einer tragbaren elektrischen Bohrmaschine ausgerüstet sein. Auf Fahrgastschiffen müssen 2 Ausrüstungen vorhanden sein, möglichst weit entfernt voneinander untergebracht. Bei mehr als 50 Fahrgästen muß bei der zweiten Ausrüstung ein Sauerstoffgerät sein. Darüber hinaus sind noch ein Trockenhandlöscher, ein Schaumhandlöscher, eine Sprühstrahldüse und drei Schlauchlängen, ein Brecheisen und ein bis zwei Asbestanzüge zu empfehlen. Nach den Richtlinien der SBG gehören zu der vorgeschriebenen Ausrüstung mit Frischluft- oder Sauerstoffgeräten: 1 Rettungsleine zum Anseilen, 1 Paar Lederhandschuhe, 1 schwere Feuerwehraxt, 1 Messer mit feststehender Klinge,

1 Extra-Schlauchschlüssel und zum Sauerstoffgerät noch ein besonderer Kopfschutz, z. B. eine Ledermütze.

Zur theoretischen und praktischen Schulung der Besatzung und der Mannschaft wird empfohlen, an Hand von Beispielen und gemachten Fehlern die beste Art der Feuerbekämpfung zu zeigen. Es ist dazu notwendig, daß die Schiffsleitung außer den vorgeschriebenen Sicherheitsmanövern von Zeit zu Zeit ein *unvorhergesehenes* Feuermanöver veranstaltet. Diese Manöver sind dann mit Einlegung von allen möglichen Behinderungen und Störungen des Löschens vorzunehmen, so daß die Besatzung mit allen möglichen Gefahren eines Bordbrandes bekannt wird und weiß, wie sie sich im Falle der Not verhalten muß. Feuer an Bord, das sei wiederholt, ist stets als Großfeuer zu bekämpfen, und es muß dabei mit allen Möglichkeiten gerechnet werden. Der volle Einsatz der Besatzung zur Beseitigung der Gefahren ist notwendig. Trotzdem dürfen die Fahrgäste nur so wenig wie möglich von den Feuerlöschmaßnahmen bemerken, damit keine Panik entsteht.

7. Atemschutzgerät an Bord.

Allgemeines. Die Atemschutzgeräte finden an Bord vor allem Verwendung bei Bränden, die mit starker Rauchentwicklung verbunden sind, dann aber auch beim Betreten von Doppelböden, Tanks und Räumen, die länger von der Außenluft abgeschlossen waren, und von Laderäumen, in denen sich Stoffe befinden, die den Luftsauerstoff aufnehmen oder Kohlensäure entwickeln. Gefährliche Ladungen dieser Art sind u. a. Kohle, alle pflanzlichen Faserstoffe, Getreide, Reis, Kleie und Mehl, Nüsse, Lumpen, Rohstoffe für Papierfabrikation, Schwefelkies, fein verteilte Metalle, also sehr viele Bulkladungen. Atemschutzgeräte sind ferner notwendig beim Ausgasen und beim Arbeiten an Ammoniak-Kühlmaschinen. Mit der Wirkungsweise und Verwendbarkeit der einzelnen Geräte muß jeder Nautiker vertraut sein. Jeder, der Tanks betritt, muß angeseilt sein. An Deck muß stets Aufsicht vorhanden sein.

Atemschutzgeräte dürfen nicht in der Nähe der Heizung oder dem direkten Sonnenlicht ausgesetzt aufbewahrt werden. Sie sollen nach den Richtlinien der SBG vierteljährlich an Bord und alle 2 Jahre durch die Herstellerfirma oder die Feuerwehr geprüft werden.

Niemand darf ein Atemschutzgerät benutzen, wenn er nicht vorher im Gebrauch des Gerätes eingeübt ist, alle Handgriffe kennt und weiß, wie man eine Maske aufsetzt, wie man sie auf Dichtigkeit prüft und welche Ventile zu bedienen sind. Die Schiffsleitung hat die Pflicht, die Besatzung von Zeit zu Zeit im Gebrauch des Gerätes praktisch zu unterweisen.

Das **Frischluftgerät** findet in der Form des Rauchhelms (System König) oder der Atemmaske an Bord Verwendung. Mit einem Blasebalg wird dem Helm frische Luft zugepumpt. Ein geringer Überdruck im Helm erübrigt den luftdichten Abschluß gegenüber dem Körper. Bei Bränden ist der kühle Luftzug am Kopfe angenehm. Nachteilig sind das Ausmaß des Helmes, das Mitziehen des Schlauches und die Notwendigkeit, auf demselben Wege zurückkehren zu müssen.

Beim Betreten und Reinigen von Tanks oder anderen Schiffsräumen, in denen Sauerstoffmangel oder giftige Gase vermutet werden, aber auch bei Bränden, hat sich ein Frischluftgerät, bestehend aus einer Gasmaske mit Ausatemventil und einem angeschraubten Schlauch, dessen freies Ende außerhalb des Tanks bzw. Raumes festgebunden wird, gut bewährt. Bei einigen Geräten sitzt das Ausatemventil nicht an der Maske, sondern am Schlauch vor der Maske. Bis 20 m Schlauchlänge kann der Träger die Luft selbst ansaugen (*Saugschlauchgerät*); bis 50 m Schlauchlänge verwendet man das *Druckschlauchgerät* mit Pumpe und bis 150 m Schlauchlänge das *Preßluftschlauchgerät*. Der Träger des Frischluftgerätes ist von der umgebenden Luft unabhängig.

Das **Filtergerät** besteht aus einer Gasmaske und dem vorgeschraubten Filter. Die einzelnen Teile der Gasmaske sind: Maske aus Gummistoff oder Leder, Stirnbänder, Schläfenband, Nackenband, Klarscheiben, Ausatemventil, Dichtrahmen. Die Maske darf nicht zu fest sitzen, da dann Hautfalten entstehen, durch die die Außenluft eindringt. Zur Probe auf Dichtigkeit legt man die Handfläche der rechten Hand vor die Öffnung, in die das Filter geschraubt wird, während man mit Daumen und Zeigefinger der linken Hand den Mundring festhält. Beim Luftholen muß dann in der Maske deutlich ein Vakuum entstehen. Die Filter schützen eine gewisse Zeit gegen jedes Atemgift; nur Kohlenoxyd (CO) wird von gewöhnlichen Filtern *nicht* zurückgehalten. Um die Gebrauchsdauer zu erhöhen, hat man Spezialfilter konstruiert, die gegen spezielle Rauche oder Gase schützen, z. B. J-Filter gegen Zyklon B, K-Filter gegen Ammoniak (für Arbeiten an Kühlmaschinen) usw. *Ein Filtergerät setzt stets genügenden Sauerstoffgehalt der umgebenden Luft und das Fehlen schädlicher Kohlenoxydgase voraus*; daher darf es bei Schiffsbränden nur mit *größter Vorsicht*, bei Bränden in Innenräumen, besonders in Laderäumen, niemals verwendet werden; ebenso nicht beim Betreten von Tanks oder Laderäumen.

Das **Sauerstoffgerät** wird auch Kreislaufgerät genannt, da die ausgeatmete Luft in einer Alkalipatrone (Ätznatron oder Atemkalk) von der Kohlensäure gereinigt und aus dem Atembeutel wieder eingeatmet wird. Zuvor aber wird die Luft mit Sauerstoff aus einer Stahlflasche mit 150 at Druck angereichert. Das Gerät wird in einem Leichtmetall-Rucksack auf dem Rücken getragen und ist mittels Ein- und Ausatemschlauch mit der Gasmaske verbunden. Das an Bord verwendete Gerät hat etwa einstündige Gebrauchsdauer; nach dieser Zeit müssen Sauerstoffflasche und Alkalipatrone ersetzt werden. Eine Hupe warnt bei neueren Geräten, wenn die Sauerstoffflasche nicht geöffnet ist oder Sauerstoffmangel eintritt. Die Sauerstoffzufuhr ist dosiert. Ein Lungenautomat regelt die Zufuhr des bei schwererer Arbeit erforderlichen höheren Sauerstoffbedarfs. Der „Angstknopf" umgeht das Dosierventil und wird dann gebraucht, wenn der Gerätträger glaubt, nicht genügend Sauerstoff zu erhalten, oder wenn er diesen zur Kühlung des Gesichts verwenden will. Das Sauerstoffgerät ist ein vollkommener Atemschutz, da es den Träger von der umgebenden Luft unabhängig macht, ohne ihn in der Bewegungsfreiheit zu beschränken. Es kann in jedem Falle verwendet werden.

Das *Kleintauchgerät*, das beim Klarieren der Schiffsschraube und bei der Untersuchung von Außenbordsschäden von Nutzen sein kann, wirkt ähnlich wie das Atemschutzgerät. Es wird im allgemeinen ohne Taucheranzug verwendet, und zwar nur von ärztlich Untersuchten und in seinem Gebrauch besonders ausgebildeten Personen.

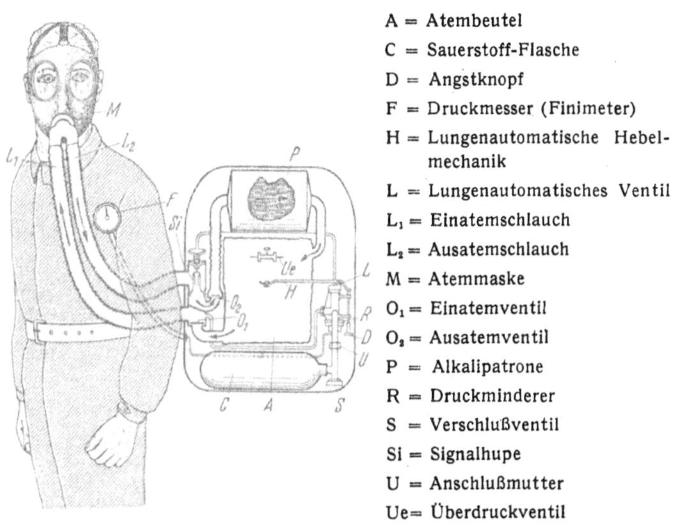

Abb. 49. Wirkungsweise des DRÄGER-KG-Gerätes, Modell 210.

Beim *Preßluftatmer* wird die Einatemluft Preßluftflaschen (Fülldruck 200 atü) durch ein lungenautomatisches Ventil entnommen, das selbsttätig diejenige Luftmenge liefert, die zum Füllen der Lunge erforderlich ist. Die Ausatemluft entweicht durch ein Ausatemventil. Das Gerät ist zwar schwerer als ein Sauerstoffgerät, aber in seinem Aufbau einfacher. Die Gebrauchsdauer beträgt etwa 40—50 Min. Mit einer entsprechenden Pumpe können die Preßluftflaschen an Bord aufgefüllt werden.

8. Bergungsarbeiten.

Allgemeines. Bei den meisten Seeunfällen wird die Schiffsleitung fremde Hilfe in Anspruch nehmen müssen, doch sind die ersten eigenen Maßnahmen nach dem Unfall häufig bestimmend für den Erfolg bei der Rettung des Schiffes und der an Bord befindlichen Menschen. Sieht der Kapitän, daß dringende Gefahr für die ihm anvertrauten Menschen und das Schiff im Verzuge ist, so zögere er auf keinen Fall, SOS zu geben und Hilfe anzunehmen (Notsignale s. S. 531).

In schweren Havariefällen werden die großen und anerkannten Bergungsgesellschaften stets zuverlässige Helfer sein. Die eigene Reederei halte man über alle Einzelheiten eines ernstlichen Seeunfalles dauernd auf dem laufenden. Über Hilfslohn usw. s. S. 171.

Ruderschäden. Ein Bruch des Ruderschaftes läßt sich in vielen Fällen genügend behelfsmäßig reparieren, denn er hat im allgemeinen einen stark schrägen Verlauf, wenn er auf Überanstrengung infolge von Torsion zurückzuführen ist. Die Teile des Ruderschaftes lassen sich in solchem Falle durch Bänder miteinander verbinden. Die Hauptschwierigkeit besteht bei hohem Seegange darin, das hin- und herschlagende Ruderblatt festzulegen, damit es nicht zertrümmert wird, ehe man nach Eintritt ruhigen Wetters an die Reparatur gehen kann. Vielfach befindet sich an der Achterkante des Ruderblattes oder Ruderkörpers ein Haken oder Einschnitt, in dem ein Draht oder eine Talje befestigt werden kann. Sonst läßt sich ein Festlegen des Ruders mit dem Stromanker bewirken, wenn man diesen mit einem am Ring befestigten Draht über das Heck herabfiert und mit einem zweiten Draht eine Flunke hinter das Ruderblatt fassen läßt. Durch Einhieven wird das Ruderblatt dann an den Anschlag am Steven geholt.

Der Bau eines Notruders hängt von der Größe und Bauart des Schiffes, der Wetterlage, der Länge der Reise und der Geschicklichkeit der Besatzung ab. Das einfachste Notruder erhält man dadurch, daß man einige Lukendeckel zusammenlascht oder verbolzt und diese an einer Art Hahnepot aus 2 Drähten, die von den beiden Seiten des Hecks ausgesteckt werden, schleppt. Dadurch, daß man den einen oder anderen Draht hievt, kann man eine, wenn auch geringe, Steuerwirkung erzielen.

Strandung. Hierbei richten sich die zu treffenden Maßnahmen nach der Art und dem Umfang der erlittenen Beschädigung. Macht das Schiff mehr Wasser, als durch seine Pumpen bewältigt werden kann, dann muß das Leck erst durch Taucher gedichtet werden. Wenn es dicht hält und Aussicht vorhanden ist, daß Abbringungsversuche durch den Tidenhub unterstützt werden, ist durch Lotungen die günstigste Abbringungsrichtung festzustellen und dann ein Anker mit der längsten zur Verfügung stehenden Drahttrosse auszubringen. Hierzu ist ein Buganker zu verwenden; Stromanker sind zu leicht. Der Anker wird ausgebracht, indem man über zwei Schiffsboote eine starke Bohle legt, die ganz über die Boote reicht und dann den Anker an dieser Bohle zwischen den Booten so befestigt, daß er leicht zu slippen ist. Die Boote werden gleichfalls an der Bohle befestigt, um sie in der nötigen Entfernung voneinander zu halten. Außerdem ist es erforderlich, sie an Bug und Heck miteinander zu verbinden, um sie parallel zueinander zu halten. Ehe indessen der Buganker an den Booten befestigt wird, berechne man, ob die Boote den Anker tragen können, und zwar am besten aus der für die Boote vorgesehenen Personenzahl $\times$ 75 kg. Dann bringt man einen Stromanker mit einer drei- bis vierzölligen Manilatrosse etwas über den für den Buganker bestimmten Platz hinaus und legt ihn hier fest. Die Manilatrosse dient dann als Zugleine für den Transport des Bugankers. Nur mit Hilfe einer solchen Zugleine ist es möglich, den schweren Buganker mit einer Trosse auszubringen. Die Trosse wird zweckmäßigerweise langsam vom Schiff aus ausgesteckt, wenn die Boote in Bewegung zum Stromanker hin sind. Vor dem Fallenlassen des Bugankers ist das Verbindungstau zwischen den Hecks der Boote zu kappen, damit die Schlepptrosse frei fallen kann. Diese muß am Anker und möglichst noch an mehreren Stellen mit Bojen versehen werden, damit der Anker bei Bruch der Trosse oder beim Losreißen wiederzufinden ist. Genügt der Zug der Winde zum Abbringen des Schiffes nicht, so muß eine kräftige Talje auf den Draht aufgeschlagen werden.

Erweisen sich mehrere Versuche, das Schiff bei Hochwasser auf diese Weise loszubringen, als vergeblich, so muß mit dem Werfen der Ladung begonnen werden, doch muß vorher die Ankertrosse steifgehievt und der Anker, wenn er bei den Abbringversuchen durch den Grund näher zum Schiff gezogen sein sollte, neu ausgebracht werden. Die Verantwortung für das Werfen der Ladung muß der Kapitän allein tragen. Er braucht hierüber keinerlei Instruktionen abzuwarten, denn er ist verpflichtet, nach bestem Wissen und Gewissen zu handeln, und vertritt durch schleuniges Handeln nur die Interessen aller Beteiligten. Selbstverständlich können Fälle eintreten, in denen ein Schiff auf Grund gerät, wo es geschützt liegt und aller Voraussicht nach nicht durch See und Wetter gefährdet ist. In solchem Falle ist eine Opferung von Ladung nicht gerechtfertigt, wenn Aussicht besteht, daß bald Hilfe am Ort der Strandung eintrifft.

Bestehen irgendwelche Bedenken hinsichtlich des Erfolges mit den eigenen Versuchen, das Schiff freizubekommen, nehme man lieber die Hilfe eines erfahrenen Bergungsdampfers an.

Über Schleppverbindung s. S. 288.

Leckdichten. Zum *provisorischen Dichten der Leckagen* können Lecksegel, Segelpflaster, Holzwerk oder Platten benutzt werden. Hiermit kann man oft den Wasserzustrom so eindämmen, daß das noch eindringende Restwasser durch die Bordpumpen bewältigt werden kann. Falls die Leckagen gründlich abgedichtet werden sollen, ist Betonierung oder Zementierung erforderlich.

Die *Lecksegel* bestehen aus einer mehrfachen Lage starken Segeltuches, das zusammengenäht und mit einer Filz- oder Wolleinlage oder dgl. versehen ist. Sie werden mit Hilfe eines Schiffsbootes ausgebracht, auf das Leck gelegt und durch Taue befestigt. Die steif geholten Taue laufen unter dem Schiffsboden hindurch und pressen das Segel fest gegen die Beplattung.

Die Anbringung des *Segelpflasters* dagegen geschieht vornehmlich durch Taucher. Zu diesem Zweck wird vorerst ein stählernes Netz oder Drahtgewebe auf das Leck gelegt, auf dieses eine starke Schicht Werg und darauf das Pflaster selbst. Dieses ist matratzenartig ausgebildet, d. h. es besteht aus mehreren mit Werg oder anderen leichten Materialien gefüllten, aneinandergenähten Säcken, die auf 60 mm starken Holzleisten festgenagelt sind. In Abständen von etwa 1,50 m tragen die Querleisten Ösen, durch die Hanftaue von 50 mm Durchmesser laufen.

Diese Haltetaue hängen in verstärkten Endleisten, an denen die auf Deck führenden Spanntaue befestigt werden.

Zum *Schließen kleinerer Leckagen* benutzt man im Notfalle häufig wollene Decken usw. Diese werden zu einem Pfropfen zusammengedreht, vom Schiffsinnern aus in das Leck hineingesteckt und durch Verschalung, Holzkeile und Stützen befestigt. Auch durch Hineintreiben von Holzkeilen und hölzernen Pfropfen kann man kleine Öffnungen dicht bekommen.

Beim *Abdichten mit Holzwerk* wird eine mehrfache Lage Kiefernbretter von etwa 2″ Stärke bzw. Bohlen über das Leck gelegt, zusammengenagelt, durch Werg und Segeltucheinlagen ausgepolstert und mit Hilfe von Stahltrossen, Ketten usw. fest gegen die Beplattung gepreßt. Kiefernholz mit hohem Harzgehalt ist für diesen Zweck am besten geeignet. Die Konstruktion des Holzwerkes ist im einzelnen von der Art und Größe des Lecks abhängig. Das Holzwerk muß etwa 50 cm nach jeder Seite über das Leck hinausragen. Für größere Leckagen muß man sogenannte Notspanten aus Stahltrossen, die man über das Leck zieht, herstellen. Das Holzwerk oder der Lecksicherungskasten kommt dann auf die gespannten Trossen zu liegen, wodurch ein Eindrücken in das Leck vermieden wird.

Zement kann sowohl zum Dichten der Leckagen als auch zum Absteifen von Schotten, Schließen der Luken, Ventilationsschächte usw. benutzt werden. Falls er mit Sand vermischt wird, bezeichnet man das Verfahren als Betonierung, anderenfalls als Zementierung. Meistens wird nur bester Portland- bzw. Schnellverbundzement verarbeitet, der in stehendem Wasser gut und schnell bindet. In einer Strömung ist Zement oder Beton praktisch unbrauchbar. Soll Zement im Wasser zur Abdichtung einer kleinen Leckage rasch hart werden, so füge man einer Pütze Zement eine Handvoll Soda bei.

Weit verbreitet ist die Anwendung von *Zementpackungen.* Hierbei werden Säcke aus wasserdurchlässigem Gewebe mit Zement gefüllt und durch Taucher im Schiffsinnern vor dem Leck aufgestapelt, nachdem dieses durch Verschalung provisorisch geschlossen wurde. Die Zementschicht wird dann durch Bretter, Stützen, Keile usw. gesichert und bildet nach dem Abbinden eine massive Mauer.

Bei Schiffsbodenbeschädigungen sind über das Leck Bretter zu legen, darauf die Zementsäcke, darüber eine etwa 15 cm starke Schicht aus losem Zement und über diese wieder Bretter und Ballast bzw. Stützen, die gegen das Deck verkeilt sind. Nach dem Abbinden kann mit dem Leerpumpen der beschädigten Abteilungen begonnen werden.

Beispiel für die Berechnung der notwendigen Pumpenleistung. Aus einem Raum sollen stündlich 2000 cbm Wasser 12 m hoch gepumpt werden. Welche Leistungsfähigkeit muß die Pumpe haben?

1 PS = 75 mkg/sec:

$$\frac{2\,000\,000\ \text{kg} \cdot 12}{3600 \cdot 75} = \text{etwa } 90\ \text{PS}.$$

Bergungsschiffe. Man unterscheidet Hafenbergungsschiffe und Seebergungsschiffe. Da von den Hafenbergungsschiffen die erste Hilfe bei havarierten Schiffen nur innerhalb der Küstengewässer verlangt wird, so sind sie nur mit geringen Bergungsmitteln ausgerüstet. Seebergungsschiffe müssen gute Seeeigenschaften haben und mit allen in Frage kommenden Bergungsmitteln, wie großen Ladewinden, einem großen Vorrat starker Taue, einer elektrischen Anlage, einer mechanischen Werkstatt mit Drehbänken, Bohrmaschinen usw., mit pneumatischen Werkzeugen, mit Schneidbrennern, Pumpen, Kompressoren, tragbaren und Feuerlösch-Pumpen usw. ausgerüstet sein. Ein neuzeitliches Bergungsschiff hat 1500—2000 Tonnen Wasserverdrängung, läuft bis zu 17 kn und bietet Platz für etwa 100 Mann Besatzung, Taucher, Arzt, Facharbeiter usw.

Das Anheben gesunkener Schiffe kann entweder in der Weise geschehen, daß man den Schiffskörper vollständig abdichtet und das eingedrungene Wasser auspumpt oder durch Preßluft herausdrückt, so daß das Fahrzeug wieder Auftrieb erhält und von selbst aufsteigt, oder es können äußere Kräfte, wie Schwimmkräne, Kranhebeschiffe, Hebespindeln, Pontons oder Hebeleichter zur Anwendung gebracht werden[1].

9. Anker, Ankerketten und Ankermanöver.

Ankerarten. Man unterscheidet Stockanker und stocklose Anker. Die *Stockanker*, auch Admiralitätsanker genannt, sind aus Schmiedeeisen oder Stahlguß und werden fast nur noch auf Segelschiffen und älteren Dampfern benutzt.

Der stocklose oder Patentanker, aus Siemens-Martin-Flußeisen und Stahlformguß, ist sehr bequem im Gebrauch, aber hält nicht so gut. Die einzelnen Teile sind: Ankerschäkel oder Röhring, Schaft und das bewegliche Kopfstück mit Armen und Händen. Am meisten verbreitet ist der *Hall-Anker*. Beim *Union-Becker-Anker* ist das Kopfstück vergrößert, um ein schnelleres und besseres Halten in weichem Grunde zu ermöglichen. Der *Hein-Gruson-Anker* hat ein sehr langes Kopfstück, das dachartig geformt ist; die Arme sind sehr dicht am Schaft und nur nach außen angeschärft. Dies ist geschehen, um das Ausbrechen und das Kanten bei schrägem Zug zu verhindern. Auf Feuerschiffen werden in weichem Grunde *Pilz-Anker* benutzt.

Nach ihrer Verwendung an Bord unterscheidet man a) *Buganker* deren Gewicht jedesmal beim Bau eines Schiffes nach dem Rauminhalt desselben bestimmt wird (UVV); b) *Rüstanker*, die als Reserveanker für Buganker dienen und deshalb gleiches Gewicht wie diese haben; c) *Heckanker* oder *Stromanker*, die zum gelegentlichen kurzen Verankern des Hecks, zum Abhieven nach Grundberührung usw. dienen; sie haben etwa ein Viertel des Gewichtes eines Bugankers; d) *Warpanker*, die

[1] Die Anwendung des jeweiligen Mittels hängt stets von mancherlei Faktoren ab, die alle berücksichtigt werden müssen, soll die Bergung überhaupt erfolgreich durchgeführt werden. In dem Werke „*Schiffsbergung*", Verlag Richard Carl Schmidt & Co., Berlin, haben die Verfasser die verschiedenen Bergungsmethoden, wie sie bei gelungenen oder mißlungenen Bergungen angewendet wurden, ausführlich geschildert.

beim Verholen des Schiffes verwendet werden und etwa ein Achtel des Gewichtes eines Bugankers haben; e) *Bootsanker* im Gewicht von 10–60 kg.

Fracht- und Fahrgastschiffe müssen Anker, Ketten und Trossen nach den Klassenvorschriften des Germ. Lloyd an Bord haben.

Ankerketten. Die einzelnen Glieder oder Schaken sind aus Siemens-Martin-Flußeisen oder aus Puddelstahl gewalzt und werden geschweißt. Von der Schweißung hängt die Qualität der Kette ab; es gibt gerade, schräge und verzahnte Schweißung, oder es wird ein schmales Band aufgerollt und dann verschweißt (Borsig-Kette). Die Ankerketten setzen sich zusammen aus Längen von je 15 Faden oder 25 m. Jede Kettenlänge besteht aus einer ungeraden Zahl gewöhnlicher Schaken mit Steg, aus mittelgroßen Schaken mit Steg (zweite und vorletzte Schake einer jeden Länge) und großen Schaken ohne Steg (erste und letzte Schake). Die Verbindung der einzelnen Längen einer Kette erfolgt durch Schäkel. Werden an Stelle der gewöhnlichen Schäkel Patentschäkel benutzt, so fallen die steglosen Endschaken fort. Außerdem befindet sich gewöhnlich in der ersten (und oft auch in der letzten) Länge jeder Kette, etwa 6 m vor dem zum Anker gehörigen Ende entfernt, ein Wirbel, um Törns, die beim Schwojen des Schiffes oder beim Verstauen der Ketten in diese hineingekommen sind, wieder herausdrehen zu können.

Beim Zusammenschäkeln von Längen ist stets darauf zu achten, daß das *bogenförmige Ende des Schäkels nach dem Anker hinzeigt.* Die Bolzen der Kettenschäkel sind durch *Holz*pflöcke oder Blei zu sichern.

Unter Stärke einer Ankerkette versteht man den Durchmesser des Eisens einer gewöhnlichen Schake, an der langen Seite gemessen. Die eine der Ankerketten ist gewöhnlich um 15 Faden länger als die andere. Für das Gewicht der Ankerketten gelten folgende Näherungswerte:

Stärke der Kette in mm	10	20	30	40	50	60	70	80	90	100
Gewicht der Kette je lfd. m in kg . . .	2	9	20	35	54	78	106	138	175	215

Um beim Ankerhieven bzw. Stecken der Ketten jederzeit sehen zu können, wieviel Kette sich ungefähr außerhalb der Klüsen befindet, müssen die einzelnen Längen jeder Kette gemarkt sein. Dies geschieht durch Drahtbändsel, die auf den Steg gesetzt werden, zuweilen auch noch durch Anstreichen der Glieder mit Mennige. Es bedeutet:

Ein Bändsel auf dem Steg der 1. Schake hinter einem Schäkel	15 bzw.	75 Faden
,, ,, ,, ,, ,, ,, 2. ,, ,, ,, ,,	30 ,,	90 ,,
,, ,, ,, ,, ,, ,, 3. ,, ,, ,, ,,	45 ,,	105 ,,
,, ,, ,, ,, ,, ,, 4. ,, ,, ,, ,,	60 ,,	120 ,,

Große Schaken ohne Steg werden bei der Markierung gewöhnlich nicht mitgezählt. Die unteren Enden der Ketten müssen am Boden des Kettenkastens gut befestigt sein, damit die Ketten nicht ausrauschen können. Die Ketten müssen von Zeit zu Zeit überholt, gereinigt und geteert werden. Überhaupt ist der Instandhaltung des Ankergeschirrs stets die größte Beachtung zu schenken.

Wenn eine Ankerkette bei einem Manöver außergewöhnlichem Zug ausgesetzt war, so kann das Material über die Elastizitätsgrenze hinaus beansprucht worden sein. Dann muß die Kette ausgeglüht werden, da sie sonst bei der nächsten starken Beanspruchung brechen würde. Der die Aufsicht auf der Back führende Offizier muß solche Fälle dem Kapitän melden!

Ankermanöver. In großen Wassertiefen (über 25 m) und bei schwerem Ankergeschirr soll man die Anker nicht unmittelbar von der Back fallen lassen, sondern vorher etwas fieren!

Im allgemeinen genügt bei Wassertiefen bis zu 30 m eine Länge der Ankerkette, die etwa der drei- bis vierfachen Wassertiefe entspricht. Bei starkem Wind oder kräftigem Gezeitenstrom braucht man mehr Kette.

Will man ankern, so drehe man, wenn angängig, das Schiff erst in den Wind oder gegen den Strom und lasse den Anker fallen, sobald die Fahrt über den Grund aufgehört hat. Ist ein Wenden des Schiffes *vor* dem Ankern nicht ausführbar, so gebe man zunächst nur wenig Kette (etwa zweifache Wassertiefe) und warte mit dem weiteren Stecken, bis das Schiff herumgeschwojt ist.

Liegt man vor beiden Ankern, so ist durch geeignete Manöver dafür zu sorgen, daß keine Törns in die Ankerketten kommen und die Anker klar bleiben.

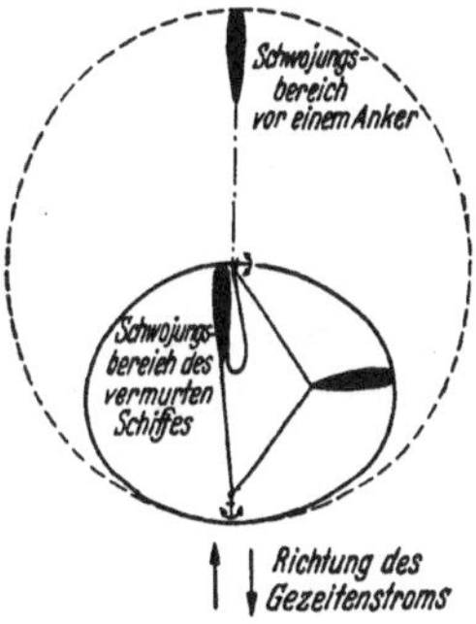

Hat man auf einer Reede wenig Platz zum Schwojen, so wird das Schiff *vermurt*. Hierbei läßt man z. B. den Bb-Anker bei langsamer Vorausfahrt fallen und steckt 6 Schäkel aus. Zeigt die Kette steif achteraus, läßt man den Stb-Anker fallen und steckt etwa 3 Schäkel aus, während man die Bb-Kette entsprechend einhievt. Um beim Schwojen nicht zuviel Kraft auf die Ketten zu bekommen, läßt man auf beiden Ketten genügend Lose. Muß man längere Zeit so liegen bleiben, empfiehlt sich die Verwendung eines Kenterschäkels[2], um Törns in den Ketten zu vermeiden.

Abb. 50. Schwojungsbereiche des vor einem Anker liegenden und des vermurten Schiffes[1].

Unter *Vertäuen* versteht man das Festlegen des Schiffes vor Bug- *und* Heckanker. Dies wird vielfach fälschlicherweise mit „Vermuren" bezeichnet.

Liegt man vor *einem* Anker, so muß der zweite stets zum Fallen klar sein. Es muß stets darauf geachtet werden, daß das Schiff nicht treibt. (Überbordwerfen eines schweren Lotes und Befestigung der Lotleine an der Reling.)

[1] GLADISCH und SCHULZE-HINRICHS: Seemannschaft. Berlin: E. S. Mittler & Sohn. 1940.

[2] Benannt nach seinem Erfinder, dem Marinebaumeister KENTER.

Nachts ist auf gutes Brennen der Ankerlaternen zu achten. Kommt Nebel auf, so müssen sofort die vorgeschriebenen Nebelsignale gegeben und eventuell die Schotten geschlossen werden.

Auf vielen Revieren sind für schwojende Schiffe des Nachts und bei Nebel Sondersignale, wie das Schwenken einer Laterne am Heck oder die Abgabe besonderer Dampfpfeifen- oder Glockensignale, vorgeschrieben.

Es gibt eine große Anzahl offener Reeden, wo es bei Seegang oft unmöglich ist, Leichter längsseits zu haben. In solchen Fällen kann man sich unter Umständen gut helfen, indem man aus der Klüse des Achterschiffes eine Leine auf die Ankerkette steckt und dann so lange Kette aussteckt, bis das Schiff quer zur See liegt. Die Leichter können dann in Lee ihre Ladung löschen oder laden (Abb. 51).

Abb. 51.

In größeren starken Eisfeldern soll man nicht versuchen zu ankern. Entweder bricht die Kette oder das Schiff treibt vor dem Anker.

Während des Zuankerliegens sind die Kettenstopper, die stets in Ordnung gehalten werden müssen, anzuziehen, um das Ankerspill zu entlasten. Das gleiche gilt für die aufgehievten Anker, wenn sie nicht gezurrt sind, damit nicht Unbefugte durch Lösen der Spillbremse den Anker werfen und dadurch im Hafen darunter liegende Leichter usw. beschädigen können.

10. Segeltuch.

Das im Handel vorkommende Segeltuch wird gewöhnlich in „Stücken" von 35 m ($38^1/_4$ Yards) Länge und 61 cm (24" engl.) Breite geliefert. Es wird in verschiedenen Qualitäten hergestellt. Die erste Qualität heißt „Kern" (Extra), die zweite „Kron" (Bleached), die dritte und vierte „Marke A und B" (Boiled). Jede Qualität wird in sieben verschiedenen Stärken (Schwere) geliefert. Das Gewicht des Segeltuches ist:

Nr.	0	1	2	3	4	5	6
kg/qm	1,02	0,95	0,90	0,86	0,81	0,74	0,67

Für Sonnensegel, Bezüge, Persenninge usw. wird gewöhnlich die dritte und vierte Qualität verwendet.

11. Tauwerk[1], Blöcke, Taljen und Ketten.

Hanf- und Manilatauwerk. Alles Schiffstauwerk wird aus Hartfaser (Manila oder Sisal) oder Weichhanf hergestellt. Hanftauwerk besitzt große Haltbarkeit und ist zur Konservierung meistens geteert. Manilatauwerk ist gelb, leicht und geschmeidig. Der Umfang von Tauwerk, das durch Menschenhände gezogen werden soll, darf nicht unter 50 mm und nicht über 80 mm sein, weil solches Tauwerk für normale Hände

[1] Fachbücher: Kapt. Ernst Wagner, „Decksarbeit" und Fehre, „Seemännische Handarbeiten".

am besten anzufassen ist. Die Stärke des Tauwerks wird durch seinen Umfang oder seinen Durchmesser angegeben. Man unterscheidet zwischen Kleintauwerk und Seilen.

Das Kleintauwerk ist entweder gedreht, geschlagen oder geflochten.

Die Seile werden entweder in Trossenschlag oder in Kabelschlag hergestellt. Beim normalen Trossenschlag (Z-Schlag oder rechts geschlagenes Tauwerk) wird der Werkstoff (Hanf oder Manila) rechts zu Garn gesponnen (Z-Drehung). Die Garne werden links zu Litzen gedreht (S-Drehung) und die Litzen rechts (Z-Drehung) zu Trossen geschlagen. Daher die Bezeichnung ZSZ-Seile. Bei links geschlagenen Trossen (SZS-Seilen) ist es umgekehrt. Ein Seil in Trossenschlag besteht aus 3 oder 4 Litzen. Ein Seil in Kabelschlag besteht aus 3 oder 4 Kardeelen mit je 3 Litzen (ZSZS- oder SZSZ-Seile). Alles Weitere s. Abb. 52 b.

Die Bestellung von Tauwerk erfolgt unter Zugrundelegung der neuen Normblätter[1] (September 1953) DIN 83305 (Blatt 1 u. 2) und DIN 83306. Es ist dabei außer dem Durchmesser oder dem Umfang des Taues und dem Werkstoff (Manila, Sisal oder Weichhanf) auch anzugeben, ob Trossen- oder Kabelschlag, ob Z- oder S-Schlag gewünscht wird und die Art der Ausführung (natur, geteert oder imprägniert). Die drei Werkstoffe — Manila, Sisal, Weichhanf — dürfen untereinander nicht vermischt werden. Die von der Fabrik gelieferten Seile sind gewöhnlich 220 m (120 Faden) lang. Andere Längen sind bei Bestellung besonders anzugeben. Beim Kauf von Schiffstauwerk fordere man immer die kostenlose Mitlieferung eines Werktestes nach den Vorschriften des GL. Alle Seile mit einer solchen Bescheinigung enthalten einen eingeseilten Firmenkennstreifen mit der Zulassungsnummer der Herstellerfirma nach der Liste des GL. Die Seilbruchbelastung richtet sich nach der Garnbruchbelastung. Für 55 kg *Garnbruch*belastung ist der Kennfaden schwarz, für 75 kg rot und für 95 kg grün. Die praktische Beanspruchung von Tauwerk soll nicht über 15—20% der von der Fabrik festgestellten *Seilbruch*belastung betragen.

Stehendes und laufendes Gut wird zum Schutze gegen Witterungseinflüsse gelabsalbt. Die Labsalbe wird mit Werg aufgetragen. Als weiteres Schutzmittel, besonders gegen Schamfilung, dient auch noch das Bekleiden. Dabei wird das Tau entweder mit Hilfe einer Kleidkeule mit Schiemannsgarn umwickelt oder, nachdem man es vorher getrenst und geschmartet hat, in Streifen von Leder oder Segeltuch eingenäht. Diese Bekleidung wird bisweilen noch durch eine Marlleine mit Marlsteken befestigt.

Tauwerk, das einer Verwendung zugeführt wird, bei der eine nachträgliche Dehnung unzulässig ist (z. B. bei Webeleinen, Logleinen, Enden, die gekleidet werden usw.), muß vorher gereckt werden. Die Tampen sind mit Takelings zu versehen, damit sie nicht aufdrehen. Tauwerk ist nach Möglichkeit vor Nässe zu schützen. Verholleinen müssen, ehe sie verstaut werden, vollkommen trocken sein. Durch

[1] Beuth-Vertrieb GmbH., Berlin W 15 und Köln.

Tränken mit Wasser, Öl oder Fett wird die Haltefähigkeit eines Endes sehr geschwächt. Ob Tauwerk abgenutzt ist, erkennt man daran: 1. daß die Kardeele ihre runde Form verloren haben und eckig geworden sind; 2. daß einzelne Garne aus den Kardeelen hervortreten oder gebrochen sind; 3. daß die Garne dort, wo die Kardeele aufeinander liegen, kleine Fasern haben.

Kleintauwerk	gedreht		geschlagen		geflochten
Bildliche Darstellung (nach Normblatt DIN 83 306)      					
Herstellungsangaben	geschnürt S-Drehung	gezwirnt S-Drehung	Kabelschlag S-Schlag	Trossenschlag Z-Schlag	Form G Form F
Verwendung	Hüsing Marlleine u. ä.	Schiemannsgarn zum Bekleiden von Spleißen u. ä.	Für viele Zwecke, vor allem für Lotleinen u. ä.	Für viele Zwecke, z. B. für Webeleinen u. ä.	Flaggenleinen, Flaschenzugleinen, Logleinen, Rettungsleinen, Wurfleinen und andere Zwecke.

Abb. 52a. Kleintauwerk.

Trossenschlag		Kabelschlag	
Z-Schlag Seil: Z S Z	S-Schlag Seil: S Z S	S-Schlag Seil: Z S Z S	Z-Schlag: Seil: S Z S Z
	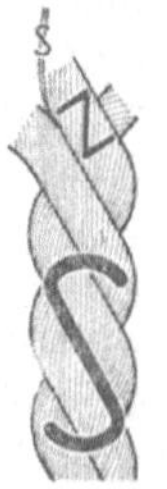		
rechts geschlagen Normalausführung	links geschlagen	links geschlagen Normalausführung	rechts geschlagen

Abb. 52b. Seile.

In neuerer Zeit wird auch Tauwerk aus *Nylon* und *Perlon* hergestellt. Dieses ist sehr widerstandsfähig gegen Nässe und Schamfielen, aber vor Rost zu schützen. Es reckt sich stärker als Manila, Knoten rutschen leicht. Es hat sich als Schlepptrosse besonders bewährt.

Drahtseile für stehendes und laufendes Gut (Normblatt DIN 83301)[1]. Schiffsdrahttauwerk besteht aus stark verzinktem Seildraht (Flußstahl) von 130 oder 160 kg/mm² Zugfestigkeit des Einzeldrahtes. Alle Seile

[1] Dipl.-Ing. R. MEEBOLD: Die Drahtseile in der Praxis. Berlin/Göttingen/Heidelberg: Springer 1954.

enthalten eine gezwirnte Fasereinlage (das Herz oder die Seele), die mit einem säurefreien Imprägnierungsmittel getränkt ist. Man unterscheidet rechtsgängigen (SZ) und linksgängigen (ZS) *Kreuzschlag*, bei dem die Drähte in den Litzen eine Drehung haben, die der Drehrichtung der Litzen entgegengesetzt ist, und rechtsgängigen (ZZ) und linksgängigen (SS) *Gleichschlag*, bei dem die Drähte in den Litzen und die Litzen im Seil die gleiche Drehrichtung haben. Der rechtsgängige Kreuzschlag ist die Normalausführung. Die 6 Litzen (Kardeele) jedes Seiles enthalten je nach Stärke der Seile je 7, 19, 24 oder 37 Drähte. In jedem Drahtseil von 8 mm Nenndurchmesser an ist in der ganzen Länge ein Kennfaden zur Kennzeichnung der Zugfestigkeit des Einzeldrahtes eingeschlagen (schwarz für 130, rot für 160 kg/mm². Dem Kennfaden sind die Nummer der Herstellerfirma (nach einer Liste des GL) und die Bezeichnung DIN 83301 aufgedruckt. Die praktische Beanspruchung eines Drahtseiles soll nicht über 20—25% der in der Fabrik festgestellten Bruchbelastung (s. Normblatt) betragen. Bei Schlepptrossen soll die Schlagrichtung der etwa hintereinander gekoppelten Hanfseile und Drahtseile übereinstimmen. Drahttauwerk ist bedeutend weniger dehnbar als Hanftauwerk, dagegen sehr empfindlich gegen Kinkenbildung, scharfe Biegungen und Scheuern an scharfen Kanten.

Spleiße an Seilen, die dauernden Witterungseinflüssen ausgesetzt sind, müssen gut konserviert sein. Die Konservierung besteht aus mit Holzteer getränkten Jutestreifen (Schmarting), die mit geteertem Schiemannsgarn oder Drahtbändsel fest umwickelt werden.

Drahttauwerk soll möglichst luftig aufbewahrt und ab und zu mit Leinöl abgerieben werden. Kinken müssen immer sofort vorsichtig ausgebogen werden. Hervorstehende Enden gebrochenen Drahtes müssen sofort mit einer Drahtschere abgekniffen werden.

Stahltrossen dürfen nicht wie Hanftrossen aufgeschossen werden, sondern in Form einer 8, so daß ein Törn rechts, der andere links fällt. Ist ein Kink in einem Drahttauwerk zum Tragen gebracht worden, so daß die Deckdrähte hohl stehen, so bleibt nichts anderes übrig als die Trosse durchzuhauen und zu spleißen. Selbst bei gut ausgeführtem Spleiß verliert die Trosse aber erheblich an Festigkeit. Auch Drahttauwerk muß durch Schamfilungsmatten oder sonstige Bekleidung vor dem Schamfilen geschützt werden. Stehendes Gut kann geschmartet und gekleidet werden. Dies muß bei senkrecht stehendem Gut von unten nach oben erfolgen, damit die Schmarting dachartig übereinander zu liegen kommt. Vorher soll man Stahltau und Schmarting tüchtig mit Holzteer bestreichen. Stehendes Gut wird gelabsalbt. Festmachedrähte, Geienstander usw. werden vielfach mit Lecköl konserviert.

Für alle Trossen, die nach den Klassenvorschriften des GL an Bord sein müssen, müssen auch Atteste vorhanden sein.

Blöcke. Bei einem Block unterscheidet man 1. das Gehäuse — seine Seitenwände aus Rüstern- oder Eschenholz oder Eisenguß heißen Backen —; 2. die Scheibe aus Pockholz, Eisen oder anderem Metall — in ihrer Mitte befindet sich eine Metallbuchse (zuweilen mit Kugellagern) —; 3. den Bolzen oder Nagel aus Stahl mit einem viereckigen oder

Bruchbelastungen

Seildurchmesser	Seilumfang		Manila-, Sisal- und Hanfseile Trossenschlag 3schäftig DIN 83305			Drahttauwerk für stehendes und laufendes Gut DIN 83301		
			Garnbruchbelastung in kg			Gesamtdrahtzahl des Seiles / Zugfestigkeit des Einzeldrahtes in kg/mm²		
			55 schwarz	75 rot	95 grün	114 / 130 schwarz	144 / 130 schwarz	222 / 160 rot
mm	mm	Zoll	t	t	t	t	t	t
10	32	1¼	–	0,59	0,75	4,90	4,45	5,65
12	38	1½	0,65	0,88	1,12	6,55	6,20	8,45
14	44	1¾	0,88	1,20	1,53	9,45	8,25	11,80
16	51	2	1,14	1,55	1,97	11,65	11,90	15,70
18	57	2¼	1,43	1,94	2,46	16,75	14,70	17,85
20	64	2½	1,74	2,36	3,00	19,65	17,80	22,60
22	70	2¾	2,08	2,83	3,58	22,80	21,15	27,90
24	76	3	2,44	3,34	4,21	29,80	24,90	33,75
26	83	3¼	2,82	3,84	4,87	33,65	28,80	40,20
28	89	3½	3,23	4,40	5,58	37,70	33,10	47,15
30	95	3¾	3,66	4,98	6,31	46,55	–	54,65
32	102	4	4,10	5,59	7,09	56,35	42,50	62,15
34	108	4¼	4,58	6,23	7,90	–	–	–
36	114	4½	5,05	6,88	8,72	67,05	58,75	80,60
38	121	4¾	5,55	7,57	9,60	–	–	90,40
40	127	5	6,05	8,25	10,5	78,65	71,10	–
44	140	5½	7,23	9,85	12,5	91,30	84,70	135,00[1]
48	152	6	8,48	11,6	14,7	111,90	–	–
52	165	6½	9,81	13,4	17,0	–	–	188,6[2]
56	178	7	11,2	15,3	19,4	–	–	–
60	190	7½	12,7	17,3	21,9	168,00	–	251,00[3]
72	229	9	17,4	23,7	30,1	–	–	–
88	279	11	24,3	33,1	42,1	–	–	–
104	330	13	31,6	43,1	54,8	–	–	–

Die zulässige Belastung darf gegenüber den Werten dieser Tafel betragen: bei Faserwerktau: $^1/_7$, bei Drahttauwerk: $^1/_5$.

abgerundeten Kopf; 4. den Stropp oder den Beschlag mit dem Haken oder Auge. Der freie Raum oberhalb der Scheibe heißt das Tauraumende, der unterhalb der Scheibe der Herd. Die Scheibe läuft im Scheibengatt. Bei mehrscheibigen Blöcken sind die Scheibengatts durch Dämme voneinander getrennt. Der Bolzen steckt im Bolzengatt. Der Stropp oder der Beschlag liegt in der Keepe. Heutigentags haben die meisten Blöcke den Beschlag im Innern des Gehäuses. Als Maß für hölzerne Blöcke gilt die Länge des Gehäuses. Eiserne Blöcke werden nach dem Umfange des zu scherenden Taues benannt. Im allgemeinen soll der Durchmesser der Scheibe das Sechsfache von dem des Läufers betragen.

[1] bei ⌀ 46 mm. [2] bei ⌀ 54 mm. [3] bei ⌀ 62 mm.

Alle Blöcke müssen von Zeit zu Zeit versehen werden, indem man den Beschlag abnimmt, den Bolzen herausschlägt, alles, auch die Scheibe, gut reinigt, den eisernen Beschlag mit Mennige anstreicht und Bolzen und Buchse gut schmiert.

Taljen. Je nach der Art der Vereinigung mehrerer Blöcke miteinander spricht man an Bord von Jolle oder Wipp, Klappläufer, Talje, Takel oder Gien und Manteltakel. Je mehr Scheiben man verwendet, desto größer ist die Kraftersparnis und desto leichter kann auch das Tau für ein und dieselbe Last sein. Mit der Scheibenzahl wächst aber auch die Reibung und der Biegungswiderstand des Tauwerks, so daß man selten mehr als dreischeibige Blöcke an Bord verwendet.

Ketten. Steglose Ketten, deren äußere Gliedlängen und -breiten höchstens das 5fache bzw. 3,4fache des Kettenstahldurchmessers betragen, sind *kurzgliedrige* Ketten. *Langgliedrige* Ketten sind solche, deren äußere Gliedlängen und -breiten höchstens das 8,25fache bzw. 3,6fache des Kettenstahldurchmessers betragen. Für Ladeketten sollten nur kurzgliedrige, für Hangerketten dürfen nur langgliedrige Ketten verwendet werden. Über die zulässige Belastung von Ketten siehe die betr. Normblätter. Ankerketten s. S. 322.

12. Instandhaltung des Schiffes.

Besichtigungen. Schon während des Baues und vor der Indienststellung werden der Schiffskörper, die Maschinen- und Kesselanlagen und die wichtigsten Ausrüstungsgegenstände durch die Klassifikationsgesellschaften (GL), die SBG und verschiedene Behörden einer dauernden Kontrolle unterzogen. Für Fahrgastschiffe (mehr als 12 Fahrgäste) verlangt der SSV eine jährliche Besichtigung, die eine Prüfung des gesamten Schiffskörpers einschließlich des Schiffsbodens, der Kessel, Maschinen, der Funkanlage, der Rettungsgeräte, der Feuermelde- und Feuerlöscheinrichtungen und anderen Ausrüstungsgegenstände umfaßt. Auf Frachtschiffen erfolgt die Besichtigung alle 2 Jahre und bezieht sich nur auf die Sicherheits- und Feuerlöscheinrichtungen, die Laternen und Schallgeräte und auf die Notsignale.

Allgemeine oder Teil-Besichtigungen haben nach Schiffsunfällen stattzufinden oder wenn sich ein Mangel herausstellt, der die Sicherheit des Schiffes oder die Vollständigkeit oder Wirksamkeit der Rettungsgeräte oder anderer Ausrüstungsgegenstände berührt, oder wenn größere Reparaturen oder Erneuerungen vorgenommen worden sind. Bei den vom GL klassifizierten Schiffen haben regelmäßige Besichtigungen je nach der Klasse alle 4 oder 3 Jahre zu erfolgen; nach jedem Schiffsunfall ruht die Klasse, bis sie auf Grund einer Besichtigung wiederhergestellt ist (s. S. 84 u. 102).

Allgemeines über Instandhaltung. *Die Instandhaltung eines Schiffes gehört mit zu den Hauptaufgaben der Schiffsleitung. Durch beste Pflege des Schiffes und seiner Einrichtungen kann viel gespart werden.* Die Lebensdauer eines Schiffes hängt in hohem Maße von seiner guten

Konservierung ab. Außerdem ist die Beschaffenheit der Außenhaut von großem Einflusse auf die Geschwindigkeit des Schiffes. Starke Bewachsung kann diese um 2—3 kn verringern. Die Folgen davon sind *Überanstrengung der Maschine, Mehrverbrauch an Brennstoff* und *damit Zeit- und Geldverluste.* Reeder und Schiffsleitung sollten deshalb der Konservierung des Schiffes die größte Aufmerksamkeit schenken und das Schiff sofort docken, wenn der Boden nicht rein ist! Schiffsschrauben mit hoher Umdrehungszahl zeigen häufig Korrosionsschäden (Anfressungen), die auf Kavitation, d. h. Bildung von luftleeren Räumen (Dampfblasen) an der Sog- oder Druckseite schnelldrehender Propeller, zurückzuführen sind (Näheres s. S. 476).

Tankschiffe. Die Instandhaltung dieser Schiffe ist schwieriger als die gewöhnlicher Schiffe. Das Material und die Nieten sind wegen der Schlingerbewegungen der flüssigen Ladung großen Beanspruchungen unterworfen, denn das Gewicht und die Stoßwirkungen der Ladung in Tankschiffen werden von den Platten und nicht von dem kräftigen Spantenwerk, wie bei gewöhnlichen Schiffen, aufgefangen. Es ist bekannt, daß, je höher die Materialbeanspruchung ist, desto mehr auch das Material für Korrosion empfänglich ist. Das Material der Tankschiffe ist, da diese nur wenige Stunden in einem Hafen liegen, einer ununterbrochenen Beanspruchung unterworfen. Die abwechselnde Füllung mit Öl und Ballastwasser und die Dampfreinigung der Tanks verursachen starke *Rosterscheinungen.*

Die *Korrosion,* die allmählich die stählernen Tankwandungen zerstört, tritt nur bei Füllung der Tanks mit Ballastwasser oder Leichtöl auf, während Schweröl von sich aus konservierend wirkt. Spezialfarben und andere Anstriche haben sich als Korrosionsschutz bisher wenig bewährt, zumal sie unter Umständen die empfindliche Leichtölladung schädigen. Neuerdings versucht man, unter der Bezeichnung *Kathodenschutz* galvanische Elemente zwischen den Tankwandungen (Kathode) und in ihrer Nähe im Tank angebrachten Magnesiumplatten (Anode) herzustellen, wobei nur die letzteren zerstört werden. Die Versuche sind erfolgversprechend; ob die Durchführung in der Praxis wirtschaftliche Vorteile bieten wird, muß sich noch erweisen.

Rostbildung. Die wesentlichste Ursache der Zerstörung des Eisens ist die Rostbildung. In trockener Luft und in luftfreiem Wasser verändert sich das Eisen bei gewöhnlicher Temperatur nicht; die Rostbildung setzt erst bei gleichzeitiger Anwesenheit von Wasser und Sauerstoff und unter Mitwirkung der Kohlensäure der Luft ein. Auch galvanische Ströme rufen unter Wasser Rostbildungen hervor, und zwar in auffallendem Maße bei den Austrittsöffnungen von bronzenen Seeventilen und am Heck, Ruder- und Hintersteven bei Schiffen mit Bronzeschrauben. Rost tritt ferner auf, wenn säurehaltige Flüssigkeiten unter gleichzeitigem Luftzutritt mit dem Eisen in Berührung kommen. Geschmiedetes Eisen rostet weniger als gewalztes Eisen, Gußeisen weniger als kohlenstoffarmes Eisen, gehärteter Stahl weniger als ungehärteter, Schweißeisen weniger als Flußeisen. Man kann im allgemeinen sagen, je kohlenstoffreicher das Eisen ist, desto widerstandsfähiger ist es gegen Rostbildung; das harte Gußeisen ist also gegen Verrosten das widerstandsfähigste, der weiche Stahl das empfindlichste Eisen.

Konservierung durch Farbenanstriche. Diese müssen zur Erfüllung ihrer Aufgabe vier Grundbestandteile enthalten: *Pigment* (d. h. den fein pulverisierten Farbkörper, z. B. Mennige, Bleiweiß), *Bindemittel* (d. h. trocknendes Öl, Firnis, Kunstharz u. a.), *Verdünnungsmittel* (d. h. Terpentin, Benzin, Benzol, Spiritus u. a.) und *Trocknungsmittel* (d. h. Sikkativ u. a.).

An Bord werden neben einigen Spezial-Anstrichmitteln in der Regel folgende Farben verwendet:

Ölfarben bestehen aus Leinölfirnis mit Trockenstoffen (Sikkativ), Terpentin und den entsprechenden Trockenfarbkörpern. Sie trocknen langsam, sind aber sehr wetterbeständig. Da ein Ölfilm, wenn er ständig im Wasser liegt, aufquillt, eignen sich Ölfarben nicht für Unterwasseranstriche.

Kunstharzfarben stellen eine Verbesserung der Ölfarben dar, indem Leinöl und Naturharze als Bindemittel durch Zusatz chemischer Stoffe veredelt sind. Hierdurch werden größere Härte, bessere Wasserbeständigkeit und sehr gute Haftung an der gemalten Fläche erreicht.

Nitro-Zellulose-Farben. Bei diesen ist die Grundlage Zellstoff, der chemisch in Collodiumwolle umgewandelt ist. Dieser sind dann u. a. Lösungsmittel und elastisch haltende Stoffe beigefügt. Die Lösungsmittel sind aber feuergefährlich, und deshalb können Nitro-Zelluloselacke nicht überall verwendet werden. Auf Fahrgastschiffen sind sie gemäß SSV verboten. Der Vorteil dieser Lacke liegt darin, daß sie sehr schnell trocknen.

Kautschukfarben können besonders chemikalien- und wasserfest und quellsicher hergestellt werden. Deshalb wird heute Kautschukmennige anstatt der Bleimennige vielfach für den ersten Unterwasseranstrich benutzt.

Zwei-Komponenten-Lacke bestehen aus zwei getrennt gelieferten Substanzen, die erst vor dem Gebrauch gemischt werden und einen außergewöhnlich harten Anstrich ergeben.

Die UVV bestimmen:

Gesundheitsschädliche Anstrichmittel dürfen nirgends zum Anstreichen der Innenräume (Lade- und Wohnräume) verwendet werden. Feuergefährliche und gesundheitsschädliche Anstrichmittel dürfen nicht in engen Räumen, wie Wasser- und Ballasttanks, Doppelböden, Vor- und Hinterpiek, und in sonstigen Räumen, in denen keine ausreichende Ventilation stattfinden kann, Verwendung finden, sobald die Temperatur mehr als 25 °C beträgt. Wo sich die Verwendung derartiger Anstrichmittel in engen Räumen nicht umgehen läßt, ist dafür zu sorgen, daß diese vor Beginn, während und nach der Arbeit gelüftet werden. Während der Arbeit darf bei Verwendung feuergefährlicher Anstrichmittel kein offenes Licht benutzt und nicht geraucht werden.

Feuergefährliche Farben, die nach dem Erhärten des Anstrichs noch leicht brennen, dürfen nicht verwendet werden.

Auswahl und Verwendung der Farben. Für die Auswahl der Farbsorten ist die spätere Beanspruchung, z. B. durch Seewasser, Wind und Wetter, mechanische Reibung usw. entscheidend, ferner ob die Farbe außen- oder innenbords verwendet werden soll.

Zum Schutze des *Unterwasserschiffes* wird sich schon beim Neubau die Werft bemühen, die auf den Platten befindliche Walzhaut (auch Hammerschlag oder Zunder genannt) durch Abrostenlassen vor dem Einbau zu entfernen. Leider müssen aber heute die Platten zumeist schon bald nach der Lieferung ohne längere Lagerung verwendet werden. Zwischen Eisen und Walzhaut bilden sich dann leicht galvanische Ströme, die das Eisen angreifen und die Walzhaut trotz Farbanstrichs plackenweise abfallen lassen. Bei besonders wertvollen Schiffen entfernt man daher die Walzhaut durch Sandstrahlgebläse. Vor dem Stapellauf wird das Unterwasserschiff zumeist 2 oder 3mal mit einer Mennige — möglichst Chlorkautschukmennige oder einer silberfarbigen Grundfarbe — gemalt. Nach der Ausrüstung wird das Schiff gedockt und dann der eigentliche Bodenanstrich aufgebracht. Dieser besteht aus Patentfarbe I, II oder III bzw. IIIa oder III S. Die Patentfarbe I hat den Zweck, eine Isolierschicht zwischen dem Grundanstrich und der vergifteten Deckfarbe zu bilden. Die Patentfarbe III und ähnliche Sorten enthalten nämlich Gifte, die sich nach und nach aus dem Farbfilm lösen und die den Bodenbewuchs bildenden Muscheln usw. abtöten sollen. Da als Giftstoffe zumeist edle Schwermetalle verwendet werden, darf die oberste Farbschicht auf keinen Fall mit dem Schiffskörper in Berührung kommen, wenn nicht Korrosion eintreten soll. Daher größte Sorgfalt beim Auftragen der Grundanstriche! Patentfarbe IIIa ist für tropische Gewässer und III S für besonders bewuchsgefährdete Gewässer bestimmt. Patentfarbe II ist die Deckfarbe für Süßwasserfahrt.

Die *Tiefladelinie*, der sogenannte *Boottopgang*, auch Streifen „zwischen Wind und Wasser" genannt, ist besonders gefährdet, da sie den Einflüssen sowohl des Seewassers als auch der Witterung ausgesetzt ist. Hier kommt es auf sorgfältige Entrostung und Abdeckung mit einer wasser- und wetterbeständigen Mennige an. Als Deckanstrich wird Boottop-Farbe benutzt.

Für *Außenbords* wird entweder Ölbleimennige für den Grundanstrich des Eisens oder aber wiederum die hochwertige Kautschukmennige bzw. eine der neuartigen und hart durchtrocknenden Metallgrundierungen verwendet. Es erfolgt hierauf der Anstrich mit Außenbordfarbe in dem jeweiligen Farbton der Reederei.

Für *Masten, Schanzen* und sonstige *Aufbauten* benutzt man vorwiegend Ölfarben, die leicht zu verstreichen und wetterbeständig sind.

Für weiße und hellfarbige *Lackierungen* nimmt man Emaillelacke, die entweder auf Öl- oder auf Kunstharzbasis aufgebaut sind. Diese Emaillelacke erfordern gut deckende Grundanstriche. Es genügt nicht, einen Mennige-Anstrich mit einem Emaillelack zu übermalen. Man muß zunächst eine Grundfarbe im gleichen Farbton des Emaillelackes aufbringen. Hierfür gibt es stark deckende Farben, die mit einem weichen Pinsel gleichmäßig verarbeitet werden sollen. Der Grundanstrich muß das Eisen oder die Mennigeschicht völlig abdecken. Ein Emaillelack hat nur eine bedingte Deckkraft. Er soll den Schutz gegen die Witterung mit gleichzeitig gutem Flächenglanz schaffen.

Für *Holzaufbauten* ist Bootslack zu empfehlen, den man, mit Terpentin verdünnt, auch zum Vorstreichen benutzt. Holz, das beständig mit Wasser in Berührung kommt, muß gegen Fäulnis mit Holzteer, Cuprinol (ein Kupferprodukt), Kupfervitriol oder Xylamon getränkt werden.

Für den Anstrich von *Laderäumen* stehen bleihaltige Spezialfarben zur Verfügung, die in zwei Anstrichen ohne Einschaltung von Mennige sehr fest haftende und abreibfeste Farbschichten ergeben.

Für die Pflege aller *Maschinenanlagen* benutzt man treibstoffeste Kunstharzlacke, die rasch trocknen und einen festen Film bilden, der sowohl mechanischen Beanspruchungen als auch den Einflüssen von Ölen und Fetten widersteht.

Für alle *Schiffsteile und Gegenstände aus Aluminium* sind Bleimennige und alle bleihaltigen Farben Gift. Vor dem ersten Anstrich Oberfläche mit Benzin, Benzol oder Toluol (Vorsicht: Feuersgefahr) oder dem nicht brennbaren Methylenchlorid reinigen und mit sauberen Lappen trockenreiben. Dabei für gute Lüftung sorgen! Dann möglichst sofort den Grundanstrich (bewährt haben sich die sogenannten Washprimer oder Ätzgrundierungen) aufbringen. Kanten und Ecken vorstreichen. Nach Trocknen des Grundanstrichs möglichst bald 1. und 2. Deckanstrich auftragen, denn in jedem Fall muß eine Verschmutzung des Grundanstrichs durch Öl oder Fett vermieden werden. Für den Deckanstrich eignen sich Öl-, Kunstharz- und Spezialfarben; der 1. Deckanstrich sollte Aluminiumpigmente enthalten.

Für die Konservierung von *Wohnräumen auf Fahrgastschiffen* werden *Feuerschutzfarben* verwendet, die sehr schwer entflammen, so daß Flächenbrände kaum entstehen können. Für die Decken der Kabinen eignen sich *Emulsionsfarben*, die wasserverdünnbar sind und dennoch wasserfest auftrocknen.

Praktische Winke für Malarbeiten. Auf *feuchtem Untergrund* kann eine Farbe nicht haften. Man muß also dafür sorgen, daß die zu malende Fläche völlig trocken und sauber ist. Rost muß entfernt werden. Rost wächst unter dem Anstrich weiter. Man darf Rost nicht übermalen, sondern muß ihn mit einer Drahtbürste oder durch Abklopfen und Schrapen entfernen. Auch Ölrückstände können das Haften einer Farbe unterbinden.

Auch vor dem Malen des Schiffsbodens im Dock muß dieser trocken sein. Darauf achten, daß Speigatten und Abflußöffnungen geschlossen sind.

Fast alle Farben verändern ihre *Zähflüssigkeit durch Wärme oder Kälte.* Es sollte beim Malen eine Temperatur von 20—22° vorhanden sein. Bei Kälte wird das Farbbindemittel dickflüssiger. Man trägt die Farbe dann ungleich und in zu dicken Schichten auf, wodurch die Durchhärtung und auch die Haftfähigkeit verringert werden. Bei hohen

Temperaturen wird die Farbe dünnflüssig. Ein gleichmäßiges Verteilen der Farbe ist dann nahezu unmöglich.

Gute Pinsel erleichtern die Arbeit. Man sollte die Pinsel nach dem Gebrauch stets mit Terpentin säubern und in einen kleinen Bottich mit Leinöl, vermischt mit etwas Terpentin, hängen. Die Pinsel sollen den Boden des Gefäßes nicht berühren, da sonst die Borsten knicken. Zum Verteilen hochwertiger Emaillelacke und Klarlacke sollten stets weiche, langborstige Pinsel verwendet werden. Mit einem kurzen, harten Pinsel kann kein Lack gleichmäßig verteilt werden; es werden sich stets Streifen im Lackfilm ergeben, woraus man schließen kann, daß die Lackschicht ungleichmäßig aufgetragen worden ist.

Bunte Lack- und Ölfarben haben die Neigung, daß sich die darin enthaltenen Farbstoffe nach einer gewissen Lagerzeit zu Boden setzen. Das tritt bei spezifisch schweren Pigmenten, wie z. B. bei Bleimennige, schon nach verhältnismäßig kurzer Zeit ein. Bevor Farben dieser Art verstrichen werden, muß der Bodensatz wieder restlos aufgerührt werden. Hierfür nimmt man ein schaufelartiges Rührholz. Ein dünner Stock ist ungeeignet. Die Farbmasse muß vom Boden des Gefäßes heraufgeholt und im Farbbindemittel durch längeres Rühren wieder verteilt werden.

Die fabrikseitig gelieferten Farben sind meistens streichfertig. Man braucht also *Verdünnung* nur hinzuzugeben, wenn die Gefäße einige Zeit ohne Deckel offengestanden haben. Ölfarben und Kunstharzlackfarben können mit Terpentin oder Terpentinersatz vermischt werden. Für Spezial-Erzeugnisse wird vom Hersteller meistens angegeben, welches Verdünnungsmittel hinzugefügt werden kann. Bei Spezial-Sorten nimmt man diese Verdünnung auch zum Reinigen der Pinsel.

Als *Trockenmittel* soll die Farbe nicht mehr als 3—5% Sikkativ enthalten. Eine höhere Zugabe an Sikkativ verschlechtert die Farbe und hat keinen Einfluß mehr auf das Trocknen. Wenn eine Farbe nicht trocknet, dann liegt es meistens am Untergrund. Auf der Grundfläche kann Fett oder Mineralöl gewesen sein, oder Feuchtigkeit hat die Durchhärtung nachteilig beeinflußt. Es ist deshalb falsch, in den frühen Morgenstunden nach einer taufeuchten Nacht zu malen.

Kräuselt ein Anstrich, so ist die Farbe zu dick aufgetragen, etwa in der Annahme, daß hierdurch die Konservierung besser sein müsse. Der Farbfilm kann nur in einer verhältnismäßig dünnen Schicht richtig durchhärten und verhornen. Sobald die Schicht zu dick ist, trocknet der Farbfilm nur in der Oberfläche, und es führt zum Kräuseln oder zum Kleben, weil die unterste Farbschicht nicht mehr erhärten kann.

Reißt ein Anstrich, so ist anzunehmen, daß die unterste Schicht zu fett und weich gewesen ist. Alle Anstriche sollen stets so aufgebaut sein, daß sich zu unterst die fettärmste und zu oberst die fettreiche Farbe befindet, nach dem Grundsatz: „unten mager, oben fett". Streicht man auf eine fette Ölfarbe nach kurzer Zeit eine fettarme Grundierfarbe, so kann es besonders unter dem Einfluß von Sonnenbestrahlung oder Wärme zum Erweichen des Untergrundes und zu Spannungsrissen kommen.

Man vermeide deshalb, besonders in den Tropen, bei Sonnenschein zu malen. Auch setze man den frischen Anstrich nicht gleich der prallen Sonne aus. Es entstehen hierdurch leicht Blasen.

Wenn ein *Emaillelack matt* wird, dann liegt dieses meistens daran, daß auf den noch feuchten Lack kurz nach dem Verarbeiten Nebel oder Luftfeuchtigkeit einwirken konnte. *Blasen* können in einem Lack nur dann entstehen, wenn Sonne vor dem vollständigen Durchhärten des Farbfilms einwirken konnte, außerdem, wenn auf fettem oder feuchtem Holz durch Erwärmung eine Verdampfung der im Untergrund befindlichen Feuchtigkeit eintritt.

Andere Konservierungsmittel. *Anstriche mit Steinkohlenteer*, Bitumen, Black varnish, Pech, Mineralwachs usw.

Diese Stoffe, rein und wasserfrei in warmem Zustande aufgetragen, bilden einen vorzüglichen Schutzanstrich, weil sie einen dichten, elastischen und nicht porösen Überzug bilden. Eisenlack ist ein Asphaltpräparat, das in der Kälte leicht spröde wird und springt. Der zu verarbeitende Teer soll möglichst säurefrei sein. Als Anstrich für gußeiserne Rohre hat sich gut bewährt: 8 Teile Teer, 2 Teile gebrannter und gepulverter Kalk und 1 Teil Terpentinöl; er wird in heißem Zustande auf das heiße Eisen aufgetragen. Dreimaliger Anstrich.

Portlandzement. Der dünne, mit Wasser angerührte, reine Zement wird mit dem Pinsel vier- bis fünfmal (nach jedesmaligem, vollständigem Erhärten) auf die metallreinen Flächen gestrichen. Seeschiffe werden binnen im Boden mit einer Mischung von 2 Teilen scharfem Seesand und 1 Teil Portlandzement auszementiert. Zementanstrich empfiehlt sich für alle Räume, die für Reinigung und Konservierung schlecht zugänglich sind (Piektank, Kettenkasten, Doppelböden); ferner zementiert man die Wasserläufe auf allen Decks, die Räume zwischen Deckstringerwinkel bzw. zwischen Vertikaldeckstringer und Außenhaut, Bodenwrangen, Kielschweine usw. Zementanstrich eignet sich auch für alle Räume, in denen geringer Luftwechsel vorhanden ist, so daß Ölfarbenanstriche nicht trocknen würden. Zuweilen mischt man den Zement mit Mörtel, Beton oder Koks.

Mehrere Anstriche von schwedischem Holzteer oder Black varnish, abwechselnd mit Schichten trockenen Zements, werden oft angewandt für Tankdecken unter dem Garnier und überall da, wo Holz auf Eisen zu liegen kommt.

Ungefährer Farbverbrauch bei Anstrichen

Art der Farbe	Holzanstrich in g/qm			Art der Farbe	Eisenanstrich in g/qm		
	erster Anstrich	zweiter Anstrich	dritter Anstrich		erster Anstrich	zweiter Anstrich	dritter Anstrich
Grundfarbe . .	80	—	—	Bleimennige . .	136	152	140
Mastenfarbe . .	110	84	74	Eisenmennige .	120	112	103
Bleiweiß . . .	—	105	90	Bleiweiß . . .	—	87	63
Zinkweiß . . .	—	95	85	Zinkweiß . . .	—	83	50
Schwarz . . .	—	22	28	Schwarz . . .	—	25	32

DIN-Farben für Gefahrstellen und Sicherheitseinrichtungen. Das deutsche Normenblatt DIN 4818 sieht für die Bezeichnung solcher Stellen folgende Farben vor, deren Sichtbarkeit durch Anbringung einer Kontrastfarbe in Form von Aufschriften, Rahmen usw. noch erhöht werden kann:

Sicherheits-farbe	Kontrast-farbe	Bedeutung und Anwendung
Rot	Weiß	*Unmittelbare Gefahr!*, ferner: Handfeuerlöscher, Ortsfeste Feuerlöschanlagen (mit Ausnahme von Kohlensäureflaschen), Feuermelde- und Alarmeinrichtungen.
Orange	Schwarz	*Warnung!* z. B. Feuergefahr (feuergefährdete Räume, Bildwerferräume), Explosionsgefahr, Behälter mit giftigen und ätzenden Stoffen, Räume mit unter gefährlicher Spannung stehenden Einrichtungen. Gefährliche Maschinenteile.
Gelb	Schwarz	*Vorsicht!* Gefahr des Anstoßens, Fallens, Stolperns usw., z. B. einzelne Stufen, Anfangs- und Endstufen von Treppen, tiefliegende Rohrleitungen, Lukenkanten im Zwischendeck.
Grün	Weiß	Kennzeichnung von Krankenräumen, Lage von Schwimmwesten, Gasmasken, Sauerstoffgeräten, Notausgängen usw.

IV. Einiges aus der Stabilitätslehre.

Einige oft vorkommende Abkürzungen:

B = Schiffsbreite in der CWL in m; L = Schiffslänge in der CWL in m; CWL = Konstruktionswasserlinie; T_m = mittlerer Tiefgang in m; T' = Begegnungs- oder rel. Wellenperiode in sek; T_0 = Seegangsperiode in sek; T_φ = Eigenrollperiode des Schiffes in sek; T'_φ = erzwungene Rollperiode auf See in sek; T_ψ = Eigenstampfperiode des Schiffes in sek; T'_ψ = erzwungene Stampfperiode auf See in sek; φ = Rollwinkel bzw. Krängung in Graden; ψ = Stampfwinkel in Graden; WU = Werftunterlagen. Weitere Abkürzungen s. Abb. 51.

1. Einführung und gesetzliche Vorschriften.

Die Lehre von der Stabilität[1] behandelt die Bedingungen, unter denen ein Schiff aufrecht schwimmt und sich aus Neigungslagen wieder aufrichtet. Ein Seeschiff muß aber nicht nur genügende Stabilität besitzen, sondern es soll bei Seegang auch möglichst weiche und angenehme Bewegungen ausführen. Für das Vorhandensein genügender Stabilität ist in erster Linie die Bauwerft verantwortlich, für die Handigkeit eines Frachtschiffes in schwerer See in weitgehendem Maße die Schiffsleitung. Ihre vornehmste Aufgabe muß es sein, durch sachgemäße Beladung die Forderungen der Schiffssicherheit (genügende Stabilität, gute Manövrierfähigkeit, Handigkeit des Schiffes in schwerer See u. a. m.) und die Forderungen der Wirtschaftlichkeit (möglichste Raumausnutzung u. a. m.) gegeneinander abzuwägen, so daß ein höchster Nutzeffekt erreicht wird. Dies setzt ein hohes Maß beruflichen Könnens, reiche Erfahrungen mit dem betreffenden Schiffe und gründliche Kenntnisse in Seemannschaft, Ladungsdienst und in der Stabilitätslehre voraus.

Amtliche Vorschriften bezüglich der Stabilität von Handelsschiffen findet man in den UVV, in denen es im § 21 heißt: „Bei Neubauten sowie bei Schiffen, die einem wesentlichen, die Stabilität beeinflussenden Umbau unterzogen worden sind, müssen für die wichtigsten in Betracht kommenden Beladungsfälle und Tiefgänge die Hebelarmkurven der statischen Stabilität aufgestellt und dem Führer des Schiffes ausgehändigt und erläutert werden"[2]. Nach dem RGBl vom 31. 12. 1932 (Nr. 31,

[1] Stabilitas, lat. = Festigkeit, das Verbleiben; Stabilität = Stehfähigkeit.

[2] Beim Kauf kleinerer ausländischer Schiffe (Kümos unter 500 BRT, Fischereifahrzeugen u. ä.) können sehr oft keine ausreichenden Stabilitätsunterlagen mitgeliefert werden, da verschiedene Länder für solche Schiffe keine vorschreiben. Auch für größere ausländische Schiffe, die vor dem Inkrafttreten des Schiffssicherheitsvertrages 1948 auf Stapel gelegt wurden, sind die heute geforderten Stabilitätsunterlagen oft nicht vorhanden.

Teil I S. 253) werden Reeder und Kapitäne mit Gefängnis oder mit hohen Geldstrafen bestraft, wenn sie diesen Vorschriften vorsätzlich zuwiderhandeln. Das RGBl Nr. 31 sagt weiter im § 23 der Vorschriften über die Sicherung der Schwimmfähigkeit der Fahrgastschiffe unter „Stabilitätsprüfung": „Alle neuen Fahrgastschiffe müssen nach ihrer Fertigstellung gekrängt und die Grundlagen für ihre Stabilitätsverhältnisse bestimmt werden. Dem Kapitän sind Stabilitätsunterlagen auszuhändigen, damit das Schiff sachgemäß gehandhabt werden kann".

Die Stabilität wird auch noch in der „Verordnung über den Freibord der Kauffahrteischiffe" (RGBl II. 1932 S. 278) behandelt. Siehe auch UVV und Anlage I. Die Freibordvorschriften sind wichtig für den Schiffbauer und sind für den Nautiker ein gewisser Sicherheitsfaktor gegen Kentergefahr, aber sie sind keineswegs *allein* hinreichend zur Sicherung der Stabilität.

Die SSV bestimmt in § 38, daß nicht nur alle Fahrgast-, sondern auch alle Frachtschiffe einem Krängungsversuch unterworfen werden müssen und dem Kapitän und der SBG genaue Stabilitätsunterlagen für alle in Frage kommenden Beladungszustände auszuhändigen sind.

Man unterscheidet zwischen *Längsstabilität*, das ist das Aufrichtungsvermögen des Schiffes bei Neigung um seine Querachse, und *Querstabilität*, das ist das Aufrichtvermögen des Schiffes bei Neigung um seine Längsachse. Über Längsstabilität siehe bei „Ladung" unter „Trimm" (S. 200 f. und S. 365). Hier soll im allgemeinen nur die Querstabilität behandelt werden.

Wenn auch Gefühl und Erfahrung den Praktiker im allgemeinen befähigen, die Stabilität seines Schiffes aus seinen Roll- und Stampfbewegungen genügend zu beurteilen, so muß doch im Interesse von Schiff und Besatzung grundsätzlich eine dauernde Überwachung der Stabilitätsverhältnisse von seiten der Schiffsleitung gefordert werden. Die Verantwortung für die Stabilität eines in See gehenden Schiffes und für seine richtige Beladung trägt immer nur allein der Kapitän![1]

2. Begriffserklärungen.

Unter dem Einfluß von Wind und Wellen unterliegt das in Fahrt befindliche Schiff auf hoher See vier verschiedenen Schwingungen: 1. *Rollschwingungen* um seine Längsachse, 2. *Stampfschwingungen* um die waagerechte Querachse, 3. *Gierschwingungen* um die Hochachse und 4. *Tauchschwingungen* senkrecht zur Wasseroberfläche.

Die Größe der Schwingungen um die Längs- und Querschiffsachsen kann mit dem Sextanten oder einem Klinometer, ihre Zeitdauer mit einer Stoppuhr gemessen werden, Gierschwingungen werden am Kompaß abgelesen, Tauchschwingungen, d. h. das Heben und Senken des ganzen Schiffskörpers, können nur mit besonderen Apparaten, z. B. mit Spezialecholoten, gemessen werden. Fortlaufende Beobachtungen des Ver-

[1] HGB §§ 513, 514.

haltens eines Schiffes im Seegang und genaue Aufzeichnungen darüber sind sehr wertvoll und können auch wesentlich zur Lösung von Problemen des Schiffbaues beitragen.

Deplacement und Auftrieb. Den Punkt, in dem man sich das Gesamtgewicht P von Schiff und Ladung vereinigt denken kann, nennt man den *Gewichtsschwerpunkt* oder *Systemschwerpunkt* G. In G wirkt P senkrecht nach unten (Abb. 53).

Der Schwerpunkt des vom Schiffe verdrängten Wassers heißt *Formschwerpunkt* oder *Verdrängungsschwerpunkt* F. In F wirkt der Auftrieb D senkrecht nach oben.

Der Rauminhalt des vom eingetauchten Teil des Schiffskörpers verdrängten Wassers heißt *Raumverdrängung* oder *kubisches Deplacement* V. Das Gewicht dieser Wassermasse nennt man *Gewichtsverdrängung* oder *Gewichtsdeplacement* $= P$. Drückt man P in Tonnen und V in m³ aus und bedeutet spez. Gew. das spezifische Gewicht des Wassers, dann ist: $P = D = V \cdot$ spez. Gew.

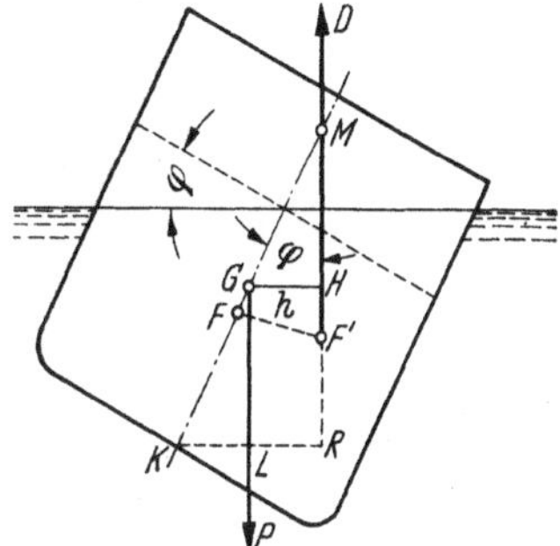

Abb. 53. F = Verdrängungsschwerpunkt (Formschwerpunkt) bei aufrechter Lage. F' = Verdrängungsschwerpunkt bei geneigter Lage. G = System- oder Gewichtsschwerpunkt. K = Oberkante Kiel. M = Metazentrum. φ = Krängungswinkel. MG = metazentrische Höhe über dem Gewichtsschwerpunkt. GH = Hebelarm der statischen Stabilität. P = Gesamtgewicht von Schiff und Ladung (Gesamtdeplacement). $D = P$ = Auftrieb = Gewicht der verdrängten Wassermasse.

Die Lage von F ist durch die Form des eingetauchten Schiffskörpers bestimmt und wird für jeden Tiefgang und für jede Krängung des Schiffes auf der Bauwerft berechnet (s. Abb. 55).

Die Lage von G ist von der Gewichtsverteilung, also in erster Linie vom Gewicht und der Verteilung von Ladung, Brennstoff und Wasser abhängig. Bei aufrechter Lage des Schiffes liegen G und F senkrecht übereinander, und zwar G über F. Bei Yachten mit schwerem Bleikiel kann es vorkommen, daß F über G liegt. Auch bei getauchten U-Booten liegt F über G.

Aufrichtendes Moment und Metazentrum. Das Produkt: „Gewicht mal Hebelarm" nennt man *Moment.* Wird das Schiff geneigt, so behält G seine Lage im Schiff bei, da alle Gewichte als fest verstaut anzusehen sind. Auch die Wasserverdrängung D bleibt dieselbe, aber die Form des ins Wasser getauchten Teiles des Schiffskörpers ändert sich, und infolgedessen wandert F nach F' (immer nach *der* Seite, nach der das Schiff geneigt ist), und zwar parallel zur Verbindungslinie der Schwerpunkte der ein- und austauchenden Keilstücke. Dadurch entsteht ein Kräftepaar, das bestrebt ist, das Schiff wieder in seine aufrechte Lage zurückzudrehen. Dieses Bestreben nennt man *Stabilität.* Der Abstand h $(= G\,H)$ der beiden Kraftrichtungen ist der Hebelarm der aufrichtenden Kraft. Der Schnittpunkt M des durch F' gezogenen Lotes mit der Mittschiffsebene wird *Metazentrum* genannt (Breitenmetazentrum

M_B oder Anfangsmetazentrum M_0). Bei kleinen Krängungswinkeln behält M_0 praktisch seine Höhenlage über Oberkante Kiel (*OKK* oder *K*) bei. Diese ändert sich erst merklich, wenn $\varphi > 8°$ wird. Man spricht dann nicht mehr von M_0 sondern von M_φ. *MK* und *MF* sind nur von der Form des Unterwasserschiffes und vom Tiefgang abhängig und können daher von der Werft für jeden Tiefgang und jede Neigung berechnet werden. Die Strecke *MG* nennt man die ***metazentrische Höhe.***

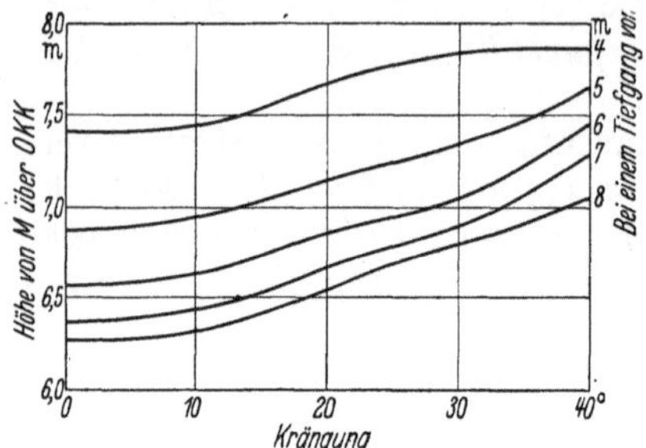

Abb. 54. *MK*-Kurven für einen größeren Frachtdampfer. Lage von *M* über *OKK* bei Tiefgangsänderungen.

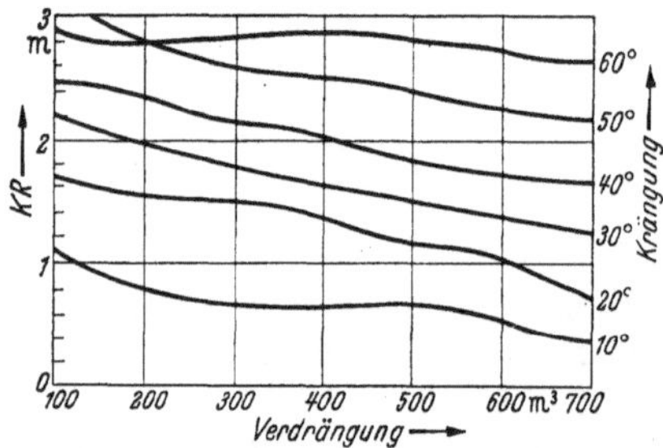

Abb. 55. Abhängigkeit von *KR* von Verdrängung und Krängung. Querkurven der Formstabilität eines kleinen Kümos (Pantokarenen), die die Verschiebung des Auftriebzentrums nach der gekrängten Schiffsseite angeben.

Bei aufrechter Lage des Schiffes ist $GH = 0$. Mit wachsender Neigung wird *GH* immer größer und damit auch der Widerstand des Schiffes gegen die neigenden Kräfte, bis es bei einer bestimmten Neigung ein Maximum erreicht (h_{max}). Bei weiterer Neigung nimmt der Hebelarm wieder ab und wird bei einer bestimmten Neigung, die normalerweise > 70 bis $80°$ ist, gleich 0. In dieser Lage hört die aufrichtende Kraftwirkung auf. Die Größe des Neigungswinkels, bis zu dem ein Schiff ein positives *GH* besitzt, heißt *Umfang der Stabilität.* Da *G* auch bei einer Neigung normalerweise seine Lage nicht ändert, so kommt es nur darauf an, daß *GH* immer so groß ist, daß die neigenden Kräfte durch den aufrichtenden Widerstand überwunden werden. Die Größen *MG* bzw. *GH* dienen daher zur Beurteilung der *Stabilität.* Alle Umstände, die eine Änderung von *GH* hervorrufen, bewirken auch im gleichen Sinne eine Änderung von *MG*, da $GH = MG \cdot \sin\varphi$ *ist.*

Auch die metazentrische Höhe *MG* kann auf der Bauwerft für jeden Tiefgang und unter Annahme homogener, raumfüllender Ladung durch Rechnung festgestellt und der Schiffsleitung in Tabellen und Kurvenblättern bekanntgegeben werden. Sie wird vergrößert, wenn *G* durch Tiefstauen von Schwergut nach unten verschoben, und verringert, wenn *G* durch Hochstauen von Ladung (z. B. hohe Deckslast) nach oben verschoben wird. Im ersteren Falle wird das Schiff *steif*, im zweiten *rank.* Bei starken Trimmlagen verschiebt sich *M* etwas in der Vertikalen, während *G* seine Höhenlage beibehält. Damit ändert sich auch *MG.* Bei Hecklastigkeit bekommt *MK* in den meisten Fällen einen größeren Wert, als es bei Gleichlastigkeit hatte. Siehe Abb. 54 u. 62.

Statische und dynamische Stabilität. *Statische Stabilität* ist die Kraft, mit der das geneigte Schiff sich wieder aufrichtet, oder der Widerstand, den es einer Neigung entgegensetzt. $GH = h$ nennt man den *Hebelarm der statischen Stabilität.*

$$GH = KR - KL = KM \cdot \sin\varphi - KG \cdot \sin\varphi = (KM - KG) \cdot \sin\varphi$$

$$GH = MG \cdot \sin\varphi \qquad \text{(s. Abb. 53).}$$

$KR = KM \cdot \sin\varphi$ nennt man den *Hebelarm der Formstabilität,* da KR lediglich von der Form des eingetauchten Schiffes abhängt (s. Abb. 56). $P \cdot KM \cdot \sin\varphi$ ist das Moment der *Formstabilität.* $KL = KG \cdot \sin\varphi$

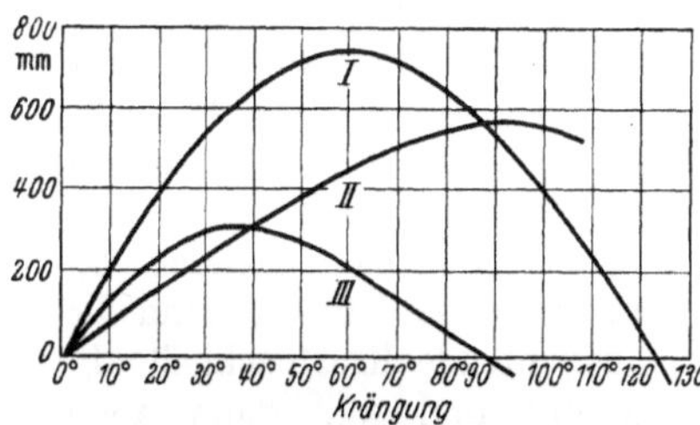

Abb. 56. Hebelarmkurve eines Schiffes. I der Formstabilität $KM \cdot \sin\varphi$, II der Gewichtsstabilität $KG \cdot \sin\varphi$, III der statischen Stabilität $MG \cdot \sin\varphi$.

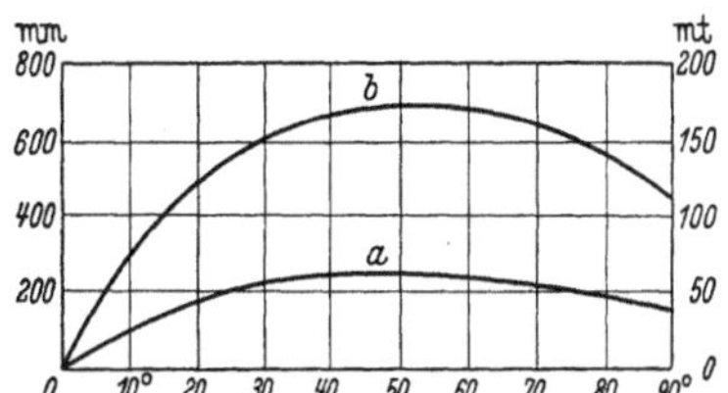

Abb. 57. Fischdampfer. $L = 41$ m, $B = 7$ m, $T = 4$ m, $V = 550$ t. a = Hebelarmkurve der statischen Stabilität (Ablesung am linken Rand). b = Statische Stabilitätsmomentenkurve (Ablesung am rechten Rand).

nennt man den *Hebelarm der Gewichtsstabilität,* da KG nur von der Höhenlage von G, also nur von der Größe und Verteilung des Gewichtes von Schiff und Ladung abhängt (s. Abb. 56). $P \cdot KG \cdot \sin\varphi$ ist das Moment der *Gewichtsstabilität.*

$P \cdot GH = P \cdot MG \cdot \sin\varphi$ ist die Formel für das *aufrichtende Moment* oder das *statische Stabilitätsmoment* (s. Abb. 56 u. 57). Dieses Produkt „Aufrichtende Kraft mal Hebelarm" stellt eigentlich erst das *wirkliche* Maß des vorhandenen Aufrichtungsvermögens dar. Je größer P ist, desto kleiner kann, gleichbleibende neigende Kräfte vorausgesetzt, der Hebelarm GH bzw. MG sein. Da sich bei der Neigung der Auftrieb $D = P$ nicht ändert, so haben Hebelarm- und Momentenkurven grundsätzlich den gleichen Charakter, so daß im allgemeinen die Hebelarmkurven allein schon ein hinreichendes Urteil über die Stabilität ermöglichen.

Dynamische Stabilität nennt man die Arbeit, die zum Wiederaufrichten des geneigten Schiffes aufgewendet werden muß, oder die Arbeit, die dazu nötig ist, das Schiff zu neigen (also die Arbeit von Wind, Windsee und Dünung). Sie ist die algebraische Summe aus der mechanischen Arbeit von Auftrieb und Schwerkraft, die bei Neigung geleistet wird, und sie wird dargestellt durch das Produkt aus P und dem in der Kraftrichtung zurückgelegten Weg von G (s. Abb. 53).

$$\text{Dynamisches Stabilitätsmoment} = P \cdot (HF' - GF).$$

Bei aufrechter Lage des Schiffes sind statische und dynamische Stabilität $= 0$. Die dynamische Stabilität nimmt bei Krängung zu, bis $GH = 0$ wird.

Hebelarmkurven der statischen Stabilität. Die Bauwerft kann ihren Neubauten Tabellen und Kurvenblätter mitgeben, denen die Schiffsleitung die Werte KM (Abb. 54), KR (Abb. 55), KG (Abb. 56) und

MG bzw. GH (Abb. 57 u. 58) für verschiedene Tiefgänge und Krängungen bei den wichtigsten Beladungszuständen, die im Betriebe normalerweise eintreten können, zu entnehmen vermag.

Abb. 58 zeigt die „Hebelarmkurve der statischen Stabilität" ($GH = h$-Kurve) eines normal beladenen Schiffes. Solche Kurvenblätter *müssen* nach den UVV jedem Schiffe für die wichtigsten Beladungszustände mitgegeben werden. Sie gelten, wie schon gesagt, als Grundlage für die Beurteilung des Stabilitätsverhaltens eines Schiffes. Im vorliegenden Falle sehen wir, wie die Länge des Hebelarmes ihren Höchstwert ($h_{max} = 0{,}79$ m) bei 42° (φ_m) erreicht und wie sie bei $\varphi_u = 82{,}5°$ Null wird. Man nennt diesen Punkt „*Kenterpunkt*". Diese Bezeichnung ist aber irreführend, denn wahrscheinlich kentert das Schiff schon bald nachdem φ_m überschritten ist, weil dann die aufrichtende Kraft schnell abnimmt und weil dann auch Gewichte übergehen können, was beim Zeichnen der Kurve natürlich nicht berücksichtigt werden kann. Die Tangente am Kurvenbeginn schneidet immer auf der Ordinate beim Winkel 57,3° eine Strecke ab, die gleich der metazentrischen Anfangshöhe M_0G ist.

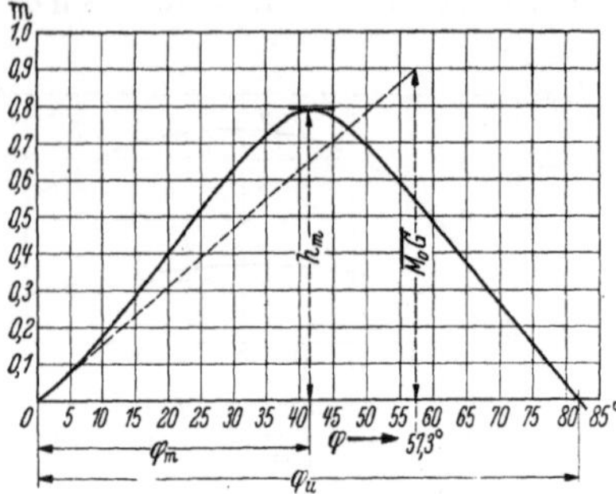

Abb. 58. Hebelarmkurve der statischen Stabilität.

Wenn an Bord die Höhenlage von G über K durch einen Krängungsversuch oder aus Schwingungsbeobachtungen bestimmt wird, so kann nach der Formel $GH = KM \cdot \sin\varphi - KG \cdot \sin\varphi$ eine solche Hebelarmkurve jederzeit berechnet werden.

Beispiel (s. Abb. 58): An Bord eines normal beladenen Frachters, dessen Tiefgang = 6,1 m ist, findet man durch Krängung $KG = 5{,}7$ m. Die Höhenlage von M über K entnimmt man für diesen Tiefgang und für jede Neigung einem von der Werft mitgegebenen Kurvenblatt (Kurvenblatt für Hebelarme der Formstabilität). Man hat dann:

Krängung φ	10°	20°	30°	40°	50°	60°	usw.
$KR = KM \cdot \sin\varphi$ aus WU in m	1,17	2,35	3,47	4,44	5,07	5,42	. . .
$KL = KG \cdot \sin\varphi$ in m	0,99	1,95	2,85	3,66	4,37	4,94	. . .
$\boldsymbol{LR = GH}$ **in m . . . .**	**0,18**	**0,40**	**0,62**	**0,78**	**0,70**	**0,48**	**. . .**

Breitenträgheitsradius i eines Schiffes ist der Radius eines gedachten Ringes in der Querschiffsebene, in dem man sich die ganze Masse von Schiff und Ladung symmetrisch um M angeordnet denken kann. Der Trägheitsradius kann auf der Bauwerft für das leere und das beladene Schiff berechnet und den Werftunterlagen beigefügt werden. Er ändert sich für ein und dasselbe Schiff bei verschiedenen Beladungszuständen nur sehr wenig und kann als eine konstante, dem Schiffe eigentümliche Größe angesehen werden. Je größer die Schiffshöhe ist, desto größer ist im allgemeinen auch i. In erster Linie ist i aber von der Breite des Schiffes abhängig. Er ist für kleinere, normal beladene Frachtschiffe mit guter Stabilität immer ungefähr 0,3 B, für mittelgroße Frachtschiffe 0,4 B und für größere Fahrgastschiffe 0,5 B. Schiffe mit praktisch gleicher Breite haben um so kleinere i-Werte (und damit auch kürzere Rollperioden), je kürzer die Schiffslänge, je kleiner also das Verhältnis Länge:Breite ist. $L : B$ liegt im Mittel zwischen 6,5 und 8,5. Unter B soll immer die Breite des Schiffes in der CWL verstanden werden.

Ist MG für einen bestimmten Ladezustand aus den WU bekannt, so kann i aus der Rollperiode berechnet werden.

$$\boxed{i = \sim \frac{T_\varphi}{2} \cdot \sqrt{MG}}\,.$$

Um einen wirklich zuverlässigen Wert für i als Mittel aus mehreren Rollperioden zu erhalten, muß MG allerdings *genau* bekannt sein.

Rollschwingungen und Rollperiode. Jedes Schiff hat in ruhigem Wasser bei einem bestimmten Tiefgang und einem bestimmten Ladezustand eine bestimmte Eigenrollperiode T_φ, die ziemlich unabhängig ist von der Größe des Rollwinkels φ und von der Geschwindigkeit des Schiffes. Unter *Rollperiode* versteht man die Anzahl Sekunden zwischen zwei aufeinanderfolgenden, gleichgerichteten Durchgängen des schwingenden Schiffes durch einen bestimmten Punkt. Unter *Rollwinkel* versteht man den Schwingungsausschlag nach *einer* Seite (meistens nach Lee). Die Eigenrollperiode kann bei mäßigem, vorderlichem Seegang leicht festgestellt werden. Sie wird erst durch stärkeren seitlichen oder achterlichen Seegang beeinflußt; man nennt sie dann *erzwungene Rollperiode* T'_φ.

Für die Rollschwingungen eines Schiffes gilt die aus dem vorher Gesagten sich ergebende einfache, allen praktischen Anforderungen genügende Formel

$$\boxed{T_\varphi = \sim \frac{2\,i}{\sqrt{MG}}}\,.$$

In dieser Formel bedeutet i den Breitenträgheitsradius des Schiffes in Meter unter Einschluß der mitschwingenden Wassermassen des Schiffes. Sie gilt in aller Strenge freilich nur für die Eigenschwingungen T_φ des Schiffes, d. h. wenn es in ruhigem Wasser aus einer geneigten Lage sich selbst überlassen auspendelt, oder auf See, wenn die Eigenperiode des Schiffes und die Begegnungsperiode der See stark voneinander abweichen.

Wenn bei einem mit normaler Ladung auf Tiefgang beladenem Schiffe T_φ sich ändert, so kann das, da i praktisch konstant ist, nur von einer Änderung in MG herrühren, so daß also die Rollperiode zum Maß für die Stabilität wird.

$$\boxed{MG = \sim\left(\frac{2\,i}{T_\varphi}\right)^2}\,.$$

Setzt man in diese Formel für i den mittleren Wert 0,38 B ein, so erhält man als weitere, praktisch recht brauchbare Formel: $MG = \left(\frac{0{,}76\,B}{T_\varphi}\right)^2$. Statt dieser Formel benutzt man seit etwa 1942 zur Bestimmung von MG ganz allgemein die sogenannte „WEISS-Formel"[1]:

$$\boxed{MG = \left(\frac{f \cdot B}{T_\varphi}\right)^2}\,.$$

In dieser Formel ist f ein dimensionsbedingter (die Verteilung der Ladung und den Typ des Schiffes berücksichtigender) Koeffizient, schwankend zwischen 0,71 und 0,83. Bei Fahrgastschiffen mit hohen Aufbauten, bei Frachtern mit hoher Decksladung, bei Schiffen in Ballast sowie bei Schiffen (z. B. Fischdampfern) mit viel Wasser an Deck oder bei starker Vereisung kann f auch größer als 0,83 (max etwa 0,9) und bei tiefbeladenen Frachtern, bei kleinen Schleppern oder breiten Barkassen auch kleiner als 0,71 (min etwa 0,65) werden. Ist f unbekannt, so setzt man dafür den Mittelwert 0,76 ein. Ist der tatsächliche Wert von f etwas größer als dieser Mittelwert, so erhält man beim Rechnen nach dieser Formel MG etwas zu klein und umgekehrt. Der maximale Fehler im errechneten MG kann bis zu 15% betragen, ist aber in der Regel bedeutend geringer. Man bedenke, daß das *genaue* f für ein und dasselbe Schiff je nach dem Beladungszustand doch immer verschiedene Werte hat, da f ja in engem Zusammenhang mit dem Verhältnis $B : T_\varphi$ steht. Da in f neben dem Trägheitswert auch die Reibung enthalten ist, so wird es mit kleinerem Tiefgang auch etwas kleiner werden und umgekehrt. Die Veränderung von f durch Zu- oder Abladung ist aber nur gering. Zahlenmäßig nähert sich der Wert f sehr häufig dem Wert α.[2] Die f-Werte können von der Bauwerft für verschiedene Belastungen festgestellt und den WU beigefügt werden. Wurde f auf der Werft nur für das *leere*, aber voll ausgerüstete Schiff bestimmt, so kann der spätere Wert für das *beladene* Schiff sich kaum um mehr als 8—10% ändern. Kennt man (z. B. aus Krängungsversuchen) MG *genau*, so kann man auch f aus Rollschwingungen *selbst* berechnen:

$$f = \frac{T_\varphi}{B} \cdot \sqrt{MG}\,.$$

Da B immer genau bekannt ist, T_φ immer ziemlich genau gemessen werden kann und f immer zwischen 0,65 und 0,90 liegt, so ist damit eine oft erwünschte Beurteilung der physikalischen Möglichkeit oder Unmöglichkeit der durch Momentenrechnung oder durch Krängungsversuche gefundenen MG-Werte möglich (s. Tafel A).

Beispiel 1: Auf einem Ostseedampfer, dessen $B = 8{,}4$ m ist, glaubt man, daß bei seinem augenblicklichen Beladungszustand $MG = 0{,}64$ m ist. Als T_φ fand man 8,0 sek.

$$f = \frac{8{,}0}{8{,}4}\sqrt{0{,}64} = 0{,}95 \cdot 0{,}8 = 0{,}76.$$

[1] Dipl.-Ing. GEORG WEISS war 1938—1945 Abteilungsleiter im Kriegsmarinearsenal in Kiel.

[2] α = Völligkeitsgrad der CWL $= \frac{\text{Fläche der CWL}}{L \cdot B}$. Siehe auch S. 392.

Tafel A zur Entnahme der ungefähren MG-Werte.

$\frac{T_\varphi}{B}$	*f*-Werte 0,65	0,70	0,75	0,80	0,85	0,90	$\frac{B}{T_\varphi}$
0,5	1,69	1,96	2,25	2,56	2,89	3,24	2,0
0,6	1,19	1,37	1,56	1,80	2,02	2,25	1,67
0,7	0,85	1,00	1,14	1,30	1,49	1,67	1,43
0,8	0,66	0,77	0,88	1,00	1,12	1,28	1,25
0,9	0,52	0,61	0,69	0,79	0,88	1,00	1,11
1,0	0,42	0,49	0,56	0,64	0,72	0,81	1,00
1,1	0,35	0,41	0,46	0,53	0,59	0,67	0,91
1,2	0,28	0,32	0,38	0,44	0,49	0,54	0,82
1,3	0,25	0,29	0,34	0,38	0,42	0,48	0,77
1,4	0,22	0,25	0,29	0,34	0,37	0,42	0,72
1,5	0,19	0,22	0,25	0,29	0,32	0,36	0,67
1,6	0,17	0,18	0,22	0,25	0,29	0,32	0,63
1,7	0,14	0,17	0,19	0,22	0,25	0,28	0,59
1,8	0,13	0,15	0,18	0,20	0,23	0,25	0,56
1,9	0,12	0,14	0,16	0,18	0,20	0,22	0,53
2,0	0,10	0,12	0,14	0,16	0,18	0,20	0,50
2,1	0,09	0,11	0,13	0,14	0,16	0,18	0,48
2,2	0,08	0,10	0,12	0,13	0,14	0,17	0,45

0,76 ist nach Tafel A ein durchaus möglicher Wert, so daß der angenommene *MG*-Wert wohl stimmen kann.

Beispiel 2: Durch Momentenrechnung fand man auf einem 28 m breiten Dampfer $MG = 1{,}86$ m. Als T_φ fand man 25 sek.

$$f = \frac{25}{28}\sqrt{1{,}86} = 0{,}9 \cdot 1{,}4 = 1{,}2.$$

Dieser nach Tafel A unwahrscheinliche Wert von 1,2 läßt darauf schließen, daß der für *MG* gefundene Wert nicht stimmt.

Rollzahl[1] heißt die von Dr.-Ing. Kempf so benannte dimensionslose Zahl $z = T_\varphi \cdot \sqrt{g/B}$. In dieser Formel ist g die mittlere Erdbeschleunigung $= 9{,}81$ m/sek² also

$$z = 3{,}1 \cdot T_\varphi : \sqrt{B}\,.$$

Diese Rollzahl hat sich für Schiffe derselben Breite als ziemlich konstant erwiesen. Sie ermöglicht es, für alle Schiffstypen und Beladungsfälle einheitliche Werte zur Beurteilung der Anfangsstabilität zu schaffen. Schiffe, deren Rollzahl kleiner als 7 ist, gelten als steif und Schiffe, deren Rollzahl größer als 14 ist, gelten als rank.

Beispiel 1 wie vorher: $z = 3{,}1 \cdot 8 : \sqrt{8{,}4} = 8{,}6$. Guter Wert!

Beispiel 2 wie vorher: $z = 3{,}1 \cdot 25 : \sqrt{28} = 14{,}6$. Gefährlicher Wert!

Messen des Seeganges. Auf freier See läßt sich an Bord die Wellenlänge λ ziemlich genau messen. Aus ihr kann man die Seegangsperiode $T_0 = 0{,}8\sqrt{\lambda}$ und die Fortpflanzungsgeschwindigkeit $v_w = 1{,}25\sqrt{\lambda}$ in m/sek berechnen. Auch T_0 kann beobachtet werden, indem man mit einer Stoppuhr das Steigen und Fallen von entfernten Schaumflecken, die durch den Seegang erzeugt wurden, mißt. Das Mittel aus mehreren solchen Beobachtungen (mindestens 8—10) ergibt ein mittleres T_0, aus

[1] Schiffbau 1940. Heft 17/18.

dem dann v_w in m/sek $= 1{,}56\ T_0$ und λ in m $= 1{,}56\ T_0^2$ berechnet werden können. Näheres darüber s. Bd. I unter Meteorologie.

Begegnungsperiode, Resonanz. Auf See wird das Schiff durch den Seegang (Windsee und Dünung) in Schwingungen versetzt. Die Anzahl Sekunden, die zwischen dem Auftreffen zweier aufeinander folgender Kammdurchgänge an ein und derselben Stelle der Bordwand verfließen, nennt man die *Begegnungsperiode* T'. T' wird auch *Erregungsperiode* oder *relative Wellenperiode* genannt. T' hängt ab von der Geschwindigkeit v_s des Schiffes in m/sek, der Wellenlänge λ in m, der Fortpflanzungsgeschwindigkeit v_w der Wellen in m/sek und dem Winkel γ zwischen Schiffskurs und Wellenfortpflanzungsrichtung (Begegnungswinkel). Bei gleichbleibendem Seegang ist T' am kleinsten, wenn die See recht von vorn kommt ($\gamma = 0$); bei $\gamma = 90°$ (See querein) ist T' gleich der absoluten Wellenperiode und bei $\gamma = 180°$ (See recht von achtern) erreicht T' ein Maximum. Es gilt das Gesetz:

wenn λ beobachtet wurde: $$T' = \frac{\lambda}{1{,}25\sqrt{\lambda} + v_s \cdot \cos\gamma} = \frac{\lambda}{v_w + v_s \cdot \cos\gamma},$$

oder, wenn T_0 beobachtet wurde: $$T' = \frac{1{,}56\,T_0^2}{1{,}56\,T_0 + v_s \cdot \cos\gamma}.$$

γ rechnet immer von vorn (0°) bis achtern (180°), ohne Unterscheidung an Stb oder Bb. Wenn $\gamma > 90°$ wird, die See also achterlicher als dwars einkommt, wird der Wert $v_s \cdot \cos\gamma$ *negativ*. Wenn die Wellen auch nie in absoluter Regelmäßigkeit aufeinander folgen, so wird sich doch meistens ein mittlerer Wert für T' finden lassen. Zuweilen laufen freilich Windsee und mehrere Dünungen so wild durcheinander, daß man sich nur schwer ein klares Bild von T' machen kann. Solange T' klein ist, ist auch ihr Einfluß auf T_φ nur klein. Erst wenn sich T' dem Werte von T_φ nähert, ändert sich T_φ, und das Schiff fängt an, im Rhythmus der Erregungsperiode mit großen Amplituden zu schwingen. Man sagt dann: die Eigenschwingungsperiode steht in *Resonanz* mit der Begegnungsperiode. Resonanz tritt am häufigsten bei großen *MG*-Werten (steifen Schiffen mit relativ kurzer Eigenperiode) und achterlichem Seegang auf. Weiteres s. S. 377.

3. Stabilitätsermittlung im Betrieb.

Die an sich sehr verwickelten Aufgaben der Stabilitätsermittlung können letzten Endes für die Schiffsleitung nur darin bestehen, laufend über die Lage von *G* über *K* oder unter *M* unterrichtet zu sein und zu wissen, bei welcher Lage von *G* und bei welchen Ladungsverhältnissen das Schiff sich auf See am besten bewährt. Dies setzt allerdings große Erfahrung und Vertrautheit mit dem jeweiligen Schiffe voraus und fordert daher von der Schiffsleitung dauernde Aufzeichnungen darüber, damit bei einer Umbesetzung des Schiffes die neue Schiffsleitung sich diese Erfahrungen zunutze machen kann. Eine weitere schwierige Aufgabe ist dann freilich, die beste Stabilität mit der größten wirtschaftlichen Ausnutzung in Einklang zu bringen.

Um die Lage von G zu finden, gibt es zwei Wege:

1. das Meßverfahren, und zwar
   a) den Krängungsversuch,
   b) den Rollversuch,
   c) den Drehkreisversuch;
2. die Momentenrechnung.

Das Meßverfahren.

Der Betriebskrängungsversuch.

Der sicherste Weg zur Bestimmung der Lage von G über OKK ist und bleibt der Werftkrängungsversuch. Seine *genaue* Durchführung und Auswertung setzt aber besondere schiffbautechnische Kenntnisse voraus und ist ziemlich schwierig. Die Bauwerft gibt dem Schiffe auf Grund solcher Krängungsversuche und sich darauf stützender Berechnungen Tabellen und Kurven mit, denen MK für verschiedene Tiefgänge (Deplacements) und Krängungswinkel zu entnehmen ist. Auch die MG-Werte kann man den Werftunterlagen für verschiedene Tiefgänge entnehmen, jedoch bedürfen diese einer ständigen Nachprüfung durch die Schiffsleitung, denn die Annahmen, die die Bauwerft ihren diesbezüglichen Rechnungen zugrunde legt, weichen oft stark von den tatsächlichen Zuständen ab. Zur Ermittlung von M_0G kann nun auch die Schiffsleitung mit dem Bordpersonal „*Betriebskrängungsversuche*" vornehmen. Diese Betriebskrängungsversuche ergeben immer nur *angenäherte* Werte, wenn nicht durch eingebaute Krängungstanks und dazugehörige Meßeinrichtungen die Voraussetzungen für genaues Messen gegeben sind.

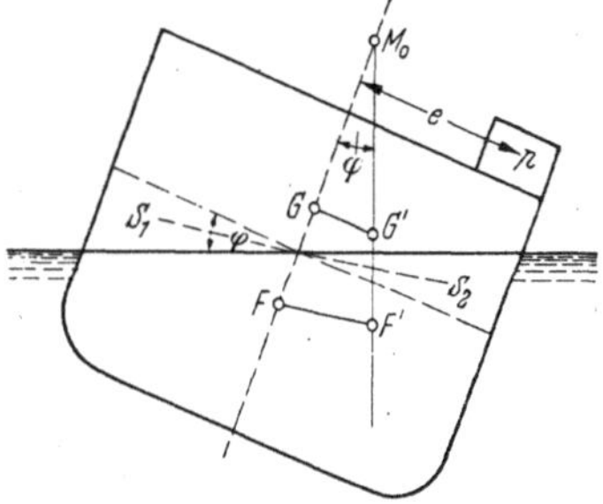

Abb. 59. Krängung durch Querverschiebung e eines Gewichtes p.

Betriebskrängungsversuche sollten nur bei windstillem Wetter und bei ruhiger Wasseroberfläche angestellt werden. Das Schiff soll dabei auf ebenem Kiel liegen, d. h. nicht vorder- oder achterlastig sein, keine Anfangsschlagseite haben und nur vorn und achtern *lose* mit Leinen festgemacht werden. Die Bilgen müssen leer, alle Tanks für Trink- und Speisewasser entweder vollständig gefüllt oder ganz leer, Kessel bis zum richtigen Wasserstand gefüllt sein. Ist dies nicht möglich, sind also freie Flüssigkeitsoberflächen im Schiff, so ist ihr Einfluß auf MG nachträglich zu berücksichtigen (s. S. 361).

Die Grundgleichung für den Krängungsversuch ist nach dem Verschiebungssatz (s. S. 361):

$$\boxed{MG = GG' \cdot \operatorname{cotg} \varphi = \frac{p \cdot e}{P} \cdot \operatorname{cotg} \varphi} \qquad \text{(s. Abb. 59).}$$

Hierin bedeutet p ein Gewicht, das um die Strecke e parallel zum Deck verschoben wird. p soll auf kleineren Schiffen etwa 10 t, auf größeren bis 50 t betragen. Im allgemeinen soll $p \cdot e$, das krängende Moment in mt, mindestens 0,02 P bis 0,03 P sein.

GG' ist parallel der Verschiebungsstrecke e, und FF' ist parallel $S_1 S_2$. P ergibt sich auf Grund der Tiefgangsablesung aus dem Lastenmaßstab. Will man genaue Ergebnisse erhalten, so muß man das spez. Gewicht des Wassers bestimmen und rechnen: $P = D = V \cdot$ spez. Gew. Man bringt vorn *und* achtern je ein Pendel an (mindestens 5—6 m lang), deren Gewichte zur Dämpfung in Wassergefäßen schwingen. Die Ablesemaßstäbe bringt man in genau ermittelten Abständen von den Aufhängepunkten der Lote parallel zum Deck an. *Möglichst genaue Messungen sind unbedingt notwendig!* Das Mittel der Ausschläge ergibt dann

$$\operatorname{cotg} \varphi = \frac{\text{Lotlänge } l \text{ in m}}{\text{Lotausschlag } a \text{ in m}}.$$

Weichen die Werte vorn und achtern stark voneinander ab, so muß man den Krängungsversuch nach *beiden* Schiffsseiten machen. Statt solche Pendelausschläge auszuwerten, kann man den Krängungswinkel φ auch mit dem Sextanten messen oder mit einem Libellenkrängungsmesser mit Dämpfung (s. S. 351).

Beispiel: Auf einem Frachter entnimmt man den WU für den gegebenen Tiefgang $P = 4000$ t und $MK = 6{,}50$ m. Man verschiebt nun ein Gewicht von 20 t von mittschiffs um 6,30 m nach StB. Die aufgehängten Pendel sind 6,00 m lang. Ihre Ausschläge betragen im Mittel 0,42 m.

$$\operatorname{cotg} \varphi = \frac{6{,}00}{0{,}42} = 14{,}3, \text{ also } \varphi = 4{,}0^\circ. \quad M_0G = \frac{20 \cdot 6{,}30}{4000} \cdot \operatorname{cotg} 4{,}0^\circ = \underline{0{,}45\,\text{m}}.$$

$$GK = 6{,}50 - 0{,}45 = 6{,}05\,\text{m}.$$

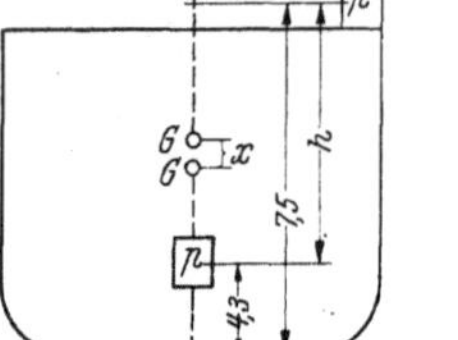

Abb. 60. Das Krängungsgewicht p wird nach dem Versuch im Unterdeck verstaut.

Diese errechnete Höhe von $G = 6{,}05$ m über K setzt aber voraus, daß *nach* dem Versuch p in der bisherigen Höhenlage wieder nach mittschiffs verlagert wird. Wird p nach dem Versuch im Unterdeck verstaut, so senkt sich G um den Betrag $\frac{p \cdot h}{P}$, wobei h die Höhe ist, um die p in bezug auf G gesenkt wird.

Beispiel: In unserem Fall soll der Schwerpunkt von p während des Versuches 7,5 m über K gelegen haben. Nach dem Versuch wird p im Unterdeck verstaut, so daß sein Schwerpunkt *jetzt* nur noch 4,3 m über K liegt (s. Abb. 60).

$$x = \frac{20 \cdot (7{,}5 - 4{,}3)}{4000} = 0{,}02\,\text{m}. \quad \text{Neues } MG' = 0{,}45 + 0{,}02 = \underline{0{,}47\,\text{m}}.$$

$$G'K = MK - MG' = 6{,}50 - 0{,}47 = \underline{6{,}03\,\text{m}}.$$

Wird das Krängungsgewicht p nach dem Versuch von Bord gegeben, so wandert G ebenfalls weiter nach unten. MG' wird etwas größer, $G'K$ etwas kleiner.

Beispiel: Werden im vorigen Beispiel die 20 t nach dem Versuch von Bord gegeben, so hätte man jetzt eine Senkung von G um den Betrag x (s. Abb. 61).

$$x = \frac{20\,(7{,}5 - 6{,}05)}{4000 - 20} = \sim 0{,}01\,\text{m}. \qquad \text{Neues } MG' = 0{,}45 + 0{,}01 = \underline{0{,}46\,\text{m}}.$$

$$G'K = 6{,}50 - 0{,}46 = \underline{6{,}04\,\text{m}}.$$

Wird p als Zuladung aufgenommen, so hat man zu rechnen $GG' = \frac{p \cdot e}{P + p}$. Wird die Krängung erzielt durch Abgabe von p, so hat man zu rechnen $GG' = \frac{p \cdot e}{P - p}$.

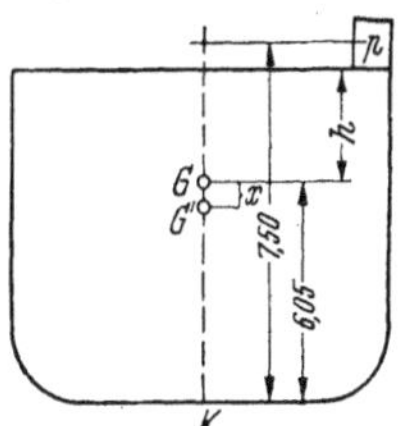

Abb. 61. Das Krängungsgewicht p wird nach dem Versuch von Bord gegeben.

Beispiel: Ein Dampfer verdrängt in Salzwasser bei 5,70 m mittlerem Tiefgang nach dem Werftkurvenblatt 3000 t (= P). Dafür entnimmt man weiter den WU ein $M_0K = 5{,}84$ m. Er hat an beiden Seiten leere Wassertanks, von denen jeder 30 t faßt und deren Schwerpunkte 6,6 m über K und 4,5 m von der Schiffsmitte liegen. Zum Betriebskrängungsversuch wird erst der Stb-Tank gefüllt, dann geleert und der Bb-Tank gefüllt und nach Beendigung des Versuches auch dieser wieder geleert. Pendellänge = 5,00 m.

Es wurden beobachtet bei Krängung	nach Stb	nach Bb
Ausschlag am vorderen Pendel	0,498 m	0,502 m
„ „ hinteren „	0,490 m	0,510 m
Mittel	0,494 m	0,506 m
	0,500 m	

$$\operatorname{cotg} \varphi = \frac{5{,}0}{0{,}500} = 10, \text{ also } M_0G = \frac{30 \cdot 4{,}5}{3000 + 30} \cdot 10 = 0{,}445\,\text{m}$$

$$\text{Nach WU ist } M_0K = 5{,}840\,\text{m}$$

$$\text{Mit 1 Tank gefüllt: } GK = 5{,}395\,\text{m}$$

Verbesserung von GK wegen Abgabe des Krängungsgewichtes:

$$\frac{30 \cdot (6{,}60 - 5{,}395)}{3000} = 0{,}012\,\text{m}$$

$$\text{altes } GK = 5{,}395\,\text{m}$$

$$\text{Mit leeren Tanks } GK = 5{,}383\,\text{m}.$$

Werden auf See beide Tanks wieder gefüllt, so hat man:

$$\text{altes } GK = 5{,}383\,\text{m}$$

$$+\,2 \cdot 0{,}012 = 0{,}024\,\text{m}$$

$$\text{neues } GK = 5{,}407\,\text{m}.$$

Bei genauer Rechnung müßte man auch noch in Betracht ziehen, daß durch Abgabe der 30 t und durch die Krängung auch M_0 seine Lage ändert. Je leichter das Schiff wird und je mehr es geneigt ist (bis etwa 50°), desto höher rückt M_0, d. h. desto größer wird M_0K. Tiefgangsänderungen und Krängungen sind aber bei solchen Versuchen immer so gering, daß die Änderung im M_0K vernachlässigt werden darf.

Beispiel: Ein Frachtschiff mit rund 12000 t Ladefähigkeit besitzt zwei Stabilitätsmeßtanks von je 15 m³ Inhalt und einen mittschiffs im Doppelboden befindlichen Ausgleichtank von ebenfalls 15 m³. Mit dem mittleren Tiefgang = 6,38 m entnimmt man den WU (s. Abb. 62) ein D von 11000 t und ein $MK = 7{,}0$ m. Das Schiff wird jetzt gekrängt, indem man den einen Krängungstank in den Ausgleichtank entleert. Man liest jetzt an dem eingebauten hydraulischen Meßgerät eine Neigung von 2° 32′ ab, wofür man dem von der Werft mitgegebenen Kurvenblatt $MG = 0{,}381$ m (Abb. 63) entnimmt. Setzt man diesen Betrag im Kurvenblatt (Abbildung 63) von der MK-Kurve nach unten ab, so findet man $KG = 7{,}0 - 0{,}4$ m $= 6{,}6$ m und $FG = 3{,}1$ m.

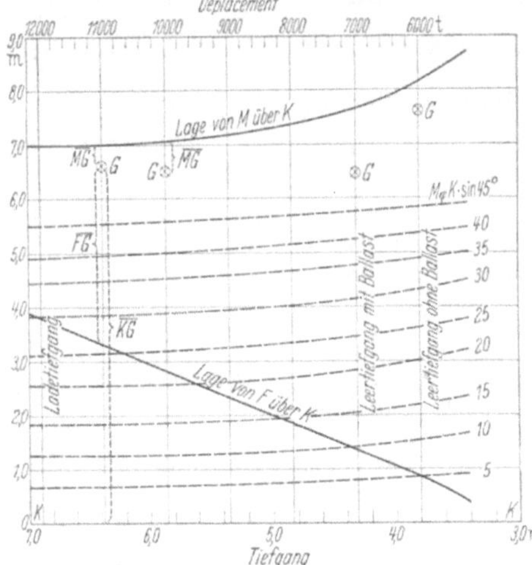

Abb. 62. Werft-Kurvenblatt eines Dampfers.

Der Krängungsversuch liefert immer nur positive MG-Werte, auch im Fall einer negativen Anfangsstabilität, da als Ausgangslage immer die allenfalls vorhandene Schräglage gilt, bei der die Hebelarmkurve wieder positive Werte annimmt.

Auf *kleinen Schiffen* kann man auch, statt ein Krängungsgewicht zu verschieben, zwei unbelastete Ladebäume (einen vorn, einen hinten) 45° oder querab nach Bb oder Stb entweder in horizontaler Lage oder um 45° getoppt ausschwingen. Die krängenden Momente der Bäume in diesen Lagen müssen natürlich von der Werft her bekannt sein. Meistens verzichtet man aber auf jede Rechnung und verfährt, wenn Verdacht auf ungenügende Stabilität besteht, wie folgt: Mit der letzten Hieve wird der Ladebaum möglichst weit ausgeschwungen und die Last dann an Land abgesetzt. Kehrt das Schiff dann langsam in die Vierkantlage (aufrechte Lage) zurück, so nimmt man an, daß es noch genügende Stabilität hat. Bleibt es aber gekrängt liegen oder pendelt es beim Aufrichten um die Vierkantlage hin und her, so gilt das als Zeichen, daß das Schiff keine genügende Stabilität mehr hat und ein Teil der Decksladung wieder an Land gegeben werden muß.

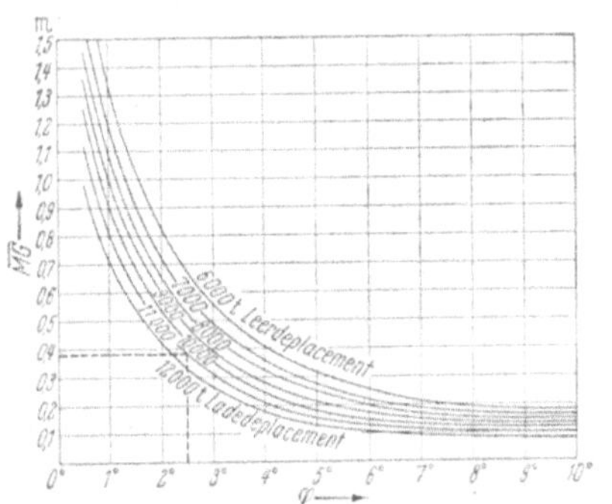

Abb. 63. Kurvenblatt desselben Dampfers zur Entnahme von MG nach Fluten eines Stabilitätsmeßtanks.

Man denke immer daran, daß sich die Stabilität, die am Reiseanfang vorhanden war, durch Brennstoff- und Wasserverbrauch erheblich verschlechtern kann! Andererseits kann bei *Holz als Decksladung* auf Schiffen mit guter Formstabilität eine geringe anfängliche Schlagseite noch als tragbar gelten mit Rücksicht auf die stützende Wirkung des Holzes, wenn es in Lee ins Wasser taucht (s. S. 381).

Messen des Krängungswinkels im Hafen. Benutzt man beim Krängungsversuch zwei oder mehrere Lote, so werden diese wohl nur selten *genau* die gleiche Länge haben. Es ist daher besser, Krängungswinkel bei Betriebskrängungsversuchen mit dem Sextanten zu messen, indem ein etwas erhöht stehender Beobachter den Vertikalwinkel zwischen einem Merk und einem festen Punkt der Bordwand bei aufrechtem und bei gekrängtem Schiffe mißt (s. Abb. 64). Der Sextant muß beim Messen genau vertikal gehalten werden. Die Messung sollte an *zwei* Stellen des Schiffes — Vorschiff und Achterschiff — ausgeführt und wiederholt werden. Man wird gut tun, die Winkel sowohl an Bb als auch an Stb zu messen.

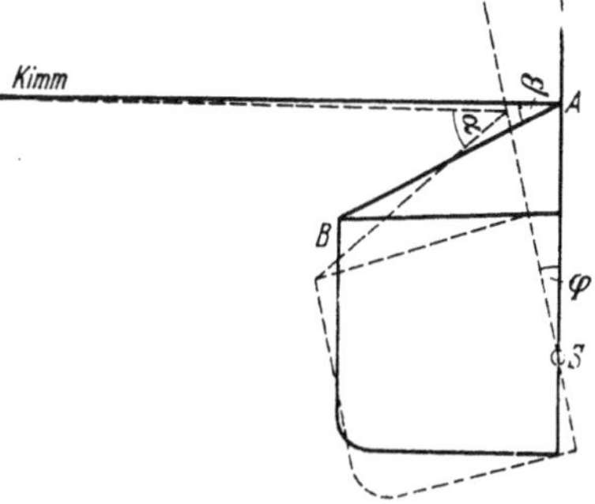

Abb. 64. Das Messen mit dem Stabilitätssextanten. A = Auge des Beobachters. B = Beobachtungspunkt am Schiff, der beim Rollen an der Schiffsseite genau quer ab vom Beobachter, beim Stampfen am Steven zu denken ist. β = Winkel zwischen „Auge—Kimm" und „Auge—Punkt B" bei aufrechtem Schiff. α = derselbe Winkel zur Zeit der größten Krängung. $\sphericalangle \varphi = \sphericalangle \alpha - \sphericalangle \beta$ = gesuchter Krängungswinkel. S = Punkt, um den das Schiff schwingt.

Zur leichteren Ausführung solcher Messungen hat Dr. O. HEBECKER zusammen mit der Firma Plath-Hamburg einen besonderen „*Stabilitätssextanten*" entwickelt. Bei ihm benutzt man einen Halter, der leicht am Handgriff des Instruments zu befestigen ist, um ihn auf der Reling schiffsfest so aufzustellen, daß die Blickrichtung quer zum Schiff liegt. In einem Spezialfernrohr mit Horizontalfaden bringt man über den großen Spiegel ein Merk an den Faden und notiert den Winkel. Als Merk benutzt man im gezeitenfreien Revier ein weit entferntes Merk an Land (Dachkante oder Kirchturmspitze), in Gewässern mit starken Gezeiten ein schwimmendes Merk. Nach Umsetzen der Krängungsgewichte stellt man die Berührung zwischen Merk und Fernrohrfaden wieder her und hat in der Differenz gegen die erste Ablesung den Krängungswinkel.

Die Benutzung des Stabilitätssextanten bietet mancherlei Vorteile gegenüber den beim Werftkrängungsversuch benutzten Fadenpendeln. Erstens ist der Lichtstrahl, der dem Faden des Pendels entspricht, von erheblicher Länge, so daß die Einstellungsgenauigkeit trotz der vorhandenen Parallaxe recht groß wird, zweitens ist dieser Lichtzeiger starr und bedarf keiner Dämpfungsvorrichtung.

Die große Meßgenauigkeit des Krängungswinkels erlaubt die Benutzung kleiner krängender Momente, die durch einzelne Hieven oder Ausschwingen der Ladebäume usw. leicht bewirkt werden können.

Die Alhidade trägt eine empfindliche Libelle, so daß auch bei fehlendem Merk, etwa bei Nebel vor Anker liegend, also bei einer besonders günstigen Gelegenheit, Betriebskrängungsversuche angestellt werden können. In diesem Fall muß der abgelesene Winkel durch 2 geteilt werden, weil die Spiegelwirkung fehlt.

Zur Erhöhung der Genauigkeit der Messung und zur Vermeidung der umfangreichen Apparatur, die bei Krängungsmessungen mit Pendeln notwendig ist, verwendet man in neuerer Zeit auch optische „*Neigungsmesser für Schiffe*"[1]. Ein solcher Apparat ist auch das „*Libellenlot*" von Dr. JUSTUS ROSENHAGEN-Hamburg. Bei ihm zeigt die Luftblase einer kleinen Libelle die Lotrichtung an. Die Auswanderung der Luftblase aus der Nullstellung entspricht dem Ausschlag des Pendels. Das Luftblasenbild wird bei starker optischer Vergrößerung auf das Gradnetz einer von innen beleuchteten Mattscheibe geworfen und ermöglicht eine bequeme und genaue Ablesung des Krängungswinkels. Man verwendet dabei entweder Röhrenlibellen oder Rundlibellen. Eine Röhrenlibelle erlaubt Messungen nur in *einer* Meßebene, was für Krängungsversuche genügt. Mit einer Rundlibelle können Neigungen nach *jeder* Richtung gemessen werden, so daß damit Krängung und Trimmlage gleichzeitig ermittelt werden können. Bei der hohen Empfindlichkeit und großen Anzeigegenauigkeit des Gerätes genügen recht kleine Winkelausschläge und somit geringe Gewichte. Alle solche Einrichtungen leiden aber ebenso wie das Fadenpendel immer darunter, daß sie nicht gänzlich schwingungsfrei sind.

Stabilitätsmeßgeräte. Durch Prof. Dr. WENDEL, Dipl.-Ing. ARNDT und Ing. RODEN wurde neuerdings ein Gerät entwickelt, mit dem sowohl die Anfangsstabilität als auch die Hebelarmkurve selbsttätig bestimmt wird, und zwar in 3—5 Minuten. Die Stabilitätsverhältnisse des Schiffes können also während der Beladung laufend überwacht werden.

Das Gerät besteht aus drei Tiefgangsmessern (je einer an Stb und Bb im Vorschiff und einer mittschiffs im Hinterschiff), mit denen die Schwimmebene des Schiffes bestimmt wird, je einem Krängungstank an Stb und Bb und einem Auswertegerät.

Zur Messung tasten Elektroden-Meßköpfe den Wasserspiegel in den drei Tiefgangsmeßrohren ab und übertragen die Ergebnisse auf das Auswertegerät, wo die Tiefgänge vorn, Mitte und hinten angezeigt werden. Aus dem mittleren Tiefgang wird die Verdrängung in Frisch- und Seewasser ermittelt und angezeigt. Dann wird durch Drücken eines Knopfes eine bestimmte Menge Wasser von dem einen in den anderen Krängungstank umgepumpt. Aus der Verdrängung und dem abgestasteten Krängungswinkel berechnet das Gerät das MG und zeigt dies auf cm genau an. Daneben erscheint auf einer Skala in Form von Lichtpunkten die Hebelarmkurve von 10° zu 10° Neigung (Abb. 65).

Das Gerät kann darüber hinaus mit einem Rechenwerk versehen werden, mit dem der Einfluß von Veränderungen in der Beladung des Schiffes auf Stabilität, Trimm und Tiefgang vorausberechnet werden kann (Abb. 65).

Wenn auch die meisten Bauteile des Geräts für alle Schiffe verwendbar sind, müssen doch die Abmessungen und Formwerte des jeweiligen Schiffes in dem Auswertegerät individuell berücksichtigt werden.

[1] Siemens Apparate u. Maschinen G. m. b. H. 1944.

Mehr für Forschungszwecke dient ein zweites Gerät, mit dem die Stabilität des auf See rollenden Schiffes unmittelbar gemessen und angezeigt wird.

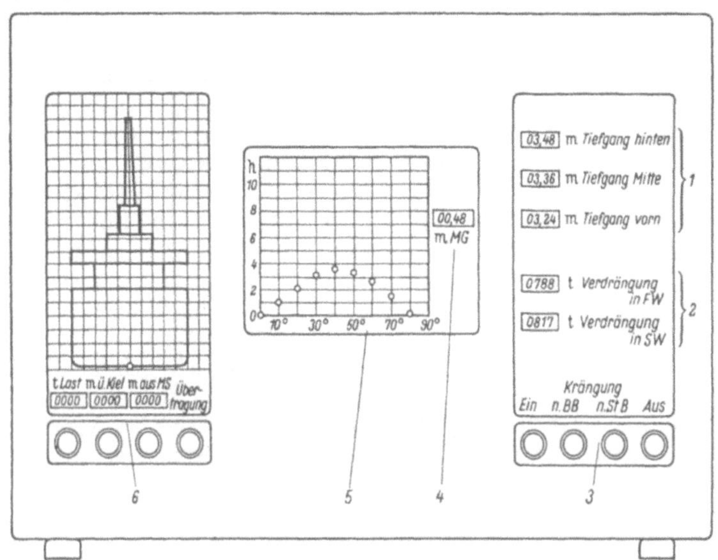

Abb. 65. Frontansicht des Auswertegeräts
1 Tiefgangsanzeige, 2 Verdrängungsanzeige, 3 Bedienungsknöpfe, 4 MG-Wert, 5 Hebelarmkurve, 6 Vorausberechnung anderer Ladezustände.

Der Rollversuch.

Der Seemann hat von jeher die Seetüchtigkeit seines Schiffes nach dessen Schwing- und Stampfbewegungen in schlechtem Wetter beurteilt. Bei steifen Schiffen mit kurzen, ruckartigen Bewegungen sind nicht nur Schiff und Ladung gefährdet, auch das Leben an Bord kann äußerst unangenehm werden, während weiche Schiffsbewegungen durchweg als angenehm empfunden werden. Die Größe der Amplituden spielt dabei, solange die Sicherheit des Schiffes nicht in Frage gestellt ist, keine große Rolle. Man kann die Eigenrollperiode T_φ allein schon als Stabilitätsmaß für ein Schiff benutzen[1]. Ein Schiff hat im allgemeinen *normale Stabilität*, wenn T_φ (in sek) zwischen $^3/_4\, B$ und $1^1/_4\, B$ (B in m) liegt. Man bezeichnet ein Schiff als *steif*, wenn $T_\varphi < {}^3/_4\, B$ und als *rank*, wenn $T_\varphi > 1^1/_4\, B$ ist. Stabilitätsgefährdung kann eintreten, wenn auf kleineren Schiffen ($B < 10$ m) mit Decksladung T_φ sich dem Werte $2\,B$ nähert. Auf größeren Schiffen mit großem Freibord oder mit hohen Aufbauten kann T_φ ausnahmsweise auch den Wert $2B$ noch etwas überschreiten.

Die Grundgleichungen für den Rollversuch sind:

$$MG = (2i : T_\varphi)^2 \quad \text{und} \quad MG = (f \cdot B : T_\varphi)^2 \quad \text{(s. S. 343).}$$

Solche Rollperiodenmessungen bedürfen keiner besonderen Vorbereitungen und machen keine besondere Mühe. Erforderlich ist nur etwas

[1] Dr. HEBECKER in „Wetterlotse" Nr. 43, Sept. 52.

Übung darin und eine Stoppuhr, die dabei auf Zehntelsekunden abgelesen wird. Solche Beobachtungen sollten auf jedem Schiffe grundsätzlich regelmäßig durchgeführt und ihre Ergebnisse schriftlich niedergelegt werden. Auf Schiffen, auf denen keine WU zur Stabilitätsbeurteilung vorhanden sind, sollten sie schon immer während des Ladens vorgenommen werden, um grobe Beladungsfehler zu vermeiden.

Man erzielt im Hafen auf kleineren Schiffen genügend große Rollschwingungen (2—3°) durch Laufen der Besatzung von einer Schiffsseite zur anderen. Dabei müssen die Leute immer „bergauf" laufen, d. h. nach der höher liegenden Seite. Größere Schiffe bis etwa 4000 t kommen beim Laden und Löschen zuweilen in Schwingungen, die Rollperioden abzustoppen ermöglichen. Auf See können Eigenperioden immer durch Hartruderlegen oder bei mäßiger See durch Herbeiführen geeigneter Begegnungsperioden erzielt werden. Man vermeide dabei, größere Amplituden als 5—6° zu messen. Man mißt mit der Stoppuhr 15—20 Schwingungen nach einer Seite und nimmt daraus das Mittel. Schiffe, die ein Pleuger-Aktivruder besitzen, können auch damit Rollschwingungen erzeugen, die Messungen ermöglichen. Wenn während des Versuches die Ladebäume aufgetoppt sind, ist eine genaue Bestimmung von M_0G kaum möglich.

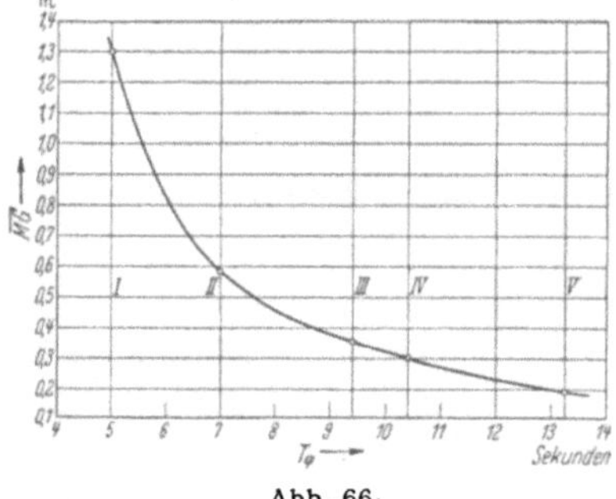

Abb. 66.

Beispiel: Auf einem tief beladenen Frachter ($L = 50{,}2$ m, $B = 8{,}5$ m, $T = 4{,}8$ m) fand man als Mittel aus 15 Rollschwingungen $T_\varphi = 8{,}3$ sek. Aus den WU entnimmt man für diesen Tiefgang $f = 0{,}75$, oder man rechnet mit dem Mittelwert für $f = 0{,}76$. $T_\varphi : B = 0{,}98$. Also nach Tabelle A S. 304 $MG = \sim 0{,}59$ m.

Werden solche Beobachtungen laufend bei verschiedenen Beladungszuständen gemacht, so läßt sich eine Tabelle aufstellen oder eine Kurve zeichnen, die von der Schiffsleitung immer weiter vervollständigt und berichtigt werden kann. Solche Kurven sind dann ein wertvoller Erfahrungsschatz, der bei zukünftigen Beladungen von großem Nutzen sein kann, vor allem für ablösende Kapitäne und Offiziere, die mit der Eigenart des Schiffes noch nicht vertraut sind.

Abb. 66 zeigt ein solches Kurvenblatt, das von O. HEBECKER[1] aufgestellt wurde. Die Messungen wurden im Hafen während des Beladens bei völlig ruhigem Wasser gemacht. Es wurden Betriebskrängungs- und Rollversuche angestellt. Der Motorsegler hatte keine Bodentanks und lud Planken im Raum und an Deck.

Bei kleinen MG-Werten bewirken kleine Änderungen in MG bereits erhebliche Änderungen im T_φ. Kleine Fehler in den T_φ-Beobachtungen haben dann also nur geringen Einfluß auf das berechnete MG. Man kann deshalb durch sorgfältige T_φ-Beobachtungen rasch eine etwaige

[1] In „W R H" 1941.

:and r.	Ladung in Standard			Ladung in	Höhe der Decklast in	MG in	T_φ in	i	f	Seefähigkeit
	Raum	Deck	Zusammen	t	m	m	sek			
I	Schiff in Ballast			—	—	1,30	5	0,41 B	0,81	
II	65	—	65	177	—	0,58	7	0,39 B	0,76	Bei jedem Wetter seefähig. Bester Beladungszustand bei T_φ = 9 bis 11 sek.
II	65	30	95	260	2,00	0,36	9,4	0,40 B	0,80	
V	65	37	102	279	2,14	0,30	10,4	0,41 B	0,82	
V	65	45	110	300	2,30	0,19	13,5	0,43 B	0,85	Wenn $T_\varphi >$ 13 sek nur bei gutem Wetter seefähig

Änderung einer kleinen metazentrischen Höhe des Schiffes feststellen.

Große Schiffe, insbesondere Fahrgastschiffe mit erhöhtem Freibord, und kleine Schiffe mit Holzdeckladung haben zuweilen ein recht kleines MG, das in manchen Fällen sogar negativ sein kann. Auf dem Revier zeigen solche Schiffe oft eine leichte Schlagseite, die sich meistens schon durch Ruderlegen ändert. Von dieser Lage aus kann das Schiff aber schon eine wesentliche Anfangsstabilität haben. Durch Rollperiodenmessungen erhält man immer nur positive MG-Werte, da hier als Ausgangslage immer die vorhandene Schräglage gilt. Hat ein Schiff ein negatives Anfangsmetazentrum, so entspricht das mit der Rollschwingungsformel errechnete MG der Tangente der Hebelarmkurve in ihrem Schnittpunkt mit der Abszissenachse (s. S. 342). Wie bei einem durch Krängungsversuch ermittelten MG, so ist auch bei einem durch Rollperiodenmessung gefundenen MG die Wirkung von freien Oberflächen im Schiffe schon berücksichtigt.

Abb. 67. Kurven für einen kleinen Ostseedampfer, dessen B = 8,4 m ist.

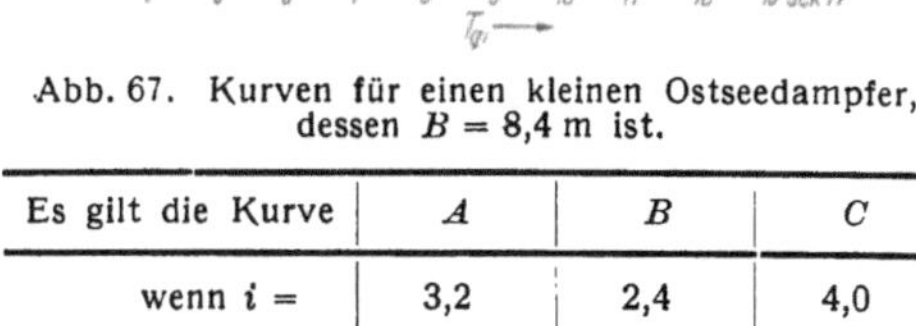

Es gilt die Kurve	A	B	C
wenn i =	3,2	2,4	4,0
oder wenn f =	0,76	0,57	0,95
die Werte sind	gut	schlecht	gefährlich

Auch die Eigenrollperiode ist nur ein Maß für die *Anfangs*stabilität des Schiffes, ebenso wie das aus dem Krängungsversuch erhaltene MG. Zur vollständigen Beurteilung der Stabilität des Schiffes bedarf es einer zuverlässigen, dem gerade vorliegenden Beladungszustand entsprechenden Hebelarmkurve.

Zu bemerken ist noch, daß es bezüglich des Rollversuchs im Hafen noch eine Reihe nicht geklärter Fragen gibt, wie z. B. Einfluß der schwingenden Wassermassen in der Nähe von Kaimauern, Einfluß der

Wassertiefe unter dem Schiff usw. Man darf aber annehmen, daß alle diese Einflüsse nur gering sind. Bei stark bewegter See können MG-Bestimmungen aus Rollperiodenmessungen immer nur *angenäherte* Werte ergeben, da dann die freien Eigenschwingungen T_φ des Schiffes von den durch Wind und Seegang erzwungenen Schwingungen beeinflußt werden. Abb. 67 zeigt den Zusammenhang von i, f, MG und T_φ-Werten.

Weitere Angaben, die den Zusammenhang zwischen B, T_φ, f und MG zeigen[1].

Schiff	BRT	L in m	B in m	T_φ in sek	f	M_0G
Bremen . .	51731	274	30,9	27	0,85	0,94
Scharnhorst	18184	191	22,6	29,5	0,81	0,37
Potsdam . .	17528	184	22,6	30	0,81	0,37
Trave . . .	9035	159	19,3	25	0,78	0,37
Sauerland .	7087	141	18,6	28	0,78	0,27
Mich. Jebsen	2318	86	12,7	20	0,73	0,25

(Beobachtet auf Reisen während der Jahre 1936 und 1937.)

Der Drehkreisversuch.

Die Krängung eines Schiffes bei hart übergelegtem Ruder wurde in der Praxis schon immer als ein Mittel zur Beurteilung der Stabilität gewertet. Im Augenblick des Hartruderlegens krängt das Schiff im allgemeinen nach *der* Seite, nach der das Ruder gelegt wird, sofern der Druckmittelpunkt des Ruders unterhalb des Massenschwerpunktes des Schiffes liegt, was meistens der Fall ist. Diese Krängung wird bei Einschraubenschiffen verkleinert, wenn der Drehsinn der Schraube nach derselben Seite gerichtet ist wie das Ruder; im umgekehrten Fall vergrößert. Bald darauf krängt es unter der Einwirkung der Fliehkraft nach der Außenseite des Drehkreises, und zwar bei Einschraubenschiffen mit *Rechtsschraube* stärker bei *Steuerbordlage* und umgekehrt.

Krängung eines Einschraubenschiffes beim Drehmanöver infolge Hartruderlage.

Das Schiff hat Hartruderlage nach	Rechtsschraube		Linksschraube	
	Stb	Bb	Stb	Bb
Beim Beginn des Ruderlegens . . .	nach Stb	stärker nach Bb	stärker nach Stb	nach Bb
Bei gleichförmiger Vorwärtsbewegung auf dem Drehkreis	stärker nach Bb	nach Stb	nach Bb	stärker nach Stb

Ein Ausweichen mit hart übergelegtem Ruder ist bei drohender Kollisionsgefahr oft das einzige Rettungsmanöver. Die Mindeststabilität muß also einem solchen Manöver nicht nur standhalten, sondern darüber hinaus noch eine zusätzliche Sicherheit besitzen, um dem Einfluß von Wind, Seegang, Vereisung usw. Rechnung zu tragen.

[1] Aus Hansa 1949. Dr.-Ing. Gustav Wrobbel. (Teilweise Wiedergabe.)

Für den Krängungswinkel φ beim Hartruderlegen während eines Drehmanövers gilt die Annäherungsformel

$$\operatorname{tang}\varphi = \frac{v_1^2\left(GK - \frac{T_m}{2}\right)}{g \cdot r \cdot MG}\text{, also } MG = \frac{v_1^2\left(GK - \frac{T_m}{2}\right)}{g \cdot r \cdot \operatorname{tang}\varphi}.$$

Wenn GK unbekannt ist und man annehmen darf, daß GK *ungefähr* $= T_m$ ist[1], so kann man die Formel noch weiter vereinfachen und schreiben:

$$\operatorname{tang}\varphi = \frac{v_1^2 \cdot \frac{T_m}{2}}{g \cdot r \cdot MG}\text{, also } MG = \frac{v_1^2 \cdot \frac{T_m}{2}}{g \cdot r \cdot \operatorname{tang}\varphi}.$$

In diesen Formeln bedeuten:

v_1 = mittlere Geschwindigkeit des Schiffes im Drehkreis in m/sek (v = Normalgeschwindigkeit), T_m = mittlerer Tiefgang, MG = metazentrische Höhe in m, $g = 9{,}81$ m/sek², r = Radius des Drehkreises, φ = Krängungswinkel bei Hartruderlage.

Es gelten im allgemeinen bei Hartruderlage

	als Mittelwerte für		als Höchstwerte
	v_1	r	für φ
bei kleinen Schiffen . . .	0,7 v	$1L$—$2L$	20°
bei mittelgroßen Schiffen	0,85 v	$2L$—$4L$	14°
bei großen Schiffen . . .	0,9 v	$2{,}5L$—$5L$	10°

Beispiel: Auf dem Walfangboot „Rau III" ($L = 38$ m, $B = 8{,}0$ m, $T_m = 3{,}4$ m, $V = 550$ m³, GK nach Werftunterlagen $= 3{,}5$ m) fand man auf der Probefahrt bei einem Drehkreismanöver nach Bb: $r = 60$ m, $\varphi = 12°$ nach Stb. Das Schiff durchlief den vollen Drehkreis in 90 sek.

$$v_1 = \frac{2r\pi}{90} = \frac{2 \cdot 60 \cdot 3{,}14}{90} = 4{,}2\text{ m/sek},\quad MG = \frac{4{,}2^2\,(3{,}5 - 1{,}7)}{9{,}81 \cdot 60 \cdot \operatorname{tang} 12°} = 0{,}26\text{ m.}$$

$$GK = 3{,}50\text{ m}$$

$$MK = 3{,}76\text{ m}$$

Angenommen: Durch Lenzen der Ballasttanks verlagert sich G um 10 cm nach oben, T_m wird 3,36 m und v_1 erhöht sich auf 4,5 m/sek. Alle übrigen Verhältnisse bleiben dieselben. Mit welchem ungefähren Krängungswinkel im Drehkreis muß gerechnet werden?

$$\operatorname{tang}\varphi = \frac{v_1^2 \cdot \frac{T_m}{2}}{g \cdot r \cdot MG} = \frac{4{,}5^2 \cdot 1{,}68}{9{,}81 \cdot 60\,(0{,}26 - 0{,}1)} = 0{,}37,\text{ also } \varphi = \sim 20°.$$

Das Schiff wird also eine schon etwas gefährliche Krängungslage erreichen! („Rau III" *ist* während eines Drehkreismanövers auf der Weser gekentert.)

Beispiel: Auf einem Ostseedampfer ($T_m = 4$ m, $v = 13{,}5$ kn) fand man während eines Drehkreismanövers $v_1 = 10{,}3$ kn $= 5{,}3$ m/sek, $r = 80$ m,

[1] Bei tief beladenen Schiffen wird GK meistens *erheblich kleiner* als T_m sein!! Bei normal beladenen Schiffen auf Freibordmarke ist GK ungefähr immer gleich T_m, während für den Leertiefgang GK erheblich größer ist als T_m.

$\varphi = 17°$ (tang $17° = 0{,}31$)

$$MG = \frac{5{,}3^2 \cdot 2}{9{,}81 \cdot 80 \cdot 0{,}31} = 0{,}23 \text{ m}.$$

Die *genaue* Auswertung eines solchen Versuchs setzt die Kenntnis der Lage des Angriffspunktes des seitlichen Wasserdruckes voraus, der bei Neigungen veränderlich ist, genaue Messungen des Krängungswinkels, des Drehkreisdurchmessers, die während der Drehkreisfahrt herabgesetzte Schiffsgeschwindigkeit sowie strömungsfreies Wasser, ruhige See und Windstille. Außerdem liefert er das Ergebnis immer erst *nach* der Beladung bzw. *nach* der Abfahrt. Dazu kommt, daß, wie schon eingangs erwähnt wurde, bei Beginn des Ruderlegens die vorhandene Anlaufgeschwindigkeit eine *größere Krängung* bewirkt als später die geringere Geschwindigkeit im Drehkreis. Das Probefahrt-Drehkreismanöver eines *leeren* Schiffes bedeutet *immer* eine *Höchstbeanspruchung der Stabilität.* Es ist deshalb ratsam, mit *reduzierter Fahrt* und Hartruderlage in den Drehkreis hineinzulaufen und erst dann auf VV zu gehen! Eine *große* Genauigkeit der ermittelten Größe von MG durch dieses Verfahren ist *nicht* zu erwarten.

Die Momentenrechnung (MR).

(Ohne Berücksichtigung freier Oberflächen im Schiff.)

Diese Methode der Stabilitätsermittlung erfordert keine zeitraubenden Maßnahmen, ist nicht von Witterungsverhältnissen abhängig und gibt der Schiffsleitung einen guten Einblick in die Zusammenhänge zwischen Stabilität und Stauung und einen Überblick über die Faktoren, die die Stabilität, und darüber, wie sie die Stabilität beeinflussen[1]. Sie ermöglicht vor allem die *Voraussage der zu erwartenden Stabilität,* was für die beabsichtigte Beladung und für die Gewichtsveränderung auf langer Reise (Einfluß des Reiseverbrauchs an Wasser, Kohle, Proviant usw. auf MG) von großer Bedeutung sein kann, weil dadurch auch eine wirtschaftlich beste Ausnutzung des Schiffes möglich wird.

Die MR setzt einen einwandfreien Krängungsversuch seitens der Werft und darauf aufgebaute Kurvenblätter voraus.

Das Moment einer Zuladung ist das Produkt aus ihrem Gewicht und ihrem Schwerpunktsabstand von einer Basislinie (Momentenachse). Basislinie ist in diesem Falle die Kiellinie (OKK). Liegt z. B. der Schwerpunkt von 500 t homogener Ladung 7,5 m über OKK, so ist das Höhenmoment dieser Ladung 500 t · 7,5 m = 3750 mt. Bildet man also für alle Einzelgewichte des *Schiffes und der Ladung* in bezug auf OKK die Momente und teilt man die Summe dieser Momente durch die Summe aller Gewichte, dann erhält man den Abstand KG. Es ist also:

$$\text{Schwerpunktsabstand } KG = \frac{\text{algebraische Summe der Momente}}{\text{algebraische Summe der Gewichte}}$$

$$KG = y_0 = \frac{G_1 \cdot y_1 + G_2 \cdot y_2 + G_3 \cdot y_3 + G_4 \cdot y_4 \ldots}{P} \quad \text{(s. Abb. 68)}.$$

[1] DAHLMANN, Dr. W. in „W R H" 1939 und Hansa 1940.

In dieser Formel bedeuten G_1, G_2 usw. die Einzelgewichte und y_1, y_2 usw. die dem Stauplan entnommenen Höhenlagen ihrer Schwerpunkte über K. P (= V · spez. Gew. des Wassers) ist das Gesamtgewicht des beladenen Schiffes, das vom Tiefgang des Schiffes abhängt und dem „Lastenmaßstab" zu entnehmen ist. Ist KG berechnet, dann ist $MG = MK - KG$, wobei MK den Werftunterlagen zu entnehmen ist.

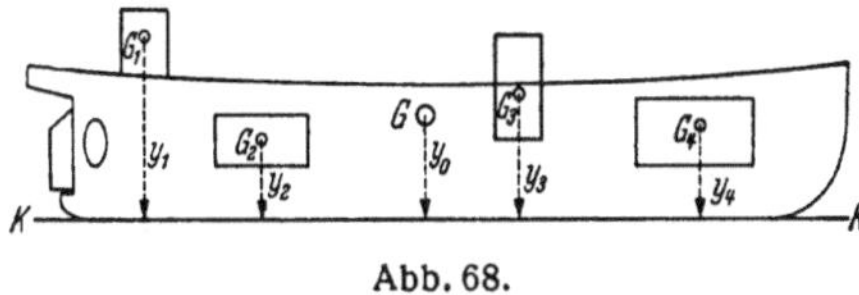

Abb. 68.

Um solche Rechnungen einigermaßen zuverlässig anstellen zu können, läßt man am besten die MR von Maschine und Deck getrennt aufstellen. Die Maschine setzt in Rechnung: Ausrüstung, Schmieröl, Brennstoff, Speisewasser, Maschinenpersonal mit Effekten und sonstiges (= M_M). Das Deck setzt in Rechnung: Ladung, Ballastwasser, Trinkwasser, Proviant, Deckpersonal mit Effekten, Fahrgäste mit Gepäck, Post und Sonstiges (= M_D). Das gleichbleibende Höhenmoment der *unveränderlichen* Gewichte (also des leeren, aber betriebsfertigen Schiffes = M_S) ermittelt die Werft auf Grund von Krängungsversuchen. Dann ist:

$$\boxed{KG = \frac{M_S + M_M + M_D}{P}}.$$

Ist M_0G recht klein, so kann die MR negative MG-Werte ergeben, ohne daß deshalb Stabilitätsgefährdung vorhanden zu sein braucht. In solchen Fällen wird das Schiff immer etwas Schlagseite haben. Bei freien Oberflächen in Tanks ist deren Einfluß auf M_0G zu berücksichtigen (s. S. 361).

Zur Kontrolle der Rechnung vergleicht man die Summe aller Gewichte (Schiff leer + Position Maschine + Position Deck) mit dem Deplacement, das man für den jeweiligen mittleren Tiefgang den Werftunterlagen entnimmt. Sie müssen miteinander übereinstimmen.

Die hierzu notwendigen Einzelgewichte sind der Schiffsleitung meistens ziemlich genau bekannt, als Ladung gegeben, aus Verbrauch bestimmbar oder durch Peilung (z. B. bei Tankfüllungen) feststellbar. Am besten ist es, den Lade- oder Stauplan maßstäblich (1:100) anzulegen, in diesem Plan ist die Lage der Schwerpunkte der einzelnen Ladungen nach Schätzung einzuzeichnen und dann aus dem Plan die Höhenlage dieser Schwerpunkte über K durch Abmessen zu entnehmen. Es empfiehlt sich, alle diese Größen durch Führung eines *Stabilitätsbuches* dauernd unter Kontrolle zu halten.

Wenn der in Frage kommende neue Ladezustand B von einem Zustand A, für den MG bekannt ist, wenig abweicht, so wird die MR einfach als *Differenzrechnung* ausgeführt (s. Beispiele).

Zur Erzielung größtmöglicher Genauigkeit bei der MR sollte für größere Schiffe, auf denen sich die Ladung oft aus vielen Partien verschiedener Güter nach verschiedenen Häfen zusammensetzt, die Bauwerft Schiffsskizzen mitgeben, aus denen die Größe (der Stauraum) auch *einzelner Teile der Laderäume* zu ersehen ist.

Sind Piektanks vorhanden, so sollten wegen deren unregelmäßigen Gestalt Tabellen an Bord sein, aus denen man mit der Peiltiefe den genauen Tankinhalt und das Höhenmoment einschl. der freien Oberflächen entnehmen kann.

Bei Ladungen, die nach Raummaß eingenommen werden, bei denen also das Gewicht nicht bekannt ist, sowie bei nicht homogener Stückgutladung, ebenso bei Schüttladungen in nicht ganz gefüllten Räumen und bei manchen Decksladungen lassen sich MR nur schwer oder gar nicht ausführen. Da außerdem die MR sich auf Werftunterlagen aufbaut, so kann sie auch ungenau werden, wenn ein Schiff erhebliche Trimmlage oder große Schlagseite hat, da dies in den WU nicht berücksichtigt ist. Mit je mehr nur *geschätzten* Einzelwerten eine MR durchgeführt wird, um so *ungenauer* wird sie. *Trotz alledem ist die MR für die Vorherbestimmung der Stabilitätsänderung, die durch Zu- oder Abladung eintritt, im Betrieb äußerst wertvoll!*

Beispiel 1:

Beispiele einer MR ohne Berücksichtigung von freien Oberflächen im Schiff

		Gewicht in t	⊙ über K in m	Moment in mt
M_S	Leeres Schiff (aus WU) . .	3280	6,05	19844
M_M	Maschine	750	5,40	4050
M_D	Deckspersonal mit Effekten .	30	7,30	219
M_D	Proviant und Frischwasser .	20	6,80	136
M_D	Ladung im Unterraum . . .	4000	4,15	16600
M_D	Ladung im Zwischendeck .	3400	7,25	24650
	Zustand A	11480		65499

$$KG = \frac{65499}{11480} = \underline{5{,}70 \text{ m}}$$

$M_0G = MK$ (aus WU) $- KG = 6{,}35 - 5{,}70 = \underline{0{,}65 \text{ m}}$.

Im nächsten Hafen wird folgende Rechnung aufgestellt:

		Gewicht in t	⊙ über K in m	Moment in mt
	Zustand A	11480	5,70	65499
M_M	Verbrauch an Kohle usw. .	— 150	3,50	— 525
M_D	Verbrauch an Frischwasser .	— 15	5,80	— 87
M_D	Aus Zwischendeck gelöscht .	— 450	7,25	— 3262
M_D	Aus Unterraum gelöscht . .	— 500	4,15	— 2075
M_D	Ballasttanks III u. IV gefüllt	+ 300	0,95	+ 275
	Zustand B	10665		59825

$$\text{Neues } KG = \frac{59825}{10665} = \underline{5{,}61 \text{ m}}$$

$$\text{Neues } MG = 6{,}35 - 5{,}61 = \underline{0{,}74 \text{ m}}.$$

Beispiel 2: Ein Dampfer mit 6600 t Verdrängung und einem $KG = 5{,}8$ m füllt einen Bodentank, dessen Fassungsvermögen $= 80$ t und dessen ⊙ über Kiel 0,5 m war. Neues $KG = ?$

$$\text{Neues } KG = \frac{6600 \cdot 5{,}8 + 80 \cdot 0{,}5}{6600 + 80} = \underline{5{,}73\ \text{m}}.$$

Beispiel 3: Ein Dampfer hat bei einem gewissen Tiefgang nach dem Lastenmaßstab eine Verdrängung von 3000 t. Durch Krängung bestimmte er sein KG zu 5,0 m. Er nimmt nun 200 t Holz an Deck, dessen ⊙ über K wird auf 8,5 m geschätzt. Neues $KG = ?$

$$\text{Neues } KG = \frac{3000 \cdot 5{,}0 + 200 \cdot 8{,}5}{3000 + 200} = \underline{5{,}22\ \text{m}}.$$

Beispiel 4: Auf einem Dampfer, dessen Verdrängung $= 8400$ t ist und dessen $KG = 5{,}2$ m ist, wurden 1500 t Decksladung (⊙ über $K = \sim 9{,}5$ m) in das Zwischendeck verstaut (⊙ über $K = \sim 4{,}5$ m). Neues $KG = ?$

$$\text{Neues } KG = \frac{8400 \cdot 5{,}2 - 1500\,(9{,}5 - 4{,}5)}{8400} = \underline{4{,}3\ \text{m}}.$$

Beispiel 2—4 nach dem Verschiebungssatz gerechnet: Man kann die MR auch nach dem Verschiebungssatz rechnen. Der Verschiebungssatz lautet: Die Verschiebungsstrecke $x = \pm \frac{p \cdot e}{P \pm p}$ des Gesamtschwerpunktes G ist gleich dem verschobenen Gewicht mal dessen Verschiebungsstrecke dividiert durch das Gesamtgewicht. Hierbei ist x der Betrag, um den sich KG vergrößert oder verkleinert bei Verschiebung von p um den Betrag e ($e =$ Abstand G_1 von G_2).

Beispiel 2: $$x = \frac{80\,(5{,}8 - 0{,}5)}{6600 + 80} = 0{,}06\ \text{m}.$$

$$\text{Neues } KG = 5{,}80 - 0{,}06 = \underline{5{,}74\ \text{m}}.$$

Beispiel 3: $$x = \frac{200\,(8{,}5 - 5{,}0)}{3000 + 200} = 0{,}22\ \text{m}.$$

$$\text{Neues } KG = 5{,}00 + 0{,}22 = \underline{5{,}22\ \text{m}}.$$

Beispiel 4: $$x = \frac{1500\,(9{,}5 - 4{,}5)}{8400} = 0{,}9\ \text{m}.$$

$$\text{Neues } KG = 5{,}2 - 0{,}9 = \underline{4{,}3\ \text{m}}.$$

Die Wirkung freier Oberflächen im Schiff.

Sind Wasser- oder Öltanks nicht voll gefüllt, so verlagert sich ein Teil dieser Flüssigkeiten bei jedem Überholen des Schiffes nach Lee. Dadurch wird KG in jeder Krängungslage größer als es bei aufrechtem Schiff war, gleichgültig ob der Schwerpunkt der bewegten Flüssigkeitsmenge über oder unter G liegt. MG wird also kleiner (aber nicht MK!). Zugleich wird dadurch auch die Rollbewegung gedämpft, was sich auf φ günstig auswirkt, solange das Gewicht der überlaufenden Flüssigkeitsmenge klein ist im Verhältnis zur Gesamtverdrängung. Diese dämpfende Wirkung sich verlagernder Wassermassen infolge „Phasenverschiebung" (Verzögerung des Übergehens) wird beim FRAHMschen Schlingertank künstlich zur Verringerung der Rollamplituden angewandt. Allerdings findet dabei eine Regulierung der Überlaufgeschwindigkeit des Wassers statt. Sind freie Oberflächen im Schiff, so ist deren Wirkung sowohl in den durch Krängungsversuche wie in den durch Rollzeitmessungen gefundenen MG's enthalten, da die zur Berechnung benutzten Werte bereits unter dem Einfluß der freien Oberflächen gefunden wurden. Durch die Momentenrechnung dagegen erhält man MG ohne Berücksichtigung der Wirkung freier Oberflächen. Als Betriebsstabilität kommt immer nur *die* metazentrische Höhe in Frage, die *unter Berücksichtigung der Wirkung freier Flüssigkeitsoberflächen* vorhanden ist.

Das Breitenträgheitsmoment (J) rechtwinkliger freier Flüssigkeitsoberflächen ist: $J = (l \cdot b^3):12$ (mit der Dimension m^4). Dabei ist l die Länge der freien Oberfläche und b ihre Breite in m. Ist ein Tank durch Längs- oder Querwände aufgeteilt, so muß für jede Abteilung J gesondert berechnet werden. Ist ein Tank nicht genau rechteckig, so nimmt man die *mittlere* Breite bzw. die *mittlere* Länge der Oberfläche. Sogenannte „Schlagplatten" und leckende Längsschotten bewirken *keine Aufteilung*, sondern sie verzögern nur das Übergehen der Flüssigkeit. Die Gesamtwirkung aller freien Oberflächen im Schiffe ist:

$$\frac{\text{Summe der Trägheitsmomente } J \text{ der freien Oberflächen}}{\text{Verdrängung des Schiffes in m}^3} = \frac{\Sigma J}{V}.$$

Sind also freie Oberflächen im Schiff, so ist bei einer Krängung:

$$MG \textit{ mit } \text{freien Oberflächen} = MG \textit{ ohne freie } \text{Oberflächen} - \frac{\Sigma J}{V}.$$

Beispiel 1: Ein Dampfer hatte einen T_m von 6,8 m. Dafür entnahm man dem Werft-Kurvenblatt das Deplacement = 10000 m³. MG hatte man durch MR gefunden zu 0,85 m. An Bord waren 3 Tanks A, B und C, die nur zum Teil mit Wasser gefüllt waren. Tank A: $l = 4$ m, $b = 10$ m, Tank B und C jeder $l = 6$ m, $b = 5$ m. Gesucht $MG = ?$

$$MG = 0{,}85 - \frac{(4 \cdot 10^3 + 6 \cdot 5^3 + 6 \cdot 5^3):12}{10000} = 0{,}85 - 0{,}05 = \underline{\underline{0{,}80\text{ m}}}.$$

Beispiel 2: Ein Frachtschiff von 8250 t Verdrängung hat an jeder Seite einen mit Wasser gefüllten rechtwinkligen Tank ($l = 12$ m, $b = 3$ m, Tiefe = 4 m, ⊙ über $K = 6{,}4$ m). Nach MR ist $KG = 6{,}69$ m. Nach WU ist $M_0 K = 8{,}64$ m. Während der Reise wurden aus jedem Tank 60 t Wasser verbraucht (⊙ über $K = 7{,}5$ m) sowie 450 t Kohlen, Öl und Proviant (⊙ über $K = 3{,}5$ m). Gesucht GH bei 5° Krängung unter Berücksichtigung der freien Oberflächen.

Gewicht in t	⊙ über K	Moment in mt
8250	6,69	55192,5
− 120	7,50	− 900,0
− 450	3,50	− 1575,0
7680		52717,5

$$\text{neues } KG = 52717{,}5 : 7680 = 6{,}86\text{ m}$$

$$\text{neues } MG = 8{,}64 - 6{,}86 = 1{,}78\text{ m}$$

$$J \text{ eines Tanks} = (12 \cdot 3^3):12 = 27\text{ m}^4$$

$$2J : V = 54:7680 = 0{,}007\text{ m} = \sim 0{,}01\text{ m}.$$

Also Hebelarm GH bei 5° Krängung = (1,78 − 0,01) · sin 5° = $\underline{\underline{0{,}154\text{ m}}}$.

Bemerkung: Zur Vereinfachung der Rechnung wurde Depl. P in t = Verdr. V in m^3 gesetzt. Außerdem setzt diese Rechnung weitere vereinfachende Annahmen voraus, die nur zutreffen, solange die Krängung nicht mehr als 5—6° beträgt. Bei größeren Neigungen sind die so berechneten Werte nur *angenähert* richtig.

Rührt die frei bewegliche Flüssigkeit von Leckwasser her, das durch undichte Kohlenpforten, offene Bullaugen oder durch Leckstellen eindrang und sich unten im Schiff ansammelte, so wirkt dieses Wasser zunächst wie tief gestaute Schwergut-Zuladung; es vermehrt den Tiefgang und vergrößert unter Umständen MG so stark, daß die MG verkleinernde Wirkung als schwingende Flüssigkeit dadurch aufgehoben werden kann. Bei rollendem Schiff ist das Vorhandensein größerer freier Flüssigkeitsoberflächen an dem Streuen der T_φ-Werte zu erkennen. Je mehr freie Oberflächen im Schiff sind, desto größer ist die Streuung. Sind größere Flüssigkeitsmengen vorhanden, so entstehen auch ungleichmäßige, ruckartige Schlingerbewegungen, die das Messen der einzelnen Perioden erschweren.

Beispiel: Ein Frachtschiff von 6000 t ($L = 100$ m, $B = 12$ m, $T_m = 6$ m, $MK = 7{,}9$ m, $KG = 6{,}4$ m) bekam bei schwerer See 200 t Wasser in den Raum, das sich unten im Schiff ansammelte (⊙ über $K = 0{,}3$ m). Gesucht GH bei 5° Krängung unter Berücksichtigung der freien Oberflächen. Das Trägheitsmoment J des eingedrungenen Wassers soll 2000 m^4 sein.

$$\text{Senkung von } G = \frac{p \cdot e}{P + p} = \frac{200 \cdot (6{,}4 - 0{,}3)}{6000 + 200} = 0{,}2\ \text{m},$$

$$\text{also } KG \text{ neu} = 6{,}4 - 0{,}2 = 6{,}2\ \text{m}. \quad MG \text{ neu} = 7{,}9 - 6{,}2 = 1{,}7\ \text{m}$$

$$J : V = 2000 : 6200 = 0{,}32\ \text{m}.$$

$$\text{Hebelarm } GH \text{ bei } 5^\circ \text{ Krängung} = (1{,}7 - 0{,}32) \cdot \sin 5^\circ = 0{,}12\ \text{m}.$$

Bemerkung: Es wird praktisch nur selten möglich sein, ΣJ auch nur einigermaßen richtig zu schätzen, *so daß von solcher Rechnung keine Genauigkeit zu erwarten ist.* Außerdem wird bei weiterem Eindringen von Wasser der Schwerpunkt desselben sich der Senkrechten durch den Deplacementsschwerpunkt nähern, so daß das Krängungsmoment nicht linear *zunehmen*, sondern das tiefer eintauchende Schiff sich wahrscheinlich wieder etwas *aufrichten* wird.

Auf Schiffen, auf denen mit freien Oberflächen gerechnet werden muß, wird man die J-Werte der einzelnen Tanks bei den verschiedenen in Frage kommenden Füllungen im voraus berechnen und in Tabellen niederlegen.

Berechnungen des M_0G aus *Rollschwingungen* auf Tankschiffen mit nur teilweise gefüllten Tanks sind nicht zuverlässig. Auch bei gefüllten Tanks ist eine Bestimmung des M_0G durch Rollschwingungen nicht zu empfehlen.

Viele Werften geben heute schon ihren Schiffen für alle Tanks (auch für Frischwasser- und Öltanks) Peiltabellen mit, denen man das jeder Peilhöhe entsprechende Gewicht *und* das Höhenmoment der Tankfüllung mit Einschluß der freien Oberflächen entnehmen kann. Da man bei einer MR alle Momente am Schluß der Rechnung durch das Gesamtdeplacement teilt, so werden dabei alle freien Oberflächen mathematisch einwandfrei erfaßt.

Dem Stabilitätsausschuß liegen z. Z. Vorschläge vor, die die Mitgabe derartiger Peiltafeln *fordern.*

Beispiel: Treiböl: Tank V. Bb, spez. Gew. = 0,88.

Peilhöhe (m)	Inhalt (t)	Höhenmoment (mt)
0,2	17,5	521
0,4	33,4	528
0,6	50,3	536
0,8	66,6	549
1,0	81,8	500
(voll) 1,2	93,3	60

Letzten Endes kommt bei allen diesen *Rechnungen* immer nur die Wirkung der freien Oberflächen auf die Anfangsstabilität in Frage. Ihre Wirkung bei größeren Neigungen kann praktisch kaum berechnet werden.

Verwendung von Stabilitätsdiagrammen.

Die Momentenrechnung kann auch graphisch gelöst werden. Ein sehr praktisches „*Hilfsblatt zur Bestimmung von Stabilitätsänderungen für den Bordgebrauch*" hat Dipl.-Ing. KLINDWORT-Hamburg[1] entworfen. Dieses Blatt baut sich im wesentlichen auf der Momentenrechnung auf, beschränkt sich aber, ausgehend von einem als bekannt vorausgesetzten Ladezustand (bekannter MG-Wert auf Grund eines Krängungsversuches und bekannte Verdrängung auf Grund der Tiefgangablesung) in der Hauptsache darauf, nur die *Änderung von MG* zu bestimmen, die durch Hinzufügen oder Wegnehmen von Lasten entsteht. Ein Hauptvorteil dieses Diagramms besteht darin, daß man durch Einzeichnen einer bestimmten Geraden die MG-Änderung für alle möglichen Höhenschwerpunkte erhält, in denen eine Last hinzugefügt oder weggenommen wird, so daß man die zweckmäßigste Höhenlage ablesen kann, in der zu- oder abgeladen werden sollte. Das Diagramm gibt also eine übersichtliche Dispositionsmöglichkeit für den Lade- und Löschbetrieb.

Andere in der Praxis gebrauchte Stabilitäts- und Trimmblätter sind außerdem:

das für die Trimmrechnung vom dänischen Schiffbauingenieur PETERSEN entworfene „*Petersen-Diagramm*", das für alle dänischen Schiffe als verbindlich eingeführt ist,

das vom Dipl.-Ing. HORST EICHLER (Nordsee-Werke, Emden) entworfene „*Eichler-Diagramm*"[2],

ein von Dr. HEBECKER (Hamburg) entworfenes Arbeitsblatt[3], das sich auf Rollperioden-Messungen aufbaut und eine besonders schnelle und einfache Lösung der Frage ermöglicht: „Wie ändert sich ein bekannter Ladezustand durch eine beliebige Zu- oder Entladung?"

[1] KLINDWORT in Schiffbau 1942, S. 267, in „W R H" 1942, Heft 3 und in der VDI-Zeitschrift, Bd. 87 (1943) Nr. 23—24. Siehe auch ALLNER: „Ist mein Schiff stabil?" (Kurvenblatt nach Dr.-Ing. FÖRSTER).

[2] „Schiff u. Hafen", 1953, Heft 4. „Hansa" 1953, S. 2013. „Seewart" 1954, Heft 3.

[3] „Hansa" 1953, Heft 23/25. „Seewart" 1954, Heft 3.

Das PETERSEN-Trimmblatt berücksichtigt die Trimmlage des Schiffes und wird bei der Herausnahme der Tragfähigkeit zweckmäßig mit dem EICHLER-Stabilitätsblatt gekoppelt, indem man die Tragfähigkeitsskala durch das Trimmblatt ersetzt. Man geht in das EICHLER-Diagramm mit Tiefgang und T_φ ein und findet dann, wieviel Ladung man in einer bestimmten Höhe noch zuladen darf, wenn eine beabsichtigte Stabilitätsgrenze nicht überschritten werden soll.

Alle diese Blätter setzen immer gewisse Stabilitätsberechnungen seitens der Bauwerft voraus.

Mechanische Hilfsmittel zur Stabilitätsermittlung.

Zur mechanischen Bestimmung von Stabilität (und Trimm) sind verschiedene Hilfsgeräte erdacht worden. Die bekanntesten davon sind die englischen

RALSTON: *Stability- and Trimm-Indicator*[1],
MOWATT: *Stability Calculator*[2]

und die deutschen

Der Stabilitätsweiser von Dr. KEMPF[3],
Der Stabilitätsmesser von JOHNS[3],
Der „Rechenapparat für die Überwachung der Stabilität von Schiffen beim Beladen und Entladen“ von TECKEL[4].
Die Stabilitätsmeßgeräte von Prof. Dr. WENDEL (s. S. 352).

Zur graphischen Darstellung und zum Messen der Schwingungen eines Schiffes, sowohl der lotrechten wie der waagerechten, sind von verschiedenen Firmen sehr empfindliche Schwingungsmeßgeräte konstruiert worden.

Auf einigen USA-Schiffen gebraucht man neuerdings zur laufenden Kontrolle der Betriebsstabilität auch Rechenmaschinen, mit denen man nach Einstellung bekannter Werte die jeweilige metazentrische Höhe sowie Belastung, Verdrängung und mittleren Tiefgang ohne weitere Rechnung findet. Ein solches Rechengerät (Stabilogauge) muß aber für jedes Schiff oder jeden Schiffstyp (Serienbau) besonders konstruiert sein.

4. Die Stampfbewegung von Schiffen.

Die Längsstabilität[5] eines Schiffes ist wegen der hohen Lage des Längenmetazentrums unter allen Umständen gesichert, jedoch bringen heftige Stampfbewegungen, besonders bei großen Schiffen, Gefahren für Schiff und Ladung mit sich. Überkommende schwere Brecher erhöhen durch das sich an Deck ansammelnde Wasser die Lage von G und können die Vorluken einschlagen. Das heftige Aufschlagen von Bug und Heck auf die See beansprucht die Längsverbände sehr stark und kann Bie-

---

[1] Hersteller: Kelvin & Hughes Ltd. Vertreter in Deutschland: Elna, G. m. b. H., Hamburg.
[2] ALLNER in „Seewart“ 1937, Heft 4.
[3] ALLNER: „Ist mein Schiff stabil?“
[4] TECKEL, Dr.-Ing. e. h., Hamburg: „W R H“ 1942, Heft 3.
[5] Ausführliches über Längsstabilität s. Teil „Ladung“.

gungen und Dehnungen, Einbeulen der Außenhaut, Lockerungen der Nieten und schließlich ein Leckspringen zur Folge haben.

Ein Schiff soll sich beim Stampfen dem Seegang anpassen, das heißt: es soll sich den Wellen anschmiegen und das Deck trocken behalten. Es ist Aufgabe des Schiffbauers, dies durch besondere Formgebung von Bug und Heck (Maierform, Wulstbug u. a.) zu erreichen. Im allgemeinen ist aber der Einfluß der Schiffs*form* auf die Stampfbewegung nur gering. Wenn das Verhältnis „Wellenlänge: Schiffslänge“ $> 0{,}8$ ist, führen Schiffe mit völligen Wasserlinien kleinere Tauch- und Stampfbewegungen aus als Schiffe mit schlankeren Formen. Die größten Stampfbewegungen treten nicht im Resonanzfall (Wellenlänge = Schiffslänge), sondern bei den größten Wellenlängen auf.

Die Heftigkeit der Stampfbewegung hängt von der Höhe und Steilheit der Wellen, der Lage des Schiffes zu den Wellen und von der Schiffsgeschwindigkeit ab. Am meisten stampft ein Schiff bei See von vorn.

Unter Eigenstampfperiode T_φ eines Schiffes versteht man die Zeit in Sekunden, die es bei leichter See zu einer Hebung *und* Senkung des Bugs braucht. Stampfwinkel ψ ist die Größe der Schwingung auf *und* nieder. Die Stampfperioden T_ψ stimmen meistens gut untereinander überein und haben nur eine geringe Streuung. Als Faustformel[1] kann man annehmen:

$$T_\psi = \sqrt{\frac{1}{3} \cdot L}\,,$$

worin T_ψ die Stampfperiode in sek, L die Schiffslänge in m ist. Eine andere Annäherungsformel ist

$$T_\psi = 2 i_L : \sqrt{M_L G}\,,$$

worin i_L den Längenträgheitsradius und $M_L G$ die längenmetazentrische Höhe, bezogen auf die Querachse des Schiffes, bedeuten. i_L wird auf der Werft bestimmt und auf Verlangen den WU beigegeben. i_L beträgt ungefähr $^3/_{10}$—$^4/_{10}$ von L und könnte nur durch Belastung der Schiffsenden mit Schwergut vergrößert werden, was aber eine gefährliche Beanspruchung der Schiffsverbände zur Folge hätte. Außerdem leidet beim Verstauen schwerer Ladung an den Schiffsenden auch die Manövrierfähigkeit des Schiffes; das Schiff wird dadurch zu kursbeständig („bockig“). $M_L G$ schwankt zwischen 1,0 und 1,6 L. Der letzte Wert gilt nur für sehr lange und schmale Schiffe. T_ψ ist also auch abhängig vom Verhältnis $L:B$. Da i_L und $M_L G$ durch Beladung nicht nennenswert verändert werden können, so ist T_ψ durch die Schiffsleitung praktisch nicht beeinflußbar. ψ kann in schwerer Dünung 18—20° werden. T_ψ bleibt im allgemeinen unter 9 sek. In schwerer See stampfen Schiffe niemals in ihrer Eigenstampfperiode, sondern sie nehmen immer eine *erzwungene Stampfperiode* T'_ψ im Rhythmus der scheinbaren Wellenbewegung an. Bei See von vorne entstehen erzwungene kurzperiodische Stampfschwingungen, bei See von achtern langperiodische. In einem bestimmten Seegang stampft *das* Schiff am meisten, dessen Länge etwas kleiner als die Wellenlänge ist. Bei achterlicher See stampft ein Schiff

[1] Dr. Hebecker im „Wetterlotse“, Sept. 1952, Nr. 43.

in der Regel weniger als bei derselben See von vorn. Ballastschiffe stampfen heftiger als tiefbeladene. Ist bei hoher See von achtern die Begegnungsperiode größer als T_ψ, so kann T'_ψ allmählich gleich der Begegnungsperiode werden. Das Schiff wird dann langsame, angenehm empfundene Stampfbewegungen ausführen, die über die jetzt auftretenden Gefahren oft hinwegtäuschen. (Aus dem Ruder laufen, Querschlagen des Schiffes, Übernahme großer Wassermassen und damit verbundene Verkleinerung von MG und Seitwärts-Verlagerung von F.) *Nähern sich die Länge und die Geschwindigkeit der von achtern kommenden See der Länge und der Geschwindigkeit des Schiffes, so ist unbedingt eine Verminderung der Fahrt geboten.* ψ und T'_ψ können mit Sextant und Stoppuhr gemessen werden wie φ und T'_φ (s. S. 351).

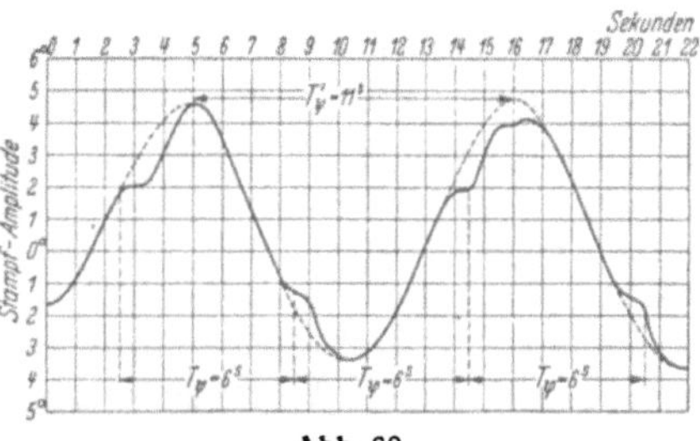

Abb. 69.

Abb. 69 ist ein aus der Praxis stammendes Beispiel erzwungener Stampfschwingungen eines 8000-t-Schiffes, dessen $L:B$ ungefähr 8 ist. Man sieht, wie das Schiff im Rhythmus der scheinbaren Wellenbewegung stampft ($T'_\psi = 11$ sek) und wie man dabei die Stampfeigenschwingungen ($T_\psi = 6$ sek) noch deutlich erkennen kann.

Im Durchschnitt ist bei mittelgroßen Schiffen T_ψ etwa halb so groß wie T_φ. Je mehr sich das Verhältnis $T_\varphi : T_\psi$ dem Wert 1 nähert, desto unangenehmer wirkt sich dies, besonders bei achterlichem Seegang, aus. Es ist Aufgabe der Schiffbauer, dafür zu sorgen, daß bei homogener Ladung die Rolleigenschwingungen gegenüber den Stampfeigenschwingungen genügend verstimmt sind.

Besteht Resonanz zwischen T' und T_ψ, so fängt das Schiff selbst bei mäßigem Seegang oder mäßiger Dünung an stark zu stampfen. Die Schiffsleitung muß dann durch Kurs- oder Geschwindigkeitsänderung die Resonanz wieder aufheben. Wenn ein Schiff sehr heftig stampft, dann werden seine T'_ψ-Werte unregelmäßig.

Einige Beispiele aus der Praxis von gemessenen T_φ- und T'_ψ-Werten[1].

Schiff	L in m	B in m	$L:B$	Bei normalen Ladeverhältnissen fand man im Mittel: T_φ in sek	T_ψ in sek	$T_\varphi : B$
D. Europa . .	270,7	31,1	8,7	25,5	7,6	0,82
D. Deutschland	195,0	24,0	8,1	24,4	7,3	1,02
D. Pretoria . .	165,0	22,0	7,5	20,3	8,8	0,92
D. Mosel . . .	153,5	19,8	7,6	15,7	9,4	0,80
MS. Cordillera .	150,0	20,1	7,4	14,8	8,7	0,73
D. Ramses . .	145,5	19,0	7,7	16,4	8,2	0,86
MS. Pelikan . .	106,0	13,6	7,8	12,1	7,4	0,90

[1] Auszug aus einer von G. Kempf in „W R H" 1940, Heft 13 veröffentlichten Zusammenstellung.

5. Beurteilung der Stabilität eines Schiffes im Betrieb.

Allgemeines.

In der Praxis wird die Stabilität eines Schiffes durch den Freibord und durch die Höhe des Gewichtsschwerpunktes über Kiel (durch KG bzw. MG) bestimmt. Der Freibord wird für alle Schiffstypen durch die Freibordvorschriften (s. auch S. 405) festgelegt. Je größer der Freibord ist, um so kleiner kann bei einem beladenen Schiff das geforderte M_0G sein und umgekehrt. Man denke daran, daß die Betrachtung der Hebelarme allein täuschen kann. Letzten Endes kommt es immer auf das Stabilitäts*moment* an. Ballastschiffe mit einem großen Freibord müssen z. B. ein relativ großes M_0G haben, da P nur klein ist. Außerdem ist zu bedenken, daß bei Ballastschiffen auch dem Winddruckmoment eine größere Bedeutung zukommt (s. S. 375). Im Betrieb sollte MG immer bekannt sein, damit die Schiffsleitung die zweckmäßigste Verteilung der Ladung, die Reihenfolge im Verbrauch der Vorratstanks sowie den Zeitpunkt und die Menge des einzunehmenden Ballastes bestimmen kann. Eine Gefährdung der Schiffssicherheit durch zu geringe Stabilität liegt in der *Großschiffahrt* nur *sehr selten* vor. Es können allerdings auch bei großen Schiffen Sonderfälle der Beladung eintreten, die eine Nachprüfung der Stabilität notwendig machen. Im großen und ganzen besteht aber in der Großschiffahrt die Aufgabe der Schiffsleitung nur darin, durch geeignetes Stauen der Ladung dafür zu sorgen, daß das Schiff gute Seeeigenschaften hat. Ganz anders ist es in der **Kleinschiffahrt**, besonders in den Fällen, in denen größere Teile der Ladung an Deck gefahren werden.

Für das im Betrieb befindliche Schiff wird man zur Beurteilung seiner Stabilität in erster Linie sein Verhalten im Seegang, vor allem seine Rolleigenperiode T_φ heranziehen. Wie schon auf S. 353 gesagt wurde, muß für stabilitätssichere, im guten Ladetrimm befindliche kleinere und mittelgroße Frachtschiffe, besonders für solche mit Decksladung, T_φ in Sekunden immer etwas kleiner oder ungefähr gleich B in m sein. Dabei ist noch zu beachten, daß die Rolleigenperiode außer von B auch noch von dem Verhältnis $L:B$ abhängt. Je kleiner $L:B$ ist, desto kleiner wird die Rollperiode sein und umgekehrt. Schiffe von ungefähr gleichem B haben also ein immer kleineres T_φ, je kürzer sie sind. Wie auf S. 344 ausgeführt wurde, ist $MG = \sim (f\,B:T_\varphi)^2$. Solange f sich nicht ändert, kann aus jeder Änderung von T_φ auf eine Änderung von MG geschlossen werden. Hat man aber Grund anzunehmen, daß f sich geändert hat, was allerdings nur sehr selten der Fall sein wird, so kann und darf man aus einer T_φ-Änderung keine Schlüsse mehr auf eine Änderung von MG ziehen. Eine Stabilitätskontrolle also, die sich *ausschließlich* auf T_φ-Beobachtungen stützen würde, könnte unter Umständen zu Trugschlüssen verleiten.

Je weicher, je stabilitätsgefährdeter ein Schiff ist, desto größer wird der Einfluß einer kleinen Änderung in MG auf T_φ sein. Man soll also bei Kümos mit kleinem MG besonders sorgfältig auf T_φ achten. Jede Zunahme der Rollperiode bedeutet eine weitere Abnahme von MG.

Ist *MG sehr* klein, dann wird man auf See keine *konstanten* T_φ-Werte mehr feststellen können. Bei sehr kleinen Amplituden ändert sich T_φ dann proportional und bei großen Amplituden umgekehrt proportional dem Winkel φ. Letzteres ist eine Wirkung einer Zusatzstabilität, die mit wachsender Neigung größer wird. Führt ein Schiff starke Roll- und Stampfbewegungen (T'_φ und T'_ψ) aus, so verlieren auch die T'_φ-Werte ihre Regelmäßigkeit. Dasselbe ist auch der Fall beim Vorhandensein freier Flüssigkeitsoberflächen im Schiff.

Die Bauwerft gibt zur Beurteilung der Stabilität jedem Schiffe Lade- oder Staupläne, Stabilitäts- und Kurvenblätter mit, die die Schiffsleitung instandsetzen, für gewisse Ladezustände den Tiefgang, die Anfangsstabilität sowie das Trimmoment für jede Ladungsveränderung zu finden. Außerdem zeigen die Hebelarmkurven den Stabilitätsumfang, das Hebelarmmaximum beim statischen Kenterwinkel usw. an, so daß sich die Schiffsleitung ein Urteil über die Stabilitätsbeanspruchungsmöglichkeit bilden können sollte.

Dieser Forderung können die WU aber doch nur *zum Teil* gerecht werden. Alle von der Bauwerft mitgegebenen Stabilitätsunterlagen beziehen sich fast immer nur auf normale Beladungsfälle, die *vor* der Indienststellung des Schiffes im Konstruktionsbüro *berechnet* wurden und von denen die in der Praxis vorkommenden Ladungszustände erheblich abweichen *können*. Außerdem sind die Hebelarmkurven der Werft für Schönwetter berechnet und können bei Schlechtwetter erheblich an Zuverlässigkeit einbüßen. Dazu kommt, daß das Übergehen von Schüttladungen, überkommende schwere Brecher, deren Wasser sich in Lee ansammelt, der Winddruck, überfließendes Leckwasser, frei bewegliche Oberflächen in Tanks, Anhäufung großer Schneemengen an Deck, Eisbildung an Masten, Stengen und Booten usw. wesentliche Veränderungen der in den WU angegebenen Stabilität bewirken können. Auch den Einfluß der Trimmlage auf *MG* kann man den WU meistens nicht entnehmen u. a. m.

Alles das zwingt die Schiffsleitung eines stabilitätsgefährdeten Schiffes, alle WU *beständig* nachzuprüfen und zu vervollständigen.

Wie dem Kapitän durch die Freibord-Vorschriften die Verantwortung bezüglich der *Menge* bzw. des *Gewichtes* der mitzunehmenden Ladung abgenommen wird, müßte das auch der Fall sein bezüglich der *Verstauung* der Ladung durch *Stabilitätsvorschriften*, die von den Schiffsaufsichtsbehörden festgelegt werden.

Bisher hat nur das Seeregister der UdSSR „Vorläufige Stabilitätsvorschriften für See- und Küstenschiffe der Handelsflotte“[1] (1948) herausgegeben, die bestimmte Forderungen bezüglich der Stabilität enthalten, die bereits beim Bau zu erfüllen sind, sowie diesbezügliche Unterlagen und deren genaue Gebrauchsanweisung, die dem Kapitän mitgegeben werden.

[1] „Hansa“ 1954, Nr. 28.

Jedem Schiff müßten von der Werft Tabellen oder Kurven mitgegeben werden können, aus denen die Schiffsleitung für jeden Tiefgang den jeweiligen Höchstwert von KG (Beispiel s. Abb. 70) bzw. Mindestwert von MG entnehmen könnte, bei denen unter Berücksichtigung einer evtl. Trimmlage und etwaiger freier Flüssigkeitsoberflächen noch eine genügende Stabilität gesichert ist und doch kein zu steifes Schiff entsteht[1]. Diese Grenzwerte müßten für die extremsten Beladungsfälle (Schwergut, Deckladung u. ä.) aufgestellt werden. Nach den bisherigen Erfahrungen soll M_0G bei kleinen Frachtern nicht unter 0,6 bis 0,5 m liegen, bei Schiffen über 20000 t Verdrängung genügen im allgemeinen 0,3 bis 0,2 m. Schiffe in Ballast müssen natürlich wesentlich größere MG-Werte haben. Es gibt Schiffe, die mit einem kleinen *negativen* M_0G vollkommen sicher über See fahren, während Schiffe mit großem M_0G oft so heftige und kurze Eigenbewegungen ausführen, daß immer die Gefahr der Resonanz besteht. Man muß außerdem bedenken, daß durch Trimmlagen des Schiffes, insbesondere durch große Steuerlastigkeit, sich M in der Vertikalen verschiebt, während G seine Lage über K beibehält, so daß eine rein mechanische Anwendung von MG- bzw. KG-Kurven zu Trugschlüssen in der Beurteilung der Stabilität führen kann. Eine Reihe von Stabilitätsunfällen der letzten Jahre hat gezeigt, daß es nicht genügt, Mindestwerte für M_0G zu fordern, sondern daß die Stabilität besser nach den Hebelarmkurven beurteilt wird. Der GL hält z. B. im allgemeinen die Stabilität für gesichert, wenn bei beladenem Schiff der größte Hebelarm größer als 0,20 m und der Winkel, bei dem dieser Hebelarm auftritt, größer als 30° ist. Schiffe im Leerzustand müssen natürlich einen größeren Hebelarm haben. Man darf aber auch dabei nie vergessen, daß das *wirkliche Maß* des Aufrichtungsvermögens eines Schiffes letzten Endes immer das Stabilitätsmoment ist. ($M_{st\,\varphi} = P \cdot MG \cdot \sin\varphi$.) Je größer P ist, desto kleiner kann GH bzw. MG sein (siehe S. 341). Die für ein Schiff mögliche Krängung sollte nie größer werden können als der Winkel, bei dem eine sichere Handhabung der Rettungsboote noch möglich ist (Panikwinkel). M_0G soll in jedem Falle positiv sein.

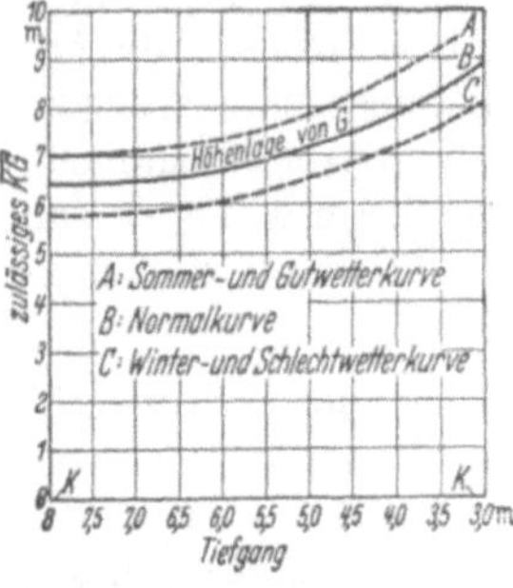

Abb. 70. Grenzkurven der zulässigen Höhenlage von G über Kurve K für einen 10000-t-Frachter. (Erdachtes Beispiel nach W. DAHLMANN.)

Alle diese Tatsachen sind eine Erklärung dafür, warum die Werften solche Tabellen oder Kurven heute noch nicht aufstellen können. Würde dadurch doch die Verantwortung für die Betriebsstabilität in hohem Maße der Bauwerft übertragen! Die Schiffsleitung hätte dann nur noch dafür zu sorgen, daß die in den Tabellen gegebenen Grenzwerte nicht überschritten werden.

Da sowohl bei der Momentenrechnung als auch beim Betriebskrängungsversuch und bei Rollzeitmessungen Fehlergebnisse möglich sind, empfiehlt es sich, wenn ein Schiff stabilitätsgefährdet ist, wenn irgend möglich, gleichzeitig *zwei* der genannten Verfahren anzuwenden. Bei Abweichung der Ergebnisse voneinander über eine mögliche Fehlergrenze hinaus, ist der Kapitän gewarnt und kann die Stabilitätsbestimmung evtl. nach der 3. Methode wiederholen, um die Fehlerquelle aufzusuchen.

---

[1] DAHLMANN, W., in „Hansa" 1940, S. 1130; (1950) S. 171; (1951) S. 977 u. 1200.

Im allgemeinen darf man sagen:

Wenn M_0G ist	dann ist die Anfangsstabilität	und man bezeichnet ein solches Schiff als	Es sind dann reine Eigenrollperioden	Eigenrollamplituden	Das Vorhandensein einer Resonanz ist	Daher werden die Bewegungen eines solchen Schiffes in Seegang sein
klein	gering	rank	lang	klein	gering	langsam, ruhig, weich
groß	groß	steif	kurz	groß	groß	schnell, unruhig, hart

Wichtige Werftunterlagen zur Beurteilung der Stabilität.

Voraussetzung für jede Stabilitätsbeurteilung seitens des Kapitäns ist, daß er die dem Schiffe von der Werft mitgegebenen Kurvenblätter und Tabellen zu lesen und zu beurteilen versteht. Die wichtigsten Kurvenblätter und Maßstäbe zur Ermittlung und Überwachung der Stabilität im Betriebe sind:

1. Ein maßstabgerechter Stauplan (1:100) mit genauer Angabe der Dimensionen aller Räume und Tanks als Vorbedingung für jede Momenten- und Trimmrechnung.
2. Ein Kurvenblatt des Verdrängungsschwerpunktes (Deplacementskurven) (s. auch unter „Ladung" S. 200).
3. Der Lastenmaßstab (s. auch unter „Ladung" S. 201).
4. Der Trimmplan und Kurvenblatt der Trimmomente (s. unter „Ladung" S. 205).
5. Ein Kurvenblatt der Hebelarme der statischen Stabilität (meistens einfach genannt: Hebelarmkurve) (s. Abb. 56, 57, 58) (vorgeschrieben durch UVV).
6. Eine Hebelarmkurve der Formstabilität (s. Abb. 56).

Kleineren Schiffen werden an Stelle solcher Kurvenblätter von den Bauwerften sogenannte „*Beladungsblätter*" mitgegeben, die in einfacher Weise *ohne* Kurven dem Kapitän Aufschluß geben über die Stabilitätsverhältnisse seines Schiffes, besonders über die zulässige Deckslast. Leider weichen die Werftunterlagen, die den einzelnen Schiffen mitgegeben werden, sowohl an Zahl als in Ausführung noch immer sehr stark voneinander ab. Ihre Vereinheitlichung wird angestrebt.

Beispiel 1: Abb. 62, S. 350 ist das Kurvenblatt eines größeren Frachters, dem man mit T (z. B. $= 6{,}38$ m) entnehmen kann: Sein Deplacement ($= 11000$ t), die Lage von M ($= 7{,}00$ m) und von F ($= 3{,}25$ m) über K usw. Durch den auf S. 348 beschriebenen Krängungsversuch fand man $KG = 6{,}6$ m. Durch Löschen von 1000 t Decksladung in 8 m über K wird der Tiefgang auf 5,83 m gebracht. Wie groß ist das neue MG?

	D in t		KG in m		Moment in mt
Vorhandener Zustand:	11000	·	6,6	=	72600
Abladung:	1000	·	8,0	=	8000
Neuer Zustand:	10000				64600

$$\text{Neues } KG = \frac{64600}{10000} = 6{,}5 \text{ m}.$$

Aus dem Kurvenblatt Abb. 62 findet man $MG = 0{,}55$ m.

Beispiel 2: Abb. 71 ist ein Kurvenblatt, wie es von den Werften vielfach kleinen Schiffen mitgegeben wird, dem man Deplacement, Breiten- und Längenmetazentren, Tons per Zentimeter, Trimmoment, Deplacementsschwerpunkte bei jedem Tiefgang entnehmen kann. Hierin bedeuten:

⊙ = Schwerpunkt, ⊙⊙ = Schwerpunkte.

1 = Kurve der *Deplacements*, abgesetzt von HP (= hinteres Perpendikel). 1 cm = 300 t (s. oberen Rand).

2 = Kurve der *Deplacementsschwerpunkte* (Depl.-⊙⊙) über Oberkante Kiel (OKK), abgesetzt von HP. 1 cm = 0,75 m.

3 = Kurve der *Breitenmetazentren*, abgesetzt von der Kurve der Depl.-⊙⊙ über OKK. 1 cm = 0,75 m. Oder besser man mißt MK direkt von HP ab.

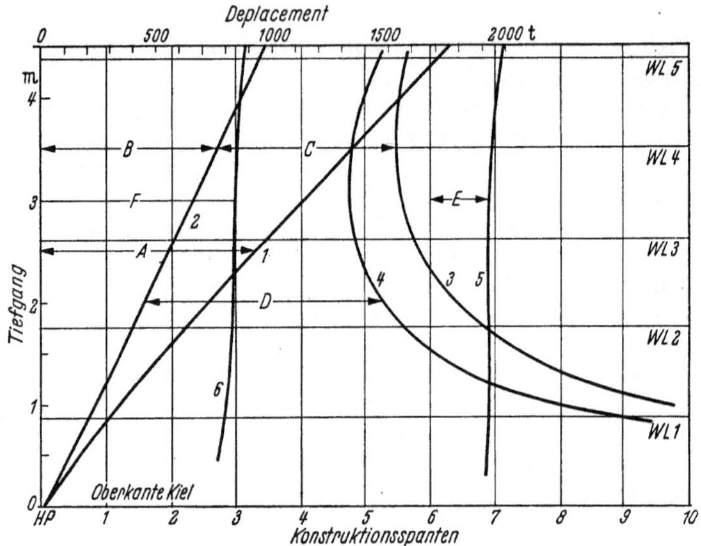

Abb. 71. Beispiel eines Kurvenblattes eines kleinen Schiffes. Maßstab der Zeichnung: Länge 1 cm = 6 m; Höhe 1 cm = 0,75 m.

4 = Kurve der *Längenmetazentren*, abgesetzt von der Kurve der Depl.-⊙⊙ über OKK. 1 cm = 30 m.

5 = *Trimmoment* für 1 m Gesamttrimmänderung, abgesetzt von Spant 6. 1 cm = 1500 m/t.

6 = *Tonnen per Zentimeter*, abgesetzt von HP. 1 cm = 1,5 t.

Beispiele der Entnahme der Werte aus dem Kurvenblatt:

A aus *1*. Bei 2,5 m Tiefgang ergibt die Depl.-Kurve: A = 3,1 cm, also 3,1 · 300 = 930 t Depl.

B aus *2*. Bei 3,5 m Tiefgang ergibt die Kurve der Depl.-⊙⊙ über OKK: B = 2,52 cm, also 2,52 · 0,75 = 1,9 m liegt der Depl.-⊙ bei 3,5 m Tiefgang über OKK.

C aus *3*. Bei 3,5 m Tiefgang ergibt die Kurve der Breitenmetazentren: C = 2,6 cm, also 2,6 · 0,75 = 1,95 m, oder $B + C$ = 5,12 cm, also MK 5,12 · 0,75 = 3,84 m, d. h. M liegt 3,84 m über OKK.

D aus *4*. Bei 2 m Tiefgang ergibt die Kurve der Längenmetazentren: D = 3,45 cm, also 3,45 · 30 = 103,5 m.

E aus *5*. Bei 3 m Tiefgang ergibt die Kurve der Trimmomente für 1 m Gesamttrimmänderung: E = 0,85 cm, also 0,85 · 1500 = 1275 mt.

F aus *6*. Bei 3 m Tiefgang ergibt die Kurve Tonnen per Zentimeter: F = 2,8 cm, also 2,8 · 1,5 = 4,2 t.

Beurteilung der Stabilität an Hand von Hebelarmkurven.

1. Einfluß der Lage des Gewichtsschwerpunktes auf die Stabilität.

Bei unveränderter Form des Schiffes und bei konstantem Tiefgang ergibt sich für jede andere Lage des Gewichtsschwerpunktes eine andere Hebelarmkurve. *1* Erzladung; *2* Kohlenladung; *3* Holzladung mit hoher Deckslast.

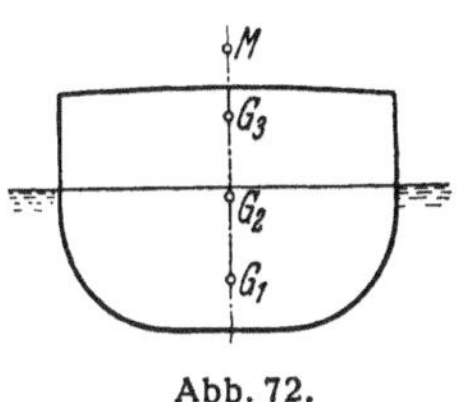

Abb. 72.

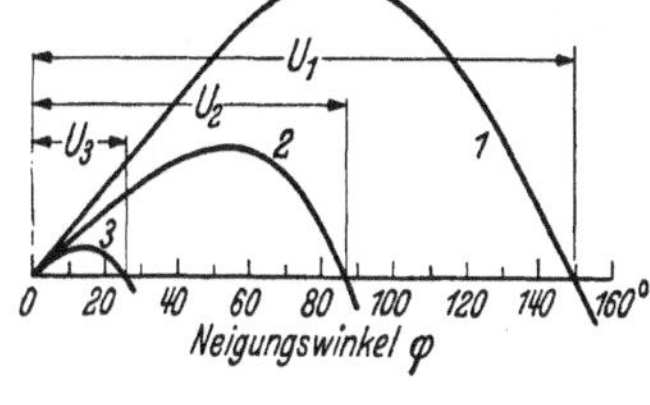

Abb. 73.

2. Einfluß der Schiffsform auf die Stabilität.

Bei unveränderter Lage des Gewichtsschwerpunktes und des Tiefganges ergibt sich für jede Änderung der Schiffsform (über oder unter Wasser) eine andere Hebelarmkurve.

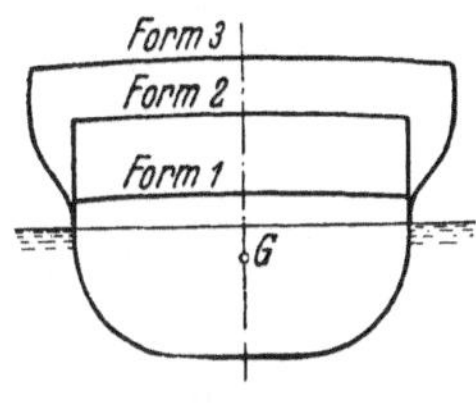

Abb. 74.

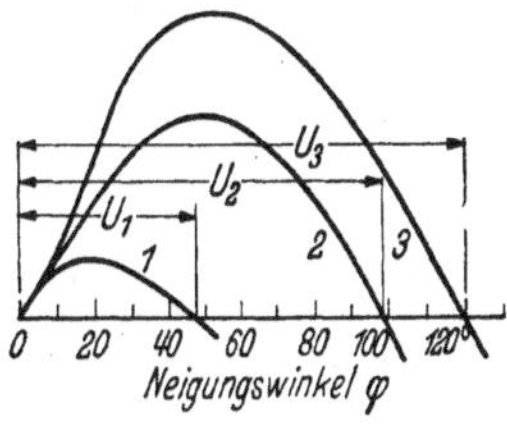

Abb. 75.

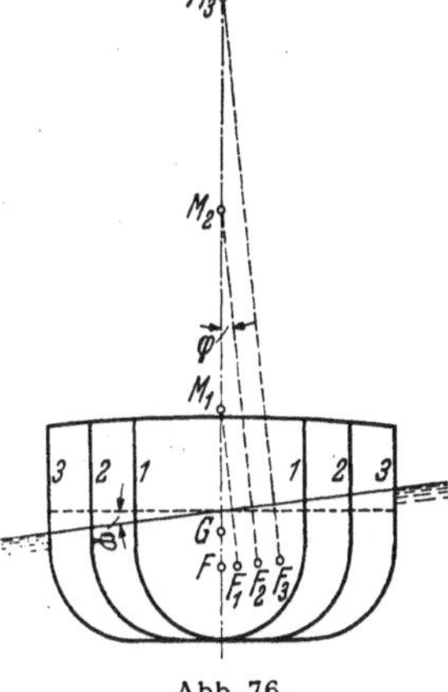

Abb. 76.

3. Einfluß der Schiffsform auf die metazentrische Höhe (Anfangsstabilität) und die Stabilität.

Die Schiffe *1*, *2* und *3* haben dieselbe Länge, denselben Tiefgang, dieselbe Lage des Deplacementsschwerpunktes *F* und des Gewichtsschwerpunktes *G*, aber

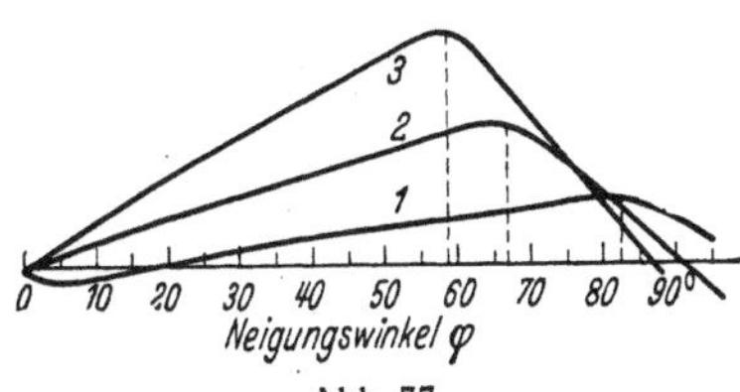

Abb. 77.

verschiedene Breiten (Abmessungen des Hauptspantes). Bei Krängungen um denselben kleinen Winkel φ ergeben sich ganz verschiedene metazentrische Höhen (Anfangsstabilitäten). Je breiter das Schiff ist im Verhältnis zum Tiefgang und zur Länge, desto steiler ist der Anstieg der Hebelarmkurve (desto steifer ist das Schiff), desto größer ist auch der Höchstwert der Hebelarme und um so kleiner wird der Umfang der Stabilität.

4. *Einfluß des Freibords auf die Stabilität.*

Die Schiffe *I*, *II* und *III* haben dieselbe Länge, Breite und Tiefgang, dieselbe Anfangsstabilität und dasselbe *KG*. *I* hat aber nur $^1/_2$ m Freibord, *II* hat $1^1/_2$ m und *III* hat $2^1/_2$ m Freibord. Je größer bei sonst gleichen Verhältnissen der Freibord, desto größer das Maximum des Hebelarmes und desto größer der Umfang der Stabilität.

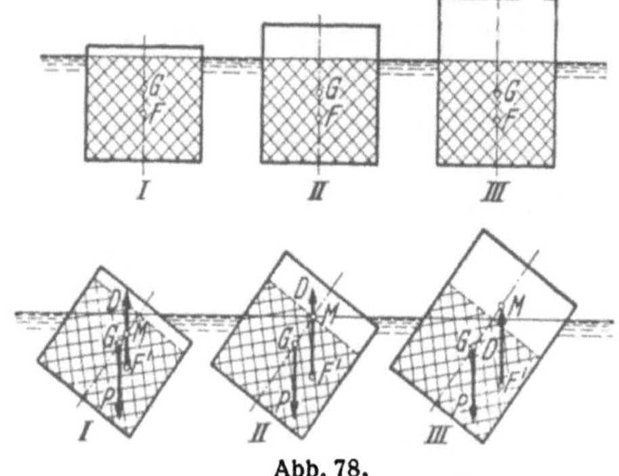

Abb. 78.

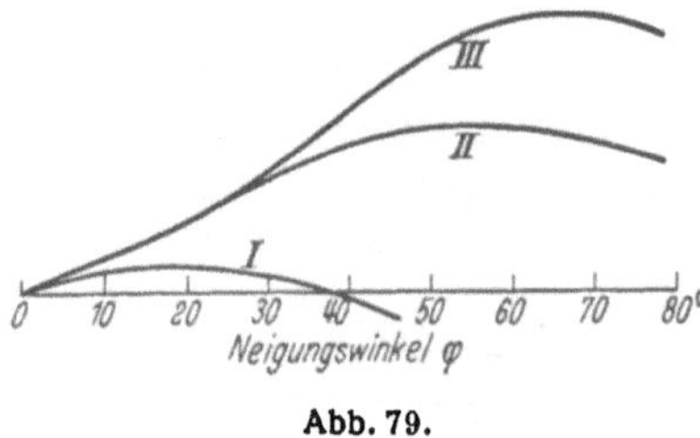

Abb. 79.

5. *Einfluß der Beladung und des Freibords auf die Stabilität.*

Bei unveränderter Schiffsform ergeben sich für verschiedene Ladungen und für verschiedene Freiborde verschiedene Hebelarmkurven. Je

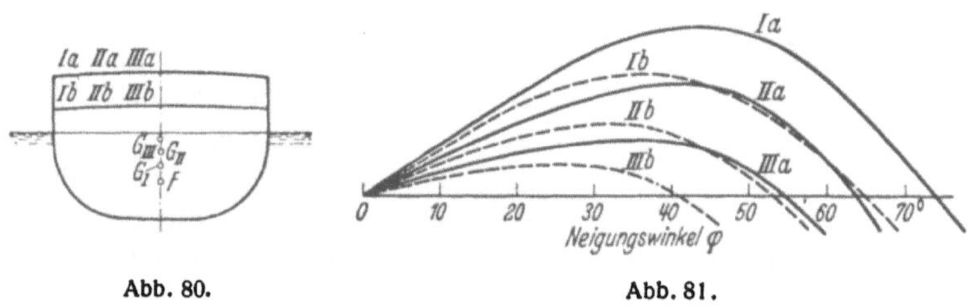

Abb. 80. Abb. 81.

leichter die Ladung ist, um so höher liegt der Gewichtsschwerpunkt, und um so kleiner wird der Hebelarm und der Umfang der Stabilität.

I: Schwere Ladung, a) —— großer Freibord,
II: mittlere Ladung, b) .... kleiner Freibord.
III: leichte Ladung.

Die Beurteilung eines ***neuen*** Schiffes geschieht am besten in der Weise, daß die Hebelarm- oder Momentenkurven des neuen Schiffes mit denjenigen eines in gleicher Fahrt seit längerer Zeit bewährten ***ähnlichen*** Schiffes miteinander verglichen werden.

6. Einfluß von Wind, Seegang und sonstigen Faktoren auf die Stabilität eines Schiffes.

Der Winddruck.

Der Druck P_w, den eine Fläche durch den scheinbaren Wind erfährt, wenn dieser senkrecht auf diese auftrifft, ist ungefähr $p \cdot E$, wobei in unserem Falle p der Druck des Windes in kg pro m² der Projektion der dem Winde zugekehrten Oberwasserfläche E des Schiffes ist. Der Winddruck p läßt sich nach der Formel $p = c \cdot \frac{\gamma}{2g} \cdot v^2$ ungefähr berechnen. In dieser Formel ist c der Widerstandskoeffizient, der von Form und Größe der dem Winde ausgesetzten Oberwasserfläche (Schiffsseitenwand, Aufbauten, Abrundungen, Stromlinien, Deckslast usw.) abhängt. γ ist die Luftdichte (kg/m³), g die Schwerkraft (m/sek²) und v die Windgeschwindigkeit (m/sek).

γ ist bei einem Luftdruck von 760 mm und bei 15° C = 1,22 kg/m³, die mittlere Fallbeschleunigung $g = 9{,}81$ m/sek², so daß der Staudruck $\frac{\gamma}{2g} \cdot v^2$ im Mittel ungefähr $^1/_{16}\, v^2$ ist. c kann zwischen 0,5 und 2,0 liegen. Für gewöhnlich rechnet man mit einem $c = 0{,}7$ bis 1,2. Die in der Tabelle angegebenen Winddruckwerte sind *angenäherte Grenzwerte.*

Winddruck und Staudruck bei senkrecht auftreffendem Wind.

Windstärke nach B.	1	2	3	4	5	6	7	8	9	10	11	12
v in m/sek (Seeskala)	2	4	6	$8^1/_2$	$10^1/_2$	13	16	19	22	25	28	$>31^1/_2$
$^1/_{16}\, v^2$ in kg/m² . . .	0,25	1	2,3	4,5	7,0	10,5	16	22,5	30,3	39	49	>62
p in kg/m² für $c = 0{,}5$	0,1	$^1/_2$	2	3	4	5	8	11	15	20	25	>31
p in kg/m² für $c = 2{,}0$	$^1/_2$	2	$4^1/_2$	9	14	21	32	45	60	78	98	>124

Aus Abb. 82 ersieht man, daß bei *reinem Querwind* das Winddruckmoment ist:

$$\boxed{M_w = P_w \cdot h = p \cdot E \cdot h}.$$

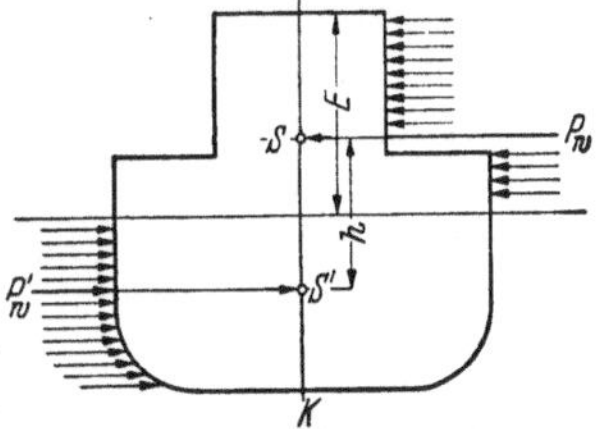

Abb. 82. E = die dem *Wind*angriff ausgesetzte Schiffsseitenwände in m². S = Mittelpunkt dieser Fläche. S' = Mittelpunkt der dem *Wasser*widerstand angesetzten Schiffsseitenwand. P_w = senkrecht auf E wirkender Winddruck. P'_w = Wasserwiderstand.

Die Höhenlage von S richtet sich nach der Höhe des Überwasserschiffes, der Zahl, Form und Höhe der Aufbauten und der Höhe und Menge seiner Decksladung. KS' wird wohl immer etwas größer als der halbe Tiefgang des Schiffes sein.

Wird ein Schiff durch P_w um den $\sphericalangle\, \varphi$ gekrängt, so wird h nur noch $h \cdot \cos \varphi$ sein. Außerdem trifft dann der Wind schräg auf E auf, dafür taucht aber ein weiteres Stück der Luvschiffswand aus dem Wasser. Man kann für das um den Winkel φ gekrängte Schiff annehmen, daß das krängende Winddruckmoment $M_w = P_w \cdot h \cdot \cos \varphi$ ist.

Bei stetig wehendem Dwarswind und in ruhigem Wasser würde das Schiff sich neigen, bis im statischen Sinne der Gleichgewichtszustand eintritt, d. h. bis das Winddruckmoment gleich dem Stabilitätsmoment ist, also bis

$$P_w \cdot h \cdot \cos\varphi = P \cdot MG \cdot \sin\varphi .$$

Dann ist

$$\operatorname{tang}\varphi = \frac{P_w \cdot h}{P \cdot MG} .$$

Bei dieser, die gegebenen Verhältnisse sehr vereinfachenden Formel ist *nicht* berücksichtigt:

1. die allerdings nur geringe Verlagerung von S und S', d. h. die Veränderung von h bei einer Krängung,

2. daß ein Teil von P_w verbraucht wird, das Schiff *abzutreiben*, und als „Abtrift" in Erscheinung tritt,

3. daß p nicht in jeder Höhe denselben Wert hat,

4. daß die in der Tabelle angegebenen Zahlen nur *Näherungswerte* sind,

5. daß diese Formel, streng genommen, nur für ein stillstehendes Schiff gilt.

Kommt derselbe Wind unter einem Winkel α von vorne, dann wird zwar seine *Geschwindigkeit* um den Betrag „Fahrt des Schiffes in m/sek $\cdot \cos\alpha$" größer (bei achterlichem Winde kleiner), aber seine wirksame Druckkomponente ist dann nur noch $p \cdot E \cdot \sin\alpha$, wobei zu beachten ist, daß sich die Größe der Angriffsfläche E rasch verringert. Ein Teil des Winddruckes tritt jetzt als *Fahrtbehinderung* (bei achterlichem Winde als *Fahrtbeschleunigung*) in Erscheinung. Die *krängende* Wirkung des Windes wird also bei seiner Drehung nach vorne oder nach achtern *sehr rasch* abnehmen.

Man bedenke ferner, daß jeder heftige Wind stoßweise weht und der Winddruck in Windstößen wesentlich größer als das angenommene p sein kann. Dann pflegt der Wind in Böen gewöhnlich auch noch um einige Striche zu raumen oder zu schralen. Außerdem erzeugt das rollende Schiff beständig selbst eine Vermehrung (beim Aufrichten) und eine Verringerung (beim Überneigen) des Winddruckmomentes[1]. Zudem kann die Krängung des Schiffes noch wesentlich beeinflußt werden durch eine seitlich einkommende See oder Dünung und durch sich an Deck ansammelnde Wassermassen.

Alles dies sind Faktoren, die sich rechnerisch nicht erfassen lassen, so daß jede diesbezügliche Rechnung nur recht *angenäherte* Resultate ergeben kann. Fest steht nur: je größer die dem Winddruck ausgesetzte Oberwasserfläche O des Schiffes im Verhältnis zur Unterwasserfläche U ist, desto größer ist der krängende Einfluß des Windes. Solange das Verhältnis $O:U$ den Wert 1,5 nicht übersteigt, dürfte ein MG von 0,5 m zur Überwindung des Winddruckmomentes allein immer genügen. Zu einer Kentergefahr kann der Winddruck im allgemeinen nur bei kleineren

[1] Siehe Dynamische Stabilität, S. 341.

Schiffen mit hoher Decklast werden, doch kann diese Gefahr wohl fast immer durch Kursänderung beseitigt werden.

Die hier gegebenen Formeln können wegen der verwickelten Druckverhältnisse in der Takelage *nicht ohne weiteres* auch auf *Segelschiffe*, besonders nicht auf Rahschiffe, angewandt werden!

Beispiel: Das Fahrgastschiff „XY" ($L = 190$ m, $B = 24$ m, $T = 7{,}5$ m) hat eine Verdrängung von 20000 t, $MG = 0{,}30$ m, $E = 3500$ m², angenommenes $c = 0{,}84$, $KS = 15{,}8$ m, $KS' = 5{,}1$ m, h ist also $15{,}8 - 5{,}1 = 10{,}7$ m. Der scheinbare Wind kommt mit Stärke 9 B ($^1/_{16}\, v^2 = \sim 30$ kg/m²) quer ein. Wie weit wird das Schiff durch Winddruck gekrängt?

$$M_w = p \cdot E \cdot h = \frac{30 \cdot 0{,}84 \cdot 3500 \cdot 10{,}7}{1000} = 943{,}7 \text{ mt}$$

$$\operatorname{tang} \varphi = \frac{943{,}7}{20000 \cdot 0{,}30} = 0{,}1573$$

$$\underline{\underline{\varphi = \sim 9^\circ.}}$$

Man will vermeiden, daß dieses Schiff durch Querwind allein um mehr als 15° gekrängt werden kann. Wie groß muß dann MG mindestens sein, wenn als Winddruckmaximum 70 kg/m² (Windstärke 12 B) angenommen wird?

$$M_w = \frac{70 \cdot 0{,}84 \cdot 3500 \cdot 10{,}7}{1000} = 2202 \text{ mt}$$

$$MG_{\min} = \frac{M_w}{D \cdot \operatorname{tang} \varphi} = \frac{2202}{20000 \cdot \operatorname{tg} 15^\circ} = 0{,}411 \text{ m}.$$

Will der Nautiker solche Rechnungen ausführen, so muß er sich von der Bauwerft die Werte c, E und h für verschiedene Tiefgänge berechnen und mitgeben lassen.

Auf Revieren, auf denen stärkere Gezeitenströme anzutreffen sind, dürfen diese bei Betrachtung der Windwirkung nicht außer acht gelassen werden. Stehen heftiger Wind und starker Strom einander entgegen, so kann eine recht steile See aufkommen. Da dann auch P'_w und P_w in verstärktem Maße einander entgegen wirken, so entsteht bei etwaigem Querschlagen des Schiffes *Kentergefahr*. In solchem Falle ist größte Vorsicht geboten!

Seegang und Dünung.

Seegang und Dünung bewirken das Rollen und Stampfen des Schiffes. Wild durcheinander laufende Seen und Dünungen können Schwingungen des Schiffes bewirken, die nur schwer zu erfassen sind. Im allgemeinen zeigen aber die Erfahrungen der Praxis, daß ein stabiles Schiff bei mäßigem Seegang und solange das Verhältnis $\frac{\text{Begegnungsperiode}}{\text{Eigenrollperiode}} = \frac{T'}{T_\varphi}$ wesentlich kleiner oder größer als 1 ist, immer mit der seinem Beladungszustand entsprechenden Eigenperiode T_φ rollt. Bei guter Stabilität sind, solange sich der Beladungszustand nicht ändert, die T_φ-Werte nahezu konstant, d. h. unabhängig von den Roll*winkeln* (wenigstens bis etwa 12°). Wenn bei ranken Schiffen die langen Rollperioden schwankend sind, d. h. wenn zu größeren Rollwinkeln auch wesentlich größere Rollperioden gehören, so ist das immer ein Zeichen dafür, daß die Stabilitätsgrenze erreicht ist. Bei sehr großen Rollwinkeln kann dabei aber T_φ infolge Auftretens von Zusatzstabilität auch abnehmen. Als weitere Ursache für eine schwankende Rollperiode können allerdings auch freie Oberflächen im Schiff in Frage kommen.

Seeschiffe sind so gebaut, daß bei allen zulässigen Beladungszuständen ihre Rolleigenperioden (T_φ) größer sind als die normalerweise anzutreffenden Seegangsperioden (T_0). Solange die See vorderlicher als dwars kommt (Begegnungswinkel $\gamma < 90°$) sind die Erregungs- oder Begegnungsperioden (T') immer kürzer als T_0 und damit kürzer als T_φ. Kommt die See quer ein ($\gamma = 90°$) dann ist $T' = T_0$. Bei kleineren, steifen Schiffen *können* sich jetzt die beiden Perioden T_0 und T_φ schon so weit nähern, daß *Resonanz* eintritt. Je achterlicher die See kommt ($\gamma > 90°$), desto länger werden die T'-Zeiten und desto mehr nähert sich ihre Dauer den T_φ-Werten. Insbesondere sind es die T'-Werte der langgezogenen Dünungen, die den T_φ-Werten der Schiffe sehr nahe kommen können, so daß bei achterlicher See oder Dünung selbst für größere Schiffe mit guter Stabilität und gutem Ladungstrimm die Möglichkeit besteht, daß $T' = T_\varphi$ wird, d. h. daß Resonanz eintritt[1].

Resonanz erkennt man immer daran, daß das Schiff stark und gefährlich zu rollen beginnt, ohne daß der Seegang selbst sich wesentlich geändert hat. Meistens ist damit auch eine Änderung der Rollperiode verknüpft. *Resonanz stellt immer eine Gefahr dar. Sie muß und kann durch Kurs- oder (und) Fahrtänderung vermieden werden.*

Steife Schiffe mit guter Steuerfähigkeit werden dann oft vorteilhaft langsam lenzen, um T'-Werte zu erzielen, die länger als ihre T_φ-Werte sind, während weiche Schiffe in Stürmen mit schwerer See von achtern gut tun werden, beizudrehen oder langsam gegen die See anzudampfen.

Mittlere Größen beobachteter Seegangswerte.

Windseen	λ in m	$T_0 = 0{,}8\sqrt{\lambda}$ in sek	$v_w = 1{,}25\sqrt{\lambda}$ in m/sek	Höhe in m
in der Ostsee bei Stürmen	6—50	2—6	3—9	3—4
im Passatgebiet bei steifem Passat . .	50—150	6—10	9—16	4—6
auf hoher Südbreite bei schweren Stürmen .	150—600	10—20	16—31	6—20

Im allgemeinen beobachtet man Wellen, die länger als 160 m sind, nur bei starker Dünung. Wellenhöhen über 8—10 m gehören zu den Seltenheiten. Von besonderer Bedeutung für die Längsfestigkeit der Seeschiffe ist die „*Wellenschräge*" oder die Steilheit der Wellen. Man versteht darunter das Verhältnis der Wellenhöhe zur Wellenlänge. Es beträgt bei Wellenlängen von 60—160 m im Mittel 1:30 bis 1:20. Die Wellen der Windsee sind im allgemeinen steiler als die der Dünung.

Beispiel aus der Praxis (s. Abb. 83). Ein etwas steif beladenes Motorschiff, das 14 kn läuft ($v_s = 7{,}2$ m/sek), hatte eine Eigenrollzeit $T_\varphi = 12{,}2$ sek.

[1] Theoretisch müßte, wenn $\frac{T'}{T_\varphi} = 1$ wird, die Amplitude $= \infty$ sein.

Bei ziemlich grober See (5—6 B) maß man $\lambda = 100$ m; also $T_0 = 8{,}0$ sek und $v_w = 12{,}5$ m/sek.

Kann unter diesen Verhältnissen Resonanz eintreten und wann?

Berechnet man $T' = \dfrac{\lambda}{v_w + v_s \cdot \cos\gamma}$ für mehrere Werte von γ von 30 zu 30°, so findet man, daß bei $\gamma = 120°$ die Begegnungsperiode T' sich schon sehr stark T_φ nähert und daß bei $\gamma = 127°$ $T' = T_\varphi$ wird (s. Abb. 83).

$$T' = \frac{100}{12{,}5 + 7{,}2 \cdot \cos 127°} = \frac{100}{12{,}5 \cdot 4{,}3} = 12{,}2 \text{ sek}.$$

Kleine Schiffe, wie Fischdampfer und Kümos, deren Länge ungefähr nur die Hälfte der Wellenlänge beträgt, bleiben bei starkem *Wind und hoher See von achtern* verhältnismäßig lange auf dem Wellenberg liegen. Es wird dann nämlich die Schiffsgeschwindigkeit durch den Wind und die örtliche Geschwindigkeit der Welle (Orbitalgeschwindigkeit) vergrößert. Da nun dabei das Schiff durch die auftretende Zentrifugalkraft auch noch etwas aus dem Wasser herausgehoben wird, so erleidet es beim Passieren eines Wellenberges eine längere Stabilitätsverminderung, die unter Umständen gefährlich werden kann. Diese Schiffe werden gut tun, ihre Fahrt zu reduzieren, um dadurch die Zeit des Reitens auf dem Wellenberg zu verkürzen[1, 2].

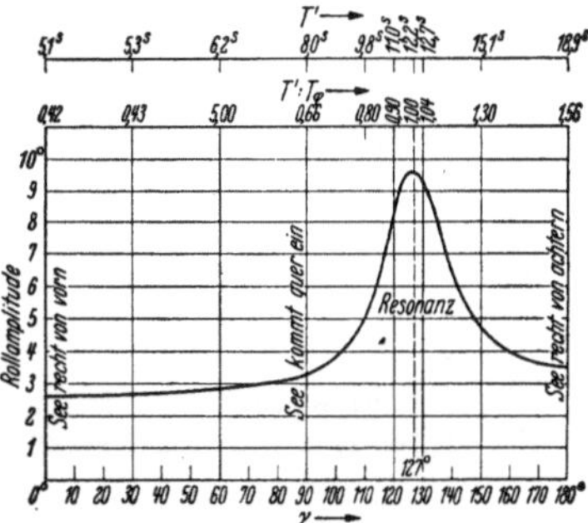

Abb. 83. Einfluß des Begegnungswinkels auf die Rollamplitude. Eintritt von Resonanz. γ = Begegnungswinkel. T' = Begegnungsperiode.

Schlagseite.

Bekommt ein Schiff während der Reise durch seitliche Verschiebung von Gewichten eine Schlagseite, so wird dadurch der Hebelarm GH nach der gekrängten Seite hin verkürzt und die Stabilität verschlechtert. Bei kleinen Krängungen kann die Neigung vielleicht durch Lenzen eines *Lee*-Bodentanks behoben werden. Bei größerer Schlagseite sollte man das aber *niemals* tun, da dadurch das Aufrichtungsvermögen des Schiffes nur noch weiter verschlechtert wird (infolge Verkleinerung von MG). Besser ist es, in einem solchen Falle einen *Luvtank* zu füllen, wodurch G nicht nur gesenkt, sondern auch der Mittschiffslinie wieder näher gebracht wird. Rührt die Schlagseite von negativer Anfangsstabilität her, dann ist sowohl Lenzen wie Füllen gefährlich.

Schüttladungen.

Wenn bei Schüttladungen von Kohle oder Getreide alle diesbezüglichen von der SBG erlassenen Vorschriften genau erfüllt sind, ist ein

[1] Siehe Dr. O. Hebecker im „Seewart“ Bd. 14, Heft 1.

[2] Die Veränderung der Hebelarmkurve beim Passieren eines Wellenberges ist an einem Beispiel dargestellt von Prof. Dr.-Ing. Wendel in „Hansa“ 1954, Nr. 46/48, S. 2019.

gefahrbringendes Übergehen der Ladung kaum zu befürchten. Schüttladung sackt aber während der Reise durch ihre Schwere und Bewegungen des Schiffes immer etwas zusammen, so daß über ihr ein leerer Raum entsteht. Ein Übergehen wenigstens eines Teiles der Ladung, vor allem im Zwischendeck, wo die beim Schlingern auftretende Zentrifugalkraft besonders wirksam wird, ist also immer möglich. Durch Übergehen eines Teiles der Ladung oder durch Verschiebung der Deckslast bei Holzladung wird G eine seitliche Verlagerung a und meistens auch eine Hebung b erfahren, so daß alle Hebelarme um die Beträge $a \cdot \cos \varphi$ und $b \cdot \sin \varphi$ verkürzt werden. Bei größerer Krängung kann der Fall eintreten, daß G wieder senkrecht über F zu liegen kommt, GH also in der gekrängten Lage wieder gleich 0 wird.

Beispiel: Ein Schiff von 3500 t hat Getreide geladen. 40 t der Ladung im Zwischendeck verschieben sich nach Stb. Ihr neuer Schwerpunkt soll 4 m horizontal vom alten an Stb liegen. Dann wird dadurch G um den Betrag $\frac{40 \cdot 4}{3500} = 0{,}046$ m nach Stb verschoben. Wenn dadurch das Schiff um 12° gekrängt würde, dann kann man, *stark verallgemeinernd*, annehmen, daß alle Hebelarme um den Betrag x verkürzt werden (s. Abb. 84), so daß *jetzt* die Hebelarme von der Linie AB aus zählen.

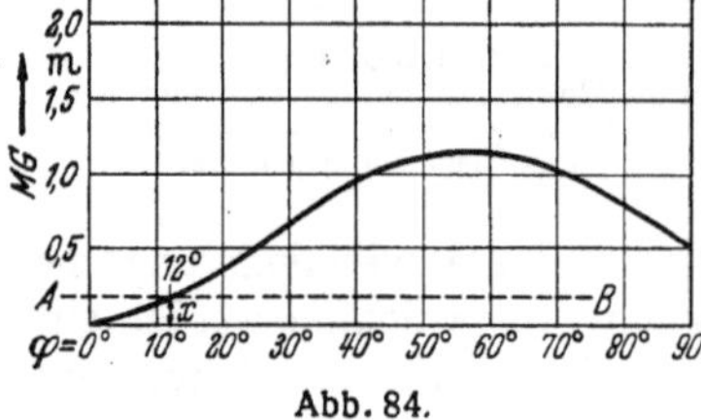

Abb. 84.

Nach der Bb-Seite hin ist die Stabilität theoretisch jetzt um denselben Betrag vergrößert. Es wäre in diesem Falle sehr gefährlich, die aufrechte Lage durch Lenzen eines Stb-Bodentanks wieder herzustellen. Es würde das ein Heben von G und dadurch eine weitere Verringerung der Stabilität zur Folge haben. Wenn das Schiff dann durch die Gewalt des Windes oder der See oder durch irgendein Manöver nach Bb gekrängt wird und dann wieder zurückschwingt, so entsteht Kentergefahr. Abhilfe könnte vielleicht geschaffen werden durch Füllen eines Bb-Bodentanks, doch sollte man wegen der gefährlichen Wirkung der freien Oberflächen während des Füllens, wenn irgend möglich, damit warten, bis Wind und See sich beruhigt haben und das Schiff einigermaßen ruhig liegt.

Erzladungen.

Die Praxis hat gezeigt, daß es nicht gut ist, das Erz auf alle Unterräume gleichmäßig zu verteilen. Es ist besser, die Vor- und Achterluken etwas zu entlasten. Durch die Entlastung der Vor- und Achterluken arbeitet das Schiff ruhiger in schwerer See, die Stoß- und Stampfbewegungen werden stärker gedämpft und G wird gehoben, so daß das Schiff weniger steif ist. Natürlich muß das Erz in allen Räumen immer so gestaut werden, daß ein Übergehen der Ladung auf jeden Fall unmöglich wird. Mit beladenen Erzdampfern soll jedes Andampfen gegen schwere See vermieden werden (s. S. 229 u. 287).

Mit Erz beladene Schiffe sind sehr steif, weil $\odot G$ sehr tief liegt. Auf *Spezialschiffen* wird $\odot G$ dadurch gehoben, daß man den Doppelboden an den Schiffsseiten hochzieht und dadurch den Erz-Laderaum verschmälert. So liegt das Schiff sowohl während der Erzfahrt, als auch während der Ballastfahrt besser. Auf *Erz-Öl-Tankern* sind diese Seitenräume noch größer und dienen zum Transport von Öl.

Holzladungen.

Da das spez. Gewicht des trockenen Holzes immer kleiner als 1 ist, so bringt eine Raumladung Holz ein Schiff niemals auf den zulässigen Höchsttiefgang. Um die Tragfähigkeit besser auszunützen, wird daher Holz immer auch noch an Deck geladen, wodurch G stark gehoben werden kann. Auf breiten Schiffen kann und darf dabei MG recht klein werden. Genügende Stabilität ist hier meistens durch ein rasches Wachsen der Hebelarme bei Neigung und dadurch gesichert, daß von dem Zeitpunkt an, wo das Deck in Lee ins Wasser taucht, durch das Holz eine Zunahme des scheinbaren Freibords eintritt, die einer Vergrößerung der Formstabilität $MK \cdot \sin\varphi$ gleichkommt. Außerdem haben solche Schiffe infolge ihres kleinen MG immer ein so großes T_φ, daß sie gegen Resonanz ziemlich gesichert sind.

Andererseits verschlechtert die hohe Deckslast die Stabilität nicht nur allein durch Verringerung von MG. Regen und Seeschlag können sie durchnässen, wodurch ihr Gewicht erheblich vergrößert werden kann. Dazu tritt im Winter noch die Gefahr der Vereisung. Hohe, über die Reling reichende Decksladung bringt auch noch ein erhöhtes Winddruckmoment mit sich. Haben dann solche Schiffe noch tiefliegende Kohlenbunker und Frischwassertanks, die während der Reise geleert werden, so kann gegen Ende der Reise die Stabilität doch ungenügend werden.

Kleine Schiffe, die Holz als Deckslast fahren, können eine besondere Holzfreibordmarke haben, bis zu der geladen werden darf, auch wenn die *Raumladung nicht* aus Holz besteht. Im Winter darf bei Abladung auf Holzfreibord die Höhe der Holzlast über dem Freiborddeck $^1/_3$ der Schiffsbreite nicht übersteigen (s. Rückseite des Freibordzeugnisses).

(Beachte Merkblatt der SBG zu den UVV für Holzdeckslast in seiner neuen Fassung vom Nov. 1952!)

Koksladung[1].

Kommen auf einem Schiff mit Koksdecksladung dauernd schwere Brecher über, so führt das zur Ansammlung größerer Wassermassen an Deck, weil das Wasser, durch den Koks behindert, in der Regel so langsam abfließt, daß es sich mit jeder überkommenden See vermehrt und weil ein Teil desselben vom Koks aufgesogen wird. Mit einer nennenswerten Verringerung des krängenden Momentes dadurch, daß der Koks, dessen spez. Gewicht ja nur wenig größer als das des Meerwassers ist,

[1] Siehe Prof. Dr.-Ing. K. Wendel in „Hansa" 1954, Nr. 46.

bei großer Krängung ins Wasser taucht und allenfalls auch etwas aufgeschwemmt wird, darf man nicht rechnen.

Es besteht bei starken Rollschwingungen immer die Gefahr, daß der durchnäßte Koks ins Rutschen kommt, die Holzstützen und den etwa dazwischen gespannten Maschendraht bricht und ein Teil der Decksladung über Bord geht, was dann freilich die Stabilität etwas verbessern würde.

Sehr oft aber kommt es vor, daß die Stützen halten, der Koks immer mehr nach *einer* Seite rutscht und so Stabilitätsverhältnisse entstehen, die durch seitliche Windböen, notwendig werdende Hartruderlagen und vor allem durch schräg von achtern kommende schwere Seen bedrohlich werden können, besonders in den Zeiten, während derer das Schiff auf den Wellenbergen schwimmt (s. auch S. 377ff.).

Ölkuchenladung.

In der Küstenfahrt ist es bei Ölkuchenladung üblich, um den an Deck unterzubringenden Teil der Ladung vor überkommenden Seen zu schützen, diesen auf die an sich schon ziemlich hohen Luken zu verstauen, wodurch G besonders hoch zu liegen kommt, MG also recht klein wird. Wenn nun in solchen Fällen, um den erlaubten Tiefgang nicht zu überschreiten, auch noch die Doppelbodentanks leer gefahren werden, dann entsteht ein Gefahrenmoment, für das die Schiffsleitung verantwortlich gemacht werden kann.

Andere Decksladungen.

Bei anderen Decksladungen, wie z. B. Fässern usw., spielt die Verschlechterung der Stabilität während der Reise infolge Durchnässung, Vereisung oder erhöhten Winddruckmomentes keine solche Rolle. Allerdings entfällt hier auch der Vorteil der Vergrößerung der Formstabilität bei Krängung. Man muß bei Decksladungen aber *immer* mit der Möglichkeit einer Gewichtszunahme während der Reise rechnen, während Sommerreisen um etwa 10%, bei Winterreisen um 20%. Der Kapitän darf auf keinen Fall, dies gilt auch für Holz- und Ölkuchenladung, ohne Genehmigung des GL den vorgeschriebenen Ballast im Doppelboden löschen, um dafür eine größere Ladung einzunehmen, oder durch falsches Stauen der Decksladung den Ladungsschwerpunkt höher legen, als in den Stabilitätsunterlagen vorgesehen ist.

Kleinere Schiffe mit schwerer Decksladung machen zuweilen bei hoher Dwarssee heftige, ruckartige Rollbewegungen, die die Außenhaut erheblich beanspruchen und die Gefahr des Leckspringens mit sich bringen. *Eine äußerste Ausnutzung der Stabilität ist eben für jedes Schiff gefährlich, da immer mit zusätzlicher außergewöhnlicher Beanspruchung der Stabilität während der Reise gerechnet werden muß.*

Schiff auf Grund.

Kommt ein Schiff auf Grund, so taucht es bei Ebbe aus dem Wasser und verliert dadurch so viel an Auftrieb, wie der aus dem Wasser aufgetauchte Schiffskörper verdrängt. Ist $ABCD$ $(= p)$ der aus dem Wasser getauchte Schiffsteil und e die Höhe seines Schwerpunktes über K, so senkt sich M_0 um den Betrag $\frac{p \cdot e}{P}$. Man findet p aus dem Verdrängungsmaßstab (WU) mit Hilfe des Tiefganges vor und nach der Grundberührung. Wird $\frac{p \cdot e}{P} = M_0 G$, so legt sich das Schiff schief. Fällt das Wasser weiter, so kann, wenn der eintauchende Teil räumlich größer ist als der austauchende, der Auftrieb wieder zunehmen, und das Schiff bleibt in der Schräglage liegen. Fällt das Wasser weiter, so legt sich das Schiff auf die Seite.

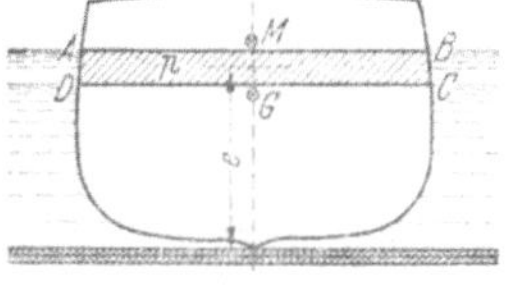

Abb. 85.

7. Stabilitätsbeeinflussung durch die Schiffsleitung.

Es ist Aufgabe des Schiffbauers, durch die Form, die er dem Schiffskörper gibt, dafür zu sorgen, daß das Schiff bei normaler Beladung genügende Stabilität besitzt und die Roll- und Stampfbewegungen nicht zu groß werden können.

Beim *fertigen* Schiff kommt als Möglichkeit der Stabilitätsbeeinflussung im allgemeinen nur die *Ladungsverteilung der Höhe nach* in Frage. Die zweckmäßige und geschickte Verteilung der Ladung ist auch das beste und einfachste Mittel zur Vermeidung unangenehmer Rollschwingungen. Will man eine *Stabilitätsminderung* erreichen, so wird man G möglichst hoch über K bringen, also Ladung mit hohem spez. Gewicht in die Oberräume stauen, während die Unterräume raumfüllende Ladung erhalten. Will man eine *Vergrößerung* der Stabilität bewirken, so kann dies durch Tiefstauen schwerer Ladungsteile oder durch Füllen von Ballasttanks geschehen. Eine kleine Verbesserung der Stabilität kann auf See auch durch vorsichtiges Fluten oder Lenzen von Ballasttanks erreicht und das Auftreten von Resonanzen durch Kurs- oder (und) Fahrtänderungen vermieden werden. Die Stampfbewegungen können infolge des großen Wertes von $M_L G$ durch Ladungsverteilung nur wenig beeinflußt werden.

Ein Umstauen der Ladung läßt sich *nachträglich* nur schwer vornehmen. Daraus folgt, daß eine Hauptaufgabe der Schiffsleitung ist, auf Grund von Erfahrung von vornherein durch eine zweckmäßige und geschickte Verteilung der Ladung eine schlechte Stabilität und damit unangenehme Roll- und Stampfschwingungen zu vermeiden.

Zur mechanischen Dämpfung der Rollschwingungen verwendet man Schlingerkiele, Stabilitätsflossen, FRAHMsche Schlingertanks oder SCHLICKsche Stabilisierungskreisel oder Schlingerdämpfungsanlagen System DENNY-BROWN. Schlingerkiele verringern die Rollwinkel φ bedeutend, aber T_φ nur *sehr* wenig. In der Regel tritt nur eine unbedeutende Vergrößerung von T_φ ein, wegen der zum Mitschwingen gebrachten größeren Wassermassen.

Beispiel: Für ein Schiff von 9800 t Verdrängung soll bei einem Belastungszustand A die Hebelarmkurve A gelten. Die Schiffsleitung will die Stabilität des Schiffes vergrößern und läßt deshalb 400 t Schwergut aus dem Zwischendeck (⊙ 6,5 m über K) in den Unterraum bringen an Stelle von 100 t Leichtgut (⊙ 3,0 m über K), das nun im Zwischendeck verstaut wird.

$$\text{Senkung von } G = \frac{(400 - 100)\,(6{,}5 - 3{,}0)}{9800} = 0{,}11\,\text{m}.$$

Der Faktor $0{,}11 \cdot \sin\varphi$ stellt nun den Zuwachs der Hebelarme dar. Bei dem Beladungszustand B gilt also die neue Kurve B. Durch die Senkung von G findet auch eine Verschiebung von $h_{\max}$ von 57° nach 60° Neigung statt und eine Vergrößerung des Umfanges der Stabilität (s. Abb. 85). Bei genauer Rechnung müßte man auch noch die Verschiedenheit der Schwerpunktslagen des Schwer- und Leichtgutes nach dem Umstauen berücksichtigen. Im vorliegenden Falle ist anzunehmen, daß der neue Schwerpunkt des Schwergutes tiefer liegt als der alte Schwerpunkt des dort verstaut gewesenen Leichtgutes. Dadurch würde die Senkung von G noch größer werden, als im Beispiel errechnet.

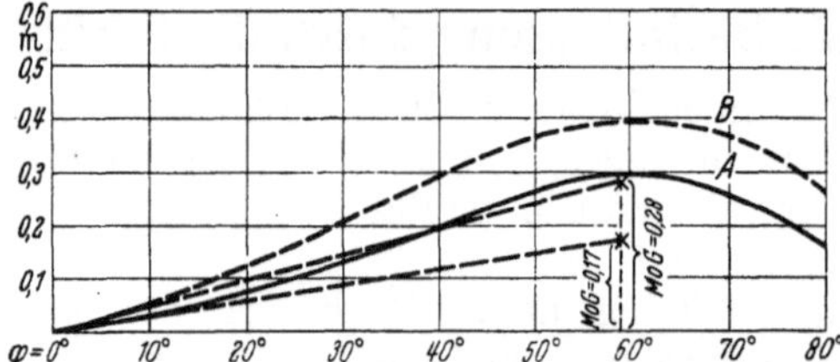

Abb. 86. Beispiel aus der Praxis, das den Einfluß der Stauung auf die Stabilität und damit auf die Rollzeit zeigt[1]. MS. Monserrate (L = 133 m, B = 17 m, $L:B$ = 7,8. Tragfähigkeit = 7600 t).

Ladezustand	Gesamtzuladung in t	Davon an Deck %	Spardeck %	Zwischendeck %	Unterraum %	Eigenrollzeit T_φ in sek	M_0G in m	$T_\varphi : B$	i in m	
I	5160	0,5	9	28	62,5	13,3	0,74	0,78	5,78	0,68
II	6530	2	24	22	52	17,1	0,49	1,00	5,95	0,70

Schiffe verschiedener Typen verlangen durchweg verschiedene Arten der Behandlung, des Stauens der Ladung, des Verbrauchs des Brennstoffs und des Trimmens der Tanks.

Die gewissenhafte Führung eines *Stabilitätsbuches* ist dringend erwünscht. In dieses Buch müssen alle von der Werft festgestellten Stabilitätswerte eingetragen werden sowie alle während der Reise festgestellten Änderungen dieser Werte und das Verhalten des Schiffes bei den jeweiligen Ladungszuständen und Wetterverhältnissen auf See. Die Bauwerften können dann diese Erfahrungen beim Bau neuer Schiffe verwerten.

---

[1] Möckel, W.: „WRH" 1941, S. 215. Mitteilung des HSVA.

V. Schiffskunde[1].

1. Einiges aus dem Schiffbau.

Wichtige Angaben für den Entwurf eines Schiffes. 1. Schiffsart und Schiffsform (Kolbenmaschinen-, Turbinen-, Turboelektro- oder Motorschiff). 2. Hauptverwendungszweck und mögliche anderweitige Verwendung. 3. Die zu befahrenden Gewässer (Tropen- oder Winterfahrt oder beides), Wassertiefen in den anzulaufenden Häfen bei Normalniedrigwasser, evtl. bei großen Schiffen auch Länge der in Frage kommenden Piers angeben. 4. Tragfähigkeit, Ladung, Post, Autos, Flugzeuge und Fahrgäste. 5. Stärke der Besatzung und Wünsche betreffs deren Unterbringung. 6. Mitzuführende Ausrüstung und Vorräte, wie Brennstoff, Wasser, Proviant usw. 7. Angenäherte Hauptabmessungen und geplante Geschwindigkeit (Wünsche betreffend Manövrierfähigkeit). 8. Maschinenanlage (auch Leistung bei Rückwärtsgang, Unterbringung der Maschinen mittschiffs, im Achterschiff usw.). Klimaanlagen, Lüftungsanlagen (Bedingung: Vermeidung der Belästigung der Fahrgast-, Mannschafts- und Laderäume sowie der Decks durch Rauch und Gase der Maschinen. Forderung ruhigen Arbeitens der Maschinen). 9. Wünsche betreffend Sicherheitseinrichtungen, Aufstellung der Rettungsboote, *Feuerschutz* (Rauchmelde-, Sprinkler-Anlagen, Anstrich mit feuerfesten Farben, Verwendung feuerfesten Materials), Doppelböden, Hochtanks, Schlingerkiele, Eisverstärkungen. 10. Angaben betreffend Ladekräne, Ladebäume, Ladewinden, Größe der Laderäume und Luken, Höhe der Lukensülle, *Art der Lukenverschlüsse*, Vorkehrungen von Längs- und Querschotten in den Laderäumen, evtl. Vorkehrungen zur Verwendung von Laderäumen zur Unterbringung von Fahrgästen oder von Fahrgasträumen als Laderäume. Einrichtung für Tiertransporte (Wasserleitung, Abflüsse, Heizung) und für Kühlladungen, Räume für flüssige Ladungen. 11. Wünsche betreffend Ankergeschirr, Verholspills und Poller (wichtig!). Bei großen Schiffen Einbau von versenkten Festmacheringen etwas über der Wasserlinie zum Festmachen von Schleppern und Leichtern an den Seiten des Schiffes. 12. Angaben über Ruderanlage, über *Aufstellung der Kompasse* (sehr wichtig), Kreiselkompaßanlage (sehr große, hochwertige Schiffe sollten zwei Anlagen erhalten), Funkpeiler, Radar, Decca-Navigator, Echolot, Fahrtmesser usw. 13. Für Sonderfahrzeuge wie Tankschiffe, Walfänger, Fischdampfer, Kabel-, Kohlen- und Holzschiffe usw.

[1] Empfehlenswerte Literatur: 1. JOHOW-FOERSTER: Hilfsbuch für den Schiffbau. Berlin: Springer 1928. 2. WUSTRAU: Schiff und Seemann; Flensburg: Emil Schmidt Söhne. 3. HERNER-BEYER: Schiffbau.

besondere Konstruktionsangaben. 14. Ausstattung der Funkstation. Gemeinschafts-Rundfunkanlage. Bord-Fernsprechanlagen. 15. Ungefährer Preis.

Selbstverständlich ist zu fordern, daß das gewünschte Fahrzeug allen Bedingungen des GL, der SBG., des Schiffssicherheitsvertrages, der SSV und den Bestimmungen der Länder entspricht, wohin es fährt. Beim Entwurf von Fahrgastschiffen beachte man die *Richtlinien der SBG für den Feuerschutz,* die vielseitige bauliche Bedingungen enthalten.

Schiffsgewicht. Zu jedem Entwurf eines Schiffes gehört die Bestimmung seines Gesamtgewichtes (ausgedrückt in t = Wasserverdrängung in Frischwasser in cbm).

Zum ganzen Schiffsgewicht gehören:

A. Das *Eigengewicht* oder tote Gewicht, das ist das Gewicht des unbeladenen Schiffes mit allem Zubehör. Ihm entspricht die sog. „leichte Wasserverdrängung" und die „Leichtwasserlinie", auf der das Schiff in betriebsfertigem, aber leerem Zustande schwimmt.

B. Die *nützliche Zuladung,* das ist das Gewicht der Ladung und der für den Betriebszweck und die Inbetriebhaltung zu befördernden Personen und Stoffe. Ihr entspricht die „beladene Wasserverdrängung" und die „Ladewasserlinie" oder Tiefladelinie, auf der das Schiff vollkommen seefertig und beladen schwimmt.

Zusammensetzung des Schiffsgewichtes eines Handelsschiffes:

A. Eigengewicht des Schiffes: 1. Schiffskörper, einschließlich aller fest eingebauten Einrichtungen im Innern und auf Deck.

2. Schiffshilfsmaschinen und -apparate mit den für ihren Antrieb erforderlichen Rohrleitungen, Ersatzteilen und Zubehör.

3. Bemastung und Takelung.

4. Boote mit Ausrüstung.

5. Ausstattung der Wohnräume für Besatzung und Fahrgäste (auch der Wirtschafts-, Kranken- und Navigationsräume) mit Möbeln, Leinen und sonstigem Inventar.

Dazu kommt bei Dampf- und Motorschiffen:

6. Die Maschinenanlage: Hauptmaschine, Motor, Kessel mit Wasser, Schornstein, Wellenleitung, Schraube usw. sowie Hilfsmaschinen, die zum Betrieb der Hauptmaschine erforderlich sind.

B. Nützliche Zuladung. 1. Fahrgäste mit Gepäck, Autos, Flugzeugen, Lebensmittel, Trink- und Waschwasser.

2. Ladung (bei Viehladung auch Futter und Frischwasser), Post.

3. Besatzung mit Ausrüstung, Lebensmitteln und Frischwasser.

4. Brennstoff und Kesselspeisewasser.

5. Verbrauchsstoffe für den Betrieb und die Instandhaltung des Schiffskörpers und der Maschinenanlage.

6. Ballast.

C. Reserve beim Entwurf für Änderungen während des Baues und für Abweichungen in der Baustofflieferung.

Ökonomischer Wirkungsgrad von Handelsschiffen nach ALEXANDER URWIN:

$$E = \frac{F - K}{A} \cdot \frac{365 \cdot 100}{Z},$$

E = Verzinsung des angelegten Kapitals,
F = vereinnahmte Fracht je Reise,
K = Gesamtunkosten,
A = Anlagekosten des Schiffes,
Z = Zeitdauer der Reise in Tagen.

Schiffstypen[1]. *Volldecker.* a) In Abb. 87 ist ein Volldecker (volle Materialstärken) *mit langer Back* dargestellt, die durch Vermessungsöffnungen „offen" gemacht und daher ausgesondert ist. Der Zwischendeckraum ist völlig geschlossen und eingemessen. Im Vergleich zum Schutzdecker mit gleicher äußerer Form hat das Schiff einen großen Brutto-Raumgehalt. Um für den Maschinenraum 13% vom Brutto-Raumgehalt und damit einen Treibkraftabzug von 32% zu erreichen, ist im Beispiel der Maschinenschacht ganz und der Schornsteinmantel teilweise eingemessen. Das Oberdeck ist nicht nur Vermessungsdeck, sondern auch Freiborddeck. Daher hat das Schiff eine größere Tragfähigkeit als der Schutzdecker gleicher Abmessungen, sofern die Materialstärken vorschriftsmäßig sind. Allerdings sind hiermit ein höheres Eigengewicht und entsprechend höhere Baukosten verbunden.

b) Wenn dieser Volldecker geringere Materialstärken hat, bekommt er einen größeren Freibord, so daß er nur mit einer kleineren Zuladung fahren darf. Er erhält dann zum Klassenzeichen den Zusatz „*mit Freibord*" weil der Freibord gegenüber a) größer ist.

c) Der Volldecker ist ein *Welldecker*, wenn er z. B. eine lange Back hat, die bis auf das Achterschiff reicht, und dahinter eine Poop, beide ganz oder teilweise „offen" gemacht. Zwischen diesen beiden Aufbauten befindet sich die Well.

d) Der Volldecker kann auch *mit langer Back* oder *mit langer Poop* gebaut sein, die meistens ebenfalls „offen" gemacht sind und oft den Mittschiffsaufbau einschließen.

e) Der Volldecker ist ein *Drei-Insel-Schiff*, wenn er außer dem Mittschiffsaufbau eine Back und eine Poop hat. Meistens ist der Mittschiffsaufbau unmittelbar über dem Vermessungsdeck als „offen" gemachter Laderaum eingerichtet. Als solchen Typ findet man überwiegend ältere Dampfer. Die Freibordvorschriften erkennen Aufbauten nur dann als solche an, wenn sie von Bord zu Bord reichen. Sie sind daher von Deckshäusern zu unterscheiden.

Schutzdecker. Offener Schutzdecker (*open shelterdecker*), Abb. 88.

a) Der Schutzdeckraum (Zwischendeck) ist durch eine Vermessungsluke hinter der letzten Ladeluke und durch Vermessungsöffnungen in allen Querschotten „offen" gemacht. Der dargestellte Typ hat einen Vermessungsraum unter der Vermessungsluke. Das Vermessungsdeck

---

[1] Die Einteilung der Seeschiffe in Schiffstypen hängt weitgehend von den Vorschriften über Freibord und Vermessung ab. Vgl. deshalb S. 404 und S. 408.

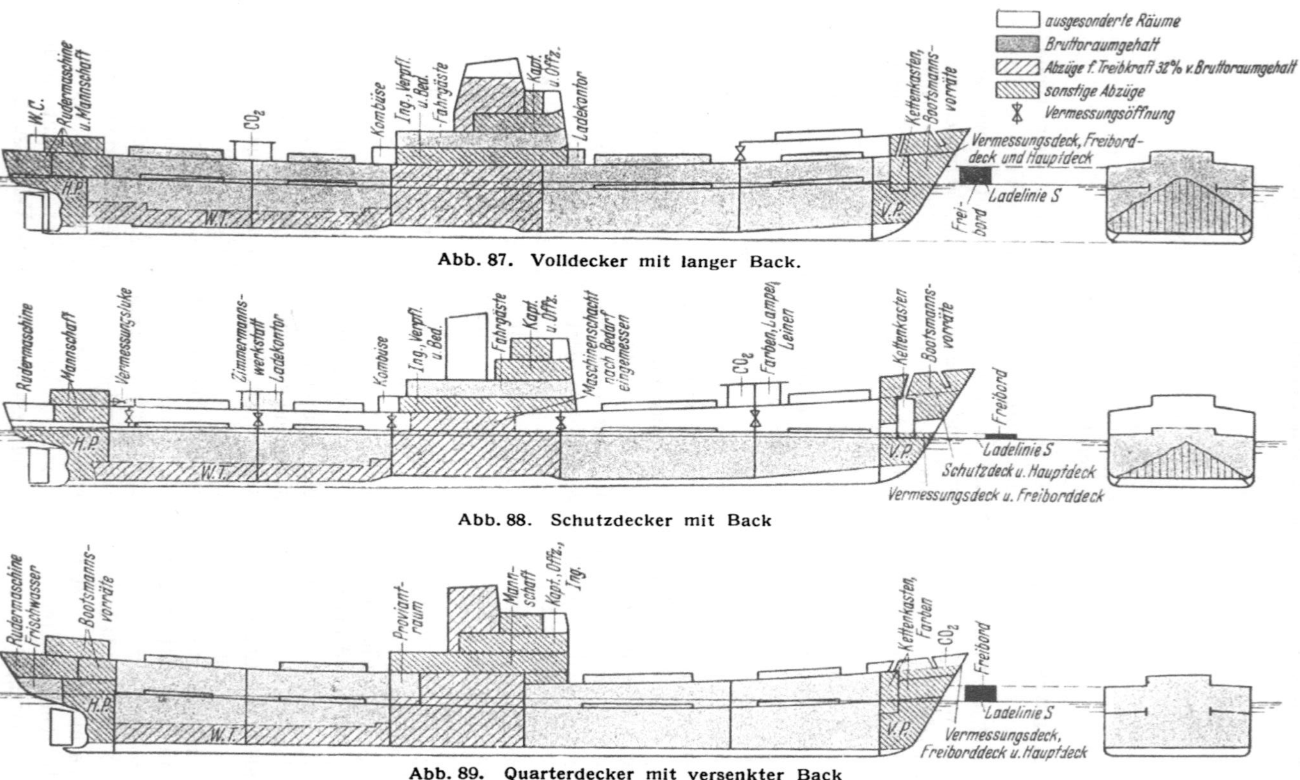

Abb. 87. Volldecker mit langer Back.

Abb. 88. Schutzdecker mit Back

Abb. 89. Quarterdecker mit versenkter Back

hat im Beispiel weder Sprung noch Decksbalkenbucht, damit möglichst viel Raum ausgesondert bleibt. Auch von der Vorpiek, dem Kettenkasten und der Achterpiek bleibt derjenige Teil ausgesondert, der über der Fluchtlinie des Vermessungsdecks liegt. Vom Maschinenschacht ist nur der Teil zwischen Vermessungsdeck und Schutzdeck eingemessen, um für den Maschinenraum 13% vom Brutto-Raumgehalt und damit einen Treibkraftabzug von 32% zu erreichen. Der Freibord ist vom Vermessungsdeck aus abgesetzt, das gleichzeitig Freiborddeck ist. Das Schiff darf daher nur mit einem kleineren Tiefgang fahren als der Volldecker gleicher Abmessungen nach Abb. 87. Der Vorteil liegt beim Schutzdecker in seiner günstigen Vermessung und entsprechend niedrigen Abgaben sowie in seiner großen Räumte (s. S. 409), wie sie für Stückgutschiffe im allgemeinen verlangt wird. Die Materialstärken dürfen geringer sein als beim Volldecker. Damit sind ein niedrigeres Eigengewicht und geringere Baukosten verbunden.

b) Ein Schutzdecker kann auch ohne Back gebaut werden. Dann ist er gleichzeitig ein *Glattdecker*, wenn z. B. auch die Mittschiffsaufbauten nicht von Bord zu Bord reichen. (Volldecker müssen bei einer Länge über 35 m nach den Vorschriften des GL eine Back haben.)

c) Ein Schutzdecker kann über dem Schutzdeck noch einen weiteren Aufbau haben, z. B. eine *lange Back*, die ebenfalls durch Vermessungsöffnungen „offen" gemacht ist, oder auch eine *lange Poop*. In diesem Fall haben Back oder Poop als Aufbauten aber keinen Einfluß mehr auf die Berechnung des Freibordes.

d) Auch der Volldecker nach Abb. 87 kann durch Einbau einer Vermessungsluke und Vermessungsöffnungen in allen Querschotten „offen" und damit zu einem Schutzdecker gemacht werden. Dann wird das Zwischendeck zum Vermessungsdeck, von dem aus auch der Freibord abgesetzt wird. Dem Vorteil der günstigeren Vermessung steht dann die geringere Tragfähigkeit gegenüber, die allerdings bei leichter Ladung eine geringere Rolle spielt.

e) Wenn der Schutzdecker mit einem größeren Tiefgang und einer entsprechend größeren Tragfähigkeit fahren sollte, müßten die Materialstärken größer sein als beim offenen Schutzdecker. Ferner müßte die Vermessungsluke seefest geschlossen werden, so daß das Oberdeck Vermessungsdeck und Freiborddeck würde. Der ganze Zwischendeckraum würde eingemessen. Der so entstandene *geschlossene Schutzdecker* (closed shelterdecker) würde zum Klassenzeichen den Zusatz *„mit Freibord"* erhalten, weil er vermessungstechnisch zwar als geschlossen gilt, die Materialstärken aber nicht denen eines Volldeckers entsprechen.

Quarterdecker (Abb. 89). Hierbei handelt es sich um einen kleineren Schiffstyp mit Back, bei dem meistens der achtere Teil des Oberdecks von Vorkante oder Achterkante Mittschiffsaufbau aus um eine halbe Deckshöhe gehoben ist. Dadurch schafft man zum Ausgleich für den Wellentunnel mehr Laderaum und vermeidet gleichzeitig Schwierigkeiten mit der Trimmlage. Der Nachteil liegt darin, daß das Oberdeck als wichtiger Längsverband unterbrochen ist. Dadurch sind verschiedene

Verstärkungen erforderlich, wodurch größeres Eigengewicht und höhere Baukosten entstehen.

Schiffbautechnische Begriffe und Bezeichnungen. L = Konstruktionslänge = Länge zwischen den Perpendikeln. — Die Perpendikel stehen bei gewöhnlichen Handelsschiffen winkelrecht auf der Konstruktions-Wasserlinie (*CWL*), und zwar das vordere Perpendikel im Schnittpunkt der *CWL* mit Hinterkante Vorsteven bei eiserner Außenhaut, mit Außenkante Sponung am Vorsteven bei hölzerner Außenhaut; das hintere Perpendikel im Schnittpunkt der *CWL* mit Mitte Ruderspindel bei Schiffen mit Balanceruder, sonst mit Vorderkante Rudersteven bzw. Außenkante Sponung am Rudersteven. — Hiervon abweichende Längenangaben: Länge über alles, Länge für Meßbrief, für Register, für Klassifikation usw.

B = Konstruktionsbreite, gemessen an der breitesten Stelle des Unterwasserteiles, gewöhnlich in der *CWL* auf $^1/_2\,L$; bei gewöhnlichen Eisen- und Stahlschiffen auf Außenkante Spanten, bei Schiffen mit Holzhaut auf Außenkante Planken.

Hiervon abweichende Breitenangaben: Breite über alles, Breite für Meßbrief, für Register, Klassifikation usw.

H = Seitenhöhe, gemessen auf $^1/_2\,L$, bei eiserner Außenhaut von Oberkante Kiel bzw. Flachkiel, bei hölzerner Außenhaut von Außenkante Sponung am Kiel bis Seite Deck (Oberkante Deckbalken an der Seite).

Zu beachten sind die besonderen Höhenangaben für Meßbriefe, Register, Schottenvorschriften usw.

RT = Raumtiefe, gemessen auf $^1/_2\,L$ von Oberkante der Bodenwrangen bzw. Doppelboden bis zur Oberkante der Decksbalken in der Mitte, einschließlich Balkenbucht.

Zu beachten sind die besonderen Bestimmungen für Meßbriefe, Klassifikation usw.

CWL = Konstruktionswasserlinie. Dies ist die Wasserlinie, die der Konstruktion als Schwimmebene zugrunde gelegt ist.

T = Konstruktionstiefe, gemessen auf $^1/_2\,L$ von der *CWL* bis Oberkante Kiel bzw. Außenkante Sponung am Kiel.

D oder P = Wasserverdrängung (Deplacement) ist der Rauminhalt = (V) oder das Gewicht der vom Schiff verdrängten Wassermasse. Reservedeplacement ist der Inhalt des über Wasser befindlichen wasserdichten Teiles des Schiffskörpers.

Unter dem Deplacementsschwerpunkt versteht man den Punkt (Auftriebsmittelpunkt), in dem man sich die verschiedenen Auftriebskräfte vereinigt denken kann.

F = Verdrängungs-(Deplacements-)Schwerpunkt bei aufrechter Lage.

G = Gewichts- (System-)Schwerpunkt = Schwerpunkt des Schiffskörpers mit allem, was darauf ist.

M = Breitenmetazentrum. Metazentrum oder Umschlags- oder Veränderungspunkt ist der Schnittpunkt der Vertikalen, die bei einer unendlich kleinen Neigung des Schiffes durch den Deplacementsschwerpunkt geht, mit der Mittschiffsebene.

MG = metazentrische Höhe.

Aufrichtendes Moment. Neigt sich ein Schiff etwas über, so verschiebt sich der Deplacementsschwerpunkt F nach F_1, während der Gewichtsschwerpunkt G seine Lage beibehält. Das aufrichtende Moment ist daher $= P \cdot MG \cdot \sin \varphi$.

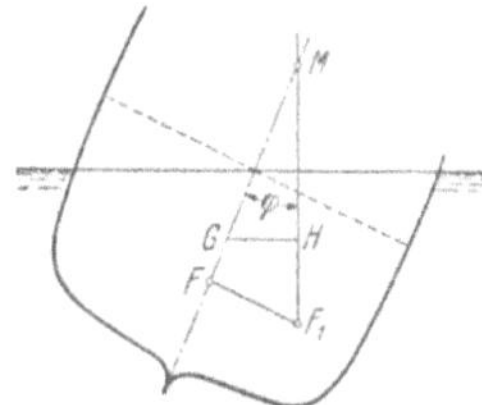

Abb. 90.

St = statisches Stabilitätsmoment = Aufrichtungsvermögen des Schiffes.

Trimm ist der Unterschied zwischen dem vorderen und dem hinteren Tiefgang, gemessen an den Perpendikeln. Man unterscheidet Steuerlastigkeit und Kopflastigkeit.

Tiefgang, gemessen von der Schwimmebene bis Unterkante Kiel bzw. bis zum tiefsten Punkt des Schiffskörpers. Der Tiefgang wird am Schiff mit Hilfe der Tiefgangsmarken abgelesen.

Sprung ist die Längsschiffskrümmung der Deckslinie in der Projektion auf die Längsschnittebene.

Balkenbucht ist die Krümmung der Deckbalken. Die Balkenbucht beträgt etwa $^1/_{50}\, B$.

⊗ = Hauptspant ist der Querschnitt der größten Fläche unter der CWL, meistens auf $^1/_2\, L$ gelegen. Das Hauptspant wurde früher auch als Nullspant bezeichnet, da die Spanten von diesem Spant nach vorne und hinten ge-

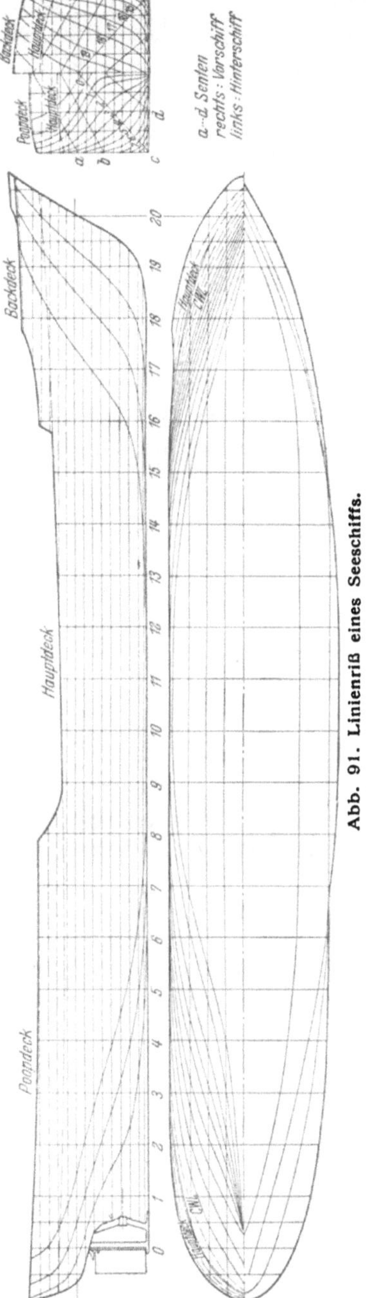

Abb. 91. Linienriß eines Seeschiffs.

zählt wurden. Heute erfolgt die Zählung durchweg von hinten nach vorne, seltener umgekehrt.

Freibord ist im allgemeinen der Unterschied zwischen H und T.

Leichtes Deplacement ist das Deplacement im leeren Zustand, jedoch mit sämtlichen Einrichtungen und Vorräten.

Beladenes Deplacement ist das Deplacement des seeklaren und normal beladenen Schiffes.

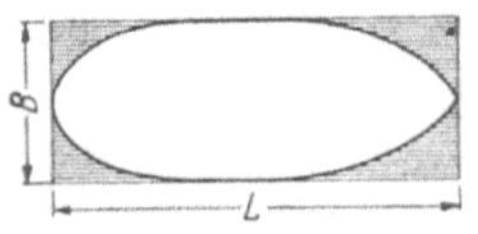

Abb. 92.

Linienriß: Bei der Konstruktion eines Schiffes werden verschiedene Zeichnungen angefertigt. Die wichtigsten sind: Längsriß, Wasserlinienriß und Spantenriß (Abb. 91).

Senten sind von der Mittschiffsebene schräg nach unten verlaufende gedachte Schnittebenen (Abb. 91). Dünne biegsame Latten werden auch Senten genannt.

α gibt das Verhältnis des Wasserlinienareals (CWL) eines Schiffes zum umschriebenen Rechteck an (Abb. 92).

β gibt das Verhältnis der eingetauchten Hauptspantfläche (O) zum umschriebenen Rechteck an $\beta = \frac{O}{B \cdot T}$ (Abb. 93).

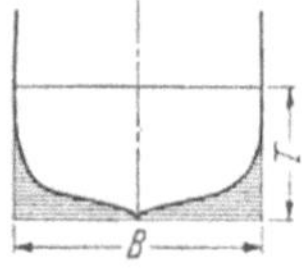

Abb. 93.

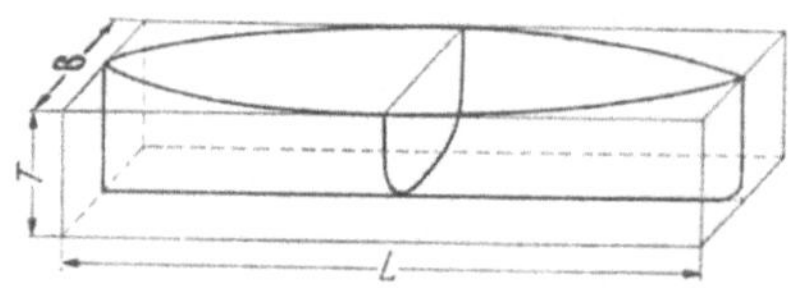

Abb. 94.

δ = Deplacementskoeffizient, gibt das Verhältnis des Deplacements (V) zum Inhalte des dem Unterwasserschiff umschriebenen Parallelepipedons (Quaders) an. $\delta = \frac{V}{L \cdot B \cdot T}$ (Abb. 94).

φ = Völligkeitsgrad des Hauptspantzylinders gibt das Verhältnis des Deplacements (V) zu einem Zylinder von der Länge des Schiffes und von stets gleichbleibendem Querschnitt des Hauptspants.

$$\varphi = \frac{V}{O \cdot L} = \frac{\delta}{\beta}.$$

φ liegt zwischen den Grenzen 0,5—0,98 und ist stets größer als δ.

Die einzelnen Völligkeitsgrade sind alle voneinander abhängig, was ausgedrückt wird durch die Formel $\varkappa = \frac{\delta}{\alpha \cdot \beta}$ oder, da $\frac{\delta}{\beta} = \varphi$ ist, $\varkappa = \frac{\varphi}{\alpha}$. In den meisten Fällen wird $\varkappa$ zwischen 0,85 und 0,87 liegen.

Wenn man einige Werte der Schiffsform kennt, so kann man sich ungefähr ein Bild des Schiffskörpers machen.

Beispiele:

Nr.	Schiffsgattung	Verdrängung t	Geschw. Kn	$L:B$	$T:B$	$L:H$	δ	β	α
1	Großes Fahrgastschiff	23 000	23,5	9,89	0,42	14,90	0,63	0,75	0,95
2	Großes Frachtschiff .	10 000	16,0	8,58	0,47	11,75	0,62	0,79	0,90
3	Kleines Frachtschiff	4 000	10,5	7,40	0,46	12,70	0,77	0,88	0,97
4	Fischdampfer	400	10,0	5,30	0,46	9,25	0,46	0,72	0,75
5	Schleppdampfer . . .	340	12,0	5,10	0,43	7,70	0,46	0,72	0,80
6	Barkasse	28	10,0	4,57	0,36	8,00	0,40	0,68	0,63
7	Logger	150	8,0	4,28	0,40	7,37	0,54	0,81	0,77

Die *Außenhaut* findet ihre Auflage auf den *Spanten*, die als Quer- oder Längsspanten das Gerippe des Schiffskörpers darstellen und dessen äußere Form bestimmen. Da die Beanspruchung eines Schiffskörpers äußerst groß ist (z. B. Schiff auf einem Wellenberge, Schiff im Wellental, das Schlingern und Stampfen der Schiffe, die verschiedene Verteilung des Gewichtes im Schiffskörper), so sind sehr starke Verbände nötig, um dem Schiffskörper die nötige Festigkeit zu geben. Die wichtigsten Stützen des Schiffskörpers sind die Quer- und Längsverbände.

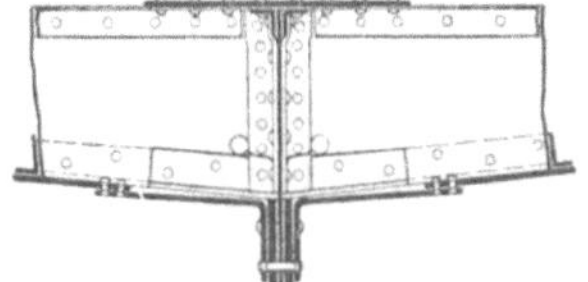

Abb. 95. Mittelplattenkiel.

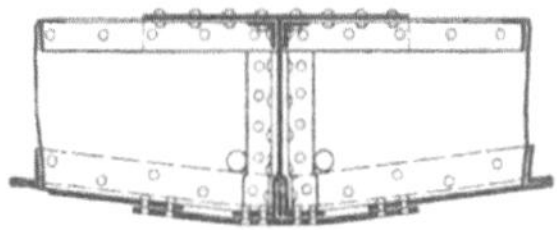

Abb. 96. Flachkiel.

Zu den *Querverbänden* gehören die Spanten, Gegenspanten, Bodenwrangen, Decksbalken, Balkenknie und Stützen, Querschotten und Kimmstützplatten.

Zu den *Längsverbänden* gehören der Kiel, die Mittel- und Seitenträger, Stringer, Längsschotten, Außenhaut, Decks, Doppelböden.

Als Kiele werden für Schlepper und Fischereifahrzeuge gewöhnlich *Balken-* oder *Mittelplattenkiele* verwandt (Abb. 95). Für andere Schiffe nimmt man heute fast ausschließlich *Flachkiele* (Abb. 96).

Schlingerkiele (Seitenkiele) sind an den Seiten des Schiffes in der Höhe der Kimm angebrachte Kiele, die durch ihren Widerstand die seitlichen Bewegungen des Schiffes — das Schlingern — vermindern. Da sie selbstverständlich die Fahrt etwas beeinträchtigen (0,5 bis 1 kn), da sie ferner unter Umständen mit Hafenbauwerken in Berührung kommen können, so hat man gelegentlich von ihrer Verwendung Abstand genommen. Die Schlingerkiele haben sich aber durchweg als praktisch erwiesen, so daß man nur auf sie verzichten sollte, wenn man auf andere Weise das Schlingern des betreffenden Schiffes herabmindern kann.

Mittelträger ist ein starker, auf dem Flachkiel senkrecht aufgesetzter, durchgehender Plattengang; ein wichtiger Längsverband, der das frühere Kielschwein ersetzt.

Bodenwrange ist eine breite Platte, die sich quer über den Schiffsboden und bis in die Kimmen hinaufreichend erstreckt, beim Vorhandensein eines Doppelbodens bis zur Randplatte, dann aber durch den Mittelträger in Stb.- und Bb.-Hälfte geteilt.

Seitenträger laufen im Bereiche des Doppelbodens parallel zum Mittelträger, unterstützen dessen Wirkung, sind aber meistens interkostal, d. h. zwischen die Bodenwrangen eingeschoben und daher nicht durchlaufend; sie dienen gleichzeitig als Schlagwasserplatten.

Doppelboden. Fast alle Handelsschiffe erhalten einen Doppelboden. Er gewährt erhöhte Sicherheit bei Grundberührung oder anders verursachten Leckagen, und einzelne seiner Bauteile tragen zur Verstärkung

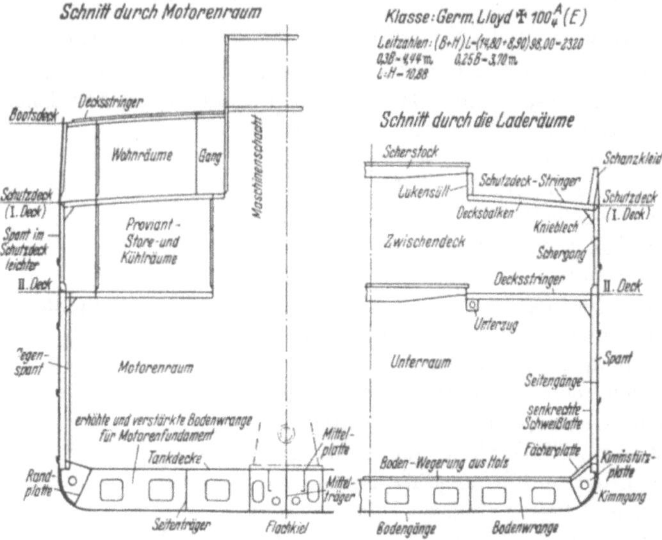

Abb. 97. Hauptspant eines mittleren Frachtschiffes.

der Schiffsverbände bei. Der Raum zwischen dem *Außen-* und *Innenboden* (Tankdecke), seitlich begrenzt durch die *Randplatte,* dient zur Aufnahme von Ballast-, Trink- und Kesselspeisewasser bzw. Heiz- oder Motorenöl. Diese Gewichte sind zur Sicherung der Stabilität von großer Bedeutung.

Kimmstützplatten sind dreieckig und stellen die Verbindung zwischen Randplatte und Spant her. Der zwischen ihnen liegende Raum heißt *Bilge.* Zum Durchlaß des Bilgenwassers zu den Saugkörben der Pumpen sind sie in der unteren Ecke durchbohrt. Auf den Kimmstützplatten sind oben meistens *Fächerplatten* angebracht, auf denen dann die *Bilgendeckel* liegen.

Die *Spanten* (Spantwinkel) bilden in Verbindung mit den Bodenwrangen und den Decksbalken das Querschiffsgerippe des Schiffes. Es sind dies jetzt zumeist Wulstwinkel, die beim Vorhandensein eines Doppelbodens an die Kimmstützplatten angesetzt sind. Im Schutzdeck und in den Aufbauten sind sie gewöhnlich leichter gehalten als im eigentlichen Rumpf des Schiffes. Früher wurden sie vom Hauptspant nach vorn und achtern gezählt, heute durchweg von achtern, im hinteren Perpendikel beginnend, durchgehend bis vorn.

Gegenspanten dienen zur Verstärkung der Schiffswände. Es sind dies Winkel, die auf die Spanten in ihrer ganzen Länge aufgenietet oder -geschweißt sind. Auf modernen Schiffen findet man sie fast nur noch im Maschinenraum.

Bei *Rahmenspanten* findet eine weitere Verstärkung dadurch statt, daß zwischen Spant und Gegenspant eine Platte eingesetzt wird. Es geschieht dies z. B. in großen Maschinenräumen, wo keine Decksbalken angebracht werden können.

Stringer (Seiten-, Deckstringer) sind horizontale Plattengänge, die an den Seiten des Schiffes längs laufen. Seitenstringer in halber Raumhöhe, die durch starke Winkel mit der äußeren Beplattung und den Spanten verbunden sind, werden jetzt auf Trockenfrachtern möglichst vermieden, um Ladungsbeschädigungen zu vermeiden. Nur bei Eisverstärkung sind sie im Vorschiff erforderlich. Den äußeren, mit der Bordwand verbundenen und verstärkten Plattengang jedes Decks nennt man Deckstringer.

Querschotte sind die wichtigsten und stärksten Querverbände. Die SBG und die Klassifikationsgesellschaften haben eingehende Vorschriften erlassen, wie und wo die Schotte einzubauen sind. Alle Schiffe sind mit einem Kollisionsschott, Schotte vor und hinter Kessel- bzw. Maschinenraum und Schotte für die Achterpiek (Stopfbuchsenschott) zu versehen. Die SSV regelt die Schotteneinteilung der Fahrgastschiffe und schreibt außer den wasserdichten Schotten zusätzliche Feuerschotte (Typ A und B) vor (s. S. 308). Jede Veränderung an den vorgeschriebenen Schotteneinrichtungen ist sofort zu melden, Mängel sind abzustellen.

Sind wasserdichte Türen in die Schotten eingebaut, so ist deren Instandhaltung die größte Sorgfalt zu schenken. Man beachte die Bestimmungen der SBG und der SSV.

Alle Teile, die einer besonderen Beanspruchung ausgesetzt sind, wie Vorder-, Achtersteven, Ruderanlage, Wellenlager, Kiel, Maschinenfundamente usw., erhalten besondere Verstärkungen, zu denen verschiedene Arten von Winkeleisen verwandt werden (U-, Z-, T-Form usw.).

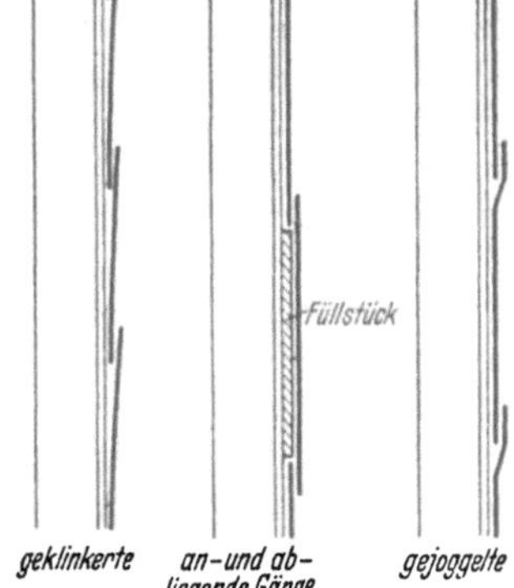

Abb. 98.

Dehnungsfalten sind bei sehr langen Schiffen querschiffs angeordnete Unterbrechungen in den oberen Decks, um Spannungen und damit Reißen der Decks beim Arbeiten des Schiffes zu verhindern.

Unterzüge sind starke, durchgehende Längsträger unter den Decks längsseits der *Lukensülle*; auf ihnen liegen die Decksbalken auf. Sie übernehmen damit die Aufgabe der Decksstützen, die man heute wegen der besseren Handhabung der Ladung vermeidet.

Die *Außenhaut* besteht aus dem Kielgang (Flachkiel), den Bodengängen, dem Kimmgang, den Seitengängen und dem Schergang. Kiel- und Schergang sind die wichtigsten Teile der unteren und oberen Gurtung und deshalb stärker als die übrigen Gänge. Die Gänge sind entweder *geklinkert, an- und abliegend* (wobei beim abliegenden Gang auf dem Spantwinkel Füllstücke angebracht sind) oder *gejoggelt* (s. Abb. 98). Sie werden, neben dem Kielgang mit A beginnend, mit Buchstaben bezeichnet. In Verbindung mit den Nummern des Spants kann man die Stelle der Außenhaut, wo etwa ein Schaden entstanden ist, ziemlich genau festlegen, z. B. E 46, d. h. im E-Gang bei Spant 46.

Nietung und Schweißung. Die Verbindung der einzelnen Teile des Schiffes geschieht durch Nieten oder Schweißen. Nachdem man mit den während des Krieges im Auslande vollgeschweißten Handelsschiffen oft schlechte Erfahrungen gemacht hat (einige Schiffe sind ganz durchgebrochen), werden jetzt auf Trockenfrachtern die Längsnähte der Außenhaut fast ausschließlich genietet und die Plattenstöße geschweißt. Die Beplattung der Decks und der Tankdecke wird im allgemeinen vollständig geschweißt. Auf Tankern werden gewöhnlich die Verbindung des oberen Gurtungsdecks mit dem Schergang, die untere Naht des Schergangs, der Kimmgang und ein oder zwei Nähte im Boden und im Hauptdeck genietet, während die übrigen Nähte der besseren Öldichtigkeit wegen geschweißt werden.

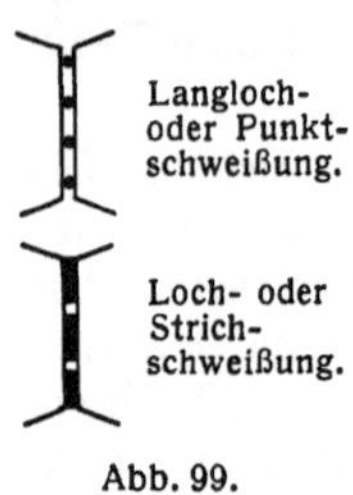

Abb. 99.

Die Ursache der Rißempfindlichkeit bei Schweißung liegt in den beim Erkalten auftretenden Schrumpfspannungen, die mit der Länge der Schweißnaht wachsen. Beim Nieten tritt zwar durch die Nietlöcher eine Schwächung des Materials ein, aber andererseits auch eine Spannungsverminderung. Durch die Doppelungen wird die Festigkeit wieder erhöht. Das genietete Schiff ist dadurch, daß die Verbindungen nicht so starr sind wie beim Schweißen, „lehniger".

Für die Schweißung eignen sich besonders die Stellen, die nicht wasserdicht verbunden zu werden brauchen und wo deshalb Punkt- oder Strichschweißung verwendet werden kann. Dadurch treten nur örtlich begrenzte Schrumpfspannungen auf. Es sind dies die Längs- und Querverbände und Überkreuzungen im Doppelboden, Kimmstützen und Kniebleche der Spanten und Decksbalken usw. Andererseits kann man durch Schweißen einen wasserdichten oder öldichten Abschluß von Tanks erreichen, besonders bei der Verbindung eines Decks mit der Bordwand, zwischen Spanten usw. Neuerdings werden größere Bauteile des Schiffes in der Werkstatt geschweißt. Bei der im Schiffbau bevorzugt verwendeten elektrischen (Lichtbogen-) Schweißung werden Elektroden von der jeweiligen Beschaffenheit des zu schweißenden Materials verwendet. Ein Pol wird an dem Arbeitsstück befestigt und ein Pol an der Elektrode, die einen der Stromspannung entsprechenden

Abstand vom Schweißstück haben muß. In der hohen Temperatur des Lichtbogens von etwa 3750 °C schmelzen die Teile zu einer dauerhaften Verbindung ineinander.

Leichtmetall im Schiffbau. Aluminiumlegierungen mit Magnesium, die wegen ihrer Wetter- und Seewasserbeständigkeit für den Schiffbau in Frage kommen, haben etwa 1/3 des spez. Gewichts und 2/3 der Festigkeit des Schiffbaustahls. Bei Forderung gleicher Festigkeit läßt sich deshalb eine Gewichtsersparnis von etwa 50 % erzielen. Da infolge des gesteigerten Raumbedarfs für Fahrgäste und Besatzung die Aufbauten immer höher werden und dadurch ungünstige Stabilitätsverhältnisse entstehen können, wird man für Aufbauten, Boote usw. in zunehmendem Maße Leichtmetall verwenden. Bei Ruderhäusern ist ein weiterer Vorteil, daß Aluminium praktisch unmagnetisch ist. Der Nachteil des Aluminiums ist sein höherer Preis. Aluminium-Teile können genietet oder geschweißt werden, letzteres allerdings nur nach dem Argonarc-Schweißverfahren. Da sich beim Schweißen größerer Flächen leicht Beulen bilden, werden beide Verfahren vielfach kombiniert. Die Berührungsstellen von Aluminium und Stahl, besonders aber von Aluminium und Kupfer, müssen gut isoliert sein, da das erstere sonst galvanisch korrodiert. Wegen Konservierung des Aluminiums s. S. 333.

Längsfestigkeit des Schiffes[1]. Diese wird durch die Verteilung der Ladung stark beeinflußt, besonders auf Schiffen, bei denen die Maschinen-

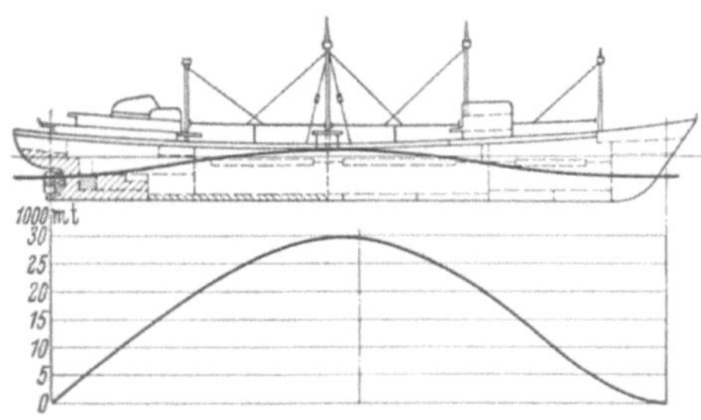

Abb. 100. Schiff auf Wellenberg.

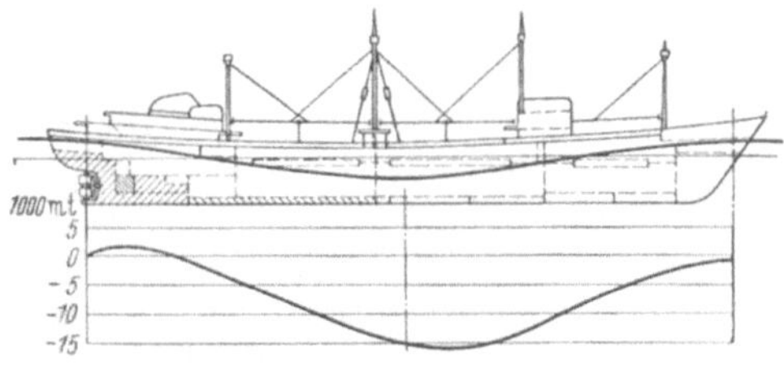

Abb. 101 Schiff im Wellental

anlage im Achterschiff liegt. Hier hat man zwar in der Mitte ausgezeichnete Laderäume ohne störenden Wellentunnel, muß aber berück-

[1] Vgl. Schiffbauing. SPRENGEL in Hansa 26/1953.

sichtigen, daß das Gurtungsdeck, das die Biegebeanspruchungen im Seegang aufnehmen muß, durch die oft sehr großen Luken geschwächt ist. Deshalb müssen auf solchen Schiffen im Bereiche der Luken gute Verstärkungen angebracht werden. Im allgemeinen ist eine Zugbelastung des Gurtungsdecks (Schiff auf Wellenberg) nicht so gefährlich wie eine gleichgroße Druckbelastung (Schiff im Wellental). Bei einer kurzfristigen Überbelastung können im letzteren Falle nämlich Faltvorgänge in den Längs-Lukensüllen oder im Oberdeck entstehen, die u. U. zu schweren Beschädigungen des Schiffes führen können. Abb. 100 und 101 zeigen Kurven der Biegemomente eines solchen Schiffes in mt, bezogen aus das Gurtungsdeck, bei homogener Beladung, einer Wellenlänge von 120 m = etwa Schiffslänge und einer Wellenhöhe von 6 m. Die maximale Zugbeanspruchung ist hierbei mit 30000 mt doppelt so groß wie die maximale Druckbeanspruchung von 15000 mt. Offenbar liegt also bei homogener Beladung auch schon in ruhigem Wasser eine gewisse Zugbeanspruchung des Gurtungsdecks vor. Man beachte ferner die verschiedene Lage des Höchstwertes bei Zug und Druck. Für Schiffe, auf denen mit starker Beanspruchung der Längsverbände gerechnet werden muß, z. B. für Erzschiffe, sollten von der Bauwerft für verschiedene Ladungsverteilung solche Kurven geliefert und der Schiffsleitung erläutert werden.

Ruderarten. Die Hauptaufgabe eines Schiffsruders besteht in der Erzeugung von Querkräften, die das Schiff in eine schräge Lage zu seinem jeweiligen Kurse bringen. Das *Plattenruder* ist hierzu wenig geeignet. Die dünne Platte z. B. des Plattenruders verursacht schon bei geringen Winkeln starke Wirbelungen, welche die Querkräfte behindern. Die vor dem Ruder liegenden Ruderpfosten und Rudersteven erzeugen ebenfalls Wirbel und Wirbelschleppen auch bei mittschiffs liegendem Ruder, die die Fahrt des Schiffes hemmen. Eine Abhilfe ist möglich durch Verwendung zweckmäßiger Formen, die günstige Strömungsverhältnisse (Stromlinien) erzielen.

Alle neuzeitlichen Ruder sind *Verdrängungsruder*, d. h. Ruderkörper, meistens mit tropfenförmigem Längsschnitt, die, wenn sie wasserdicht gebaut sind, unter Wasser wegen des Auftriebs weniger wiegen als die Plattenruder. Dadurch wird der Auflagedruck auf der Hacke und damit die Reibung geringer. Nach diesen Grundsätzen sind viele Ruderarten entwickelt worden. Die bekanntesten im deutschen Schiffbau sind:

Das *Seebeck-Oertz-Ruder* besteht aus dem festen Rudersteven und dem eigentlichen Verdrängungsruder, die zusammen einen stromlinienförmigen Körper darstellen (s. Abb. 102). Deshalb ist der Widerstand bei mittschiffs liegendem Ruder gering. Bei übergelegtem Ruder bildet sich auf der angeströmten Seite ein Überdruck-, auf der anderen ein Unterdruckgebiet. Dadurch entsteht eine gute Steuerwirkung schon bei geringer Ruderlage (s. S. 275).

Simplex-Balance-Ruder (Abb. 103). Bei diesem ist der wasserschnittige Verdrängungs-Ruderkörper im ersten Drittel von vorn um den runden, zwischen Hacke und oberem Verbindungsstück eingesetzten Rudersteven drehbar angeordnet. Da hierdurch der Angriffspunkt der Kraft bei jeder Ruderlage nahezu in der Drehachse des Ruders liegt, kann man mit einer Rudermaschine geringerer Leistung auskommen.

Star-Kontra-Ruder (Abb. 104). Dieses Ruder hat einen verwundenen Ruderkopf und oftmals auch verwundene Ruderflächen. Dadurch soll das durch die Schraube in Drehung versetzte und schräg auf das Ruder

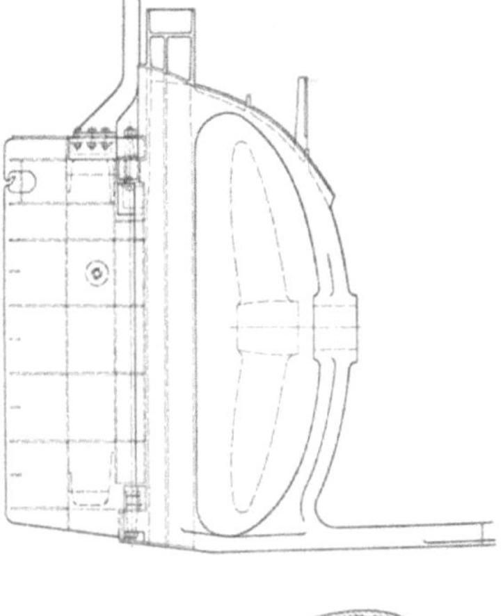

Abb. 102. Seebeck-Oertz-Ruder.

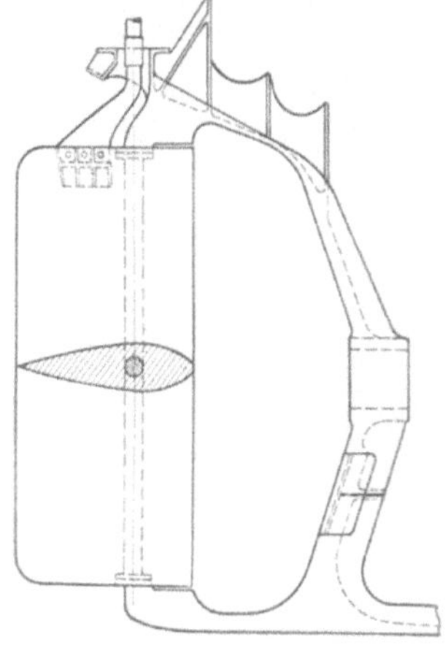

Abb. 103. Simplex-Balance-Ruder.

Abb. 104. Star-Kontra-Ruder,

Abb. 105. Costa-Propulsionsbirne.

schlagende Wasser nach achtern abgelenkt werden. Man erreicht so einen größeren Axialschub des Schraubenwassers und eine bessere Ruderwirkung und Kursbeständigkeit. Star-Kontra-Ruder werden mit festem Ruderkopf oder auch als Balanceruder ausgeführt.

Costa-Propulsionsbirne (Abb. 105). Hinter der Schraube entsteht bei ihrer Drehung eine Wirbelschleppe, die die Wirkung des Ruders beeinträchtigt. Die Propulsionsbirne, deren Abmessungen sich nach Art und Größe des Propellers und dem Durchmesser der Schraubennabe richten, verhindert diese Verwirbelung und erhöht damit die Kursbeständigkeit, die Steuerfähigkeit und die Durchschnittsgeschwindigkeit des Schiffes. Ein nachträglicher Einbau ist möglich.

Abb. 106 Kort-Düse

Das *Aktiv-Ruder* hat sich besonders beim Manövrieren im Hafen und bei Nebelfahrt bewährt. Näheres s. S. 283 (Seemannschaft).

Voith-Schneider-Antrieb. Dieser gibt dem Schiffe ebenfalls ausgezeichnete Manövriereigenschaften. Näheres s. S. 284.

Kort-Düse. Diese besteht aus einem um die Schiffsschraube gelegten Ring mit stromlinienförmigem Durchschnitt, der der Schraube das Wasser besser zuführen und einen zusätzlichen Vorwärtsschub erzielen soll. Der Düsenring und der aus Abb. 106 ersichtliche wulstartige Ausbau nach hinten dämpfen die Stampfbewegungen des Schiffes. Beim Stampfen wird ferner durch die Düse das Wasser der Schraube stets nahezu in axialer Richtung zugeführt, was ohne Düse, besonders auf kleineren Schiffen, nicht der Fall ist. Auf Fischdampfern und Schleppern hat man mit der Kortdüse gute Erfahrungen gemacht, vor allem aber in der Binnenschiffahrt.

Abb. 107. Kort-Düsen-Ruder

Wenn man die Düse, wie Abb. 107 zeigt, drehbar anordnet, kann auf ein besonderes Ruder verzichtet werden, da der bei einer Drehung der Düse seitlich gerichtete Schraubenstrom eine Ruderwirkung erzeugt. Dieses *Kort-Düsen-Ruder* hat sich auf Schleppern bewährt.

Schiffsformen. Als sich im vorigen Jahrhundert der Dampfer gegenüber dem Segelschiff durchsetzte, glaubte man, die in langer Tradition mit sicherem Gefühl für die Strömungsverhältnisse um den Schiffskörper entwickelten Schiffsformen der Klipper zugunsten solcher, die eine möglichst große Ladungsaufnahme gestatten, verlassen zu können. Mit zunehmender Größe und Geschwindigkeit der Kraftschiffe wurden diese Formen aber unwirtschaftlich. Daher werden jetzt allgemein vor dem Bau neuer Schiffe Modellversuche in den Schleppversuchsanstalten (z. B. in der Hamburgischen Schiffbau-Versuchsanstalt) durchgeführt, um die jeweils günstigste Unterwasserform zu finden. Diese Versuche betreffen vornehmlich die Formgebung des Vor- und Achterschiffes.

Abb. 108. Vorschiff nach der Maierform. Photo: Nordseewerke Emden.

Jetzt hat sich allgemein der dem früheren Klippersteven ähnliche, überfallende Vorsteven mit nach oben weiter ausladender Back durchgesetzt. Das frühere U-Spant des Vorschiffs ist dem V-Spant oder dem Y-Spant gewichen. Dadurch werden nicht nur die Stampfbewegungen im Seegang infolge des progressiv zunehmenden Auftriebs beim Einsetzen in die See vermindert, sondern auch bei Kollisionen Unterwasserschäden des gerammten Schiffes weitgehend vermieden.

Maier-Schiffsform. Der Erfinder dieser Schiffsform, F. F. MAIER (1844—1926), hat die oben geschilderten Gedankengänge als erster in die Praxis umgesetzt. Abb. 108 zeigt das Vorschiff eines modernen Frachtschiffes nach der Maierform, die sich in ruhigem Wasser ebenso gut wie in schwerer See bewährt. Gleicher Wert wird auf die Formgebung des Hecks gelegt, um den schädlichen Sog möglichst zu verringern. Die heutige Maierform ist das Ergebnis langjähriger Forschungen, Schleppversuche und vergleichender Messungen in der Praxis und wird für jedes Schiff entsprechend seiner Größe, seinem Verwendungszweck und seiner Geschwindigkeit besonders festgelegt. In 25 Jahren wurden etwa 4000 Maierform-Schiffe gebaut.

Besondere Schornsteinkonstruktionen[1] sollen dafür sorgen, daß der Rauch nicht an Deck niederschlägt. Die für vorderlichen Wind durchaus geeignete Tropfenform versagt bei Seitenwind, vornehmlich bei den heute üblichen niedrigen und breiten Schornsteinen. Bei dem *Lascroux-*, dem *Strombos-*, dem *Thornykroft-*, dem *Clydebank-* und dem *Welsh-*

[1] Näheres s. Hansa 1954 Nr. 41/42 u. 52.

Bonnet-Schornstein wird durch geeignete Formgebung des Schornsteinmantels, durch besondere Leitbleche innerhalb desselben oder dgl. ein Unterdruckgebiet *über* dem Schornstein geschaffen. Dadurch kommt der Rauch aus dem Wirbelgebiet des Schornsteins und kann frei abziehen.

Lukenabdeckung. Für die Abdeckung freiliegender Luken auf dem Freiborddeck sind auf den nach dem 1. 1. 1940 erbauten Schiffen stählerne Lukendeckel zu verwenden. Für kleinere Schiffe kann die SBG Ausnahmen zulassen (s. UVV).

Die hölzernen Lukendeckel, die gewöhnlich längsschiffs zwischen die Scherstöcke gelegt werden, dürfen nicht mehr als 50 kg wiegen und müssen entweder gleich lang sein oder sich in ihrer Länge so voneinander unterscheiden, daß eine Verwechslung unmöglich ist. Es hat sich bewährt, Lukendeckel und Lukenkranz in jedem Deck in bestimmter Farbe zu malen, damit auch jeder fremde Stauer sofort sieht, wohin die Lukendeckel gehören.

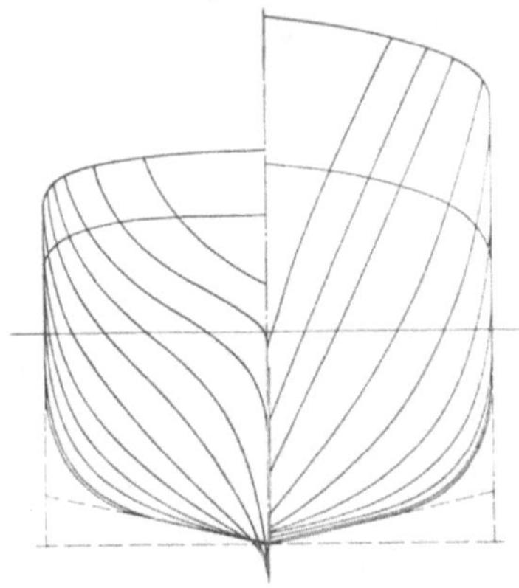

Abb. 109. Spanten im Vor- und Achterschiff nach Maierform.

Stählerne Lukendeckel gehen im allgemeinen quer über die Luke durch und tragen so zur Querfestigkeit im Bereich der jetzt zumeist sehr langen Luke bei. Sie können nur mittels der Winde ab- und angelegt werden.

Sehr bewährt hat sich der *MacGregor-Lukenverschluß* (Abb. 110). Bei dem Single Pull System sind die einzelnen, ebenfalls quer über die ganze Luke reichenden Lukendeckel auf Rollen (1) angeordnet und durch

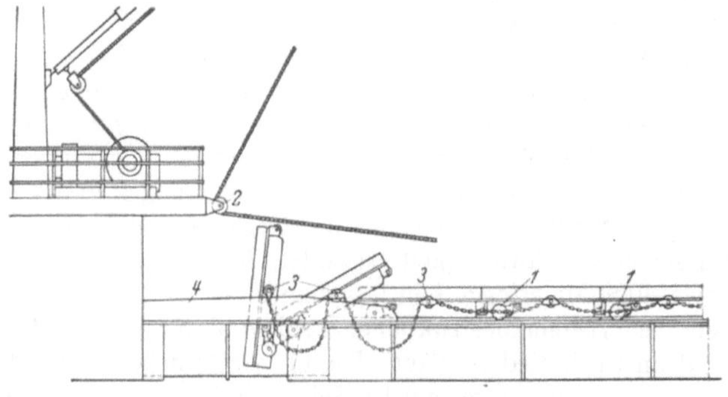

Abb. 110. MacGregor-Lukenverschluß.

Ketten miteinander verbunden. Zum Öffnen der Luke wird der Windenläufer über eine Rolle (2) geführt und an dem entferntesten Lukendeckel eingepickt. Dann wird der ganze Lukenverschluß rollend herangehievt, wobei die einzelnen Deckel nacheinander mit den Balancier-Rollen (3) auf eine Rampe (4) auflaufen. Hier lösen sie sich voneinander und stellen sich senkrecht. Bei geöffneter Luke sind die Deckel senkrecht dicht voreinander unter der Winden-Plattform verstaut, wo sie den Ladebetrieb nicht stören. Das Deck neben den Luken ist deshalb vollkommen frei. Beim Schließen der Luke, das nur wenige Minuten dauert, zieht in umgekehrter Folge ein Deckel den anderen mittels der Kette von der Rampe herunter auf die Laufschienen, wobei sich die Deckel miteinander wieder fest verbinden. Sind alle Deckel abgerollt, ist die Luke regendicht verschlossen. Durch einfache Handgriffe werden die Deckel dann von den Rollen abgesenkt und verkeilt. Die starken Gummipackungen sorgen für luft- und wasserdichten Verschluß der Luke.

Einen ähnlich arbeitenden Lukenverschluß hat die *Deutsche Werft*, Hamburg entwickelt. Es werden Lukendeckel auch aus Leichtmetall hergestellt. Bei allen nicht wasserdicht schließenden Lukenverschlüssen müssen auf dem Wetterdeck außerhalb der Wattfahrt starke doppelte *Persenninge* zur Abdichtung verwendet werden. In langer Fahrt und großer Küstenfahrt müssen *hölzerne* Lukendeckel von freiliegenden Luken auf dem Freiborddeck durch dreifache Persenninge gesichert werden. Wird die Luke ganz von einer Deckslast (Holz oder Koks) bedeckt, so genügen eine bzw. zwei Persenninge.

Wenn schweres Wetter im Anzuge ist, sichere man die Luken durch zusätzliche Tau- oder Drahtzurrings und überprüfe später die Lukenverschlüsse laufend.

Wohnräume. Der Unterbringung der Besatzung ist größte Beachtung zu schenken, denn die Wohnräume an Bord sollen dem Seemann das Heim ersetzen. Die Unterbringung der Mannschaften unter der Back ist ungeeignet, da bei Kollision das Leben der Leute gefährdet und bei schwerem Wetter der Zugang über Deck erschwert ist, es sei denn, daß die Back sehr lang und für guten Zugang gesorgt ist. Auch das Achterschiff hat in mancher Hinsicht Nachteile. Die starken Vibrationen — besonders auf den schnellen Schiffen —, das andauernde Schraubengeräusch, die schlechteren Belüftungsverhältnisse und schließlich das geringe Tageslicht (heute wird auch unter der Mannschaft viel gelesen) zwingen immer mehr dazu, die ganze Besatzung mittschiffs unterzubringen. Die Räume der Besatzung sollen hell und luftig sein, Bordwände und Decken sind zu verkleiden. Die Schiffsleitung sorge für einige gute Bilder an den Wänden, besonders in den Messen, ferner dafür, daß Vorhänge und Gardinen stets sauber sind.

Bei allen Maßnahmen bezüglich der Besatzungswohnräume ist zu bedenken, daß der Geist und die Arbeitsfreude der Besatzung in hohem Maße von der Beschaffenheit der Wohnräume abhängt.

Es ist dabei auch zu bedenken, daß die Seeleute auf den heutigen schnellen Schiffen mehr als früher dauerndem, schnellem Klimawechsel unterworfen sind. Man sollte deshalb durch Einbau von *Klimaanlagen* gesundheitlichen Schädigungen nach Möglichkeit vorbeugen und die

Leistungsfähigkeit der Besatzung erhalten. In den Tropen soll aber dabei die Temperatur in den Innenräumen nicht mehr als 5° C niedriger sein als die Außentemperatur.

2. Klassifikation und Freibord[1].

Klassifikation. Unter Klasse versteht man die Bezeichnung, die die *Klassifikationsgesellschaften* den einzelnen Schiffen geben, je nach ihrer Seefähigkeit und Stärke. Die größten Klassifikationsgesellschaften sind:

1. Germanischer Lloyd, gegr. Hamburg 1867. Zeichen: GL.
2. Lloyd's Register of Shipping (Britischer Lloyd), gegr. London 1760, wiedererrichtet 1834, Zeichen: LR, jetzt vereinigt mit:
3. British Corporation, gegr. Glasgow 1890. Zeichen: BC.
4. Bureau Veritas, gegr. Antwerpen 1828. Zeichen: BV.
5. Norske Veritas, gegr. Oslo 1864. Zeichen: NV.
6. Registro Italiano, gegr. Genua 1861. Zeichen: IR.
7. American Bureau of Shipping, gegr. New York 1867.
8. Imperial Japanese Marine Corporation, gegr. Tokio 1922.

Alle diese Klassifikationsgesellschaften sind mit Ausnahme der behördlichen Institute in Amerika und Japan private Unternehmungen. Ihre Angaben werden aber behördlich anerkannt und dienen als Grundlage für die Ausstellung von Sicherheitszeugnissen. Sie haben die Aufgabe, die Seefähigkeit und die Stärke der Konstruktion der Handelsschiffe festzustellen und durch Erteilung einer bestimmten Klasse jedem Beteiligten, vor allem den Versicherungsgesellschaften, ein Urteil über die Zuverlässigkeit des Schiffes zu ermöglichen. Sie stellen in ihren Vorschriften, gestützt auf Erfahrungen und Untersuchungen, Regeln für den Neubau von Schiffen, Maschinen und Kesseln auf; sie überwachen die Bauausführung und große Reparaturen.

Zur Aufrechterhaltung der Klasse müssen alle Schiffe entsprechend der ihnen erteilten Klasse regelmäßig wiederkehrenden Besichtigungen durch die Experten der Gesellschaft unterzogen werden. Hat ein Schiff eine Havarie erlitten, so verliert es die Klasse, und eine neue Besichtigung ist notwendig (s. S. 84).

Bei den Besichtigungen werden alle Teile des Schiffes im Dock gründlich nachgesehen. Die Stärke der Platten wird geprüft, desgleichen die Doppelbodendecken, die Spanten, die Stringer, die Schotten usw. Die Doppelböden werden einer Druckprobe unterworfen. Alle Teile der Maschine, die Wellen usw. und ferner die Takelage werden untersucht. Die Schiffsleitung hat dafür zu sorgen, daß alle Teile und Räume des Schiffes für die Besichtigung bereit sind. Für diesen Zweck beschaffe man den vom Germanischen Lloyd herausgegebenen „Auszug aus den Klassifikationsvorschriften".

Das Klassenzeichen des Germanischen Lloyd ist für eiserne und stählerne Schiffe ein A mit eingeschalteten Ziffern 4 oder 3, welche die

[1] Der Gebrauch einer Freibord- oder Lademarke ist seit 1835 bekannt, war aber zunächst völlig freiwillig. 1872 trat der Engländer PLIMSOLL mit seinem Buch „Our Seaman" lebhaft für ihre gesetzliche Einführung ein. Daher wird sie auch heute noch oft „PLIMSOLL-Marke" genannt. 1890 erfolgte ihre gesetzliche Einführung in England. Deutschland folgte 1908.

Dauer der für die Schiffe festgesetzten Nachbesichtigungsperioden angeben. Dem A werden die Klassennummern 100 oder 90 vorangestellt, die den Grad der Stärke und den Unterhaltungszustand der Schiffe bezeichnen (z. B. 100 A, 90 A).

Diesen Nummern werden Nebenzeichen vorangestellt. Es bedeutet:

✠ daß das Schiff unter der besonderen Aufsicht des GL gebaut ist,

✠̇ daß das Schiff unter der besonderen Aufsicht einer fremden Klassifikationsgesellschaft gebaut und von GL klassifiziert ist,

[✠] und [✠̇] daß der rechnerische Nachweis der Schwimmfähigkeit nach dem SS-Vertrag erbracht ist (für die Fahrgastschiffe).

Soll ein Schutzdecker zu einem Volldecker umgestellt werden, so erhält er, wenn seine Verbände weniger stark als die eines Volldeckers sind, eine Klasse „mit Freibord", z. B. 100 A mit Freibord 2,82 m.

Ferner wird dem Klassenzeichen noch ein *Fahrtzeichen* beigefügt, wenn das Schiff in einer bestimmten Fahrt beschäftigt wird und Abweichungen von der Bauvorschrift zugelassen sind; es bedeutet

K = große Küstenfahrt, *k* = kleine Küstenfahrt,

W = Wattfahrt, „Nordsee", „Ostsee" u. a.

[*E*] = der Bug ist für die Fahrt durch Eis besonders verstärkt.

[*E*+] = Die Eisverstärkung reicht vom Bug bis zur größten Schiffsbreite in der Tiefladelinie.

„*Erz*" = Erz-Verstärkung.

Ähnliche Zeichen wie der GL verwendet auch der Britische Lloyd, so bedeutet z. B. 100 A 1, daß das Schiff die höchste Klasse besitzt und nach Lloyd's Vorschriften erbaut ist.

Das Bureau Veritas bezeichnet die Klassen der Schiffe und den Zustand der Ausrüstung nach Nummern, hierbei ist 1 die höchste Klasse.

Will oder soll ein Nautiker ein Schiff, das nicht bei dem GL klassifiziert ist, kaufen, so empfiehlt es sich, einen Vertreter des GL als Sachverständigen hinzuzuziehen.

Der Freibord. Die Freibordverordnung vom 25. 12. 32[1] beruht auf dem „Internationalen Übereinkommen über den Freibord der Kauffahrteischiffe" von 1930. Sie gilt innerhalb der kleinen Küstenfahrt ab 150 BRT, außerhalb für alle Schiffe, aber nicht für Fischereifahrzeuge, Jachten und Schiffe, die weder Ladung noch Fahrgäste befördern.

Nach den UVV darf das Schiff nicht tiefer als bis zur festgesetzten Ladelinie beladen werden. Dabei muß genügende Stabilität vorhanden sein.

Der Freibord ist der an der Seite des Schiffes, mittschiffs, senkrecht nach unten gemessene Abstand von Oberkante Deckstrich bis Oberkante

[1] RGBl. 1932, II S. 278.

Freibordmarke. Die Oberkante Deckstrich ist gleichbedeutend mit Oberkante Freiborddeck bzw. Deckbelag an der Seite des Schiffes. Wegen Größe des Freibords bei verschiedenen Schiffstypen s. Abb. 87 bis 89 (s. S. 388). Die Freibordmarke ist der den Kreis schneidende Strich, dessen Oberkante der Sommerladelinie entspricht.

Für die Überwachung der Freibordvorschriften ist in Deutschland die SBG zuständig, für die Berechnung und das Anmarken der GL als technischer Beirat der SBG. Hierüber stellt die SBG in Zusammenarbeit mit dem GL für Schiffe in der Auslandsfahrt über 150 BRT das Internationale Freibordzeugnis aus (s. S. 86). Umbauten bedürfen der Genehmigung und bedingen ein neues Freibordzeugnis. In jedem Lande kann die Polizeibehörde ein Schiff am Auslaufen hindern, das offensichtlich überladen ist oder kein gültiges Freibordzeugnis hat.

Bei der Berechnung des Freibordes wird zunächst die Länge des Schiffes berücksichtigt, da ein langes (großes) Schiff einen größeren Freibord benötigt als ein kurzes (kleines) Schiff. Die Länge ergibt einen bestimmten Tabellenwert als Grundlage. Die folgenden Einzelheiten führen zu Zuschlägen oder Abzügen: 1. Der Völligkeitsgrad des Unterwasserschiffes. 2. Die Freiborddeckhöhe des Schiffes von Oberkante Kiel bis Oberkante Freiborddeck. 3. Die Länge der von Bord zu Bord reichenden Aufbauten über dem Freiborddeck (z. B. das Schutzdeck). 4. Der Sprung des Schiffes. 5. Die Decksbalkenbucht, die normal 1/50 der Schiffsbreite beträgt.

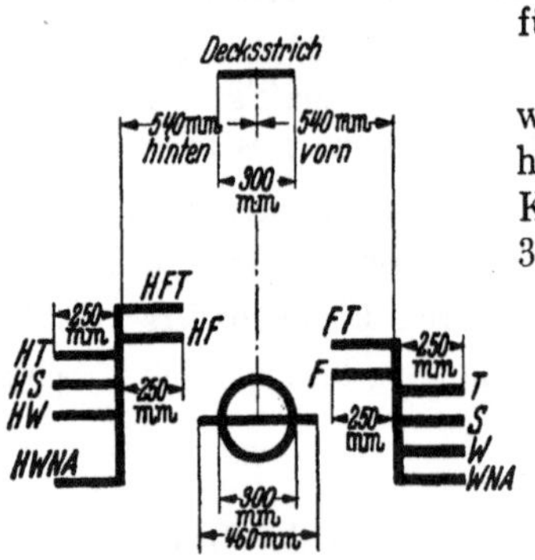

Abb. 111. Freibordmarken, rechts für gewöhnliche Dampfer, links für Holzdampfer.

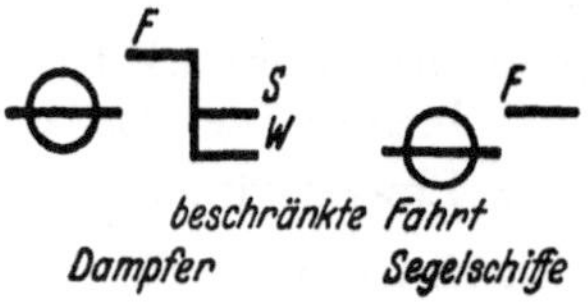

Abb. 112.

Die diesen Einzelheiten entsprechenden Formeln werden nur angewendet, wenn das Schiff der vom GL vorgeschriebenen Stärke, Festigkeit und Bauart entspricht.

Der so berechnete Freibord ist der Sommerfreibord (S), der nicht kleiner als 50 mm sein darf. Für das Befahren von Tropengebieten wird der Freibord T um 1/48 des Tiefganges (S) geringer festgesetzt (jedoch ebenfalls nicht unter 50 mm). Für Wintergebiete ist der Freibord W um den gleichen Betrag größer. Schiffe unter 100,58 m Länge erhalten für die Winterfahrt im Nordatlantik den Freibord WNA, der um weitere 50 mm größer ist. Tanker erhalten immer einen Freibord WNA je nach ihrer Länge.

Segler erhalten einen besonderen Freibord, der für Sommer-, Winter- und Tropengebiete gilt und für WNA um 75 mm vergrößert wird.

Bei Schiffen in der beschränkten Fahrt (z. B. große Küstenfahrt) fehlen die Marken T und WNA.

Schiffe mit Holzdeckslast erhalten außer für WNA einen geringeren Freibord, wenn bestimmte Voraussetzungen erfüllt werden. Die für die Schiffsleitung wichtigen Bedingungen sind von der SBG im „Merkblatt für Holzdeckslast" festgelegt. Z. B. muß die Deckslast die Well voll und dicht ausfüllen, und im Winter darf die Höhe der in bestimmter Weise gelaschten Deckladung 1/3 der Schiffsbreite über dem Freiborddeck nicht überschreiten.

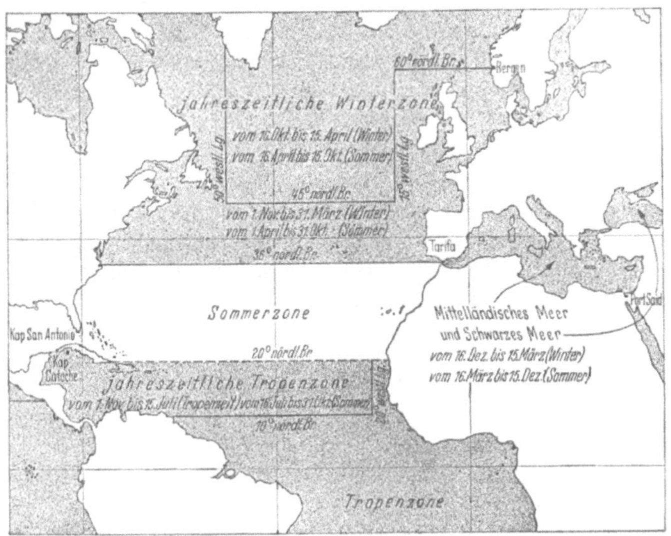

Abb. 113. Ausschnitt aus der Weltkarte für Freibordzonen.

Der Frischwasserabzug ist für alle Freiborde gleich. Er entspricht der Tiefertauchung des Schiffes in Frischwasser gegenüber Seewasser.

Fahrgastschiffe erhalten anstatt des Freibordes auf Grund der Fahrgastschiffverordnung den sogenannten Schottentiefgang zugebilligt, der im Sicherheitszeugnis (s. S. 86) festgestellt und an der Außenhaut angemarkt wird. Die Schottenladelinie C_1 darf nicht höher sein, als die allgemeinen Freibordvorschriften bestimmen. Die Linien C_2 und C_3 gelten, wenn in einigen Räumen keine Fahrgäste befördert werden (z. B. mit Ladung belegt).

Von den verschiedenen Freibordwerten muß die Schiffsleitung den jeweils gültigen selbst bestimmen. Dazu dient die Erdkarte mit den eingezeichneten Zonen und jahreszeitlichen Zonen, die an Bord sein muß. Unter Zonen sind Meeresgebiete zu verstehen, für die während des ganzen Jahres dieselben Freibordbedingungen gelten. Solche Zonen sind die Sommerzone und die Tropenzone. Die übrigen Gebiete sind jahreszeitliche Zonen, für die in verschiedenen Jahreszeiten *verschiedene Freibordbedingungen* gelten. Die Schiffsleitung muß schon bei der

Beladung und Ausrüstung mit Treibstoff usw. dafür sorgen, daß das Schiff bei Eintritt in eine ungünstigere Zone den dieser Zone entsprechenden Tiefgang nicht überschreitet, daß es also den vorgeschriebenen Mindestfreibord T, S oder W hat, gegebenenfalls auch WNA. Berechnungsbeispiel s. S. 190ff.

3. Schiffsvermessung.

Verschiedene Raum- und Gewichtsmaße des Schiffes. Die Tonne ist ein heute sehr verschieden angewendetes Maß. Der Begriff ist mit auf die Hanse zurückzuführen, die den Rauminhalt der Koggen nach dem Fassungsvermögen von Heringsfässern (Tonnen) angab. Die Engländer entwickelten daraus im 17. Jahrh. die Gewichtstonne zu 2240 engl. Pfund (lbs) und trugen das so ermittelte Meßergebnis in das Schiffsregister ein, womit der Begriff „Registertonne" geschaffen war. Später machte man daraus ein Raummaß.

Raumgehalt. Er wird in Registertonnen ausgedrückt. Dieses Maß hat mit der ursprünglichen Tonne nichts mehr zu tun, denn: 1 Reg. T. = 100 Kubikfuß (cft) = 2,83 cbm. Gleichzeitig wird in Deutschland der Raumgehalt in Kubikmetern ausgedrückt. 1 cbm = 0,353 Reg. T. Ursprünglich war der gesamte Raumgehalt der Brutto-Raumgehalt (gross tonnage). Durch Abzug der für den Betrieb des Schiffes notwendigen Räume ergab sich der Netto-Raumgehalt (net tonnage). Wegen der Eigenart der Meßverfahren ist der Raumgehalt heute nicht mehr mit dem tatsächlichen Rauminhalt vergleichbar. Meistens ist der Register-Raumgehalt zum Vorteil des Reeders wegen der geringeren Abgaben erheblich kleiner.

Deplacement (Verdrängung, displacement) wird von den Werften berechnet.

a) Kubisches Deplacement oder Kubikinhalt (volume of displacement) des vom eingetauchten Schiffskörper verdrängten Wassers, zunächst auf Spanten berechnet und dann auf Außenhaut ergänzt.

b) Gewichtsdeplacement (weight of displacement) als Gewicht des verdrängten Wassers, ausgedrückt in metrischen Tonnen zu 1000 kg (t), in Großbritannien und USA in Tonnen zu 2240 lbs oder 1016 kg (ts). Das jeweilige Gewichtsdeplacement entspricht dem Gewicht des Schiffes in seinem mehr oder weniger beladenen Zustande. Es ergibt sich, indem man das kubische Deplacement mit dem spezifischen Gewicht des Wassers multipliziert (Seewasser normal 1,025). Durch Abzug aller Ladungs- und Ausrüstungsgewichte ergibt sich das Gewicht des seeklaren Schiffes mit gefüllten Kesseln ohne Besatzung, Treibstoff und sonstige Ausrüstung.

Tragfähigkeit (deadweight), genauer als Gesamttragfähigkeit (deadweight all told) bezeichnet, ist die als Gewicht ausgedrückte Ladefähigkeit bis zur jeweiligen Ladelinie (vgl. Freibord). Ohne nähere Bezeichnung ist die Sommer-Ladelinie gemeint. Zur Gesamttragfähigkeit gehören außer der Ladung die Besatzung, der Treibstoff und sonstige Verbrauchsausrüstung wie Proviant, Wasser, Schmieröl, Bootsmannsvorräte, Stauholz usw. Maßeinheit ist die Tonne zu 1000 kg (t) — im Ausland meistens zu 1016 kg (ts) — oder abgekürzt tdw, genauer tdw a. t. Das Gewicht der vollen Ladung allein wird auch als Schwergutladefähigkeit bezeichnet, die natürlich von dem jeweiligen Gewicht der Verbrauchsausrüstung abhängt. Berechnungsbeispiel s. S. 190ff.

Ballenraum (balespace) ist der tatsächliche Rauminhalt der Laderäume Innenkante Schweißlatten und Wegerung und Unterkante Decksbalken. Er allein gibt den Laderauminhalt an, der für Stückgüter zur Verfügung steht. Er wird in cbm und cft von der Werft berechnet, wobei für Stützen, Längsschotte usw. Abzüge gemacht werden. Das Verhältnis Ballenraum: Schwergutladefähigkeit ist der *Staukoeffizient* des Schiffes oder die „*Räumte*".

Kornraum (grainspace) unterscheidet sich vom Ballenraum dadurch, daß die Laderäume bis Außenkante Spanten, bis zur halben Decksbalkenhöhe und bis zur Tankdecke gemessen werden. Etwa vorhandene Wegerung wird ebenso abgezogen wie Stützen usw. Der Kornraum wird ebenfalls von der Werft in cbm und cft berechnet. Auch nach ihm kann ein Staukoeffizient oder eine Räumte berechnet werden.

Die vorstehenden Maße haben mit der Schiffsvermessung keinen unmittelbaren Zusammenhang.

Vermessungsbestimmungen. In Deutschland wird der Register-Raumgehalt der Schiffe vom Bundesamt für Schiffsvermessung (s. S. 100) amtlich vermessen. Die gesetzliche Grundlage dafür[1] ist im Laufe der Zeit aus dem englischen Meßverfahren von 1854 nach Moorsom entwickelt worden. Wenn auch z. B. die USA und Großbritannien der Oslo-Konvention[1] nicht beigetreten sind, so ist doch auch dort die Entwicklung gleichartig verlaufen, so daß das Moorsom-Verfahren international ziemlich einheitlich angewendet wird.

Das Vermessungsergebnis wird im *Internationalen Schiffsmeßbrief* (s. S. 82) festgestellt und überall anerkannt, soweit an Bord nicht unerlaubte schiffbauliche Veränderungen vorgenommen werden. Nach dem Vermessungsergebnis richten sich die Hafen-, Leuchtfeuer- und Kanalabgaben, Lotsen- und Schleppergebühren, die Schiffsbesetzungordnung, der Heuertarif usw. Von besonderer Bedeutung sind noch das *Panamakanal-* und das *Suezkanal-Meßverfahren*, die nachstehend ebenfalls kurz behandelt werden und nach denen das Bundesamt für Schiffsvermessung die entsprechenden Spezialmeßbriefe ausstellt (s. S. 82).

Der Brutto-Raumgehalt setzt sich aus vier Abteilungen zusammen: 1. Rauminhalt unter dem Vermessungsdeck; 2. Rauminhalt zwischen Vermessungsdeck und oberstem durchlaufenden Deck; 3. Aufbauten auf diesem; 4. Lukenüberschuß. Bestimmte offene oder „offen ge-

---

[1] Das „Gesetz über den Beitritt der Bundesrepublik Deutschland zu dem Übereinkommen über ein einheitliches System der Schiffsvermessung (Anm.: Oslo-Konvention) vom 8. Oktober 1957" ermächtigt den Bundesverkehrsminister, eine neue Schiffsvermessungsordnung zu erlassen. Der Oslo-Konvention gehören außerdem an: Belgien, Dänemark, Finnland, Frankreich, Island, Niederlande, Norwegen, Schweden.

machte" Räume bleiben von vornherein „ausgeschlossen", während bestimmte geschlossene Räume „ausgesondert" und daher ebenfalls nicht mit eingemessen werden.

Zu 1. *Rauminhalt unter dem Vermessungsdeck* einschließlich Maschine, Kesselraum, Bunker, aber ausschließlich Doppelboden, möge dieser Ladung, Treibstoff oder andere Vorräte enthalten oder nicht. Vermessungsdeck ist das oberste durchlaufende Deck (bei Schutzdeckern das zweite von oben, s. Abb. S. 388), bei Schiffen mit drei oder mehr Decks das zweite von unten. Der Raum wird gemessen zwischen Unterkante Vermessungsdeck und Oberkante Doppelboden sowie zwischen Innenkante Schweißlatten (Höchstabstand 31 cm, sonst zwischen Innenkante Spanten). Von dem so ermittelten Raum wird ein Drittel der Decksbalkenbucht abgezogen, ferner die Bodenwegerung. Jegliche Bodenwegerung und Isolierung darf nur bis zu 8 cm Dicke berücksichtigt werden, Isolierung unter Deck überhaupt nicht. Der Rauminhalt wird nach der Simpson-Regel berechnet.

Zu 2. *Rauminhalt der einzelnen Decks* zwischen dem Vermessungsdeck und dem obersten durchlaufenden Deck, wobei für Isolierung und Schweißlatten das gleiche gilt wie zu Nr. 1. Bei vielen Schiffen, den sogenannten Schutzdeckern (s. Abb. S. 388), bleibt auf Antrag des Reeders das sogenannte Zwischendeck oder der Schutzdeckraum „ausgeschlossen" und wird daher nicht eingemessen, wenn er von oben durch eine *Vermessungsluke* (tonnage hatch) „offen" gemacht ist. Diese muß mindestens 1,22 m lang sein und so breit wie die normale hinterste Ladeluke, bei ungewöhnlich schmalen Ladeluken (z. B. auf Tankern) so breit wie ein Drittel der größten Decksbreite. Ein Süll darf nur 0,31 m hoch sein. Eine Vorrichtung zum Schalken ist nicht zugelassen, doch darf die Vermessungsluke mit hölzernen Bohlen abgedeckt werden, die aber nur von unten mit Tauwerk gesichert werden dürfen[1]. Meistens wird unter der Vermessungsluke ein kleiner, von Bord zu Bord reichender Vermessungsraum (tonnage well) geschaffen, in dem sich — auch auf neueren Schiffen — noch Niederschraubventile[2] befinden, die zum Ablassen eingedrungenen Wassers dienen sollen. Die anstoßenden Räume gelten nur dann als „offen" gemacht und bleiben ausgeschlossen, wenn jedes Querschott auf jeder Schiffsseite eine *Vermessungsöffnung* hat. Diese müssen mindestens 1,22 m hoch und mindestens 0,92 m breit sein und dürfen einen höchstens 0,61 m hohen Süll haben (ersatzweise eine Vermessungsöffnung 1,53 × 1,22 m in der Mitte). Sie dürfen durch lose Planken ohne Nut und Feder in U- oder Z-Eisen provisorisch verschlossen werden oder durch eine eiserne oder hölzerne Platte mit einer Halterung von Hakenbolzen mit mindestens 0,31 m Abstand. Die Hakenbolzen dürfen nur durch

---

[1] Auf andere Vorrichtungen zum „Offenmachen", z. B. durch Öffnungen in den Schiffsseiten, wird hier nicht eingegangen.

[2] Niederschraubventile sind durch die Oslo-Konvention nicht mehr vorgeschrieben, aber zugelassen. Die früher vorgeschriebenen Wasserpforten im Vermessungsraum und Speigatten in allen Schottenabteilungen des Schutzdeckraumes gibt es nur noch auf alten Schiffen.

die Platte, nicht aber durch das Schott geführt werden. Darüber hinaus sind weitere Abdichtungen nicht zugelassen, auch nicht solche durch Werg oder Farbe, wohl aber eine Isolierung, z. B. als Feuerschutz. Ein Lattenschott oder Latteneinbauten mit einem Lattenabstand von mindestens 76 mm brauchen keine Vermessungsöffnung zu haben.

Der Antrag des Reeders auf Ausschließung verpflichtet das Schiff, die Vermessungsluke und die Vermessungsöffnungen in dem Zustande zu lassen, in dem sie sich bei der Vermessung befunden haben. Nachträgliche Änderungen ohne Genehmigung des Bundesamts für Schiffsvermessung — z. B. Anbringen von Augbolzen, Klampen, Geländerstützen oder auch loser Schalkvorrichtungen — können z. B. beim Anlaufen eines ausländischen Hafens zum Einmessen des Schutzdecks und damit zu höheren Abgaben führen, darüber hinaus ist auch eine Bestrafung möglich.

Zu 3. *Rauminhalt der geschlossenen Aufbauten* auf und über dem Oberdeck, wobei gewöhnliche Türen als Verschluß gelten. Gänge, die an mindestens einer Seite ganz offen sind und keinen Süll haben, werden nicht eingemessen.

Von den geschlossenen Aufbauten müssen aber die „offen" gemachten unterschieden werden, die als ausgeschlossen gelten und nicht eingemessen werden. Hierzu gehören z. B. lange Back oder lange Poop sowie Back, Poop und Spardeck unter dem Brückenaufbau eines Drei-Insel-Schiffes (s. S. 387). Um als ausgeschlossen zu gelten, muß jeder solcher Räume im Front- oder im Endschott die in Nr. 2 genannten Vermessungsöffnungen haben. Andere Zugangsöffnungen oder Türen sind nicht erlaubt.

Die nicht ausgeschlossenen Aufbauten werden Innenkante Außenverschalung oder Wegerung (unter 8 cm Dicke), Innenkante Schottversteifung und Unterkante Decksbeplattung vermessen, und zwar zunächst die von Bord zu Bord reichenden, dann die Decksaufbauten. Geschlossene Einbauten innerhalb ausgeschlossener Räume werden eingemessen, z. B. Räume für Post oder Parcelgüter oder für Fahrgäste oder Besatzung.

Folgende, vermessungstechnisch geschlossene Räume auf oder über dem Oberdeck werden ausgesondert und daher nicht eingemessen:

a) Treibkrafträume einschließlich der Licht- und Luftschächte, z. B. Maschinen- und Kesselschächte, unter Umständen auch ein Teil des Schornsteins. Auf Antrag des Reeders können diese Räume aber auch ganz oder teilweise eingemessen werden, soweit sie über dem Vermessungsdeck liegen, damit z. B. ein günstigeres Nettoergebnis erzielt wird (vgl. Abzug für Treibkraft).

b) Räume für Maschinen aller Art, die nicht zur Antriebsanlage gehören, z. B.: Ankerwinde, Kettenkasten, Steuerapparat, Pumpen, Kühlmaschinen, Destillieranalagen, Aufzüge, Wäschereimaschinen, Dynamos, Batterien, Feuerlöschapparate wie Schaumgenerator und CO_2-Anlage usw.

c) Ruderhaus ohne Kartenraum.

d) Kombüse und Bäckerei, auch solche für Fahrgäste.

e) Oberlichter, Licht- und Luftschächte.

f) Niedergänge und Kappen sowie Treppenhäuser unmittelbar darunter.

h) Aborte für Besatzung und Fahrgäste.

i) Reine Wasserballasttanks über dem Vermessungsdeck.

Alle hier genannten ausgesonderten Räume werden jedoch in den Vermessungsvordruck eingetragen.

Zu 4. *Inhalt der Ladeluken*, soweit er $^1/_2$% des unter Nr. 1—3 ermittelten Brutto-Raumgehaltes übersteigt. Bei einem Schutzdecker gelten die auf dem Oberdeck liegenden Luken über dem Schutzdeckraum als ausgeschlossen, wogegen die Luken auf dem Vermessungsdeck (Zwischendeck) eingemessen werden.

Der gesamte Brutto-Raumgehalt ergibt sich aus der Addition der Teilergebnisse Nr. 1—4.

Der Netto-Raumgehalt, nach dem sich im allgemeinen die Hafen- und Kanalabgaben richten, entsteht nach Abzug folgender Räume für 1. Schiffsführer; 2. Besatzung; 3. Navigation; 4. Bootsmannsvorräte; 5. Wasserballast; 6. Treibkraft; (auf Sonderbestimmungen über Hilfskessel und Hauptpumpen, Ladungspumpen u. a. wird hier nicht eingegangen).

Zu 1. *Die Schiffsführerräume* umfassen außer dem Wohnraum den Schlafraum, Baderaum, Arbeitsraum und Garderobe, unter Umständen auch Wachraum neben dem Kartenraum. Die Räume müssen als solche bezeichnet sein. Voller Abzug.

Zu 2. *Die Besatzungsräume* sind alle der Besatzung dienenden Räume wie Schlafräume, Messen, Bäder, Garderoben, Trockenräume, Rauchzimmer, zweckentsprechend eingerichtete Hospitäler, für 1. Offz. und 1. Ing. getrennte Schlafräume und angrenzende Arbeitsräume, Gänge an diesen Räumen, Provianträume für Besatzung, Aborte unter dem Vermessungsdeck (über Vermessungsdeck ohnehin ausgesondert), jedoch nicht Büros für andere Offiziere, Zahlmeister und Stewards, ebenfalls nicht das Arztsprechzimmer auf Fahrgastschiff. Jeder dieser Räume muß mit seinem Zweck bezeichnet sein. Voller Abzug.

Zu 3. *Navigationsräume* sind, soweit sie nicht bereits ausgesondert sind (s. Brutto-Raumgehalt Nr. 3), Kartenraum, Funkstation, Räume für Signallaternen, Flaggen, Raketen, Navigationsinstrumente, Kreisel, Rudermaschine, Ankergeschirr, Kettenkasten (vgl. z. B. Abb. 88, aus der hervorgeht, daß vom Kettenkasten nur der unter dem Vermessungsdeck liegende Teil abgezogen wird, da der darüber liegende Teil schon ausgesondert ist; anders dagegen z. B. beim Volldecker). Voller Abzug dieser Räume, soweit sie nicht größer als angemessen sind.

Zu 4. *Die Räume für Bootsmannsvorräte* sind Kabelgatt, Ladegeschirrlast, Farbenlast, Persenningkästen, Trossenspinde, Besenspinde u. a. Der zugelassene Abzug richtet sich nach der Schiffsgröße. Zwischen 2000 und 10000 BRT beträgt er 1%, aber höchstens 75 Reg. T.

Zu 5. *Die Räume für Wasserballast* sind diejenigen unter dem Vermessungsdeck (über Vermessungsdeck ausgesondert, vgl. Abb. 88 und Brutto-Raumgehalt Nr. 3i) und über der Fluchtlinie der Bodenwrangen,

z. B. Vor- und Achterpiek. Sie dürfen keinen anderen Zwecken dienen. Sie müssen Mannlöcher von bestimmter Größe haben und dürfen nicht an Frischwasserleitungen usw. angeschlossen sein. Der Reeder muß sich verpflichten, nur Wasserballast in ihnen zu fahren. Diese Wasserballasträume werden nur abgezogen, soweit nicht bestimmte Prozentsätze vom Bruttoraumgehalt überschritten werden (z. B. bei 5000 BRT hiervon 13,84%), doch werden bei Ermittlung des Prozentsatzes auch sämtliche Doppelbodentanks einschließlich derjenigen für Öl und Ladung mit herangezogen.

Zu 6. *Die Räume für Treibkraft* sind solche für die Hauptmaschine einschließlich Kessel sowie für die der Hauptmaschinenanlage dienenden Hilfsmaschinen. Es wird nur der Raum dieser Antriebsanlage gemessen (vgl. aber Brutto-Raumgehalt Nr. 3a über Licht- und Luftschächte), und zwar einschließlich Drucklagerraum, Wellentunnel, Rettungsschächten, Vorratsräumen, Hilfsmaschinenräumen, Setz- und Tagestanks, Schalldämpfern (auch im Schornstein) usw. Andere Tanks und Räume für andere Maschinen (z. B. Stromaggregat für Ladewinden, Kühlmaschinen usw.) werden nicht mit gemessen.

Wenn das Meßergebnis über 13% und unter 20% von dem obengenannten, gesamten Brutto-Raumgehalt liegt, beträgt der Treibkraftabzug für Maschine *und* Bunker 32% von diesem Brutto-Raumgehalt[1]. Ist das Ergebnis 13% oder geringer, vermindert sich der Abzug entsprechend, bei 10% z. B. um $^{10}/_{13}$ von 32%[2].

Berechnet man aus dem Raum der Antriebsanlage eine Größe ab 20%, werden zu seiner tatsächlichen Größe 75% für Treibstoff hinzugerechnet und dieses Ergebnis als Treibkraftabzug vom Brutto-Raumgehalt angesehen[3]. Dabei darf aber der Treibkraftabzug 55% des um die Abzüge Nr. 1—5 verminderten Brutto-Raumgehalts nicht übersteigen, Schlepper ausgenommen.

Aus Nr. 1—6 ist erkennbar, daß folgende Räume nicht abzugsfähig sind: Provianträume, soweit sie auch für Fahrgäste bestimmt sind; Ladekontor; Lotsenkammer; Eignerkammer; Hospital für Fahrgäste; Zimmermannswerkstatt; Geschirrspinde, Wäschekammern; Kombüsen und Pantries für Fahrgäste.

Aus diesen komplizierten Vermessungsvorschriften, die im wesentlichen in allen Kulturstaaten gleichartig sind, folgt, daß das Vermessungsergebnis keineswegs mit dem tatsächlichen Raumgehalt übereinstimmt. Die wirtschaftlichen Eigenschaften eines Schiffes lassen sich außer nach seinen technischen Eigenschaften nur nach seinem Laderauminhalt und der Tragfähigkeit beurteilen. Schutzdecker haben z. B. eine „Räumte"

[1] Englische Prozentregel oder MOORSOM-*Regel*, 1854 aus der Überlegung entstanden, daß Maschine, Kessel und Bunker etwa 32% des Brutto-Raumgehaltes ausmachten. Für heutige Schiffe ist dieser Prozentsatz an sich zu hoch.

[2] In der Oslo-Konvention (vgl. Fußnote S. 409) zwar nicht enthalten, aber nach neuerem englischen Vorbild von den Unterzeichnerstaaten angewendet.

[3] Donau-Regel, so genannt nach der örtlichen Entstehung im Jahre 1860.

(s. S. 409), die sich dem Wert 2 nähert. Vergleiche hierzu auch Umwandlung von Schutzdeckern in Volldecker (s. S. 405).

Suezkanal-Vermessung. Der nach den internationalen und zugleich deutschen Vermessungsvorschriften ausgestellte Internationale Schiffsmeßbrief gilt nicht für die Berechnung der Suezkanal-Abgaben. Das Schiff benötigt dafür einen Suezkanal-Meßbrief (s. S. 82), der für deutsche Schiffe ebenfalls vom Bundesamt für Schiffsvermessung ausgestellt wird. Die wesentlichen Vorschriften dafür sind:

Suezkanal-Brutto-Raumgehalt.

Rauminhalt unter dem Vermessungsdeck wie oben unter Nr. 1. Doppelbodenzellen, die der Aufnahme von Treibstoff, Frischwasser, Ladung usw. dienen, werden mit eingemessen. Wenn die Doppelbodentankdecke nach den Seiten um mindestens 50 mm ansteigt, kann der Unterdeckraum nach besonderer Vorschrift günstiger vermessen werden, wodurch etwa 3—5% Brutto-Raumgehalt gespart wird.

Rauminhalt der einzelnen Decks wie oben unter Nr. 2. Vermessungsdeck ist immer das oberste durchlaufende Deck. Der „offen" gemachte Schutzdeckraum wird einschließlich eines etwa vorhandenen Vermessungsraumes unter der Vermessungsluke eingemessen. Daher ist die Belegung des Vermessungsraumes mit Ladung ohne Einfluß auf die Kanalabgaben.

Rauminhalt aller gedeckten oder geschlossenen Aufbauten über dem obersten durchlaufenden Deck. Daher müssen auch gedeckte und seitlich geschlossene, aber sonst vollkommen offene Gänge eingemessen werden, die z. B. zwischen Decksaufbauten liegen. *In diese Aufbauten werden nicht eingemessen*:

a) Von der Back oder offenen Gängen darin der Teil, der vom Vorsteven aus 1/8 der Schiffslänge ausmacht, sofern auch bei der nationalen Vermessung ausgesondert (vgl. oben 3a).

b) Von der Poop oder offenen Gängen darin der Teil, der vom Heckspant aus 1/10 der Schiffslänge ausmacht, sofern auch bei der nationalen Vermessung ausgesondert.

c) Laderaumteile neben Maschinen- und Kesselschacht und diese selbst, sofern auch bei der nationalen Vermessung ausgesondert.

d) Treppen und Lichtschächte in Aufbauten.

e) Offene Teile von Aufbauten, und zwar 1/2 Schiffsbreite tief in den Aufbau hinein, wenn die Öffnung mindestens 1/2 Schiffsbreite groß ist und weder Süll noch Kopfplatte hat.

Lukenüberschuß wie oben unter Nr. 4.

Die Aussonderungsräume werden auf der dritten Seite des Suezkanal-Meßbriefes einzeln aufgeführt. Bei der Fahrt durch den Suezkanal müssen sie besenrein sein, weil sie sonst vermessen und dann für jede weitere Durchfahrt mit abgabepflichtig sind. *Sie müssen daher der Schiffsleitung genau bekannt sein.*

Suezkanal-Netto-Raumgehalt. Nach ihm richten sich die Kanalabgaben, wobei Ballastschiffe günstiger behandelt werden. Die für ihn maßgebenden Abzüge unterscheiden sich ebenfalls von den nationalen Bestimmungen:

Treibkraftabzug entweder nach der Donauregel[1] oder nach dem tatsächlichen Rauminhalt von Maschinen-, Kessel- und Bunkerräumen unter dem Vermessungsdeck, wie es für den Reeder am günstigsten ist. Der Treibkraftabzug darf 50% des Brutto-Raumgehaltes nicht übersteigen.

Räume für die Besatzung werden nur teilweise abgezogen. Nicht abzugsfähig sind die Räume für solche Besatzungsmitglieder, die für die Fahrgäste oder einen Spezialdienst an Bord sind (z. B. Zahlmeister, Oberkoch und Köche, Obersteward und Stewards, Kühlmaschinenwärter, Pumpenmeister). Kombüse, Pantry und Offiziersmesse werden abgezogen, wenn sie nur der Besatzung dienen.

Räume für Navigation, Funkstation usw. wie nationale Vermessung.

Der Abzug für Besatzung und Navigation ist auf 10% des Brutto-Raumgehaltes begrenzt.

Bootsmannsvorräte und

Wasserballasträume werden nicht abgezogen.

Panamakanal-Vermessung. Auch für die Fahrt durch den Panamakanal ist ein besonderer Meßbrief erforderlich (s. S. 82). Die wesentlichen Vorschriften sind:

Panamakanal-Brutto-Raumgehalt.

Dieser entspricht der Suezkanal-Vermessung bis auf die Aufbauten, bei denen Back, Poop und Laderaumteile neben Maschinen- und Kesselschacht und diese selbst nicht ausgesondert werden. Maschinen- und Kesselschächte auf dem obersten durchlaufenden Deck (I. Etage) werden nur dann eingemessen, wenn der Aufbau von Bord zu Bord reicht. Über der I. Etage werden sie in jedem Falle ausgesondert.

Panamakanal-Netto-Raumgehalt.

Nach ihm richten sich die Kanalabgaben. Ballastschiffe werden günstiger behandelt. Die Abzüge unterscheiden sich von den nationalen und den Suezkanal-Vorschriften wie folgt:

Treibkraftabzug ähnlich Suezkanal-Vermessung.

Räume für Besatzung wie nationale Vermessung; Lotsenkammer ist abzugsfähig.

Räume für Navigation usw. wie nationale Vermessung, ferner Räume, die überhaupt der Bedienung und Erhaltung des Schiffes dienen (z. B. Werkstätten, Räume für Dynamos, Lüfter, Pumpen usw., die bei der nationalen Vermessung in Aufbauten ausgesondert bleiben und unter dem Vermessungsdeck abgezogen werden).

Bootsmannsvorräte wie nationale Vermessung; Kettenkasten sind ohne Beschränkung voll abzugsfähig.

Wasserballasträume, die nicht anderen Zwecken dienen. Frischwassertanks in den Pieks werden ebenfalls abgezogen.

Wirtschaftsräume auf Schiffen, die mehr als 12 Fahrgäste befördern *können,* werden nur begrenzt abgezogen, doch können nur auf solchen Fahrgastschiffen Gesellschaftsräume abgezogen werden.

4. Elektrische Anlagen an Bord.

Bestimmungen der Schiffssicherheitsverordnung. Diese gelten nur für Fahrgastschiffe und schreiben für diese mindestens zwei Hauptstrom-

[1] Siehe Fußnote [3] S. 413.

erzeugungsaggregate vor. Außerdem müssen auf Fahrgastschiffen oberhalb des Schottendecks eine Akkumulatorenbatterie oder ein oder mehrere Dieselaggregate als Notstromquelle vorhanden sein. Diese muß folgende Stromverbraucher 36 Stunden auch bei einer Schlagseite von 22,5° und einer Trimmlage gleichzeitig speisen: a) die Positionslaternen, die Notbeleuchtung auf dem Bootsdeck und die Außenbordbeleuchtung bei den Booten, die Notbeleuchtung in allen Gängen, auf den Treppen, in den Ausgängen, in den Maschinen- und Betriebsräumen und in allen Sicherheitsstationen, b) die Notlenzpumpe, c) eine Feuerlöscheinrichtung, d) die Funkanlage, e) die der Schiffssicherheit dienenden Melde- und Anzeigeanlagen, f) die Navigationsgeräte, g) die elektrischen Rudermaschinen mit mindestens halber Leistung, h) die Kühlwasserpumpe des Notaggregates, i) die Schottenschließanlage.

Auf Fahrgastschiffen müssen entsprechend dem internationalen Schiffssicherheitsvertrag alle Leitungen doppelpolig verlegt sein, während auf Frachtschiffen im allgemeinen die Rückleitungen auf dem kürzesten Wege an den Schiffskörper angeschlossen sind. Nach den UVV müssen aber alle elektrischen Leitungen im Umkreis von 5 m um die Magnetkompasse doppelpolig verlegt werden.

Gleichstrom oder Drehstrom im Schiffsbetriebe. Während früher an Bord ausnahmslos Gleichstrom verwendet wurde, geht man jetzt vielfach zum Drehstrom über. Ein wesentlicher Vorteil des Drehstromes besteht darin, daß sich durch Transformatoren auf einfache Weise jede beliebige Spannung erzeugen läßt, ferner in der einfachen Wartung der Verbraucher und darin, daß Geräte und Ausrüstungsteile verwendet werden können, wie sie bei Landanlagen üblich sind und daher zu verhältnismäßig niedrigen Preisen in großen Serien hergestellt werden. Für Kraftverbraucher wird auf deutschen Schiffen allgemein eine Phasenspannung von 380 V bei einer Frequenz von 50 Hz verwendet. Fahrzeuge der deutschen Bundesmarine werden, wie alle Einheiten der Nato und die Schiffe der amerikanischen Handelsflotte, mit 440 V, 60 Hz ausgerüstet. Für Beleuchtungs-, Signal- und Heizzwecke sind 220 V Wechselstrom oder 110 V Wechselstrom, je nach Art des Schiffes, gebräuchlich.

Während das Leitungsnetz bei Drehstrom-Anlagen umfangreicher wird und auch die Schaltgeräte entsprechend den drei Phasen mehr Kontakte erhalten als bei zweipoligen und besonders bei einpoligen Gleichstrom-Anlagen, zeichnen sich die Motoren durch ihren einfachen und betriebssicheren Ausbau aus. Explosionsgeschützte Motoren lassen sich für Drehstrom bedeutend einfacher herstellen als für Gleichstrom.

Drehzahl-Regulierungen, wie sie bei Lade- und Ankerwinden und Verholspillen notwendig sind, lassen sich bei Gleichstrom-Motoren in einfacher Weise, bei Drehstrom-Motoren aber nur mit besonderem technischen Aufwand bewerkstelligen. Am gebräuchlichsten ist die Umschaltung der Polzahl (Käfig-Läufermotoren), wodurch man eine Stufenschaltung erreicht. Für feinfühlig zu regulierende motorische Antriebe, wie z. B. für Ladewinden, verwendet man bei Drehstrom-Schiffen daher auch vielfach Gleichstrom, der im allgemeinen durch LEONARD-Umformer bei jeder Ladewinde erzeugt wird.

ie wichtigsten DIN-Schaltzeichen elektrischer Anlagen in Schiffsplänen, Schaltskizzen usw.[1]

Stromarten

Gleichstrom allgemein

Wechselstrom allgemein

Tonfrequenz-Wechselstrom

Hochfrequenz-Wechselstrom

Gleich- oder Wechselstrom (Allstrom)

Zweileiter-Gleichstrom

16 2/3 Hz Einphasen-Wechselstrom von 16 2/3 Hz

3Mp 50 Hz Dreiphasen-Wechselstrom (Drehstrom) von 50 Hz, gleiche Belastung, mit Sternpunktleiter

Leitungen

Leitung allgemein

3 Leiter

Bewegbare Leitung (Freihandlinie)

Leitungen mit Kennzeichnung des Verwendungszweckes

Schutzleitung für Erdung, Nullung u. Schutzschaltung

Ruf- und Klingelleitung

Fernsprechleitung

Rundfunkleitung

Geschirmte Leitung geerdet

Kreuzung von Leitungen ohne Verbindung

a, b Leitende Verbindung von Stromkreisen, z. B. 2 zu je 2 Leitern (a mehrpolig, b einpolig)

Verbindungsstelle allgemein, insbesondere betriebsmäßig nicht lösbar

Lösbare Verbindung, z. B. Klemme

Allgemeine Schaltungsglieder

Ohmscher Widerstand allgemein

desgl. mit Anzapfungen

Induktiver Widerstand, Drosselspule, Wicklung allgemein

desgl. für Hoch- und Höchstfrequenz, falls erforderlich

wie vor*), mit Eisenkern

wie vor*), mit Massekern

Scheinwiderstand, Phasenwinkel beliebig

Transformator, Übertrager, Wandler, allgem.

Kondensator allgemein

Einstellbarkeit

Stufige Verstellbarkeit

Stetige Verstellbarkeit

Selbsttätige stufige Verstellbarkeit

Selbsttätige stetige Verstellbarkeit

Beispiele von Kombinationen

Ohmscher Widerstand, stetig verstellbar

Kapazität, stufig verstellbar

Induktivität für Hochfrequ., stetig verstellbar

Lichtelektrische Zelle (Photozelle)

Elektrisches Ventil

Funkenstrecke

Überspannungsableiter

n Batterie mit Zellenzahl n

Erdung (Erdungszeichen nach DIN 40011)

Masse, z. B. metallisches Gehäuse

Überschlag- oder Durchschlagstelle (Hochspannungszeichen)

*) Diese zusätzlichen Kennungen auch mit dem Schaltzeichen für Hochfrequenz

Schaltgeräte

Lastschalter allgemein

Schalter für geringe Stromstärke (insbesondere für Fernmeldetechnik)

Trennschalter (Leerschalter)

Leistungsschalter allgemein

Dreipoliger Lastschalter in einpoliger Darstellung

Handantrieb

Kraftantrieb allgemein

M Motorantrieb

Schütze, Relais

Elektromechanisches Triebsystem mit einer wirksamen Wicklung

[1] Die DIN-Schaltzeichen stimmen mit den Festlegungen der Internationalen Elektrischen Commission (IEC) überein.

Die wichtigsten DIN-Schaltzeichen (Fortsetzung).

Schaltgeräte

Elektromechanisch betätigtes Schütz oder Relais

Stromsicherung

Spannungssicherung (Durchschlagsicherung)

Umlaufende Maschinen

Wechselstrom-Generator allgemein

Gleichstrommotor allgemein

Asynchron-Drehstrommotor mit Käfigläufer

Meßgeräte

Spannungsmesser

Stromschreiber

Leitungspläne für Starkstromanlagen

Schalter nach DIN 57610

Ausschalter 1 (einpolig)

Ausschalter 2 (zweipolig)

Umschalter 4 (Gruppenschalter)

Umschalter 5 (Serienschalter)

Umschalter 6 (Wechselschalter)

Anlasser

Leuchte allgemein

Elektrowärmegerät (z. B. 1 kW)

Fernmeldeanlagen

Wecker allgemein

Hupe oder Horn

Mikrophon allgemein

Fernhörer allgemein

Lautsprecher allgemein

Tonabnehmer allgemein

Kennzeichen der Arbeitsweise

elektromagnetisch

elektrodynamisch allgemei

elektrodynamisch fremderregt

elektrodynamisch dauermagneterregt

Stromrichter allgemei (Edelgasröhren könne schraffiert werden)

Zweipolröhre

Fünfpolröhre, geschirmt

Quecksilberdampf-Gleichrichter

Kathodenstrahlröhre m Innenbelag un magnet. Linse

Verstärker allgemein

Gleichrichtergerät

Fernsprecher für Wählerbetrieb

Antenne allgemein

Dipol

Funkstelle allgemein

Stromverbraucher auf einem größeren Fracht- und Fahrgastschiff.

Brücke:

Kreiselkompaßanlage
Selbststeueranlage
Elektrische Ruderanlage
Ruderlageanzeiger
Maschinentelegraph
Umdrehungsanzeiger
Fahrtmeßanlage
Funknavigationsgeräte (Radar, Funkpeiler, Decca, Loran)
Echolot
Positionslaternen mit Kontrolllampen
Typhone und Nebelsignalgeber
Klarsichtscheiben
Scheinwerfer
Kommandosprechanlage
Mannschafts- und Fahrgastalarm
Zentraluhrenanlage
Tiefgangsmesser
Feuermeldeanlage
Schottenschließanlage

Funkstation:

Funksender und -empfänger
Umformer
Ladevorrichtung für Notakkus
Rundfunkanlage

Deck:

Deck- und Laderaumbeleuchtung
Ladewinden
Ankerspill
Verholspille
Bootswinden
Lüftungs- und Klimaanlagen für Laderäume
Fernthermometer und -psychrometer für Kühl-Laderäume

Maschine:

Turbo- oder dieselelektrischer Schiffsantrieb
Brennstoffpumpen
Kesselraumlüfter
Rauchgasprüfgerät
Speisewasserpumpen
Schmierölpumpen
Kondensatorpumpen
Lenzpumpen
Feuerlöschpumpen
Ladeeinrichtung für Notakkus
Pumpen usw. für Kühlmaschinen
Ruderanlage
Zentrale Lüftungs- und Klimaanlage
Verschiedene elektrische Registriergeräte
Warmwasseranlage

Besatzung und Fahrgäste:

Allgemeine Beleuchtung
Elektrische Heizung
Lüftungs- und Klimaanlage
Feuermeldeanlage in Kammern
Klingelanlage
Fernsprechanlage
Kammerlichtsignale
Wegweisertafeln
Lichtspielanlage
Heilgeräte im Hospital
Friseurgeräte

Wirtschaftsräume:

Küchenherde
Konditorherde
Backöfen
Wärmeschränke
Kaffeekocher
Brotröster
Verschiedene Küchenmaschinen
Kühlschränke
Waschmaschinen
Wäschetrockner
Heißmangel
Staubsauger

Elektrische Ruderanlagen. Die immer mehr zunehmende Betriebssicherheit elektrischer Anlagen im Schiffsbetriebe hat zur Folge gehabt, daß die Übertragung der Bewegungen des Ruderrades auf der Brücke zur Rudermaschine am Heck nicht mehr durch Gestänge (Axiometerleitungen) und nur noch seltener rein hydraulisch (Öl- oder Glyzerinleitungen), sondern fast ausnahmslos elektrisch erfolgt. Dabei werden zwei Verfahren verwendet: die Wegsteuerung und die Zeitsteuerung.

Bei der *Wegsteuerung* wird das Ruderrad in der bisher üblichen Weise nach dem mechanischen Zeiger vor dem Ruderrad bis zu dem gewünschten Ruderwinkel gedreht. Der Rudermotor läuft dann so lange, bis dieser Ruderwinkel erreicht ist. Abb. 114 zeigt die Wirkungsweise einer solchen Anlage. Der Steuerstand *a* auf der Brücke ist durch eine Anzahl elektrischer Leitungen (eine Leitung für je 10 Stellungen) mit dem Ruderwächter *b* im Ruderraum verbunden. Die Stellungen liegen bei kleinen Ruderwinkeln dichter als bei den größeren, so daß um die Nullage ein Ruderlegen von weniger als 1° möglich ist. In Abb. 114 liegt das Ruder mittschiffs. Da am Ruderwächter *b* kein Kontakt ist, fließt kein Strom; das Ruder ist in Ruhe. Legt man z. B. das Ruderrad hart Stb, so stellt sich der Kontaktarm auf 1, und der Strom fließt vom Pluspol über 1, 2, 3 durch die linke Erregerwicklung des Steuergenerators *d* zum Minuspol. Der Rudermotor *c* läuft an und bewegt über das Getriebe den Ruderquadranten und damit das Ruder nach Stb. Dadurch wird aber auch der Ruderwächter mechanisch in Pfeilrichtung gedreht, bis der Schlitz den Kontakt 2 erreicht und den Strom unterbricht. Die Ist-Ruderlage stimmt jetzt mit der am Ruderrad eingestellten Soll-Ruderlage überein. Gewöhnlich wird die Lage des Ruders zur Kontrolle auf einen elektrischen Ruderlage-Anzeiger auf der Brücke übertragen. Es ist ferner dafür gesorgt, daß der Rudermotor bei größeren Ruderwinkeln schneller läuft als bei kleinen. Die AEG liefert im allgemeinen statt des Ruderrades ein Lenkrad, bei welchem die Übersetzung zum Rudereinsteller progressiv ist. Eine Drehung von 45° am Lenkrad stellt das Ruder auf etwa 1°, eine Drehung von 90° auf 5°, eine Drehung von 180° auf 15° und eine Drehung von 270° legt das Ruder in die Hartlage. Auf diese Weise ist ein sehr feinfühliges Steuern um die Mittellage herum möglich, so daß das Schiff mit kleinsten Winkeln auf Kurs gehalten werden kann. An Stelle des Ruder- oder Lenkrades kann ein Selbststeuer angeschaltet werden, das die Anlage in gleicher Weise steuert (Näheres s. Band I).

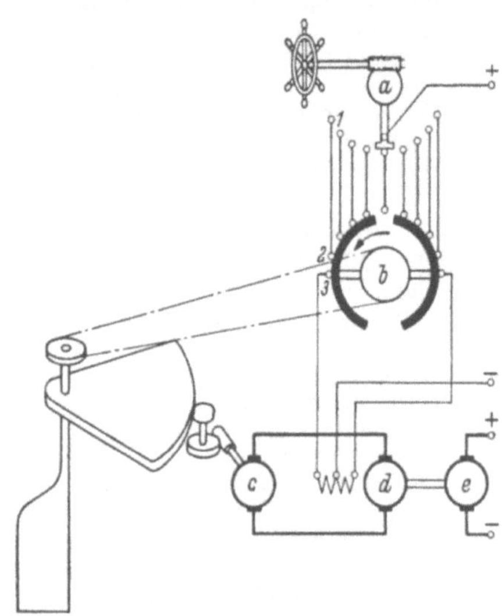

Abb. 114.
Elektrische Ruderanlage mit Wegsteuerung.

Neuerdings werden auch Ruderanlagen *mit kontaktloser Wegsteuerung* verwendet, die insbesondere für Schiffe mit Drehstrom-Anlagen entwickelt wurden. Als Geber und Empfänger werden kleine elektrische Maschinen (sogenannte Drehmelder) verwendet, die so geschaltet sind, daß Stellungsdifferenzen zwischen beiden eine Spannung erzeugen, die über Magnetverstärker dem Steuergenerator zugeführt wird (Abb. 115).

Bei der *Zeitsteuerung* benutzt man je einen *Druckknopf* für Stb- und Bb-Drehung des Ruders oder eine Art Waagebalken, der, wenn man ihn nach rechts herabdrückt, ein Stb-Drehung und umgekehrt eine Bb-Drehung des Ruders bewirkt. Schließlich gibt es noch eine *Schaltradsteuerung*. Eine Rechtsdrehung des Rades bewirkt Stb-Drehung, eine Linksdrehung Bb-Drehung des Ruders. In allen drei Fällen erfolgt die Bewegung gegen Federdruck in zwei Stufen. In der ersten Stufe dreht das Ruder langsam, in der zweiten schneller. Durch Niederdrücken eines Druckknopfes (Abb. 116) (oder Drehung des Handrades) wird der Erregerwicklung des Steuergenerators *c* Strom bestimmter Richtung zugeführt. Der Rudermotor *b* läuft so lange, wie der Knopf gedrückt wird (daher: *Zeit*steuerung). Der Rudersmann muß deshalb laufend den elektrischen Ruderlageanzeiger beobachten, um seine Ruderlage zu kontrollieren.

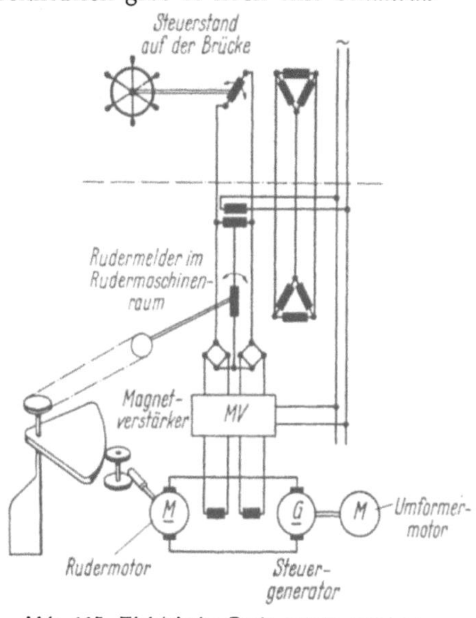

Abb. 115. Elektrische Ruderanlage mit kontaktloser Wegsteuerung.

Elektro-hydraulische Ruderanlagen. Bei diesen findet die Übertragung von der Brücke zum Ruderraum ebenfalls elektrisch statt. Dort wird aber nicht, wie bei den oben erklärten Ruderanlagen, ein Quadrant durch den ferngesteuerten Motor unmittelbar bewegt, sondern es wird

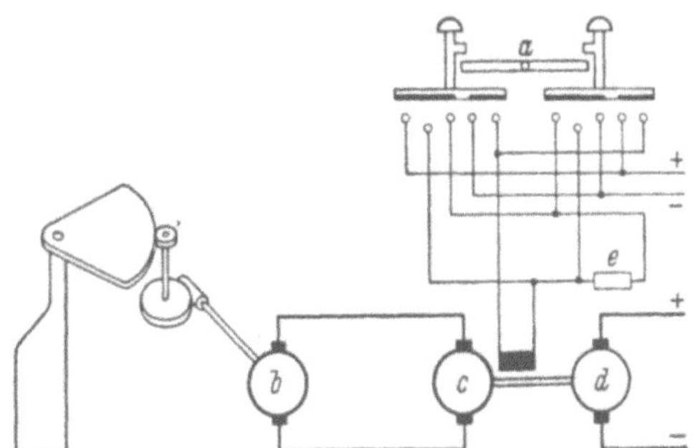

Abb. 116. Elektrische Ruderanlage mit Zeitsteuerung.

zwischen diesen Motor und das Ruder eine hydraulische (Telemotor-) Anlage zwischengeschaltet. Dadurch werden die Stöße des Ruders weitgehend gemildert. Abb. 117 zeigt eine solche Anlage. Die durch den Motor (2) durchlaufend angetriebene Öl-Pumpe (1) ist durch Rohrleitungen mit den Zylindern der Rudermaschine verbunden. Richtung und Geschwindigkeit des Ölumlaufs werden durch den Pumpenhub geregelt. Dies geschieht nach dem in Abb. 114 erläuterten Verfahren der Wegsteuerung. An die Stelle des Rudermotors tritt hier der Verstellmotor (5), der über Spindel und Gestänge den Hub der Ruderpumpe (1) verstellt, die ihrerseits jetzt Drucköl in die Rudermaschine fördert.

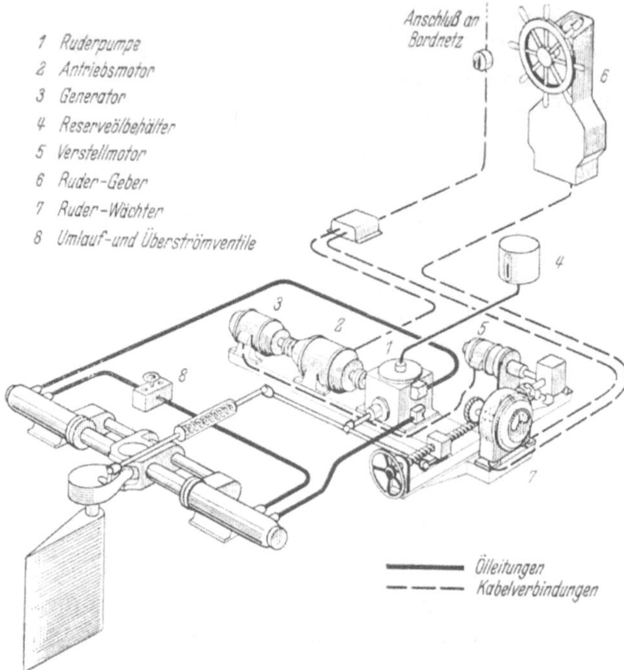

Abb. 117. Elektro-hydraulische Ruderanlage.

Der Ruderwächter (7) wird durch die Verstellspindel nachgestellt. Sobald der Kontakt erreicht ist, der dem im Geber (6) eingestellten entspricht, bleibt der Verstellmotor stehen. Das an den Ruderschaft angelenkte Rückbringegestänge stellt den Pumpenhub wieder auf Null, wodurch die Ruderbewegung beendet ist.

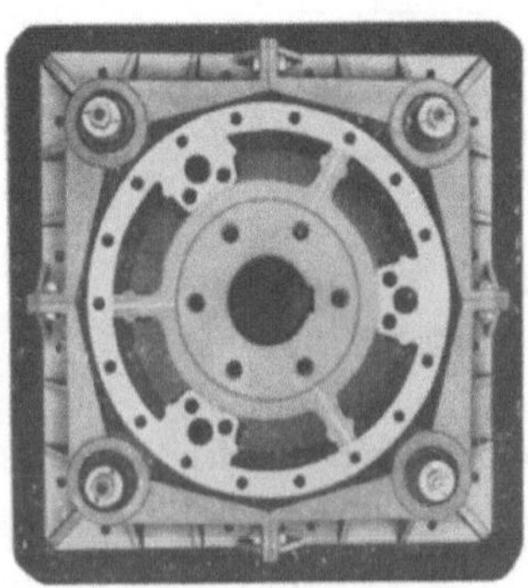

Abb. 118. AEG-Drehflügelruderanlage, geöffnet.

Eine neuartige Lösung der elektrohydraulischen Steuerung ist die *AEG-Drehflügelruderanlage.* Auf den Ruderschaft ist eine Nabe mit 3 Ruderpinnen aufgesetzt. Wie Abb. 118 zeigt, ist dieses Gebilde in einen dreigeteilten ölgefüllten Raum gesetzt, so daß in der Mittschiffslage des Ruders jede der 3 Pinnen (Flügel) genau die Mitte des ihr zugeteilten Raums einnimmt. Beim Ruderlegen z. B. nach Bb wird jeweils in die linke Raumhälfte Drucköl eingepumpt und aus der rechten ausgepumpt, so daß sich die 3 Pinnen mit dem Ruderschaft rechts herum drehen müssen, was einer Bb-Drehung des Ruderblattes entspricht. Die Anlage ist sehr betriebssicher und benötigt fast keine Wartung.

Nach der SSV (§ 42, 4) müssen elektrische Rudermaschinen durch zwei getrennte Speiseleitungen, von denen die eine bei Fahrgastschiffen über die Notschalttafel führt, versorgt werden. Jede Speiseleitung muß ausreichend bemessen sein, um alle Motore, die gleichzeitig in Betrieb sein können, zu versorgen.

Obwohl die modernen Ruderanlagen von der Abteilung Maschine betreut werden, muß jeder Nautiker mit der Ruderanlage seines Schiffes vertraut

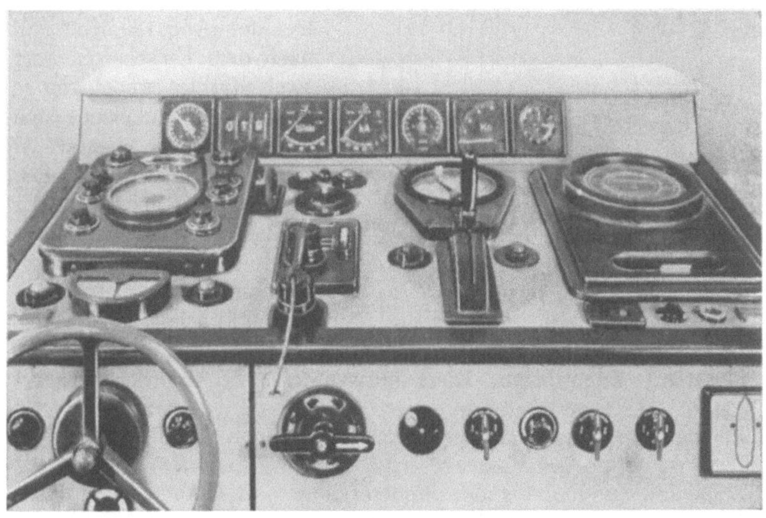

Abb. 119. AEG-Kommandopult auf der Brücke ES „Falkenstein".

sein, insbesondere damit, wie etwa vorhandene Reserve-Aggregate und das Notruder in Gang gesetzt werden.

Kommandopulte. Auf einigen Schiffen hat man alle Geräte, die sonst an den Wänden des Ruderhauses verteilt angeordnet sind, in einem Kommandopult (Abb. 119) zusammengefaßt. Dies erleichtert dem Wachoffizier und dem Rudergänger die Bedienung und Kontrolle der Geräte. Der Rudergänger steht mittschiffs hinter dem Lenkrad der Ruderanlage. Vor ihm befindet sich auf der Pultplatte die Kreiseltochter mit den Bedienungsknöpfen der Selbststeueranlage. Rechts davon ein Lautfernsprechgerät, der Schalter für das Aktivruder, der Maschinentelegraph und das Echolot. Auf der senkrechten Pultfläche sind, links beginnend, Ruderlageanzeiger, Sollkursanzeiger, Drehzahl- und Strommesser für das Aktivruder, Hauptdrehzahlanzeiger, Geschwindigkeitsanzeiger und Schiffszeituhr angeordnet. An der Frontwand rechts befindet sich das Kontrollgerät für die Positionslampen.

Scheinwerfer werden an Bord zum Lichtmorsen, beim An- und Ablegen, bei Hilfeleistung in Seenotfällen und beim Fahren in engen Revieren und in Kanälen verwendet. Die frühere Bogenlampe ist heute allgemein der Glühlampe gewichen. Dadurch sind die Scheinwerfer handiger geworden, so daß man sie mit losem Kabel auf der Brücke fahren und wahlweise einsetzen kann.

Für den Suezkanal sind Scheinwerfer vorgeschrieben, die bis 1200 m Entfernung beide Ufer beleuchten, aber Schiffe in Vorausrichtung nicht blenden. Man verwendet deshalb vielfach 2 Scheinwerfer nebeneinander, die so eingerichtet sind, daß ihre Strahlenbündel zusammen einen Winkel von etwa 10° fast gleichmäßig ausleuchten (Abb. 120, Kurve a), nach dem Umschalten aber zwei Strahlenbündel von je 5° mit einer Dunkelzone nach recht voraus von ebenfalls 5° zwischen ihnen aussenden (Abb. 120, Kurve b). Für Tanker hat man einen gasdichten Scheinwerfer gebaut, bei dem durch von außen zu betätigende Spiegelverstellung die Kanalvorschriften erfüllt werden.

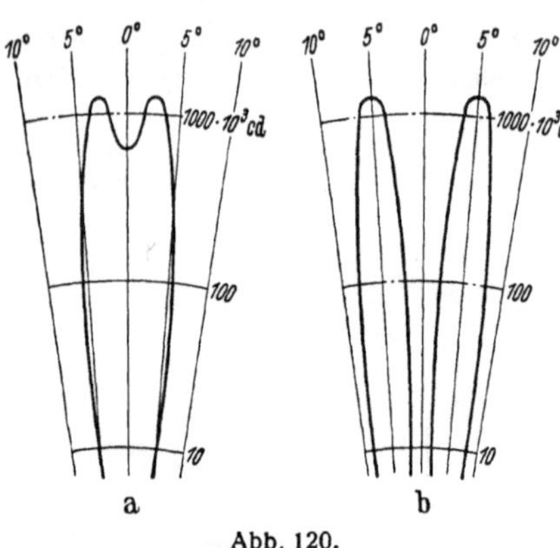

Abb. 120.

Elektrische Ladewinden. Diese müssen folgende Anforderungen erfüllen:

1. möglichst hohe Umschlagleistung, d. h. hohe stündliche Hievenzahlen, vor allem bei Massengütern,
2. leichte Handhabung der Steuerorgane, z. B. Handrad am Kontroller oder Handhebel am Meisterschalter bei LEONARD- und Schützensteuerung,
3. robuste Ausführung sowohl in bezug auf die Bedienung als auch gegen Überflutung,
4. möglichst kleine Geschwindigkeiten auf die erste Stufe zum Anheben und Absetzen schwerer Lasten,
5. hohe Leerhaken-Geschwindigkeit,
6. gute Beschleunigungs- und Brems-Eigenschaften,
7. vernünftige Wahl der Leistung des Antriebsmotors bei möglichst konstanter Beanspruchung in einem weiten Lastbereich, um die Leistung der E-Zentrale niedrig zu halten.

Die gebräuchlichen Leistungen der Windenmotoren sind 16 PS für kleinere Fahrzeuge, 25 PS für Frachtschiffe aller Art und 40 oder 50 PS für außergewöhnlich hohe Ansprüche, insbesondere für hohe Geschwindigkeiten bei großen Lasten.

Gleichstromwinden bis 25 PS werden im allgemeinen mit Kontrollersteuerung, darüber hinaus mit Schützensteuerung ausgeführt. Schiffe mit Drehstrom-Anlagen erhalten entweder elektrische Antriebe von 35,

40 oder 50 PS mit feinfühlig regulierbarer LEONARD-Steuerung oder mit in drei Stufen durch Schützensteuerung schaltbare Drehstrommotoren (Käfig-Läufermotoren).

Die Geschwindigkeit des leeren Hakens liegt bei Gleichstrom- und bei Drehstrom-LEONARD-Winden je nach Ansprüchen und Ausbildung der Steuerung zwischen der 2,5fachen bis 4fachen Vollast-Geschwindigkeit. Bei Winden mit polumschaltbaren

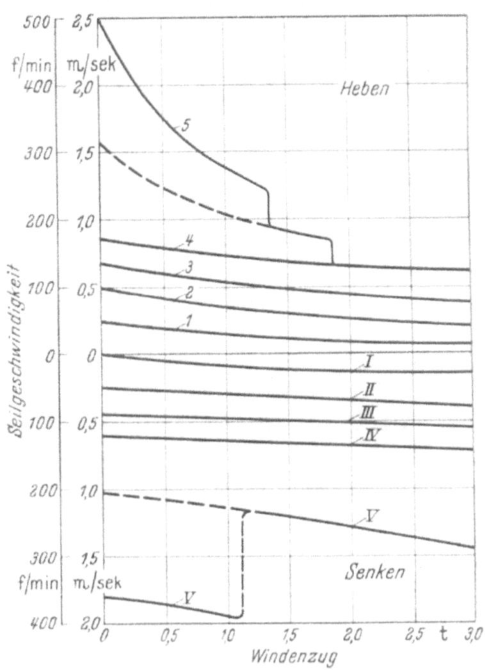

Erläuterung: Die mit den Ziffern *1–5* gekennzeichneten Kurven oberhalb der Null-Linie stellen die Arbeitskennlinien für Heben und die mit den Ziffern *I–V* gekennzeichneten Kurven unterhalb der Null-Linie diejenigen für Senken dar. Die Ziffern *1–5* und *I–V* sind die Schaltstufen des Meisterschalters. Auf den Stufen *5* und *V* wird durch eine selbsttätige Schaltvorrichtung die Geschwindigkeit bei Lasten unter 2,7 t beim Heben bzw. 2,2 t beim Senken erhöht. Der Kennlinienverlust ohne diese selbsttätige Schaltvorrichtung ist gestrichelt als Fortsetzung der Kurven für höhere Lasten dargestellt.

Abb. 121. Kennlinien einer 25 PS-Ladewinde für 3 t mit Drehstrom-LEONARD-Antrieb.

Abb. 122a. AEG-Drehstrom-LEONARD-Winde.

Motoren wird im allgemeinen als leere Hakengeschwindigkeit die doppelte Vollastgeschwindigkeit benutzt. Zur Erzielung ausreichender Umschlagleistungen werden deshalb Drehstromwinden mit polumschaltbaren Motoren meist mit größerer Nennleistung ausgeführt, was bei der Auslegung der elektrischen Zentrale berücksichtigt werden muß.

Abb. 122b. Siemens-Drehstrom-Ladewinde mit Käfig-Läufermotor.

Die Seilgeschwindigkeiten bei der Standardwinde von 25 PS liegen bei Vollasten von 3/5/8 t bei 0,5/0,3/0,2 m/s.

Die Kennlinie einer 25-PS-Ladewinde für 3 t mit Drehstrom-LEONARD-Antrieb ist in Abb. 121 dargestellt.

Abb. 122a zeigt eine AEG-Drehstrom-LEONARD-Winde mit eingebautem Umformer und Abb. 122b eine 5/2,5 t-Siemens-Ladewinde mit polumschaltbarem Drehstrommotor, der mittels Meisterschalter und Schützensteuerung — letztere in einem Schrank unter Deck oder im Deckshaus untergebracht — betätigt wird.

Abb. 123. Elektrischer Wippkran (Kampnagel/Siemens-Schuckert).

Für das Toppen der Ladebäume werden außer der bekannten Hansa-Hangerwinde Ladewinden verwendet, die mit einer Hangerwinde kombiniert sind. Durch eine mechanische Umkupplung kann der Windenmotor wahlweise die Lasttrommel oder die Hangertrommel antreiben.

Es werden auch mit elektrischen Einzelantrieben versehene Hangerwinden verwendet, die mit einer einfachen Druckknopfsteuerung betätigt werden. Solche Hangerwinden sind mit wirksamen Lastdruckbremsen versehen. Sie werden häufig auf der Saling aufgestellt oder am Ladepfosten oder am Mast in größerer Höhe befestigt.

Auf einigen Schiffen sind die Ladebäume durch Wippkräne (Abb. 123) ersetzt worden. Diese eignen sich besonders für die regelmäßige Stückgutfahrt mit vielen Häfen, kurzen Liegezeiten und gleichmäßigen, nicht zu schweren Ladungen. Sie ersparen das Aufbringen und Niederlegen der Bäume und arbeiten schneller, brauchen aber mehr Wartung als die Ladebaum-Winden. Im allgemeinen haben sie sich bewährt.

Ankerspille und Verholspille. An diese werden ähnliche Anforderungen gestellt wie an die Ladewinden. Der GL verlangt, daß das Ankerspill jeden der beiden Anker mit 100 m Kette in 10 min einholt und einen Anker aus dem Grunde brechen kann. Mit den Spillköpfen muß nach den Richtlinien des FNS[1] eine losgeworfene Leine mit mindestens 30 m/min eingeholt werden können. Ankerspille für kleine und mittlere Kettenstärken haben eine waagerechte Spillwelle mit Antriebsmotor auf der Back, während für Kettenstärken über etwa 60 mm senkrechte Ankerspille verwendet werden, wobei der gesamte Antrieb mit Motor, Schnekkengetriebe und Zahnradvorgelege ein Deck tiefer gelegt wird. Ähnlich wird auch bei den Verholspillen verfahren.

Allgemeine Beleuchtung. Hierzu verwendet man gewöhnlich Glühlampen mit einem Wolframdraht, der zu einer Wendel aufgewickelt ist und auf etwa 2100—2900° C erhitzt wird, neuerdings auch Gas-Entladungslampen, insbesondere in Form von Leuchtstoffröhren. Letztere haben gegenüber der Glühlampe eine wesentlich bessere Lichtausbeute — bezogen auf die aufgenommene Leistung — und eine Lebensdauer, die durchweg eine Zehnerpotenz höher liegt als die der Glühlampe. Wenn auch in Sonderfällen der Betrieb solcher Leuchtstoffröhren mit Gleichstrom möglich ist, werden sie im allgemeinen nur vorteilhaft bei Wechselstrom-Anlagen für die intensive Beleuchtung von Maschinen- und Gesellschaftsräumen eingesetzt. Die Leistungsaufnahme der Lampen wird in Watt, ihre Lichtstärke in Candela angegeben (s. S. 498).

Die Beleuchtungsstärke einer Fläche wird durch den auf 1 qm auffallenden Lichtstrom gemessen. Die Einheit heißt 1 Lux (s. S. 498).

Erforderliche mittlere Beleuchtungsstärke.

Zu beleuchtende Räume	Für eine genügende Beleuchtung 1 m über dem Boden	
	Mindestwert Lux	zu empfehlen Lux
Vorplätze, Treppenhäuser	5—10	15—20
Schlafräume	20	40
Wohnräume	40	75
Gesellschaftsräume	40	80
Festsäle	75	150
Küchen	40	75
Provianträume	20	40
Außentreppen (für Fahrgäste)	10	30
Kaianlagen und Ladedecks	5	15
Schreibflächen	etwa 300	450
Kartentisch (wegen Adaption)	—	300

[1] FNS = Fach-Normenausschuß Schiffbau, Nachfolger des HNA = Handelsschiffs-Normen-Ausschuß.

Der wachhabende Offizier sorge auf See und im Hafen dafür, daß alle überflüssigen Lampen und Geräte ausgeschaltet sind, damit die Glühlampen und Geräte geschont werden und Brennstoff gespart wird!

Lautsprech-Kommando-Anlagen. Zur Übermittlung von Befehlen von der Brücke nach verschiedenen Stellen des Schiffes werden Lautsprechtelefone verwendet. Gegenüber den batteriegespeisten Geräten haben sich in den letzten Jahren batterielose Anlagen durchgesetzt. Bei diesen erfolgt die Sprachübermittlung mit Hilfe dynamischer Sprech- und Hörkapseln. Auch bei stärkeren Störgeräuschen ist die Sprache noch gut zu verstehen.

Auf größeren Schiffen werden vollständige Kommandoanlagen eingebaut, die den Wachoffizier mit allen Abteilungen des Schiffes akustisch verbinden. Abb. 124 zeigt als Beispiel eine Philips-Anlage, die an das Schiffsstromnetz angeschlossen ist. Auf der Brücke befindet sich ein Mikrofon neben dem Schaltgerät, das wahlweise Verbindungen ermöglicht. Auf der Back, am Heck, auf dem Peildeck und im Maschinenraum sind Lautsprecher, die eine Entfernung von 1000 m leicht überbrücken, gleichzeitig aber auch als Sprechstelle benutzt werden. Der Lautsprecher auf dem Peildeck soll dazu dienen, Nachrichten an Personen außerhalb des Schiffes zu vermitteln, z. B. beim Passieren von Schiffen,

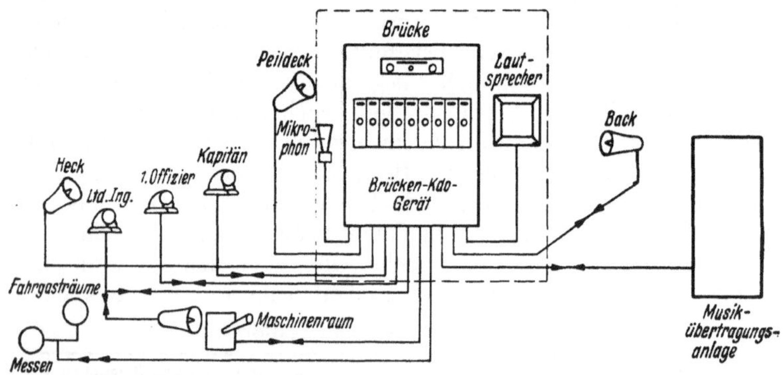

Abb. 124. Anwendungsbeispiel einer Lautsprech-Kommando-Anlage.

bei Rettungsaktionen, beim Einlaufen in Häfen, Übernehmen von Lotsen usw. Ferner sind Gegensprechanlagen in den Kammern z. B. des Kapitäns, des I. Offiziers und Leit. Ingenieurs, gewöhnliche Lautsprecher in Messen, Fahrgasträumen usw. und schließlich eine Musik- und Radioübertragungsanlage angeschlossen. Der Vorteil solcher Kommandoanlagen liegt darin, daß alle Befehle und Mitteilungen über Lautsprecher eintreffen und die Empfänger ihren Arbeitsplatz nicht zu verlassen brauchen, um vielleicht einen Fernsprecher zu bedienen.

Weitere Befehls- und Meldeanlagen. Neben den Fernsprechgeräten werden an Bord Anzeigegeräte verwendet, die als *Fernmesser von Drehwinkeln* arbeiten. Es sind dies *Maschinentelegrafen, Dock-, Anker-* und *Rudertelegrafen, Ruderlagenanzeiger, Windrichtungsanzeiger, Fahrtmesser, Tiefgangsmesser, Tankfüllungsanzeiger.* Bei allen diesen Geräten handelt es sich darum, einen Drehwinkel an einem Sendegerät auf ein oder mehrere Empfängergeräte fernzuübertragen, z. B. die Lage des Maschinentelegrafen auf der Brücke auf einen solchen in der Maschine. Bei den drei letztgenannten Geräten befinden sich senderseitig Druckmanometer, deren Lage übertragen werden soll.

Für den Betrieb dieser Anlagen kann Gleich- oder Wechselstrom verwendet werden. Gleichstromgeräte arbeiten gewöhnlich nach dem *Spannungsteiler-System.* Im Prinzip besteht der Geber aus einem ringförmigen Widerstand, der an drei um 120° auseinander liegenden Punkten angezapft ist (s. Abb. 125). Auf diesem schleifen drehbar zwei gegenüberliegende Kontakte, die mit der Plus- und Minusleitung des Netzes verbunden sind. Der Empfänger ist ein Drehspulinstrument aus drei gekreuzten Spulen, das sich jeweils in das resultierende Feld einstellt. Deshalb ist das Gerät gegen Spannungsschwankungen des Bordnetzes unempfindlich.

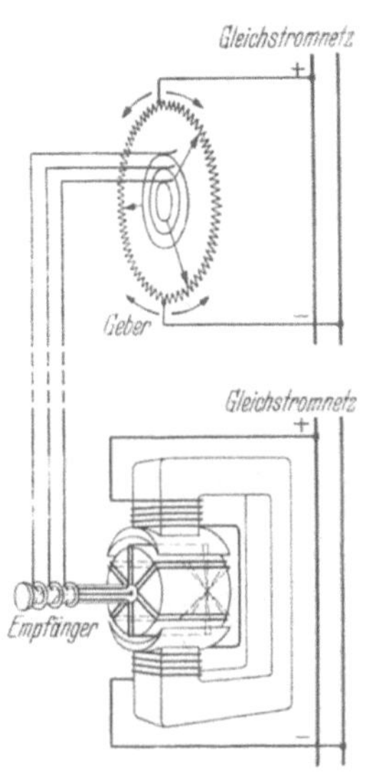

Abb. 125. Schaltbild einer Befehlsanlage nach dem Gleichstromverfahren.

Noch betriebssicherer sind die mit Wechselstrom betriebenen Anlagen, da sie keine Schleifkontakte benötigen. Auf Gleichstromschiffen sieht man deshalb einen Umformer für den Betrieb der Kommando-Anlagen vor, der Wechselstrom von 55 V und 50 Hz liefert, während man diesen auf Drehstromschiffen durch einen Trafo erhält. Die Drehwinkelfernübertragung durch Wechselstrom erfolgt in der gleichen Weise wie bei den Tochterkompassen der Kreiselkompaßanlage. Es liegt hierbei der Gedanke zugrunde, daß in Reihen geschaltete Drahtspulen in gleichartigen Wechselstromfeldern gleiche Lage im Kraftlinienfeld annehmen. Abb. 126 zeigt die Schaltung des Systems. Geber und Empfänger sind in ihrer Inneneinrichtung vollkommen gleich. Die Spule des Gebers kann durch einen Hebel oder ein Handrad gedreht werden. Der Geber und Empfänger bestehen aus einem Elektromagneten, dessen Feldwicklung mit Wechselstrom gespeist wird. In der Polbohrung des magnetischen Wechselfeldes befindet sich — drehbar gelagert — der Anker, der zwei um 90° versetzte Spulen trägt. Durch das Wechselfeld werden in den Spulen Spannungen induziert. Sind die Stellungen der Geberspulen und der Empfängerspulen im Wechselfeld verschieden,

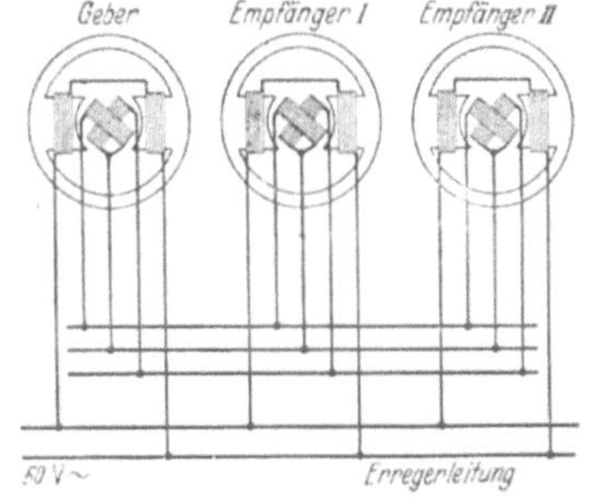

Abb. 126. Schaltbild einer Befehlsanlage nach dem Wechselstromverfahren.

so werden auch verschiedene Spannungen erzeugt, d. h. es muß ein Ausgleichstrom fließen, der eine Bewegung des drehbaren Ankers hervorruft. Die Spule hat bei der Drehung das Bestreben, die Ausgleichströme auf ein Minimum zu beschränken. Das Minimum ist dann vorhanden, wenn die beiden in den Spulen des Gebers und des Empfängers erzeugten Spannungen gleich sind, d. h. wenn beide Spulen dieselbe relative Lage zum Feld einnehmen.

Umdrehungsfernanzeiger. Die Wirkungsweise der Umdrehungsfernanzeiger beruht auf Spannungsmessung. Der Geber ist ein kleiner magnetisch-elektrischer Stromerzeuger, der mit der Maschine, deren Drehzahl gemessen werden soll, gekuppelt ist. Die erzeugte Spannung ist proportional der Umdrehungszahl und kann daher von dem als Spannungsmesser ausgebildeten Empfangsgerät angezeigt werden.

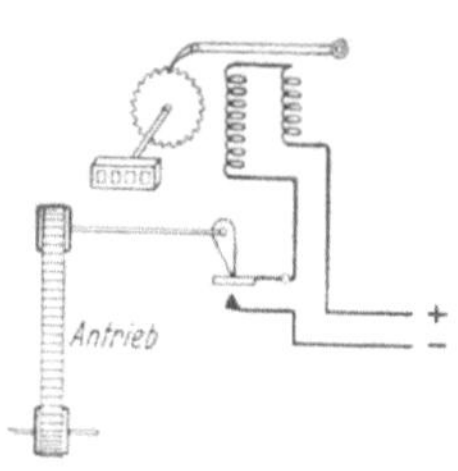

Abb. 127. Schema eines Umdrehungszählers.

Umdrehungszähler. Diese Anlage (Abb. 127) besteht aus einem Kontaktgeber, der mit Hilfe einer Kette von dem Antrieb des U-Zeigergebers angetrieben wird, und einem elektrisch weitergeschalteten Zählwerk. Der Kontaktgeber dreht eine Nockenscheibe, die bei jeder Umdrehung den Kontakt schließt, wodurch ein elektrischer Magnet erregt wird, dessen Anker das Zählwerk antreibt.

Fernthermometer. Zur Messung von Temperaturen bis 200°C, wie sie bei Kühl-Laderäumen, Proviantträumen, Heizölbunkern, Turbinen- und

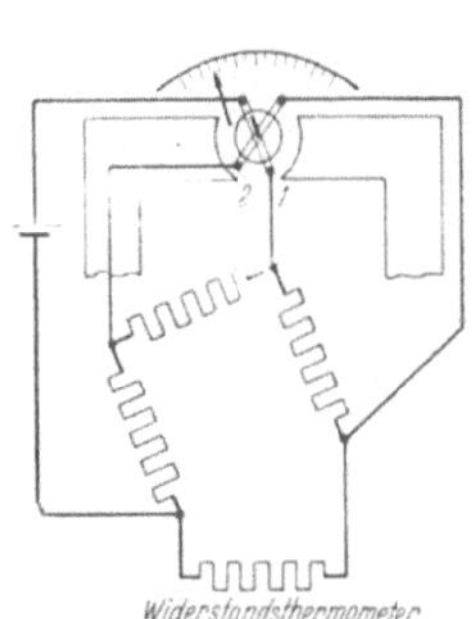

Abb. 128. Schema eines Fernthermometers (Widerstandsthermometer).

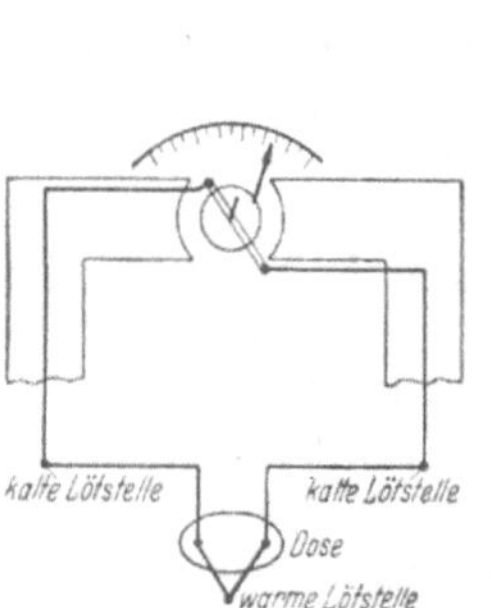

Abb. 129. Schema eines Pyrometers zum Messen hoher Temperaturen.

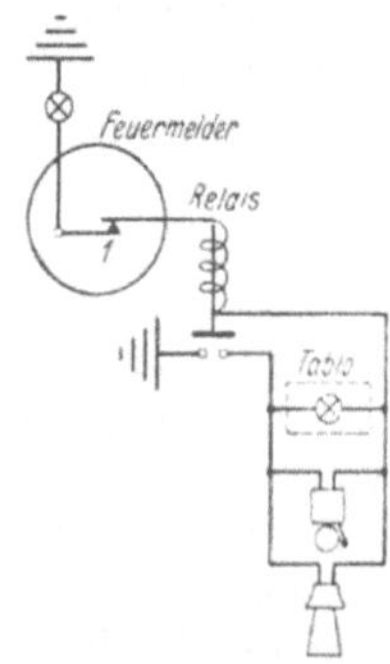

Abb. 130. Schema einer Feueralarmanlage.

Getriebelagern vorkommen, verwendet man Fernthermometer. Sie beruhen auf der elektrischen Widerstandsänderung von Leitern bei veränderlicher Temperatur. Die genauesten Resultate erzielt man durch Vereinigung eines Kreuzspulmeßwerkes mit der WHEATSTONEschen Brücke (Abb. 128). Beim Kreuzspulmeßwerk wird das Gegendrehmoment nicht mechanisch durch Federn, sondern elektrisch durch die Richtspule (1) erzeugt. Die Richtspule und die Hauptspule, die in einem bestimmten Winkel zueinander angeordnet sind, werden von derselben

Stromquelle gespeist. Die ganze Anordnung ist somit spannungsunabhängig. Die Brückenschaltung ermöglicht das Messen von sehr kleinen Widerstandsänderungen. Während das Widerstandsthermometer aus Material mit großem Temperaturkoeffizienten bestehen muß (Platin), sind die übrigen Brückenwiderstände aus temperaturunabhängigem Material (Nickelin, Konstantan).

Pyrometer. Zur Messung der hohen Temperaturen des Rauchgases, des Zudampfes für die Turbinen und des Heißdampfes in den Überhitzern kann man die Fernthermometer nicht benutzen. Bei diesen Temperaturen (bis zu 600° C) wird das Pyrometer verwendet (Abb. 129). Erhitzt man die Verbindungsstelle zweier miteinander verschweißter oder verlöteter Drähte aus verschiedenem Metall (gewöhnlich Eisen und Konstantan), während die freien Enden auf niedriger Temperatur bleiben, so entsteht eine elektrische Spannung von einigen Millivolt, die mit einem empfindlichen Spannungsmesser gemessen werden kann.

Feueralarm-Anlagen. Diese Anlagen sollen den Ort und den Ausbruch des Feuers nach der Kommandobrücke melden. Sie setzen sich z. B. zusammen aus den Meldern, der Feuermeldetafel mit Alarmwecker und einer Alarmhupe im Maschinenraum. Das Prinzip ist aus Abb. 130 ersichtlich. Im Normalfall brennt über jedem Melder eine blaue Lampe, um den Ort des Melders kenntlich zu machen. Wird beim Melder die Scheibe eingeschlagen, so unterbricht der Kontakt 1. Das Relais fällt ab und schließt den Stromkreis der Meldelampe an der Tafel. Gleichzeitig ertönen der Feuerwecker auf der Brücke und die Hupe im Maschinenraum. Durch besondere Schaltung in der Tafel wird ein etwaiger Drahtbruch sofort auf der Brücke angezeigt. Außerdem ist auf der Tafel jederzeit ersichtlich, ob diese für die Sicherheit des Schiffes so wichtige Anlage unter Spannung steht und somit betriebsbereit ist.

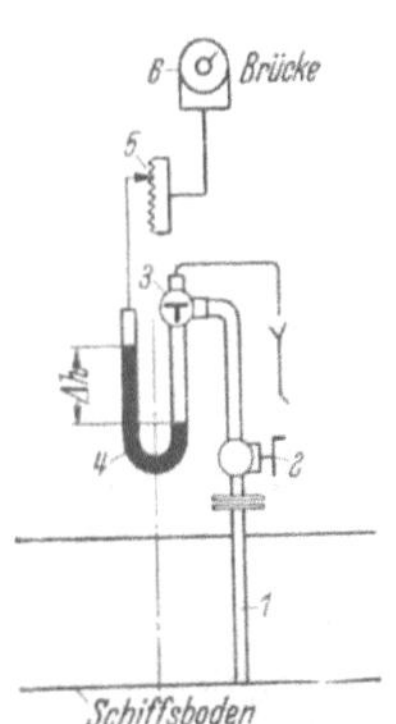

Abb. 131. Wirkungsweise des Tiefgangsmessers von HOPPE.

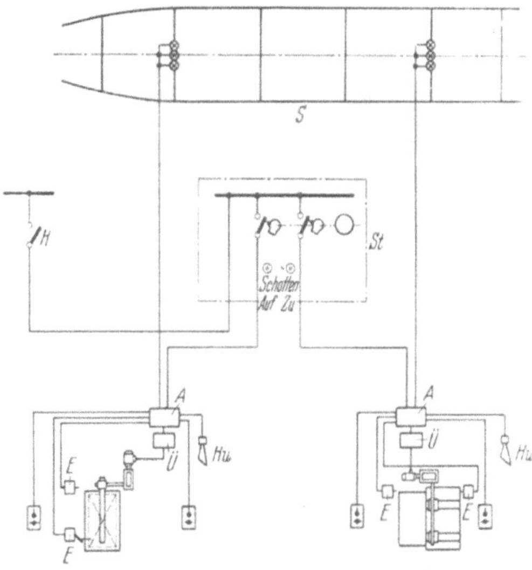

Abb. 132. Schema einer elektrischen Schottenschließanlage. *A* Anschlußkasten, *E* Endschalter, *H* Hauptspeiseschalter, *Ü* Überstromrelais, *St* Steuerpult.

Tiefgangsmesser bestehen in verschiedenen Konstruktionen. Abb. 131 zeigt eine Anlage von HOPPE, die aus dem bekannten Bodenlog (siehe Band I) entwickelt wurde. Im Vor- und Hinterschiff befinden sich teilweise mit Quecksilber gefüllte U-Rohre, auf deren einen Arm der Bodendruck wirkt. Der Höhenunterschied Δh des Quecksilberstandes in den beiden Armen ist ein Maß für den Tiefgang des Schiffes. Die Übertragung des Tiefgangswertes nach der Brücke erfolgt durch einen spannungsunabhängigen elektrischen Fernsender. Der Tiefgang wird nur für denjenigen Spantbereich erfaßt, in dem sich der Geber befindet. Be

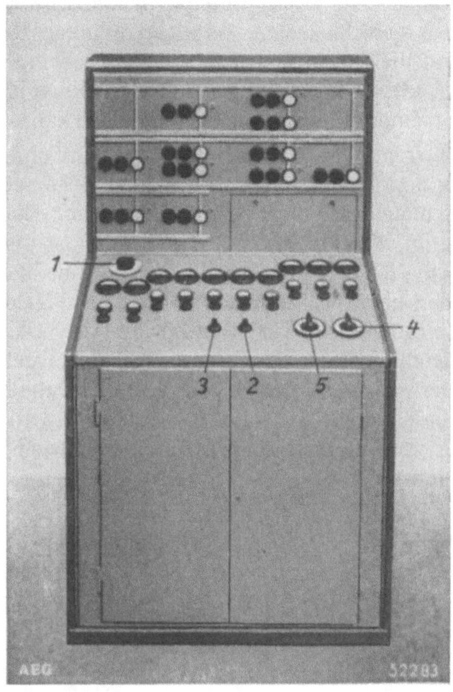

Abb. 133. Steuerpult einer elektrischen Schottenschließanlage.

Anordnung von einem Geber im Vorschiff und einem zweiten im Hinterschiff können an Hand eines Generalplanes nomogrammartig an einem vergrößerten Maßstab die Lot-Tiefgänge abgelesen werden.

Ein anderes Verfahren besteht darin, daß man nur einen Tiefgangsmesser in der Mitte des Schiffes anordnet und die Tiefgänge vorn und achtern durch einen Neigungsmesser bestimmt.

Für Tanker, die häufig auf Reeden mit starker Dünung liegen, ist eine Tiefgangs-Meßanlage besonders wichtig, da der Tiefgang anderweitig kaum bestimmt werden kann. Die Schwimmlage des Schiffes läßt sich auf einem tintenlosen Zweifarb-Punktschreiber registrieren, und zwar zeitgleich in verschiedenen Farben für den vorderen und hinteren Tiefgang. Der jeweilige Abstand der beiden Kurvenzüge ist ein Maß für den Trimm.

Elektrische Schottenschließeinrichtung. Neben den bewährten hydraulischen Schließvorrichtungen für die wasserdichten Türen in den Schotten (z. B. Atlas-Werke) sind nunmehr auch elektrische Anlagen entwickelt worden. Nach der SSV §32 müssen bei den Schließvorrichtungen folgende Bedingungen erfüllt sein: 1. Die Schiebetür darf waagerecht oder senkrecht bewegt werden; 2. bei Kraftantrieb von einer Zentralstelle aus (z. B. Brücke) muß der Antrieb auch von jeder Seite der Tür aus bedient werden können; 3. eine Handschließvorrichtung muß vorhanden sein; 4. akustisches Warnsignal vor und beim Schließen der Tür; 5. Anzeigevorrichtung an der Zentralstelle, ob die Türen geöffnet oder geschlossen sind.

Abb. 132 zeigt die schematische Darstellung einer elektrischen Anlage der AEG, die diesen Vorschriften entspricht, mit einer senkrechten und einer waagerechten Schott-Tür. Der Schließvorgang verläuft wie folgt: Wird der Schließknopf 2 (Abb. 133) 10 sek lang gedrückt, so läuft der Zentralsteuerschalter 1 an und bleibt auf „Warnen" stehen. Die bei den Schottüren angebrachten Hupen geben Schließalarm. Nach zwei Minuten dreht der Schalter weiter und schließt nach etwa 13 sek die erste Schotttürgruppe usw. in Abständen von je 13 sek. Entsprechend erfolgt das Öffnen durch 10 sek langes Drücken des Knopfes „Öffnen". Auf der Signaltafel befinden sich für jede Schottür 3 Signallampen. Das Aufleuchten der grünen Lampe bedeutet „Tür offen", der roten „Schließvorgang gestört" und der weißen „Tür geschlossen".

Beseitigung von Störgeräuschen im Funkempfänger und Funkpeiler. Alle mit Elektromotoren und funkenden Kontaktstellen versehenen Apparate rufen beim Funkempfang Störungen hervor. Als Funkstörer gelten: Elektrische Geräte für Küche und Friseur, Staubsauger, Heizkissen, Registriergeräte, Heilgeräte (Diathermie), vor allem aber auch Fehler in den Leitungen (Bruchstellen in losen Kabeln) und in den Schaltern. Die Störungen können durch Störschutzkondensatoren, auch in Verbindung mit Drosselspulen an den Störgeräten, beseitigt werden. Die im Einzelfalle vorzunehmende Schaltung und die Größe der Kondensatoren und Doppelspulen kann nur von einem Fachmann festgestellt werden. Leitsätze sind in dem VDE-Blatt 0874/1935 enthalten.

VI. Schiffsmaschinenkunde[1] [2].

1. Übersicht über Schiffsantriebsanlagen.

Allgemeines.

Bei der *Planung einer Schiffsantriebsanlage* und der zu ihrem Betriebe erforderlichen Hilfsmaschinen sind folgende Punkte zu berücksichtigen:

1. *Betriebssicherheit*, gute *Manövriereigenschaften*, schnelle *Betriebsbereitschaft*.

2. *Brennstoffverbrauch* und damit *Wirtschaftlichkeit der Anlage*. Um Brennstoffkosten zu sparen, muß man häufig kompliziertere Anlagen wählen.

3. *Gewicht* und *Raumbedarf der Anlage*, wobei die Unterbringung des *Brennstoffs* (z. B. im Doppelboden) berücksichtigt werden muß. Je weniger Brennstoff für einen gegebenen Aktionsradius benötigt wird, desto weniger Bunkerraum ist erforderlich.

4. *Anzahl* und *Beanspruchung* des *Maschinenpersonals*.

5. *Anfälligkeit der Anlage*, *Umfang* der zu erwartenden *Instandhaltungs-* und *Reparaturarbeiten*.

6. In *Serien hergestellte Anlagen* sind billiger. *Ersatzteile* sind leichter zu beschaffen.

7. Die Anlage darf keine lästigen *Schwingungserscheinungen* zeigen.

8. *Preis* der Anlage.

Es muß versucht werden, das Optimum aus obigen Anforderungen zu finden. Eine gewisse Unsicherheit liegt immer in der nicht vorauszusehenden Entwicklung der Brennstoffpreise. Um betreffs der übrigen aufgezählten Gesichtspunkte zu einem möglichst einwandfreien Ergebnis zu kommen, haben in der Zeit des Wiederaufbaues nach dem 1. Weltkriege Großreedereien Schiffe ganz gleicher Größe und Form mit verschiedenen Antriebsanlagen — Dampfer mit Kolbenmaschinen oder Turbinen, Kesselfeuerungen mit Kohle oder Öl, Motorschiffe mit direkt wirkenden Zweitakt- oder Viertaktmotoren bzw. mit Schnelläufern und Getrieben — ausgerüstet und Ausgaben sowie Einnahmen über Jahre beobachtet, statistisch zusammengestellt und verwertet. Es ist aber bis

[1] Für Nautiker geeignete Fachbücher: KEDENBURG: Dampfkolbenmaschinen; KEDENBURG: Abdampfturbinen mit Kondensationsanlagen und Vulcangetrieben. Verlag „Der Betriebsökonom", Verden. MAU-SCHLIEKAU: Dieselmotoren-Betrieb. Hamburg: Hanseatische Verlagsanstalt. KEDENBURG: Schwingungserscheinungen auf Schiffen; KEDENBURG: Kältetechnik und Kühlbetrieb; KEDENBURG: Ölfeuerung. Verlag „Der Betriebsökonom", Verden. E. LUDWIG/K. ILLIES: Handbuch für Schiffsingenieure und Seemaschinisten. Braunschweig: F. Vieweg & Sohn.

[2] Über Atomantrieb von Schiffen s. Abschn. Physik S. 517.

jetzt nicht gelungen, für *jeden* Schiffstyp eine Anlage zu finden, die unter allen Umständen als die günstigste angesehen werden kann, wie das beispielsweise bei den Küstenmotorschiffen gegenwärtig der Fall ist.

Deshalb gibt es immer noch so viele verschiedenartige Schiffsantriebsanlagen, daß es für einen Nichtfachmann schwierig ist, eine Übersicht über Aufbau und Wirkungsweise zu gewinnen und die Gründe zu erkennen, die zum Bau einer bestimmten Anlage führten. Neue Vorschläge sollten deshalb immer unter Beachtung der aufgezählten Gesichtspunkte geprüft werden. Sind keine Vorteile irgendwelcher Art zu erwarten, so sollte man nicht auf bewährte Ausführungen verzichten.

Die nachstehend aufgezählten Anlagen stehen miteinander im Wettbewerb:

I. Dampfkraftanlagen.

A. Kessel.

a) Zylinderkessel.

1. Zylinderkessel zur Erzeugung von überhitztem Dampf ohne bzw. mit Luftvorwärmern. Feuerung: Handgefeuerter Planrost. Förderung der Verbrennungsluft: Natürlicher Zug oder Druckluftgebläse oder Druck- und Saugzuggebläse.

2. Desgl. mit Ekonomiser (Rauchgas-Speisewasser-Vorwärmer). Brennstoff: Steinkohle. Mechanische Feuerung (L-Rost von STEINMÜLLER, Unterschubfeuerung).

3. Desgl. mit Luftvorwärmer. Ölfeuerung. Förderung der Verbrennungsluft: Druckluftgebläse oder Druck- und Saugzuggebläse.

b) Wasserrohrkessel.

α) *mit natürlichem Umlauf;*

1. Wagner-Kessel zur Erzeugung von überhitztem Dampf hohen Druckes mit Ekonomiser und Luftvorwärmer. Brennstoff: Steinkohle. Mechanische Feuerung (L-Rost von STEINMÜLLER). Künstlicher Zug.

2. Desgl., aber mit Ölfeuerung. Künstlicher Zug (Druckluftgebläse oder geschlossener Heizraum).

β) *mit Zwangslauf* (Umlauf und Durchlauf):

1. La Mont-Kessel zur Erzeugung von überhitztem Dampf hohen und höchsten Druckes mit Luftvorwärmer. Ölfeuerung. Künstlicher Zug. (*Zwangsumlaufkessel.*)

2. Benson-Kessel zur Erzeugung von überhitztem Dampf hohen und höchsten Druckes mit Luftvorwärmer. Ölfeuerung. Künstlicher Zug. (*Zwangsdurchlaufkessel.*)

B. Dampfmaschinen.

a) Kolbenmaschinen.

α) *direkter Propellerantrieb;*

1. Dreifach-Expansionsmaschine für Betrieb mit überhitztem Dampf mit Kulissen- oder Lenkersteuerung (STEPHENSON oder KLUG). Dampfverteilung vermittels Schieber oder Ventilen.

2. Desgl., aber mit nachgeschalteter Abdampfturbine.

3. Doppel-Verbundmaschine nach LENTZ oder nach CHRISTIANSEN und MEYER für Betrieb mit überhitztem Dampf ohne bzw. mit Abdampfturbine.

β) Kolbenmaschinen mit Untersetzungsgetriebe;

1. Doppelverbundmaschine der Firma Christiansen und Meyer mit Zahnradgetriebe zwischen Maschinen- und Propellerwelle und mit nachgeschalteter Abdampfturbine (Hamburg-Maschine). Betrieb mit überhitztem Dampf.

2. Turbo-Compoundmaschine (2fache Expansionsmaschine mit nachgeschalteter Abdampfturbine). Betrieb mit überhitztem Dampf.

b) Turbinen.

1. Gleichdruck-Getriebeturbine.
2. Überdruck-Getriebeturbine mit vorgeschaltetem Curtisrad.
3. Kombinierte Gleich- und Überdruck-Getriebeturbine.
4. Turbo-elektrischer Antrieb.

(Sämtliche Anlagen arbeiten mit höchsten Drücken und Temperaturen.)

II. Gasturbinenanlagen.

1. Frischgasturbinen.
2. Freikolbengasturbinen.

III. Verbrennungskraftmaschinen.

A. Viertakt-Dieselmaschinen.

1. Einfachwirkende Viertakt-Dieselmaschine für *direkten* Propellerantrieb.
2. Wie unter 1, aber mit Aufladegebläse.
3. Einfachwirkende Viertakt-Dieselmaschine (2 Aggregate), deren Energie über ein *Vulcangetriebe* auf den Propeller übertragen wird, mit bzw. ohne Aufladegebläse.
4. Einfachwirkende Viertakt-Dieselmaschine mit bzw. ohne Aufladegebläse und mit *elektrischer Übertragung* der von den Motoren erzeugten Energie auf den Propeller (Diesel-elektrischer Antrieb).

B. Zweitakt-Dieselmaschinen.

1. *Einfach*wirkende Zweitakt-Dieselmaschine für *direkten* Propellerantrieb, zumeist mit Aufladegebläse.
2. Wie unter 1, aber mit Übertragung der Energie über Vulcangetriebe auf den Propeller.
3. Wie unter 1, aber mit elektrischer Übertragung auf den Propeller.
4. *Doppelt*wirkende Zweitaktmaschine, sonst wie 1, 2 und 3.

IV. Hilfsmaschinen.

Die auf den Schiffen vorhandenen *Hilfsmaschinen* und Apparate lassen sich in 2 Gruppen einteilen, und zwar in

1. Hilfsmaschinen und Apparate, die zum Betriebe der Antriebsmaschinen erforderlich sind, und

2. Hilfsmaschinen und Apparate, die für den Schiffsbetrieb benötigt werden.

Auf *Dampfern* findet man die folgenden, für den Betrieb der Antriebsanlagen erforderlichen Hilfsmaschinen und Apparate vor:

1. für den *Kesselbetrieb*:

a) Kesselspeisepumpen als Kreisel- oder Kolbenpumpen ausgebildet. Antrieb vermittels Dampfkolbenmaschine, Dampfturbine oder Elektromotor.

Strahlpumpen bzw. Injektoren.

b) Gebläsemaschinen für die Förderung der Verbrennungsluft. Antrieb wie unter a).

c) Brennstoffbetriebs- und Umförderpumpen, falls Ölfeuerung vorliegt. Ölfilter und Ölvorwärmer. Die Pumpen können mit Dampf oder elektrisch angetrieben werden.

d) Aschfördervorrichtungen.

2. für den *Maschinenbetrieb*:

a) Kondensationshilfsmaschinen: Kühlwasserpumpe, Kondensatpumpe, Luftpumpe bzw. Luftförderapparat. Ausführung und Antrieb wie unter 1 a).

b) Schmierölpumpen mit Ölfilter und Ölkühler.

c) E-Generator mit Antriebsmaschine für die Erzeugung von Gleich- oder Drehstrom.

Auf *Motorschiffen* sind folgende Hilfsmaschinen und Apparate für den Betrieb der Hauptmaschinen erforderlich:

a) Kühlwasserpumpen (Kreiselpumpen) mit elektrischem Antrieb.

b) Schmierölpumpen (vielfach Zahnradpumpen) mit elektrischem Antrieb.

c) Brennstofförderpumpen mit elektrischem Antrieb, mit Brennstoffiltern und evtl. Vorwärmern.

d) Hilfsdieselmaschinen, gekuppelt mit E-Generator und Luftkompressor für die erforderliche Anlaßluft.

Dampfer und *Motorschiffe* benötigen folgende Hilfsmaschinen und Apparate für den *Schiffsbetrieb*:

1. Lenzpumpen mit zugehörigen Apparaten und Rohrleitungen. Ausführung und Antrieb wie unter 1 a).

2. Ballastpumpen mit zugehörigen Apparaten und Rohrleitungen. Ausführung und Antrieb wie unter 1 a).

3. Feuerlösch-, Deckwasch- und Sanitärpumpen mit zugehörigen Apparaten und Rohrleitungen.

4. Rudermaschinen. Antrieb durch E-Motor oder Dampfmaschine (ältere Ausführung).

5. Ladewinden
6. Verholspills } Antrieb wie unter 4.
7. Ankerspill

8. Kälteerzeugungsanlage.

9. E-Anlage für den Schiffsbetrieb.
10. Schottenschließanlage.
11. Wirtschaftsmaschinen, Aufzüge und sonstiges für den Küchenbetrieb.
12. Klimaanlagen bzw. Ventilationsmaschinen.

2. Grundsätzliches über die Energieumsetzung in Kraftmaschinen.

Allgemeines.

Bei der Konstruktion und beim Betriebe einer Maschinenanlage wird versucht, die bei der Energieumsetzung auftretenden Verluste möglichst gering zu halten. Andernfalls nimmt der Gesamtwirkungsgrad Werte an, die nicht tragbar sind. Je häufiger eine Energieumwandlung erzwungen wird, um so größer sind auch die auftretenden Verluste.

Z. B. wird auf einem Dampfer mit einer turbo-elektrischen Anlage

1. in der Feuerung des Kessels die an den Brennstoff gebundene, chemische Energie durch den Verbrennungsprozeß in Wärme umgewandelt (es entstehen heiße Feuergase),
2. vermittels der Heizfläche des Kessels die Wärme der Feuergase an das Wasser bzw. an den Dampf übertragen, wobei diese zum Träger von Spannungsenergie werden,
3. in der Leitvorrichtung der Turbine die Spannungsenergie des Dampfes in Strömungsenergie umgesetzt,
4. in der Laufvorrichtung der Turbine die Strömungsenergie des Dampfers in mechanische Arbeit verwandelt,
5. in dem von der Turbine angetriebenen Generator die mechanische Arbeit in elektrische Energie verwandelt,
6. in dem die Propellerwellenleitung drehenden Elektromotor die elektrische Energie wieder in mechanische Arbeit verwandelt und
7. im Propeller die von der Welle auf ihn übertragene mechanische Energie in das gewünschte Endresultat, nämlich nutzbare Fortschubarbeit umgesetzt.

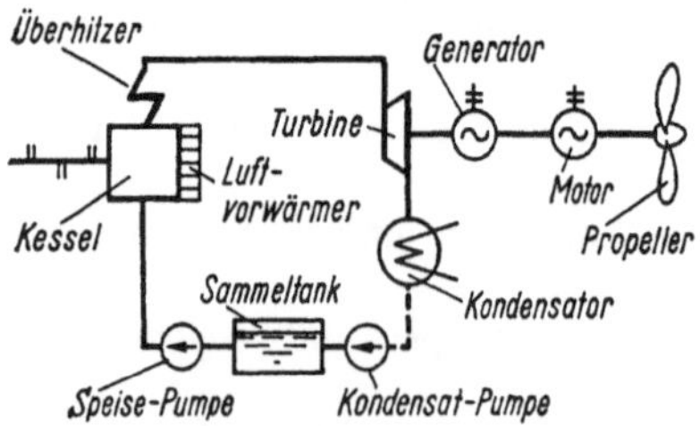

Abb. 134. Wärmeschaltbild einer turboelektrischen Maschinenanlage.

Wärmeschaltbild.

In Abb. 134, einem sogenannten *Wärmeschaltbild*, ist die Schaltung von Kessel, Maschine usw. mit Hilfe einfacher Sinnbilder veranschaulicht.

Der Dampf strömt vom Kessel zur Maschine und tritt nach Arbeitsverrichtung in den Kondensator. Hier wird er verflüssigt und darauf von der Kondensatpumpe in den Speisewasser-Sammeltank gedrückt. Von hier läuft das Kondensat der Speisepumpe zu, die es in den Kessel hineinschickt. Im Kessel erfolgt die Verdampfung. Die Temperatur des austretenden Dampfes wird im Überhitzer erhöht.

Die elektrische Übertragung der Kraftmaschinenenergie auf den Propeller ist ebenfalls im Schaltbild angedeutet.

Energiestrombild.

Abb. 135 ist ein sogenanntes *Energiestrombild*, das die der Anlage angebotene Energie, die Verluste und die Ausbeute an nutzbarer Arbeit veranschaulichen soll. Die senkrechten Abstände zwischen den Parallelen bedeuten die prozentualen Anteile und die Kanäle die prozentualen Verluste.

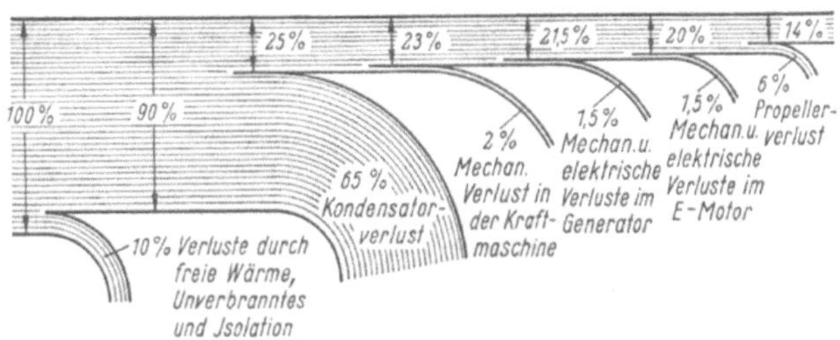

Abb. 135. Energiestrombild einer turboelektrischen Maschinenanlage.

Energieverluste in der Kesselanlage.

Bei der *Energieumsetzung im Kessel* entstehen Verluste durch
1. freie Wärme,
2. Unverbranntes und
3. Abgabe von Wärme an die den Kessel umgebende Luft.

Abgasverluste durch freie Wärme. Die Verluste durch freie Wärme sind um so größer, je *mehr Gas* dem Schornstein entströmt und je *höher* die *Temperatur* des Gases ist.

Es ist deshalb die Aufgabe des die Feuerung bedienenden Heizers, die Zufuhr der Verbrennungsluft für eine gegebene Brennstoffmenge so weit zu drosseln, daß gerade noch eine vollkommene Verbrennung gesichert ist. Je weniger Verbrennungsluft, um so geringer ist auch die Abgasmenge und bei gegebener Abgastemperatur auch der Verlust durch freie Wärme (Schornsteinverlust). Um die Größe des Luftüberschusses zu erkennen, werden Meßgeräte benutzt (Orsat-Apparat) oder fest eingebaut (elektrische CO_2-Messer). Je höher der CO_2-Gehalt der Abgase, desto geringer ist der Luftüberschuß.

Konstruktion und Betrieb müssen dafür Sorge tragen, daß die von den Feuergasen getragene Wärme durch genügend große und wirksame, sowie durch saubere Heizflächen an das Wasser bzw. an den Dampf übertragen werden kann und somit die Abgastemperatur so weit wie möglich verringert wird.

Sinkt die Temperatur aber zu weit ab, so leidet das Auftriebsvermögen der Feuergase im Schornstein (der sogenannte natürliche Zug), und es muß dann mit einer energieverbrauchenden Maschine nachgeholfen werden. Der dieser Energiemenge äquivalente Brennstoffverbrauch darf nun nicht größer sein als der ersparte Betrag, der sich aus der Abkühlung der Gase unter die für genügenden natürlichen Zug erforderliche tiefste Temperatur ergibt.

Verluste durch Unverbranntes. Bei falscher Beschickung und Bearbeitung der Feuer – falls es sich um die Verfeuerung fester Brennstoffe handelt – können große Mengen *unverbrannten Brennstoffs* aus dem Schornstein entweichen (erkennbar am Qualmen des Schornsteins). Ist sehr viel Staub in der verfeuerten Kohle enthalten, so treten meistens auch erhebliche Verluste durch *Flugkoks* auf. Koksverluste ergeben sich auch, wenn man vor dem *Reinigen der Feuer* diese nicht weit genug *abbrennen* läßt. Auch können im Rostdurchfall noch brennbare Bestandteile vorhanden sein. *Bei in Ordnung befindlicher Ölfeuerung sind die Verluste durch Unverbranntes praktisch gleich Null.*

Isolationsverluste. Die Isolierung der Kesselaußenwände ist niemals ganz wärmedicht. Der hierdurch entstehende Verlust hängt von der *Stärke* und *Wirksamkeit* der aufgetragenen *Isolierschicht* ab und beträgt bei modernen Schiffskesseln nur 0,5 bis 1,5%.

Die gesamten Kesselverluste betragen bei Ölfeuerung etwa 10%, bei Kohlefeuerung etwa 20% der Brennstoffwärme.

Energieverluste in der Dampfmaschinenanlage.

Der im Kessel erzeugte Dampf wird zur Maschine gedrängt, wo er Arbeit verrichten soll. Dabei soll soviel wie möglich von der durch den Verbrennungsprozeß in der Feuerung des Kessels entstandenen Wärme umgesetzt werden.

Auf Grund von Erfahrungen, Beobachtungen, Messungen und rechnerischen Untersuchungen läßt sich nun über die Energieumsetzung in der Maschine (Wärme in mechanische Arbeit) folgendes aussagen:

1. Für jeden von der Maschine aufgenommenen Arbeitsbetrag muß aus dem Wärmeträger ein entsprechender Betrag an Wärme verschwinden (das Verschwinden der Wärme ist an der Temperatursenkung des Wärmeträgers oder an der Änderung des Aggregatzustandes zu erkennen).

Man nennt diese Tatsache auch den 1. Hauptsatz der mechanischen Wärmetheorie. Er wurde von Robert Mayer zuerst ausgesprochen, und zwar in der Fassung: Wärme und Arbeit sind gleichwertig (äquivalent).

Mit dem (willkürlich) gewählten Maßsystem ergibt sich die Beziehung für die Umrechnung

$$1 \text{ kcal} = 427 \text{ mkg}$$

(Eine Kilokalorie umgewandelt entspricht 427 Arbeitseinheiten.)

2. Der erste Hauptsatz sagt etwas Mengenmäßiges (Quantitatives) aus. Er bedurfte einer wichtigen Ergänzung betreffs der Güte der für die Umsetzung zur Verfügung stehenden Wärme (Qualität der Wärme), weil die Erfahrung lehrt, daß zwischen der Umsetzung von Wärme in

Arbeit und der Umsetzung von Arbeit in Wärme ein tiefgreifender Unterschied besteht.

Arbeit kann man restlos in Wärme verwandeln, aber niemals Wärme restlos in Arbeit. Wegen der naturgegebenen Temperaturen des Kühlwassers für die Kondensatoren ist es nicht zu vermeiden, daß ein großer Teil der der Maschine angebotenen Wärme mit dem Abdampf bzw. mit dem Kühlwasser verlorengeht. Analog geht mit dem Abgas und mit dem Kühlwasser einer Dieselmaschine ein großer Teil der Brennstoffwärme unvermeidbar verloren.

Während der 1. Hauptsatz gewissermaßen aussagt, daß es ein Perpetuum mobile 1. Art nicht gibt (jede Maschine kann nur Arbeit abgeben, wenn sie Energie verbraucht), stellte der 2. Hauptsatz fest, daß es unmöglich ist, bei Wärmekraftmaschinen die gesamte, diesen Maschinen angebotene Wärme in Arbeit zu verwandeln. Das Perpetuum mobile 2. Art ist also ebenfalls unmöglich (oder mit anderen Worten: 1 Kilokalorie ergibt nicht 427 mkg, der Rest bleibt Wärme).

Ohne diese Ergänzung, die der Wärmetechniker als den 2. Hauptsatz bezeichnet, ist der 1. Hauptsatz in bezug auf Wärmekraftmaschinen unvollständig.

Rechnerische Überlegungen gestatten nun, mit Hilfe einer von CLAUSIUS gefundenen Hilfsgröße (*Entropie*) den in mechanische Arbeit verwandelbaren Teil einer Wärmemenge zahlenmäßig zu erfassen unter der Voraussetzung, daß die Energieumwandlung in einer denkbar günstigen Maschine (Idealmaschine) erfolgt. Die mathematischen Untersuchungen zeigen und die Erfahrung bestätigt es, daß um so *mehr Wärme* in *Arbeit* verwandelt werden kann, je *höher Druck* und *Temperatur* beim Eintritt in die Maschine und je *kleiner* der *Gegendruck* (z. B. der Kondensatordruck) sind.

Bei den heutigen Hochdruckmaschinen können etwa 25% der dem Kessel entnommenen Wärme in mechanische Arbeit umgesetzt werden. Der weitaus größte Teil der Wärme geht auch bei den modernsten Dampfmaschinen mit dem Kühlwasser des Kondensators verloren. Mit dieser Tatsache muß man sich aber abfinden. Man kann nur anstreben, an die theoretisch mögliche Energieumsetzung der Idealmaschine heranzukommen.

In stationären Anlagen bietet sich häufig die Möglichkeit, die im Abdampf enthaltene Wärme für Heizzwecke auszunutzen. Durch diese sogenannte *Kupplung von Kraft und Wärme* werden Dampfanlagen außerordentlich wirtschaftlich. Praktisch wird die gesamte Wärme nutzbar gemacht, *wenn der Heizbedarf des Betriebes gleich oder größer als die Abwärmelieferung der Maschine* ist. Für dampfangetriebene Hilfsmaschinen ist eine solche Kupplung möglich und wird auch immer durchgeführt. Die Abwärme dieser Maschinen wird für die Vorwärmung des Kondensats der Hauptmaschine verwendet.

Von der an den Kolben oder das Laufrad der Maschine abgegebenen mechanischen Arbeit geht nun noch wieder ein Teil durch Reibung im Getriebe verloren. Zu diesen *mechanischen Verlusten* zählen auch die

Reibungsverluste in den Wellenlagern und im Stevenrohr. Sie betragen insgesamt etwa 2%.

Bei der turboelektrischen Anlage nach Abb. 134 wird die von der Kraftmaschine abgegebene Wellenleistung im Generator in elektrische Energie umgesetzt. Die Spulen und Drähte der E-Maschine setzen dem Stromdurchfluß einen gewissen Widerstand entgegen, wodurch ein Teil der erzeugten elektrischen Energie sich in Wärme umsetzt. Dieser Verlust beträgt etwa 1%, einschließlich der mechanischen Verluste in den Lagern des Generators.

Die gleichen Verluste treten auch im Wellenmotor auf.

Von der Welle des E-Motors wird nun der Propeller angetrieben. Dieser soll nun die von der Welle kommende Energie in nutzbare Fortschubarbeit umwandeln. Hierbei geht wieder ein wesentlicher Teil der kostbaren mechanischen Energie durch Reibung und Wirbelung verloren. Die Größe des Propellerverlustes hängt in hohem Maße von seiner Drehzahl ab, die nicht über etwa 80 U/min betragen sollte. Diese Forderung läßt sich bei großen Maschinenleistungen nicht verwirklichen, weil die Abmessungen der Schraube (Durchmesser und Flügelfläche) zu groß würden.

Bezogen auf die mit dem Brennstoff angebotene Wärme werden also im Propeller nur 14% (wirtschaftlicher Wirkungsgrad) ausgenutzt, was einer Umsetzung der Wellenenergie von etwa 70% entspricht.

Energieverluste in der Dieselmotoranlage.

Abb. 136 zeigt das *Energiestrombild* einer *Dieselmotorenanlage* für direkten Propellerantrieb.

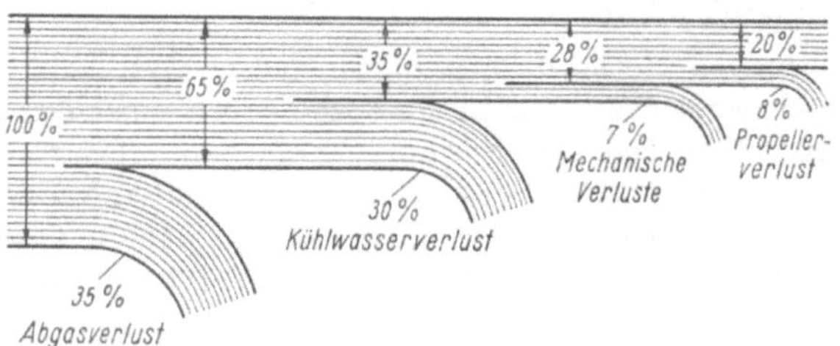

Abb. 136. Energiestrombild einer Dieselanlage.

Auch für diese — wie für alle sonstigen — Wärmekraftmaschinen gelten die Hauptsätze der Wärmelehre. Hier geht ebenfalls ein großer Teil bei der Umsetzung verloren, und zwar handelt es sich um die

Abgas- und *Kühlwasserwärme.*

Theoretisch wäre eine Verbrennungskraftmaschine *ohne Kühlung* denkbar, jedoch verbliebe der Abgasverlust, weil es nicht möglich ist, die Gase so weit expandieren zu lassen, bis die Brennstoffwärme restlos in Arbeit umgesetzt ist.

In der Praxis ergeben sich folgende Werte für Dieselanlagen:

Abgasverlust . .	35%
Kühlwasserwärme	30%
Nutzarbeit . . .	35%
Insgesamt	100%

Die mechanischen Verluste sind bei den Dieselmaschinen wegen der höheren Lagerdrücke größer als bei den Dampfmaschinen. Sie betragen etwa 7% der Brennstoffwärme, was einem mechanischen Wirkungsgrad des Getriebes von etwa 80% entspricht.

Für den Propeller gelten die gleichen Ausführungen wie bei der Dampfmaschine.

Der wirtschaftliche Wirkungsgrad der Dieselanlage beträgt, wie Abb. 136 zeigt, etwa 20%, ist also wesentlich besser als bei der Dampfmaschine. Der Grund liegt darin, daß die Temperatur des Wärmeträgers bei Beginn des Prozesses im Motor bedeutend höher liegt.

3. Dampfkraftanlagen.

A. Kessel.

a) Zylinderkessel (Flammrohrkessel, Großwasserraumkessel).

Der älteste Schiffskessel, der auch jetzt noch gebaut wird, ist der Zylinderkessel.

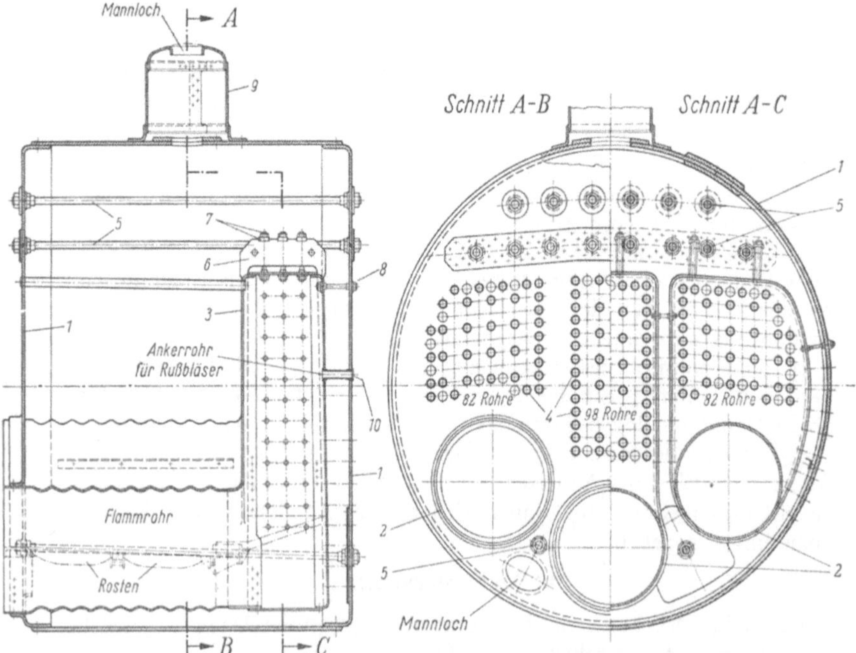

Abb. 137. Schnittzeichnung (Seiten- und Vorderansicht) eines Zylinderkessels. *1* Kesselkörper, *2* Flammrohr, *3* Rohrwand, Feuerkammer, *4* Siederohre, *5* Längsanker, *6* Deckenträger, *7* Stehbolzen, *8* Stehbolzen, *9* Dommantel, *10* Rußbläser.

Aus Abb. 137 geht hervor, daß ein solcher Dampferzeuger ein ziemlich kompliziertes und starres Gebilde ist. Seine Vorteile, die ihm immer noch einen Platz in der Schiffahrt sichern, sind die folgenden:

a) Dieser Kessel hat gute Manövriereigenschaften, auch wenn als Brennstoff Steinkohle verwendet wird. Der Grund dafür ist die große, im Wasserinhalt aufgespeicherte Wärmemenge, von der bei einer Druckabsenkung infolge nicht schnell genug erfolgender Abstimmung zwischen Dampfabgabe und Wärmezufuhr durch die Feuerung ein Teil „frei" wird. D. h. es bildet sich sogenannter Entspannungsdampf, der zusätzlich für die Speisung der Maschine zur Verfügung steht. Diese Speicherwirkung hängt von der *Größe des Druckabfalls* und von dem *Wasserinhalt* des Kessels ab. Diese ist beim Zylinderkessel — Wasserinhalt bei 250 m² Heizfläche etwa 25 t — so groß, daß die Maschine noch etwa 5 min mit nur geringem Leistungsabfall weiterfahren kann, wenn die Wärmezufuhr durch die Feuerung unterbrochen ist. Selbstverständlich muß diese Wärme bei ansteigendem Kesseldruck wieder zusätzlich zugeführt werden. Bei der den Belastungsschwankungen nur träge folgenden Kohlefeuerung ist diese Speicherwirkung ein Vorteil, auf den man nur schwer verzichten kann.

b) Der Zylinderkessel ist nicht so empfindlich gegen unregelmäßige Speisung. Der große Wasserspiegel des Kessels in der Höhe des niedrigsten Wasserstandes senkt sich bei abgestellter Speisung und voll in Betrieb befindlicher Feuerung erst in etwa 15 min so weit, daß der höchste feuerberührte Punkt von Wasser entblößt wird (Flächeninhalt des Wasserspiegels in Höhe NW. etwa 15 m²).

c) Der Zylinderkessel ist wegen der mäßigen Beanspruchung im Gegensatz zum Hochleistungskessel nicht so empfindlich gegen unreines Speisewasser.

Die Nachteile des Flammrohrkessels sind:

a) Er hat bei gegebener Dampfleistung ein verhältnismäßig großes Gewicht und beansprucht viel Raum.

b) Der Zylinderkesssel ist für hohe Drücke völlig ungeeignet. Bei den jetzt in modernen Wasserrohrkesseln auftretenden Dampfspannungen würden sich für Zylinderkessel Wandstärken der Bleche ergeben, deren Ausführung sich praktisch verbietet.

c) Der Flammrohrkessel kann nur mit mäßiger Heizflächenbelastung betrieben werden. Als Folge davon lassen sich solche Dampferzeuger für große Dampfleistungen gar nicht im Schiffskörper unterbringen.

d) Der Zylinderkessel erfordert bei seiner Inbetriebsetzung eine lange Anheizzeit. Wird das Anheizen (etwa 12 Stunden und mehr) nicht sachgemäß durchgeführt, so können sich ernste Schäden infolge Wärmespannungen ergeben.

b) Wasserrohrkessel.

Für hohe Drücke, hohe Temperaturen und große Dampfleistungen kommen nur Wasserrohrkessel in Frage.

Man kann sie wie folgt gliedern:

a) Wasserrohrkessel mit natürlichem Wasserumlauf:

Natürlicher Umlauf und unmittelbare (direkte) Beheizung (Deschimag-Wagner-Kessel, Babcock & Wilcox-Kessel).

Natürlicher Umlauf und mittelbare Beheizung (Schmidt-Hartmann-Kessel).

b) Wasserrohrkessel mit Zwangslauf:

Zwangsumlaufkessel (La Mont-Kessel, Velox-Kessel).
Zwangsdurchlaufkessel (Benson-Kessel, Sulzer-Einrohr-Kessel).
Zwangsumlaufkessel mit Dampfumwälzung (Löffler-Kessel).

Strahlungskessel. Sämtliche modernen Dampferzeuger sind als Strahlungskessel ausgebildet. Mit dieser Bezeichnung will man zum Ausdruck bringen, daß der Wärmeaustausch an der Verdampfheizfläche hauptsächlich durch Strahlung erfolgt. Die durch Berührung von den Feuergasen abgegebene Wärme soll vom Überhitzer, Luft- und evtl. auch vom Speisewasservorwärmer (Ekonomiser) aufgenommen werden. Heizflächen gegebener Größe für den Wärmeaustausch zwischen Feuergas und Verbrennungsluft sind viel billiger als die für die Verdampfung vorgesehenen. Strahlungskessel werden auch als Hochleistungskessel bezeichnet, weil mit geringster Heizfläche möglichst viel Dampf erzeugt und so Raum und Gewicht gespart werden.

Abb. 138 zeigt einen Dampferzeuger mit Vordampf-, Überhitzer- und Luftvorwärmer-Heizfläche mit natürlichem Wasserumlauf. Man erkennt die Steigerohre, die von den Flammen bestrahlt werden und durch die das Dampfwassergemisch in die Ausdampftrommel gelangt. Die Fallrohre werden wenig oder gar nicht beheizt, um einen sicheren Wasserumlauf zu gewährleisten.

Nach Abgabe der hauptsächlichsten Strahlungswärme gelangen die Feuergase in den Überhitzer, in dem der vom Kessel erzeugte Dampf auf höhere Temperatur gebracht wird. Bei Höchstdruckkesseln, die Dampf von hohem Druck und sehr hoher Temperatur liefern sollen, ist es erforderlich, daß der Überhitzer auch noch von den Feuergasen bestrahlt wird.

Anschließend bestreichen die Heizgase den Luftvorwärmer, in dem zwecks Einsparung von Kohle oder Heizöl die Verbrennungsluft vorgewärmt wird.

Die Betriebssicherheit dieser Hochdruck-Kessel hängt in hohem Maße von der Beschaffenheit des Kesselspeisewassers ab. Dieses setzt sich aus dem Kondensat des Arbeitsdampfes und dem sogenannten Zusatzwasser zusammen, dessen Menge durch die mehr oder weniger großen Undichtheiten der Anlage bedingt ist. Das Kondensat kann, wenn der Abdampf Kolbenmaschinen entströmt, ölig sein und das Zusatzwasser Kesselsteinbildner infolge nicht richtiger thermischer oder chemischer Aufbereitung oder Kondensatorleckagen enthalten. Dadurch können schwere Störungen am Kessel bzw. Havarien hervorgerufen werden.

Hochleistungskessel. Wie schon erwähnt, werden die Wasserrohrkessel nicht nur als Hochdruck-, sondern auch als Hochleistungskessel ausgebildet, d. h. mit kleinstem Verbrennungsraum und kleinster Heizfläche soll möglichst viel Wärme freigemacht und übertragen werden.

Mit anderen Worten: Man baut Kessel mit größter Feuerraum- und Heizflächenbelastung. (Feuerraumbelastung = Zahl der Wärmeeinheiten, die pro m³ Feuerraum stündlich freigemacht werden. Heizflächenbelastung = Zahl der Wärmeeinheiten, die stündlich pro m² Heizfläche übertragen werden.)

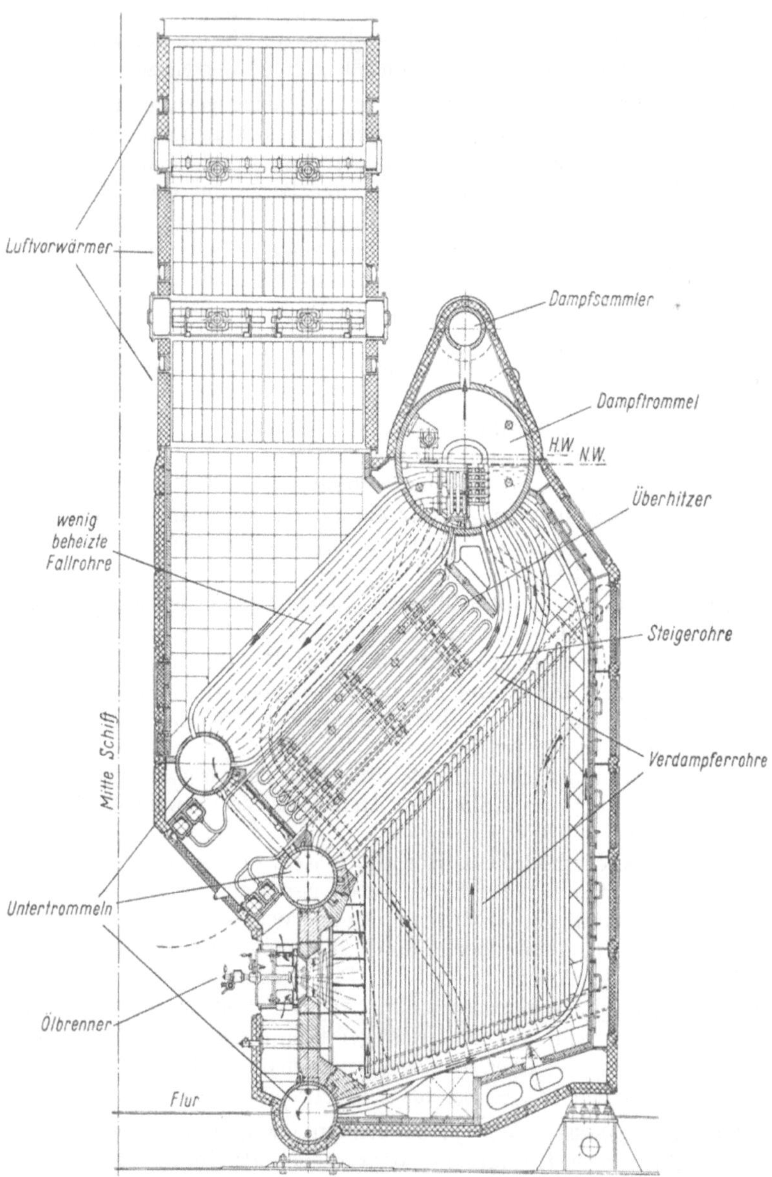

Abb. 138. Schnittzeichnung eines Wasserrohrkessels mit natürlichem Umlauf [s. S. 445 unter b)]. Bauart AG. Weser.

Die Rohre der Hochleistungskessel, die bestrahlt werden und hohe Wärmebelastungen aufweisen, müssen wirksam gekühlt werden, wenn keine Rohrreißer auftreten sollen. Um von gewissen Zufälligkeiten, die beim natürlichen Wasserumlauf auftreten können, unabhängig zu sein, ist man auf die Zwangslaufkessel gekommen.

Abb. 139 ist die Prinzipskizze eines Zwangsumlaufkessels, System La Mont. Eine Umwälzpumpe drückt das ihr aus der Trommel zulaufende Wasser von Siedetemperatur durch die von den Feuergasen bestrahlten und berührten Verdampferschlangen. Das sich hier bildende Dampfwassergemisch ergießt sich von oben auf die Oberfläche des Wassers in der Trommel. Ein Ausdampfvorgang im üblichen Sinne, bei dem Wasser mitgerissen werden kann, tritt hier nicht auf.

Der in der Trommel ausgeschiedene Dampf gelangt nun in den Überhitzer (wobei seine Temperatur sich erhöht) und von dort zur Maschine. Der im Kondensator verflüssigte Abdampf wird durch die Speisepumpe wieder in die Trommel gedrückt.

Der Verdampfer besteht aus vielen parallel geschalteten Rohrelementen. Damit jedes Element die gleiche Wassermenge bekommt, ist vor der Eintrittsöffnung der Rohrschlange eine Düsenplatte mit bestimmtem Querschnitt angeordnet. Wegen der Zwangumwälzung hat der Kesselkonstrukteur hinsichtlich der Anordnung der Rohre und der Trommel größere Bewegungsfreiheit als beim natürlichen Umlauf.

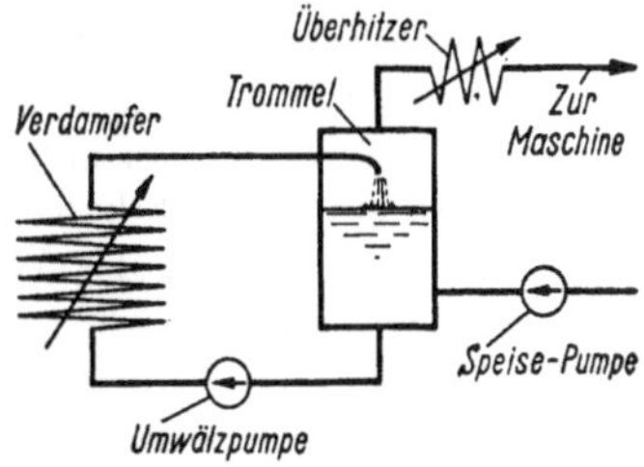

Abb. 139. Prinzipskizze eines Zwangsumlaufkessels, System La Mont.

Der Zwangsdurchlaufkessel nach BENSON ist ein trommelloser Kessel. Er besteht nur aus Rohrsystemen, durch die die Speisepumpe das Speisewasser drückt. Der Kessel hat geringstes Gewicht, jedoch können sich Schwierigkeiten beim Manövrieren ergeben. Er ist nur für die Verfeuerung von flüssigem Brennstoff geeignet.

c) Einiges über die Feuerungen der Kessel.

Während vor einigen Jahrzehnten als Brennstoff auf Schiffen ausschließlich Kohle verfeuert wurde, und zwar auf dem Planrost und von Hand, werden die nach dem 2. Weltkriege erbauten Dampfer restlos mit Ölfeuerung versehen. Eine Ausnahme machten bis jetzt noch die Fischdampfer, doch beginnt auch hier schon die Ölfeuerung der Kohlefeuerung den Platz streitig zu machen.

Trotz vieler Versuche, den handgefeuerten Planrost durch einen mechanischen Beschicker zu ersetzen, hat sich kein solcher Apparat durchsetzen können. Es ist im großen und ganzen bei der Handfeuerung geblieben, die allerdings den Vorteil aufweist, daß man so feste Brennstoffe verschiedenster Art und Körnung verfeuern kann. Bei mechanischen Feuerungen ist das nicht möglich.

Auch mit Kohlenstaubfeuerung hat man es an Bord versucht. Die Kosten, der erforderliche Raum, der Lärm und die durch die Mühle hervorgerufenen Vibrationen haben aber dazu beigetragen, daß auch diese Art der Feuerung aus dem Bordbetrieb wieder verschwunden ist. Die verhältnismäßig kleinen Feuerräume der Schiffskessel bereiteten auch große Schwierigkeiten hinsichtlich der gewünschten einwandfreien Verbrennung.

Gegenüber der Kohlefeuerung bietet nun die Ölfeuerung nur Vorteile, wenn der Preis für den flüssigen Brennstoff nicht zu hoch über dem der Steinkohle liegt.

Diese *Vorteile* sind:

1. *Höherer Heizwert.* Verbrennt man ein kg Kohle, so werden etwa 7500 Kalorien frei, während man bei Heizöl etwa 9700 Wärmeeinheiten erhält.

2. *Günstigere Verfeuerungsbedingungen.* Der flüssige Brennstoff wird feinstens zerstäubt und innig mit der Verbrennungsluft durchmischt. Deshalb kann immer mit vollständiger Verbrennung bei geringstem Luftüberschuß gefahren werden. (20% Überschuß gegenüber 70—100% bei Kohlefeuerung.) Wegen des Fehlens des Verlustes durch Unverbranntes und des geringen Luftüberschusses steigt der Kesselwirkungsgrad von etwa 80% (bei Kohlefeuerung) auf 90%.

3. Es wird immer mit konstantem Kesseldruck gefahren, weil das Feuerreinigen zu Beginn der Wache fortfällt. Deshalb Erhöhung der Schiffsgeschwindigkeit.

4. Die *Aschenplage* ist bei der Verfeuerung von flüssigem Brennstoff nicht vorhanden.

5. Die Kessel werden mehr geschont und altern nicht so schnell.

6. Der *flüssige Brennstoff* kann zum größten Teil im Doppelboden untergebracht werden, wodurch sich eine erhebliche Ersparnis an Raum ergibt. Auch kann man ihn umpumpen und so für die günstigste Trimmlage während der Reise sorgen.

7. Die körperliche *Beanspruchung des Heizraumpersonals* ist viel geringer als auf Schiffen mit Kohlefeuerung und handgefeuertem Planrost.

8. Es ist viel *weniger Personal* für die Bedienung der Kessel erforderlich.

9. In den Heizräumen herrscht größte *Sauberkeit.*

10. Die *Brennstoffübernahme* geht schnell, ohne Verschmutzung der Decks und ohne Behinderung der Ladungsarbeiten vor sich.

11. Bei gegebenem *Bunkerraum* hat das Schiff einen größeren Aktionsradius.

12. Das *Gewicht* des gebunkerten und verfeuerten Öles kann ohne jegliche Sonderbelastung des Heizraumpersonals genau gemessen werden.

Als *Nachteile* können erwähnt werden:

1. Der *höhere Preis* (ist jetzt nicht immer der Fall).

2. Die größere *Feuergefährlichkeit.* Es sind besondere Löschvorrichtungen erforderlich.

3. Die Bunker müssen mit *Armaturen* für Füllen, Entleeren, Heizen, Spülen, Ausdampfen, Feststellung des Ölstandes, Entwässern usw. versehen sein.

B. Dampfmaschinen.

a) Dampfkolbenmaschinen.

Durch die Wärmeaufnahme im Kessel vergrößert sich das Volumen des Dampfes; außerdem wird er elastisch, kann also expandieren. Diese beiden Tatsachen werden in der Maschine dadurch nutzbar gemacht, daß man in einem Zylinder durch den Dampf einen Kolben verschieben läßt. Die geradlinige Kolbenbewegung im Zylinder (Abb. 140, *b*) wird durch das Triebwerk, bestehend aus Kolben (*a*), Kolbenstange (*c*), Kreuzkopf mit Gleitschuh (*d*) auf der Gleitbahn (*g*), Pleuelstange (*e*) und Kurbel (*f*) in eine drehende verwandelt.

Durch einen Steuerungsmechanismus wird der Ein- und Auslaß des Dampfes gesteuert. Auch die Drehrichtung kann vermittels dieser Vorrichtung (Umsteuerung) geändert werden.

Während des Dampfeinschiebens besteht Verbindung zwischen dem Dampfraum des Kessels und dem sogenannten Hubraum des Zylinders. Die Kolbenbewegung wird jetzt durch die Volumenvergrößerung bewirkt, die der Dampf in der Kesselanlage erfährt.

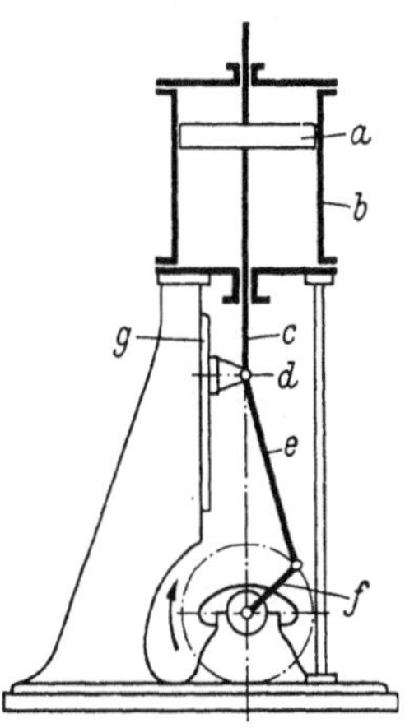

Abb. 140. Wirkungsweise der Kolbenmaschine.

Nachdem der Kolben einen Teil seines Hubes zurückgelegt hat, schließt das Steuerorgan die Dampfzufuhr ab, die sogenannte *Füllung* ist beendet, und die *Expansion* beginnt. Die Expansionsarbeit wird nun auf Kosten der im Dampf aufgespeicherten Wärme (innere Energie) verrichtet. Kurz vor Erreichen der unteren Endlage des Kolbens (unterer Totpunkt) stellt das Steuerorgan Verbindung zwischen dem Hubraum und dem Abdampfraum der Maschine her (Kondensator, Vorwärmer, Atmosphäre). Es beginnt die sogenannte *Vorausströmung*. Nach Passieren der tiefsten Stellung kehrt der Kolben seine Bewegungsrichtung um, wobei der im Zylinder verbliebene Dampfrest ausgeschoben wird. Kurz vor Erreichen der oberen Totlage schließt das Steuerorgan die Verbindung mit dem Abdampfraum der Maschine, und es beginnt die *Kompression*. Hierbei muß der Kolben Arbeit auf den Dampf übertragen, wobei dessen Druck und Temperatur steigen. Diese Verdichtung wird durchgeführt, um den schädlichen Raum — Raum zwischen Kolben und Deckel bzw. Boden des Zylinders + Volumen der Kanäle bis zum Steuerkantenabschluß, wenn die Maschine im Totpunkt steht — nicht immer neu mit Frischdampf auffüllen zu müssen und um einen sanfteren Druckwechsel in den Lagern zu erzielen. Kurz vor Erreichen des oberen Totpunktes stellt das

Steuerorgan wieder die Verbindung mit dem Kessel her, und es beginnt die *Voreinströmung*.

Dieser Arbeitsprozeß spielt sich auf beiden Seiten des Kolbens ab, jedoch zeitlich um $^1/_2$ Umdrehung verschoben.

Stellt man den Zusammenhang zwischen Druck P und Volumen V graphisch dar, so ergibt sich im rechtwinkligen Koordinatensystem ein Linienzug gemäß Abb. 141, das sogenannte P, V-Diagramm einer Expansionsmaschine. Die von dem geschlossenen Linienzug eingerahmte Fläche ist ein Maß für die während eines Arbeitsprozesses auf einer Kolbenseite verrichtete Nutzarbeit.

Antriebsmaschinen für Hilfszwecke (Rudermaschinen usw.) arbeiten manchmal nach dem *Volldruckverfahren*. Hierbei wird Frischdampf während des ganzen Hubes eingelassen. Am Hubende erfolgt der Auspuff, worauf der im Zylinder verbliebene Dampfrest während des ganzen Kolbenrückganges ausgeschoben wird.

Es gibt *einfache* (einstufige) und *mehrfache* (mehrstufige) Expansionsmaschinen. Bei kleinen Druckgefällen zwischen Kessel und Kondensator bzw. Abdampfraum kommt man mit einstufiger Expansion aus. Bei hohen Kesseldrücken muß man die Expansion in mehreren Zylindern aufeinanderfolgend durchführen. Dadurch wird das Temperaturgefälle zwischen dem Dampf und der Zylinderwandung kleiner, und als Folge davon verringern sich die sogenannten Abkühlverluste. Man baut also ein-, zwei- und dreifache Expansionsmaschinen; letztere besitzen also Hoch-, Mittel- und Niederdruckzylinder. Bei sehr großen Leistungen hat man die Niederdruckzylinder auch geteilt. Solche Maschinen haben dreifache Expansion, aber 4 Zylinder.

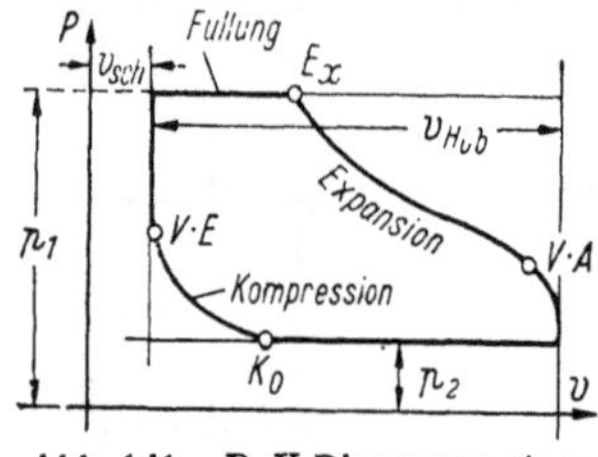

Abb. 141. P, V-Diagramm einer Expansionsmaschine.

Die Kurbelzahl einer Expansionsmaschine braucht nicht gleich der Zylinderzahl zu sein. Man kann mehrere Zylinder in einer Achse anordnen und sämtliche Kolben an einer gemeinsamen Stange befestigen. Es ist also möglich, eine zweifache Expansionsmaschine mit einer Kurbel zu bauen. Ferner besteht noch die Möglichkeit, mehrere gleiche Maschinen auf eine Welle bzw. einen Propeller arbeiten zu lassen. Endlich kann man noch schnellaufende Maschinen über ein Untersetzungsgetriebe mit der Wellenleitung kuppeln.

Die sogenannte *Doppel-Verbundmaschine* hat 4 Kurbeln, 4 Zylinder, aber nur zweifache Expansion (2 Hochdruck- und 2 Niederdruckzylinder). Hochdruck- und Niederdruckkurbel sind nur 180° gegeneinander versetzt. Die beiden Kurbelpaare bilden einen Winkel von 90°.

Auf Fischdampfern findet man hauptsächlich 3fach-Expansionsmaschinen mit 3 Kurbeln und 3 Zylindern. Die Dampfkolbenmaschine ist gegenwärtig weitgehend — bis auf die Fischdampfer — durch Dampfturbine und Dieselmotor aus der Schiffahrt verdrängt. Wenn sie noch zum Einbau kommt, ist sie fast immer mit einer Abdampfturbine kombiniert (s. S. 457).

b) Dampfturbinen.

Bei sehr großen Maschinenleistungen werden die Massenkräfte in Kolbenmaschinen so groß, daß sie nur noch schwer zu beherrschen sind.

Hinsichtlich des Aufbaues gibt es keine einfachere Maschine als die Turbine. Sie hat keine hin- und hergehenden, sondern nur rotierende Teile. Das ist hinsichtlich der Erregung von Schiffsvibrationen ein ganz besonderer Vorteil.

Deshalb kommen für große und schnelle Schiffe nur Turbinen als Antriebsmaschinen in Frage. Gegenüber der Kolbenmaschine hat die Turbine auch noch den Vorteil, daß sie für die Energieumsetzung im unteren Druckgebiet besser geeignet ist. Wichtig ist auch, daß die inneren Teile keiner Schmierung bedürfen, wodurch schwere Kesselhavarien vermieden werden.

Um ein wirtschaftliches Zusammenarbeiten von Kraft- und Arbeitsmaschine (Propeller) zu erzielen, benötigen die Turbinen aber ein Untersetzungsgetriebe.

Hauptteile und Wirkungsweise der Turbinen. Jede Turbine besteht aus 2 Hauptteilen, und zwar

a) aus der Leitvorrichtung und

b) aus der Laufvorrichtung.

Zu a) In der Leitvorrichtung wird die Spannungsenergie des Dampfes in Strömungsenergie umgesetzt. Eine Leitvorrichtung ist weiter nichts als eine Trennwand zwischen einem Raum höheren (P_1) und niederen Druckes (P_2), in der sich Öffnungen mit abgerundeten Einlaufkanten befinden.

Beim Durchtritt durch eine solche sogenannte Mündung geschieht nun folgendes:

1. Der Druck des Dampfes fällt.
2. Die Temperatur sinkt.
3. Die Geschwindigkeit nimmt zu.
4. Das Volumen des Dampfes wächst.
5. Ein Teil der vom Dampf getragenen Wärme verschwindet und setzt sich in Bewegungsenergie um.

Für die Beschleunigung des Dampfes in der Mündung „sorgt" einerseits der vom Kessel kommende und nachdrängende Dampf, und andererseits expandiert der in der Mündung befindliche Dampf.

Der Dampf nimmt dabei hohe Geschwindigkeiten an (bei hohen Eintritts- und geringen Gegendrücken über 1000 m/sek). Das Volumen wächst aber auch gewaltig (von etwa 0,15 m^3/kg auf 35 m^3/kg).

Das Zusammenwirken dieser beiden Tatsachen zwingt nun evtl. den Konstrukteur, die mit Abb. 142 gezeigte Mündung zu erweitern, so daß eine Düse oder erweiterte Mündung nach Abb. 143 entsteht. Hierzu ist nun folgendes zu sagen: Beim Strömen von Flüssigkeiten, Gasen und Dämpfen gilt das sogenannte *Stetigkeitsgesetz*, gemäß welchem im Beharrungszustande durch jeden Querschnitt der Durchflußöffnung in der gleichen Zeit auch das gleiche Gewicht tritt.

Der mathematische Ausdruck dieses Gesetzes ist die Kontinuitätsgleichung, die lautet

$$G = \frac{F \cdot c}{v} \text{ [kg/sek]}.$$

Hierin bedeuten:

G = Durchströmendes Gewicht in kg/h,
F = Querschnitt in m^2,
c = Geschwindigkeit in m/sek,
v = spezifisches Gewicht in m^3/kg.

Solange nun die Geschwindigkeit zahlenmäßig schneller zunimmt als das spez. Volumen, muß gemäß obiger Gleichung der Querschnitt kleiner werden. Es besteht aber die Tatsache, daß nach Absinken des Druckes

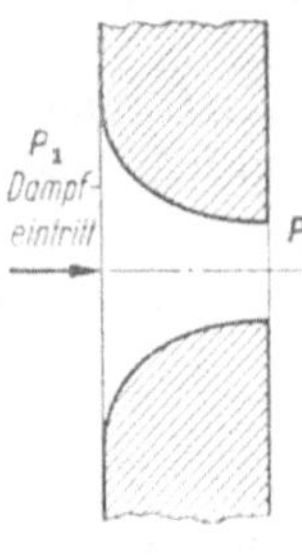

Abb 142.

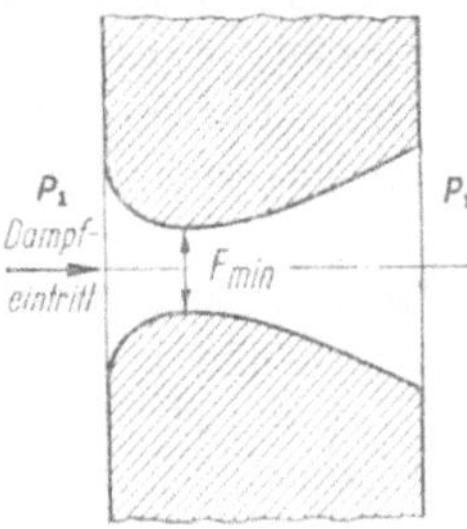

Abb. 143.

auf etwa den halben Eintrittsdruck das Umgekehrte der Fall ist. Wächst das Volumen aber zahlenmäßig schneller als die Geschwindigkeit, so muß man die Leitvorrichtung wieder erweitern. Tut man das nicht, so kann auch keine Expansion mehr durchgeführt werden. Der aus einer Mündung nach Abb. 143 austretende Strahl zerflattert bzw. explodiert, wenn der im engsten Querschnitt auftretende Druck bedeutend kleiner als der Gegendruck P_2 ist.

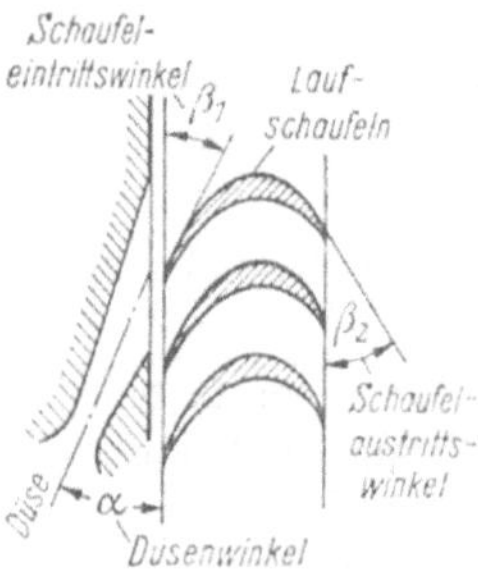

Abb. 144

Der im engsten Querschnitt auftretende Druck heißt kritischer Mündungsdruck P_{kr}. Zwischen diesem und dem Eintrittsdruck P_1 besteht die Beziehung

$$P_{kr} = 0{,}577 \cdot P_1 \text{ (für Sattdampf)}$$

und

$$P_{kr} = 0{,}545 \cdot P_1 \text{ (für überhitzten Dampf)}.$$

Daraus folgt, daß beispielsweise für Abdampfturbinen Düsen zur Ausführung kommen müssen, wenn der Druck vor der Turbine 0,5 ata und der Gegendruck 0,04 ata beträgt.

Zu b: In der Laufvorrichtung erfolgt die Umsetzung von Bewegungsenergie in mechanische Arbeit. Die Laufvorrichtung besteht aus gekrümmten Schaufeln, die am Umfange des Läufers (Rotors) angebracht sind (Abb. 144).

Durch die dem Strahl aufgezwungene Umlenkung entstehen Fliehkräfte (Bahndrücke), deren Komponenten in Richtung der Umfangsgeschwindigkeit den Rotor in Drehung versetzen.

Soll in einer einzigen Laufschaufelreihe die gesamte Bewegungsenergie des Dampfes in Arbeit umgesetzt werden, so muß seine Geschwindigkeit beim Austritt aus der Schaufel gleich Null sein.

Um nun einen Überblick über den Zusammenhang zwischen der absoluten Dampfgeschwindigkeit und der Umfangsgeschwindigkeit der Schaufeln bzw. des Rades bei höchstem Wirkungsgrad zu bekommen, nimmt man eine sogenannte Idealturbine an, bei der Düsen- und Schaufelwinkel $= 0°$ sind (vgl. Abb. 145).

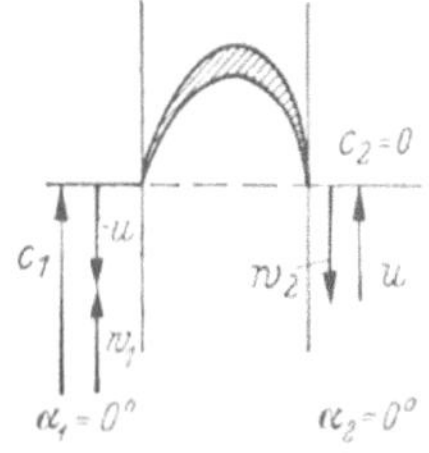

Abb. 145.

In der Abbildung bedeuten:

c_1 = absolute Dampfgeschwindigkeit beim Eintritt [m/sek],

c_2 = absolute Dampfgeschwindigkeit beim Austritt [m/sek],

$u = \frac{D \cdot \pi n}{60}$ = Umfangsgeschwindigkeit

D = mittlerer Schaufelraddurchmesser [m],

n = Drehzahl pro Minute,

w_1 = relative Dampfgeschwindigkeit beim Eintritt,

w_2 = relative Dampfgeschwindigkeit beim Austritt.

Aus den Geschwindigkeitsrissen der Abb. 146 geht hervor, daß die Umfangsgeschwindigkeit gleich der halben Dampfgeschwindigkeit beim Eintritt sein muß, wenn die absolute Austrittsgeschwindigkeit $= 0$ sein soll. Die Relativgeschwindigkeit behält ihre *Größe* unter der Annahme des Fehlens von Reibung und Wirbelung und des unveränderlichen Schaufelquerschnitts.

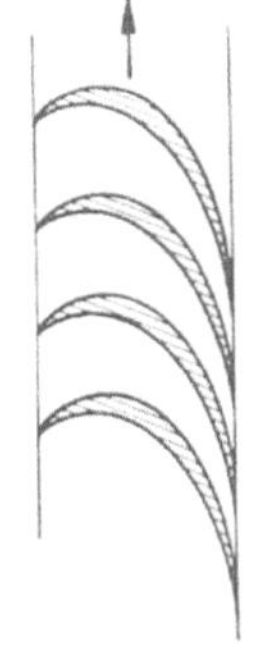

Abb. 146.

Es gilt also für eine solche ideale *Gleichdruck*turbine

$$u = 0{,}5 \cdot c_1 .$$

Die Bezeichnung Gleichdruckturbine hat man gewählt, weil an beiden Seiten des Laufrades der gleiche Druck herrscht und weil keine Expansion des Dampfes im Laufschaufelkanal erfolgt. In letzterem wird nur Strömungsenergie durch Umlenken des Dampfstrahles in mechanische Arbeit umgesetzt.

Man kann nun den Schaufeln aber auch eine solche Krümmung geben, daß die Austrittsquerschnitte kleiner als die Eintrittsquerschnitte sind.

Dann muß der Dampf auch im Laufschaufelkanal expandieren, wobei die Größe der Relativgeschwindigkeit zunimmt. Durch diese Umsetzung von Spannungs- in Strömungsenergie erfolgt auch noch eine Abgabe von Rückdruckarbeit auf die Laufschaufeln.

Die Umfangskraft wird in diesem Falle durch Fliehkraft- und Rückdruckwirkung hervorgerufen.

Es läßt sich nachweisen, daß unter sonst gleichen Verhältnissen die Umfangsgeschwindigkeit der *Überdruckturbine* noch größer sein muß als die der Gleichdruckturbine. Es gilt

$$u_R = \sqrt{2} \cdot u_A.$$

u_R = Umfangsgeschwindigkeit der Überdruckturbine,

u_A = Umfangsgeschwindigkeit der Gleichdruckturbine.

Das Wort Überdruckturbine soll andeuten, daß der Dampfdruck an der Austrittsseite des Schaufelrades kleiner ist als an der Eintrittsseite.

Aus den vorstehenden Ausführungen folgt, daß die Umfangsgeschwindigkeit einer Turbine, die nur aus einer Leit- und einer Laufvorrichtung besteht, etwa

$$u = 0{,}5 \cdot 1400 = 700 \text{ m/sek}$$

betragen muß, wenn der Wirkungsgrad der Energieumsetzung am Radumfang ein Maximum erreichen soll.

Bei solchen hohen Umfangsgeschwindigkeiten besteht die Gefahr der Explosion des Rotors oder Rades infolge der im Material auftretenden inneren Fliehkräfte.

Die das Drehmoment der Turbine aufnehmende Arbeitsmaschine (Propeller, Dynamo) muß also so bemessen werden, daß sich Umfangsgeschwindigkeiten von nicht mehr als 250—300 m/sek einstellen. Dann kann aber die in Bewegungsenergie umgesetzte Spannungsenergie nicht in einem Laufrad restlos umgesetzt werden. Um zu brauchbaren Umfangsgeschwindigkeiten bei höchstem Wirkungsgrad am Radumfang zu kommen, kann man nun folgende Wege einschlagen:

Abstufung der Geschwindigkeit. Die gesamte umsetzbare Spannungsenergie, bestimmt durch Eintrittszustand des Dampfes und Gegendruck, wird in einer Leitvorrichtung in Bewegungsenergie umgesetzt.

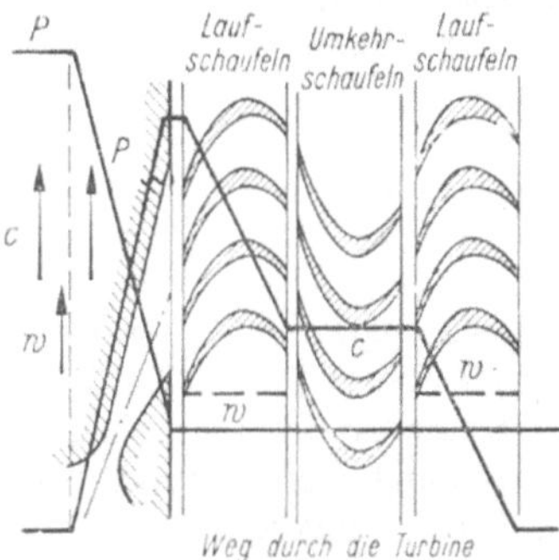

Abb. 147. Gleichdruckturbine mit 2 Geschwindigkeitsstufen.

Wegen zu geringer Umfangsgeschwindigkeit wird diese im ersten Laufrad nur zum Teil umgesetzt. Der mit hoher Geschwindigkeit c die ersten Laufschaufeln verlassende Dampf tritt nun in einen Umlenkkranz. Hier wird, abgesehen von Reibungs- und Wirbelverlusten der Dampf nur umgelenkt, jedoch keine mechanische Arbeit verrichtet. Nach dem Durchströmen der Umkehrschaufeln gibt der Dampf zum zweiten Male Arbeit an den zweiten Laufschaufelkranz ab, wobei die absolute Dampfgeschwindigkeit wieder abnimmt usw.

Abb. 147 zeigt die Beschaufelung einer solchen *Gleichdruckturbine* mit 2 *Geschwindigkeitsstufen.*

In dem Schaufelplan findet man auch den Druck- und Geschwindigkeitsverlauf in Abhängigkeit vom Weg des Dampfes durch die Turbine graphisch dargestellt.

Abstufung des Druckes. Ein weiteres Mittel, um auf tragbare Umfangsgeschwindigkeiten zu kommen, ist die sogenannte Druckabstufung. Die Turbine erhält mehrere Leitapparate, in denen aufeinanderfolgend nur so viel Druckenergie in Bewegungsenergie umgesetzt wird, daß letztere in dem Laufrad bei brauchbaren Umfangsgeschwindigkeiten restlos in mechanische Arbeit verwandelt werden kann.

Abb. 148 zeigt den Schaufelplan einer *Gleichdruckturbine* mit *Druckstufen*, in den auch der Druck- und Geschwindigkeitsverlauf in Abhängigkeit vom Weg des Dampfes durch die Turbine graphisch eingetragen ist.

Man kann die beiden Mittel zur Verringerung der Umfangsgeschwindigkeit auch *kombinieren* und erhält dann eine *Gleichdruckturbine mit Druck-* und *Geschwindigkeitsstufen.*

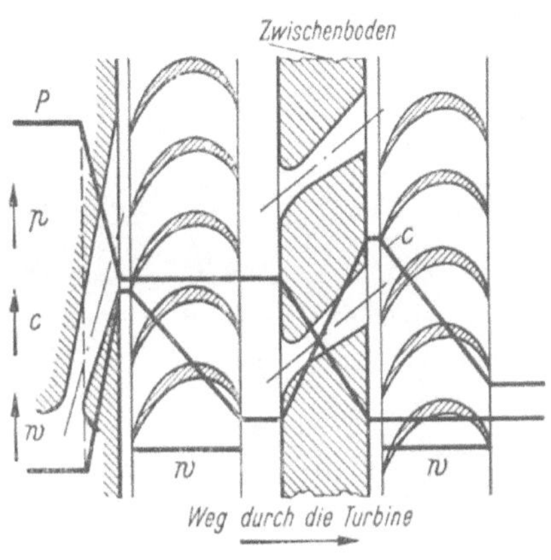

Abb. 148.
Gleichdruckturbine mit 2 Druckstufen.

Überdruckturbinen. Deren Wirkungsweise wurde schon erklärt. Auch bei diesen Maschinen muß die Energieumsetzung abgestuft werden, um zu brauchbaren Umfangsgeschwindigkeiten zu kommen. Die erste Umsetzung von Spannungs- in Strömungsenergie erfolgt bei einer Turbine nach Abb. 149 in einer Düse. Im 1. Laufschaufelkranz wird Strömungsenergie und Rückdruckarbeit abgegeben. Im 1. Leitkranz wiederholt sich der Düsenvorgang, jedoch nur bis zum kritischen Mündungsdruck. Dieses Spiel kann in mehr als 2 Stufen wiederholt werden.

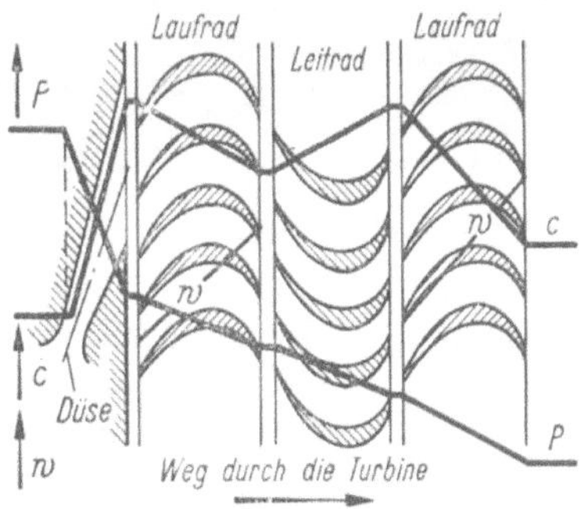

Abb. 149.
Überdruckturbine mit 2 Druckstufen.

Man kann auch Gleich- und Überdruckturbinen miteinander kuppeln. Diese Kombination wurde auf Schiffen sehr häufig durchgeführt.

Übertragung der Turbinenarbeit auf den Propeller. Turbinen haben, wenn sie wirtschaftlich arbeiten sollen, eine hohe Drehzahl, während die Schiffsschraube möglichst nur 70—100 Umdr./min machen soll. Man erreicht dies durch einfache oder auch doppelte Untersetzungsgetriebe (Zahnradgetriebe). Die hiermit ausgestatteten Turbinen heißen *Getriebeturbinen.*

Irgendein Verschleiß darf im Getriebe nicht auftreten; deshalb sorgt eine Umlauf-Druckschmierung dafür, daß zwischen den sich berührenden Zahnflächen stets ein Ölfilm vorhanden ist. Im Laufe der Entwicklung hat man auch Zahnformen gefunden, bei denen das Geräusch während des Betriebes gering ist.

Rückwärtsturbinen. Sämtliche Getriebeturbinen müssen mit Rückwärtsläufern versehen sein, weil eine Umsteuerung solcher Maschinen in dem Sinne, wie das bei Kolbenmaschinen geschieht, nicht möglich ist. Diese Rückwärtsturbinen drehen während des Betriebes der Vorwärtsläufer mit, wodurch Verluste entstehen, die dadurch verringert werden, daß die Gehäuse der Rückwärtsläufer nur mit Dampf von Kondensatordruck gefüllt sind. Um an Kosten, Raum und Gewicht zu sparen, werden die Rückwärtsturbinen für kleinere Leistung als die Vorwärtsturbinen und für geringere Wirtschaftlichkeit ausgelegt.

Abb. 150. Getriebe-Turbine für Propellerantrieb (Bauart AEG) geöffnet.

Leistung der Rückwärtsturbine = 0,5 ÷ 0,6 der Vorwärtsturbine und weniger. Diese Tatsache muß beim Manövrieren mit Getriebeturbinenschiffen beachtet werden.

Um den Einbau von Rückwärtsturbinen zu sparen, kann man bei kleineren Getriebeturbinenanlagen die Schraube auch als *Verstellpropeller* ausführen. Bei dieser Konstruktion muß man sich aber damit abfinden, daß gewisse Überholungen und Reparaturen am Umsteuerungsmechanismus ohne Dockung nicht möglich sind (s. auch S. 477).

Turbo-elektrischer Antrieb. Eine andere Lösung der Aufgabe, die Turbine mit dem Propeller zu kuppeln, ist die Übertragung der Turbinenarbeit auf elektrischem Wege. Es handelt sich dann um den sogenannten *turbo-elektrischen Antrieb* (s. auch Wärmeschaltbild Abb. 134, S. 438).

Die Dampfturbine treibt einen Generator für die Erzeugung elektrischer Energie. Letztere wird nach einem im Hinterschiff liegenden Elektromotor geleitet, der direkt mit der Propellerwelle gekuppelt ist.

Eine Rückwärtsturbine ist jetzt nicht mehr erforderlich, weil die Umsteuerung des Propellers jetzt nur zu einem Schaltvorgang für den Wellenmotor geworden ist. Man verliert durch die zusätzliche, zweimalige Energieumsetzung etwa 10%, jedoch wird dieser Verlust durch

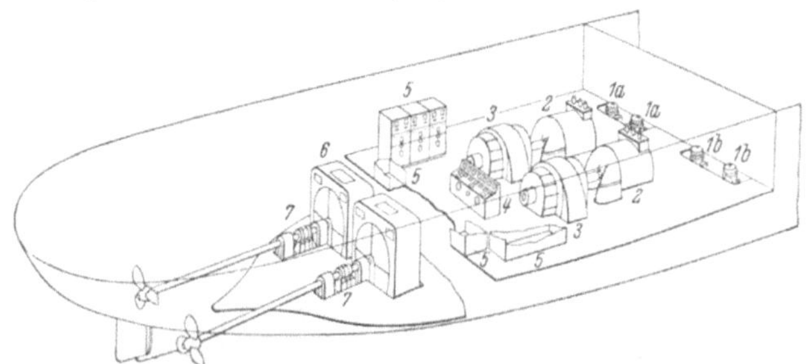

Abb. 151. Anlage mit turbo-elektrischem Antrieb.

1a Schmierölpumpe für Bb-Turbine
1b Schmierölpumpe für Stb-Turbine
2 Turbine zum Antrieb des Generators, $n = 300$
3 Generator, $n = 3000$
4 Steuerpult für die Propellermotoren
5 Schalttafeln für den Haupt- und Hilfsmaschinenbetrieb
6 Propellermotoren, $n = 125$
7 Schiffsdrucklager

den Fortfall der sonst mitlaufenden Rückwärtsturbine zum Teil kompensiert. Erwähnt muß aber auch werden, daß beim turbo-elektrischen Antrieb der Wellentunnel in Fortfall kommt und man den Strom in mehreren Aggregaten erzeugen kann, die an passenden Orten im Schiffe aufgestellt werden können.

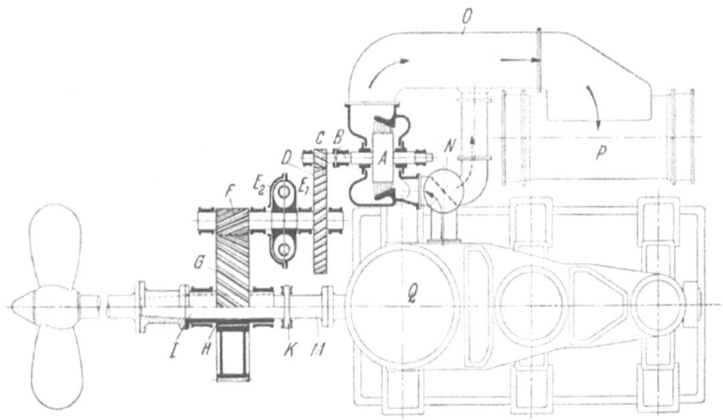

Abb. 152. Schnittzeichnung einer Bauer-Wach-Abdampfturbine mit Vulcan-Getriebe.

Abdampfturbinen. Um den Wirkungsgrad einer Dampf-Kolbenmaschine zu erhöhen, kann man den von dem Niederdruckzylinder kommenden Dampf noch in einer *Abdampfturbine* bis auf ein besseres Vakuum ausnutzen, als dies bei der reinen Kolbenmaschine möglich ist. Das Prinzip der Abdampfturbine (BAUER-WACH) geht aus der Abb. 152 hervor. Die Abdampfturbine A überträgt ihre Leistung mittels einer Transmissionswelle B über das Ritzel C eines ersten Vorgeleges, mit dessen Rad D die Primärhälfte E_1 einer hydraulischen Kupplung verbunden ist (diese gestattet ein bequemes Zu- und Abschalten der Abdampfturbine), während deren Sekundärhälfte E_2 an das Ritzel F des zweiten Zahnradvorgeleges angeflanscht ist. Zwischen den beiden Kupplungshälften E_1 und E_2 ist die mechanische Verbindung des Getriebes gänzlich unterbrochen; die Leistungsübertragung wird nur durch das in der Kupplung zirkulierende Schmieröl hergestellt, so daß — falls die Kupplung entleert wird — die Verbindung zwischen dem ersten und dem zweiten Vorgelege unterbrochen ist. Das große Rad G des zweiten Vorgeleges ist auf die Hohlwelle H aufgesetzt. Die durch die Hohlwelle geführte Laufwelle M, die mit der Kolbendampfmaschinenwelle verbunden ist, trägt einen Druckring K zur Aufnahme des Propellerschubes. Die Verbindung zwischen der Hohlwelle und der ersten Laufwelle wird durch eine Muffe hergestellt. In der Abbildung bedeuten ferner: Q den Niederdruckzylinder der Kolbenmaschine, P den Kondensator, O das Abdampfrohr von der Abdampfturbine zum Kondensator und N ein Umschaltorgan, welches gestattet, den Abdampf der Kolbenmaschine einmal in die Abdampfturbine oder bei Abschaltung derselben unmittelbar in den Kondensator zu schicken.

4. Gasturbinen.

Die am meisten verwendete Schiffsantriebsmaschine ist zur Zeit der Dieselmotor. Für Anlagen mit sehr großer Leistung kommt daneben die Dampfturbine zur Geltung. Beiden Antriebsmaschinen sind Vorteile und Nachteile zu eigen:

Die Dieselmaschine verlangt einen Brennstoff besonderer Art: Gasöl oder Dieselöl. Diese Brennstoffe sind aber im Verlauf der Zeit immer teurer geworden. Die mit der Erdöldestillation anfallenden großen Restmengen von schwerem Öl werden aber jetzt schon ebenfalls während der Marschfahrt allgemein verwendet.

Die Dampfkesselfeuerung erfolgt ausschließlich mit Schweröl. Mit dem erzeugten Dampf sind dann Turbinen zu betreiben. Die Dampfkraftanlage hat aber ein verhältnismäßig großes Gewicht. Das ist für eine Schiffsantriebsanlage eine unangenehme Beigabe; denn dieses Gewicht geht der Ladung verloren.

Der Ingenieur trachtet deshalb danach, leichte und jeden Brennstoff verarbeitende Schiffsmaschinen zu schaffen. Somit sind in jüngster Zeit zwei neue Schiffsmaschinenbauarten entstanden, die als Antriebsmaschinen vereinzelt schon zum Einbau in Schiffe gelangt sind.

Man unterscheidet dabei zwei Typen:

a) die sogenannte *Frischgasturbine* und

b) die sogenannte *Freikolbengasturbine.*

Die unter a) genannte *Frischgasturbine* ist in der Abb. 153 dargestellt.

Rechts oben in der Abbildung bedeuten die Rechtecke und Trapeze die Anlage nach den in der Wärmetechnik üblichen Schaltnormen von STENDER. Links unten ist die Frischgasturbine im ganzen schematisch dargestellt.

Ein Kreiselverdichter saugt Frischluft an und verdichtet diese bis auf 3 atü. Diese Preßluft durchströmt einen Lufterhitzer. Nach Passieren

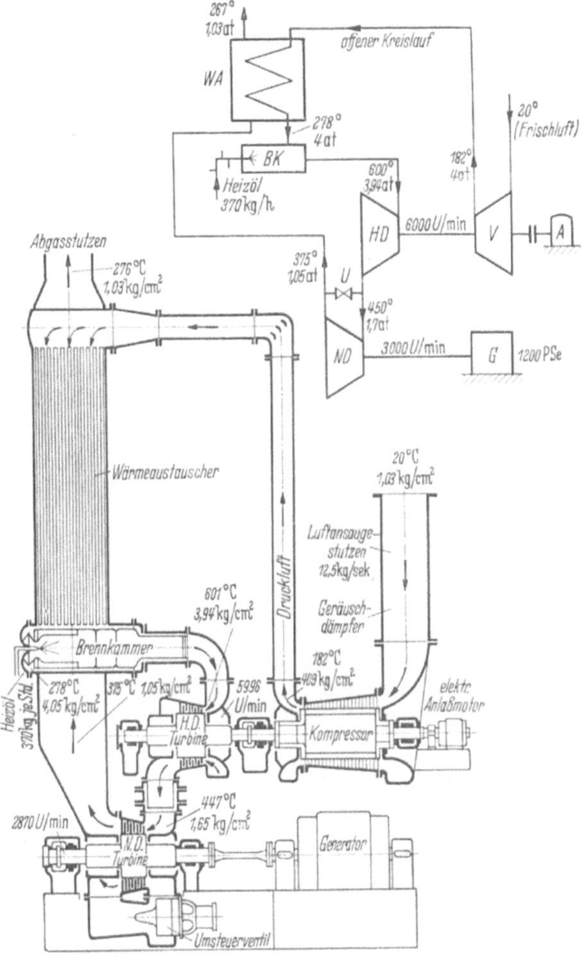

Abb. 153. Schematische Darstellung der Frisch-Gasturbinen-Anlage (Shell AG). *V* Kreiselverdichter; *WA* Wärmeaustauscher; *BK* Brennkammer; *HD* u. *ND* Turbine; *U* Umschaltventil; *G* Generator; *A* Anlaßmotor

dieses Erhitzers ist die Temperatur der Preßluft bis auf 280° gestiegen. Die verdichtete und erhitzte Luft dient zum Verbrennen von Heizöl. Man kann in der Abbildung die druckfeste Brennkammer unterhalb des „Wärmeaustauschers" (das ist der Lufterhitzer), erkennen.

Die verbrannten Gase (CO_2, H_2O, viel O_2 und N_2 enthaltend, aber auch Asche und Schlacke in Staubform) gelangen mit einer Temperatur von 600° und mit einem Druck von 3 atü nach der Hochdruckgasturbine (HD). Diese treibt den bereits erwähnten Kreiselluftverdichter, den Kompressor, an.

In der HD-Turbine findet eine teilweise Entspannung und Abkühlung der Brennkammergase statt. Mit 450° und mit einem Druck von 0,6 atü strömen die Gase nun der Niederdruckturbine (ND) zu.

In dieser Turbine findet die restliche Entspannung der Gase statt. Mit einer Temperatur von 375° und mit fast atmosphärischem Druck strömen die Abgase durch den Schornstein ins Freie. Die in den Abgasen enthaltenen großen Wärmemengen dienen noch dazu, in dem bereits erwähnten „Wärmeaustauscher" die verdichtete Verbrennungsluft vorzuwärmen.

Die ND-Turbine treibt einen Generator an. Dieser wiederum ist mit einem Elektromotor verbunden, der den Propeller treibt.

Der rechts im Bild zu erkennende elektrische Anlaßmotor dient zum Inbetriebnehmen der Anlage. Der Anfahrstromverbrauch ist zuerst sehr hoch, da der Verdichter und die HD-Turbine angetrieben werden müssen. Die zunächst kalte Abluft der HD-Turbine gelangt über das Umsteuerventil, ganz unten im Bild, an der ND-Turbine vorbei ins Freie.

Sobald die Drehzahl der HD-Turbine 1200 Umdr./Min. erreicht hat, tritt über einen Startbrenner Heizöl in die Brennkammer ein und die Verbrennung setzt ein. Die HD-Turbine gibt nun Leistung ab und der elektrische Anlaßmotor kann stillgesetzt werden.

Hat die HD-Turbine eine Drehzahl von 1800 Umdr./Min. erreicht, so wird das Umsteuerventil geschlossen und die ND-Turbine fängt an zu drehen.

Bei Manövern mit dem Schiff laufen die Turbinen weiter, ihre Leistung wird mit der Brennstoffzufuhr zum Brenner geregelt.

An Stelle der elektrischen Übertragung wird heute vorteilhaft entweder ein Getriebe mit hydraulischer Kupplung oder aber ein Verstellpropeller benutzt.

Es ist das Bestreben der Gasturbinenbauer, die Eintrittstemperatur der Gase vor der HD-Turbine zu erhöhen, damit der Brennstoffverbrauch im ganzen gesenkt werden kann. Der Temperaturerhöhung wird aber zunächst eine Grenze gesetzt durch das Material der HD-Turbinenschaufeln.

Die Frischgasturbine hat gegenüber der Dampfturbine folgende Vorteile:

1. Es fehlt der Dampfkessel. Damit entsteht eine leichtere Bauart.

2. Die Wartung des Kessels, insbesondere des Kesselwassers, entfällt. Damit ist eine einfache Wartung der Gasturbine mit Hilfe von wenig geschultem Personal möglich.

Den Vorteilen stehen folgende Nachteile gegenüber:

1. Verschmutzung der HD-Turbinenschaufeln durch Asche- und Schlackenansatz ist möglich. Damit tritt starkes Absinken der Maschinenleistung bei hohem Brennstoffverbrauch ein.

2. Direkte Kupplung zwischen festem Propeller und Turbine mit Hilfe von Zahnradgetrieben ist nicht möglich. Damit Verzicht auf hohen Übertragungswirkungsgrad.

Der Brennstoffverbrauch einer mit der überaus hohen Temperatur von 785° vor HD-Turbine fahrenden Anlage beträgt nach Bordmessung 230 g/WPS und Std. Setzt man für das Heizöl einen Brennstoffheizwert von 9500 kcal/kg an, so ist der tatsächliche thermische Wirkungsgrad einer solchen Frischgasturbine

$$\eta_{\text{th}} = \frac{\text{Ausgenutzt}}{\text{Angeboten}} = \frac{632}{b_e \cdot H} = \frac{632}{0{,}23 \cdot 9500} = 0{,}29.$$

Damit ist der thermische Wirkungsgrad einer Dampfturbinenanlage erreicht.

In obiger Gleichung für den thermischen Wirkungsgrad wird als Dividend die Zahl 632 benutzt. Dieser Wert bedeutet die Wärmemenge in kcal, die notwendig ist, um 1 Stunde lang 1 PS leisten zu können.

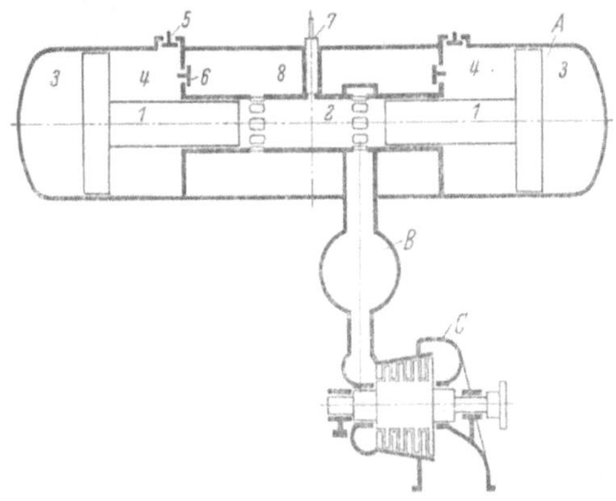

Abb. 154. Schema einer Freikolben-Turboanlage (Modag).

Die auf S. 458 unter b) genannte *Freikolbengasturbine* ist schematisch in der Abb. 154 wiedergegeben. Diese Turbinenbauart vereinigt das Dieselprinzip und das Turbinenprinzip in sich.

In dem gemeinsamen Motorzylinder bewegen sich gegenläufig die beiden Dieselkolben *1*. In der inneren Totpunktlage der beiden Kolben wird in die zwischen den Kolben befindliche, hoch verdichtete Luft Brennstoff durch *6* sternförmig angeordnete Düsen *7* eingespritzt. Infolge der Verbrennung des eingespritzten Treiböles streben beide Kolben mit großer Kraft auseinander und treiben dabei je einen Verdichterkolben von großem Durchmesser an. Dieser saugt durch das im Schema mit *5* bezeichnete Einlaßventil Frischluft an. Die Arbeit der verbrennenden Gase wird auf die Luft im Rückwurfzylinder *3* übertragen. Nach Öffnen der Auspuffschlitze im Dieselzylinder strömen die entspannten Verbrennungsgase mit etwa 5 Atmosphären Überdruck zum Gassammler *B* ab.

Auf der Gegenseite haben sich inzwischen die Spülschlitze im Dieselzylinder geöffnet. Spülluft aus dem Spülluftaufnehmer *8* gelangt in das Zylinderinnere und wäscht dieses gründlich aus. Spülluft und Abgasreste strömen durch die Auslaßschlitze ab, solange diese noch geöffnet sind.

Inzwischen ist in den Rückwurfzylindern soviel Energie gespeichert worden, daß beide Dieselkolben in die innere Totpunktlage zurückgetrieben werden. Dabei wird

1. die Luft in dem Dieselzylinder bis auf 75 atü verdichtet und
2. die im Kompressorzylinder *4* befindliche Luft bis auf 3,5 atü verdichtet und in den Spülluftsammler *8* eingeschoben.

Dieses Spiel der Kolben geht 600mal in der Minute vor sich. Das Abgas der Dieselzylinder sammelt sich im Gassammler *B* und strömt von hier unaufhörlich der Turbine *C* zu.

Bei Minderlast wird in die Dieselzylinder weniger Brennstoff eingespritzt. Damit wird der Hub der beiden Gegenkolben kleiner. Der Zufluß von Gas-Luftgemisch nach dem Gassammler *B* wird ebenfalls kleiner, die Turbine dreht dann entweder langsamer oder sie muß, wenn konstante Turbinendrehzahl vorgeschrieben ist, entlastet werden.

Ein Mindesthub der Dieselkolben *1* ist notwendig, damit entsprechend dem Dieselzweitaktprinzip die Auslaß- und Spülschlitze geöffnet werden. Deshalb ist für das Stop-Manöver ein Auspuff nach der Atmosphäre an der Gassammelleitung vorgesehen, um die Turbine entweder im Leerlauf zu drehen oder aber sie ganz stillzusetzen.

Für das Anfahren der beiden Dieselkolben ist Preßluft notwendig. Während des Anfahrens ist der eben erwähnte Auspuff an der Gassammelleitung nach der Atmosphäre zu öffnen.

Zur Zeit werden die Aggregate so bemessen, daß pro Dieselzylinder etwa 1250 PS entwickelt werden können. Eine Gasturbine von 6000 WPS braucht zur Versorgung mit Dieselabgas mithin 6 Dieselzylinder.

Der Brennstoffverbrauch einer Freikolbengasturbine beträgt nach Messungen, die an einer neu eingebauten Schiffsmaschine gemacht wurden, rund 185 g pro WPS und Stunde. Nimmt man wieder einen Heizwert des eingespritzten Schweröles von 9500 kcal/kg an, so ist der tatsächliche thermische Wirkungsgrad der Freikolbengasturbine

$$\eta_{th} = \frac{\text{Ausgenutzt}}{\text{Angeboten}} = \frac{632}{0{,}185 \cdot 9500} = 0{,}36.$$

Damit hat die Freikolbengasturbine den gleichen guten thermischen Wirkungsgrad wie eine reine Dieselmotorenanlage.

Der Vorteil der Freikolbengasturbine gegenüber einer reinen Dieselmotorenanlage ist der, daß die Freikolbengasturbine schwere Rückstandsöle infolge der hohen Verdichtung einwandfrei zu verbrennen vermag. Es kann somit ein relativ billiges Heizöl verfeuert werden.

Vergleicht man die Frischgasturbine mit der Freikolbengasturbine, so ergibt sich folgender Unterschied:

Die Frischgasturbine ist einfacher in der Wartung, Abnutzung der beweglichen Teile ist kaum möglich. Der Brennstoffverbrauch pro Wellen-PS und Stunde ist aber höher als bei der Freikolbengasturbine.

Die Freikolbengasturbine dagegen hat bewegliche Teile, die der Wartung bedürfen: Kolben, Ventile und Einspritzpumpen. Mit zunehmender Leistung der Schiffsmaschine wird die Anzahl der zu wartenden Teile immer größer: Für eine 600-WPS-Turbine sind z. B. 12 Kolbensätze, 60 Brennstoffdüsen und 384 Sauge- und Druckventile an den 6 Zylindern in Ordnung zu halten.

Störend bei allen Gasturbinenanlagen ist das durch den Betrieb verursachte unangenehme Geräusch. Es werden erhebliche Luftmengen mit hoher Geschwindigkeit angesaugt. Das erzeugt große Lautstärken, die vom menschlichen Ohr oft schmerzhaft empfunden werden. Der Geräuschbekämpfung ist deshalb auf Schiffen, die mit Gasturboanlagen ausgerüstet sind, besondere Aufmerksamkeit zu schenken.

5. Verbrennungs-Kraftmaschinen (Dieselmotore) für Propellerantrieb.

Allgemeines.

Nach dem 2. Weltkriege hat der Dieselmotor einen wohl nicht vorausgesehenen Siegeszug als Propellerantriebsmaschine angetreten.

Nach den Ausführungen auf S. 442 ist diese Maschine dem Dampfantrieb hinsichtlich des Wärmeverbrauches weit überlegen. Der Grund hierfür ist der, daß der Beginn des Prozesses nach Diesel mit viel höheren Temperaturen beginnt, als das bei der Dampfmaschine der Fall ist. Das Triebwerk des Motors ist, abgesehen von seinen Abmessungen, praktisch das gleiche wie bei der Dampfkolbenmaschine. Die für die Steuerung des Arbeitsprozesses notwendigen Ventile befinden sich hier aber im Deckel des Zylinders. Während man letztere beim Dampfbetrieb bestens isoliert, um die Wärmeabgabe nach außen zu verhindern, muß der Zylinder des Dieselmotors wirksam gekühlt werden, weil sonst das Material den hohen Temperaturen nicht gewachsen ist und die Schmierung versagt.

Die Energieumsetzung erfolgt entweder nach dem Viertakt- oder nach dem Zweitakt-Verfahren, die nachfolgend beschrieben werden.

Viertakt-Verfahren nach Diesel.

Ein „Takt“ dauert einen Hub bzw. eine halbe Umdrehung. Der Kolben bewegt sich dabei von einer Endlage in die andere, und zwar von oben nach unten oder umgekehrt. Dabei spielen sich nun folgende Vorgänge ab:

1. Takt Einsaugen. Der Kolben bewegt sich von oben nach unten. Das Einsaugventil ist geöffnet. Im Zylinder stellt sich bei Beginn der Kolbenbewegung ein geringer Unterdruck gegenüber der Atmosphäre ein. Infolge dieses Unterdruckes, der für die Überwindung der Strömungswiderstände in den Einsaugeorganen erforderlich ist, strömt die Außenluft (Verbrennungsluft) durch Einsaugefilter, Einsaugekanal und Einsaugeventil in den Zylinder.

Je geringer der Druck am Ende des Einsaugehubes im Zylinder ist, um so geringer ist auch das für die kommende Verbrennung vorhandene Luftgewicht. Unter sonst gleichen Verhältnissen (Volumen, Temperatur) ist das Luftgewicht dem absoluten Drucke direkt proportional.

2. Takt Verdichten. Der Kolben bewegt sich von unten nach oben. Sämtliche Ventile im Zylinderdeckel sind geschlossen. Die im Zylinder befindliche Luft wird zusammengedrückt (verdichtet, komprimiert). Dabei nehmen Druck und Temperatur zu. Die vom Kolben auf die Luft übertragene Arbeit erscheint in dieser als Wärme. Der Kompressionsenddruck beträgt 35—38 atü. Die Endtemperatur der verdichteten Luft beträgt 600—700° C.

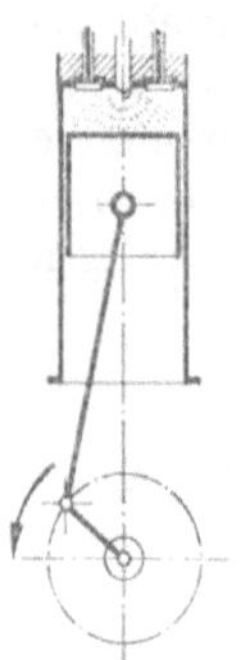

Abb. 155.

Damit diese Werte erreicht werden, müssen Ventile und Kolbenringe gut dichthalten. Bei großen Undichtheiten ist das im Zylinder am Ende der Verdichtung vorhandene Luftgewicht für die einzuspritzende Brennstoffmenge zu klein.

3. Takt Verbrennen und Expandieren (Arbeitshub). Kurz vor dem oberen Totpunkt öffnet sich das Brennstoffventil, und der Brennstoff wird, fein zerstäubt, in die im Kompressionsraum vorhandene, hocherhitzte Luft eingespritzt, wobei er sich entzündet und verbrennt. Während der Verbrennung steigt der Druck zunächst an und fällt dann wieder ab. Nach beendeter Verbrennung beginnt die Expansion (Ausdehnung) der Feuergase. Der Kolben bewegt sich von oben nach unten. Die Gastemperatur, die während der Verbrennung auf etwa 1400° C ansteigt, fällt während der Expansion. Wärme verschwindet und erscheint als vom Kolben an das Triebwerk abgegebene Arbeit.

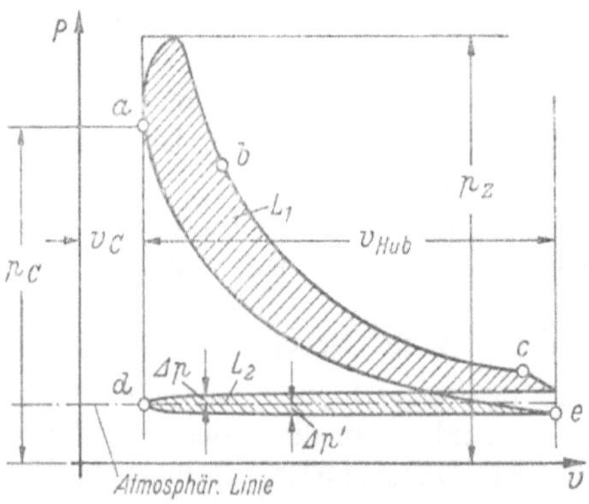

Kurz vor dem unteren Totpunkt öffnet sich das Auslaßventil und es erfolgt mit starkem Geräusch der Auspuff. Hierbei gelangt schon der größte Teil der verbrauchten Feuergase ins Freie.

Abb. 156. *P, V*-Diagramm eines Viertakt-Dieselmotors (schematisch).

4. Takt Ausschieben. Der Kolben bewegt sich von unten nach oben. Der im Zylinder befindliche Feuergasrest wird in die Atmosphäre gedrängt. Im Zylinder herrscht während des Ausschiebens ein geringer Überdruck, dessen Größe die Strömungswiderstände der Auslaßorgane bestimmen. Um eine möglichst restlose Entfernung der Abgase zu erreichen, öffnet sich schon das Einlaßventil, bevor das Auslaßventil sich schließt. Die Bewegungsenergie der Abgase soll dann auch für die Reinigung des

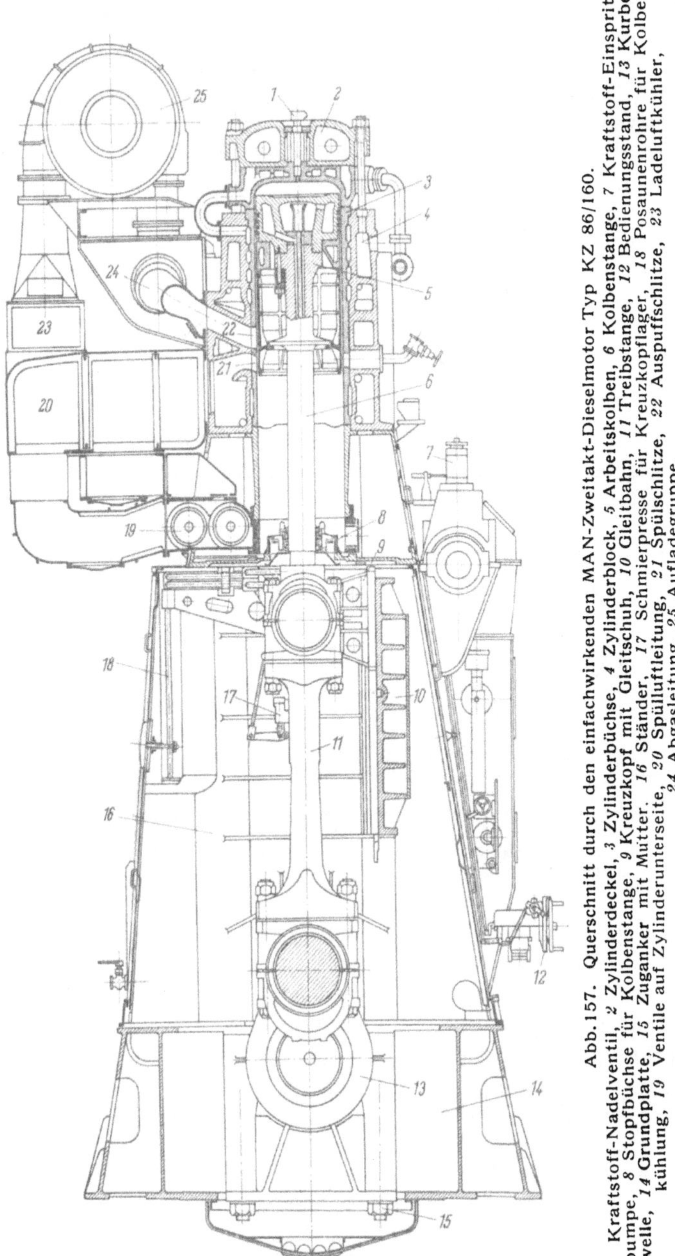

Abb. 157. Querschnitt durch den einfachwirkenden MAN-Zweitakt-Dieselmotor Typ KZ 86/160.
Kraftstoff-Nadelventil, *2* Zylinderdeckel, *3* Zylinderbüchse, *4* Zylinderblock, *5* Arbeitskolben, *6* Kolbenstange, *7* Kraftstoff-Einspritzpumpe, *8* Stopfbüchse für Kolbenstange, *9* Kreuzkopf mit Gleitschuh, *10* Gleitbahn, *11* Treibstange, *12* Bedienungsstand, *13* Kurbelwelle, *14* Grundplatte, *15* Zuganker mit Mutter. *16* Ständer, *17* Schmierpresse für Kreuzkopflager, *18* Posaunenrohre für Kolbenkühlung, *19* Ventile auf Zylinderunterseite, *20* Spülluftleitung, *21* Spülschlitze, *22* Auspuffschlitze, *23* Ladeluftkühler, *24* Abgasleitung, *25* Aufladegruppe.

Zylinderraumes sorgen, der bei oberer Totlage des Kolbens noch verbleibt (Kompressionsraum).

Im Druck-Volumendiagramm (P, V-Diagramm) ergibt die graphische Darstellung der geschilderten Vorgänge den mit Abb. 156 gezeigten Linienzug. Die Kurve $e\,a$ ist die Verdichtungslinie. Den Zusammenhang zwischen Druck und Volumen während der Verbrennung kennzeichnet das Kurvenstück $a\,b$ und Linie $b\,c$ die Expansion der Feuergase. Bei der dem Punkte c entsprechenden Kolbenstellung öffnet sich das Auspuffventil. Auspuff und Ausschieben veranschaulicht Kurvenstück $c\,d$. Die kleine Strecke Δp zeigt den Druckunterschied zwischen dem Feuergas im Zylinder und der Atmosphäre während des Ausschiebens. Linie $a\,e$ und Strecke $\Delta p'$ gelten sinngemäß für das Einsaugen. Alle übrigen Größen sind der Abbildung zu entnehmen: p_C = Enddruck der Kompression, p_Z = Zünddruck, v_C = Kompressionsvolumen. Die vom Diagramm eingerahmte Fläche bedeutet die Nutzarbeit: L_1 positiv, L_2 negativ.

Zweitakt-Verfahren nach Diesel.

Bei gegebenen Zylinderabmessungen und Drehzahlen ist die Leistung der Viertaktmaschine verhältnismäßig klein, weil auf 2 Umdrehungen nur ein Arbeitshub kommt. Das Zweitakt-Verfahren ist in dieser Hinsicht günstiger. Es wickelt sich wie folgt ab:

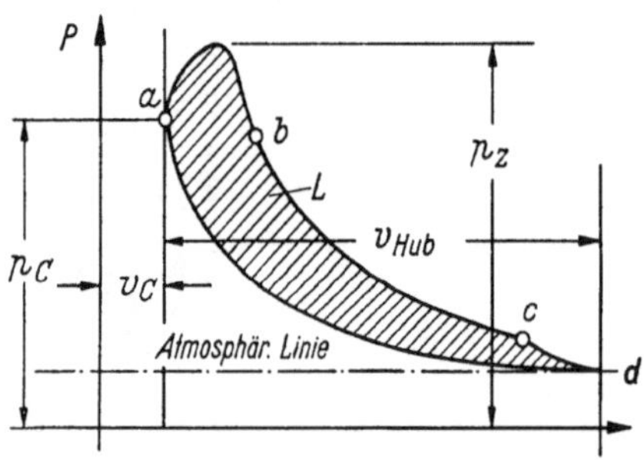

Abb. 158. P, V-Diagramm eines Zweitakt-Dieselmotors (schematisch).

1. Takt Arbeitshub. Der Kolben bewegt sich von oben nach unten. Verbrennung und Expansion erfolgen wie beim 4-Takt-Motor. Bei der Kolbenstellung c (Abb. 158) beginnt der Überlauf der im Zylinder angebrachten Auslaßschlitze. Der größte Teil der Feuergase entweicht während des Auspuffes. Etwas später werden die Spülluftschlitze geöffnet. Die im angeschlossenen Spülluftkanal vorhandene und von einer besonderen Spülluftpumpe geförderte Luft verdrängt den noch im Zylinder vorhandenen Feuergasrest und lädt ihn mit Luft auf.

2. Takt Verdichten. Bei Aufwärtsgang des Kolbens werden zunächst die nicht gesteuerten Spülluftschlitze geschlossen. Nun beginnt die Verdichtung, weil die im Zylinder vorhandene Luft durch die gesteuerten Auspuffschlitze nicht mehr entweichen kann (Steuerung durch Ventile oder Drehschieber).

Beim Zweitaktmotor kommt demnach auf eine Umdrehung ein Arbeitshub. Unter sonst gleichen Verhältnissen entspricht das einer Verdoppelung der Maschinenleistung gegenüber der Viertaktmaschine.

Die Veranschaulichung dieses Prozesses im P, V-Diagramm zeigt Abb. 158.

Verbrennungslinie $a\,b$, Expansionslinie $b\,c$, Beginn des Auspuffs Punkt c, Verdichtungslinie $d\,a$. Die Arbeit während einer Umdrehung bedeutet die schraffierte Fläche L.

Doppeltwirkende Maschinen.

Wie bei den Dampfkolbenmaschinen kann man auch bei den Dieselmotoren den Arbeitsprozeß sich auf beiden Seiten des Kolbens abwickeln lassen. Doppeltwirkende Maschinen müssen immer mit Kolbenstangen und Stopfbüchsen im Zylinderboden ausgerüstet sein, während man einfachwirkende auch als Tauchkolbenmaschinen ausbilden kann.

Doppeltwirkende Zweitaktmaschinen sind jetzt so durchkonstruiert, daß sie vollkommen betriebssicher sind. Wie Abb. 159 zeigt, haben beide Zylinderseiten einen gemeinsamen Spülluftkanal, während für die Abgase der oberen und unteren Zylinderseiten je ein Abzugkanal zur Verfügung steht.

Unter sonst gleichen Umständen muß die doppeltwirkende Zweitaktmaschine eine etwa viermal so große Leistung aufweisen wie der einfachwirkende Viertaktmotor. Die *Bauhöhe* ist aber bedeutend größer als die der einfachwirkenden Zweitaktmaschine, die Tauchkolben besitzt.

Bei gleichen Leistungen hat letztere aber eine weit größere Baulänge.

Aufladeverfahren für Viertaktmaschinen.

Der Viertaktmotor ist eine betriebssichere Maschine mit geringerer Wärmebeanspruchung. Er kommt deshalb als Propellerantriebsmaschine noch sehr viel zum Einbau. Um seine Leistung bei gegebenen Abmessungen zu vergrößern, hat man das Aufladeverfahren entwickelt.

Gemäß der allgemeinen Gasgleichung

$$G = \frac{P \cdot V}{R \cdot T},$$

worin bedeuten:

G = Gewicht des Gases in kg,
P = Absoluter Gasdruck in kg/m^2,
V = Volumen in m^3,
T = Absolute Temperatur in °K und
R = Gaskonstante in mkg/kg °C,

ändert sich das in einem Behälter vorhandene Luftgewicht G linear mit dem Druck P, wenn sonst alles gleich bleibt.

Ist mehr Luft am Ende der Verdichtung im Zylinder vorhanden, so kann man auch mehr Brennstoff einspritzen und hat trotzdem gute Verbrennung bei gegebenem Luftüberschuß.

Man geht nun so vor, daß man mit den Abgasen des Motors eine Turbine betreibt, die das Kreiselrad eines Gebläses bewegt, Luft ansaugt und diese verdichtet nach den Einlaßventilen drückt (Büchi-Verfahren).

So sind bei der Viertaktmaschine Leistungssteigerungen von 50 bis 80% möglich.

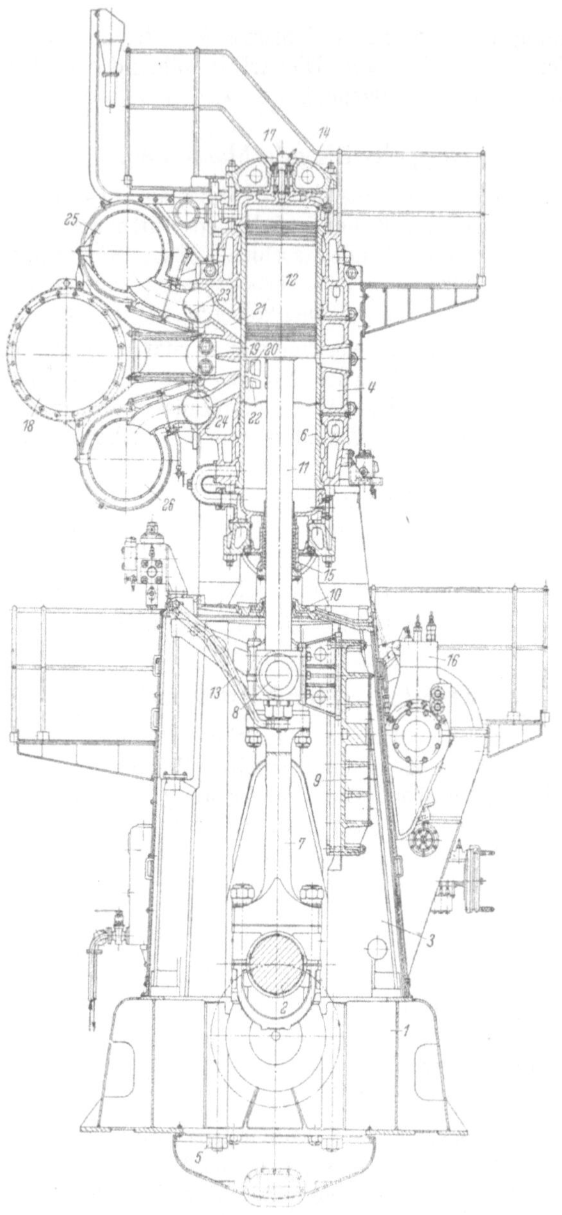

Abb. 159. Querschnitt durch den doppeltwirkenden Zweitakt-MAN-Dieselmotor mit Nachladung.

1 Grundplatte geschweißt, *2* Kurbelwelle, *3* Ständer, *4* Zylinderblock, *5* Zuganker, *6* Zylinderbüchse, *7* Treibstange, *8* Kreuzkopf mit Gleitschuh, *9* Gleitbahn, *10* Zwischenboden, *11* Kolbenstange, *12* Arbeitskolben, *13* Kolbenkühlung, *14* Zylinderdeckel, zweiteilig, *15* Stopfbüchse, *16* Brennstoffpumpe, *17* Brennstoffventil, Oberseite, *18* Spülluftleitung, *19* Spülluftschlitze, Oberseite, *20* Spülluftschlitze, Unterseite, *21* Auspuffschlitze, Oberseite, *22* Auspuffschlitze, Unterseite, *23* Nachladeschieber, Oberseite, *24* Nachladeschieber, Unterseite, *25* Auspuffleitung, Oberseite, *26* Auspuffleitung, Unterseite.

Vulcan-Getriebe.

Die früheren Motorschiffe wiesen wiesen den sogenannten direkten Antrieb auf. Kurbelwelle der Dieselmaschine und die Propellerwelle sind dabei direkt gekuppelt und haben gleiche Drehzahlen.

Um zwei Motore hoher Drehzahl auf einen Propeller schalten zu können, ist das Vulcangetriebe entwickelt worden.

Dieses besteht aus hydraulischen Kupplungen und einem Zahnradgetriebe.

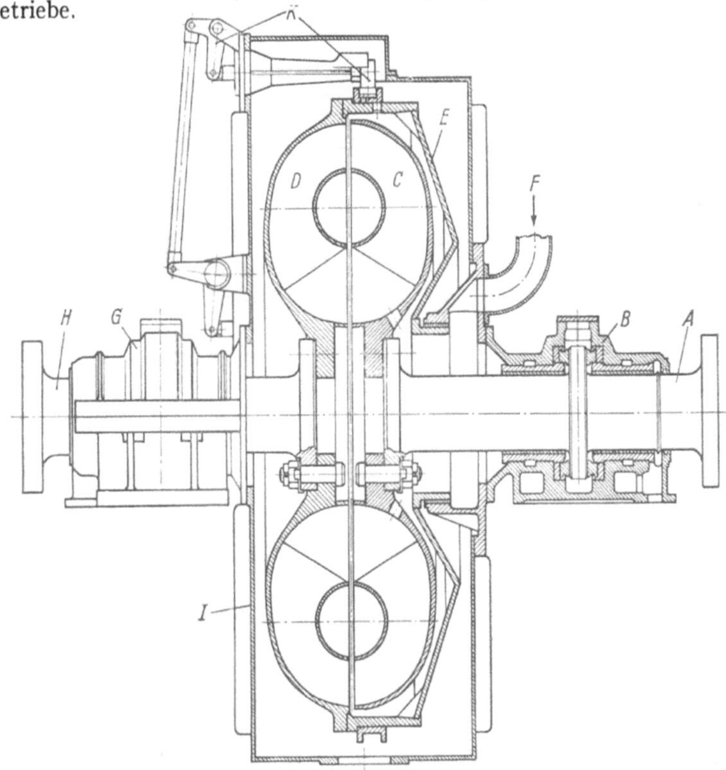

Abb. 160. FÖTTINGER-Kupplung

A Primärwelle; *B* Primärdrucklager; *C* Primärrad; *D* Sekundärrad; *E* Deckel; *F* Einfüllöffnung; *G* Sekundärdrucklager; *H* Sekundärwelle; *I* Gehäuse; *K* Entleerungsvorrichtung.

Im Gegensatz zu den Turbinen übertragen die Kolbenmaschinen — Dampfmaschinen ebenso wie Motore — ungleichförmige Drehmomente auf die Wellenleitung bzw. auf ein zwischen Maschine und Wellenleitung vorhandenes Zahnrad-Untersetzungsgetriebe. Dabei können sich große Schwierigkeiten und Havarien ergeben. Um diesen zu begegnen, ist man von der starren zur Flüssigkeitskupplung gekommen (erfunden und entwickelt von Prof. FÖTTINGER).

Abb. 160 zeigt den Schnitt durch eine Flüssigkeitskupplung für den Betrieb mit Öl. Die Vorrichtung besteht aus drei Hauptteilen, nämlich einem treibenden Pumpenrad (Primärrad *C*), einem getriebenen Turbinenrad (Sekundärrad D) sowie einem umhüllenden Deckel E. Die Räder C und D stehen sich mit einem Spielraum von 5—15 mm, je nach Größe der Kupplung, gegenüber. Sich berührende Konstruktionselemente sind völlig vermieden.

Die Kraftmaschine (Motor) versetzt nun das Primärrad und damit den im Hohlraum dieses Rades befindlichen Teil der Flüssigkeit in Rotation. Als Folge davon entstehen in der Flüssigkeit Fliehkräfte bzw. Drücke, die am äußeren Umfange des Primärrades größer sind als am inneren. Diese Erscheinung bewirkt ein Übertreten des Öles am äußeren Umfang in das zunächst stillstehende Sekundärrad. Das nachdrängende Öl aus dem Primärrad schiebt die in das Sekundärrad gelangte Flüssigkeit nach der inneren Peripherie der Kupplung zurück. Von hier gelangt sie wieder in das Primärrad, das die Flüssigkeit erneut nach außen schleudert.

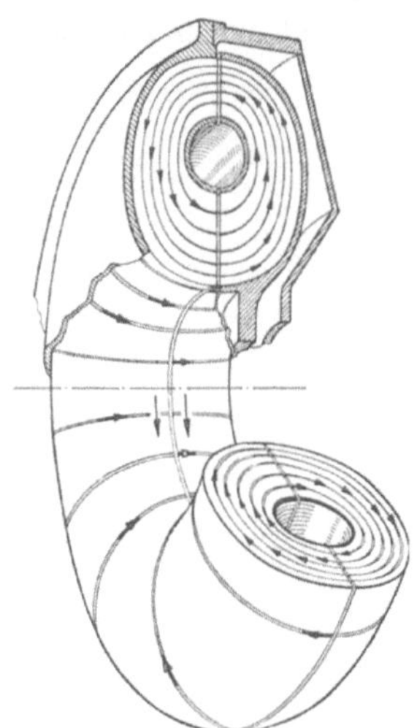
Abb. 161. Modell des Flüssigkeitskernes einer hydraulischen Kupplung.

Durch das Vorbeigleiten der Flüssigkeit an den radialen Schaufeln des Sekundärrades wird auch dieses in Drehung versetzt. Jedoch ist die Drehzahl des Sekundärrades — auch im Beharrungszustand — immer kleiner als die des Primärrades. Dieses Zurückbleiben der getriebenen Kupplungshälfte gegenüber der treibenden (auch Slip oder Schlupf genannt) hängt der Größe nach von dem Zusammenhang zwischen der zu übertragenden Leistung und dem Kupplungsdurchmesser ab.

Die Fliehkraft am Umfange des Primärrades ist deshalb größer als die an der gleichen Stelle entstehende des Sekundärrades.

Die Flüssigkeit führt demnach in der sich drehenden Kupplung eine kreisende Bewegung aus. Es entsteht ein sogenannter Wirbelring, den Abb. 161 veranschaulicht.

In der Kupplung entstehen durch Flüssigkeitsreibung Verluste, die etwa 3% betragen und als Wärme im Öl erscheinen. Diese Wärme wird im Ölkühler abgeführt.

Die Föttinger-Kupplung weist eine verblüffend einfache Konstruktion auf, die aber hervorragende Eigenschaften hat.

Die beschriebene hydraulische Kupplung ergibt nun in Verbindung mit dem Zahnrad-Untersetzungsgetriebe das sogenannte Vulcangetriebe (Abb. 162).

Jede Kupplung wird durch eine Kraftmaschine angetrieben. Beide Kupplungen arbeiten über die Zahnräder auf eine Propellerwelle.

Als Vorteile des Vulcangetriebes werden angegeben:

1. Die hydraulische Kupplung überträgt wohl das *mittlere* Drehmoment, aber keine Schwankungen. Die Erregung von Drehschwin-

gungen in der Propellerwellenleitung durch die Dieselmaschine fällt fort.

2. Bei der Bestimmung des Wellendurchmessers kann man von denselben Voraussetzungen ausgehen, wie das bei Turbinenschiffen geschieht. (Kleinerer Durchmesser, Gewichtsersparnis.)

3. Man kann mehrere Motore auf eine Welle arbeiten lassen. Jeder ist für sich abschaltbar.

4. Im Falle der Beschädigung einer Maschine kann diese stillgesetzt werden, während die übrigen den Propeller weiter antreiben.

5. Beim Fahren mit geringerer Geschwindigkeit kann man eine Maschine abschalten. Bei der Inbetriebsetzung können die Motore zunächst im Leerlauf arbeiten.

Abb. 162.
Doppel-Vulcangetriebe (ohne Gehäuseoberteil).

6. Trotz hoher Leistungen braucht man nur eine Wellenleitung vorzusehen. Es ist dann auch nur ein Wellentunnel vorhanden. (Stauung der Ladung vorteilhafter.)

7. Das Vulcangetriebe gestattet den Betrieb des Propellers mit der für ihn günstigsten Drehzahl.

8. Man kann die Anlagen durch teilweises Entleeren der Kupplungen mit sehr kleinen Propellerdrehzahlen betreiben. Es ergeben sich dadurch für Motorschiffe günstigere Manövriereigenschaften.

Dieselelektrischer Antrieb.

Man kann die von den Hauptmaschinen erzeugte mechanische Energie auch auf elektrischem Wege auf die Propeller übertragen. Die Dieselmotore werden dann genau so wie beim turbo-elektrischen Antrieb (s. S. 456) mit Generatoren zur Erzeugung elektrischer Energie gekuppelt, und letztere wird über Verbindungskabel den Propellermotoren zugeführt.

Für diese Anordnung gibt man folgende Vorteile an:

1. Man ist fast unbehindert in der räumlichen Anordnung der Primäranlage.

2. Die Primär- und die Sekundäranlage lassen sich in mehrere, voneinander unabhängige Sätze unterteilen, was sich beim Fahren mit verringerter Geschwindigkeit vorteilhaft auswirken kann.

3. Durch die Unterteilung der Anlage in mehrere, voneinander unabhängige Sätze ist eine größere Sicherheit bei Havarien gewährleistet.

4. Die Umsteuerung erfolgt im elektrischen Teil der Anlage. Dadurch vereinfacht sich der konstruktive Aufbau der Kraftmaschine. Die Dieselmaschine läuft immer in der gleichen Drehrichtung.

5. Falls man Vorteile darin erblickt, können die Manöver von der Brücke aus durchgeführt werden.

6. Fortfall des Wellentunnels.

7. Die Energieübertragung erfolgt geräuschlos.

Die Nachteile sind:

1. Die Anlage weist ein verhältnismäßig hohes Gewicht auf.

2. Falls die Propellermotoren direkt mit der Propellerwelle gekuppelt sind, erhalten sie große Abmessungen. Arbeiten sie über ein Zahnradgetriebe auf die Welle, so fällt der Vorteil der Geräuschlosigkeit fort.

3. Zwei zusätzliche Energieumsetzungen erhöhen die Verluste.

4. Der Preis solcher Anlagen liegt höher.

5. Sie sind im Betrieb empfindlicher.

6. Die Bedienung solcher Anlagen stellt erhöhte Anforderungen an das Bedienungspersonal.

Als Stromart wird für kleinere Anlagen Gleich-, für größere Drehstrom gewählt.

6. Schiffsschrauben.

Der Wellenflansch der Hauptmaschine oder des Getriebes ist mit einem Drucklager gekuppelt, sofern das letztere nicht bereits in der Hauptmaschinenanlage eingebaut ist. Von hier wird die Maschinenleistung durch Zwischenwellen und durch die Schraubenwelle zur Schiffsschraube geleitet. Die Schraubenwelle ist im Stevenrohr gelagert. Das Stevenrohr besitzt am vorderen Ende eine Stopfbuchsdichtung. Sind die Stevenrohrlagerungen mit Pockholz ausgefüttert, so erhält die Schraubenwelle zum Schutz gegen das Seewasser einen Bronzebezug, Sind jedoch die Lagerstellen durch Öl oder Fett geschmiert, wird eine weitere Dichtung am hinteren Ende des Stevenrohres erforderlich (z. B. Cederval-, Simplex-Dichtung). Auf das konische Ende der Schraubenwelle wird die Schraube gesetzt und durch eine Paßfeder („Keil") gegen Verdrehen gesichert. Eine gesicherte Mutter, die auf den Gewindeteil der Schraubenwelle hinter dem Konus geschraubt wird, hält die Schraube. Das Maschinen-Drehmoment und die überlagerten Drehmomentschwankungen werden ausschließlich durch den Konussitz übertragen. Weder der Keil noch die Mutter sind hierzu in der Lage. Daher ist ein gutes „Tragbild" auf der ganzen Länge des Konus erforderlich. In vielen Fällen wird die Mutter durch eine stromlinienförmige Haube abgedeckt.

Man unterscheidet die Schiffsschrauben nach der Flügelzahl (im allgemeinen 2—5, gelegentlich auch 6 Flügel) und nach dem Drehsinn. Als rechtsgängig wird eine Schraube bezeichnet, die bei Vorwärtsfahrt von oben nach Steuerbord dreht. Im allgemeinen sind die Schrauben von größeren Einschraubenschiffen rechtsgängig. Zwei oder mehr

Schrauben werden vorgesehen, wenn es sich um Sonderschiffe mit verhältnismäßig geringem Tiefgang oder um Schiffe mit großen Leistungen und großen Geschwindigkeiten (z. B. Fahrgastschiffe) handelt. Bei Zweischrauben-Schiffen dreht, von wenigen Ausnahmen abgesehen, die Steuerbordschraube nach rechts und die Backbordschraube nach links. Die Mittelschraube ist bei Dreischrauben-Schiffen im allgemeinen rechtsgängig, während bei Vierschrauben-Schiffen das vordere Schraubenpaar sowohl nach innen als auch nach außen drehend ausgeführt wird (s. auch S. 276).

Die Schrauben werden aus Gußeisen, Stahlguß, legiertem Stahlguß, Sondergußmessing (= ,,Manganbronze''), Sondergußmessing mit Nickelzusatz und Aluminium-Mehrstoff-Bronze in einem Stück gegossen. Gelegentlich werden auch mit Flanschen versehene Flügel auf die Nabe geschraubt. In diesem Fall ist es nachträglich ohne große Schwierigkeiten möglich, die Steigung in bestimmten Grenzen (etwa $\pm 10\%$) im Dock zu verstellen, während bei Schrauben aus einem Stück nur solche aus Kupferlegierungen nach genügendem Anwärmen in einer Werkstatt von erfahrenen Fachkräften etwa in gleichem Maß auf höhere oder geringere Steigung verwunden werden können.

Die wichtigsten Hauptdaten der Schraube sind der Durchmesser, die Steigung und die abgewickelte Flügelfläche bzw. deren Verhältnis zur Propellerkreisfläche. Unter der Steigung einer Schraube versteht man diejenige Strecke, um die sich ein Punkt der Schraubenfläche bei einer Umdrehung in Richtung der Schraubenachse, d. h. wie in einem festen Medium, vorwärtsbewegen würde. Damit die Schraube im Wasser einen Schub zum Vortrieb des Schiffes abgeben kann, muß der tatsächliche Weg der Schraube durch das Wasser um den nominellen Slip kleiner sein als der theoretische Schraubenweg, der sich aus dem Produkt Steigung mal Drehzahl ergibt. Der ,,*nominelle Slip*'' ist durch die folgende Beziehung definiert:

$$s_n = \frac{n H - v_0}{n H},$$

hierin ist:

s_n nomineller Schraubenslip,

n sekundliche Propellerdrehzahl,

H mittlere effektive Druckseitensteigung der Schraube [m],

v_0 wahre mittlere Zuströmgeschwindigkeit des Wassers zum Propeller [m/s].

Die Wassergeschwindigkeit im Bereich des Propellers ist wegen der durch den Schiffskörper gestörten Strömung geringer als die Schiffsgeschwindigkeit. Den prozentualen Unterschied zwischen diesen Geschwindigkeiten bezeichnet der Schiffbauer als *Nachstromziffer* (seemännisch wird der Nachstrom oder Mitstrom auch ,,Kielwassersog'' genannt). Die Nachstromziffer errechnet sich nach folgender Formel:

$$w = \frac{v - v_0}{v},$$

hierin ist:

w Nachstromziffer (nach TAYLOR),

v Schiffsgeschwindigkeit durch das Wasser [m/s].

Gelegentlich wird auch ein anderer Wert (nach FROUDE) für die Nachstromziffer, besonders in englisch sprechenden Ländern, angegeben. Hier wird die Geschwindigkeitsdifferenz auf die Zuströmgeschwindigkeit v_0 statt auf die Schiffsgeschwindigkeit v bezogen.

Da im Schiffsbetrieb im allgemeinen der genaue Wert der Nachstromziffer w nicht bekannt ist, beschränkt man sich auf die Angabe des *scheinbaren Slips*, der statt der wahren Zuströmgeschwindigkeit des Wassers v_0 mit der Schiffsgeschwindigkeit v gebildet wird:

$$s_s = \frac{n H - v}{n H}$$

oder

$$s_s = 1 - \frac{30{,}87 \cdot V}{n' H} \quad \text{mit } V \text{ in Knoten, } n' \text{ in Umdr./min.}$$

Zwischen dem scheinbaren Slip und dem nominellen Slip besteht die Beziehung:

$$s_s = 1 - \frac{1 - s_n}{1 - w}.$$

Der nominelle Slip (meist mehr als 20%) ist stets größer als der scheinbare Slip, der oftmals nur wenige Prozente positiv oder auch negativ beträgt (etwa −2 bis +5%) und nur bei hohen Propellerbelastungen (Schlechtwetterfahrt, Schleppen) oder bei geringen Nachstromziffern, wie sie insbesondere im Bereich der Schrauben von Zweischraubenschiffen vorhanden sind, etwas größere Werte (15—20% und mehr) annehmen kann.

Das Vorhandensein des nominellen Slips ist gleichbedeutend mit einem „*Anstellwinkel*“ des Schraubenflügels zur Strömung. Ein solcher Anstellwinkel ist die Voraussetzung für die Erzeugung eines „*Profil-Auftriebs*“, der ein Maß für den von der Schraube abgegebenen Schub ist. Aus diesem Zusammenhang wird verständlich, daß eine hohe Schraubenbelastung, d. h. ein großer Schub, mit einem großen Anstellwinkel und damit mit einem großen nominellen Slip verbunden ist. Bei einer gegebenen Nachstromziffer, deren Wert zwar im gewissen Maß vom Tiefgang, Trimm, der Fahrwassertiefe und der Schiffsgeschwindigkeit sowie der Schraubenbelastung abhängt, jedoch im allgemeinen für ein und dasselbe Schiff nur geringen Schwankungen unterworfen ist, ändern sich scheinbarer Slip und nomineller Slip im gleichen Sinne. Daher kann man durch Vergleich der Werte des scheinbaren Slips einen Rückschluß auf die Schraubenbelastung ziehen. Mit größer werdender Schraubenbelastung sinkt der Schraubenwirkungsgrad, so daß gleichzeitig auch eine Beurteilung des letzteren möglich wird. Merkliche Änderungen des scheinbaren Slips gegenüber früheren Messungen auf demselben Schiff unter sonst gleichen Bedingungen zeigen an, daß entweder Änderungen der Eigenschaften der Schraube (Flügelverbiegungen, Aufrauhung der Oberfläche durch Kavitationserosionen usw.) oder des Schiffskörpers (z. B. starker Bewuchs) eingetreten sind. Wichtig ist, daß die der Berechnung des scheinbaren Slips zugrunde gelegte Schiffsgeschwindigkeit, die wahre Geschwindigkeit des Schiffes durch das

Wasser ist. Da die Betriebsbedingungen der Schraube und die Nachstromverhältnisse am Schiffskörper bei verschiedenen Schiffen ganz unterschiedlich sein können, kann der scheinbare Slip nicht zur Beurteilung der Güte eines Schiffsantriebes gegenüber anderen Schiffen benutzt werden.

Die örtlichen Werte der Zuströmgeschwindigkeit des Wassers nach Größe und Richtung sind an den verschiedenen Stellen der Schraubenkreisfläche verschieden. Diese Ungleichförmigkeit des Nachstromfeldes bedingt Schwankungen der Drehmomentaufnahme und der Schubabgabe und damit des augenblicklichen Belastungsgrades sowie der Lage des Schubkraftmittelpunktes während jeder Umdrehung der Schraube. Die Schwankungen des Belastungsgrades können die Ursache von örtlichen *Kavitationserosionen* sein, während die Kraftschwankungen eine der Ursachen für die Erregung von Vibrationen und Schwingungen in der Antriebsanlage und im Schiffskörper sind.

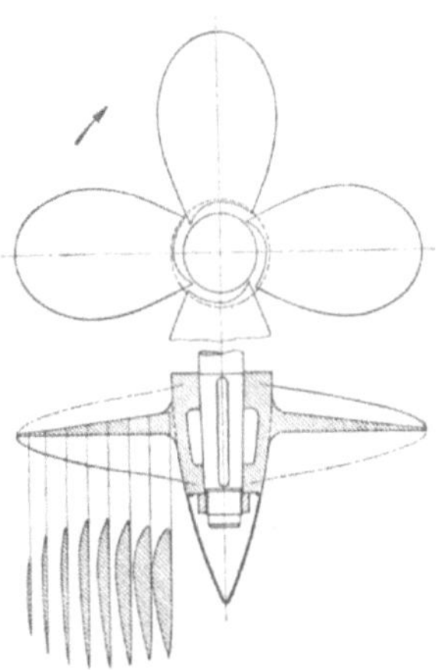

Abb. 163. Schema einer Schiffsschraube.

Eine Schraube kann nur für eine vorher festgelegte Betriebsbedingung optimal berechnet werden. Treten darüber hinaus weitere Forderungen auf, so können diese nur teilweise durch einen Kompromiß erfüllt werden. Dies gilt insbesondere, wenn außer einer guten Freifahrtgeschwindigkeit gleichzeitig gute Schleppeigenschaften, besonders gute Manövrier-Eigenschaften oder gute Rückwärtsfahrt gefordert werden (Schlepper, Fischereifahrzeuge, Fähren usw.).

Abb. 163 zeigt eine vierflügelige, rechtsgängige Schraube, wie sie für Einschrauben-Handelsschiffe mit normalem Belastungsgrad hergestellt wird. Die heute sehr weit entwickelte Theorie der Schraubenberechnung gestattet es, die Konstruktion den zugrunde gelegten Betriebsbedingungen weitgehend anzupassen. Hierbei ergeben sich Feinheiten, wie besondere Profilformen für die verschiedenen Radien des Flügels, z. B. hohle Druckseitenwölbung, eine bestimmte radiale Verteilung der Fläche und eine radial veränderliche Steigung. Für besondere Betriebsverhältnisse im Eis oder in sehr flachen Gewässern werden die Flügelprofile an den Kanten und zum Teil auch in der Mitte verstärkt (Eisverstärkung). Über die Werkstoffeigenschaften und die maximal zulässigen Beanspruchungen bestehen weitgehende Vorschriften der Klassifikations-Gesellschaften.

Wird für einen Neubau oder als Ersatz eine neue Schraube erforderlich, so ist es in Anbetracht der großen Zahl der hierbei zu berücksichtigenden Gesichtspunkte zweckmäßig, den Rat einer Spezialfabrik für Schiffsschrauben einzuholen, die außer über eine genaue Kenntnis der Berechnungs- und Konstruktions-Methoden über langjährige Erfahrung verfügt. Dies sind die Voraussetzungen, um eine Schraube zu bekommen, die die Antriebsmaschine richtig belastet und deren Leistung mit bestem Wirkungsgrad in Schub umsetzt. Bei hochwertigen Neubauten ist es heute fast allgemein üblich, sowohl den Schiffsentwurf als auch den Schraubenentwurf im Modell in einer Schleppversuchsanstalt prüfen und gegebenenfalls mögliche Verbesserungen ermitteln zu lassen. Liegt der Schrauben-Entwurf fest, so muß ein für die gegebenen Betriebsbedingungen (Belastungsgrad, Drehzahl, zu erwartende Seewasser-Verschmutzung und -Temperatur) geeigneter Werkstoff gewählt und die Genauigkeitsstufe der Fertigung festgelegt werden.

Der *Schraubenschub* entsteht aus einem Unterdruck vor der Schraube (etwa zwei Drittel) und einem Überdruck hinter der Schraube (etwa ein Drittel). Außerdem ist die Druckverteilung über den Flügel nicht gleichmäßig, sondern es treten ziemlich unterschiedliche Werte auf. Erreicht der Unterdruck an irgendeiner Stelle die (von der Temperatur abhängige) Dampfspannung des Wassers, so bilden sich Dampfblasen *(Kavitation)*. Diese gleiten entlang dem Flügel und kommen in Gebiete höheren Druckes, wo sie kondensieren, wobei außerordentlich große Kräfte auftreten können, die den Werkstoff mechanisch zerstören (Erosionen). Mit der Kavitation sind oft Geräusche verbunden. Singende Geräusche treten bei beginnender Kavitation, besonders bei stark abgerundeter Eintrittskante des Flügelprofils, ein. Starke Kavitation vermindert die Leistungsaufnahme des Propellers („Durchgehen") und den Wirkungsgrad. Außerdem wird letzterer durch eine zunehmende Aufrauhung der Oberfläche ungünstig beeinflußt (erhöhte Reibung). Tritt außer einer Kavitations-Erosion noch ein chemischer Angriff des Seewassers oder seiner Verunreinigungen bei nicht ausreichend beständigen Werkstoffen ein *(Korrosion)*, so können die Zerstörungen, besonders bei Gußeisen und Stahlguß, und die Verschlechterung des Wirkungsgrades erheblich werden.

Bei Sondergußmessing besteht zwischen den einzelnen Kristallen der Legierung eine kleine elektrische Potential-Differenz, die zu einer anodischen Auflösung des einen Teils dieser Kristalle im Seewasser führt (bekannt unter der nicht ganz richtigen Bezeichnung „*Entzinkung*"). Hierbei wird die Oberfläche rauh, und es entsteht eine allmähliche Materialabtragung. Legierungszusätze, die das Korn verfeinern, vermindern die Rauhigkeit (z. B. Nickel), weniger jedoch die Materialabtragung. *Korrosions-Schutzplatten* aus Feinzink oder Magnesium oder eine aktive kathodische Schutzspannung besitzen eine höhere elektrische Potential-Differenz gegen Messing, und der entstehende galvanische Strom überlagert sich dem Ausgleichsstrom zwischen den Kristallen der Schraubenlegierung, die dadurch gegen Auflösung geschützt wird. Die Schutzplatten schützen daher nicht nur den Schiffskörper, sondern auch die Schraube gegen den Seewasserangriff. Damit der Schutz wirksam ist, muß für einen möglichst geringen Übergangswiderstand zwischen Schutzanoden und Schiff (am besten in die Platten eingegossene Eisen mit dem Schiff verschweißen) und zwischen Schiff und Wellenleitung (gegebenenfalls durch Kohleschleifkontakte) gesorgt werden. Die Anoden müssen eine ausreichende Oberfläche besitzen und möglichst nahe an der Schraube angebracht werden, damit auch der elektrische Übergangswiderstand durch das Wasser klein ist, jedoch dürfen sie die Wasserströmung zur Schraube nicht durch Wirbelbildung stören, da solche Wirbel zu örtlicher Kavitation auf den Flügeln führen können. Sie dürfen nicht mit Farbe angestrichen werden. Eine Schutzplatte, die nicht angegriffen ist, hat auch keine Schutzwirkung ausgeübt.

Durch Kavitations-Erosion gefährdet ist in erster Linie die Saugseite in der Nähe der Flügelspitze. Es können aber auch Kavitations-Erosionen auf der Druckseite, in der Nähe der Nabe und an anderen Teilen, z. B. an der Haube oder am Ruder, auftreten. Bereits beim Entwurf der Flügelprofile muß darauf Rücksicht genommen werden, daß möglichst keine unzulässigen Unterdruckspitzen an irgendeiner Stelle des Flügels entstehen, die zu einer Kavitation führen können. Da jedoch das Nachstromfeld des Schiffes im Bereich der Schraube nicht gleichmäßig ist und andererseits die Schraube nur für einen ganz bestimmten mittleren Zuström-Zustand entworfen werden kann, lassen sich — insbesondere bei hochbelasteten Schrauben — Kavitationserscheinungen nicht immer vermeiden. Hier muß dann ein möglichst hochwertiger Werkstoff (z. B. „ALCUNIC", eine besonders hochwertige Aluminium-Mehrstoff-Bronze der Firma Theodor Zeise) verwendet werden, um die etwaigen Erosionen möglichst klein zu halten.

Da es bereits auf Feinheiten der Profilgestaltung, der Kanten und der Steigungsverteilung ankommt, wenn örtliche Kavitation vermieden werden soll, ist es notwendig, auch bei *Reparaturen von Schrauben* die gleiche Sorgfalt wie bei der Neuanfertigung anzuwenden und sicherzustellen, daß z. B. beim Richten von Verbiegungen oder beim Ausschweißen von ausgebrochenen Stellen nicht nur für die für den jeweiligen Werkstoff notwendige Vorwärmung gesorgt wird, sondern daß auch die Maße nach der Reparatur der ursprünglichen Konstruktion entsprechen, da sonst sehr bald unerwartet starke Schäden auftreten können, ganz abgesehen von der Möglichkeit von Geräuschen und Erschütterungen.

In neuerer Zeit werden für Spezialschiffe (Schlepper, Fischereifahrzeuge), aber auch für größere Handelsschiffe, gelegentlich *Umsteuerschrauben* verwendet. Bei diesen Schrauben sind die Flügel drehbar angeordnet und können vom Schiffsinnern durch eine Übertragungseinrichtung auf eine beliebige Steigung eingestellt werden. Im allgemeinen erfolgt die Betätigung — außer bei den ganz kleinen Anlagen — ölhydraulisch über einen Servomotor, so daß mit einem Geber, ähnlich einem Maschinen-Telegraphen, von der Brücke direkt die Schraubensteigung eingestellt werden kann. Neben einer Erhöhung und wesentlichen Beschleunigung der Manövrierfähigkeit haben diese Anlagen den großen Vorteil der jeweils genauen Anpassung der Schraube an die Eigenschaften der Hauptmaschinen-Anlage, die dadurch stets voll ausgenutzt und dabei geschont wird. Dies ist besonders wertvoll, wenn die äußeren Betriebsbedingungen des Schiffes stark wechseln (Schlepper, Fischerei-Fahrzeuge). Bei Segelschiffen besteht außerdem die Möglichkeit, die Schraubenflügel in Fahrtrichtung zu stellen (Segelstellung), wodurch ein möglichst geringer Fahrtwiderstand bei abgestelltem Motor erreicht wird.

Die Abteilung Maschine darf im Hafen die Schraube nicht ohne Erlaubnis der Schiffsleitung bewegen. Um ein unfreiwilliges Bewegen der Schrauben zu vermeiden, wird meist während des Aufenthaltes im Hafen die im Maschinenraum befindliche Wellendrehvorrichtung eingerückt, so daß die Schraube sich nicht drehen kann.

7. Schiffshilfsmaschinen.

Kondensation, Kondensations-Hilfsmaschinen.

Die Kondensationsanlage ist für die Betriebssicherheit und Wirtschaftlichkeit auf Dampfern von wesentlicher Bedeutung.

Mit Hilfe eines Oberflächenkondensators (Abb. 164) gelingt es, dem Kessel das Kesselwasser als Kondensat wieder zuzuführen. Nur Undichtheiten im Kreislauf müssen durch aufbereitetes Zusatzwasser ersetzt

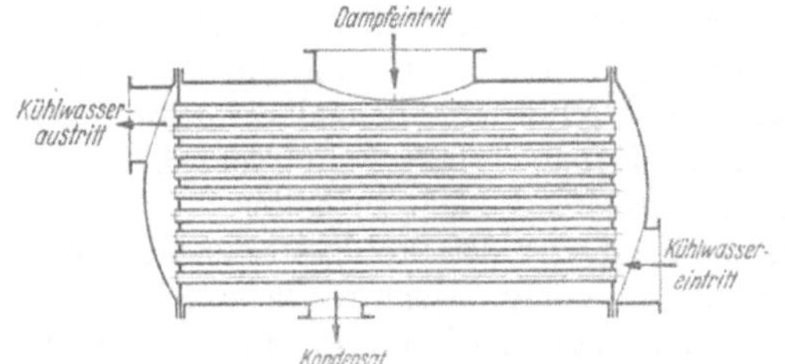

Abb. 164. Schnittzeichnung eines Kondensators.

werden. Erst die Einführung der Oberflächenkondensation hat das Fahren mit hohen und höchsten Kesseldrücken ermöglicht.

Im Kondensator wird der Dampf bei einem Drucke verflüssigt, der viel kleiner als die Spannung der atmosphärischen Luft ist. Abhängig ist die Größe des Druckes im Kondensator von der Temperatur und Menge des Kühlwassers.

Liegt die Verflüssigungstemperatur unter 100° C, so muß auch der Druck im Kondensator kleiner als 760 mm Quecksilbersäule sein. Es liegt also ein Unterdruck vor, der auch als Vakuum bezeichnet und für diesen Apparat fälschlich mit Luftleere übersetzt wird.

Beim Vorgang im Kondensator handelt es sich unter der Voraussetzung, daß nur reiner Dampf einströmt, um eine Zustandsänderung bei konstantem Druck, wobei dieser allein eine Funktion der Kondensationstemperatur ist. Der umgekehrte Prozeß ist die Verdampfung, bei welcher die Siedetemperatur nur von der Spannung abhängt, unter der die Flüssigkeit steht.

Es ist nun nicht zu vermeiden, daß in den unter Unterdruck stehenden Raum etwas Luft eindringt. Hierdurch treten kompliziertere Vorgänge bei der Verflüssigung des Dampfes auf, die das Vakuum etwas verschlechtern, eine größere Kondensator-Kühlfläche und den Einbau eines Luftförderapparates bedingen.

Eine einwandfrei arbeitende Kondensationsanlage ist besonders für Schiffe mit Hochdruck-Turbinenanlagen wichtig. Auch auf Dampfern mit kombinierten Anlagen (Kolbenmaschine mit Abdampfturbine) stellt sich die zu erwartende Wirtschaftlichkeit nur ein, wenn der theoretisch mögliche Kondensatordruck angenähert erreicht wird.

Je wärmer das Seewasser, um so schlechter ist bei gegebener Kühlwassermenge auch das Vakuum im Kondensator. Beim Fahren in warmem Seewasser muß man sich deshalb bei gegebener Geschwindigkeit mit einem höheren Brennstoffverbrauch abfinden. Ist das theoretisch mögliche Vakuum erreicht, so ist dauerndes Herumprobieren an der Kondensationsanlage zwecklos.

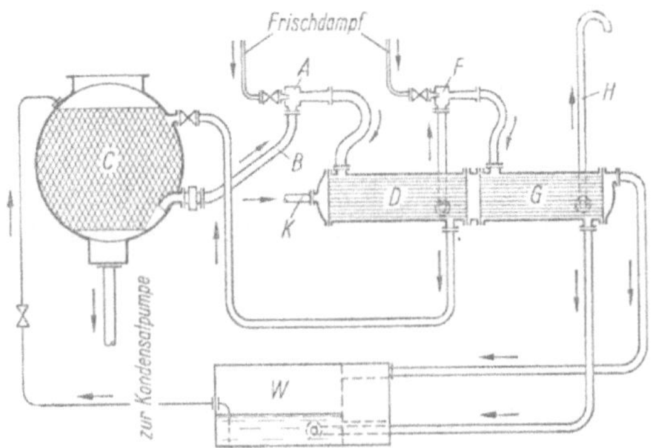

Abb. 165. Luftförderanlage mit 2 Strahlern und Vorwärmern.
A Dampfstrahler 1. Stufe, *B* Luftsaugerohr, *C* Hauptkondensator, *D* Kondensator für Strahlerdampf, *F* Dampfstrahler 2. Stufe, *G* Kondensator für Strahlerdampf, *H* Ausstoßrohr für Luft, *W* Speisewasser-Sammeltank.

Die Kühlwasserpumpen für den Kondensator werden jetzt fast ausschließlich als Kreiselpumpen ausgebildet und durch eine Dampfmaschine oder einen Elektromotor angetrieben.

Gleiches gilt für die Kondensatpumpen.

Das Herausholen eingedrungener Luft aus dem Kondensator geschieht jetzt fast ausschließlich mit Hilfe einer Einrichtung, wie sie Abb. 165 veranschaulicht.

Es handelt sich um 2 hintereinander geschaltete, mit Dampf betriebene Strahlluftpumpen, deren Arbeitsdampf in 2 Vorwärmern niedergeschlagen und zur Vorwärmung des Speisewassers verwendet wird.

Maschinen für die Förderung der Verbrennungsluft.

Die Gebläsemaschinen dienen zur Förderung der Verbrennungsluft für die Feuerungen der Kessel. Man benötigt sie, wenn der sogenannte natürliche Schornsteinzug nicht ausreicht, um die Kessel mit der erforderlichen Luft zu versorgen und die gekühlten Abgase durch den Schornstein ins Freie zu befördern. Man unterscheidet deshalb

a) Anlagen mit natürlichem Zug,
b) Anlagen mit Druckluftgebläsen,

c) Anlagen mit Saugzuggebläsen,
d) Anlagen mit Druck- und Saugzuggebläsen,
e) Anlagen mit sogenanntem geschlossenem Heizraum.

Der natürliche Zug entsteht durch die Differenz der Gewichte zwischen der Abgassäule in den Zügen des Kessels bzw. im Schornstein und der Luftsäule außerhalb des Kessels.

Diese Differenz ist um so größer, je *höher* die *Temperatur* der Abgase und je *höher* der *Schornstein* ist.

Hohe Abgastemperatur bedingt aber einen großen Verlust durch freie Wärme. Will man diesen nicht in Kauf nehmen, so muß man die Luftbewegung mit der Maschine erzwingen. Die Ersparnis durch geringere Abgasverluste darf aber nicht durch den Energiebedarf der Antriebsmaschine für das Gebläse wieder aufgehoben werden. Mit der Herabsetzung der Abgastemperatur ist meistens auch ein erhöhter Strömungswiderstand verbunden, hervorgerufen durch den Einbau von Luft- und Speisewasservorwärmern. Dadurch wird der Energiebedarf der Gebläsemaschinen noch erhöht. Es ist deshalb wichtig, daß man die Züge der Kesselanlage strömungstechnisch günstig formt.

Will man beispielsweise bei Kesseln mit handgefeuertem Planrost die Rostbelastung erhöhen (zu verbrennende Kohlemenge von etwa 80 kg/m²h auf etwa 105 kg/m² h), so muß man vom „natürlichen" zum „künstlichen Zug" übergehen. Die Förderung der Verbrennungsluft übernimmt nun eine Gebläsemaschine, die gleichzeitig für Ventilationszwecke herangezogen wird. Sie entnimmt die Luft den warmen Stellen im Maschinen- oder Heizraum und drückt sie durch ein Kanalnetz über die Luftvorwärmer nach den einzelnen Feuern.

Werden die Feuergase in den Nachheizflächen der Kesselanlage sehr weit abgekühlt, so ist unter Umständen auch der Einbau eines Saugzuggebläses erforderlich, das dann in dem Schornsteinfuß untergebracht werden muß. Früher hat man Kesselanlagen auch nur mit Saugzuggebläsen ausgerüstet, eine Anordnung, die jetzt nicht mehr ausgeführt wird.

Das für die Förderung der Druckluft benötigte Kanalnetz beansprucht kostbaren Raum. Auch bereitet die Einstellung der in den Kanälen vorhandenen Klappen dem Betriebspersonal Schwierigkeiten. Die Klappen sind erforderlich, weil man sonst den einzelnen Feuern nicht die richtige Luftmenge zumessen kann.

Diese Nachteile vermeidet der sogenannte geschlossene Heizraum. Das ist ein Zugsystem, bei dem der gesamte Kesselraum unter einen geringen Überdruck, etwa 20 ÷ 40 mm Wassersäule, gesetzt wird. Der Querschnitt zwischen Kesselschacht und Schornstein muß abgedichtet werden. Außerdem sind Schleusen bei den Ein- und Ausgängen zum Heizraum anzuordnen.

Gesundheitlich bringt der geringe Überdruck im Heizraum keine Nachteile. Für genügende Ventilation ist ebenfalls gesorgt, weil jedes kg Brennstoff etwa 12 m³ Luft benötigt, die dem Heizraum entnommen werden muß. Diese Luft wird durch Ventilatoren, die auf der Decke des Kesselraumes angeordnet werden können, in den Heizraum gedrückt. Solch ein Zugsystem hatte beispielsweise auch der Schnelldampfer „Bremen“, wo die Anordnung sich sehr gut bewährt hat.

Speise- und Umwälzpumpen. Die Speise- und Umwälzpumpen sind in neuerer Zeit nur noch Kreiselpumpen, die meistens elektrisch angetrieben werden.

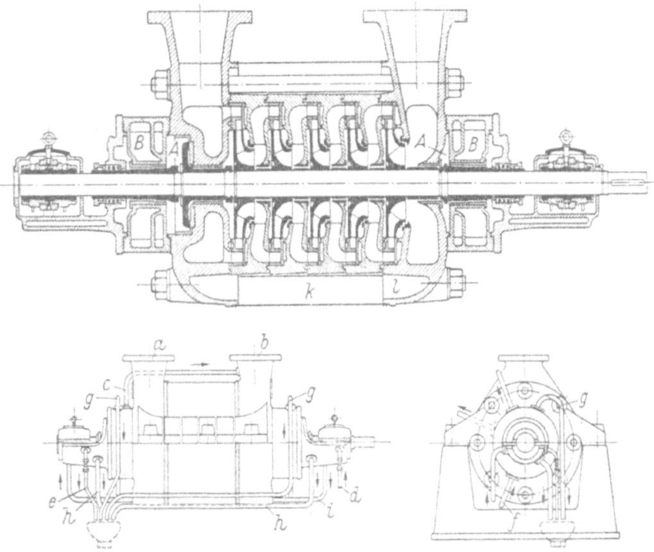

Abb. 166. Elektrisch angetriebene Kesselspeisepumpe (Schnittzeichnung, Längs- und Queransicht).

a Druckstutzen, *b* Saugstutzen, *c* Entlastungswasseraustritt, *d* Lagerkühlwassereintritt, *e* Lagerkühlwasseraustritt, *f* Deckelkühlwassereintritt, *g* Deckelkühlwasseraustritt, *h* Tropfwasseraustritt, *i* Kühlwasserumführung, *k* Isolierkissen, *l* Isoliermasse.

Kreiselpumpen weisen gegenüber Kolbenpumpen eine denkbar einfache Konstruktion auf (vgl. Abb. 166). Auch werden Schläge in den Rohrleitungen, wie sie bei jedem Hub der Kolbenpumpen entstehen, vermieden.

Sonstige Hilfsmaschinen. Dreh-(Törn-)Maschinen werden im Hafen bei Überholungs- und Reparaturarbeiten benötigt. Mit ihrer Hilfe kann man die Hauptmaschine nebst Propellerwelle in jede gewünschte Stellung bringen.

Umsteuermaschinen findet man auf Dampfern mit Kolbenmaschinen, um die Steuerung der Maschine für die gewünschte Drehrichtung in die richtige Lage zu bringen.

Turbinen und kombinierte Anlagen benötigen eine sogenannte Umlaufschmierung, wie sie auch auf jedem Motorschiff zu finden ist. Die für die Umwälzung des Schmieröles erforderlichen Pumpen sind für die Schiffssicherheit sehr wichtig, weil der Betrieb ohne Umlauföl unmöglich ist.

Kühlanlagen[1].

Eine besonders wichtige Hilfseinrichtung, die für den Schiffsbetrieb erforderlich ist, ist die *Kühlanlage.* Auf Kühlschiffen hat letztere keine geringere Bedeutung als die Antriebsanlage, da von der Kühlung das unversehrte Überseebringen der Ladung abhängt. Es handelt sich hier meistens, wenn nicht ausschließlich, um die Konservierung von Lebensmitteln in Räumen tieferer Temperatur.

Um dies zu erreichen, muß dem Kühlgut und der Luft in den Kühlräumen Wärme entzogen werden. Es gibt hierfür folgende physikalische Möglichkeiten:

1. Man bringt kalte Körper z. B. Natureis in die Räume. Diese nehmen Wärme auf und setzen dadurch die Temperatur im Kühlraum herunter bzw. halten sie auf der erforderlichen Höhe. Das geschmolzene Eis muß durch neues ersetzt werden. Dieses Verfahren wird fast ausschließlich auf Fischdampfern angewendet.

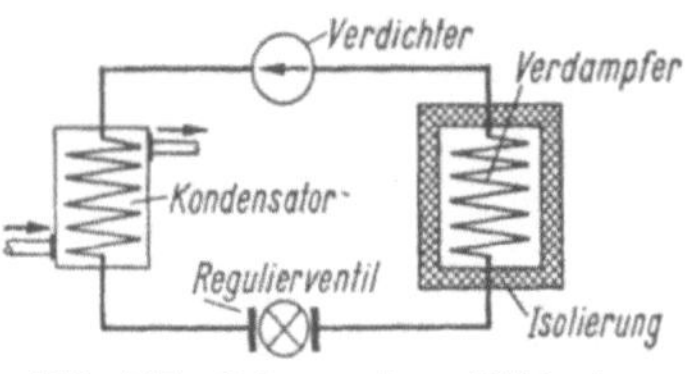

Abb. 167. Schema einer Kühlanlage mit direkter Verdampfung.

2. Man läßt Flüssigkeiten[2] in Rohrsystemen bei so tiefen Temperaturen verdampfen, daß die Umgebung zur Abgabe der Verdampfungswärme herangezogen werden kann. Die erforderliche tiefe Verdampfungstemperatur wird durch Einstellen eines entsprechenden Druckes in der Verdampferschlange erzwungen.

3. Man läßt vorher komprimierte und gekühlte Luft in Maschinen Arbeit verrichten, wobei sie sich stark abkühlt (Umsetzung von Wärme in Arbeit) und in die Kühlräume geblasen werden kann.

Größere Kühlschiffe haben jetzt wohl ausschließlich Kühlanlagen nach 2. Sie bestehen aus einem Verdampfer, Verdichter, Kondensator und einem Regulierventil (vgl. Abb. 167).

Durch die Wärmezufuhr im Verdampfer wird der flüssige, sogenannte Kälteträger (Kohlensäure, Ammoniak, Frigen usw.) in Dampf verwandelt.

Diesen Kaltdampf kann man nun nicht in die Atmosphäre entweichen lassen, weil

a) man ihn als Flüssigkeit wiedergewinnen will.

b) sein Druck zu klein ist und

c) sich dies aus gesundheitlichen Gründen verbietet.

Es entsteht nun die Aufgabe, kalten Dampf mit warmem Kühlwasser zu verflüssigen. Das ist nur möglich, wenn der Dampf unter Aufwand mechanischer Arbeit auf höheren Druck und höhere Temperatur gebracht, also verdichtet wird.

[1] s. Kühlladungen, S. 231.

[2] Kohlensäure, Ammoniak oder Frigen.

Der Verdichter saugt die im Verdampfer gebildeten, kalten Dämpfe ab und komprimiert sie soweit, daß eine Verflüssigung im Kondensator bei der vorliegenden Kühlwasseraustrittstemperatur erfolgen kann. Je wärmer das austretende Kühlwasser auf Grund von Eintrittstemperatur und Menge ist, um so höher ist auch der Druck im Kondensator der Kühlmaschine.

Der verflüssigte Kälteträger gelangt nun zu einem Absperrorgan, dem sogenannten Regulierventil. Hier wird die Flüssigkeit bis auf den Verdampferdruck, der sich nach der verlangten Temperatur im Kühlraum richtet, entspannt. Durch die Entspannung wird ein Teil der Flüssigkeit in Dampf verwandelt. Der verbleibende Rest erzeugt nun im Verdampfer die Kälte.

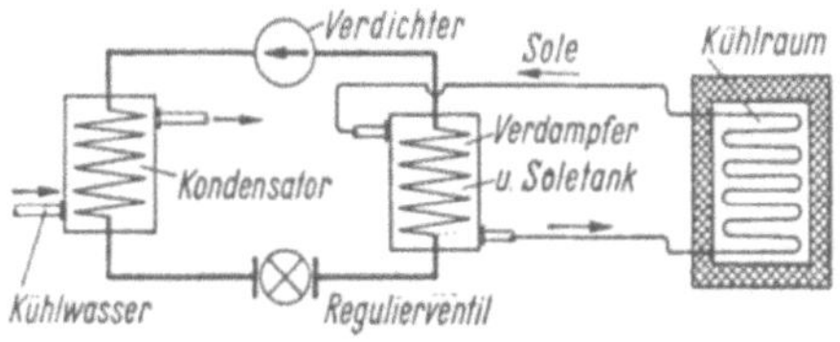

Abb. 168. Schema einer Kühlanlage mit Sole-Kühlung.

Wird das Kühlgut schon mit der vorgeschriebenen Temperatur in den Kühlraum eingebracht, so hat die Kühlanlage nur die Aufgabe, die sogenannte „Leckwärme" aus dem Kühlraum herauszubringen. Deren Menge hängt von der Stärke der Isolierung, dem mehr oder weniger häufigen Öffnen der Türen und von der Temperaturdifferenz zwischen der Umgebung und der Luft im Kühlraum ab.

Die 4 Hauptteile Verdampfer, Verdichter, Kondensator und Regulierventil findet man bei jeder Kühlanlage. Unterschiedlich ist jedoch die Lage des Verdampfers mit Bezug auf den Kühlraum. In Abb. 167 liegen die Rohrschlangen, in denen der Kälteträger verdampft wird, direkt im Kühlraum. In Schiffskühlanlagen fand man früher fast ausschließlich die sogenannte indirekte Kühlung oder Verdampfung.

Bei der sogenannten Solekühlung wird einer Salzlösung durch den verdampfenden Kälteträger Wärme entzogen, wobei die Temperatur der Sole auf einen gewünschten, tiefen Wert gebracht wird. Die gekühlte Sole wird zu den Kühlräumen geleitet und sorgt dort für die Aufrechterhaltung der gewünschten Temperatur (Abb. 168).

Indirekte Kühlung ist unwirtschaftlicher als direkte Verdampfung, weil die Verdampfungstemperatur niedriger sein muß (bei gegebener Kühlraumtemperatur). Sie hat aber den Vorteil, daß man nicht mit den Rohrleitungen, die den eigentlichen Kälteträger enthalten, durch das Schiff ziehen muß.

In neuerer Zeit neigt man mehr zu der sogenannten Dezentralisation der Kühlanlagen; d. h. man stellt überall da, wo ein Kühlraum liegt, auch eine Kühlmaschine auf. Damit fällt dann der erwähnte Vorteil der Solekühlung fort. Eine dezentralisierte Anlage bereitet aber größere Bedienungsschwierigkeiten, wenn nicht jedes Aggregat vollautomatisch sicher arbeitet.

Die in den Kühlräumen liegenden Rohrschlangen, in denen die Verdampfung stattfindet oder die von Sole durchflossen sind, bereifen im

Laufe des Betriebes, wodurch der Wärmetransport stark behindert wird. Schnee hat angenähert die gleiche Isolierwirkung wie Kork. Man muß deshalb von Zeit zu Zeit *abtauen*, um die Kühlwirkung nicht zu stark zu beeinträchtigen.

Diese Schwierigkeiten treten nicht bei der *Naßkühlung* auf. Hier handelt es sich um Solekühlung. Hierbei wird Luft aus dem Kühlraum abgesaugt und, nachdem sie durch feinzerstäubte Sole abgekühlt wurde, wieder in den Kühlraum gedrückt. Die Sole „verwässert“ aber im Laufe des Betriebes durch den in der Luft enthaltenen Wasserdampf und muß deshalb eingedickt werden. Andernfalls ist laufend Salz zuzusetzen. Bei der *Trockenkühlung* wird die Wirkung der kühlenden Flächen noch bedeutend verstärkt, wenn die Kühlraumluft mit größerer Geschwindigkeit an den Rohren vorbeigeblasen wird. Durch die Ventilatorwirkung erhält die spezifische Kälteleistung einen günstigeren Wert, jedoch wird der Energiebedarf der für den Kühlbetrieb erforderlichen Hilfsmaschinen erhöht.

Für den einwandfreien Transport von Proviant und Kühlladung über See ist es wichtig, daß in den Kühlräumen das richtige Klima gehalten wird. Es kommt also nicht nur auf das Halten der Lufttemperatur, sondern auch auf das Einstellen der richtigen *relativen Luftfeuchtigkeit* an. Wenn man diese beiden Größen unter allen Umständen halten will, ist dazu der Einbau einer Klimaanlage erforderlich, d. h. außer den Kühlkörpern und Ventilatoren müssen auch noch Nacherhitzer vorhanden sein und sämtliche Geräte automatisch betätigt werden.

Durch geschickte Wahl von Kühlkörpergröße, Temperatur des Kühlmittels, Größe der umgewälzten Luftmenge und Geschwindigkeit der Luft an den Kühlflächen kann man aber die günstigsten Werte von Temperatur und relativer Feuchtigkeit erreichen.

Beim Transport von Fleisch hat zu geringe Luftfeuchtigkeit einen erheblichen Gewichtsverlust und zu hohe Schimmelbildung zur Folge.

Es muß natürlich die Möglichkeit vorhanden sein, die Luft im Kühlraum nicht nur umzuwälzen, sondern auch zu wechseln.

Als *Kälteträger* wurde auf Schiffen früher fast ausschließlich Kohlensäure verwendet. Jetzt wird diese durch Ammoniak und Frigen fast vollständig verdrängt. Man stellt an die Kälteträger folgende Anforderungen:

1. Günstige Lage der Drücke im Verdampfer und im Kondensator;
2. große spezifische Kälteleistung;
3. die kritische Temperatur muß weit über der zu erwartenden Temperatur im Kondensator liegen;
4. das spezifische Volumen darf nicht zu groß sein;
5. die Verdampfungswärme muß einen großen Wert haben;
6. der Stoff darf möglichst nicht gesundheitsschädlich sein und nicht übel riechen;
7. der Preis des Kälteträgers muß tragbar sein.

Wasser wäre ein idealer Kälteträger, wenn seine spez. Volumen nicht so groß und seine Drücke bei den in Frage kommenden Temperaturen nicht so klein wären. Den Erstarrungspunkt kann man durch Beigabe von Salz herabsetzen.

Hilfsmaschinen für die Erzeugung der für Schiff und Maschine erforderlichen elektrischen Energie.

Mit dem Aufkommen der Motorschiffe setzte auch die Umstellung der Hilfsmaschinen — für den Schiffs- wie für den Maschinenbetrieb — auf elektrischen Antrieb ein. Während sich auf Dampfern in der Zeit nach dem ersten Weltkriege der Einzelantrieb durch Dampf noch vielfach behauptete, ist man jetzt von dieser viel Brennstoff kostenden

Abb. 169. 6-Zylinder-Dieselgenerator der MAN.
1 Dieselmotor, *2* Generator, *3* Treibölpumpe, *4* Schmieröl-Handpumpe, *5* Auspuffleitung, *6* Treibölzuleitung, *7* Treibölfilter, *8* Drehzahlregler, *9* Triebraumentlüftung, *10* Schmierölfilter, *11* Schwungrad, *12* Brennstoffdüsen.

Einrichtung fast restlos abgekommen. Man glaubte auch, die Betriebssicherheit dadurch zu gefährden, daß man den Betrieb der Hauptmaschine in Abhängigkeit zur E-Zentrale brachte, was bei Motorschiffen von Anfang an schon Tatsache war. Auf einer beachtlichen Anzahl von Motorschiffen ging man auch so vor, daß man die Abgaswärme für Dampferzeugung benutzte und diesen Dampf zum Antrieb der Hilfsmaschinen heranzog, um so Brennstoff zu sparen.

Jetzt hat sich der elektrische Antrieb der Hilfsmaschinen auf Dampfern und Motorschiffen — an Deck und in der Maschine — fast restlos durchgesetzt. Eine der wichtigsten Kraftmaschinen an Bord ist deshalb diejenige, die den Generator für die Erzeugung der erforderlichen elektrischen Energie antreibt. Auf Motorschiffen handelt es sich ausschließlich um eine Dieselmaschine, während man auf Dampfern Verbrennungskraftmaschinen, Turbinen und auch noch Dampfkolbenmaschinen verwendet.

Abb. 169 zeigt einen sogenannten Dieselgenerator, der im 4-Takt-Verfahren arbeitet, das am meisten angewendet wird. Aus Gründen der Betriebssicherheit kommen meistens 3 Aggregate zum Einbau, wovon eines auch bei vollem Betriebe in Reserve steht.

Deckshilfsmaschinen.

Hier sind aufzuzählen: *Anker-* und *Verholspills, Ladewinden* und *Rudermaschine.* Auf fast sämtlichen Schiffen haben diese Maschinen elektrischen Antrieb. Näheres s. S. 419 bis 426.

8. Einiges über Schwingungserscheinungen am Schiff und in der Antriebsanlage.

Schiffsvibrationen.

Schiffsvibrationen sind rhythmische Bewegungen verschiedener Schiffsteile gegeneinander oder Schwingungen innerhalb einzelner Bauteile des Schiffes. Als Erreger können die Hauptmaschinen, die Hilfsmaschinen und der Propeller, aber auch schwere Roll- und Stampfbewegungen des Schiffskörpers wirken. Die Roll- und Stampfbewegungen des Schiffes als ganzes fallen nicht unter den Begriff der Schiffsvibrationen.

Wenn die Schwingungsausschläge ein bestimmtes Maß überschreiten und die Frequenz der Schwingungen innerhalb eines bestimmten Bereiches liegt, so kann dieser Zustand sowohl für die Besatzung als auch für Fahrgäste auf die Dauer das Wohlbefinden beeinträchtigen oder sogar den Aufenthalt unerträglich werden lassen. Werden die Bauteile des Schiffes durch Vibrationen bis über die Wechselbiegefestigkeit des Werkstoffes beansprucht, treten im Werkstoff und in den Verbindungen Dauerbrüche auf, die schließlich zu schwerwiegenden Havarien führen können.

Wenn die Frequenz des Erregers mit der Eigenschwingungszahl des Schiffskörpers oder von Teilen desselben direkt oder in einfachem Verhältnis übereinstimmt, spricht man von einer Resonanz. In diesem Zustand können die Schwingungsausschläge erhebliche und gefährliche Werte annehmen, wenn keine ausreichende Eigendämpfung vorhanden ist.

Der Schiffskörper ist ein Schwingungsgebilde aus trägen Massen, die elastisch miteinander verbunden sind. Die Schwingungsbewegungen können als Biegeschwingungen vertikal und horizontal, als Längsschwingungen (Druck- und Zugbewegungen) und als Drehschwingungen (Verdrehung der trägen Massen gegeneinander) in Erscheinung treten. Im allgemeinen sind die Eigenschwingungszahlen dieser verschiedenen Schwingungen verschieden; sie können aber auch gleich sein und dann durch die zusammengesetzten Spannungen den Werkstoff besonders hoch beanspruchen. Da der Schiffskörper ein sehr kompliziertes Schwingungsgebilde darstellt, dessen Eigenschaften außerdem durch den

Beladungszustand, die Trimmlage und sonstige Betriebsbedingungen verändert werden, wobei die Massen und deren Verteilung, die elastischen Verbindungen sowie die äußere und innere Dämpfung von wesentlichem Einfluß sind, ist eine Vorausberechnung der Eigenschwingungszahlen nur sehr schwer und ungenau oder überhaupt nicht möglich.

Je nach der Bauart des Schiffes können die Vibrationseigenschaften sehr verschieden sein. Im allgemeinen haben Nietverbindungen eine wesentlich größere Dämpfung als Schweißverbindungen. Dadurch werden Schwingungen bei ersteren, besonders solche höherer Frequenz, stärker unterdrückt. Andererseits erstrecken sich die verbleibenden Vibrationen bei genieteten Bauteilen über einen großen Frequenzbereich, während bei geschweißten Bauteilen zwischen einzelnen, genau definierten Eigenschwingungszahlen Gebiete sehr geringer Schwingungsausschläge liegen. Um Schwingungen im Schiffskörper zu vermeiden oder gering zu halten, ist es notwendig, die Stärke der Erregung klein zu halten und die Erregerfrequenz außerhalb der Resonanz mit den Eigenschwingungszahlen des Schiffskörpers oder von Teilen desselben zu halten. Bei umlaufenden Maschinen kann die Erregung von freien Massenkräften und von den freiwerdenden Kräften des Energieträgers (Dampf, Verbrennungsgase usw.) herrühren. Bereits beim Entwurf und bei der Herstellung der Maschinen muß darauf geachtet werden, daß durch Ausgleich der Kräfte und Massen sowie durch statische und dynamische Auswuchtung freie Kräfte in harmonischer Form möglichst wenig auftreten. Nicht immer läßt sich wegen der Vielzahl der im Schiffskörper vorhandenen, zu Eigenschwingungen neigenden Bauteile eine Resonanz vermeiden. In solchen Fällen ist es zweckmäßig, die Eigenschwingungszahl dieser Bauteile durch Veränderung der Massen oder der elastischen Verbindungen (z. B. durch Versteifungen) zu verändern.

Da das Nachstromfeld des Schiffes im Bereich der Schiffsschraube nicht rotationssymmetrisch ist, durchläuft jeder Schraubenflügel bei einer Umdrehung Gebiete verschiedenster Zuströmgeschwindigkeit, die in gleichem Maße das von dem Flügel aufgenommene Maschinendrehmoment und den vom Flügel abgegebenen Schub verändern. Dadurch entstehen Drehmoment-, Schub- und Exzentrizitätsbewegungen des Schubschwerpunktes im Rhythmus Drehzahl mal Flügelzahl, die über die Antriebsmaschine, das Drucklager, die Stevenrohrlager und hydraulisch über das Sogfeld der Schraube auf den Schiffskörper einwirken und als Schwingungserreger wirken. Je völliger der Wasserlinienverlauf des Hinterschiffes und je näher die Schraube am Schiffskörper angeordnet ist, um so stärker sind die von der Schraube ausgehenden, erregenden Kräfte. Durch Änderung der Flügelform, z. B. durch eine ausreichende Flügelfläche, eine entgegen der Drehrichtung verlaufende Eintrittskante der Flügel und eine geeignete Wahl der Flügelschnitte, können die von der Schraube ausgehenden Kräfte vermindert werden. Die Kräfte und die Frequenz werden durch die Flügelzahl beeinflußt. Da bei ungeradzahligen Schiffsschrauben jeweils nur immer ein Flügel durch das besonders hohe Nachstromfeld hinter dem Steven bei Einschraubenschiffen hindurchgeht, sind bei diesen Schrauben die Kräfte wesentlich geringer und die Grundfrequenz zweimal Drehzahl mal Flügelzahl, während bei geradzahligen Schiffsschrauben die Grundfrequenz einhalb Drehzahl mal Flügelzahl ist. Da Schwingungen hoher Frequenz bei gegebenem Dämpfungswert sehr viel schneller absorbiert werden als niedrige Frequenzen, kann man in vielen Fällen durch Verwendung einer fünfflügeligen Schiffsschraube unangenehm starke Schiffsvibrationen, die bei vierflügeligen Schrauben aufgetreten sind, vermindern und die Resonanzgebiete verschieben, so daß sie nicht mehr im Betriebs-Drehzahlbereich liegen. Da Schwingungen Energie verzehren, kann sogar bei dem Übergang von vier auf fünf Flügel der Vortriebswirkungsgrad verbessert werden, obwohl freifahrend, d. h. ohne Schwingungserregung eine fünfflügelige Schraube einen um etwa 1—2 % schlechteren Wirkungsgrad besitzt als eine vierflügelige. Selbstverständlich ist es notwendig, daß die Schiffsschraube gut ausbalanciert ist, damit keine freien Massenkräfte beim Umlauf schwingungserregend wirken.

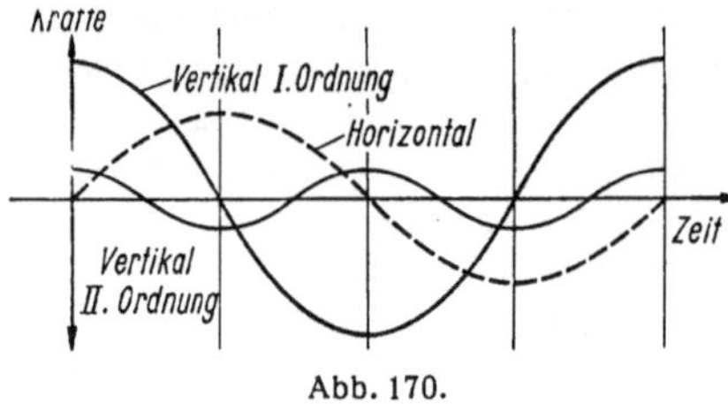

Abb. 170.

Die gegenseitige Beeinflussung der erregenden Kräfte, die von der Antriebsmaschine und von der Schraube (bei direkt oder über Getriebe mit einfachem Übersetzungsverhältnis angetriebenen Anlagen) ausgehen, ist manchmal bei einer bestimmten Flügelstellung in bezug auf die Kurbelstellung am geringsten, wobei dann auch die freien Kräfte am kleinsten werden. Diese Stellung kann nur durch den Versuch gefunden werden.

Während bei Maschinen ohne hin- und hergehende Teile (Turbinen, Elektromotoren) ein vollständiger Ausgleich der Kräfte möglich ist, ist dieses bei Kolbenmaschinen jeglicher Bauart nicht der Fall. Allerdings sind bei gutem Massenausgleich die verbleibenden freien Kräfte aus den Momenten ersten (statische Balance) und zweiten Grades (Taumelmomente) gering. Die Güte des möglichen Ausgleiches hängt von der Zylinderzahl und der Kurbelfolge ab. Die Dampf- oder Gasdrücke sind ohne Einfluß. Die Momente zweiten Grades spielen nur bei sehr schnell umlaufenden Maschinen eine Rolle und können nur durch dyamisches Ausbalancieren ausgeglichen werden.

Abb. 170 zeigt die graphische Darstellung des zeitlichen Verlaufes der Kräfte in der horizontalen und in der vertikalen Richtung bei einer Kolbenmaschine.

Gelegentlich ist es möglich, durch Verlegung der Betriebsdrehzahl aus einem Resonanzgebiet herauszukommen. Damit die Schiffsschraube bei der veränderten Drehzahl die gleiche Leistung wie vorher aufnimmt, ist es erforderlich, die Steigung der Flügel zu verändern. Da dies etwa bis ± 10 % möglich ist (s. S. 473), kann eine Veränderung der Drehzahl bei gleicher Leistung ebenfalls bis zu etwa ± 10 % erreicht werden. Da sich aber auch das von der Maschine abgenommene Drehmoment um den gleichen Prozentsatz verändert, muß in jedem Fall untersucht werden, ob die Antriebsanlage bei dem veränderten Drehmoment nicht überlastet wird oder unwirtschaftlich arbeitet.

Laufen mehrere Maschinen mit nicht ganz übereinstimmender Drehzahl (Doppelwellen-Anlagen, mehrere Motoren, die elektrische Generatoren antreiben oder über Schlupfkupplungen — hydraulisch oder elektrisch — mit einem Getriebe verbunden sind), so können Schwebungen auftreten. Unter einer *Schwebung* versteht man das harmonische Ansteigen und Absinken der durch freie Kräfte verursachten Schwingungen. Schwebungen können vermieden werden, wenn der Gleichlauf der verschiedenen Maschinen erzwungen wird. Dabei muß darauf geachtet werden, daß die Zusammenschaltung so erfolgt, daß die freien Kräfte zu einem Minimum werden.

Besonders heftige Vibrationen treten beim Umsteuern ein. Hierbei werden die Anströmverhältnisse der Schraubenflügel so ungünstig und ungleichmäßig, daß erhebliche Drehmoment- und Schubschwankungen von der Schraube auf das Schiff übertragen werden. Ein zu schnelles Umsteuern, wie es heute bei elektrischen Anlagen oder bei Umsteuerschrauben möglich ist, verkürzt keineswegs den Stoppweg des Schiffes, da in diesem Betriebszustand die Schraube nur einen sehr geringen Wirkungsgrad besitzt. Zweckmäßiger ist, zur Vermeidung der Erschütterung und zur Verbesserung der Stoppeigenschaften etwas langsamer umzusteuern, wobei allerdings nicht die verhältnismäßig langen Umsteuerzeiten, wie sie bei direkt angetriebenen, langsam laufenden Anlagen gemessen werden, erreicht werden sollen. Da die Eigenschaften verschiedener Schiffe und verschiedener Schraubenkonstruktionen verschieden sind, kann die günstigste Umsteuerzeit (wobei gegebenenfalls auch ein kurzes Verweilen in der Stoppstellung zweckmäßig ist) nur durch einen Versuch festgestellt werden.

Drehschwingungen in Wellenleitungen.

In der Wellenleitung können Drehschwingungen auftreten, wobei die Wellen das elastisch verdrehbare Verbindungselement zwischen der Antriebsmaschine, dem Getriebe usw. und der Schraube, d. h. Teilen mit verschiedenen Trägheitsmomenten (Schwungmomenten) darstellt, Die Dreh-Eigenschwingungszahlen eines solchen Systems lassen sich mit verhältnismäßig großer Genauigkeit aus den Abmessungen und den Materialkonstanten der an der Schwingung beteiligten Maschinenteile berechnen.

Wird von der Antriebsmaschine ein ungleichförmiges Drehmoment abgegeben oder (infolge des ungleichförmigen Nachstromfeldes) von der Schraube ein ungleichförmiges Drehmoment aufgenommen, so entstehen in der Wellenleitung erzwungene Drehschwingungen, die sich der normalen Drehbewegung überlagern und zu periodischen Drehzahlschwankungen während einer Umdrehung führen. Außerdem können langzeitige Drehzahlschwankungen bei Stampfbewegungen des Schiffes über mehrere oder viele Umdrehungen durch die wechselnde Drehmoment-Aufnahme beim Ein- und Austauchen der Schraube auftreten.

Ist eine erzwungene Schwingung in Resonanz mit einer Eigenschwingungszahl des Wellenleitungssystems, so können wegen der im allgemeinen ziemlich kleinen Dämpfung (mechanisch in der Antriebsmaschine und hydraulisch an der Schraube) erhebliche Drehschwingungs-Ausschläge auftreten, die äußerlich nicht immer durch Bewegungen an Maschinenbauteilen zu erkennen sind. Durch geeignete Geräte (z. B. einen Geiger-Torsiographen, durch Dehnungs-Meßstreifen auf der Welle oder auch durch elektronische Meßinstrumente, wie den Maihak-Torsionsindikator) lassen sich die der Drehbewegung überlagerten Winkelausschläge der Drehschwingungen messen bzw. sichtbar machen.

Durch einen Vergleich der an verschiedenen Stellen gemessenen Ausschläge kann man durchlaufende Drehzahlschwankungen infolge von Drehmomentschwankungen, erzwungene Schwingungen und Resonanzschwingungen voneinander trennen und durch eine harmonische Analyse des Diagramms die einzelnen Frequenzen, deren Ausschläge und deren gegenseitige Phasenverschiebung bestimmen, woraus Rückschlüsse auf den Ursprung der Erregung möglich sind. Außerdem läßt sich aus dem Schwingungsbild die zusätzliche Werkstoffbeanspruchung der Wellen durch die Schwingungsausschläge berechnen. Von den Klassifikations-Gesellschaften werden zulässige Maximalwerte angegeben.

Je nach der Anzahl der Knotenpunkte des Schwingungsbildes spricht man von Schwingungen I. Grades, II. Grades usw. Jede dieser Grundschwingungen ist eine Schwingung 1. Ordnung; die hierzu gehörigen Harmonischen werden mit den folgenden Zahlen 2; 3; 4 usw. bezeichnet. So bedeutet: II/3, daß es sich um die dritte Harmonische einer Eigenschwingung II. Grades (d. h. mit zwei Knotenpunkten) handelt. Liegt z. B. diese Eigenschwingung (II/1) bei 1200 U/min, so liegt die Harmonische II/3 bei 400 U/min.

Je größer die Schwingungsausschläge der auf der Welle befindlichen Massen sind, um so stärker läßt sich durch Veränderung ihres Schwungmomentes die Eigenschwingungszahl beeinflussen. Befindet sich andererseits eine Masse im oder in der Nähe eines Schwingungsknotens, so ist durch deren Veränderung kein oder ein nur sehr geringer Einfluß auf die Eigenschwingungszahl zu erreichen. Daher kommt es, daß durch Veränderung des Schrauben-Schwungmomentes nur Schwingungen I. Grades beeinflußt werden können, da die Schwingungen höheren Grades einen Knotenpunkt in der Nähe der Schraube besitzen und daher durch eine Veränderung des Schrauben-Schwungmomentes nicht oder nur sehr wenig beeinflußt werden können. In diesen Fällen spielt sich der Schwingungsvorgang fast ausschließlich innerhalb der Antriebsmaschine ab, und man spricht deshalb von „*Motor-Kritischen*".

Die Möglichkeit einer Veränderung der Abmessungen der Wellenleitung und der umlaufenden Maschinenteile (Antriebsmaschine, Getriebe, Schraube) sind begrenzt. Daher können auch die Eigenschwingungszahlen durch solche Veränderungen nur in begrenztem Maße verschoben werden. Treten innerhalb des Betriebs-Drehzahlbereiches bei kritischen Drehzahlen unzulässig hohe Beanspruchungen auf, so müssen gewisse Gebiete für den Dauerbetrieb gesperrt werden.

Im allgemeinen soll die Betriebsdrehzahl mindestens 10% von einer kritischen Eigenschwingungszahl entfernt liegen. Es ist günstiger, wenn eine etwa vorhandene und stärker in Erscheinung tretende kritische Drehzahl oberhalb der Betriebsdrehzahl, als wenn sie eben darunter liegt, da dann vermieden werden kann, daß bei reduzierter Fahrt in oder in der Nähe einer solchen kritischen Drehzahl gefahren werden muß.

Eine Verkürzung der Wellenleitung, eine Erhöhung des Wellendurchmessers und eine Verringerung der Schwungmomente ergeben eine Erhöhung der kritischen Drehzahlen und umgekehrt.

Wenn eine ausreichende Verlagerung der kritischen Drehzahlen nicht möglich ist, muß versucht werden, die erregenden Kräfte klein zu halten und deren Frequenz gegenüber der Eigenschwingungszahl zu verstimmen. Dies läßt sich z. B. durch Veränderung der Flügelzahl der Schraube und in geringerem Maße durch Veränderung der Flügelform erreichen.

Durch bestimmte, sehr „weiche" Kupplungselemente ist es möglich, das Schwingungssystem in mehrere Einzelsysteme mit veränderten Eigenschwingungszahlen zu unterteilen. So trennen hydraulische Föttinger-Kupplungen (z. B. Vulcan-Kupplungen) oder elektrische Kupplungen die Antriebsmaschine nahezu vollständig von der Wellenleitung und der Schraube. Bei elastischen Kupplungen ist die Trennung nicht so vollkommen, aber auch hier ist eine erhebliche Verlagerung der Eigenschwingungszahlen vorhanden. Schwingungsdämpfer unterdrücken eine bestimmte Eigenschwingungszahl, für die sie jeweils ausgelegt sind.

Während im allgemeinen Drehschwingungen nicht durch Vibrationen im Schiff erkennbar sind, kann — insbesondere bei Schwingungen I. Grades — der Winkelausschlag an der Schraube so groß werden, daß die hierdurch bedingten Drehzahlschwankungen während einer Umdrehung zu merklichen, zusätzlichen Schubschwankungen führen, die über das Drucklager auf den Schiffskörper übertragen werden.

Wegen der Konstanz des Drehmomentes bei Turbinen und Elektro-Antrieben erregen diese Maschinen im Gegensatz zu Kolbenmaschinen keine Drehschwingungen. Gelegentlich können kleine Unregelmäßigkeiten in Getrieben Ursache von Schwingungen höherer Frequenz sein. Die Erregung durch den Propeller hängt von der Nachstromverteilung ab und ist je nach Bauart des Schiffes sehr verschieden und bei Mehrschraubenschiffen geringer als bei Einschraubern.

Außer Drehschwingungen treten in Wellenleitungen auch Biegeschwingungen und Längsschwingungen auf, die von den gleichen Kräften erregt werden und ebenfalls bei Resonanz zu erheblichen Unzuträglichkeiten führen können. Ihre Berechnung ist schwierig und wegen zahlreicher Annahmen ungenau; eine Beeinflussung durch Änderung der Abmessungen ist ebenfalls wesentlich schwieriger als die der Drehschwingung. Allerdings liegen diese Schwingungen fast immer weit außerhalb der Erregerfrequenzen, so daß sie nur selten in Erscheinung treten.

VII. Einiges aus der Physik für Nautiker[1].

1. Mechanik.

Mechanische Maßeinheiten.

Es bedeutet: M = 10^6 (Mega-); K = 10^3 (Kilo-); h = 10^2 (Hekto-); D = 10^1 (Deka-); d = 10^{-1} (Dezi-); c = 10^{-2} (Centi-); m = 10^{-3} (Milli-); μ = 10^{-6} (Mikro-); p = 10^{-12} (Pico-).

Größe	Kurze Definition	Physikalische Maßsysteme (CGS*[2]- u. MKS*[3]-System)	Technisches Maßsystem
Länge (l) oder *Weg* (s)	1 cm = $^1/_{100}$ der Länge des internationalen Urmeters*[4]	1 Zentimeter (cm) 1 cm = 10 mm, 1 m	1 Kilometer (km) = 10^3 m = 0,544 sm 1 m = 10 dm = 10^2 cm 1 sm = 1852 m; 1 geogr. Meile = 7420 m
Fläche (F)	Flächeneinheit ist ein Quadrat, dessen Seitenlänge 1 cm beträgt	1 Quadratzentimeter 1 cm^2 = 100 mm^2	1 km^2 = 100 Hektar (ha) = 10^6 m^2 1 ha = 100 Ar (a) 1 a = 100 m^2, 1 m^2 = 10000 cm^2
Volumen (V)	Volumeneinheit ist ein Würfel, dessen Kantenlänge 1 cm beträgt	1 Kubikzentimeter 1 cm^3 = 1000 mm^3	1 Kubikmeter (m^3) = 10 Hektoliter (hl) = 1000 Liter (l) 1 l = 1 dm^3 = 1000 cm^3 1 Reg. ton = 2,832 m^3
Zeit (t)	Einheit der Zeit ist der 86400. Teil eines mittleren Sonnentages	1 Sekunde (sek)	1 Tag (d) = 24 Stunden (h) 1 h = 60 Minuten (min) = 3600 sek 1 Mikrosekunde = 1 μsek = 10^{-6} sek
Geschwindigkeit (v)	v ist der Weg in 1 sek, $v = \frac{\text{Weg}}{\text{Zeit}} = \frac{s}{t}$	1 cm/sek 1 m/sek	1 Knoten (kn) = 1 sm/h = 0,514 m/sek 1 m/sek = 3,6 km/h = 1,94 kn 1 km/h = 0,28 m/sek

[1] Siehe Kaltenbach-Meldau, Physik für Seefahrer. Bd. I u. II. Vieweg & Sohn, Braunschweig.

*[2] Zentimeter-Gramm-Sekunden-System.

*[3] Meter-Kilogramm-Sekunden-System.

*[4] Urmeter und Urkilogramm werden im Büro der Maße und Gewichte im Pavillon de Breteuil in Sèvres bei Paris aufbewahrt. Für die sehr hohen Anforderungen der Wissenschaft benutzt man als Meßeinheit die Lichtwelle (1 m = 1553163,7 Wellenlängen des Lichtes der roten Kadmiumlinie im Vakuum).

Mechanische Maßeinheiten (Fortsetzung).

Größe	Kurze Definition	Physikalische Maßsysteme (CGS- u. MKS-System)	Technisches Maßsystem
Beschleunigung (b)	b ist die Geschwindigkeitszunahme in 1 sek bei beschleunigter bzw. die Geschwindigkeitsabnahme bei verzögerter Bewegung (negative Beschleunigung); $b = \frac{\text{Geschwindigkeitsänderung}}{\text{Zeit}}$	1 cm/sek^2, 1 m/sek^2	1 m/sek^2
Fall- oder Erdbeschleunigung (g)	g ist die Geschwindigkeitszunahme eines frei fallenden Körpers in 1 sek	mittleres g = 981 cm/sek^2 = 9,81 m/sek^2 Am Äquator ist g = 978 cm/sek^2 Auf den Polen ist g = 983 cm/sek^2	g = 9,81 m/sek^2
Masse (m)	Einheit der Masse (M-E) ist die in 1 cm^3 Wasser von 4°C enthaltene Stoffmenge	1 g **(Masse)** bzw. **1 kg (Masse)**[*1] 1 kg = 1000 g	1 techn. M-E ist die Masse, die durch die Kraft 1 kg (kp) die Beschleunigung 1 m/sek^2 erhält. 1 techn. M-E ist also 9,81 kg Masse. Masse in techn. M-E = $\frac{\text{Gewicht in kg (kp)}}{9{,}81}$
Kraft (P)	Kraft ist die Ursache einer Bewegungsänderung der Körper. Kraft (P) = Masse (m) × Beschleunigung (b)	1 dyn = 1 g (Masse) · 1 cm/sek^2 1 Newton (N) = **1** Dyn = 1 kg (Masse) · 1 m/sek^2 = 10^5 dyn	**1 kg (Kraft) = 1 Kilopond (kp)** = 981000 dyn = 9,81 N 1 kp = 1000 Pond (p) 10^3 kp = 1 Megapond (Mp)

*1 siehe Fußnote *4 auf S. 492.

Mechanische Maßeinheiten (Fortsetzung).

Größe	Kurze Definition	Physikalische Maßsysteme (CGS- u. MKS-System)	Technisches Maßsystem
Druck (p)	p = Kraft: Fläche	Einheit des Druckes = 1 dyn/cm², 1 Bar = 1000 Millibar (mb) = 10^6 dyn/cm² = 10 N/cm², 1 phys. Atm. (Atm.) = 760 mm Quecksilbersäule (Hg) bei 0° C = 760 Torr = 1013 mb, 1000 mb = 750 Torr, 4 mb = 3 Torr	1 techn. Atm. (at) = 1 kg/cm² = 1 kp/cm² = 10 m Wassersäule von 4° C. 1 phys. Atm. = 1,033 at, 1 at = 1 kg/cm² = 9,81 N/cm², 1 Bar = 1,0197 at
Gewicht (G)	Gewicht eines ruhenden Körpers ist die Kraft, die er im luftleeren Raum auf seine Unterlage ausübt	1 p = 1 g (Gewicht) = 981 dyn 1 kp = 1 kg (Gewicht) = 981000 dyn = 9,81 N	1 kg (Gewicht) = 1 kp = 1000 p = Gewicht von 1 dm³ reinem Wasser bei 4° C am Normort (Breite $\varphi = 45°$ und Meereshöhe Null, $g = 9{,}81$ m/sek²). 1 Mp = 1 Gewichtstonne (t) = 1000 kp. Das Gewicht eines Körpers ist proportional seiner Masse: $G = m \cdot g$
Dichte (ϱ)	Absolute Dichte = Masse: Volumen Die Einheit der Dichte besitzt ein Körper, der in der Raumeinheit die Masse 1 hat	$1 \frac{\text{g (Masse)}}{\text{cm}^3}$ *¹, $1 \frac{\text{kg (Masse)}}{\text{dm}^3}$	$1 \frac{\text{te hn. M-E}}{\text{dm}^3}$ Die relative Dichte gibt an, wievielmal soviel Masse ein Körper enthält als das gleiche Volumen Wasser von 4° C. Zahlenmäßig stimmen absolute und relative Dichte überein.
Spezifisches Gewicht (s) *oder* (γ) (Wichte)	Spezifisches Gewicht = Gewicht: Volumen Das spez. Gew. eines Körpers ist das Gewicht der Volumeneinheit des Körpers	—	1 g(p)/cm³ = 1 kg(kp)/dm³ = 1 t (Mp)/m³ *¹ Spez. Gew.: Wasser bei + 4° C = 1,00; Quecksilber = 13,6; Heizöle = 0,9 bis 1,1; Eisen = 7,2—7,8; Blei = 11,3; Wasserdampf bei 1 at Druck: 0,000579. Bei Gasen: 1 kg/m³, z. B. Luft bei 0° C und 1 Atm. = 1,293 kg/m³.

*¹ In Mitteleuropa sind die Dichte (im phys. Maßsystem) und das spez. Gewicht (im techn. Maßsystem) in ihren zugehörigen Einheiten zahlenmäßig gleich.

Mechanische Maßeinheiten (Fortsetzung).

Größe	Kurze Definition	Physikalische Maßsysteme (CGS- u. MKS-System)	Technisches Maßsystem
Wärmemenge	Die Einheit der Wärmemenge (1WE = 1 kcal) ist die Wärmemenge, durch die 1 kg Wasser von + 14,5° C bei 760 Torr Luftdruck auf + 15,5° C erwärmt wird	1 Kilokalorie (1 kcal) = 1 WE = 1000 Grammkalorien (cal); 1 kcal = 427 mkg = 427 mkp	Die Anzahl kcal, die nötig ist, um 1 kg eines Stoffes um 1° C zu erwärmen, heißt die spezifische Wärme des Stoffes. Spez. Wärme von Frischwasser = 1,00, von Seewasser = 0,93, von Blei = 0,03, von Eisen = 0,11, von Zink = 0,11, von Messing = 0,09.
Temperatur	Festpunkte der Temperatur sind der Schmelzpunkt des Eises und der Siedepunkt des Wassers bei 760 Torr Luftdruck. Die Länge der Säule des Quecksilberthermometers zwischen diesen beiden Punkten teilt man nach Celsius in 100 Teile	1° Celsius (1° C) T° (absolute Temperatur) = 273° + t° C 0° abs. = 0° Kelvin (K) = − 273° C, heißt absoluter Nullpunkt	Man mißt die Temperatur in angelsächsischen Ländern auch nach Fahrenheit. 0° C = + 32° F = 273° abs.; 100° C = 212° F = 373° abs. 0° F = − 18° C
Arbeit (A) *Energie* (W) *oder* (E)	A = Kraft × Weg in der Kraftrichtung $A = P \cdot s$	1 erg = 1 dyn · 1 cm = 1 g (Masse) · cm²/sek², 1 Nm = 1 N · 1 m = 1 Joule (J) = 10⁷ erg	1 Meterkilogramm (mkg) = 1 mkp = 9,81 · 10⁷ erg = 9,81 J = 9,81 Nm 1 J = 0,102 mkp *[1]
Leistung oder *Effekt* (N)	Als Leistung bezeichnet man die in 1 sek verrichtete Arbeit, Leistung = Arbeit : Zeit = = Kraft × Geschwindigkeit, $N = \frac{A}{t} = \frac{P \cdot s}{t} = P \cdot v$	1 erg/sek = 1 dyn · cm/sek 1 Joule/sek = 1 Watt (W) = 10⁷ erg/sek	1 mkp/sek 1 mkg/sek, 1 PS (Pferdestärke) = 75 mkg/sek = 0,736 Kilowatt *[1].

*[1] Umrechnungswerte für Arbeits- und Leistungsmaße siehe S. 500/501.

Einige physikalische Erklärungen und Gesetze.

Mechanik starrer Körper. *Stoff* ist alles, was Raum einnimmt.

Masse ist die Menge Stoff, die ein Körper enthält.

Kausalgesetz. Bestimmte Ursachen haben stets ganz bestimmte Wirkungen (Vorausberechenbarkeit der Naturvorgänge).

Goldene Regel der Mechanik. Arbeitsleistung = Arbeitsaufwand, oder: Was man an Kraft gewinnt, verliert man an Weg.

Energie (E) ist die Fähigkeit eines Körpers, Arbeit zu verrichten. Die verschiedenen Energiearten (mechanische, elektrische, magnetische, Wärme-, chemische, Strahlungsenergie, Atomenergie usw.) lassen sich ineinander überführen.

Es gibt zwei Arten von mechanischer Energie:

a) *Potentielle Energie* (Energie der Lage) ist der Arbeitsvorrat, den ein schwerer Körper vermöge seiner Lage besitzt.

$E = G$ (Gewicht) $\times h$ (Höhe).

b) *Kinetische Energie* (Energie der Bewegung = Wucht). $E_{\text{kin}} = {}^1/_2 m \cdot v^2$.

Gesetz von der Erhaltung der Energie[1]. Die Energiemenge eines abgeschlossenen Systems bleibt bei allen Energieumsetzungen konstant oder: Es kann keine Energie gewonnen werden oder verloren gehen.

Das wirtschaftliche Grundgesetz der Mechanik. Vergeude keine Energie, verwerte sie!

Hebelgesetz. An einem Hebel herrscht Gleichgewicht, wenn Kraft (P) $\times$ Kraftarm (p) = Last (Q) $\times$ Lastarm (q). Das Produkt $P \cdot p$ nennt man „Drehmoment“ der Kraft P in bezug auf den Drehpunkt oder „statisches Moment“.

Die 3 Newtonschen Grundgesetze[2]:

1. *Bewegungsgesetz* (Trägheitsgesetz, von Galilei 1610): Jeder Körper sucht im Zustand der Ruhe oder der geradlinigen gleichförmigen Bewegung zu verharren, solange keine Kraft ihn daran hindert.

2. *Bewegungsgesetz* (Kraftwirkungsgesetz): Kraft = Masse $\times$ Beschleunigung ($P = m \cdot b$).

3. *Grundgesetz:* Jeder Wirkung (Aktion) entspricht eine gleich große, aber entgegengesetzt gerichtete Gegenwirkung (Reaktion).

Der *Schwerpunkt* eines Körpers ist der Punkt, in dem man sich das Gesamtgewicht des Körpers vereinigt denken kann.

Der Wirkungsgrad η (in %) ist das Verhältnis der zugeführten zur abgeführten Arbeit in der gleichen Zeit.

$$\eta = \frac{\text{erzielte Nutzarbeit}}{\text{aufgewendete Gesamtarbeit}} = \frac{\text{erzielte (effektive) Nutzleistung}}{\text{aufgewendete (indizierte) Gesamtleistung}}.$$

Wärmelehre. *Aggregatzustände* (Zustandsformen): Fest, flüssig, gasförmig. Zur Überführung eines Körpers aus einem Aggregatzustand in einen anderen ist Wärmezufuhr bzw. -entzug nötig.

---

[1] Zuerst aufgestellt vom Heilbronner Arzt Robert Mayer 1842 und von Helmholtz 1847.

[2] Isaac Newton, englischer Physiker, 1643—1727.

Schmelzwärme ist die Wärmemenge, die nötig ist, um 1 kg eines festen Stoffes von der Schmelztemperatur in Flüssigkeit von derselben Temperatur zu verwandeln. Schmelzwärme des Eises = 80 kcal/kg.

Verdampfungswärme ist die Wärmemenge, die nötig ist, um 1 kg eines flüssigen Stoffes von der Siedetemperatur in Dampf von derselben Temperatur zu verwandeln. Verdampfungswärme des Wassers bei 100° C = 539 kcal/kg.

Hauptsätze der Wärmelehre: 1. Wärme und mechanische Arbeit sind einander gleichwertige Energieformen. Wärme kann aus mechanischer Arbeit erzeugt oder in solche umgewandelt werden. Es ist nicht möglich, eine Maschine zu bauen, die ohne Energiezufuhr dauernd Arbeit verrichtet (perpetuum mobile).

2. Wärme kann nur dann in Arbeit umgewandelt werden, wenn gleichzeitig ein Teil der Wärme von einem wärmeren Körper auf einen kälteren übergeht. Es gibt keine Wärmekraftmaschine, die einem Behälter Wärme entzieht und diese vollständig in nutzbare mechanische Arbeit umwandelt (perpetuum mobile zweiter Art).

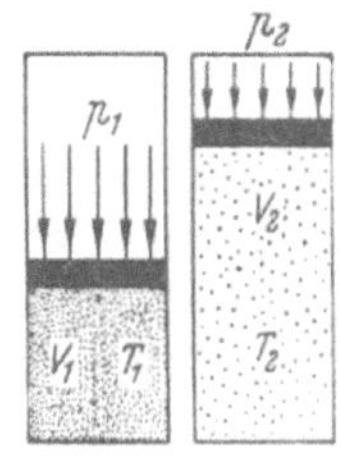

Abb. 171.

Statik der Gase (Gasgesetze).

1. Das *Volumen* einer abgeschlossenen Gasmenge ist dem auf ihr lastenden Druck umgekehrt proportional. Oder: Das Produkt „Volumen × Druck" einer abgeschlossenen Gasmenge ist bei gleichbleibender Temperatur konstant. (*Boylesches*[1] *Gesetz.*) $V_1 \cdot p_1 = V_2 \cdot p_2 = \text{const.}$

2. Bei gleichbleibendem Druck dehnen sich alle Gase bei einer Erwärmung um 1° C um $^1/_{273}$ ihres ursprünglichen Volumen bei 0° C aus (*Gay-Lussacsches*[2] *Gesetz*). $V_{T_1} : V_{T_2} = T_1 : T_2$ [*3].

3. *Allgemeine Zustandsgleichung der Gase* (Abb. 171). Der Zustand eines Gases ist bestimmt durch seinen jeweiligen Druck p, sein Volumen V und seine absolute Temperatur T. Es ist $\frac{p_1 V_1}{T_1} = \frac{p_2 V_2}{T_2} = \text{const.}$

Statik der Flüssigkeiten. Eine Flüssigkeit pflanzt einen in ihr herrschenden Druck (hydrostatischen Druck) nach allen Richtungen gleichmäßig fort. Die auf eine Flüssigkeit ausgeübte Kraft in kg (kp) ist gleich dem Druck in at × Größe der gedrückten Fläche in cm². Der Druck ist stets senkrecht auf eine Fläche gerichtet. Der hydrostatische Druck wird in den hydraulischen Maschinen angewendet.

Im Wasser nimmt der Druck für je 1 cm Tiefe um 1 g (p) pro cm² zu, also für je 10 m um eine techn. Atmosphäre.

Jeder in eine Flüssigkeit eingetauchte Körper erfährt einen Auftrieb, der gleich dem Gewicht der verdrängten Flüssigkeit ist (Archimedisches Prinzip[4]).

---

[1] ROBERT BOYLE (1627–1691).

[2] GAY-LUSSAC (1778–1850).

[*3] T bedeutet die absolute Temperatur mit dem absoluten Nullpunkt −273° C.

[4] ARCHIMEDES, griech. Mathematiker und Physiker, 287–212 v. Chr.

Ein Körper taucht beim Schwimmen so tief ein, daß das Gewicht der von ihm verdrängten Flüssigkeit gleich ist dem Gesamtgewicht des schwimmenden Körpers.

Dynamik der Flüssigkeiten und Gase. 1. Bei einer stationären Strömung fließt in der gleichen Zeit durch jeden Querschnitt das gleiche Volumen (Abb. 172): V (in m³/sek) $= F_1 v_1 = F_2 v_2$.

2. Bernoullische[1] Gleichung: Bei einer stationären Strömung in unveränderlicher Höhenlage ist (ohne Berücksichtigung von Druckver-

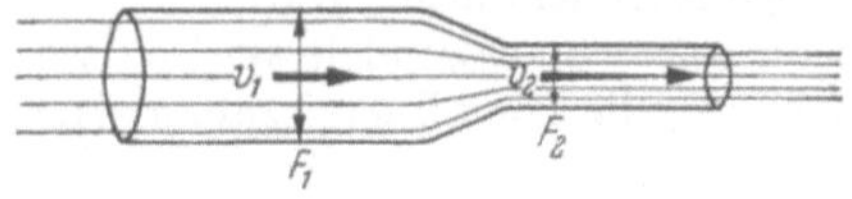

Abb. 172.

lusten) die Summe aus statischem und dynamischem Druck (Staudruck) konstant:

$$p_1 + \frac{\varrho v_1^2}{2} = p_2 + \frac{\varrho v_2^2}{2} = p_0.$$

p_0 = Gesamtdruck. Er ist gleich dem statischen Druck, der in dieser Höhenlage an Stellen herrscht, wo die Flüssigkeit ruht.

Lichtmessung. *Einheit der Lichtstärke* einer Lichtquelle ist die Neue Kerze (NK) = candela (cd), bestimmt durch die zu 60 NK/cm² festgesetzte Lichtstärke, die von 1 cm² eines leuchtenden schwarzen Körpers bei der Erstarrungstemperatur des Platins (1774° C) ausgestrahlt wird. Bis zum 31. 12. 1940 diente in Deutschland die Hefner-Kerze (HK) als Maß für die Lichtstärke. 1 NK = 1 cd = 1,107 HK.

Beleuchtungsstärke. 1 Lux (Lx) ist die von 1 cd auf einer 1 m entfernten Fläche hervorgebrachte Beleuchtungsstärke (Helligkeit) bei senkrechter Bestrahlung.

Die *Lichtgeschwindigkeit* beträgt 300000 km/sek im leeren Raum. 1 *Lichtjahr* ist die Entfernung, die das Licht in einem Jahr zurücklegt = 9,463 Billionen km. In allen Stoffen ist die Lichtgeschwindigkeit kleiner als im leeren Raum.

Bei *Prismenfernrohren* wird die Vergrößerung und der Objektivdurchmesser (in mm) angegeben. (z. B. 7×50, 8×24). Fernrohre mit großen Objektiven und somit hoher Lichtstärke werden als Nachtgläser bezeichnet.

Schwingungen und Wellen. *Periode* oder „ganze Schwingung" nennt man bei einer Schwingbewegung einen Hin- *und* Rückgang.

Schwingungsdauer (T) heißt die zu einer Schwingung gebrauchte Zeit.

Schwingungszahl oder *Frequenz* (f) nennt man die Anzahl Schwingungen in 1 sek. Man gibt sie in „*Hertz*"[2] (Hz) an. 1 Hz bedeutet 1 Periode in 1 sek. Schnelle Schwingungen werden in Kilo- oder Mega-Hertz angegeben. 1 kHz = 1000 Hz = 1000 Schwingungen in 1 sek; 1 MHz = 10^3 kHz = 10^6 Hz. Es ist $f = 1/T$.

---

[1] Daniel Bernoulli, schweiz. Physiker, 1700—1782.
[2] Heinrich Hertz, deutscher Physiker, 1857—1894.

Amplitude oder Schwingungsweite nennt man den größten Ausschlag aus der Ruhelage. Die Schwingungsdauer ist von der Größe der Amplitude (bei nicht *zu* großen Ausschlägen) unabhängig.

Dämpfung oder Dämpfungsverhältnis (K) nennt man das Verhältnis der Schwingungsweite zweier aufeinander folgender Schwingungen.

Schwingungsphase heißt der augenblickliche Bewegungszustand.

Winkelgeschwindigkeit = Kreisfrequenz (w) gibt den Winkel an, der bei einer Drehung in 1 sek durchlaufen wird, gemessen in Bogenmaß (360° entsprechen dem Bogen 2π). Es ist $w = \frac{2\pi}{T} = 2\pi f$.

Unter dem *Trägheitsmoment* (I) eines Körpers in bezug auf eine Drehachse versteht man das Produkt aus der Summe seiner Massenteilchen, jedes multipliziert mit dem Quadrat des Abstandes von der Drehachse. $I = m_1 r_1^2 + m_2 r_2^2 + m_3 r_3^2 + \ldots$. Für die Schwingungsdauer eines stabil aufgehängten Körpers, der um seine Gleichgewichtslage Eigenschwingungen ausführt (physisches Pendel), gilt die Schwingungsformel

$$T = 2\pi \sqrt{\frac{\text{Trägheitsmoment } (I)}{\text{größtes Drehmoment } (D_{max})}}.$$

Als *Wellenlänge* (λ) bezeichnet man die Strecke von einem Teilchen bis zum nächsten in gleicher Phase schwingenden Teilchen (Wellenberg + Wellental, Verdichtung + Verdünnung).

Wellenformel: Fortpflanzungsgeschwindigkeit (v) einer Welle = Frequenz (f) × Wellenlänge (λ).

2. Elektrizität.

Die wichtigsten elektrischen Maßeinheiten und ihre Beziehungen zueinander[1].

Größe	Technische (praktische) Einheit	Erklärung
Elektrizitätsmenge Q	*1 Coulomb* C	1 C ist die Elektrizitätsmenge, die ein Strom von 1 A in 1 sek befördert. 1 C = 1 A · 1 sek. = 1 Amperesekunde
Stromstärke I	*1 Ampere* A 1 Milliampere (mA) = 10^{-3} A	1 A ist die Stromstärke, bei der in 1 sek durch den Querschnitt des Leiters 1 C fließt. I (in A) = U (in V) : R (in Ω) (Ohmsches Gesetz) 1 A ist die Stromstärke, die in 1 sek 1,118 mg Silber abscheidet (gesetzliche Bestimmung).

[1] Chr. Augustin de Coulomb, franz. Ingenieur, 1736—1806. André Marie Ampère, franz. Physiker, 1775—1836. Alessandro Volta, ital. Physiker, 1745—1827. Georg Simon Ohm, deutsch. Physiker, 1787—1854. Michael Faraday, engl. Physiker, 1791—1867. Joseph Henry, amer. Physiker, 1797—1878. James Prescott Joule, engl. Physiker, 1818—1889. James Watt, engl. Ingenieur, 1736—1819.

Größe	Technische praktische (Einheit)	Erklärung
Spannung U und Elektromotorische Kraft (EMK) E	*1 Volt* V 1 Kilovolt (kV) = 10^3 V	1 V ist die Spannung (im Sinne von Spannungsunterschied), die an den Enden eines Leiters von 1 Ω Widerstand herrschen muß, um eine Stromstärke von 1 A hervorzurufen. $U = I \cdot R$. Die *EMK* ist die gesamte wirksame Spannung in einem Stromkreis im Unterschied zur „Klemmenspannung" U. Spannung des Kadmium-Normalelementes bei 20° C 1,0183 V.
Widerstand R	*1 Ohm* (Ω) 1 Kiloohm (KΩ) = $10^3\,\Omega$ 1 Megohm (MΩ) = $10^6\,\Omega$	1 Ω ist der Widerstand eines Quecksilberfadens von 106,3 cm Länge und 1 mm^2 Querschnitt bei 0° C. $R = U : \dot{I}$.
Kapazität C	*1 Farad* F 1 Mikro-F (μF) = 10^{-6} F 1 Pico-F (pF) = 10^{-12} F	Ein Körper besitzt eine Kapazität von 1 F, wenn er durch 1 C auf 1 V geladen wird. Kapazitiver Widerstand im Wechselstromkreis: $R_C = \frac{1}{2\pi f\, C_{\text{Farad}}}$ (in Ω). $Q = C \cdot U$.
Induktivität L (Selbstinduktion)	*1 Henry* H 1 H = 10^3 Millihenry (mH) = 10^6 Mikrohenry (μH)	Eine Spule oder Leitung hat die Selbstinduktion 1 H, wenn eine Stromänderung von 1 A/sek in ihr eine Induktionsspannung (EMK) von 1 V erzeugt. Induktiver Widerstand im Wechselstromkreis: $R_L = 2\pi f \cdot L_{\text{Henry}}$ (in Ω).
Elektrische Leistung N	*1 Watt* W bzw. 1 Voltampere (VA) 1 kW = 1000 W	1 W ist die elektrische Leistung eines Stromes von 1 A bei einer Spannung von 1 V. N (in W) $= U \cdot \dot{I} = I^2 \cdot R = U^2/R$. Wechselstromleistung: Scheinleistung N_S (in VA) $= U \cdot I$ Wirkleistung N_W (in W) $= U \cdot I \cdot \cos\varphi$ (φ = Phasenverschiebung zwischen U und I, $\cos\varphi$ = Leistungsfaktor).
Elektrische Arbeit A	*1 Joule* (J) = 1 Wattsekunde; bzw. 1 Kilowattstunde (kWh) 1 kWh = $3{,}6 \cdot 10^6$ Wsek	1 Wsek = 1 J ist die Stromarbeit, die während 1 sek von 1 W verrichtet wird. A (in Wsek) $= U \cdot I \cdot t$ (in sek). A (in kWh) $= \frac{U \cdot \dot{I} \cdot t \text{ (in h)}}{1000}$.

Umrechnung der technischen Einheiten in cgs-Einheiten.

1 Coulomb = $3 \cdot 10^9$ elektrostatische Einheiten,

1 Farad = $9 \cdot 10^{11}$ elektrostatische Einheiten (cm),

1 Henry = 10^9 elektromagnetische Einheiten (cm).

Umrechnungswerte für Arbeitsmaße.

Joule	mkg (mkp)	PSh	kWh	kcal
1	$102 \cdot 10^{-3}$	$378 \cdot 10^{-9}$	$278 \cdot 10^{-9}$	$239 \cdot 10^{-6}$
$981 \cdot 10^{-2}$	1	$37 \cdot 10^{-7}$	$273 \cdot 10^{-8}$	$234 \cdot 10^{-5}$
$265 \cdot 10^{4}$	$27 \cdot 10^{4}$	1	0,736	635
$36 \cdot 10^{5}$	$367 \cdot 10^{3}$	1,36	1	860
4187	427	$158 \cdot 10^{-5}$	$116 \cdot 10^{-5}$	1
Absolutes Maß	Technische Maße		Elektr. Maß	Wärmemaß

Umrechnungswerte für Leistungsmaße.

Watt	mkg/sek (mkp/sek)	PS	kW	kcal/sek
1	$102 \cdot 10^{-3}$	$136 \cdot 10^{-5}$	10^{-3}	$239 \cdot 10^{-6}$
$981 \cdot 10^{-2}$	1	$133 \cdot 10^{-4}$	$981 \cdot 10^{-5}$	$234 \cdot 10^{-5}$
736	75	1	$736 \cdot 10^{-3}$	$176 \cdot 10^{-3}$
1000	102	$136 \cdot 10^{-2}$	1	$239 \cdot 10^{-3}$
4187	427	$569 \cdot 10^{-2}$	$419 \cdot 10^{-2}$	1

Magnetische Wirkungen des elektrischen Stromes. Jeder stromdurchflossene Leiter besitzt ein *magnetisches Feld,* dessen Feldlinien ihn in konzentrischen Kreisen umgeben. Eine Magnetnadel stellt sich in der Nähe eines stromdurchflossenen Leiters mit ihrem Nordpol in die Feldrichtung ein (Versuch von OERSTED[1] 1820). Das Magnetfeld einer stromdurchflossenen Drahtspule gleicht dem eines Stabmagneten: Ihre Enden wirken wie Magnetpole, die Feldlinien verlaufen im Innern parallel zur Achse. Die magnetischen Wirkungen einer Spule werden verstärkt, wenn man in das Innere einen Eisenkern bringt (Elektromagnet). Anwendung: Lasthebemagnet, elektrische Klingel, Relais oder Schütz, Telegraph, Selbstunterbrecher, Telephon und elektromagnetischer Lautsprecher, Magnetisierung der Kompaßnadeln, Dreheisen- und Drehspulinstrumente.

Wird umgekehrt ein geschlossener Leiter von magnetischen Feldlinien geschnitten, z. B. in einem magnetischen Feld bewegt, so entsteht im Leiter eine Spannung, die einen elektrischen Strom hervorruft. Diese Erscheinung heißt **elektromagnetische Induktion.** Faradaysches Induktionsgesetz: Die induzierte elektromotorische Kraft (EMK) in einer Windung ist proportional der zeitlichen Änderung des magnetischen Flusses (der Feldlinienzahl). Nach dem Lenzschen Gesetz ist der induzierte Strom stets so gerichtet, daß sein Magnetfeld die stromerzeugende Bewegung zu hemmen sucht: Induktion zweier Spulen. Die Änderung eines Magnetfeldes hat Rückwirkungen auf den eigenen Stromkreis. In den eigenen Windungen einer Spule wird eine *Selbstinduktion* hervorgerufen, deren induzierte EMK der Änderung des erzeugenden Stromes stets entgegenwirkt, d. h. sie verzögert das Anwachsen bzw. Abnehmen des Stromes. Schickt man Wechselstrom durch eine Spule, so wird die Stromstärke daher nicht nur durch den Ohmschen Widerstand der

[1] OERSTED, dän. Physiker (1777—1851).

Spule, sondern auch durch die induzierte Gegen-EMK geschwächt (induktiver Widerstand, Drosselwirkung der Spule).

Anwendung: Dynamomaschine, Transformator, Funkeninduktor, Induktor des Fernsprechers, Wirbelströme.

Schwingkreis. Unter einem elektrischen Schwingkreis versteht man einen Stromkreis mit Kapazität C (Kondensator) und Selbstinduktion L (Spule) (Abb. 173a, b). Innerhalb dieses Kreises wird in bestimmtem Rhythmus elektrische Feldenergie des Kondensators in magnetische Energie der Spule umgeformt (elektrische Schwingungen).

Man nennt den Schwingkreis „geschlossen", wenn die Energie fast ausschließlich innerhalb des Schwingkreises verläuft, dagegen „offen", wenn die Schwingungsenergie nach außen abgestrahlt wird (Antenne). Das erzeugte elektromagnetische Wechselfeld pflanzt sich mit Lichtgeschwindigkeit nach allen Seiten fort, und es bilden sich elektromagnetische Wellen (Versuche von H. Hertz 1888).

Die Schwingungsdauer „T" des Schwingkreises ist gegeben durch den Ausdruck

$$T \text{ (in sek)} = 2\pi \sqrt{C \text{ (Farad)} \cdot L \text{ (Henry)}} \quad \text{(Thomsonsche Schwingungsformel)},$$

die Eigenfrequenz

$$f \text{ (in Hz)} = \frac{1}{2\pi \sqrt{C \text{ (Farad)} \cdot L \text{ (Henry)}}}$$

bzw.

$$f \text{ (in kHz)} = \frac{5030}{2\pi \sqrt{C \text{ (Picofarad)} \cdot L \text{ (Millihenry)}}}.$$

Wellenlänge elektrischer Wellen: $\lambda = \frac{c}{f}$ (c = Lichtgeschwindigkeit),

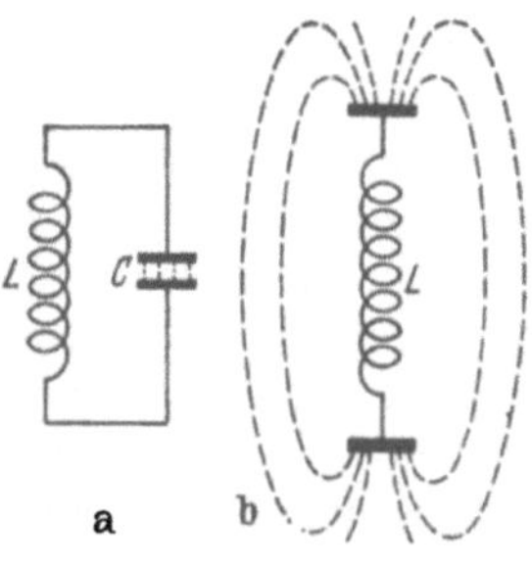

Abb. 173. Übergang vom geschlossenen (a) zum offenen (b) Schwingkreis.

also $\lambda \text{ (in m)} = \frac{300\,000}{f \text{ (in kHz)}} = \frac{300}{f \text{ (in MHz)}}$

Die Schwingungsenergie läßt sich durch Kopplung von einem geschlossenen elektrischen Schwingkreis auf einen anderen übertragen. Die Kopplung kann induktiv, galvanisch oder kapazitiv sein.

Gekoppelte Schwingkreise werden durch regelbare Kondensatoren oder veränderliche Induktivitäten so abgestimmt, daß ihre Frequenzen übereinstimmen (Resonanz).

Wärme- und Lichtwirkung des elektrischen Stromes. Die Metalle setzen dem Stromdurchgang einen gewissen Widerstand entgegen. Zur Überwindung dieses Widerstandes wird ein Teil der elektrischen Energie verbraucht und in Wärme umgewandelt. Auf der Wärmewirkung des elektrischen Stromes beruhen das elektrische Licht (Glühlampen), die Hitzdrahtinstrumente, Schmelzsicherungen, das elektrische Schweißen und die elektrische Heizung.

Galvanische Elemente. Taucht man in eine die Elektrizität leitende Flüssigkeit (Elektrolyten) zwei verschiedene Metallplatten (Elektroden), so entsteht durch die chemische Einwirkung zwischen den Metallen und der Flüssigkeit eine Spannung (EMK), die von der Beschaffenheit der Elektroden abhängt (elektrolytische Spannungsreihe). Werden die Elektroden von außen verbunden, so fließt in dem die beiden Pole verbindenden Leiter ein Strom und im Elektrolyten zurück. Die Zelle bildet eine Stromquelle (galvanisches[1] Element). Das einfachste und älteste galvanische Element ist das Volta-Element: Eine Kupfer- und eine Zinkplatte tauchen in stark verdünnte Schwefelsäure. Das Trockenelement enthält einen Zinkbecher, einen Kohlestab mit Braunstein und eine Elektrolyt-Salmiaklösung, die eine Füllmasse tränkt. Spannung etwa 1,5 Volt. Anwendung in Taschenlampen- und Anodenbatterien.

Akkumulatoren (Sammler). Die Akkumulatoren dienen zum Aufspeichern von elektrischer Energie. Eine Zelle des Bleiakkumulators besteht in ihrer Grundform aus einem mit verdünnter Schwefelsäure gefüllten Gefäß, in welches zwei besonders präparierte Bleiplatten, die braune positive (Bleidioxyd) und die graue negative (Bleischwamm), eingesetzt sind. Durch den Entladungsstrom wird in der Akku-Zelle eine chemische Umwandlung hervorgerufen, die beim Laden wieder rückgängig gemacht wird. Betriebsspannung etwa 2 Volt pro Zelle. An Bord werden die Akkumulatoren zur Speisung der Fernsprecher, der Notbeleuchtung, für den Funkpeiler und als Reservekraftquellen (für Not-Funksender) benutzt.

Elektrische Maschinen. Unter elektrischen Maschinen versteht man erstens *Generatoren oder Dynamomaschinen*, die mechanische Energie in elektrische umwandeln, und zweitens *Motoren*, die elektrische Energie in mechanische umformen. Die Generatoren stellen eine praktische Anwendung des Faradayschen Induktionsgesetzes dar, durch Bewegung eines Leiters im Magnetfeld elektrische Spannungen zu erzeugen. Die Leiterwicklungen rotieren zwischen einem festen Magnetgestell (Maschine mit umlaufendem Anker), oder das Magnetgestell (Polrad) dreht sich an feststehenden Wicklungen vorbei (Innenpol- und Außenpolmaschine mit feststehendem Anker). Generatoren und Motoren bestehen also aus einem feststehenden Teil, dem Ständer oder Stator, und aus einem sich drehenden Teil, dem Läufer oder Rotor. Der Rotor der Generatoren wird durch eine Maschine (Dieselmotor, Dampfmaschine oder -turbine) angetrieben. Die Hauptbestandteile der Generatoren und Motoren sind die Feldmagnete und der Anker, weitere wesentliche Bestandteile sind Gehäuse, Welle, Lager und Platte.

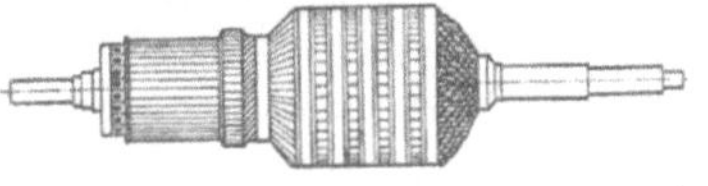

Abb. 174. Trommelanker.

Bei den **Gleichstromgeneratoren** trägt der drehbare *Anker* die Leiterwicklungen. Er besteht aus einem zylindrischen, geblätterten Eisenkern

[1] ALOISIO GALVANI, ital. Naturforscher (1737—1798).

mit eingelassenen Nuten, in denen mehrere Wicklungen untergebracht sind (Trommelanker, Abb. 174). Zur Erzeugung einer Gleichspannung besitzt der Anker als Stromwender einen *Kommutator oder Kollektor*, dessen Segmente mit den einzelnen Spulenseiten in geeigneter Form verbunden sind. Auf dem Kollektor schleifen Kohlebürsten als Stromabnehmer. Die Feldmagnete, die als Polschuhe ausgebildet sind und am Stator sitzen, sind Elektromagnete, die durch Gleichstrom erregt werden. Der Erregerstrom wird entweder durch eine besondere mit dem Generator gekuppelte Erregermaschine (Eigenerregung) oder von einer fremden Stromquelle (Fremderregung) geliefert.

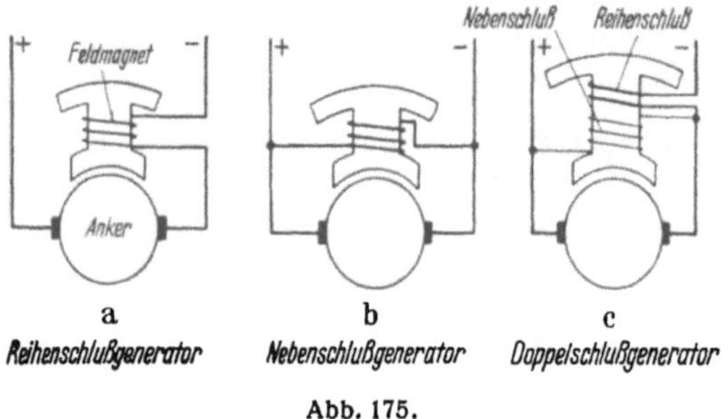

Abb. 175.

Selbsterregte Generatoren erregen sich durch wechselseitige Einwirkung von Pol- und Ankerfeld von allein (Dynamoprinzip von W. v. SIEMENS). Der geringe magnetische Rückstand der Pole (remanenter Magnetismus) dient dazu, bei Drehung des Ankers eine schwache EMK zu erzeugen, die einen schwachen Strom durch die Erregerwicklung treibt und damit das Erregerfeld verstärkt. Ist die Maschine einmal im Gange, so wächst die Induktionswirkung schnell, bis die normale Maschinenspannung erreicht ist.

Je nach der Schaltungsart, wie der Strom den Feldspulen zugeleitet wird, unterscheidet man: a) Reihenschlußmaschinen mit Reihenschaltung von Anker- und Erregerwicklung (Abb. 175a), b) Nebenschlußmaschinen, bei denen die Feldmagneterregung zur Ankerwicklung parallel liegt (Abb. 175b) und c) Doppelschlußmaschinen (Verbundmaschinen) mit gleichzeitiger Reihen- und Nebenschlußerregung (Abbildung 175c). Kennlinien der 3 Arten von Generatoren stellen die Abhängigkeit der Klemmenspannung von der Belastung dar.

Die sogenannten magnetelektrischen Maschinen, die als Feldmagnete Stahlmagnete in Form von kräftigen Hufeisenmagneten verwenden, werden an Bord als Kurbelinduktoren und Geber für Umdrehungsfernzeiger benutzt.

Bei den **Wechselstromgeneratoren** trägt der umlaufende Anker die Leiterwicklungen, deren Enden zu zwei Schleifringen führen. Die Abnahme des Wechselstromes von den Ringen erfolgt durch Schleifbürsten. Die Eisenkerne der Feldmagnete und des Ankers bestehen aus geblättertem Eisen, um die Energieverluste durch Wirbelströme (Erwärmung) möglichst klein zu halten. Die Felderregung muß mit Gleichstrom vorgenommen werden, den man entweder einer Akkumulatorbatterie oder einer kleinen, mit dem Generator gekuppelten Gleichstrommaschine entnimmt. Die Erregung kann auch über einen Gleichrichter dem Wechselstromnetz entnommen werden, so daß dann eine besondere Erregermaschine wegfällt. Durch die Ausführung des Wechselstromgenerators als Innenpolmaschine mit feststehendem Anker (Stator) erzielt man den Vorteil, daß der Verbraucherstrom vom Stator abgenommen werden kann, während die Feldmagnete des Polrades über Schleifringe gespeist werden (Abb. 176). Die Gleichpolmaschine besitzt überhaupt keine Schleifringe und Bürsten. Sie wird zur Stromversorgung von Kreiselkompaß- und Radaranlagen sowie Funksendern gebraucht. Besitzt der Stator der Wechselstrommaschine *eine* Induktionswicklung (Phase), so nennt man den Wechselstrom Einphasenstrom. Die Drehzahl des Polrades richtet sich nach der Anzahl der Polpaare und der Frequenz des zu erzeugenden Wechselstromes (z. B. technischer Wechselstrom von 50 Hz) (Abb. 177).

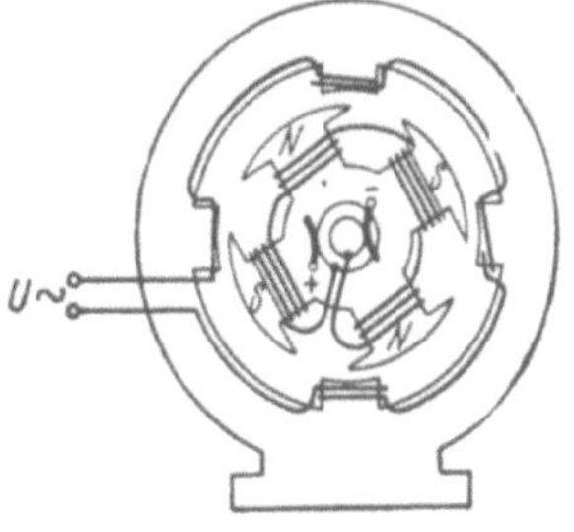

Abb. 176. Schema eines Wechselstromgenerators.

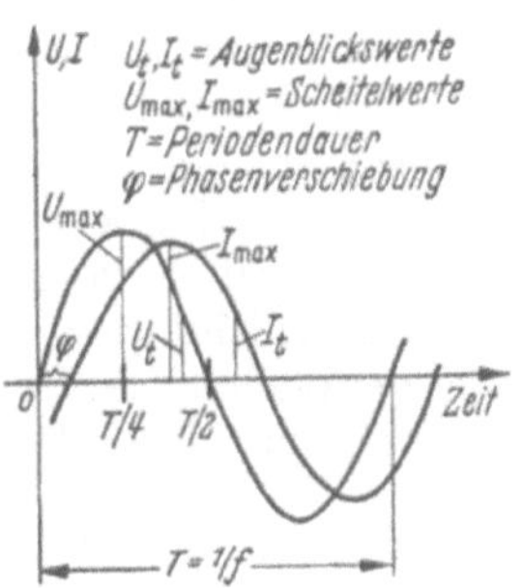

Abb. 177. Wechselstrom und -spannung.

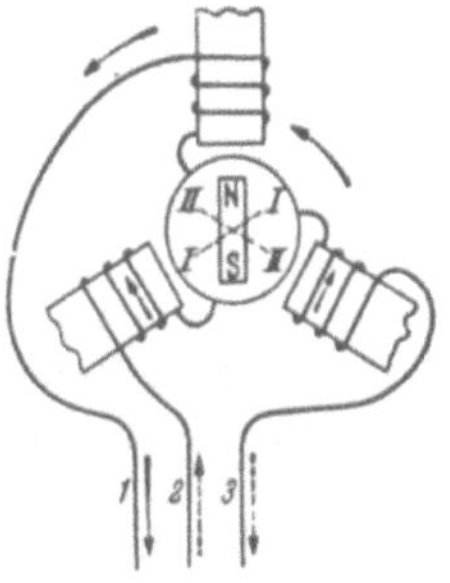

Abb. 178. Schema einer Drehstrommaschine.

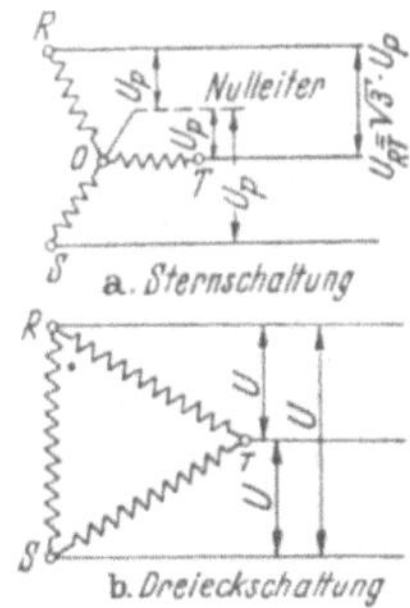

Abb. 179.

Drehstrom wird der dreiphasige Wechselstrom genannt, bei dem drei Wechselströme in der Phase um je 120° gegeneinander verschoben sind. Die Drehstromgeneratoren besitzen *drei* voneinander unabhängige Wicklungssysteme im feststehenden Anker. Abb. 178 zeigt das Schema einer magnetelektrischen Drehstrommaschine mit 3 um 120° versetzten Induktionswicklungen. In der Mitte ist ein Stahlmagnet drehbar angeordnet. Dreht man nun den Magneten aus der angegebenen Stellung über die Lage I und II hinweg wieder in die angegebene Stellung, so werden in den 3 Spulen drei Wechselströme erzeugt, die zeitlich um je $^1/_3$ Periode verschoben sind. Die drei Ströme werden bei ihrer Abnahme derart zusammengeschaltet (verkettet), daß nur drei bzw. vier Leitungen erforderlich sind. Die Verkettung erfolgt in Stern- oder Dreieckschaltung

(Abb. 179). Die drei bzw. vier freien Leitungen bilden das Drehstromnetz.

Gleichstrommotoren sind im Prinzip genau so gebaut wie Gleichstromgeneratoren und lassen sich praktisch als solche verwenden und umgekehrt. Ihre Leistung zum Antrieb der Arbeitsmaschine ist vom Drehmoment und der Drehzahl abhängig. Auch hier unterscheidet man nach der Schaltung von Anker- und Feldwicklung: a) Reihenschlußmotoren, deren Drehzahl sich nach der Belastung richtet (bei Leerlauf kann der Motor „durchgehen"). b) Nebenschlußmotoren, deren Drehzahl bei allen Belastungen fast konstant bleibt. Ihre Drehzahl wird durch Feldschwächung mittels Feldregler vergrößert. c) Doppelschluß(Verbund-)motoren mit großem Anzugsmoment bei gleichzeitiger Verhinderung eines Durchgehens des Ankers bei zu geringer Belastung. Elektrische Winden und Werkzeugmaschinen werden durch Reihen- oder Doppelschlußmotoren betrieben.

Von den **Wechselstrommotoren** werden am meisten die *Asynchronmotoren* verwendet, das sind Drehstrommotoren, bei denen ein Drehfeld von den mit dem Drehstromnetz verbundenen Statorwicklungen erzeugt wird. In diesem Drehfeld wird der Rotor bewegt, der als sogenannter Kurzschlußläufer oder Käfiganker (ohne Schleifringe oder Kollektor) ausgebildet ist. Seine Drehzahl hängt von der Frequenz des Drehstromes ab. Der Anker eilt dem Drehfeld etwas nach (Schlupf); der Schlupf wird mit der Belastung des Motors größer. Drehstrommotoren sind an bestimmte Drehzahlen gebunden, die sich durch Polumschaltung nur stufenweise verändern lassen. Anwendung des Drehstrommotors zum Antrieb von Kompaßkreiseln und elektrischen Ladewinden. — Kollektormotoren sind Gleichstrom-Reihenschlußmotoren, die auch mit Wechselstrom laufen. Die Eisenkerne der Feldmagnete sind jedoch nicht massiv, sondern bestehen aus lamellierten Blechen. Die Verwendung dieser *Universalmotoren* ist vielseitig (z. B. zum Antrieb von Haushaltmaschinen, Lüftern u. a.).

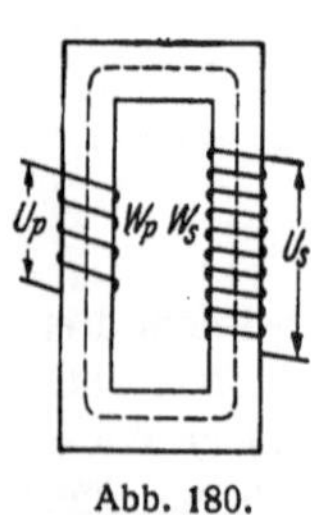

Abb. 180. Schema eines Transformators.

Umformung elektrischer Energie an Bord. Für Schiffsnetze verwendet man im allgemeinen Gleichstrom, weil in der Mehrzahl für den Hilfsmaschinenbetrieb an Bord Gleichstrommotoren (elektrische Winden, Rudermaschine) Verwendung finden und seine elektrische Energie in Akkumulatoren aufgespeichert werden kann. Demgegenüber hat der Wechselstrom den technischen Vorzug leichter Umformbarkeit. Dies ist von Bedeutung bei der Übertragung elektrischer Energie (insbesondere großer Leistung) auf größere Entfernungen, was am besten bei niedriger Stromstärke und hoher Spannung geschieht. Soll *Wechselstrom* niederer Spannung und hoher Stromstärke in solchen von geringer Stärke, aber höherer Spannung oder umgekehrt verwandelt werden, so geschieht dies fast verlustlos in den Umspannern (Transformatoren). Sie bestehen in der Hauptsache aus einem Eisenkern aus voneinander isolierten Weicheisenblechen mit einer Primär- und einer Sekundärwicklung (Abb. 180). Fließt durch die

Wicklung W_P Wechselstrom, so entsteht in dem Eisenkern ein zeitlich veränderliches Magnetfeld, das die Sekundärwicklung W_S induziert. Beim Hochspannungstransformator (Spannung sekundär höher) besteht die Primärspule aus wenigen Windungen mit großem Drahtquerschnitt, die Sekundärspule aus vielen Windungen mit kleinem Querschnitt. Die von der Eingangsseite aus dem Netz aufgenommene Leistung wird — von den Verlusten (Kupfer- und Eisenverlusten) abgesehen — an die Ausgangsseite wieder abgegeben: $U_P \cdot I_P = U_S \cdot I_S$. Ferner ist das Übersetzungsverhältnis: $U_P : U_S = W_P : W_S$ (W_P und W_S bedeuten die Windungszahlen). Soll niedere *Gleichspannung* in höhere umgewandelt werden, so läßt sich dies nur durch rotierende Umformer (Motorgeneratoren), die aus einem Motor und einer Dynamo bestehen, erreichen. Höhere Spannung läßt sich mit Hilfe der Spannungsteiler-(Potentiometer)schaltung oder durch Vorwiderstände regelbar, aber mit Verlusten auf niedere Spannung bringen.

Zur Umwandlung einer Stromart in eine andere, z. B. von Gleich- in Wechselstrom oder umgekehrt dienen die *Umformer*. Ein solcher Umformersatz (Maschinenaggregat) kann entweder aus einem getrennten Motor und mit diesem auf gleicher Welle gekuppelten Generator bestehen, oder aber die Motor- und Generatorwicklung sind über denselben Anker geführt. Solche Einankerumformer besitzen Schleifringe für Wechselstromanschluß und Kollektoren für Gleichstromanschluß. In der Hochfrequenztechnik verwendet man Zerhacker zur Umwandlung von Gleichstrom in Wechselstrom bei geringen Leistungen. Für den umgekehrten Weg wählt man die *Gleichrichter*, bei kleinen Leistungen Röhren- und Trockengleichrichter (s. Abschnitt Elektronenröhren); bei größeren Leistungen wird die stromrichtende Wirkung des Quecksilberdampflichtbogens im Quecksilberdampfgleichrichter benutzt.

Einige einfache elektrische Meßinstrumente. Elektrische Instrumente werden als Strommesser (Amperemeter) und Spannungsmesser (Voltmeter) verwendet. Sie unterscheiden sich nur durch ihren inneren Widerstand und die geeichte Skala. Ein Strommesser muß einen möglichst kleinen Widerstand haben und *in* die stromführende Leitung geschaltet werden, während ein Spannungsmesser einen möglichst hohen Widerstand haben muß und in den Nebenschluß gelegt wird. Zur Vergrößerung des Meßbereiches wird dem Amperemeter ein Nebenwiderstand R_P (Shunt) parallel- und dem Voltmeter ein Vorwiderstand R_V vorgeschaltet (Abb. 181a u. b). Betriebsmeßgeräte sind: a) *Drehspulinstrumente* für Gleichstrom (Abb. 182). Sie bestehen aus einem festen Hufeisenmagneten, zwischen dessen Polen eine kleine stromdurchflossene Drahtspule durch den zu messenden Strom gegen die Rückstellkraft einer Feder gedreht wird. Mit vorgeschaltetem Trockengleichrichter lassen sich auch Wechselströme messen. b) *Dreheiseninstrumente* für technische Zwecke mit nicht zu hoher Genauigkeit (Abb. 183). Sie sind so eingerichtet, daß bei feststehender strom-

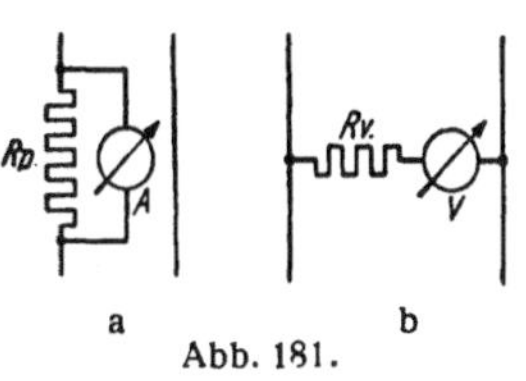

Abb. 181.

durchflossener Spule ein durch eine Spiralfeder festgehaltenes Weicheisenstück mehr oder weniger tief in die Spule hineingezogen wird. Sie sind auch für Wechselstrom verwendbar, dessen Effektivwert ($I_{eff} = 0{,}707 \cdot I_{max}$) sie anzeigen. Besonders handliche Geräte sind die *Mavometer* mit mehreren Meßbereichen, bei denen die ansteckbaren Vor- und Nebenwiderstände ausgetauscht werden können, während diese im „*Multavi*“ und den Vielfachinstrumenten umschaltbar eingerichtet sind. Weitere Meßgeräte sind u. a. der *Zungenfrequenzmesser* mit elektromechanischen Resonanzen zur Frequenzmessung und vor allem der *Elektronenstrahloszillograph* zur Aufzeichnung der Kurvenform von Wechselströmen und anderer elektrischer Vorgänge auf einem Fluoreszenzschirm. Hauptbestandteil dieses so wichtigen Hilfsmittels der Funktechnik (z. B. bei Reparaturen von Empfängern und Radargeräten) ist die Braunsche Röhre, in der die trägheitslose elektrische und magnetische Ablenkbarkeit ausgeblendeter Kathodenstrahlen ausgenutzt wird.

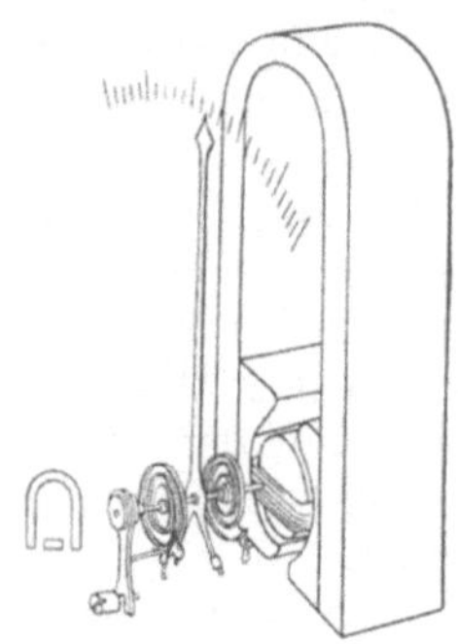

Abb. 182. Drehspulinstrument.

Elektronenröhren. *Aufbau und Prinzip:* Als Elektronenröhren bezeichnet man hochevakuierte Glaskolben, die mit elektrischen Polen (Elektroden) versehen sind, von denen die Kathode elektrisch heizbar ist. Aus der Glühkathode treten infolge ihrer hohen Temperatur und durch Verwendung eines besonders geeigneten metallischen Materials Elektronen aus (Elektronenemission), die unter dem Zwang der positiven Anodenspannung innerhalb der Röhre zur Anode gelangen (Abb. 184). Die Heizung der Kathode erfolgt, indem man entweder die Kathode als Heizleiter ausbildet und den Strom direkt hindurchleitet (direkte Heizung) oder indem sie von einem elektrisch geheizten, isolierten Kern von innen her erwärmt wird (indirekte Heizung).

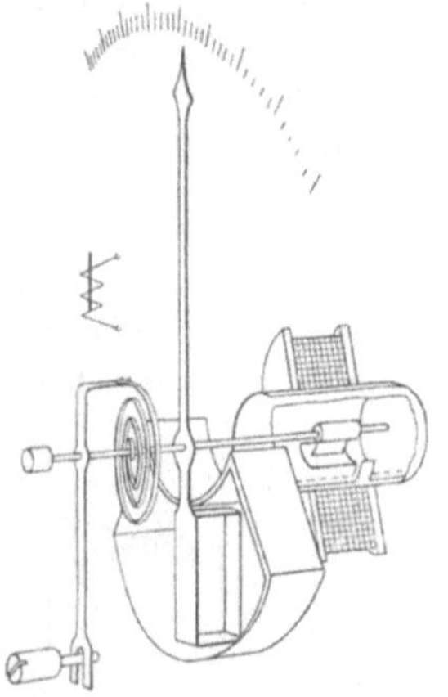

Abb. 183. Dreheiseninstrument.

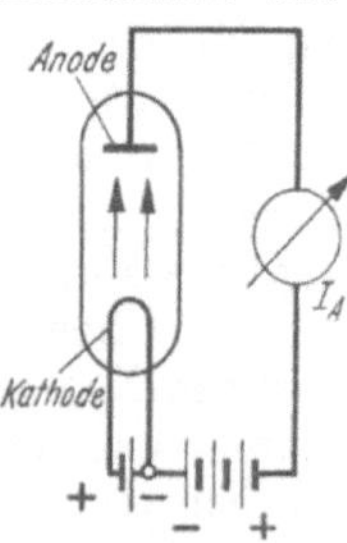

Abb. 184.

Die **Zweipolröhre** (Diode) enthält nur Kathode und Anode. Sie wirkt elektrisch wie ein Ventil, da der Elektronenstrom in der Röhre nur in der Richtung von der geheizten (negativen) Kathode zur (positiven) Anode fließen kann. Bei Anschluß an eine Wechselspannung kann die Zweipolröhre daher als Gleichrichter verwendet werden, da sie den Wechselstromfluß in der einen Richtung sperrt (Abb. 185a, b u. c).

Neben den Hochvakuumgleichrichtern finden zur Umwandlung von Wechselstrom in Gleichstrom *Trockengleichrichter* und gasgefüllte Gleichrichter Verwendung. Die für den Betrieb der Empfänger und Funkgeräte dienenden *Netzanschlußteile* enthalten im allgemeinen den Netztransformator, den Gleichrichter, die Siebkette und den Spannungsteiler.

Die **Dreipolröhre** (Triode) besitzt zusätzlich zwischen Kathode und Anode noch eine dritte Elektrode, die als Metallgitter ausgeführt ist.

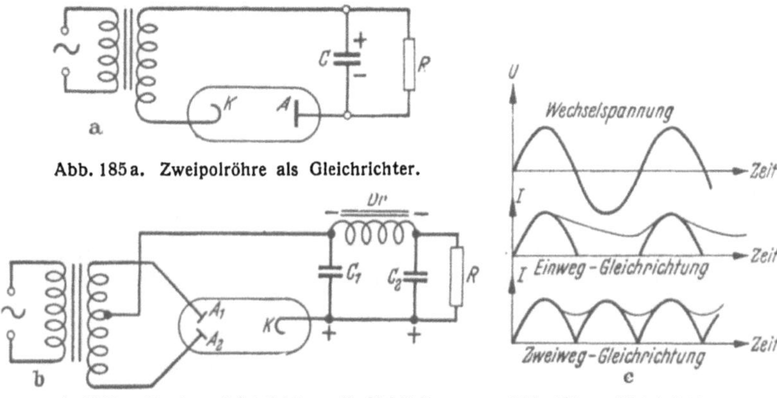

Abb. 185a. Zweipolröhre als Gleichrichter.

b. 185b. Zweiweggleichrichter mit Siebkette u. Verbraucherwiderstand *R*.

Abb. 185c. Gleichrichtung.

Dieses Gitter fördert oder hemmt (steuert) je nach seinem Spannungszustand den Elektronenfluß von der Kathode zur Anode.

Steuergitter und Verstärkerwirkung. Die vielseitige Verwendung der Elektronenröhre im Funkwesen und auf vielen anderen Gebieten beruht auf der annähernd trägheitslosen Steuerung des Elektronenstromes mit Hilfe des Gitters bei verschwindend geringem Leistungsaufwand. Das Steuergitter wird meist negativ gegenüber der Kathode vorgespannt. Führt man dem Gitter noch zusätzlich eine Gitterwechselspannung zu, so schwankt der Anodenstrom im Takte dieser Wechselspannung (Abb. 186.)

Abb. 187 zeigt die *Kennlinie* einer Röhre,

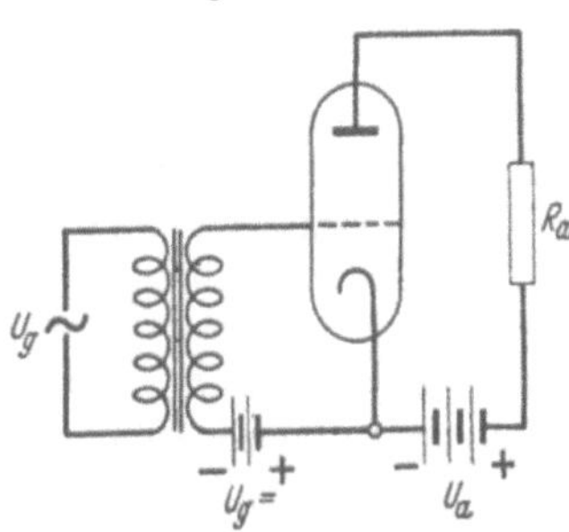

Abb. 186. Verstärkerwirkung der Elektronenröhre.

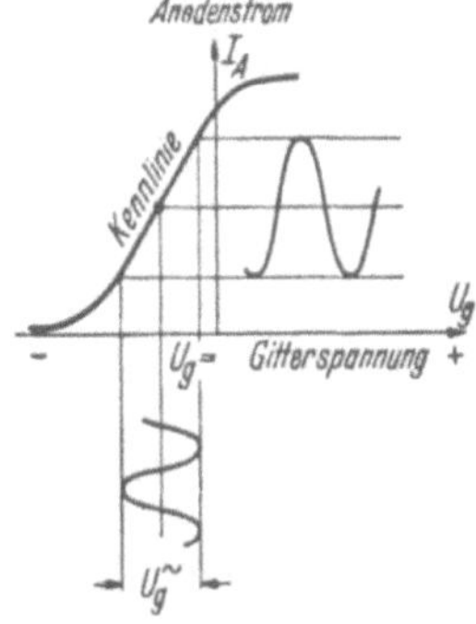

Abb. 187. Kennlinie einer Elektronenröhre.

die den Anodenstrom I_A in Abhängigkeit von der Gitterspannung U_G für eine bestimmte Anodenspannung darstellt. Entsprechend der Kennlinie schwankt der Anodenstrom im Rhythmus der Gitterwechselspannung $\sim U_g$.

Geringste Spannungsänderungen, z. B. schwache elektrische Schwingungen, dem Gitter zugeführt, werden in Stromänderungen von wesentlich größerer Leistung anodenseitig umgewandelt. Da eine Röhre damit gleichzeitig wie ein trägheitsfrei arbeitendes Relais wirkt, so läßt sich durch sie eine Verstärkerwirkung erzielen.

Mehrgitterröhren werden gebaut, um die Eigenschaften im Vergleich zur Dreipolröhre zu verbessern und neue Anwendungsmöglichkeiten zu schaffen. Die *Fünfpolröhre* (Pentode), die zwischen der Anode und dem Steuergitter noch ein „Schirmgitter" und ein „Bremsgitter" besitzt, hat eine sehr ausgedehnte Verwendung in Verstärkerschaltungen gefunden.

Als Misch- und Regelröhren in Empfängerschaltungen (Superhetempfängern) verwendet man Röhren mit noch mehr Gittern (Sechs- und Achtpolröhren) sowie Verbundröhren mit zwei oder mehr Röhrensystemen mit gemeinsamer Kathode in einem Kolben (z. B. Dreipol-Sechspolröhre, u. a.). Sie besitzen mehrere Gitter zum Mischen und Überlagern mehrerer hochfrequenter Gitterwechselspannungen.

Röhrensender. Wird ein geschlossener Schwingkreis, bestehend aus Spule (Selbstinduktion) und Kondensator (Kapazität) angestoßen, so führt er *gedämpfte* Schwingungen aus. Früher erfolgte die Erregung hochfrequenter elektromagnetischer Wellen durch Funken (Löschfunkensender von WIEN[1] 1908). Zur Ausstrahlung *ungedämpfter* hochfrequenter Wellen benötigt man aber Röhrensender. In ihnen werden ungedämpfte elektrische Schwingungen, von den langsamsten bis zu den ultrahochfrequenten, mittels Rückkopplungsschaltungen erzeugt.

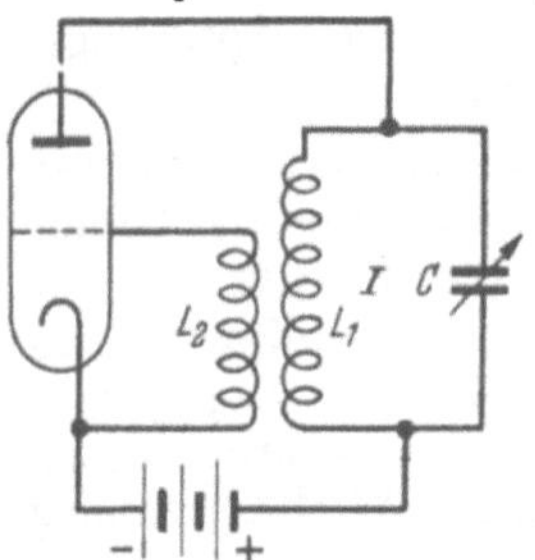

Abb. 188. Senderschaltung mit induktiver Rückkoppelung (nach MEISSNER).

Rückkopplung. Der im Anodenkreis einer Röhre (Abb. 188) liegende Schwingkreis I wird zu schwachen, abklingenden Eigenschwingungen erregt. Koppelt man einen Teil dieser Anodenwechselspannung über die Spulen L_1 und L_2 induktiv auf den Gitterkreis zurück, so wird das Gitter und damit verstärkt der Anodenstrom im Rhythmus der Eigenschwingungen des Kreises I gesteuert. Geschieht die Rückkopplung in der richtigen Phase und Stärke, so wird dem Anodenschwingkreis fortgesetzt Energie zugeführt und dieser zu ungedämpften Schwingungen aufgeschaukelt[2]. Ihre Frequenz ist durch die Daten der Selbstinduktion und Kapazität des Schwingkreises bestimmt (s. Thomsonsche Schwingungsformel S. 502).

Beim Quarzsender (Abb. 190) erfolgt die (kapazitive) Rückkopplung über die innere Gitter-Anodenkapazität C_{ga} der Röhre. Die Steigerung

[1] M. WIEN, deutsch. Physiker, geb. 1866. — [2] ALEXANDER MEISSNER, 1913.

der Frequenz bei einfachen Rückkopplungsschaltungen durch Herabsetzung von L und C des Schwingkreises wird durch die Abmessungen der Röhre und ihrer Teile begrenzt. Mit abnehmender Wellenlänge lassen die erzeugte HF-Leistung und der Wirkungsgrad erheblich nach. Die Dezimeter- und Zentimeterwellen (z. B. beim Radargerät) haben ihre technische Anwendung erst in den letzten Jahren gefunden, nachdem man mit der Entwicklung der Röhrentechnik und der Verwendung

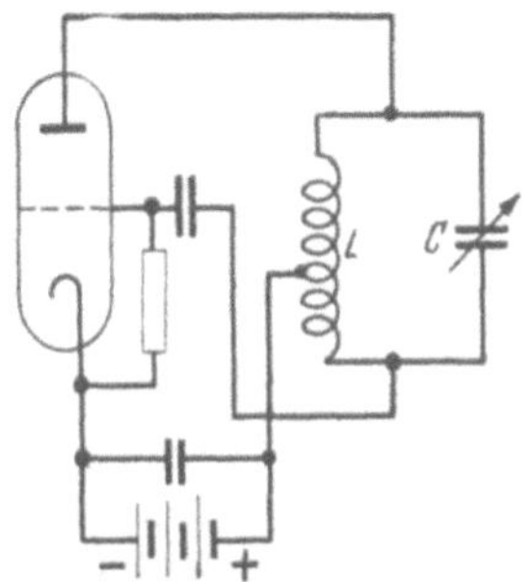

Abb. 189. Sender in Dreipunktschaltung (Schwingkreis- und Gitterspule bilden eine einzige Spule mit 3 Abgriffen).

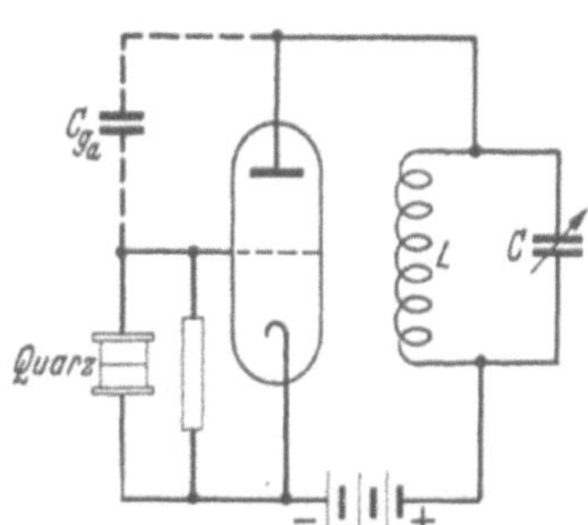

Abb. 190. Quarzsender (mit großer Frequenzkonstanz).

besonderer Schaltungen ungedämpfte Schwingungen von so hoher Frequenz mit beachtlicher HF-Leistung erzeugen konnte (*Magnetron, Klystron, Hohlraumresonatoren*).

Wird der geschlossene Schwingkreis I mit einem offenen, auf die gleiche Frequenz abgestimmten Schwingkreis (Antennenkreis) induktiv gekoppelt, so wird die in I aufgespeicherte Schwingungsenergie in Form elektromagnetischer Wellen in den freien Raum ausgestrahlt (Braunsches[1] Senderprinzip). Zur Erzielung größerer Sendeleistungen werden die im „Steuersender" erregten schwachen Schwingungen zunächst in weiteren Verstärkerstufen verstärkt und dann erst über die Antenne abgestrahlt (fremderregter Sender).

Röhrenempfänger. Die von der Empfangsantenne aus dem Raum aufgenommenen elektromagnetischen Schwingungen können wegen ihrer hohen Frequenz im Telefon oder Lautsprecher nicht unmittelbar gehört werden. Der Empfänger hat die Aufgabe, der hochfrequenten Trägerwelle die ihr bei der Entstehung aufgebürdete Tonfrequenz (*Modulation*) wieder abzunehmen. Dieser für die Wiedergabe von Tonschwingungen erforderliche Vorgang der Trennung der HF von der Tonfrequenz (*Demodulation*) wird durch eine

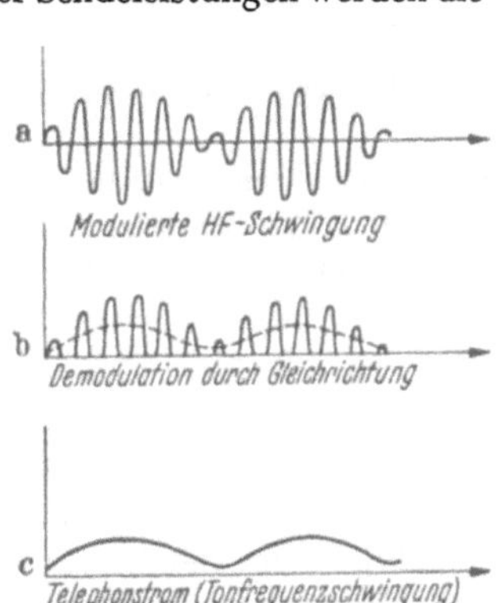

Abb. 191. Empfangsgleichrichtung.

[1] K. Ferdinand Braun, 1850—1918.

Gleichrichtung der modulierten Hochfrequenz (Abb. 191) erreicht. Durch diese *Empfangsgleichrichtung* werden die rhythmischen Schwankungen der hochfrequenten Amplitude wahrnehmbar. Der einfachste Empfangsgleichrichter ist der *Kristalldetektor* (Abb. 192).

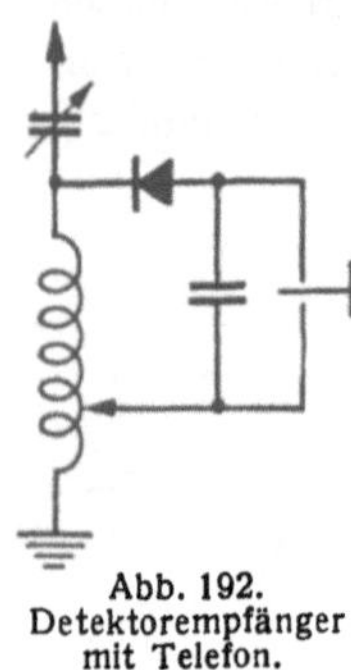

Abb. 192. Detektorempfänger mit Telefon.

Zur Erzielung größerer Empfangsleistungen dient der Röhrenempfänger. Neben der Diodengleichrichtung mittels Zweipolröhre (Abb. 193) wird häufig auch zur Empfangsgleichrichtung die Gittergleichrichtung oder *Audionschaltung* mittels Dreipolröhre (Abb. 194) verwendet. Zwei Schaltelemente im Gitterkreis (Kondensator C_g und hochohmiger Gitterableitwiderstand R_g) bewirken eine automatische Regulierung der Gittervorspannung. Dadurch kommt eine gleichrichtende Wirkung des Audions zustande. Darüber hinaus werden die entstehenden Spannungsschwankungen von der Frequenz der aufgeprägten Modulation durch die Steuerwirkung des Gitters niederfrequent *verstärkt* und lassen das Telefon oder den Lautsprecher im gleichen Takte ertönen. Eine erhebliche Steigerung der Empfindlichkeit des Audions wird durch die Rückkopplung erzielt.

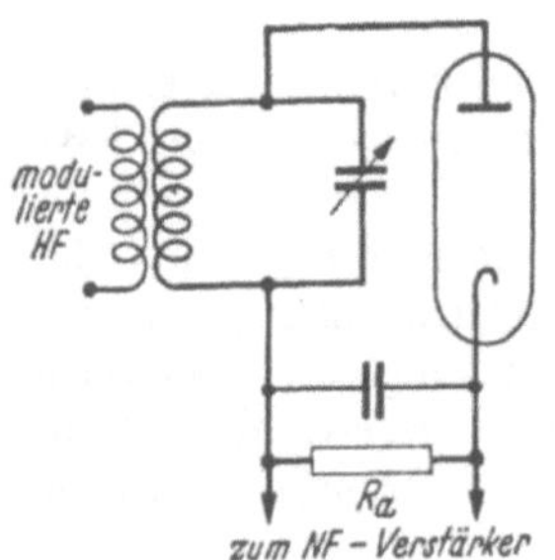

Abb. 193. Diodengleichrichtung.

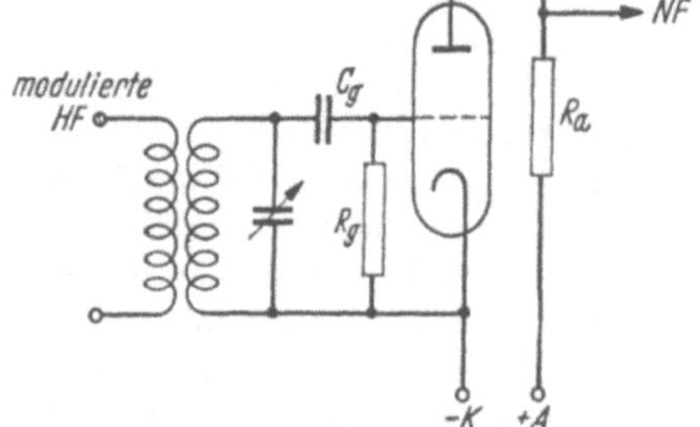

Abb. 194. Audionschaltung.

Der Anodenkreis des Audions wird ähnlich wie beim Sender induktiv oder kapazitiv auf den Gitterkreis rückgekoppelt (Rückkopplung vor dem Schwingeinsatzpunkt). Durch diese Entdämpfung des Kreises wird die Empfangslautstärke und Abstimmschärfe erhöht. Bei zu fester Rückkopplung wirkt das Audion als Sender und löst Eigenschwingungen durch Selbsterregung aus (Rückkopplungspfeifen — Schwebungsempfang).

Liegt die von der Antenne aufgenommene Empfangsenergie unter der Reizschwelle des Detektors oder Audions, so muß man die HF-Spannung durch Elektronenröhren erhöhen. Diese *HF-Verstärkung* vor der Empfangsgleichrichtung kann bis zu hohen Frequenzen in mehreren Stufen erfolgen, wobei jeweils der Anodenkreis der Vorstufe mit dem Gitterkreis der folgenden Röhre gekoppelt ist. Bei der HF-Resonanzverstärkung (Abb. 195) wird zur Erzielung eines größtmöglichen Verstärkungsgrades der mit der Antenne gekoppelte Eingangsschwingkreis I auf den

Sender abgestimmt. Ebenso koppelt man 2 oder mehr Stufen über einen Parallelschwingkreis II, der auf Resonanz für die zu verstärkende Hochfrequenz einstellbar ist. Daher wird hier nur ein verhältnismäßig schmales Frequenzband verstärkt. Die Zahl der abstimmbaren Schwingkreise ist maßgebend für die Empfindlichkeit des Empfängers sowie für seine Trennschärfe gegenüber Nachbarfrequenzen.

Die *NF-Verstärkung* dient der Verstärkung der Tonfrequenz und folgt nach den HF-Verstärkerstufen und dem Empfangsgleichrichter. Man

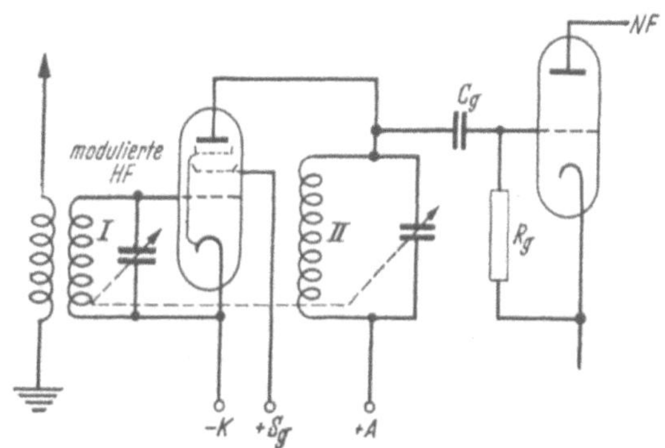

Abb. 195. HF-Verstärker mit Audionstufe.

muß zwischen den Niederfrequenzvorstufen und der Endstufe unterscheiden.

Bei den ersteren kommt es auf eine Spannungsverstärkung an, durch die kleine Wechselspannungen zur Aussteuerung der folgenden Röhre erhöht werden sollen. Dagegen handelt es sich bei der Endstufe um eine Leistungsverstärkung. Die Niederfrequenz-Endröhren müssen eine besonders große Leistungsfähigkeit besitzen, da sie eine bestimmte, möglichst unverzerrte Nutzleistung bei brauchbarem Wirkungsgrad und guter Ausnutzung der Röhre an den Ausgang z. B. den Lautsprecher abgeben sollen. Bei der NF-Verstärkung unterscheidet man je nach der Art der Verbindung der Röhren:

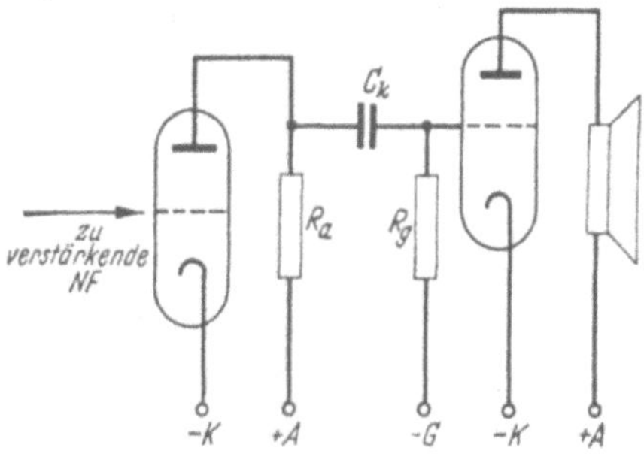

Abb. 196. Widerstandsverstärker.

a) Widerstandskopplung (RC-Kopplung),

b) Transformatorenkopplung.

Anwendung der NF-Verstärkung: Verstärkung der Tonfrequenz nach der Empfangsgleichrichtung beim Funkempfänger, Verstärkung von Mikrophonströmen bei Echoloten und Lautsprecheranlagen, Verstärkung der Übertragungswechselströme in der Kreiselkompaßanlage.

Bei der *Bildverstärkung* (*Video*-Verstärkung) z. B. der Echoimpulse im Radargerät handelt es sich um die Verstärkung eines sehr breiten (niederfrequenten und hochfrequenten) Frequenzbandes.

Funkempfänger s. S. 545.

Transistoren. Neben der Elektronenröhre hat in den letzten Jahren in immer steigendem Maße der *Transistor* als Verstärkerelement für elektrische Ströme und Leistungen Eingang in die Elektrotechnik gefunden. Es handelt sich bei ihm um ein kleines Kristallelement (Germanium- oder Silizium-Kristall), das aus einem Halbleiter besteht. Halbleiter sind Stoffe, deren elektrischer Widerstand meist zwischen dem der Metalle und dem der Isolatoren (Keramik, Kunststoffe) liegt und deren elektrische Leitfähigkeit durch Zusätze bestimmter Störstoffe bei der Herstellung in gewissen Grenzen verändert werden kann.

Auf die Wirkungsweise dieser Transistoren (Kristallverstärker) und ihre verschiedenen Ausführungsformen kann an dieser Stelle nicht eingegangen werden. Transistoren finden in entsprechender Schaltung Anwendung, z. B. zur Verstärkung und Erzeugung niederfrequenter und hochfrequenter Schwingungen.

Vorteile der Transistoren gegenüber den Elektronenröhren sind u. a. der Fortfall der Aufheizung der Kathode und die damit verbundene Stromersparnis, sehr niedrige Betriebsspannungen, erheblich größere Lebensdauer, geringere äußere Abmessungen, so daß die Geräte wesentlich kleiner gebaut werden können. Nachteile sind ihre leistungsmäßige Unterlegenheit gegenüber der Elektronenröhre; auch ist eine leistungslose Steuerung wie bei der Röhre nicht möglich, und es lassen sich nicht so hohe Frequenzen wie mit einer Röhre verstärken (Frequenzgrenze einige MHz). Doch ist die Entwicklung auf dem Gebiet der Halbleiter noch stark in Fluß.

3. Atomphysik.

Der Bau der Atome[1]. Erst im Laufe der letzten 50 Jahre konnte man ein Bild vom Aufbau der Atome gewinnen, wobei sich insbesondere Rutherford[2] und Bohr[3] um die Klärung des Atombaues bemüht haben. Heisenberg[4] hat 1932 eine Theorie der Kernstruktur entwickelt, die die Anschauungen über den Aufbau des Atomkernes wesentlich erweiterte. Nach diesen Vorstellungen ist jedes Atom aufgebaut aus einem Kern und aus Elektronen. Der Kern besteht aus positiv geladenen Elementarteilchen (*Protonen*) und aus ungeladenen Teilchen (*Neutronen*). Die Atome unterscheiden sich nicht in der Art, sondern nur durch die Zahl der Elementarteilchen. Der Atomkern des Wasserstoffs hat z. B. nur 1 Proton und kein Neutron, des Heliums: 2 Protonen und 2 Neutronen, des Sauerstoffs: 8 Protonen und 8 Neutronen, des Eisens: 26 Protonen und 30 Neutronen, des Urans: 92 Protonen und

---

[1] Siehe auch VIII. Chemie.
[2] E. Rutherford, engl. Physikochemiker, geb. 1871.
[3] N. Bohr, dän. Physiker, geb. 1885.
[4] W. Heisenberg, deutsch. Physiker, geb. 1901.

146 Neutronen. Um jeden Atomkern kreisen in verschiedenen Abständen, ihn wie Schalen als Hülle umgebend, ebenso viele negativ geladene Elementarteilchen (*Elektronen*) wie der Kern Protonen hat, so daß das Gesamtatom nach außen neutral ist.

Das einfachste Atom ist das H-Atom, das nur aus 1 Proton im Kern und 1 kreisenden Elektron besteht, während z. B. die Hülle des O-Atoms aus 2 Elektronenschalen mit insgesamt 8 Elektronen — entsprechend der Zahl von 8 Protonen im Kern — gebildet wird, usw.

Die wägbare Masse eines Atoms (sein Atomgewicht) ist praktisch im Kern vereinigt, da die Masse des Elektrons 1837mal so klein wie die des Protons ist. Sie hängt also von der Gesamtzahl der Kernbausteine (Protonen + Neutronen) ab. Die Natur eines Elementes wird außerdem bestimmt durch die Zahl der Protonen im Kern, die sogenannte *Kernladungszahl*; oder da diese gleich der Zahl der Hüllenelektronen ist, so ist auch die schalenförmige Anordnung der Elektronen in der Hülle für das chemische und physikalische Verhalten der Atomart maßgebend. Der Durchmesser des Atoms besitzt die Größenordnung von 10^{-8} cm, der des Kerns von 10^{-12} cm.

Außer Protonen und Elektronen sind in fast allen Atomen als bindende Wechselkräfte noch ungeladene oder positiv geladene Elementarteilchen vorhanden: Positronen, Mesonen, Photonen (Lichtquanten) u. a.

Die Elemente werden nach steigender Kernladungszahl geordnet. Diese gibt gleichzeitig auch als „*Ordnungszahl*" oder Atomnummer die Stellung der Elemente im Periodischen System an. So ist die Ordnungszahl für H = 1, für He = 2, für O = 8, für S = 16. Das Uran-Atom (U) hat die Ordnungszahl 92 entsprechend seiner Kernladungszahl (92 Protonen), sein Atomgewicht beträgt 238.

Isotope sind Formen eines Elements, dessen Kerne die gleiche Protonenzahl besitzen, sich aber durch die Zahl der Neutronen unterscheiden. Sie haben also die gleiche Kernladungszahl und gehören an die gleiche Stelle im Periodischen System, besitzen aber verschiedene Atomgewichte. Ein Isotop des Wasserstoffs ist der *schwere* Wasserstoff, auch Deuterium (D) genannt. Sein Kern besitzt außer 1 Proton noch 1 Neutron. Mit Sauerstoff zusammen bildet er das schwere Wasser (D_2O), das zu etwa 0,015% im natürlichen Wasser vorkommt. Die meisten chemischen Elemente sind in ihrem natürlichen Vorkommen Gemische von Isotopen. So enthält natürliches Uran 99,3% U 238 und 0,7% des Uranisotops 235 mit dem Atomgewicht 235.

Bei allen *chemischen* Prozessen treten die Atome nur mit ihren äußersten Elektronenschalen in Wechselwirkung. Nur hier findet ein Austausch von Elektronen statt, der das Wesen der chemischen Reaktionen ist. Es kommt vor, daß Atome durch Einwirkung von außen einige ihrer Elektronen einbüßen oder aufnehmen. Ihr elektrisches Gleichgewicht ist dann gestört und man nennt solche Atome dann *Ionen.* Aus dem Streben der Metalle, Elektronen der äußeren Schalen abzuspalten, und der Nichtmetalle, Elektronen aufzunehmen, erklärt sich die Verbindungsneigung der Elemente.

Die gewöhnliche Chemie kann keine Elementumwandlungen hervorrufen, weil sie die Atomkerne unverändert läßt. Gewinnt oder verliert der *Atomkern* einige Protonen und Neutronen, so geht ein Element in ein anderes über. Eine solche künstliche *Kernumwandlung* gelang RUTHERFORD 1919 zum ersten Male mit radioaktiven Strahlen und später anderen Forschern, indem sie Kerne mit atomaren Geschossen (Neutronen, He-Kernen, Deuteronen) bombardierten und kleine Teilchen abspalteten oder anlagerten. Wenn auch diese Kernumwandlungsprozesse mengenmäßig wegen der verschwindend geringen Ausbeute praktisch bedeutungslos sind, so finden doch dabei außerordentlich große Energieumsätze statt. Doch erst die Entdeckung der Urankernspaltung von O. HAHN[1] (1938/39) — hier handelt es sich um eine echte Atomzertrümmerung — und ihre praktische Auswertung führten zur Nutzbarmachung der in den Atomkernen ruhenden großen Energien. Die weitere Entwicklung auf dem Gebiet der Kernphysik ist noch nicht abzusehen. Wissenschaft und Technik sind dabei, diese atomaren Energiequellen zu erschließen und die Energiewirtschaft und damit auch die Schiffahrt entscheidend zu beeinflussen.

Masse und Energie. EINSTEIN[2] verallgemeinerte 1904 d e Erkenntnis, daß sich elektromagnetische Strahlungsenergie wie ein stofflicher Körper verhält, dahingehend, daß jede Energie — Bewegungs-, Wärme-, Lichtenergie — eine Masse besitzt und deshalb träge und schwer ist. Die *Einsteinsche Energiegleichung* — auch experimentell nachgewiesen — lautet: Die Masse m eines Energiebetrages E ist $m = E/c^2$, wobei die Lichtgeschwindigkeit $c = 300\,000$ km/sek ist. In die Form $E = m \cdot c^2$ umgeschrieben, besagt die EINSTEINsche Gleichung, daß jede körperliche Masse m einer Substanz einen bestimmten Energiewert E darstellt und nur eine besondere Erscheinungsform der Energie ist.

Nach diesem Gesetz von der Gleichwertigkeit der Masse und Energie, das praktisch nur bei den Atomkernen eine Rolle spielt, wird es verständlich, woher die bei allen Atomkernprozessen freiwerdenden, riesigen Energiemengen kommen. Die Umwandlung von Materie in Energie bei atomaren Vorgängen ist die eigentliche Quelle der Atomenergie. Diese ist also im Atomkern aufgespeichert.

Es handelt sich dabei um 3 Arten von Kernumwandlungsprozessen:

1. Beim radikalsten Prozeß der *Zerstrahlung* wird die gesamte Masse (eines Atomkerns) in Strahlungsenergie aufgelöst. Der aus der EINSTEINschen Gleichung errechnete Energiebetrag ist wegen des Faktors c^2 ungeheuer groß. Dieser Prozeß ist zur Zeit noch gänzlich undurchführbar.

2. Bei der *Kernbildung* leichter Elemente, d. h. beim Aufbau von Kernen (Fusion) der ersten Elemente des Periodischen Systems wird ein geringer Bruchteil der Masse in Energie umgewandelt. Um einen solchen „*Massenverlust*" handelt es sich bei der Vereinigung von Protonen und Neutronen (Wasserstoffkernen) zu einem Heliumkern, indem diese beim Einbau in den Kernverband einen geringen Bruchteil (0,75%) ihrer Masse verlieren. Aus der Gleichung $E = m \cdot c^2$ errechnet sich die dem Massenverlust gleichwertige, bei diesem Prozeß freiwerdende Bindungsenergie. Dieser große Energie-

[1] O. HAHN, deutsch. Chemiker.

[2] A. EINSTEIN, geb. 1879, Begründer der Relativitätstheorie.

betrag ist andererseits nötig, um die Kernbausteine aus ihrem Kernverband zu lösen, woraus sich erklärt, daß ihr Zusammenhalt mit normalen chemischen und physikalischen Mitteln nicht gesprengt werden kann. Einer praktischen Verwertung dieser Atomverschmelzung leichter Elemente, wie ihn uns die Natur vormacht (Strahlungsenergie der Sonne), stellen sich große technische Schwierigkeiten entgegen, an deren Überwindung gearbeitet wird.

3. Bei der *Kernspaltung*, d. h. dem Kernabbau schwerer Elemente wie Uran und Plutonium wird nur ein Bruchteil der bei der Kernbildung entstehenden Energie frei. Sie tritt als Bewegungsenergie der Kernbruchstücke in Erscheinung und wird in *Wärmeenergie* umgesetzt. Auch hier geht der Energiegewinn mit einem Massenverlust der beteiligten Teilchen parallel, indem die einzelnen Kernbausteine in den Spaltstücken eine kleinere Masse als im ursprünglichen Atomkern haben. In den *Kernreaktoren* wird als „Brennstoff" d. h. als spaltbares Material in natürlichem Uran angereichertes aktives U 235 und das künstlich erzeugte Transuran Plutonium verwendet.

Bei all diesen Kernumwandlungen entstehen unstabile Atomarten, die *radioaktive Strahlungen* aussenden. Das Vorhandensein und die Stärke radioaktiver Strahlung, die den lebenden Zellen des Organismus äußerst gefährlich werden kann, wird mit hochempfindlichen Strahlungsmeßgeräten überprüft.

In nachstehender Tabelle sind die Energiebeträge gegenübergestellt, die je Kilogramm an umgesetzter Masse in den 3 Kernprozessen frei werden bzw. theoretisch frei werden könnten. Zum Vergleich ist die Ausbeute beim chemischen Prozeß der Kohleverbrennung angegeben.

Ergiebigkeit von Kernprozessen.

Prozeß	Energie je Kilogramm
Zerstrahlung	25000 Millionen kWh
Kernbildung leichter Elemente	200 Millionen kWh
Kernspaltung von Uran 235 oder Plutonium .	24 Millionen kWh
Verbrennung der Kohle .	8 kWh

Die bei der Spaltung von 1 kg Uran 235 freiwerdende Wärmeenergie entspricht danach — bei gleichem Wirkungsgrad — der Verbrennungsenergie von 3000 t Kohle.

Atomenergie für Schiffsantriebe. In den *Kernreaktoranlagen* wird die Spaltungsenergie technisch nutzbar gemacht. Sie liefern nicht nur Wärmeenergie, die z. B. in elektrische Energie umgewandelt werden kann, sondern dienen auch zur Herstellung von Plutonium sowie kernphysikalischen Forschungszwecken. Ferner produzieren sie als Kernspaltungsprodukte die in der Medizin, Biologie und Technik wegen ihrer radioaktiven Strahlung wertvollen Radioisotope.

Die Verwertung der Kernenergie für die Krafterzeugung insbesondere für den *Antrieb von Schiffen* gewinnt in zunehmendem Maße an Bedeutung. Der Bau von Atomschiffen wird in zahlreichen Schiffahrtsländern vorbereitet. Viele technische Schwierigkeiten sind auf diesem Gebiet zu überwinden, und viel Entwicklungsarbeit ist noch zu leisten. Da noch kein praktisch verwertbares Verfahren bekannt ist, nach dem die Kernenergie direkt in mechanische oder elektrische Energie umgesetzt werden kann, muß der Umweg über eine Wärmekraftmaschine z. B.

Dampfkraftmaschine oder Gasturbine gewählt werden. Der Reaktor mit Uran-Brennstoff z. B. ein sog. Druckwasser-Reaktor hat in einer derartigen Kernenergieanlage die Aufgabe, die Feuerung zu ersetzen.

Das wichtigste Problem einer solchen Schiffsantriebsanlage liegt in der *Betriebssicherheit,* da eine Störung an Bord eines Schiffes sich wegen eines radioaktiven Ausbruchs des Uranbrenners gefährlicher auswirken könnte als in einem ortsfesten Kraftwerk. Diese Forderung nach erhöhter Sicherheit verlangt einen besonderen technischen Aufwand und ist allen anderen Forderungen überzuordnen. Andererseits zeigen sich bei der Betrachtung der Wirtschaftlichkeit solcher mit Atomkraft angetriebenen Schiffe — wenn man von den z. Z. noch sehr hohen Gestehungskosten absieht — besondere Vorteile gegenüber den herkömmlichen Schiffsmaschinenanlagen. Hierzu gehört ein geringeres Brennstoffgewicht, was eine erhöhte Nutzladefähigkeit und einen größeren Aktionsradius zur Folge hat. Es entfällt der bei Kohle- und Ölfeuerungsanlagen oft beträchtliche Zeitverlust beim Bunkern; ferner benötigen diese Anlagen keine Luftzufuhr, und es entstehen keine Abgase.

Beim Vergleich der thermischen Wirkungsgrade der Kernenergieanlagen mit Anlagen herkömmlicher Bauart zeigt sich, daß bei *ortsfesten* Kraftanlagen der Unterschied zwischen den Wirkungsgraden z. Z. noch recht beträchtlich ist. Moderne ortsfeste Dampfkraftwerke mit Kohle- oder Ölfeuerung arbeiten mit hohen Dampfzuständen und erreichen entsprechend hohe Wirkungsgrade von 35 bis 40%, während Kernenergie-Dampfanlagen z. Z. mit niedrigeren Dampfzuständen arbeiten müssen. Dagegen ist der entsprechende Unterschied bei *Schiffsantriebsanlagen* wegen des an sich schon niedrigeren thermischen Wirkungsgrades (23 bis 25%) erheblich kleiner.

Die bei kernenergetischen Schiffsantriebsanlagen auftretenden Probleme technischer und konstruktiver Art wie Abmessungen, Gewicht, Wirkungsgrad, Strahlenschutz, Regeleinrichtungen, Sicherheitsmaßnahmen sind noch nicht endgültig gelöst.

VIII. Einiges aus der Chemie für Nautiker.

Die Aufgaben der Chemie. Während die Physik sich nur mit den Zustandsänderungen (z. B. Festigkeit, Temperatur, Bewegung, Gestalt usw.) der Körper befaßt, durch die deren stoffliche Eigenart nicht verändert wird, handelt die Chemie von den Veränderungen der Körper, die ihre stoffliche Zusammensetzung betreffen. Die Chemie stellt fest, aus welchen Grundstoffen (Elementen) sich die Stoffe unserer Welt aufbauen, indem sie diese in ihre einzelnen Bestandteile zu zerlegen (chemische Analyse) oder die Grundstoffe zu neuen Stoffen miteinander zu verbinden sucht (chemische Synthese).

Gesetz von der Erhaltung der Materie. Die Materie (Stoffmenge) eines abgeschlossenen Systems bleibt bei allen chemischen Umsetzungen konstant.

Grundstoffe und Atome[1]**.** Alle Stoffe auf der Erde und in der sie umgebenden Lufthülle sind entweder *Grundstoffe* (*Elemente*) oder *chemische Verbindungen* oder *Gemenge.* Man kennt heute etwa 100 chemische Elemente, deren kleinste Teile die *Atome* sind. Es gibt also auch rund 100 verschiedene Atome. Man hat die Elemente im „Periodischen System der Elemente"[2] systematisch angeordnet.

Atomgewicht. Zum Vergleich der Gewichte der verschiedenen Atome miteinander wählte man als Grundeinheit $^1/_{16}$ des Gewichts eines Sauerstoffatoms. Wasserstoff hat dann das Atomgewicht = 1 (genauer 1,0082). 1 bedeutet dabei rund 10^{-24} g. Das Atomgewicht ist also lediglich eine Verhältniszahl und gibt an, wieviel mal schwerer ein Atom eines Elementes ist als ein Atom Wasserstoff.

Chemische Verbindungen, Molekulargewichte und Gemenge. Verbinden sich Atome *verschiedener* Elemente, so nennt man das neue Gebilde *Molekül* oder *Molekel*[3]. Eine *chemische Verbindung* ist also ein aus Molekülen bestehendes, durch mechanische Mittel allein nicht zerlegbares Gebilde. Der zahlenmäßige Ausdruck einer chemischen Verbindung mit Hilfe der Atomzeichen heißt eine *chemische Formel.* Sie gibt die Anzahl Atome der verschiedenen Elemente im Molekül an, z. B. H_2O = Wasser, H_2SO_4 = Schwefelsäure. Die Elemente verbinden sich nur in bestimmten Gewichtsverhältnissen, die durch ihre Atomgewichte oder deren ganzzahligen Vielfachen gemäß den chemischen Formeln und Gleichungen gegeben sind. Schwefel verbindet sich z. B. mit Eisen zu

---

[1] atomos, griech. = unteilbar.
[2] Aufgestellt von L. Meyer, 1869, und Mendelejeff, 1870.
[3] Von molecula, lat = die kleine Masse.

Schwefeleisen (FeS) nur im Verhältnis 56:32, Kohle mit Sauerstoff zu Kohlenoxyd (CO) nur im Verhältnis 12:16 oder zu Kohlendioxyd (CO_2) nur im Verhältnis 12:(2×16) usw. Die Atomgewichte haben also auch eine quantitative Bedeutung. Das Molekulargewicht eines Stoffes ist gleich der Summe der Atomgewichte der im Molekül enthaltenen Atome, z. B. das Molekulargewicht von Wasser (H_2O) $= 2\times 1 + 16 = 18$, von Kalk ($CaCO_3$) $= 40 + 12 + 3\times 16 = 100$.

Einige der wichtigsten Elemente, ihre chemischen Zeichen, Atomgewichte (abgerundet) und Wertigkeiten sind:

Element	Zeichen	Atomgewicht	Wertigkeit	Element	Zeichen	Atomgewicht	Wertigkeit
Wasserstoff	H	1	I.	Chrom . .	Cr	52	II. bis VI.
Helium . .	He	4	0	Eisen . . .	Fe	56	II. III. VI.
Kohlenstoff	C	12	II. IV.	Nickel . .	Ni	59	II. IV.
Stickstoff .	N	14	II. bis V.	Kupfer . .	Cu	64	I. II.
Sauerstoff .	O	16	II.	Zink . . .	Zn	65	II.
Natrium .	Na	23	I.	Silber . .	Ag	108	I.
Magnesium	Mg	24	II.	Zinn . . .	Sn	119	II. IV.
Aluminium	Al	27	III.	Platin . .	Pt	195	II. IV.
Phosphor .	P	31	III. V.	Gold . . .	Au	197	I. III.
Schwefel .	S	32	II. IV. VI.	Quecksilber	Hg	201	I. II.
Chlor . . .	Cl	35	I. V. VII.	Blei. . . .	Pb	207	II. IV.
Kalium . .	K	39	I.	Uran . . .	U	238	III. IV. VI.

Ein *Gemisch* von Grundstoffen oder von Verbindungen nennt man ein *Gemenge.* Luft ist z. B. ein Gemenge aus Stickstoff, Sauerstoff, kleinen Teilen Wasserdampfes, Kohlensäure, Argon u. a. m. Ein Gemenge enthält verschiedene Bestandteile in beliebigen Gewichtsmengen.

Wertigkeit (Valenz). Die Wertigkeit ist ein Ausdruck für die atombindende Kraft des Elementes. Sie gibt an, wie viele Atome Wasserstoff oder eines anderen einwertigen Elementes sich mit einem Atom dieses Elementes verbinden können. Es gibt Elemente, bei denen sich jedes Atom nur mit einem einzigen Atom eines anderen gleichwertigen Elementes verbindet, z. B. H, Na, Cl u. a. Man nennt diese Elemente *einwertig.* Bei anderen Elementen vermag 1 Atom zwei andere einwertige Atome an sich zu binden, z. B. O, Mg u. a. (*zweiwertig*). Andere Elemente sind 3-, 4-, 5-, 6- oder 7wertig. Einige Elemente haben auch verschiedene Wertigkeiten z. B. N, S, Fe u. a. Die Wertigkeit wird oft durch folgende bildmäßige Darstellung (Strukturformel) ausgedrückt:

```
H     H
 \    |
H—C—C—O—H
 /    |
H     H
```

C_2H_5OH (Äthylalkohol)

```
      H
      |
      C
    //  \
H—C      C—H
  |      ||
H—C      C—H
    \\  /
      C
      |
      H
```

C_6H_6 (Benzol)

Die Valenz gibt also auch Auskunft darüber, wie viele H-Atome oder Atome eines anderen einwertigen Elementes in einer Verbindung durch Atome eines anderen Elementes ersetzt werden können. Bringt man z. B. zweiwertiges Calcium (Ca) mit Schwefelsäure (H_2SO_4) in Berührung, so werden beide einwertigen H-Atome durch ein Ca-Atom ersetzt; es bildet sich $CaSO_4$ (Gips) und die beiden H-Atome werden frei.

Chemische Gleichungen. Chemische Reaktionen lassen sich durch *chemische Gleichungen* formulieren, in denen die Ausgangsprodukte auf die linke Seite, die Endprodukte auf die rechte Seite geschrieben werden. Mit Hilfe der Gleichung läßt sich ein Reaktionsprozeß zahlenmäßig erfassen und vorausberechnen, da die Summen der Atome bzw. die der Gewichte der beteiligten Elemente auf beiden Seiten der Gleichung übereinstimmen müssen.

Beispiel:
$CaSO_4$ (Calciumsulfat) + Na_2CO_3 (Soda) = $CaCO_3$ (Kalk) + Na_2SO_4 (Natriumsulfat).

Gesetz von der Erhaltung der Energie. Dieses aus der Physik bekannte Gesetz hat auch bei allen chemischen Vorgängen Gültigkeit. Auch hierbei findet nur ein *Wechsel* der Energie*formen* statt, die Gesamtsumme der Energie aber bleibt zu jeder Zeit unverändert. So werden z. B. bei der Verbrennung von Kohlenstoff oder Kohlenwasserstoffverbindungen *die* Energiemengen frei, mit denen unsere Maschinen und Motoren betrieben werden.

Oxydation, Reduktion. Jede chemische Verbindung eines Stoffes mit Sauerstoff bezeichnet man als *Oxydation.* Vorgänge, bei denen einem Stoff Sauerstoff ganz oder teilweise entzogen wird, heißen *Reduktionen.* Beide Vorgänge können sich langsam oder schnell abspielen. Eisen oxydiert z. B. in feuchter Luft sehr langsam (Rostbildung); bläst man aber Eisenfeilspäne in eine Flamme, so oxydiert (verbrennt) das Eisen sofort. Auch Kohle oxydiert bei gewöhnlicher Temperatur langsam. Aus einer Verbindung von C mit O entsteht Kohlenmonoxyd CO, ein farbloses, fast geruchloses Gas, leichter als Luft. Es ist *sehr* giftig und infolge seiner Geruchlosigkeit besonders gefährlich. Bei Einatmung von CO (schlechtziehende oder zu früh geschlossene Öfen) tritt rasch eine Herabsetzung des Lebensprozesses und schließlich der Tod ein.

Aus einer Verbindung von CO mit O entsteht Kohlendioxyd CO_2, ein farbloses, geschmack- und geruchloses Gas, 1,5mal schwerer als Luft, das den Verbrennungs- und Atmungsprozeß nicht unterhalten kann (Erstickungsgefahr!). Lichtprobe mit der Sicherheitslampe. Luft, die 1—2% CO_2 enthält, ist auf die Dauer gesundheitsschädlich, bei 30% treten Bewußtlosigkeit und der Tod ein.

Je mehr Sauerstoff bei einem Verbrennungsvorgang zugeführt wird, desto lebhafter ist dieser, z. B. bei der Lötlampe. Einige Sauerstoff enthaltende Chemikalien geben diesen bei Erwärmung lebhaft ab. Solche brandfördernd wirkenden „Sauerstoffträger" sind z. B. Salpetersäure, Nitrate, Chlorate und Perchlorate. Wenn z. B. mit Chilesalpeter ($NaNO_3$) zusammengestaute Baumwolle in Brand gerät, so treten infolge der reichen Sauerstoffzufuhr aus dem Salpeter explosionsartige Verbrennungserscheinungen mit hohen Stichflammen auf.[1]

Explosion. Hierbei zerfällt ein Stoff, der vor der Explosion einen kleinen Raum eingenommen hat, sehr schnell in seine Atome, und diese gehen unter Wärmeentwicklung und Lichterscheinung neue gasförmige Verbindungen ein. Der für die Verbrennung notwendige Sauerstoff wird dabei nicht von außen zugeführt, sondern stets geeigneten sauerstoffreichen Verbindungen entnommen. Daher sind Salpeter ($NaNO_3$) und Salpetersäure (HNO_3) zur Herstellung von Sprengstoffen nahezu unentbehrlich. Die bei der Erwärmung sich schnell ausdehnenden Gase stoßen schon an der sie umgebenden Luft auf Widerstand, der Druck der Gase steigt sehr hoch und beseitigt alle Hemmnisse. Die Geschwindigkeit der Explosionswelle beträgt z. B. bei Knallgas 3000 m/sek, bei Sprengstoffen 7000–8000 m/sek. Die bei Explosionen von Sprengstoffen entstehende Temperatur kann mehrere tausend Grad C und der Druck mehrere tausend Atm. betragen.

Explosionen in *Kohlenladungen* können auf verschiedene Weise entstehen. Gerät z. B. eine Kohlenladung durch Sauerstoffzufuhr auf irgendeinem Wege ins Glühen, so oxydiert der Kohlenstoff zu CO, das sich über der Kohle mit Luft mischt. Bei Mischung mit Sauerstoff im richtigen Verhältnis – begünstigt durch Feuchtigkeit – kann sofort Entzündung und Explosion eintreten, da die freiwerdende Oxydationswärme nicht ausstrahlen und sich bis zur Entzündungstemperatur der Kohle steigern kann.[1] Ähnlich wie Kohlenstoff verhält sich das aus der Kohle austretende Grubengas (Methan). Beim Löschen brennender Kohlenladung durch Dampf oder geringe Wassermengen setzt sich der Kohlenstoff (C) + Wasser (H_2O) in der Glühhitze zu $CO + H_2$ um. Beide Gase sind brennbar und explosiv.

Chlorsaure Salze = Chlorate (z. B. Kaliumchlorat $KClO_3$) entwickeln beim Zusammentreffen mit Säuren Chlor und Chlordioxyd (ClO_2). Das so entstandene Gas zersetzt sich schon bei 30° C unter furchtbarer Explosion. Daher dürfen Säuren niemals mit Chloraten in Berührung kommen.

Wasser. Chemisch reines Wasser ist eine geruch- und geschmacklose Flüssigkeit, die in dünnen Schichten farblos, in dicken (6–8 m) rein blau ist. Bei 0° C geht die Flüssigkeit in den festen Aggregatzustand (Eis, Schnee, Hagel usw.), bei 100° C und 1 Atm. Druck in den gasförmigen Zustand (Wasserdampf) über. In Berührung mit Luft verdampft Wasser bei jeder Temperatur (Verdunstung). Bei steigendem Druck erniedrigt sich der Gefrierpunkt und erhöht sich der Siedepunkt. H_2O hat bei + 4° C seine größte Dichte, also sein kleinstes Volumen. Das in der Natur vorkommende Wasser ist nie chemisch rein, sondern enthält verschiedene gelöste Stoffe und Gase. Ein größerer Gehalt von Calcium-, Eisen- und Magnesiumsalzen macht das Wasser „*hart*". Kalkfreies Wasser nennt man „*weich*". Kesselstein ist eine Ablagerung von kohlensaurem Kalk ($CaCO_3$) an den Kesselwänden.

[1] Siehe Verordnung über die Beförderung gefährlicher Güter mit Seeschiffen, herausgegeben vom Bundesminister für Verkehr, 1955.

Trinkwasser soll geruch- und farblos sein und eine Temperatur von 8—12° C haben. Sein Geschmack wird durch Salze und freie Kohlensäure stark beeinflußt. Beimischung von Kochsalz (NaCl) schadet dem Trinkwasser nicht, solange es den Geschmack nicht beeinträchtigt, doch eignet sich hartes Wasser schlecht zur Zubereitung mancher Speisen (z. B. von Hülsenfrüchten). Man muß dann etwas Natron zusetzen. Trinkwasser soll nie lange abgeschlossen in Leitungen oder Tanks stehen, sondern dauernd in Berührung mit frischer Luft sein. An Bord, wo das Trinkwasser oft lange in Tanks aufbewahrt werden muß, soll man es vor Gebrauch durch Sand- oder Kohlefilter reinigen.

Waschwasser soll möglichst weich sein, da sonst Seife schlecht schäumt. Eisenhaltiges Wasser ist wegen der damit verbundenen Färbung der Wäsche schlecht zu gebrauchen. Waschwasser kann durch Zusatz von Soda oder Borax weich gemacht werden.

Kesselspeisewasser muß, besonders bei Wasserrohrkesseln, weich und salzarm sein, da sonst die Kesselwände angegriffen werden und sich Kesselstein bildet. Die etwa im Wasser vorhandene Kohlensäure kann durch Vorwärmer daraus entfernt werden. Kalk- und Magnesiumsalze entfernt man durch Zusetzen von Kalkmilch (gelöschtem Kalk) und Soda. Bei allen Verfahren der Wasserenthärtung muß 1. die *vorübergehende* Härte (Karbonathärte, gebildet von gelösten Hydrokarbonaten) und 2. die *bleibende* Härte (Sulfathärte, gebildet von gelösten Sulfaten) beseitigt werden. Verunreinigungen durch Zylinderöle müssen durch Filter entfernt werden. Am besten eignet sich als Speisewasser destilliertes H_2O, das in Tanks abgelagert wurde.

In neuerer Zeit treten für die Aufbereitung und Pflege des Kesselspeisewassers neben die chemischen Fällverfahren das Basen-Austauschverfahren (Wasserstoff- und Natriumaustauscher), die Entsäuerung und Enteisenung, die Filterung und Entgasung sowie physikalische Sonderverfahren wie die Ultra-Schallwellenbehandlung.

Salzwasser s. Bd. I unter Meteorologie.

Kohlenstoff (C) und einige seiner Verbindungen C kommt in der Natur frei in 3 Formen vor: als Diamant, Graphit und Kohle. C ist in gebundenem Zustand der Hauptbestandteil aller organischen Stoffe (Eiweiß, Fette, Blut, Zucker, Vitamine, Hormone usw.). Kohle bildet sich daher überall, wo organische Substanzen der Zersetzung unterliegen. Je nach der Art der Pflanzen, die dem Verwesungsprozeß unterlagen und der Länge der dabei verstrichenen Zeit entstanden: Torf, Braunkohle, Steinkohle und Anthrazit.

Kohle wird bei fast allen hüttenmännischen Vorgängen angewandt, um Metalle aus ihren Erzen auszuschmelzen (als Reduktionsmittel). Als Ruß ist Kohlenstoff der Hauptbestandteil von Druckerschwärze, Tusche, Wichse usw. Holzkohle wird durch Verkohlen des Holzes in Meilern, Knochenkohle durch Verkohlen von Tierknochen in eisernen Retorten gewonnen. Holz- und Knochenkohle vermögen Gase, Riechstoffe, Wasserdampf und organische Zersetzungsstoffe gut aufzusaugen. Daher werden sie in der Medizin und in Form von Kohlefiltern zum Reinigen von Trinkwasser viel benutzt. Koks ist ein Nebenprodukt, das bei der trockenen Destillation[1] der *Steinkohle* zum Zwecke der Leuchtgasbereitung gewonnen wird. Weitere Nebenprodukte sind dabei Teer, Ammoniak, Benzol (C_6H_6) usw. Aus Steinkohlenteer gewinnt man dann weiter verschiedene Öle, Phenole und Phenolkunstharze, Naphthalin, Teerfarben, Anilinfarben, Saccharin, Teerpech usw.

Bei der trockenen Destillation des *Holzes* verbleiben als feste Rückstände Holzkohle und Retortenkohle und als flüssige Rückstände Holzteer und Holzessig, aus denen Methylalkohol (CH_3OH), Kreosot und Essigsäure (CH_3COOH) gewonnen werden.

Bei der trockenen Destillation von Braunkohle bleiben als Rückstände Grudekoks, Paraffin, Benzin, Solaröl und verschiedene Putz- und Schmieröle.

Kohle als Heizmaterial. Nach der stofflichen Zusammensetzung und ihrem Verhalten auf dem Rost unterscheidet man:

1. Heiz- oder Kesselkohle. Sie ist schwarz, frischer Bruch ist glänzend, ihre Entzündungstemperatur liegt bei 500°. Gute westfälische Steinkohle enthält ungefähr: 80% C, 4% H, 7–8% O, 1–2% S, 1–3% H_2O, 1% N und 4–8% Asche. Letztere besteht vorwiegend aus kieselsaurer Tonerde, Eisenoxyd und verschiedenen Alkalien. Langes Lagern vermindert den Heizwert der Kohle. Größere Kohlenstücke enthalten oft Kohlenwasserstoffgase wie Methan (CH_4) und Äthylen (C_2H_4). Deshalb soll man schlecht gelüftete Kohlenbunker nie mit offenem Licht und nie ohne Sauerstoffgerät oder Rauchhelm (Filtergerät nur mit Spezial-Kohlenoxydfilter!) betreten.

2. Koks- oder backende Kohle, die beim Verbrennen in Heizungsanlagen leicht zusammenschmilzt und Schlacken bildet, während Heizkohle in kleine, nicht aneinanderhaftende Stücke zerspringt und fast vollständig zu wenig Asche verbrennt. Kokskohle wird deshalb fast ausschließlich nur in Kokereien verarbeitet und wird dort wegen der beim Verkokungsprozeß anfallenden Nebenprodukte (Benzin, Benzol, Ammoniak, Teer usw.) besonders hoch bewertet.

3. Künstliche Stückkohle oder Preßkohle. Diese beansprucht bei sorgfältiger Lagerung etwa 20% weniger Raum als gewöhnliche Kohle.

Der Heizwert pro kg beträgt von trockenem Holz etwa 4000 kcal, von Torf bis 4500 kcal, von Braunkohle bis 6000 kcal, von Koks 7000 kcal und von Kesselkohle 8000 kcal.

Kohlenstoffverbindungen. Wie bereits erwähnt wurde, bildet C mit *Sauerstoff* die beiden wichtigen Oxyde CO und CO_2 (s. Oxydation). CO_2 läßt sich unter einem Druck von 35 Atm. bei 0° C verflüssigen und kommt als flüssige Kohlensäure in Stahlflaschen in den Handel, da sie z. B. bei 20° C einen Druck von 58 Atm. ausübt. Läßt man flüssige Kohlensäure ausfließen, so kühlt sie sich bei rascher Entspannung durch heftige Verdampfung so stark ab (– 79° C), daß ein Teil der CO_2 zu festem Kohlen-

[1] Als trockene Destillation bezeichnet man die Erhitzung fester Stoffe unter Luftabschluß.

säureschnee erstarrt. CO_2 findet u. a. Verwendung zum Ausschank des Bieres, als Trockeneis zu Konservierungen und Kältemischungen usw.

Mit *Wasserstoff* bildet C unzählige Verbindungen. Einige der einfachsten Kohlenwasserstoffverbindungen sind Methan (CH_4), auch Gruben- oder Sumpfgas genannt, Äthylen (C_2H_4), ein Bestandteil des Leuchtgases, das seine Leuchtkraft erhöht, Azetylen (C_2H_2), ein giftiges, explosibles Gas, das bei unvollkommener Verbrennung des Leuchtgases entsteht. Letzteres kommt in Aceton aufgelöst in den Handel und wird z. B. zur Beleuchtung von Leuchtbojen viel gebraucht. Azetylen dient wegen seines hohen Leuchtvermögens und Heizwertes zum Schweißen, Schneiden, zur Beleuchtung u. a.

Mit *Schwefel* bildet C Schwefelkohlenstoff (CS_2), eine sehr giftige Flüssigkeit, die als Lösungsmittel für Phosphor, Schwefel, Harze, Öle und Fette u. a. verwendet wird.

Mit *Stickstoff* verbindet sich C zu Cyan (CN), zu Cyankali (KCN) und zu Blausäure (HCN), einem der stärksten, bekannten Gifte.

Mit *Chlor* bildet C Chloroform ($HCCl_3$), das ein gutes Lösungsmittel für Fette und Harze ist und u. a. in der Medizin gebraucht wird.

Flüssige Brennstoffe und Treiböle. Eine andere Möglichkeit der Veredlung der Kohle ist die Kohlehydrierung (Kohleverflüssigung). Dabei gelingt es, H-ärmere Kohlenstoffverbindungen unter hohem Druck und hoher Temperatur zur H-Aufnahme zu zwingen und durch diese Hydrierung (Wasserstoffanlagerung) in Leichtöle (Benzin usw.) zu verwandeln. Dabei werden etwa 97% der Kohle in Öle oder Gase verwandelt[1]. Die flüssigen Brennstoffe und Treiböle sind Kohlenwasserstoffverbindungen. Je geringer deren spezifisches Gewicht ist, desto niedriger liegt im allgemeinen ihr Flammpunkt und ihre Siedetemperatur. Die spez. Gewichte der wichtigsten Kraftöle sind: Petroleum ~0,85—0,90, Benzin 0,68 bis 0,75, Benzol ~0,89 und Spiritus ~0,83. Das *rohe Erdöl* ist eine dickliche, mit H_2O nicht mischbare Flüssigkeit vom spez. Gewicht 0,78—0,95. Es ist wasserhell bis tiefschwarz und hat einen unangenehmen Geruch. Es ist zum Brennen erst geeignet, nachdem durch Destillation alle Verunreinigungen (Schwefel und andere Verbindungen) sowie das feuergefährliche Benzin entfernt wurden. Bei der Destillation entstehen als Nebenprodukte Petroleumäther, Gasolin, Benzin oder Naphta, verschiedene Paraffin- und Schmieröle, Erdwachs, Grudekoks, Heizkriketts, Asphalt und weitere Mineralöle. Das dabei gewonnene eigentliche Brennöl wird dann noch weiter gereinigt, ehe es als Petroleum in den Handel kommt.

Von den flüssigen Brennstoffen, die durch trockene Destillation der Steinkohle gewonnen werden, kommen als Kraftöl für den Motorbetrieb in erster Linie das Benzol und die Schweröle in Frage. *Reinbenzol* (C_6H_6) hat das spez. Gewicht ~0,88 und einen Heizwert von ~10500 kcal. Die *Schweröle* sind schwerer als H_2O. Sie sind für Dieselmotoren nur mit Leichtölen gemischt zu verwenden.

---

[1] Bergiusverfahren und Benzinsynthese nach FISCHER-TROPSCH.

Paraffinöle, Solaröl, auch *Putz-* und *Schmieröle* erhält man bei der Braunkohlendestillation.

Spiritus ist ein Gärungsprodukt des Traubenzuckers, verschiedener Getreidearten und der Kartoffel. Er wird als Brennstoff mit Benzol vermischt gebraucht.

Durch Verwendung minderwertiger Brennstoffe werden die Maschinenteile stark angegriffen und die Auspuffventile stark verschmutzt. Alle flüssigen Brennstoffe, sowie alle Öle in fein verteiltem Zustand (z. B. mit Öl getränkte Wischbaumwolle u. dgl.) neigen zur Bildung explosibler Gase, so daß Vorsicht bei der Aufbewahrung notwendig ist. Auch Naphtagase bilden mit Luft gemischt explosible Gase.

Schmieröle. Ein gutes Schmiermittel muß folgenden Bedingungen genügen:

1. Es darf Metalle nicht angreifen, muß also säurefrei sein, 2. es darf keine fremden Beimengungen enthalten und selbst nach längerem Stehen keinen Bodensatz bilden, 3. es soll nur geringen Geruch haben, 4. es soll sich nicht zersetzen, 5. es soll nicht eintrocknen und nicht verharzen, 6. es muß wasserfrei sein (wichtig bei Dochtschmierung!).

Die meisten gereinigten Mineralöle erfüllen diese Bedingungen.

Tier- und Pflanzenöle, sogenannte fette Öle (wie Glyceride, Palmöl, Mandelöl, Rüböl, Mohnöl, Olivenöl, Baumwollsamenöl, Trane, Walratöl u. dgl.), sind teuer und eignen sich nicht besonders gut als Schmieröle, da sie meistens Fettsäuren enthalten. Nur als Zylinderschmieröl sind sie wegen ihrer größeren Hitzebeständigkeit den Mineralölen vorzuziehen. Schmieröle, die großer Kälte ausgesetzt sind (z. B. bei Kältemaschinen), sind so zu wählen, daß sie bei der Gebrauchstemperatur nicht zähflüssig werden oder erstarren.

Säuren, Laugen und Salze. Säuren besitzen die Eigenschaft, blauen Lackmusfarbstoff rot zu färben. Sie sind Wasserstoffverbindungen, z. B. HCl = Salzsäure, H_2SO_4 = Schwefelsäure, HNO_3 = Salpetersäure.

Laugen oder Basen färben roten Lackmusfarbstoff blau. Sie sind Verbindungen eines Metalles mit der einwertigen Gruppe OH (Hydroxylgruppe) und werden deshalb auch Hydroxyde genannt, z. B. $Na(OH)$ = Natriumhydroxyd (Natronlauge), $Ca(OH)_2$ = Calciumhydroxyd (Kalklauge oder gelöschter Kalk).

Läßt man eine Säure und eine Lauge aufeinander wirken, so verbinden sich das H der Säure mit dem OH der Lauge zu H_2O und das Metall der Base mit dem Säurerest zu einem Salz (Neutralisation). So ergibt z. B.

Schwefelsäure + Kalklauge = Wasser + Calciumsulfat (Gips)
(giftig) (giftig) (ungiftig)

$$H_2SO_4 + Ca(OH)_2 = 2\,H_2O + CaSO_4$$

Die aus Salzsäure entstandenen Salze heißen Chloride, aus Schwefelsäure Sulfate, aus Salpetersäure Nitrate, aus salpetriger Säure Nitrite, aus Kohlensäure Karbonate, aus Phosphorsäure Phosphate, usw.

Oft verwendet man zur Erkennung des Neutralisationsvorganges Indikatorpapier (Firma Merck): Eine Lösung ist sauer, wenn die sogenannte „Wasserstoffzahl" der Lösung $p_H < 7$, sie ist alkalisch, wenn $p_H > 7$ ist. Neutralpunkt $p_H = 7$.

Bei Verladung von Säuren ist große Vorsicht geboten (s. Ladung). Verdünnte Säuren, besonders Schwefelsäure, wirken oft auf Metalle stärker ein als konzentrierte. Salpetersäure entwickelt beim Heißwerden bräunliche Dämpfe (Stickoxyde), die stechend riechen und zuerst nicht unangenehm empfunden werden, aber nach einiger Zeit schwere innere Erkrankungen, sogar den Tod herbeiführen können.

Säuren können auch durch Oxyde oder Karbonate (Soda) neutralisiert werden. Hat man z. B. Salzsäure oder Schwefelsäure verschluckt, so nimmt man Magnesiumoxyd (MgO = Magnesia), denn

$$MgO + 2HCl = MgCl_2 + H_2O \text{ (Magnesiumchlorid + Wasser)}.$$

Alle Säuren, Laugen und Salze leiten in wässeriger Lösung den elektrischen Strom. Diese Eigenschaft wird z. B. beim ANSCHÜTZ- und PLATH-Kreiselkompaß verwendet (s. Bd. I, Kreiselkompaß).

Katalysatoren sind Stoffe, die die chemische Verbindung zweier anderer Stoffe durch ihre bloße Gegenwart einleiten oder beschleunigen. So vermag z. B. Platin in feiner Verteilung Verbrennungsvorgänge sehr stark zu beschleunigen. Die Herstellung synthetischen Benzins aus Kohle oder Schwerölen ist z. B. nur mit Hilfe von Katalysatoren möglich. Unter dem Einfluß von katalytisch wirkenden Stoffen (Fermenten oder Enzymen, Vitaminen, Hormonen) verlaufen auch die chemischen Umsetzungen in Pflanzen- und Tierkörpern.

Leuchtfarben. Es gibt Stoffe (Luminophore), die unsichtbare Strahlen (ultraviolette oder ultrarote) in sichtbare Strahlen umzuwandeln vermögen. Die Technik verwendet solche Stoffe, um Leuchtfarben herzustellen. Man unterscheidet dabei fluoreszierende oder *auf*leuchtende Farben, z. B. Lumogenleuchtstoff, phosphoreszierende oder *nach*leuchtende Farben wie Leuchtgelb, Leuchtblau oder Clarolit aus Sulfiden der Erdalkalimetalle Strontium und Calcium und *radioaktive* Leuchtfarben aus reinen Zinksulfiden mit einem Zusatz von Mesothorium. In der Schiffahrt werden solche nichtradioaktive Farben verwandt zum Bestreichen von Zifferblättern, Skalen, Kompaßrosen, Niedergängen und Hinweisschildern, die durch ultraviolettes Licht angestrahlt werden.

IX. Signal- und Funkwesen[1].

1. Optisches Signalwesen.

Ausrüstung mit Signalmitteln. Nach den UVV der SBG muß jedes deutsche Schiff die Bundesflagge, das Unterscheidungssignal, ein Internationales Signalbuch mit den Nachträgen nebst neuestem Anhang (Amtliche Liste der Seeschiffe) und den dazugehörigen Signalflaggen sowie eine Morsesignallampe an Bord haben. Schiffe bis zu 250 BRT sind für Fahrten innerhalb der Nord- oder Ostsee von der Mitführung des Signalbuches und der Signalflaggen und solche bis zu 150 BRT von der Mitführung der Morsesignallampe entbunden.

Nach der VO über die Sicherung der Seefahrt muß jedes Schiff ab 50 BRT in der Auslandfahrt außerdem mit einer Tagsignallampe (Morsescheinwerfer) ausgerüstet sein.

Jedes Schiff muß zur Abgabe von *Notsignalen* mindestens 12 Raketen mit Stöcken, 12 Kanonenschläge und 6 Fallschirmsignale, zur Abgabe von *Lotsensignalen* 12 Blaulichter oder Flackerfeuer an Bord haben. An Stelle der Raketen mit Stöcken und der Kanonenschläge können Pistolen mit Leucht- bzw. Knallmunition verwendet werden. Not- und Lotsensignale s. S. 531.

Das internationale Signalbuch 1931.

Es besteht aus zwei Bänden. Band I (Signalbuch) dient dem optischen Signalverkehr, Band II (Funkverkehrsbuch) dem Funkverkehr (s. S. 543). Das Funkverkehrsbuch muß sich nach den UVV auf jedem Schiffe befinden, das nach der „Vollzugsordnung für den Funkdienst" mit einer Telegrafiefunkanlage ausgerüstet sein muß.

Einteilung des Signalbuches.

1. Einleitung.

Vorwort.

Flaggentafeln.

Gebrauchsanweisung.

Not-, Lotsen- und Quarantänesignale.

---

[1] Der moderne Nautiker muß den Signal- und Funkdienst beherrschen, um die Signalmittel in Seenot und in anderen dringenden Fällen sofort richtig und erfolgreich anwenden zu können. Dies gilt auch besonders für das optische Signalisieren. Man halte sich deshalb stets in Übung!

2. Satzbuch.

Teil I. Empfang.

Einflaggensignale Schleppsignale Zweiflaggensignale	Dringende und wichtige Signale.

Dreiflaggensignale:

Kompaßsignale Seitenpeilungen Einheitszeiten Musterzeitwort Satzzeichen und Hilfssätze Monate und Wochentage	Diese Tafeln dienen zum Empfang und Geben.

Allgemeine Signale

Teil II. Geographische Liste.

Vierflaggensignale, zum Empfang und Geben bestimmt.

Teil III. Geben.

Allgemeines Wörterbuch.
Ärztliche Signale.

Gebrauch des Signalbuches.

Gebrauch der Hilfsstander. Diese ermöglichen die mehrmalige Wiedergabe *einer* Flagge oder *eines* Wimpels in einer Flaggengruppe bei nur *einem* Satz Flaggen. Der I. Hilfstander wiederholt die erste Flagge oder den ersten Wimpel in dem betreffenden Signal, der II. Hilfsstander die zweite Flagge oder den zweiten Wimpel, der III. Hilfsstander die dritte Flagge oder den dritten Wimpel. Enthält ein Signal gleichzeitig Flaggen und Wimpel, so wiederholt der Hilfsstander stets diejenige Flaggenart, der er unmittelbar folgt. So ist bei dem Signal *P 2123* zu heißen: *P, 2, 1,* Hilfsstander I, *3.*

Signalisieren von Zeiten. Jede Zeit wird durch *T* (Time) mit 4 Zahlen darunter gegeben. Dabei bedeuten die ersten beiden Zahlen die Stunden, die letzten die Minuten.

Beispiel: *T 0925* = $9^h\ 25^m$ vormittags.

Signalisieren von Schiffsorten. a) Nach Breite und Länge: Dies wird durch zwei Signale gegeben; jedes Signal besteht aus der Flagge *P* (Position) und darunter 4 Zahlen. Das erste Signal ist die Breite, das zweite die Länge. Die beiden ersten Zahlen geben die Grade, die letzten die Bogenminuten an. Ist die Länge über 100°, so kann im Zweifelsfalle das zweite Signal 5 Zahlen enthalten, auch darf, wenn ein Irrtum möglich ist, *N, S, E* oder *W* an das betreffende Signal angehängt werden.

Beispiele:

P 3620,	*P 5413*:	$\varphi = 36°20'$,	$\lambda = 54°13'$	od. $\lambda = 154°13'$
P 0351 S,	*P 3015 W*:	$\varphi = 3°51'$ S,	$\lambda = 30°15'$ W	od. $\lambda = 130°15'$ W
P 2110,	*P 11534*:	$\varphi = 21°10'$,	$\lambda = 115°34'$	

Die Flaggen, Stander und Wimpel des Internationalen Signalbuchs.

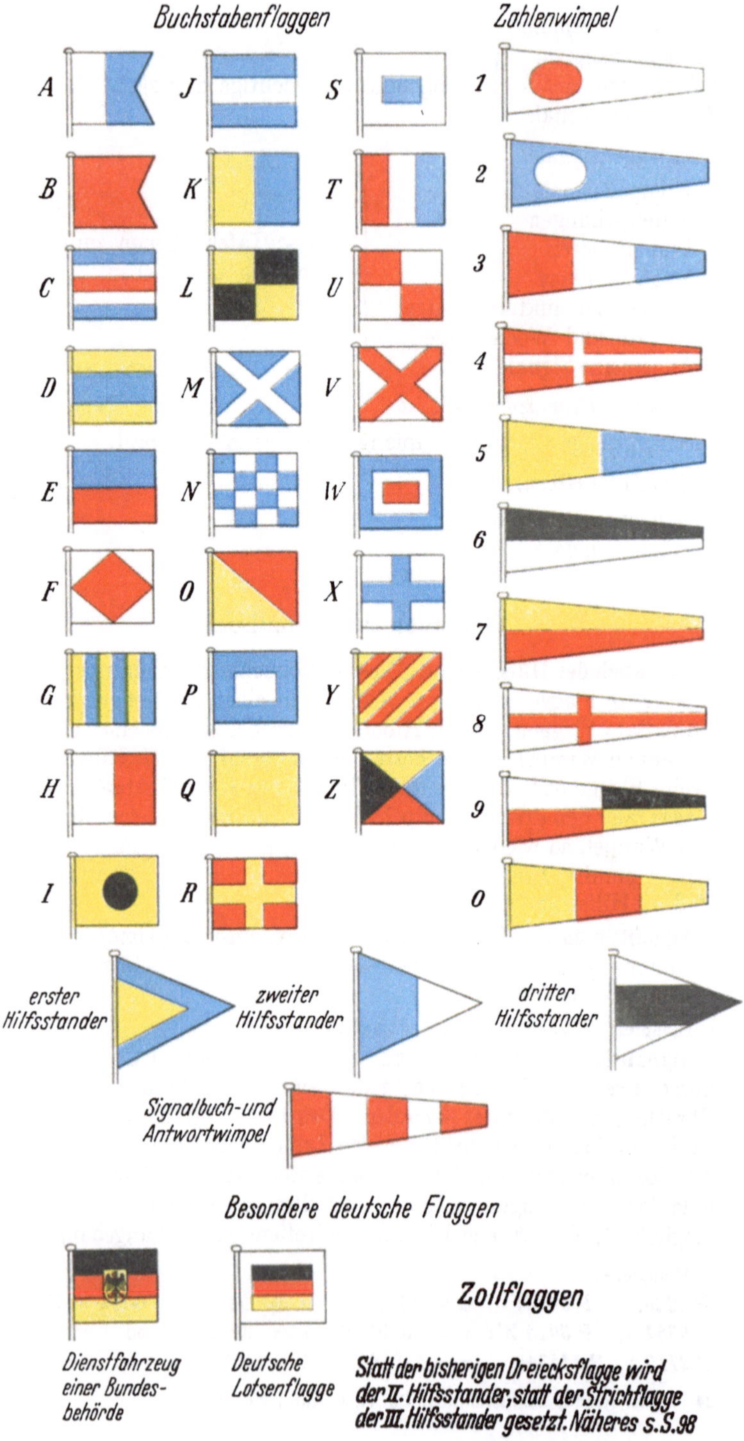

Buchstabenflaggen

A J S
B K T
C L U
D M V
E N W
F O X
G P Y
H Q Z
I R

Zahlenwimpel

1 2 3 4 5 6 7 8 9 0

erster Hilfsstander *zweiter Hilfsstander* *dritter Hilfsstander*

Signalbuch- und Antwortwimpel

Besondere deutsche Flaggen

Dienstfahrzeug einer Bundesbehörde

Deutsche Lotsenflagge

Zollflaggen

Statt der bisherigen Dreiecksflagge wird der II. Hilfsstander, statt der Strichflagge der III. Hilfsstander gesetzt. Näheres s. S. 98

b) Nach Peilung und Abstand: Dies erfolgt durch drei Signale in der Reihenfolge: Peilung, Abstand, gepeilter Ort.

Beispiel: *X 130*; *7*; *ARHW* = Ich peile Weser-Feuerschiff rw. 130° 7 sm ab.

Peilungen werden stets durch die Flagge *X* mit 3 Zahlen darunter gegeben.

Signalisieren von Namen erfolgt durch Buchstabieren. Dabei bedeutet Signalbuchwimpel über *E*: Von jetzt an wird buchstabiert, Signalbuchwimpel über *F*: Wort beendet oder Punkt, Signalbuchwimpel über *G*: Buchstabieren beendet.

Bestätigung des Empfangs erfolgt durch den Antwortwimpel. Der Signalempfänger heißt den Wimpel vor, sobald er das Signal aufgeschlagen und verstanden hat. Wird das Signal vom Signalgeber niedergeholt, so holt der Empfänger den Wimpel halbstock. Dieses Vor- und Halbstockheißen wiederholt sich bis zur Beendigung des Signalverkehrs, die der Signalgeber durch Setzen des Antwortwimpels anzeigt.

Notsignale.

Bedeutung: „Ich bin in Not und benötige sofortige Hilfe".

	Tags	Nachts
Schall-signale	Kanonenschüsse oder andere Knallsignale, die in Zwischenräumen von etwa 1 Minute abgefeuert werden.	
	Anhaltendes Ertönen irgendeines Nebelsignalgerätes.	
Sicht-signale	Flaggen: *N C*	Flammensignale, z. B. brennende Teertonnen, Öltonnen oder dergl.
	Fernsignal: Viereckige Flagge über oder unter einem Ball	Raketen oder Leuchtkugeln mit roten Sternen, die einzeln in kurzen Zwischenräumen abzufeuern sind.
		Fallschirmleuchtrakete mit rotem Licht
Funk-signale (s. auch S. 539)	SOS-Signal, gegeben durch Telegrafiefunk auf 500 kHz (im Anschluß an das Alarmzeichen von 12 Strichen von je 4 sek Dauer und je 1 sek Zwischenraum) oder durch irgendeine andere Signalmethode	
	Durch Sprechfunk auf 2182 kHz der Notruf „Mayday", entsprechend dem französischen Wort m'aider = mir helfen! im Anschluß an das Alarmzeichen, bei dem etwa 1 min lang zwei Tonfrequenzen abwechselnd gesendet werden.	

Lotsensignale.

Bedeutung: Ich benötige einen Lotsen.

Tags	Nachts
Flagge: *G*	Blaufeuer, die alle 15 min abgebrannt werden.
Flaggen: *P T*	*P T* durch Blinksignal.
Deutsche Lotsenflagge (s. Tafel S. 530)	Ein unmittelbar über der Reling in kurzen Zwischenräumen gezeigtes, helles, weißes Licht, das jedesmal ungefähr 1 Minute sichtbar ist.

Quarantänesignale.

Bedeutung	Tags
An Bord ist alles wohl, ich bitte um freie Verkehrserlaubnis.	Flagge: *Q*
Mein Schiff ist „verdächtig", d. h. ich habe einen Fall (Fälle), oder einen verdächtigen Fall (Fälle) von infektiöser Krankheit vor mehr als 5 Tagen gehabt, oder es ist ein ungewöhnliches Rattensterben an Bord meines Schiffes vorgekommen.	Flaggen: *Q* über dem I. Hilfsstander
Mein Schiff ist „verseucht", d. h. ich habe einen Fall (Fälle) von infektiöser Krankheit vor fünf oder weniger als fünf Tagen gehabt.	Flaggen: *Q L*
	Nachts
Ich habe keine Verkehrserlaubnis erhalten. Bemerkung: Darf nur innerhalb der Hafengrenzen gesetzt werden.	Ein rotes Licht senkrecht über einem weißen Licht mit einem Abstand von 2 m über den ganzen Horizont sichtbar.

Einige dringende und wichtige Signale mit einer Flagge.

A Ich mache Meilen(Probe)fahrt.
B Ich lade oder entlade Explosivstoffe. Ich habe leichtentzündliche Flüssigkeiten an Bord oder bin nach der Entladung noch nicht entgast.
D Halten Sie frei von mir, ich manövriere unter Schwierigkeiten!
G Ich benötige einen Lotsen.
H Ich habe einen Lotsen an Bord.
**K* Bringen Sie Ihr Schiff sofort zum Stehen!
**L* Stoppen Sie, ich habe Ihnen etwas Wichtiges mitzuteilen!
**O* Mann über Bord.
**P* Im Hafen im Vortopp gesetzt (Blauer Peter): Alle Mann an Bord zurückkehren, da Fahrzeug in See gehen will.
In Fahrt: Ihre Lichter sind aus oder brennen schlecht.
Q An Bord ist alles wohl, ich bitte um freie Verkehrserlaubnis.
T Passieren Sie nicht vor meinem Bug!
**U* Sie begeben sich in Gefahr!
**V* Ich benötige Hilfe.
**W* Ich benötige ärztliche Hilfe.

Die mit einem * versehenen Signale dürfen auch zum Licht- oder Schallmorsen benutzt werden.

Andere häufige und wichtige Signale.

JD Sie begeben sich in Gefahr!
JI Ich kompensiere Kompasse!
UB Besetzen Sie Ihre Funkstelle!
PYU Gute Reise!
OVG Danke!

Schleppsignale mit einer Flagge.

Nur zu benutzen zwischen schleppenden und geschleppten Fahrzeugen. Diese Signale werden mit *einer* Flagge gegeben, und zwar durch Halten in der Hand oder durch Heißen am Stag oder Vorwant oder an der Gaffel. — Bei Nacht können sie durch Blinksignale gegeben werden. Die Störung der Signale anderer Schiffe ist zu vermeiden.

Flagge	Durch das schleppende Fahrzeug	Durch das geschleppte Fahrzeug
A	Ist die Schleppleine fest?	Schleppleine ist fest.
B	Ist alles klar zum Schleppen?	Alles klar zum Schleppen.
C	Ja, bejahend.	Ja, bejahend.
D	Kürzen Sie die Schleppleine auf.	Kürzen Sie die Schleppleine auf.
E	Ich ändere Kurs nach Steuerbord.	Steuern Sie nach Steuerbord.
F	Stecken Sie die Schleppleine.	Ich stecke Schleppleine.
G	Werfen Sie die Schleppleine los.	Werfen Sie die Schleppleine los.
H	Ich muß die Schleppleine loswerfen.	Ich muß die Schleppleine loswerfen.
I	Ich ändere Kurs nach Backbord.	Steuern Sie nach Backbord.
J	Schleppleine ist gebrochen.	Schleppleine ist gebrochen.
K	Soll ich den gegenwärtigen Kurs weitersteuern?	Steuern Sie den gegenwärtigen Kurs weiter.
L	Ich stoppe meine Maschine.	Stoppen Sie die Maschine sofort.
M	Ich halte ab vor der See.	Halten Sie ab vor der See.
N	Nein, verneinend.	Nein, verneinend.
O	Mann über Bord.	Mann über Bord.
P	Ich muß so bald wie möglich unter Schutz oder ankern.	Bringen Sie mein Schiff unter Schutz oder zu Anker.
Q	Sollen wir sofort ankern?	Ich wünsche sofort zu ankern.
R	Ich vermindere Fahrt.	Vermindern Sie die Fahrt.
S	Meine Maschine geht zurück.	Gehen Sie zurück.
T	Ich vermehre Fahrt.	Vermehren Sie die Fahrt.
U	Sie geraten in Gefahr.	Sie geraten in Gefahr.
V	Setzen Sie Segel.	Ich will Segel setzen.
W	Ich stecke die Schlepptrosse aus.	Ich stecke die Schlepptrosse aus.
X	Machen Sie Reserveschlepptrosse klar.	Reserveschlepptrosse ist klar.
Y	Ich kann Ihren Befehl (Anweisung) nicht ausführen.	Ich kann Ihren Befehl (Anweisung) nicht ausführen.
Z	Ich schleppe an.	Schleppen Sie an.

Winkerverfahren mit Handflaggen. Es gibt internationale und deutsche Winkerzeichen, die früher bei den Kriegsmarinen als Tag-Signalmittel auf geringe Entfernung große Bedeutung hatten. Die Entwicklung des Telegraphie- und Sprechfunks und die Möglichkeit, auch bei Tage mit dem Scheinwerfer oder mit der Vartalampe zu morsen, haben das Winkerverfahren immer mehr in den Hintergrund treten lassen. Bei der Handelsmarine hatte sich das Verfahren wegen der geringen Übungsmöglichkeiten niemals eingebürgert. Näheres s. im Signalbuch, Band I.

Lichtmorsen.

Allgemeines. Die Morselampe muß so angebracht werden, daß sie von dem angerufenen Schiff (Station) gut gesehen werden kann. Morsescheinwerfer mit Visiereinrichtung werden auch bei Tage verwendet.

Man gebe zunächst die Morsezeichen nicht zu schnell, da man nicht weiß, ob der Abnehmer in der Lage ist, so schnell zu folgen. Man hüte sich auch davor, in das Gegenteil zu verfallen; denn ein zu langsames Morsen ermüdet zu leicht. In der Nähe der Küste und in viel befahrenen Gewässern ist es nicht angebracht, seine Aufmerksamkeit durch das Signalisieren von der Navigation ablenken zu lassen.

Im Nebel und in besonderen Fällen können die Morsezeichen auch mit einem Schallgerät, z. B. mit der Pfeife gegeben werden.

Verfahren beim Lichtmorsen

(wie z. Z. in der Praxis üblich).

Anruf. Der Morsespruch beginnt mit dem Anruf.

Dieser besteht aus dem wiederholt gegebenen Namen (Rufnamen) des Angerufenen. Ist der Angerufene nicht bekannt, erfolgt der Anruf mit den Buchstaben „*a*" „*a*" „*a*" = •▬ •▬ •▬.

Der Angerufene antwortet mit dem Klarzeichen „*t*" = ▬.

Die Abgabe des Morsespruches beginnt mit den Buchstaben „*bt*" = ▬•••▬ (beginning of text).

Signalbeendigung. Als Schluß wird gegeben: „*ar*" = •▬•▬• (all received).

Der Empfänger bestätigt am besten jedes Wort durch „*t*" = ▬. Sobald er ein Wort nicht erhält, unterbricht er den Geber durch mindestens 8 Punkte.

Wenn *alles erhalten*, quittiert der Empfänger den ganzen Spruch durch „*r*" = •▬• (received).

Falls der *ganze Spruch wiederholt* werden soll, wird vom Empfänger „*rp*" = •▬• •▬▬• (repeat) gegeben.

Außerdem sind noch folgende Wiederholungszeichen gebräuchlich: „*aa*" = •▬ •▬ (all after); „*ab*" = •▬ ▬••• (all before) und „*bn*" = ▬••• ▬• (between). Damit wird der Geber aufgefordert, den ganzen Text nach oder vor dem angegebenen Wort oder zwischen zwei angegebenen Wörtern zu wiederholen.

Wenn Lampe oder Platz der Lampe gewechselt werden soll, gibt man „*ww*" = •▬▬ •▬▬.

Im internationalen Verkehr amtlich zugelassene Morsezeichen[1].

Abstand und Länge der Zeichen:

1. Ein Strich ist gleich 3 Punkten.
2. Der Raum zwischen den Zeichen eines Buchstabens ist gleich 1 Punkt.
3. Der Raum zwischen zwei Buchstaben ist gleich 3 Punkten.
4. Der Raum zwischen zwei Wörtern ist gleich 7 Punkten.

[1] So genannt nach dem amerikanischen Prof. Samuel Morse (1791 bis 1872), der 1840 dieses Strich-Punkt-ABC zuerst vorschlug.

Buchstaben und neue internationale Buchstabierworte

a	·—	A	*Alfa*	j	·———	J	*Juliet*	s	···	S	*Sierra*
b	—···	B	*Bravo*	k	—·—	K	*Kilo*	t	—	T	*Tango*
c	—·—·	C	*Charlie*	l	·—··	L	*Lima*	u	··—	U	*Uniform*
d	—··	D	*Delta*	m	——	M	*Mike*	v	···—	V	*Victor*
e	·	E	*Echo*	n	—·	N	*November*	w	·——	W	*Whisky*
f	··—·	F	*Foxtrot*	o	———	O	*Oskar*	x	—··—	X	*Xray*
g	——·	G	*Golf*	p	·——·	P	*Papa*	y	—·——	Y	*Yankee*
h	····	H	*Hotel*	q	——·—	Q	*Quebec*	z	——··	Z	*Zulu*
i	··	I	*India*	r	·—·	R	*Romeo*	é	··—··		

ä	·—·—	*ñ*	——·——
á oder å	·——·—	*ö*	———·
ch	————	*ü*	··——

Ziffern

		(abgekürzt)			(abgekürzt)
1	·————	·—	6	—····	—····
2	··———	··—	7	——···	—···
3	···——	···—	8	———··	—··
4	····—	····—	9	————·	—·
5	·····	·····	0	—————	—

Satz- und andere Zeichen

Punkt	[.]	·—·—·—
Komma	[,]	——··——
Doppelpunkt	[:]	———···
Fragezeichen	[?]	··——··
Auslassungszeichen	[’]	·————·
Bindestrich und Trennungszeichen (bei gemischten Zahlen)	[—]	—····—
Bruchstrich	[/]	—··—·
Klammern vor und nach den Wörtern	[()]	—·——·—
Anführungszeichen vor und nach den Wörtern	[„“]	·—··—·
Doppelstrich	[=]	—···—
Verstanden		···—·
Irrung		········
Anfangszeichen		—·—·—
Aufforderung zum Geben		—·—
Warten		·—···
Aufgearbeitet		···—·—
Schlußzeichen	[+]	·—·—·

2. Funkwesen.

Gesetzliche Bestimmungen über den Funkdienst.

1. Internationaler Fernmeldevertrag Atlantic City 1947.

2. Vollzugsordnung für den Funkdienst, Ausgabe Atlantic City 1947 (VO Funk). Übersetzt und herausgegeben vom Bundesministerium für

das Post- und Fernmeldewesen mit Zusatz-Vollzugsordnung für den Funkdienst (ZVO Funk).

3. Gesetz über Fernmeldeanlagen (FAG) vom 14. Jan. 1928.
4. Allgemeine Dienstanweisung für Post und Telegraphie, Abschnitt VI/1 Telegraphenordnung, VI/2 Telegraphen-Betriebsdienst, VI/8 Funkdienst.
5. Unfallverhütungsvorschriften der SBG (UVV).
6. Verordnung über die Funkausrüstung und den Sicherheitsfunkwachdienst der Schiffe (Funksicherheitsverordnung) vom 9. Sept. 1955.
7. Bestimmungen über die Gruppeneinteilung und die Besetzung der deutschen Seefunkstellen vom 15. Sept. 1955.
8. Abkommen über den Sprechfunkdienst für das Gebiet der Nord- und Ostsee (Göteborg 1955).
9. Abkommen über den Sprech-Seefunkdienst auf Ultrakurzwellen (Den Haag 1957).
10. Bestimmungen über die Zulassung, den Einbau und die Prüfung von Funkanlagen auf Schiffen (1956).

Für den Funkdienst notwendige Dienstbehelfe.

1. Funktagebuch.
2. Alphabetische Rufzeichenliste.
3. Verzeichnis der Küsten- und Seefunkstellen.
4. Verzeichnis der Funkstellen für Sonderdienste.
5. Verzeichnis der Ortungsfunkstellen.
6. Gebührenbuch für Seefunkdienst.
7. Gebührenbuch für Telegramme.
8. Nautischer Funkdienst, Band I—III } für den Gebrauch auf der Brücke.
9. Nautischer Funksprechdienst (falls Nr. 8 nicht an Bord) } für den Gebrauch auf der Brücke.
10. Funkverkehrsbuch (Band II des Internationalen Signalbuchs).
11. Handbuch für den Dienst bei Seefunkstellen.
12. Mitteilungen für Seefunkstellen.

Funkausrüstung der Seeschiffe.

Nach der Funksicherheitsverordnung müssen ausgerüstet sein mit einer *Telegrafiefunkanlage*:

1. Fahrgastschiffe (Schiffe mit mehr als 12 Fahrgästen) jeder Größe.
2. Alle Schiffe ab 1600 BRT.
3. Frachtschiffe schon ab 500 BRT, wenn sie die Grenzen der mittleren Fahrt überschreiten.

Sprechfunkanlage:
Alle Schiffe ab 500 BRT ohne Telegrafiefunkanlage. Fischereifahrzeuge ab 500 BRT, aber unter 1600 BRT, müssen außerdem einen Sicherheitsempfänger für Grenzwelle haben.

Peilfunkanlage:
Alle Schiffe ab 1600 BRT.

Die Telegrafiefunkanlage muß auf Fahrgastschiffen und Schiffen von 1600 BRT ab aus je einer vollständigen Haupt- und Not-(Ersatz-) anlage bestehen, die elektrisch getrennt und elektrisch unabhängig voneinander sind. Der Hauptsender muß eine Regelreichweite von 150 sm ≙ 76 Meterampere[1] [MA] und der Notsender eine solche von 100 sm ≙ 45 MA haben, auf Frachtschiffen unter 1600 BRT der Hauptsender von 100 sm ≙ 45 MA, der Notsender von 75 sm ≙ 34 MA.

Mit der Sprechfunkanlage müssen am Tage 150 sm überbrückt werden können.

Funkausrüstung für Rettungsboote.

Nach der FSV müssen auf Fahrgastschiffen mit 20 und mehr Rettungsbooten *zwei* Motorrettungsboote der Klasse A, auf solchen mit 14 bis 19 Rettungsbooten *ein* Motorrettungsboot der Klasse A mit einer Telegrafie-Funkanlage ausgerüstet sein. Die Reichweite muß 25 sm betragen. Auf Fahrgastschiffen mit bis zu 13 Rettungsbooten (in der Inlandfahrt über 500 BRT) und allen Frachtschiffen in der großen und in der mittleren Fahrt muß sich eine tragbare Sende- und Empfangsanlage befinden. Alle Rettungsbootstationen müssen auf 500 kHz senden und empfangen können, dürfen aber zusätzlich auch Kurzwelle 8364 kHz benutzen.

Der Sender muß eine Normalreichweite von 25 sm haben.

Amateurfunkstellen und Rundfunkgeräte.

Auf Schiffen, die mit einer Telegrafie-, Sprech- oder Ortungsfunkanlage ausgerüstet sind, dürfen Amateurfunkstellen überhaupt nicht und Rundfunkempfänger nur mit Zustimmung des Kapitäns errichtet und betrieben werden. Die Errichtung von Außenantennen für den Rundfunkempfang, die nicht zur festen Ausrüstung des Schiffes gehören, ist wegen der dadurch entstehenden Funkpeilfehler untersagt.

Funkwachdienst auf deutschen Seeschiffen.

Während der Schiffssicherheitsvertrag und die entsprechende deutsche Funksicherheitsverordnung die Dauer der Hörwache auf der Seenotfrequenz 500 kHz bzw. 2182 kHz = *Funksicherheitswache* vorschreiben, legt die *Vollzugsordnung Funk* zum Internationalen Fernmeldevertrag die Dienststunden für die Abwicklung des Funkverkehrs = *Funkbetriebswache* fest.

Funksicherheitswachen. Jedes mit einer Telegrafie-Funkanlage ausrüstungspflichtige Schiff muß grundsätzlich ununterbrochene Hörwache auf der Seenotfrequenz 500 kHz durch einen geprüften Funker sicherstellen. (Der Kapitän darf nicht die Stellung eines Funkers einnehmen.) Diese Dauerwache kann zeitweise durch ein selbsttätiges Funkalarmgerät (Autoalarm) ersetzt werden. Es müssen dann aber trotzdem

[1] Produkt aus Höhe der Antenne über der Tiefladelinie in Metern und des Antennenstroms in Ampere.

mindestens folgende Wachstunden durch einen Funker sichergestellt werden:

Fahrgastschiffe	bis zu 250 Fahrgästen	mind.	8 Std.
,,	über 250 Fahrgäste, Fahrtdauer bis 16 Std.	,,	8 ,,
,,	über 250 Fahrgäste, Fahrtdauer 16 Std. und mehr . . .	,,	16 ,,
Andere Schiffe	ab 3000 BRT in allen Fahrtbereichen	,,	8 ,,
,,	von 1600 bis 3000 BRT in großer Fahrt	,,	8 ,,
,,	,, 1600 ,, 3000 ,, in mittlerer Fahrt	,,	4 ,,
,,	,, 1600 ,, 3000 ,, in kleiner Fahrt	,,	2 ,,
,,	,, 500 ,, 1600 ,, in großer Fahrt	,,	4 ,,
,,	,, 500 ,, 1600 ,, in mittlerer und kleiner Fahrt	,,	2 ,,
,,	ab 500 BRT mit Sprechfunkanlage		
,,	auf 2182 kHz	,,	2 ,,

Die zeitliche Aufteilung der Hörwachen im Telegrafiefunkdienst richtet sich nach den vom Bundesminister für das Post- und Fernmeldewesen festgesetzten Funkdienststunden.

Hörwachen von mehr als 4 Stunden müssen von einem Berufsfunker ausgeübt werden.

Während der Hörwachen darf der Funker auf anderen Frequenzen arbeiten, wenn das Abhören der Notfrequenz durch das Autoalarmgerät oder einen zweiten Funkempfänger sichergestellt ist.

Auf Fischereifahrzeugen unter 1600 BRT brauchen keine festen Hörwachzeiten wahrgenommen zu werden; es muß aber, wenn der Funkraum nicht besetzt ist, das Abhören der Anruf- und Notfrequenz mit dem Sicherheitsempfänger auf der Brücke sichergestellt sein.

Funkbetriebswachen. Für die Durchführung des Funkverkehrs sind die Telegrafie-Seefunkstellen in folgende 3 Gruppen eingeteilt:

Gruppe 1:

Fahrgastschiffe mit 300 und mehr Fahrgästen = ununterbr. Dienst

Gruppe 2:

a) Fahrgastschiffe mit	150—299	Fahrgästen	= 16 Stunden Dienst
b) ,, ,,	25—149	,,	= 8 ,, ,,

Gruppe 3: Alle übrigen Seefunkstellen:

Je nach Fahrtbereich . . . . = 6–2 ,, ,,

Die Wachstunden der Gruppe 2 richten sich nach Zonen A—F, wie nachstehend dargestellt. Die dunklen schrägen Streifen bedeuten mittlere Nachtstunden.

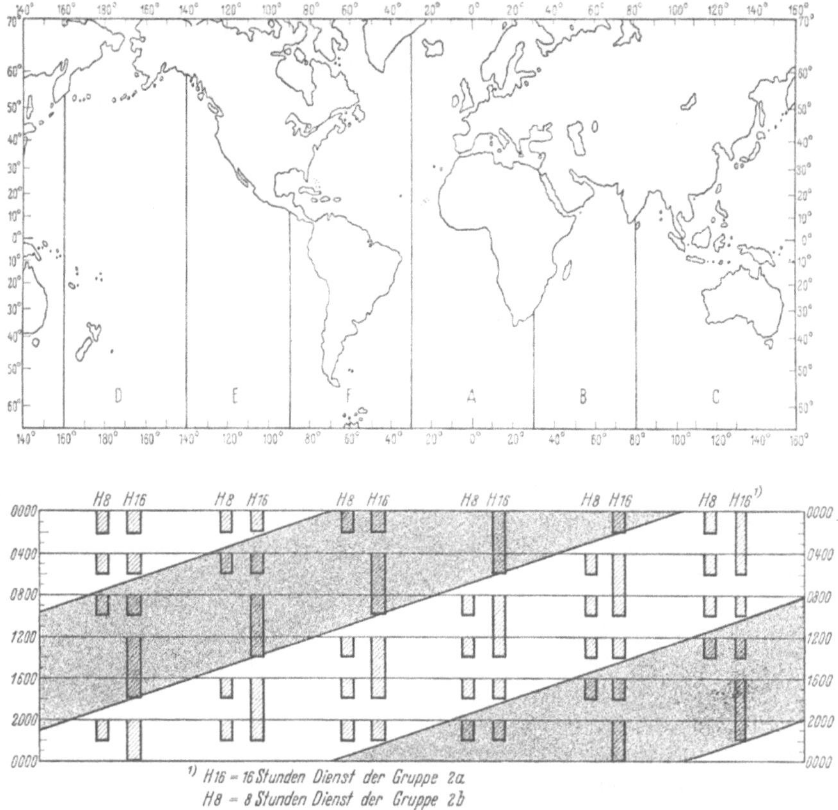

Abb. 197. Funkbetriebswachen der Gruppe 2.

Allgemeine Funkbetriebsvorschriften.

Rangfolge der Sendungen im Seefunkverkehr.

1. Notverkehr.
2. Dringlichkeitsverkehr.
3. Sicherheitsverkehr.
4. Funkpeilverkehr.
5. Flugnavigationsverkehr.
6. Schiffsdienstverkehr und Wettermeldungen.
7. Staatstelegramme mit Vorrang.
8. Funkdiensttelegramme.
9. jeder andere Verkehr.

Not-, Dringlichkeits- und Sicherheitsverkehr. Der Notanruf und die Notmeldung dürfen nur mit Genehmigung des Schiffsführers ausgesandt werden. Der Notanruf hat unbedingten Vorrang vor allen anderen Übermittlungen. Alle Funkstellen, die ihn hören, müssen jede Übermittlung sofort abbrechen und den Notverkehr beobachten.

Die Seenotfrequenz ist im Telegrafie-Funkdienst 500 *kHz* (*A* 2), *im Sprechfunkdienst* 2182 *kHz* (*A* 3), *im UKW-Sprechfunkdienst* 156,8 *MHz* (*F* 3) *für Rettungsboote auch* 8364 *kHz* (*A* 2).

Alarmzeichen. Dem Notanruf in jedem Falle das Alarmzeichen voraussenden! Dieses besteht beim Telegrafiefunk auf 500 kHz aus 12 Strichen von je 4 sek Dauer mit je 1 sek Pause und dient zur Auslösung der Autoalarmgeräte. Wenn möglich, nach dem Alarmzeichen 2 Minuten warten, erst dann folgt der Notanruf. Das Alarmzeichen auf jeden Fall mit dreimal SOS abschließen!

Das Sprechfunk-Alarmzeichen auf 2182 kHz besteht aus zwei Tonfrequenzen, die abwechselnd mit 2200 und 1300 Hz in schneller Folge etwa 1 min lang ununterbrochen gesendet werden.

Notmeldung. Die Notmeldung besteht aus dem Notanruf (dreimal SOS durch Telegrafiefunk oder dreimal „Mayday" durch Sprechfunk), dem Wort „*de*" bzw. dem gesprochenen Wort „hier ist" oder „this is" oder „ici" dem dreimal gegebenen Rufzeichen bzw. Namen des in Not befindlichen Schiffes und den Angaben über seinen Standort nach Breite und Länge, die Art des Unfalls sowie die Art der erbetenen Hilfe. Unter Umständen können die rw. Peilung und die Entfernung von einem Orte angegeben werden. Nach Abgabe der Notmeldung sollen 2 Dauerstriche von je etwa 10 sek und das Rufzeichen so häufig gesendet werden, daß das Schiff gepeilt werden kann. Im Sprechfunk vor dem Worte „Mayday" möglichst SOS mit Batteriepfeife aussenden.

Der Empfang einer Notmeldung ist ohne Rücksicht auf die Entfernung des in Not befindlichen Schiffes oder Flugzeuges sofort dem Wachoffizier und von diesem dem Kapitän zu melden!

Notverkehr beendet. Sobald der Notverkehr beendet und die Beobachtung der Funkstille nicht mehr nötig ist, sendet die Funkstelle, die diesen Verkehr geleitet hat, auf der Notwelle folgende Meldung aus:

Dreimal *CQ*, das Wort „*de*", dreimal das Rufzeichen der die Meldung aussendenden Funkstelle, das Notzeichen, die Aufgabezeit der Meldung, den Namen und das Rufzeichen der Funkstelle, die sich in Not befand, und die Abkürzung *qum* (Notverkehr beendet).

Funkstille. Alle Telegrafiefunkstellen müssen während der Wache zweimal stündlich je 3 min, und zwar von der 15. bis 18. und von der 45. bis 48. min auf 500 kHz, alle Sprechfunkstellen von der 0. bis 3. und von der 30. bis 33. min auf 2182 kHz auf Empfang stehen.

Während dieser Zeiträume müssen alle Aussendungen von Telegrafie-Funkstellen auf 485 bis 515 kHz und von Sprechfunkstellen auf 2167 bis 2197 kHz mit Ausnahme von Not-, Dringlichkeits- und Sicherheitssendungen unterbleiben.

Um das Einhalten dieser Zeiten zu gewährleisten, muß in der Funkstelle eine Uhr mit Sekundenzeiger vorhanden sein. Auf dem Zifferblatt sind die Zeiten der Funkstille bei Telegrafie rot, bei Sprechfunk blau zu kennzeichnen. Die Uhr ist täglich nach dem Zeitzeichen zu stellen, und ihr Gang ist in das Funktagebuch einzutragen. Der Gang darf 30 sek nicht überschreiten.

Das Dringlichkeitszeichen besteht aus der dreimaligen Wiederholung der Buchstabengruppe „*XXX*" auf der Seenotfrequenz; es wird vor dem Anruf abgegeben und kündigt an, daß die anrufende Funkstelle eine sehr dringende Nachricht in bezug auf die Sicherheit des Schiffes oder einer Person zu übermitteln hat (z. B. funkärztlicher Dienst oder bei Mann über Bord, wenn dieser nicht gefunden wird). Das Dringlichkeitszeichen darf nur mit Genehmigung des Kapitäns oder der augenblicklich für das Schiff verantwortlichen Person (Wachoffizier) ausgesandt werden. Jede Funkstelle hat beim Hören des Dringlichkeitszeichens Funkstille zu bewahren. Im Funksprechdienst wird als Dringlichkeitszeichen der Ausdruck „*Pan*" gebraucht.

Das Sicherheitszeichen, bestehend aus dem Signal *TTT* oder im Funksprechverkehr aus dem Wort „securité" auf der Seenotfrequenz, geht nautischen Meldungen über Sturm, Wrack, Eis, Minen usw. voraus. Die Meldung wird sofort nach Eingang gesandt und am Ende der nächsten und derjenigen Funkstille wiederholt, die in die Dienststunden eines Alleinfunkers fällt.

Geht die Meldung von Bord aus, wird sie zuerst an alle, dann an die nächste Küstenfunkstelle gegeben. Das Sicherheitszeichen darf nur mit Genehmigung des Schiffsführers ausgesandt werden.

Die deutschen Küstenfunkstellen verbreiten Dringlichkeits- und Sicherheitsmeldungen, wenn die Frequenz 500 kHz mit Notverkehr belegt ist, stets auf 512 kHz.

DAAD-Wachzeiten. Alle deutschen Schiffe müssen zu bestimmten Zeiten auf 480 kHz A 1 hörbereit sein. Dies soll dazu dienen, daß nur mit Mittelwellensender ausgerüstete Schiffe die Vermittlung anderer Schiffe zur Abgabe von Nachrichten an deutsche Küstenfunkstellen usw. ausnützen können.

Einseitiger Dienst ist die Abgabe von Funknachrichten an deutsche Schiffe seitens deutscher Küstenfunkstellen, wenn keine beiderseitige Verbindung auf See oder im Hafen besteht. Zeiten und Frequenzen sind im Handbuch für den Dienst bei Seefunkstellen und im N. F. enthalten. Der Reeder verpflichtet sich bei dem Antrag zur Teilnahme am einseitigen Dienst zur Mitteilung des Reiseplanes und zur Innehaltung der Hörbereitschaft zu den für den einseitigen Dienst festgelegten DAAA-Zeiten. Empfangsbestätigung für empfangene Nachrichten so schnell wie möglich über deutsche Schiffe (DAAD-Wachzeiten) oder über Postweg (Luftpost).

Wahrung des Fernmeldegeheimnisses. Nach FAG §§ 10—14 sind der Schiffsführer und alle Personen, die von dem Inhalt oder *auch nur von dem Vorhandensein* der Funktelegramme oder von *jeder beliebigen* auf dem Funkwege empfangenen Nachricht Kenntnis erhalten, zur Wahrung und Sicherung des Fernmeldegeheimnisses verpflichtet.

Die Aufsicht über die Seefunkstelle obliegt dem Kapitän oder seinem Stellvertreter, solange letzterer das Schiff tatsächlich führt. Dem Schiffsführer gegenüber besteht daher die Pflicht zur Wahrung des Fernmeldegeheimnisses nicht.

Während der eigentlichen Dienstabwicklung ist Unbefugten der Aufenthalt im Funkraum zu verbieten!

Telegrammaterial stets unter Verschluß halten!

Die Aufnahme anderer als der für die Seefunkstelle zugelassenen Nachrichten ist nicht gestattet. Unbeabsichtigt mitgehörter fremder Funkverkehr darf weder niedergeschrieben noch Dritten mitgeteilt noch irgendwie verwertet werden. Jedoch hat der Kapitän das Recht, aus wichtigen Gründen der Schiffsführung nicht für das Schiff bestimmte Nachrichten aufnehmen zu lassen. Er darf diese auch Dritten mitteilen, sofern einem Fahrzeug oder Menschenleben Gefahr droht.

Funktagebuch. An Bord eines jeden mit einer Funkeinrichtung ausgerüsteten Schiffes muß ein Funktagebuch geführt werden.

In das Tagebuch sind zu Beginn jeder Reise einzutragen:

Die Klarmeldung der Funkanlage, der Reiseweg, der Name des Reeders, des Kapitäns und der Funker. Letztere fügen ihre Namensabkürzung und Art und Nummer des Funkzeugnisses bei.

Es sind u. a. aufzuzeichnen nach MGZ: Die Übernahme und Abgabe der Funkwache oder das Ein- und Ausschalten des Autoalarmgerätes, Abfahrts- und Ankunftszeiten, Setzen und Einholen der Antennen, eigener Funkverkehr (*QRU-*, *QTP-*, *TR*-Meldungen u. a.), Sammelanrufe von Küstenfunkstellen, Zwischenfälle und Vorkommnisse, die den Funkbetrieb oder die Sicherheit des menschlichen Lebens auf See betreffen, Mittagsbesteck, Uhrvergleich nach Zeitsignal, die Prüfung des Autoalarmgerätes mindestens alle 24 Std., der Notsende- und -empfangseinrichtung mit Batterie täglich einmal und der etwaigen Rettungsbootsstation wöchentlich einmal, ferner die Prüfung der Funkstelle durch Behörden.

Die volle Leistungsfähigkeit der Notbatterie und des Autoalarmgeräts muß auf See täglich der Schiffsleitung zur Eintragung in das Schiffstagebuch gemeldet werden.

Die Urschrift des Funktagebuches muß vom Kapitän bei kürzeren Reisen monatlich, bei längeren am Ende der Reise, auf jeden Fall nach 4 Monaten, gegengezeichnet und über die Abrechnungsstelle bzw. Reederei der zuständigen Oberpostdirektion eingereicht werden.

Funkdienst in Hoheitsgewässern und Häfen. Bestimmungen hierüber s. N. F. Bd. I.

Meldung bei Küstenfunkstellen. Beim Eintritt in den Bereich einer deutschen Küstenfunkstelle müssen unaufgefordert Standort, Reiseweg und Anlaufhafen gemeldet werden (*TR*-Meldung), bei fremden nur auf Anforderung durch *PTR* und nach Genehmigung durch den Schiffsführer.

Vorschriftswidriger Funkverkehr. Das Senden von getarnten Mitteilungen, etwa in der Art, daß diese an Land durch Rundfunkempfänger aufgenommen werden sollen, hat unter Umständen außer der Entziehung des Funkzeugnisses und der Verleihungsurkunde gerichtliche Bestrafung zur Folge.

Gebühren. Die Gebühr für ein Funktelegramm von einer Seefunkstelle nach Land umfaßt:

die Bordgebühr,
die Küstengebühr,
die Telegrafengebühr,
die etwaige Sondergebühr (z. B. *LX* = Schmuckblatt). Wichtig für Seeleute ist das verbilligte Brieftelegramm, = *SLT* =, das über Land als Brief befördert wird.

Die Gebühr für ein Funktelegramm von einer Seefunkstelle an eine andere Seefunkstelle umfaßt:

die Bordgebühr für die Aufgabe-Seefunkstelle,
die Bordgebühr für die Bestimmungs-Seefunkstelle,
die etwaige Sondergebühr (z. B. *RP* = Antwort bezahlt).

Die Zwischenvermittlung von Funktelegrammen durch deutsche Seefunkstellen ist im allgemeinen gebührenfrei. Dasselbe gilt für die Bordgebühr bei Schiffsdienst-(MSG-)Telegrammen.

Quarantänemeldungen. Um den Schiffen beim Anlaufen eines fremden Hafens Kosten bei der Abgabe der funkentelegrafischen Quarantänemeldung zu ersparen, sind im Funkverkehrsbuch, Bd. II des Internationalen Signalbuchs, Schlüsselgruppen vorgesehen. Anleitung s. N. F. Bd. I, wo auch die Vorschriften für Quarantänemeldungen der einzelnen Staaten zu finden sind.

Ärztliche Ratschläge für Schiffe auf See. Die von einer Reihe von Ländern getroffene Einrichtung, Schiffen in See ärztliche Ratschläge funktelegrafisch zu übermitteln, ist in erster Linie für Schiffe ohne Arzt bestimmt. Im N. F. Bd. I sind die dafür in Frage kommenden Länder in alphabetischer Reihenfolge aufgeführt. Die für den funktelegrafischen Anruf in Betracht kommenden Funkstellen und die zu verwendende Sprache sind bei den einzelnen Ländern angegeben.

In sehr dringenden Fällen kann den Nachrichten durch das Dringlichkeitszeichen (*XXX*) der Vorrang vor jedem anderen Verkehr, mit Ausnahme des SOS-Verkehrs, gesichert werden.

Für ärztliche Anfragen, auch von Schiff zu Schiff, – besonders verschiedener Nationalität – ist das Funkverkehrsbuch sehr geeignet, da es dem Nautiker die Beschreibung der Krankheit erleichtert. Der Nautiker mache sich deshalb mit der Anwendung vertraut (s. auch S. 548).

3. Technische Erläuterungen zum Funkwesen[1].

Allgemeines. Die Übertragung von Funknachrichten erfolgt durch elektromagnetische Schwingungen hoher Frequenz (HF), und zwar von mehr als 15000 Schwingungen je sek = 15000 Hertz (Hz) = 15 Kilohertz (kHz). 1000 kHz = 1 Megahertz (MHz).

Die *Frequenzbereiche für den Seefunkdienst* sind wie folgt festgelegt:

Mittelwelle (MW) von 405 bis 535 kHz,
Grenzwelle (GW) von 1605 bis 3800 kHz,

[1] S. auch Teil Physik S. 508 f.

Kurzwelle (KW) von 4000 bis 23000 kHz,
Ultrakurzwelle (UKW) von 152 bis 162 MHz.

Bezeichnung	Frequenz	Wellenlänge	Verwendung
Sehr lange Wellen	unter 30 kHz	über 10 km	Großfunkstellen auf große Entfernung, Zeitsignale
Lange Wellen	30–300 kHz	10–1 km	
Mittelwellen (Übergang: Grenzwellen)	300–3000 kHz	1000–100 m	Seefunk auf nahe und mittlere Entfernungen, Funknavigation, Rundfunk, Luftfahrt
Kurzwellen	3000–30000 kHz	100–10 m	Seefunk auf große Entfernungen, Flugfunk, Rundfunk, Amateurfunk
Ultrakurze Wellen	30–300 MHz	10–1 m	Hafenfunk, Flugfunk (auf geringere Entfernungen)
Dezimeterwellen	300–3000 MHz	1 m–10 cm	Radar, Funknavigation
Zentimeterwellen	3000–30000 MHz	10 cm–1 cm	
Millimeterwellen	30000–300000 MHz	10 mm–1 mm	noch im Versuchsstadium.

Beim *Funktelegrafieren mit nicht modulierten Wellen* (A 1) werden die HF-Schwingungen im Takte der Morsezeichen ausgesandt und vom Empfänger aufgenommen. Da das menschliche Ohr so hohe Frequenzen aber nicht wahrnehmen kann, müssen sie dort in Niederfrequenz (NF) umgeformt werden. Zu diesem Zwecke wird der aufgenommenen eine benachbarte, im Empfänger künstlich erzeugte Frequenz überlagert. Die Differenz der beiden HF ergibt dann die hörbare NF. Z. B. 500 kHz (Seenotfrequenz), mit 499 kHz überlagert, ergibt die hörbare Frequenz 1 kHz = 1000 Hz.

Beim *Funktelegrafieren mit modulierten Wellen* (A 2) wird den HF-Schwingungen eine hörbare Frequenz aufmoduliert, indem im Sender die ursprünglich gleichen Amplituden (Schwingungsweiten) im Rhythmus der Tonfrequenz verändert werden. Diese Wellen können deshalb auch mit einem gewöhnlichen Detektorempfänger aufgenommen werden.

Dasselbe Verfahren wird auch zum *Funktelefonieren* verwendet (A 3). Neuerdings wird im UKW-Sprechfunk die *Frequenz-Modulation* angewendet; hierbei wird bei konstanter Amplitude die Sendefrequenz im Rhythmus der Sprachschwingungen verändert (F 3).

Demnach unterscheidet man folgende Sendearten:

A 0 = ungedämpfte, nicht modulierte Wellen, die dauernd strahlen (z. B. Decca).

A 1 = ungedämpfte, durch Telegrafiezeichen getastete, nicht modulierte Wellen (z. B. Konsol).

A 2 = ungedämpfte, durch eine hörbare Frequenz modulierte und durch Telegrafiezeichen getastete Wellen.

A 3 = ungedämpfte, durch Sprache oder Musik amplitudenmodulierte Wellen.

A 4 = ungedämpfte, zur Übermittlung von festen Bildern amplitudenmodulierte Wellen (Bildfunk).

A 5 = ungedämpfte, zur Übermittlung von beweglichen Bildern amplitudenmodulierte Wellen (Fernsehen).

Die früher allgemein verwendeten gedämpften B-Wellen werden kaum noch benutzt. Frequenzmodulierte, ungedämpfte Wellen erhalten den Buchstaben F.

Funksender. Ein Schiffssender besteht aus dem *Netzgerät*, in dem die aus dem Schiffsnetz oder der Notbatterie stammende Spannung für die verschiedenen Aufgaben im Sender umgeformt wird, der *Steuerstufe*, in der die Sendefrequenz durch einen Schwingkreis oder Quarz bestimmt wird, und der *Leistungsstufe*, in der die Leistung verstärkt wird. Bei größeren Sendern erfolgt die Verstärkung schrittweise. Die Mittelstufe heißt hierbei *Treiberstufe*. Bei hohen Sendefrequenzen wird die von der Steuerstufe erzeugte Frequenz vervielfacht, z. B. durch einen *Verdoppler*.

Nach dem Vertrag Atlantic City 1947 muß die jeweilige Sendefrequenz sehr genau innegehalten werden, was sich bei Schwingkreisen (*durchstimmbare Sender*) nur bei großer Präzision aller mechanischen Teile erreichen läßt. Deshalb werden überwiegend *quarzgesteuerte* Sender verwendet. Für jede Sendefrequenz mit ihren Vielfachen ist dabei aber ein besonderer Quarz erforderlich.

Funkempfänger. Außer dem zusätzlich mit einem Kristalldetektor ausgerüsteten *Notempfänger* besteht jeder Schiffsempfänger aus mehreren Stufen. In der *Eingangsstufe* wird die schwache, von der Antenne aufgenommene HF verstärkt, im Gleichrichter- oder *Demodulationskreis* gleichgerichtet und in hörbare NF verwandelt und in der *NF-Stufe* nochmals verstärkt. Empfindliche Verstärker haben ein starkes *Eigenrauschen*.

In *Geradeausempfängern* wird die empfangene HF durch den HF-Vorverstärker mit zumeist mehreren Abstimmkreisen direkt verstärkt; sie besitzen nur eine geringe Trennschärfe bei A 3-Empfang.

Bei *Überlagerungsempfängern* (Superhets) wird durch einen Hilfssender im Empfänger (1. Oszillator) eine Überlagerungsfrequenz erzeugt und mit der aufgenommenen HF in der *Mischstufe* gemischt. Die dabei entstehende *Zwischenfrequenz* (ZF) wird in mehreren Stufen verstärkt und dann bei A 1-Empfang mit Hilfe eines 2. Oszillators hörbar gemacht. Superhet-Empfänger sind leichter abstimmbar und sehr trennscharf.

Zum Empfang von modulierten (A 2- und A 3-)Wellen ist der 2. Oszillator nicht erforderlich. Er ist deshalb bei Rundfunkempfängern nicht vorgesehen. Will man diese auf kleinen Schiffen zum Empfang von *Konsolfunkfeuern*, die mit A 1-Wellen arbeiten, benutzen, so muß der 2. Oszillator eingebaut werden.

Autoalarmgeräte sind auf 500 kHz fest abgestimmte Geradeausempfänger und sprechen nur auf A 2-Wellen an. Sie lösen nach Empfang von 4 Strichen von je 4 sek Dauer mit 1 sek Pause (aus den 12 Strichen des Notsignals) eine akustische Alarmanlage aus. Fehlalarme können durch atmosphärische Störungen oder durch zufällige Kombination von Zeichen verschiedener Sender erfolgen.

Reichweiten. Die vom Sender ausgestrahlten Wellen laufen teils an der Erdoberfläche entlang (Bodenwelle), teils nach oben in größere Höhen, wo sie mehr oder weniger zurückgebeugt werden (Raumwelle). Bei *Mittel- und Grenzwellen* kann am Tage nur die Bodenwelle empfangen werden. In großen Höhen (60–500 km) bilden sich durch die Sonneneinstrahlung ionisierte Schichten, die die Rückbeugung verursachen. Die Dichte dieser Schichten ist abhängig von der Tageszeit, Jahreszeit und der Sonnenfleckentätigkeit. Sie wird ferner durch Eruptionen auf der Sonne, die auch das Nordlicht zur Folge haben, unregelmäßig beeinflußt.

Kurzwellen besitzen nur eine schwache Bodenwelle, aber, je höher die Frequenz ist, eine um so ausgeprägtere Raumwelle. Dabei ist die Rückbeugung je nach Dichte der Schicht und nach Frequenz verschieden. Grundsätzlich ist bei Tage eine höhere Frequenz geeigneter als bei Nacht. Da die Kurzwellen mehrmals in der Höhe und am Boden reflektiert werden, ergeben sich um den Sender Zonen, in denen er besonders gut, und solche, in denen er gar nicht zu hören ist. Große Erfahrung des Bordfunkers und gute Zusammenarbeit mit der Küstenfunkstelle ermöglichen deshalb bei richtiger Frequenzwahl und geschickter Ausnutzung von Tag- und Nachtzonen einen Funkverkehr auf Kurzwelle ganz um die Erde herum mit verhältnismäßig geringer Senderenergie.

Ultrakurze Wellen (UKW) folgen kaum der Erdkrümmung, sondern pflanzen sich fast so gradlinig wie Lichtwellen fort. Daher eignen sie sich nur für den Nahverkehr, etwa innerhalb der optischen Sicht, und werden vornehmlich für den Hafen-, Revier- und Küstennah-Funk und für den Sprechfunkverkehr zwischen Schiffen etwa innerhalb der Sichtweite benutzt.

Mikrowellen (Dezimeter- und Zentimeterwellen) zeigen ein ähnliches Verhalten wie die ultrakurzen Wellen und finden in der Radartechnik Anwendung.

X. Gesundheitspflege an Bord.

Vorschriften für die Gesundheitspflege an Bord. Nach den UVV muß jedes Schiff in der Langen und der Großen Küsten-Fahrt ein Exemplar der „*Anleitung zur Gesundheitspflege auf Kauffahrteischiffen*"[1] an Bord haben. Dieses Werk soll Kapitän und Schiffsoffiziere befähigen, bei Krankheitsfällen die notwendigen Maßnahmen zu treffen und folgenschwere Mißgriffe zu vermeiden.

Im Anhang zu Band I bzw. Band II sind auch die wichtigsten gesetzlichen Bestimmungen und internationalen Vereinbarungen über die Gesundheitspflege an Bord, soweit sie die Schiffsleitung betreffen, wiedergegeben.

Die „*Verordnung über die Krankenfürsorge auf Kauffahrteischiffen*" vom 21. Dez. 1956 enthält die Vorschriften über die Ausrüstung der Schiffe und ihrer Rettungsboote mit Arznei- und anderen Hilfsmitteln der Krankenfürsorge, deren Aufbewahrung, Prüfung und Beschriftung, über die Ausstattung der Krankenräume, die Besetzung mit einem Schiffsarzt, die Führung des Krankentagebuches und des Gesundheitstagebuches und die Pflichten des Reeders, Kapitäns und Schiffsarztes (Anhang zu Band I der Anleitung).

Die „*Internationalen Gesundheitsvorschriften*" vom 25. Mai 1951 (Vorschriften Nr. 2 der Weltgesundheitsorganisation) sind auszugsweise im Anhang zu Band II abgedruckt und enthalten Bestimmungen für die verschiedenen quarantänepflichtigen Krankheiten, wie Pest, Cholera, Gelbfieber, Pocken, Fleckfieber usw. und über die Gesundheitsdokumente.

Die „*Vereinbarung über die den Seeleuten der Handelsmarine für die Behandlung von Geschlechtskrankheiten zu gewährenden Erleichterungen*" vom 1. Dez. 1924 ist auszugsweise im Band I enthalten, ferner eine „*Allgemeine Aufklärung über Geschlechtskrankheiten*" mit Hinweisen auf das „*Gesetz zur Bekämpfung der Geschlechtskrankheiten*" vom 23. Juli 1953.

Kurzer Auszug aus der Verordnung über die Krankenfürsorge. Für die *Ausrüstung mit Arznei- und Hilfsmitteln* der Krankenfürsorge bestehen 8 Verzeichnisse, und zwar Verz. I bis Vb für Schiffe ohne Schiffsarzt, Verz. VIa und VIb für Schiffe mit Schiffsarzt, Verz. VII für

[1] In 2 Bänden gemeinschaftlich herausgegeben vom Bundesgesundheitsamt und von der See-Berufsgenossenschaft. Band I enthält die „Hinweise für die Anwendung der Arzneimittel der Verzeichnisse I bis Vb der Krankenfürsorge auf Schiffen ohne Arzt", Band II die „Schiffs- und Tropenhygiene; die Krankheiten und ihre Behandlung". Hamburg: Eckardt & Meßtorff.

Rettungsboote und Verz. VIII für Verbandskästen für Erste Hilfe. Nach welchem Verzeichnis das jeweilige Schiff auszurüsten ist, richtet sich nach dem Fahrtgebiet und der an Bord befindlichen Personenzahl. Für ein Schiff in der großen Fahrt mit 31 bis 75 Personen an Bord gilt z. B. das Verzeichnis Vb.

Apothekenpflichtige Arzneimittel dürfen nur in Not- oder Ausnahmefällen außerhalb der Bundesrepublik beschafft werden. Die Farbe der Beschriftung auf den Gefäßen ist genau vorgeschrieben. Die im Verzeichnis mit + oder ++ gekennzeichneten Arzneimittel sind in einem *Giftschrank* aufzubewahren und auf Schiffen ohne Schiffsarzt vom Kapitän unter Verschluß zu halten.

Betäubungsmittel sind von der Apotheke bei Lieferung in ein *Betäubungsmittelbuch* einzutragen. Bei Anwendung sind Art und Menge, der Name des Kranken, die Art der Erkrankung sowie Tag und Stunde der Entnahme einzutragen. Auf Schiffen ohne Schiffsarzt muß der Kapitän die Eintragung unterzeichnen.

Vor Antritt jeder Reise von mehr als vierwöchiger Dauer, mindestens aber alle 3 Monate ist die *Ausrüstung* auf Schiffen ohne Schiffsarzt vom Kapitän auf Sauberkeit, Vollständigkeit, Verschluß der Behälter, Beschriftung und Zustand der Instrumente zu *überprüfen* und das Ergebnis in das *Schiffstagebuch* einzutragen (s. S. 75).

Die Ausrüstung und die Krankenräume müssen bei *Indienststellung* des Schiffes und sodann *mindestens alle 12 Monate durch die Behörde geprüft werden.* Die Bescheinigung darüber ist vom Kapitän aufzubewahren und eine Eintragung in das Schiffstagebuch vorzunehmen.

Erreicht das Schiff binnen 12 Monaten keinen deutschen Hafen, so hat der Kapitän die Ausrüstung im Einvernehmen mit dem Konsul prüfen zu lassen. Die Bescheinigung des Prüfers ist vom Konsul gegenzuzeichnen.

Auf Schiffen in der mittleren und großen Fahrt ist von dem mit der Krankenbehandlung beauftragten Offizier ein *Krankenbuch* nach vorgeschriebenem Muster zu führen, dem Fieberkurven beizufügen sind. Am Ende jeder Reise ist es vom Kapitän zu unterzeichnen.

Schiffe mit mehr als 75 Personen in der mittleren und großen Fahrt sind mit einem *Schiffsarzt* zu besetzen, der den Kapitän laufend über den Gesundheitszustand an Bord unterrichten muß. Der Schiffsarzt führt außer dem Krankenbuch noch ein *Gesundheitstagebuch.*

Funkentelegraphische ärztliche Beratungen und Quarantänemeldungen[1]. Schiffe auf See, die keinen Arzt an Bord haben, können über eine Reihe von Funkstellen fast aller Kulturländer bei Krankheit oder Unglücksfällen unentgeltliche funktelegraphische ärztliche Beratung erhalten. Die Anfragen mit einem kurzen Krankheitsbericht können fast überall in beliebiger Kultursprache an die betreffende Funkstelle gerichtet werden, die sie unverzüglich an ein Krankenhaus weitergibt. Dessen Ärzte erteilen den erforderlichen Rat, der der Funkstelle telegraphiert und dem anfragenden Schiff zugeführt wird. Näheres darüber siehe im

[1] S. auch Signal- und Funkwesen.

N. F., Bd. I. Siehe ferner die ärztlichen Signale im Internationalen Signalbuch Teil I und II, die auch bei Anfragen an Schiffe benutzt werden können.

Schiffe in der Nordsee können durch Vermittlung der Küstenfunkstelle *Norddeich* (DAN) und Schiffe in der Ostsee durch die Küstenfunkstelle *Kiel* (DAO) funkmündlich beraten werden. Die Anfragen, die an den „Funkarzt" und den Namen der Funkstelle gerichtet sein müssen, werden an die zuständige ärztliche Behörde weitergeleitet. Im Funksprechverkehr kann die Schiffsleitung unmittelbar mit dem Funkarzt verbunden werden. Telegraphische Anfragen müssen vom Kapitän unterzeichnet sein. Gespräche sind nur von ihm selbst oder „in seinem Auftrage" zu führen. In der Anfrage sind kurz, aber *klar und vollständig*, alle Merkmale der Krankheit und alle näheren Umstände, die zur Erkrankung geführt haben, anzugeben. Im Eingang des Wortlautes einer Anfrage ist mitzuteilen, nach welchem Apotheken-Verzeichnis das Schiff ausgerüstet ist usw., damit die funkärztlichen Ratschläge dementsprechend erteilt werden können. In sehr dringenden Fällen können die Nachrichten durch das Dringlichkeitszeichen *XXX* den Vorrang vor jedem anderen Verkehr, mit Ausnahme des SOS-Verkehrs erhalten. S. auch S. 541.

Um den Schiffen Kosten bei der Abgabe drahtloser *Quarantänemeldungen* zu ersparen, ist ein Signalcode aufgestellt worden, der im Internationalen Signalbuch enthalten ist. Für funktelegraphische Quarantänemeldungen sind die für die einzelnen Anlaufhäfen geltenden Küstenfunkstellen und Anschriften dem N. F. Bd. I zu entnehmen.

Vereinbarung über die den Seeleuten der Handelsmarine bei Geschlechtskrankheiten zu gewährenden Erleichterungen vom 1. 12. 1924. Auf Grund dieses Abkommens, dem Deutschland am 17. 1. 1937 beitrat, haben auch alle *deutschen* Seeleute, die an Geschlechtskrankheiten erkrankt sind, in den meisten Häfen der Welt Anspruch auf kostenfreie Beratung und Behandlung sowie auf kostenfreie Lieferung von Medikamenten und unentgeltliche Unterbringung im Krankenhaus, wenn diese vom Arzt der Dienststelle für nötig erachtet wird.

Gesundheitliche Behandlung der Seeschiffe in deutschen Häfen, Vorschrift vom 21. 12. 1931[1]. Alle einen deutschen Hafen anlaufenden Seeschiffe unterliegen während ihres Aufenthaltes in Deutschland einer gesundheitlichen Überwachung.

Ein Schiff, das innerhalb der letzten 6 Wochen Pest, Cholera, Gelbfieber, Fleckfieber oder Pocken an Bord hatte oder während dieser Zeit in einem „befallenen" Hafen gewesen ist, ist *quarantänepflichtig* und zeigt beim Einlaufen die Flagge *Q* oder Flagge *Q* über dem ersten Hilfsstander; bei Nacht ein rotes Licht senkrecht über einem weißen, mit einem Abstand von 2 m, nach allen Seiten sichtbar, und außerdem muß es die von der zuständigen Behörde vorgeschriebenen Licht- und Schallsignale abgeben. Das bei Nacht zu zeigende Quarantänesignal

[1] Eine neue Vorschrift ist in Vorbereitung.

darf nur innerhalb der Hafengrenzen gesetzt werden, Funkmeldung s. S. 543.

Ein solches Schiff darf unbeschadet der Annahme eines Lotsen oder eines Schleppdampfers weder mit dem Lande noch mit einem anderen Schiffe, abgesehen vom Zollschiff, in Verkehr treten, auch die vorbezeichnete Flagge nicht einholen, bevor es durch Verfügung der Hafengesundheitsbehörde zum freien Verkehr zugelassen ist. Der gleichen Verkehrsbeschränkung unterliegen sämtliche Schiffsinsassen (Schiffsbesatzung, Reisende und sonst an Bord befindliche Personen).

Privatpersonen ist der Verkehr mit einem Schiffe, das die gelbe Flagge führt, untersagt. Wer dieses Verbot übertritt, wird als zu dem untersuchungspflichtigen Schiffe gehörend behandelt und bestraft.

Desinfektion an Bord. Als Desinfektionsmittel werden an Bord angewandt:

1. Verdünntes Kresolwasser (1 l Kresolseifenlösung auf 19 l Wasser).
2. Sublimatlösung (eine Sublimatpastille zu 1 g auf 1 l Wasser). (Nicht zum Mundspülen verwenden, da sehr giftig! Sublimat darf mit Metall nicht in Berührung kommen.)
3. Kalkmilch (1 l gelöschten Kalk unter Umrühren mit 3 l Wasser mischen).

(Bei 2. und 3. vorsichtig sein, daß nichts ins Auge kommt!)

4. Bekannte ausgezeichnete Desinfektionsmittel sind ferner: Formaldehyd, Alkalysol, Sagrotan, Chloramin u. a. Beim Gebrauch immer vorher Gebrauchsanweisung studieren!
5. Trockene Hitze. Feuerfeste Gegenstände können durch Einlegen in ein Feuer entkeimt werden. Bücher, wertvolle Kleider, Pelze, Uniformen, Ledersachen können durch Heißluft (75—85° C bei 48stündiger Einwirkungsdauer) entkeimt werden.
6. Feuchte Hitze.

a) Auskochen. Die Sachen kalt ins Wasser legen, dann erst anwärmen, mindestens 15 min sieden. (Man setze dem Wasser etwas Soda zu.)

b) Wasserdampf (Zeug aufhängen und mit 3—5 Atm. Dampf 15 min behandeln).

7. Verbrennen. Soll mit allen leicht brennbaren Gegenständen von geringem Wert geschehen.
8. Sehr gut vertilgt man auch Ungeziefer aller Art (Läuse, Wanzen, Schaben, Kakerlaken, Moskitos, Anophelesarten, Flöhe usw.) mit einem *DDT*[1]- oder *HCH-Mittel*, das als Pulver zerstäubt, als Flüssigkeit verspritzt oder als Tabletten zur Raumbeneblung verwendet wird. Für den Menschen ist *DDT* oder HCH nur dann schädlich, wenn es mit der Nahrung genossen wird.
9. Sicher, einfach, sehr billig und feuersicher vernichtet man auch alle Insekten und alles Ungeziefer sowie den berüchtigten Kornkäfer

---

[1] DDT = *D*ichlor-*d*iphenyl-*t*richlormethyl-methan. Solche Chlorwasserstoffpräparate sind unter verschiedenen Namen wie Gesarol, Eurax, Neocid, Perscatol, Mawülux usw. im Handel.

auf elektrochemischem Wege mit „Vulkan-O“[1]. Das Gerät besteht aus einem Glaskolben, der in jede Glühlampenfassung (24—280 V) eingeschraubt werden kann. Im Kolben befindet sich ein Heizwiderstand und an jeder Seite eine Öffnung, in die *Vulcasan-O-Tabletten* eingeführt werden. Nach Einschalten des Stromes verflüssigen sich die Tabletten und verdampfen. Die Wirksamkeit des Präparates ist stärker als das der DDT-Mittel und für Menschen und Haustiere sowie für Genußmittel vollkommen unschädlich. Der zu desinfizierende Raum kann auch während der Desinfektion betreten werden.

Schiffsräucherung durch Blausäuregase[2]. Die Erreger der Pest werden nur durch die auf den Ratten schmarotzenden Flöhe verbreitet. Das Auslegen von vergiftetem Futter zur Vertilgung der Ratten ist ein Mittel von zweifelhaftem Wert, weil dadurch zwar die Ratten abgetötet werden, aber nicht die auf ihnen sitzenden Flöhe. Man ist deshalb von der Auslegung von Gift abgegangen und zu Verfahren gekommen, bei denen der ganze Raum, in dem sich Ratten aufhalten, mit giftigen Gasen erfüllt wird, die gleichzeitig auch die Rattenflöhe abtöten. Von den zur Erreichung dieses Zweckes bekannten und angewandten Gasen wird Blausäure heute allen anderen vorgezogen. In Deutschland wendet man mit Vorliebe Zyklon-B an, das als wirksamen Bestandteil Chlorzyan enthält.

Zyklon B wird als pulverförmige Streumasse in luftdicht verschlossenen Blechbüchsen versandt. Sobald eine Büchse (mit einem gewöhnlichen Büchsenöffner) geöffnet und ihr Inhalt in dem zu durchgasenden Raum ausgestreut wird, gehen die wirksamen Bestandteile in Gasform über und erfüllen den Raum bis in die feinsten Spalten und entlegensten Ecken.

Anordnungen der Schiffsleitung bei einer Blausäuredurchgasung:

1. Blausäure ist eines der stärksten gasförmigen Gifte. *Wenige Atemzüge in unverdünntem Gase genügen, den Tod herbeizuführen.* Der dem Gas zugefügte Reizstoff reizt zu Tränen und gibt dadurch die Anwesenheit von Blausäuregas zu erkennen.

2. Blausäuregas ist unschädlich für alle Kleidungsstücke und Einrichtungsgegenstände sowie für Ladung und Proviant. Auch Provianträume brauchen daher nicht geräumt zu werden. Kaffee und Tabak sollte man aber von Bord nehmen, da sie schlechten Geschmack annehmen.

3. Zu dem mit dem Durchgasungsleiter vereinbarten Zeitpunkt sind sämtliche Entlüftungseinrichtungen *sorgfältig* dicht zu machen sowie sämtliche Bullaugen zu schließen. Ventilationsanlagen sind abzustellen und die nach außen führenden Schieber zu schließen. Auch die Ankerkettenlöcher sind gut zu verstopfen.

4. Bilgen, Verkleidungen von Peilrohren u. dgl. sind so weit zu öffnen, daß das Gas in alle auszugasenden Schiffsräume eindringen kann.

Schotte, die Kohlenbunker mit Laderäumen verbinden, sind zu schließen; das Abschlußschott des Wellentunnels muß ebenfalls abgeschlossen werden.

[1] Vertrieb: Hamburg 1, Bugenhagenstr. 6.
[2] Beachte Merkblatt der SBG betr. „Ausgasung von Schiffsräumen“.

5. Die Luken sind in sämtlichen Zwischendecks vollkommen aufzudecken; die Luken des obersten Decks dagegen sind vollzählig anzulegen und mit Persenningen und Lukenkeilen zu verschließen.

6. Wasch- und Trinkwasser und andere offene, trinkbare Flüssigkeiten sind zu entfernen oder auszugießen.

7. Das Schiff muß von allen Personen mit Ausnahme der Schiffswache mindestens 1 Stunde vor Beginn der Durchgasung geräumt sein.

8. In den Räumen, die gegen Wanzen und Kakerlaken durchgast werden sollen, müssen sämtliche Schränke und Schubladen geöffnet und die Matratzen hochgestellt sein, da sonst eine restlose Beseitigung des Ungeziefers in Frage gestellt ist.

Nach der Durchgasung bleiben die durchgasten Räume zwecks schneller Entlüftung offen stehen.

9. Die Schiffswache muß sich stets auf Deck aufhalten und jedem Unbefugten das Betreten des Schiffes verwehren.

10. *In den durchgasten Schlafräumen darf in der auf die Durchgasung folgenden Nacht nicht geschlafen werden* (UVV § 70).

11. Alle Decken, Matratzen, Vorhänge sind nach dem Ausgasen sorgfältig zu klopfen, nicht nur auszuschütteln!

Die Aufsicht über das Ausräuchern der Schiffe hat in Deutschland das Gesundheitsamt. Die Schiffe müssen alle 6 Monate räuchern, können aber nach 6 Monaten ein Befreiungsattest bekommen, sofern sich kein Ungeziefer und keine Ratten an Bord befinden. Dieses Befreiungsattest ist international gültig. Das Befreiungsattest muß nach Möglichkeit 48 Stunden vor Abfahrt des Schiffes beantragt werden. Unbeschadet des Vorhandenseins eines gültigen Befreiungsattestes wird von der Gesundheitsbehörde eine vollständige oder teilweise Entgasung verlangt, wenn Ratten an Bord festgestellt werden. Siehe auch S. 87.

Einzelkammerentwesung mit T-Gas. Einzelne Schiffsräume, insbesondere Kammern, können, ohne daß das Schiff geräumt werden muß, mit T-Gas entwest werden.

T-Gas, ein Gemisch von 90% Äthylenoxyd und 10% Kohlensäure, besitzt bei einer Mindesttemperatur von 19° C, die in Schiffsräumen mit Leichtigkeit, notfalls durch vorherige Beheizung, erreicht werden kann, eine ebenso gute Wirkung auf Ungeziefer wie das Blausäuregas, ist aber nicht so giftig. Auch ist T-Gas ebenso unschädlich für Ladung, Proviant und Einrichtungsgegenstände.

Sorge der Schiffsleitung um den Gesundheitszustand der Mannschaft. Die Schiffsleitung kann viel dazu beitragen, daß der Gesundheitszustand an Bord gut ist. Sie sorge zunächst bei der Anmusterung dafür, daß nur gesunde und kräftige Leute angemustert werden. Während der Reise und im Hafen sorge sie für Sauberkeit der Mannschaftsräume und Aborte und *deren häufige Durchlüftung*. Besondere Beachtung ist der gründlichen und regelmäßigen Körper- und Zeugwäsche der Mannschaft zu widmen. Auch das Kojenzeug ist häufig gründlich zu lüften und zu reinigen und, sofern erforderlich, zu desinfizieren. Bei kaltem Wetter ist für genügende Erwärmung der Mannschaftsräume zu sorgen.

Ganz besondere Sorgfalt ist der Beschaffung von gutem Trinkwasser zu schenken. Das Wasser ist immer aus der besten Bezugsquelle, die beim Konsul zu erfragen ist, zu entnehmen, auch wenn es sich teurer stellt als anderes. In Häfen, in denen Cholera, Ruhr oder Typhus herrscht, soll, wenn irgend möglich, Wasser *nicht* genommen werden. Nur in großen Hafenplätzen mit guten, staatlich beaufsichtigten, zentralen Wasserleitungen kann man eine Ausnahme machen, wenn von zuverlässiger und sachverständiger Seite (Konsul, Hafenbehörde) das Wasser für unverdächtig erklärt wird und wenn es unmittelbar aus der Wasserleitung in die Wassertanks gepumpt werden kann oder in reingehaltenen, gut verschlossenen eisernen Wasserprähmen längsseits gebracht wird. Muß in verseuchten Häfen, in denen solches Trinkwasser nicht zu erhalten ist, dennoch Trinkwasser genommen werden, so ist es vor dem Gebrauch abzukochen. *Filter an Bord geben keine Sicherheit, verschlechtern vielmehr häufig das Wasser! Abkochen ist das einzige, einfach auszuführende, zuverlässige Mittel, um schlechtes oder verdächtiges Wasser unschädlich zu machen!* Siehe auch S. 522 u. 564.

In kalten Gegenden ist der Schiffsmann vor allen Dingen gegen die sehr nachteiligen Einwirkungen der feuchten Kälte zu schützen, die zu Erkältungskrankheiten und rheumatischen Leiden Veranlassung geben können. Alle Leute sollen dicke, wollene Kleidung, diejenigen, die sich wenig bewegen (Ausguckleute usw.), außerdem Ölzeug tragen. Letztere sind auch häufiger abzulösen. Das Gesicht, namentlich die Nase und die Ohren sowie die Hände und Füße sind nötigenfalls zum Schutze gegen Wind und Nässe mit Fett (halb Talg, halb Öl) einzureiben, die Füße und Unterschenkel durch Einlegen von Papier zwischen Doppelstrümpfe vor Kälte zu bewahren. — Da vom Seewasser durchnäßte Lederstiefel schwer trocknen und ein Kaltwerden der Füße bewirken, ist den Leuten zu empfehlen, beim Deckwaschen so lange wie möglich (bis etwa 8° C Wassertemperatur) barfuß zu gehen oder aber dabei Gummistiefel zu tragen. Das Deckwaschen ist zu beschleunigen.

Als Erfrischungsmittel dient heißer Kaffee oder Tee. Schnaps soll nur selten verausgabt und dann mit heißem Wasser und Zucker gemischt werden (Grog). Die Nahrung soll reichlich und fetthaltig sein.

In warmen Gegenden sei die Kleidung in den heißen Tagesstunden leicht, für die kühlere Abend- und Nachtzeit wärmer. Wollenes Unterzeug in den Tropen abzulegen, ist nicht ratsam; die Benutzung baumwollener Unterkleidung (Trikotstoff) ist zu empfehlen. Es ist zweckmäßig, in den Tropen nachts eine wollene Leibbinde zu tragen. Die Oberkleidung sei leicht, weit, eher hell als dunkel. An Stelle der Mütze trete zur Vorbeugung gegen Sonnenstich ein leichter Hut mit Nackentuch (Schleier) oder ein sogenannter Tropenhelm aus dickem Kork. Wenn irgend möglich, werden Sonnensegel, jedoch nicht zu niedrig, und am besten *doppelte* Sonnensegel, das eine $^1/_2$ m über dem anderen, ausgeholt. Das Deck ist bei großer Hitze mehrmals täglich mit Wasser zu übergießen. Kein Mann darf mit unbedecktem Kopfe sich den Sonnenstrahlen aussetzen! Das Schlafen an Deck ist in den Tropen nur dann zu gestatten, wenn keine Malaria- oder Gelbfiebergefahr besteht und wenn Sonnensegel mit genügend langen, gut schließenden Seitenvorhängen nach der Luvseite zu ausgespannt sind. Es ist ratsam, daß sich die Leute jeden Morgen und Abend kalt abbrausen oder abwaschen. Wer sehr am *roten Hund* leidet, wickelt sich in ein mit Frischwasser naß gemachtes Laken ein.

Anstrengende Arbeiten werden am besten in den frühen Morgenstunden ausgeführt; in der heißesten Zeit, von 10—14 Uhr, muß die Mannschaft möglichst geschont werden. Die Zeit um Sonnenuntergang diene der Erholung. Während des Regens lasse man in den Tropen, wenn angängig, die Arbeit im Freien einstellen; naß gewordene Kleider sind sofort gegen trockene zu vertauschen.

Die Nahrung sei leicht, gut verdaulich und minder fettreich als sonst; Hülsenfrüchte und Salzfleisch sind möglichst gar nicht, präserviertes Fleisch, Graupen, Grütze, Reis, Gemüse und Obst (Fruchtsuppen) hingegen öfter zu verabreichen. Als Getränk dienen kalter Tee und verdünnte Hafer- bzw. Gerstengrütze (vgl. Speiserolle S. 569).

Der *Beköstigung der Mannschaft* schenke die Schiffsleitung besondere Beachtung. Nach Möglichkeit verabfolge man in den Tropen den Leuten häufiger frisches Obst und Gemüse. Früchte und Salate, die in den Tropen gekauft werden, müssen immer mit sauberem Wasser reichlich abgespült oder in kochendes Wasser getaucht werden. Gerade durch Obst und Gemüse werden zahlreiche gefährliche Tropenkrankheiten, insbesondere Wurmkrankheiten, übertragen. Durch eine einfache, aber gut zubereitete und abwechslungsreiche Kost wird man seine Mannschaft vor vielen Krankheiten bewahren können.

Zum Wohlbefinden des Menschen trägt ferner sein gutes seelisches Befinden wesentlich bei. Namentlich auf langen Reisen kommen leicht Differenzen zwischen den Leuten vor; Nörgelei und Unzufriedenheit treten auf. Die Schiffsleitung sorge für Ordnung und Disziplin, aber auch für gute Kameradschaft unter der Besatzung; sie sei gerecht und habe *Verständnis für jeden einzelnen Mann.*

Die Schiffsleitung achte darauf, daß die Mannschaftsräume stets sauber gehalten werden.

Gute Rundfunkempfangsanlagen und abwechslungsreiche Bordbüchereien können auf langen Seereisen zur seelischen Gesunderhaltung der Mannschaft wesentlich beitragen.

Leute, die dauernd kränklich sind, weise man möglichst bald den Vertrauensärzten der SBG zu, damit diese ihre Wiederherstellung veranlassen.

Anweisung zur Rettung Ertrinkender.

1. Ruhig und besonnen bleiben! Beim Inswasserspringen auf Pfähle, Uferbefestigungen, Schlinggewächse usw. achten!

2. Ehe man ins Wasser springt, entkleide man sich so weit wie möglich.

3. Wenn man sich dem Ertrinkenden nähert, rufe man ihm mit lauter Stimme zu, daß Hilfe gebracht werde. Am besten ist es, von hinten an den Ertrinkenden heranzuschwimmen.

4. Man ergreife den Ertrinkenden nicht, solange er noch stark im Wasser arbeitet, sondern warte eine kurze Zeit, bis er ruhiger wird. Es

ist Tollkühnheit, jemanden zu ergreifen, während er mit den Wellen kämpft, und wer es tut, setzt sich einer großen Gefahr aus.

5. Ist der Verunglückte ruhiger, so nähere man sich ihm, ergreife ihn bei den Haaren, werfe ihn so schnell wie möglich auf den Rücken und gebe ihm einen plötzlichen Ruck, um ihn oben zu halten. Dann werfe man sich selbst ebenfalls auf den Rücken und schwimme so dem Lande zu, indem man mit beiden Händen den Ertrinkenden am Haar festhält und sich dessen Kopf, natürlich mit dem Gesicht nach oben, auf den Leib legt. Man erreicht so schneller und sicherer das Land als auf irgendeine andere Art. Auch kann man in dieser Weise sehr lange treiben, was von großer Wichtigkeit ist, wenn man ein Boot oder sonstige Hilfe erwartet.

Kann man den Ertrinkenden nicht bei seinen Haaren zu fassen kriegen, so nähert man sich ihm von hinten und umfaßt ihn bei den Armen dicht bei der Schulter.

6. Wenn jemand auf den Grund gesunken ist, so kann die Stelle, wo er liegt, bei schlichtem Wasser an den Luftblasen erkannt werden, die gelegentlich zur Oberfläche emporsteigen. Einer etwaigen Strömung, welche die Blasen am senkrechten Emporsteigen hindert, muß dabei natürlich Rechnung getragen werden. Grund mit Stangen abtasten.

Anweisung zur Wiederbelebung scheinbar Ertrunkener.

1. Entferne alle Kleidung vom Oberkörper bis zum Gürtel und löse diesen.

2. Entferne mittels des mit einem Stück Mull oder einem Taschentuch umwickelten Zeigefingers etwaigen Schlamm aus dem Schlunde. Ziehe die Zunge hervor und binde sie mit einem Tuch auf dem Kinn fest. Künstliche Zähne herausnehmen!

3. Der Scheintote wird sofort mit dem Bauch nach unten gelegt und an den Hüften vorsichtig hochgezogen, so daß Kopf und Brust nach unten hängen. Man sorge durch kräftigen Druck und Schläge mit der flachen Hand auf den Rücken für Abfluß des Wassers aus Lungen und Magen.

4. Lege dann den Körper auf den Rücken, reibe Brust und Gesicht mit Tüchern trocken und siehe zu, ob die Brust atmet.

5. Ist dies nicht der Fall, so beginne sofort mit den künstlichen Atmungsbewegungen, 16mal pro Minute, und setze dieselben unverdrossen — selbst viele Stunden lang — fort, bis das Atmen wieder in Gang kommt oder bis einwandfrei feststeht, daß das Leben ganz erloschen ist.

Um die Atmungsbewegungen nachzuahmen, muß der Brustkasten abwechselnd ausgedehnt und wieder zusammengepreßt werden[1].

6. Keinem Bewußtlosen etwas in den Mund flößen! Atmet der Gerettete wieder, dann Arme und Beine kräftig nach dem Herzen zu streichen! Körper in Decken und warme Tücher einhüllen! Geretteten keinen Augenblick allein lassen! Setzt Atmung aus, sofort erneut künstliche Atmung anwenden!

[1] Näheres s. „Anleitung zur Gesundheitspflege auf Kauffahrteischiffen" Bd. II, S. 51.

7. Erst, wenn Sprechen und Schlucken möglich, warmen starken Kaffee, Tee, Grog oder Kognak teelöffelweise eingeben!

Anweisung zur Behandlung von Kälteschäden.

Man unterscheidet *örtliche Kälteschäden* (Erfrierungen einzelner Glieder), je nach Zustand in 3 Graden, und allgemeine *Unterkühlung* (z. B. bei Schiffbrüchigen, die längere Zeit im Wasser getrieben haben.)

Behandlung örtlicher Kälteschäden: Bei Rötung oder Brennen der Haut (1. Grad) Verbände mit Ichthyolsalbe; bei Blässe der Haut, Schwellungen und Blasenbildung (2. Grad) Penicillinpuder, Watteverband und Ruhigstellung des Gliedes auf Schiene; bei abgestorbenen Gliedern (3. Grad) Behandlung wie beim 2. Grad, bis Amputation möglich.

Behandlung bei Unterkühlung: Der Kranke hat dabei soviel an Körperwärme verloren, daß die Lebensfunktionen ernstlich gefährdet sind, und kann nur durch schnellste Erwärmung gerettet werden, am besten durch ein heißes Bad von etwa 35° C, in 10 Minuten ansteigend auf etwa 45° C, oder durch dauerndes Duschen mit Wasser von 45—50° C; wenn beides nicht möglich, durch Verbringen auf die Grätings über den Kesseln oder Maschinen bei geschlossenen Oberlichtern. Behandlungsdauer bis zu 1 Stunde, anschließend Frottieren und Einschlagen in vorgewärmte Decken. Heiße Getränke, wenn Bewußtsein klar. Zur Anregung des Kreislaufes Spritzen von Coramin unter die Haut oder Sympatoltropfen eingeben. Das Verfahren der langsamen Aufwärmung ist veraltet.

Fiebermessen. Man mißt mit dem trocken gewischten Fieberthermometer in der Achselhöhle, besser noch im After. Normale Temperaturen sind: Kinder 37,5—38,5° C, Erwachsene 36,3—37,5° C. Wenn Temperatur dauernd über 37,5° C, so spricht man von Fieber. 40,5—41,5° C hohes Fieber. Im allgemeinen erlischt das Leben bei 42° C.

Vorbeugungsmaßnahmen gegen Malariainfektion[1]**.**

Malaria wird nur durch den Stich der Fiebermücke (Anopheles) übertragen. Daher ist zur Bekämpfung der Malariainfektion vorerst dem mechanischen Schutz durch Moskitonetze besondere Beachtung zu schenken. Auf Fahrten nach malariaverseuchten Häfen ist bei der gesamten Besatzung eine vorbeugende Chininbehandlung durchzuführen, die *am Tage vor der Ankunft* an der Fieberküste beginnen und mindestens 4—6 Wochen nach Verlassen der fieberverseuchten Küste fortgesetzt werden muß. Man gibt:

a) am Tage vor der Ansteckungsgefahr 4 Tabletten *Resochin* und dann jede Woche jeweils an dem gleichen Wochentage 2 Tabletten (ungekaut schlucken, nicht auf nüchternen Magen) oder

b) an 2 aufeinanderfolgenden Tagen der Woche morgens und abends je 1 Tablette *Atebrin* à 0,1 g oder

c) täglich 1 Tablette *Chinoplasmin* (0,3 g Chinin und 0,01 g Plasmochin), wenn möglich abends.

Wenn Atebrin und Chinoplasmin nicht an Bord sind, gibt man:

d) täglich 0,2 g bis 0,4 g *Chinin*, je nach Infektionsgefahr.

[1] S. auch Merkblatt der SBG betr. Vorbeugungsmaßnahmen und Behandlung bei Malaria-Erkrankungen, 1953.

e) täglich 1 Tablette *Paludrin* (in englischen Kolonien verwendetes Mittel).

Um die richtige Durchführung dieser Behandlung zu gewährleisten, dürfen nicht mehrere Tagesrationen auf einmal an die Besatzung verabfolgt werden. Es empfiehlt sich vielmehr, die Tabletten einzeln vor Empfang der Mahlzeit unter Aufsicht einnehmen zu lassen, d. h. *der austeilende Arzt, Offizier usw. muß sich davon überzeugen, daß die Tabletten auch wirklich geschluckt werden.*

Behandlung der Malaria[1].

Ist trotz vorbeugender Maßnahmen ein Fieberfall eingetreten, so ist gleich von Anfang an gründlich durchzugreifen. *Je früher eine solche zweckentsprechende Behandlung einsetzt, um so mehr besteht eine Gewähr, daß der Erkrankte schnell völlig geheilt wird und vor späteren Rückfällen bewahrt bleibt.* Man wählt eine der folgenden Behandlungen:

a) Bei Feststellung der Malaria sofort 3 Tabletten *Resochin* zu 0,25 g, 6 Stunden später abermals 3 Tabletten, nach weiteren 6 Stunden 2 Tabletten und nach weiteren 12 Stunden wiederum 2 Tabletten; insgesamt also innerhalb 24 Stunden 10 Tabletten. Nicht bei leerem Magen einnehmen, bei Brechreiz in einer reizlosen Schleimsuppe.

b) Bei allen Malariaarten 7 Tage lang täglich 3 Tabletten 0,1 g *Atebrin*, nach den 3 Mahlzeiten zu nehmen; bei der tropischen Malaria außerdem an 3 weiteren Tagen ebenfalls nach den Mahlzeiten 2mal 0,01 g Plasmochin täglich.

c) An 21 aufeinanderfolgenden Tagen nach den 3 Mahlzeiten je 1 Tablette *Chinoplasmin* (0,3 g Chinin und 0,01 g Plasmochin).

d) 3 Tage lang täglich 3 mal 1 Tablette *Paludrin.*

e) Auf Behandlung mit *Chinin* (7 Tage lang 5mal 0,2 g täglich, darauf für die Dauer von 5 Wochen dieselbe Menge jeden 6. und 7. Tag) wird man nur bei Fehlen der obengenannten besseren Mittel zurückgreifen.

Wichtig bei jeder Malariaerkrankung ist die Beobachtung der Herztätigkeit. Bei Herzschwäche gibt man rechtzeitig Herzmittel: Kaffee, starken Tee, Kognak oder Digitaloidtropfen. Bei Malaria mit Bewußtlosigkeit (Koma), auch bei Erbrechen, müssen Einspritzungen von Resochin-, Coramin- oder Atebrinlösung in die Muskeln (am besten in den hinteren oberen Quadranten des Gesäßes) gemacht werden (s. S. 558). Ärztlichen Rat durch Funk vorher einholen!

Beim Auftreten von blutigem oder dunkelbraunrotem Harn (Schwarzwasserfieber) darf zunächst kein Chinin oder Chinoplasmin mehr gegeben werden, wohl aber Resochin und Atebrin, ferner reichlich alkoholfreie Flüssigkeit.

Auf allen Schiffen, die in malariagefährdete Gebiete fahren, müssen genügend Malariamittel und Utensilien zur Herstellung der Blutpräparate an Bord sein.

Bei Malariaverdacht ist stets die grüne Berufskrankheits-Meldung auszufüllen. Außerdem ist während des Fieberzustandes, auf jeden Fall

[1] Siehe Fußnote 1 auf S. 556.

vor Verabreichung von Malariamitteln, ein *Blutpräparat* anzufertigen und an die SBG Hamburg zu senden, die die Untersuchung veranlaßt.

In gleicher Weise muß bei jedem Todesfall, der nach einer fieberhaften Erkrankung eingetreten ist, ein Blutpräparat gemacht und eingesandt werden, es sei denn, daß eine andere Todesursache einwandfrei festgestellt ist.

Holzkästchen für 2 Objektträger zum sachgemäßen Versand der Präparate werden von der SBG verausgabt.

Für die sachgemäße Behandlung und Prüfung eingetretener Erkrankungsfälle ist erforderlich, daß mit der Krankheitsanzeige an die SBG ein eingehender Bericht der Schiffsleitung verbunden wird, aus dem hervorgeht, wann auf der fraglichen Reise mit der Abgabe prophylaktischer Mittel begonnen, was täglich verabreicht, wie die Einnahme kontrolliert und wie lange die Prophylaxe durchgeführt wurde. Sind in irgendwelchen Häfen oder Küstenstrichen größere Malariaepidemien beobachtet worden, so ist dieses gleichfalls zu bemerken.

Nach Rückkehr des Schiffes in den deutschen Hafen muß eine vertrauensärztliche Nachuntersuchung auch der geheilten Malariakranken erfolgen.

Anweisung zur Entnahme eines Bluttropfens zwecks späterer Untersuchungen auf Malaria:

1. Man reinige mit einem kleinen, in Alkohol getränkten Wattebausch das Ohrläppchen und die Nadel und lasse beides gut trocknen.
2. Man steche in die Kante des Ohrläppchens in seinem tiefsten Punkte ein.
3. Man drücke von der Seite zwischen zwei Fingern das Ohrläppchen, bis ein dicker Blutstropfen hervortritt.
4. Auf den hervorquellenden Blutstropfen drücke man sanft den vorher gut gereinigten Objektträger und reibe ihn dabei ein wenig hin und her, damit das Blut auf dem Objektträger festgehalten und ein wenig auseinander gerieben wird; je 2 Tropfen auf 2 Objektträger.
5. Dann lege man die Objektträger, Blutseite nach oben, auf den Tisch zum Trocknen (Dauer 1—2 Std., vor Fliegen schützen!).
6. Wenn der Blutstropfen lufttrocken geworden ist, wickele man den Objektträger in weißes Schreibpapier ein und schreibe sogleich auf die Außenseite Namen, Geburtsdatum und Dienstgrad des Erkrankten, sowie Schiffsnamen und Datum der Entnahme.
7. Die lufttrockenen Objektträger mit Klebezettel versehen, die Namen, Geburtsdatum, Dienstgrad, ferner Ort und Tag der Blutentnahme enthalten. Blutstropfen dabei nicht verdecken, auch nicht von der Rückseite.
8. Objektträger in die Schlitze des Kästchens hineinschieben und dieses verschließen.

Verabreichung von Spritzen. Nach den neuen Ausrüstungsvorschriften sind für die Schiffsapotheken Va und Vb Spritzen und Injektionsmittel vorgeschrieben. Diese dürfen nur von den hierin ausgebildeten Personen verabfolgt werden.

Es gibt drei Injektionsarten: a) unter die Haut (subcutan), b) in den Muskel (intramuskulär) und c) in die Blutader (intravenös). Die unter c) genannte Injektion darf nur von Ärzten ausgeführt werden.

Spritztechnik: Hals der Ampulle absägen, Medikament mittels sorgfältig sterilisierter Spritze und aufgesetzter Nadel einsaugen. Spritze mit Nadel nach oben halten und durch Vorschieben des Kolbens Luft entfernen. An der Injektionsstelle Haut durch Abreiben mit Wundbenzin oder Alkohol desinfizieren. Vermeide Stellen, wo Adern oder Knochen getroffen werden können. Spritze mit Daumen und Mittelfinger der rechten Hand fassen, dann bei subcutaner Injektion mit Daumen und Zeigefinger der linken Hand eine Hautfalte aufheben und Nadel mit kurzem Stoß etwa 2 cm tief einstechen. Die Nadel soll dabei der Hautunterlage annähernd parallel liegen. Dann mit Zeigefinger der rechten Hand Kolben langsam vorschieben. Darauf Nadel mit kurzem Ruck herausziehen. Injektionsstelle mit leichtem Druck abreiben.

Während unter die Haut (a) fast überall am Körper gespritzt werden kann, wird in den Muskel (b) am besten in den äußeren oberen Quadranten der Gesäßbacken injiziert. Hierbei wird eine etwas größere Nadel 4—5 cm tief senkrecht durch die Haut in den Muskel gestoßen. Ziehe dann den Kolben etwas zurück, um zu prüfen, ob nicht zufällig ein Blutgefäß getroffen ist, was sich dabei durch Ansaugen von Blut in der Spritze bemerkbar macht. In diesem Falle Nadel etwas zurückziehen, Prüfung wiederholen und erst injizieren, wenn kein Blut mehr angesaugt wird.

Als Spritzmittel sind vorgesehen:

a) unter die Haut: Morphium (Schmerzbekämpfung), Apomorphin (Brechmittel), Novocain-Suprarenin (örtliche Betäubung), Emetin (Mittel gegen trop. Durchfall).

b) in den Muskel: Penicillin und Depot-Penicillin (Mittel gegen Infektionen), Coramin (Kreislauf- und Atem-Anregung), Asthmatrin (Asthmamittel), Resochin und Atebrin (Malariamittel).

Wundbehandlung. *Jede* Verletzung ist sofort dem Kapitän oder dem Wachoffizier zu melden. Auch die kleinste Wunde muß sofort verbunden werden (UVV § 12).

Kleine Wunden: Unterlasse bei Wunden, die kräftig bluten, jede Reinigung der Wunde! Bei grober Verschmutzung reinigt man nur die Wund*umgebung* mit Wasserstoffsuperoxyd oder Jodtinktur. In verschmutzte Wunden streue man Penicillin-Wundpuder. Die Wunde bedecke man mit einer dicken Schicht keimfreien Verbandmulls und darüber etwas Verbandwatte. Mull nicht mit den Fingern berühren! Verband mit Mullbinden oder mit Klebepflaster befestigen! Wenn möglich Hochlagerung. Die Wundränder sind meistens sehr schmerzempfindlich. Lebertransalbe fördert die Wundheilung.

Für oberflächliche Wunden (Hautabschürfungen) aller Art verwendet man am besten Verbandspäckchen, das sind Mullbinden mit einer keimfreien Kompresse, oder Schnellverbände wie Hansaplast oder dgl.

Bei Verletzungen auf Fischereifahrzeugen durch Fischgräten oder Schlachtmesser sofort „Euasept" anwenden.

Große Wunden: Wenn Wunden sehr groß und die Wundränder zerfetzt sind: Ausschneiden des Wundrandes etwa 1 mm in den ersten Stunden nach der Verletzung; später ist es zwecklos. Dann Einstreuen von Penicillin-Puder. Bei Anwendung dieses Pulvers kann man gegebenenfalls überhaupt auf das Ausschneiden verzichten. Dann näht man mit Catgut oder Seide. Catgutfäden werden vom Körper aufgesogen, Seidenfäden müssen nach einigen Tagen gezogen werden. Nähen nur dann, wenn keine stärkere Blutung auftritt und wenn die Wunde steril ist.

Vor *Eingriffen* ist folgendes zu beachten:

Zuerst überlegen, welche Instrumente und Geräte man benötigt; alles vorher übersichtlich zurechtlegen. Instrumente (Messer, Scheren, Pinzetten, Nadelhalter und Nadeln, Spritzen mit herausgenommenem Kolben usw.) 10 Minuten lang kochen und auf ein keimfreies großes Stück Mull oder ein mitgekochtes sauberes Leinentuch auslegen. Dazu eine Pinzette, die in desinfizierender Lösung (Zephirol, Sagrotan) stand, verwenden, keinesfalls Instrumente mit den Händen anfassen oder sie sonst mit irgendwelchen Gegenständen in Berührung kommen lassen. Dann den Ort des Eingriffs freimachen. Dann wird der Patient bequem hingesetzt oder gelagert. Die Umgebung der Wunde oder der Ort des Eingriffs wird in weiter Umgebung entblößt, mit Jodtinktur eingepinselt und die Wundumgebung mit keimfreiem Mull abgedeckt. Eine Berührung der desinfizierten Stelle und der keimfreien Abdeckung ist peinlich zu vermeiden!

Der Behandelnde bürstet seine Hände und Unterarme 10 Minuten lang mit heißem Wasser und Seife und läßt eine ebensolange Waschung in 60proz. Alkohol folgen. Nunmehr kann der Eingriff erfolgen. Mit den desinfizierten Händen darf man nun die Instrumente anfassen und, soweit notwendig, die Wundumgebung, jedoch auf keinen Fall die Wunde selbst oder andere nicht keimfrei gemachte Gegenstände berühren.

Winke für die Behandlung einiger Krankheiten und Unfälle.

Bakterielle Infektionen. Ganz allgemein Penicillin[1] oder Aureomycin[2].

Blutstillung. Gewöhnlich genügt ein Druckverband oberhalb der Wunde (zwischen Wunde und Herz). Hochlagerung des verletzten Gliedes! Blutkreislauf nicht zu lange unterbrechen.

Durchfall. Fieberkontrolle, Diät. 3mal $^1/_2$—1 Opiumtablette. Bei Verdacht auf Ruhr, Cholera, Typhus Absonderung des Kranken und Stuhldesinfektion. Funkarzt!

Entzündungen. Ruhigstellen. Feuchtwarme Umschläge von Leinsamen, Kartoffelbrei und ähnlichem. Falls entzündete Stelle (besonders an den Fingern) sich elastisch-teigig anfühlt, *nicht zu kleinen* Entlastungs-

[1] u. [2] Schimmelpilze.

[1] Entdeckt vom engl. Bakteriologen Prof. ALEXANDER FLEMING 1928.

[2] Entdeckt vom amer. Physiologen BENJAMIN DUGGAR 1948.

schnitt an der Stelle des größten Berührungsschmerzes machen. Eiternde Wunden nicht ausquetschen! Vorsicht, daß kein Eiter verschmiert wird! Hände immer gründlich waschen! Verband mit Ichthyolsalbe.

Ermüdungserscheinungen und Schlafbedürfnis können in *dringenden* Fällen durch 1—2 Tabletten *Pervitin* beseitigt werden. Nur anwenden, wenn dringendes Erfordernis es rechtfertigt. Dauernde Anwendung bringt schwere Schäden (Suchtgefahr!).

Gallenkolik. Krampfartige, unerträgliche, in den Rücken ausstrahlende Schmerzen im rechten Oberbauch. Bettruhe, *Wärme,* Morphiumspritze.

Gasvergiftung. Frische Luft! Kalte oder warme Abreibungen und andere Reizmittel (Salmiakgeist oder Zwiebel unter die Nase), kalte Begießungen, künstliche Atmung!

Gehirnerschütterung. Pulsverlangsamung, Erbrechen. Rückenlagerung, absolute Ruhe! Eisblase auf den Kopf. Diät und Stuhlregelung.

Haargefäßblutung. Das weder deutlich hellrote noch dunkelrote Blut rieselt langsam aus der Wunde. Hochlagerung des verletzten Gliedes. Druckverband.

Harnverhaltung. Einführung eines Gummikatheters, warme Umschläge.

Hitzschlag. Kann auch bei bewölktem Himmel vorkommen. Siehe Sonnenstich.

Infektionen bakterieller Art, ganz allgemein Penicillin.

Knochenbrüche. Glied ruhig und zweckmäßig lagern. Bruchstelle zweckentsprechend schienen. Bei komplizierten Brüchen Funkarzt.

Krämpfe. Weiche Unterlage unter Kopf und Körper. Entfernung aller Gegenstände aus der Umgebung, an denen sich der Kranke verletzen kann. Evtl. Knebel in den Mund. Wenn Zunge zwischen den Zähnen eingeklemmt, flachen Gegenstand zwischen die Zähne schieben und Zunge bis hinter die Zahnreihe zurückdrängen.

Kreislaufschwäche. Flach lagern, beengende Kleidung entfernen. Warm halten! Bohnenkaffee oder starken, heißen Tee. *Feuchte Kompressen auf Herzgegend.* In schweren Fällen Funkarzt!

Lungenbluten. Es wird schaumiges Blut ausgehustet. Sitzende Stellung einnehmen. Nicht sprechen, Kleidung lockern. Einen Eßlöffel Kochsalz in einem Glas kalter Milch langsam trinken.

Lungenentzündung. Hohes Fieber, Kurzatmigkeit, Stiche in der Brust. Bettruhe. Als Herzmittel 3mal 15 Tropfen Sympatol und 3stündlich 2 Tabletten Supronal oder je Tag 300000 Einheiten Depot-Penicillin, bis Fieber vorbei ist.

Magenbluten. Kaffeesatzartiges Blut wird ausgebrochen. Bequeme Lagerung bei erhöhtem Oberkörper, Kleidung lockern. Eis auf Magengegend. Als einziges Nahrungsmittel eiskalte Milch.

Mandelentzündung. Feuchte Umschläge, Gurgeln mit Kamillentee oder essigsaurer Tonerde. Evtl. 3mal täglich 2 Tabletten Supronal.

Nasenbluten. Kopf hoch lagern. Halskragen lockern. Nase eine Zeitlang fest zusammendrücken. Keimfreien Mull in das blutende Nasenloch stopfen oder Wundwatte, die vorher mit Essigwasser getränkt und wieder gut ausgedrückt wurde.

Nierenkolik. Unerträgliche krampfartige Schmerzen in der Nierengegend, in die Blasengegend ausstrahlend. Behandlung wie Gallenkolik.

Ohnmacht. Gesicht blaß, Puls und Atmung schwach. Rückenlage, Kopf tief. Öffnen der Kleider. Hautreize: Reiben und Bürsten der Füße und Hände. Taschentuch mit Essig oder Salmiakgeist unter die Nase. Starker Kaffee, Tee, Wein oder Hoffmannstropfen, aber erst, wenn bei vollem Bewußtsein. Bei Erbrechen Kopf seitwärts lagern.

Quetschung. Ruhigstellung des getroffenen Körperteils. Kühlende Umschläge mit essigsaurer Tonerde (verdünnt) oder Borwasser (1 Eßlöffel Borwasser in 1 l Wasser). Arm in Tragbinde. Bein hoch lagern, Kniekehlen gut unterstützen. Bei Brustquetschung sitzende Stellung. Bei Bauchquetschung halb sitzende Stellung, Beine an den Leib ziehen und *sehr* vorsichtig sein mit Erfrischungsmitteln! Alle einengenden Kleidungsstücke lockern.

Schlagaderblutung. Hellrotes Blut spritzt stoßweise oder im Strahl hervor. Glied oberhalb der Wunde abschnüren bzw. Druckverband. Abschnürung nie über der Kleidung vornehmen. Schnürverband darf höchstens 2 Stunden liegenbleiben.

Schlaganfall. Blaurotes, gedunsenes Gesicht, voller, langsamer Puls, schnarchende Atmung. Teilweise Lähmung. Hochlagerung des Oberkörpers. Öffnen der Kleidung. Kälte auf den Kopf. Senfteig auf die Brust.

Schock oder Wundschock. Blasse, kalte Haut, aussetzender Puls, Brechneigung. Rückenlage, Kopf tief. Lockern der Kleider. Evtl. künstliche Atmung.

Schweinsbeulen. Im ersten Stadium Antipiolsalbe, später Penicillinpuder oder -salbe.

Sonnenstich. Meistens nur bei direkter Bestrahlung des bloßen Körpers durch die Sonne. Kleider öffnen, evtl. entfernen. Kranken an kühlen Ort bringen. Kopf hoch lagern, wenn Gesicht gerötet, sonst Rückenlage ohne Erhöhung des Kopfes. Begießen oder Besprengen mit kaltem Wasser. Eisumschläge, kühles Getränk. Wenn Atmung stockend, künstliche Atmung. 1proz. lauwarme Salzwassereinläufe.

Tripper (Gonorrhoe). Eitriger Ausfluß aus der Harnröhre, Schmerzen beim Urinlassen. Einmalig 400 000 Einheiten Penicillin spritzen.

Unterleibsbrüche. Kranken mit erhöhtem Becken und an den Leib angezogenen Beinen lagern. Bei eingeklemmtem Bruch warmes Bad und versuchen, Bruchinhalt mit *sanftem* Druck in die Bauchhöhle zurückzuschieben. Möglichst bald Arzt hinzuziehen.

Verbrennungen. Brandwunden (auch leichte Rötungen) nie kalt, insbesondere nicht mit Wasser behandeln. Zeug entfernen, aber nicht abreißen, wenn es mit der Haut verklebt ist. Blasen nicht öffnen. Brandbinde, keimfreien Mull mit Brandsalbe, ungesalzener Butter oder Schmalz bestreichen oder mit Leinöl und Kalkwasser (zu gleichen Teilen) tränken. Luftabschließenden Verband anlegen. Sehr gut bewährt hat sich, auch bei schweren Brandwunden, Behandlung mit Penicillinpuder oder -salbe.

Verbrennen durch Ätzkalk oder Säuren. Sorgfältiges Entfernen der noch vorhandenen Reste des Ätzmittels durch reichliches Begießen mit

Wasser und Abtupfen. Bei Verbrennung durch Laugen Umschläge mit stark verdünnten Säuren (Essig, Zitronensaft); bei Verbrennen mit Säuren Umschläge mit Kalkwasser, Seifenwasser, Sodawasser. Bei Verbrennen am Auge Einträufeln von reinem Öl.

Vergiftung. Als Brechmittel Apomorphin spritzen. Bei stockendem Atem künstliche Atmung. Ist eine Säure verschluckt, so gib Alkali (Soda, Pottasche, Magnesia, Kalk) in viel Wasser gelöst; ist eine Lauge (Alkali) verschluckt, so gib Säure in viel Wasser (Essig, Zitronen). In beiden Fällen hierauf viel Milch oder schleimige Getränke.

Verschluckte Gräten werden leicht hinuntergespült, wenn sofort etwas Essig hinterher getrunken wird.

Verstauchung. Ruhigstellen des verletzten Gliedes. Kalter Umschlag. Arm im Tragtuch. Beim Hochlagern Kniekehle gut unterstützen. Kalte Wickel.

Würmer. Energische Abführkur, Klistier mit verdünnter essigsaurer Tonerde. Einsalben des Afters mit weißer Präzipitatsalbe. Größte Sauberkeit der Hände! Wurmkur an Land.

Bestattung von Leichen nach Seegebrauch. *Für den an Bord oder im Auslande verstorbenen Schiffsmann* schreibt das SG vor, daß der Kapitän für die Bestattung zu sorgen und die Leiche auf Kosten des Reeders an Land beerdigen lassen muß, sofern das Schiff innerhalb der nächsten *24 Stunden* zumutbarerweise einen Hafen erreichen kann. Von dieser zwingenden Vorschrift kann der Kapitän nur abgehen, wenn dem gesundheitliche Bedenken oder ein für den betreffenden Hafen bestehendes Leichenlandungsverbot entgegenstehen. Sofern das Schiff einen Hafen in der festgelegten Frist nicht anlaufen kann, muß die Leiche des Seemannes nach Seegebrauch in würdiger Form bestattet werden.

Auf größeren Fahrgastschiffen wird für Verstorbene, deren Angehörige die Kosten der Konservierung der Leiche und des Leichentransportes tragen können, ein Zinksarg mitgeführt, um den eine Holzkiste gebaut werden muß, die nicht die Form eines Sarges haben darf. Diese Kiste darf nicht in Räumen verstaut werden, in denen gleichzeitig Nahrungs- und Genußmittel untergebracht sind.

Auf Schiffen, auf denen sich ein Arzt befindet und die mit Zinksärgen ausgerüstet sind, ist es angebracht, daß der Kapitän bei einem *Todesfall eines Fahrgastes oder Besatzungsmitgliedes* telegraphisch bei seiner Reederei anfragt, ob der Verstorbene auf See beigesetzt oder einbalsamiert und in einem Zinksarg mitgenommen werden soll, damit so den Wünschen der Angehörigen des Verstorbenen entsprochen werden kann.

Leichen von Personen, die während der Reise an Cholera, Fleckfieber, Pest oder Pocken verstorben sind, dürfen an Bord nicht weiterbefördert werden.

XI. Proviant und Verpflegung.

Allgemeines. Für die Ausrüstung des Schiffes mit gutem und ausreichendem Proviant ist nach dem SG in erster Linie der Kapitän verantwortlich, es sei denn, daß der Reeder ihn hierzu außer Stand setzt. Der Kapitän ist auch verpflichtet, die Art und Zubereitung der Verpflegung zu überwachen, Beschwerden nachzugehen und für Abhilfe zu sorgen. Beschwerden, denen vom Kapitän nicht abgeholfen werden kann, sind ins Schiffstagebuch einzutragen.

An Bord von Frachtschiffen liegt die Verwaltung des Proviants häufig in Händen eines der jüngeren Offiziere. Dieses Amt erfordert viel Arbeit und Hingabe, wenn aller Proviant auch tatsächlich gut und sachgemäß verwendet werden soll. An Bord eines jeden Schiffes sollte sich ein praktisches Kochbuch[1] befinden, damit der Kapitän oder ein Offizier dem Koch Ratschläge geben kann.

Die Verpflegungssätze der Besatzung sind durch eine amtlich festgesetzte Speiserolle geregelt[2] (s. S. 569). Die Lebensmittel, die zur Krankenpflege an Bord sein müssen, sind angegeben in der „Anleitung zur Gesundheitspflege auf Kauffahrteischiffen".

Kombüsen. An Bord müssen oft auf begrenztem Raum Kochleistungen erzielt werden, die sonst nur von Großküchen gefordert werden. Der Einbau und die Ausstattung von Schiffskochanlagen verlangt deshalb, besonders auf Fahrgast- und Auswandererschiffen, große Sachkenntnis und Erfahrung.

Trinkwasserpflege[3]**.** Eiserne Tanks, in denen Trinkwasser aufbewahrt wird, sollten innen mit einer aufgebrannten doppelten Glasemailleschicht versehen sein. An Bord älterer Schiffe wird Trinkwasser zuweilen noch in Doppelbodentanks gefahren, aus denen es in Hochtanks gepumpt und nach Filtrierung auf die Rohrleitungen des Schiffes verteilt wird. Alle Tanks sind so oft wie möglich zu reinigen. Jede Reinigung sollte im Schiffstagebuch vermerkt werden. Die Tanks werden dabei mit einwandfreiem Wasser gründlich geschrubbt, mit einer Desinfektionslösung (Caporit oder ähnliches) gespült, mit einwandfreiem Wasser nachgespült und zum Schluß, wenn vorhanden, mit der Dampfleitung ausgedampft.

---

[1] Z. B. „Schiffskochbuch", zusammengestellt und herausgegeben von Karl J. H. Brodmeyer.

[2] Die Festlegung der Speiserolle und der Lagerung der Verpflegungsvorräte an Bord wird nach SG § 143, 4 durch eine noch zu erlassende Rechtsverordnung geregelt.

[3] Siehe auch „Gesundheitspflege" S. 552 und „Chemie" S. 523.

Bei Trinkwasserübernahme ist darauf zu achten, daß nur saubere Schläuche benutzt werden, die ausschließlich für diesen Zweck bestimmt sind. In ausländischen Häfen sollte der Kapitän sich beim Konsul nach vertrauenswürdigen Bezugsquellen erkundigen!

Ist Trinkwasser verschmutzt, so muß es gereinigt und keimfrei gemacht werden. Zur Keimfreimachung (Sterilisation) verwendet man am besten Caporit. Mit Caporit behandeltes Trinkwasser muß vor Gebrauch entchlort werden, entweder durch kleine Aktiv-Kohlefilter an den Zapfstellen oder besser durch eine zentrale Hydraffin-Filteranlage[1].

Das einwandfreieste Trinkwasser erhält man an Bord, wenn man es in Destillationsanlagen selbst herstellt. Solche Anlagen erhöhen auch die Wirtschaftlichkeit eines Schiffes. Zum Peilen des Trinkwassers im Tank soll man keine Peilstöcke benutzen, sondern ein rostfreies Patent-Roll-Metermaß oder dgl., das nach Gebrauch mit Äther abgerieben und dann in einer Formalin-Dose keimfrei aufbewahrt wird.

Provianteinkauf. Man kaufe nie die billigste, sondern immer nur die *beste* Ware! Die *Einkäufe* erstrecken sich besonders auf Fleisch, Fisch, Kartoffeln, Eier, Milch, Brot und Gemüse.

Fleisch darf nicht riechen, muß eine frische Farbe und feine Fasern haben; drückt man mit dem Finger leicht dagegen, so muß es sofort nachgeben.

Fische dürfen nicht riechen, die Kiemen müssen rot, die Augen klar, das Fleisch muß fest sein.

Kartoffeln koche man zuerst zur Probe, bevor man große Mengen einkauft. Sie müssen sauber und trocken angeliefert werden. Kaufe keine alten Kartoffeln, wenn es schon neue gibt! Verschiedene Sorten sind *sortiert* zu liefern und sortiert aufzubewahren. Jede Kartoffelsorte braucht beim Kochen eine andere Zeit!

Eier. Will man untersuchen, ob ein Ei frisch ist, so lege man es in eine Lösung von 30 g Kochsalz und $^1/_4$ Liter Wasser; sinkt das Ei unter, so ist es frisch. Bei großen Einkäufen mache man solche Versuche stets mit *mehreren* Eiern. Oder: Man öffne zur Probe ein Ei auf einem Teller. Wenn es frisch ist, läuft das Eiweiß nicht auseinander, und das Eigelb hat eine hohe Wölbung.

Brot. Man nehme nie zu feuchtes oder warmes Brot an Bord, da dieses Brot leicht schimmelt, und nie mehr als unbedingt nötig ist.

Aufbewahren des Proviants ohne Kühlraum. Vor Einnahme von frischem Proviant alle Schubladen im Proviantraum gut reinigen und von altem Proviant freimachen!

Fleisch. Wenn kein Eis an Bord ist, hängt man das Fleisch in möglichst großen Stücken in einen Fleischsack an einem Davit oder im Want auf. Beim Verbrauch von *unten* anfangen zu schneiden und nur *eine* Schnittfläche machen! Kein Gefrierfleisch verwenden!

Hat man Eis zur Verfügung, so lege man das Fleisch mit einer Unterlage von Ölpapier auf das Eis. Kochfleisch tauche man einen Augenblick in kochendes Wasser und dann in abgekochtes kaltes Wasser; in

[1] Solche Anlagen liefert u. a. die Fa. Lurgi, Frankfurt/Main.

diesem Wasser lasse man es liegen und gieße etwas Speiseöl auf die Oberfläche.

Sehr gut hält sich Fleisch, wenn es in ein feuchtes Tuch, das in eine Lösung von 50 Teilen Wasser und 1 Teil Borsäure getaucht und dann nicht zu fest ausgerungen wurde, fest eingeschlagen wird. Man lege dann das Fleisch in eine flache Schüssel.

Fleisch zum Braten hält sich auch sehr gut durch einen Überguß von heißem Fett. Auch das Einlegen des Fleisches in dünnen Essig wird viel angewandt. Will man Fleisch einpökeln, so löse man es am besten von den Knochen. Pökellake für Rindfleisch (für 25 Pfund Fleisch): 1 kg Salz, 50 g Salpeter, $4^1/_2$ Liter Wasser und etwa 100 g Zucker. Diese Mischung koche man auf, lasse sie erkalten, gieße sie dann auf das in einen Steintopf gelegte Fleisch, beschwere es mit einem Porzellanteller und verschließe das Gefäß. Fleisch hält sich so etwa 4 Wochen lang. Will man Schweinefleisch einpökeln, so verwende man etwas mehr Salz.

Fische. Fische bewahre man nicht auf, da sie schnell verderben. Durch Einkochen mit Gelatine oder Insauerlegen kann man von ihnen etwas länger Nutzen haben.

Kartoffeln. Kartoffeln müssen luftig und trocken (Holzkisten) aufbewahrt werden. Auf langen Reisen erfordern sie eine sorgfältige Überwachung. Von Zeit zu Zeit umschaufeln und starke Keime entfernen! Alte Restbestände aus der Kartoffelkiste entfernen, ehe man neue Kartoffeln hineintut.

Gemüse. Kohl hänge man luftig und kühl auf. Wurzeln, Rüben usw. halten sich sehr gut in Sandkisten.

Hülsenfrüchte nicht in Räumen aufbewahren, in denen Öle oder Fette lagern!

Eier. Eier halten sich in feuchter Luft bei Temperaturen *etwas* über 0° ziemlich lange. Hat man Wasserglas, so lege man die Eier in eine Mischung von 1—2 Liter Wasserglas auf 10 Liter Wasser. Auch Bestreichen der Eier mit Vaseline, Einlegen in Kalkwasser oder Verpacken in Salz hat sich gut bewährt.

Konserven. Konserven bewahre man an einem kühlen Ort auf.

Mehl. Mehl muß trocken, luftig und dunkel liegen.

Brot. Kühl und trocken, aber nicht in Zugluft aufbewahren! Alle Seiten des Brotes müssen von der Luft berührt werden. Brotbestand täglich überholen und etwaigen Schimmel entfernen!

Kaffee nur in luftdicht verschließbaren Dosen aufbewahren!

Hat man kein Eis zur Verfügung und will man ein Getränk kühlen, so hülle man die Flasche in ein nasses Tuch, fülle ein Gefäß halb mit kaltem Wasser, dem man einige Handvoll Salz zusetzt, und stelle die mit dem Tuch umhüllte Flasche hinein. Das Ganze setze man einem scharfen Zug aus.

Aufbewahrung des Proviants in Kühlräumen. Alle Kühlräume müssen von Zeit zu Zeit desinfiziert und die hölzernen Ausrüstungsgegenstände (Grätings usw.) mit einer Lösung von übermangansaurem Kali gereinigt werden. Auf den meisten Überseeschiffen wird die Temperatur in den

Kühlräumen durch Kältemaschinen erzeugt. So ist man in der Lage, in den einzelnen Proviant-Kühlräumen verschiedene Temperaturen zu halten und den Kühlproviant auf diese Räume entsprechend zu verteilen. S. auch Kühlanlagen S. 482.

Fleisch ist so aufzuhängen, daß es nicht aneinander stößt und die Luft von allen Seiten heran kann. Vollständig durchgefrorenes Fleisch darf nicht sofort in die warme Außenluft gebracht werden, damit es nicht zuviel Saft verliert. Man läßt größere Stücke etwa 2 Tage bei etwa 0° C langsam auftauen. Kein warmes Wasser dazu verwenden!

Fische sollen nicht unter —3° C gekühlt werden.

Gemüse dürfen niemals unter +2° C gekühlt werden. Am besten halten sie sich bei etwa +6° C. Bei Kohlgemüsen alle schadhaften Blätter entfernen! Von Zeit zu Zeit durchsehen!

Hat man einen mit Eis betriebenen Kühlraum an Bord, so vermeide man, ihn häufig zu betreten. Kauft man neue Mengen Eis, so achte man darauf, daß man große Stücke erhält. — Im Eisschrank decke man das Eis mit Filz zu. Der Eisschrank muß wöchentlich gereinigt werden. Das Eiswasser, das sich unten ansammelt, ist täglich zu entfernen.

Dauerproviant. Auf Schiffen, die keine ausreichenden Kühlräume haben, kann Frischproviant nur in beschränktem Umfange mitgenommen werden. An seine Stelle tritt Dauerproviant in Form von Dosen-, Trocken- und Salzkonserven. Als Dosenkonserven gibt es heute alle Sorten von Fleisch, Wurst, Obst, Gemüse und Käse. Als Trockenkonserven kommen hauptsächlich Kartoffeln, Wurzeln, Kohl, Zwiebeln, Früchte, Milch, Eier, Hefe usw. in Frage. Als Faß- oder Salzkonserven kennt man Sauerkraut, Bohnen, Rotkraut u. a.

Schiffe mit Kühlräumen decken sich mit Gefrierkonserven ein: Frischwurst, Fette, Eier, Obst, Fische. Neuerdings gibt es kochfertig zubereitetes tiefgekühltes Frischgemüse. Bei Lagerung dieser Konserven für längere Zeit sind Temperaturen unter —10° erwünscht. Wenn diese Konserven erst einmal aufgetaut sind, müssen sie verbraucht werden. Gefrierkonserven sind besonders zu empfehlen wegen der guten Erhaltung der Vitamine.

Kalorienbedarf des Menschen. Wir können unseren Körper mit einem Ofen vergleichen, der durch die Nahrung, die wir ihm zuführen, geheizt wird. Der mittlere Kalorienbedarf bei guter Ernährung beträgt für den gesunden Menschen bei leichter geistiger oder körperlicher Arbeit etwa 3000 kcal, bei schwerer Arbeit etwa 3000—4000 kcal und bei schwerster 8stündiger Arbeit bis zu 5000 kcal. Die Energiequellen sind im wesentlichen die 3 Nährstoffe: Kohlehydrate, Fette und Eiweiß, zu denen als lebenswichtige Ergänzungsstoffe Wasser, zahlreiche Mineralsalze und Vitamine treten. Bei der langsamen Verbrennung im menschlichen Körper liefern 1 kg Eiweiß sowie 1 kg Kohlehydrate angenähert je 4000 kcal und 1 kg Fett 9000—9500 kcal. Im Durchschnitt soll die tägliche Nahrung mindestens enthalten 40—60 g tierisches Eiweiß (160 bis 250 kcal) und 60—80 g Naturfett (550—750 kcal). Der übrige Energiebedarf kann durch 500—1000 g Kohlehydrate (2000—4000 kcal) gedeckt werden.

Von den wichtigsten Nahrungsmitteln werden folgende Mengen für 100 kcal benötigt: Butter, Margarine 13 g, Zucker 24 g, Nährmittel 28 g, Wurst 31 g, Käse 31 g, Brot 41 g, Fleisch 51 g, Kartoffeln 127 g, Fisch (Kabeljaufilet) 132 g, Gemüse 417 g.

Gemüse und Kartoffeln haben ein größeres *Nahrungsvolumen* als Fleisch und Nährmittel. Dem begrenzten Fassungsvermögen des Magens werden mit voluminöser Nahrung weniger Nährstoffe geboten, die Mahlzeit hält aber länger vor. Der für den Betriebshaushalt des Körpers an sich mögliche Austausch von Fett gegen Kohlehydrate findet dadurch eine gewisse Begrenzung. Anderseits ist das gerade im Frischgemüse enthaltene Vitamin C unentbehrlich. Auch ist für den Verdauungsapparat ein gewisser Schlackengehalt erforderlich, der durch Mund- und Hautatmung, durch Schweiß, Urin und Kot ausgeschieden wird.

Der *Wasserbedarf* des Menschen richtet sich nach der Wärme und Feuchte der ihn umgebenden Luft, der Schwere seiner Arbeit und der damit verbundenen Schweißabsonderung und beträgt täglich 3—8 l. Ein großer Teil des benötigten Wassers ist bereits in den Nahrungsmitteln enthalten.

Bei den *Mineralsalzen* unterscheidet man Säuren und Basen. Überschuß an Säuren enthalten alle Fleischsorten, Eier, Käse, Butter, Margarine, Palmin, Erbsen, Kakao, grobes Vollkornbrot usw. Überschuß an Basen haben Kartoffel, fast alle Gemüse, Zwiebeln, Tomaten, Kopfsalat, Schnittlauch, Rohrzucker usw. Einseitiger Genuß von säurehaltigen oder von basenhaltigen Nahrungsmitteln ist schädlich.

Vitamine sind Wirkstoffe, die der Körper zum Aufbau der Hormone und Fermente und zur Aufrechterhaltung des Stoffwechsels der Zellen braucht. Durch zu langes offenes Kochen wird ein Teil der Vitamine zerstört. Ein Teil der Vitamine ist wasserlöslich. Wie man Brühe nicht weggießt, in der Fleisch gekocht wurde, darf man deshalb auch das Wasser nicht weggießen, in dem man Gemüse kochte, sondern man soll es zu Suppen, Tunken u. dgl. verwenden.

Der Mensch lebt aber nicht von dem, was er ißt, sondern von dem, was er *verdaut*. Die Nährstoffe werden vom Körper nicht restlos ausgenutzt. Die Ausnutzung ist bei den einzelnen Menschen verschieden; es gibt auch da gute und schlechte Futterverwerter. Außerdem hängen Nährnutzen und Verdaulichkeit einer Nahrung in hohem Maße auch noch ab von der Sorgfalt, die auf ihre Zubereitung verwandt wird, von ihrer Temperatur, ihrer Reichhaltigkeit und der Art der Beikost. Die Bekömmlichkeit des Essens und damit die Leistungsfähigkeit der Mannschaft ist in hohem Maße von der Tüchtigkeit des Kochs abhängig. Da von der Verpflegung der Mannschaft aber zum großen Teil auch deren Dienstfreudigkeit und Einsatzfähigkeit abhängt, muß der Kapitän im eigensten Interesse für eine gute Verproviantierung und für die Anstellung eines guten Koches sorgen. Die Schiffsleitung muß nicht nur die Rationen kennen, die der Mannschaft laut Speiserolle zustehen, sie soll auch wissen, was daraus gemacht werden kann, und sie muß sich laufend davon überzeugen, daß alle Gerichte gut und schmackhaft zubereitet werden.

Speiserolle für die deutsche Seeschiffahrt einschl. Seefischerei. Gültig ab 1. Juli 1951.

Wochenrationen pro Besatzungsmitglied.

	Küche	Messe	Insgesamt	Bemerkungen
1. Fleisch	2800 g	—	2800 g	Die Fleischmahlzeiten sollen abwechslungsreich sein, wobei 400 g Rind- bzw. Hammel- bzw. Kalbfleisch = 325 g Schweinefleisch = 225 g Speck = 200 g Dosenfleisch als Tagesration gerechnet werden
2. Fette	200 g	500 g	700 g	Von der Messeration müssen mindestens 250 g Butter sein. Schmalz rechnet im Verhältnis zu Fett 80:100
3. Fisch	500 g Frischfisch oder 300 g Räucherfisch oder Marinaden	—	500 g bzw. 300 g	Kann einmal wöchentlich als Hauptmahlzeit an Stelle von 400 g Fleisch gegeben werden (gilt nicht für die Hochseefischerei)
4. Brot	—	3500 g	3500 g	
5. Mehl	1050 g	—	1050 g	davon 30% Weizenmehl 500 g = 350 g Mehl
6. Zucker	200 g	150 g	350 g	
7. Marmelade bzw. Kunsthonig	—	500 g	500 g	
8. Aufschnitt	—	250 g	250 g	
9. Käse	—	250 g	250 g	Fettgehalt nicht unter 30%
10. Eier		2 Eier	2 Eier	gegebenenfalls 25 g Trockenvolleipulver
11. Kartoffeln	8000 g	—	8000 g	
12. Hülsenfrüchte	500 g	—	500 g	
13. Nährmittel	500 g	—	500 g	
14. Gemüse, frisch	3000 g	—	3000 g	oder 300 g Trockengemüse oder 2 Dosen Gemüsekonserven
15. Essiggemüse, Sauerkraut, rote Beete und Gewürzgurken	nach Küchenbedarf; Sauerkraut ersetzt eine Gemüsemahlzeit			
16. Früchte, frisch oder in Dosen oder Trockenobst	— 250 g	500 g —	500 g 250 g	
17. Bohnenkaffee Kaffee-Ersatz	— —	50 g 150 g	50 g 150 g	
18. Tee	—	30 g	30 g	
19. Dosenmilch	170 g	85 g	255 g	
20. Fruchtsaft	0,1 Ltr.	—	0,1 Ltr.	
21. Zwiebeln und Küchengewürze verschiedenster Art nach Bedarf				

Der frische Proviant und das Essen sollen möglichst dem Klima und den Jahreszeiten angepaßt werden.

Für das Maschinenpersonal ist während der Wache nach Bedarf Hafer- oder Gerstengrütze in Wasser als Getränk zu geben.

Sachverzeichnis.

Abandon 177.
Abbringen des Schiffes 318.
Abdampfturbine 452, 457, 479.
Abgasverluste 439.
Ablader 112, 195, 217.
Ablieferung, Ladung 122.
Absetzantrag 117.
Abstoppergeld 37.
Abweichen vom Kurse 130.
Admiralty Court 99, 170.
ADS 173.
Agent 105, 112, 138.
Akkreditiv 111, 119.
Akkumulator 503.
Aktionsradius 289.
Aktivruder 276, 283, 400.
Alarmzeichen, Funk- 540.
Alcunic-Werkstoff 477.
Allgemeine Deutsche Seeversicherungsbedingungen 173.
Aluminiumanstrich 333.
Amateurfunk 537.
Amperemeter 507.
Amplitude (phys.) 499.
An- und Ablegen 282.
Andienung 131.
Anfangsstabilität 340, 355, 373.
Angestelltenversicherung 54f.
Anker ausbringen 318.
— -arten 321.
— -ketten 322.
— -lieger 15.
— -manöver 281, 323.
—, Prüfschein 88.
— -spill 427.
Ankern 26.
Anlegen mit Boot 300.
Anlieferung, Ladung 144.
Anode 508.
Anstellung, Schiffsmann 48.
Anstellwinkel, Propeller 474.
Apotheke 548.
Arbeit, elektr. 500.
—, (phys.) 495.
Arbeits-amt 58, 99.
— -gericht 99.
— -losenversicherung 57.
— -maße, Umrechnung 501.
— -schutz 37ff.
— - — -behörde 99.
Arbeitszeit, Besatzung 38.
Archimedisches Prinzip 497.
Arrest, Schiff 183.
Arzneimittel, apothekenpflichtig 548.
—, Bescheinigung 87.
Ärztliche Ratschläge, Funk 543, 548.
Assekuradeur 108, 158, 175.
Atemschutz 315f.
Atom-gewicht 519.
— -physik 514f.
— -Schiffsantrieb 517.
Audionschaltung 512.
Aufladeverfahren, Viertaktmotor 467.
Aufstoppen des Schiffes 278.
Auftrieb 339.
Ausbildung, Deckpersonal 62.
Ausgasung 196.
Ausguck 26.
Auslieferung, Ladung 123.
Ausnahmezeugnis 86.
Ausräucherung 551.
Ausrüster 125.
Ausrüstungs-Sicherheitszeugnis 84.
Außenhaut 393, 396.
Auswanderung, Bundesamt für 100.
Ausweichregeln 2f.
Autoalarmgerät 545.
Automobil-Manifest 91.
Average Adjustment 155.

Babcock-Kessel 445.
Bagger 9, 23.
Balkenbucht 391.
Ballastschiffklausel 179.
Ballen-ladung 237.
— -raum 409.
Bank-garantie 184.
— -geschäft 188.
Bardepot 185.
Bareboat-Charter 125.
Bauer-Wach-Abdampfturbine 479.
Befehlsanlagen 428.
Befrachter 112, 195.
Begegnungsperiode 346, 377.
Behaltene Fahrt 177.
Beidrehen 288.
Beistandspflicht 27.
Belastung, Tauwerk 328.
Beleuchtung 427.

Beleuchtungsstärke 498.
Bemannungsrichtlinien 65.
BENSON-Kessel 447.
Benzinladung 218.
Bergelohn 168.
Bergung 167f.
—, Verhalten 171.
Bergungs-arbeiten 317f.
— -schiffe 320.
Berieselungsanlage 308, 312.
BERNOULLIsche Gleichung 498.
Berufskrankheit 45.
Besatzungs-angelegenheiten 32f.
— -liste 93.
— -papiere 91f.
Beschleunigung (phys.) 493.
Besichtigung, Kühlräume 231.
—, Schadens- 159, 177.
—, Schiff 329.
Bestattung 45, 563.
Betäubungsmittel 548.
— -buch 75, 548.
Betriebs-krängungsversuch 347.
— -stabilität 346f.
— -verfassungsgesetz 47.
Bildverstärkung 514.
Bill of Lading 112, 115, 118, 125, 137.
Bins 237.
Blausäuregas 551.
Blitzknallsignal 304, 306.
Blockwerk 327.
Blutstillung 560.
Boden-anstrich 332.
— -welle 546.
— -wrange 393.
Bodmerei 182.
Boot in der Brandung 302.
Boote und Bootsmanöver 296f.
—, Lichterführung 19.
—, Raumgehalt 299.
Boots-ausrüstung 298.
— -führer, Winke für 301.
— -manöver 299.
— -rolle 293.
— -segeln 301.
— -übung 79.
Boottopgang 332.
Bordkonnossement 118.
Both to blame-Klausel 139.
BOYLEsches Gesetz 497.
Braunkohlenladung 221.
Breiartige Ladung 230.
Breitenträgheitsradius 342.
Brennstoff, flüssig 525.
—, Kessel 448.
— - verbrauch 289.
Briefgarantie 185.
Brikettladung 229.
Broker 138.
Bruchbelastung, Tauwerk 328.
Brutto-Raumgehalt 409.
Buchstabierworte 535.
Bugruder 276.
Bundespostministerium 100.
Bundesverkehrsministerium 100.
Bunkerbrand 220.
Butterworth-Gerät 225.

Cancelling 137.
Candela 427, 498.
Captain's Copy 113.
Cargo-Caire-Anlage 241.
Cesser Clause 140.
cgs-Einheiten 500.
Charter-Party 112, 124.
— -verträge, Namen 126.
Chemie 519f.
Chemische Verbindung 519.
cif-Verkauf 111.
Collision Clause 139.
Costa-Propulsionsbirne 400.
CWL 390.

DAAD-Wachzeiten 541.
Dampf-feuerlöschanlage 312.
— -kraftanlagen 435f.
— -maschinen 435, 449f.
— -turbinen 451.
Dauerproviant 567.
Davits 299.
DDT-Mittel 551.
Deadweight 408.
Deckbelastung 214.
Decksladung 116, 234, 382.
Dehnungsfalte 395.
Delivery-Order 119, 197.
Demise-Charter 125.
Demodulation 511, 545.
Demurrage 136.
Deplacement 202, 339, 390, 392, 408.
Deplacements-koeffizient 392.
— -kurve 200.
— -schwerpunkt 339, 391.
Derivationswinkel 275.
Deschimag-Kessel 445.
Desertion 44.
Desinfektion 550.
Despatch Money 136.
Detektorempfänger 512.
Deutgencon-Charter 128f.
Deutsches Hydrographisches Institut 101.
Deutzeit-Charter 141f.
Deviation, Reise 130.
Dichte (phys.) 494.
Dienst-behelfe, Funk- 536.
— -flagge der Bundesbehörden 530.
— -zeugnis 36.
Dieselelektrischer Antrieb 471.

Diesel-generator 485.
— -maschinen 436.
— -motoren 463f.
Differenzmanifest 121.
DIN-Schaltzeichen 417.
Diode 508.
Dispache 155.
Dispute-Manifest 121, 211.
Dock Receipt 117.
Donau-Regel 413.
Doppelversicherung 174.
Doppelwirkende Motoren 467, 468.
Drahttauwerk 326.
Drehflügel-Ruderanlage 422.
Drehkreis 272.
— -versuch, Stabilität 356.
Drehmanöver 281.
Drehschwingungen in Wellenleitung 489.
Drehspulinstrument 508.
Drehstrom 505.
— im Schiffsbetrieb 416.
Dreieckschaltung 505.
Drei-Insel-Schiff 387.
Dringende Signale 532.
Dringlichkeitszeichen 171, 541.
Druck (phys.) 494.
— -knopfsteuerung 421.
DTV-Kaskoklauseln 174, 179.
Dünung und Stabilität 377.
Durchfall 560.
Durchkonnossement 120.
Dynamik der Flüssigkeiten und Gase 498.
Dynamische Stabilität 341.
Dynamomaschine 503.

Effekt (phys.) 495.
Eichler-Diagramm 364.
Eigengewicht des Schiffes 386.
Eilgeld 136.
Einklarieren 96.
Einseitiger Funkdienst 541.
Einsteinsche Energiegleichung 516.
Eis, Verhalten im 285.
— -blink 286.
— -brecher 286.
— -gefahr 26.
— -klausel 139, 180.
Ekonomiser 445.
Elektrische Anlagen 415f.
— —, Bestimmungen 415.
— Arbeit 500.
— Leistung 500.
Elektrizitäts-lehre 499f.
— -menge 499.
Elektromagnetismus 501.
Elektron 515.
Elektronenröhre 508.
Element, chem. 519, 520.

Empfänger, Funk- 511, 545.
Empfangs-Konnossement 118.
— -schein 197.
Empfänger, Ladung 113.
Energie (phys.) 495, 496.
— -formen, chem. 521.
— -strombild 439, 442.
— -umsetzung in Kraftmaschinen 438.
— -verluste, Dampfmaschine 440.
— - —, Dieselmotorenanlage 442.
— - —, Kessel 436.
Englische Ausdrücke im Ladungsdienst 267.
Entlassung, Schiffsmann 80.
Entrattungszeugnis 87.
Entropie 441.
Entstörung, Funk- 433.
Entwurf eines Schiffes 385.
Entzinkung, Propeller 476.
Erdbeschleunigung 493.
Erdöl 525.
Erosion 474, 477.
Ertrinkender, Rettung 554.
Erzcharter 126.
Erzladung 229, 246, 380.
ETA 140.
Expansionsmaschine 449.
Explosion 522.
—, Ladung 219, 222.

Fach-Normenausschuß Schiffbau 427.
Fächerplatte 394.
Fahrgast-angelegenheiten 71.
— -belehrung 295.
— -papiere 90.
Fahrregeln 21.
Fahrterlaubnisschein 83, 84.
Fahrttabelle 269.
Fahrwasser 25.
Fahrzeug, kleineres 18.
Familienausgleichskasse 59.
Familienhilfe 52.
Faradaysches Induktionsgesetz 501.
Farbanstriche, Arten 331.
Farben für Gefahrstellen 336.
Farbverbrauch 335.
Faßladung 230.
Fautfracht 129.
Fehlfracht 129.
Fernglas, Bezeichnung 498.
Fernmeldegeheimnis 541.
Fernthermometer 430.
Feuer, erste Maßnahmen 310.
— -alarm-Anlage 431.
— -bekämpfung 310f.
— -gefährliche Flüssigkeiten 309.
— - — Ladung 309.
— -löschanlagen, Besichtigung 329.

Feuer-löschanlagen, Prüfung 308.
— -löschrolle 293.
— -löschschäden (Ladung) 152.
— -löschübung 315.
— -meldeanlage 308, 310.
— -schotte 308.
— -schutz an Bord 308f.
— - — -farbe 333.
— - — -mann 93, 314.
— -stoßtrupp 314.
— -verhütung 308.
— -werkskörper, Aufbewahrung 309.
Fiebermessen 556.
Filmvorführungen 309.
Filtergerät 316.
Finanzamt 102.
Fischdampfer 16.
—, Manöver 17.
Fischendes Fahrzeug 2.
Fischereifahrzeug 16f.
— zu Anker 18.
Flaggen-schein 84.
— -wechsel 37.
— -zeugnis 83.
Flammrohrkessel 443.
fob-Verkauf 111.
FÖTTINGER-Kupplung 469, 491.
Folgeschaden 178.
Formschwerpunkt 339, 390.
Formstabilität 341.
Fracht-geschäft 111f., 195.
— -vertrag 112, 124.
— -verträge, die wichtigsten 126.
— -zahlung 130.
Franchise 176.
Freibord 405.
— und Stabilität 374.
— -marken 406.
— -zeugnis 86.
— -zonen 407.
Freie Oberflächen 361f.
— Tage 39.
Freikolben-Gasturbine 461.
Freizeichnung 129.
Frequenz (phys.) 498.
— -bereiche, Funk- 543.
— -messer 508.
Frisch-Gasturbine 459.
— -luftgerät 315.
Fürsorge 60.
Funk-ausrüstung 536.
— -betriebswache 538.
— -empfänger 511, 545.
— -gebühren 543.
— -gerät für Boote 297.
— -sender 510, 545.
— -sicherheitswache 537.
— -sicherheitszeugnis 85.
— -stille 540.
— -tagebuch 75, 79, 542.
Funk-technik 543f.
— -verkehrsbuch 543.
— -wachdienst 537.
— -wesen 535f.

Gallenkolik 561.
Galvanisches Element 503.
Garantiebrief 120.
Garnier 196.
Garnierungsattest 89.
Gasmaske 316.
Gasturbine 458.
GAY-LUSSACsches Gesetz 497.
Gebläsemaschine 479.
Gebühren, Funk- 543.
Geburtsregister 81.
Gefährliche Güter 216f.
— —, Kennzeichen 218.
Gefahr- und Warnsignal 21.
Gefahrmeldung 26.
Gehirnerschütterung 561.
Gemenge, chem. 519.
Gencon-Charter 126.
Genehmigungsurkunde, Funk 86.
Generator 485, 503.
Gepäck 238.
— -manifest 91.
Geradeausempfänger 545.
Germanischer Lloyd 102, 158, 231.
Geschäftliche Angelegenheiten 186.
Geschlechtskrankheit 549.
Geschwindigkeit, mäßige 4, 6.
— mit Radar 6.
Gesundheits-fürsorge 552.
— -karte 62, 92.
— -paß 93.
— -pflege 547f.
— -tagebuch 75, 548.
Getreide-charter 127.
— -ladung 237, 240, 247.
Getreideturbine 455.
Gewerkschaft 103.
Gewicht (phys.) 494.
Gewichte verschiedener Länder 261f.
Gewichts-schwerpunkt 339, 370, 373.
— -stabilität 341.
Giroverkehr 189.
Glattdecker 389.
Gleichdruckturbine 453, 454.
Gleichrichter 509, 512.
Gleichstrom an Bord 416.
Goldene Regel der Mechanik 496.
Goldene Regeln 145.
Grundschleppnetzfischer 16.
Güteversicherung 178f.

Haager Regeln 114, 125.
Hafenkapitän 103.

Haftung, Reeder- 129, 163f.
—, Verfrachter- 116.
Handfeuerlöscher 311.
Hanftauwerk 326.
Harter Act 114.
Hauptsatz, Wärmetheorie 440.
Hauptspant 391.
Hausfriedensbruch 69.
Havarie 150f.
—, besondere 150.
— -bond 162.
— -grosse 138, 150.
—, Verhalten 156.
— -Verpflichtungsschein 162.
Hebelarmkurve 89, 209, 210, 341, 373.
Hebelgesetz 496.
Hefner-Kerze 498.
Heimschaffung, Seeleute 68.
Heizraum-Überdruck 480.
Heizwerte 524.
HERTZ 498.
Heuer-abrechnung 48.
— -schein 92.
— -stelle 103.
— -verhältnis 34f.
Hilfeleistung 167f.
—, Verhalten 171.
Hilfslohn 168.
Hilfsmaschinen 436, 478f.
Hilfsstander, Gebrauch 529.
Hochleistungskessel 445.
Holzcharter 127.
Holzdecksladung 234, 351, 407.
Holzladung 381.
—, Maße u. Gewichte 236.
Hydrostatik 497.

Indemnity Clause 138.
Indossament 189.
Injektionen 558.
Instandhaltung des Schiffes 329f.
International Law Association 103.
Invalidenversicherung 54.
Inventarmanifest 94.
Ionen 515.
Isolationsverluste 440.
Isotope 515.

Jugendliche 33, 39f.

Kabelleger 2, 4.
Kabelschlag 326.
Käfigläufer-Motoren 416, 425.
Kälteschäden, Behandlung 556.
Kai-Empfangsschein 117.
Kalorie (phys.) 495.
Kalorienbedarf des Menschen 567.
Kapazität, elektr. 500.
Kapitän, Verantwortung 9.
Kanal, Fahren im 8.
Kasko-Versicherung 173.
Katalysator 527.
Kathode 508.
Kathodenschutz 330.
—, Propeller 476.
Kavitation 474, 476.
Kennlinie, Röhren- 509.
Kenterpunkt 342.
Kern-bildung, Atom- 516.
— -ladungszahl 515.
— -reaktor 517.
— -spaltung, Atom- 517.
— -umwandlung 516.
Kessel 435f., 443f.
— -speisepumpe 481.
— -speisewasser 523.
Ketten 329.
Kielarten 393.
Kielwassersog 473.
Kimmstützplatte 394.
Kindergeld 59.
Klassenzeichen 405.
Klassifikation 404.
Klassifikationszertifikat 84.
Kleintauchgerät 317.
Klimaanlagen 403.
Klystron 511.
Körperverletzung 70.
Kofferdamm 222.
Kohle, Heizmaterial 524.
Kohlen-charter 126.
— -ladung 219.
— - —, Explosion 522.
— -säure-feuerlöschanlage 313.
— - — -schneelöscher 311.
— -stoffverbindungen 523, 524.
Koksladung 381.
Kolbenmaschine 449.
Kollektor 504.
Kollisions-klausel 176.
— -schäden 176.
Kommando-anlage 428.
— -pult 423.
Kommutator 504.
Kompensier-Bescheinigung 88.
Kondensator, Dampf- 478.
Konferenzen, Schiffahrt- 105.
Konnossement 112, 115, 118, 125, 137.
Konsolfunkfeuer 545.
Konstruktions-breite 390.
— -länge 390.
— -tiefe 390.
— -wasserlinie 390.
Konsulat 35, 82, 104.
Kornraum 409.
Korrosion 330.
Kort-Düse 400.
Krämpfe 561.

Krängungsversuch 347.
Kraft (phys.) 493.
— -schiff 2, 4.
— - —, Lichterführung 12.
Kranken-buch 75, 548.
— -fürsorge 34.
— - — des Reeders 51.
— - —, Verordnung 547.
— -liste 93.
— -versicherung 50.
Krankheit, Schiffsmann 44.
Kreislaufgerät 316.
Kriegs-klausel 138.
— -schiffverband 4.
Kühl-anlagen 482f.
— -ladung 231.
— - —, Temperatur 233.
— - —, wichtige 232.
— -raum 566.
Kündigung, Besatzungsmitglied 35, 48.
Kunstharzfarben 331.
Kursänderungssignale 4.
Kurzwelle, Reichweite 546.

Lade-auftrag 197, 211.
— -bereitschaft 128, 131.
— -buch 211.
— -geschirr, Tragfähigkeit 213.
— - — -heft 87, 212.
— - — -zeugnis 87, 212.
— -hafen 128.
— -öle 228.
— -raum-Meteorologie 239f.
— -tank-Zertifikat 228.
— -winden, elektrische 424.
— -zeit 130.
Ladung 195f.
—, Ablieferung 122.
—, Auslieferung ohne B/L 123.
—, breiartige 230.
—, flüssige 230.
—, Regeln für Übernahme usw. 196.
Ladungs-papiere 89ff.
— -schäden 122, 160, 211, 238.
— -tüchtigkeit 114.
— -verteilung 198.
Längs-festigkeit 397.
— -verbände 393.
La Mont-Kessel 447.
Landesignale für Boote 302.
Landgang 35, 46, 94.
Landgericht 104.
Lastenmaßstab 201.
Lateralplan 207.
Laugen 526.
Laydays 137.
Leckdichten 319.
Lecksegel 319.
Leichenbestattung 563.
Leichtmetall im Schiffbau 397.
Leinenfischer 17.
Leistung, elektr. 500.
—, phys. 495.
Leistungsmaße, Umrechnung 501.
Lenzen 287, 288.
— mit Boot 301.
LEONARD-Steuerung 425.
— -Umformer 416.
Letter of Indemnity 120.
Leuchtfarbe 527.
Leuchtstoffröhre 427.
Libellenlot 352.
Lichterführung 9f.
Licht-morsen 533.
— -stärke (phys.) 498.
Liegegeld 136.
Liegetage 137.
Lien 144.
Linienfahrt 113.
Linienriß 392.
Lloyd's Arbitration 170, 172.
— Corporation 100.
— Register of Shipping 104.
— Salvage Agreement 170.
— Surveyor 104, 177, 231.
Lösch-bereitschaft 131.
— -temperatur, Tankladung 226.
— -wasserschäden 152.
— -zeit 130.
Logger 18.
Lohnsteuer 49.
Lotse als Berater 9, 15.
Lotsen-fahrzeug 14.
— -signale 15, 531.
Lüften, Ladung 199.
Luftförderanlage 479.
Luken-abdeckung 402.
— -besichtigung 89, 159.
— -sicherung 199.
— -wache 198.
Lux (Einheit) 427, 498.

MacGregor-Luke 402.
Magnetische Wirkung, Strom 501.
Magnetron 511.
Maier-Schiffsform 401.
Makler 105, 112, 138.
Malarbeiten, prakt. Winke 333.
Malaria, Behandlung 557.
—, Blutentnahme 558.
—, Vorbeugung 556.
Manifest 113, 121.
Manilatauwerk 324.
Mann über Bord 295.
Mannschaftsliste 93.
Manöver in flachen und engen Gewässern 279.
— -skizzen 271.
— im Sturm 287.

Manövrier-tabelle 269.
— -unfähiges Fahrzeug 14.
— -versuch, Standard- 273.
Maschinenkunde 434f.
Maschinentagebuch 75.
Masse (phys.) 493.
Maße, deutsche, Umrechnung in englische und amerikanische 265.
— und Gewichte verschiedener Länder 261f.
Maßeinheiten (phys.) 492.
Mate's Receipt 112, 117, 197, 211.
Matrose, Berufsbild 64.
Matrosenbrief 62.
Mavometer 508.
Mayday-Notruf 531.
Mechanik starrer Körper 496.
Meldeanlagen 428.
Meßbrief 82, 409.
Meßinstrumente, elektr. 507.
Metazentrische Höhe 340, 391.
Metazentrum 339, 390.
MG-Werte, Tafel 345.
Mittelträger 393.
Modulation 511.
—, Funk- 544.
Molekül 519.
Molekulargewicht 519.
Momentenrechnung 358.
MOORSOM-Regel 413.
Morsesignallampe 528.
Morsezeichen 535.
Motor, Gleichstrom- 506.
— -Kritische 490.
— -Rettungsboot 305.
—, Wechselstrom- 506.
Musterrolle 9, 32.
Musterung 33, 80.

Nachlaß Verstorbener 81.
Nachstrom 473, 487.
— -ziffer 473.
Naßkühlung 484.
Naßlöscher 311.
Nautische Vereine 101, 104.
Nebel, Fahren im 4f.
— -signale, SSO 12f., 19.
— - —, SSchSO 20, 22f.
Negligence Klausel 114.
Neigungsmesser 352.
Netto-Raumgehalt 412.
Neutronen 514.
New Jason Klausel 118, 139.
NEWTONsche Grundgesetze 496.
Nicolboot 297.
Nierenkolik 562.
Nietung 396.
No cure — no pay 170.
Nordatlantische Seewege 27.
Norddeich, Funkstelle 549.
Not-hafen 153.
— -meldung, Funk- 540.
— -reparatur 160, 178.
— -ruder 318.
— -signale 531.
— -signalmittel 292.
— -verkehr, Funk- 539.
— -wehr 69.
— -zeichen 171.

Oberflächen, freie 360, 361, 369.
Oberseeamt 30.
Obstladung 230.
Öfen im Mannschaftsraum 309.
Ökonomischer Wirkungsgrad 387.
Öl, Wellenberuhigungs- 305.
Ölschrotladung 229.
Ölverschmutzung 226.
Offiziersanwärter 64.
Ohnmacht 562.
Optionsladung 198.
Orderkonnossement 119.
Ordnung an Bord 43, 46.
Ordnungswidrigkeit 44, 45, 47, 81.
Oslo-Konvention 409, 410, 413.
Oszillograph 508.
Overlanded-Manifest 122.
Oxydation 521.

P & I-Club 124.
Panamakanal-Meßbrief 415.
Pantokarenen 340.
Paramount-Klausel 118, 140.
Partikularschaden 150.
Passagierliste 90.
Passiermanöver 280.
Patent-anker 321.
— -farbe 332.
Penalty Clause 138.
Pentode 510.
Perpendikel 390.
Pervitin 561.
PETERSEN-Diagramm 364.
Pfandrecht (Ladung) 136, 144.
Physik 492f.
Planrost 480.
Police 175.
Polizeifahrzeug 21.
Positionslaternen 9f.
—, Prüfschein 89.
Postladung 238.
Potential-Differenz 476.
Prämie, Versicherungs- 175.
Preßluftatmer 317.
Profil-Auftrieb 474.
Prolongation 189.
Protecting and Indemnity Club 180.
Proton 514.
Proviant 564f.
—, Aufbewahrung 565.

Provianteinkauf 565.
Prüfschein, Kompaß usw. 88.
Pulverkammer 219.
Pumpenleistung 320.
P, V-Diagramm 450.
—, Viertaktmotor 464.
—, Zweitaktmotor 466.
Pyrometer 431.

Quarantäne-behandlung 549.
— -meldung 543.
— - —, Funk- 548.
— -signale 532.
Quarterdecker 389.
Quarzsender 510.
Queen's Counsel 170.
Querschotte 395.
Querverbände 393.

Radarschiff 3, 5.
Radioaktive Strahlung 517.
Rahmenspant 395.
Raketenapparat 306.
—, internationale Signale 306.
Randplatte 394.
Rattenzertifikat 87.
Rauchen an Bord 309.
Rauchhelm 315.
Raum-gehalt 408, 409f.
— -tiefe 390.
— -welle 546.
Receiver (Ladung) 113.
Reduktion 521.
Reederhaftung 114, 119, 129, 163f.
Registertonne 408.
Reichweiten, Funk- 546.
Reise-charter 124.
— -kosten 190.
— -paß 91.
— -tüchtigkeit 114.
Rentenversicherung 54f.
Reparatur, vorläufige 178.
— -unfähigkeit 178.
— -unwürdigkeit 178.
Resonanz (Stabilität) 346, 378, 383.
Rettungsboot, Arten 296.
—, Ausrüstung 298.
— in der Brandung 302.
—, Funkausrüstung 537.
—, Manöver 299.
—, Raumgehalt 299.
— im Sturm 302.
Rettungs-bootsmann 93.
— -floß 304, 305.
— -insel 303.
— -ring 295.
— -signalmittel 292.
Revers 120.
Reversible Clause 136.
Revier, Fahren im 8.
Röhrenempfänger 511, 545.
Röhrensender 510, 545.
Rollenverteilung 291.
Rollperiode 343, 377.
—, Messung 353.
Rollschwingung 343, 353, 363.
Rollversuch 353.
Rollzahl (Kempf) 345.
Rostbildung 330.
Ruder-anlagen, elektrische 419.
— - —, elektro-hydraulische 421.
— -arten 398.
— -boot 19.
— -moment 276.
— -schaden 318.
— -wächter 422.
— -wirkung 275.
Rückbeförderung 36.
Rückkopplung 510, 512.
Rücklieferung des Schiffes (Zeitcharter) 142.
Rückwärtsmanöver 272, 277, 278, 284.
Rückwärtsturbine 456.
Rundfunk 537.
Running days 132.

Säuren 526.
Salze 526.
Sammelsignal für Fahrgäste 295.
Sauerstoffgerät 316.
Schadenstaxe 177.
Schallsignale SSchSO 20.
Schaltzeichen, DIN- 417.
Schauerleute 200.
Schaumfeuerlöschanlage 313.
Schaumlöscher 311.
Scheck 189.
Scheibenschlepper 22.
Scheinwerfer 424.
Schergang 396.
Schiedsgericht 144, 169, 172.
Schiff auf Grund 382.
Schiffahrtskonferenzen 105.
Schiffbrüchige, Verhalten 304.
Schiffs-antriebsanlagen, Übersicht 434.
— -besetzungsordnung 66.
— -form und Stabilität 373.
— -formen 401.
— -gläubiger 165.
— - — -recht 182.
— -kunde 385f.
— -längenfahrzeit 274.
— -makler 105, 112, 138.
— -manöver 269f.
— -maschinenkunde 434f.
— -ordnung 46, 72.
— -papiere 82f.
— -räucherung 551.

Schiffs-rat 80, 158, 181.
— -register 105.
— -schraube 472.
— - — als Schwingungserreger 487.
— -tagebuch 73f.
— -typen 387.
— -vermessung 408f.
— - —, Bundesamt 100.
— -zertifikat 83.
Schlaganfall 562.
Schlagseite 379.
Schleppbedingungen 185.
Schleppen eines Havaristen 288.
Schlepper, Verhalten gegenüber 282.
Schlepp-lohn 173.
— -signale 533.
— -verbindung 289.
— -zug 13, 25.
Schlingerdämpfung 383.
Schlußschein 175.
Schmelzwärme 497.
Schmidt-Hartmann-Kessel 445.
Schmieröl 526.
Schornsteinarten 401.
Schotten, Getreide- 237.
— -schließanlage 431, 433.
— -tiefgang 407.
Schraubenwirkung 276.
Schriftliche Arbeiten der Offiziere 187.
— — des Ladungsoffiziers 211.
Schüttladung, Stabilität 379.
Schutzdecker 387.
Schutzverein Deutscher Rheder 105.
Schweiß-arbeiten 309.
— -bildung, Ursachen 239.
— -schäden 241.
Schweißung 396.
Schwergut 215.
Schwimmweste 295.
Schwingkreis, elektr. 502.
Schwingungen in Wellenleitungen 489.
— (phys.) 498.
Schwingungserscheinungen, Schiff 486f.
Seeamt 27, 106.
Seebeck-Oertz-Ruder 398.
Seeberufsgenossenschaft 52, 106.
Seefähigkeitsattest 85.
Seefahrtbuch 33, 92.
Seeflugzeug 3.
Seefrachtgeschäft 111f.
Seefrachtordnung 199, 217, 309.
Seegang, Einfluß auf Stabilität 375.
—, Messung 345.
Seekasse 54.
Seekrankenkasse 50.
Seemannsamt 35, 82, 83, 91, 107.
Seemannschaft 269f.
Seemannsgesetz 33f.
Seenot 27, 167.
— -Funkverkehr 539.
—, Verhalten 80.
Seeprotest 108, 159.
Seeschiedsgericht 102, 169, 172.
Seeschiffahrtstraßenordnung 20f.
Seestraßenordnung 2f.
Seetestament 73.
Seetüchtigkeit 114.
Seeunfall im Auslande 30.
— -untersuchung 27f.
Seeuntüchtigkeit 177.
Seeversicherer 108, 158, 175.
Seeversicherung 173f.
Seewetteramt 241.
Seewurf von Ladung 152.
Segel-fahrzeug 2, 3.
— -tuch 324.
Seiten-höhe 390.
— -laternen 2.
— -träger 393.
Selbstentzündung, Ladung 220.
Selbsterhitzung 240.
Selbstinduktion, elektr. 500, 501.
Sendearten, Funk- 544.
Sender, Funk- 510, 545.
Senten 392.
Shelterdecker 387.
Shipping Order 112, 197, 211.
Shunt 507.
Sicherheit an Bord 46.
Sicherheits-dienst 290f.
— -lampe 219.
— -rolle 89, 291.
— -übungen 293.
— -zeichen 541.
— -zeugnis 86.
Sicherung der Seefahrt 26.
Signal- und Funkwesen 527f.
Signalbuch, internationales 527f.
Signale, dringende und wichtige 532.
Signal-flaggen 530.
— -mittel, Ausrüstung 527.
Simplex-Balance-Ruder 398.
Simpson-Regel 299.
Slip 269, 276.
—, nomineller 473.
—, scheinbarer 474.
Solekühlung 483.
Solicitor 170.
Sommertank 224.
Sonnenstich 562.
SOS-Signal 171, 531.
Sozialgericht 107.
Sozialversicherung 49, 50f.
Spannung, elektr. 500.
Spannungsteiler 429.
Spanten 394.
Speiserolle 569.

Spezifische Gewichte fester Körper 257f.
— —, Flüssigkeiten 260.
— — (phys.) 494.
Sprechfunk-Sicherheitszeugnis 85.
Spritze, Verabreichung 558.
Sprung des Schiffes 391.
Stabilität, Beeinflussung 383.
—, Beurteilung im Betrieb 368.
—, dynamische 341.
—, Ermittlung 346f.
—, gesetzliche Vorschriften 337.
— kleiner Schiffe 368f., 379.
— im Seegang 377.
—, statische 341.
—, Umfang 340.
Stabilitäts-buch 384.
— -diagramm 364.
— -geräte 365.
— -lehre 337f.
— -meßgeräte 352.
— -moment 391.
— -sextant 351.
— -unterlagen 209f.
Stability-Indicator 210.
Stampf-bewegung 365.
— -periode 366.
Standard-Manövrierversuch 273.
Star-Kontra-Ruder 399.
Statik der Flüssigkeiten 497.
— — Gase 497.
Stau- und Stauraumangaben 242f.
Stauholz 144.
Stauungsattest 89.
Sterbegeld 52.
Sterberegister 45, 81.
Stetigkeitsgesetz 451.
Steuer-gitter 509.
— -moment 276.
— -wirkung, direkte u. indirekte 276.
Stevenrohr 472.
Störgeräusche, Beseitigung 433.
Storeliste 94.
Strafgesetzbuch 69.
Straftaten 70, 81.
—, Besatzung 44.
Strahlungskessel 445.
Strandamt 107, 169.
Strandung 318.
— u. Stabilität 382.
Strandvogt 82.
Streikklausel 138.
Stressfinder 198.
Stringer 395.
Stromstärke, elektr. 499.
Stromverbraucher 419.
Sturm, Manövrieren im 287.
— -meldung 26.
Sublet 144.
Suezkanal-Meßbrief 82, 414.
Suezkanal-Scheinwerfer 424.
Sulzer-Kessel 445.
Supercargo 141.
Superhet 545.
Systemschwerpunkt 339, 390.

Taljen 214, 329.
Tally 197.
— -buch 113, 122, 211.
— -Manifest 117.
Tank-decke 394.
— -ladung 221f.
— - — auf Frachtschiffen 228.
— - —, Wertminderung 226.
— -reinigung 224, 225, 229.
— -schiff 221f.
— - —, Gesundheitsschäden 224.
— - —, Instandhaltung 330.
— - —, Sicherheitsvorkehrungen 223.
— - —, Stabilität 224.
Tarif-schiedsgericht 48.
— -vertrag 33, 48.
Taucherfahrzeug 2.
Tauwerk 324f.
Teilschaden 177.
Telegraphiefunk-Sicherheitszeugnis 85.
Telemotoranlage 422.
Temperatur (phys.) 495.
Tenderklausel 179.
Tetralöscher 311.
T-Gas-Entwesung 552.
Thermometerskalen 233.
Thermostat 310.
THOMSONsche Schwingungsformel 502.
Through Bill of Lading 120.
Tiefertauchung 204.
Tiefgang, Berechnung 200f.
Tiefgangsmesser 352, 432.
Timesheet 135.
Tod, Besatzungsmitglied 37, 45.
—, Fahrgast 72.
Tonnenleger 2.
Torsionsmesser 490.
Totalverlust 177.
Trägheitsmoment 499.
Tragfähigkeit 202, 408.
—, Ausnutzung 190.
Tragweite der Positionslaternen 11.
Trampschiffahrt 124f.
Transformator, elektr. 506.
Transistor 514.
Traverse 215.
Traversieren 285.
Treibanker 302.
Treibkraftabzug 411, 413, 415.
Treiböl 525.
Trimmen, Ladung 135.

Trimm-moment 203.
— -plan 204.
— -Rechenschieber 208.
— -rechnung 200, 203.
— -überwachung auf See 210.
Trinkwasser 523.
— -pflege 564.
Triode 509.
Trocken-kühlung 484.
— -löscher 311.
Trommelanker 503.
Trossenschlag 326.
Turbinen-anlage 451.
— -schiff 278.
Turboelektrischer Antrieb 442, 456.

Überarbeiter 68.
Überdruckturbine 453, 455.
Überholen 3, 21, 25.
Überholmanöver 280.
Überlagerungsempfänger 545.
Überliegezeit 130, 136.
Übernahme-Konnossement 118.
Überschmuggler 66.
Überstunden 39, 49.
Überversicherung 174.
Ullage 225, 226.
Ultrakurze Wellen, Reichweite 546.
Umdrehungs-fernanzeiger 430.
— -zähler 430.
Umformer, elektr. 507.
Umsteuerschraube 456, 477.
Umwälzpumpe 481.
Unfall, Besatzung 45.
—, Fahrgast 72.
— -versicherung 52.
Unterkühlung 556.
Untersuchung, Schiffsmann 61.
—, Seeunfall 27f.
—, — im Auslande 30.
Unterversicherung 174.
Unterzug 395.
Urlaub 35.
Ursprungszeugnis 90.

Valenz 520.
Velox-Kessel 445.
Ventilation, Ladung 197.
Verband Deutscher Reeder 107.
Verbotszonen für Ölablassen 227.
Verbrennungen 562.
Verbrennungskraftmaschinen 463f.
Verbundmaschine 450.
Verdampfungswärme 497.
Verein Bremer Seeversicherer 108, 158, 175.
— Hamburger Assekuradeure 108, 158, 175.
— zur Förderung des seem. Nachwuchses 108.
Verfrachter 112, 195.
— -Konossement 118, 125.
Vergiftung 563.
Verholspill 427.
Verklarung 108, 159.
Verlader 195.
Verladeschein 217.
Vermessung 408f.
Vermessungsfahrzeug 2.
Vermißter Schiffsmann 44.
Vermuren 323.
Verpflegung 34, 564f.
Verschiebungssatz 361.
Verschlußrolle 293.
Verschulden, kommerzielles 115, 129, 150.
—, nautisches 115, 150.
Versicherungs-nehmer 174.
— -summe 174.
— -wert 174.
Verstärker-Röhre 509, 512.
Verstellpropeller 456, 477.
Vertäuen 323.
Vertragsbruch 138.
Vertrimmung 206.
Vibration, Schiff 487.
Video-Verstärkung 514.
Viehladung 255.
Viertaktmotor 463.
Viskosität 226.
Vitamine 568.
Völligkeitsgrad 392.
VOITH-SCHNEIDER-Antrieb 284, 400.
Volldecker 387.
Voltmeter 507.
Vulcan-Getriebe 457, 469, 491.
Vulcasan 551.

Wärme-lehre 496.
— -schaltbild 438.
— -wirkung, Strom 502.
WAGNER-Kessel 445.
Warnsignal 4, 21.
Wasser, chem. 522.
— und Schiffahrtsdirektion 108.
— -bedarf 568.
— -rohrkessel 444.
— -schutzpolizei 28, 104.
— -verdrängung 390.
Weather working days 133.
Wechsel 188.
— -kompart 196.
— -protest 189.
— -strom 504.
Wegerechtschiff 22, 25.
Wegsteuerung 419.
Weibliche Besatzungsmitglieder 39.
Weicheiseninstrument 507.
WEISS-Formel 344.
Welldecker 387.

Wellen-drehvorrichtung 478.
— -länge, elektr. 502.
— - — (phys.) 499.
— -lehre (phys.) 498.
— -periode 346.
Werfen von Ladung 319.
Werft-bedingungen 186.
— -kurvenblatt 350, 372.
— -unterlagen, Stabilität 369, 371.
Wertigkeit, chem. 520.
Wertladung 198, 238.
Werttaxe 160.
Wetterdienst 102.
WHEATSTONEsche Brücke 430.
Wichte 494.
Widerstand, elektr. 500.
Wiederbelebung Ertrunkener 555.
Wind, Einfluß auf Stabilität 375.
Winddruck 375.
Windenläufer 214.
Winkelgeschwindigkeit 499.
Winkerverfahren 533.
WINKLER-Norm 229.
Wippkran 426.
Wirkungsgrad, Dampfmaschine 442.
—, Dieselanlage 443.
—, Gasturbine 461, 462.
Wirkungsgrad (phys.) 496.
Wochenhilfe 52.
Wohnräume 403.
Working days 132.
Wrackbezeichnung 23.
Wundbehandlung 559.

York Antwerp Rules 151.

ZEISE-Schraube 477.
Zeit-charter 125, 127.
— -fracht 142.
— -steuerung 421.
Zement-anstrich 335.
— -packung 320.
Zerstäuberdüse 312.
Zerstrahlung, Atom- 516.
Zoll-ansageposten 98.
— -begleitschein 99.
— -flaggen 530.
— -vorschriften 98.
Zuladung, Begriff 386.
Zusammenstoß 70, 80, 163f., 176.
—, Verhalten 27.
Zweitaktmotor 466.
Zyklon B 551.
Zylinderkessel 443.

Amtliches Merkblatt
über
Verhalten von Radarschiffen bei Nebel.

Auf der Schiffssicherheitskonferenz London 1960 wurden von den Schiffahrtsnationen Ergänzungen zur Seestraßenordnung beschlossen, die das Verhalten von Radarschiffen bei Nebel oder schlechter Sicht betreffen und folgende Einzelheiten behandeln:

1. Definition des Begriffes „einander ansichtig" bzw. „in Sicht".
2. Einleitung Nr. 1 zu den Artikeln 15 und 16 hinsichtlich deren Befolgung durch Radarschiffe.
3. Einleitung Nr. 2 zu den Artikeln 15 und 16 hinsichtlich des neugeschaffenen Anhanges zur Seestraßenordnung (Empfehlungen für den Radargebrauch).
4. Neuer Absatz (c) zu Artikel 16 hinsichtlich des Verhaltens von Radarschiffen bei Ortungen von Schiffen, deren Schallsignal noch nicht gehört wurde.
5. Anhang zur Seestraßenordnung (8 Empfehlungen für den Radargebrauch).
6. Neuer Absatz 4 der Einleitung zu den sog. Fahrregeln (der optischen Sicht).

Diese Ergänzungen der Seestraßenordnung, deren Wortlaut nachstehend bekanntgegeben wird, treten jedoch erst an einem noch international festzulegenden Zeitpunkt in Kraft. Gleichwohl hat die Schiffssicherheitskonferenz beschlossen, daß die Schiffahrtländer so bald wie möglich diese Ergänzungen bekanntgeben und den Schiffsführungen deren sofortige Beachtung nahelegen. Diese Ergänzungen stehen nicht im Widerspruch mit der zur Zeit in Kraft befindlichen Seestraßenordnung; sie nehmen nur das in den Gesetzestext oder in Empfehlungen auf, was auch bisher schon der guten seemännischen Praxis sowie der Rechtsprechung des In- und Auslandes entsprach. Es kann jedoch noch nicht mit Sicherheit damit gerechnet werden, daß die Schiffsführungen aller anderen Länder diese Ergänzungen kennen oder schon danach verfahren.

Eine öffentliche Bekanntgabe an die Schiffahrt ist bereits in folgenden Ländern erfolgt:

Großbritannien,
Kanada,
Neuseeland,
USA.

Die deutsche Fassung dieser Ergänzungen zur Seestraßenordnung über das Verhalten von Radarschiffen bei schlechter Sicht oder Nebel lautet (vorläufige Übersetzung):

Artikel 1 Abs. (c) neue Nr. 9:

„Fahrzeuge gelten nur dann als einander ansichtig oder als in Sicht befindlich, wenn eines vom anderen optisch gesehen werden kann."

Einleitung Nr. 1 zu den Artikeln 15 und 16:

„Radarinformationen befreien kein Fahrzeug von der Verpflichtung, diesen Vorschriften, insbesondere denen der Artikel 15 und 16, genau zu entsprechen."

Einleitung Nr. 2 zu den Artikeln 15 und 16:

„Der Anhang zur Seestraßenordnung enthält Empfehlungen, die den Radargebrauch zur Verhütung von Zusammenstößen bei schlechter Sicht erleichtern sollen."

Artikel 16 neuer Absatz (e):

„Ein maschinengetriebenes Fahrzeug, das ein anderes Fahrzeug vorlicher als querab ortet, bevor es dessen Nebelsignal hört oder es sichtet, darf frühzeitige und energische Maßnahmen ergreifen, um den Nahbereich zu meiden. Wenn dieser aber nicht gemieden werden kann, muß es, soweit es die Umstände gestatten, seine Maschine zur Vermeidung eines Zusammenstoßes rechtzeitig stoppen und dann vorsichtig manövrieren, bis die Gefahr des Zusammenstoßes vorüber ist."

Anhang zur Seestraßenordnung.

— *Empfehlungen für den Radargebrauch zum Kollisionsschutz* —

„(1) Folgerungen aus ungenügenden Radarortungen können gefährlich sein und sollten vermieden werden.

(2) Ein Radar-Fahrzeug muß bei schlechter Sicht entsprechend Artikel 16 Abs. (a) mit mäßiger Geschwindigkeit fahren. Radarinformationen rechnen zu den obwaltenden Umständen bei der Bestimmung der mäßigen Geschwindigkeit. Hierbei muß berücksichtigt werden, daß kleine Fahrzeuge, kleine Eisberge und schwimmende Körper ähnlicher Größe nicht immer geortet werden können. Radarortungen von einem oder mehreren Fahrzeugen in der Nähe können bedeuten, daß die „mäßige Geschwindigkeit" hier geringer sein muß als die, die ein Schiffsführer ohne Radar unter den obwaltenden Umständen als mäßig ansehen würde.

(3) Bei schlechter Sicht kann allein durch Radarabstand und -peilung die Lage eines anderen Fahrzeuges nach Artikel 16 Abs. (b) nicht so genau ausgemacht werden, daß ein Fahrzeug von der Pflicht zum Stoppen der Maschine und zum vorsichtigen Manövrieren befreit werden kann, wenn ein Nebelsignal vorlicher als querab gehört worden ist.

(4) Wenn zum Meiden des Nahbereiches eine Maßnahme nach Artikel 16 Abs. (c) ergriffen wird, muß man sich vergewissern, daß sie auch den gewünschten Erfolg bringt. Der Schiffsführer muß nach den obwaltenden Umständen entscheiden, ob er dazu den Kurs oder die Fahrt oder beides ändern muß.

(5) Eine Kursänderung allein kann die wirksamste Maßnahme zum Meiden des Nahbereiches sein, vorausgesetzt, daß:

a) genügend Seeraum vorhanden ist,
b) sie rechtzeitig vorgenommen wird,
c) sie energisch ist; eine Folge von geringen Kursänderungen sollte vermieden werden,
d) sie nicht in den Nahbereich anderer Fahrzeuge führt.

(6) Der Schiffsführer muß nach den obwaltenden Umständen entscheiden, nach welcher Seite der Kurs geändert werden soll. Eine Kursänderung nach Steuerbord, insbesondere dann, wenn die Fahrzeuge sich anscheinend auf Gegenkurs oder leicht kreuzenden Kursen nähern, ist im allgemeinen einer Kursänderung nach Backbord vorzuziehen.

(7) Eine Fahrtänderung sollte erheblich sein, ganz gleich, ob sie allein oder zusammen mit einer Kursänderung vorgenommen wird. Mehrere, nur geringe Fahrtänderungen sind zu vermeiden.

(8) Wird die Annäherung bedrohlich, dürfte es am vernünftigsten sein, jegliche Fahrt aus dem Schiff zu nehmen."

Neuer Absatz 4 der Einleitung zu den Fahrregeln:

„Die Artikel 17—24 gelten nur für einander ansichtige Fahrzeuge."

[BMV. Hamburg, 3. III. 1961 (See 9/901-71/61).]